U0719797

国外名校最新教材精选

Physics of Semiconductor Devices
（Third Edition）

半 导 体 器 件 物 理
（第 3 版）

〔美〕 施 敏（S. M. Sze） 著
伍国珏（Kwok K. Ng）

耿 莉 张瑞智 译

西安交通大学出版社
XI'AN JIAOTONG UNIVERSITY PRESS

封面照片说明：

　　封面所示照片是一张浮栅非挥发存储器（NVSM）阵列的放大 100000 倍的扫描电子显微照片。NVSM 是 D.Kahng 和施敏 1969 年在贝尔实验室发明的。世界上每年所生产的 NVSM 单元（数）比任何其它半导体器件都多，也比其它任何人造元件都多。该器件的讨论，见第 6 章。——照片承蒙台湾新竹旺宏电子股份有限公司（Macronix International Company）提供。

　　本书中文简体字翻译版由本书著作权人施敏先生和伍国珏先生授权西安交通大学出版社独家出版发行。未经出版者预先书面许可，不得以任何方式复制或发行本书的任何部分。

　　本书封面设计参考自该书英文版（Wiley 公司 2006 年出版）。

图书在版编目（CIP）数据

　　半导体器件物理（第 3 版）/（美）施敏,（美）伍国珏著；耿莉,
张瑞智译. —西安：西安交通大学出版社,2008.6（2024.3 重印）
　　（国外名校最新教材精选）
　　书名原文：Physics of Semiconductor Devices / Third Edition
　　ISBN 978 - 7 - 5605 - 2596 - 9

　　Ⅰ.半…　Ⅱ.①施…②伍…③耿…④张…　Ⅲ.半导体
器件-高等学校-教材　Ⅳ. TN303

　　中国版本图书馆 CIP 数据核字（2008）第 063260 号

书　　名	半导体器件物理（第 3 版）
著　　者	〔美〕施敏（S.M.Sze）　伍国珏（Kwok K.Ng）
译　　者	耿　莉　张瑞智
策划编辑	赵丽平
责任编辑	贺峰涛
文字编辑	邹　林
出版发行	西安交通大学出版社
	（西安市兴庆南路 1 号　邮政编码 710048）
网　　址	http://www.xjtupress.com
电　　话	（029)82668357　82667874（市场营销中心）
	（029)82668315（总编办）
传　　真	（029)82668280
印　　刷	陕西奇彩印务有限责任公司
开　　本	787 mm×1 092 mm　1/16　印张 38　字数 933 千字
版次印次	2008 年 6 月第 1 版　　2024 年 3 月第 14 次印刷
书　　号	ISBN 978 - 7 - 5605 - 2596 - 9
定　　价	98.00 元

如发现印装质量问题,请与本社市场营销中心联系。
订购热线:（029)82665248　（029)82667874
投稿热线:（029)82664954
读者信箱:banquan1809@126.com

版权所有　侵权必究

前　言

　　自 20 世纪中期开始,电子工业取得了长足的进步,目前已成为世界上最大的产业,而其基础为半导体器件。为了适应电子工业的巨大需求,半导体器件领域取得了突飞猛进的发展,与之相应的是,半导体器件文献也大量涌现并种类繁多。为了便于获取这方面众多的知识和信息,需要一本全面介绍有关器件物理及器件工作原理的书籍。

　　为适应这种需求,《半导体器件物理》第 1 版和第 2 版分别于 1969 年和 1981 年出版。多少有点令人吃惊的是,此书长期以来一直作为应用物理、电机工程、电子工程和材料科学等专业的研究生和本科生的主要教材。此外,因为本书还包含了诸多如材料参数和器件物理等方面有用的资料,也是从事半导体器件研究和开发的工程师及科技工作者的重要参考书。数据表明(ISI Thomson Scientific),这本书在工程和应用科学领域的引用量已超过 15 000 次,或许不是被引用最多的书籍,但会是同时代被引用最多的文献之一。

　　自 1981 年以来,已有超过 250 000 篇关于半导体器件方面的论文发表,在器件概念和性能等方面取得了许许多多的新突破。显然,要使本书更好地继续服务于大众,需要对它再进行一次大的修订。在这本第 3 版的《半导体器件物理》中,50% 以上的内容被修订和更新,并且对资料也进行了重新组织。我们保留了经典器件的基本物理内容,增加了一些反映当代研究兴趣的内容,如三维 MOSFET 器件、非挥发存储器、中等掺杂场效应晶体管、单电子晶体管、共振隧穿二极管、绝缘栅双极晶体管、量子级联激光器以及半导体传感器等。另一方面,我们略去或减少了一些不太重要的部分,以维持全书原有的篇幅。

在每一章的最后我们增加了练习题,这些习题配合各章主题的发展,成为本书完整的组成部分,一些习题可以在课堂上作为例题。我们已经准备好各章习题的详细解答,对所有采用本书作为教材的教师免费提供题解,Wiley 出版公司还为教师提供书中用到的图和表格的电子文档,教师可以在该出版公司的网站 http://www.wiley.com/interscience/sze 上获得更为详细的信息。

在本书的撰写过程中,我们有幸得到了很多人的帮助和支持。首先我们对台湾新竹交通大学、台湾纳米器件实验室、杰尔系统(Agere Systems)和 MVC 等学术和工业机构表示感谢,没有他们的帮助,这本书不会完成。我们非常感谢台湾新竹交通大学的春天基金对本书在资金上的大力支持,作者之一(K. Ng)还要感谢 J. Hwang 和 B. Leung 的不断鼓励和帮助。

我们还从那些从他们繁忙的工作计划中挤出时间阅读此书的人那里获得了很多的有益建议,他们是以下学者:A. Alam,W. Anderson,S. Banerjee,J. Brews,H. C. Casey,Jr. P. Chow,N. de Rooij,H. Eisele,E. Kasper,S. Luryi,D. Monroe,P. Panayotatos,S. Pearton,E. F. Schubert,A. Seabaugh,M. Shur,Y. Taur,M. Teich,Y. Tsividis,R. Tung,E. Yang 和 A. Zaslavsky,我们还要感谢同意我们重新制作原始图表以便本书引用的期刊和原文作者。

感谢我们的家人在准备书稿的电子版上的帮助,Kyle Eng 和 Valerie Eng 扫描和输入了第 2 版的内容,Vivian Eng 编辑了公式,Jennifer Tao 准备了插图,这些插图被全部重新画过了。我们更要感谢 Norman Erdos 对于整个书稿在技术上的编辑,Iris Lin 和 Nai-Hua Chang 准备了习题及习题解答。感谢 John Wiley & Sons 出版公司的 George Telecki,是他鼓励我们承担了此项工作。最后我们还要感谢我们的妻子 Therese Sze 和 Linda Ng,感谢她们在整个成书过程中的支持和帮助。

施　敏　台湾新竹

伍国珏　圣何塞,加利福尼亚

2006 年 7 月

译者序

施敏教授的《半导体器件物理》自出版(1969年第1版,1981年第2版)以来,一直是该领域的经典著作,始终被国内外大学作为教科书或教学参考书,也是从事半导体器件研究和开发的工程师及科学工作者的重要参考书。更新后的第3版,50％以上的内容被修订、更新和重新组织,既有经典半导体物理基础知识及各类传统半导体器件的论述,又涵盖了包括量子器件在内的许多新型半导体器件,内容更加丰富,更具时代气息。各章末还附有习题,可以作为微电子学、电子科学与技术、应用物理专业本科生和研究生相应课程的教科书和参考书,也可供相关领域的科学家与工程师参考。

全书共分为14章,耿莉翻译了第1章~第4章、第12章、第13章、导言和附录,张瑞智翻译了第5章~第11章和第14章,并对全部译稿进行了初审和统稿。感谢施敏教授的信任,将这本书的翻译交给了译者,在翻译过程中也得到了他无微不至的关心和帮助,责任编辑贺峰涛和赵丽萍两位老师为本书的出版付出了辛勤的劳动,翻译中还得到了陈贵灿教授、李昕和贺永宁老师的帮助,在此表示衷心的感谢。由于译者水平及经验所限,译本中的不妥和疏漏之处在所难免,恳请广大读者批评指出。

译　者
2008年元月

目　录

导　言

本书分为 5 个部分：

第 1 部分：半导体物理

第 2 部分：器件的基本构件

第 3 部分：晶体管

第 4 部分：负阻和功率器件

第 5 部分：光电器件和传感器

第 1 部分，即第 1 章，为半导体性质的总体概述，作为理解和计算半导体器件特性的基础，在整个书中都会用到。本章简要介绍了半导体能带、载流子浓度及输运特性，主要关注两种最重要的半导体材料：硅（Si）和砷化镓（GaAs），这些半导体的常用或最为精确的参数值在第 1 章的图表中给出，为方便参考列在了附录中。

第 2 部分包括第 2 章到第 4 章的内容，介绍了所有半导体器件的基本构件。第 2 章讨论了 p-n 结的特性。因为 p-n 结是大多数半导体器件的基本构件，p-n 结理论成为整个半导体物理的基础。除此之外，第 2 章还考察了由两种不同的半导体材料构成的异质结，例如可以用砷化镓（GaAs）和砷化铝（AlAs）形成异质结，异质结是高速及光子器件的关键组成。第 3 章讨论了金属–半导体接触，它是金属和半导体的一种紧密接触。当半导体为中等掺杂时，这种接触有类似于 p-n 结的整流特性；如果半导体有非常重的掺杂，这种接触变为欧姆接触，电流从两个方向流过欧姆接触时均不产生额外的电压降，为器件和外部电路提供了必要的连接手段。第 4 章介绍了金属–绝缘体–半导体（MIS）电容，其中以基于硅的金属–氧化物–半导体结构为主要内容。与 MOS 电容相关的表面物理知识是非常重要的，它不仅对与 MOS 相关的器件如 MOSFET 和浮栅非挥发存储器非常重要，还与所有半导体器件的表面和隔离区的稳定性和可靠性密切相关。

第 3 部分包括第 5 章到第 7 章的内容，讨论了晶体管类器件家族。第 5 章为双极晶体管，即两个紧密耦合的 p-n 结间的相互作用。双极晶体管是最重要的传统半导体器件之一，1947 年发明的双极晶体管引导了当今的电子时代。第 6 章考察了 MOSFET（MOS 场效应晶体管），场效应晶体管和电势效应晶体管（如双极晶体管）的差别在于：前者的沟道是由栅通过电容调制的，而后者的沟道是由在沟道区的直接接触所控制的[1]。MOSFET 是现代集成电路中最重要的器件，广泛应用于微处理器和动态随机存储器（DRAM）中。第 6 章还讨论了非挥发半导体存储器，它是便携式电子系统，如手机、笔记本电脑、数码相机、音频和视频播放器和全球定位系统（GPS）的主要存储单元。第 7 章介绍了三种其它类型的场效应晶体管，它们是结场效应晶体管（JFET）、金属–半导体场效应晶体管（MESFET）和调制掺杂场效应晶体管（MODFET）。JFET 是半导体器件家族中的一个古老的成员，现在主要应用在功率器件上，而 MESFET 和 MODFET 则应用于高速、高输入阻抗放大器和单片微波集成电路中。

第 4 部分，即第 8 章到第 11 章，介绍了负阻和功率器件。在第 8 章中，我们讨论了隧道二极管（重掺杂 p-n 结）和共振隧穿二极管（由多异质结构成的双势垒结构）。由于量子力学隧穿,这些器件显示出了负的微分电阻,可以产生微波或作为特定的功能器件,即它们自身可以完成一种给定的电路功能,从而大大减小了电路中元器件的数量。第 9 章讨论了渡越时间器件。当 p-n 结或金属–半导体结在雪崩击穿状态下工作时,在适当的条件下可以得到 IM-PATT 二极管,在所有固态器件中,只有它可以产生最大毫米波频率范围内的连续波(CW)功率输出(大约 30GHz)。在本章还介绍了与它相关的 BARITT 和 TUNNETT 二极管的工作特性。转移电子器件(TED)在第 10 章进行了讨论。电子从具有高迁移率、低能量的导带能谷中转移到低迁移率、高能量的能谷中(在动量空间)可以产生微波振荡,即转移电子效应。另外,还讨论了实空间转移器件,它与 TED 相似,但是电子的转移发生在窄带隙材料和邻近的宽带隙材料之间,其电子转移发生在真实空间内而不是动量空间。晶闸管是由三个紧密耦合的 p-n 结以 p-n-p-n 的形式构成的,在第 11 章中给予了讨论。此外,还介绍了 MOS 控制晶闸管(由 MOSFET 和一个传统的晶闸管组合而成)和绝缘栅双极晶体管(IGBT,MOSFET 和传统的双极晶体管的组合)。这些器件有很宽的功率处理范围和很强的开关转换能力,它们可以荷载从几个毫安到几千安的电流,耐压可以超过 5000 V。

第 5 部分为第 12 章到第 14 章的内容,涉及光子器件和传感器。光子器件可以探测、产生和将光能转换为电能或将电能转换为光能。第 12 章讨论了半导体光源—发光二极管(LED)和激光器。LED 在电子设备和交通灯等显示器件、在闪光灯和自动头顶灯等发光器件方面有着众多的应用。半导体激光器可以用于光纤通信、视频播放和高速激光打印等。第 13 章讨论了具有高量子效率和高响应速度的各种光电探测器,这一章还介绍了与光电探测器相似的、能够将光能转化为电能的太阳电池,但是它们有不同的研究重点和器件结构。目前,世界范围内能源需求快速增长,固体燃料即将消耗殆尽,这些都对开发替代能源提出了紧迫要求。太阳电池是主要的候选者,因为它可以以高的转换效率将太阳光直接转换为电能,而且能够以较小的运行成本提供无污染的、实用的永久性能源。第 14 章讨论了重要的半导体传感器。传感器可定义为能够探测或测量外部信号的器件,信号主要包含如下 6 种:电、光、热、机械、磁及化学信号。传感器可以为人们提供人类自身感官无法直接感知的上述信号的信息,在这样一种传感器的定义下,所有的传统半导体器件都可以认为是传感器,它们有输入和输出,并且二者均为电的形式。因此可以这样认为,第 2 章到第 11 章所讨论的器件为电信号传感器,第 12 章和 13 章为光信号传感器,第 14 章为剩下的其它 4 种信号的传感器,即热、机械、磁和化学信号。

我们推荐读者首先学习半导体物理(第 1 部分)和器件基本构件(第 2 部分),然后再学习本书的其它部分。第 3 部分到第 5 部分的每一章里会介绍一种主要器件或一个相关的器件家族,各章或多或少地与其它章节相互独立,所以读者可以将本书作为一个参考或指导书,按照自己喜好的顺序选择章节学习,以适应自己的课程。人们已经拥有了大量半导体器件文献。到目前为止,在该领域已发表了 30 多万篇论文,在下一个 10 年内预计论文总数会达到 100 万篇。本书以一种清晰、连贯的模式引出各个章节,不特别依赖原始文献,在每一章的后面还给出了关键文献目录,以便读者参考和进一步的阅读。

第**1**部分

半导体物理

第 1 章　半导体物理学和半导体性质概要

第1章
半导体物理学和半导体性质概要

1.1　引言

半导体器件物理与半导体材料自身的物理特性有着天然的依赖关系。本章总结和回顾了半导体的基础物理和性质。它仅代表众多半导体文献的很小一部分,只有那些与器件工作相关的论题收入在这里。如果读者想对半导体物理学有更为详细的研究,可查阅 Dunlap[1]、Madelung[2]、Moll[3]、Moss[4]、Smith[5]、Boer[6]、Seeger[7] 及 Wang[8] 等人编著的标准教科书或参考书,这里也仅列出了少数几本。

为了把大量资料浓缩在一章内,本章汇集了来源于实验数据的四个表格(一些在附录中)和三十余幅图片,重点讲述两种最重要的半导体材料:硅(Si)和砷化镓(GaAs)。硅材料已得到了广泛的研究并应用于各类商用电子产品中。近些年,人们对砷化镓进行了深入的研究,已研究清楚,砷化镓的特殊性质是可供光电应用的直接带隙能带结构,以及可产生微波的谷间载流子输运和高迁移率特性。

1.2　晶体结构

1.2.1　原胞和晶面

晶体是具有周期性重复排列的原子的集合,将可以被重复并形成整块晶体的最小原子排列称为原胞,其尺度由晶格常数 a 表示,图 1.1 给出了一些重要原胞结构。

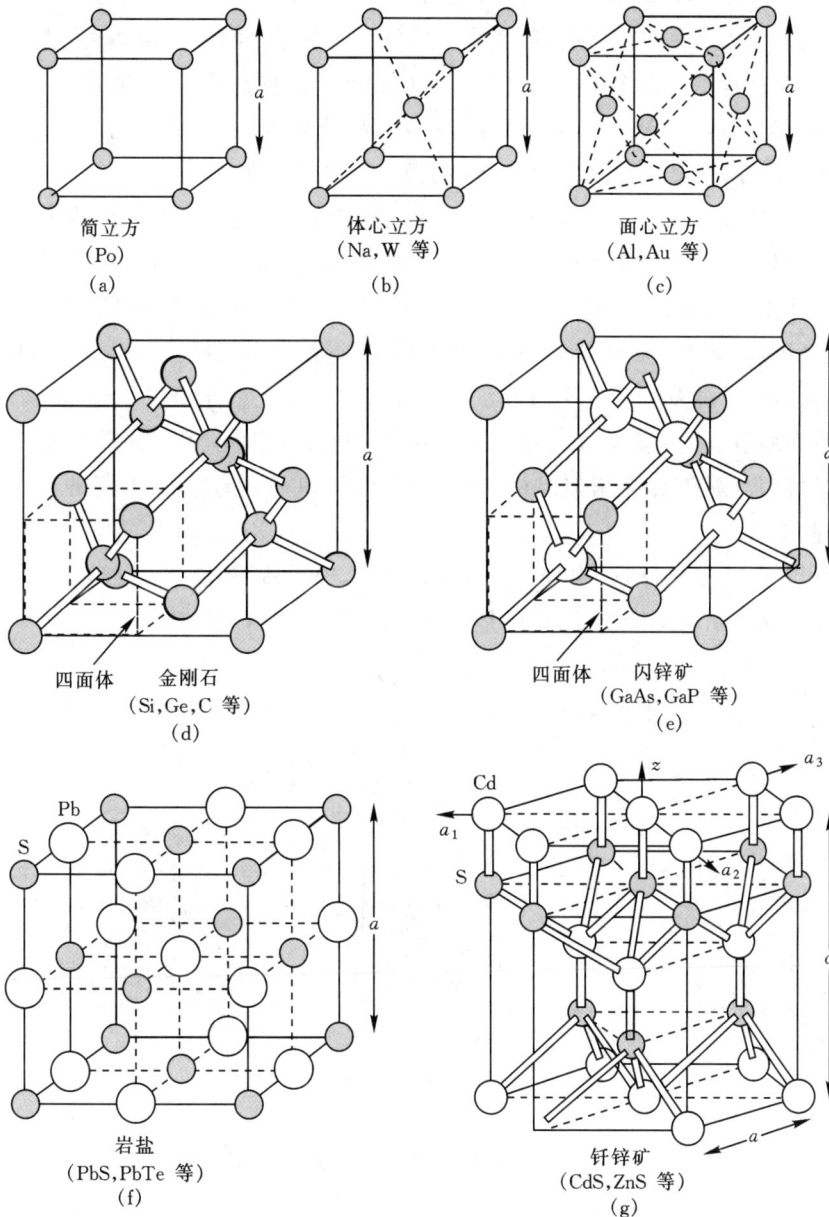

图中(a)简立方(Po)；(b)体心立方(Na,W 等)；(c)面心立方(Al,Au 等)；

简立方
(Po)
(a)

体心立方
(Na,W 等)
(b)

面心立方
(Al,Au 等)
(c)

四面体　金刚石
(Si,Ge,C 等)
(d)

四面体　闪锌矿
(GaAs,GaP 等)
(e)

岩盐
(PbS,PbTe 等)
(f)

纤锌矿
(CdS,ZnS 等)
(g)

图 1.1　一些重要原胞(正格子)及其代表物质,a 为晶格常数

　　许多重要的半导体具有属于四面体的金刚石或闪锌矿晶格结构,即每个原子被位于正四面体顶角的四个等距紧邻原子包围,两个紧邻原子之间的键由自旋相反的两个电子形成。金刚石和闪锌矿晶格可认为是两个面心立方晶格(fcc)的套构,对于金刚石晶格,例如硅(图 1.1(d)),所有原子是相同的硅原子;而对于闪锌矿晶格,如砷化镓(图 1.1(e)),一个格点上为镓原子,另一为砷原子,砷化镓是Ⅲ-Ⅴ族化合物,它由周期表的Ⅲ族元素和Ⅴ族元素构成。

　　多数Ⅲ-Ⅴ族化合物是闪锌矿结构[2,9],但是,其它很多半导体材料(包括部分Ⅲ-Ⅴ族化合物)为岩盐或纤锌矿结构。图 1.1(f)示出了岩盐晶格结构,也可以被认为是两个面心立方晶格套构而成,在岩盐结构中,每个原子有六个紧邻原子。图 1.1(g)示出了纤锌矿晶格结构,可看作是两个六角密排晶格套构而成(例如镉和硫的子晶格)。在图中,对于每一个子晶格(镉或硫),两个相邻层面水平排列,其面间距离(两个原子中心之间的固定距离)最短,因此称为**密排列**。纤锌矿结构由有四个等距紧邻原子组成的四面体排列组成,类似于闪锌矿结构。

　　附录 F 总结了一些重要半导体材料的晶格常数及晶体结构[10,11],有些化合物半导体材料,如硫化锌和硫化镉,既可以是闪锌矿结构也可以是纤锌矿结构。

　　由于半导体器件一般制作在半导体表面或近表面处,表面的晶面指向和特征非常重要。晶体中通常采用密勒指数确定不同晶面,密勒指数的确定方法如下:首先求出该晶面在三个主轴上的截距,并以晶格常数(或原胞)的倍数表示截距值,然后对这三个数值各取倒数,乘以它们的最小公分母,简化为三个最小整数,把结果括在圆括弧内就得到了密勒指数(hkl),用它来表示一个晶面,用$\{hkl\}$表示一族平行晶面。图 1.2 示出立方晶格的几个重要晶面的密勒指数,其它一些通用表示方法在表 1.1 中给出。对于元素半导体硅,最容易断裂或解理的晶面为$\{111\}$面,相对而言,对于具有相似晶格结构的砷化镓,其价键还含有一定的离子键成分,沿$\{110\}$面解理。

　　晶体可用三个初基矢,即原胞基矢 $\boldsymbol{a}$、$\boldsymbol{b}$ 和 $\boldsymbol{c}$ 描述,当平移任何一个等于这三个基矢整数倍之和的矢量时,晶体结构保持不变,也就是说,正格子位置可由下式确定[12]

$$\boldsymbol{R} = m\boldsymbol{a} + n\boldsymbol{b} + p\boldsymbol{c} \tag{1}$$

式中,m、n 和 p 为整数。

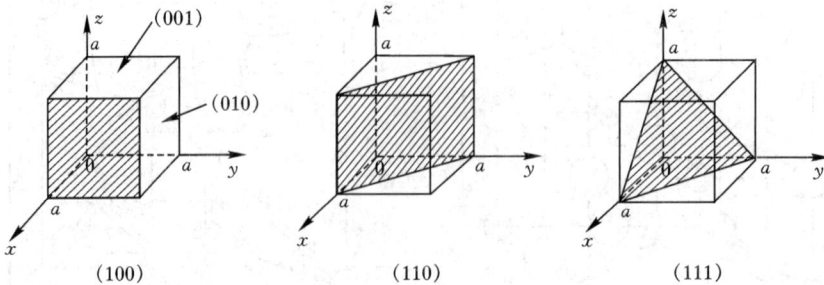

图 1.2　立方晶格中某些重要晶面的密勒指数

表 1.1　密勒指数和它所代表的晶体表面的晶面或方向

密勒指数	晶面或方向描述
(hkl)	在 x、y 及 z 轴的截距分别为 $1/h$、$1/k$ 和 $1/l$ 的晶面
$(\bar{h}kl)$	截负 x 轴、y 及 z 轴的晶面
$\{hkl\}$	对称面,如 $\{100\}$ 代表立方对称的 (100)、(010)、(001)、$(\bar{1}00)$、$(0\bar{1}0)$ 和 $(00\bar{1})$ 各面
$[hkl]$	晶向,如 $[100]$ 表示 x 轴
$\langle hkl \rangle$	一族等效晶向
$[hklm]$	(如纤锌矿结构)晶面,在 a_1、a_2、a_3 和 z 轴上的截距分别为 $1/h$、$1/k$、$1/l$ 和 $1/m$(图 1.1 (g))

1.2.2　倒格子

对于一组给定的正基矢,一组倒格基矢 a^*,b^*,c^* 可定义为

$$a^* \equiv 2\pi \frac{b \times c}{a \cdot b \times c} \tag{2a}$$

$$b^* \equiv 2\pi \frac{c \times a}{a \cdot b \times c} \tag{2b}$$

$$c^* \equiv 2\pi \frac{a \times b}{a \cdot b \times c} \tag{2c}$$

因此 $a \cdot a^* = 2\pi$,$a \cdot b^* = 0$ 等等,由于 $a \cdot b \times c = b \cdot c \times a = c \cdot a \times b$,上述各式的分母相同,为三个矢量组成的立方体的体积,总的倒格矢为

$$G = ha^* + kb^* + lc^* \tag{3}$$

式中,h、k 和 l 为整数,由此得出正格子和倒格子的一个重要的关系式:

$$G \cdot R = 2\pi \times 整数 \tag{4}$$

因而每个倒格矢垂直于正格子的一簇晶面,并且倒格子原胞的体积 V_c^* 与正格子原胞的体积 (V_c) 成反比,即 $V_c^* = (2\pi)^3/V_c$,其中 $V_c \equiv a \cdot b \times c$。

倒格子的原胞可用维格纳-赛茨原胞表示。连接倒格子中选定的中心点与紧邻的等效倒格点,作该直线的垂直平分面,如此得到的一组平面即可围成一个维格纳-赛茨原胞,这种方法也可用于正格子。倒格子的维格纳-赛茨原胞称为第一布里渊区。图 1.3(a)给出了体心立方(bcc)倒格子的典型例子[13],首先从中心点(Γ)到立方体的八个顶点画直线,然后作垂直平分面,其结果就是立方体内的截角八面体,即维格纳-赛茨原胞。可以看出[14],晶格常数为 a 的面心立方(fcc)正格子有间距为 $4\pi/a$ 的体心立方倒格子,因此,图 1.3(a)所示的维格纳-赛茨原胞是 fcc 正格子的倒格子(bcc)原胞。同理,可以作出 bcc 和六角结构正格子的维格纳-赛茨原胞,如图 1.3(b)和 1.3(c)所示[15]。后面会看到,当波矢 k($|k| = k = 2\pi/\lambda$)的坐标在倒格子坐标系中表示时,倒格子对于显示 E-k 关系非常重要,特别是对于 fcc 晶格,布里渊区非常重要,因为它与人们最关心的半导体材料有关。图 1.3(a)所用符号在后面将会详细讨论。

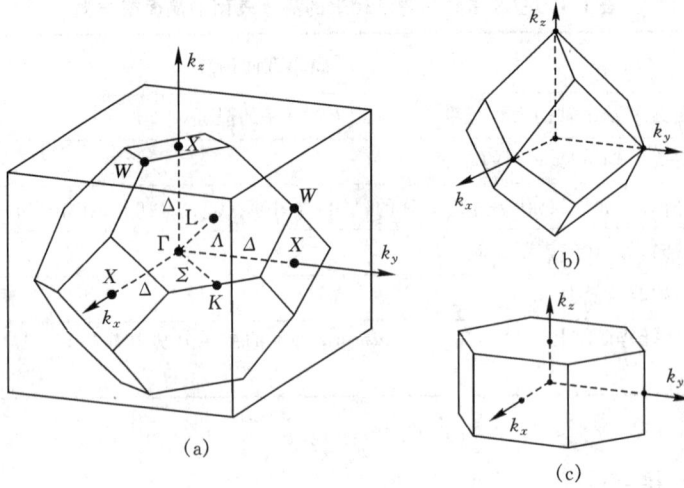

图 1.3　布里渊区

(a) fcc 晶格、金刚石和闪锌矿；(b)bcc 晶格；(c)纤锌矿晶格

1.3　能带和能隙

　　能量-动量(E-k)关系对于晶格中的载流子是非常重要的，例如声子和光子的相互作用中能量和动量必须守恒，电子和空穴的相互作用引出了能隙的概念。通过这个关系还可以定义有效质量和群速的概念，随后会加以讨论。

　　晶体的能带结构，即能量-动量(E-k)关系，通常可以根据单电子近似求解薛定谔方程得到。作为能带结构最重要的理论基础之一的布洛赫定理认为，若势能 $V(r)$ 在正格子空间为周期函数，则薛定谔方程[14,16]

$$\left[-\frac{\hbar^2}{2m^*}\nabla^2+V(r)\right]\psi(r,k)=E(k)\psi(r,k) \tag{5}$$

的解 $\psi(r,k)$ 为布洛赫函数形式，即

$$\psi(r,k)=\exp(jk\cdot r)U_b(r,k) \tag{6}$$

式中，b 为能带指数，$\psi(r,k)$ 和 $U_b(r,k)$ 为周期性函数，周期为正格子周期 R，因为

$$\psi(r+R,k)=\exp[jk\cdot(r+R)]U_b(r+R,\ k)$$
$$=\exp(jk\cdot r)\exp(jk\cdot R)U_b(r,k) \tag{7}$$

且等于 $\psi(r,k)$，$k\cdot R$ 需为 2π 的整数倍。式(4)的特征是当 G 被 k 代替后，可以用倒格子来显示 E-k 关系。

　　由布洛赫定理可知，在倒格子中，能量 $E(k)$ 为周期函数，即 $E(k)=E(k+G)$，其中，G 由式(3)给出。对于给定的能带指数，只用倒格子原胞内的 k 就足以唯一地表示能量。标准习惯是采用倒格子内的维格纳-赛茨原胞(图 1.3)，这个原胞为布里渊区或第一布里渊区[13]。显然，倒空间内的任何动量 k 都可以简化为布里渊区内的一个点，布里渊区内的任何能态可以在简约布里渊区内标出。

　　金刚石和闪锌矿晶格的布里渊区与面心立方晶格的布里渊区相同,如图 1.3(a)所示。表 1.2 总结了最重要的对称点和对称线,如布里渊区的中心、布里渊区边界和它们相应的 k 轴。

表 1.2　fcc,金刚石和闪锌矿晶格的布里渊区:布里渊区
的边界及其对应的轴(Γ 为中心)

点	简并度	轴
Γ,$(0,0,0)$	1	
X,$2\pi/a(\pm1,0,0)$, $2\pi/a(0,\pm1,0)$, $2\pi/a(0,0,\pm1)$	6	Δ,$\langle1,0,0\rangle$
L,$2\pi/a(\pm1/1,\pm1/2,\pm1/2)$	8	Λ,$\langle1,1,1\rangle$
K, $2\pi/a(\pm3/4,\ \pm3/4,\ 0)$, $2\pi/a(0,\pm3/4,\ \pm3/4)$, $2\pi/a(\pm3/4,\ 0,\ \pm3/4)$	12	Σ,$\langle1,1,0\rangle$

　　已采用各种数值方法对固体的能带进行了理论研究。对于半导体来说,有三种最常用的方法,分别为正交平面波法[17,18]、赝势法[19]和 $k \cdot p$ 法[5]。图 1.4 给出了 Si 和 GaAs 能带结构的研究结果,注意到,对于任何半导体都存在一个禁止能量区,该区域不存在允许状态,在这一能隙的上方和下方允许有能量区或能带,上面的能带称为导带,下面的能带称为价带。导带最

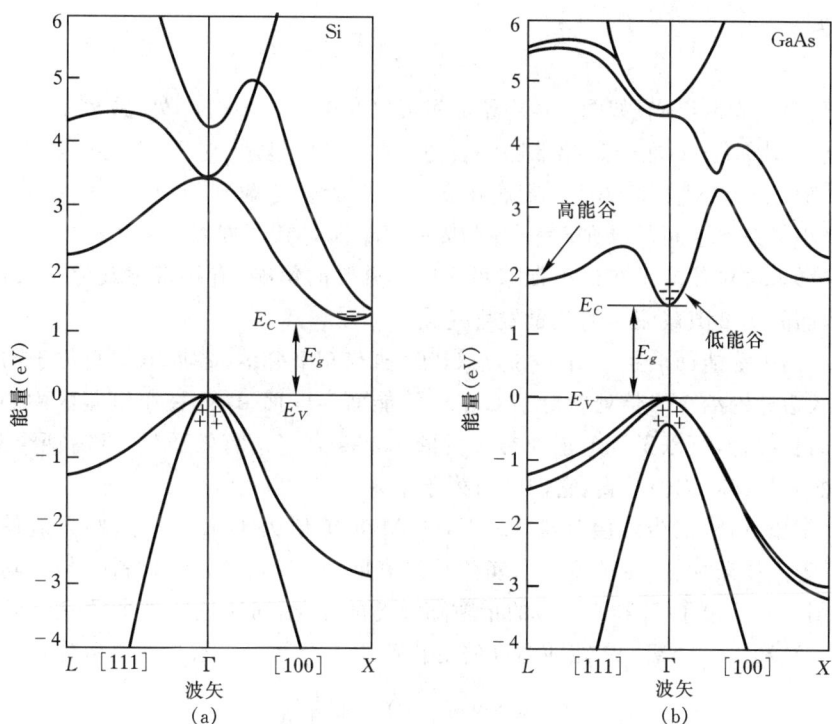

图 1.4　(a)Si 和(b)GaAs 的能带结构,其中 E_g 为带隙,正号(+)表示价带内的空穴,
负号(−)表示导带内的电子(引自参考文献 20)

低能量与价带最高能量之差称为带隙或能量隙 E_g，在半导体物理学中，E_g 是最重要的参数之一。导带底记作 E_C，价带顶记作 E_V。在能带内，从 E_C 向上量度时，习惯上把电子能量定义为正；从 E_V 向下量度时，空穴能量为正。一些重要半导体材料的带隙列在附录 F 中。

在薛定谔方程中，如果忽略自旋，闪锌矿结构的价带，如图 1.4(b)所示的 GaAs，由四个子能带组成，如果计入自旋，每个能带加倍。四个能带中的三个在 $k=0$（即 Γ 点）处简并，形成能带的上边沿，第四个子能带形成带底（图中没有标出），自旋轨道相互作用使能带在 $k=0$ 处分裂。

在带的边缘处，即导带底 E_C 附近和价带顶 E_V 附近，E-k 关系可近似表示为二次方程，

$$E(k) = \frac{\hbar^2 k^2}{2m^*} \tag{8}$$

式中 m^* 为相应的有效质量。但是，正如图 1.4 所示，沿一个给定的方向，两个上面的价带顶附近可用两个有不同曲率的抛物线近似：重空穴带（$\partial^2 E/\partial k^2$ 较小，能带较宽）和轻空穴带（$\partial^2 E/\partial k^2$ 较大，能带较窄）。有效质量通常为张量，张量元 m_{ij}^* 定义为

$$\frac{1}{m_{ij}^*} \equiv \frac{1}{\hbar^2} \frac{\partial^2 E(k)}{\partial k_i \partial k_j} \tag{9}$$

一些重要半导体材料的有效质量列于附录 F。

载流子的运动可以由群速度描述，即

$$v_g = \frac{1}{\hbar} \frac{dE}{dk} \tag{10}$$

具有的动量为

$$p = \hbar k \tag{11}$$

导带由几个子能带组成（如图 1.4），导带底可以在中心 $k=0$（Γ）处，或离开中心在不同的 k 轴上。仅考虑对称性，不能确定导带底的位置，实验结果显示：对于 Si，导带底不在中心点，而是在 [100] 轴（Δ）上；对于 GaAs，导带底在 $k=0$（Γ）处。考虑到价带顶出现在 Γ 点，决定带隙时，导带最小值在 k 空间可以在 $k=0$ 或与 $k=0$ 错开，导致了如 GaAs 的直接带隙和如 Si 的间接带隙半导体，这对载流子在最小带隙间跃迁有重要的影响，直接带隙载流子跃迁动量（或 k）是相同的，而间接带隙载流子的动量发生变化。

图 1.5 示出了等能面形状。对于 Si，沿 ⟨100⟩ 轴有 6 个椭球，各椭球球心位于布里渊区中心到布里渊区边界的约 3/4 倍处。对于 GaAs，等能面为球面，球心在布里渊区中心。将实验结果与抛物面相拟合，可以得到电子的有效质量：GaAs 有一个有效质量，Si 有两个有效质量，m_l^* 沿对称轴，m_t^* 与对称轴垂直，它们的值列于附录 G 中。

在室温、常压下，Si 的带隙值为 1.12 eV，GaAs 带隙值为 1.42 eV，这些数值是对高纯材料而言的，对于重掺杂材料，带隙变窄。实验结果表明，大多数半导体材料的带隙随温度的升高而减少。图 1.6 给出了 Si 和 GaAs 的带隙随温度的变化，对于这两种半导体，0 K 时带隙分别接近 1.17 eV 和 1.52 eV。带隙随温度的变化可用一个普适函数近似表示为：

$$E_g(T) \approx E_g(0) - \frac{\alpha T^2}{T+\beta} \tag{12}$$

式中 $E_g(0)$、α 和 β 在图 1.6 中给出。对于上述两种半导体，温度系数 dE_g/dT 均为负。另外一些半导体材料的 dE_g/dT 为正，如 PbS（见附录 F），E_g 从 0 K 时的 0.286 eV 增加到 300 K 时的 0.41 eV。在室温附近，GaAs 的带隙随压力 P 而增加[24]，dE_g/dP 约为 12.6×10^{-6} eV·cm²/N，

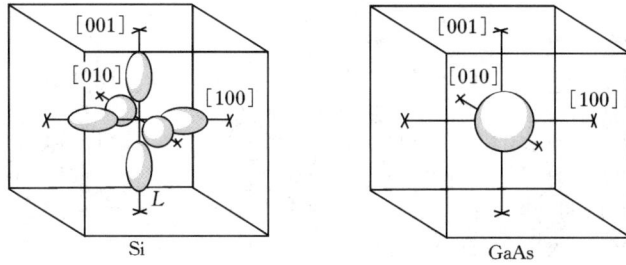

图 1.5　Si 和 GaAs 的等能面形状，Si 沿〈100〉轴有 6 个椭球，椭球
　　　　球心位于布里渊区中心到布里渊区边界的约 3/4 倍处；
　　　　GaAs 的等能面为球面，球心位于布里渊区中心（引自参
　　　　考文献 21）

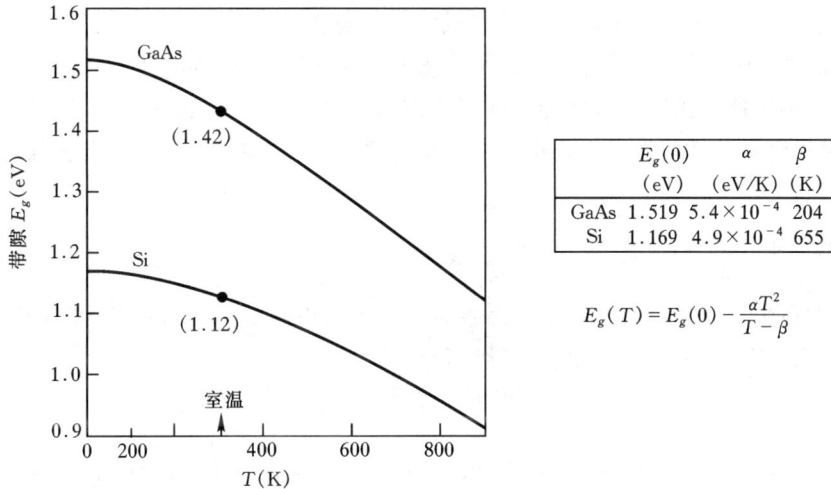

	$E_g(0)$	α	β
	(eV)	(eV/K)	(K)
GaAs	1.519	5.4×10^{-4}	204
Si	1.169	4.9×10^{-4}	655

$$E_g(T) = E_g(0) - \frac{\alpha T^2}{T - \beta}$$

图 1.6　Si 和 GaAs 的带隙与温度的关系（引自参考文献 22 - 23）

Si 的带隙则随压力减少，$dE_g/dP = -2.4\times10^{-6}\,eV \cdot cm^2/N$。

1.4　热平衡时的载流子浓度

　　半导体最重要的特性之一是可以通过掺入不同类型、不同浓度的杂质改变其电阻率，而且当这些杂质电离且载流子耗尽时，留下了一个电荷区，产生电场及半导体内部的势垒，这种特性在金属或绝缘体中是没有的。

　　图 1.7 示出了半导体的三种基本键：图 1.7(a)表示本征硅，本征硅非常纯净，所含杂质量极少，可以忽略，每个硅原子与四个相邻的硅原子共用价电子，形成四个共价键（见图1.1）；图 1.7(b)表示 n 型硅，一个有五个价电子的磷原子以替位式代替了一个硅原子，给晶体的导带**贡献一个带负电荷的电子**，磷原子被称为**施主**；图 1.7(c)简单地表示了一个具有三个价电子

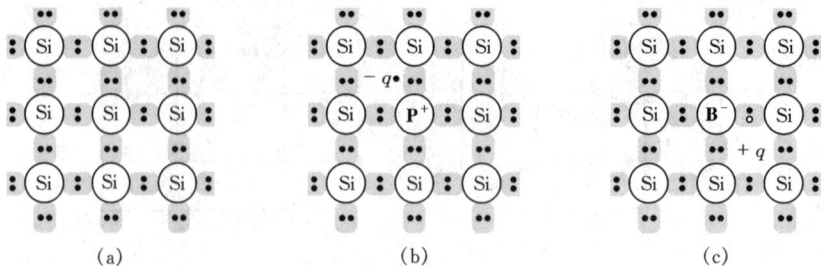

图 1.7　半导体的三种基本键

（a）没有掺杂的本征 Si；（b）掺有施主（磷）的 n 型 Si；（c）掺有受主（硼）的 p 型 Si

的硼原子替代硅原子时的情形，向价带提供一个**带正电的空穴**，这个硼原子**接受**一个额外的电子，围绕硼原子形成四个共价键，这就是 p 型硅，硼为**受主**。

　　n 型和 p 型这种称谓，在人们发现金属丝被压在 p 型材料上形成肖特基势垒二极管（参见第 3 章），需给半导体加正向偏置才能产生显著电流[25,26]时就被确定下来了，而且当暴露在光线下时，相对于金属丝将产生一个**正电势**。与此相反，对于 n 型材料需加**反向偏压**才能产生足够大的电流。

1.4.1　载流子浓度和费米能级

　　首先考虑在半导体内没有加入杂质时的本征情形。电子的数量（占据导带能级）由总的状态数 $N(E)$ 乘以占据几率 $F(E)$，然后对导带积分得出

$$n = \int_{E_C}^{\infty} N(E) F(E) \, \mathrm{d}E \tag{13}$$

　　当载流子浓度和温度足够低时，状态密度 $N(E)$ 可用导带底附近的状态密度近似给出[5]

$$N(E) = M_C \frac{\sqrt{2}}{\pi^2} \frac{m_{de}^{3/2} (E - E_C)^{1/2}}{\hbar^3} \tag{14}$$

式中，M_C 为导带的等效极小值数目，m_{de} 为电子的状态密度有效质量[5]，而

$$m_{de} = (m_1^* m_2^* m_3^*)^{1/3} \tag{15}$$

式中，m_1^*，m_2^*，m_3^* 为沿椭球形等能面各主轴的有效质量。例如，对于硅 $m_{de} = (m_l^* m_t^{*2})^{1/3}$，占据几率强烈依赖于温度和能量，可由费米-狄拉克分布函数 $F(E)$ 给出

$$F(E) = \frac{1}{1 + \exp[(E - E_F)/kT]} \tag{16}$$

式中 E_F 为费米能级，可由电中性条件得到（见 1.4.3 节）。

　　式（13）的积分可以估算为

$$n = N_C \frac{2}{\sqrt{\pi}} F_{1/2} \left(\frac{E_F - E_C}{kT} \right) \tag{17}$$

式中 N_C 为导带的有效状态密度，由下式给出：

$$N_C \equiv 2 \left(\frac{2\pi m_{de} kT}{h^2} \right)^{3/2} M_C \tag{18}$$

费米-狄拉克积分随 $\eta \equiv (E-E_C)/kT$ 的变化为

$$F_{1/2}\left(\frac{E_F-E_C}{kT}\right) \equiv F_{1/2}(\eta_F) = \int_{E_C}^{\infty} \frac{\left[(E-E_C)/kT\right]^{1/2}}{1+\exp\left[(E-E_F)/kT\right]} \frac{\mathrm{d}E}{kT}$$

$$= \int_0^{\infty} \frac{\eta^{1/2}}{1+\exp(\eta-\eta_F)} \mathrm{d}\eta \qquad (19)$$

式中 $\eta_F \equiv (E_F-E_C)/kT$，费米-狄拉克积分的值画在图 1.8 中。注意，当 $\eta_F < -1$ 时，积分可由指数函数近似；当 $\eta_F = 0$ 时，费米能级和导带底重合，积分值约为 0.6，$n \approx 0.7N_C$。

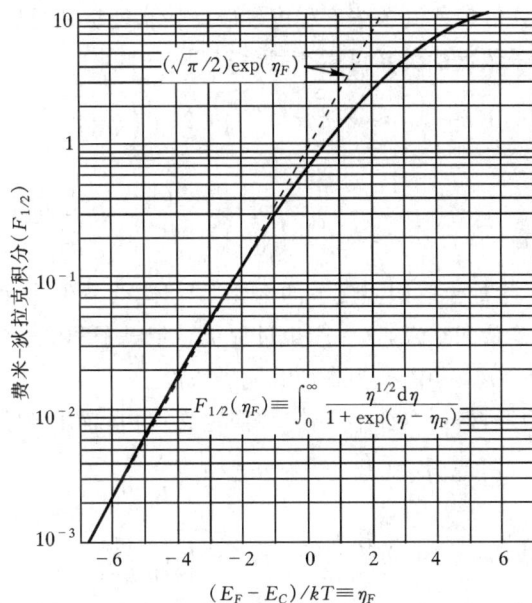

图 1.8　费米-狄拉克积分 $F_{1/2}$ 与费米能级的关系（引自参考文献 27），虚线为玻耳兹曼统计近似

非简并半导体　对于非简并半导体，掺杂浓度小于 N_C，费米能级在 E_C 下几个 kT 处（η_F 为负），费米-狄拉克积分近似为

$$F_{1/2}\left(\frac{E_F-E_C}{kT}\right) = \frac{\sqrt{\pi}}{2}\exp\left(-\frac{E_C-E_F}{kT}\right) \qquad (20)$$

可以应用玻耳兹曼统计分布，式（17）变为

$$n = N_C \exp\left(-\frac{E_C-E_F}{kT}\right) \quad 或 \quad E_C-E_F = kT\ln\left(\frac{N_C}{n}\right) \qquad (21)$$

同理，对于 p 型半导体可以得到空穴浓度及价带顶附近的费米能级，

$$p = N_V \frac{2}{\sqrt{\pi}} F_{1/2}\left(\frac{E_V-E_F}{kT}\right) \qquad (22)$$

上式可以简化为

$$p = N_V \exp\left(-\frac{E_F-E_V}{kT}\right) \quad 或 \quad E_F-E_V = kT\ln\left(\frac{N_V}{p}\right) \qquad (23)$$

式中 N_V 为价带的有效态状态密度，

‹cite›‹/cite›

$$N_V \equiv 2\left(\frac{2\pi m_{dh}kT}{h^2}\right)^{3/2} \tag{24}$$

式中 m_{dh} 为价带的状态密度有效质量[5]

$$m_{dh} = (m_{lh}^{*3/2} + m_{hh}^{*3/2})^{2/3} \tag{25}$$

式中的下标 l 和 h 分别指轻、重空穴。

简并半导体　由图 1.8 可知,当电子浓度和空穴浓度接近或大于有效状态密度(N_C 和 N_V)时达到简并,不能用简单的玻耳兹曼统计分布,只能用费米-狄拉克积分值求浓度。对于 $\eta_F > -1$,费米-狄拉克积分依赖载流子浓度程度较弱。费米能级还可以不在带隙内,对于 n 型半导体,费米能级和载流子浓度的关系可由下式估算[28],

$$E_F - E_C \approx kT\left[\ln\left(\frac{n}{N_C}\right) + 2^{-3/2}\left(\frac{n}{N_C}\right)\right] \tag{26a}$$

对于 p 型半导体,则有

$$E_V - E_F \approx kT\left[\ln\left(\frac{p}{N_V}\right) + 2^{-3/2}\left(\frac{p}{N_V}\right)\right] \tag{26b}$$

本征载流子浓度　对于处于有限温度下的本征半导体,会发生热扰动,使得电子从价带激发到导带,在价带内留下等量的空穴,这一产生过程被导带电子和价带空穴的复合所平衡。稳态时,净载流子浓度 $n = p = n_i$,其中 n_i 为本征载流子浓度。

令式(21)和式(23)相等,得到本征半导体(按照定义,为非简并半导体)的费米能级为

$$\begin{aligned} E_F = E_i &= \frac{E_C + E_V}{2} + \frac{kT}{2}\ln\left(\frac{N_V}{N_C}\right) \\ &= \frac{E_C + E_V}{2} + \frac{3kT}{4}\ln\left(\frac{m_{dh}}{m_{de}M_C^{2/3}}\right) \end{aligned} \tag{27}$$

因此,本征半导体的费米能级 E_i 通常十分接近,但不等于带隙中线位置。由式(21)或式(23)得到本征载流子浓度为

$$\begin{aligned} n_i &= N_C\exp\left(-\frac{E_C - E_i}{kT}\right) = N_V\exp\left(-\frac{E_i - E_V}{kT}\right) \\ &= \sqrt{N_C N_V}\exp\left(-\frac{E_g}{2kT}\right) \\ &= 4.9\times10^{15}\left(\frac{m_{de}m_{dh}}{m_0^2}\right)^{3/4}M_C^{1/2}T^{3/2}\exp\left(-\frac{E_g}{2kT}\right) \end{aligned} \tag{28}$$

图 1.9 给出了 Si 和 GaAs 的 n_i 随温度的变化,正如所料,带隙越大,本征载流子浓度越小[30]。

对于非简并半导体,少数载流子和多数载流子的乘积为一固定值

$$pn = N_C N_V\exp\left[-\frac{E_g}{kT}\right] = n_i^2 \tag{29}$$

式(29)称为质量作用定律,但对于简并半导体 $pn < n_i^2$。由式(28),以 E_i 作为参考能级,对于 n 型材料,得到载流子浓度的另一个表示式:

$$n = n_i\exp\left(\frac{E_F - E_i}{kT}\right) \quad 或 \quad E_F - E_i = kT\ln\left(\frac{n}{n_i}\right) \tag{30a}$$

对于 p 型材料有

$$p = n_i\exp\left(\frac{E_i - E_F}{kT}\right) \quad 或 \quad E_i - E_F = kT\ln\left(\frac{p}{n_i}\right) \tag{30b}$$

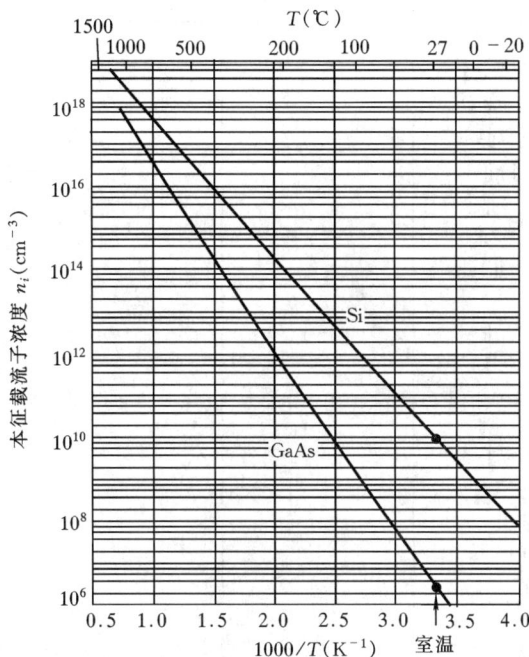

图 1.9　Si 和 GaAs 的本征载流子浓度与温度倒数的关系(引自参考文献 22 和 29)

1.4.2　施主和受主

当半导体掺施主或受主杂质时,会在禁带内引入杂质能级。施主杂质引入施主能级,若能级被电子占据时呈中性,不被电子占据时带正电,该能级为施主能级;反过来,对于受主能级,能级不被电子占据时呈电中性,被电子占据时带负电。这些能级在计算杂质电离比例或电活性时非常重要,将在 1.4.3 节讨论。

为了获得对杂质电离能大小的感性认识,可以基于氢原子模型作简单的计算。真空中氢原子的电离能为

$$E_H = \frac{m_0 q^4}{32\pi^2 \varepsilon_0^2 \hbar^2} = 13.6 \text{ eV} \tag{31}$$

将上式中的 m_0 用电子的电导有效质量[5]

$$m_{ce} = 3\left(\frac{1}{m_1^*} + \frac{1}{m_2^*} + \frac{1}{m_3^*}\right)^{-1} \tag{32}$$

代替,用半导体的介电常数 ε_s 代替式(31)中的 ε_0,得到晶体中施主的电离能($E_C - E_D$):

$$E_C - E_D = \left(\frac{\varepsilon_0}{\varepsilon_s}\right)^2 \left(\frac{m_{ce}}{m_0}\right) E_H \tag{33}$$

由式(33)算得的施主电离能 Si 为 0.025 eV,GaAs 为 0.007 eV。依据氢原子模型对受主电离能所作的计算类似于施主,得到的从价带边算起的受主电离能 $E_a \equiv (E_A - E_V)$,Si 和 GaAs 都约为 0.05 eV。

尽管上述简单氢原子模型不能反映电离能的细节,特别是对于半导体中的深能级[31-33],但是其计算值的确预言了浅能级杂质电离能的正确数量级。这些计算结果比带隙小很多,如

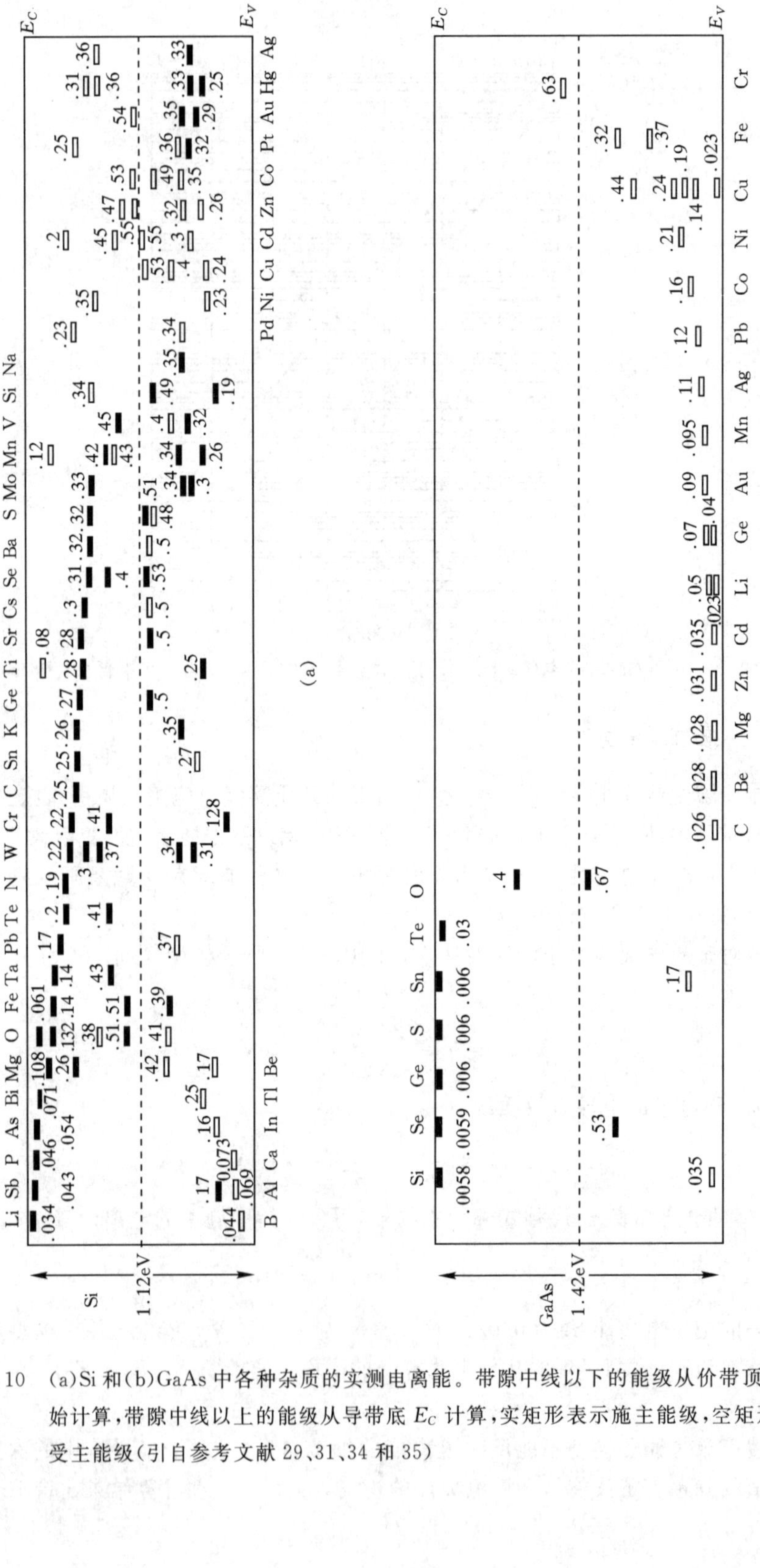

图 1.10　(a)Si 和(b)GaAs 中各种杂质的实测电离能。带隙中线以下的能级从价带顶 E_V 开始计算，带隙中线以上的能级从导带底 E_C 计算，实矩形表示施主能级，空矩形表示受主能级(引自参考文献 29、31、34 和 35)

果杂质能级接近带边,就称为浅能级杂质,而且由于这些小的电离能与热能量 kT 的大小相比拟,通常在室温下杂质全部电离。图 1.10 示出了 Si 和 GaAs 中掺有不同杂质时的实测电离能,注意到,单原子可能有多个能级,例如金在硅的禁带中引入一个受主能级和两个施主能级。

1.4.3　费米能级的计算

本征半导体的费米能级(式 27)十分接近带隙中央,这种情形示于图 1.11(a),图中自左至右示意地表示出简化的能带图、状态密度 $N(E)$、费米-狄拉克分布函数 $F(E)$ 和载流子浓度,导带和价带内的阴影面积代表电子浓度和空穴浓度,对于本征的情形,阴影部分的面积相等,即 $n = p = n_i$。

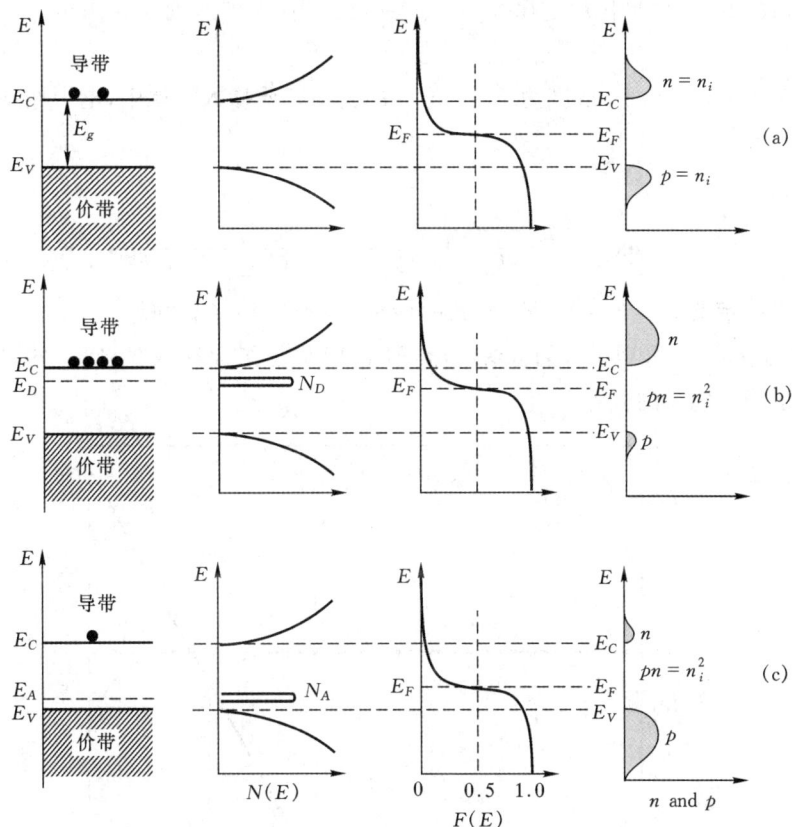

图 1.11　(a)本征半导体、(b)n 型半导体和(c)p 型半导体热平衡时的能带、状态密度、费米-狄拉克分布和载流子浓度示意图。注意,三种情形都有 $pn = n_i^2$

当半导体晶体内引入杂质原子后,不是所有的杂质都电离,取决于杂质能级和晶格温度。电离施主浓度为[36]

$$N_D^+ = \frac{N_D}{1 + g_D \exp[(E_F - E_D)/kT]} \tag{34}$$

式中 g_D 为施主杂质能级的基态简并度。由于一个施主能级只能够接受一个有任意自旋方向的电子(或者不接受电子),故 g_D 等于 2。当浓度为 N_A 的受主杂质加入半导体中时,可以写

出类似的电离受主浓度

$$N_A^- = \frac{N_A}{1 + g_A \exp\left[(E_A - E_F)/kT\right]} \tag{35}$$

式中受主能级的基态简并度 g_A 为 4,这是因为对于大多数半导体而言,每个受主杂质能级能够接受一个任意自旋方向的空穴,在 $k=0$ 处价带自身是双重简并的,因而杂质能级也双重简并。

当引入杂质原子后,总的负电荷(电子和电离受主)必须等于总的正电荷(空穴和电离施主),由电中性条件得到

$$n + N_A^- = p + N_D^+ \tag{36}$$

加入杂质后,式(29)的质量作用定律($np = n_i^2$)一直适用(直到达到简并),pn 乘积与加入的杂质无关。

考虑图 1.11(b)的情形,浓度为 $N_D(\mathrm{cm}^{-3})$ 的施主杂质掺入晶体中,电中性条件变为

$$n = N_D^+ + p \approx N_D^+ \tag{37}$$

通过代换得到

$$N_C \exp\left(-\frac{E_C - E_F}{kT}\right) \approx \frac{N_D}{1 + 2\exp\left[(E_F - E_D)/kT\right]} \tag{38}$$

对于一组给定的 N_D, E_D, N_C 和 T,费米能级 E_F 唯一确定。知道了 E_F,就可以计算出载流子浓度 n。式(38)也可用图解的方法解出,图 1.12 画出了 n 和 N_D^+ 与 E_F 的关系,两条曲线的交点决定了费米能级的位置。

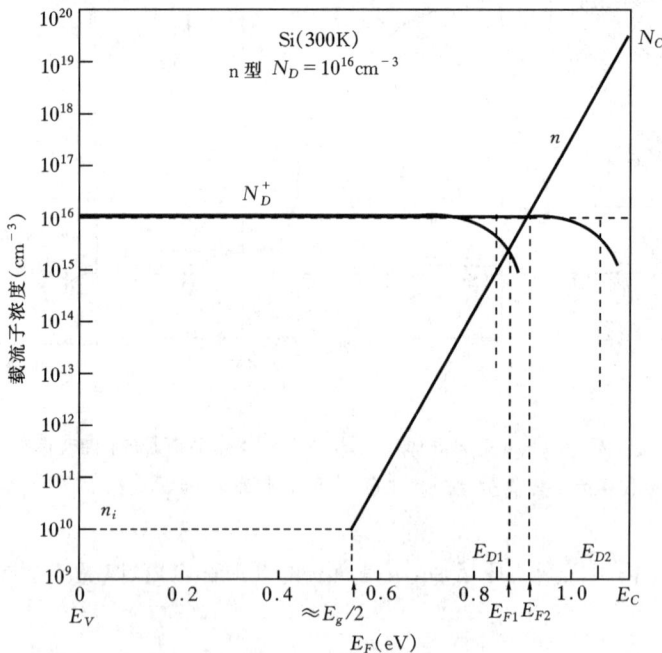

图 1.12 杂质没有完全电离时确定费米能级 E_F 和电子浓度 n 的图
解法,以两个不同杂质能级 E_D 为例

不用求解式(38)，可以看到当 $N_D \gg \dfrac{1}{2} N_C \exp[-(E_C-E_D)/kT] \gg N_A$ 时，电子的浓度可以近似表示为[5]

$$n \approx \sqrt{\frac{N_D N_C}{2}} \exp\left[-\frac{(E_C-E_D)}{2kT}\right] \tag{39}$$

对于补偿的 n 型材料($N_D > N_A$)，受主浓度不能忽略，当 $N_A \gg \dfrac{1}{2} N_C \exp[-(E_C-E_D)/kT]$ 时，电子浓度近似表示为

$$n \approx \left(\frac{N_D-N_A}{2N_A}\right) N_C \exp\left[-\frac{(E_C-E_D)}{kT}\right] \tag{40}$$

图 1.13 给出了一个典型的例子，图中画出了 n 与温度倒数的关系。在高温下，因为 $n \approx p \approx n_i \gg N_D$，进入本征区；在中等温度下，$n \approx N_D$；在极低温度下，大多数杂质被冻结，没有电离。依据补偿情况，斜率可由式(39)或式(40)给出，但是在很宽的温度区内(约 $100 \sim 500$ K 之间)电子浓度基本保持恒定。

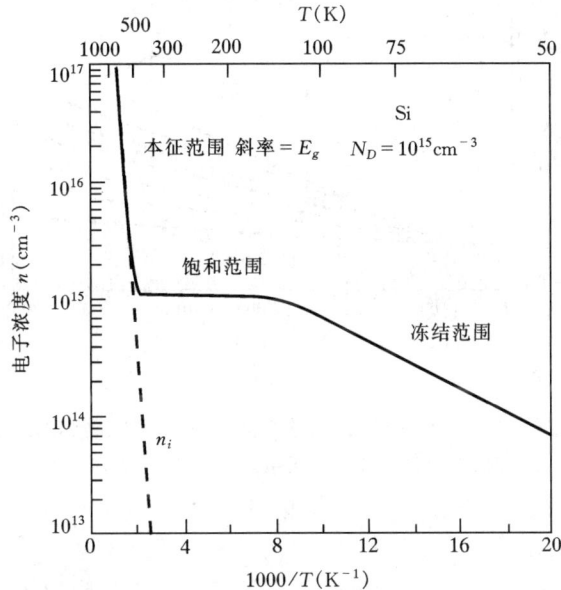

图 1.13　施主杂质浓度为 10^{15} cm^{-3} 的 Si 样品电子浓度与温度的关系(引自参考文献 5)

图 1.14 给出了 Si 和 GaAs 的费米能级随温度和杂质浓度的变化关系以及带隙与温度的关系(见图 1.6)。

在较高温度下，大多数施主杂质和受主杂质已电离，电中性条件可近似表示为

$$n + N_A = p + N_D \tag{41}$$

联立式(29)和式(41)，得到电子和空穴的浓度。对于 n 型半导体 $N_D > N_A$：

$$n_{no} = \frac{1}{2}\left[(N_D-N_A) + \sqrt{(N_D-N_A)^2 + 4n_i^2}\right]$$

$$\approx N_D \quad \text{若} \quad |N_D-N_A| \gg n_i \quad \text{且} \quad N_D \gg N_A \tag{42}$$

$$p_{no} = \frac{n_i^2}{n_{no}} \approx \frac{n_i^2}{N_D} \tag{43}$$

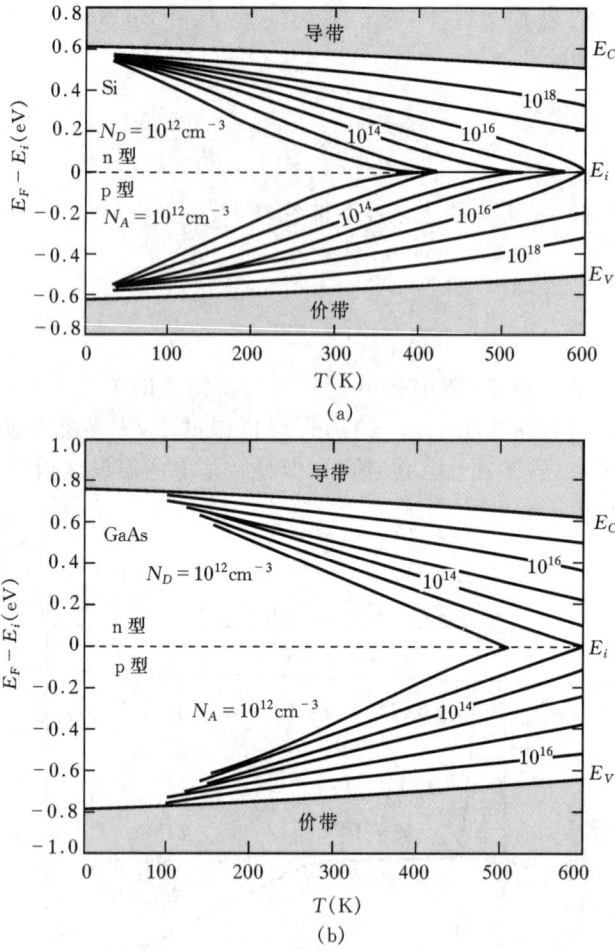

图 1.14　(a)Si 和(b)GaAs 的费米能级与温度和杂质浓度的关系,带隙与温度的关系也示于图中(引自参考文献 37)

费米能级可从下式获得

$$n_{no} = N_D = N_C \exp\left(-\frac{E_C - E_F}{kT}\right) = n_i \exp\left(\frac{E_F - E_i}{kT}\right) \tag{44}$$

同样,对于 p 型半导体($N_A > N_D$),电子和空穴的浓度为

$$p_{po} = \frac{1}{2}\left[(N_A - N_D) + \sqrt{(N_A - N_D)^2 + 4n_i^2}\right]$$

$$\approx N_A \quad 若 \quad |N_A - N_D| \gg n_i \quad 且 \quad N_A \gg N_D \tag{45}$$

$$n_{po} = \frac{n_i^2}{p_{po}} \approx \frac{n_i^2}{N_A} \tag{46}$$

且

$$p_{po} = N_A = N_V \exp\left(-\frac{E_F - E_V}{kT}\right) = n_i \exp\left(\frac{E_i - E_F}{kT}\right) \tag{47}$$

在上面各式中,下标 n 和 p 指半导体的类型,下标 0 指热平衡状态。对于 n 型半导体,电子为

多数载流子,空穴为少数载流子,这是因为在两者之中电子浓度较高,p 型半导体与之相反。

1.5 载流子输运现象

1.5.1 漂移和迁移率

在低电场下,漂移速度 v_d 正比于电场强度 $\mathscr{E}$,比例常数定义为迁移率 μ,单位为 $cm^2/V \cdot s$,或

$$v_d = \mu \mathscr{E} \tag{48}$$

对于非极性半导体,如 Ge、Si,因有声学声子(见 1.6.1 节)和电离杂质使载流子受到散射,对迁移率产生很大影响。晶格中,声学声子散射迁移率 μ_l 为[38]

$$\mu_l = \frac{\sqrt{8\pi}q\hbar^4 C_l}{3E_{ds}^2 m_c^{*5/2}(kT)^{3/2}} \quad \propto \quad \frac{1}{m_c^{*5/2}T^{3/2}} \tag{49}$$

式中,C_l 为半导体的平均纵向弹性常数,E_{ds} 为单位晶格膨胀造成的带边位移,m_c^* 为电导有效质量。从式(49)可以看出,迁移率随温度和有效质量的增加而减少。

电离杂质散射迁移率 μ_i 可写为[39]

$$\mu_i = \frac{64\sqrt{\pi}\varepsilon_s^2(2kT)^{3/2}}{N_I q^3 m^{*1/2}}\left\{\ln\left[1+\left(\frac{12\pi\varepsilon_s kT}{q^2 N_I^{1/3}}\right)^2\right]\right\}^{-1} \quad \propto \quad \frac{T^{3/2}}{N_I m^{*1/2}} \tag{50}$$

式中,N_I 为电离杂质浓度,迁移率随有效质量的增加而减少,但随温度的增加而增加,这是因为具有较高热速度的载流子受到库仑散射的影响较小。可以看到,这两种散射机制对有效质量有相同的依赖关系,但是,对于温度有相反的依赖关系。包含上述两种散射机制的组合迁移率由马希森(Matthieseen)定律给出:

$$\mu = \left(\frac{1}{\mu_l} + \frac{1}{\mu_i}\right)^{-1} \tag{51}$$

除了上述散射机制外,还有一些其它的散射机制影响实际的迁移率,例如:(1)谷内散射,电子在一个能量椭球内的散射(图 1.5),此时只有长波声子(声学声子)参与散射;(2)谷间散射,电子从一个极小值附近散射到另一极小值附近,并且有高能声子(光学声子)参与散射。对于如 GaA 这样的极性半导体,极性光学声子散射十分重要。

定性的讲,由于迁移率由散射机制决定,它与平均自由时间 τ_m 或平均自由程 λ_m 有关,即

$$\mu = \frac{q\tau_m}{m^*} = \frac{q\lambda_m}{\sqrt{3kTm^*}} \tag{52}$$

式中的后一项应用了如下关系:

$$\lambda_m = v_{th}\tau_m \tag{53}$$

式中 v_{th} 为热运动速度,

$$v_{th} = \sqrt{\frac{3kT}{m^*}} \tag{54}$$

对于多散射机制,有效平均自由时间可由单个散射事件的平均自由时间得出:

$$\frac{1}{\tau_m} = \frac{1}{\tau_{m1}} + \frac{1}{\tau_{m2}} + \cdots \tag{55}$$

可以看出式(51)和式(55)是等效的。

图 1.15 为室温下 Si 和 GaAs 迁移率与杂质浓度的实测关系。正如式(50)所料，随着杂质浓度的增加（室温下，大部分浅能级杂质已电离）迁移率减少，而且大的 m^* 对应的 μ 小，因此对于给定的杂质浓度，这两种半导体的电子迁移率大于空穴迁移率（附录 F 和 G 列出了有效质量）。

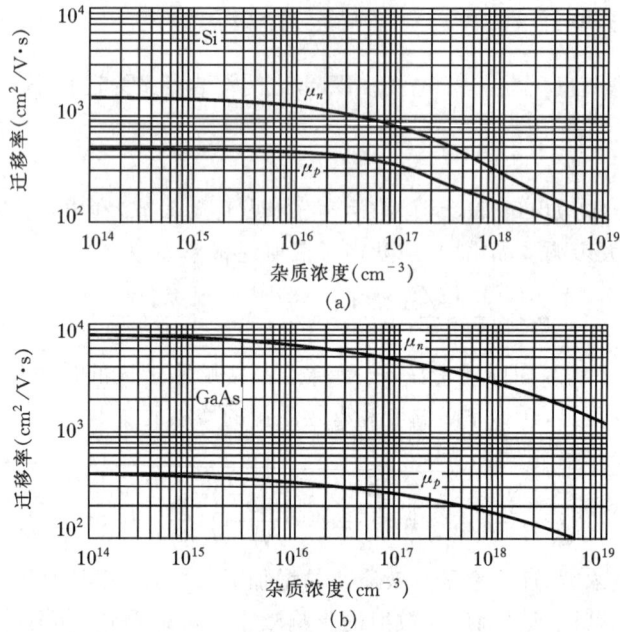

图 1.15 300 K 时

(a)Si(引自参考文献 40)(b)GaAs 的漂移迁移率与杂质浓度的关系(引自参考文献 11)

对于 n 型和 p 型硅样品，图 1.16 为温度对迁移率的影响。当杂质浓度较低时，迁移率由声子散射限制，如式(49)所示，迁移率随温度的增加而减少。由于还有其它散射机制的影响，实测斜率与 $-\frac{3}{2}$ 有差别。对于纯净材料，在室温附近，n 型 Si 和 p 型 Si 的迁移率分别依 $T^{-2.42}$ 和 $T^{-2.20}$ 变化，对 n 型 GaAs 和 p 型 GaAs（图中没有画出），迁移率分别随 $T^{-1.0}$ 和 $T^{-2.1}$ 变化。

上述讨论的是电导迁移率，已经证明电导迁移率等于漂移迁移率[34]，但是与下一节讨论的霍耳迁移率不同。

1.5.2 电阻率和霍耳效应

半导体中电子和空穴都为载流子，一定外加电场下的漂移电流为

$$J = \sigma \mathscr{E} = q(\mu_n n + \mu_p p)\mathscr{E} \tag{56}$$

式中，σ 为电导率，即

$$\sigma = \frac{1}{\rho} = q(\mu_n n + \mu_p p) \tag{57}$$

式中，ρ 为电阻率，如果 $n \gg p$，对于 n 型半导体，有

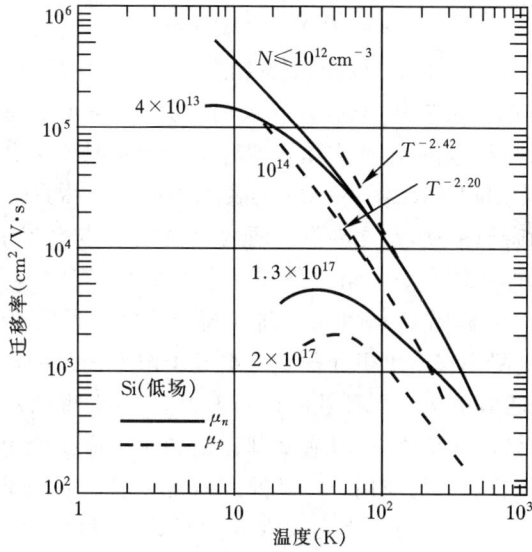

图 1.16 Si 中电子和空穴的迁移率与温度的关系(引自参考文献 41)

$$\rho = \frac{1}{q\mu_n n} \tag{58}$$

且

$$\sigma = q\mu_n n \tag{59}$$

测量电阻率最常用的方法是四探针法(见图 1.17 的插图)[42,43],一个小的恒定电流流过外侧的两根探汁,测量内侧两根探针上的电压。对于厚度 W 远小于 a 或 d 的薄片半导体,薄层电阻 $R_\square$ 为

$$R_\square = \frac{V}{I} \cdot \mathrm{CF} \qquad \Omega/\square \tag{60}$$

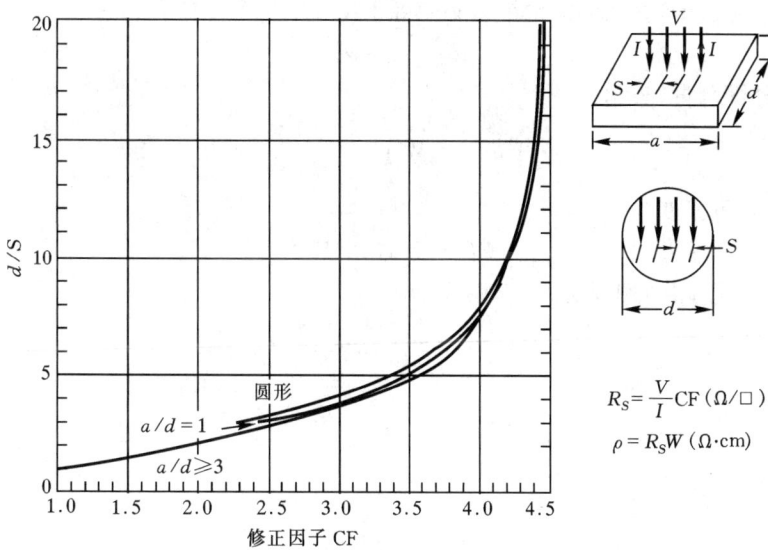

$$R_S = \frac{V}{I}\mathrm{CF}\,(\Omega/\square)$$

$$\rho = R_S W\,(\Omega\cdot\mathrm{cm})$$

图 1.17 采用四探针测量电阻率的修正因子(引自参考文献 42)

式中 CF 为图 1.17 所示的修正因子,电阻率为

$$\rho = R_\square W \qquad \Omega \cdot cm \tag{61}$$

在 $d \gg S$ 的极限情形下(其中 S 为探针间距),修正因子变为 $\pi/\ln 2 (=4.54)$。

图 1.18(a)示出了硅的实测电阻率(在 300 K 时)与杂质浓度(n 型半导体杂质为磷,p 型半导体杂质为硼)的关系,因为迁移率通常随浓度升高而减小且不为常数,所以电阻率不是杂质浓度的线性函数。图 1.18(b)示出了 GaAs 的实测电阻率。因此,如果已知半导体的电阻率,可以得到该半导体的杂质浓度,反之亦然。注意,杂质浓度与载流子浓度可能不同,因为杂质可以没有全部电离,例如在掺有 10^{17} cm^{-3} 镓受主杂质的 p 型硅中,室温下未电离的受主约占 23%(从(35)式及图 1.10 和图 1.14 可知),即载流子浓度仅为 7.7×10^{16} cm^{-3}。

霍耳效应　测量的电阻率仅给出了迁移率与载流子浓度的乘积,为了直接测量每一个参数,最常用的方法是运用霍耳效应。霍耳效应得名于 1879 年发现此效应的科学家[44],就是在今天,霍耳效应仍是最奇妙的现象之一,具有基础理论和实际应用价值,例如最新的分数量子霍耳效应的研究和磁场传感器等的应用。霍耳效应通常可以用来测量半导体的某些特性,如载流子浓度(浓度甚至可低于 10^{12} cm^{-3})、迁移率和半导体的导电类型(n 型或 p 型)。由于简单的电导测量仅给出了浓度和迁移率的乘积,半导体的类型仍然未知,因此霍耳效应是一个重要的分析工具。

霍耳效应的基本原理如图 1.19 所示,在此图中,沿 x 轴方向加电场,沿 z 轴方向加磁场[45],考虑一个 p 型样品,空穴受到一个平均向下的洛伦兹力的作用

$$洛伦兹力 = q v_x \times \mathcal{B}_z \tag{62}$$

向下的电流使空穴积累在样品的底部,产生电场 $\mathcal{E}_y$,因为稳态时沿 y 方向没有净电流,沿 y 轴的电场(霍耳电场)力刚好与洛伦兹力平衡,使得载流子沿与外加电场 $\mathcal{E}_x$ 平行的方向运动(对于 n 型材料,电子积累在样品的下表面,建立了一个与上述电场极性相反的电场)。

电流密度与载流子的速度有关,

$$J_x = q v_x p \tag{63}$$

因为对于每一个载流子,所受的洛伦兹力必须等于霍耳电场产生的力,

$$q \mathcal{E}_y = q v_x \mathcal{B}_z \tag{64}$$

霍耳电压可从外部测量,表示为

$$V_H = \mathcal{E}_y W = \frac{J_x \mathcal{B}_z W}{q p} \tag{65}$$

考虑到散射,霍耳电压变为

$$V_H = R_H J_x \mathcal{B}_z W \tag{66}$$

式中 R_H 为霍耳系数,由下式表示

$$R_H = \frac{r_H}{q p}, \quad p \gg n \tag{67a}$$

$$R_H = -\frac{r_H}{q n}, \quad n \gg p \tag{67b}$$

其中霍耳因子为

$$r_H \equiv \frac{\langle \tau_m^2 \rangle}{\langle \tau_m \rangle^2} \tag{68}$$

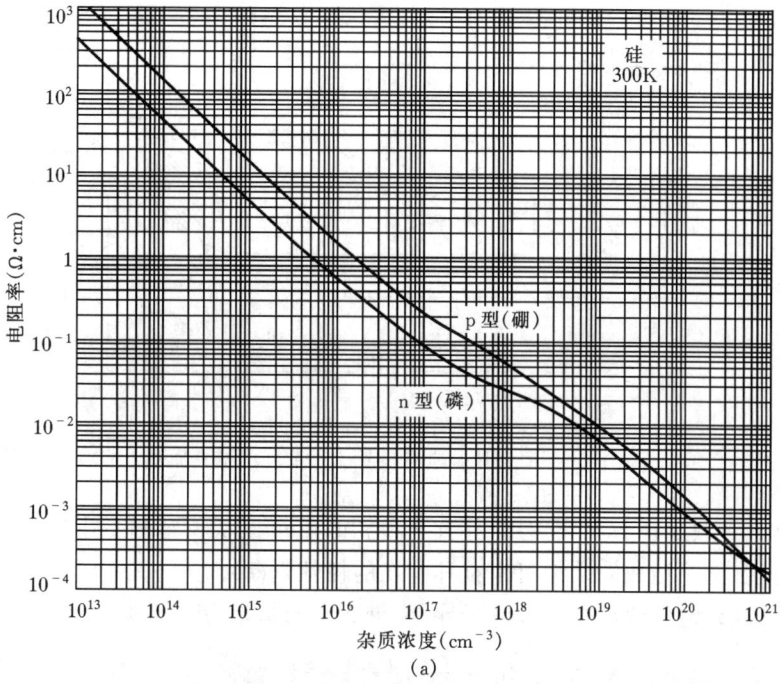

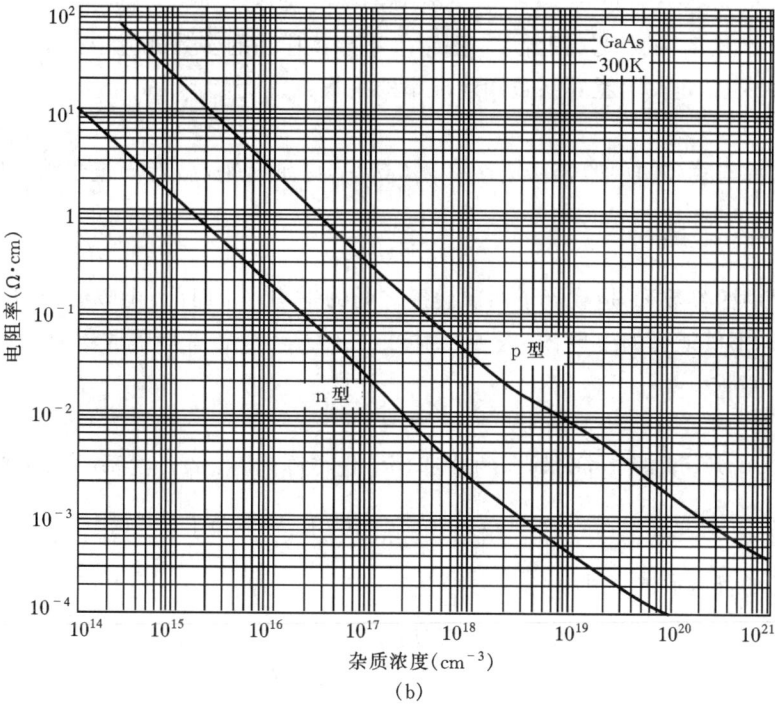

图 1.18　在 300 K 时

（a）Si（引自参考文献 40）和（b）GaAs（引自参考文献 35）的电阻率与杂质浓度的关系

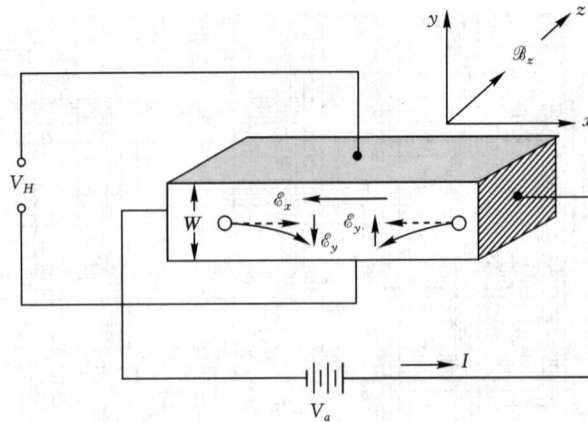

图 1.19　用霍耳效应测量载流子浓度的基本原理

如果假定只有一种载流子起主导作用,并且 r_H 已知,就可以从霍耳测量中直接得到载流子浓度和载流子类型(电子型或空穴型可由霍耳电压的极性判断)。

式(67a)、式(67b)都假设一种载流子导电,更通常的结果为[5]

$$R_H = \frac{r_H}{q} \frac{\mu_p^2 p - \mu_n^2 n}{(\mu_p p + \mu_n n)^2} \tag{69}$$

从式(69)可以看出 R_H 的符号,因此 V_H 揭示了半导体样品的多数载流子类型。

霍耳迁移率 μ_H 定义为霍耳系数和电导率的乘积:

$$\mu_H = | R_H | \sigma \tag{70}$$

应将霍耳迁移率与式(59)中的漂移迁移率 μ_n(或 μ_p)区别开来,后者不包含霍耳因子 r_H,它们的关系为

$$\mu_H = r_H \mu \tag{71}$$

霍耳因子中的参数 τ_m 是载流子两次碰撞之间的平均自由时间,由载流子的能量决定。例如,对于具有球形等能面的半导体,声子散射时,$\tau_m \propto E^{-1/2}$,电离杂质散射时,$\tau_m \propto E^{3/2}$。一般来说,

$$\tau_m = C_1 E^{-s} \tag{72}$$

式中 C_1 和 s 为常数,从非简并半导体的玻耳兹曼分布得到,τ_m 的 n 次幂的平均值为

$$\langle \tau_m^n \rangle = \int_0^\infty \tau_m^n E^{3/2} \exp\left(-\frac{E}{kT}\right) \mathrm{d}E \Big/ \int_0^\infty E^{3/2} \exp\left(-\frac{E}{kT}\right) \mathrm{d}E \tag{73}$$

所以,采用 τ_m 的普遍形式得到

$$\langle \tau_m^2 \rangle = \frac{C_1^2 (kT)^{-2s} \Gamma\left(\frac{5}{2} - 2s\right)}{\Gamma\left(\frac{5}{2}\right)} \tag{74}$$

及

$$\langle \tau_m \rangle = \frac{C_1 (kT)^{-s} \Gamma\left(\frac{5}{2} - s\right)}{\Gamma\left(\frac{5}{2}\right)} \tag{75}$$

式中 $\Gamma(n)$ 为伽马函数，定义为

$$\Gamma(n) \equiv \int_0^\infty x^{n-1} \mathrm{e}^{-x} \mathrm{d}x \tag{76}$$

$[\Gamma(1/2) = \sqrt{\pi}]$。从上面的表达式可以得到：声子散射的 $r_H = 3\pi/8 = 1.18$，电离杂质散射的 $r_H = 315\pi/512 = 1.93$。通常 r_H 在 $1 \sim 2$ 之间，在非常高的磁场下，r_H 的值略小于 1。

在上面的讨论中，假定施加的磁场足够小，不致造成样品电阻率的变化，但在强磁场下，可以观察到电阻率明显增加，即所谓的磁阻效应，这是由于载流子的运动脱离了外加电场的路径。对于球形等能面，电阻率增量与磁场为零时的体电阻率之比为[5]

$$\frac{\Delta\rho}{\rho_0} = \left\{ \left[\frac{\Gamma^2\left(\frac{5}{2}\right)\Gamma\left(\frac{5}{2} - 3s\right)}{\Gamma^3\left(\frac{5}{2} - s\right)} \right] \left(\frac{\mu_n^3 n + \mu_p^3 p}{\mu_n n + \mu_p p} \right) - \left[\frac{\Gamma\left(\frac{5}{2}\right)\Gamma\left(\frac{5}{2} - 2s\right)}{\Gamma^2\left(\frac{5}{2} - s\right)} \right]^2 \left(\frac{\mu_n^2 n + \mu_p^2 p}{\mu_n n + \mu_p p} \right)^2 \right\} \mathcal{B}_z^2 \tag{77}$$

其值正比于与电流方向垂直的磁场分量的平方。当 $n \gg p$ 时，$\Delta\rho/\rho_0 \propto \mu_n^2 \mathcal{B}_z^2$，当 $p \gg n$ 时，可以得到类似的结果。

1.5.3　强电场特性

前面几节讨论了低电场下半导体载流子的输运情况，本节将简要阐述当电场提高到中等水平或强电场时，半导体的一些特殊效应和性质。

正如 1.5.1 节所述，低电场下半导体中载流子的漂移速度与电场强度成正比，比例常数为迁移率，与电场强度无关。当电场强度足够大时，迁移率呈现非线性特性，在一些情况下，可以观察到漂移速度饱和，继续增加电场，将发生碰撞电离，下面首先讨论非线性迁移率。

热平衡条件下，载流子可以发射和吸收声子，能量的净交换率为零，热平衡时能量分布遵循麦克斯韦分布。施加电场后，载流子从电场中获得能量，发射的声子比吸收的声子多，将能量转移给了声子；中等电场强度下，发生最频繁的散射机制为声学声子的发射，载流子平均获得的能量高于热平衡时的情况，随着电场的增加，载流子的平均能量增加，其有效温度 T_e 高于晶格的温度 T，当单位时间载流子从电场中获得的能量等于给予晶格的等量时，对于锗和硅（没有转移电子效应的半导体）[3]，可以得到

$$\frac{T_e}{T} = \frac{1}{2}\left[1 + \sqrt{1 + \frac{3\pi}{8}\left(\frac{\mu_0 \mathscr{E}}{c_s}\right)^2} \right] \tag{78}$$

和

$$v_d = \mu_0 \mathscr{E} \sqrt{\frac{T}{T_e}} \tag{79}$$

式中，μ_0 为低电场迁移率，c_s 为声速。对于中等电场强度，当 $\mu_0 \mathscr{E}$ 与 c_s 相比拟时，载流子漂移速度 v_d 与所加电场开始偏离线性关系，偏离因子为 $\sqrt{T/T_e}$。最后当电场足够高时，载流子开始与光学声子相互作用，式（78）不再适用，锗和硅的漂移速度越来越不依赖于施加的电场，最终达到饱和，

$$v_s = \sqrt{\frac{8E_p}{3\pi m_0}} \approx 10^7 \quad \mathrm{cm/s} \tag{80}$$

其中 E_p 为光学声子能量（在附录 G 中列出）。

为了消除式(78)至式(80)覆盖区域的不连续性,通常用一个经验公式来描述从低场漂移速度到速度饱和区的整个区域[46]

$$v_d = \frac{\mu_0 \mathcal{E}}{\left[1 + (\mu_0 \mathcal{E}/v_s)^{C_2}\right]^{1/C_2}} \tag{81}$$

对于电子,常数 C_2 接近 2,对于空穴其值约为 1,是温度的函数。

对于 GaAs,速度－电场关系更为复杂,必须考虑它的能带结构(图 1.4),具有高迁移率的能谷($\mu \approx 4\,000 \sim 8\,000$ cm²/V·s 之间)位于布里渊区的中心,有低迁移率的卫星谷($\mu \approx 100$ cm²/V·s)沿〈111〉轴[47],能量比最低能谷约高 0.3 eV,电子有效质量的不同造成了迁移率的不同(式 52):在较低能谷,有效质量为 $0.063\,m_0$,在较高能谷,有效质量为 $0.55\,m_0$。随着电场的增加,位于较低能谷中的电子可以被激发到通常未被电子占据的较高能谷上,导致 GaAs 中的微分负阻现象。谷间的电子转移机制被称为转移电子效应,第 10 章将更为详细地讨论速度-电场关系。

图 1.20(a)给出了室温下,高纯(低掺杂浓度)Si 和 GaAs 的漂移速度与电场强度关系的测量结果。高掺杂时,低场下的漂移速度或迁移率因杂质散射而降低,而高场下的漂移速度与掺杂基本无关,达到饱和值[52]。对于硅,电子和空穴的饱和速度 v_s 约为 1×10^7 cm/s,对于 GaAs,当电场强度大于 3×10^3 V/cm 后,存在一个宽的负微分迁移率区域,高场饱和速度接近 6×10^6 cm/s。图 1.20(b)给出了电子饱和速度与温度的关系,对于 Si 和 GaAs,随着温度的升高,饱和速度均降低。

到目前为止,以上讨论的漂移速度均为稳态时的情形,载流子可以通过足够多的散射达到平衡。对于现代器件,载流子所要穿越的临界尺寸变得越来越小,当尺寸缩小到与平均自由程可以比拟或小于平均自由程时,在载流子开始散射之前产生**弹道输运**现象。图 1.21 给出了漂移速度与距离的关系,如果不发生散射,依据速度 $\approx q\mathcal{E}t/m^*$ 的关系,漂移速度随时间(和距离)的增加而增加。高电场下,载流子在短距离(平均自由程数量级)和短时间(平均自由时间数量级)内,可以获得一个暂时高于稳态值的漂移速度,这种现象被称为**速度过冲**(在文字上或许会与图 1.20(a)转移电子效应所示的 GaAs 的峰值速度混淆,它也叫速度过冲)。低电场时,速度加速慢,散射开始发生时,获得的速度不是很高,不会产生速度过冲。注意,速度过冲与转移电子效应的形状相似,但这里横坐标轴为距离(或时间),而后者为电场强度。

下面考虑碰撞电离。当半导体中的电场增加到某一值以上时,载流子获得足够的能量,通过被称为碰撞电离的过程激发电子空穴对,显然其阈值能量大于带隙。这种倍增过程由电离率 α 表征,即一个载流子移动单位距离产生的电子-空穴对数(图 1.22)。对于初速度为 v_n 的电子,

$$\alpha_n = \frac{1}{n}\frac{dn}{d(tv_n)} = \frac{1}{nv_n}\frac{dn}{dt} \tag{82}$$

考虑到电子和空穴,任一固定位置的产生率为

$$\frac{dn}{dt} = \frac{dp}{dt} = \alpha_n n v_n + \alpha_p p v_p = \frac{\alpha_n J_n}{q} + \frac{\alpha_p J_p}{q} \tag{83}$$

反过来,对于任意给定的时刻,载流子浓度或电流随距离的变化可以表示为

$$\frac{dJ_n}{dx} = \alpha_n J_n + \alpha_p J_p \tag{84a}$$

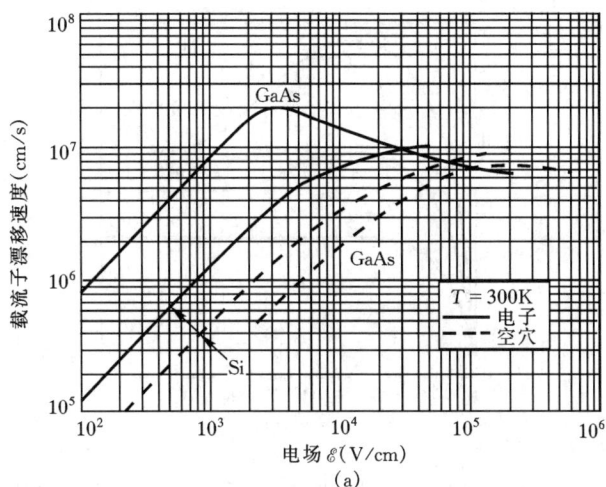

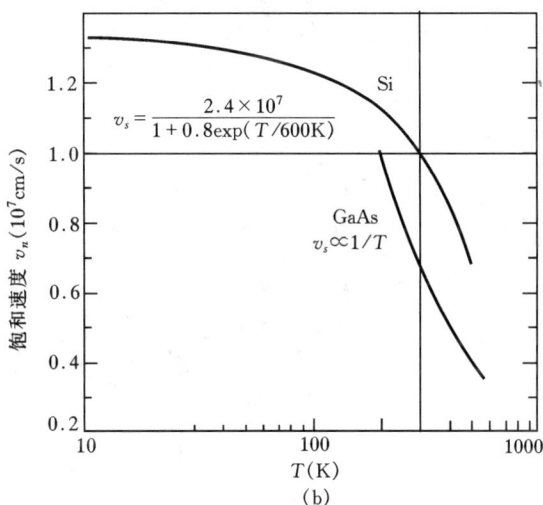

图 1.20　(a)高纯 Si 和 GaAs 测量的载流子速度和电场强度的关系。对于高掺杂样品,低场速度(迁移率)比这里所示的低;在高场区域,速度与掺杂基本无关(引自参考文献 41、48、49 和 50);(b)Si 和 GaAs 饱和电子速度与温度的关系(引自参考文献 41 和 51)

$$\frac{\mathrm{d}J_p}{\mathrm{d}x} = -\alpha_n J_n - \alpha_p J_p \tag{84b}$$

总电流$(J_n + J_p)$保持常数,且 $\mathrm{d}J_n/\mathrm{d}x = -\mathrm{d}J_p/\mathrm{d}x$。

电离率 α_n 和 α_p 强烈依赖于电场强度,电离率的物理表达式为[54]

$$\alpha(\mathscr{E}) = \frac{q\mathscr{E}}{E_I}\exp\left\{-\frac{\mathscr{E}_I}{\mathscr{E}[(1+(\mathscr{E}/\mathscr{E}_p)]+\mathscr{E}_T}\right\} \tag{85}$$

式中,E_I 为高场有效电离阈值能量,$\mathscr{E}_T$、$\mathscr{E}_p$ 和 $\mathscr{E}_I$ 分别为载流子克服热散射、光学声子散射和电离散射等减速效应的阈值电场。对于 Si,电子的 E_I 值为 3.6 eV,空穴的 E_I 值为 5.0 eV。在一个有限的电场范围内,式(85)可简化为

$$\alpha(\mathscr{E}) = \frac{q\mathscr{E}}{E_I}\exp\left(-\frac{\mathscr{E}_I}{\mathscr{E}}\right), \quad 若 \quad \mathscr{E}_p > \mathscr{E} > \mathscr{E}_T \tag{86}$$

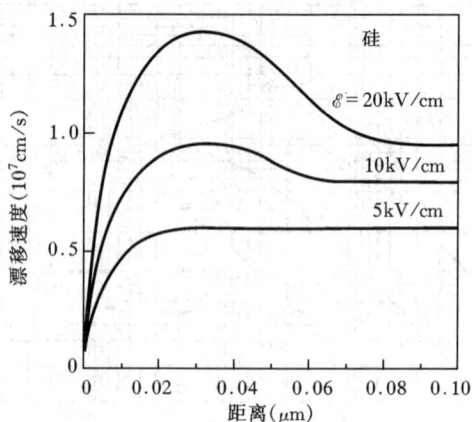

图 1.21 以硅为例,极短距离下的速度过冲,当横坐标由距离变为时间时可以观察到同样的现象(引自参考文献 53)

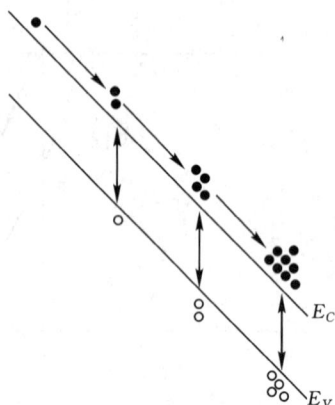

图 1.22 由碰撞电离引发的电子和空穴的倍增,此例中由电子电离率(α_n)决定($\alpha_p = 0$)

或者

$$\alpha(\mathscr{E}) = \frac{q\mathscr{E}}{E_I}\exp\left(-\frac{\mathscr{E}_I \mathscr{E}_p}{\mathscr{E}^2}\right), \quad 若 \quad \mathscr{E} > \mathscr{E}_p \ 和 \ \mathscr{E} > \sqrt{\mathscr{E}_p \mathscr{E}_T} \tag{87}$$

图 1.23(a)示出了 Ge、Si、SiC 和 GaN 的电离率的实验结果,图 1.23(b)示出了 GaAs 和其它一些二元和三元化合物电离率的实测结果,这些结果是利用 p-n 结的光电倍增测量得到的。注意,对于某些半导体,例如 GaAs,电离率是晶向的函数。通常,电离率随带隙的增加而减少,正是由于这个原因,宽带隙半导体材料通常具有高击穿电压。式(86)可用于图 1.23 所示的大多数半导体材料,只有 GaAs 和 GaP 例外,对于这两种半导体,可采用式(87)。

对于给定的电场,电离率随温度的增加而减少。作为一个例子,图 1.24 给出了硅中电子电离率的理论预测值,并同时给出了三种不同温度下的实验结果。

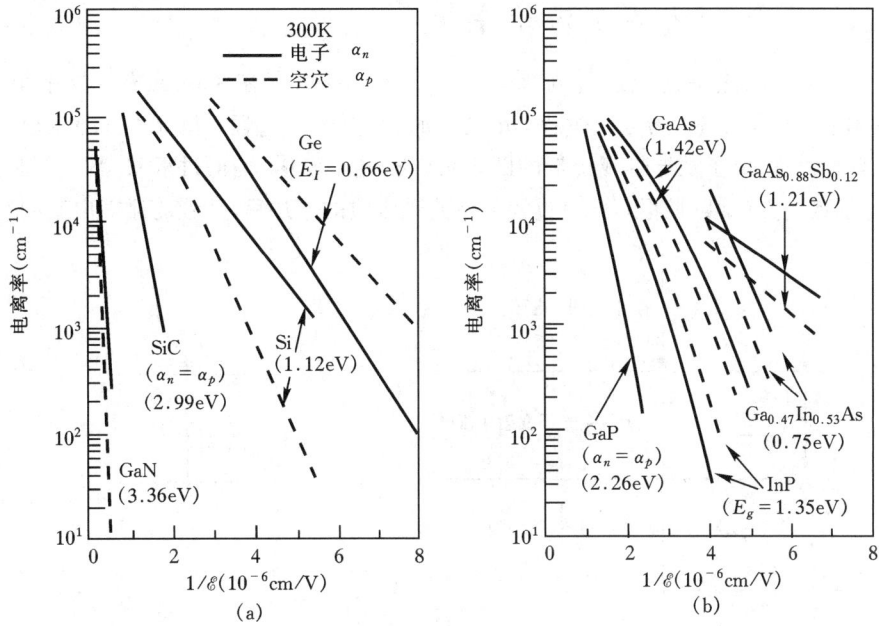

图 1.23　300 K 时 Si、GaAs 和若干 IV-IV 和 III-V 族化合物半导体电离率与电场倒数的关系（引自参考文献 55—65）

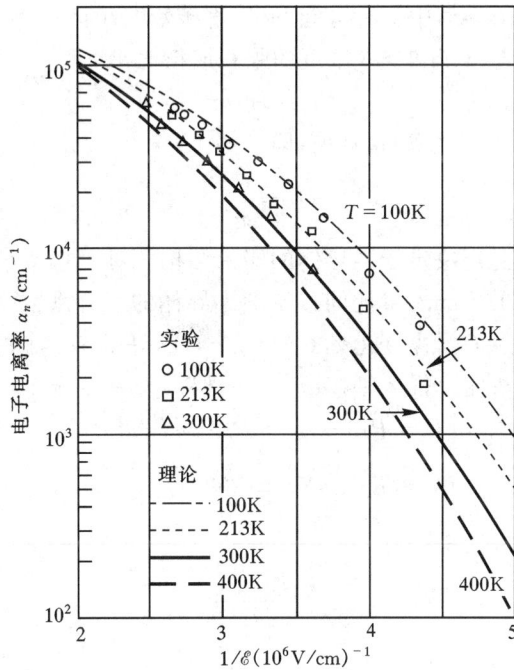

图 1.24　四种温度下，Si 中电子电离率与电场倒数的关系（引自参考文献 66）

1.5.4　复合、产生和载流子寿命

当半导体系统的热平衡状态受到扰动(即 $pn\neq n_i^2$)时,存在使该系统恢复平衡状态(即 $pn=n_i^2$)的过程,$pn>n_i^2$ 时,为复合过程,$pn<n_i^2$ 时,为热产生过程。图 1.25(a)示出了带间的电子-空穴复合过程,电子从导带到价带的跃迁可伴有光子发射(辐射过程)过程,或将能量转给另一自由电子或空穴(俄歇过程),前一过程为带间光吸收的逆过程,后者为碰撞电离的逆过程。

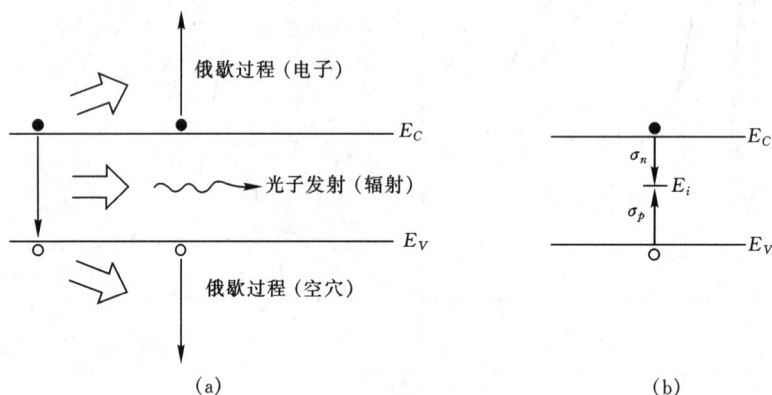

图 1.25　复合过程(其相反的过程为产生过程)
(a)带间复合,能量转变为辐射能或为俄歇过程;(b)通过单能级陷阱的复合(无辐射)

带间跃迁在直接带隙半导体中更有可能发生,直接带隙在Ⅲ-Ⅴ族化合物半导体中更为普遍,对于这种跃迁,复合率与电子和空穴浓度的乘积成正比,

$$R_e = R_{ec}pn \tag{88}$$

这里 R_{ec} 称为复合系数,与热产生率 G_{th} 有关,即

$$R_{ec} = \frac{G_{th}}{n_i^2} \tag{89}$$

可见 R_{ec} 为温度的函数,并且还决定于半导体的能带结构。对于直接带隙半导体,带间跃迁更有效,其复合系数 $R_{ec}(\approx10^{-10}\ \text{cm}^3/\text{s})$ 比间接带隙半导体的复合系数($\approx10^{-15}\ \text{cm}^3/\text{s}$)大很多。热平衡时,因为 $pn=n_i^2$,$R_e=G_{th}$,净变化率 $U(=R_e-G_{th})$ 等于零。小注入时,即过剩载流子浓度 $\Delta p=\Delta n$ 比多数载流子浓度少很多时,对于 n 型材料,$p_n=p_{n0}+\Delta p$,且 $n_n\approx N_D$,净变化率为

$$U = R_e - G_{th} = R_{ec}(pn - n_i^2)$$
$$\approx R_{ec}\Delta pN_D \equiv \frac{\Delta p}{\tau_p} \tag{90}$$

其中空穴的载流子寿命为

$$\tau_p = \frac{1}{R_{ec}N_D} \tag{91a}$$

在 p 型材料中,为

$$\tau_n = \frac{1}{R_{ec}N_A} \tag{91b}$$

然而对于 Si、Ge 这样的间接带隙半导体,起主导作用的跃迁过程为体陷阱参与的间接复合或产生过程,体陷阱密度为 N_t,其能级 E_t 位于带隙中(图 1.25(b))。单能级复合可用两种

过程描述:电子俘获和空穴俘获,净变化率可以由肖特基-里德-霍耳统计[67-69]描述,

$$U = \frac{\sigma_n \sigma_p v_{th} N_t (pn - n_i^2)}{\sigma_n \left[n + n_i \exp\left(\frac{E_t - E_i}{kT} \right) \right] + \sigma_p \left[p + n_i \exp\left(\frac{E_i - E_t}{kT} \right) \right]} \tag{92}$$

式中 σ_n 和 σ_p 分别为电子和空穴的俘获截面。不考虑此公式的推导过程,由最后的形式可以得到一些定性结论:首先,净变化率与 $pn - n_i^2$ 成正比,与式(90)类似,净变化率的符号决定了该过程为复合过程还是产生过程;第二,当 $E_t \approx E_i$ 时,U 最大,即对于体陷阱能谱,只有接近禁带中央的能级才是有效的复合中心或产生中心,如果只考虑这些有效陷阱,式(92)简化为

$$U = \frac{\sigma_n \sigma_p v_{th} N_t (pn - n_i^2)}{\sigma_n (n + n_i) + \sigma_p (p + n_i)} \tag{93}$$

对于小注入条件下的 n 型半导体,净复合率变为

$$U = \frac{\sigma_n \sigma_p v_{th} N_t \left[(p_{no} + \Delta p)n - n_i^2 \right]}{\sigma_n n} \tag{94}$$

$$\approx \sigma_p v_{th} N_t \Delta p \equiv \frac{\Delta p}{\tau_p}$$

其中

$$\tau_p = \frac{1}{\sigma_p v_{th} N_t} \tag{95a}$$

同样,对于 p 型半导体,电子寿命为

$$\tau_n = \frac{1}{\sigma_n v_{th} N_t} \tag{95b}$$

正如所料,间接跃迁决定的少子寿命与体陷阱密度 N_t 成反比,而直接跃迁决定的少子寿命与掺杂浓度成反比(式(91a)和式(91b))。

对于多能级陷阱,复合过程与单能级具有类似的定性特征,但是跃迁过程的细节却有所不同,特别在大注入下(即 $\Delta n = \Delta p$ 接近多数载流子浓度),寿命近似为与所有带正电、带负电和电中性的陷阱能级相关的寿命的平均值。

对于大注入($\Delta n = \Delta p > n$ 和 p),带间复合的载流子寿命变为

$$\tau_n = \tau_p = \frac{1}{R_{ec} \Delta n} \tag{96}$$

由陷阱决定的寿命可由式(93)推出,

$$\tau_n = \tau_p = \frac{\sigma_n + \sigma_p}{\sigma_n \sigma_p v_{th} N_t} \tag{97}$$

将式(97)与式(95a)及式(95b)比较可知,大注入时载流子的寿命更高。有趣的是,由带间复合决定的寿命随注入水平的增加而减小,而由陷阱复合决定的寿命随注入水平的增加而增加。

式(95a)和式(95b)已通过采取固态扩散和高能辐射的方法得到了实验验证。许多杂质具有靠近带隙中央的能级(图1.10),这些杂质是有效的复合中心。一个典型的例子是硅中的金[70],当金的浓度在 $10^{14} \sim 10^{17}$ cm^{-3} 范围内时,少数载流子寿命随金的浓度增加而线性减少,τ 约从 2×10^{-6} s 减少到 2×10^{-9} s。有时这种效应是很有用的,如对于一些高速应用场合,缩短少数载流子寿命以减小电荷存储时间。另一缩短少数载流子寿命的方法是高能粒子辐照,它可以引发晶体原子位置变化,造成晶格损伤,在带隙中引进能级。例如,硅中的电子辐照可以在价带以上 0.4 eV 处引入一个受主能级,在导带以下 0.36 eV 处引入一个施主能级;中子

辐照在价带以上 0.56 eV 处引入受主能级；氘核辐照引入一个间隙态，其能级在价带之上 0.25 eV 处。对于 Ge,GaAs 等其它半导体材料，有类似的结果。与固态扩散不同，辐照感生的陷阱中心可以在相对低的温度下退火消除。

当载流子浓度小于热平衡时的值，即 $pn<n_i^2$，为载流子的产生过程，产生率可由式(93)得到

$$U = -\frac{\sigma_p\sigma_n v_{th} N_t n_i}{\sigma_p[1+(p/n_i)] + \sigma_n[1+(n/n_i)]} \equiv -\frac{n_i}{\tau_g} \tag{98}$$

其中载流子的产生寿命 τ_g 为

$$\tau_g = \frac{1+(n/n_i)}{\sigma_p v_{th} N_t} + \frac{1+(p/n_i)}{\sigma_n v_{th} N_t}$$

$$= \left(1+\frac{n}{n_i}\right)\tau_p + \left(1+\frac{p}{n_i}\right)\tau_n \tag{99}$$

由电子和空穴的浓度决定，当 n 和 p 都远小于 n_i 时，产生寿命比复合寿命大很多，其最小值约为复合寿命的 2 倍。

少数载流子寿命 τ 通常利用光电导(PC)效应[71]或光电磁(PEM)效应[72]测量，PC 效应的基本方程为

$$J_{PC} = q(\mu_n+\mu_p)\Delta n \mathscr{E}$$

$$= q(\mu_n+\mu_p)\frac{G_e}{\tau}\mathscr{E} \tag{100}$$

式中，J_{PC} 为光照引起的电流密度增量，产生率为 G_e，$\mathscr{E}$ 为沿样品所加的外电场，Δn 为载流子浓度的增量，或单位体积的光生电子-空穴对数，该值等于生产率 G_e 与寿命 τ 的乘积，即 $\Delta n = \tau G_e$。对于光电磁效应，当在垂直于入射光照方向上加一恒定磁场 $\mathscr{B}_z$ 时，测量出现的短路电流，电流密度为

$$J_{PEM} = q(\mu_n+\mu_p)\mathscr{B}_z\frac{D}{L_d}\tau G_e$$

$$= q(\mu_n+\mu_p)\mathscr{B}_z\sqrt{D\tau}G_e \tag{101}$$

式中，D 和 $L_d[\equiv(D\tau)^{1/2}]$ 分别为扩散系数和扩散长度，将在下一节讨论。另一种测量载流子寿命的方法将在 1.8.2 节中介绍。

1.5.5 扩散

在上一节的叙述中，假设过剩载流子在空间上是均匀分布的，本节讨论局部产生过剩载流子所造成的载流子分布不均匀的情形，如结局部注入的载流子和非均匀光照。一旦存在载流子的浓度梯度，就会发生载流子从高浓度区域向低浓度区域转移的扩散过程，使得系统达到一个均匀的状态。这种载流子的流动遵循菲克(Fick)扩散定律，以电子为例

$$\left.\frac{d\Delta n}{dt}\right|_x = -D_n\frac{d\Delta n}{dx} \tag{102}$$

与浓度梯度成正比，比例常数称为扩散系数或扩散率 D_n，载流子的流动形成了扩散电流，表示为

$$J_n = qD_n\frac{d\Delta n}{dx} \tag{103a}$$

和

$$J_p = -qD_p \frac{\mathrm{d}\Delta p}{\mathrm{d}x} \tag{103b}$$

扩散来源于载流子的无规则热运动和散射,所以有

$$D = \frac{1}{3} v_{th} \lambda_m \tag{104}$$

可想而知,扩散系数和迁移率也有一定的关系,为了得到这个关系,考虑一个具有非均匀掺杂浓度的 n 型半导体,外部没有施加电场,由于净电流为零,所以扩散电流与漂移电流相等,

$$qn\mu_n \mathcal{E} = -qD_n \frac{\mathrm{d}n}{\mathrm{d}x} \tag{105}$$

此时,电场是由非均匀掺杂引发的($\mathcal{E} = \mathrm{d}E_C/q\mathrm{d}x$,平衡态时,$E_F$ 为常量)。对于电子,运用式(21)得到

$$\frac{\mathrm{d}n}{\mathrm{d}x} = \frac{-q\mathcal{E}}{kT} N_C \exp\left(-\frac{E_C - E_F}{kT}\right) = \frac{-q\mathcal{E}}{kT} n \tag{106}$$

带入式(105)得

$$D_n = \left(\frac{kT}{q}\right)\mu_n \tag{107a}$$

对于 p 型半导体同样有

$$D_p = \left(\frac{kT}{q}\right)\mu_p \tag{107b}$$

这就是爱因斯坦关系(适用于非简并半导体),在 300 K 时 $kT/q = 0.0259$ V,通过此关系,D 的值可以由图 1.15 所示的迁移率的值得到。

另外一个与扩散密切相关的参数是扩散长度,

$$L_d = \sqrt{D\tau} \tag{108}$$

通常,扩散问题将一些固定的注入源作为边界条件,造成的载流子浓度分布与距离成指数关系,L_d 为特征长度。扩散长度也可以理解为过剩载流子在其消失前,在载流子寿命时间内扩散的距离。

1.5.6　热电子发射

另一个电流传导机制为**热电子发射**,它是多数载流子电流,通常与势垒相关。注意,这里的关键参数指的是势垒高度,而不是势垒的形状。最通用的器件为肖特基势垒二极管或金属-半导体结(见第 3 章)。如图 1.26 所示,要使热电子发射成为主要电流传导机制,势垒层内载流子的碰撞或漂移-扩散过程应可以忽略不计,即势垒宽度必须小于载流子的平均自由程,或者在一个三角形势垒情况中,势垒斜边非常陡峭,使得在平均自由程内可以有 kT 级的能量降落。除此之外,载流子越过势垒注入后,后面区域的扩散电流不能成为限制电流的因素,所以势垒后面的区域应为另一个 n 型半导体或为金属层。

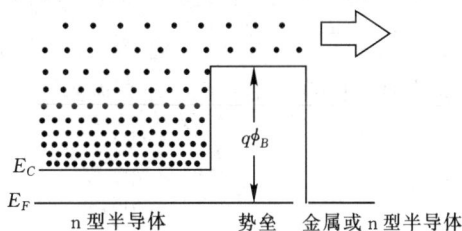

图 1.26　电子越过势垒的热电子发射能带示意图,注意势垒的形状(图中为方形)对电流没有影响

由费米-狄拉克统计可知,电子浓度(对于 n 型衬底)随其高于导带边的能量指数下降,在任意有限(不为零)温度下,对于任一个有限能量,载流子浓度不为零。这里主要关心能量高于势垒的总载流子数目,这部分热产生载流子不再受势垒的限制,形成热电子发射电流,超过势垒的总电子电流为(参见第 3 章)

$$J = A^* T^2 \exp\left(-\frac{q\phi_B}{kT}\right) \tag{109}$$

式中 ϕ_B 为势垒高度,且

$$A^* \equiv \frac{4\pi q \, m^* \, k^2}{h^3} \tag{110}$$

称为有效理查逊常数,它是有效质量的函数,A^* 可以通过量子力学隧穿和反射进一步修正。

1.5.7　隧穿

隧穿是量子力学现象。经典理论中,载流子完全被势垒壁限制,只有比势垒能量高的载流子才可以逃离势垒,如上面讨论的热电子发射情形。在量子力学中,电子用波函数表示,波函数不会在一个有限高的势垒壁处突然终止,它可以进入并穿透该势垒(图 1.27),因此,电子通过一个有限高、有限宽的势垒的隧穿几率不为零。

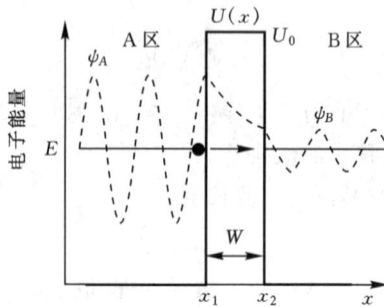

图 1.27　电子隧穿通过一个矩形势垒的波函数

为了计算隧穿几率,波函数 ψ 由薛定谔方程决定

$$\frac{\mathrm{d}^2\psi}{\mathrm{d}x^2} + \frac{2m^*}{\hbar^2}[E - U(x)]\psi = 0 \tag{111}$$

对于一个高度为 U_0、宽度为 W 的简单矩形势垒,波函数 ψ 的一般形式为 $\exp(\pm ikx)$,其中 $k = \sqrt{2m^*(E-U_0)}/\hbar$,注意,当隧穿电子能量 E 小于势垒高度 U_0 时,根号下的项为负,k 为虚数。波函数的解和隧穿几率可以计算得到

$$\begin{aligned}
T_t &= \frac{|\psi_B|^2}{|\psi_A|^2} = \left[1 + \frac{U_0^2\sinh^2(|k|W)}{4E(U_0-E)}\right]^{-1} \\
&\approx \frac{16E(U_0-E)}{U_0^2}\exp\left(-2\sqrt{\frac{2m^*(U_0-E)}{\hbar^2}}W\right)
\end{aligned} \tag{112}$$

对于更为复杂的势垒形状,如果势能 $U(x)$ 变化得不是很快,薛定谔方程可由 WKB(Wentzel-Kramers-Brillouin)法近似简化,此时波函数的一般形式为 $\exp\int ik(x)\mathrm{d}x$,计算得到的隧穿几

率为

$$T_t = \frac{|\psi_B|^2}{|\psi_A|^2} \approx \exp\left\{-2\int_{x_1}^{x_2}|k(x)|\,\mathrm{d}x\right\}$$
$$\approx \exp\left\{-2\int_{x_1}^{x_2}\sqrt{\frac{2m^*}{\hbar^2}[U(x)-E]}\,\mathrm{d}x\right\} \tag{113}$$

在得到隧穿几率后,将起始区域 A(图 27)存在的载流子数目与目标区域 B 的空状态数相乘,得到隧穿电流 J_t,

$$J_t = \frac{qm^*}{2\pi^2\hbar^3}\int F_A N_A T_t (1-F_B) N_B \,\mathrm{d}E \tag{114}$$

式中,F_A、F_B、N_A 和 N_B 分别为相应区域的费米-狄拉克分布函数和状态密度。

1.5.8　空间电荷效应

半导体中的空间电荷由掺杂浓度和自由载流子浓度决定,即

$$\rho = (p - n + N_D - N_A)q \tag{115}$$

在半导体的中性区,$n=N_D$,$p=N_A$,所以空间电荷体密度为零。在由不同材料、掺杂类型或掺杂浓度形成的结的附近,n 和 p 可分别小于或大于 N_D 和 N_A。在耗尽区近似下,n 和 p 假设为零,所以空间电荷区电荷等于多数载流子的掺杂浓度。在一定的偏压下,载流子浓度 n 和 p 会增加,超过热平衡时的值,当注入的 n 或 p 大于平衡时的值和掺杂浓度时,**空间电荷效应**发生。注入的载流子决定空间电荷和电场分布,电场驱动电流,反过来,电流的作用又建立起新的电场,产生反馈机制。空间电荷效应在轻掺杂材料中更普遍,它发生在耗尽区外。

发生空间电荷效应时,如果电流取决于注入载流子的漂移分量,称其为**空间电荷限制电流**。因为该电流为漂移电流,对于电子注入,可写为

$$J = qnv \tag{116}$$

空间电荷由注入载流子决定,泊松方程为

$$\frac{\mathrm{d}^2\psi_i}{\mathrm{d}x^2} = \frac{qn}{\varepsilon_s} \tag{117}$$

载流子的速度 v 与电场有关,依电场强度的不同,速度由不同的函数决定。在低场迁移率机制下,有

$$v = \mu\mathscr{E} \tag{118}$$

在速度饱和机制下,速度 v_s 与电场无关。在极短样品或极短时间限制下,有弹道机制,此时没有散射,有

$$v = \sqrt{\frac{2qV}{m^*}} \tag{119}$$

从式(116)到式(119)可知,低场迁移率机制下的空间电荷限制电流(Mott-Gurney 定律)可解为(见参考文献 4 的卷 4)

$$J = \frac{9\varepsilon_s\mu V^2}{8L^3} \tag{120}$$

在速度饱和机制下,有

$$J = \frac{2\varepsilon_s v_s V}{L^2} \tag{121}$$

弹道机制下（Child-Langmuir 法则），

$$J = \frac{4\varepsilon_s}{9L^2}\left(\frac{2q}{m^*}\right)^{1/2}V^{3/2} \tag{122}$$

此处 L 为沿电流方向的样品长度。注意，在这些机制下，电流对电压有不同的依赖关系。

1.6　声子、光学和热特性

上节我们讨论了半导体中不同的载流子输运机制。本节简要介绍半导体的一些其它效应和特性，它们对半导体器件的工作是非常重要的。

1.6.1　声子谱

声子是晶格振动的能量量子，主要源于晶格的热能，与光子和电子相似，它们也有频率（或能量）和波数（动量或波长）等特性。已经知道，对于质量分别为 m_1 和 m_2 的两个原子交替排列的一维晶格，在只考虑紧邻耦合时，其振动频率为[3]

$$\nu_{\pm} = \sqrt{a_f}\left[\left(\frac{1}{m_1}+\frac{1}{m_2}\right)\pm\sqrt{\left(\frac{1}{m_1}+\frac{1}{m_2}\right)^2-\frac{4\sin^2(k_{ph}a/2)}{m_1 m_2}}\right]^{1/2} \tag{123}$$

式中，a_f 为胡克（Hook）定律中的力常量，k_{ph} 为声子波数，a 为晶格间距。在 $k_{ph}=0$ 附近，频率 ν_- 与 k_{ph} 成正比，这一分支是声学分支，因为它是长波长晶格振动，在媒质中速度 ω/k 接近声速。当 k_{ph} 趋近于零时，频率 ν_+ 趋近于一个常数，约为 $[2a_f(1/m_1+1/m_2)]^{1/2}$，这一分支与声学分支相隔很远，称为光学分支，这是由于其频率 ν_+ 通常位于光学频段的缘故。对于声学支，两个具有不同质量的原子的子晶格沿同一个方向运动，而对于光学支，两个子晶格沿相反方向运动。

声学支的数目等于维数乘以每个原胞中包含的原子个数，对于一个实际三维晶格，如果每个原胞内有一个原子，如简立方、体心立方或面心立方晶格，仅存在三个声学支；对于每个原胞内包含两个原子的三维晶格，例如 Si 和 GaAS，存在三个声学支和三个光学支。纵向极化支是每个原子的位移矢量沿波矢方向的分支，因此，有一个纵声学支（LA）和一个纵光学支（LO）。原子在垂直于波矢的平面内运动的各支称为横向极化支，存在两个横声学支（TA）和两个横光学支（TO）。

图 1.28 示出了 Si 和 GaAs 在某一个晶向上的实测结果，$k_{ph}=\pm\pi/a$ 的范围界定了布里渊区，在布里渊区的外面，频率与 k_{ph} 的关系周期性重复。注意到，对于一个较小的 k_{ph}，纵声学支 LA 和横声学支 TA 的能量（或频率）正比于 k_{ph}。当 $k_{ph}=0$ 时，纵光学声子能量为一阶喇曼散射能量，对于 Si，其值为 0.063 eV，对于 GaAs，为 0.035 eV，附录 G 列举了这些结果，同时也列举了其它一些重要特性。

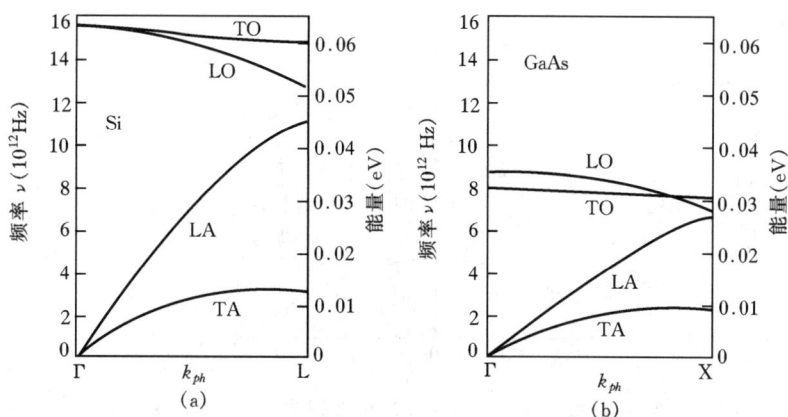

图 1.28　(a)Si(引自参考文献 73)；(b)GaAS(引自参考文献 74)的实测声子谱。
TO 和 LO 分别代表横光学支和纵光学支，TA 和 LA 分别代表横声学
支和纵声学支

1.6.2　光学特性

光学测量是测定半导体能带结构最重要的手段。光致电子跃迁可在不同能带之间发生，由此可测定能隙，跃迁也可以在同一个能带内发生，例如自由载流子吸收，光学测量还能用来研究晶格振动(声子)。半导体的光学特性可由复折射率表征

$$\bar{n} = n_r - \mathrm{i}k_e \tag{124}$$

复折射率的实部 n_r 决定了波在媒质中的传播速度(v 和波长 λ，假设真空中的波长为 λ_0)，有

$$n_r = \frac{c}{v} = \frac{\lambda_0}{\lambda} \tag{125}$$

虚部 k_e 称为消光系数，决定了吸收系数，

$$\alpha = \frac{4\pi k_e}{\lambda} \tag{126}$$

在半导体中，吸收系数是波长或者说是光子能量的函数，在吸收限附近，吸收系数可表示为[5]

$$\alpha \propto (h\nu - E_g)^{\gamma} \tag{127}$$

式中，$h\nu$ 为光子能量，γ 为常数。

存在两种类型的带与带之间的跃迁：允许的和禁止的。(禁止跃迁考虑了尽管很小但是有限的光子的动量，其发生的几率很小)。对于直接带隙材料，跃迁通常发生在具有相同 k 值的两个能带之间，如图 1.29 所示的跃迁(a)和(b)。允许直接跃迁可以在所有的 k 值下发生，禁止直接跃迁只能在 $k \neq 0$ 处发生。在单电子近似下，对于允许直接跃迁和禁止直接跃迁，γ 分别等于 1/2 和 3/2。注意到，对于决定带隙的 $k = 0$ 处，只有允许直接跃迁发生($\gamma = 1/2$)，因此可以用来测量带隙大小。对于间接跃迁[图 1.29 的跃迁(c)]，为保持动量守恒，有声子参与，在这种跃迁中可以吸收或发射声子(声子能量为 E_p)，吸收系数修正为

$$\alpha \propto (h\nu - E_g \pm E_p)^{\gamma} \tag{128}$$

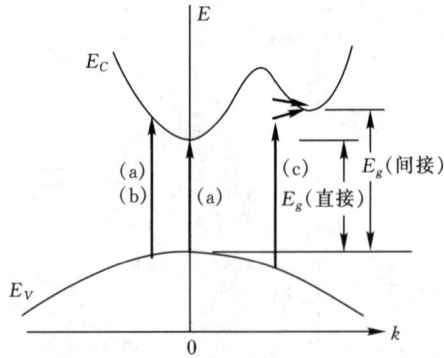

图 1.29　光跃迁(a)允许直接跃迁;(b)禁止直接跃迁;(c)包括声子发射(上面
的箭头)和声子吸收(下面的箭头)的间接跃迁

这里,对于允许间接跃迁和禁止间接跃迁,常数 γ 分别等于 2 和 3。

　　另外,由于激子的形成,吸收峰和能量台阶增加。激子是能级位于带内的束缚电子-空穴对,作为整体在晶格中运动。在吸收限附近,$(E_g - h\nu)$ 变得与激子的束缚能可以比拟,必须考虑自由电子和空穴之间的库仑引力作用,由于束缚能,所需的光子能量减小,当 $h\nu \lesssim E_g$ 时,吸收与基态吸收融合;当 $h\nu \gg E_g$ 时,高能量带参与跃迁过程,复杂的能带结构可在吸收系数方面得到反映。

　　图 1.30 绘出了 Si 和 GaAs 的基本吸收限（带与带之间的跃迁）附近和基本吸收限之上的吸收系数 α 的实验结果,在较低温度下曲线向高光子能量方向移动,这一现象与带隙和温度的关系有关(图 1.6)。当吸收系数 α 为 10^4 cm^{-1} 时,距半导体表面 1 μm 距离内有 63% 的光被吸收。

　　当光线通过半导体时,光被吸收,产生电子-空穴对(G_e),光强 P_{op} 随光入射的距离关系依

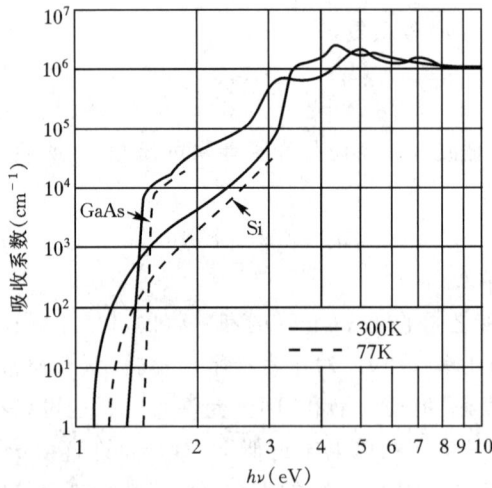

图 1.30　Si 和 GaAs 的吸收限附近和之上的实测吸收系数（引
自参考文献 75~78)

照下式：

$$\frac{\mathrm{d}P_{op}(x)}{\mathrm{d}x} = -\alpha P_{op}(x) = G_e h\nu \tag{129}$$

上式的解表明光强随距离指数衰减，

$$P_{op}(x) = P_0(1-R)\exp(-\alpha x) \tag{130}$$

式中 P_0 为外部入射光强，R 为光垂直入射时，半导体与周围物质的界面反射系数，即

$$R = \frac{(1-n_r)^2 + k_e^2}{(1+n_r)^2 + k_e^2} \tag{131}$$

在一个厚度为 W 的半导体样品中，如果乘积 αW 不大，在两个界面间将会发生多次反射，计入所有往返光线，总的反射系数计算得到

$$R_\Sigma = R\left[1 + \frac{(1-R)^2\exp(-2\alpha W)}{1 - R^2\exp(-2\alpha W)}\right] \tag{132}$$

总的透射系数为

$$T_\Sigma = \frac{(1-R)^2\exp(-\alpha W)}{1 - R^2\exp(-2\alpha W)} \tag{133}$$

透射系数 T_Σ 和反射系数 R_Σ 是两个重要的物理量，通常可以通过实验测量得到。分析垂直入射的 T_Σ-λ 和 R_Σ-λ 数据，或观察对于不同入射角的 T_Σ 或 R_Σ 值，可以得到 n_r 和 k_e 的值，它们与带间的跃迁能量有关。

1.6.3　热学特性

当半导体内部除了有外加电场作用外，还存在温度梯度时，则总电流密度（一维情形）为[5]

$$J = \sigma\left(\frac{1}{q}\frac{\mathrm{d}E_F}{\mathrm{d}x} - \mathscr{P}\frac{\mathrm{d}T}{\mathrm{d}x}\right) \tag{134}$$

式中 $\mathscr{P}$ 为温差电动势率，这样称呼是因为开路情况下净电流为零，电场由温度梯度产生。对于非简并半导体，两次碰撞之间的平均自由时间为前面已讨论的关系 $\tau_m \propto E^{-s}$，温差电动势率为

$$\mathscr{P} = -\frac{k}{q}\left\{\frac{\left[\frac{5}{2} - s + \ln(N_C/n)\right]n\mu_n - \left[\frac{5}{2} - s - \ln(N_V/p)\right]p\mu_p}{n\mu_n + p\mu_p}\right\} \tag{135}$$

（k 为玻耳兹曼常数）。这个方程表明，对于 n 型半导体，温差电动势率为负，对于 p 型半导体，温差电动势率为正，常用这一事实来确定半导体的导电类型。温差电动势率还能用来确定电阻率以及费米能级相对于带边的位置。室温下 p 型硅的温差电动势率 $\mathscr{P}$ 随电阻率的增加而增加，对于 $0.1\ \Omega\cdot\mathrm{cm}$ 的样品，$\mathscr{P}$ 为 $1\ \mathrm{mV/K}$，对于 $100\ \Omega\cdot\mathrm{cm}$ 的样品，$\mathscr{P}$ 为 $1.7\ \mathrm{mV/K}$，对于 n 型硅样品，也能得到类似的结果（除了 $\mathscr{P}$ 的符号改变）。

热效应中另一重要的物理量是热导率 κ，它是一个扩散过程，温度梯度造成的热传递 Q 为

$$Q = -\kappa\frac{\mathrm{d}T}{\mathrm{d}x} \tag{136}$$

热导率 κ 的主要组成部分包括声子（晶格）传导 κ_L、电子和空穴的混合自由载流子传导 κ_M，

$$\kappa = \kappa_L + \kappa_M \tag{137}$$

晶格贡献由声子的扩散和散射完成，这些散射过程有很多类型，如声子之间的散射、声子和缺陷的散射、声子和载流子的散射、界面和表面的散射等等，它们的整体影响可以表示为

$$\kappa_L = \frac{1}{3} C_v \upsilon_{ph} \lambda_{ph} \tag{138}$$

式中，C_v 为比热，υ_{ph} 为声子的速度，λ_{ph} 为声子的平均自由程。对于电子和空穴散射，$\tau_m \propto E^{-s}$，混合载流子的贡献为

$$\kappa_M = \frac{(\frac{5}{2} - s)k^2 \sigma T}{q^2} + \frac{k^2 \sigma T}{q^2} \frac{[5 - 2s + (E_g/kT)]^2 np\mu_n\mu_p}{(n\mu_n + p\mu_p)^2} \tag{139}$$

图 1.31 给出了 Si 和 GaAs 的实测热导率与晶格温度的关系，附录 G 列出了室温下的热导率。导电载流子对热导率的贡献通常很小，所以，整体上温度依赖 κ_L 的变化，成倒 V 字形。在低温下，比热与温度呈 T^3 关系，κ 随温度迅速增加；在高温下，声子之间的散射起主要作用，λ_{ph}（和 κ_L）以 $1/T$ 的关系随温度下降。图 1.31 还示出了 Cu、金刚石、SiC 和 GaN 的热导率，铜是 p-n 结器件最常用的热传导金属，金刚石具有迄今为止所知的最大的室温热传导率，可用作半导体激光器和 IMPATT 振荡器的热沉，而 SiC 和 GaN 是最重要的功率器件半导体材料。

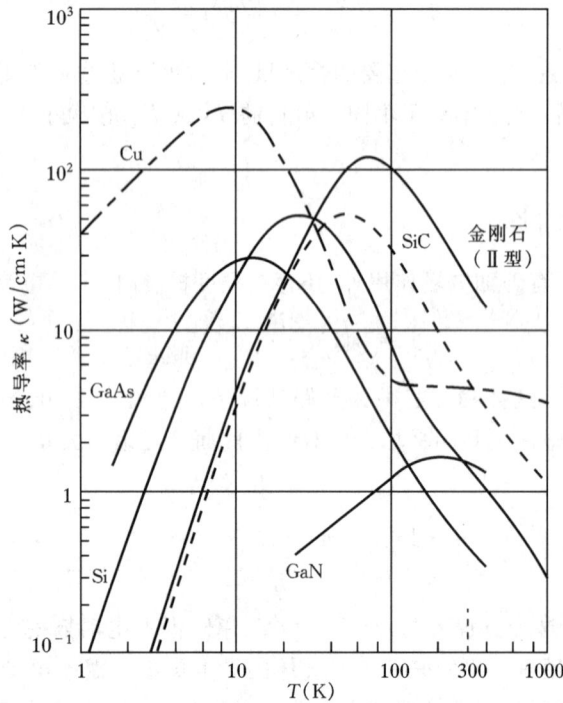

图 1.31　纯 Si、GaAs、SiC、GaN、Cu 和金刚石（Ⅱ型）的实测热导率与温度的关系
（引自参考文献 79～83）

1.7　异质结和纳米结构

异质结是两种不同的半导体材料组成的结。对于半导体器件应用，不同的能隙提供了另一个设计自由度，产生了很多有趣的现象。异质结在众多器件中的成功应用应归功于外延技

术,即在一种半导体材料上面生长几乎没有界面陷阱的、晶格匹配的另一种半导体材料,异质结已广泛应用于各种器件中。外延异质结的物理学基础是晶格常数的匹配,它是在原子尺度上的物理要求。一些晶格失配会在界面处引入位错,导致界面陷阱等电学缺陷,一些常规半导体材料的晶格常数和带隙值示于图 1.32。对于异质结器件,最好的组合是具有相同的晶格常数和不同 E_g 的两种材料,可以看到 GaAs/AlGaAs(或/AlAs)是很好的例子。

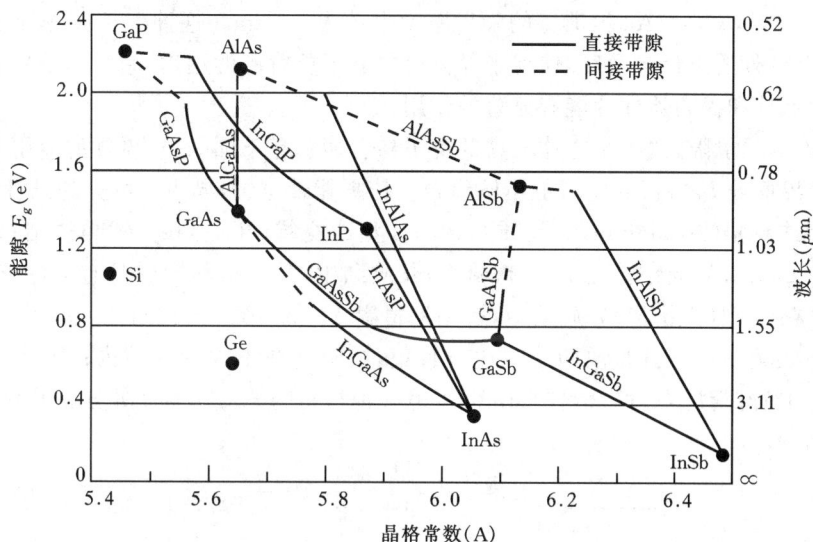

图 1.32　一些常规元素和二元化合物半导体的带隙与晶格常数的关系

实验证明,如果晶格常数不是严重的失配,只要外延层足够薄就可以形成高质量的异质结外延。晶格失配量与最多允许的外延层数直接相关,这可以借助图 1.33 得到解释,对于一个弛豫的厚异质结外延,界面处的失配是必然的,这是因为界面处的终止键的物理失配。然而,如果异质结外延层足够薄,外延层可以受到物理应力的作用,使得晶格常数与衬底一致(图1.33(c)),这种情况下位错可以被消除。

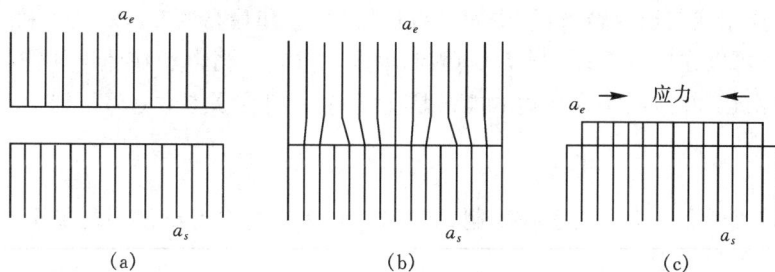

图 1.33　具有轻度晶格失配、晶格常数 a_s 和 a_e 的两种材料

(a)分开时;(b)厚弛豫层异质结外延在界面处有位错;(c)无位错的薄应力
外延层,外延层的晶格常数 a_e 在应力的作用下,具有衬底晶格常数 a_s

为了估计应变层的临界厚度,可以看一下异质结外延过程。开始时,外延层跟随衬底晶格常数,但是随着膜厚的增加应力能逐渐建立,最终膜中形成了太多的应力而不能维持衬底的晶

格常数，变为弛豫状态，即从图 1.33(c)转化为 1.33(b)，晶格失配定义为

$$\Delta \equiv \frac{|a_e - a_s|}{a_e} \tag{140}$$

式中 a_e 和 a_s 分别为外延层和衬底的晶格常数，研究表明，临界厚度由如下经验公式给出：

$$t_c \approx \frac{a_e}{2\Delta} \approx \frac{a_e^2}{2|a_e - a_s|} \tag{141}$$

当晶格失配为 2%，a_e 为 5Å 时，典型的临界厚度大约为 10 nm。这种生长应变异质外延的技术带来了一个额外的设计自由度，使得半导体材料有了更宽广的用途，它对拓展异质结构的应用、制作新型器件和提高器件性能有显著的作用。

　　除了有不同的能隙，这些半导体材料的电子亲合能也是不同的，在器件的应用中应予以考虑，它导致了界面处 E_C 和 E_V 位置的不同组合。依据能带位置，异质结可分为三种，如图 1.34 所示：(1)I 型或**跨骑**(straddling)式异质结；(2)II 型或**交错**(staggered)式异质结；(3)III 型或**裂隙**(broken-gap)式异质结。在 I 型(跨骑式)异质结中，某一材料同时具有低的 E_C、高的 E_V 和窄的带隙；在 II 型(交错型)异质结中，第一种材料 E_C 低，第二种材料 E_V 高，因此电子在低的 E_C 一边被收集，而空穴在高的 E_V 一边被收集，被限制在不同的区域内；III 型(裂隙型)异质结是 II 型的特殊情况，一种材料的 E_C 低于另一种材料的 E_V，在界面处导带和价带相重叠，因此得名裂隙型。

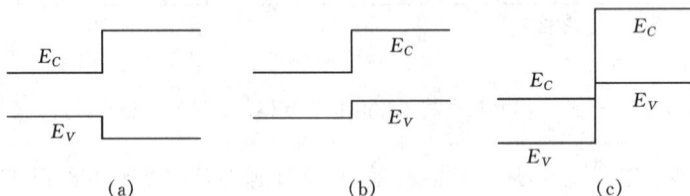

图 1.34　异质结的分类
(a)I 型或跨骑式异质结；(b)II 型或交错式异质结；(c)III 型或裂隙式异质结

　　量子阱和超晶格　异质结的一个主要的应用是运用 ΔE_C 和 ΔE_V 对载流子形成势垒。**量子阱**由两个异质结或三层材料形成，中间层有最低的 E_C 和最高的 E_V，对电子和空穴都形成势阱，因此量子阱可以在二维系统(2-D)中限制电子和空穴。当电子在体半导体材料中所有方向上(三维)自由运动时，高于导带边的能量是连续的，由动量关系(式 8)得到

$$E - E_C = \frac{\hbar^2}{2m_e^*}(k_x^2 + k_y^2 + k_z^2) \tag{142}$$

在量子阱中，载流子在一个方向上被限制，如 x 轴，$k_x = 0$，将会看到阱中的能量在 x 方向上不再连续，成为量子化子带。

　　对于量子阱，最重要的参数为阱的宽度 L_x 和阱的高度 ϕ_b，图 1.35(a)的能带图示出了势垒高度，从导带和价带的差别(ΔE_C 和 ΔE_V)可以得到势垒的高度，阱中薛定谔方程的波函数解为

$$\psi(x) = \sin\left(\frac{i\pi x}{L_x}\right) \tag{143}$$

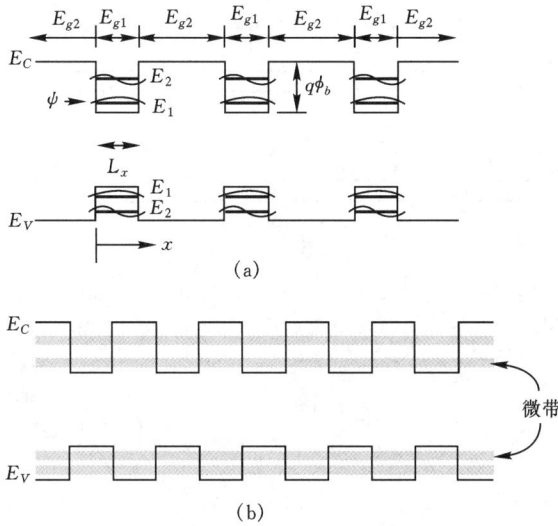

图 1.35　(a)异质结(组合)多量子阱;(b)异质结超晶格的能带图

式中,i 为整数。需要注意的是,在阱的边界,只有 ϕ_b 为无限大时 ψ 才为零。对于有限的 ϕ_b,载流子可以以一定的几率从阱中"漏出"(通过隧穿),下面会讨论到,这对超晶格的形成非常重要。波函数的节点在阱边界上的扎钉导致了子带的量子化,每个都有一个最低能量(从带边算起),

$$E_i = \frac{\hbar^2 \pi^2 i^2}{2m^* L_x^2} \tag{144}$$

这些结果没有考虑有限的势垒高度。以 L_x 作为变量,量子阱只能大体确定,最低要求是量子化能量 $\hbar^2 \pi^2 / 2m^* L_x^2$ 应比 kT 大很多,且 L_x 小于平均自由程和德布罗意波长(注意,德布罗意波长 $\lambda = h/(2m^* E)^{1/2}$ 与式(144)的 L_x 有相似的形式)。有趣的是,因为原本能量连续的导带被分成各个子带,载流子仅分布在子带上,不再分布在能带边 E_C 和 E_V 处,这样的结果是量子阱中带间跃迁的有效带隙比体半导体的 E_g 大。

当量子阱由厚势垒层彼此隔开时,它们之间没有联系,这种系统被称为多量子阱。然而,当它们之间的势垒层变薄,使得波函数开始重叠,就形成了异质结(组合)超晶格,这种超晶格结构与多量子阱系统相比,主要有两个不同点:(1)跨越势垒区空间的能级是连续的;(2)分立的能级展宽为微带(图 1.35(b))。从多量子阱到超晶格的转换与将原子拉到一起形成通常的晶格相似,孤立的原子有分立的能级,而晶格使这些分立能级转化为连续的导带和价带。

另一种形成量子阱和超晶格的方法是区域掺杂变化[84],势垒区由空间电荷场形成(图 1.36(a)),这种情况下,势垒形状不是矩形的,而是抛物线形,在这种掺杂(或 n-i-p-i)多量子阱结构中,有两个有趣的特点:第一,导带最小和价带最大彼此交替,这意味着电子和空穴在不同的地方积累,最大程度地减小了电子-空穴的复合,载流子寿命很长,比通常材料要高很多数量级,这与 II 型异质结相似;第二,有效能隙为电子和空穴的第一个量子化能级之间的距离,比原始材料的要小,这种可调有效带隙的设计可促成长波光的发射和吸收。相对于 k 空间而言,该结构在"真实空间"中具有间接带隙结构,这是独一无二的。当掺杂量子阱相互靠近时,形成掺杂(n-i-p-i)超晶格(图 1.36(b))。

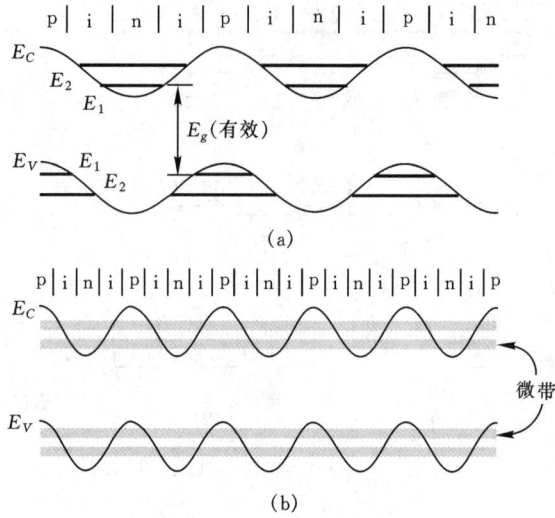

图 1.36 　(a)掺杂(n-i-p-i)多量子阱;(b)掺杂超晶格的能带图

量子线和量子点　当半导体的物理尺寸减小到与德布罗意波长相同的数量级时,尺寸与电子特性密切相关。对于载流子的限制可以进一步延伸至一维和零维,产生所谓的**量子线**和**量子点**,主要影响之一是状态密度 $N(E)$。依据限制的程度 $N(E)$ 与能量的关系有不同的形状,体半导体材料、量子阱、量子线和量子点的 $N(E)$ 定性的形状示于图 1.37 中。对于一个三维系统,状态密度前面已经给出(式 14),这里重复如下:

$$N(E) = \frac{m^* \sqrt{2m^* E}}{\pi^2 \hbar^3} \tag{145}$$

二维系统(量子阱)的状态密度有阶梯式的函数关系,

$$N(E) = \frac{m^* i}{\pi \hbar^2 L_x} \tag{146}$$

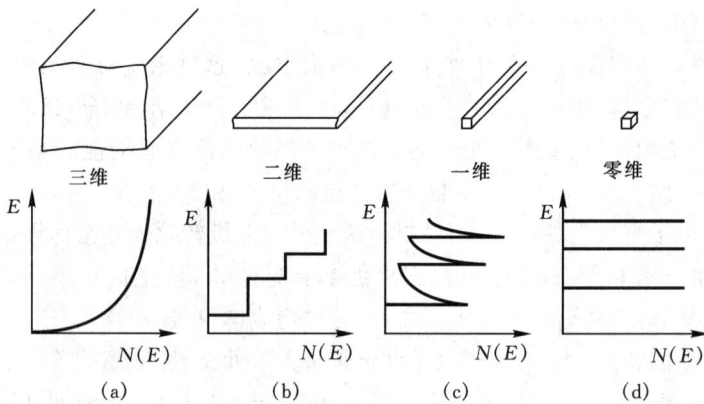

图 1.37 　(a)体半导体(三维);(b)量子阱(二维);(c)量子线(一维);
　　　　(d)量子点(零维)的状态密度 $N(E)$

一维系统(量子线)的状态密度随能量成反向变化,

$$N(E) = \frac{\sqrt{2m^*}}{\pi\hbar L_x L_y} \sum_{i,j} (E - E_{i,j})^{-1/2} \tag{147}$$

式中,

$$E_{i,j} = \frac{\hbar^2 \pi^2}{2m^*} \left(\frac{i^2}{L_x^2} + \frac{j^2}{L_y^2} \right) \tag{148}$$

零维系统(量子点)的状态密度是连续的,与能量无关,

$$N(E) = \frac{2}{L_x L_y L_z} \sum_{i,j,k} \delta(E - E_{i,j,k}) \tag{149}$$

式中

$$E_{i,j,k} = \frac{\hbar^2 \pi^2}{2m^*} \left(\frac{i^2}{L_x^2} + \frac{j^2}{L_y^2} + \frac{k^2}{L_z^2} \right) \tag{150}$$

因为载流子的浓度及其随能量的分布由状态密度与费米-狄拉克分布的乘积给出,当器件的尺寸缩小到与德布罗意波长相近时(约 20 nm),这些状态密度函数对器件的工作非常重要。

1.8　基本方程和实例

1.8.1　基本方程

半导体器件工作的基本方程描述了在外加作用影响下,如施加外场或光激发造成的对热平衡状态偏离时[36],半导体内载流子的静态和动态行为。基本方程可以分成三组:静电方程、电流密度方程和连续性方程。

静电方程　有两个描述电荷与电场($= \mathscr{D}/\varepsilon_s$,其中 $\mathscr{D}$ 为电位移矢量)关系的重要方程,第一个为麦克斯韦方程组中的一个方程,

$$\nabla \cdot \mathscr{D} = \rho(x, y, z) \tag{151}$$

也称高斯定律或泊松方程,对于一维问题可以简化为更为常用的形式:

$$\frac{d^2 \psi_i}{dx^2} = -\frac{d\mathscr{E}}{dx} = -\frac{\rho}{\varepsilon_s} = \frac{q(n - p + N_A - N_D)}{\varepsilon_s} \tag{152}$$

($\psi_i \equiv -E_i/q$),上述公式经常被用到,如确定耗尽层内由电荷体密度 ρ 引起的电势和电场的分布。第二个方程解决界面上的电荷密度而不是体电荷,界面处电荷薄层 Q 边界条件为

$$\mathscr{E}_1(0^-)\varepsilon_1 = \mathscr{E}_2(0^+)\varepsilon_2 - Q \tag{153}$$

电流密度方程　最通常的传导电流包括由电场引起的漂移电流和由载流子浓度梯度造成的扩散电流,电流密度方程为

$$\boldsymbol{J}_n = q\mu_n n \mathscr{E} + qD_n \nabla n \tag{154a}$$

$$\boldsymbol{J}_p = q\mu_p p \mathscr{E} - qD_p \nabla p \tag{154b}$$

$$\boldsymbol{J}_{\text{cond}} = \boldsymbol{J}_n + \boldsymbol{J}_p \tag{155}$$

式中 $\boldsymbol{J}_n$ 和 $\boldsymbol{J}_p$ 分别为电子电流密度和空穴电流密度。电子迁移率和空穴迁移率值(μ_n 和 μ_p)已在 1.5.1 节给出,对于非简并半导体,载流子扩散系数(D_n 和 D_p)和迁移率的关系由爱因斯坦关系[$D_n = (kT/q)\mu_n$ 等]给出。

对于一维情形,式(154a)和式(154b)简化为

$$J_n = q\mu_n n\mathscr{E} + qD_n \frac{\mathrm{d}n}{\mathrm{d}x} = q\mu_n \left(n\mathscr{E} + \frac{kT}{q} \frac{\mathrm{d}n}{\mathrm{d}x} \right) = \mu_n n \frac{\mathrm{d}E_{Fn}}{\mathrm{d}x} \tag{156a}$$

$$J_p = q\mu_p p\mathscr{E} - qD_p \frac{\mathrm{d}p}{\mathrm{d}x} = q\mu_p \left(p\mathscr{E} - \frac{kT}{q} \frac{\mathrm{d}p}{\mathrm{d}x} \right) = \mu_p p \frac{\mathrm{d}E_{Fp}}{\mathrm{d}x} \tag{156b}$$

式中 E_{Fn} 和 E_{Fp} 分别为电子和空穴的准费米能级。这些方程在低电场情况下成立,在足够高的电场下,$\mu_n\mathscr{E}$ 或 $\mu_p\mathscr{E}$ 项应换成饱和速度 v_s(式中,最后关于 E_{Fn} 和 E_{Fp} 的等式项不再成立)。这些方程不包括外加磁场引起的效应,外加磁场后,磁阻效应使得电流减小。

连续性方程　上述电流密度方程针对的是稳态时的情形,连续性方程解决的是与时间相关的过程,如小注入、产生和复合。定性的来讲,载流子浓度的净电荷是产生电荷和复合电荷之差,再加上流入和流出该区域的净电流,连续性方程为

$$\frac{\partial n}{\partial t} = G_n - U_n + \frac{1}{q} \nabla \cdot \boldsymbol{J}_n \tag{157a}$$

$$\frac{\partial p}{\partial t} = G_p - U_p - \frac{1}{q} \nabla \cdot \boldsymbol{J}_p \tag{157b}$$

式中 G_n 和 G_p 分别为电子和空穴的产生率（$\mathrm{cm}^{-3}/\mathrm{s}$）,它们是由外界因素造成的,如由光子作用产生的光激发或强电场作用下的碰撞电离。复合率 $U_n = \Delta n/\tau_n$ 和 $U_p = \Delta p/\tau_p$ 在 1.5.4 节已讨论。

对于一维小注入情形,式(157a)和式(157b)简化为

$$\frac{\partial n_p}{\partial t} = G_n - \frac{n_p - n_{po}}{\tau_n} + n_p\mu_n \frac{\partial \mathscr{E}}{\partial x} + \mu_n\mathscr{E} \frac{\partial n_p}{\partial x} + D_x \frac{\partial^2 n_p}{\partial x^2} \tag{158a}$$

$$\frac{\partial p_n}{\partial t} = G_p - \frac{p_n - p_{no}}{\tau_p} - p_n\mu_p \frac{\partial \mathscr{E}}{\partial x} - \mu_p\mathscr{E} \frac{\partial p_n}{\partial x} + D_p \frac{\partial^2 p_n}{\partial x^2} \tag{158b}$$

1.8.2　实例

本节将揭示应用连续性方程解决过剩载流子与时间和空间的关系问题。过剩载流子可以由光激发或邻近结注入产生,为简单起见,以下例子中均使用光激发产生方式。

过剩载流子随时间的衰减　考虑图 1.38(a)所示的 n 型样品,该样品受光照射以产生率 G_p 在整个样品内均匀地产生电子-空穴对,在这个例子中样品的厚度远小于 $1/\alpha$,这里忽略了载流子浓度随空间的变化,边界条件为 $\mathscr{E} = \partial\mathscr{E}/\partial x = 0$ 且 $\partial p_n/\partial x = 0$,由式(158b)得

$$\frac{\mathrm{d}p_n}{\mathrm{d}t} = G_p - \frac{p_n - p_{no}}{\tau_p} \tag{159}$$

稳态时,$\partial p_n/\partial t = 0$,且

$$p_n - p_{no} = \tau_p G_p = 常数 \tag{160}$$

若在任一时刻,如 $t=0$ 时,光突然关断,微分方程变为

$$\frac{\mathrm{d}p_n}{\mathrm{d}t} = -\frac{p_n - p_{no}}{\tau_p} \tag{161}$$

由式(160)得到边界条件为 $p_n(t=0) = p_{no} + \tau_p G_p$,且 $p_n(\infty) = p_{no}$,方程的解为

$$p_n(t) = p_{no} + \tau_p G_p \exp\left(-\frac{t}{\tau_p}\right) \tag{162}$$

图 1.38(b)给出了 p_n 随时间的变化。

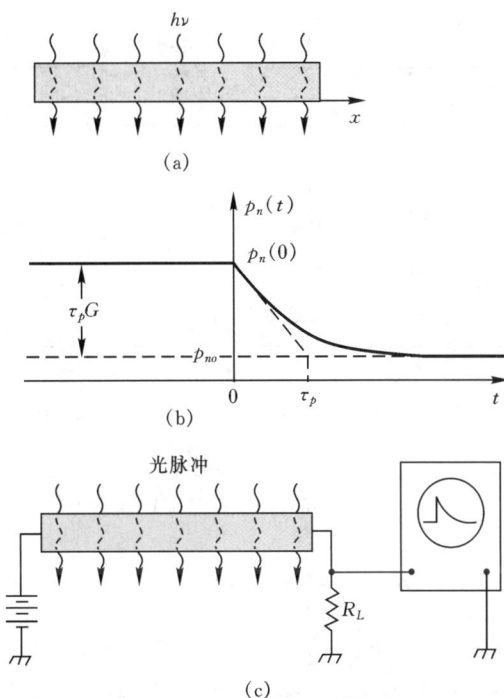

图 1.38　光生载流子的衰减

(a)恒定光照下的 n 型样品;(b)少数载流子(空穴)随时间衰减;(c)测量少数载
流子寿命的实验装置示意图(引自参考文献 71)

上例介绍了测量少数载流子寿命的 Stevenson-Keyes 法的主要思想[71]。图 1.38(c)是实验装置示意图,光脉冲照射在整个样品上,均匀产生过剩载流子,引起电导率和电流的瞬时增加,在光脉冲关断期间,测量负载电阻 R_L 上的电压降,可在示波器上观察到光电导的衰减,用来测量寿命。

过剩载流子随距离的衰减　图 1.39(a)给出了另一个简单的例子,过剩载流子从半导体一侧注入(如仅在半导体表面由高能光子产生电子-空穴对),参见图 1.30。注意,当 $h\nu=3.5$ eV 时吸收系数约为 10^6 cm^{-1},换句话说,在 10 nm 的距离内,光强衰减到原来的 $1/e$。

稳态下,表面附近存在一个浓度梯度,对于无外加偏置的 n 型样品,由式(158(b))得到微分方程

$$\frac{\partial p_n}{\partial t} = 0 = -\frac{p_n - p_{no}}{\tau_p} + D_p \frac{\partial^2 p_n}{\partial x^2} \tag{163}$$

边界条件为 $p_n(x=0)=$ 常数,取决于注入水平,$p_n(\infty)=p_{no}$,$p_n(x)$ 的解为

$$p_n(x) = p_{no} + [p_n(0) - p_{no}]\exp\left(-\frac{x}{L_p}\right) \tag{164}$$

式中扩散长度为 $L_p=(D_p\tau_p)^{1/2}$(图 1.39(a)),对于硅,L_p 和 L_n 的最大值为 1 cm 的数量级,对于砷化镓只有 10^{-2} cm 的量级。

若改变第二个边界条件,在样品的另一端($x=W$)抽走所有的过剩载流子,即 $p_n(W)=p_{no}$,由式(163)得到一个新的解为:

$$p_n(x) = p_{no} + [p_n(0) - p_{no}]\left\{\frac{\sinh[(W-x)/L_p]}{\sinh(W/L_p)}\right\} \tag{165}$$

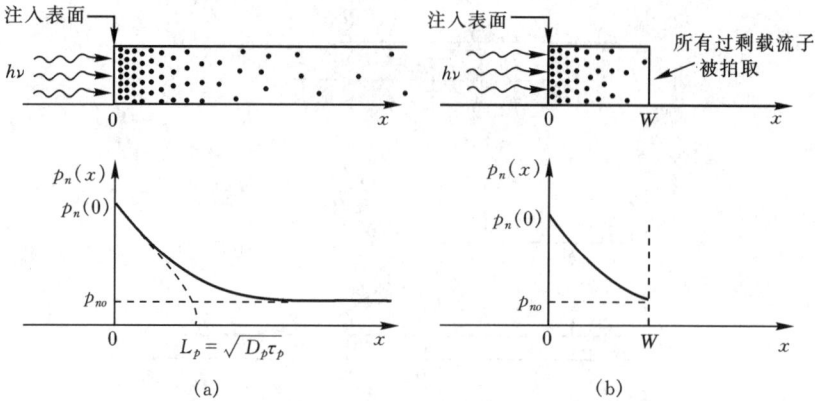

图 1.39　单侧稳态载流子注入

(a)半无限样品；(b)长度为 W 的样品

上述结果示于图 1.39(b)中，$x=W$ 处的电流密度由式(156(b))得到

$$J_P = -qD_p \frac{\mathrm{d}p}{\mathrm{d}x}\bigg|_W = \frac{qD_p[p_n(0) - p_{no}]}{L_p \sinh(W/L_p)} \tag{166}$$

后面会看到，式(166)与双极晶体管的电流增益有关(第 5 章)。

过剩载流子随时间和距离的衰减　局部光脉冲在半导体内产生过剩载流子(图 1.40(a))，无偏压时，光脉冲照射后的输运方程可由式(158b)给出，其中令 $G=\mathscr{E}=\partial\mathscr{E}/\partial x=0$，

$$\frac{\partial p_n}{\partial t} = -\frac{p_n - p_{no}}{\tau_p} + D_p \frac{\partial^2 p_n}{\partial x^2} \tag{167}$$

解为

$$p_n(x,t) = \frac{N'}{\sqrt{4\pi D_p t}} \exp\left(-\frac{x^2}{4D_p t} - \frac{t}{\tau_p}\right) + p_{no} \tag{168}$$

式中 N' 为初始时单位面积产生的电子或空穴数。图 1.40(b)示出了载流子从注入点向两边扩散的情况，载流子同时也在复合(曲线下的面积在减小)。

若沿样品加一电场，其解有与式(168)有相同的形式，只是以 $(x-\mu_p\mathscr{E}t)$ 代替 x(图 1.40(c))，因此整个过剩载流子**包**以漂移速度 $\mu_p\mathscr{E}$ 向样品负电压端移动。同时，与不加电场的情形一样，载流子向两边扩散并复合。

上面的例子与半导体中测量载流子漂移迁移率的著名的 Haynes-Shockley 实验相似[85]，若已知样品长度、外加电场，并且知道外加信号(加上电场，关断光照)与在样品的末端探测到的信号(两者均在示波器上显示出来)之间的时间延迟，就能计算漂移迁移率 $\mu=x/\mathscr{E}t$。

表面复合　当在半导体样品一端引进表面复合时(图 1.41)，$x=0$ 处的边界条件为

$$qD_p \frac{\mathrm{d}p_n}{\mathrm{d}x}\bigg|_{x=0} = qS_p[p_n(0) - p_{no}] \tag{169}$$

这就是说，到达表面的少数载流子就在那里复合，常数 S_p(单位为 cm/s)定义为空穴的表面复合速度，在 $x=\infty$ 处，边界条件由式(160)给出，无外加偏置稳态情况下，微分方程为

$$0 = G_p - \frac{p_n - p_{no}}{\tau_p} + D_p \frac{\mathrm{d}^2 p_n}{\mathrm{d}x^2} \tag{170}$$

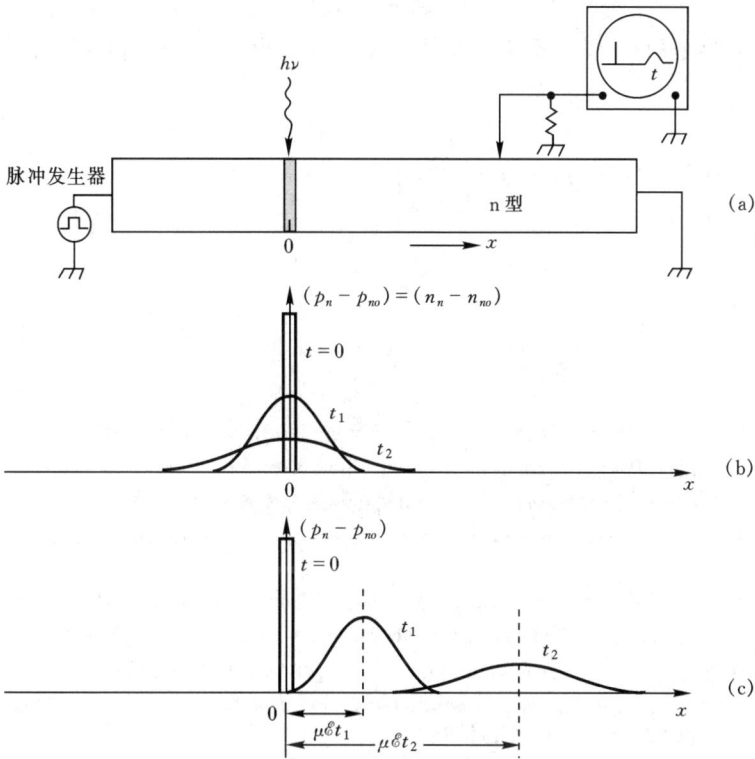

图 1.40　施加局部光脉冲后,载流子瞬态和稳态扩散

(a)实验装置;(b)不加外电场;(c)加外电场

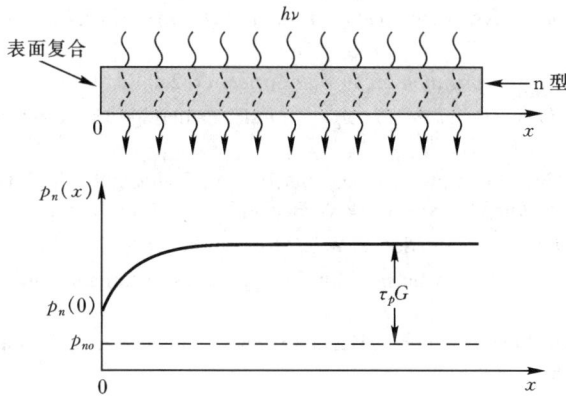

图 1.41　$x=0$ 处的表面复合,表面附近少数载流子分布

受表面复合速度的影响

运用上述边界条件,方程的解为

$$p_n(x) = p_{no} + \tau_p G_p \left[1 - \frac{\tau_p S_p \exp(-x/L_p)}{L_p + \tau_p S_p} \right] \tag{171}$$

对于一个有限的 S_p,上述关系绘制在图 1.41 中,当 $S_p \to 0$ 时 $p_n(x) \to p_{no} + \tau_p G_p$,这是以前在

式(160)中得到的；当 $S_p \to \infty$ 时，$p_n(x) \to p_{no} + \tau_p G_p[1 - \exp(-x/L_p)]$，表面处的少数载流子浓度趋近于它的热平衡值 p_{no}。类似于低注入体复合过程，少数载流子寿命的倒数$(1/\tau)$等于 $\sigma_p v_{th} N_t$(式 95a)，表面复合速度为

$$S_p = \sigma_p v_{th} N'_{st} \tag{172}$$

式中 N'_{st} 为边界处单位面积的表面陷阱中心数。

参考文献

1. W. C. Dunlap, *An Introduction to Semiconductors*, Wiley, New York, 1957.

2. O. Madelung, *Physics of III-V Compounds*, Wiley, New York, 1964.

3. J. L. Moll, *Physics of Semiconductors*, McGraw-Hill, New York, 1964.

4. T. S. Moss, Ed., *Handbook on Semiconductors*, Vols. 1–4, North-Holland, Amsterdam, 1980.

5. R. A. Smith, *Semiconductors*, 2nd Ed., Cambridge University Press, London, 1979.

6. K. W. Böer, *Survey of Semiconductor Physics*, Van Nostrand Reinhold, New York, 1990.

7. K. Seeger, *Semiconductor Physics*, 7th Ed., Springer-Verlag, Berlin, 1999.

8. S. Wang, *Fundamentals of Semiconductor Theory and Device Physics*, Prentice-Hall, Englewood Cliffs, New Jersey, 1989.

9. R. K. Willardson and A. C. Beer, Eds., *Semiconductors and Semimetals*, Vol. 2, *Physics of III-V Compounds*, Academic, New York, 1966.

10. W. B. Pearson, *Handbook of Lattice Spacings and Structure of Metals and Alloys*, Pergamon, New York, 1967.

11. H. C. Casey, Jr. and M. B. Panish, *Heterostructure Lasers*, Academic, New York, 1978.

12. See, for example, C. Kittel, *Introduction to Solid State Physics*, 7th Ed., Wiley, New York, 1996.

13. L. Brillouin, *Wave Propagation in Periodic Structures*, 2nd Ed., Dover, New York, 1963.

14. J. M. Ziman, *Principles of the Theory of Solids*, Cambridge University Press, London, 1964.

15. M. L. Cohen, "Pseudopotential Calculations for II-VI Compounds," in D. G. Thomas, Ed., *II-VI Semiconducting Compounds*, W. A. Benjamin, New York, 1967, p. 462.

16. C. Kittel, *Quantum Theory of Solids*, Wiley, New York, 1963.

17. L. C. Allen, "Interpolation Scheme for Energy Bands in Solids," *Phys. Rev.*, **98**, 993 (1955).

18. F. Herman, "The Electronic Energy Band Structure of Silicon and Germanium," *Proc. IRE*, **43**, 1703 (1955).

19. J. C. Phillips, "Energy-Band Interpolation Scheme Based on a Pseudopotential," *Phys. Rev.*, **112**, 685 (1958).

20. M. L. Cohen and J. R. Chelikowsky, *Electronic Structure and Optical Properties of Semiconductors*, 2nd Ed., Springer-Verlag, Berlin, 1988.

21. J. M. Ziman, *Electrons and Phonons*, Clarendon, Oxford, 1960.

22. C. D. Thurmond, "The Standard Thermodynamic Function of the Formation of Electrons and Holes in Ge, Si, GaAs and GaP," *J. Electrochem. Soc.*, **122**, 1133 (1975).

23. V. Alex, S. Finkbeiner, and J. Weber, "Temperature Dependence of the Indirect Energy Gap in Crystalline Silicon," *J. Appl. Phys.*, **79**, 6943 (1996).

24. W. Paul and D. M. Warschauer, Eds., *Solids under Pressure*, McGraw-Hill, New York, 1963.

25. R. S. Ohl, "Light-Sensitive Electric Device," U.S. Patent 2,402,662. Filed May 27, 1941. Granted June 25, 1946.

26. M. Riordan and L. Hoddeson, "The Origins of the *pn* Junction", *IEEE Spectrum*, **34**-6, 46 (1997).

27. J. S. Blackmore, "Carrier Concentrations and Fermi Levels in Semiconductors," *Electron. Commun.*, **29**, 131 (1952).

28. W. B. Joyce and R. W. Dixon, "Analytic Approximations for the Fermi Energy of an Ideal Fermi Gas," *Appl. Phys. Lett.*, **31**, 354 (1977).

29. O. Madelung, Ed., *Semiconductors–Basic Data*, 2nd Ed., Springer-Verlag, Berlin, 1996.

30. R. N. Hall and J. H. Racette, "Diffusion and Solubility of Copper in Extrinsic and Intrinsic Germanium, Silicon, and Gallium Arsenide," *J. Appl. Phys.*, **35**, 379 (1964).

31. A. G. Milnes, *Deep Impurities in Semiconductors*, Wiley, New York, 1973.

32. J. Hermanson and J. C. Phillips, "Pseudopotential Theory of Exciton and Impurity States," *Phys. Rev.*, **150**, 652 (1966).

33. J. Callaway and A. J. Hughes, "Localized Defects in Semiconductors," *Phys. Rev.*, **156**, 860 (1967).

34. E. M. Conwell, "Properties of Silicon and Germanium, Part II," *Proc. IRE*, **46**, 1281 (1958).

35. S. M. Sze and J. C. Irvin, "Resistivity, Mobility, and Impurity Levels in GaAs, Ge, and Si at 300 K," *Solid-State Electron.*, **11**, 599 (1968).

36. W. Shockley, *Electrons and Holes in Semiconductors*, D. Van Nostrand, Princeton, New Jersey, 1950.

37. A. S. Grove, *Physics and Technology of Semiconductor Devices*, Wiley, New York, 1967.

38. J. Bardeen and W. Shockley, "Deformation Potentials and Mobilities in Nonpolar Crystals," *Phys. Rev.*, **80**, 72 (1950).

39. E. Conwell and V. F. Weisskopf, "Theory of Impurity Scattering in Semiconductors," *Phys. Rev.*, **77**, 388 (1950).

40. C. Bulucea, "Recalculation of Irvin's Resistivity Curves for Diffused Layers in Silicon Using Updated Bulk Resistivity Data," *Solid-State Electron.*, **36**, 489 (1993).

41. C. Jacoboni, C. Canali, G. Ottaviani, and A. A. Quaranta, "A Review of Some Charge Transport Properties of Silicon," *Solid-State Electron.*, **20**, 77 (1977).

42. W. E. Beadle, J. C. C. Tsai, and R. D. Plummer, Eds., *Quick Reference Manual for Silicon Integrated Circuit Technology*, Wiley, New York, 1985.

43. F. M. Smits, "Measurement of Sheet Resistivities with the Four-Point Probe," *Bell Syst. Tech. J.*, **37**, 711 (1958).

44. E. H. Hall, "On a New Action of the Magnet on Electric Currents," *Am. J. Math.*, **2**, 287 (1879).

45. L. J. Van der Pauw, "A Method of Measuring Specific Resistivity and Hall Effect of Disc or Arbitrary Shape," *Philips Res. Rep.*, **13**, 1 (Feb. 1958).

46. D. M. Caughey and R. E. Thomas, "Carrier Mobilities in Silicon Empirically Related to Doping and Field," *Proc. IEEE*, **55**, 2192 (1967).

47. D. E. Aspnes, "GaAs Lower Conduction-Band Minima: Ordering and Properties," *Phys. Rev.*, **B14**, 5331 (1976).

48. P. Smith, M. Inoue, and J. Frey, "Electron Velocity in Si and GaAs at Very High Electric Fields," *Appl. Phys. Lett.*, **37**, 797 (1980).

49. J. G. Ruch and G. S. Kino, "Measurement of the Velocity-Field Characteristics of Gallium Arsenide," *Appl. Phys. Lett.*, **10**, 40 (1967).

50. K. Brennan and K. Hess, "Theory of High-Field Transport of Holes in GaAs and InP,"

Phys. Rev. B, **29**, 5581 (1984).

51. B. Kramer and A. Mircea, "Determination of Saturated Electron Velocity in GaAs," *Appl. Phys. Lett.*, **26**, 623 (1975).

52. K. K. Thornber, "Relation of Drift Velocity to Low-Field Mobility and High Field Saturation Velocity," *J. Appl. Phys.*, **51**, 2127 (1980).

53. J. G. Ruch, "Electron Dynamics in Short Channel Field-Effect Transistors," *IEEE Trans. Electron Devices*, **ED-19**, 652 (1972).

54. K. K. Thornber, "Applications of Scaling to Problems in High-Field Electronic Transport," *J. Appl. Phys.*, **52**, 279 (1981).

55. R. A. Logan and S. M. Sze, "Avalanche Multiplication in Ge and GaAs *p-n* Junctions," Proc. Int. Conf. Phys. Semicond., Kyoto, and *J. Phys. Soc. Jpn. Suppl.*, **21**, 434 (1966).

56. W. N. Grant, "Electron and Hole Ionization Rates in Epitaxial Silicon at High Electric Fields," *Solid-State Electron.*, **16**, 1189 (1973).

57. G. H. Glover, "Charge Multiplication in Au-SiC (6H) Schottky Junction," *J. Appl. Phys.*, **46**, 4842 (1975).

58. T. P. Pearsall, F. Capasso, R. E. Nahory, M. A. Pollack, and J. R. Chelikowsky, "The Band Structure Dependence of Impact Ionization by Hot Carriers in Semiconductors GaAs," *Solid-State Electron.*, **21**, 297 (1978).

59. I. Umebu, A. N. M. M. Choudhury, and P. N. Robson, "Ionization Coefficients Measured in Abrupt InP Junction," *Appl. Phys. Lett.*, **36**, 302 (1980).

60. R. A. Logan and H. G. White, "Charge Multiplication in GaP *p-n* Junctions," *J. Appl. Phys.*, **36**, 3945 (1965).

61. T. P. Pearsall, "Impact Ionization Rates for Electrons and Holes in $Ga_{0.47}In_{0.53}As$," *Appl. Phys. Lett.*, **36**, 218 (1980).

62. T. P. Pearsall, R. E. Nahory, and M. A. Pollack, "Impact Ionization Rates for Electrons and Holes in $GaAs_{1-x}Sb_x$ Alloys," *Appl. Phys. Lett.*, **28**, 403 (1976).

63. L. W. Cook, G. E. Bulman, and G. E. Stillman, "Electron and Hole Impact Ionization Coefficients in InP Determined by Photomultiplication Measurements," *Appl. Phys. Lett.*, **40**, 589 (1982).

64. I. H. Oguzman, E. Bellotti, K. F. Brennan, J. Kolnik, R. Wang, and P. P. Ruden, "Theory of Hole Initiated Impact Ionization in Bulk Zincblende and Wurtzite GaN," *J. Appl. Phys.*, **81**, 7827 (1997).

65. M. R. Brozel and G. E. Stillman, Eds., *Properties of Gallium Arsenide*, 3rd Ed., INSPEC, London, 1996.

66. C. R. Crowell and S. M. Sze, "Temperature Dependence of Avalanche Multiplication in Semiconductors," *Appl. Phys. Lett.*, **9**, 242 (1966).

67. C. T. Sah, R. N. Noyce, and W. Shockley, "Carrier Generation and Recombination in *p-n* Junction and *p-n* Junction Characteristics," *Proc. IRE*, **45**, 1228 (1957).

68. R. N. Hall, "Electron-Hole Recombination in Germanium," *Phys. Rev.*, **87**, 387 (1952).

69. W. Shockley and W. T. Read, "Statistics of the Recombination of Holes and Electrons," *Phys. Rev.*, **87**, 835 (1952).

70. W. M. Bullis, "Properties of Gold in Silicon," *Solid-State Electron.*, **9**, 143 (1966).

71. D. T. Stevenson and R. J. Keyes, "Measurement of Carrier Lifetime in Germanium and Silicon," *J. Appl. Phys.*, **26**, 190 (1955).

72. W. W. Gartner, "Spectral Distribution of the Photomagnetic Electric Effect," *Phys. Rev.*, **105**, 823 (1957).

73. S. Wei and M. Y. Chou, "Phonon Dispersions of Silicon and Germanium from First-Principles Calculations," *Phys. Rev. B*, **50**, 2221 (1994).

74. C. Patel, T. J. Parker, H. Jamshidi, and W. F. Sherman, "Phonon Frequencies in GaAs," *Phys. Stat. Sol.* (b), **122**, 461 (1984).

75. W. C. Dash and R. Newman, "Intrinsic Optical Absorption in Single-Crystal Germanium and Silicon at 77°K and 300°K," *Phys. Rev.*, **99**, 1151 (1955).

76. H. R. Philipp and E. A. Taft, "Optical Constants of Silicon in the Region 1 to 10 eV," *Phys. Rev. Lett.*, **8**, 13 (1962).

77. D. E. Hill, "Infrared Transmission and Fluorescence of Doped Gallium Arsenide," *Phys. Rev.*, **133**, A866 (1964).

78. H. C. Casey, Jr., D. D. Sell, and K. W. Wecht, "Concentration Dependence of the Absorption Coefficient for *n*- and *p*-type GaAs between 1.3 and 1.6 eV," *J. Appl. Phys.*, **46**, 250 (1975).

79. C. Y. Ho, R. W. Powell, and P. E. Liley, *Thermal Conductivity of the Elements—A Comprehensive Review*, Am. Chem. Soc. and Am. Inst. Phys., New York, 1975.

80. M. G. Holland, "Phonon Scattering in Semiconductors from Thermal Conductivity Studies," *Phys. Rev.*, **134**, A471 (1964).

81. B. H. Armstrong, "Thermal Conductivity in SiO₂", in S. T. Pantelides, Ed., *The Physics of SiO₂ and Its Interfaces*, Pergamon, New York, 1978.

82. G. A. Slack, "Thermal Conductivity of Pure and Impure Silicon, Silicon Carbide, and Diamond," *J. Appl. Phys.*, **35**, 3460 (1964).

83. E. K. Sichel and J. I. Pankove, "Thermal Conductivity of GaN, 25–360 K," *J. Phys. Chem. Solids*, **38**, 330 (1977).

84. G. H. Dohler, "Doping Superlattices—Historical Overview", in P. Bhattacharya, Ed., *III-V Quantum Wells and Superlattices*, INSPEC, London, 1996.

85. J. R. Haynes and W. Shockley, "The Mobility and Life of Injected Holes and Electrons in Germanium," *Phys. Rev.*, **81**, 835 (1951).

习题

1. (a)求金刚石晶体的晶胞体积内能够填充的完全相同的硬球的最大比例；(b)求出在 300 K 时硅(111)面上每平方厘米的原子个数。

2. 计算四面体的键夹角，即 4 个价键中每两个价键的夹角。（提示：将 4 个价键用等长的矢量代替，这 4 个矢量之和应该等于多少？将这个矢量方程沿某一个矢量方向分解。）

3. 对于一个面心立方体，其晶胞的体积为 a^3，求具有以下 3 个基矢：$(0,0,0{\rightarrow}a/2,0,a/2)$，$(0,0,0{\rightarrow}a/2,a/2,0)$ 和 $(0,0,0{\rightarrow}0,a/2,a/2)$ 的面心立方体原胞的体积。

4. (a)推导金刚石晶体键长 d 与晶格常数 a 的关系；(b)在一个硅单晶中，一个晶面沿三个坐标轴的截距分别为 10.86 Å、16.29Å 和 21.72Å，求这个面的密勒指数。

5. 证明(a)倒格子的每一个矢量与正格子的一簇面垂直；(b)倒格子原胞的体积与正格子的原胞体积成反比。

6. 证明晶格常数为 a 的体心立方晶体(bcc)的倒格子为一个边长为 $4\pi/a$ 的面心立方体(fcc)。
   [提示：用 bcc 的一组对称矢量]

$$\boldsymbol{a} = \frac{a}{2}(\boldsymbol{y}+\boldsymbol{z}-\boldsymbol{x}), \quad \boldsymbol{b} = \frac{a}{2}(\boldsymbol{z}+\boldsymbol{x}-\boldsymbol{y}), \quad \boldsymbol{c} = \frac{a}{2}(\boldsymbol{x}+\boldsymbol{y}-\boldsymbol{z}),$$

其中 a 为晶胞的晶格常数，x,y,z 为正交坐标系的单位向量，对于 fcc

$$\boldsymbol{a} = \frac{a}{2}(\boldsymbol{y}+\boldsymbol{z}), \quad \boldsymbol{b} = \frac{a}{2}(\boldsymbol{z}+\boldsymbol{x}), \quad \boldsymbol{c} = \frac{a}{2}(\boldsymbol{x}+\boldsymbol{y})$$

7. 导带附近的最小能量可以表示为

$$E = \frac{\hbar^2}{2}\left(\frac{k_x^2}{m_x^*} + \frac{k_y^2}{m_y^*} + \frac{k_z^2}{m_z^*}\right)$$

对于硅沿[100]方向有 6 个雪茄形状的极小值,如果等能椭球的长轴和短轴比为 5：1,计算纵向有效质量 m_l^* 和横向有效质量 m_t^*。

8. 已知一个半导体材料的导带,其最低能谷在布里渊区中心,六个较高能谷在[100]方向布里渊区的边界上,如果较低能谷的有效质量为 $0.1\,m_0$,较高能谷的有效质量为 $1.0\,m_0$,计算高能谷和低能谷的有效状态密度之比。

9. 推导式(14)给出的导带的状态密度。(提示:驻波的波长 λ 与半导体的长度 L 有关,$L/\lambda = n_x$,其中 n_x 为整数,波长可以由德布罗意假设表示 $\lambda = h/p_x$,考虑一个三维立方体的边长为 L。)

10. 计算 n 型非简并半导体导带中电子的平均动能,状态密度由式(14)给出。

11. 导出

$$N_D^+ = N_D\left[1 + 2\exp\left(\frac{E_F - E_D}{kT}\right)\right]^{-1}$$

提示:占据几率为

$$F(E) = \left[1 + \frac{h}{g}\exp\left(\frac{E - E_F}{kT}\right)\right]^{-1}$$

其中 h 为占据能量为 E 的能级的电子数,g 为可以被能级接受的电子数,也称为施主杂质能级的基态简并度($g = 2$)。

12. 如果一个硅样品掺入 $10^{16}\,\mathrm{cm}^{-3}$ 的磷杂质,计算 77 K 时电离施主浓度,假设磷施主杂质的电离能和电子的有效质量与温度无关。(提示:首先选择一个 N_D^+ 计算费米能级,然后计算相应的 N_D^+,如果两者不符,选择另一个 N_D^+,再重复上述过程,直到得到一个固定的 N_D^+。)

13. 用图解法确定掺硼的硅样品的费米能级,300 K 时掺杂浓度为 $10^{15}\,\mathrm{cm}^{-3}$(注意 $n_i = 9.65 \times 10^9\,\mathrm{cm}^{-3}$)。

14. 费米-狄拉克分布函数为

$$F(E) = \frac{1}{1 + \exp[(E - E_F)/kT]}$$

$F(E)$ 对能量 E 的微分为 $F'(E)$,计算 $F'(E)$ 的值,即

$$2[E(在\ F'_{max}\ 处) - E(在\ \tfrac{1}{2}F'_{max}\ 处)]$$

其中 $|F'_{max}|$ 为 $F'(E)$ 的最大值。

15. 计算 300 K 时硅样品的费米能级相对于导带底的位置,掺杂浓度为 $2 \times 10^{10}\,\mathrm{cm}^{-3}$,且杂质全部电离。

16. 金在硅的禁带中引入两个能级 $E_C - E_A = 0.54\,\mathrm{eV}$,$E_D - E_V = 0.29\,\mathrm{eV}$,假设另有不起作用的第三个能级 $E_D - E_V = 0.35\,\mathrm{eV}$,(a)当硅中掺入高浓度硼原子时,金能级的荷电状态,为什么?(b)金对电子和空穴浓度有什么影响?

17. 从图 1.13 推出硅中掺入了什么类型的杂质?

18. 对于掺入杂质浓度为 $2.86 \times 10^{16}\,\mathrm{cm}^{-3}$ 的磷原子的 n 型硅样品,计算 300 K 时中性杂质和电离施主之比,$(E_C - E_D) = 0.045\,\mathrm{eV}$。

19. (a)假设硅中的迁移率之比 $\mu_n/\mu_p \equiv b$ 是一个与杂质浓度无关的量,推出 300 K 时最大电阻

率 ρ_m 与本征电阻率 ρ_i 的关系,如果 $b=3$,本征硅的空穴迁移率为 450 $cm^2/V \cdot s$,计算 ρ_i 和 ρ_m。

(b)计算 300 K 时,GaAs 样品掺入 5×10^{15} cm^{-3} 的锌原子、10^{17} cm^{-3} 的硫原子和 10^{17} cm^{-3} 的碳原子时的电子和空穴浓度、迁移率和电阻率。

20. 伽马函数写为

$$\Gamma(n) \equiv \int_0^{\infty} x^{n-1} \exp(-x) dx$$

(a)求 $\Gamma(1/2)$;

(b)推导 $\Gamma(n) = (n-1)\Gamma(n-1)$。

21. 考虑一个温度为 300 K 下的补偿的 n 型硅,其电导率为 $\sigma = 16$ S/cm,受主掺杂浓度为 10^{17} cm^{-3},求施主浓度和电子迁移率。(补偿半导体是在同一个区域既包含施主杂质又包含受主杂质的半导体。)

22. 计算 300 K 时,Si 样品掺入 1.0×10^{14} cm^{-3} 的磷原子、8.5×10^{12} cm^{-3} 的砷原子和 1.2×10^{13} cm^{-3} 的硼原子的电阻率,假设杂质全部电离,迁移率分别为 $\mu_n = 1\,500$ $cm^2/V \cdot s$,$\mu_p = 500$ $cm^2/V \cdot s$,与掺杂浓度无关。

23. 已知半导体材料的电阻率为 1.0 $\Omega \cdot cm$,霍耳系数为 -1250 cm^2/C,计算载流子浓度和迁移率,假设只存在一种载流子,平均自由时间与载流子能量成正比,即 $\tau \propto E$。

24. 推导 72 式给出的间接复合的复合率。

　　［提示:参考图 1.25(b),电子被复合中心俘获的俘获率 $R_e \propto n N_t (1-F)$,其中 n 为导带中电子浓度,N_t 为复合中心浓度,F 为费米分布函数,$N_t(1-F)$ 为未被电子占据的复合中心浓度,可以俘获电子。］

25. 复合率由式(92)给出,小注入条件下,U 可以表示为 $(p_n - p_{no})/\tau_r$,其中 τ_r 为复合寿命,如果 $\sigma_n = \sigma_p = \sigma_o$,$n_{no} = 10^{15}$ cm^{-3},$\tau_{ro} \equiv (v_{th}\sigma_p N_t)^{-1}$,找出复合寿命 τ_r 等于 $2\tau_{ro}$ 的 $(E_t - E_i)$ 的值。

26. 对于具有统一的电子和空穴俘获界面的单能级复合,找出单位体积、单位产生率在载流子完全耗尽时陷阱中心的数量,假设陷阱中心在带隙中线上,$\sigma = 2 \times 10^{-16}$ cm^2,$v_{th} = 10^7$ cm/s。

27. 在半导体中载流子完全耗尽的区域(即 $n \ll n_i$,$p \ll p_i$),电子空穴对由复合中心交替发射电子和空穴而产生,推导两个发射过程之间所经历的平均时间(假设 $\sigma_n = \sigma_p = \sigma$),并且求出 $\sigma = 2 \times 10^{-16}$ cm^2,$v_{th} = 10^7$ cm/s,$E_t = E_i$ 时的平均时间。

28. 对于单能级复合过程,求出下面半导体区域的每两个复合过程之间的平均时间,$n = p = 10^{13}$ cm^{-3},$\sigma_n = \sigma_p = 2 \times 10^{-16}$ cm^2,$v_{th} = 10^7$ cm/s,$N_t = 10^{16}$ cm^{-3},$E_t - E_i = 5$ kT。

29. (a)推导式(123)。(提示:假设一个线性的原子链,每个原子只与邻近的原子相互作用,奇数原子的质量为 m_1,偶数原子的质量为 m_2。)

　　(b)对于一个硅单晶,$m_1 = m_2$,$\sqrt{\alpha_f/m_1} = 7.63 \times 10^{12}$ Hz 求出布里渊区边界光学声子能量,力常数为 α_f。

30. 假设在 500℃ 时 $Ga_{0.5}In_{0.5}As$ 与 InP 衬底晶格匹配,当样品冷却到 27℃ 时,求出层间的晶格失配。

31. 求出 $Al_{0.4}Ga_{0.6}As$/GaAs 异质结导带不连续值与 $Al_{0.4}Ga_{0.6}As$ 带隙的比值。

32. 在 Haynes-Shockley 实验中,少数载流子在 $t_1 = 25$ μs 和 $t_2 = 100$ μs 时的最大值变化 10

倍,求少数载流子寿命。

33. 从 Haynes-Shockley 实验描述载流子漂移和扩散的表达式中,求出 $t=1$ s 时脉冲的半宽度,假设扩散系数为 10 cm²/s。

34. 过剩载流子从长度 $W=0.05$ cm 的薄片状 n 型(3×10^{17} cm⁻³)硅的表面($x=0$)注入,在其背面被抽出,其中 $p_n(W)=p_{no}$,如果载流子寿命为 50 μs,求出由于扩散到达背面的注入电流。

35. 光照在 $N_D=5 \times 10^{15}$ cm⁻³ 的 n 型 GaAs 上,光线被均匀地吸收,产生 10^{17} cm⁻³ 个电子-空穴对,寿命 τ_p 为 10^{-7} s,$L_p=1.93 \times 10^{-3}$ cm,表面复合速度 S_p 为 10^5 cm/s,求出单位表面积、单位时间在表面复合的空穴数。

36. 一个 n 型半导体的过剩空穴为 10^{14} cm⁻³,体内少子寿命为 10^{-6} s,表面少子寿命为 10^{-7} s,假设施加的电场为零,$D_p=10$ cm²/s,求稳态过剩载流子浓度随从表面($x=0$)到体内的距离的函数关系。

第 **2** 部分

器件的基本构件

第 2 章

p-n 结二极管

2.1　引言

　　p-n 结在现代电子学的应用以及对其它半导体器件的理解方面都起了非常重要的作用，p-n结理论是半导体器件物理的基础。Shockley 创立了 p-n 结电流-电压特性的基本理论[1,2]，后来，Sah，Noyce，Shockley[3] 及 Moll[4] 等人对这一理论作了进一步的扩展。

　　第 1 章介绍过的基本方程将用来推导出 p-n 结的理想静态、动态特性，随后讨论了由于耗尽层内的产生和复合、大注入和串联电阻效应引起的对理想特性的偏离，详细研究了结的击穿，特别是雪崩倍增击穿，最后介绍 p-n 结的瞬态行为和噪声性能。

　　p-n 结是两端器件，视掺杂分布、器件几何形状和偏置状态的不同，可以执行多种端功能，这些将在第 2.6 节给予简要介绍。本章束时，将讨论一组重要的器件——异质结，它是由不同的半导体形成的结（例如 p 型 AlGaAs 上的 n 型 GaAs）。

2.2　耗尽区

2.2.1　突变结

内建势和耗尽层宽度　当半导体内的杂质从受主杂质 N_A 突变为施主杂质 N_D 时,就得到了图 2.1(a)所示的突变结,特别是,若 $N_A \gg N_D$(或反过来),就形成了单边突变结 p^+-n(或 n^+-p)。

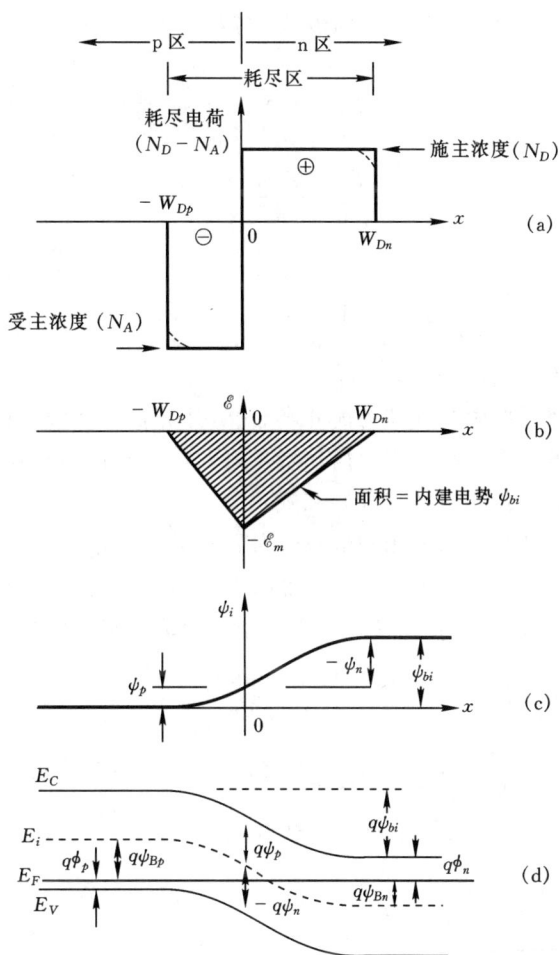

图 2.1　热平衡时的突变 p-n 结(a)空间电荷分布,虚线表
　　　示对耗尽层近似的修正;(b)电场分布;(c)电势分
　　　布,ψ_{bi} 为内建电势;(d)能带图

　　首先考虑热平衡状态,即不加外电压,没有电流流过的状态,从漂移和扩散电流方程(第 1 章式(156a))可知,

$$J_n = 0 = q\mu_n \left(n\mathscr{E} + \frac{kT}{q} \frac{\mathrm{d}n}{\mathrm{d}x} \right) = \mu_n n \frac{\mathrm{d}E_F}{\mathrm{d}x} \tag{1}$$

或

$$\frac{\mathrm{d}E_F}{\mathrm{d}x} = 0 \tag{2}$$

同理

$$J_p = 0 = \mu_p p \frac{\mathrm{d}E_F}{\mathrm{d}x} \tag{3}$$

因此,由净电子、空穴电流为零的条件,可知费米能级在整个样品中为常数。图 2.1(b)、2.1(c)和 2.1(d)所示的内建电势,也称扩散势为

$$q\psi_{bi} = E_g - (q\phi_n + q\phi_p) = q\psi_{Bn} + q\psi_{Bp} \tag{4}$$

对于非简并半导体,有

$$\begin{aligned}
\psi_{bi} &= \frac{kT}{q} \ln\left(\frac{n_{no}}{n_i} \right) + \frac{kT}{q} \ln\left(\frac{p_{po}}{n_i} \right) \\
&\approx \frac{kT}{q} \ln\left(\frac{N_D N_A}{n_i^2} \right)
\end{aligned} \tag{5}$$

因为在平衡时 $n_{no} p_{no} = n_{po} p_{po} = n_i^2$,则

$$\psi_{bi} = \frac{kT}{q} \ln\left(\frac{p_{po}}{p_{no}} \right) = \frac{kT}{q} \ln\left(\frac{n_{no}}{n_{po}} \right) \tag{6}$$

上式给出了结两侧载流子浓度的关系。

如果结一侧半导体或两侧半导体为简并半导体,计算费米能级和内建电势时需注意运用式(4),因为不能运用玻耳兹曼统计规律简化费米-狄拉克积分,另外还需考虑不充分电离,即 $n_{no} \neq N_D$ 和(或)$p_{po} \neq N_A$(第 1 章的式(34)和式(35))。

接下来进一步计算耗尽区的电场和电势分布。为了简化分析,运用了耗尽层近似,即假设耗尽层内电荷为一个盒型分布。因为在热平衡时半导体中性区(结两侧远离结的区域)的电场为零,故 p 型一侧单位面积总的负电荷应等于 n 型一侧单位面积总的正电荷,

$$N_A W_{Dp} = N_D W_{Dn} \tag{7}$$

由泊松方程可得

$$-\frac{\partial^2 \psi_i}{\partial x^2} = \frac{\partial \mathscr{E}}{\partial x} = \frac{\rho(x)}{\varepsilon_s} = \frac{q}{\varepsilon_s}\left[N_D^+(x) - n(x) - N_A^-(x) + p(x) \right] \tag{8}$$

在耗尽区内,$n(x) \approx p(x) \approx 0$,假设杂质全部电离,则

$$\frac{\mathrm{d}^2 \psi_i}{\mathrm{d}x^2} \approx \frac{qN_A}{\varepsilon_s}, \quad 当 \quad -W_{Dp} \leqslant x \leqslant 0 \tag{9a}$$

$$-\frac{\mathrm{d}^2 \psi_i}{\mathrm{d}x^2} \approx \frac{qN_D}{\varepsilon_s}, \quad 当 \quad 0 \leqslant x \leqslant W_{Dn} \tag{9b}$$

然后,对上面两式积分,得到图 2.1(b)所示的电场为

$$\mathscr{E}(x) = -\frac{qN_A(x + W_{Dp})}{\varepsilon_s}, \quad 当 -W_{Dp} \leqslant x \leqslant 0 \tag{10}$$

$$\mathscr{E}(x) = -\mathscr{E}_m + \frac{qN_D x}{\varepsilon_s}$$

$$= -\frac{qN_D}{\varepsilon_s}(W_{Dn} - x), \quad \text{当 } 0 \leqslant x \leqslant W_{Dn} \tag{11}$$

式中 $\mathscr{E}_m$ 为位于 $x = 0$ 处的最大电场，表示如下：

$$|\mathscr{E}_m| = \frac{qN_D W_{Dn}}{\varepsilon_s} = \frac{qN_A W_{Dp}}{\varepsilon_s} \tag{12}$$

对式(10)和式(11)再次积分，得到电势分布 $\psi_i(x)$（图 2.1(c)），

$$\psi_i(x) = \frac{qN_A}{2\varepsilon_s}(x + W_{Dp})^2, \quad \text{当 } -W_{Dp} \leqslant x \leqslant 0 \tag{13}$$

$$\psi_i(x) = \psi_i(0) + \frac{qN_D}{\varepsilon_s}\left(W_{Dn} - \frac{x}{2}\right)x, \quad \text{当 } 0 \leqslant x \leqslant W_{Dn} \tag{14}$$

由此可以得到不同区域的电势为

$$\psi_p = \frac{qN_A W_{Dp}^2}{2\varepsilon_s} \tag{15a}$$

$$|\psi_n| = \frac{qN_D W_{Dn}^2}{2\varepsilon_s} \tag{15b}$$

（ψ_n 是相对 n 型体区而言的，因此为负，参考附录 A 的定义）

$$\psi_{bi} = \psi_p + |\psi_n| = \psi_i(W_{Dn}) = \frac{|\mathscr{E}_m|}{2}(W_{Dp} + W_{Dn}) \tag{16}$$

$\mathscr{E}_m$ 可以表示为

$$|\mathscr{E}_m| = \sqrt{\frac{2qN_A\psi_p}{\varepsilon_s}} = \sqrt{\frac{2qN_D|\psi_n|}{\varepsilon_s}} \tag{17}$$

由式(16)和式(17)计算耗尽层宽度为

$$W_{Dp} = \sqrt{\frac{2\varepsilon_s\psi_{bi}}{q}\frac{N_D}{N_A(N_A + N_D)}} \tag{18a}$$

$$W_{Dn} = \sqrt{\frac{2\varepsilon_s\psi_{bi}}{q}\frac{N_A}{N_D(N_A + N_D)}} \tag{18b}$$

$$W_{Dp} + W_{Dn} = \sqrt{\frac{2\varepsilon_s}{q}\left(\frac{N_A + N_D}{N_A N_D}\right)\psi_{bi}} \tag{19}$$

进一步得到以下关系：

$$\frac{|\psi_n|}{\psi_{bi}} = \frac{W_{Dn}}{W_{Dp} + W_{Dn}} = \frac{N_A}{N_A + N_D} \tag{20a}$$

$$\frac{\psi_p}{\psi_{bi}} = \frac{W_{Dp}}{W_{Dp} + W_{Dn}} = \frac{N_D}{N_A + N_D} \tag{20b}$$

对于单边突变结(p^+-n 或 n^+-p)，运用式(4)计算内建电势，这种情况下，电势和耗尽区的变化主要在轻掺杂一侧，式(19)简化为

$$W_D = \sqrt{\frac{2\varepsilon_s\psi_{bi}}{qN}} \tag{21}$$

式中 N 为 N_D 或 N_A，视 $N_A \gg N_D$ 还是 $N_D \gg N_A$ 而定，且

$$\psi_i(x) = |\mathscr{E}_m|\left(x - \frac{x^2}{2W_D}\right) \tag{22}$$

以上讨论运用了耗尽区电荷的盒型分布，即耗尽层近似，要得到耗尽层特性更准确的结

果,在泊松方程中除考虑杂质浓度外,还需考虑多数载流子的贡献,即在 p 区一侧有 $\rho \approx -q[N_A - p(x)]$ 的关系,在 n 区一侧有 $\rho \approx q[N_D - n(x)]$ 的关系,耗尽层宽度实质上与式 (19)得到的结果相同,除了将 ψ_{bi} 换成了 $(\psi_{bi} - 2kT/q)$[①]。在耗尽区边缘附近存在两个多数载流子的分布尾[5,6](n 区一侧为电子,p 区一侧为空穴,如图 2.1(a)的虚线所示),式中增加了修正因子 $2kT/q$,两侧各有一个修正因子 kT/q,于是单边突变结在热平衡时的耗尽层宽度为

$$W_D = \sqrt{\frac{2\varepsilon_s}{qN}\left(\psi_{bi} - \frac{2kT}{q}\right)} \tag{23}$$

当结上加电压 V 时,结两端总的静电势变化为 $(\psi_{bi} - V)$,对于正向偏置情形 V 为正(p 区相对于 n 区加正电压),对于反向偏置 V 为负。用 $(\psi_{bi} - V)$ 替代式(23)中的 ψ_{bi},得到耗尽层宽度与外加电压的关系,硅单边突变结的结果示于图 2.2。对于 Si,零偏压的净电势为 0.8 V,对于 GaAs,零偏压的净电势为 1.3 V,正向偏压下净电势减小,反向偏压下净电势增加,相同的结论也可以运用于 GaAs,因为 Si 和 GaAs 有大致相同的静态介电常数。为了得到等其它半导体材料的耗尽层宽度,如 Ge,应在 Si 的结果上乘以 $\sqrt{\varepsilon_s(\text{Ge})/\varepsilon_s(\text{Si})} = 1.16$,上述简单模型对大多数突变 p-n 结给出了准确的预言。

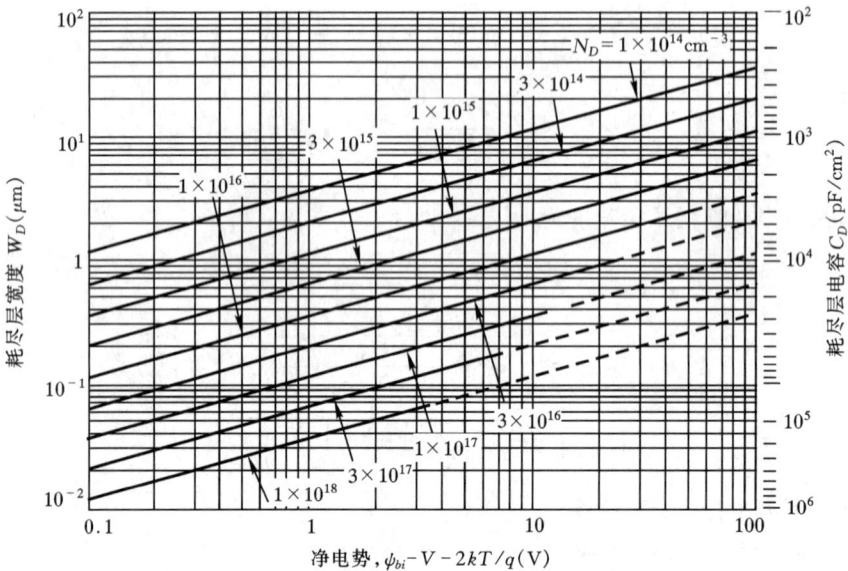

图 2.2 Si 单边突变结耗尽层宽度和单位面积耗尽层电容与净电势 $(\psi_{bi} - V - 2kT/q)$ 的关系,N 为轻掺杂一侧杂质浓度,虚线表示击穿条件

耗尽层电容 单位面积的耗尽层电容定义为 $C_D \equiv dQ_D/dV = \varepsilon_s/W_D$ 式中 dQ_D 为外电压增

---

① 在 p 区,包括空穴浓度的泊松方程为 $\dfrac{d^2\psi_i}{dx^2} = \dfrac{q}{\varepsilon_s}[N_A - p(x)] = \dfrac{qN_A}{\varepsilon_s}[1 - \exp(-\beta_{th}\psi_i)]$

两边对 $d\psi_i$ 积分,运用 $d\psi_i/dx = -\mathscr{E}$,$\displaystyle\int_0^{\psi_p} -\dfrac{d\mathscr{E}}{dx}d\psi_i = \dfrac{qN_A}{\varepsilon_s}\int_0^{\psi_p}[1 - \exp(-\beta_{th}\psi_i)]d\psi_i$,$\dfrac{\mathscr{E}_m^2}{2} = \dfrac{qN_A}{\beta_{th}\varepsilon_s}[\beta_{th}\psi_p + \exp(-\beta_{th}\psi_p) - 1] \approx$

$\dfrac{qN_A}{\varepsilon_s}\left(\psi_p - \dfrac{kT}{q}\right)$,将此式与式(17)比较,结的两边电势减小 kT/q。

量 dV 在结的两边引起的耗尽层电荷的增量(总电荷为零)。对于单边突变结,单位面积电容为

$$C_D = \frac{\varepsilon_s}{W_D} = \sqrt{\frac{q\,\varepsilon_s N}{2}} \left(\psi_{bi} - V - \frac{2kT}{q} \right)^{-1/2} \tag{24}$$

正偏时 V 为正,反偏时 V 为负。耗尽层电容的结果也示于图 2.2 中,重新整理上述公式得

$$\frac{1}{C_D^2} = \frac{2}{q\varepsilon_s N} \left(\psi_{bi} - V - \frac{2kT}{q} \right) \tag{25}$$

$$\frac{\mathrm{d}(1/C_D^2)}{\mathrm{d}V} = - \frac{2}{q\varepsilon_s N} \tag{26}$$

从式(25)和式(26)明显可见,对于单边突变结,若绘制 $1/C^2$-V 图应得到一条直线(图 2.3),直线的斜率给出了衬底杂质浓度(N),直线的截距($1/C^2 = 0$)为内建电势($\psi_{bi} - 2kT/q$)。注意,对于正向偏置,除上述耗尽层电容外,还有扩散电容,扩散电容将在第 2.3.4 节讨论。

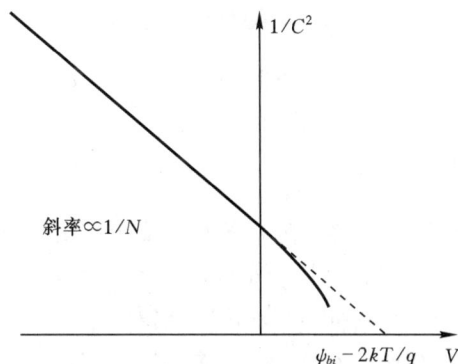

图 2.3　由 $1/C^2$-V 曲线可以得到内建电势和掺杂浓度 N

注意到,半导体内建电势和电容-电压特性对小于德拜长度距离内的杂质分布变化不敏感[7],德拜长度 L_D 是半导体的特征长度,定义为

$$L_D \equiv \sqrt{\frac{\varepsilon_s kT}{q^2 N}} = \sqrt{\frac{\varepsilon_s}{qNB_{th}}} \tag{27}$$

德拜长度给出了杂质分布突变时内建电势变化极限的概念,当杂质相对于衬底掺杂浓度 N_D 有一个微小的增量 ΔN_D 时,杂质突变附近内建电势的改变 $\Delta \psi_i(x)$ 为

$$n = N_D \exp\left(\frac{\Delta \psi_i q}{kT}\right) \tag{28}$$

$$\frac{\mathrm{d}^2 \Delta \psi_i}{\mathrm{d}x^2} = - \frac{q}{\varepsilon_s}(N_D + \Delta N_D - n)$$

$$= - \frac{qN_D}{\varepsilon_s} \left[1 + \frac{\Delta N_D}{N_D} - \exp\left(\frac{\Delta \psi_i q}{kT}\right) \right]$$

$$\approx - \frac{qN_D}{\varepsilon_s} \left[1 + \frac{\Delta N_D}{N_D} - \left(1 + \frac{\Delta \psi_i q}{kT}\right) \right] \approx \frac{q^2 N_D}{\varepsilon_s kT} \Delta \psi_i \tag{29}$$

结果中存在一个由式(27)给出的衰减长度,也就是说,当杂质突变在小于德拜长度的范围内完成时,这种微小改变没有什么影响,可以不用重新计算,如果耗尽层宽度小于德拜长度,不能再

用泊松方程分析。热平衡时,Si 和 GaAs 突变结的耗尽层宽度约分别等于 $8L_D$ 和 $10L_D$,硅在室温下的德拜长度与掺杂浓度的关系示于图 2.4,当掺杂浓度为 10^{16} cm^{-3} 时,德拜长度为 40 nm,对于其他掺杂浓度,L_D 随 $1/\sqrt{N}$ 变化,即 N 每增加 10 倍,L_D 减少到原来的 1/3.16。

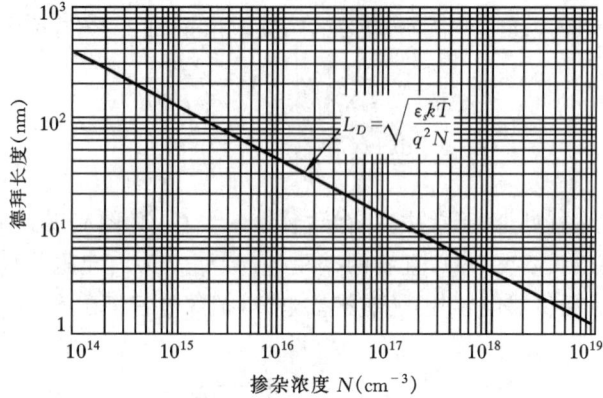

图 2.4　室温下 Si 的德拜长度与掺杂浓度 N 的关系

2.2.2　线性缓变结

在实际器件中,掺杂分布是不会突变的,尤其在冶金结附近,两种杂质相遇并相互补偿。当耗尽区终止于这个杂质转换区时,杂质分布可以用线性函数近似。首先考虑热平衡情形,线性缓变结的杂质分布示于图 2.5(a),相应的泊松方程为

$$-\frac{\mathrm{d}^2\psi_i}{\mathrm{d}x^2} = \frac{\mathrm{d}\mathscr{E}}{\mathrm{d}x} = \frac{\rho(x)}{\varepsilon_s} = \frac{q}{\varepsilon_s}(p - n + ax)$$
$$\approx \frac{qax}{\varepsilon_s}, \quad -\frac{W_D}{2} \leqslant x \leqslant \frac{W_D}{2} \tag{30}$$

式中 a 为杂质浓度梯度,单位为 cm^{-4}。将式(30)积分一次,得到图 2.5(b)所示的电场分布,

$$\mathscr{E}(x) = -\frac{qa}{2\varepsilon_s}\left[\left(\frac{W_D}{2}\right)^2 - x^2\right], \quad -\frac{W_D}{2} \leqslant x \leqslant \frac{W_D}{2} \tag{31}$$

在 $x=0$ 处有最大电场 $\mathscr{E}_m$ 为

$$|\mathscr{E}_m| = \frac{qaW_D^2}{8\varepsilon_s} \tag{32}$$

将式(30)积分两次,则得到图 2.5(c)所示的电势分布,

$$\psi_i(x) = \frac{qa}{6\varepsilon_s}\left[2\left(\frac{W_D}{2}\right)^3 + 3\left(\frac{W_D}{2}\right)^2 x - x^3\right], \quad -\frac{W_D}{2} \leqslant x \leqslant \frac{W_D}{2} \tag{33}$$

与耗尽层宽度相关的内建电势为

$$\psi_{bi} = \frac{qaW_D^3}{12\varepsilon_s} \tag{34}$$

或

$$W_D = \left(\frac{12\varepsilon_s\psi_{bi}}{qa}\right)^{1/3} \tag{35}$$

因为耗尽层边缘($-W_D/2$ 和 $W_D/2$)处的杂质浓度相等且等于 $aW_D/2$,所以线性缓变结的内建

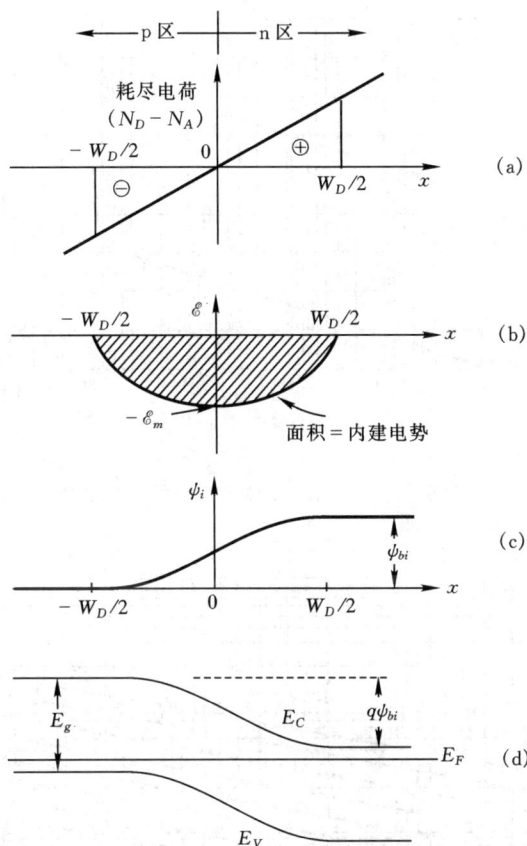

图 2.5　热平衡状态下的线性缓变结

a)空间电荷分布;(b)电场分布;(c)电势分布;(d)能带图

势可近似地用类似于式(5)的表达式表示为

$$\psi_{bi} \approx \frac{kT}{q}\ln\left[\frac{(aW_D/2)(aW_D/2)}{n_i^2}\right]$$

$$\approx \frac{2kT}{q}\ln\left(\frac{aW_D}{2n_i}\right)$$

(36)

可以用式(35)和式(36)求解 W_D 和 ψ_{bi}。

根据精确的数值分析技术[8],内建电势可以由表示为**梯度电压**的 V_g 明确算出:

$$V_g = \frac{2kT}{3q}\ln\left(\frac{a^2\varepsilon_s kT}{8n_i^3 q^2}\right)$$

(37)

Si 和 GaAs 的梯度电压与杂质浓度梯度的关系示于图 2.6,这个电压比式(36)用耗尽层近似计算得到的 ψ_{bi} 小 100 mV 以上。以 V_g 为内建电势的硅的耗尽层宽度和相应的电容与净电势 V_g-V 的关系示于图 2.7。

线性缓变结的耗尽层电容为

$$C_D = \frac{\varepsilon_s}{W_D} = \left[\frac{qa\varepsilon_s^2}{12(\psi_{bi}-V)}\right]^{1/3}$$

(38)

对应于正向或反向偏置,式中 V 为正或负。

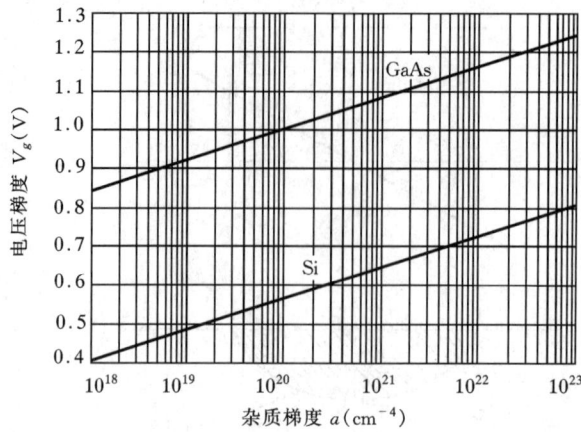

图 2.6　Si 和 GaAs 线性缓变结的梯度电压

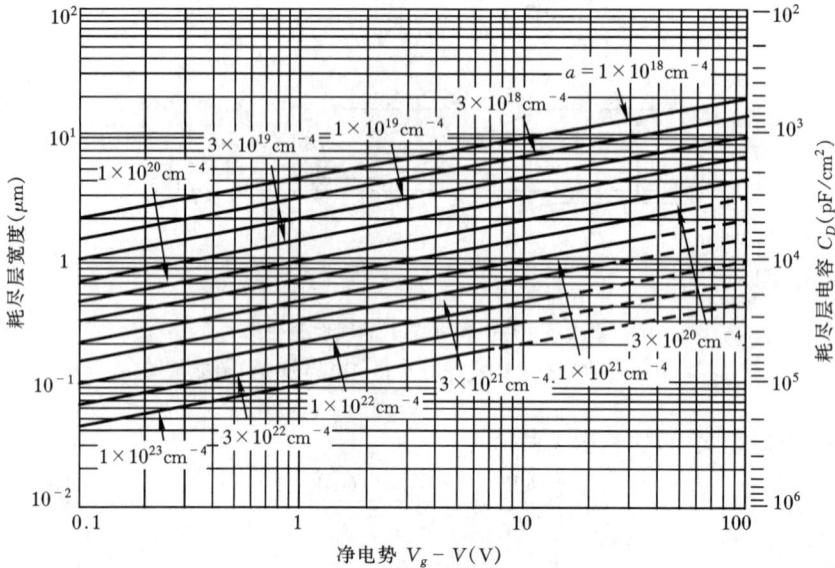

图 2.7　不同杂质浓度梯度下,Si 线性缓变结的耗尽层宽度和单位面积耗尽层电容与
　　　　净电势 V_g-V 的关系,虚线为击穿条件

2.2.3　任意杂质分布

　　本节考虑靠近结附近掺杂分布为任意形状时的情况,只讨论 p⁺-n 结的 n 型一侧,结处的
净电势变化可由对整个耗尽区的电场的积分得到

$$\psi_n = \psi_{no} - V = -\int_0^{W_D} \mathscr{E}(x)\,\mathrm{d}x$$

$$= -x\mathscr{E}(x)\Big|_0^{W_D} + \int_{\mathscr{E}(0)}^{\mathscr{E}(W_D)} x\,\mathrm{d}\mathscr{E} \tag{39}$$

式中 ψ_{no} 为零偏时的 ψ_n,上式第一项为零,因为在耗尽区边界,电场 $\mathscr{E}(W_D)$ 为零,界面电势变为

$$\psi_n = \int_{\mathscr{E}(0)}^{\mathscr{E}(W_D)} x \, \frac{\mathrm{d}\mathscr{E}}{\mathrm{d}x} \mathrm{d}x = \frac{q}{\varepsilon_s} \int_0^{W_D} x N_D(x) \mathrm{d}x \tag{40}$$

总的耗尽区电荷为

$$Q_D = q \int_0^{W_D} N_D(x) \mathrm{d}x \tag{41}$$

上述各量对耗尽层宽度求微分,得

$$\frac{\mathrm{d}V}{\mathrm{d}W_D} = -\frac{\mathrm{d}\psi_n}{\mathrm{d}W_D} = -\frac{q N_D(W_D) W_D}{\varepsilon_s} \tag{42}$$

$$\frac{\mathrm{d}Q_D}{\mathrm{d}W_D} = q N_D(W_D) \tag{43}$$

由此得到耗尽层电容

$$C_D = \left| \frac{\mathrm{d}Q_D}{\mathrm{d}V} \right| = \left| \frac{\mathrm{d}Q_D}{\mathrm{d}W_D} \times \frac{\mathrm{d}W_D}{\mathrm{d}V} \right| = \frac{\varepsilon_s}{W_D} \tag{44}$$

又一次得到了 ε_s/W_D 的通用结果,它适用于任意杂质分布的情形。因此,当杂质非均匀分布时,式(26)变为

$$\frac{\mathrm{d}(1/C_D^2)}{\mathrm{d}V} = \frac{\mathrm{d}(1/C_D^2)}{\mathrm{d}W_D} \frac{\mathrm{d}W_D}{\mathrm{d}V} = \frac{2W_D}{\varepsilon_s^2} \frac{\mathrm{d}W_D}{\mathrm{d}V}$$
$$= -\frac{2}{q \varepsilon_s N_D(W_D)} \tag{45}$$

这种 C-V 技术可以用来测量非均匀掺杂分布,如果掺杂不为常数,$1/C^2$-V 曲线(如图 2.3 所示)将偏离直线。

2.3　电流-电压特性

2.3.1　理想情形——肖克莱方程[1,2]

理想的电流-电压特性是根据下面四条假设进行推导的:(1)突变耗尽层近似,即有突变边界的偶极层承受内建电势和外电压,在耗尽层边界以外,半导体呈中性;(2)玻耳兹曼统计近似成立,类似于第 1 章的式(21)和式(23);(3)小注入假设,即注入的少数载流子浓度小于平衡多数载流子浓度;(4)在耗尽层内不存在产生-复合电流,并且在整个耗尽层内,电子电流和空穴电流恒定。

首先考虑满足玻耳兹曼统计的载流子浓度关系,热平衡时为

$$n = n_i \exp\left(\frac{E_F - E_i}{kT}\right) \tag{46a}$$

$$p = n_i \exp\left(\frac{E_i - E_F}{kT}\right) \tag{46b}$$

显然,热平衡时,从上面两式得到 pn 乘积等于 n_i^2。当加上外电压时,结两侧的少数载流子浓度发生变化,pn 乘积不再等于 n_i^2,定义准费米能级如下:

$$n \equiv n_i \exp\left(\frac{E_{Fn} - E_i}{kT}\right) \tag{47a}$$

$$p \equiv n_i \exp\left(\frac{E_i - E_{Fp}}{kT}\right) \tag{47b}$$

式中 E_{Fn} 和 E_{Fp} 分别为电子和空穴的准费米能级。

从式(47a)和式(47b)得到

$$E_{Fn} \equiv E_i + kT\ln\left(\frac{n}{n_i}\right) \tag{48a}$$

$$E_{Fp} \equiv E_i - kT\ln\left(\frac{p}{n_i}\right) \tag{48b}$$

pn 乘积变为

$$pn = n_i^2 \exp\left(\frac{E_{Fn} - E_{Fp}}{kT}\right) \tag{49}$$

对于正向偏置，$(E_{Fn} - E_{Fp}) > 0$，$pn > n_i^2$；对于反向偏置，$(E_{Fn} - E_{Fp}) < 0$，$pn < n_i^2$。

从第 1 章的式(156a)、本章的式(47a)以及 $\mathscr{E} \equiv \nabla E_i / q$ 得到

$$
\begin{aligned}
\boldsymbol{J}_n &= q\mu_n\left(n\mathscr{E} + \frac{kT}{q}\nabla n\right) \\
&= \mu_n n\nabla E_i + \mu_n kT\left[\frac{n}{kT}(\nabla E_{Fn} - \nabla E_i)\right] \\
&= \mu_n n\nabla E_{Fn}
\end{aligned} \tag{50}
$$

同理，得到

$$\boldsymbol{J}_p = \mu_p p\nabla E_{Fp} \tag{51}$$

因此，电子和空穴电流密度分别正比于电子和空穴的准费米能级的梯度。若 $E_{Fn} = E_{Fp} =$ 常数（在热平衡状态下），则 $\boldsymbol{J}_n = \boldsymbol{J}_p = 0$。

在正向偏置和反向偏置状态下，p-n 结内的理想电势分布和载流子浓度分布如图 2.8 所示。如式(48)、式(50)和式(51)所示，E_{Fn} 和 E_{Fp} 随距离的变化与载流子浓度及电流的大小有关。在耗尽区内，E_{Fn} 和 E_{Fp} 保持相对恒定，因为在耗尽区内载流子浓度相对较高，但是由于电流保持恒定，费米能级的梯度必须很小。此外，耗尽层宽度通常小于扩散长度，所以在耗尽层内总的准费米能级降低不显著，从上面的叙述可知，在耗尽区

$$qV = E_{Fn} - E_{Fp} \tag{52}$$

可将式(49)和式(52)联立，得到 p 型一侧耗尽区边界处（$x = -W_{Dp}$）的电子浓度为

$$n_p(-W_{Dp}) = \frac{n_i^2}{p_p}\exp\left(\frac{qV}{kT}\right) = n_{po}\exp\left(\frac{qV}{kT}\right) \tag{53a}$$

对于小注入，式中 $p_p \approx p_{po}$，n_{po} 为 p 型一侧的平衡载流子浓度。同理，在 n 型一侧边界 $x = W_{Dn}$ 处，有

$$p_n(W_{Dn}) = p_{no}\exp\left(\frac{qV}{kT}\right) \tag{53b}$$

上面两式是理想的电流-电压方程最重要的边界条件。

从连续性方程可以得到在结的 n 型一侧，稳态时：

$$-U + \mu_n\mathscr{E}\frac{dn_n}{dx} + \mu_n n_n\frac{d\mathscr{E}}{dx} + D_n\frac{d^2 n_n}{dx^2} = 0 \tag{54a}$$

$$-U - \mu_p\mathscr{E}\frac{dp_n}{dx} - \mu_p p_n\frac{d\mathscr{E}}{dx} + D_p\frac{d^2 p_n}{dx^2} = 0 \tag{54b}$$

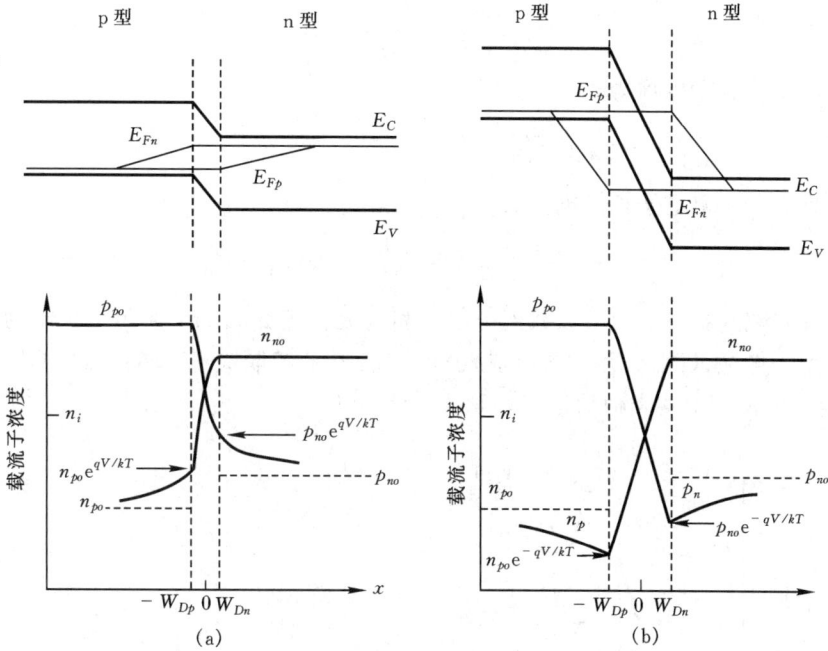

图 2.8　具有电子和空穴的准费米能级及载流子分布的能带图
(a)正向偏置；(b)反向偏置

在这些方程中,U 为净复合率。注意,由于电中性条件,多数载流子需调整其浓度使得$(n_n - n_{no}) \approx (p_n - p_{no})$,它也满足 $\mathrm{d}n_n/\mathrm{d}x = \mathrm{d}p_n/\mathrm{d}x$。将(54a)式乘以 $\mu_p p_n$,式(54b)乘以 $\mu_n n_n$,结合爱因斯坦关系 $D = (kT/q)\mu$,得到

$$-\frac{p_n - p_{no}}{\tau_p} - \frac{n_n - p_n}{(n_n/\mu_p) + (p_n/\mu_n)} \frac{\mathscr{E}\mathrm{d}p_n}{\mathrm{d}x} + D_a \frac{\mathrm{d}^2 p_n}{\mathrm{d}x^2} = 0 \tag{55}$$

式中

$$D_a = \frac{n_n + p_n}{n_n/D_p + p_n/D_n} \tag{56}$$

为双扩散系数。而少子寿命为

$$\tau_p \equiv \frac{p_n - p_{no}}{U} \tag{57}$$

　　根据小注入假设[例如,对 n 型半导体,$p_n \ll (n_n \approx n_{no})$],式(55)简化为

$$-\frac{p_n - p_{no}}{\tau_p} - \mu_p \mathscr{E} \frac{\mathrm{d}p_n}{\mathrm{d}x} + D_p \frac{\mathrm{d}^2 p_n}{\mathrm{d}x^2} = 0 \tag{58}$$

此式即式(54b),在小注入假设下,$\mu_p p_n \mathrm{d}\mathscr{E}/\mathrm{d}x$ 项被忽略了。

　　在无电场的中性区,式(58)进一步简化为

$$\frac{\mathrm{d}^2 p_n}{\mathrm{d}x^2} - \frac{p_n - p_{no}}{D_p \tau_p} = 0 \tag{59}$$

在边界条件为式(53b)和 $p_n(x = \infty) = p_{no}$ 下,式(59)的解为

$$p_n(x) - p_{no} = p_{no}\left[\exp\left(\frac{qV}{kT}\right) - 1\right]\exp\left(-\frac{x - W_{Dn}}{L_p}\right) \tag{60}$$

式中

$$L_p \equiv \sqrt{D_p \tau_p} \tag{61}$$

在 $x = W_{Dn}$ 处,空穴扩散电流为

$$J_p = -qD_p \frac{\mathrm{d}p_n}{\mathrm{d}x}\bigg|_{W_{Dn}} = \frac{qD_p p_{no}}{L_p}\left[\exp\left(\frac{qV}{kT}\right) - 1\right] \tag{62a}$$

同样可以得到 p 型一侧电子扩散电流为

$$J_n = qD_n \frac{\mathrm{d}n_p}{\mathrm{d}x}\bigg|_{-W_{Dp}} = \frac{qD_n n_{po}}{L_n}\left[\exp\left(\frac{qV}{kT}\right) - 1\right] \tag{62b}$$

正向偏置和反向偏置状态下的少数载流子浓度和电流密度如图 2.9 所示。有趣的是,空穴电流来源于 p 型一侧注入到 n 型一侧的空穴,但它的大小却取决于 n 型一侧的特性(D_p、L_p、p_{no}),对于电子电流有上述类似的结论。

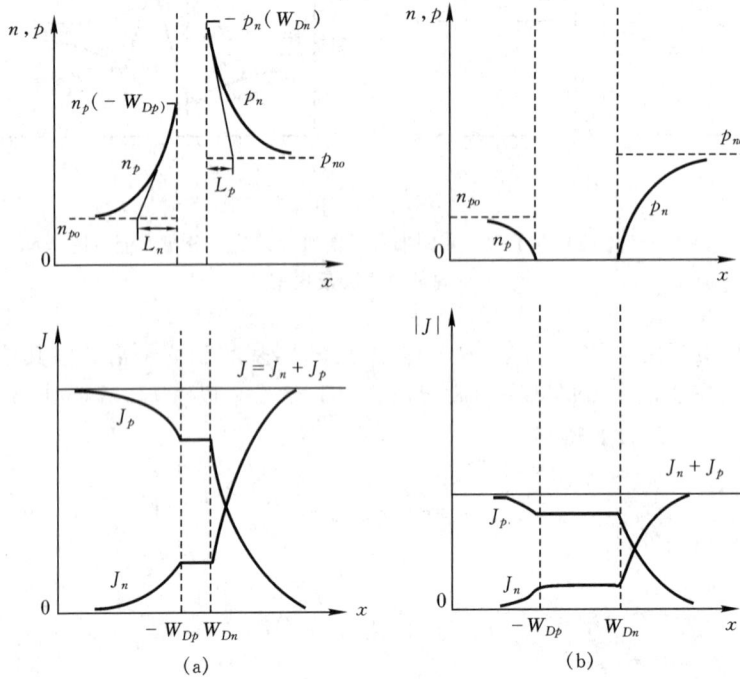

图 2.9　载流子分布及电流密度

(a)正向偏置条件;(b)反向偏置条件(都为线性坐标)

总电流为式(62a)与式(62b)之和为

$$J = J_p + J_n = J_0\left[\exp\left(\frac{qV}{kT}\right) - 1\right] \tag{63}$$

$$J_0 \equiv \frac{qD_p p_{no}}{L_p} + \frac{qD_n n_{po}}{L_n} \equiv \frac{qD_p n_i^2}{L_p N_D} + \frac{qD_n n_i^2}{L_n N_A} \tag{64}$$

式(63)就是著名的肖克莱方程[1,2],即理想二极管定律。理想的电流-电压关系分别示于图 2.10(a)的线性坐标和图 2.10(b)的半对数坐标中。正向偏置(p 型一侧电压为正),当 $V > 3kT/q$ 时,电流上升率为常数(图 2.10(b))。300 K 时,电流每改变一个数量级,电压改变 59.5 mV($= 2.3kT/q$)。反向偏置时,电流密度在 $-J_0$ 时饱和。

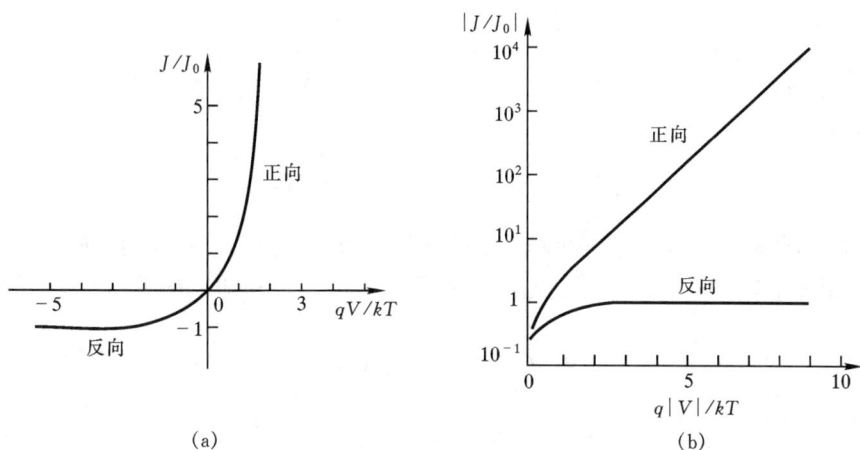

图 2.10　理想电流-电压特性
(a)线性坐标；(b)半对数坐标

现在我们简略地考虑温度对饱和电流密度 J_0 的影响,只考虑式(64)的第一项,因为第二项的作用与第一项相似。对于单边 p^+-n 突变结(施主浓度为 N_D),$p_{no} \gg n_{po}$,第二项可以被忽略。D_p,p_{no} 和 $L_p (\equiv \sqrt{D_p \tau_p})$ 均与温度有关,若 D_p/τ_p 正比于 T^γ,其中 γ 为常数,则

$$J_0 \approx \frac{qD_p p_{no}}{L_p} \approx q\sqrt{\frac{D_p}{\tau_p}} \frac{n_i^2}{N_D} \propto T^{\gamma/2}\left[T^3 \exp\left(-\frac{E_g}{kT}\right)\right]$$
$$\propto T^{(3+\gamma/2)} \exp\left(-\frac{E_g}{kT}\right) \tag{65}$$

与指数项相比,$T^{(3+\gamma/2)}$ 项与温度的关系并不重要,$J_0 \sim 1/T$ 曲线的斜率由能隙 E_g 决定。可以预料,反向偏置时 $|J_R| \approx J_0$,电流大致按 $\exp(-E_g/kT)$ 的关系随温度增加,正向偏置时 $J_F \approx J_0\exp(qV/kT)$,电流将会近似按 $\exp[-(E_g-qV)/kT]$ 的关系增加。

肖克莱方程准确的描述了在低电流密度下锗 p-n 结的电流-电压特性,然而对 Si 和 GaAs p-n 结,理想方程仅能与实际情形定性符合。对理想情形的偏离主要基于以下原因:(1)耗尽层内载流子的产生和复合;(2)甚至在较小的正向偏压之下也可能发生的大注入;(3)串联电阻效应造成的寄生 IR 压降;(4)载流子在带隙内两个状态之间的隧穿;(5)表面效应。此外,在足够大的反向电场下,结会发生击穿,例如雪崩倍增击穿,结的击穿将在 2.4 节讨论。

p-n 结的表面效应主要是由于半导体表面上或表面外的离子电荷导致的半导体内部感生的镜像电荷的影响,从而形成所谓表面沟道或表面耗尽区。一旦表面沟道形成,结耗尽区发生变化,造成表面漏泄电流。对于 Si 平面 p-n 结,表面漏泄电流通常远小于耗尽区内的产生-复合电流。

2.3.2　产生-复合过程[3]

首先考虑反向偏置状态的产生电流。由于反向偏置下载流子浓度降低($pn \ll n_i^2$),如 1.5.4节所讨论的,主要为载流子产生过程,电子-空穴对的产生率可从第 1 章的式(92)结合 $p \ll n_i$ 和 $n \ll n_i$ 的条件得到

$$U = -\left\{ \frac{\sigma_p \sigma_n v_{th} N_t}{\sigma_n \exp\left[(E_t - E_i)/kT\right] + \sigma_p \exp\left[(E_i - E_t)/kT\right]} \right\} n_i \equiv -\frac{n_i}{\tau_g} \tag{66}$$

式中 τ_g 为产生寿命,定义为上述公式大括弧内表达式的倒数(参见第 1 章式(92)及其后面的讨论),耗尽区内的产生电流为

$$J_{ge} = \int_0^{W_D} q \mid U \mid \mathrm{d}x \approx q \mid U \mid W_D \approx \frac{q \, n_i W_D}{\tau_g} \tag{67}$$

式中 W_D 为耗尽层宽度。若产生寿命随温度变化缓慢,产生电流与 n_i 有同样的对温度的依赖关系。给定温度下,J_{ge} 正比于耗尽层宽度,而耗尽层宽度又与外加反向偏压有关,因此对于突变结有

$$J_{ge} \propto (\psi_{bi} + V)^{1/2} \tag{68}$$

对于线性缓变结,有

$$J_{ge} \propto (\psi_{bi} + V)^{1/3} \tag{69}$$

总的反向电流(当 $p_{no} \gg n_{po}$ 和 $|V| > 3kT/q$ 时)可近似地表示为中性区内的扩散电流和耗尽区内的产生电流之和

$$J_R = q \sqrt{\frac{D_p}{\tau_p}} \frac{n_i^2}{N_D} + \frac{qn_i W_D}{\tau_g} \tag{70}$$

对于 n_i 值很大的半导体(例如 Ge),室温下扩散电流占优势,反向电流遵循肖克莱方程;但若 n_i 很小(例如 Si),则产生电流占优势,Si 的典型结果示于图 2.11 的曲线(e)。足够高的温度下,扩散电流将占优势。

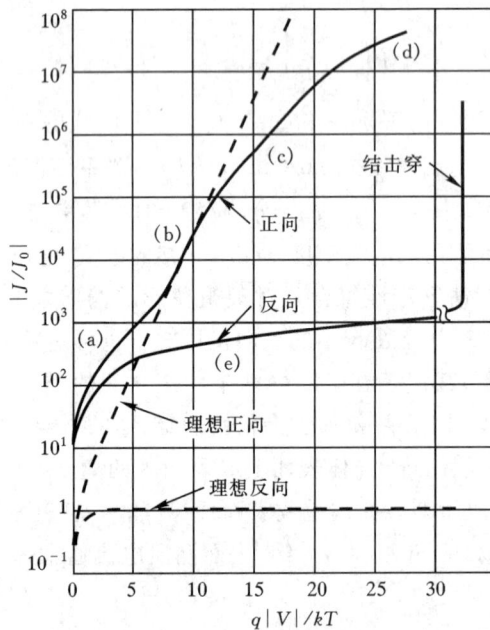

图 2.11　实际 Si 二极管的电流-电压特性
(a)产生-复合电流区;(b)扩散电流区;(c)大注入区;(d)串联电阻效应;(e)产生-复合和表面效应引起的反向漏泄电流

在正向偏置下,耗尽区内的主要复合-产生过程是复合过程。除扩散电流外,还有复合电流 J_{re},将式(49)代入第 1 章的式(92),得到

$$U = \frac{\sigma_p \sigma_n v_{th} N_t n_i^2 [\exp(qV/kT) - 1]}{\sigma_n \{n + n_i \exp[(E_t - E_i)/kT]\} + \sigma_p \{p + n_i \exp[(E_i - E_t)/kT]\}} \tag{71}$$

若假定 $E_t = E_i$,以及 $\sigma_n = \sigma_p = \sigma$,式(71)简化为

$$\begin{aligned} U &= \frac{\sigma v_{th} N_t n_i^2 [\exp(qV/kT) - 1]}{n + p + 2n_i} \\ &= \frac{\sigma v_{th} N_t n_i^2 [\exp(qV/kT) - 1]}{n_i \{\exp[(E_{Fn} - E_i)/kT] + \exp[(E_i - E_{Fp})/kT] + 2\}} \end{aligned} \tag{72}$$

U 的极大值存在于耗尽区内,E_i 在 E_{Fn} 和 E_{Fp} 的中间,所以式(72)的分母变为 $2n_i[\exp(qV/2kT) + 1]$,当 $V > kT/q$ 时,得到

$$U \approx \frac{1}{2} \sigma v_{th} N_t n_i \exp\left(\frac{qV}{2kT}\right) \tag{73}$$

且

$$\begin{aligned} J_{re} = \int_0^{W_D} q U \mathrm{d}x &\approx \frac{qW_D}{2} \sigma v_{th} N_t n_i \exp\left(\frac{qV}{2kT}\right) \\ &\approx \frac{qW_D n_i}{2\tau} \exp\left(\frac{qV}{2kT}\right) \end{aligned} \tag{74}$$

上述近似假定在大部分的耗尽层内,载流子有最大的复合率,因此 J_{re} 有些被过高估计了,更严格的推导给出[9]

$$J_{re} = \int_0^{W_D} q U \mathrm{d}x = \sqrt{\frac{\pi}{2}} \frac{kT n_i}{\tau \mathscr{E}_0} \exp\left(\frac{qV}{2kT}\right) \tag{75}$$

式中 $\mathscr{E}_0$ 为最大复合处的电场强度,它等于

$$\mathscr{E}_0 = \sqrt{\frac{qN(2\psi_B - V)}{\varepsilon_s}} \tag{76}$$

与反向偏置下的产生电流类似,正向偏置下的复合电流也正比于 n_i,总的正向电流可用式(63)与式(75)之和近似表示。对于 p^+-n 结$(p_{no} \gg n_{po})$,$V > kT/q$,

$$J_F = q \sqrt{\frac{D_p}{\tau_p}} \frac{n_i^2}{N_D} \exp\left(\frac{qV}{kT}\right) + \sqrt{\frac{\pi}{2}} \frac{kT n_i}{\tau_p \mathscr{E}_o} \exp\left(\frac{qV}{2kT}\right) \tag{77}$$

实验结果通常可用经验形式表示为

$$J_F \propto \exp\left(\frac{qV}{\eta kT}\right) \tag{78}$$

式中,复合电流占优时,理想因子 $\eta = 2$,[如图 2.11 的曲线(a)所示]。当扩散电流占优时,$\eta = 1$,[图 2.11 的曲线(b)],当两种电流可以比拟时,η 的值介于 1~2 之间。

2.3.3　大注入条件

在大电流密度下(正向偏置状态),注入的少数载流子浓度与多数载流子浓度可以比拟,必须同时考虑漂移和扩散电流分量。各传导电流密度可以用式(50)和式(51)给出,因为 J_p、q、μ_p 和 p 为正,空穴准费米能级 E_{Fp} 向右单调增加,如图 2.8(a)所示。同理,电子准费米能级 E_{Fn} 向左单调减少。因而,各处的两种准费米能级的差距必须等于或小于外电压,故[10]

$$pn \leqslant n_i^2 \exp\left(\frac{qV}{kT}\right) \qquad\qquad (79)$$

甚至在大注入条件下此式也成立。还要注意，上述论证与耗尽区内的复合无关。

　　为了说明大注入情况，我们在图 2.12 中画出了硅 p^+-n 突变结中载流子浓度和具有准费米能级的能带结构的数值模拟结果曲线，图 2.12（a）、（b）和（c）中的电流密度分别为 10 A/cm²、10^3 A/cm² 和 10^4 A/cm²。当电流密度为 10 A/cm² 时，二极管处于小注入区，差不多全部电势差都降在结上，n 型一侧的空穴浓度小于电子浓度；当电流密度为 10^3 A/cm² 时，结附近的电子浓度明显高于施主浓度（记住由电中性条件，注入载流子 $\Delta p = \Delta n$），在 n 型一侧出现欧姆电势降；当电流密度为 10^4 A/cm² 时，则为非常大的注入情形，结上的电压降与结两侧中性区的欧姆压降相比并不显著，即使在图 2.12 中只给出了二极管的中心区，也可看出准费米能级之差等于或小于外加电压（qV）。

　　从图 2.12（b）和 2.12（c）可见，结 n 型一侧的两种载流子浓度可以比拟（$n=p$），把这一条件代入式（79），得到 $p_n(x = W_{Dn}) \approx n_i \exp(qV/2kT)$，电流大致正比于 $\exp(qV/2kT)$，如图2.11曲线（c）所示。

　　在大注入电流下，我们应考虑与结的准中性区内有限电阻相关的另一效应，此电阻分担了二极管两端之间的大部分电压降，这种效应示于图 2.11(d)，可以通过比较实验曲线和理想曲线来估计该串联电阻（$\Delta V = IR$），采用外延材料（p^+-n-n^+）后，串联电阻效应能够大大减少。

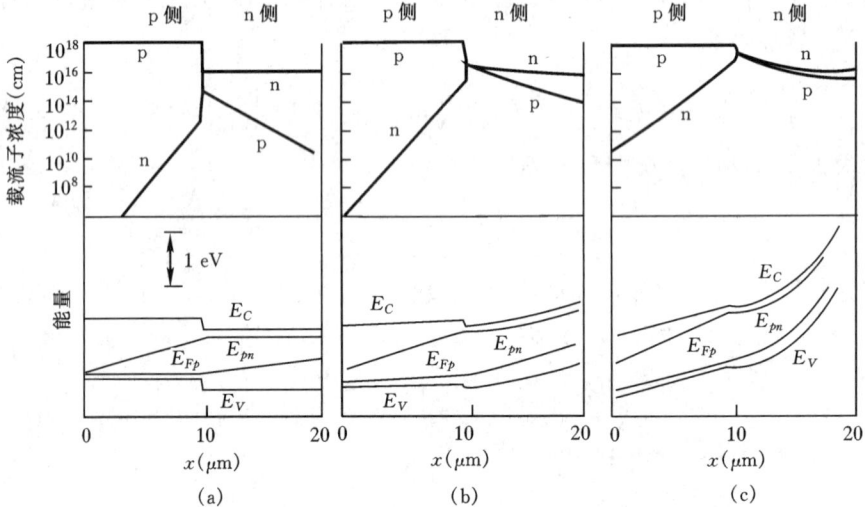

图 2.12　工作在不同电流密度下 Si p-n 结的载流子浓度和能带图
　　　　（a）10 A/cm²；（b）10^3 A/cm²；（c）10^4 A/cm²，器件参数 $N_A = 10^{18}$ cm⁻³，
　　　　$N_D = 10^{16}$ cm⁻³，$\tau_n = 3 \times 10^{-10}$ s，$\tau_p = 8.4 \times 10^{-10}$ s（引自参考文献 10）

2.3.4　扩散电容

　　当结反向偏置时，前述耗尽层电容占据了结电容的大部分。当正向偏置时，少数载流子浓度的再分布对结电容有重要贡献，即所谓的扩散电容，也就是说，后者因为注入电荷，前者因为耗尽层电荷。

当结正向偏置,偏压为 V_0,电流密度为 J_0,在结上加一小的交流信号时,总电压和电流为

$$V(t) = V_0 + V_1 \exp(j\omega t) \tag{80}$$

$$J(t) = J_0 + J_1 \exp(j\omega t) \tag{81}$$

式中 V_1 和 J_1 分别为小信号电压和电流密度,

$$Y \equiv \frac{J_1}{V_1} \equiv G_d + j\omega C_d \tag{82}$$

以 $[V_0 + V_1 \exp(j\omega t)]$ 代替式(53a)式和式(53b)中的 V,可得到耗尽区边界处的电子和空穴浓度,当 $V_1 \ll V_0$ 时,结 n 型一侧的空穴浓度:

$$p_n(W_{Dn}) = p_{no} \exp\left\{\frac{q[V_0 + V_1\exp(j\omega t)]}{kt}\right\}$$

$$\approx p_{no} \exp\left(\frac{qV_0}{kT}\right) + \frac{p_{no}qV_1}{kT}\exp\left(\frac{qV_0}{kT}\right)\exp(j\omega t) \tag{83}$$

$$\approx p_{no} \exp\left(\frac{qV_0}{kT}\right) + \tilde{p}_n(t)$$

对于结 p 型一侧,电子浓度有同样的表达式,式(83)的第一项是直流分量,第二项是小信号交流分量。将 $\tilde{p}_n$ 代入 连续性方程(第 1 章的式(158b),$G_p = \mathscr{E} = d\mathscr{E}/dx = 0$),得到

$$j\omega\tilde{p}_n = -\frac{\tilde{p}_n}{\tau_p} + D_p\frac{d^2\tilde{p}_n}{dx^2} \tag{84}$$

或

$$\frac{d^2\tilde{p}_n}{dx^2} - \frac{\tilde{p}_n}{D_p\tau_p/(1+j\omega\tau_p)} = 0 \tag{85}$$

若载流子寿命表示为

$$\tau_p^* = \frac{\tau_p}{1+j\omega\tau_p} \tag{86}$$

则式(85)与式(59)相同。

作适当的代换后,运用式(63)得到交流电流密度:

$$J = \left(qp_{no}\sqrt{\frac{D_p}{\tau_p^*}} + qn_{po}\sqrt{\frac{D_n}{\tau_n^*}}\right)\exp\left\{\frac{q[V_0+V_1\exp(j\omega t)]}{kT}\right\}$$

$$\approx \left(qp_{no}\sqrt{\frac{D_p}{\tau_p^*}} + qn_{po}\sqrt{\frac{D_n}{\tau_n^*}}\right)\left[\exp\left(\frac{qV_0}{kT}\right)\right]\left[1 + \frac{qV_1}{kT}\exp(j\omega t)\right] \tag{87}$$

交流部分为

$$J_1 = \left(\frac{qD_pp_{no}}{L_p}\sqrt{1+j\omega\tau_p} + \frac{qD_nn_{po}}{L_n}\sqrt{1+j\omega\tau_n}\right)\left[\exp\left(\frac{qV_0}{kT}\right)\right]\frac{qV_1}{kT} \tag{88}$$

由 J_1/V_1,可以得到 G_d 和 C_d,它们与频率有关。

当频率较低时($\omega\tau_p$,$\omega\tau_n \ll 1$),扩散电导 G_{d0} 为

$$G_{d0} = \frac{q}{kT}\left(\frac{qD_pp_{no}}{L_p} + \frac{qD_nn_{po}}{L_n}\right)\exp\left(\frac{qV_0}{kT}\right) \quad S/cm^2 \tag{89}$$

此式与式(63)经微分后所得结果完全相同。用 $\sqrt{1+j\omega\tau} \approx (1+0.5j\omega\tau)$ 近似条件可以得到低频扩散电容 C_{d0} 为

$$C_{d0} = \frac{q^2}{2kT}(L_p p_{no} + L_n n_{po})\exp\left(\frac{qV_0}{kT}\right) \qquad \text{F/cm}^2 \tag{90}$$

扩散电容与正向电流成正比,对于 n$^+$-p 单边结,可以得到

$$C_{d0} = \frac{qL_n^2}{2kTD_n}J_F \tag{91}$$

扩散电导和电容与归一化频率 $\omega\tau$ 的关系示于图 2.13,图中只考虑了式(88)中的一项(例如,若 $p_{no} \gg n_{po}$,就只考虑含 p_{no} 的项),插图表示出交流导纳的等效电路,从图 2.13 清晰可见,扩散电容随频率的增加而减少,对于高频,C_d 近似与 $\omega^{-1/2}$ 成正比,扩散电容还近似与直流电流($\propto \exp(qV_0/kT)$)成正比,因此,在低频和正向偏置状态下,C_d 特别重要。

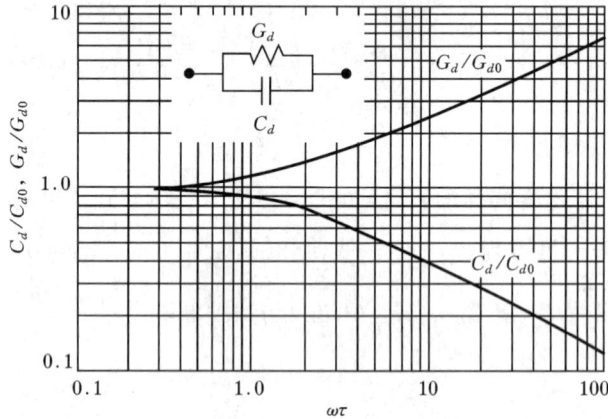

图 2.13　归一化扩散电导和扩散电容与 $\omega\tau$ 的关系,插图为正向偏置时 p-n 结的等效电路

2.4　结击穿

当足够高的电场加到 p-n 结上时,结会发生"击穿"并通过很大的电流[11]。击穿仅发生在反向偏置下,因为加入的高电压可导致高电场。基本上有以下三种击穿机制:(1)热不稳定性;(2)隧穿;(3)雪崩倍增。我们将简要考虑前两种机构,详细讨论雪崩倍增。

2.4.1　热不稳定性

热不稳定性引起的击穿影响大多数绝缘体在室温下的最大介电强度,也是较窄带隙半导体(例如 Ge)内的主要效应。由于在高反向电压下,反向电流引起热损耗导致结温增加,结温增加反过来又增加了反向电流(与较低温度下的反向电流值相比,高反向偏压下的反向电流增加了),这种正反馈导致了击穿。反向电流-电压特性的温度效应示于图 2.14,在此图中,反向电流 J_0 用一簇水平线表示,每根线代表一定结温下的电流,并且如前所述,电流随 $T^{3+\gamma/2}\exp(-E_g/kT)$ 变化。正比于 I-V 乘积的热耗散双曲线在双对数坐标上表现为直线,这些直线还必须满足恒定结温曲线,由这两组曲线的交点,可以得到结的反向电流-电压特性。由于高反向电压下的热损耗,I-V 特性表现出负微分电阻。在这种情形下应采取某些特殊措

施,如串联大的限流电阻器,否则二极管就会遭到破坏,这种效应称为热不稳定性或热失控,电压 V_U 称为翻转电压。对于有较大饱和电流的 p-n 结(例如 Ge),室温下的热不稳定性是重要的,然而在很低的温度下,与其它机制相比热不稳定性就变得不太重要了。

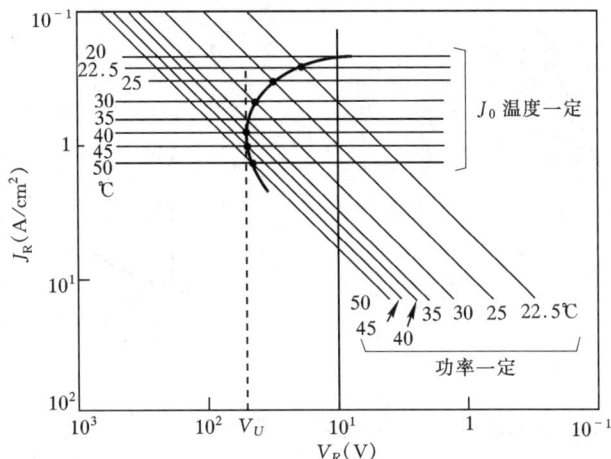

图 2.14　热击穿的反向电流-电压特性,V_U 为翻转电压(注意:坐标沿数值减小的方向)(引自参考文献 12)

2.4.2　隧穿

下面我们来考虑当结上加大的反向电压时的隧穿效应(参见 1.5.7 节)。众所周知,因为大电场,载流子可以隧穿通过一个厚度足够薄的势垒,如图 2.15(a)所示,在这种特殊的情形下,势垒呈三角形,带隙决定其最大高度,p-n 结(隧穿二极管)隧穿电流的推导将在第 8 章详细考虑,这里先给出结果:

$$J_t = \frac{\sqrt{2m^*}\, q^3 \mathscr{E} \, V_R}{4\pi^2 \hbar^2 \, \sqrt{E_g}} \exp\left(-\frac{4\sqrt{2m^*}\, E_g^{3/2}}{3q\mathscr{E}\hbar}\right) \tag{92}$$

因为电场不为常量,此处的 $\mathscr{E}$ 为结内电场的平均值。

当 Si 中电场趋近于 10^6 V/cm 时,由于带间隧穿过程,p-n 结开始流过很大的电流。为了得到如此强的电场,必须在结的 p 型和 n 型两侧均有较高的杂质浓度。对于 p-n 结,当击穿电压小于 $4E_g/q$ 左右时,击穿机制来自隧穿效应,击穿电压超过 $6E_g/q$ 时,击穿机制来自雪崩倍增效应。当击穿电压介乎 $(4\sim6)E_g/q$ 之间时,击穿是雪崩和隧穿效应两者的混合,因为 Si 和 GaAs 的能隙 E_g 随温度的增加而减少(参见第 1 章),在这些半导体中,由隧穿效应引起的击穿有负的温度系数,即击穿电压随温度的增加而减少,这是由于在较高的温度下,加较小的反向电压(或电场)就能达到给定的击穿电流 J_t(见式(92))。通常利用这种温度效应区分隧穿机制和雪崩机制,雪崩机制有正的温度系数,即击穿电压随温度的增加而增加。

2.4.3　雪崩倍增

雪崩倍增也称碰撞电离,是最重要的结击穿机制。雪崩击穿电压决定了大多数二极管反

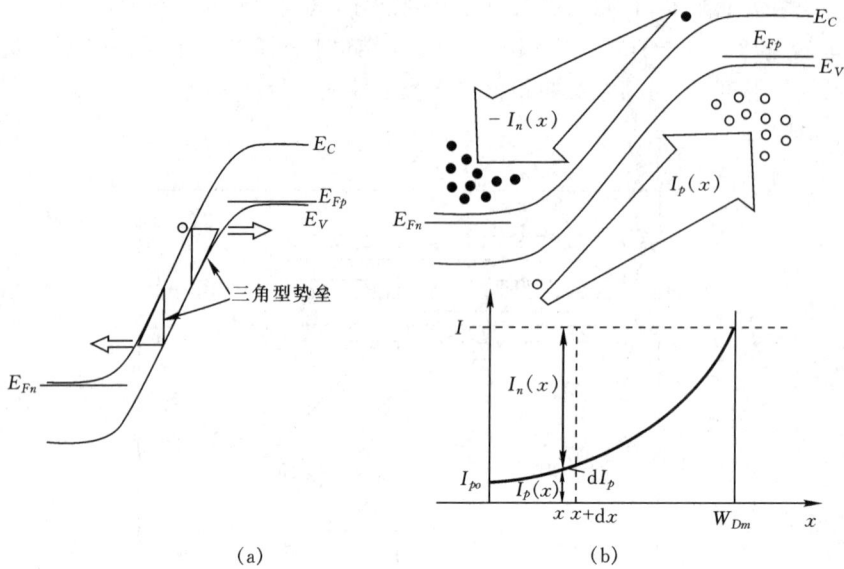

(a)　　　　　　　　　(b)

图 2.15　显示击穿机制的能带图(a)隧穿;(b)雪崩倍增(由空穴电流 I_{po} 引发)

向偏压的上限,决定了双极晶体管集电极电压上限,以及 MESFET 和 MOSFET 的漏电压上限。此外,碰撞电离机制还可以用来产生微波功率,如 IMPATT 器件,还可放大光信号,如雪崩光电探测器。

我们首先推导决定击穿条件的基本电离积分。假定有一个电流 I_{p0} 从宽度为 W_{Dm} 的耗尽区左侧进入(图 2.15(b)),若耗尽区内的电场足够高,通过碰撞电离过程可以产生电子-空穴对,空穴电流 I_p 随经过耗尽区的距离而增加,并在 $x = W_{Dm}$ 处达到一个值 $M_p I_{po}$。同理,电子电流 I_n,从 $I_n(W_{Dm}) = 0$ 增加到 $I_n(0) = I - I_{po}$,稳态总电流 $I (= I_p + I_n)$ 为常数。空穴电流增量等于在 dx 距离内每秒产生的电子-空穴对数目,

$$dI_p = I_p \alpha_p dx + I_n \alpha_n dx \tag{93}$$

或

$$\frac{dI_p}{dx} - (\alpha_p - \alpha_n) I_p = \alpha_n I \tag{94}$$

电子和空穴电离率(α_n 和 α_p)已在第 1 章讨论过了。

取边界条件 $I = I_p(W_{Dm}) = M_p I_{po}$ 后,式(94)的解为[①]

$$I_p(x) = I \left\{ \int_0^x \alpha_n \exp\left[-\int_0^x (\alpha_p - \alpha_n) dx' \right] dx + \frac{1}{M_p} \right\} \bigg/ \exp\left[-\int_0^x (\alpha_p - \alpha_n) dx' \right] \tag{95}$$

式中 M_p 为空穴的倍增因子,定义为

$$M_p \equiv \frac{I_p(W_{Dm})}{I_p(0)} \equiv \frac{I}{I_{po}} \tag{96}$$

---

① 式(94)有 $y' + Py = Q$ 的形式,其中 $y = I_p$,解的标准形式为

$$y = \left[\int_0^x Q \left(\exp\int_0^x P dx' \right) dx + C \right] \bigg/ \exp\int_0^x P dx' , \quad C \text{ 是积分常数。}$$

利用关系[①]

$$\int_0^{W_{Dm}} (\alpha_p - \alpha_n) \exp\left[-\int_0^x (\alpha_p - \alpha_n)\mathrm{d}x'\right]\mathrm{d}x = -\exp\left[-\int_0^x (\alpha_p - \alpha_n)\mathrm{d}x'\right]\Big|_0^{W_{Dm}}$$
$$= -\exp\left(\left[-\int_0^{W_{Dm}} (\alpha_p - \alpha_n)\mathrm{d}x'\right] + 1\right) \tag{97}$$

可以求出在 $x = W_{Dm}$ 处式(95)的表达式,重新整理得

$$1 - \frac{1}{M_p} = \int_0^{W_{Dm}} \alpha_p \exp\left[-\int_0^x (\alpha_p - \alpha_n)\mathrm{d}x'\right]\mathrm{d}x \tag{98}$$

注意,M_p 不仅为 α_n 的函数,还是 α_p 的函数,雪崩击穿电压定义为当 M_p 趋近于无限大时对应的电压。因此,用电离积分表示的击穿条件为

$$\int_0^{W_{Dm}} \alpha_p \exp\left[-\int_0^x (\alpha_p - \alpha_n)\mathrm{d}x'\right]\mathrm{d}x = 1 \tag{99a}$$

若雪崩过程是由电子而不是空穴引发的,电离积分为

$$\int_0^{W_{Dm}} \alpha_n \exp\left[-\int_x^{W_{Dm}} (\alpha_n - \alpha_p)\mathrm{d}x'\right]\mathrm{d}x = 1 \tag{99b}$$

式(99a)和式(99b)是等效的[13],即击穿条件仅取决于在耗尽区内发生了什么,而不取决于最初引发雪崩过程的载流子(或初始电流)的类型,当有混合的初始电流引发击穿时情况不变,所以式(99a)和式(99b)都可以给出击穿条件。对于有相等电离率($\alpha_n = \alpha_p = \alpha$)的半导体材料,如GaP,式(99a)和式(99b)简化为

$$\int_0^{W_{Dm}} \alpha \, \mathrm{d}x = 1 \tag{100}$$

从上述击穿条件、电离率与电场的关系,可以计算出击穿电压、最大电场和耗尽层宽度。如前所述,耗尽层内的电场和电势由泊松方程的解决定,满足式(99a)或式(99b)的耗尽层边界可采用迭代法进行数值计算,得到边界条件后,对于单边突变结,击穿电压为

$$V_{BD} = \frac{\mathscr{E}_m W_{Dm}}{2} = \frac{\varepsilon_s \mathscr{E}_m^2}{2qN} \tag{101}$$

对于线性缓变结击穿电压为

$$V_{BD} = \frac{2\mathscr{E}_m W_{Dm}}{3} = \frac{4\mathscr{E}_m^{3/2}}{3}\left(\frac{2\varepsilon_s}{qa}\right)^{1/2} \tag{102}$$

N 为轻掺杂一侧的电离杂质浓度,a 为杂质浓度梯度,$\mathscr{E}_m$ 为最大电场。

图 2.16(a)示出 Si、〈100〉晶向 GaAs 和 GaP 突变结击穿电压计算值与 N 的关系,实验结果与计算值符合得很好[15],图中的虚线示出了雪崩击穿计算成立时 N 的上限,这个上限基于判据 $6E_g/q$,超过这些 N 值时,隧穿机制对击穿过程有贡献并最终起决定性作用。

就 GaAs 而言,电离率及击穿电压除了与掺杂浓度有关外,还依赖于晶向(参见第 1章)[16]。在掺杂浓度为 10^{16} cm^{-3} 附近,击穿电压基本上与晶向无关,在较低的掺杂下,〈111〉晶向的 V_{BD} 为最大,而在较高的掺杂下,〈100〉晶向的 V_{BD} 最大。

图 2.16(b)示出了线性缓变结的击穿电压计算值与杂质浓度梯度的关系,虚线标出了雪

---

① 令 $U = \int_0^x y\mathrm{d}x'$　$\dfrac{\mathrm{d}U}{\mathrm{d}x} = y$, $\dfrac{\mathrm{d}}{\mathrm{d}U}e^U = e^U$

这个积分可化简为　　　　$\displaystyle\int y\left(\exp\int_0^x y\mathrm{d}x'\right)\mathrm{d}x = \int ye^U\mathrm{d}x = \int e^U\mathrm{d}U = e^U = \exp\int_0^x y\mathrm{d}x'$

(a)

(b)

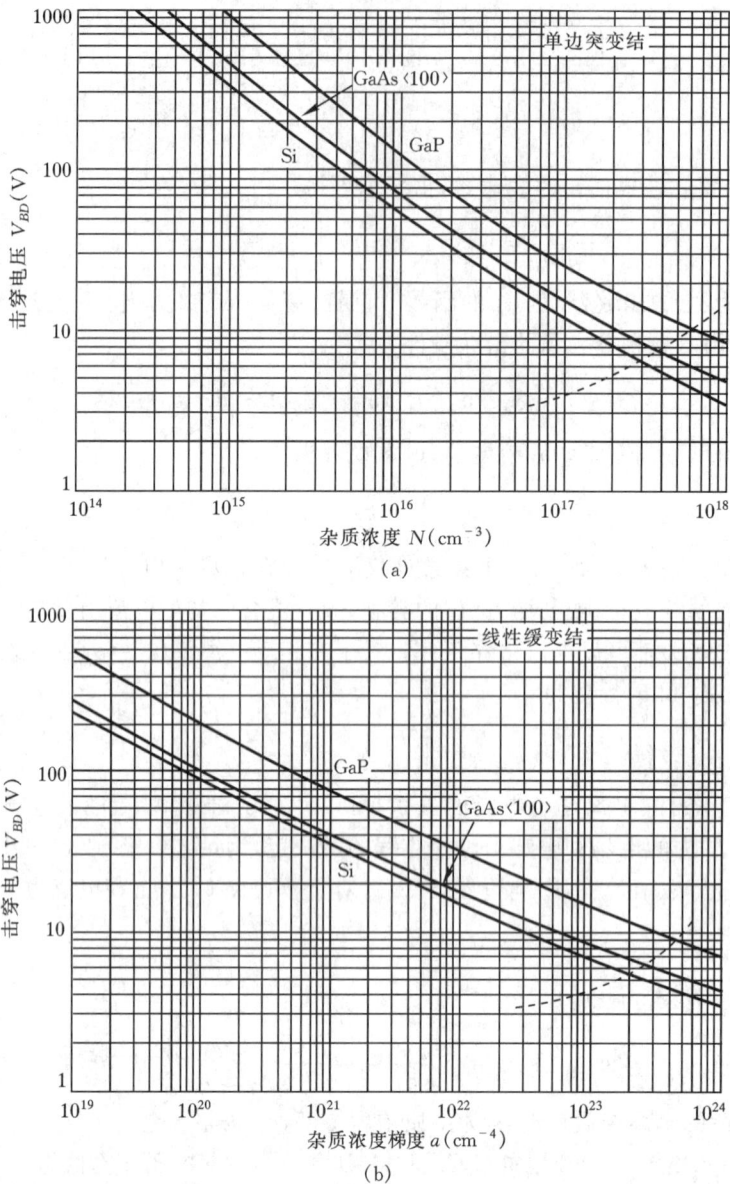

图 2.16 Si、⟨100⟩晶向 GaAs 和 GaP

(a)单边突变结雪崩击穿电压与杂质浓度的关系；(b)线性缓变结雪崩击穿
电压与杂质浓度梯度的关系。虚线标出最高掺杂浓度或最大掺杂梯度，超
出此限度，隧穿支配电压击穿特性(引自参考文献 14)

崩击穿计算成立时 a 的上限。

对于突变结，上述三种半导体击穿时的最大电场 $\mathscr{E}_m$ 和耗尽层宽度的计算值示于图 2.17 (a)，对于线性缓变结，示于图 2.17(b)。Si 突变结击穿时的最大电场可表示为[17]

$$\mathscr{E}_m = \frac{4 \times 10^5}{1 - (1/3)\log_{10}(N/10^{16} \text{ cm}^{-3})} \quad \text{V/cm} \tag{103}$$

式中 N 用 cm^{-3} 表示。

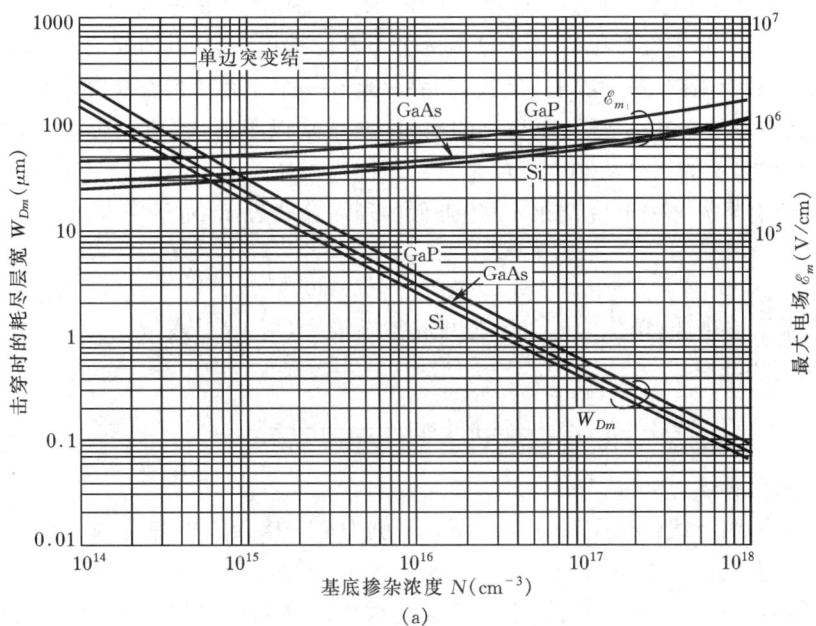

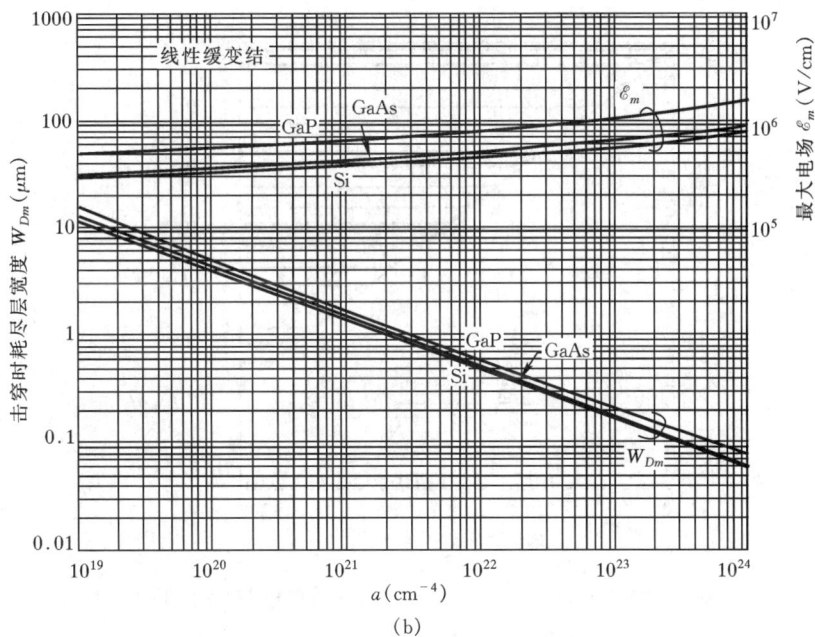

图 2.17 Si、⟨100⟩晶向 GaAs 和 GaP 击穿时的耗尽层宽度和最大电场
(a)单边突变结;(b)线性缓变结(引自参考文献 14)

由于电离率与电场有强烈的依赖关系,击穿时的最大电场有时也称为**临界电场**,它随 N 和 a 变化十分缓慢(对应 N 和 a 的几个数量级的变化,其变化因子小于 4)。因此,作为一级近似,可以假定对于给定的半导体 $\mathscr{E}_m$ 为固定值,然后根据式(101)和式(102),对于突变结 $V_{BD} \propto N^{-1.0}$,对于线性缓变结 $V_{BD} \propto a^{-0.5}$。图 2.16 表明,实际情况通常是遵循上述模型的(变化因

子小于 3)。也如所料,因为雪崩击穿过程需要带间激发,对于给定的 N 或 a,击穿电压随材料的带隙增加而增加。必须注意临界电场只是一个粗糙的指导参数,并不是材料的基本特性,它假设在一个很大的距离内电场均匀。例如,如果只是在一个小距离内存在高电场,则不会发生击穿,因为不满足式(100)的条件,而且总的电压(电场乘以距离)也应比带隙大,才能发生带间载流子倍增,积累层的高电场小电压就是这种情况。

对于上述所有半导体的研究结果,可用近似的通用公式表示,对于突变结,有

$$V_{BD} \approx 60\left(\frac{E_g}{1.1\ \text{eV}}\right)^{3/2}\left(\frac{N}{10^{16}\ \text{cm}^{-3}}\right)^{-3/4}\ \text{V} \tag{104}$$

式中,E_g 为室温下的带隙,单位为 eV,N 为衬底掺杂浓度,用 cm^{-3} 表示。

对于线性缓变结有

$$V_{BD} \approx 60\left(\frac{E_g}{1.1\ \text{eV}}\right)^{6/5}\left(\frac{a}{3\times 10^{20}\ \text{cm}^{-4}}\right)^{-2/5}\ \text{V} \tag{105}$$

式中 a 为杂质浓度梯度,用 cm^{-4} 表示。

对于结附近一侧有线性杂质浓度梯度而另一侧为恒定掺杂的扩散结(如图 2.18),击穿电压介于上述两种极限情况之间[18](图 2.16),如图 2.18 所示,当 a 大时,击穿电压由突变结的结果得出(底部的线);另一方面,当 a 小时,V_{BD} 由线性缓变结的结果得出(平行线),与 N_B 无关。

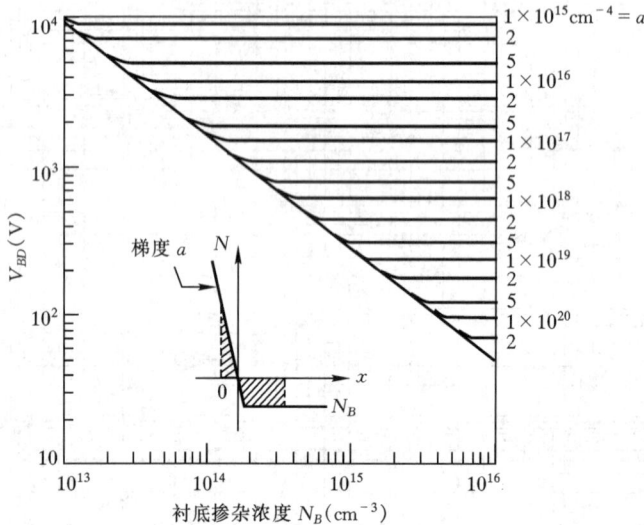

图 2.18 Si 扩散结 300 K 时的击穿电压,插图表示空间电荷分布(引自参考文献 18)

在图 2.16 和图 2.17 中,假定半导体层足够厚,能提供击穿时的最大耗尽层宽度 W_{Dm},但若半导体层 W 薄于 W_{Dm} 时(如图 2.19),器件在击穿前将穿通(即耗尽层达到 n$^+$ 衬底),当反向偏压进一步增加时,耗尽层不会继续展宽,器件最终永久性击穿,最大电场 $\mathscr{E}_m$ 基本上与非穿通二极管的最大电场相同。对于穿通二极管,在相同掺杂情况下,减小了的击穿电压 V'_{BD} 与常规非穿通器件的 V_{BD} 的比值可表示为

$$\frac{V'_{BD}}{V_{BD}} = \frac{\text{插图中阴影部分面积}}{(\mathscr{E}_m W_{Dm})/2}$$

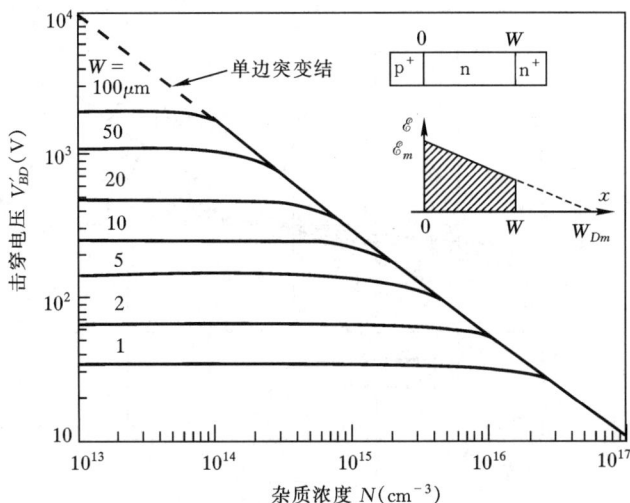

图 2.19　p^+-π-n^+ 和 p^+-ν-n^+ 结的击穿电压,此处,π 为轻掺杂 p 型半导
体,ν 为轻掺杂 n 型半导体,W 为 π 或 ν 区的厚度

$$= \left(\frac{W}{W_{Dm}}\right)\left(2 - \frac{W}{W_{Dm}}\right) \tag{106}$$

　　当掺杂浓度 N 变得足够低,譬如在 p^+-π-n^+ 或 p^+-ν-n^+ 二极管中,通常会发生穿通,此
处,π 代表轻掺杂 p 型半导体,ν 代表轻掺杂 n 型半导体,这类二极管的击穿电压可由式(106)
算出。对外延衬底上形成的 Si 单边突变结,二极管的击穿电压与本底掺杂浓度之间的关系示
于图 2.19(例如,在 n^+ 上外延 ν,以外延层厚度 W 作为参变量),对于确定的外延层厚度,随着
掺杂浓度的减少,击穿电压趋进于恒定值,相当于外延层的穿通。

　　上述的结果是室温下的雪崩击穿,在较高的温度下,击穿电压增加。这种增加的定性解释
为:强场下穿过耗尽层的热载流子通过散射失去部分能量给光学声子,使得电离率减小(见第
1 章的图 1.24),因此在恒定电场下,沿给定距离行进的载流子有更多的能量损失给晶格,从
而,载流子在能够获得足够的能量产生一个电子-空穴对前,必须通过较大的电势差(或较高的
电压)。Si 的 V_{BD} 对室温下的值归一化的预计值示于图 2.20,注意随着温度的升高,击穿电压
有很大的提高,特别在高温、轻掺杂(或杂质浓度梯度较小)的情况下[20]。

　　边缘效应　对于由平面工艺形成的结,应考虑一个非常重要的效应是结周边曲率效应。
图 2.21(a)是一个平面结的示意图,在结的周边,耗尽区变窄,电场较高,因为结的柱面或球面
区有较高的电场强度,雪崩击穿电压由这些区域决定,在柱面或球面 p-n 结内的电势 $\psi(r)$ 和电
场 $\mathscr{E}(r)$ 可由泊松方程计算:

$$\frac{1}{r^n}\frac{d}{dr}[r^n\mathscr{E}(r)] = \frac{\rho(r)}{\varepsilon_s} \tag{107}$$

对于柱面结,$n=1$,对于球面结,$n=2$。从该方程中可求出 $\mathscr{E}(r)$ 为

$$\mathscr{E}(r) = \frac{1}{\varepsilon_s r^n}\int_{r_j}^{r} r^n\rho(r)dr + \frac{C_1}{r^n} \tag{108}$$

式中 r_j 为冶金结的曲率半径,调节常数 C_1,使场强的积分等于内建电势。

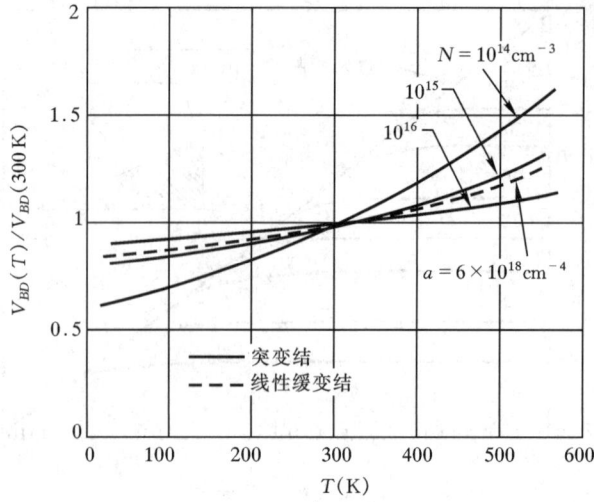

图 2.20　归一化雪崩击穿电压与晶格温度的关系。在硅中,击穿电压随温度的增
　　　　加而增加(引自参考文献 19)

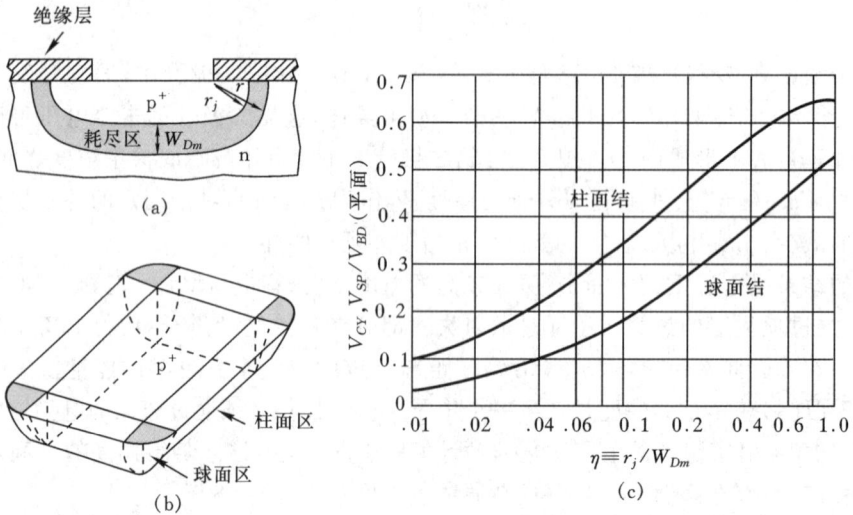

图 2.21　(a)平面扩散或注入工艺形成靠近掩膜边缘半径为 r_i 的曲面;(b)显示角处球
　　　　形区域的三维结曲面;(c)柱面结及球面结的归一化击穿电压与归一化曲率半
　　　　径的关系(引自参考文献 18)

300 K 时 Si 单边突变结的计算结果可用一个简单的公式表示[18],对于柱面结有

$$\frac{V_{CY}}{V_{BD}} = \left[\frac{1}{2}(\eta^2 + 2\eta^{6/7})\ln(1 + 2\eta^{8/7}) - \eta^{6/7}\right] \tag{109}$$

对于球面结有

$$\frac{V_{SP}}{V_{BD}} = \left[\eta^2 + 2.14\eta^{6/7} - (\eta^3 + 3\eta^{13/7})^{2/3}\right] \tag{110}$$

上两式中,V_{GY} 和 V_{SP} 分别为柱面结和球面结的击穿电压,V_{BD} 和 W_{Dm} 分别为具有相同本底掺杂

浓度的平面结的击穿电压和最大耗尽层宽度,且 $\eta \equiv r_j/W_{Dm}$。图 2.21(b)表示击穿电压与 η 的数值计算结果关系,显然,随着曲率半径减小击穿电压降低,然而对于线性缓变的柱面结或球面结,计算结果表明,击穿电压与曲率半径基本无关[21]。

　　另一个造成过早击穿的边缘效应是由结表面上的 MOS(金属-氧化物-半导体)结构引起的,这种结构通常称为栅控二极管。在一定的栅偏压下,栅边缘附近的电场比结平面部分的电场高,击穿随冶金结的表面区域到栅边缘的位置变化,由栅压决定的击穿电压示于图 2.22。对于 p^+-n 结,高正向栅压使 p^+ 表面耗尽,n 一侧表面积累,在冶金结靠近表面的区域发生击穿。当栅压向负方向变化时,击穿区域向 n 型方向移动(向右边);在中等栅压范围,击穿电压与栅偏压成线性关系[23]:

$$V_{BD} = mV_G + 常数 \tag{111}$$

其中 $m \leqslant 1$。在一些高的负栅偏置下,栅边缘正下方的电场足够高可以导致击穿,击穿电压降低,这种栅控二极管的击穿现象是可以重复观察和测量的。为了减小这种边缘效应,氧化层的厚度需超过一个临界值[22],这种机制还导致了 MOSFET 的栅致漏泄漏(GIDL)效应(参见6.4.5 节)。

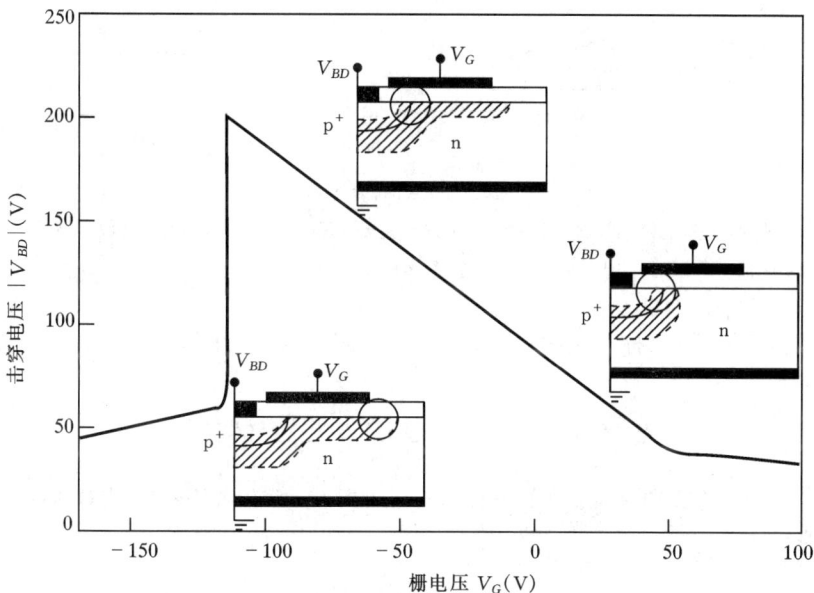

图 2.22　栅控二极管的击穿与栅电压的关系,高场击穿位置随栅偏置变化(引自参考文献 22)

2.5　瞬变特性与噪声

2.5.1　瞬变特性

　　对于开关应用而言,从正向偏置到反向偏置(或反过来)的过渡应近乎突变,过渡时间要短。对于 p-n 结,从反向偏置到正向偏置过渡很快,而从正向偏置到反向偏置的响应时间受限于少数载流子的存储效应。图 2.23(a)示出了一种简单电路,在此电路中,p-n 结流过正向电流 I_F,在 $t=0$ 时刻,开关 S 突然扳到右侧,有一个初始反向电流 $I_R \approx (V_R - V_F)/R$ 流过,瞬变时间定义为电流降低到初始反向电流 I_R 的 10% 时所经历的时间,如图 2.23(b)所示,等于 t_1 和 t_2 之和,t_1 和 t_2 分别为恒流阶段和衰减阶段所经历的时间。

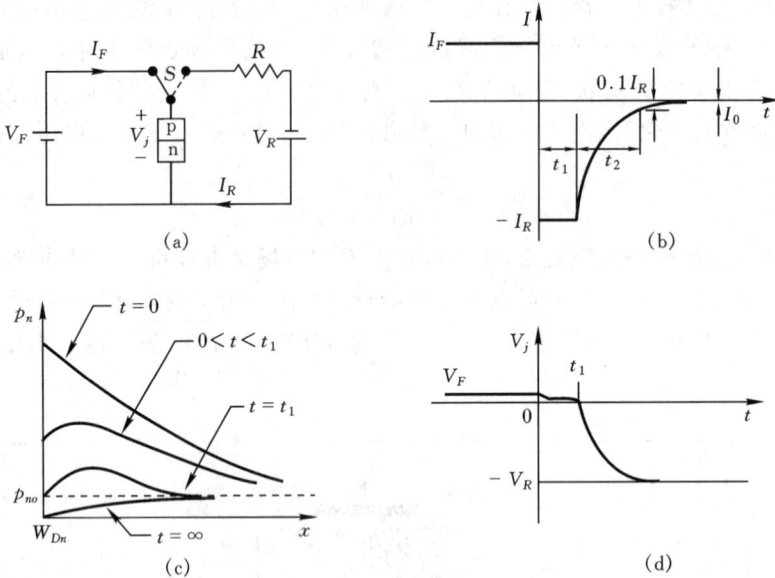

图 2.23 p-n 结的瞬态特性

(a)基本开关电路;(b)瞬态电流响应;(c)耗尽区边缘外、不同时刻少数载流子
的分布;(d)瞬态结电压响应(引自参考文献 24)

首先考虑恒流阶段(也称存储阶段),对于 p^+-n 结 n 型一侧($p_{po} \gg n_{no}$),第 1 章给出的连续性方程可写为

$$\frac{\partial p_n(x,t)}{\partial t} = D_p \frac{\partial^2 p_n(x,t)}{\partial x^2} - \frac{p_n(x,t) - p_{no}}{\tau_p} \tag{112}$$

边界条件为:$t=0$ 时,空穴的初始分布是扩散方程的一个稳态解。根据式(53b),加在结两端的正偏电压为

$$V_j(t) = \frac{kT}{q} \ln\left[\frac{p_n(0,t)}{p_{no}}\right] \tag{113}$$

少数载流子浓度 p_n 随时间的分布示于图 2.23(c),由式(113)可以算出,只要 $p_n(0,t)$ 大于 p_{no}(在时间间隔 $0 < t < t_1$ 内),结电压 V_j 保持在 kT/q 的量级,如图 2.23(d)所示,在此时间间隔内,反向电流近似恒定,形成恒定电流阶段。与时间相关的连续性方程的解给出时间 t_1,由如下超越方程表示:

$$\text{erf}\sqrt{\frac{t_1}{\tau_p}} = \frac{1}{1 + (I_R/I_F)} \tag{114}$$

然而,用电荷控制模型可以得到简单明确的 t_1 表达式,而且可以更深入地看到问题的本质。轻掺杂一侧存储的少数载流子电荷由一个积分表达式表示为

$$Q_s = qA \int \Delta p_n \mathrm{d}x \tag{115}$$

当电流转向反向后,对连续性方程积分得

$$-I_R = \frac{\mathrm{d}Q_s}{\mathrm{d}t} + \frac{Q_s}{\tau_p} \tag{116}$$

由正向电流 $Q_s(0) = I_F\tau_p$ 给出初始条件,得到的解为

$$Q_s(t) = \tau_p\left[-I_R + (I_F + I_R)\exp\left(\frac{-t}{\tau_p}\right)\right] \tag{117}$$

令 $Q_s = 0$,得到 t_1 为

$$t_1 = \tau_p\ln\left(1 + \frac{I_F}{I_R}\right) \tag{118}$$

对比式(118)和式(114)的准确解可以看出,在 $I_F/I_R = 0.1$ 时,这种近似下得到的值为原先值的 2 倍,在 $I_F/I_R = 10$ 时,为 20 倍。

t_1 时刻以后,空穴浓度开始减小到平衡态值(p_{no})以下,结电压趋近于 $-V_R$,新的边界条件成立,这个阶段是初始边界条件为 $p(0, t_1) = p_{no}$ 的衰减阶段。t_2 的解由另外一个超越方程给出

$$\mathrm{erf}\sqrt{\frac{t_2}{\tau_p}} + \frac{\exp(-t_2/\tau_p)}{\sqrt{\pi t_2/\tau_p}} = 1 + 0.1\left(\frac{I_R}{I_F}\right) \tag{119}$$

t_1、t_2 总的结果示于图 2.24 中,实线表示 n 型材料长度 W 远大于扩散长度($W \gg L_p$)的平面结的结果,虚线表示 $W \ll L_p$ 的窄基区结的结果。大 I_R/I_F 比值下,对于 $W \gg L_p$ 的情形,瞬变时间近似为

$$t_1 + t_2 \approx \frac{\tau_p}{2}\left(\frac{I_R}{I_F}\right)^{-2} \tag{120}$$

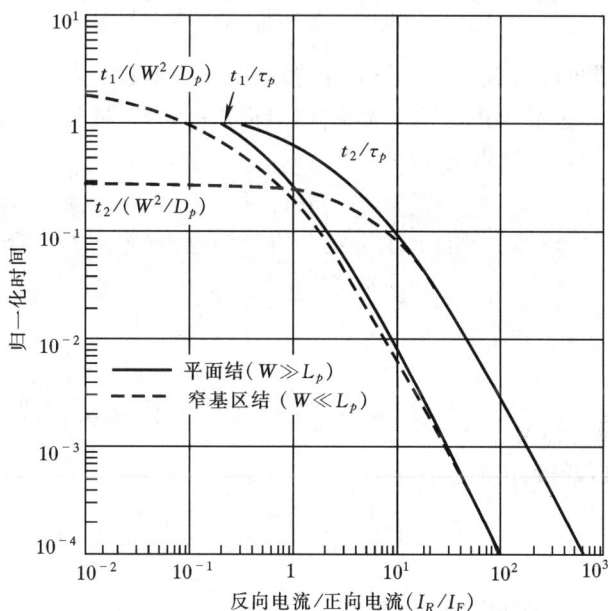

图 2.24 归一化时间与反向电流对正向电流比值的关系,

W 为 p$^+$-n 结 n 区的宽度(引自参考文献 24)

对于 $W \ll L_p$ 的情形,为

$$t_1 + t_2 \approx \frac{W^2}{2D_p}\left(\frac{I_R}{I_F}\right)^{-2} \tag{121}$$

例如,如果使结($W \gg L_p$)从正向 10 mA 变为反向 10 mA($I_R/I_F = 1$),恒流阶段的时间为 $0.3\tau_p$,衰减阶段的时间约为 $0.6\tau_p$,总的瞬变时间为 $0.9\tau_p$。快速开关要求各种情况下 τ_p 都要小,在禁带内引入深能级杂质,如在硅中掺金,寿命 τ_p 可大大降低。

2.5.2　噪声

噪声一词指通过半导体体材料或器件的电流的自发涨落,或加在它们上的电压的自发涨落。因为半导体器件主要用来放大小信号或测量小的物理量,电流或电压的自发涨落决定了这些信号的下限,了解影响这些下限的因素,利用这些知识优化工作条件,寻求降低噪声的新方法和新工艺是十分重要的。

观测到的噪声通常分成:(1)热噪声或 Johnson 噪声;(2)闪变噪声;(3)散粒噪声。热噪声在任何导体或半导体中均能发生,是由载流子的无规则运动引起的,也被称为白噪声,因为它在所有频率下为同一个水平,热噪声的开路均方电压为[25,26]

$$\langle V_n^2 \rangle = 4kTBR \tag{122}$$

式中,B 为带宽,单位为 Hz,R 为端点之间的动态阻抗(dV/dI)的实部。在室温下,对于电阻为 1 kΩ 的半导体材料,在 1 Hz 带宽下测得的均方根电压 $\sqrt{\langle V_n^2 \rangle}$ 仅约为 4 nV。

闪变噪声以其正比于 $1/f^\alpha$ 的独特谱分布而得名,α 通常接近于 1(即所谓 $1/f$ 噪声),低频下,闪变噪声是重要的。对于大多数半导体器件,闪变噪声来源于表面效应,$1/f$ 噪声功率谱在定性和定量两方面均与金属-绝缘体-半导体(MIS)结构的栅阻抗因载流子在界面陷阱处复合而造成的损失有关。

散粒噪声是由形成电流的载流子的分散性造成的,在大多数半导体器件中,它是主要噪声来源。在低频和中频下,散粒噪声与频率无关(白频谱),高频时,散粒噪声谱变得与频率有关,对于 p-n 结,散粒噪声的均方噪声电流为

$$\langle i_n^2 \rangle = 2qB \,|\, I \,| \tag{123}$$

式中 I 可以为正向或反向电流。小注入时总的均方噪声电流(忽略 $1/f$ 噪声)为

$$\langle i_n^2 \rangle = \frac{4kTB}{R} + 2qB \,|\, I \,| \tag{124}$$

从肖克莱方程得到

$$\frac{1}{R} = \frac{dI}{dV} = \frac{d}{dV}\left\{ I_0\left[\exp\left(\frac{qV}{kT}\right) - 1\right]\right\} = \frac{qI_0}{kT}\exp\left(\frac{qV}{kT}\right) \tag{125}$$

将式(125)代入式(124),得到正向偏置下,

$$\langle i_n^2 \rangle = 4qI_0 B\exp\left(\frac{qV_F}{kT}\right) + 2qI_0 B\left[\exp\left(\frac{qV_F}{kT}\right) - 1\right]$$

$$\approx 6qI_0 B\exp\left(\frac{qV_F}{kT}\right) \tag{126}$$

实验测量证实了均方噪声电流正比于饱和电流 I_0,并随辐照增加。

2.6 端功能

p-n 结是一种能执行各种端功能的两端器件,能够实现的功能随偏置状态、掺杂分布和器件几何形状不同而不同。在本节,我们根据前几节讨论的 p-n 结电流-电压、电容-电压和击穿电压特性简略讨论一些有趣的器件特性,许多其它相关的两端器件将分别在以后的各章中讨论(例如第 8 章的隧道二极管和第 9 章的 IMPATT 二极管)。

2.6.1 整流器

整流器是一个两端器件,对一个方向的电流流动有极低的电阻,而对另一方向有极高的电阻,也就是只允许一个方向的电流流动,整流器的正向和反向电阻可以很容易地从一个实际二极管的电流-电压关系中推导出来

$$I = I_0 \left[\exp\left(\frac{qV}{\eta kT} \right) - 1 \right] \tag{127}$$

式中,I_0 为饱和电流,理想因子 η 通常介于 1(对扩散电流)和 2(对复合电流)之间。正向直流(或静态)电阻 R_F 和小信号(或动态)电阻 r_F 可从式(127)得到

$$R_F \equiv \frac{V_F}{I_F} \approx \frac{V_F}{I_0} \exp\left(\frac{-qV_F}{\eta kT} \right) \tag{128}$$

$$r_F \equiv \frac{\mathrm{d}V_F}{\mathrm{d}I_F} \approx \frac{\eta kT}{qI_F} \tag{129}$$

反向直流电阻 R_R 和小信号电阻 r_R 为

$$R_R \equiv \frac{V_R}{I_R} \approx \frac{V_R}{I_0} \tag{130}$$

$$r_R \equiv \frac{\mathrm{d}V_R}{\mathrm{d}I_R} = \frac{\eta kT}{qI_0} \exp\left(\frac{q|V_R|}{\eta kT} \right) \tag{131}$$

比较式(128)~式(131),直流整流比 R_R/R_F 随因子$(V_R/V_F)\exp(qV_F/\eta kT)$变化,而交流整流比 r_R/r_F 随$(I_F/I_0)\exp(q|V_R|/\eta kT)]$变化。

p-n 结整流器的开关速度通常很慢,即从正向导通状态转变为反向阻断状态获得高阻抗需有很长时间的延迟,此时间延迟(正比于少数载流子寿命,如图 2.24 所示)对频率为 60 Hz 的电流的整流是无足轻重的,对于高频应用,应大大降低少子寿命以保持整流效率。大多数整流器的功率处理能力为 0.1~10 W,反向击穿电压为 50~2500 V(对于高压整流器,可将两个或多个 p-n 结串联起来),开关时间可以从小功率二极管的 50 ns 到大功率二极管的 500 ns 变化。

整流器有很多电路应用[27],它可将交流信号转变成不同的特殊波形,如半波和全波整流、限幅和钳位电路、检波(解调)等,也可用于 ESD(静电放电)保护器件。

2.6.2 齐纳二极管

齐纳二极管(也叫电压调整器)有一个良好控制的击穿电压,称作齐纳电压,在反向偏置区有陡峭的击穿特性,在击穿以前,二极管有极高的电阻;击穿以后,二极管有极低的动态电阻,

端电压受击穿电压限制（或受调整），可以用来充当一个固定的参考电压。

大多数齐纳二极管用 Si 制造，这是因为 Si 二极管的饱和电流小并且 Si 工艺先进的缘故。它是两侧都重掺杂的特殊二极管，在 2.4 节已经讨论过，当击穿电压 V_{BD} 大于 $6E_g/q$ 时（对于 Si 约为 7 V），击穿机制主要是雪崩倍增，V_{BD} 的温度系数为正；当 $V_{BD} < 4E_g/q$ 时（对于 Si 约为 5 V），击穿机制为带间隧穿，V_{BD} 的温度系数为负；当 $4E_g/q < V_{BD} < 6E_g/q$ 时，击穿是这两种机制的组合。可以设想，把一个负温度系数二极管与一个正温度系数二极管串联起来，即可得到一个不依赖温度的调整器（其温度系数为 $0.002\%/℃$ 的量级），适合作电压基准。

2.6.3　变阻器

变阻器（可变电阻器）是一种表现出非欧姆特性的两端器件，即依赖于电压的电阻器件[28]。式（128）和式（129）已经表现出 p-n 结二极管在正向偏置时的非欧姆特性，类似的非欧姆特性也可以从第 3 章讨论的金属-半导体接触中得到。变阻器的一个有趣的应用是把两个二极管反极性并联起来作为对称的电压（约 0.5 V）限幅器，双二极管单元在正反两个方向皆表现出正向 I-V 特性。变阻器是一个非线性器件，在微波调制、混频和检波（解调）中非常有用，基于金属-半导体接触的变阻器更为通用，因为没有了少子存储效应，速度更快。

2.6.4　变容管

变容管一词源自**可变电抗器**，意思是电抗（或电容）以可控方式随偏压变化的器件，变容二极管广泛地用于参数放大、谐波产生、混频、检波和可变电压调谐。

对于这种应用，需要避免正向偏置，因为对于任何电容器，过剩电流都是不想要的。基本的电容-电压关系已经在 2.2 节推导出来，我们现在要把前面对于突变结和线性缓变结掺杂分布的推导推广到更为一般的情形，一维泊松方程为

$$\frac{d^2 \psi_i}{dx^2} = -\frac{qN}{\varepsilon_s} \tag{132}$$

式中 N 表示图 2.25(a) 所示的通用的掺杂分布（假设另一侧为重掺杂）：

$$N = Bx^m, \quad 当 \ x \geqslant 0 \tag{133}$$

当 $m=0$ 时，得到 $N=B$，对应于均匀掺杂（或单边突变结）；当 $m=1$ 时，掺杂分布对应于单边线性缓变情形；当 $m<0$ 时，这种器件称为"超突变"结，超突变掺杂分布可用外延工艺或离子注入实现。边界条件为 $\psi(x=0)=0$ 和 $\psi(x=W_D)=V_R + \psi_{bi}$，其中，$V_R$ 为外加反向偏压，ψ_{bi} 为内建电势。取上述边界条件对泊松方程进行积分，可以得到耗尽层宽度和单位面积微分电容[29]：

$$W_D = \left[\frac{\varepsilon_s(m+2)(V_R + \psi_{bi})}{qB} \right]^{1/(m+2)} \tag{134}$$

$$C_D \equiv \frac{\varepsilon_s}{W_D} = \left[\frac{qB\varepsilon_s^{m+1}}{(m+2)(V_R + \psi_{bi})} \right]^{1/(m+2)} \propto (V_R + \psi_{bi})^{-s} \tag{135}$$

$$s \equiv \frac{1}{m+2} \tag{136}$$

表征变容管的一个重要参数为灵敏度，定义为[30]

$$-\frac{dC_D}{C_D} \frac{V_R}{dV_R} = -\frac{d(\log C_D)}{d(\log V_R)} = \frac{1}{m+2} = s \tag{137}$$

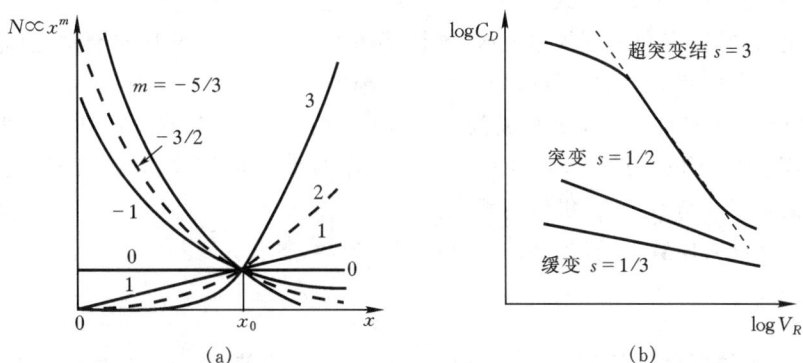

图 2.25　(a)变容管的各种杂质分布(在 x_0 处归一化);(b)耗尽层电容与反向偏压的双对数图(引自参考文献 29 和 30)

s 越大,电容随偏压的变化就越大。对于线性缓变结,$m=1$,$s=1/3$;对于突变结,$m=0$,$s=1/2$;对于超突变结,$m=-1$,$-3/2$ 或 $-5/3$,s 值分别为 1、2 或 3,这些结二极管的电容-电压关系示于图 2.25(b),正如所料,超突变结有最高的灵敏度,有最大的电容变化。

2.6.5　快恢复二极管

快恢复二极管有极高的开关速度,该器件可分成两类:p-n 结二极管和金属-半导体二极管,两类器件通常的开关特性可用图 2.23(b)描述。通过引入复合中心,使 p-n 结二极管总的恢复时间(t_1+t_2)大大降低,例如在 Si 中引入 Au,减小载流子寿命。虽然恢复时间正比于寿命 τ,如图 2.24 所示,但遗憾的是,不能通过引进大量复合中心 N_t 来无限减少恢复时间,这是因为 p-n 结的反向产生电流正比于 N_t(式(66)和式(67))。对于直接带隙半导体,例如 GaAs,其少数载流子寿命通常远小于 Si 的少数载流子寿命,因而超高速 GaAs p-n 结二极管的恢复时间为 0.1 ns 量级或更低,对于 Si 实际恢复时间在 1~5 ns 之间。

金属-半导体二极管(肖特基二极管)也表现出超高速特性,因为是多数载流子器件,少数载流子存储效应可以被忽略,我们将在第 3 章详细讨论金属-半导体接触。

2.6.6　电荷存储二极管

与快恢复二极管相反,电荷存储二极管在正向导通时存储电荷,而变为反向后,能短时间传导反向电流。阶跃恢复二极管(亦称快反向二极管)是一种特别有趣的电荷存储二极管,其短时间传导反向电流后,因存储的电荷已经消除而使电流突然截止,换句话说,可以减小延迟阶段 t_2 却不缩短存储阶段 t_1。大多数电荷存储二极管采用少数载流子寿命长的 Si 材料制备,其少数载流子寿命范围为 0.5 μs 到 5 μs 之间,注意,少数载流子寿命比快恢复二极管的少数子寿命长 1000 倍左右。减少延迟阶段的机制是通过特殊的杂质分布使得注入电荷被限制在靠近结的地方。关断发生在 ps 级范围内,产生一个有大量谐波的快速上升的波前,由于这些特性,阶跃恢复二极管常用在谐波发生器和脉冲整形上。

2.6.7　p-i-n 二极管

p-i-n 二极管是本征区(i 区)夹于 p 型层和 n 型层之间的一种 p-n 结,实际上,理想化了的

i 区或用高阻 p 型层(称为 π 层)或用高阻 n 型层(称为 v 层)近似。p-i-n 二极管在微波电路中有广泛的用途,它的特点在于宽的本征区,本征区的引入提供了一些特殊性质,如低的、近乎为常量的电容及反向偏置时高的击穿电压。更为有趣的是,因其电阻随正向偏置电流近似线性变化,可以通过控制器件电阻,使其成为一个可变衰减器(可变天线),其开关时间近似由 $W/2v_s$ 给出,W 为 i 区的宽度[31],它可以调制高达 GHz 范围的信号,导通状态下晶闸管(参见第 11 章)的正向特性与 p-i-n 二极管的相似。

在零偏或低反向偏置下,轻掺杂的本征区完全耗尽,电容为

$$C = \frac{\varepsilon_s}{W} \tag{138}$$

一旦全部耗尽,它的电容与反向偏压无关,图 2.19 给出了反偏时 p-i-n 二极管的击穿电压。因为本征区的净电荷很少,电场是恒定的,击穿电压可由下式估算:

$$V_{BD} \approx \mathscr{E}_m W \tag{139}$$

对于低掺杂 Si,最大击穿电场 $\mathscr{E}_m$ 约为 2.5×10^5 V/cm。从上面两个式子可以看到,本征区的厚度 W 需从频率响应和功耗(从最大电压来看)两方面折衷。

在正向偏置状态下,空穴从 p 区注入,电子从 n 区注入,注入的载流子浓度由于电中性条件而近似相等(且均匀),比 i 区的掺杂浓度要高很多,所以 p-i-n 二极管通常工作在大注入条件下,即 $\Delta p = \Delta n \gg n_i$,电流传导通过 i 区的复合形成,为(参见式(74))

$$J_{re} = \int_0^W qU\,dx = \frac{qWn_i}{2\tau}\exp\left(\frac{qV_F}{2kT}\right) \tag{140}$$

详细的直流 I-V 特性讨论,可参考 11.2.4 节。

p-i-n 二极管最有趣的现象是:对于高频($> 1/2\ \pi\tau$)小信号,在本征区的存储电荷没有全部被 RF 信号扫出或复合,在这种频率下,p-i-n 二极管没有整流特性,像一个纯粹的电阻,其阻值大小由注入电荷唯一确定,与直流偏置电流成正比,动态 RF 电阻可以简单地表示为

$$R_{RF} = \rho\frac{W}{A} = \frac{W}{q\Delta n(\mu_n + \mu_p)A}$$
$$= \frac{W^2}{J_F\tau(\mu_n + \mu_p)A} \tag{141}$$

这里假设 $J_F = qW\Delta n/\tau$,RF 电阻由直流偏置电流控制,其典型特性示于图 2.26。

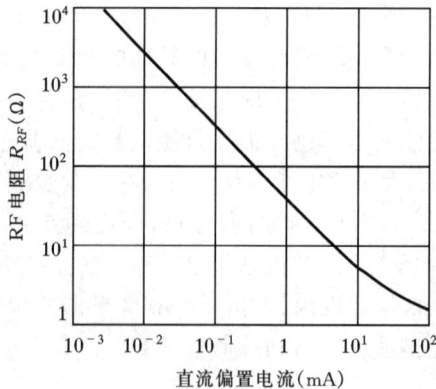

图 2.26　典型的 RF 电阻与直流正向电流的关系(引自参考文献 32)

2.7　异质结

一些异质结的特性已在 1.7 节讨论了,当两种半导体有相同的导电类型时,这种结称为**同型异质结**;当导电类型不同时,称为**异型异质结**,它比同型异质结更有用也更通用。1951 年,Shockley 提出把突变异质结用作双极晶体管中的高效发射极–基极注入器[33],同年,Gubanov 发表了异质结方面的理论文章[34],后来,Kroemer 分析了一种用作宽带隙发射结的缓变的异质结[35]。此后,异质结得到广泛研究,有许多重要应用,其中有室温注入激光器、发光二极管(LED)、光电探测器和太阳电池。在许多这样的应用中,运用量子阱和超晶格的有趣特性,形成了层厚为 10 nm 量级的周期性多层异质结,其它有关异质结的材料可以参见参考文献 36~39。

2.7.1　异型异质结

Anderson[40] 根据 Shockley 前面的工作提出了无界面陷阱的理想异型突变异质结的能带模型,这种模型可以解释许多输运过程,而且仅需对此模型稍加改动就可以解释非理想时的情形,如界面陷阱,下面就讨论这种模型。图 2.27(a) 和 2.27(c) 示出了两个导电类型相反的孤立半导体的能带图,假定这两个半导体有不同的能隙 E_g、不同的介电常数 ε_s、不同的功函数 ϕ_m 和不同的电子亲合势 χ。功函数和电子亲合势分别定义为从费米能级 E_F 和导带底 E_C 将一个电子刚巧移到该材料之外的位置(真空能级)时所需的能量。两种半导体导带边的能量差用 ΔE_C 表示,价带边的能量差用 ΔE_V 表示。图 2.27 表明的电子亲合势规则($\Delta E_C = q\Delta\chi$)不一定在所有情况下都成立,然而把 ΔE_C 作为一个经验量处理,Anderson 模型是令人满意的,仍然成立[41]。

当结在这些半导体之间形成时,平衡状态下 n-p 异型异质结的能带如图 2.27(b) 所示,在这个例子中,窄带隙材料为 n 型。因为平衡时费米能级在两侧必须一致,真空能级在各处均平行于带边并且连续,当 E_g 和 χ 均与掺杂浓度无关时(即非简并半导体情形),导带边的不连续能量差(ΔE_C)和价带边的不连续能量差(ΔE_V)也不随掺杂浓度变化,总的内建势 ψ_{bi} 等于部分内建势之和($\psi_{b1} + \psi_{b2}$),其中,ψ_{b1} 和 ψ_{b2} 分别为半导体 1 和 2 在平衡时所承受的静电势[①],从图 2.27 可知,因为是平衡态,显然,$E_{F1} = E_{F2}$,总内建势为

$$\psi_{bi} = |\phi_{m1} - \phi_{m2}| \tag{142}$$

阶跃结的耗尽层宽度和电容可通过求解界面两侧的泊松方程得到。边界条件之一为界面处电位移连续,即 $\mathscr{D}_1 = \mathscr{D}_2 = \varepsilon_{s1}\mathscr{E}_1 = \varepsilon_{s2}\mathscr{E}_2$,得到

$$W_{D1} = \left[\frac{2N_{A2}\varepsilon_{s1}\varepsilon_{s2}(\psi_{bi} - V)}{qN_{D1}(\varepsilon_{s1}N_{D1} + \varepsilon_{s2}N_{A2})}\right]^{1/2} \tag{143a}$$

$$W_{D2} = \left[\frac{2N_{D1}\varepsilon_{s1}\varepsilon_{s2}(\psi_{bi} - V)}{qN_{A2}(\varepsilon_{s1}N_{D1} + \varepsilon_{s2}N_{A2})}\right]^{1/2} \tag{143b}$$

---

① 　习惯上是将较小带隙材料列为第一符号

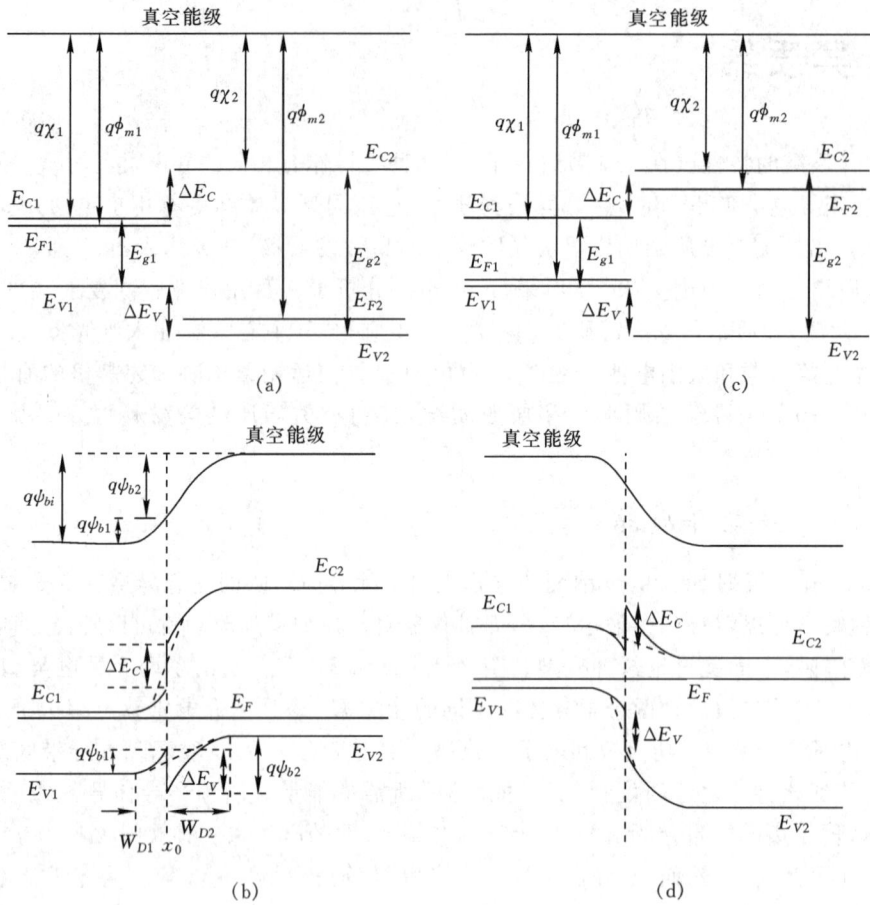

图 2.27　(a)相反类型、E_g 不同的两个孤立半导体的能带图(较小带隙为 n 型半导体);
　　　　　(b)热平衡状态下,理想异型异质结的能带图;在(c)和(d)中较小的带隙为 p 型,
　　　　　在(b)和(d)中跨越结的虚线代表缓变组份(引自参考文献 40)

及

$$C_D = \left[\frac{q N_{D1} N_{A2} \varepsilon_{s1} \varepsilon_{s2}}{2(\varepsilon_{s1} N_{D1} + \varepsilon_{s2} N_{A2})(\psi_{bi} - V)} \right]^{1/2} \tag{144}$$

两半导体承受的相对电压为

$$\frac{\psi_{b1} - V_1}{\psi_{b2} - V_2} = \frac{N_{A2} \varepsilon_{s2}}{N_{D1} \varepsilon_{s1}} \tag{145}$$

式中外加电压分为两部分,$V = V_1 + V_2$。显然,当异质结两侧材料相同时,上面的表达式将简化为 2.2 节所讨论的 p-n 结(同质结)的表达式。

　　考虑电流流动,图 2.27(b)中的例子显示出导带底能量 E_C 单调增加,而价带顶能量 E_V 在结附近出现尖峰,空穴电流变的复杂起来,因为附加的势垒在与扩散相关联的热电子发射中会表现出瓶颈现象。如果假定一个缓变结,其 ΔE_C 和 ΔE_V 在耗尽区内平滑过渡,分析可得到简化,这种情况下扩散电流与常规 p-n 结讨论相似,只是需用适当的参数替换,电子、空穴的扩散电流为

$$J_n = \frac{qD_{n2}\,n_{i2}^2}{L_{n2}\,N_{A2}}\left[\exp\left(\frac{qV}{kT}\right)-1\right] \tag{146a}$$

$$J_p = \frac{qD_{p1}\,n_{i1}^2}{L_{p1}\,N_{D1}}\left[\exp\left(\frac{qV}{kT}\right)-1\right] \tag{146b}$$

注意能带偏差 ΔE_C 和 ΔE_V 在方程中不存在,而且每个扩散电流分量只依赖于接收一侧的特性,与同质结的情况类似,总电流变为

$$J = J_n + J_p = \left(\frac{qD_{n2}\,n_{i2}^2}{L_{n2}\,N_{A2}} + \frac{qD_{p1}\,n_{i1}^2}{L_{p1}\,N_{D1}}\right)\left[\exp\left(\frac{qV}{kt}\right)-1\right] \tag{147}$$

两个扩散电流之比需特别引起注意,

$$\frac{J_n}{J_p} = \frac{L_{p1}\,D_{n2}\,N_{D1}\,n_{i2}^2}{L_{n2}\,D_{p1}\,N_{A2}\,n_{i1}^2} = \frac{L_{p1}\,D_{n2}\,N_{D1}\,N_{C2}\,N_{V2}\exp(-E_{g2}/kT)}{L_{n2}\,D_{p1}\,N_{A2}\,N_{C1}\,N_{V1}\exp(-E_{g1}/kT)}$$

$$\approx \frac{N_{D1}}{N_{A2}}\exp\left(\frac{-\Delta E_g}{kT}\right) \tag{148}$$

因此注入率除了与掺杂比有关外,还和带隙差成指数关系,这一点在双极晶体管的设计中非常关键,因为双极晶体管的注入比与电流增益有直接的关系。异质结双极晶体管(HBT)运用宽带隙半导体材料作为发射区以减小基极电流,这将在第 5 章详细讨论。

2.7.2　同型异质结

同型异质结的情形有些不同,对于一个 n-n 异质结,因为宽带隙半导体的功函数较小,能带弯曲将与 n-p 结的能带弯曲相反(图 2.28(a))[42]。$(\psi_{b1}-V_1)$ 与 $(\psi_{b2}-V_2)$ 之间的关系可从界面处电位移($\mathscr{D}=\varepsilon_s\mathscr{E}$)连续的边界条件求得,对于服从玻耳兹曼统计规律的区域 1 的积累情形(界面处载流子浓度增加),x_0 处的电场强度为(详细推导见 64 页脚注),

$$\mathscr{E}_1(x_0) = \sqrt{\frac{2qN_{D1}}{\varepsilon_{s1}}\left\{\frac{kT}{q}\left[\exp\frac{q(\psi_{b1}-V_1)}{kT}-1\right]-(\psi_{b1}-V_1)\right\}} \tag{149}$$

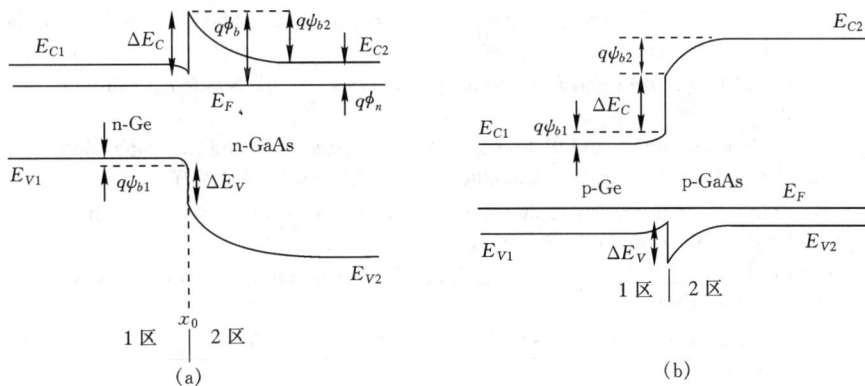

图 2.28　理想同型异质结的能带图(a)n-n;(b)p-p(引自参考文献 40 和 42)

对于区域 2 的耗尽情形,界面处的电场强度为

$$\mathscr{E}_2(x_0) = \sqrt{\frac{2qN_{D2}(\psi_{b2}-V_2)}{\varepsilon_{s2}}} \tag{150}$$

令式(149)与式(150)的电位移 $\mathscr{D}=\mathscr{E}\varepsilon_s$ 相等,得到 $(\psi_{b1}-V_1)$ 与 $(\psi_{b2}-V_2)$ 之间的十分复杂的关

系。然而,若比值 $\varepsilon_{S1} N_{D1}/\varepsilon_{S2} N_{D2}$ 的数量级为 1,并且 $\psi_{bi}(\equiv\psi_{b1}+\psi_{b2})\gg kT/q$,我们得到[42]:

$$\exp\left[\frac{q(\psi_{b1}-V_1)}{kT}\right]\approx\frac{q}{kT}(\psi_{bi}-V) \tag{151}$$

式中 V 为总的外加电压,等于 (V_1+V_2)。图 2.28(b) 还示出了 p-p 异质结的理想平衡能带图。

对于载流子输运,因为图 2.28(a) 所示的势垒,就其电流-电压特性,导电机构由多数载流子的热载流子发射决定,本例中为电子(参见第 3 章)。电流密度为[42]

$$J = qN_{D2}\sqrt{\frac{kT}{2\pi m_2^*}}\exp\left(\frac{-q\psi_{b2}}{kT}\right)\left[\exp\left(\frac{qV_2}{kT}\right)-\exp\left(\frac{-qV_1}{kT}\right)\right] \tag{152}$$

将式(151)代入式(152)得到电流-电压关系为

$$J = \frac{q^2 N_{D2}\psi_{bi}}{\sqrt{2\pi m_2^* kT}}\exp\left(\frac{-q\psi_{bi}}{kT}\right)\left(1-\frac{V}{\psi_{bi}}\right)\left[\exp\left(\frac{qV}{kT}\right)-1\right] \tag{153}$$

因为电流是由类似于金属-半导体接触的热电子发射所产生的,指数项前面的因子被表示为有效理查逊常数 A^* 和势垒高度 ψ_b,用 A^* 替代式中的相关项并代入 N_{D2},上面的电流表达式变为

$$J = \frac{q\psi_{bi}A^* T}{k}\left(1-\frac{V}{\psi_{bi}}\right)\exp\left(\frac{-q\psi_{b1}}{kT}\right)\exp\left(\frac{-q\phi_b}{kT}\right)\left[\exp\left(\frac{qV}{kT}\right)-1\right]$$

$$= J_0\left[\exp\left(\frac{qV}{kT}\right)-1\right] \tag{154}$$

此式与金属-半导体接触的情形是很不同的,两种情形的 J_0 值不同(金属-半导体接触,$J_0=A^* T^2\exp(-q\phi_B/kT)$),其温度关系亦不相同。其反向电流决不会饱和,对于一个大的 $-V$,反向电流随电压线性增加。正向偏置时,J 与 V 的关系可用指数函数 $J\propto\exp(qV/\eta kT)$ 近似。

参考文献

1. W. Shockley, "The Theory of *p-n* Junctions in Semiconductors and *p-n* Junction Transistors," *Bell Syst. Tech. J.*, **28**, 435 (1949);

2. W. Shockley, *Electrons and Holes in Semiconductors*, D. Van Nostrand, Princeton, New Jersey, 1950.

3. C. T. Sah, R. N. Noyce, and W. Shockley, "Carrier Generation and Recombination in *p-n* Junction and *p-n* Junction Characteristics," *Proc. IRE*, **45**, 1228 (1957).

4. J. L. Moll, "The Evolution of the Theory of the Current-Voltage Characteristics of *p-n* Junctions," *Proc. IRE*, **46**, 1076 (1958).

5. C. G. B. Garrett and W. H. Brattain, "Physical Theory of Semiconductor Surfaces," *Phys. Rev.*, **99**, 376 (1955).

6. C. Kittel and H. Kroemer, *Thermal Physics*, 2nd Ed., W. H. Freeman and Co., San Francisco, 1980.

7. W. C. Johnson and P. T. Panousis, "The Influence of Debye Length on the *C-V* Measurement of Doping Profiles," *IEEE Trans. Electron Devices*, **ED-18**, 965 (1971).

8. B. R. Chawla and H. K. Gummel, "Transition Region Capacitance of Diffused *p-n* Junctions," *IEEE Trans. Electron Devices*, **ED-18**, 178 (1971).

9. M. Shur, *Physics of Semiconductor Devices*, Prentice-Hall, Englewood Cliffs, New Jersey, 1990.

10. H. K. Gummel, "Hole-Electron Product of *p-n* Junctions," *Solid-State Electron.*, **10**, 209 (1967).

11. J. L. Moll, *Physics of Semiconductors*, McGraw-Hill, New York, 1964.

12. M. J. O. Strutt, *Semiconductor Devices*, Vol. 1, *Semiconductor and Semiconductor Diodes*, Academic, New York, 1966, Chapter 2.

13. P. J. Lundberg, private communication.

14. S. M. Sze and G. Gibbons, "Avalanche Breakdown Voltages of Abrupt and Linearly Graded *p-n* Junctions in Ge, Si, GaAs, and GaP," *Appl. Phys. Lett.*, **8**, 111 (1966).

15. R. M. Warner, Jr., "Avalanche Breakdown in Silicon Diffused Junctions," *Solid-State Electron.*, **15**, 1303 (1972).

16. M. H. Lee and S. M. Sze, "Orientation Dependence of Breakdown Voltage in GaAs," *Solid-State Electron.*, **23**, 1007 (1980).

17. F. Waldhauser, private communication.

18. S. K. Ghandhi, *Semiconductor Power Devices*, Wiley, New York, 1977.

19. C. R. Crowell and S. M. Sze, "Temperature Dependence of Avalanche Multiplication in Semiconductors," *Appl. Phys. Lett.*, **9**, 242 (1966).

20. C. Y. Chang, S. S. Chiu, and L. P. Hsu, "Temperature Dependence of Breakdown Voltage in Silicon Abrupt *p-n* Junctions," *IEEE Trans. Electron Devices*, **ED-18**, 391 (1971).

21. S. M. Sze and G. Gibbons, "Effect of Junction Curvature on Breakdown Voltages in Semiconductors," *Solid-State Electron.*, **9**, 831 (1966).

22. A. Rusu, O. Pietrareanu, and C. Bulucea, "Reversible Breakdown Voltage Collapse in Silicon Gate-Controlled Diodes," *Solid-State Electron.*, **23**, 473 (1980).

23. A. S. Grove, O. Leistiko, Jr., and W. W. Hooper, "Effect of Surface Fields on the Breakdown Voltage of Planar Silicon *p-n* Junctions," *IEEE Trans. Electron Devices*, **ED-14**, 157 (1967).

24. R. H. Kingston, "Switching Time in Junction Diodes and Junction Transistors," *Proc. IRE*, **42**, 829 (1954).

25. A. Van der Ziel, *Noise in Measurements*, Wiley, New York, 1976.

26. A. Van der Ziel and C. H. Chenette, "Noise in Solid State Devices," in *Advances in Electronics and Electron Physics*, Vol. 46, Academic, New York, 1978.

27. K. K. Ng, *Complete Guide to Semiconductor Devices*, 2nd Ed., Wiley, New York, 2002.

28. J. P. Levin, "Theory of Varistor Electronic Properties", *Crit. Rev. Solid State Sci.*, **5**, 597 (1975).

29. M. H. Norwood and E. Shatz, "Voltage Variable Capacitor Tuning—A Review," *Proc. IEEE*, **56**, 788 (1968).

30. R. A. Moline and G. F. Foxhall, "Ion-Implanted Hyperabrupt Junction Voltage Variable Capacitors," *IEEE Trans. Electron Devices*, **ED-19**, 267 (1972).

31. G. Lucovsky, R. F. Schwarz, and R. B. Emmons, "Transit-Time Considerations in *p-i-n* Diodes," *J. Appl. Phys.*, **35**, 622 (1964).

32. A. G. Milnes, *Semiconductor Devices and Integrated Electronics*, Van Nostrand, New York, 1980

33. W. Shockley, U.S. Patent 2,569,347 (1951).

34. A. I. Gubanov, *Zh. Tekh. Fiz.*, **21**, 304 (1951); *Zh. Eksp. Teor. Fiz.*, **21**, 721 (1951).

35. H. Kroemer, "Theory of a Wide-Gap Emitter for Transistors," *Proc. IRE*, **45**, 1535 (1957).

36. H. C. Casey, Jr., and M. B. Panish, *Heterostructure Lasers*, Academic, New York, 1978.

37. A. G. Milnes and D. L. Feucht, *Heterojunctions and Metal-Semiconductor Junctions*, Academic, New York, 1972.

38. B. L. Sharma and R. K. Purohit, *Semiconductor Heterojunctions*, Pergamon, London, 1974.

39. P. Bhattacharya, Ed., *III-V Quantum Wells and Superlattices*, INSPEC, London, 1996.

40. R. L. Anderson, "Experiments on Ge-GaAs Heterojunctions," *Solid-State Electron.*, **5**, 341 (1962).

41. W. R. Frensley and H. Kroemer, "Theory of the Energy-Band Lineup at an Abrupt Semi-conductor Heterojunction," *Phys. Rev. B*, **16**, 2642 (1977).

42. L. L. Chang, "The Conduction Properties of Ge-GaAs$_{1-x}$P$_x$ *n-n* Heterojunctions," *Solid-State Electron.*, **8**, 721 (1965).

习题

1. 硅 p-n 结的面积为 1 cm^2,由双边突变结构成,n 区的施主杂质浓度为 10^{17} cm^{-3},p 区的受主杂质浓度为 2×10^{17} cm^{-3},所有的施主和受主均电离,求内建电势。

2. 硅 p$^+$-n 结(在 n 型外延层上形成)的耗尽层电容的测量结果如图所示,器件的面积为 10^{-5} cm^2,p$^+$ 层的厚度为 0.07 μm,求外延层的厚度。

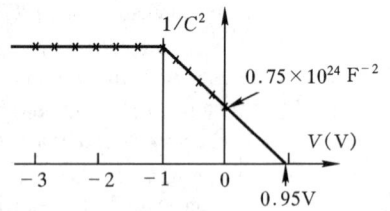

3. 硅 p-n 结,p 型一侧杂质浓度线性变化,梯度为 10^{19} cm^{-4},n 型一侧为均匀掺杂,杂质浓度为 3×10^{14} cm^{-3},
   (a)如果零偏置时,p 型一侧的耗尽层宽度为 0.8 μm,求热平衡时,总的耗尽层宽度、内建电势和最大电场;
   (b)画出此结的杂质和电场分布。

题 2 图

4. 求出热平衡时 p$^+$-n$_1$-n$_2$ 结构的耗尽层宽度和最大电场。

5. (a)300 K 时硅 p$^+$-n 结的参数如下:$\tau_p = \tau_g = 10^{-6}$ s,$N_D = 10^{15}$ cm^{-3},求反向偏置为 5 V 时耗尽区的产生电流密度和总的反向电流密度;
   (b)如果 τ_p 减小为原先的 1/100,而 τ_g 保持不变,总的反向电流密度会有很大的变化吗?

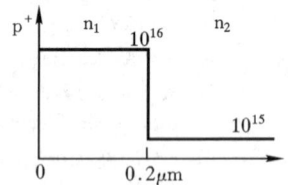

题 4 图

6. p$^+$-n 结制作在 $N_D = 10^{15}$ cm^{-3} 的 n 型衬底上,如果结在硅本征费米能级之上 0.02 eV 处有浓度为 10^{15} cm^{-3} 的产生-复合中心,$\sigma_n = \sigma_p = 10^{-15}$ cm^2($v_{th} = 10^7$ cm/s),计算在 -0.5 V 时的产生和复合电流。

7. p-n 结 p 区掺杂浓度为 1×10^{17} cm^{-3},n 区掺杂浓度为 1×10^{19} cm^{-3},反偏电压为 -2 V,假设有效寿命为 1×10^{-5} s,计算产生-复合电流密度。

8. 设计一个突变 Si p$^+$-n 结二极管,反向击穿电压为 130 V,$V = 0.7$ V 时的正向电流为 2.2 mA,设 $\tau_p = 10^{-7}$ s。

9. (a)假设 $\alpha = \alpha_0 (\mathscr{E}/\mathscr{E}_0)^m$,其中 α_0、$\mathscr{E}_0$ 和 m 均为常数,仍假设 $\alpha_n = \alpha_p = \alpha$,推出 n$^+$-p 结的雪崩击穿电压,已知受主均匀掺杂,杂质浓度为 N_A,介电常数为 ε_s。
   (b)如果 $\alpha_0 = 10^4$ cm^{-1},$\mathscr{E}_0 = 4 \times 10^5$ V/cm,$m = 6$,$N_A = 2 \times 10^{16}$ cm^{-3},$\varepsilon_s = 10^{-12}$ F/cm,击穿电压为多少?

10. 当硅 p$^+$-n 结反向偏置为 30 V 时,耗尽层电容为 1.75 nF/ cm^2,如果雪崩击穿时的最大电场为 3.1×10^5 V/cm,求击穿电压。

11. 硅结型二极管的掺杂为 p$^+$-i-n$^+$-i-n$^+$,在两个 i 区中间夹一个非常窄的 n$^+$ 区,这个狭窄区域的掺杂浓度为 10^{18} cm^{-3},宽度为 10 nm,第一个 i 区的厚度为 0.2 μm,第二个 i 区的厚度为 0.8 μm,求当给结型二极管加上 20 V 的反向偏压时,第二个 i 区(即在 n^+-i-n^+ 中)的电场。

12. 对于硅单边 p^+-n-n^+ 突变结,施主浓度 5×10^{14} cm^{-3},击穿时的最大电场为 3×10^5 V/cm,如果 n 型外延层的厚度减小到 5 μm,求击穿电压。

13. 对于硅 p^+-n 单边突变结,$N_D=2\times10^{16}$ cm^{-3},击穿电压为 32 V(图 a),如果掺杂分布变为图 b,求击穿电压。

14. 求反向偏压为 200 V 时,硅 p^+-i-n^+ 二极管的电子倍增因子 M_n,已知二极管相关电容为 1.05 nF/cm^2。

15. $N_A=10^{16}$ cm^{-3} 的理想硅 n^+-p 结,少数载流子寿命为 10^{-8} s,迁移率为 996 $cm^2/V\cdot s$,求正向偏置电压为 1 V 时,存储在长度为 1 μm 的中性 p 区的少数载流子。

16. 对于一个理想硅 p^+-n 结,$N_D=10^{15}$ cm^{-3},求加上 1 V 正向偏置电压时,存储在中性区的少数载流子(单位为 C/cm^2),假设中性区的长度为 1 μm,空穴的扩散长度为 5 μm,空穴的分布由下式给出:

$$p_n-p_{no}=p_{no}\left[\exp\left(\frac{qV}{kT}\right)-1\right]\exp\left[\frac{-(x-x_n)}{L_p}\right]$$

17. 对于一个超突变 p^+-n 结变容管,n 侧的杂质分布为 $n(x)=Bx^m$,其中 B 为常数,$m=-3/2$,推出微分电容的表达式。

18. 考虑一个理想的突变异质结,其内建电势为 1.6 V,在半导体 1 和 2 中的杂质浓度分别为施主 $N_D=1\times10^{16}$ cm^{-3} 和受主 $N_A=3\times10^{19}$ cm^{-3},介电常数分别为 12 和 13,求当施加 0.5 V 和 -5 V 电压时,每种材料中的静电势和耗尽层宽度。

19. 室温下,n-GaAs/p-$Al_{0.3}Ga_{0.7}As$ 异质结 $\Delta E_C=0.21$ eV,(1)这是一个什么类型的异质结?(2)基于 Anderson 模型,求出当两边杂质浓度均为 5×10^{15} cm^{-3},热平衡下总的耗尽层宽度;(3)画出能带图。(提示:对于 AlGaAs 的带隙,参见第 1 章的图 1.32,对于 Al_xGa_{1-x}As,介电常数为 $(12.9-3.12x)$,假设 $0<x<0.4$ 时,Al_xGa_{1-x}As 的 N_C 和 N_V 相同。)

20. GaAs 和 $Al_{0.4}Ga_{0.6}As$ 形成为 I 型异质结,导带的不连续值为 $\Delta E_C=0.28$ eV,$Al_{0.4}Ga_{0.6}As$ 的掺杂浓度为 10^{20} cm^{-3},GaAs 的掺杂浓度为 10^{16} cm^{-3},两个都掺碳,(a)求热平衡下的耗尽层宽度,假设两种半导体的介电常数相同;(b)画出 $V=0$ 时的能带图。

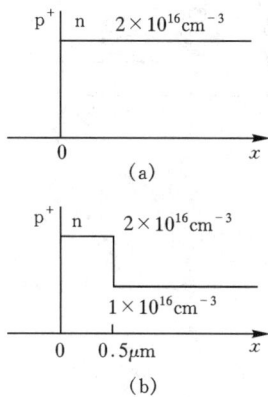

题 13 图

第 3 章

金属-半导体接触

3.1 引言

最早对于金属-半导体整流的系统性研究归功于 Braun。1874 年他注意到金属-半导体的点接触的总电阻与外加电压极性以及具体的表面状态有关[1]。从 1904 年开始,各种形式的点接触整流器得到了实际的应用[2]。1931 年,Wilson 基于固体能带论,阐明了半导体的输运理论[3],该理论随后被用于金属-半导体接触中。1938 年,Schottky 提出势垒可仅由半导体中稳定的空间电荷产生,无需存在化学层[4],由此设想得到的模型称为肖特基势垒。1938 年,Mott 针对 Swept-out 型金属-半导体接触提出了更为适当的理论模型,称为 Mott 势垒[5]。这些理论在 1942 年被 Bethe 进一步完善,成为准确描述电子行为的热电子发射模型[6]。金属-半导体接触的基本整流理论、历史发展及器件技术可参见参考文献 7~11。

由于金属-半导体接触在直流、微波应用及作为其它半导体器件的组成部分等方面的重要性,已得到了广泛的研究。特别是金属-半导体接触已被用来制作光电探测器、太阳电池及 MESFET 的栅电极等,最为重要的是,金属与重掺杂半导体的接触还可以形成欧姆接触,它是所有半导体器件流入和流出电流所必需的。

3.2 势垒的形成

当金属与半导体接触时,在金属-半导体界面处就形成了势垒,这个势垒控制了电流的传导和电容特性。在本节中,我们考虑导致形成势垒的基本能带示意图和一些可以改变势垒值的因素。

3.2.1 理想条件

首先考虑没有表面态和其它反常情形的理想状态。图 3.1(a)示出了具有较高功函数的金属和 n 型半导体各自独立、没有接触时的电子能量关系。如果两者互相连接,例如用一段外部导线将它们连接,作为一个统一的系统,电荷将从半导体流到金属并建立起热平衡状态,两侧的费米能级在同一直线上,半导体中的费米能级相对于金属中的费米能级降低,降低量等于两者功函数之差。

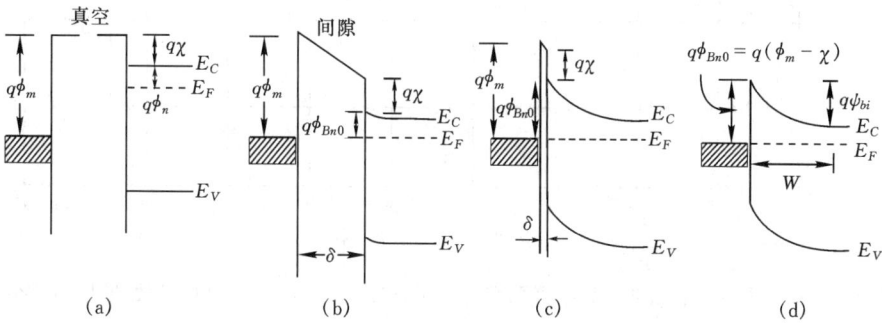

图 3.1 金属-半导体接触的能带示意图
(a)分立系统;(b)连接成一个系统;(c)它们之间的间隙 δ 缩小;(d)间隙变为零(引自参考文献 7)

功函数是真空能级和费米能级之间的能量差,金属的功函数记做 $q\phi_m$,半导体的功函数为 $q(\chi + \phi_n)$,式中 $q\chi$ 为亲合能,是从导带底 E_C 到真空能级之间的能量差。$q\phi_n$ 为 E_C 和费米能级之间的能量差,两个功函数之间的电势差为 $\phi_m - (\chi + \phi_n)$,称为接触电势。随着间隙距离 δ 的减少,间隙之间的电场增加,在金属表面形成不断增加的负电荷,半导体耗尽层内必然存在等量而符号相反的电荷(正电荷),耗尽层势垒的变化与单边 p-n 结相似。当 δ 小到足以与原子间距相比拟时,间隙对电子透明,得到如图 3.1 最右侧所示极限时的情形(图 3.1d),显然势垒高度的极限值 $q\phi_{Bn0}$ 为

$$q\phi_{Bn0} = q(\phi_m - \chi) \tag{1}$$

势垒高度简单地表示为金属功函数和半导体电子亲合能之差。金属和 p 型半导体之间理想接触时,势垒高度 $q\phi_{Bp0}$ 为

$$q\phi_{Bp0} = E_g - q(\phi_m - \chi) \tag{2}$$

因此,对于任意给定的半导体和金属的组合,n 型和 p 型衬底的势垒高度之和等于带隙,或

$$q(\phi_{Bn0} + \phi_{Bp0}) = E_g \tag{3}$$

事实上,式(1)和式(2)所给出的势垒高度简单的表达式永远不会在实验中观察到,半导体

中电子的亲合能和金属的功函数已经确定,对于金属,$q\phi_m$ 为几个电子伏(2~6 eV)的数量级, $q\phi_m$ 的值通常对表面沾污非常敏感,洁净表面的最可靠的值在图 3.2 中给出。实测的势垒高度和理想条件下存在偏差的原因在于:(1)不可避免的界面层,如图 3.1(c)中 $\delta \neq 0$;(2)界面态的存在,而且势垒高度还可以由于镜像力降低而改变,这些效应将在下面各节中讨论。

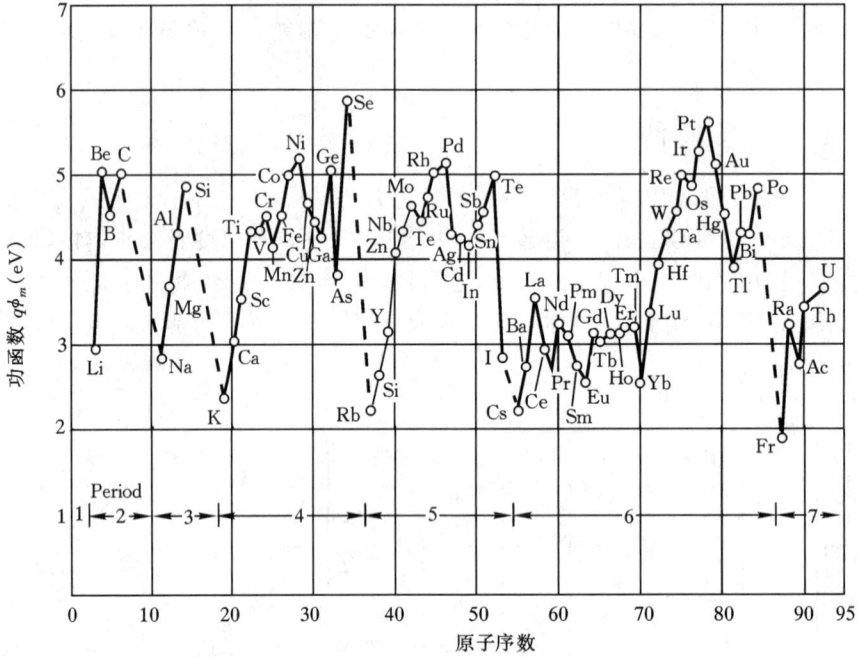

图 3.2　真空中洁净表面的金属功函数与原子序数的关系,注意功函数周期性增加和减小

3.2.2　耗尽层

　　金属-半导体接触的耗尽层类似于单边突变结(例如 p$^+$-n 结),显然,从上述讨论可见,当使金属与半导体紧密接触时,在表面处,半导体的导带和价带与金属的费米能级之间有确定的能量关系,一旦这种关系建立,就可以作为求解半导体内泊松方程的边界条件,具体过程与 p-n 结的情形完全相同。不同的偏置条件下,金属与 n 型及 p 型半导体材料接触的能带图示于图 3.3。

　　对于金属与 n 型半导体接触,按照突变结近似,即 $x < W_D$ 时 $\rho \approx qN_D$,$x > W_D$ 时 $\rho \approx 0$,且 $\mathscr{E} \approx 0$,其中 W_D 为耗尽层宽度,得到

$$W_D = \sqrt{\frac{2\varepsilon_s}{qN_D}\left(\psi_{bi} - V - \frac{kT}{q}\right)} \tag{4}$$

$$|\mathscr{E}(x)| = \frac{qN_D}{\varepsilon_s}(W_D - x) = \mathscr{E}_m - \frac{qN_D x}{\varepsilon_s} \tag{5}$$

$$E_C(x) = q\phi_{Bn} - \frac{q^2 N_D}{\varepsilon_s}\left(W_D x - \frac{x^2}{2}\right) \tag{6}$$

式中,kT/q 项为多数载流子分布尾(n 型一侧为电子,参见 64 页脚注)造成的,$\mathscr{E}_m$ 为 $x=0$ 处出现的最大电场强度:

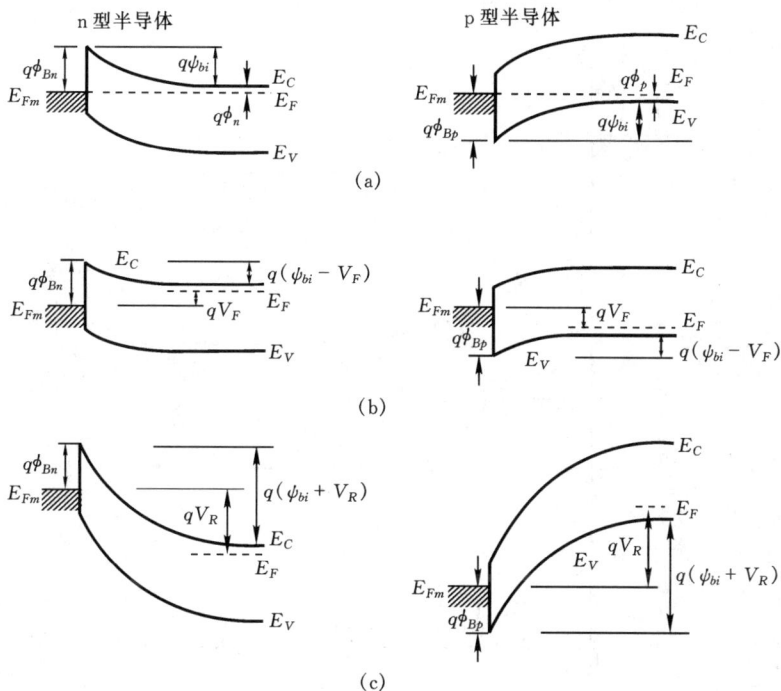

图 3.3 不同偏置下,金属与 n 型半导体接触(左图)、金属与 p 型半导体接触(右图)的能带图

(a)热平衡;(b)正向偏置;(c)反向偏置

$$\mathscr{E}_m = \mathscr{E}(x=0) = \sqrt{\frac{2qN_D}{\varepsilon_s}\left(\psi_{bi} - V - \frac{kT}{q}\right)} = \frac{2[\psi_{bi} - V - (kT/q)]}{W_D} \tag{7}$$

半导体单位面积的空间电荷 Q_{sc} 和单位面积的耗尽层电容 C_D 为

$$Q_{sc} = qN_DW_D = \sqrt{2q\varepsilon_sN_D\left(\psi_{bi} - V - \frac{kT}{q}\right)} \tag{8}$$

$$C_D \equiv \frac{\varepsilon_s}{W_D} = \sqrt{\frac{q\varepsilon_sN_D}{2[\psi_{bi} - V - (kT/q)]}} \tag{9}$$

式(9)可写成

$$\frac{1}{C_D^2} = \frac{2[\psi_{bi} - V - (kT/q)]}{q\varepsilon_sN_D} \tag{10}$$

或

$$N_D = \frac{2}{q\varepsilon_s}\left[-\frac{1}{\mathrm{d}(1/C_D^2)/\mathrm{d}V}\right] \tag{11}$$

如果在整个耗尽区内 N_D 为常数,画 $1/C_D^2$ 与 V 的关系图时可以得到一条直线;如果 N_D 不为常数,可用微分电容法由式(11)确定掺杂分布,与 2.2.1 节讨论的单边 p-n 结的情况类似。

C-V 测试还可以用来研究深杂质能级,图 3.4 给出了具有一个浅施主能级和一个深施主能级的半导体[13],所有高于费米能级的浅施主杂质都电离了,而只有半导体表面附近的深能级杂质在费米能级以上,是电离的,在表面附近呈现高的有效掺杂浓度。在 C-V 测量中,交流

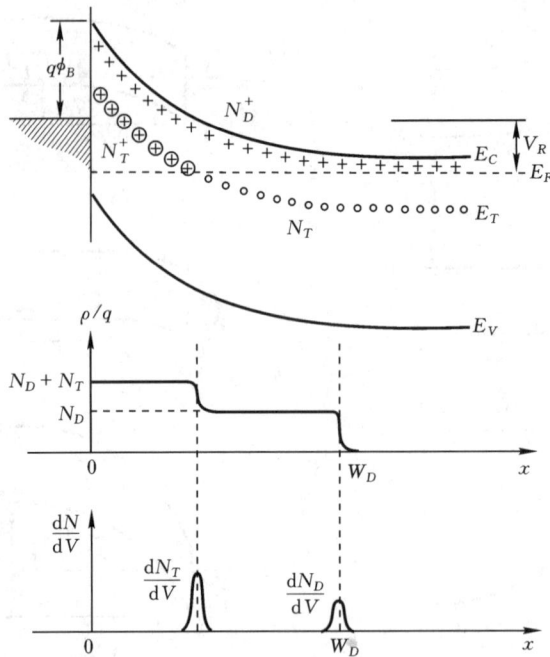

图 3.4　具有一个浅施主能级和一个深施主能级的半导体，N_D 和 N_T 分别为
浅施主和深施主浓度(引自参考文献 13)

小信号叠加在直流偏置上,将会有频率与电容的依赖关系,因为深能级杂质只能跟随变化慢的信号, 即 dN_T/dV 在高频下可以忽略不计,比较在不同频率下的 C-V 测试值可以进一步揭示深能级杂质的特性。

3.2.3　界面态

金属-半导体系统的势垒高度由金属的功函数和界面态决定。势垒高度通常的表达式可以基于以下两种假设获得[14]:(1)金属和半导体紧密接触,中间有原子尺寸的界面层,这一层对电子而言是透明的,但可以有电势差;(2)表面处单位面积、单位能量界面态决定于半导体表面特性,与金属无关。图 3.5 给出了实际金属-n 型半导体接触的更详细的能带图,下面推导中用到的各种量在图中给出了定义。第一个要讨论的量是半导体表面 E_v 以上的能级 $q\phi_0$,被称为中性能级,该能级以上的状态为受主型(能级空时为电中性,填充电子后带负电),该能级以下的状态为施主型(有电子填充时为电中性,空时带正电)。当表面处的费米能级与中性能级在同一水平时,净界面陷阱电荷为零[15],在金属接触形成前,在表面此能级趋近于钉扎在半导体的费米能级上。

第二个关心的量是金属-半导体接触的势垒高度 ϕ_{Bn0},是电子从金属到半导体必须克服的势垒高度,假设界面层的厚度为几个埃,界面层对于电子本质上是透明的。

考虑一个具有受主界面陷阱的半导体(在这个特殊的例子中,E_F 比中性能级高),其界面陷阱密度为 $D_{it}/cm^2 \cdot eV$,从 $q\phi_0 + E_v$ 到费米能级之间的能量范围内,界面陷阱密度为常数,半导体一侧的界面陷阱电荷密度 Q_{ss} 为负,

$$Q_{ss} = -qD_{it}(E_g - q\phi_0 - q\phi_{Bn0}) \quad C/cm^2 \tag{12}$$

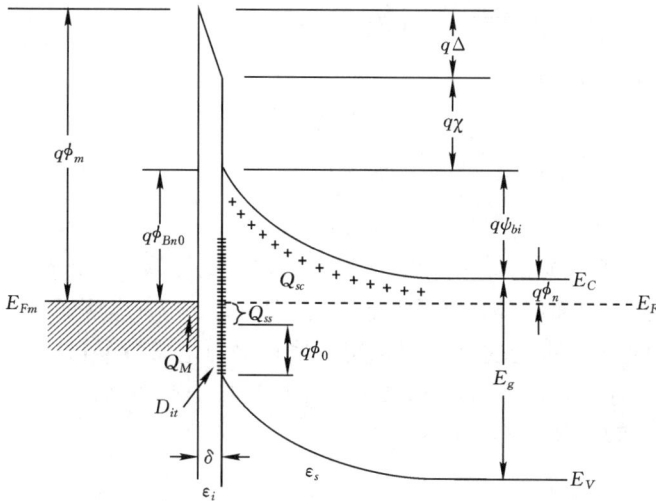

ϕ_m = 金属功函数　　　　　　　　　Q_{sc} = 半导体中空间电荷密度
ϕ_{Bn0} = 势垒高度(不考虑镜像力降低)　　Q_{ss} = 界面陷阱电荷密度
ϕ_0 = 界面态的中性能级(E_V 以上)　　Q_M = 金属表面电荷密度
Δ = 界面层上的电势　　　　　　　　D_{it} = 界面陷阱密度
χ = 半导体的电子亲合能　　　　　　ε_i = 界面层(真空)的介电常数
ψ_{bi} = 内建势　　　　　　　　　　　ε_s = 半导体的介电常数
δ = 界面层厚度

图 3.5　具有原子距离数量级的界面层(真空)的金属-n 型半导体接触的详细能带图

　　括号中的量为表面处费米能级和中性能级的能量差,界面陷阱密度 D_{it} 乘以这个量得到中性能级以上被电子填满的表面态数。

　　热平衡状态下,半导体耗尽层中形成的空间电荷为

$$Q_{sc} = qN_DW_D = \sqrt{2q\,\varepsilon_s N_D\left(\phi_{Bn0} - \phi_n - \frac{kT}{q}\right)} \tag{13}$$

半导体表面总的等效表面电荷密度为式(12)和式(13)之和。不考虑界面层的空间电荷效应,在金属表面产生等量、符号相反的电荷 $Q_M(\mathrm{C/cm^2})$,对于薄的界面层,空间电荷效应是被可以忽略的,Q_M 可写作

$$Q_M = -(Q_{ss} + Q_{sc}) \tag{14}$$

　　界面层上的电势 Δ 可以通过对金属和半导体表面电荷运用高斯定理得到

$$\Delta = -\frac{\delta Q_M}{\varepsilon_i} \tag{15}$$

式中,ε_i 为界面层的介电常数,δ 为界面层厚度。Δ 的另一个关系式可以通过图 3.5 所示的能带图得到

$$\Delta = \phi_m - (\chi + \phi_{Bn0}) \tag{16}$$

这个关系基于热平衡时费米能级在整个系统中必须为常数这一条件。

　　如果从式(15)和式(16)中消去 Δ,并将式(14)中的 Q_M 带入,得到

$$\phi_m - \chi - \phi_{Bn0} = \sqrt{\frac{2q\varepsilon_s N_D \delta^2}{\varepsilon_i^2}\left(\phi_{Bn0} - \phi_n - \frac{kT}{q}\right)} - \frac{qD_{it}\delta}{\varepsilon_i}(E_g - q\phi_0 - q\phi_{Bn0}) \tag{17}$$

可以运用式(17)解出 ϕ_{Bn0},引入

$$c_1 \equiv \frac{2q\varepsilon_s N_D \delta^2}{\varepsilon_i^2} \tag{18}$$

$$c_2 \equiv \frac{\varepsilon_i}{\varepsilon_i + q^2 \delta D_{it}} \tag{19}$$

它们包括了所有的界面性质。如果 δ 和 ε_i 已知,式(18)式可以用来计算 c_1,对于真空解理或清洗洁净的半导体衬底,界面层具有原子尺度厚度(即 4 Å 或 5Å),这样一个薄层的介电常数可以由自由空间的值近似。因为这种近似采用了较低的介电常数 ε_i,这使得 c_2 被过高估计了,若 $\varepsilon_s \approx 10\varepsilon_0$,$\varepsilon_i \approx \varepsilon_0$ 且 $N_D < 10^{18}\ \text{cm}^{-3}$,$c_1$ 很小,其数量级为 0.01 V,式(17)中根号项小于 0.1 V,忽略这一根号项,式(17)简化为

$$\phi_{Bn0} = c_2(\phi_m - \chi) + (1 - c_2)\left(\frac{E_g}{q} - \phi_0\right) \equiv c_2 \phi_m + c_3 \tag{20}$$

在实验中改变 ϕ_m,可以得到 c_2 和 c_3,界面特性为

$$\phi_0 = \frac{E_g}{q} - \frac{c_2 \chi + c_3}{1 - c_2} \tag{21}$$

$$D_{it} = \frac{(1 - c_2)\varepsilon_i}{c_2 \delta q^2} \tag{22}$$

应用上述对 δ 和 ε_i 的假设,得到 $D_{it} \approx 1.1 \times 10^{13}(1 - c_2)/c_2$ 个状态/$\text{cm}^2 \cdot \text{eV}$。

从式(20)可以直接得到两种极限情况:

1. 当 $D_{it} \to \infty$,则 $c_2 \to 0$ 有

$$q\phi_{Bn0} = E_g - q\phi_0 \tag{23}$$

这种情形下,界面处的费米能级由于表面态的影响被钉扎在价带顶以上 $q\phi_0$ 处,势垒高度与金属功函数无关,完全决定于半导体表面特性;

2. 当 $D_{it} \to 0$,则 $c_2 \to 1$ 有

$$q\phi_{Bn0} = q(\phi_m - \chi) \tag{24}$$

此式适合于忽略表面态效应时的理想肖特基势垒的势垒高度,与式(1)一致。

金属-n 型半导体系统的实验结果示于图 3.6(a),用最小二乘法直线拟和数据,得到

$$q\phi_{Bn0} = 0.27q\phi_m - 0.52 \tag{25}$$

比较上式和式(20)($c_2 = 0.27$,$c_3 = -0.52$),运用式(21)和式(22),得到 $q\phi_0 = 0.33\ \text{eV}$,$D_{it} = 4 \times 10^{13}$ 个状态/$\text{cm}^2 \cdot \text{eV}$,对 GaAs、GaP 和 CdS 材料可以得到类似的结果,示于图 3.6(b)及表 3.1 中。

必须指出的是,尽管存在界面态等非理想因素,式(3)得到的在 n 型和 p 型衬底上的势垒高度之和等于半导体的带隙仍然成立。

注意到,对于 Si、GaAs 和 GaP,$q\phi_0$ 的值非常接近带隙的三分之一,其它半导体材料也得到类似的结果[16],这说明大多数共价键半导体的表面在中性能级附近有高的表面态或缺陷峰值分布,中性能级约在价带顶以上三分之一带隙处,Pugh[17]对〈111〉方向金刚石的理论计算的确给出了位于禁带中线稍下方的表面态的一个窄带分布,对于其它半导体可以预见有类似的位置存在。

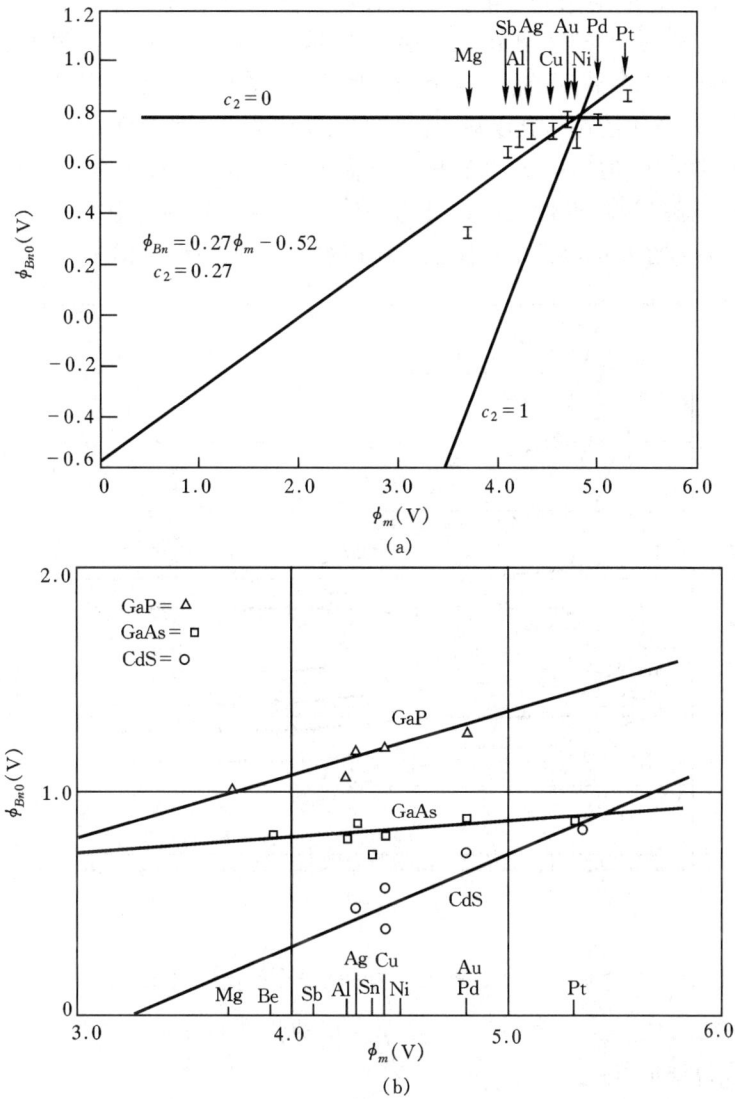

$$\phi_{Bn} = 0.27\phi_m - 0.52$$
$$c_2 = 0.27$$

(a)

(b)

图 3.6 不同金属与 n 型 (a)Si；(b)GaAs、GaP 和 CdS 接触势垒高度的实
测值(引自参考文献 14)

表 3.1 Si、GaAs、GaP 和 CdS 的势垒高度数据和界面特性计算结果汇总

半导体材料	c_2	c_3 (V)	χ(V)	D_{it} ($10^{13}/eV \cdot cm^2$)	$q\phi_0$ (eV)	$q\phi_0/E_g$
Si	0.27 ± 0.05	-0.52 ± 0.22	4.05	2.7 ± 0.7	0.30 ± 0.36	0.27
GaAs	0.07 ± 0.05	0.51 ± 0.24	4.07	12.5 ± 10.0	0.53 ± 0.33	0.38
GaP	0.27 ± 0.03	0.02 ± 0.13	4.0	2.7 ± 0.4	0.66 ± 0.2	0.294
CdS	0.38 ± 0.16	-1.17 ± 0.77	4.8	1.6 ± 1.1	1.5 ± 1.5	0.6

对于Ⅲ-Ⅴ族化合物,应用光发射谱所作的测量表明,肖特基势垒主要是由界面附近淀积金属形成的缺陷所致[18],已经看到在如 GaAs、GaSb 和 InP 等一些半导体上淀积金属所得到的表面费米能级被钉扎在某一与金属无关的位置上[19],表面费米能级的这种钉扎效应能够解释大多数Ⅲ-Ⅴ族化合物的势垒高度基本上与金属功函数无关的事实。

对于离子性半导体,例如 CdS 和 ZnS,势垒高度通常强烈依赖于金属,已发现界面特性和电负性之间的相互关系,电负性 X_M 定义为分子中的原子吸引电子的能力,图 3.7 示出了 Pauling 电负性指标,注意电负性的周期性与功函数的周期性相似(图 3.2)。

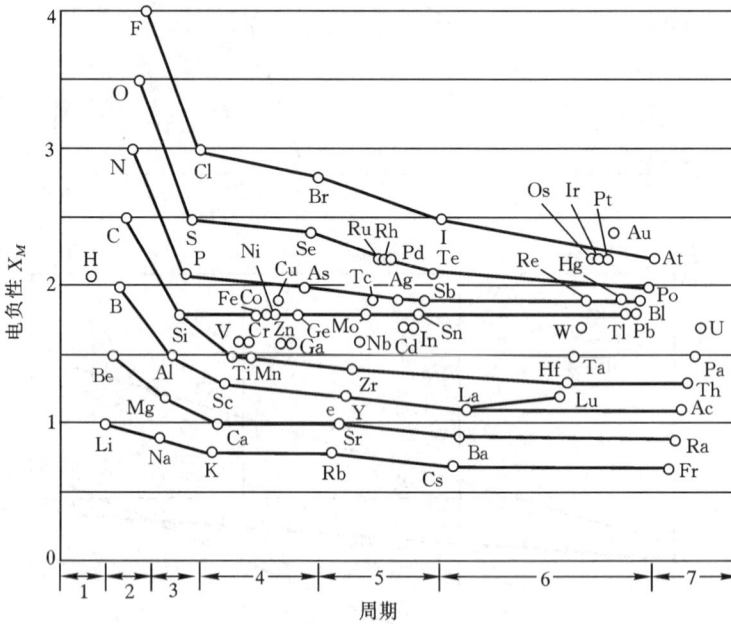

图 3.7　Pauling 电负性指标,注意每一族的电负性有递增的趋势(引自参考文献 20)

图 3.8(a)绘出了 Si、GaSe 和 SiO_2 上淀积金属的势垒高度与电负性的关系曲线,定义曲线的斜率为界面特性指数,

$$S = \frac{\mathrm{d}\phi_{Bn0}}{\mathrm{d}X_M} \tag{26}$$

注意 S 和 c_2($=\mathrm{d}\phi_{Bn0}/\mathrm{d}\phi_m$)的比较,可以绘制出界面特性指数 S 与半导体的电负性之差(电离率 ΔX)的关系,示于图 3.8(b)。电负性差定义为半导体的阴离子和阳离子之间的 Bauling 电负性差,注意,从共价键半导体(例如 GaAs 的 $\Delta X=0.4$)到离子性半导体(例如 AlN 的 $\Delta X=1.5$),它们的电负性差变化十分剧烈。对于 $\Delta X<1$ 的半导体,指数 S 很小,表明势垒高度与金属的电负性(或功函数)只有微弱的依赖关系。另一方面,当 $\Delta X>1$ 时,指数 S 接近于 1,势垒高度强烈依赖于金属的电负性(或功函数)。

在硅集成电路的工艺应用方面,一类重要的肖特基势垒接触已经开发成功,这类接触利用诱发金属和它下面的硅发生化学反应形成硅化物[22]。由固-固冶金学反应形成的金属硅化物提供了更加可靠且易重复的肖特基势垒,这是因为界面化学反应可以被精确限定并通过良好的控制加以保持。可以想象,因为硅化物界面特性依赖于共熔温度,势垒高度和共熔温度之间应该一定的相互关系,图 3.9 给出了在 n 型硅上形成的过渡金属硅化物的势垒高度与硅化物

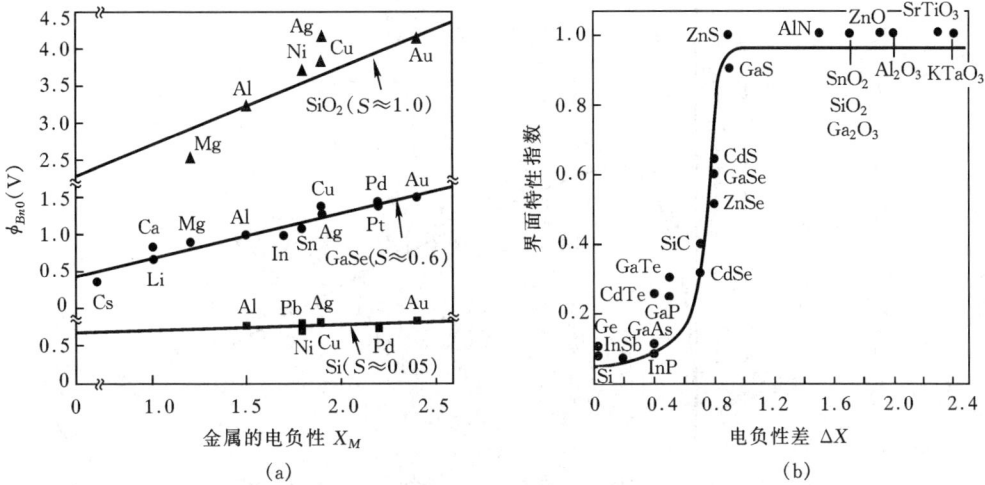

图 3.8　(a)淀积在 Si、GaSe 和 SiO$_2$ 上的金属的势垒高度与电负性的关系;(b)界面特性指数 S 与半导体电负性差的关系(引自参考文献 21)

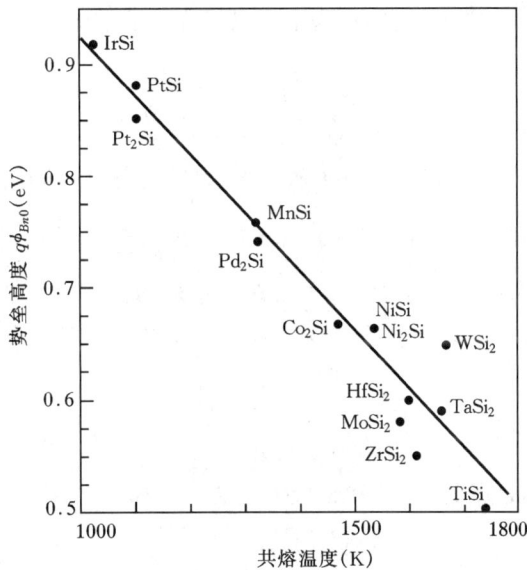

图 3.9　过渡金属硅化物的势垒高度与硅化物共熔温度之间的关系

共熔温度之间的经验拟合关系,在势垒高度和硅化物的形成热之间也可观察到类似的相互关系[24]。

3.2.4　镜像力降低

镜像力降低也称为肖特基效应或肖特基势垒降低,是存在电场时,对于载流子发射,镜像力引发的势垒降低的现象。首先考虑金属-真空系统,电子从费米能级处的起始能量逃逸到真空所需的最低能量定义为功函数 $q\phi_m$,如图 3.10 所示。当一个电子与金属之间的距离为 x 时,在金属表面将会感应出一个正电荷,电子和感应出的正电荷之间的吸引力等于该电子和位

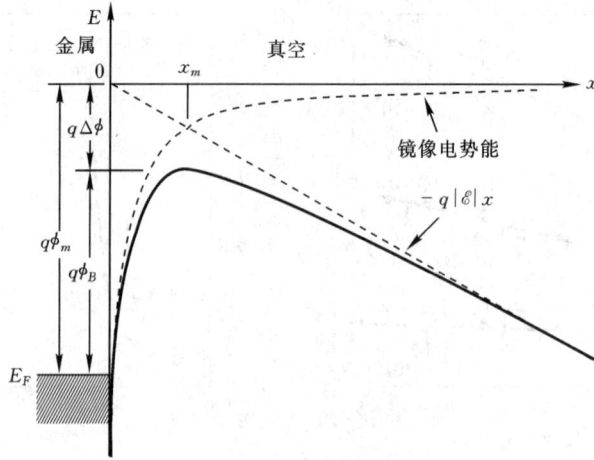

图 3.10 金属表面和真空之间的能带图,金属功函数为
$q\phi_m$,当金属表面加电场时有效势垒降低,这
种降低来自电场和镜像力的联合效应。

于 $-x$ 处的一个相等正电荷之间的引力,这个正电荷称为镜像电荷,指向金属的吸引力称为镜
像力,表示为

$$F = \frac{-q^2}{4\pi\varepsilon_0(2x)^2} = \frac{-q^2}{16\pi\varepsilon_0 x^2} \tag{27}$$

式中 ε_0 为自由空间介电常数。将一个电子从无限远处移到点 x 所作的功为

$$E(x) = \int_\infty^x F\,\mathrm{d}x = \frac{-q^2}{16\pi\varepsilon_0 x} \tag{28}$$

该能量相当于位于距金属表面 x 处的一个电子的势能,如图 3.10 所示,是从 x 轴向下量度
的。当存在外加电场 $\mathscr{E}$ 时(此例中,力为 $-x$ 方向),总电势能 PE 与距离的关系表示为两项之
和

$$PE(x) = -\frac{q^2}{16\pi\varepsilon_0 x} - q\mid\mathscr{E}\mid x \tag{29}$$

此式有一个最大值,镜像力降低量 $\Delta\phi$ 和相应的位置 x_m(如图 3.10 所示)由 $\mathrm{d}(PE)/\mathrm{d}x=0$ 确
定,即

$$x_m = \sqrt{\frac{q}{16\pi\varepsilon_0\mid\mathscr{E}\mid}} \tag{30}$$

$$\Delta\phi = \sqrt{\frac{q\mid\mathscr{E}\mid}{4\pi\varepsilon_0}} = 2\mid\mathscr{E}\mid x_m \tag{31}$$

当 $\mathscr{E}=10^5$ V/cm 时,由式(30)和式(31)得到 $\Delta\phi=0.12$ V,$x_m=6$ nm;当 $\mathscr{E}=10^7$ V/cm 时,$\Delta\phi=$
1.2 V,$x_m=1$ nm。因此,在高电场下,肖特基势垒大大降低,热电子发射的有效金属功函数
($q\phi_B$)也降低了。

这些结果可用于金属-半导体系统,但电场应该用界面处特定的电场代替,自由空间介电
常数 ε_0 用表征半导体介质的特定介电常数 ε_s 代替,即

$$\Delta\phi = \sqrt{\frac{q\mathscr{E}_m}{4\pi\varepsilon_s}} \tag{32}$$

注意到即使没有偏置,由于存在内建电势,金属-半导体接触的内部电场不为零。由于在金属-半导体系统中 ε_s 的值较大,与相应的金属-真空系统相比,势垒降低量较小。例如 $\varepsilon_s=12\varepsilon_0$ 时,从式(32)可得,当 $\mathscr{E}=10^5$ V/cm 时,$\Delta\phi$ 仅为 0.035 V,电场越小,降低量更小。计算得到 x_m 的典型值小于 5 nm,尽管势垒降低量很小,却对金属-半导体系统的电流输运过程有极大的影响,这些将在 3.3 节讨论。

在实际的肖特基势垒二极管中,随着距离的变化,电场不为常数,可以基于耗尽层近似得到表面处的电场最大值

$$\mathscr{E}_m = \sqrt{\frac{2qN\,|\,\psi_s\,|}{\varepsilon_s}} \tag{33}$$

其中表面势 ψ_s(n 型衬底)为

$$|\,\psi_s\,| = \phi_{Bn0} - \phi_n + V_R \tag{34}$$

将 $\mathscr{E}_m$ 带入式(32),得到

$$\Delta\phi = \sqrt{\frac{q\mathscr{E}_m}{4\pi\varepsilon_s}} = \left[\frac{q^3 N\,|\,\psi_s\,|}{8\pi^2\varepsilon_s^3}\right]^{1/4} \tag{35}$$

图 3.11 示出了不同偏置条件下,考虑肖特基效应时金属与 n 型半导体接触的能带图。注意,对于正向偏置($V>0$),电场和镜像力较小,势垒高度 $q\phi_{Bn0} - q\Delta\phi_F$ 稍大于零偏置时的势垒高度,

$$q\phi_{Bn} = q\phi_{Bn0} - q\Delta\phi \tag{36}$$

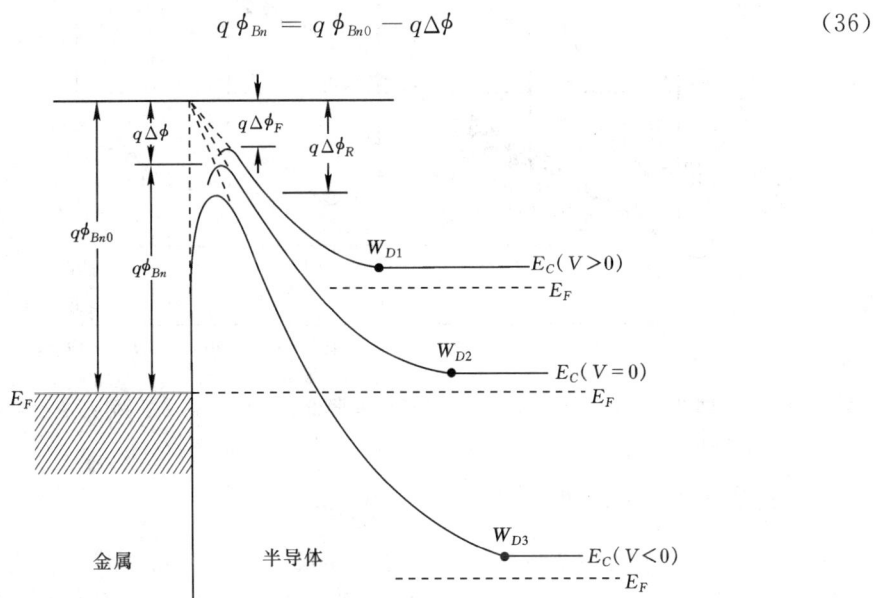

图 3.11　不同偏置状态下,考虑肖特基效应的金属-n 型半导体接触能带图,本征势垒高度为 $q\phi_{Bn0}$,热平衡时的势垒高度为 $q\phi_{Bn}$,在正向和反向偏置下的势垒降低量分别为 $\Delta\phi_F$ 和 $\Delta\phi_R$(引自参考文献 10)

对于反向偏置($V_R>0$),势垒高度 $q\phi_{Bn0} - q\Delta\phi_R$ 稍小。实际上,势垒高度变得与所加偏置有关。

ε_s 的值有可能与半导体的静态介电常数不同,如果在发射过程中,电子从金属-半导体界面到势垒最大值 x_m 处的渡越时间小于介电弛豫时间,半导体介质就没有足够的时间被极化,

电容率(介电常数)会比静态值小,然而后面将会看到,对 Si 而言,电容率与其静态值大致相同。

金-硅势垒的相对介电常数($K_s = \varepsilon_s/\varepsilon_0$)可由光电测量得到,将在 3.3.4 节中讨论。实验结果示于图 3.12,图中画出了实测的势垒降低量与最大电场平方根的关系[25]。由式(35)确定出镜像力介电常数为 12 ± 0.5,当 $\varepsilon_s/\varepsilon_0 = 12$ 时,在图 3.12 所示的电场范围内,距离 x_m 在 $1 \sim 5$ nm 之间变化。假定载流子速度为 10^7 cm/s 的量级,载流子通过上述距离的渡越时间应在 $1 - 5 \times 10^{-14}$ s 之间,因此,镜像力介电常数与波长在 $3 \sim 15$ μm 之间的电磁辐射介电常数可以比拟[26],约为 120。从直流到 $\lambda = 1$ μm,体硅的介电常数基本上为常数(11.9),因此,当电子穿过耗尽层时晶格有时间极化,光电测量与由光学常数推导得出的数据相符很好。对于 Ge 和 GaAs,光学介电常数随波长的关系与 Si 相似,因此可以预见,在上述电场范围内,这些半导体的镜像力电容率与相应的静态时的体电容率大致相同。

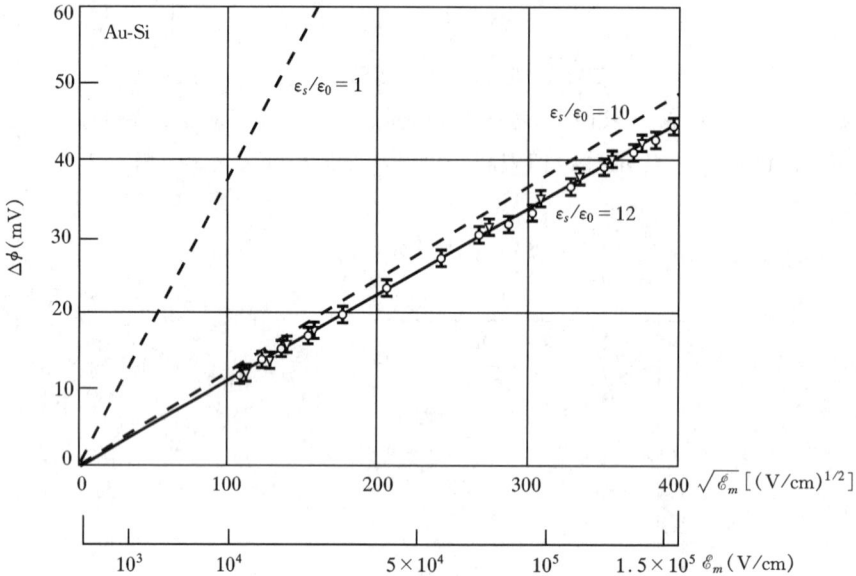

图 3.12　Au-Si 二级管内实测的势垒降低量与电场的关系(引自参考文献 25)

3.2.5　势垒高度调整

对于一个理想的肖特基势垒,势垒高度由金属和金属-半导体界面特性决定,与掺杂无关。通常在给定的半导体(例如 n 型或 p 型 Si)上形成肖特基势垒,只有有限的几个势垒高度可以选择,然而如果在半导体表面引入(如通过离子注入)一个可以控制杂质数量的薄层(约为 10 nm 或更薄),金属-半导体接触的有效势垒高度可以得到改变[27−29]。这种方法非常有用,可以用来选择最好的冶金特性以满足器件工作可靠性的需要,同时可以通过一定的控制,调节金属和半导体之间的有效势垒高度。

图 3.13(a)给出了在 n 型衬底上具有薄 n^+ 层或薄 p^+ 层理想可控势垒接触,它们分别使势垒降低或使势垒升高。首先考虑势垒降低,图 3.13(b)的电场分布为

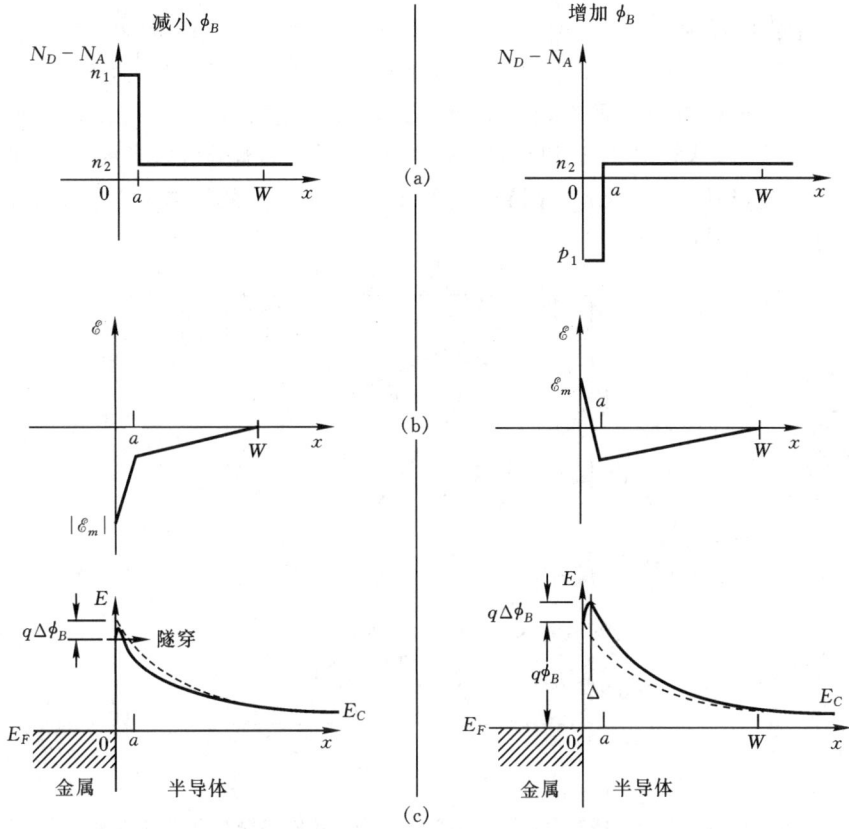

图 3.13　n 型衬底上具有薄 n^+ 层或薄 p^+ 层的理想可控势垒接触,分别使势垒降低
（左图）或使势垒升高（右图）,虚线为均匀掺杂的原始值

$$\mathscr{E}=-|\mathscr{E}_m|+\frac{qn_1x}{\varepsilon_s},\quad 0<x<a$$

$$=-\frac{qn_2}{\varepsilon_s}(W-x),\quad a<x<W \tag{37}$$

式中 $\mathscr{E}_m$ 为金属-半导体界面的最大电场,即

$$|\mathscr{E}_m|=\frac{q}{\varepsilon_s}[n_1a+n_2(W-a)] \tag{38}$$

$\mathscr{E}_m$ 造成的镜像力降低由式(35)给出。对于 Si 和 GaAs 肖特基势垒,n_2 为 10^{16} cm^{-3} 数量级或更小一些,零偏置时,$n_2(W-a)$ 的值约为 10^{11} cm^{-2},如果 n_1a 远大于 10^{11} cm^{-2},式(38)和式(35)可简化为:

$$|\mathscr{E}_m|\approx\frac{qn_1a}{\varepsilon_s} \tag{39}$$

$$\Delta\phi\approx\frac{q}{\varepsilon_s}\sqrt{\frac{n_1a}{4\pi}} \tag{40}$$

当 n_1a 分别为 10^{12} 和 10^{13} cm^{-2} 时,相应的势垒降低为 0.045 V 和 0.14 V。

　　尽管镜像力降低可以得势垒减小,然而,通常隧穿效应更为显著,对于 $n_1 a = 10^{13} \ cm^{-2}$,由式(39)得到的最大电场为 $1.6 \times 10^6 \ V/cm$,这是掺杂浓度为 $10^{19} \ cm^{-3}$ 的 Au-Si 肖特基二极管零偏时的电场强度,对于这种二极管,由于隧穿效应,饱和电流密度增加为 $10^{-3} \ A/cm^2$,有效势垒高度相当于 0.6 V(参见下面讨论的电流与势垒高度关系),比原先 Au-Si 二极管 0.8 V 的势垒高度降低了 0.2 V。对于 Si 和 GaAs 势垒,计算得到的有效势垒高度与 $\mathscr{E}_m$ 的关系示于图 3.14。将最大电场从 $10^5 \ V/cm$ 提高到 $10^6 \ V/cm$,在 Si 中有效势垒减小了 0.2 V,在 GaAs 中有效势垒的减小大于 0.3 V。

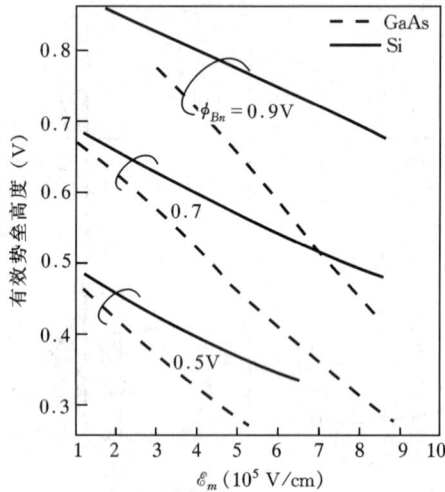

图 3.14　由于隧穿效应,Si 和 GaAs 金属-半导体接触势垒高度减小量的计算值(引自参考文献 30)

　　对于给定的应用,参数 n_1 和 a 应该合理选择,使得正向偏置时,肖特基势垒降低量大一些,附加的隧穿电流不会使理想因子 η 过分退化。而在反向偏置时,在所需的偏置范围内不会造成大的泄漏电流。

　　如果界面处的半导体薄层引入相反类型的掺杂,有效势垒会增加。如图 3.13(a) 所示,n^+ 区域被 p^+ 区域所代替,可以看到如下能带分布:在 $x=0$ 处为 $q\phi_B$,在 $x=\Delta$ 处达到最大,其中,

$$\Delta = \frac{1}{p_1}[a p_1 - (W-a)n_2] \tag{41}$$

有效势垒高度发生在 $x=\Delta$ 处,即

$$\phi'_B = \phi_B + \mathscr{E}_m \Delta - \frac{q p_1 \Delta^2}{2\varepsilon_s} \tag{42}$$

　　当 $p_1 \gg n_2$ 且 $a p_1 \gg W n_2$ 时,式(42)趋近于 $(\phi_B + q p_1 a^2 / 2\varepsilon_s)$,因此随着 $a p_1$ 乘积增加,有效势垒高度相应增加。

　　图 3.15 给出了表面施以浅锑注入的 Ni-Si 二极管的测量结果,随着掺杂剂量的增加,对于 n 型衬底,有效势垒高度降低,对于 p 型衬底有效势垒高度增加。

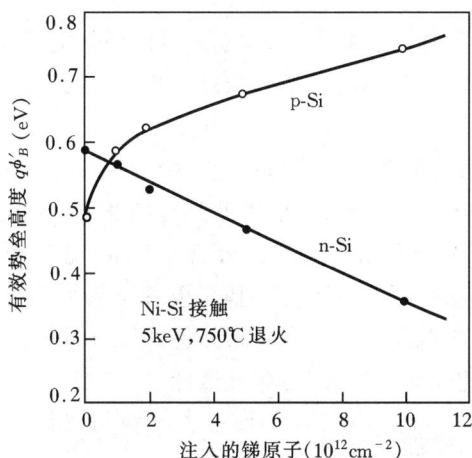

图 3.15 p 型衬底空穴和 n 型衬底电子的有效势垒高度与掺入锑的剂量的关系(引自参考文献 30)

3.3 电流输运过程

与 p-n 结不同,金属-半导体接触的电流输运主要依靠多数载流子,p-n 结主要靠少数载流子完成电流输运。图 3.16 示出了正向偏置下的五种基本输运过程(反向偏置下发生逆过程)[8],这五种输运过程是:(1)从半导体出发越过势垒进入金属的电子发射过程[这是中等掺杂半导体(例如 $N_D \leqslant 10^{17}$ cm^{-3} 的 Si)的肖特基二极管在中等温度下(例如 300 K)工作时的主要过程];(2)电子穿过势垒的量子隧穿过程(对于重掺杂半导体是重要的,主要针对大多数欧姆接触);(3)空间电荷区内的复合过程[与 p-n 结内的复合过程相同(参见第 2 章)];(4)耗尽区电子的扩散过程;(5)空穴从金属注入并扩散到半导体(等效于中性区的复合);另外,还可能有在金属接触周围的高电场作用下的边缘漏泄电流或由于金属-半导体界面处的陷阱造成的界面电流。为改善界面质量,已采取了各种方法,也提出了许多器件结构以降低或消除边缘漏

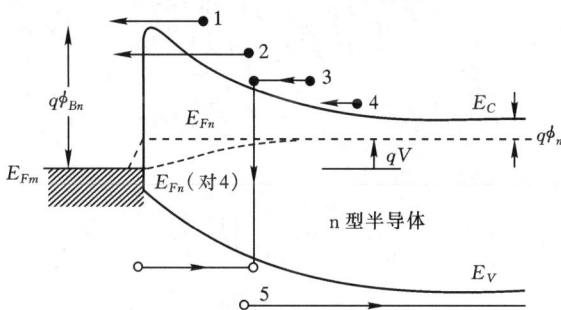

图 3.16 正向偏置下的五种基本输运过程
(1)热电子发射;(2)隧穿;(3)复合;(4)电子的扩散;(5)空穴的扩散

泄电流(参见 3.5 节)。

对于通常的高迁移率半导体(例如 Si 和 GaAs),可以用热电子发射理论描述其输运过程。本节还将讨论适用于低迁移率半导体的扩散理论以及将上面两种理论结合起来的热电子发射扩散理论。

某种程度上,肖特基二极管的工作方式与单边突变 p-n 结的工作方式在电学上有些相似,但是肖特基二极管是多数载流子工作的器件,因此具有快速响应能力。所以,除了电荷存储二极管外,p-n 结二极管的端功能都可由肖特基二极管来完成,这是因为在多数载流子器件中,电荷存储时间非常短。另外一个区别在于肖特基二极管有较大的电流密度,这是因为其内建电势较小以及热电子发射与扩散相比所具有的天然特性,使得正向压降降低,但同样也带来了一些缺点,如肖特基二极管的反向电流大,击穿电压低。

3.3.1　热电子发射理论

Bethe 的热电子发射理论[6]是基于以下假设推导的:(1)势垒高度 $q\phi_{Bn}$ 远大于 kT;(2)在决定发射的平面上已建立起热平衡;(3)净电流的存在不影响这种平衡,因而可以将两股电流叠加起来——一股是从金属到半导体的电流,另一股是从半导体到金属的电流,金属和半导体各有不同的准费米能级。如果热电子发射为其极限情形,则 E_{Fn} 在整个耗尽区是水平的(图 3.16)。由于有这些假定,势垒的形状是不重要的,电流仅取决于势垒的高度,从半导体到金属的电流密度 $J_{s\rightarrow m}$ 由能够克服势垒能量的电子的浓度及沿 x 方向的电子渡越给出

$$J_{s\rightarrow m} = \int_{E_{Fn}+q\phi_{Bn}}^{\infty} q v_x \mathrm{d}n \tag{43}$$

式中,$E_F + q\phi_{Bn}$ 为热电子发射到金属所需的最低能量,v_x 为沿输运方向的载流子速度。在某一能量增量范围内,电子浓度为

$$\begin{aligned}
\mathrm{d}n &= N(E)F(E)\mathrm{d}E \\
&\approx \frac{4\pi(2m^*)^{3/2}}{h^3} \sqrt{E - E_C} \exp\left(-\frac{E - E_C + q\phi_n}{kT}\right)\mathrm{d}E
\end{aligned} \tag{44}$$

式中 $N(E)$ 和 $F(E)$ 分别为状态密度和分布函数。

如果假定导带中电子的全部能量均为动能,则

$$E - E_C = \frac{1}{2}m^* v^2 \tag{45}$$

$$\mathrm{d}E = m^* v\mathrm{d}v \tag{46}$$

$$\sqrt{E - E_C} = v\sqrt{\frac{m^*}{2}} \tag{47}$$

将式(45)~式(47)代入式(44),得到

$$\mathrm{d}n \approx 2\left(\frac{m^*}{h}\right)^3 \exp\left(-\frac{q\phi_n}{kT}\right)\exp\left(-\frac{m^* v^2}{2kT}\right)(4\pi v^2 \mathrm{d}v) \tag{48}$$

式(48)给出了速度在 v 和 $v+\mathrm{d}v$ 之间、分布在所有方向上的单位体积电子数,若速度沿坐标轴分解成三个分量,且 x 轴平行于输运方向,则有

$$v^2 = v_x^2 + v_y^2 + v_z^2 \tag{49}$$

作 $4\pi v^2 \mathrm{d}v = \mathrm{d}v_x \mathrm{d}v_y \mathrm{d}v_z$ 变换,由式(43)、式(48)和式(49)得

$$J_{s \to m} = 2q \left(\frac{m^*}{h} \right)^3 \exp\left(-\frac{q\phi_n}{kT} \right) \int_{v_{0x}}^{\infty} v_x \exp\left(-\frac{m^* v_x^2}{2kT} \right) \mathrm{d}v_x$$

$$\int_{-\infty}^{\infty} \exp\left(-\frac{m^* v_y^2}{2kT} \right) \mathrm{d}v_y \int_{-\infty}^{\infty} \exp\left(-\frac{m^* v_z^2}{2kT} \right) \mathrm{d}v_z$$

$$= \left(\frac{4\pi q \, m^* \, k^2}{h^3} \right) T^2 \exp\left(-\frac{q\phi_n}{kT} \right) \exp\left(-\frac{m^* v_{0x}^2}{2kT} \right) \tag{50}$$

这里速度 v_{0x} 为电子克服势垒沿 x 方向所需的最小速度,由下式给出:

$$\frac{1}{2} m^* v_{0x}^2 = q(\psi_{bi} - V) \tag{51}$$

将式(51)代入式(50),得

$$J_{s \to m} = \left(\frac{4\pi q m^* k^2}{h^3} \right) T^2 \exp\left(-\frac{q\phi_{Bn}}{kT} \right) \exp\left(\frac{qV}{kT} \right)$$

$$= A^* T^2 \exp\left(-\frac{q\phi_{Bn}}{kT} \right) \exp\left(\frac{qV}{kT} \right) \tag{52}$$

且

$$A^* = \frac{4\pi q m^* k^2}{h^3} \tag{53}$$

是热电子发射的有效理查逊常数,它忽略了光学声子散射和量子力学反射效应(参见 3.3.3 节)。对于自由电子($m^* = m_0$),理查逊常数 A 为 $120 \ \mathrm{A}/(\mathrm{cm}^2 \cdot \mathrm{K}^2)$。考虑镜像力降低后,式(52)的势垒高度 ϕ_{Bn} 降低了 $\Delta\phi$。

对于在导带的最低极小值处有各向同性有效质量的半导体,例如 n 型 GaAs,A^*/A 可简单地等于 m^*/m_0。对于多能谷半导体,与单一能量极小值对应的理查逊常数为[31]

$$\frac{A_1^*}{A} = \frac{1}{m_0} \sqrt{l_1^2 m_y^* m_z^* + l_2^2 m_z^* m_x^* + l_3^2 m_x^* m_y^*} \tag{54}$$

式中,l_1、l_2 和 l_3 为发射面的法线对椭球主轴的方向余弦,m_x^*、m_y^* 和 m_z^* 是有效质量张量的分量。

对于 Si,导带极小值在 $\langle 100 \rangle$ 方向上,$m_l^* = 0.98 m_0$,$m_t^* = 0.19 m_0$,A^* 的极小值在 $\langle 100 \rangle$ 方向上,有

$$\left(\frac{A^*}{A} \right)_{\text{n-Si}\langle 100 \rangle} = \frac{2m_t^*}{m_0} + \frac{4 \sqrt{m_l^* m_t^*}}{m_0} = 2.1 \tag{55}$$

在 $\langle 111 \rangle$ 方向上,所有极小值对电流有相等的贡献,得到 A^* 的最大值为

$$\left(\frac{A^*}{A} \right)_{\text{n-Si}\langle 111 \rangle} = \frac{6}{m_0} \sqrt{\frac{(m_t^*)^2 + 2m_l^* m_t^*}{3}} = 2.2 \tag{56}$$

对于 Si 和 GaAs 中的空穴,$k = 0$ 处的两个能量极大值引起近似各向同性的轻、重空穴电流,将这些载流子的电流加起来,得到

$$\left(\frac{A^*}{A} \right)_{\text{p型}} = \frac{m_{lh}^* + m_{hh}^*}{m_0} \tag{57}$$

表 3.2 给出了 Si 和 GaAs 的 A^*/A 的值。

表 3.2　A^*/A 值（引自参考文献 31）

半导体	Si	GaAs
p 型	0.66	0.62
n 型⟨100⟩	2.1	0.063（低场）0.55（高场）
n 型⟨111⟩	2.2	0.063（低场）0.55（高场）

因为不同偏置下从金属进入半导体的电子的势垒高度保持相同，因此从金属流入半导体的电流不受外加电压的影响，这个电流必须等于热平衡时（即当 $V=0$ 时）从半导体流到金属的电流，令式（52）中 $V=0$，相应的电流密度为

$$J_{m \to s} = -A^* T^2 \exp\left(-\frac{q\phi_{Bn}}{kT}\right) \tag{58}$$

总电流密度为式（52）和式（58）之和，即

$$
\begin{aligned}
J_n &= \left[A^* T^2 \exp\left(-\frac{q\phi_{Bn}}{kT}\right)\right]\left[\exp\left(\frac{qV}{kT}\right)-1\right] \\
&= J_{TE}\left[\exp\left(\frac{qV}{kT}\right)-1\right]
\end{aligned}
\tag{59}
$$

式中

$$J_{TE} \equiv A^* T^2 \exp\left(-\frac{q\phi_{Bn}}{kT}\right) \tag{60}$$

式（59）类似于 p-n 结的输运方程，然而饱和电流密度的表达式却很不相同。

推导热电子发射电流的另一个方法如下所述[8]：不考虑速度的分解，只有能量高于势垒的电子对正向电流有贡献，能量高于势垒的电子数为

$$n = N_C \exp\left[\frac{-q(\phi_{Bn}-V)}{kT}\right] \tag{61}$$

对于速度的麦克斯韦分布，通过某一平面的载流子随机运动产生的电流为

$$J = nq\frac{v_{ave}}{4} \tag{62}$$

式中 v_{ave} 为热平均速度，式如

$$v_{ave} = \sqrt{\frac{8kT}{\pi m^*}} \tag{63}$$

将式（61）和式（63）带入式（62），得到

$$J = \frac{4(kT)^2 q\pi m^*}{h^3}\exp\left[\frac{-q(\phi_{Bn}-V)}{kT}\right] \tag{64}$$

与式（52）一致。

3.3.2　扩散理论

Schottky 的扩散理论[4]是由以下假设推出的：（1）势垒高度远大于 kT；（2）考虑了耗尽区内电子的碰撞效应，即包括了扩散；（3）$x=0$ 和 $x=W_D$ 处载流子浓度不受电流流动的影响（即它们为平衡态的值）；（4）半导体杂质浓度是非简并的。

因为耗尽区的电流依赖于局部电场和浓度梯度，必须应用电流密度方程，

$$J_x = J_n = q\left(n\mu_n \mathscr{E} + D_n \frac{\mathrm{d}n}{\mathrm{d}x} \right)$$

$$= qD_n\left(\frac{n}{kT} \frac{\mathrm{d}E_C}{\mathrm{d}x} + \frac{\mathrm{d}n}{\mathrm{d}x} \right) \tag{65}$$

稳态条件下,电流密度与 x 无关,可用 $\exp[E_C(x)/kT]$ 作为积分因子对式(65)积分,得到

$$J_n \int_0^{W_D} \exp\left[\frac{E_C(x)}{kT} \right]\mathrm{d}x = qD_n\left\{ n(x)\exp\left[\frac{E_C(x)}{kT} \right] \right\}\Big|_0^{W_D} \tag{66}$$

用 $E_{Fm}=0$ 作能量参考值,边界条件为(参见图 3.16,但对于扩散,忽略镜像力):

$$E_C(0) = q\phi_{Bn} \tag{67}$$

$$E_C(W_D) = q(\phi_n + V) \tag{68}$$

$$n(0) = N_C \exp\left[-\frac{E_C(0) - E_{Fn}(0)}{kT} \right] = N_C \exp\left(-\frac{q\phi_{Bn}}{kT} \right) \tag{69}$$

$$n(W_D) = N_D = N_C \exp\left(-\frac{q\phi_n}{kT} \right) \tag{70}$$

将式(67)～式(70)带入式(66),得到

$$J_n = qN_C D_n\left[\exp\left(\frac{qV}{kT} \right) - 1 \right]\Big/\int_0^{W_D} \exp\left[\frac{E_C(x)}{kT} \right]\mathrm{d}x \tag{71}$$

对于肖特基势垒,忽略镜像力效应后,电势分布由式(6)给出,将此式替代式(71)的 $E_C(x)$,并用 $\psi_{bi}+V$ 表示 W_D,得到

$$J_n \approx \frac{q^2 D_n N_C}{kT} \sqrt{\frac{2qN_D(\psi_{bi} - V)}{\varepsilon_s}} \exp\left(-\frac{q\phi_{Bn}}{kT} \right) \left[\exp\left(\frac{qV}{kT} \right) - 1 \right]$$

$$\approx q\mu_n N_C \mathscr{E}_m \exp\left(-\frac{q\phi_{Bn}}{kT} \right) \left[\exp\left(\frac{qV}{kT} \right) - 1 \right]$$

$$= J_D\left[\exp\left(\frac{qV}{kT} \right) - 1 \right] \tag{72}$$

扩散理论和热电子发射理论的电流密度表达式,即式(59)和式(72),基本相似。然而与热电子发射理论的饱和电流密度 J_{TE} 相比,扩散理论的饱和电流密度 J_D 与偏压有关,但对温度变化不敏感。

3.3.3　热电子发射扩散理论

Crowell 和 Sze 提出了将上述热电子发射和扩散方法综合起来的理论[32],这种方法是根据金属-半导体界面附近热电子复合速度 v_R 的边界条件推导出来的。

因为载流子的扩散受到发生扩散的区域内电势分布的强烈影响,考虑电子势能[或 $E_C(x)$]与距离的关系,其中包括了图 3.17 所示的肖特基降低效应,当势垒高度足够大时,金属表面到 $x=W_D$ 之间的电荷基本上为电离施主(即耗尽层近似)。如图所示,金属和半导体之间的外加电压 V 将使电子流向金属,势垒区电子准费米能级 E_{Fn} 与距离的关系也示意地画出,在 x_m 和 W_D 之间的整个区域内有

$$J = n\mu_n \frac{\mathrm{d}E_{Fn}}{\mathrm{d}x} \tag{73}$$

这里任意 x 点处的电子浓度为

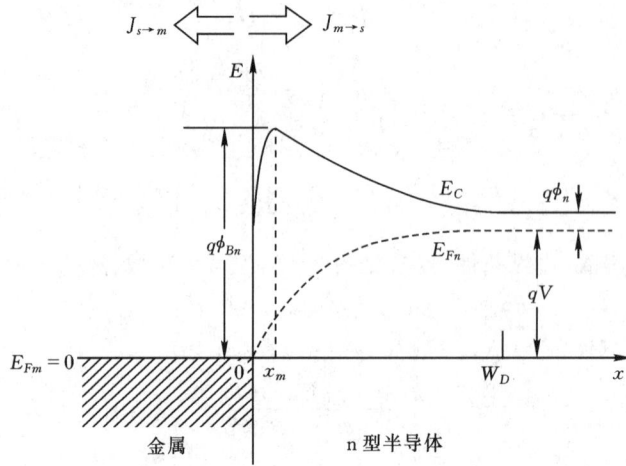

图 3.17 包括肖特基效应在内的能带图,示出了热电子发射-扩散理论和隧穿电流的来源

$$n = N_C \exp\left(-\frac{E_C - E_{Fn}}{kT}\right) \tag{74}$$

假定 x_m 和 W_D 之间的区域是等温区,电子温度 T 等于晶格温度。

如果在 x_m 和界面($x=0$)之间,势垒区容纳电子,可以用势能极大值 x_m 处的有效复合速度 v_R 描述电流流动,

$$J = q(n_m - n_0)v_R \tag{75}$$

式中 n_m 为电流流动时 x_m 处的电子浓度,

$$n_m = N_C \exp\left[\frac{E_{Fn}(x_m) - E_C(x_m)}{kT}\right] = N_C \exp\left[\frac{E_{Fn}(x_m) - q\phi_{Bn}}{kT}\right] \tag{76}$$

n_0 为 x_m 处的准平衡电子浓度,若有可能不改变势能极大值的大小或位置而达到平衡,即 $E_{Fn}(x_m) = E_{Fm}$,得到

$$n_0 = N_C \exp\left(-\frac{q\phi_{Bn}}{kT}\right) \tag{77}$$

用 $E_{Fm} = 0$ 作参考,另一个边界条件为

$$E_{Fn}(W_D) = qV \tag{78}$$

若从式(73)和式(74)中消掉 n,E_{Fn} 的表达式是 x_m 到 W_D 的积分,

$$\exp\left[\frac{E_{Fn}(x_m)}{kT}\right] - \exp\left(\frac{qV}{kT}\right) = \frac{-J}{\mu_n N_C kT}\int_{x_m}^{W_D}\exp\left(\frac{E_C}{kT}\right)\mathrm{d}x \tag{79}$$

然后,由式(75)和式(79)可以解得 $E_{Fn}(x_m)$,

$$\exp\left[\frac{E_{Fn}(x_m)}{kT}\right] = \frac{v_D \exp(qV/kT) + v_R}{v_D + v_R} \tag{80}$$

式中

$$v_D \equiv D_n \exp\left(\frac{q\phi_{Bn}}{kT}\right)\bigg/\int_{x_m}^{W_D}\exp\left(\frac{E_C}{kT}\right)\mathrm{d}x \tag{81}$$

是与从耗尽层边界 W_D 到势能极大值 x_m 处的电子输运相关联的有效扩散速度。将式(80)带入式(75)得到热电子发射扩散理论的最终结果

$$J_{TED} = \frac{qN_C v_R}{1 + (v_R/v_D)}\exp\left(-\frac{q\phi_{Bn}}{kT}\right)\left[\exp\left(\frac{qV}{kT}\right) - 1\right] \tag{82}$$

在这个表达式中, v_R 和 v_D 的相对值决定了热电子发射和扩散的相对贡献,参数 v_D 可用 Dawson 积分求值,在耗尽区由 $v_D \approx \mu_n \mathscr{E}_m$ 近似表示[8]。如果 $x \geqslant x_m$ 时电子分布为麦克斯韦分布,并且如果除了与电流密度 $qn_0 v_R$ 相联系的电子外没有电子从金属折回,则半导体为热电子发射源,v_R 为热运动速度,表示为

$$v_R = \int_0^\infty v_x \exp\left(\frac{-m^* v_x^2}{2kT}\right) \mathrm{d}v_x \Big/ \int_{-\infty}^\infty \exp\left(\frac{-m^* v_x^2}{2kT}\right) \mathrm{d}v_x$$

$$= \sqrt{\frac{kT}{2m^* \pi}} = \frac{A^* T^2}{qN_C} \tag{83}$$

式中,A^* 为有效理查逊常数,如表 3.2 所示。300 K 时,对于 $\langle 111 \rangle$ 晶向的 n 型 Si 和 n 型 GaAs,v_R 分别为 5.2×10^6 和 1.0×10^7 cm/s。可以看到:如果 $v_D \gg v_R$,式(82)中指数前面的项由 v_R 决定,热电子发射理论适用($J_{TED} = J_{TE}$);若 $v_D \ll v_R$,扩散过程为限制因素($J_{TED} = J_D$)。

总之,式(82)是肖特基扩散理论和 Bethe 热电子发射理论相互综合的结果,从此式可知,若 $\mu\mathscr{E}(x_m) > v_R$,电流基本符合热电子发射理论,此判据比 Bethe 条件 $\mathscr{E}(x_m) > kT/q\lambda$ 更为严格,其中 λ 为载流子的平均自由程。

在上一节中,引入了一个与热电子发射相联系的复合速度 v_R 作为边界条件,来描述肖特基势垒中金属收集电子的作用。在许多情形中,越过势能极大值的电子存在一定的与光学声子发生散射而返回的几率[33,34],一级近似下,越过电势极大值的电子发射几率可表示为 $f_P = \exp(-x_m/\lambda)$,另外,由于电子受肖特基势垒的量子力学反射和电子隧穿的影响,电子能量分布会更加偏离麦克斯韦分布[35,36],考虑了量子力学隧穿和反射后,总电流与忽略了这些效应的电流之比 f_Q 强烈依赖于电场和从电势极大值算起的电子能量。

考虑 f_P 和 f_Q 后的 J-V 特性完整表达式为

$$J = A^{**} T^2 \exp\left(-\frac{q\phi_{Bn}}{kT}\right) \left[\exp\left(\frac{qV}{kT}\right) - 1\right] \tag{84}$$

式中

$$A^{**} = \frac{f_P f_Q A^*}{1 + (f_P f_Q v_R / v_D)} \tag{85}$$

这些效应的影响体现在有效理查逊常数从 A^* 减小到 A^{**},最大减小量可达 50%。图 3.18 示出了室温下,掺杂浓度为 10^{16} cm^{-3} 的金属-Si 系统的有效理查逊常数 A^{**} 的计算值。注意到,对于电子(n 型 Si),当电场范围为 10^4 至 2×10^5 V/cm 时,A^{**} 值基本保持常数,其值约为 110 A/cm^2 · K^2;对于空穴(p 型 Si),在这一电场范围内,A^{**} 值也基本保持为常数,但数值要低很多(约 30 A/cm^2 · K^2),对于 n 型 GaAs,A^{**} 的计算值为 4.4 A/cm^2 · K^2。

由上面的讨论可以看到,室温下,在 $10^4 \sim 10^5$ V/cm 左右的电场范围内,在大多数 Si 和 GaAs 肖特基势垒二极管中,电流输运机制为多数载流子的热电子发射。将式(6)和式(74)代入式(73)并计算差值 $E_{Fn}(W_D) - E_{Fn}(0)$,由此来研究靠近金属-半导体界面的电子费米能级的空间依赖关系。图 3.16 所示的 E_{Fn} 在整个耗尽区基本上是平坦的[38],对于 $N_D = 1.2 \times 10^{15}$ cm^{-3} 的 Au-Si 二极管,300 K 时加 0.2 V 正向偏压时,$E_{Fn}(W_D) - E_{Fn}(0)$ 仅为 8 meV,掺杂越高,差别越小。这些结果进一步证实,对于有中等掺杂浓度的高迁移率半导体,热电子发射理论是适用的。

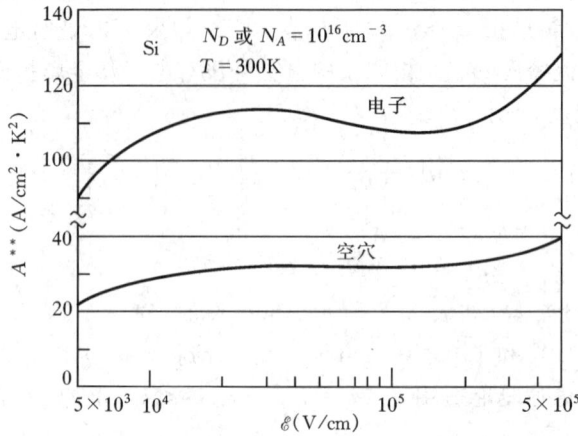

图 3.18　金属-硅势垒的有效理查逊系数 A^{**} 与电场的关系的计算值(引自参考文献 37)

3.3.4　隧穿电流

对于更重掺杂的半导体或工作于低温下,隧穿电流变得非常重要,特别是简并半导体上的金属接触,即欧姆接触,隧穿电流是主要的输运过程,欧姆接触将在本章最后一节讨论。

从半导体到金属的隧穿电流 $J_{s \to m}$ 正比于量子传输系数(隧穿几率)与半导体中电子占据能级几率和金属中未被电子占据的几率的乘积[36],

$$J_{s \to m} = \frac{A^{**} T^2}{kT} \int_{E_{F_m}}^{q\phi_{Bn}} F_s T(E)(1 - F_m) \mathrm{d}E \tag{86}$$

F_s 和 F_m 分别为半导体和金属的费米-狄拉克分布函数,$T(E)$ 为隧穿几率,它依赖于某一特定能量的势垒宽度。对于金属流到半导体的电流 $J_{m \to s}$,可得类似的表达式。这种情况下,F_s 和 F_m 在同一表达式中互换,净电流为上述两部分的代数和,对上述方程更进一步的分析是困难的,其结果可以通过计算机数值计算得到。

Au-Si 势垒的典型电流-电压特性的理论值和实验值示于图 3.19,注意到,总的电流密度包括热电子发射和隧穿电流,表示为

$$J = J_0 \left[\exp\left(\frac{qV}{\eta kT}\right) - 1 \right] \tag{87}$$

式中,J_0 为由电流密度的对数-线性曲线外推到 $V = 0$ 时得到的饱和电流密度,η 为理想度因子,与曲线的斜率有关。当隧穿电流或耗尽层复合较小或没有时,J_0 由热电子发射决定,η 接近于 1,当掺杂增加或温度降低时,隧穿开始发生,J_0 和 η 都会增加。

Au-Si 二极管的饱和电流密度 J_0 和 η 与掺杂浓度的关系示于图 3.20,以温度作为参变量。注意到,低掺杂时 J_0 基本为常数,但当 $N_D > 10^{17}$ cm^{-3} 后 J_0 开始迅速增加。在低掺杂和高温下,理想度因子 η 十分接近于 1,然而当掺杂增加或温度降低时,η 远偏离 1。

图 3.21 示出了 Au-Si 势垒二极管的隧穿电流与热电子电流之比,注意到,当 $N_D \leqslant 10^{17}$ cm^{-3} 和 $T \geqslant 300$ K 时,比值远小于 1,隧穿电流可以忽略。然而,对于更高的掺杂浓度和更低的温度,比值变得远大于 1,表明隧穿电流起主导作用。

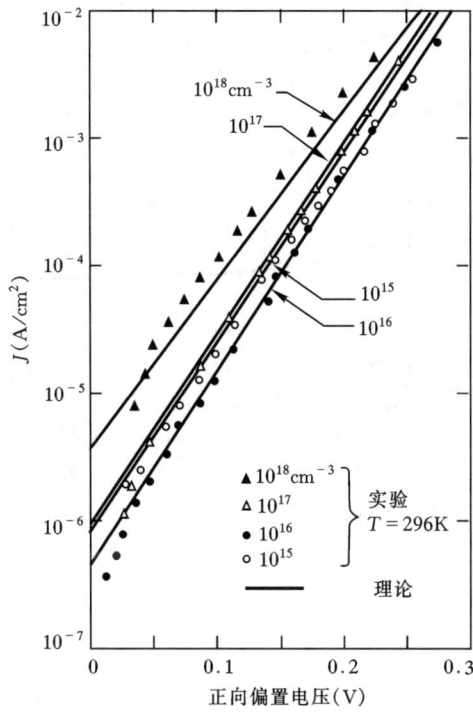

图 3.19　Au-Si 肖特基势垒的电流-电压特性的理论值和实验
值,增加的电流来源于隧穿作用(引自参考文献 36)

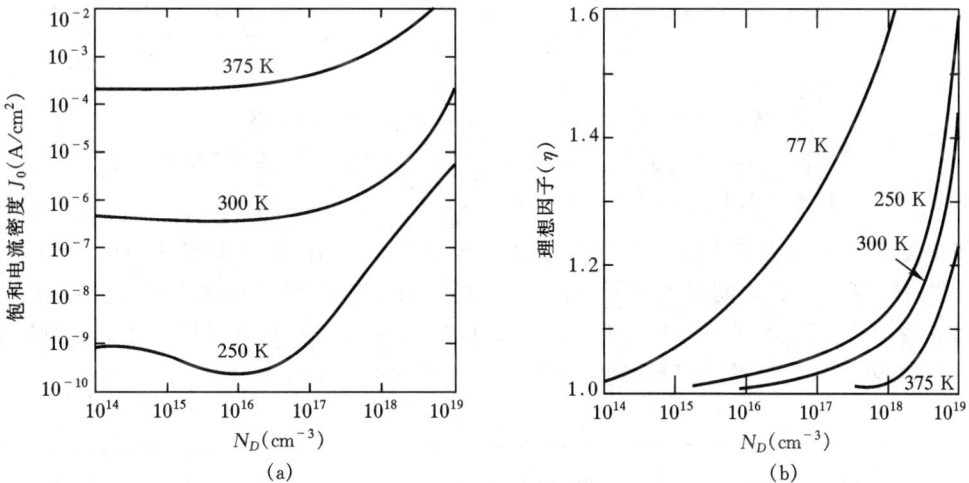

图 3.20　(a)三种温度下,Au-Si 势垒饱和电流密度与掺杂浓度的关系;(b)在不同温度下,理想度因
子 η 与掺杂浓度的关系(引自参考文献 36)

　　另一方面,隧穿电流可以用解析式表示,由此给出更深入的内在物理意义,该表达式基于
Padovani 和 Stratton[39] 的工作,也被用来推导欧姆接触电阻。参考图 3.22 的能带图,可以粗

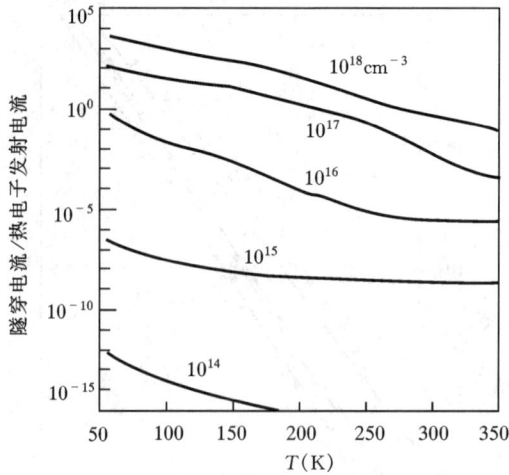

图 3.21 Au-Si 势垒的隧穿电流分量与热电子电流分量之比,在较高的掺
杂浓度和较低的温度下,隧穿电流起主导作用(引自参考文献 36)

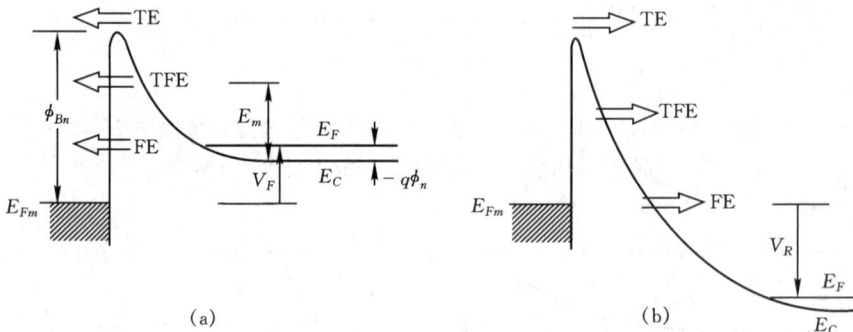

图 3.22 定性显示肖特基二极管(在 n 型简并半导体上)

(a)正向偏置;(b)反向偏置时的隧穿电流的能带图。TE=热电子发射,

TFE=热电子-场发射,FE=场发射

略地将电流的组成分为三类:(1)越过势垒的热电子发射(TE);(2)费米能级附近的场发射 (FE);(3)在 TE 和 FE 之间某一能量的热电子-场发射(TFE)。FE 为纯粹的隧穿过程,TFE 为热激发载流子的隧穿,它比 FE 的势垒薄。这些组成部分的相对贡献取决于温度和掺杂水平,通过比较热能 kT 和 E_{00} 可以得到一个粗略的判断标准,E_{00} 表示为

$$E_{00} \equiv \frac{q\hbar}{2}\sqrt{\frac{N}{m^* \varepsilon_s}} \tag{88}$$

当 $kT \gg E_{00}$ 时,TE 起主导作用,原始的肖特基势垒行为占优,没有隧穿;当 $kT \ll E_{00}$ 时,FE(或隧穿)起主要作用;当 $kT \approx E_{00}$ 时,TFE 为主要机制,它是 TE 和 FE 的结合。

正向偏置时,由 FE 产生的电流表示为

$$J_{FE} = \frac{A^{**} T\pi \exp[-q(\phi_{Bn} - V_F)/E_{00}]}{c_1 k \sin(\pi c_1 kT)}[1 - \exp(-c_1 qV_F)]$$

$$\approx \frac{A^{**} T\pi \exp[-q(\phi_{Bn} - V_F)/E_{00}]}{c_1 k \sin(\pi c_1 kT)} \tag{89}$$

式中

$$c_1 \equiv \frac{1}{2E_{00}}\log\left[\frac{4(\phi_{Bn}-V_F)}{-\phi_n}\right] \tag{90}$$

(对于简并半导体,ϕ_n 为负)。注意,与 TE 相比,它对温度的依赖较弱(忽略指数项),这是隧穿的特性,由 TFE 产生的电流为

$$J_{TFE} = \frac{A^{**}T\sqrt{\pi E_{00}q(\phi_{Bn}-\phi_n-V_F)}}{k\cosh(E_{00}/kT)}\exp\left[\frac{-q\phi_n}{kT}-\frac{q(\phi_{Bn}-\phi_n)}{E_0}\right]\exp\left(\frac{qV_F}{E_0}\right) \tag{91}$$

$$E_0 \equiv E_{00}\coth\left(\frac{E_{00}}{kT}\right) \tag{92}$$

TFE 峰值约在

$$E_m = \frac{q(\phi_{Bn}-\phi_n-V_F)}{\cosh^2(E_{00}/kT)} \tag{93}$$

能量处,式中 E_m 以中性区的 E_C 为能量参考。

反向偏置下,隧穿电流可以很大,这是因为可以有大电压,由 FE 和 TFE 产生的电流为

$$J_{FE} = A^{**}\left(\frac{E_{00}}{k}\right)^2\left(\frac{\phi_{Bn}+V_R}{\phi_{Bn}}\right)\exp\left(-\frac{2q\phi_{Bn}^{3/2}}{3E_{00}\sqrt{\phi_{Bn}+V_R}}\right) \tag{94}$$

$$J_{TFE} = \frac{A^{**}T}{k}\sqrt{\pi E_{00}q\left[V_R+\frac{\phi_{Bn}}{\cosh^2(E_{00}/kT)}\right]}\exp\left(\frac{-q\phi_{Bn}}{E_0}\right)\exp\left(\frac{qV_R}{\varepsilon'}\right) \tag{95}$$

式中

$$\varepsilon' = \frac{E_{00}}{(E_{00}/kT)-\tanh(E_{00}/kT)} \tag{96}$$

尽管这些解析表达式非常复杂,但是如果已知所有的参数,可以容易地求解。这些方程在本章的最后一节中被用来推导欧姆接触电阻。

3.3.5　少数载流子注入

肖特基势垒二极管是一种多数载流子器件,少数载流子注入比 γ,即少数载流子电流与总电流之比很小,因为少数载流子扩散电流远远小于多数载流子的热电子发射电流,然而,在足够高的正向偏压下,少数载流子的漂移分量不能再忽略,增加的漂移分量使得总的注入效率增加,空穴的漂移和扩散导致的总电流为

$$J_p = q\mu_p p_n \mathscr{E} - qD_p\frac{\mathrm{d}p_n}{\mathrm{d}x} \tag{97}$$

大的多数载流子热电子发射电流使得电场增加

$$J_n = q\mu_n N_D \mathscr{E} \tag{98}$$

考虑图 3.23 所示的能带图,图中 x_1 为耗尽层边界,x_2 为 n 型外延层与 n$^+$ 衬底的分界线,从第 2 章讨论的结论可知,x_1 处的少数载流子浓度为

$$p_n(x_1) = p_{no}\exp\left(\frac{qV}{kT}\right) = \frac{n_i^2}{N_D}\exp\left(\frac{qV}{kT}\right) \tag{99}$$

$p_n(x_1)$ 的值可以表示为与正向电流密度的函数关系,由式(84)和式(99)得到

$$p_n(x_1) \approx \frac{n_i^2}{N_D}\frac{J_n}{J_{n0}} \tag{100}$$

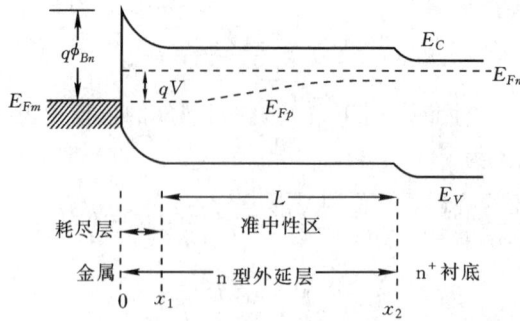

图 3.23　正向偏置下,外延肖特基势垒的能带图

式中,J_{n0} 为饱和电流密度,J_n 为热电子发射电流(式 84),式如

$$J_n = J_{n0} \exp\left[\left(\frac{qV}{kT}\right) - 1\right] \tag{101}$$

另一个边界条件 $p_n(x_2)$ 对计算扩散电流也是必需的,用少数载流子的输运速度 S_p(或表面复合速度)建立电流和浓度的关系为

$$J_p(x_2) = qS_p[p_n(x_2) - p_{no}] \tag{102}$$

首先考虑 $S_P = \infty$ 或等效的 $p_n(x_2) = p_{no}$ 的情形,在此边界条件下,p-n 结中扩散分量有一个标准的形式,从式(97)、式(98)和式(100)得到总的空穴电流为(对于 $L \ll L_p$):

$$\begin{aligned}
J_p &= q\mu_p p_n \mathscr{E} + \frac{qD_p n_i^2}{N_D L} \exp\left[\left(\frac{qV}{kT}\right) - 1\right] \\
&= \frac{\mu_p n_i^2 J_n^2}{\mu_n N_D^2 J_{n0}} + \frac{qD_p n_i^2}{N_D L} \exp\left[\left(\frac{qV}{kT}\right) - 1\right]
\end{aligned} \tag{103}$$

注入比为

$$\gamma \equiv \frac{J_p}{J_p + J_n} \approx \frac{J_p}{J_n} \approx \frac{\mu_p n_i^2 J_n}{\mu_n N_D^2 J_{n0}} + \frac{qD_p n_i^2}{N_D L J_{n0}} \tag{104}$$

对于 Au-Si 二极管,测得的注入比很低,为 10^{-5} 量级,与上述表达式计算的一致[40]。注意 γ 由两项组成,第二项是由扩散带来的,与偏置无关,是低偏置下的注入率,

$$\gamma_0 = \frac{qD_p n_i^2}{N_D L J_{n0}} \tag{105}$$

第一项来源于漂移过程,与偏置(或电流)有关,在大电流下,它可以超过扩散项。

　　显然为了减小少数载流子的注入比(以减小电荷存储时间,下面会讨论),必须采用高 N_D(与低电阻率材料相关)、大 J_{n0}(与低势垒高度有关)和小 n_i(与宽带隙相关)的金属-半导体系统,而且,还要避免高偏置。例如,一个硅掺杂 $N_D = 10^{15}$ cm^{-3} 的金-n 型硅二极管,当 $J_{n0} = 5 \times 10^{-7}$ A/cm^2 时,有低的偏置注入 γ_0,约为 5×10^{-4},但当电流密度为 350 A/cm^2 时,注入比约为 5%。

　　上面假设了 $p_n(x_2) = p_{no}$,注意在 x_2 处,对于空穴,存在一个势垒导致空穴增加,Scharfetter 用 S_p 作为参数,考虑了这些中间情形[41],计算结果示于图 3.24(a)中,图中归一化因子由 γ_0 给出,且

$$J_{00} \equiv \frac{qD_n N_D}{L} \tag{106}$$

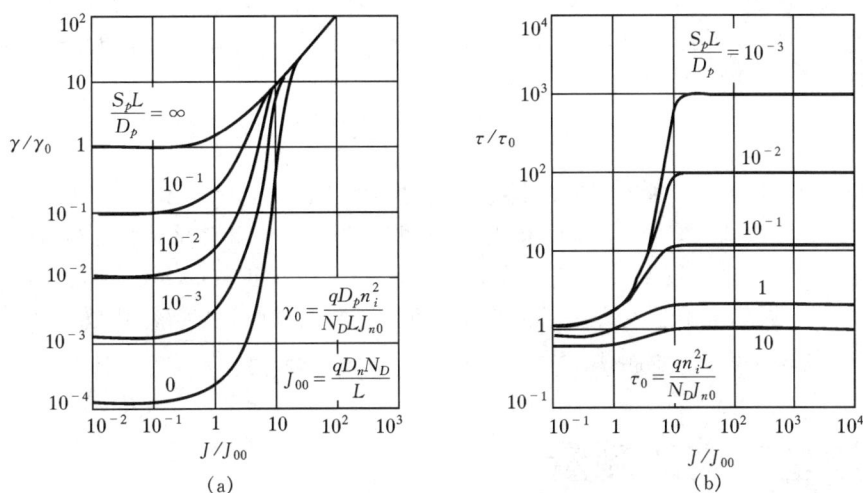

图 3.24 (a)归一化少数载流子注入比与归一化电流密度的关系;(b)归一化少数载流子
存储时间与归一化电流密度的关系,$L/L_p = 10^{-2}$(引自参考文献 41)

J_{00} 为当空穴的漂移分量等于扩散分量时的多数载流子电流,由式(103)中的两项取等得到。

与注入比有关的另一个量是少数载流子存储时间 τ_s。τ_s 定义为单位电流密度下存储于准中性区的少数载流子

$$\tau_s \equiv \int_{x_1}^{x_2} q p(x)\, \mathrm{d}x / J \tag{107}$$

对于低电流极限,τ_s 与 $p_n(x_2)$ 或 S_p 有关,近似表示为(当 $L \ll L_p$ 时)

$$\tau_s \approx \frac{q n_i^2 L}{N_D J_{n0}} \tag{108}$$

与电流无关。对于大电流偏置 $p_n(x_2)$ 可以变得很高,甚至大于准中性区 L 其余部分的浓度,即空穴分布随距离增加。再次用 S_p 作为参量,τ_s 与电流密度的关系示于图 3.24(b),可以看出,对于有限的 $S_p (S_p \neq \infty)$,τ_s 可以增加几个数量级,而且对于所有的情况,高掺杂对减小存储时间都是非常关键的。

3.3.6 MIS 隧穿二极管

在**金属-绝缘体-半导体**(MIS)隧穿二极管中,在金属淀积前先有意或无意地引入一个薄界面层,如氧化层[42,43],这个界面层的厚度为 $1 \sim 3$ nm,这个器件与 MIS 电容(将在第 4 章讨论)是不同的,它工作在一定的偏压下,有一定的电流,为非平衡态,即电子和空穴的准费米能级 E_{Fn} 和 E_{Fp} 是分开的。这种结构与通常的金属-半导体接触的主要不同在于:(1)由于加入了界面层,电流减小;(2)较低的势垒高度(在界面层上有一定的电压降落);(3)较高的理想因子 η。其能带图与图 3.5 类似。

电流方程可写为[42]

$$J = A^* T^2 \exp(-\sqrt{\zeta}\delta) \exp\left(\frac{-q\phi_B}{kT}\right)\left[\exp\left(\frac{qV}{\eta kT}\right) - 1\right] \tag{109}$$

在 8.3.2 节中可以看到这个方程的推导过程。对于相同的势垒,电流由隧穿几率 $\exp(-\sqrt{\zeta}\delta)$

抑制了,这里 ζ(单位为 eV)为有效势垒,δ(单位为 Å)为界面层厚度,(忽略了值为 1.01 eV$^{-1/2}$ Å^{-1} 的常量 $[2(2m^*/\hbar^2)]^{1/2}$)。如前面的讨论,这个附加的隧穿几率可以认为是有效理查逊常数的修正,理想因子增加为[42]

$$\eta = 1 + \left(\frac{\delta}{\varepsilon_i}\right)\frac{(\varepsilon_s/W_D) + qD_{its}}{1 + (\delta/\varepsilon_i)qD_{itm}} \tag{110}$$

式中 D_{its} 和 D_{itm} 分别为半导体和金属在平衡态时的界面陷阱。通常氧化层厚度小于 3 nm,界面陷阱与金属处于平衡态,然而对于厚氧化层,这些陷阱与半导体趋近于平衡态。

此界面层减小了多数载流子的热电子发射电流,对来源于扩散的少数载流子电流没有影响,从而提高了少数载流子注入效率。这种现象可以用来改善电致发光二极管的注入效率,提高肖特基势垒太阳电池的开路电压。

3.4　势垒高度的测量

通常采用四种方法测量金属-半导体接触的势垒高度:(1)电流-电压法 ;(2)激活能法;(3)电容-电压法;(4)光电法。

3.4.1　用电流-电压特性测量

对于中等掺杂的半导体,$V > 3kT/q$ 时,正向 I-V 特性可由式(84)得到

$$J = A^{**} T^2 \exp\left(-\frac{q\phi_{B0}}{kT}\right)\exp\left[\frac{q(\Delta\phi + V)}{kT}\right] \tag{111}$$

因为 A^{**} 和 $\Delta\phi$(镜像力降低)均为外加电压的弱函数,如前面在式(87)中所讨论的,正向 J-V 特性(当 $V > 3kT/q$ 时)可用 $J = J_0\exp(qV/\eta kT)$ 表示,式中的 η 为理想度因子,

$$\eta \equiv \frac{q}{kT}\frac{dV}{d(\ln J)}$$

$$= \left[1 + \frac{d\Delta\phi}{dV} + \frac{kT}{q}\frac{d(\ln A^{**})}{dV}\right]^{-1} \tag{112}$$

典型的例子示于图 3.25,对于 W-Si 二极管 $\eta = 1.02$,对于 W-GaAs 二极管 $\eta = 1.04$,外推到零电压时的电流密度为饱和电流密度 J_0,势垒高度可从下面的等式得到

$$\phi_{Bn} = \frac{kT}{q}\ln\left(\frac{A^{**} T^2}{J_0}\right) \tag{113}$$

ϕ_{Bn} 的值对 A^{**} 的选择不很灵敏,在室温下 A^{**} 增加 100% 时,ϕ_{Bn} 只增加了 0.018 V。$A^{**} = 120$ A/cm^2 · K^2 时,室温下 J_0 和 ϕ_B(ϕ_{Bn} 或 ϕ_{Bp})之间的理论关系示于图 3.26,对于其它的 A^{**} 值,可在图上画平行线得到适当的关系。

反向偏置时,电压依赖关系主要由肖特基势垒降低所致,或写成

$$J_R \approx J_0 \quad (\text{对于 } V_R > 3kT/q)$$

$$\approx A^{**} T^2 \exp\left[-\frac{q(\phi_{B0} - \sqrt{q\mathscr{E}_m/4\pi\varepsilon_s})}{kT}\right] \tag{114}$$

式中

$$\mathscr{E}_m = \sqrt{\frac{2qN_D}{\varepsilon_s}\left(V_R + \psi_{bi} - \frac{kT}{q}\right)} \tag{115}$$

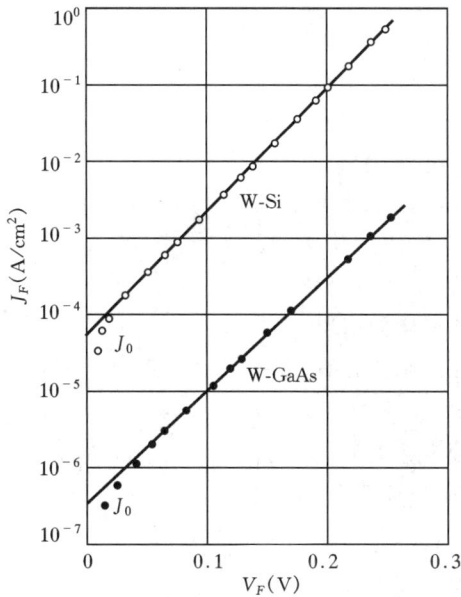

图 3.25 W-Si 和 W-GaAs 二极管的正向电流密度与外加电压的
关系(引自参考文献 44)

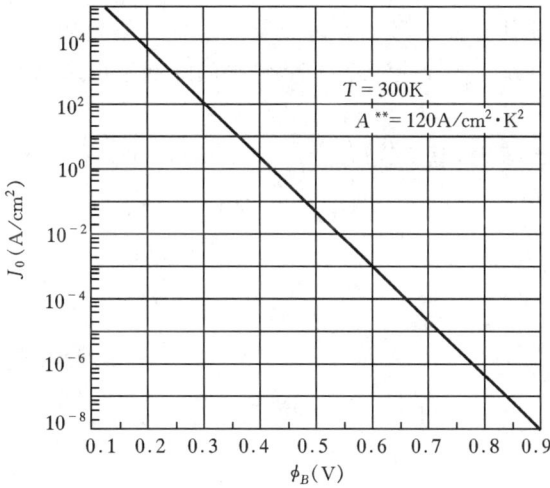

图 3.26 在 300 K 下,有效理逊常数为 120 A/cm² · K² 时理论饱
和电流密度与势垒高度的关系

如果势垒高度 ϕ_{Bn} 比带隙小很多,耗尽层的产生-复合电流与肖特基发射电流相比较小,反向电流随反向偏压缓慢增加,如式(114)所示,这是由于镜像力降低造成的。

对于大多数实际肖特基二极管,反向电流的主要成分为边缘漏泄电流,这是金属极板周围的尖锐边缘引起的,这种尖锐边缘效应类似于第 2 章所讨论的结曲率效应($r_j \rightarrow 0$)。为了消除这种效应,已经制造出带有扩散保护环(后面将会介绍这种结构)的金属-半导体二极管。保护环是一个深 p 型扩散区,可调节掺杂分布,使 p-n 结比金属-半导体接触有更高的击穿电压。由于消除了尖锐边缘效应,已经得到近乎理想的正向和反向 I-V 特性。图 3.27 比较了带保护环的 PtSi-Si 二极管的实测结果和由式(114)理论计算得到的值,实验和理论符合得很好。接近 30 V 处电流的迅速增加是雪崩击穿所致,发生于施主浓度为 2.5×10^{16} cm^{-3} 的二极管中。

　　保护环结构在阻止提前击穿和表面泄漏方面的功效可通过研究恒定反向偏压下,反向漏泄电流与二极管直径的关系得到肯定,为此,在半导体上制作不同直径的肖特基二极管阵列,测出反向漏泄电流,画出反向漏泄电流与二极管直径的关系曲线[46],如果实验数据的斜率等于 2,漏泄电流正比于器件面积,如果漏泄电流主要由边缘效应引起,则数据应落在斜率等于 1 的直线上。

　　对于某些肖特基二极管,反向电流有附加成分,这种附加成分的来源如下:若金属-半导体界面没有氧化界面层和其它沾污,金属中电子的波函数可以穿透到半导体的能隙

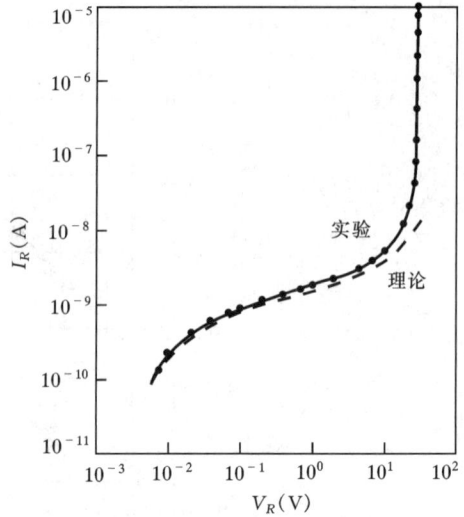

图 3.27　PtSi-Si 二极管实验结果与根据式(114)所作的理论预言的反向电流的比较(引自参考文献 45)

中,这是一种在金属-半导体界面上形成静偶极层的量子力学效应,偶极层使得本征势垒高度随电场略微变化,故 $\mathrm{d}\phi_{B0}/\mathrm{d}\mathscr{E}_m \neq 0$,一阶近似下,势垒的降低量可表示为

$$\Delta\phi_{\text{static}} \approx \alpha\mathscr{E}_m \qquad\qquad (116)$$

或 $\alpha \equiv \mathrm{d}\phi_{B0}/\mathrm{d}\mathscr{E}_m$。图 3.28 表明,基于经验值 $\alpha = 1.7$ nm,RhSi-Si 二极管反向电流的理论计算和实验测量结果相符很好。

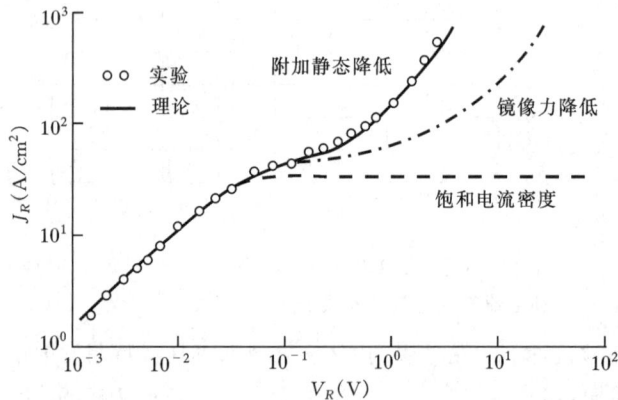

图 3.28　RhSi-Si 二极管反向特性的理论和实验结果(引自参考文献 37)

3.4.2　用激活能测量

通过激活能测量确定肖特基势垒的主要优点是无需知道电学激活面积,它在研究新颖的

或非常规的金属-半导体界面时特别重要,因为通常不知道确实的接触面积值。在清洗不良或反应不完全的表面,电学激活面积可能只是几何面积的一小部分。另一方面,强烈的冶金学反应可能得到粗糙的、非平面的金属-半导体界面,电学激活面积大于几何面积。

若将式(84)乘以电学激活面积 A,可以得到

$$\ln\left(\frac{I_F}{T^2}\right) = \ln(AA^{**}) - \frac{q(\phi_{Bn} - V_F)}{kT} \tag{117}$$

式中 $q(\phi_{Bn} - V_F)$ 为激活能。在室温附近的有限温度范围内,A^{**} 和 ϕ_{Bn} 实际上与温度无关。因此,对于一个给定的正向偏压 V_F,可以从 $\ln(I_F/T^2)$ 与 $1/T$ 关系曲线的斜率得到势垒高度 ϕ_{Bn},从 $1/T=0$ 时的纵坐标值得到电学激活面积 A 和有效理查逊常数 A^{**} 的乘积。

为了说明激活能法在研究界面冶金学反应方面的重要性,图 3.29 示出了不同温度下,退火后形成 Al-n-Si 接触中饱和电流的激活能曲线[47],这些曲线的斜率表明,当退火温度在 450℃ 到 650℃ 之间变化时,有效肖特基势垒高度从 0.71 V 近乎线性地增加到 0.81 V。I-V 和 C-V 测量也证实了这些观测结果,当达到 Al-Si 共熔温度(约 580℃)时,金属-半导体真实冶金学性质有很大的变化,从图 3.29 曲线确定的纵坐标截距表明,当退火温度超过 Al-Si 共熔温度时,电学激活面积增加为原先的 2 倍。

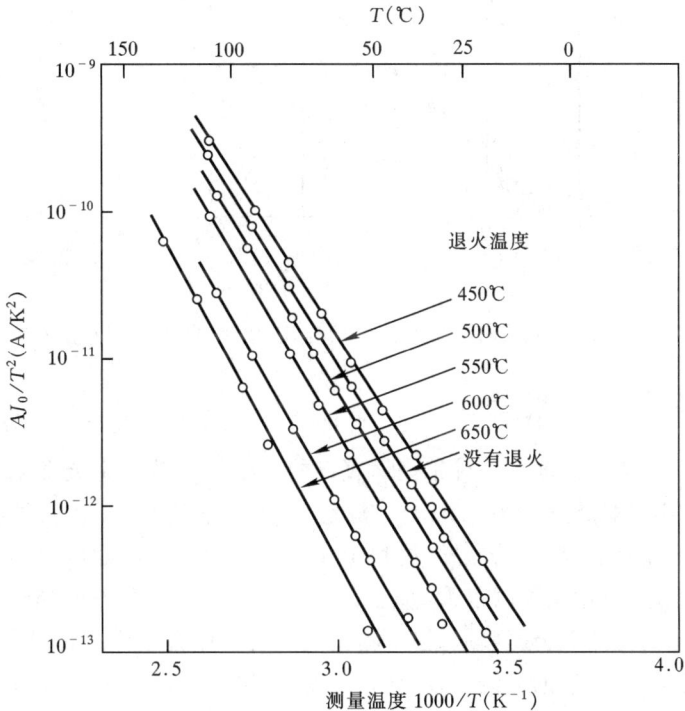

图 3.29　确定势垒高度的激活能曲线(引自参考文献 47)

3.4.3　用电容-电压特性测量

也可通过电容测量确定势垒高度。当一个小的交流电压叠加在一个直流偏压上时,在金属表面感生一种符号的电荷而在半导体内感生相反符号的电荷,C(单位面积耗尽层电容)和

V 之间的关系由式(10)给出,图 3.30 示出了 $1/C^2$ 随外加电压变化曲线的一些典型值,电压轴上的截距给出了内建电势 ψ_{bi},由此势垒高度可确定为[44,48]

$$\phi_{Bn} = \psi_{bi} + \phi_n + \frac{kT}{q} - \Delta\phi \tag{118}$$

由斜率还可确定载流子浓度(式 11),也可用来计算 ϕ_n。

为了得到包含一个浅杂质能级和一个深杂质能级的半导体的势垒高度(图 3.4),需要在两种不同温度及多种频率下测量 C-V 曲线[49]。

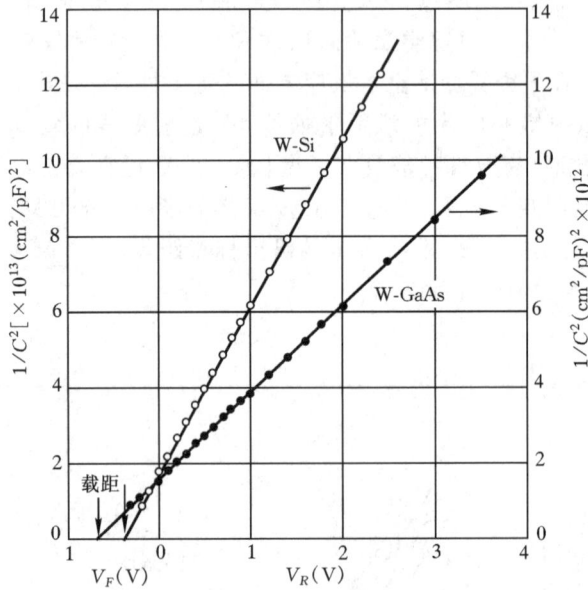

图 3.30 W-Si 和 W-GaAs 二极管 $1/C^2$ 与外加电压的关系(引自参考文献 44)

3.4.4 用光电法测量

光电测量是确定势垒高度的一种精确而直接的方法[50]。当单色光照射到金属表面时,可以产生光电流,基本实验装置如图 3.31,在肖特基势垒二极管中,存在两种载流子激发方式,它们共同构成光电流:越过势垒的激发(过程 1)和带与带之间的激发(过程 2)。对于测量势垒高度只有过程 1 有用,可用波长的范围为 $q\phi_{Bn} < h\nu < E_g$,而且最关键的光吸收区域应在金属-半导体界面处。正面光照下金属膜应足够薄,使光线可以穿透达到界面,背面光照射下没有这样的限制,因为对于 $h\nu < E_g$ 的光线,半导体是透明的,最大光强应在金属-半导体界面上,注意光电流在无偏压时也可被收集。

每吸收的一个光子产生的光电流(光响应 R)与光子能量 $h\nu$ 的关系由 Fowler 理论给出[51]:

$$R \propto \frac{T^2}{\sqrt{E_s - h\nu}} \left\{ \frac{x^2}{2} + \frac{\pi^2}{6} - \left[\exp(-x) - \frac{\exp(-2x)}{4} + \frac{\exp(-3x)}{9} - \cdots \right] \right\}, \quad x \geqslant 0 \tag{119}$$

式中 E_s 为 $h\nu_0$(=势垒高度 $q\phi_{Bn}$)与从金属导带底算起的费米能之和,且 $x \equiv h(\nu - \nu_0)/kT$。当

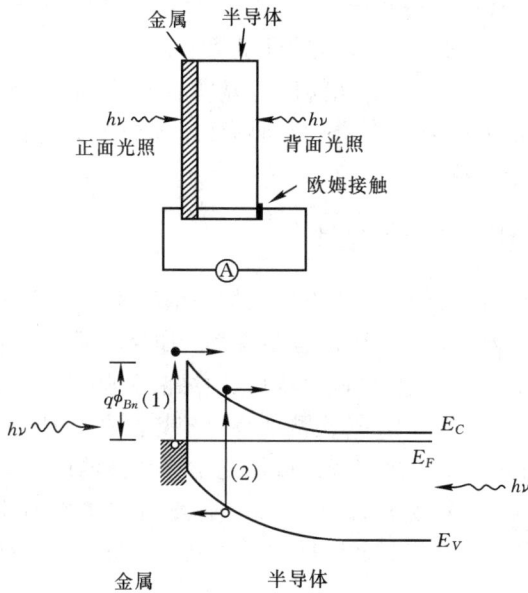

3.31　(a)光电测量装置示意图;(b)光激发过程能带图

$E_s \gg h\nu$ 且 $x > 3$ 时,式(119)简化为

$$R \propto (h\nu - h\nu_0)^2 \tag{120}$$

绘制光响应的平方根与光子能量的关系图时,可得到一条直线,能量轴上的外推值可以直接给出势垒高度。图 3.32 示出了 W-Si 和 W-GaAs 二极管的光响应,可以看到,这两种二极管的势垒高度分别为 0.65 eV 和 0.80 eV。

　　光电测量还可用来研究其它器件和材料参数,此法已用来确定 Au-Si 二极管的镜像力介

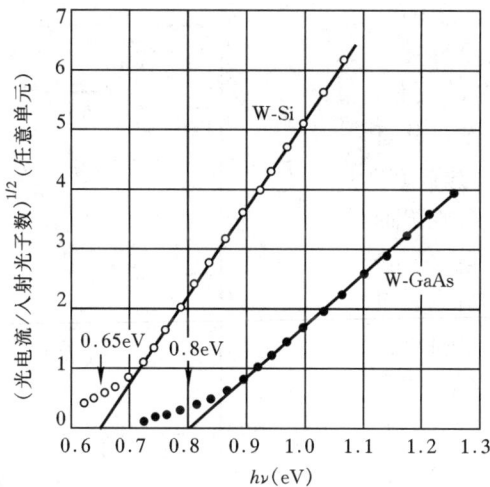

图 3.32　W-Si 和 W-GaAs 二极管光响应平方根与光子能量的关系,外推值为相应的势垒高度(引自参考文献 44)

电常数[25]。测得不同反向偏压下的光阈值移动后,即可确定镜像力降低量 $\Delta\phi$,从前面给出的图 3.12 所示 $\Delta\phi$ 与 $\sqrt{\mathscr{E}_m}$ 的关系曲线,可确定介电常数($\varepsilon_s/\varepsilon_0$)。光电测量还用来研究势垒高度与温度的关系[52],测得 Au-Si 二极管的光阈值与温度的关系,光阈值移动与硅带隙的温度关系有着密切的关系,这一结果意味着 Au-Si 界面的费米能级被钉扎在相对于价带边的某一位置上,这与 3.2.3 节的讨论一致。

3.4.5 势垒高度的测量结果

已采用 *I-V* 法、*C-V* 法、激活能法和光电法测量势垒高度,对于洁净界面的紧密接触,这些方法通常在 ±0.02 V 的误差内得到一致的势垒高度。如果不同的方法之间有很大的差别,可能是由于以下原因造成的:界面污物、中间绝缘层、边缘漏泄电流或深杂质能级。

对某些元素半导体和化合物半导体,实测的肖特基势垒高度列于表 3.3 中,这些势垒高度是在高真空系统内将高纯金属淀积到解理的或用化学方法清洁的半导体表面上制成金属-半导体接触后测量的代表值。正如所料,硅和 GaAs 金属-半导体接触得到了最为广泛的研究,金、铝、铂是最常用的金属。n 型硅上金属硅化物的势垒高度及它们的一些特性列于表 3.4 中。

应该指出,势垒高度通常对淀积前表面的准备和淀积后的热处理很敏感[63]。图 3.33 示出了在各种温度下退火后,室温下测得的 n 型 Si 和 GaAs 上的势垒高度,当 Al-Si 二极管在 450℃ 以上退火时,大概由于 Si 在 Al 中的扩散,势垒高度开始增加[47](仍参见图 3.29),对于在硅上形成硅化物的金属,达到共熔温度后,势垒高度发生突变。Pt-Si 二极管的势垒高度为 0.9 V,在 300℃ 或更高温度退火后,在界面处形成 PtSi,ϕ_{Bn} 下降到 0.85 V[64]。对于 Pt-GaAs 接触,当 PtAs$_2$ 在界面形成时,势垒高度从 0.84 V 增加到 0.87 V[65]。对于 W-Si 二极管,直至退火温度超过 1000℃ 形成 WSi$_2$,势垒高度保持恒定[66]。

在以上讨论的所有肖特基二极管中,金属层是淀积形成的,所以它们是多晶或不定形结构。对于硅上的某些硅化物接触,已经证实单晶结构可以在下层单晶硅上外延生长得到[67],这种外延硅化物包括 NiSi$_2$、CoSi$_2$、CrSi$_2$、Pd$_2$Si、Er-Si$_{2-x}$、TbSi$_{2-x}$、YSi$_{2-x}$ 和 FeSi$_2$,外延硅化物具有高均匀性和好的热稳定性,提供了研究势垒高度与微观界面结构的基本关系的唯一机会。已经证实即使在 Si 界面的同一晶向,也可以形成不同的类型(A 和 B)和界面结构(6-、7-或 *8-folded*)的接触,在势垒高度上会有最大 0.14 eV 的差别,由于界面结构的统计学空间分布特性,观察到的同一金属-半导体系统的势垒高度差别范围是合理的。

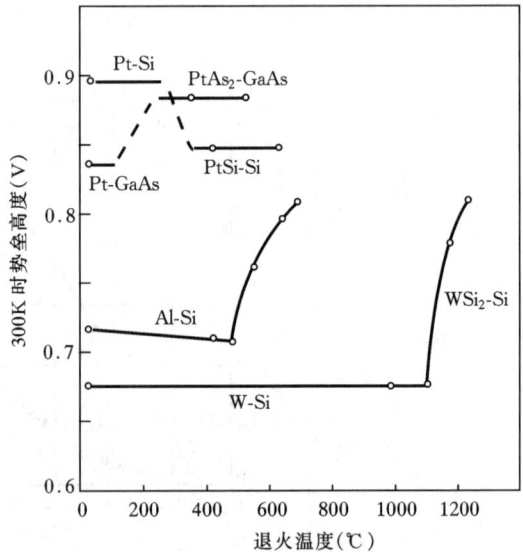

图 3.33 室温下,各种温度下退火后 n 型 Si 和 GaAs 上的势垒高度测量值

表 3.3 300 K 下 n 型半导体实测的肖特基势垒高度 ϕ_{Bn}(V),表中每一项为已报导的该系统的最高值,p 型半导体上的势垒高度可由 $\phi_{Bp}+\phi_{Bn}\approx E_g/q$ 估计(引自参考文献 53~59)

	Si	GaAs	Ge	AlAs	SiC	GaP	GaSb	InP	ZnS	ZnSe	ZnO	CdS	CdSe	CdTe	PbO
E_g	1.12	1.42	0.66	2.16	3.0	2.24	0.67	1.29	3.6	2.82	3.2	2.43	1.7	1.6	
Ag	0.83	1.03	0.54			1.2	0.45	0.54	1.81	1.21		0.56	0.43	0.8	0.95
Al	0.81	0.93	0.48		1.3	1.06	0.6	0.5	0.8	0.75	0.68			0.76	
Au	0.83	1.05	0.59	1.2	1.4	1.3	0.61	0.52	2.2	1.51	0.65	0.78	0.7	0.86	
Bi		0.9					0.2		1.14					0.78	
Ca	0.4	0.56													
Co	0.81	0.86	0.5		1.4										
Cr	0.60	0.82			1.2	1.18		0.45							
Cu	0.8	1.08	0.5		1.3	1.2	0.47	0.42	1.75	1.1	0.45	0.5	0.33	0.82	
Fe	0.98	0.84	0.42							1.11				0.78	
Hf	0.58	0.82			1.84										
In		0.83	0.64				0.6		1.5	0.91	0.3			0.69	0.93
Ir	0.77	0.91	0.42												
Mg	0.6	0.66				1.04	0.3		0.82	0.49					
Mo	0.69	1.04			1.3	1.13									
Ni	0.74	0.91	0.49		1.4	1.27		0.32				0.45		0.83	0.96
Os	0.7		0.4									0.53			
Pb	0.79	0.91	0.38							1.15		0.59		0.68	0.95
Pd	0.8	0.93			1.2		0.6	0.41	1.87		0.68	0.62		0.86	
Pt	0.9	0.98		1.0	1.7	1.45			1.84	1.4	0.75	1.1	0.37	0.89	
Rh	0.72	0.90	0.4												
Ru	0.76	0.87	0.38												
Sb		0.86					0.42			1.34				0.76	
Sn		0.82						0.35							
Ta		0.85							1.1		0.3				
Ti	0.6	0.84			1.1	1.12						0.84			
W	0.66	0.8	0.48												

表 3.4　在 n 型 Si 上形成的金属硅化物的势垒高度,对于每一个系统,表中势垒高度数据为已报导的最高值(引自参考文献 8、22、56、60～62)

金属硅化物	ϕ_{Bn}(V)	结构	形成温度(℃)	熔点温度(℃)
CoSi	0.68	立方	400	1460
CoSi$_2$	0.64	立方	450	1326
CrSi$_2$	0.57	六角	450	1475
DySi$_2$	0.37			
ErSi$_2$	0.39			
GdSi$_2$	0.37			
HfSi	0.53	正交	550	2200
HoSi$_2$	0.37			
IrSi	0.93		300	
Ir$_2$Si$_3$	0.85			
IrSi$_3$	0.94			
MnSi	0.76	立方	400	1275
Mn$_{11}$Si$_{19}$	0.72	四角	800[a]	1145
MoSi$_2$	0.69	四角	1000[a]	1980
Ni$_2$Si	0.75	正交	200	1318
NiSi	0.75	正交	400	992
NiSi$_2$	0.66	立方	800[a]	993
Pd$_2$Si	0.75	六角	200	1330
PtSi	0.84	正交	300	1229
Pt$_2$Si	0.78			
RhSi	0.74	立方	300	
TaSi$_2$	0.59	六角	750[a]	2200
TiSi$_2$	0.60	正交	650	1540
VSi$_2$	0.65			
WSi$_2$	0.86	四角	650	2150
YSi$_2$	0.39			
ZrSi$_2$	0.55	正交	600	1520

[a] 在洁净的界面条件下,可以小于 700℃

3.5　器件结构

　　最早的器件结构是点接触整流器,用一根有尖端的细金属丝与半导体接触而成,这种接触也许只是一种简单的机械接触,或由放电过程得到的一个很小的合金 p-n 结。

　　点接触整流器与平面肖特基二极管相比,其正向和反向 I-V 特性通常较差,因为整流器受各种条件变化的影响,如触须压力、接触面积、晶体结构、表面条件、触须组分和加热或形成过程等,所以对它的特性也很难从理论上给予预言。点接触整流器的优点是面积小,从而可以得到很小的电容,这对于微波应用而言是必要的。其缺点是扩散电阻大($R_S \approx \rho/2\pi r_0$,其中 r_0 为球形点接触的半径),由于表面效应的影响,漏泄电流大,这使得整流比变差。另外,由于金属点下部有强集中电场,易造成反向软击穿特性。

大多数现代金属-半导体二极管是用平面工艺制造,金属-半导体接触可以用各种方法形成,包括热蒸发(电阻或电子束加热)、溅射、化学淀积或金属镀膜等方法。表面准备方法包括化学刻蚀、机械抛光、真空解理、背面溅射、热处理或离子轰击。因为大多数金属-半导体接触在真空系统中形成[68],故金属真空淀积的重要参数为蒸气压力,定义为当固体或液体与自身的蒸气平衡时所经受的压力[69],在蒸发过程中,金属承受高蒸气压力将会出现一些问题。

在集成电流电路中,最通用的结构是在金属周边有氧化绝缘层。小面积接触器件,如图 3.34(a),在 n^+ 衬底上外延 n,用平面工艺制作,在微波混频二极管中非常有用[70,71],为了得到优越的性能,必须最大程度地减小串联电阻和二极管电容。金属覆盖结构[72],如图 3.34(b)所示,可得到接近理想的正向 *I-V* 特性,在中等大小的反向偏压下,可以有较低的漏泄电流,而当施加大的反向偏压时,电极尖锐边缘效应会使反向电流增加,因为这种结构可以在完整的金属化过程中形成,被广泛地应用于集成电路中。另一个方法是用局部氧化隔离[73]来减小边缘电场,如图 3.34(c)所示,这个方法需要一个与局部氧化步骤相结合的特殊平面工艺。在图 3.34(d)中,二极管被空隙或沟槽所环绕[74],这种情况下,槽内隐藏的沾污会带来可靠性的问题。

为了消除电极尖锐边缘效应,已提出多种器件结构。图 3.34(e)采取扩散保护环[45]得到接近理想的正、反向特性,这种结构对于静态特性的研究是有非常有用的。但是,由于临近的p-n结的影响,这种结构恢复时间长、寄生电容大。图 3.34(f)采用双扩散保护环[75]来缩短恢复时间,但工艺较为复杂。另一保护环结构是在有源层顶部加一高阻层[76],如图 3.34(g)所示,因为半导体材料的介电常数高于绝缘层的介电常数,寄生电容通常大于图 3.34(b)所示的结构。金属覆盖边缘扩散结构[77]基本上是一个双肖特基二极管(并联),不包括 p-n 结二极管,如图 3.34(h)所示,这种结构给出了近乎理想的正、反向 *I-V* 特性,其反向恢复时间很短,然而,工艺中加入了额外的氧化和扩散步骤,而且外部的 n^- 环有可能增加器件的电容。

还有一种如图 3.34(i)所示的保护环结构,此结构中采用了一个附加的、具有较高势垒高度的金属,然而对于共价键半导体,通常难以得到大的势垒高度变化。对于一些微波功率发生器(如 IMPATT 二极管),采用了图 3.34(j)所示的截顶圆锥结构[78],金属悬翼和半导体圆锥之间的夹角必须大于 90°,这使得接触周围的电场总是小于中心处的电场,这一角度保证了雪崩击穿在金属-半导体接触内部均匀发生。

肖特基二极管一个重要的应用是箝位双极晶体管[79](见图 3.35,双极晶体管详细的讨论参见第 5 章)。在晶体管的基极-集电极加接一个肖特基二极管形成箝位(合并)晶体管,该结构具有极短的饱和时间常数(参见 5.3.3 节),工艺实现非常简单,在标准埋层集电极工艺中,只需延伸基极接触使其跨在环绕的集电极区即可[4]。在饱和区,原先晶体管结构的基极-集电极结稍稍处于正向偏置而不是反向偏置状态,若肖特基二极管中的正向压降远低于原先晶体管的基极-集电极导通压降,大部分过剩基极电流流过不存储少数载流子的肖特基二极管,因此,与原先的晶体管结构相比,饱和时间大为减少。

由于肖特基二极管与其它二极管相比通常会负荷大电流,串联电阻对于这种器件非常关键,为了研究串联电阻,从对式(87)修改了的电流公式开始:

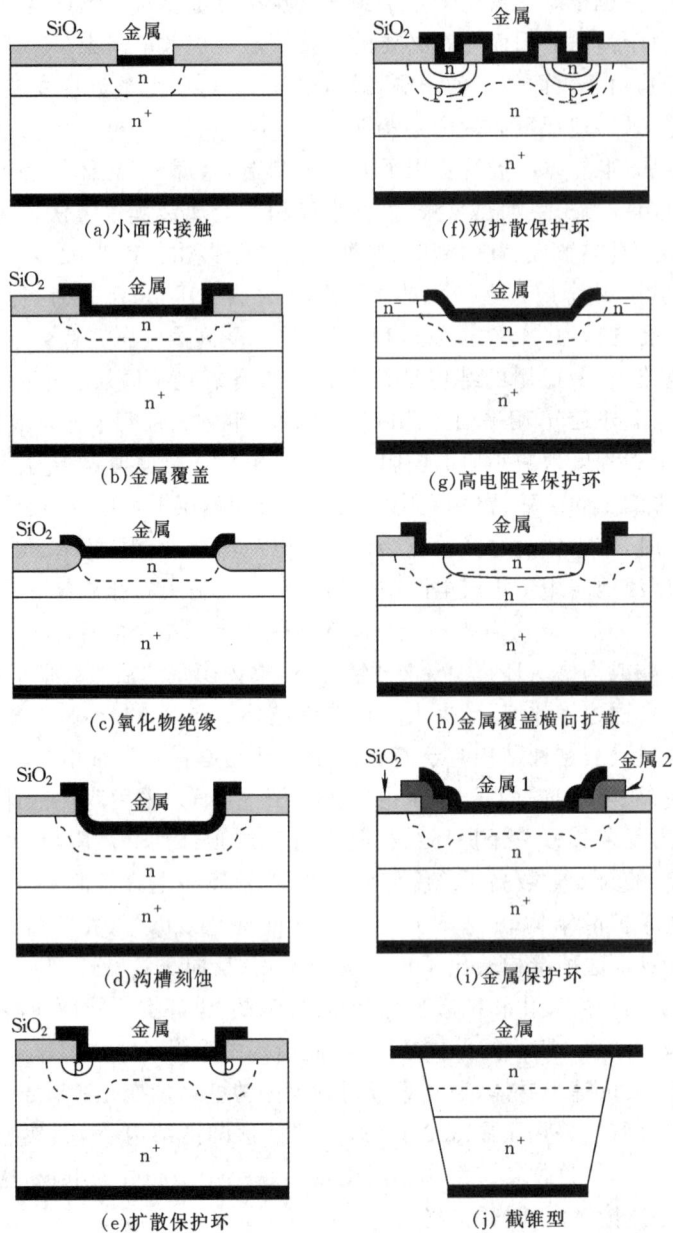

(a)小面积接触
(f)双扩散保护环
(b)金属覆盖
(g)高电阻率保护环
(c)氧化物绝缘
(h)金属覆盖横向扩散
(d)沟槽刻蚀
(i)金属保护环
(e)扩散保护环
(j)截锥型

图 3.34　各种金属-半导体器件结构,耗尽区宽度由虚线表示

$$I = AJ_0\left\{\exp\left[\frac{q(V-IR_s)}{\eta kT}\right]-1\right\} \tag{121}$$

由此可知,正向偏置的微分电阻与偏置或电流有关,得到

$$\frac{dV}{dI} = \frac{\eta kT + qIR_s}{qI} \tag{122}$$

从此式可以看出,低压偏置时,二极管的微分电阻与电流($=\eta kT/qI$)成反比,大电流下,当 $IR_s \gg \eta kT/q$ 时,微分电阻达到饱和值 R_s。对于 Au-Si 和 Au-GaAs 二极管,微分电阻与电流

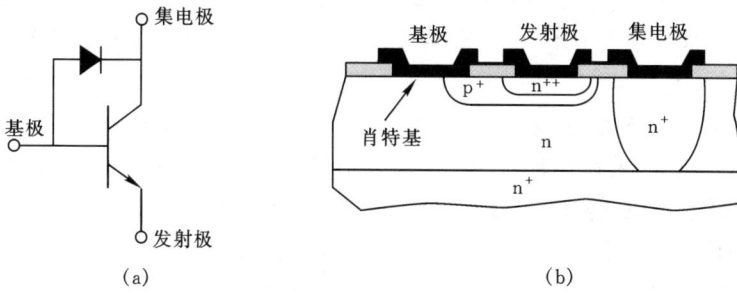

图 3.35　基极和集电极之间接有一个肖特基钳位二极管的双极晶体管(npn)

(a)电路表示；(b)结构横截面

关系的典型实验结果示于图 3.36(a)，此图还表示出前面讨论过的 Si 点接触的实验结果，注意到，当正向偏压足够高时，结电阻趋近于一恒定值，此值就是串联电阻 R_s，表示为

$$R_s = \frac{1}{A}\int \rho(x)\mathrm{d}x + \frac{\rho_S}{2\pi r}\arctan\left(\frac{2h}{r}\right) + R_{co} \tag{123}$$

上式右边第一项为准中性区（耗尽层边界和高掺杂衬底之间的区域，如图 3.23）的积分电阻；第二项为扩展电阻，衬底的电阻率为 ρ_S，厚度为 h，二极管圆形区域的半径为 r（参见上一节）；最后一项 R_{co} 为与衬底的欧姆接触所造成的电阻。对于体半导体衬底上的肖特基二极管，第一项可以忽略。

提取串联电阻的另外一个简单的方法是从图 3.36(b)所示的 $I\text{-}V$ 半对数曲线中得到，在电流偏离指数上升的区域，电阻可由 $\Delta V = IR_s$ 估计。

肖特基二极管在微波应用方面的一个重要的优值是正向偏置截至频率 f_{c0}，f_{c0} 定义为

$$f_{c0} \equiv \frac{1}{2\pi R_F C_F} \tag{124}$$

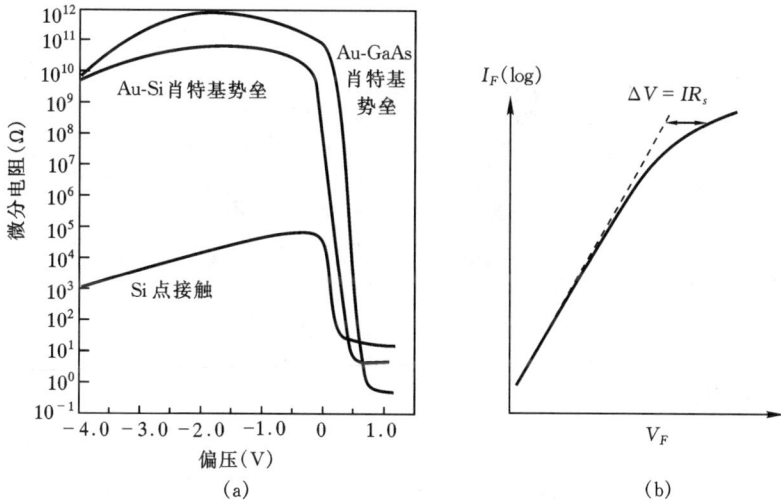

图 3.36　(a)Au-Si、Au-GaAs 和点接触二极管微分电阻与外加电压的关系（引自参考文献 80）；(b)由正向 $I\text{-}V$ 特性估计串联电阻

式中，R_F 和 C_F 分别为在与平带条件相差 0.1 V 的正向偏压作用下的微分电阻和电容[81]，f_{c0} 的值远小于相应的零偏置截止频率，可作为实际应用的下限，典型结果示于图 3.37。注意到，结的直径越小，截止频率越高，对于同等掺杂和结直径（例如 $10~\mu m$），n 型 GaAs 上的肖特基二极管具有最高的截止频率，主要是由于 GaAs 电子迁移率十分高，使得串联电阻较低。

为了改善高频特性，希望器件有较小的电容但是有较大的接触面积，已经看到，Mott 势垒能够满足这种要求。Mott 势垒是一种金属-半导体接触，外延层掺杂很轻，整个外延层全部耗尽，电容较低，即使在正向偏置时也成立，因此电容保持常数，与偏置无关。图 3.38 示出了 Mott 势垒的能带图，因为对于一个给定的截止频率，其电容可以比标准肖特基二极管小很多，Mott 二极管直径可以做得大一些[82]，又因为耗尽区多数载流子浓度低，Mott 势垒中的电流输运由扩散决定，用式（72）表示。

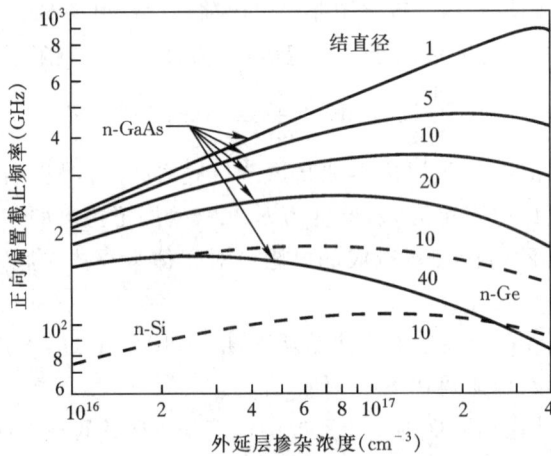

图 3.37　不同的结直径下，正向偏置截止频率与外延层（层厚 $0.5~\mu m$）掺杂浓度的关系

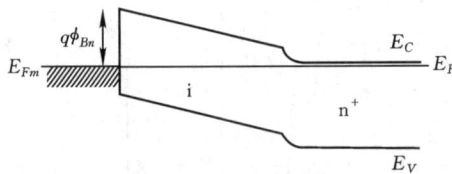

图 3.38　零偏状态下 Mott 势垒能带图

3.6　欧姆接触

欧姆接触定义为相对于半导体器件总电阻而言，其接触电阻可以忽略的金属-半导体接触。理想的欧姆接触对器件性能影响不大，能提供所需的电流，与器件有源区上的压降相比，接触上的电压降足够小。任何一个半导体器件的最后连接通常为片上金属层，因此，对于每一个半导体器件，至少有两个金属-半导体接触形成与外部的连接，每一个半导体器件都必须有

好的欧姆接触。

欧姆接触的宏观参数——比接触电阻定义为电流密度对界面上电压降的导数的倒数,当在零偏压下求值时,比接触电阻 R_c 对欧姆接触而言是一个重要的优值[83]:

$$R_c \equiv \left(\frac{\mathrm{d}J}{\mathrm{d}V}\right)_{V=0}^{-1} \tag{125}$$

利用计算机数值模拟可以得到结果[83,84]。反过来,为定量提取 R_c,可以运用本章前面讨论的 I-V 关系,再次将掺杂(E_{00})与温度(kT)相比来决定哪种电流机制起决定作用。

对于低掺杂到中等掺杂或较高温度,$kT \gg E_{00}$,运用标准热电子发射表达式(式84)得到:

$$R_c = \frac{k}{A^{**}Tq}\exp\left(\frac{q\phi_{Bn}}{kT}\right) \propto \exp\left(\frac{q\phi_{Bn}}{kT}\right) \tag{126}$$

因为只与小外加电压相关,势垒高度随电压的变化被忽略了。式(126)表明,为得到小的 R_c,应采用低的势垒高度。

对于较高的掺杂情况,$kT \approx E_{00}$,TFE 占主导地位,R_c 表示为[39,85]:

$$R_c = \frac{k\sqrt{E_{00}}\cosh(E_{00}/kT)\coth(E_{00}/kT)}{A^{**}Tq\sqrt{\pi q(\phi_{Bn}-\phi_n)}}\exp\left[\frac{q(\phi_{Bn}-\phi_n)}{E_{00}\coth(E_{00}/kT)}+\frac{q\phi_n}{kT}\right]$$

$$\propto \exp\left[\frac{q\phi_{Bn}}{E_{00}\coth(E_{00}/kT)}\right] \tag{127}$$

(对于简并半导体 ϕ_n 为负值)。这种类型的隧穿发生在高于导带的能量处,载流子浓度和隧穿几率的乘积为最大,在式(93)中由 E_m 表示。

对于更高的掺杂水平,$kT \ll E_{00}$,FE 起主要作用,比接触电阻为[39,85]:

$$R_c = \frac{k\sin(\pi c_1 kT)}{A^{**}\pi qT}\exp\left(\frac{q\phi_{Bn}}{E_{00}}\right) \propto \exp\left(\frac{q\phi_{Bn}}{E_{00}}\right) \tag{128}$$

假设势垒高度不能做得很小,好的欧姆接触应该为这种隧穿机制。

比接触电阻为势垒高度(在以上所有的机制下)、掺杂浓度(TFE 和 FE 机制)、温度(在 TE 和 TFE 机制下更敏感)的函数。对于一个确定的半导体材料,这些参数的定性依赖关系如图 3.39 所示,工作趋势及机制也在图中示出。在 TE 机制下,R_c 与掺杂浓度无关,只依赖于势垒高度 ϕ_B,在 FE 机制下,除了 ϕ_B,R_c 正比于 $\exp(N^{-1/2})$,硅上比接触电阻的计算值如图 3.40。

显然,欲得到低的 R_c 值,必须采取高掺杂浓度、低势垒高度或二者兼而有之,这些正是所有欧姆接触都采取的措施。

在宽带隙半导体上制造欧姆接触是较为困难的,具有足够低的功函数以获得低势垒的金属通常不存在,这种情况下,制造欧姆接触的一般技术是建立一个更重掺杂的表面层。另一个通用的技术是加入一个异质结,附加一个小带隙层材料、同种类型半导体的高掺杂区。对于 GaAs 和其它Ⅲ-Ⅴ族化合物半导体,已经研究出制作欧姆接触的各种工艺[87],表 3.5 给出了通常半导体接触材料的汇总。

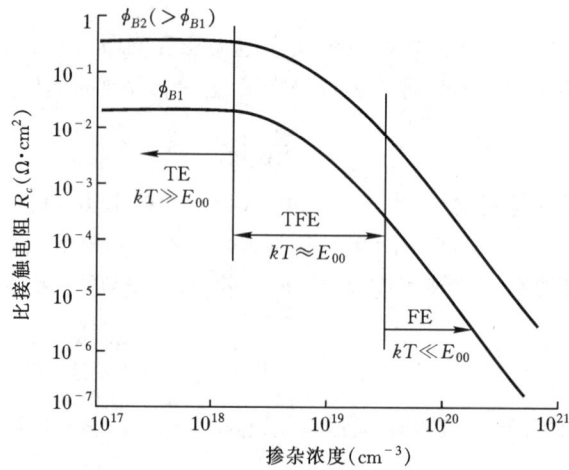

图 3.39 比接触电阻与掺杂浓度(和 E_{00})、势垒高度和温
度的关系,图中标出了 TE、TFE 和 FE 机制

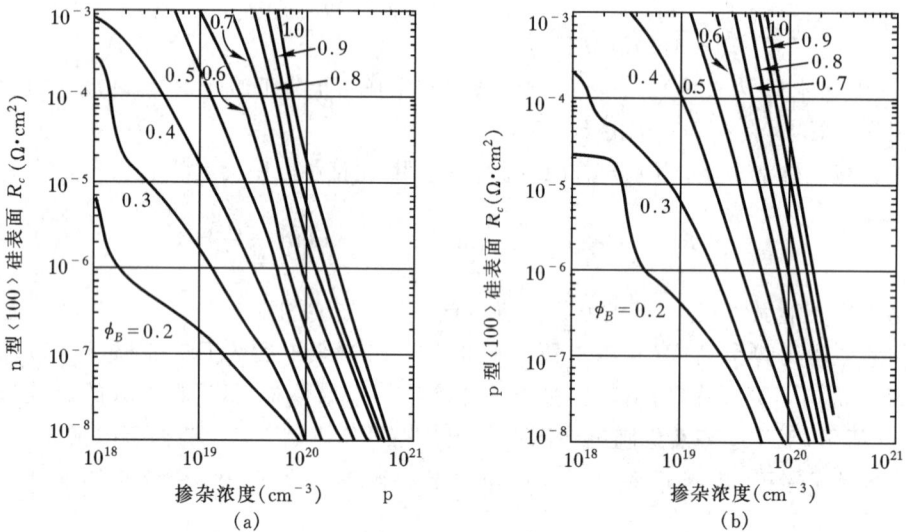

图 3.40 室温下,(a)n 型;(b)p 型〈100〉硅表面不同势垒高度(单位为 eV)下的比接触电阻
计算值(引自参考文献 86)

表 3.5 不同半导体的金属欧姆接触工艺(引自参考文献 88)

半导体	金属	半导体	金属
n-Ge	Ag-Al-Sb, Al, Al-Au-P, Au, Bi, Sb, Sn, Pb-Sn	p-Ge	Ag, Al, Au, Cu, Ga, Ga-In, In, Al-Pd, Ni, Pt, Sn
n-Si	Ag, Al, Al-Au, Ni, Sn, In, Ge-Sn, Sb, Au-Sb, Ti, TiN	p-Si	Ag, Al, Al-Au, Au, Ni, Pt, Sn, In, Pb, Ga, Ge, Ti, TiN

半导体	金属	半导体	金属
n-GaAs	Au(.88) Ge(.12)-Ni，Ag-Sn，Ag(.95)In(.05)-Ge	p-GaAs	Au(.84)Zn(.16)，Ag-In-Zn，Ag-Zn
n-GaP	Ag-Te-Ni，Al，Au-Si，Au-Sn，In-Sn	p-GaP	Au-In，Au-Zn，Ga，In-Zn，Zn，Ag-Zn
n-GaAsP	Au-Sn	p-GaAsP	Au-Zn
n-GaAlAs	Au-Ge-Ni	p-GaAlAs	Au-Zn
n-InAs	Au-Ge，Au-Sn-Ni，Sn	p-InAs	Al
n-InGaAs	Au-Ge，Ni	p-InGaAs	Au-Zn，Ni
n-InP	Au-Ge，In，Ni，Sn	p-InP	
n-InSb	Au-Sn，Au-In，Ni，Sn	p-InSb	Au-Ge
n-CdS	Ag，Al，Au，Au-In，Ga，In，Ga-In		
n-GdTe	In	p-CdTe	Au，In-Ni，Indalloy 13，Pt，Rh
n-ZnSe	In，In-Ga，Pt，InHg		
n-SiC	W	p-SiC	Al-Si，Si，Ni

对于先进的集成电路，器件进一步小型化，器件电流密度通常也增加，这不仅要求小的欧姆电阻而且要求小的接触面积。随着器件的缩小，制作良好的欧姆接触面临更大的挑战。总的接触电阻为

$$R = \frac{R_c}{A} \tag{129}$$

但是，这个表达式只适应于流过整个面积的电流密度是均匀的情形。需要指出的是，电阻的两个附加部分的实际条件是非常重要的，对于图 3.41(a)所示的一个小接触半径 r，与欧姆接触串联的扩展电阻为[89]

$$R_{sp} = \frac{\rho}{2\pi r}\arctan\left(\frac{2h}{r}\right) \tag{130}$$

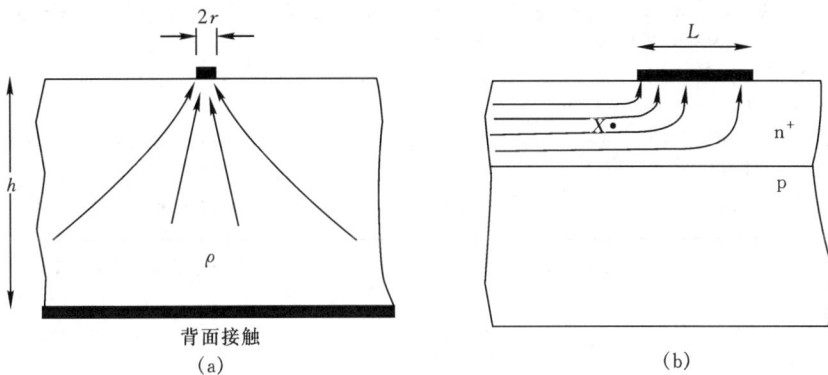

图 3.41　(a) $r \ll h$ 时，r 为接触半径，小接触下的电流模式；(b)在水平扩散薄层上制作接触的电流模式，电流流向接触的前边缘

对于大的 r/h，扩展电阻接近体电阻 $\rho h/A$，当欧姆接触制作在横向扩散层上（图 3.41(b)，例如 MOSFET 的情形），X 点（接触的前边缘）与金属接触之间的总电阻为[90]

$$R = \frac{\sqrt{R_\square R_c}}{W} \coth\left(L \sqrt{\frac{R_\square}{R_c}} \right) \tag{131}$$

式中 $R_\square$ 为扩散层的薄层电阻（$\Omega/\square$）。这个表达式考虑了流过接触的非均匀电流密度（电流密集）和薄层电阻自身对电阻的贡献，可以看到当 $R_\square \to 0$ 时，式（131）简化为式（129）。

参考文献

1. F. Braun, "Über die Stromleitung durch Schwefelmetalle," *Ann. Phys. Chem.*, **153**, 556 (1874).

2. J. C. Bose, U.S. Patent 775,840 (1904).

3. A. H. Wilson, "The Theory of Electronic Semiconductors," *Proc. R. Soc. Lond. Ser. A*, **133**, 458 (1931).

4. W. Schottky, "Halbleitertheorie der Sperrschicht," *Naturwissenschaften*, **26**, 843 (1938).

5. N. F. Mott, "Note on the Contact between a Metal and an Insulator or Semiconductor," *Proc. Cambr. Philos. Soc.*, **34**, 568 (1938).

6. H. A. Bethe, "Theory of the Boundary Layer of Crystal Rectifiers," *MIT Radiat. Lab. Rep.*, 43-12 (1942).

7. H. K. Henisch, *Rectifying Semiconductor Contacts*, Clarendon, Oxford, 1957.

8. E. H. Rhoderick and R. H. Williams, *Metal-Semiconductor Contacts*, 2nd Ed., Clarendon, Oxford, 1988.

9. E. H. Rhoderick, "Transport Processes in Schottky Diodes," in K. M. Pepper, Ed, *Inst. Phys. Conf. Ser.*, No. 22, Institute of Physics, Manchester, England, 1974, p. 3.

10. V. L. Rideout, "A Review of the Theory, Technology and Applications of Metal-Semiconductor Rectifiers," *Thin Solid Films*, **48**, 261 (1978).

11. R. T. Tung, "Recent Advances in Schottky Barrier Concepts," *Mater. Sci. Eng. R.*, **35**, 1 (2001).

12. H. B. Michaelson, "Relation between an Atomic Electronegativity Scale and the Work Function," *IBM J. Res. Dev.*, **22**, 72 (1978).

13. G. I. Roberts and C. R. Crowell, "Capacitive Effects of Au and Cu Impurity Levels in Pt *n*-type Si Schottky Barriers," *Solid-State Electron.*, **16**, 29 (1973).

14. A. M. Cowley and S. M. Sze, "Surface States and Barrier Height of Metal-Semiconductor Systems," *J. Appl. Phys.*, **36**, 3212 (1965).

15. J. Bardeen, "Surface States and Rectification at a Metal Semiconductor Contact," *Phys. Rev.*, **71**, 717 (1947).

16. C. A. Mead and W. G. Spitzer, "Fermi-Level Position at Metal-Semiconductor Interfaces," *Phys. Rev.*, **134**, A713 (1964).

17. D. Pugh, "Surface States on the ⟨111⟩ Surface of Diamond," *Phys. Rev. Lett.*, **12**, 390 (1964).

18. W. E. Spicer, P. W. Chye, C. M. Garner, I. Lindau, and P. Pianetta, "The Surface Electronic Structure of III-V Compounds and the Mechanism of Fermi Level Pinning by Oxygen (Passivation) and Metals (Schottky Barriers)," *Surface Sci.*, **86**, 763 (1979).

19. W. E. Spicer, I. Lindau, P. Skeath, C. Y. Su, and P. Chye, "Unified Mechanism for Schottky-Barrier Formation and III-V Oxide Interface States," *Phys. Rev. Lett.*, **44**, 420 (1980).

20. L. Pauling, *The Nature of The Chemical Bond*, 3rd Ed., Cornell University Press, Ithaca, New York, 1960.

21. S. Kurtin, T. C. McGill, and C. A. Mead, "Fundamental Transition in Electronic Nature of Solids," *Phys. Rev. Lett.*, **22**, 1433 (1969).

22. S. P. Murarka, *Silicides for VLSI Applications*, Academic Press, New York, 1983.

23. G. Ottaviani, K. N. Tu, and J. W. Mayer, "Interfacial Reaction and Schottky Barrier in Metal-Silicon Systems," *Phys. Rev. Lett.*, **44**, 284 (1980),

24. J. M. Andrews, *Extended Abstracts*, Electrochem. Soc. Spring Meet., Abstr. 191 (1975), p. 452.

25. S. M. Sze, C. R. Crowell, and D. Kahng, "Photoelectric Determination of the Image Force Dielectric Constant for Hot Electrons in Schottky Barriers," *J. Appl. Phys.*, **35**, 2534 (1964).

26. C. D. Salzberg and G. G. Villa, "Infrared Refractive Indexes of Silicon Germanium and Modified Selenium Glass," *J. Opt. Soc. Am.*, **47**, 244 (1957).

27. J. M. Shannon, "Reducing the Effective Height of a Schottky Barrier Using Low-Energy Ion Implantation," *Appl. Phys. Lett.*, **24**, 369 (1974).

28. J. M. Shannon, "Increasing the Effective Height of a Schottky Barrier Using Low-Energy Ion Implantation," *Appl. Phys. Lett.*, **25**, 75 (1974).

29. J. M. Andrews, R. M. Ryder, and S. M. Sze, "Schottky Barrier Diode Contacts," U.S. Patent 3,964,084 (1976).

30. J. M. Shannon, "Control of Schottky Barrier Height Using Highly Doped Surface Layers," *Solid-State Electron.*, **19**, 537 (1976).

31. C. R. Crowell, "The Richardson Constant for Thermionic Emission in Schottky Barrier Diodes," *Solid-State Electron.*, **8**, 395 (1965).

32. C. R. Crowell and S. M. Sze, "Current Transport in Metal-Semiconductor Barriers," *Solid-State Electron.*, **9**, 1035 (1966).

33. C. R. Crowell and S. M. Sze, "Electron-Optical-Phonon Scattering in the Emitter and Collector Barriers of Semiconductor-Metal-Semiconductor Structures," *Solid-State Electron.*, **8**, 979 (1965).

34. C. W. Kao, L. Anderson, and C. R. Crowell, "Photoelectron Injection at Metal-Semiconductor Interface," *Surface Sci.*, **95**, 321 (1980).

35. C. R. Crowell and S. M. Sze, "Quantum-Mechanical Reflection of Electrons at Metal-Semiconductor Barriers: Electron Transport in Semiconductor-Metal-Semiconductor Structures," *J. Appl. Phys.*, **37**, 2685 (1966).

36. C. Y. Chang and S. M. Sze, "Carrier Transport across Metal-Semiconductor Barriers," *Solid-State Electron.*, **13**, 727 (1970).

37. J. M. Andrews and M. P. Lepselter, "Reverse Current-Voltage Characteristics of Metal-Silicide Schottky Diodes," *Solid-State Electron.*, **13**, 1011 (1970).

38. C. R. Crowell and M. Beguwala, "Recombination Velocity Effects on Current Diffusion and Imref in Schottky Barriers," *Solid-State Electron.*, **14**, 1149 (1971).

39. F. A. Padovani and R. Stratton, "Field and Thermionic-Field Emission in Schottky Barriers," *Solid-State Electron.*, **9**, 695 (1966).

40. A. Y. C. Yu and E. H. Snow, "Minority Carrier Injection of Metal-Silicon Contacts," *Solid-State Electron.*, **12**, 155 (1969).

41. D. L. Scharfetter, "Minority Carrier Injection and Charge Storage in Epitaxial Schottky Barrier Diodes," *Solid-State Electron.*, **8**, 299 (1965).

42. H. C. Card, "Tunnelling MIS Structures," *Inst. Phys. Conf. Ser.*, **50**, 140 (1980).

43. M. Y. Doghish and F. D. Ho, "A Comprehensive Analytical Model for Metal-Insulator-Semiconductor (MIS) Devices," *IEEE Trans. Electron Dev.*, **ED-39**, 2771 (1992).

44. C. R. Crowell, J. C. Sarace, and S. M. Sze, "Tungsten-Semiconductor Schottky-Barrier

Diodes," *Trans. Met. Soc. AIME*, **233**, 478 (1965).

45. M. P. Lepselter and S. M. Sze, "Silicon Schottky Barrier Diode with Near-Ideal *I-V* Characteristics," *Bell Syst. Tech. J.*, **47**, 195 (1968).

46. J. M. Andrews and F. B. Koch, "Formation of NiSi and Current Transport across the NiSi-Si Interface," *Solid-State Electron.*, **14**, 901 (1971).

47. K. Chino, "Behavior of Al-Si Schottky Barrier Diodes under Heat Treatment," *Solid-State Electron.*, **16**, 119 (1973).

48. A. M. Goodman, "Metal-Semiconductor Barrier Height Measurement by the Differential Capacitance Method—One Carrier System," *J. Appl. Phys.*, **34**, 329 (1963).

49. M. Beguwala and C. R. Crowell, "Characterization of Multiple Deep Level Systems in Semiconductor Junctions by Admittance Measurements," *Solid-State Electron.*, **17**, 203 (1974).

50. C. R. Crowell, W. G. Spitzer, L. E. Howarth, and E. Labate, "Attenuation Length Measurements of Hot Electrons in Metal Films," *Phys. Rev.*, **127**, 2006 (1962).

51. R. H. Fowler, "The Analysis of Photoelectric Sensitivity Curves for Clean Metals at Various Temperatures," *Phys. Rev.*, **38**, 45 (1931).

52. C. R. Crowell, S. M. Sze, and W. G. Spitzer, "Equality of the Temperature Dependence of the Gold-Silicon Surface Barrier and the Silicon Energy Gap in Au *n*-type Si Diodes," *Appl. Phys. Lett.*, **4**, 91 (1964).

53. J. 0. McCaldin, T. C. McGill, and C. A. Mead, "Schottky Barriers on Compound Semiconductors: The Role of the Anion," *J. Vac. Sci. Technol.*, **13**, 802 (1976).

54. J. M. Andrews, "The Role of the Metal-Semiconductor Interface in Silicon Integrated Circuit Technology," *J. Vac. Sci. Technol.*, **11**, 972 (1974).

55. A. G. Milnes, *Semiconductor Devices and Integrated Electronics*, Van Nostrand, New York, 1980.

56. *Properties of Silicon*, INSPEC, London, 1988.

57. *Properties of Gallium Arsenide*, INSPEC, London, 1986. 2nd Ed., 1996.

58. G. Myburg, F. D. Auret, W. E. Meyer, C. W. Louw, and M. J. van Staden, "Summary of Schottky Barrier Height Data on Epitaxially Grown *n*- and *p*-GaAs," *Thin Solid Films*, **325**, 181 (1998).

59. N. Newman, T. Kendelewicz, L. Bowman, and W. E. Spicer, "Electrical Study of Schottky Barrier Heights on Atomically Clean and Air-Exposed *n*-InP (110) Surfaces," *Appl. Phys. Lett.*, **46**, 1176 (1985).

60. J. M. Andrews and J. C. Phillips, "Chemical Bonding and Structure of Metal-Semiconductor Interfaces," *Phys. Rev. Lett.*, **35**, 56 (1975).

61. G. J. van Gurp, "The Growth of Metal Silicide Layers on Silicon," in H. R. Huff and E. Sirtl, Eds., *Semiconductor Silicon 1977*, Electrochemical Society, Princeton, New Jersey, 1977, p. 342.

62. I. Ohdomari, K. N. Tu, F. M. d'Heurle, T. S. Kuan, and S. Petersson, "Schottky-Barrier Height of Iridium Silicide," *Appl. Phys. Lett.*, **33**, 1028 (1978).

63. J. L. Saltich and L. E. Terry, "Effects of Pre- and Post-Annealing Treatments on Silicon Schottky Barrier Diodes," *Proc. IEEE*, **58**, 492 (1970).

64. A. K. Sinha, "Electrical Characteristics and Thermal Stability of Platinum Silicide-to-Silicon Ohmic Contacts Metallized with Tungsten," *J. Electrochem. Soc.*, **120**, 1767 (1973).

65. A. K. Sinha, T. E. Smith, M. H. Read, and J. M. Poate, "*n*-GaAs Schottky Diodes Metallized with Ti and Pt/Ti," *Solid-State Electron.*, **19**, 489 (1976).

66. Y. Itoh and N. Hashimoto, "Reaction-Process Dependence of Barrier Height between Tungsten Silicide and *n*-Type Silicon," *J. Appl. Phys.*, **40**, 425 (1969).

67. R. Tung, "Epitaxial Silicide Contacts," in R. Hull, Ed., *Properties of Crystalline Silicon*,

INSPEC, London, 1999.

68. For general references on vacuum deposition, see L. Holland, *Vacuum Deposition of Thin Films*, Chapman & Hall, London, 1966; A. Roth, *Vacuum Technology*, North-Holland, Amsterdam, 1976.

69. R. E. Honig, "Vapor Pressure Data for the Solid and Liquid Elements," *RCA Rev.*, **23**, 567 (1962).

70. D. T. Young and J. C. Irvin, "Millimeter Frequency Conversion Using Au-n-type GaAs Schottky Barrier Epitaxy Diode with a Novel Contacting Technique," *Proc. IEEE.*, **53**, 2130 (1965).

71. D. Kahng and R. M. Ryder, "Small Area Semiconductor Devices," U.S. Patent 3,360,851 (1968).

72. A. Y. C. Yu and C. A. Mead, "Characteristics of Al-Si Schottky Barrier Diode," *Solid-State Electron.*, **13**, 97 (1970).

73. N. G. Anantha and K. G. Ashar, *IBM J. Res. Dev.*, **15**, 442 (1971).

74. C. Rhee, J. L. Saltich, and R. Zwernemann, "Moat-Etched Schottky Barrier Diode Displaying Near Ideal *I-V* Characteristics," *Solid-State Electron.*, **15**, 1181 (1972).

75. J. L. Saltich and L. E. Clark, "Use of a Double Diffused Guard Ring to Obtain Near Ideal *I-V* Characteristics in Schottky-Barrier Diodes," *Solid-State Electron.*, **13**, 857 (1970).

76. K. J. Linden, "GaAs Schottky Mixer Diode with Integral Guard Layer Structure," *IEEE Trans. Electron Dev.*, **ED-23**, 363 (1976).

77. A. Rusu, C. Bulucea, and C. Postolache, "The Metal-Overlap-Laterally-Diffused (MOLD) Schottky Diode," *Solid-State Electron.*, **20**, 499 (1977).

78. D. J. Coleman Jr., J. C, Irvin, and S. M. Sze, "GaAs Schottky Diodes with Near-Ideal Characteristics," *Proc. IEEE*, **59**, 1121 (1971).

79. K. Tada and J. L. R. Laraya, "Reduction of the Storage Time of a Transistor Using a Schottky-Barrier Diode," *Proc. IEEE*, **55**, 2064 (1967).

80. J. C. Irvin and N. C. Vanderwal, "Schottky-Barrier Devices," in H. A. Watson, Ed., *Microwave Semiconductor Devices and Their Circuit Applications*, McGraw-Hill, New York, 1968.

81. N. C. Vanderwal, "A Microwave Schottky-Barrier Varistor Using GaAs for Low Series Resistance," *Tech. Dig. IEEE IEDM*, (1967).

82. M. McColl and M. F. Millea, "Advantages of Mott Barrier Mixer Diodes," *Proc. IEEE*, **61**, 499 (1973).

83. C. Y. Chang, Y. K. Fang, and S. M. Sze, "Specific Contact Resistance of Metal-Semiconductor Barriers," *Solid-State Electron.*, **14**, 541 (1971).

84. A. Y. C. Yu, "Electron Tunneling arid Contact Resistance of Metal-Silicon Contact Barriers," *Solid-State Electron.*, **13**, 239 (1970).

85. C. R. Crowell and V. L. Rideout, "Normalized Thermionic-Field (T-F) Emission in Metal-Semiconductor (Schottky) Barriers," *Solid-State Electron.*, **12**, 89 (1969).

86. K. K. Ng and R. Liu, "On the Calculation of Specific Contact Resistivity on ⟨100⟩ Si," *IEEE Trans. Electron Dev.*, **ED-37**, 1535 (1990).

87. V. L. Rideout, "A Review of the Theory and Technology for Ohmic Contacts to Group III-V Compound Semiconductors," *Solid-State Electron.*, **18**, 541 (1975).

88. S. S. Li, *Semiconductor Physical Electronics*, Plenum Press, New York, 1993.

89. R. H. Cox and H. Strack, "Ohmic Contacts for GaAs Devices," *Solid-State Electron.*, **10**, 1213 (1967).

90. H. Murrmann and D. Widmann, "Current Crowding on Metal Contacts to Planar Devices," *IEEE Trans. Electron Dev.*, **ED-16**, 1022 (1969).

习题

1. 画出掺杂浓度为 (a)10^{15} cm^{-3} (b)10^{17} cm^{-3} 和 (c)10^{18} cm^{-3} 的 n 型 GaAs 金属-半导体接触的导带和费米能级的能带图,势垒高度($q\phi_{Bn0}$)为 0.80 eV。

2. 对于施主浓度为 2.8×10^{16} cm^{-3} 的 Au-n-Si 金属-半导体接触,什么使热平衡时的肖特基势垒降低? 相应的降低位置如何? 势垒高度($q\phi_{Bn0}$)为 0.80 eV。

3. 推导式(72),给出推导过程详细步骤。

4. 求出势垒高度为 $\phi_{Bn} = 0.80$ V 的 Au-Si 肖特基二极管小注入条件下的少子电流密度及注入比,已知 n 型硅的电阻率为 1 Ω·cm,少子寿命 $\tau_p = 100$ μs。

5. 基于 Chang 和 Sze 的文献[*Solid-State Electron*. 13,727(1970)]的理论结果,求出肖特基接触的理想度因子,已知 77 K 时 $N_D = 10^{18}$ cm^{-3}。

6. 推导式(42),求出当 $p_1 > n_2$ 和 $ap_1 \gg Wn_2$ 时 ϕ'_B 的极限。

7. 300 K 时,肖特基二极管和 p-n 结二极管的反向饱和电流分别为 5×10^{-8} A 和 10^{-12} A,两个二极管相互串联,由一个大小为 0.5 mA 的固定电流驱动,求二极管上的总电压。

8. (a)求出图 3.30 所示的 W-GaAs 肖特基势垒的势垒高度和施主浓度;
   (b)与图 3.25 所示的由饱和电流密度为 5×10^{-7} A 得到的势垒高度进行比较,假设 $A^{**} = 4$ A/cm^{2}K^2;
   (c)如果势垒高度有差别,这个差别与肖特基势垒降低有关吗?

9. 对于一个金属-n-Si 接触,由光电法测量得到的势垒高度为 0.65 V,用 *C-V* 法测量中得到的电压交叉点位于 0.5 V 处,求出均匀掺杂硅衬底的掺杂浓度。

10. Au-n-GaAs 肖特基势垒二极管的电容由 $1/C^2 = 1.57 \times 10^{15} - 2.12 \times 10^{15}$ V 给出,C 的单位为 μF,V 的单位为 V,二极管的面积为 0.1 cm^2,计算内建电势、势垒高度和掺杂浓度。

11. 在厚度为 0.5 μm 的 n 型外延层上制作的 Pd-GaAs 接触的正向偏置截止频率为 370 GHz,如果圆形接触面积为 1.96×10^{-7} cm^2,求出正向偏置条件下的耗尽层宽度。

12. 欧姆接触的面积为 10^{-6} cm^2,制作在 $N_D = 3 \times 10^{20}$ cm^{-3} 的 n 型硅上,势垒高度 ϕ_{Bn} 为 0.8 V,电子有效质量 $m_n^* = 0.26m_0$,求出当有 1 A 的正向电流流过时,在接触上的电压降落。
   (提示:流过接触的电流可以表示为 $I = I_0 \exp[-C_2(\phi_{Bn} - V)/\sqrt{N_D}]$,式中 I_0 为常数,且 $C_2 \equiv 4\sqrt{m_n^* \varepsilon_s}/h$)。

第 4 章

金属-绝缘体-半导体电容

4.1 引言

金属-绝缘体-半导体(MIS)电容是研究半导体表面最为有用的器件结构。因为所有半导体器件的可靠性和稳定性均与它们的表面状态有着密不可分的关系,故借助 MIS 电容了解表面物理对器件的工作而言十分重要。本章我们主要介绍金属-氧化物-硅(MOS)系统。因与大多数硅平面器件和集成电路有着直接的联系,该系统得到了广泛的研究。

MIS 结构由 Moll[1]、Pfann 与 Garrett[2] 于 1959 年作为一种电压控制变容管(可变电容器)首先提出的,随后 Frank[3] 和 Lindner[4] 对其特性作了分析,1960 年 Ligenza 和 Spitzer 在硅表面热生长 SiO_2,得到了第一个成功的 MIS 结构[5],这个创新的实验很快导致了 Kahng 和 Atalla[6] 报道了第一个 MOSFET,此后,Terman[7]、Lehovec 和 Slobodskoy[8] 对 SiO_2-Si 系统作了更进一步的研究。对于 MOS 电容全面和深入的讨论可参阅 Nicollian 与 Brews[9] 所著的《MOS 物理和工艺》(*MOS Physics and Technology*)一书。Si-SiO_2 系统到目前为止仍是最理想和最实用的 MIS 结构。

4.2 理想 MIS 电容

金属-绝缘体-半导体(MIS)结构示于图 4.1,图中,d 为绝缘层厚度,V 为外加电压。本章

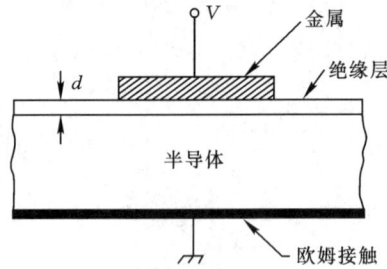

图 4.1　金属-绝缘体-半导体(MIS)电容的最简单的结构

采用下述习惯用法:当金属板相对于半导体而言为正向偏置时,电压 V 为正。

　　不加偏压时的理想 MIS 结的能带图示于图 4.2,图中画出了 n 型和 p 型半导体的情形。理想 MIS 电容定义如下:第一,任何偏置条件下,电荷仅存在于半导体内及靠近绝缘层的金属表面上,它们数值相等、符号相反,也就是说,不存在界面陷阱和其它氧化层电荷;第二,在直流偏置条件下,没有通过绝缘体的载流子输运,即绝缘体的电阻率为无穷大;最后,为了简化,假设选择的金属功函数 ϕ_m 和半导体功函数之间的差为零,或 $\phi_{ms}=0$,借助于图 4.2,上述条件等效于:

$$\phi_{ms} \equiv \phi_m - \left(\chi + \frac{E_g}{2q} - \psi_{Bn}\right) = \phi_m - (\chi + \phi_n) = 0, \quad \text{对于 n 型} \tag{1a}$$

$$\phi_{ms} \equiv \phi_m - \left(\chi + \frac{E_g}{2q} + \psi_{Bp}\right) = \phi_m - \left(\chi + \frac{E_g}{q} - \phi_p\right) = 0, \quad \text{对于 p 型} \tag{1b}$$

χ 和 χ_i 分别为半导体和绝缘体的电子亲合势,ψ_{Bn}、ψ_{Bp} 为以带隙中线为参考的费米势,ϕ_n 和 ϕ_p 为以带边为参考的费米势。换句话说,没有外加电压时,能带是平的(平带状态)。本节将介绍理想 MIS 电容理论,它是理解实际 MIS 结构和研究半导体表面物理的基础。

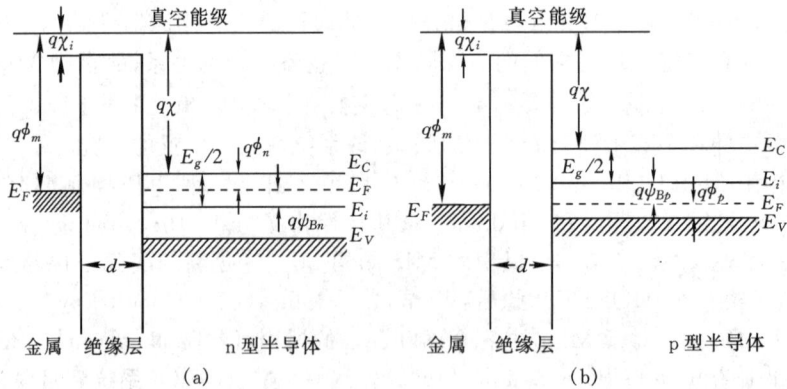

图 4.2　理想 MIS 电容平衡时($V=0$)时的能带图
(a)n 型半导体;(b)p 型半导体

　　当理想 MIS 电容加正向和反向偏压时,在半导体表面基本上存在三种情况(图 4.3)。首先考虑 p 型半导体,当金属板加负电压($V<0$)时,半导体表面附近价带顶向上弯曲并接近于费米能级(图 4.3(a),对理想的 MIS 电容,这种情况下没有电流流过(或 $dE_F/dx=0$),所以在

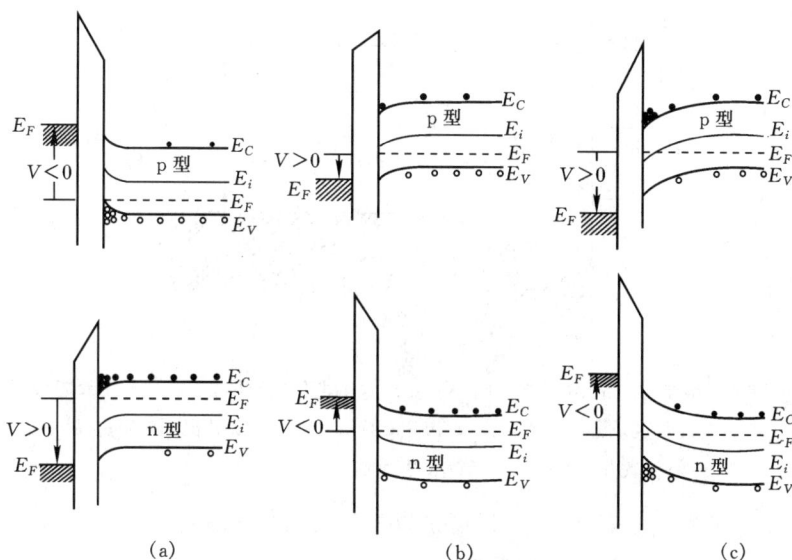

图 4.3　理想 MIS 电容在不同偏压下的能带图。上图和下图分别为 p 型半导体和 n 型半导体衬底
(a)积累;(b)耗尽;(c)反型

半导体中费米能级保持水平。因为载流子浓度与能量差($E_F - E_V$)呈指数关系,能带向上弯曲
使得多数载流子(空穴)在半导体表面附近积累,这就是**积累**状态。当施加小的正电压($V > 0$)
时,能带向下弯曲,多数载流子耗尽(图 4.3(b)),为**耗尽**状态。当施加大的正电压时,能带更
加向下弯曲,以致本征费米能级 E_i 和费米能级 E_F 在表面附近相交(图 4.3(c)),此时,表面处
的电子(少数载流子)数大于空穴数,表面反型,这就是**反型**状态。对于 n 型半导体,能够得到
类似的结果,但电压极性对于 n 型半导体应相应改变。

4.2.1　表面空间电荷区

本节将推导表面势、空间电荷和电场之间的关系。然后应用这些关系式,在下一节中推导
理想的 MIS 结构的电容-电压特性。

图 4.4 表示出 p 型半导体表面更为细致的能带图,电势 $\psi_p(x)$ 定义为 $E_i(x)/q$ 相对于半
导体体内的电势,即

$$\psi_p(x) \equiv -\frac{[E_i(x) - E_i(\infty)]}{q} \tag{2}$$

在半导体表面,$\psi_p(0) = \psi_s$,ψ_s 称为表面势。电子和空穴浓度与 ψ_p 的关系如下:

$$n_p(x) = n_{po} \exp\left(\frac{q\psi_p}{kT}\right) = n_{po} \exp(\beta\psi_p) \tag{3a}$$

$$p_p(x) = p_{po} \exp\left(\frac{-q\psi_p}{kT}\right) = p_{po} \exp(-\beta\psi_p) \tag{3b}$$

这里,当能带向下弯曲时,ψ_p 为正(如图 4.4 所示),n_{po} 和 p_{po} 分别为半导体体内的电子和空穴
的平衡浓度,$\beta \equiv q/kT$。在半导体表面,电子和空穴的浓度为

$$n_p(0) = n_{po} \exp(\beta\psi_s) \tag{4a}$$

$$p_p(0) = p_{po} \exp(-\beta\psi_s) \tag{4b}$$

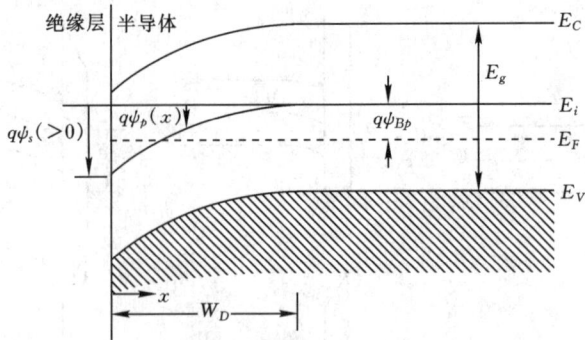

图 4.4　p 型半导体表面的能带图,势能 $q\psi_p$ 相对于半导体体内本征费米能级 E_i 进行量度,图示的表面势 ψ_s 为正,当 $\psi_s < 0$ 时,发生积累,当 $\psi_{Bp} > \psi_s > 0$ 时,发生耗尽,当 $\psi_s > \psi_{Bp}$ 时,发生反型

根据前面的讨论并借助上述表达式,可以区别以下各表面势区域:

$\psi_s < 0$　　空穴积累(能带向上弯曲)

$\psi_s = 0$　　平带状态

$\psi_{Bp} > \psi_s > 0$　　空穴耗尽(能带向下弯曲)

$\psi_s = \psi_{Bp}$　　费米能级位于禁带中央,$E_F = E_i(0)$, $n_p(0) = p_p(0) = n_i$

$2\psi_{Bp} > \psi_s > \psi_{Bp}$　　弱反型[电子增强,$n_p(0) > p_p(0)$]

$\psi_s > 2\psi_{Bp}$　　强反型[$n_p(0) > p_{po}$ 或 N_A]

通过求解一维泊松方程,可得到电势 $\psi_p(x)$ 与距离的关系为

$$\frac{\mathrm{d}^2\psi_p}{\mathrm{d}x^2} = -\frac{\rho(x)}{\varepsilon_s} \tag{5}$$

式中 $\rho(x)$ 为总的空间电荷密度,

$$\rho(x) = q(N_D^+ - N_A^- + p_p - n_p) \tag{6}$$

式中 N_D^+ 和 N_A^- 分别为电离施主浓度和电离受主浓度。在远离表面的半导体内,电中性条件成立,因而 $\psi_p(\infty) = 0$,有 $\rho(x) = 0$ 及

$$N_D^+ - N_A^- = n_{po} - p_{po} \tag{7}$$

因而,耗尽区待求解的泊松方程为

$$\frac{\mathrm{d}^2\psi_p}{\mathrm{d}x^2} = -\frac{q}{\varepsilon_s}(n_{po} - p_{po} + p_p - n_p)$$

$$= -\frac{q}{\varepsilon_s}\{p_{po}[\exp(-\beta\psi_p) - 1] - n_{po}[\exp(\beta\psi_p) - 1]\} \tag{8}$$

将从式(8)表面向体内积分[10],

$$\int_0^{\mathrm{d}\psi_p/\mathrm{d}x} \left(\frac{\mathrm{d}\psi_p}{\mathrm{d}x}\right)\mathrm{d}\left(\frac{\mathrm{d}\psi_p}{\mathrm{d}x}\right) = \frac{-q}{\varepsilon_s}\int_0^{\psi_p}\{p_{po}[\exp(-\beta\psi_p) - 1] - n_{po}[\exp(\beta\psi_p) - 1]\}\mathrm{d}\psi_p \tag{9}$$

得到电场($\mathscr{E} \equiv -\mathrm{d}\psi_p/\mathrm{d}x$)和电势 ψ_p 之间的关系:

$$\mathscr{E}^2 = \left(\frac{2kT}{q}\right)^2\left(\frac{qp_{po}\beta}{2\varepsilon_s}\right)\left\{[\exp(-\beta\psi_p) + \beta\psi_p - 1] + \frac{n_{po}}{p_{po}}[\exp(\beta\psi_p) - \beta\psi_p - 1]\right\} \tag{10}$$

引入下面缩略形式,

$$L_D \equiv \sqrt{\frac{kT\varepsilon_s}{p_{po}q^2}} \equiv \sqrt{\frac{\varepsilon_s}{qp_{po}\beta}} \tag{11}$$

$$F\left(\beta\psi_p, \frac{n_{po}}{p_{po}}\right) \equiv \sqrt{\left[\exp(-\beta\psi_p) + \beta\psi_p - 1\right] + \frac{n_{po}}{p_{po}}\left[\exp(\beta\psi_p) - \beta\psi_p - 1\right]} \geqslant 0 \tag{12}$$

式中, L_D 称作空穴的非本征德拜长度[注意, $n_{po}/p_{po} = \exp(-2\beta\psi_{Bp})$]。

因此,电场为

$$\mathcal{E}(x) = \pm\frac{\sqrt{2}kT}{qL_D}F\left(\beta\psi_p, \frac{n_{po}}{p_{po}}\right) \tag{13}$$

$\psi_p > 0$ 时,上式取正号, $\psi_p < 0$ 时,取负号。为确定表面处的电场 $\mathcal{E}_s$,令 $\psi_p = \psi_s$,得

$$\mathcal{E}_s = \pm\frac{\sqrt{2}kT}{qL_D}F\left(\beta\psi_s, \frac{n_{po}}{p_{po}}\right) \tag{14}$$

运用高斯定律,由表面电场可以推导出单位面积总的空间电荷为

$$Q_s = -\varepsilon_s\mathcal{E}_s = \mp\frac{\sqrt{2}\varepsilon_s kT}{qL_D}F\left(\beta\psi_s, \frac{n_{po}}{p_{po}}\right) \tag{15}$$

室温下,对于 $N_A = 4\times10^{15}$ cm^{-3} 的 p 型硅,空间电荷密度 Q_s 随表面势 ψ_s 变化的典型关系示于图 4.5。当 ψ_s 为负时, Q_s 为正,对应于积累区, F 函数由式(12)中的第一项决定,即 $Q_s \propto \exp(q|\psi_s|/2kT)$;当 $\psi_s = 0$ 时,得到平带条件, $Q_s = 0$;当 $2\psi_B > \psi_s > 0$ 时, Q_s 为负,得到耗尽和弱反型情形, F 函数由第二项决定,即 $Q_s \propto \sqrt{\psi_s}$;当 $\psi_s > 2\psi_B$ 时,为强反型, F 函数由第四项决定,即 $Q_s \propto \exp(q\psi_s/2kT)$。注意,强反型开始时的表面势为

$$\psi_s(\text{强反型}) \approx 2\psi_{Bp} \approx \frac{2kT}{q}\ln\left(\frac{N_A}{n_i}\right) \tag{16}$$

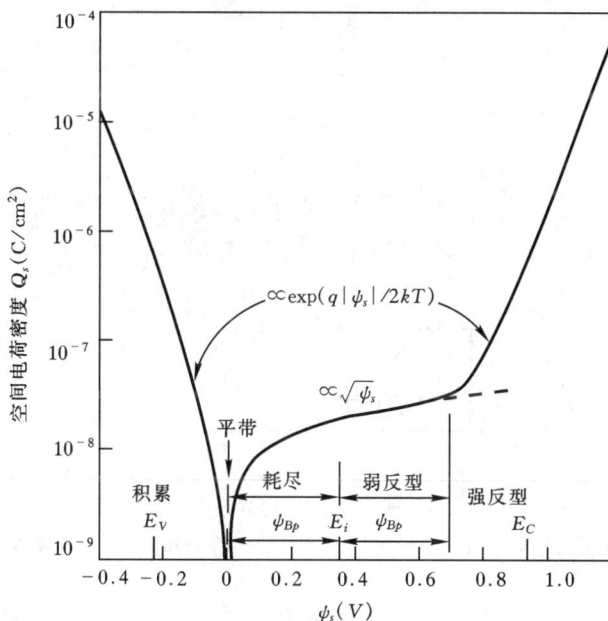

图 4.5　室温下,对于 $N_A = 4\times10^{15}$ cm^{-3} 的 p 型硅,半导体空间
电荷密度随表面势 ψ_s 的变化

4.2.2　理想 MIS 电容曲线

图 4.6(a)表示出理想 MIS 结构的能带图,除了在反型区外,能带弯曲与图 4.4 相同。电荷分布示于图 4.6(b),为使系统保持电中性,要求

$$Q_M = -(Q_n + qN_AW_D) = -Q_s \tag{17}$$

式中,Q_M 为金属表面单位面积的电荷,Q_n 为半导体表面附近反型层内单位面积的电子电荷,qN_AW_D 为耗尽层宽度 W_D 的空间电荷区内单位面积的电离受主电荷,Q_s 为半导体内单位面积的总电荷。对泊松方程进行一次和二次积分分别得到电场和电势分布,示于图 4.6(c)和 4.6(d)中。

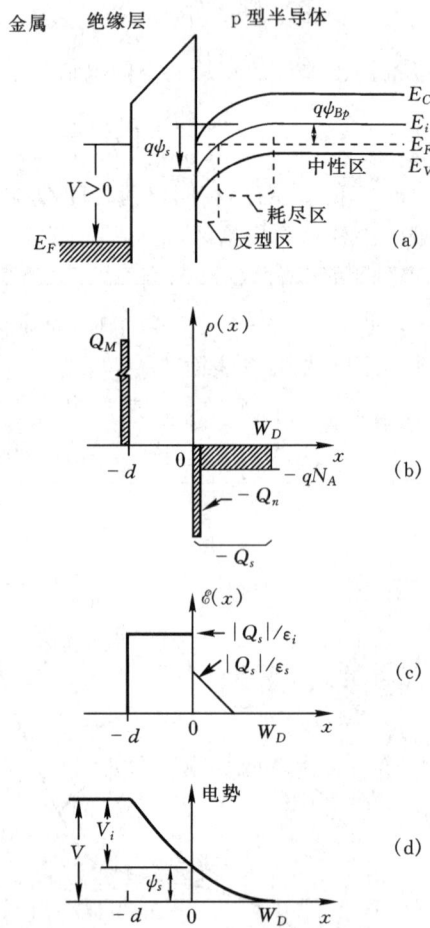

图 4.6　理想 MIS 电容强反型时的
(a)能带图;(b)电荷分布;(c)电场分布;(d)电势分布(相对于半导体体内)

显然不考虑功函数差时,一部分外电压加在绝缘体上,另一部分加在半导体上,因而有

$$V = V_i + \psi_s \tag{18}$$

式中 V_i 为绝缘体上的电压(图 4.6(c)),为

$$V_i = \mathcal{E}_i d = \frac{|Q_s|\, d}{\varepsilon_i} = \frac{|Q_s|}{C_i} \tag{19}$$

系统的总电容 C 为绝缘体电容 C_i 与半导体耗尽层电容 C_D 的串联：

$$C_i = \frac{\varepsilon_i}{d} \tag{20}$$

$$C = \frac{C_i C_D}{C_i + C_D} \tag{21}$$

当绝缘体厚度 d 已知时，C_i 值为常数，对应于系统的最大电容。但是半导体的电容 C_D 不仅取决于偏压(或 ψ_s)，它还是测量频率的函数。图 4.7 给出了不同频率和电压扫描率下的 C-V 特性曲线，曲线的变化主要在反型时出现，特别是在强反型时。图 4.7 还给出了不同条件下，相应的表面势。对于理想的 MIS 电容(不考虑功函数差)，平带发生在 $V=0$ 处，此时 $\psi_s=0$，耗尽时，对应的表面势从 $\psi_s=0$ 到 $\psi_s=\psi_{Bp}$ 变化，在 $\psi_s=\psi_{Bp}$ 时，弱反型开始，在 $\psi_s=2\psi_{Bp}$ 时，强反型开始，最小的低频电容 $C_{\min}$ 发生在上述两点之间。

低频电容　半导体耗尽层电容为半导体一侧总的净电荷(式(15))对半导体表面势的微分，

$$C_D \equiv \frac{\mathrm{d}Q_s}{\mathrm{d}\psi_s} = \frac{\varepsilon_s}{\sqrt{2}L_D}\, \frac{1-\exp(-\beta\psi_s)+(n_{po}/p_{po})[\exp(\beta\psi_s)-1]}{F(\psi_s, n_{po}/p_{po})} \tag{22}$$

这个电容可由图 4.5 的斜率形象表示。将式(18)~式(22)结合起来，可以完整地描述图 4.7 曲线(a)所示的理想低频 C-V 曲线。

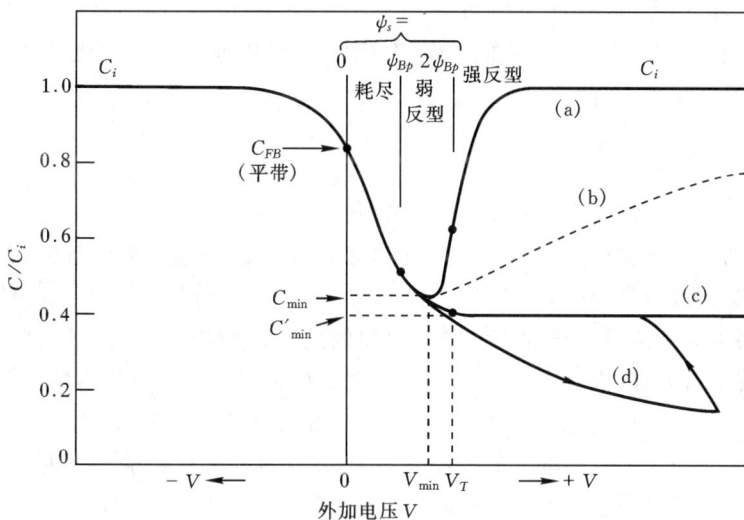

图 4.7　MIS C-V 曲线，电压相对于 p 型半导体加在金属上
(a)低频曲线；(b)中等频率曲线；(c)高频曲线；(d)高频且电压快速变化(深耗尽曲线)，假设平带电压在 $V=0$ 处

　　我们从左侧(负的电压和 ψ_s)开始描述这条低频曲线，左侧为空穴积累时的情形，有大的半导体微分电容，其结果是，总电容接近于绝缘体电容；当负电压降为零时，为平带状态，即 $\psi_s=0$，因为 F 函数趋近于零，C_D 需从式(22)中将指数项展开为级数形式，可以得到

$$C_D（平带）= \frac{\varepsilon_s}{L_D} \tag{23}$$

平带时总的电容由式(21)和式(23)式可得

$$C_{FB}(\psi_s = 0) = \frac{\varepsilon_i \varepsilon_s}{\varepsilon_s d + \varepsilon_i L_D} = \frac{\varepsilon_i \varepsilon_s}{\varepsilon_s d + \varepsilon_i \sqrt{kT\varepsilon_s/N_A q^2}} \tag{24}$$

式中，ε_i 和 ε_s 分别为绝缘体和半导体的介电常数，L_D 为式(11)给出的非本征德拜长度。

可以看出，在耗尽和弱反型条件下，即 $2\psi_{Bp} > \psi_s > kT/q$ 时，F 函数(式(12))可以简化为

$$F \approx \sqrt{\beta \psi_s} \quad (2\psi_{Bp} > \psi_s > kT/q) \tag{25}$$

由此，空间电荷密度(式(15))可以简化为

$$Q_s = \sqrt{2\varepsilon_s q p_{po} \psi_s} = q W_D N_A \quad (2\psi_{Bp} > \psi_s > kT/q) \tag{26}$$

类似于耗尽层近似，从式(18)、式(19)和式(26)可以得到耗尽层宽度与端电压的关系，二次方程的解为

$$W_D = \sqrt{\frac{\varepsilon_s^2}{C_{ox}^2} + \frac{2\varepsilon_s V}{q N_D}} - \frac{\varepsilon_s}{C_{ox}} \tag{27}$$

一旦 W_D 已知，就可确定 C_D 和 ψ_s，耗尽层电容(式(22))为

$$C_D = \sqrt{\frac{\varepsilon_s q p_{po}}{2\psi_s}} = \frac{\varepsilon_s}{W_D} \quad (2\psi_{Bp} > \psi_s > kT/q) \tag{28}$$

更进一步提高正向电压，耗尽区继续扩展，可以将其看作是与绝缘体串联的、位于半导体表面附近的介质层，这将导致总电容下降，电容在达到一个最小值后，随电子反型层在表面处的形成再次上升，最小电容和相应的最小电压分别记做 C_{min} 和 V_{min}(图 4.7)。因为 C_i 是固定的，由 C_D 的最小值可以得到 C_{min}，与最小 C_D 对应的 ψ_s 可以通过对式(22)微分，并令其等于零得到，结果得到如下超越方程[9]

$$\sqrt{\cosh(\beta\psi_s - \beta\psi_B)} = \frac{\sinh(\beta\psi_s - \beta\psi_B) - \sinh(-\beta\psi_B)}{\sqrt{N_A/n_i} F(\beta\psi_s, n_{po}/p_{po})} \tag{29}$$

得到 ψ_s 后，C_{min} 和 V_{min} 可以由式(18)~式(22)确定。

注意，电容的增加依赖于电子浓度跟随外加交流信号变化的能力，上面的情况仅在低频下发生。低频下，少数载流子(在本例中为电子)的复合-产生率能够跟得上小信号的变化，与反型层的电荷交换可以与测量信号同步。与耗尽和弱反型时的情况不同，强反型时电荷的增量不再位于耗尽层的边界处，而是在半导体表面出现了反型层导致了大的电容。低频、高频和深耗尽时，半导体一侧电荷增量的位置在图 4.8 中给出。通过实验发现，对于金属 - SiO₂-Si 系统，在 5 Hz~1 kHz 之间[11,12]，电容最依赖于频率，这与硅衬底中载流子的寿命和热产生率有关。高频时，MOS C-V 测量曲线在强反型时电容没有增加，如图 4.7 曲线(c)所示。

高频电容　高频电容曲线可以用单边突变 p-n 结[13,14]的类似方法得到。当半导体表面耗尽时，耗尽区内的电离受主为 $(-q N_A W)$，W_D 为耗尽区宽度，对泊松方程进行积分，得到耗尽区电势分布为

$$\psi_p(x) = \psi_s \left(1 - \frac{x}{W_D}\right)^2 \tag{30}$$

式中的表面势 ψ_s 为

$$\psi_s = \frac{q N_A W_D^2}{2\varepsilon_s} \tag{31}$$

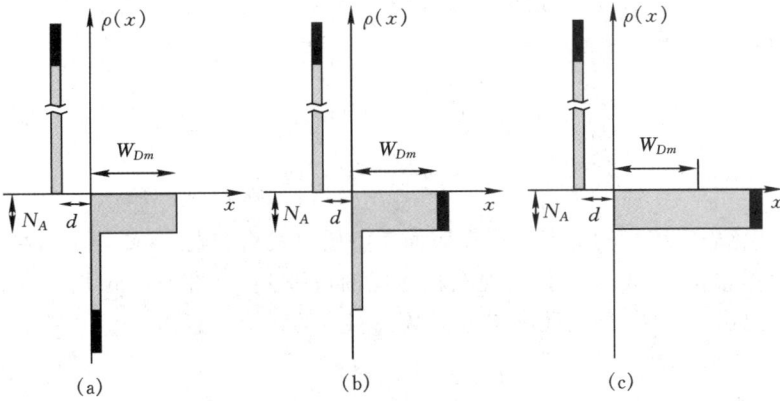

图 4.8　强反型时,电容与小信号频率和静态扫描率的关系,示出电荷增量的位置(黑色区域)
(a)低频;(b)高频;(c)高频且扫描率很快(深耗尽 $W_D > W_{Dm}$)

当外电压增加时,ψ_s 和 W_D 也随之增加,最后发生强反型。如图 4.5 所示,强反型在 $\psi_s \approx 2\psi_B$ 处开始,一旦强反型发生,耗尽层宽度达到最大。当能带向下弯曲足够大,使得 $\psi_s = 2\psi_B$ 时,反型层就有效屏蔽了电场向半导体内的进一步渗透,当能带弯曲有很小的增加(对应于耗尽层宽度的很小增加)时,可以使反型层内的电荷密度有较大的增加,稳态条件下耗尽区的最大宽度 W_{Dm} 由式(16)得到

$$W_{Dm} \approx \sqrt{\frac{2\varepsilon_s \psi_s(强反型)}{qN_A}} \approx \sqrt{\frac{4\varepsilon_s kT\ln(N_A/n_i)}{q^2 N_A}} \tag{32}$$

对于 Si 和 GaAs,W_{Dm} 与杂质浓度之间的关系示于图 4.9,对 p 型半导体,图中的 N 等于 N_A,对 n 型半导体,N 等于 N_D。这种最大耗尽层宽度的现象对 MIS 结构是唯一的,在 p-n 结或肖特基势垒中是不会发生的。

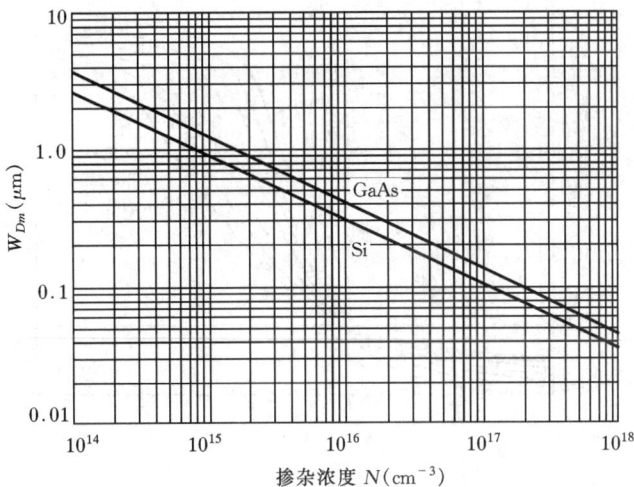

图 4.9　强反型时半导体 Si 和 GaAs 的最大耗尽层宽度与杂质浓度的关系

　　另一感兴趣的量是所谓的开启电压或阈值电压 V_T ,在此电压下半导体发生强反型,由式(18)并适当地替换,得到

$$V_T = \frac{|Q_s|}{C_i} + 2\psi_{Bp}$$

$$= \frac{\sqrt{2\varepsilon_s q N_A (2\psi_{Bp})}}{C_i} + 2\psi_{Bp} \tag{33}$$

注意,即使是变化非常缓慢的静态电压在表面反型层引发附加电荷,高频小信号对于少数载流子而言变化也是很快的,增量电荷出现在耗尽层的边缘上,如图 4.8(b) 所示。耗尽层电容简单地由 ε_i / W_D 给出,得到与最大耗尽层宽度 W_{Dm} 对应的最小电容为

$$C'_{\min} = \frac{\varepsilon_i \varepsilon_s}{\varepsilon_s d + \varepsilon_i W_{Dm}} \tag{34}$$

　　已对不同的氧化层厚度和半导体掺杂浓度计算出金属- SiO_2-Si 系统的理想 C-V 曲线[15]。图 4.10(a) 给出了 p 型硅的典型 C-V 曲线,注意,当氧化膜变薄时,电容变化量增加,而且曲线

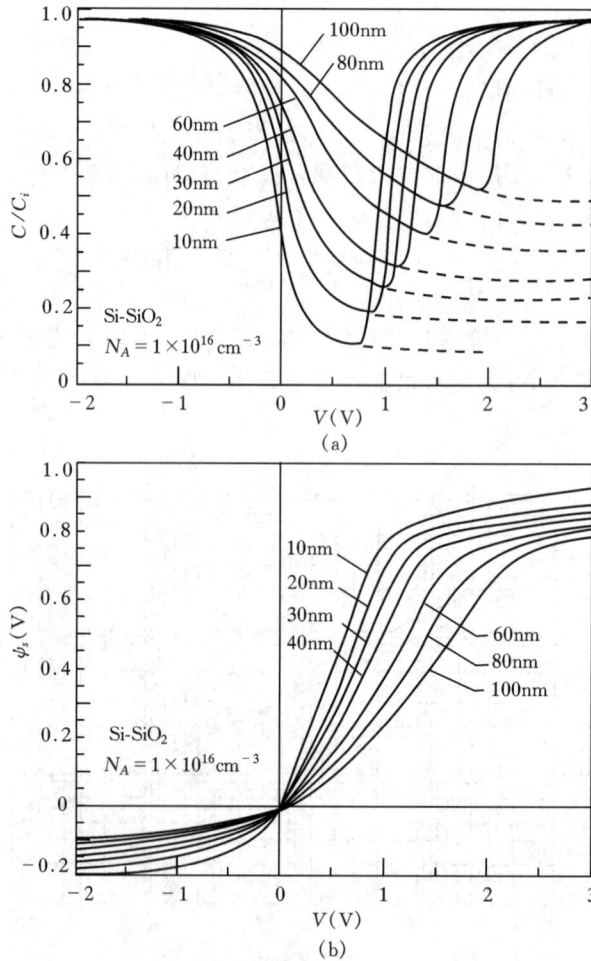

图 4.10　(a)不同氧化层厚度下理想 MOS C-V 曲线,实线为
　　　　低频曲线,虚线为高频曲线;(b)表面势 ψ_s 与外加电
　　　　压的关系(引自参考文献 15)

变得更加陡峭,使得阈值电压 V_T 减小。图 4.10(b)示出了同一系统的 ψ_s 与外加电压的关系,类似的,对于薄氧化层,ψ_s 的调节更为有效。

经过计算,C_{FB}、C_{min}、C'_{min}、V_T 和 V_{min} 等关键参数示于图 4.11 中。以下各节将采用这些理想的 MIS 曲线与实验结果进行比较,以了解实际的 MIS 系统。仅改变电压轴的符号,即可转换为 n 型硅的情形。如欲转换为其它绝缘体,则须按 SiO_2 与其它绝缘体的介电常数之比改变氧化层厚度,

$$d_c = d_i \frac{\varepsilon_i(SiO_2)}{\varepsilon_i(\text{绝缘体})} \tag{35}$$

式中,d_c 为这些曲线所采用的等效 SiO_2 厚度,d_i 和 ε_i 为新绝缘体的厚度和介电常数。对于其它半导体材料,可根据式(24)～式(33)作出与图 4.10 类似的 MIS 曲线。

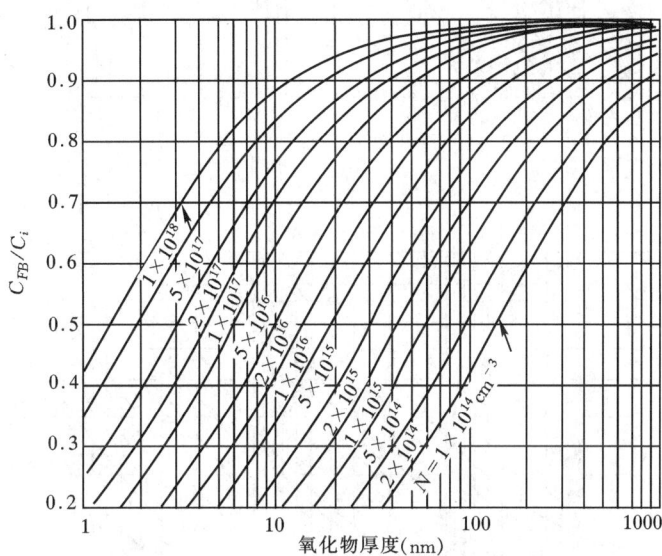

(a)

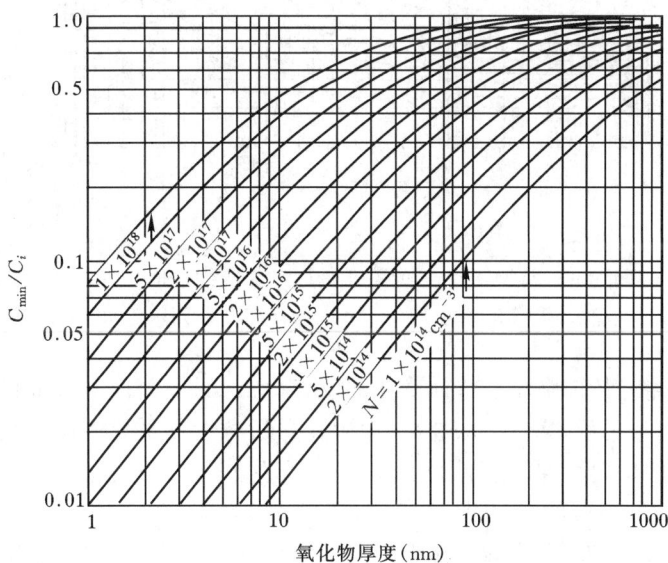

(b)

(c)

(d)

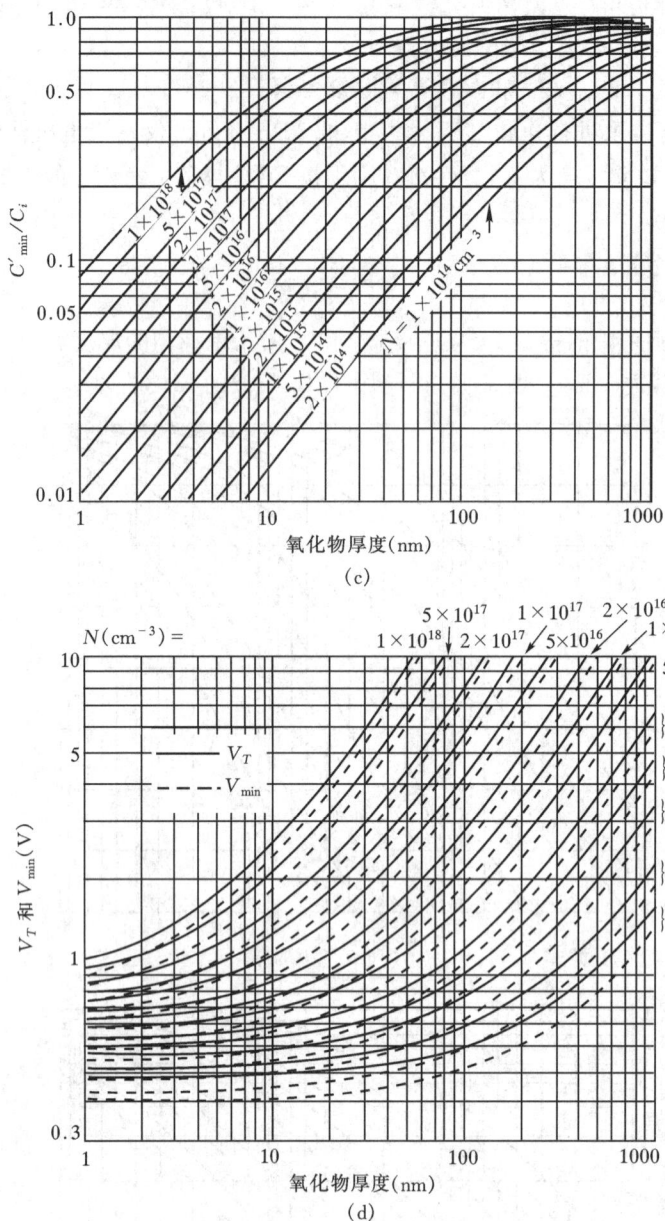

图 4.11　理想 SiO_2-Si MOS 电容的关键参数与掺杂浓度和氧化层厚度的关系

(a)平带电容(归一化)；(b)低频 C_{min}(归一化)；(c)高频 C'_{min}(归一化)；(d)V_T 和低频 V_{min}

　　高频时,加上使半导体向强反型方向变化的快速电压扫描,即使对于大信号变化,半导体也没有足够的时间达到平衡,将发生深耗尽,此时耗尽层宽度比平衡时的最大耗尽层宽度大,这是 CCD 器件被大的偏置脉冲驱动时的工作状态,将在 13.6 节讨论。为了比较,将耗尽层宽度和电荷增量示于图 4.8(c)中,图 4.7 曲线(d)示出电容随偏压持续降低,与 p-n 结或肖特基势垒相似。在更高的电压下,半导体中会发生碰撞电离,后面结合雪崩效应一并讨论。光照下(参见 4.3.5 节),过剩少数载流子很快产生,曲线(d)过渡到曲线(c)。

4.3　硅 MOS 电容

　　在所有的 MIS 电容中,金属–氧化物–硅(MOS)电容最为实用和重要,在此以它为例进行讨论。作为热氧化结果的界面区的化学组分是值得注意的界面图像[9],界面区的化学组分依次为单晶硅、单层 SiO_x(即未完全氧化的硅)、薄的 SiO_2 应变区以及余下的有理想化学配比且无应变的无定形 SiO_2,(当 $x=2$ 时,化合物 SiO_x 有理想化学配比,当 $2>x>1$ 时,没有理想的化学配比)。实际的 MOS 电容中存在界面陷阱和氧化物电荷,它们以一种或多种方式影响着理想 MOS 特性。

　　这些陷阱和电荷的基本分类示于图 4.12 中:(1)界面陷阱密度 D_{it} 和陷阱电荷 Q_{it},它位于 Si-SiO$_2$ 界面上,其能量状态在硅禁带内,并能在短时间内与硅交换电荷。Q_{it} 由电子占据能级的水平或费米能级的高低决定,因此 Q_{it} 与偏压有关,界面陷阱可能由过剩硅(三价硅)、断裂的 Si-H 键、过剩的氧和杂质产生;(2)固定氧化物电荷 Q_f,它位于或接近于界面并且在外电场的作用下不能移动;(3)氧化物陷阱电荷 Q_{ot},这些陷阱电荷可采取诸如 X 射线辐射或热电子注入等方法形成,它们分布于氧化层内;(4)可动离子电荷 Q_m,如钠离子,在偏置–温度应力条件下它们可以在氧化层内移动。

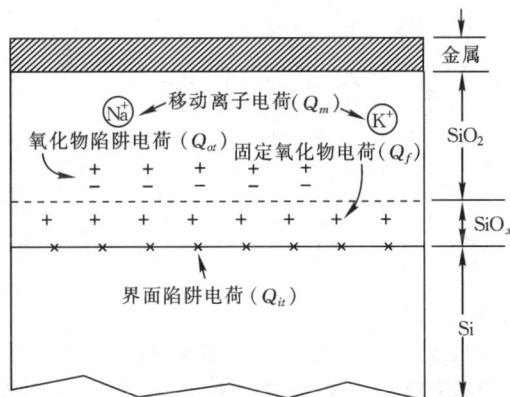

图 4.12　与热氧化的硅相联系的电荷名称(引自参考文献 16)

4.3.1　界面陷阱

　　Tamm[17],Shockley[18] 和其他人[9] 曾对界面陷阱电荷 Q_{it} 进行了研究(历史上界面陷阱也称为界面态、快态或表面态)。由于周期性晶格结构在晶体表面遭到破坏,Q_{it} 存在于禁带内。Shockley 和 Pearson 在表面电导测量实验中发现了 Q_{it} 的存在[19],在超高真空系统中对清洁表面所作的测量证实[20] Q_{it} 很高——为表面原子密度的量级($\approx 10^{15}$ 原子$/cm^2$)。对于现行的在 Si 上热生长 SiO_2 的 MOS 电容,大多数界面陷阱电荷能够通过低温(450℃)氢退火中和掉,总的表面陷阱可以降低到 10^{10} cm^{-2},相当于 10^5 个表面原子有 1 个界面陷阱。

　　与体掺杂类似,原来呈中性的界面陷阱施予(给出)一个电子后带正电,则认为这个界面陷阱是施主,原来为中性的界面陷阱接受一个电子后带负电,为受主界面陷阱。界面陷阱的分布函数类似于第 1 章所讨论的体内杂质能级的分布函数:

对于施主界面陷阱有

$$
\begin{aligned}
F_{SD}(E_t) &= \left[1 - \frac{1}{1 + (1/g_D)\exp[(E_t - E_F)/kT]} \right] \\
&= \frac{1}{1 + g_D \exp[(E_F - E_t)/(kT)]}
\end{aligned}
\tag{36a}
$$

对于受主界面陷阱有

$$
F_{SA}(E_t) = \frac{1}{1 + g_A \exp[(E_t - E_F)/kT]}
\tag{36b}
$$

式中 E_t 为界面陷阱的能量,对于施主,基态简并度(g_D)为 2,对于受主,基态简并度(g_A)为 4。假设每个界面存在上面两种类型的陷阱,一个方便的表示方法是用一个等效的 D_{it} 分布代表它们的和,这时假定存在一个称为中性能级 E_0 的能级,高于这个能级的状态为受主型,低于 E_0 的状态为施主型,如图 4.13 所示。为了计算陷阱电荷,仍然可以假设室温下,高于 E_F 的占据几率为 0,低于 E_F 的占据几率为 1,有了如上的假设,界面陷阱电荷可以简单地计算如下:

$$
\begin{aligned}
Q_{it} &= -q \int_{E_0}^{E_F} D_{it}\, dE, \quad (E_F \text{ 高于 } E_0) \\
&= +q \int_{E_F}^{E_0} D_{it}\, dE, \quad (E_F \text{ 低于 } E_0)
\end{aligned}
\tag{37}
$$

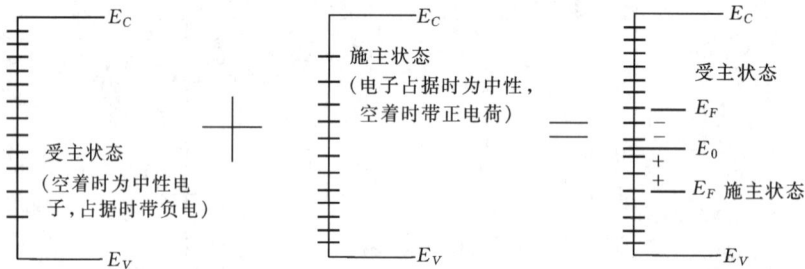

图 4.13 任何一个包括受主态和施主态的界面陷阱都可以用一个具有中性能级 E_0 的等效分布表示,高于这个能级的状态为受主型,低于 E_0 的为施主型,当 E_F 高于(低于)E_0 时,净电荷为-(+)

上述各种电荷均为单位面积的有效净电荷(即 C/cm^2)。由于界面陷阱能级分布在带隙内,它们由界面陷阱密度分布表示,

$$
D_{it} = \frac{1}{q} \frac{dQ_{it}}{dE} \quad \text{陷阱数 } /cm^2 \ eV
$$

这是实验中确定 D_{it} 的基本概念——与 E_F 或表面势 ψ_s 的变化相对应的 Q_{it} 的变化。但是,式(38)只能确定 D_{it} 的大小,不能区分界面陷阱是施主型的还是受主型的。

当外加电压时,费米能级相对于界面陷阱能级向上或向下移动,界面陷阱上的电荷发生变化,这种电荷变化可以影响 MIS 电容并使理想 MIS 曲线形状发生改变。与界面陷阱效应相关的基本等效电路[21]示于图 4.14(a),图中 C_i 和 C_D 分别为绝缘体电容和半导体耗尽层电容,C_{it} 和 R_{it} 为与界面陷阱有关的电容和电阻,二者均为能量的函数。乘积 $C_{it}R_{it}$ 定义为界面陷阱寿命 τ_{it},它决定了界面陷阱的频率特性。图 4.14(a)等效电路中的并联支路可以转换为与频

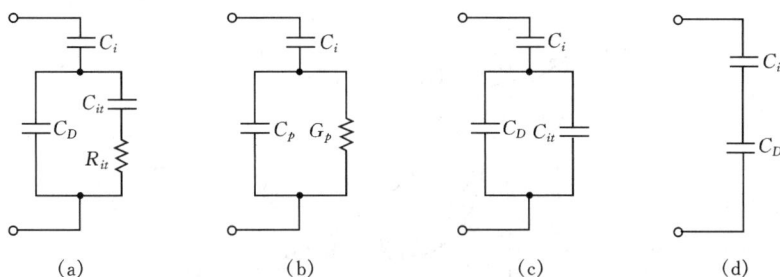

图 4.14 (a)、(b)包含界面陷阱效应 C_{it} 和 R_{it} 的等效电路(引自参考文献 21);
(c)低频极限;(d)高频极限

率有关的电容 C_p 和与频率有关的电导 G_p 的并联,如图 4.14(b)所示,

$$C_p = C_D + \frac{C_{it}}{1 + \omega^2 \tau_{it}^2} \tag{39}$$

且

$$\frac{G_p}{\omega} = \frac{C_{it} \omega \tau_{it}}{1 + \omega^2 \tau_{it}^2} \tag{40}$$

低频极限和高频极限下的等效电路也示于图 4.14 中,低频极限下 R_{it} 为零,C_D 与 C_{it} 并联,高频极限下,C_{it}-R_{it} 支路可以忽略或呈开路状态,这在物理上意味着陷阱充放电不够快,跟不上信号的变化。这两种情况下的总的端电容(低频 C_{LF},高频 C_{HF})为

$$C_{LF} = \frac{C_i(C_D + C_{it})}{C_i + C_D + C_{it}} \tag{41}$$

$$C_{HF} = \frac{C_i C_D}{C_i + C_D} \tag{42}$$

这些表达式和等效电路对于下面将要讨论的界面陷阱的测量非常重要。

4.3.2 界面陷阱的测量

电容测量或电导测量都可以用来估计界面陷阱密度,因为等效电路中的输入电导和输入电容都包含了相同的界面陷阱信息。后面可以看到,电导技术可以给出更为准确的结果,特别是对于 MOS 电容这样具有较低界面陷阱密度的情况($\approx 10^{10}$ cm^{-2} · eV^{-1}),然而,电容测量却能迅速估算平带移动和总的界面陷阱电荷。

图 4.15(a)定性地给出了有和没有界面陷阱时的高频和低频 C-V 特性,界面陷阱引起的一个显著的效应是曲线沿电压方向的延伸,这是因为需要额外的电荷填充陷阱,为了达到相同的表面势 ψ_s(或能带弯曲),需要更多的电荷或更大的外加电压。图 4.15(b)更为清楚地说明了这一点,图中直接绘制了有和无界面陷阱时 ψ_s 与外加电压的关系,后面可以看到,ψ_s-V 曲线可以用来确定 D_{it}。另一个值得注意的是,在 V_{min} 点之前靠近强反型处,低频和高频曲线之间存在电容差,这个差别与 D_{it} 成正比。

界面陷阱以两种方式影响总电容,第一个直接影响是通过额外的电路元件 C_{it} 和 R_{it},第二个影响作用于 C_D,了解这些影响有助于我们解决问题。对于一个固定的偏压,因为需要一些电荷填充界面陷阱,留在耗尽层内的剩余电荷就减少了,这会减小表面势或能带的弯曲,因为

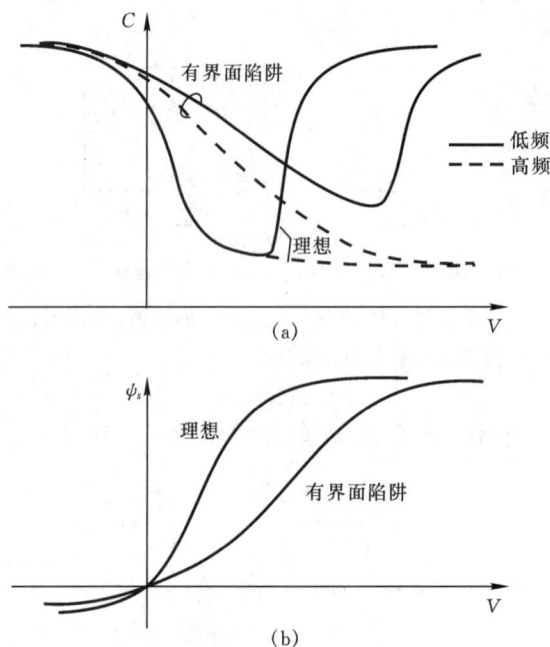

图 4.15　(a)界面陷阱对高频和低频 $C\text{-}V$ 曲线的影响；

(b)外加电压 V 对表面势 ψ_s 的调节效应变小造

成 $C\text{-}V$ 曲线延伸，以 p 型半导体为例

C_D 与 ψ_s 的关系是一定的(式(22)或式(28))，改变 ψ_s 就意味着 C_D 也改变了，这解释了对于高频极限，即使图 4.14(d)的等效电路不包括元件 C_{it}，图 4.15(a)中的高频 $C\text{-}V$ 曲线通过 C_D 仍受到界面陷阱的影响。

观察图 4.15(a)中的四条曲线将会有助于理解确定 D_{it} 时用到的不同的电容方法，一般有三种：(1)低频电容法-比较测量得到的低频曲线和理论理想曲线；(2)高频电容法-比较测量得到的高频电容曲线和理论理想曲线；(3)高-低频电容法-比较测量的低频与高频曲线。

在讨论这些电容测量方法之前，首先推导一些对于所有方法都成立的有用的关系式。先推导 C_{it} 和 D_{it} 的关系，因为 $\mathrm{d}Q_{it}=qD_{it}\mathrm{d}E$ 且 $\mathrm{d}E=q\mathrm{d}\psi_s$，得到

$$C_{it} \equiv \frac{\mathrm{d}Q_{it}}{\mathrm{d}\psi_s} = q^2 D_{it} \tag{43}$$

下面推导 $\psi_s\text{-}V$ 曲线的延伸与界面陷阱的关系，利用图 4.14(c)的低频等效电路，外加电压由氧化层和半导体层分担(式(18))，电压在半导体上的降落 ψ_s 简单地由电容网络的电压分配给出，即

$$\frac{\mathrm{d}\psi_s}{\mathrm{d}V} = \frac{C_i}{C_i + (C_D + C_{it})} \tag{44}$$

将式(43)带入式(44)，得

$$D_{it} = \frac{C_i}{q^2} \left[\left(\frac{\mathrm{d}\psi_s}{\mathrm{d}V} \right)^{-1} - 1 \right] - \frac{C_D}{q^2} \tag{45}$$

如果 $\psi_s\text{-}V$ 关系(图 4.15(b))可以从电容测量中得到，由此关系式可以计算 D_{it}。

高频电容法　Terman[7]首先提出了高频法，等效电路如图 4.14(d)所示，这种方法的优

点是不包括电路元件 C_{it}，由测量的 C_{HF} 通过式(42)直接得到 C_D，一旦 C_D 已知，从理论上就可以计算 ψ_s，ψ_s-V 关系就可以得到，再用式(45)确定 D_{it}。

低频电容法 Berglund[22] 首先用低频电容的积分得到 ψ_s-V 关系，接着从式(45)得到 D_{it}。从建立在图 4.14(c)的低频等效电路基础上的式(44)可得

$$
\begin{aligned}
\frac{\mathrm{d}\psi_s}{\mathrm{d}V} &= \frac{C_i}{C_i + C_D + C_{it}} = 1 - \frac{C_D + C_{it}}{C_i + C_D + C_{it}} \\
&= 1 - \frac{C_{LF}}{C_i}
\end{aligned}
\tag{46}
$$

在两个外加电压之间对式(46)积分，

$$
\psi_s(V_2) - \psi_s(V_1) = \int_{V_1}^{V_2} \left(1 - \frac{C_{LF}}{C_i}\right) \mathrm{d}V + 常数
\tag{47}
$$

式(47)表明，任何外加电压下的表面势可对 $(1-C_{LF}/C_i)$ 值进行积分得到，积分常数可以是积累和强反型的开始点，此时 ψ_s 已知，假设杂质分布已知，C_D 可由式(45)计算得到。低频电容法的缺点是薄氧化层下直流泄漏增加使得测量难度加大。

高-低频电容法 这种方法由 Castagne 和 Vapaille[23] 提出，将高频和低频电容法进行了综合，该方法的优点在于无需用作比较的理论计算，如果杂质分布完全知道，这种计算对于杂质非均匀分布是相当复杂的。由低频和高频极限表达式(式(41)和式(42))，可以得到

$$
\begin{aligned}
C_{it} &= \left(\frac{1}{C_{LF}} - \frac{1}{C_i}\right)^{-1} - C_D \\
&= \left(\frac{1}{C_{LF}} - \frac{1}{C_i}\right)^{-1} - \left(\frac{1}{C_{HF}} - \frac{1}{C_i}\right)^{-1}
\end{aligned}
\tag{48}
$$

确定电容差为 $\Delta C \equiv C_{LF} - C_{HF}$，运用关系式 $D_{it} = C_{it}/q^2$ 可以直接得到每个偏置点下的陷阱密度为

$$
\begin{aligned}
D_{it} &= \frac{C_i}{q^2} \left[\left(\frac{1}{\Delta C/C_i + C_{HF}/C_i} - 1\right)^{-1} - \left(\frac{1}{C_{HF}/C_i} - 1\right)^{-1} \right] \\
&= \frac{\Delta C}{q^2} \left(1 - \frac{C_{HF} + \Delta C}{C_i}\right)^{-1} \left(1 - \frac{C_{HF}}{C_i}\right)^{-1}
\end{aligned}
\tag{49}
$$

从这个表达式可以看到，一阶近似时陷阱密度与电容差 ΔC 成正比，如果确定了 D_{it} 的能量谱，可以用低频电容积分法或高频法确定 ψ_s。

电导法 Nicollian 和 Goetzberger 对电导法进行了详细而全面的研究[24]。电容测量遇到了很大的困难，因为界面陷阱电容必须从实测电容中提取，而实测电容又包括氧化层电容、耗尽层电容和界面陷阱电容等部分。如前所述，电容和电导均为电压和频率的函数，都同样包含有界面陷阱信息。在电容测量中必须计算两个电容之差，因而从实测电容中提取界面陷阱信息会有较大的不精确性，但测量电导并不存在这种困难，因为它与界面陷阱有直接的联系，电导测量能得到更精确和更可靠的结果，特别是热氧化 SiO_2-Si 系统中 D_{it} 很低时的情况。图 4.16表示出在 5 kHz 和 100 kHz 下的实测电容和电导，在该频率范围，最大的电容变化仅有 14%，而电导峰值却变化了一个数量级以上。

图 4.14(b)中的简化等效电路说明了 MIS 电导技术的原理。MIS 电容的阻抗是利用搭在电容两端的电桥测得的，绝缘层电容 C_i 在强积累区测得，将绝缘层电容的电抗从测得的阻抗中减去，再将得到的阻抗换成导纳，留下 C_D 与界面陷阱 $R_{it}C_{it}$ 串联网络相互并联(图 4.14

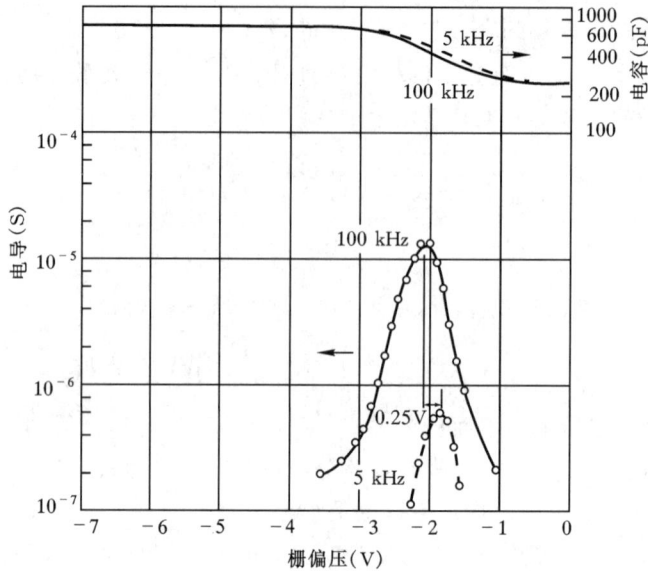

图 4.16　两种频率下的 MIS 电容的电容和电导测量比较，可以
看到，电导比电容对频率更为敏感（引自参考文献 24）

(b))。等效并联电导除以 ω 由式（40）给出，式中不包含 C_D，仅与等效电路的界面陷阱支路有关。将测量的导纳转换为界面陷阱支路的电导的表达式为

$$\frac{G_p}{\omega} = \frac{\omega C_i^2 G_{in}}{G_{in}^2 + \omega^2 (C_i - C_{in})^2} = \frac{C_{it}\omega\tau_{it}}{1 + \omega^2 \tau_{it}^2} \tag{50}$$

其中，最后一项是式（40）的重复。给定一个偏置，可以测量 G_p/ω 与频率的关系，当 $\omega\tau_{it} = 1$ 时，G_p/ω 与 ω 的关系曲线通过一个极大值，直接得到 τ_{it}。G_p/ω 的极大值为 $C_{it}/2$，因此，可从实测电导中，由对 C_i 进行校正后的等效并联电导直接求得 C_{it} 和 τ_{it}（$=R_{it}C_{it}$），一旦已知 C_{it}，应用关系式 $D_{it} = C_{it}/q^2$ 即可得到界面陷阱密度。

　　Si-SiO$_2$ 系统中的典型结果显示[25]，在带隙中央附近，D_{it} 较为恒定，而在趋向导带和价带边缘时 D_{it} 增加。晶向关系特别重要，(100) 方向上的 D_{it} 约比 (111) 晶向上的小一个数量级，这种结果与硅表面上单位面积存在的键有关[26,27]。表 4.1 示出 (111)、(110) 和 (100) 硅晶面的性质，显然 (111) 面单位面积存在的键数最多，(100) 面的键数最少，可以预料，(100) 面的氧化速率最低，对生长薄氧化层最为有利。若假定界面陷阱源自于氧化层中的过剩硅，则氧化速率愈低，过剩硅的数量就愈少，(100) 面应有最小的界面陷阱密度，因而所有现代的硅 MOSFET 均做在 (100) 晶面衬底上。

　　Si-SiO$_2$ 系统的界面陷阱包括很多能级，能级之间靠得很近，不能区分为分立能级。实际上表现为一个在半导体带隙内的连续分布，具有单一时间常数的 MIS 电容的等效电路（图 4.14(a)）应理解为对于某一个偏置或陷阱能级而言。

　　图 4.17 表示出在 (100) 硅衬底上以湿氧生长氧化层制得的 MOS 电容的时间常数 τ_{it} 随表面势（或陷阱能级）的变化，图中，$\overline{\psi_s}$ 为平均表面势（后面将要讨论），这些曲线可用下列表达式拟合：

表 4.1　硅晶面的性质

晶向	晶胞的晶面面积	该面积内的原子数	该面积内的可用键数	原子数/cm²	可用键数/cm²
⟨111⟩	$\sqrt{3}a^2/2$	2	3	7.85×10^{14}	11.8×10^{14}
⟨110⟩	$\sqrt{2}a^2$	4	4	9.6×10^{14}	9.6×10^{14}
⟨100⟩	a^2	2	2	6.8×10^{14}	6.8×10^{14}

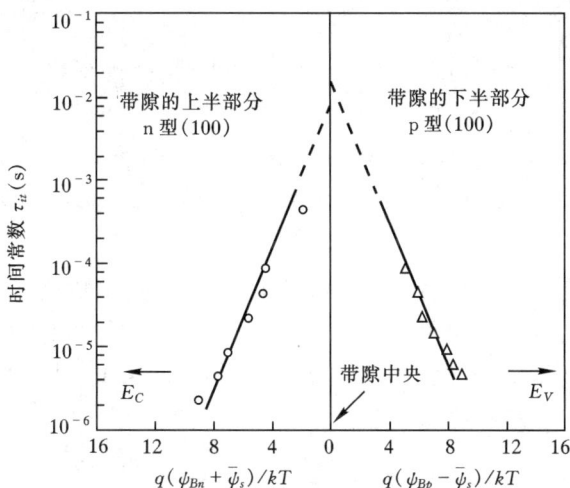

图 4.17　$T=300$ K 时,陷阱时间常数 τ_{it} 随能量的变化(引自参考文献 24)

$$\tau_{it} = \frac{1}{\overline{v}\,\sigma_p n_i}\exp\left[-\frac{q(\psi_{Bp}-\overline{\psi}_s)}{kT}\right], \qquad 对于 p 型 \tag{51a}$$

$$\tau_{it} = \frac{1}{\overline{v}\,\sigma_n n_i}\exp\left[-\frac{q(\psi_{Bn}+\overline{\psi}_s)}{kT}\right], \qquad 对于 n 型 \tag{51b}$$

式中,σ_p 和 σ_n 分别为空穴和电子的俘获截面,$\overline{v}$ 为平均热运动速度。研究结果表明,俘获截面与能量无关,从图 4.17 得到俘获截面[24] $\sigma_p=4.3\times10^{-16}$ cm²,$\sigma_n=8.1\times10^{-16}$ cm²,采用的 $\overline{v}$ 值为:$\overline{v}=10^7$ cm/s。对于(111)晶面的硅,时间常数随表面势的变化类似于(100)晶面,实测俘获截面略小,为 $\sigma_p=2.2\times10^{-16}$ cm²,$\sigma_n=5.9\times10^{-16}$ cm²。

必须考虑包括固定氧化物电荷 Q_f 和界面陷阱电荷 Q_{it} 在内的表面电荷造成的表面势的统计涨落,从式(51b)可知,$\overline{\psi}_S$ 的很小涨落会引起 τ_{it} 的很大变化,假定表面电荷随机分布于界面上,半导体表面电场将在整个界面涨落。图 4.18 给出了 Si-SiO₂ MOS 电容偏置在耗尽和弱反型时的 G_p/ω 与频率的关系的计算值,其中,考虑了因界面陷阱的连续分布和表面电荷(Q_f+Q_{it})的统计(泊松)分布所造成的时间常数的偏差,图中还示出了实验结果(空心圆圈和实心圆圈),实验结果与统计结果符合极好,说明统计模型的重要性。

电荷或电势的涨落的影响也示于图 4.18 中,耗尽时,电势的涨落扩展了频率范围,但不影响峰值频率,它是一个最重要的被提取参数。另一方面,在弱反型时,电势的涨落有着更为重

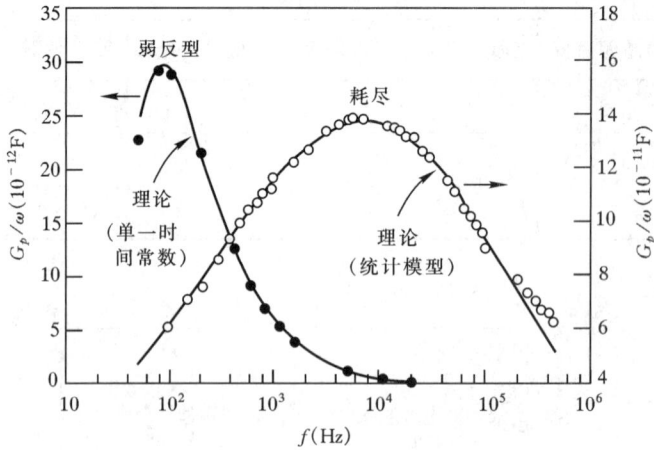

图 4.18　偏置在耗尽区(宽曲线)、弱反型区(窄曲线)Si-SiO₂ MOS
电容的 G_p/ω 与频率的关系,圆圈为实验结果,线条为理
论计算结果(引自参考文献 24)

要的影响,这是因为电势的涨落将会引发某些区域变为耗尽,造成这些区域的电导作用不均匀,所以即使 G_p/ω 不扩展,可以由单一的时间常数表征,但它的值会发生偏离,偏离的大小由电荷涨落的统计特性决定。为了避开这个问题,在耗尽区测量中,可以使用 n 型和 p 型器件,分别在各自一半的带隙上得到陷阱谱。

4.3.3　氧化物电荷和功函数差

氧化物电荷不同于界面陷阱,它包括固定氧化物电荷 Q_f、可动离子电荷 Q_m 和氧化物陷阱电荷 Q_α,如图 4.12 所示,下面将分别讨论。通常来讲,不像界面陷阱电荷,氧化物电荷与偏置无关,它们在栅偏置方向上引起一个平行偏移,如图 4.19(a)所示。由任何一种氧化物电荷引起的平带电压的偏移可由高斯定理给出

$$\Delta V = -\frac{1}{C_i}\left[\frac{1}{d}\int_0^d x\rho(x)\mathrm{d}x\right] \tag{52}$$

式中 $\rho(x)$ 为单位体积的电荷密度。随电荷所处位置的不同,其对电压偏移的影响不同,离氧化层—半导体界面越近,有更大的偏移。正氧化物电荷的影响可在图 4.19(b)~4.19(d)中给予定性的解释,正电荷等效于对半导体有一个附加的正栅偏压,因此需要更负的栅偏压来得到与原始半导体相同的能带弯曲,注意,在新的平带条件下(图 4.19(d))氧化层电场不再为零。

固定氧化物电荷 Q_f 有下列特征:它距 Si-SiO₂ 界面非常近[9],通常是正电荷,它的密度不怎么受氧化层厚度或硅中的杂质类型或浓度的影响,但与氧化、退火条件及硅表面晶向有关。有人提出 Si-SiO₂ 界面附近的过剩硅(三价硅)或失去一个电子的过剩氧中心(非桥接氧)是固定氧化物电荷的来源。在电学测量中,可以认为 Q_f 是位于 Si-SiO₂ 界面的电荷薄层,

$$\Delta V_f = -\frac{Q_f}{C_i} \tag{53}$$

可动离子电荷 Q_m 因偏置条件不同,可在氧化层内来回移动,从而引起电压偏移。增加温度时,偏移量通常增加,严重的是,当栅电压在相反极性间变化时会观察到迟滞现象。Snow 等人首先观察到[28],在热生长 SiO₂ 膜内的碱金属离子,如钠离子,极大影响着氧化物钝化器

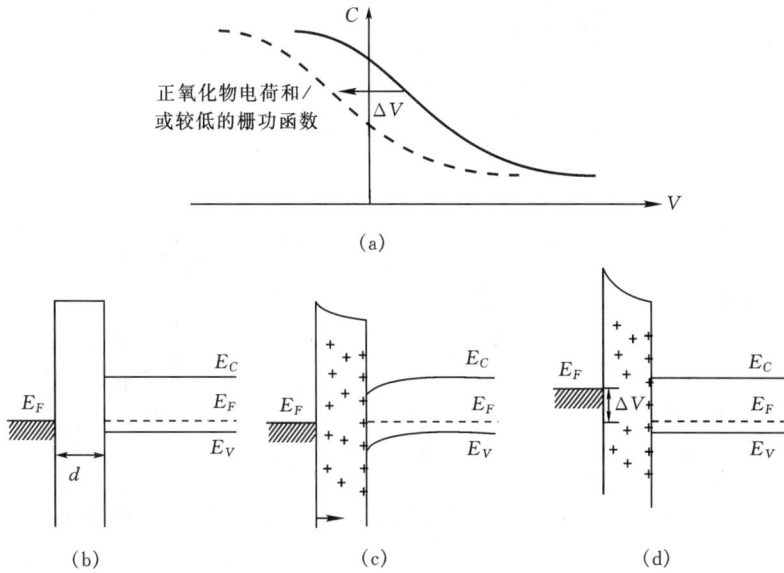

图 4.19　(a)由正氧化物电荷引起的高频 C-V 曲线(p 型半导体上)沿电压轴的
移动；(b)初始时的平带能带图；(c)具有正氧化物电荷时的能带图；(d)
新的平带偏置下的能带图

件的不稳定性,高温、高压下工作的半导体器件的可靠性问题可与碱金属离子的污染联系起来,电压的偏移由式(52)给出,代换为

$$\Delta V_m = -\frac{Q_m}{C_i} \tag{54}$$

式中 Q_m 为 Si-SiO$_2$ 界面处单位面积可动离子的有效净电荷,实际用到的是可动离子体电荷密度 $\rho(x)$。

为了防止在器件寿命期间氧化层的可动离子电荷污染,可采用抗可动离子渗透的保护膜,如采用无定形或微晶氮化硅膜来保护氧化层,对于无定性 Si$_3$N$_4$,钠离子渗透非常少,其它钠离子阻挡层有 Al$_2$O$_3$ 及磷硅玻璃。

氧化物陷阱电荷与 SiO$_2$ 中的缺陷有关。氧化物陷阱最初通常是电中性的,当电子和空穴引入到氧化物内时,氧化物陷阱被充电,任何电流流过氧化层都会引发这种现象(将在下一节讨论),热载流子或光子激发也会引起这种现象。氧化物陷阱电荷引起的电压移动仍可由式(52)得到

$$\Delta V_{ot} = -\frac{Q_{ot}}{C_i} \tag{55}$$

式中 Q_{ot} 为 Si-SiO$_2$ 界面处单位面积的有效净电荷。

所有氧化物电荷引起的总的电压偏移为

$$\Delta V = \Delta V_f + \Delta V_m + \Delta V_{ot} = -\frac{Q_f + Q_m + Q_{ot}}{C_i} \tag{56}$$

功函数差　上述对于理想 MIS 电容的讨论中,曾假设金属和 p 型半导体的功函数差

$$\phi_{ms} \equiv \phi_m - \left(\chi + \frac{E_g}{2q} + \psi_{Bp}\right) \tag{57}$$

为零(图 4.2(b)),若 ϕ_{ms} 值不为零,实测 C-V 曲线就要从理论曲线移动一个量,如图 4.20 所示,这个偏移加上氧化物电荷的影响,净平带电压变为

$$V_{FB} = \phi_{ms} - \frac{Q_f + Q_m + Q_{ot}}{C_i} \tag{58}$$

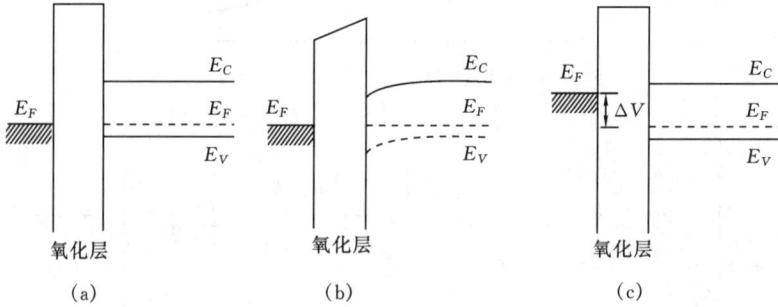

图 4.20 (a)平带,$\phi_{ms} = 0$;(b)较低的栅功函数,零偏置;(c)新的平带偏置下的能带图

图 4.21 示出了不同方法下得到的平带电压与金属功函数的相互关系。Si-SiO₂ 界面的能带可以从电子光发射测量中得到[30],SiO₂ 的带隙约为 9 eV,电子亲合能($q\chi_i$)为 0.9 eV。从不同金属上的光响应与光子能量的关系[29]可知 $h\nu$ 轴上的截距对应于金属-SiO₂ 势垒能量 $q\phi_B$,金属功函数用 ϕ_B 与 χ_i 之和表示(参见图 4.2)。从光响应和电容曲线测量得到的金属功函数相符很好。

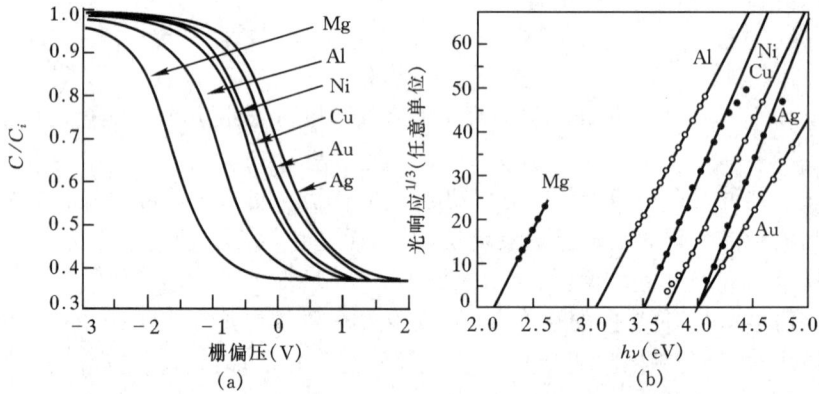

图 4.21 (a)由电容测量得到的平带电压;(b)由光响应得到的势垒高度(引自参考文献 29)

在现代集成电路工艺中,广泛采用重掺杂多晶硅代替 Al 作为栅电极,对于 n⁺ 多晶硅栅,费米能级基本上与导带底重合,有效功函数 ϕ_m 等于 Si 的电子亲合势($\chi_{Si} = 4.05$ V)。对于 p⁺ 多晶硅栅,费米能级与价带顶重合,有效功函数 ϕ_m 等于 χ_{Si} 与 E_g/q 之和(5.08 V)。这是在 MOSFET 中采用多晶硅栅的优点之一,因为同一种材料通过掺杂可以给出不同的功函数,图 4.22 示出了 Al、p⁺ 和 n⁺ 多晶硅栅的功函数差与 Si 掺杂浓度的关系。适当选择栅电极后,n 型硅和 p 型硅表面均可从积累变为反型状态。

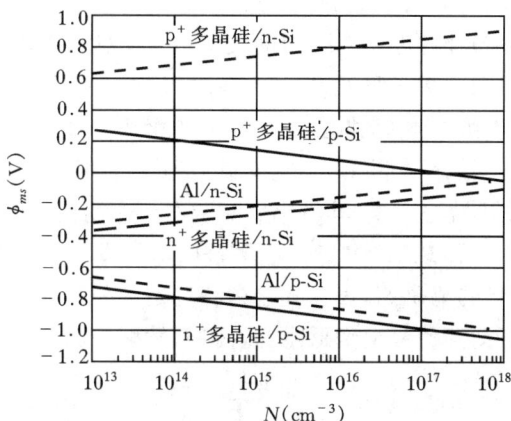

图 4.22　简并多晶硅和 Al 在 p 型和 n 型硅上的功函数差 ϕ_{ms} 与掺杂浓度的关系

4.3.4　载流子输运

在理想的 MIS 电容中,假定绝缘层电导为零,然而当电场或温度足够高时,实际的绝缘层表现出一定程度的载流子导电现象,为了估算某一偏置下绝缘体中的电场,有

$$\mathscr{E}_i = \mathscr{E}_s \left(\frac{\varepsilon_s}{\varepsilon_i} \right) \approx \frac{V}{d} \tag{59}$$

式中,$\mathscr{E}_i$ 和 $\mathscr{E}_s$ 分别为绝缘体和半导体内的电场,ε_i 和 ε_s 为对应的介电常数。该表达式还假定氧化物电荷可以忽略,且平带电压和半导体能带弯曲 ψ_s 与外加电压相比很小。表 4.2 总结了绝缘层内的基本导电过程,还强调了每个过程对电压和温度的依赖关系,此关系常用来在实验中确定准确的导电机制。

表 4.2　绝缘体内的基本导电过程

过程	表达式	与电压和温度的关系
隧穿	$J \propto \mathscr{E}_i^2 \exp\left[-\dfrac{4\sqrt{2m^*}(q\phi_B)^{3/2}}{3q\hbar\mathscr{E}_i} \right]$	$\propto V^2 \exp\left(\dfrac{-b}{V} \right)$
热电子发射	$J = A^{**} T^2 \exp\left[\dfrac{-q(\phi_B - \sqrt{q\mathscr{E}_i/4\pi\varepsilon_i})}{kT} \right]$	$\propto T^2 \exp\left[\dfrac{q}{kT}(a\sqrt{V} - \phi_B) \right]$
Frenkel-Poole 发射	$J \propto \mathscr{E}_i \exp\left[\dfrac{-q(\phi_B - \sqrt{q\mathscr{E}_i/\pi\varepsilon_i})}{kT} \right]$	$\propto V \exp\left[\dfrac{q}{kT}(2a\sqrt{V} - \phi_B) \right]$
欧姆电流	$J \propto \mathscr{E}_i \exp\left(\dfrac{-\Delta E_{ac}}{kT} \right)$	$\propto V \exp\left(\dfrac{-c}{T} \right)$
离子导电	$J \propto \dfrac{\mathscr{E}_i}{T} \exp\left(\dfrac{-\Delta E_{ai}}{kT} \right)$	$\propto \dfrac{V}{T} \exp\left(\dfrac{-d'}{T} \right)$
空间电荷限制	$J = \dfrac{9\varepsilon_i\mu V^2}{8d^3}$	$\propto V^2$

表中:$A^{**} =$ 有效理查逊常数,$\phi_B =$ 势垒高度,$\mathscr{E}_i =$ 绝缘层电场,$\varepsilon_i =$ 绝缘体介电常数,$m^* =$ 有效质量,$d =$ 绝缘层厚度,$\Delta E_{ac} =$ 电子激活能,$\Delta E_{ai} =$ 离子激活能,$V \approx \mathscr{E}_i d$,$a \equiv \sqrt{q/(4\pi\varepsilon_i d)}$,$b,c$ 和 d' 为常数

隧穿是强场下最通常的绝缘层导电机制,隧穿发射是电子波函数穿透势垒的量子力学效应(见1.5.7节)的结果,它与外加电压有强烈的关系但与温度没有固有的关系。由图4.23可知,隧穿可以分为直接隧穿和载流子只通过部分势垒宽度的 Fowler-Nordheim 隧穿[31]。

肖特基发射过程类似于第3章所讨论的过程,穿越金属-绝缘层势垒或绝缘层-半导体势垒的热电子发射引起载流子输运。表4.2中从 ϕ_B 中减去的那一项为镜像力降低(见3.2.4节),$\ln(J/T^2)$ 与 $1/T$ 的关系为一直线,其斜率取决于净势垒高度。

图4.23(d)所示的 Frenkel-Poole 发射[32,33]为被陷电子发射进入导带所致,电子通过热激发脱离陷阱。对于有库仑势的陷阱态,表达式与肖特基发射公式相同,然而势垒高度却是陷阱势阱的深度,正电荷的不可动性使势垒降低量为肖特基发射时的2倍。

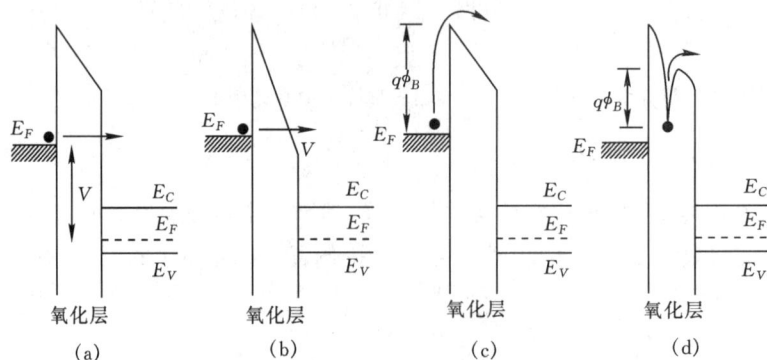

图 4.23　显示导电机制的能带图
(a)直接隧穿;(b)Fowler-Nordheim 隧穿;(c)热电子发射;(d)Frenkel-Poole 发射

在低压、高温条件下,热激发电子从一个孤立态跳到下一个孤立态产生了电流,这种机制得到与温度呈指数关系的欧姆特性。

离子导电类似于扩散过程,通常在外加电场时,直流离子电导率减少,这是由于离子不易注入到绝缘体或从绝缘体内抽出的缘故。在起始电流流过以后,正、负空间电荷将在金属——绝缘体和半导体——绝缘体界面附近建立起来,使电势分布发生畸变,撤除外电场后,仍留下很强的内电场,使得其中的若干离子(并非全部离子)回到它们的平衡态位置,由此在 I-V 曲线上产生滞后效应。

空间电荷限制电流是载流子注入到轻掺杂半导体或绝缘体内而引起的,其中,不存在补偿电荷。对于单极无陷阱情形,电流正比于所加电压的平方,注意这与迁移率机制相关(见1.5.8节),因为绝缘体中的迁移率通常很低。

对于一个超薄绝缘层,隧穿增加的导电机制近似于金属-半导体接触(见3.3.6节),此时,需在半导体表面测量势垒而不是在绝缘体一侧,热电子发射电流要乘以一个隧穿因子。

对于一种给定的绝缘体,在某一温度和电压范围内,上述任一种导电过程均可起主导作用,各种过程也并非彼此完全无关,应仔细加以检验。例如,对于很大的空间电荷效应,发现隧穿特性与肖特基发射十分相似[34]。图4.24示出了三种不同绝缘体 Si_3N_4、Al_2O_3 和 SiO_2 电流密度与 $1/T$ 的关系,导电过程通常被分为三个温度区:高温区(且强电场),电流 J_1 来自 Frenkel-Poole 发射;低温区,导带机制为对温度不敏感的隧穿限制电流(J_2),隧穿电流强烈依赖于势垒高度,与绝缘层带隙有关;中等温度下,电流 J_3 实际上是欧姆电流。

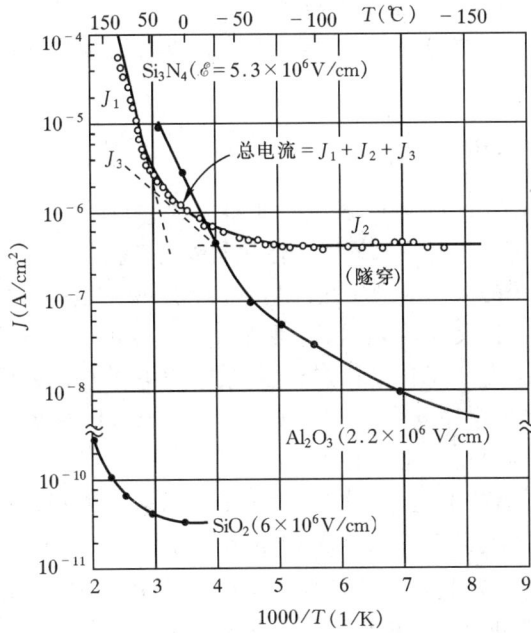

图 4.24　Si_3N_4、Al_2O_3 和 SiO_2 薄膜电流密度与 $1/T$ 的关系

作为一个例子,图 4.25 给出了不同偏置下的各种导电过程,注意相反极性的两条曲线实际上是一致的,其微小的差别(特别是在低场时)主要来源于在金-氮化硅、氮化硅-硅界面上的势垒高度的差别。在高场区,电流与电场的平方根呈指数关系,为 Frenkel-Poole 发射特性,在

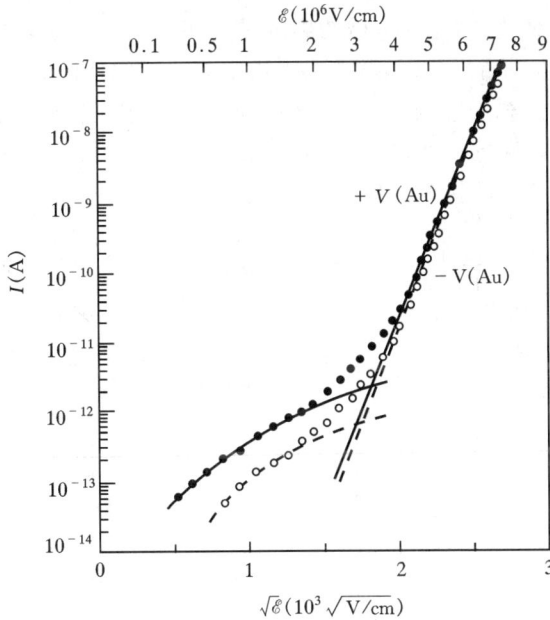

图 4.25　室温下 Au-Si_3N_4-Si 电容的电流-电压特性

低场时为欧姆特性。已经发现,在室温下对于一个给定的电场,电流密度与电场的关系与膜厚、电极材料和电极的极性无关,这些结果强烈说明在肖特基势垒二极管中,电流为体控制而不是电极控制。

4.3.5　非平衡态和雪崩

回到图 4.7(d)所表示的电容曲线,有一个非平衡状态,耗尽层宽度比平衡态时的最大值 W_{Dm} 大,这种状态称为深耗尽。当外加偏压从耗尽向强反型扫过时,在半导体表面需要高浓度的少数载流子,少数载流子的来源受限于热产生率,对于一个快速的电压扫描率,热产生率跟不上所需的少数载流子数目,发生深耗尽,这种现象还可以由图 4.8 所示的电荷位置予以解释。图 4.26(a)示出了深耗尽时的能带图,当放慢或停止电压变化进程、提高温度以获得高的热产生率或者给予光照产生附加电子–空穴对时,平衡状态可以重新恢复。一旦转回平衡态,电场重新分布,大部分电场加在氧化层上。

如果在足够高的偏压驱动下进入深耗尽状态,在半导体一侧可以发生雪崩倍增和击穿(图 4.26(c)),与 p-n 结相似,击穿电压定义为使得电离积分等于 1 的栅电压,从半导体表面到耗尽层边界积分。已有人基于二维模型[38]计算了深耗尽状态下 MOS 电容的雪崩击穿电压,图 4.27 示出了不同掺杂浓度和氧化层厚度下得到的结果,将此图的结果与第 2 章图2.16(a)所示的 p-n 结击穿电压相比,可以看到要获得半导体中相似的电场,MOS 结构需要更大的偏压,因为在氧化层上分有额外的电压。还应指出的是,图 4.27 中有一些有趣的特性,首先击穿电压 V_{DB} 为掺杂浓度的函数,在它再次升高前有一个电压谷,V_{DB} 的降低与 p-n 结的趋势相同,这是因为随掺杂浓度的升高,它们的电场都是增加的,而最低点过后的升高是由于高掺杂下半导体表面在击穿时有更高的电场,引发了氧化层上更大的电压降落,导致了更高的总的端电压;另外对于较低杂质浓度,实际中,MOS 的击穿电压小于 p-n 结的击穿电压,这是因为在研究中考虑了边缘效应,由于二维效应,在栅电极的周边附近,电场较高,使得击穿电压减小。

如图 4.26(c)所示,由于雪崩倍增,载流子注入引起的可靠性成为一个问题[39]。在表面耗尽层中,由雪崩倍增产生的载流子,此例中为电子,将会有足够的能量越过界面能量壁垒,进入氧化层,对于电子注入,势垒为 3.2 eV(即 $q\chi_{Si} - q\chi_i = 4.1 - 0.9$),而对于空穴注入(n 型衬

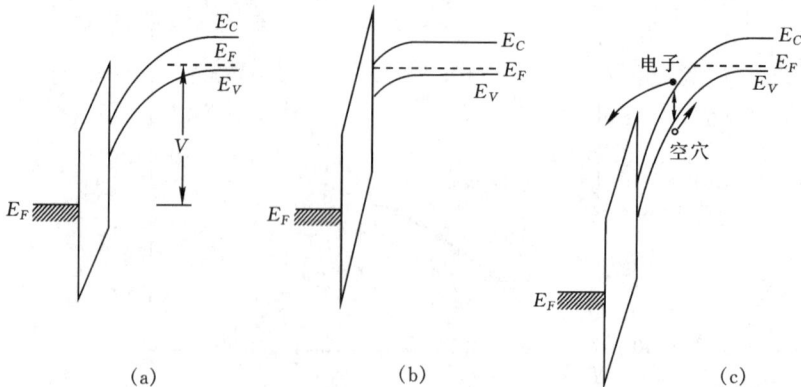

(a)　　　　　　　　　(b)　　　　　　　　　(c)

图 4.26　MOS 电容

(a)深耗尽(非平衡态);(b)平衡态;(c)较高偏置下,深耗尽与电子雪崩注入氧化层

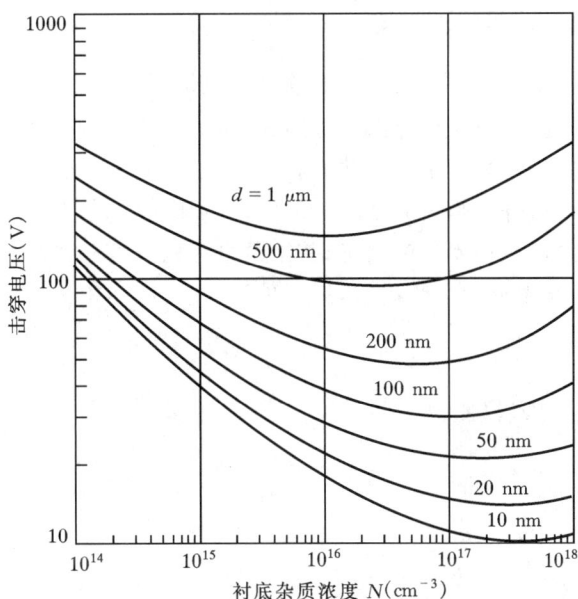

图 4.27 深耗尽状态下,以氧化层厚度为参变量的 MOS 电容
击穿电压与硅掺杂浓度之间的关系,包括边缘效应
引发的击穿降低(引自参考文献 38)

底),为 4.7 eV{即 $[E_g(SiO_2)+q\chi_i]-[E_g(Si)+q\chi_{Si}]$},因为电子的势垒低,电子的注入几率大,热电子进入氧化层时,在氧化层中通常会产生固定电荷、体和界面陷阱[9]。

热载流子或雪崩注入与大多数 MOS 器件的工作密切相关,例如,在 MOSFET 中,沟道载流子可以被源、漏电场加速,使得载流子有足够的能量越过 Si-SiO₂ 界面势垒。因为这些效应使得器件在工作时特性发生变化,因此是不希望出现的。然而另一方面,这些现象也可以应用于非挥发半导体存储器中(见 6.7 节)。

热载流子的另一个来源是电离辐射,如 X 射线[40]或 γ 射线[41],电离辐射使 Si-O 键断裂,在氧化层内产生电子-空穴对,当暴露在辐射之下时,加在氧化层上的电场把产生的载流子赶向相反的方向,电子迅速向正电极漂移,电子的迁移比空穴要大得多,大部分电子流到外电路,空穴向负电极的漂移较为缓慢,有些被陷阱俘获,被俘获的空穴构成了通常可以观测到的辐射感生正氧化物电荷,这些被陷阱俘获的空穴也能引起通常与电离辐射相关的界面陷阱密度的增加[9]。

光照对 MIS 电容曲线的主要影响是当光强增加时,强反型区的电容接近于低频值。有两种基本机制造成了这种现象:第一种是反型层内少数载流子产生时间常数的减少[12],第二种是光子引起的电子-空穴对的产生,使得在恒定外电压下表面势 ψ_s 减少,ψ_s 的减少导致空间电荷层宽度的减少,从而引起电容的相应增加。当测量频率很高时,第二种机制起主导作用,而且对于快速栅扫描(图 4.7 曲线(d))时产生的深耗尽状态,过剩电子-空穴对可以提供载流子维持平衡态,曲线(d)恢复为曲线(c)。

4.3.6 积累和反型层厚度

对于 MIS 电容,最大电容值等于 ε_i/d,这意味着电极两侧的电荷紧靠着绝缘层的两个界面。尽管这种假设对于金属-绝缘体界面是适用的,但对绝缘体-半导体界面的详细研究表明,这种假设会导致很大的误差,特别是对于薄氧化层。这是因为不管是在积累状态还是在强反型状态,半导体一侧的电荷分布是由界面算起的距离的函数,这会极大地减小最大电容 ε_i/d,为了简化,我们将在下面讨论积累时的情况,其结果也可以应用于强反型时的情形。

经典模型 电荷分布由泊松方程决定,运用玻耳兹曼统计有

$$p(x) = N_A \exp\left(-\frac{q\psi_p}{kT}\right) \tag{60}$$

(对于积累,ψ_p 为负),泊松方程变为

$$\frac{\mathrm{d}^2\psi_p}{\mathrm{d}x^2} = -\frac{\rho}{\varepsilon_s} \approx -\frac{qN_A}{\varepsilon_s}\exp\left(-\frac{q\psi_p}{kT}\right) \tag{61}$$

上面方程的解为[42]

$$\psi_p(x) = -\frac{kT}{q}\ln\left(\sec^2\left\{\cos^{-1}\left[\exp\left(\frac{q\psi_p}{2kT}\right)\right] - \frac{x}{\sqrt{2}L_D}\right\}\right) \tag{62}$$

在 ψ_p 趋于零处得到积累层的总厚度,其值等于 $\pi L_p/\sqrt{2}$,其数量级为几十个纳米,因此,大多数载流子限制在离表面非常近的区域内。图 4.28 给出了两种不同的偏置下,电势和载流子的分布,结果表明,尽管载流子浓度峰值在表面处,但它可延伸至若干纳米距离外,这种延伸同样是偏置的函数,偏压越大,载流子越靠近界面。

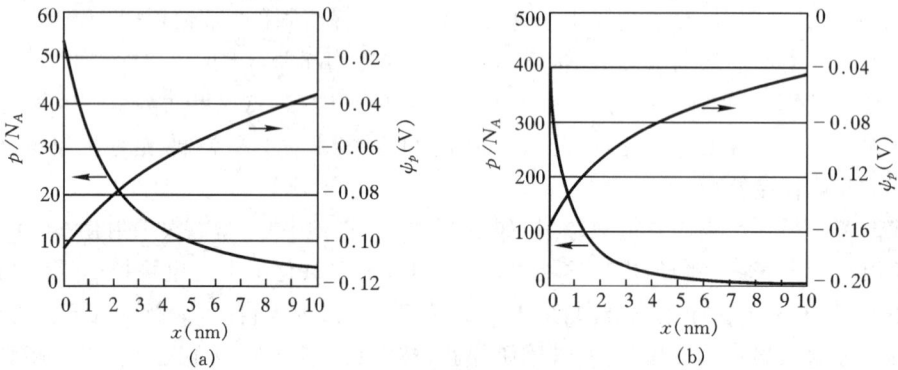

图 4.28 表面势 ψ_s

(a)$4kT/q$;(b)$6kT/q$ 时电势的经典计算值和载流子的分布

量子力学模型 在量子力学中,因为绝缘体的势垒很高,与载流子相关的波函数在绝缘体-半导体界面处近似为零,载流子的浓度峰值出现在距界面有限距离的某处,这个距离约为 10 Å,图 4.29 示出了运用量子力学理论计算的结果,宏观上,这种效应会被解释为氧化层电容的退化(或氧化层变厚),如果考虑介电常数的不同,厚度为 10 Å 的硅等效于厚度为 3 Å 的 SiO₂,这个量附加到氧化层厚度上,使得电容减小。图中还给出了经典理论计算的结果,可以看出,量子效应比经典模型显示出更多的电容退化。另一个使电容进一步降低的因素是商用技术中广泛使用的多晶硅栅,即使多晶硅是简并掺杂,耗尽层和积累层依然存在有限的厚度。

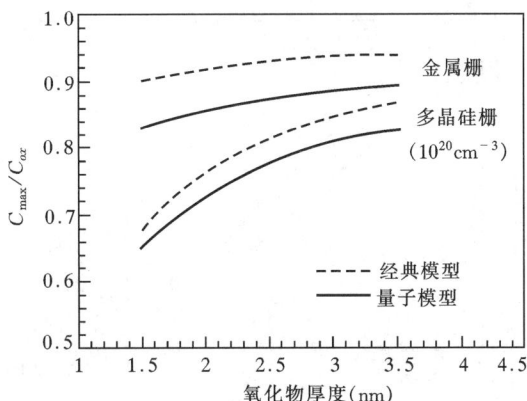

图 4.29　电容减小的量子力学计算值,同时示出由经
典模型和包括多晶硅栅耗尽的模型的结果
(引自参考文献 43)

4.3.7　介质击穿

对于 MOS 器件,人们通常很关心可靠性问题[44,45]。在大的偏压下,一些电流会通过绝缘层,最常见的电流为隧穿电流,这些高能载流子在介质膜体内造成缺陷,当这些缺陷密度达到一个临界值,就发生了毁坏性击穿。微观上,可运用渗透理论来解释这种击穿(图 4.30)。在高能载流子运动的路径上随机地产生缺陷,当缺陷足够密集形成了一个连续的链条,使栅和半导体连接后,就形成了一个导电通道,发生毁坏性击穿。

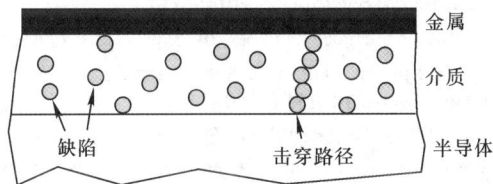

图 4.30　渗透理论,当随机的效应在栅和半导体之间形成的一个链条时,发生击穿

度量可靠性的一个方法是达到击穿所需的时间 t_{BD},这是直至击穿发生所经历的总的应力时间,其替代量称为达到击穿的电荷 q_{BD},为 t_{BD} 时间内流过器件的总电荷(对电流的积分),显然 t_{BD} 和 q_{BD} 都为偏压的函数。图 4.31 给出了不同的氧化层厚度下,t_{BD} 与氧化层电场的关系,q_{BD} 曲线与 t_{BD} 曲线有相似的形状和变化趋势,即使对于一个低压偏置,只要经历足够长的时间,氧化层最终也会被击穿,反过来,大的电场只能维持很短的非击穿时间。为了更为快速地研究击穿电场,通常给器件施加一个斜坡电压,直到检测到一个大的电流。对于通常的测量,典型的斜坡变化率为 1 V/s 数量级,如图所示,对于这种时间机制,击穿电场在 10 MV/cm 左右,当氧化层厚度减薄时,击穿电场增加,如图 4.31 所示。最新的研究结果显示,氧化层厚度小于 4 nm 后,由于隧穿电流的增加,击穿电场降低[44]。

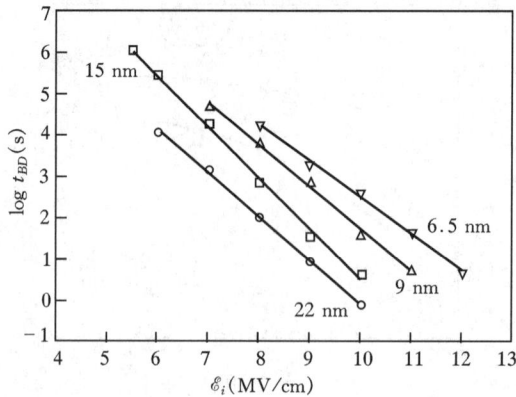

图 4.31　对于不同的氧化层厚度，击穿时间 t_{BD} 与氧化层电场的关系（引自参考文献 46）

参考文献

1. J. L. Moll, "Variable Capacitance with Large Capacity Change," *Wescon Conv. Rec.*, Pt. 3, p. 32 (1959).

2. W. G. Pfann and C. G. B. Garrett, "Semiconductor Varactor Using Space-Charge Layers," *Proc. IRE*, **47**, 2011 (1959).

3. D. R. Frankl, "Some Effects of Material Parameters on the Design of Surface Space-Charge Varactors," *Solid-State Electron.*, **2**, 71 (1961).

4. R. Lindner, "Semiconductor Surface Varactor," *Bell Syst. Tech. J.*, **41**, 803 (1962).

5. J. R. Ligenza and W. G. Spitzer, "The Mechanisms for Silicon Oxidation in Steam and Oxygen," *J. Phys. Chem. Solids*, **14**, 131 (1960).

6. D. Kahng and M. M. Atalla, "Silicon-Silicon Dioxide Field Induced Surface Devices," *IRE-AIEE Solid-State Device Res. Conf.*, Carnegie Inst. of Technology, Pittsburgh, PA, 1960.

7. L. M. Terman, "An Investigation of Surface States at a Silicon/Silicon Dioxide Interface Employing Metal-Oxide-Silicon Diodes," *Solid-State Electron.*, **5**, 285 (1962).

8. K. Lehovec and A. Slobodskoy, "Field-Effect Capacitance Analysis of Surface States on Silicon," *Phys. Status Solidi*, **3**, 447 (1963).

9. E. H. Nicollian and J. R. Brews, *MOS Physics and Technology*, Wiley, New York, 1982.

10. C. G. B. Garrett and W. H. Brattain, "Physical Theory of Semiconductor Surfaces," *Phys. Rev.*, **99**, 376 (1955).

11. S. R. Hofstein and G. Warfield, "Physical Limitation on the Frequency Response of a Semiconductor Surface Inversion Layer," *Solid-State Electron.*, **8**, 321 (1965).

12. A. S. Grove, B. E. Deal, E. H. Snow, and C. T. Sah, "Investigation of Thermally Oxidized Silicon Surfaces Using Metal-Oxide-Semiconductor Structures," *Solid-State Electron.*, **8**, 145 (1965).

13. A. S. Grove, E. H. Snow, B. E. Deal, and C. T. Sah, "Simple Physical Model for the Space-Charge Capacitance of Metal-Oxide-Semiconductor Structures," *J. Appl. Phys.*, **33**, 2458 (1964).

14. J. R. Brews, "A Simplified High-Frequency MOS Capacitance Formula," *Solid-State Electron.*, **20**, 607 (1977).

15. A. Goetzberger, "Ideal MOS Curves for Silicon," *Bell Syst. Tech. J.*, **45**, 1097 (1966).

16. B. E. Deal, "Standardized Terminology for Oxide Charges Associated with Thermally Oxidized Silicon," *IEEE Trans. Electron Dev.*, **ED-27**, 606 (1980).

17. I. Tamm, "Über eine mögliche Art der Elektronenbindung an Kristalloberflächen," *Phys. Z. Sowjetunion,* **1**, 733 (1933).

18. W. Shockley, "On the Surface States Associated with a Periodic Potential," *Phys. Rev.*, **56**, 317 (1939).

19. W. Shockley and G. L. Pearson, "Modulation of Conductance of Thin Films of Semiconductors by Surface Charges," *Phys. Rev.*, **74**, 232 (1948).

20. F. G. Allen and G. W. Gobeli, "Work Function, Photoelectric Threshold and Surface States of Atomically Clean Silicon," *Phys. Rev.*, **127**, 150 (1962).

21. E. H. Nicollian and A. Goetzberger, "MOS Conductance Technique for Measuring Surface State Parameters," *Appl. Phys. Lett.*, **7**, 216 (1965).

22. C. N. Berglund, "Surface States at Steam-Grown Silicon-Silicon Dioxide Interface," *IEEE Trans. Electron Dev.*, **ED-13**, 701 (1966).

23. R. Castagne and A. Vapaille, "Description of the SiO_2-Si Interface Properties by Means of Very Low Frequency MOS Capacitance Measurements," *Surface Sci.*, **28**, 157 (1971).

24. E. H. Nicollian and A. Goetzberger, "The Si-SiO_2 Interface-Electrical Properties as Determined by the MIS Conductance Technique," *Bell Syst. Tech. J.*, **46**, 1055 (1967).

25. M. H. White and J. R. Cricchi, "Characterization of Thin-Oxide MNOS Memory Transistors," *IEEE Trans. Electron Dev.*, **ED-19**, 1280 (1972).

26. B. E. Deal, M. Sklar, A. S. Grove, and E. H. Snow, "Characteristics of the Surface-State Charge (Q_{ss}) of Thermally Oxidized Silicon," *J. Electrochem. Soc.*, **114**, 266 (1967).

27. J. R. Ligenza, "Effect of Crystal Orientation on Oxidation Rates of Silicon in High Pressure Steam," *J. Phys. Chem.*, **65**, 2011 (1961).

28. E. H. Snow, A. S. Grove, B. E. Deal, and C. T. Sah, "Ion Transport Phenomena in Insulating Films," *J. Appl. Phys.*, **36**, 1664 (1965).

29. B. E. Deal, E. H. Snow, and C. A. Mead, "Barrier Energies in Metal-Silicon Dioxide-Silicon Structures," *J. Phys. Chem. Solids*, **27**, 1873 (1966).

30. R. Williams, "Photoemission of Electrons from Silicon into Silicon Dioxide," *Phys. Rev.*, **140**, A569 (1965).

31. K. L. Jensen, "Electron Emission Theory and its Application: Fowler-Nordheim Equation and Beyond," *J. Vac. Sci. Technol. B*, **21**, 1528 (2003).

32. J. Frenkel, "On the Theory of Electric Breakdown of Dielectrics and Electronic Semiconductors," *Tech. Phys. USSR*, **5**, 685 (1938); "On Pre-Breakdown Phenomena in Insulators and Electronic Semiconductors," *Phys. Rev.*, **54**, 647 (1938).

33. Y. Takahashi and K. Ohnishi, "Estimation of Insulation Layer Conductance in MNOS Structure," *IEEE Trans. Electron Dev.*, **ED-40**, 2006 (1993).

34. J. J. O'Dwyer, *The Theory of Electrical Conduction and Breakdown in Solid Dielectrics*, Clarendon, Oxford, 1973.

35. S. M. Sze, "Current Transport and Maximum Dielectric Strength of Silicon Nitride Films:" *J. Appl. Phys.*, **38**, 2951 (1967).

36. W. C. Johnson, "Study of Electronic Transport and Breakdown in Thin Insulating Films," *Tech. Rep.* No.7, Princeton University, 1979.

37. M. Av-Ron, M. Shatzkes, T. H. DiStefano, and I. B. Cadoff, "The Nature of Electron Tunneling in SiO_2," in S. T. Pantelider, Ed., *The Physics of SiO_2 and Its Interfaces*, Pergamon, New York, 1978, p. 46.

38. A. Rusu and C. Bulucea, "Deep-Depletion Breakdown Voltage of SiO_2/Si MOS Capaci-

tors," *IEEE Trans. Electron Dev.*, **ED-26**, 201 (1979).

39. E. H. Nicollian, A. Goetzberger, and C. N. Berglund, "Avalanche Injection Currents and Charging Phenomena in Thermal SiO₂," *Appl. Phys. Lett.*, **15**, 174 (1969).

40. D. R. Collins and C. T. Sah, "Effects of X-Ray Irradiation on the Characteristics of MOS Structures," *Appl. Phys. Lett.*, **8**, 124 (1966).

41. E. H. Snow, A. S. Grove, and D. J. Fitzgerald, "Effect of Ionization Radiation on Oxidized Silicon Surfaces and Planar Devices," *Proc. IEEE*, **55**, 1168 (1967).

42. J. Colinge and C. A. Colinge, *Physics of Semiconductor Devices*, Kluwer, Boston, 2002.

43. Y. Taur, D. A. Buchanan, W. Chen, D. J. Frank, K. E. Ismail, S. Lo, G. A. Sai-Halasz, R. G. Viswanathan, H. C. Wann, S. J. Wind, and H. Wong, "CMOS Scaling into the Nanometer Regime" *Proc. IEEE*, **85**, 486 (1997).

44. J. S. Suehle, "Ultrathin Gate Oxide Reliability: Physical Models, Statistics, and Characterization," *IEEE Trans. Electron Dev.*, **ED-49**, 958 (2002).

45. J. H. Stathis, "Physical and Predictive Models of Ultrathin Oxide Reliability in CMOS Devices and Circuits," *IEEE Trans. Device Mater. Reliab.*, **1**, 43 (2001).

46. J. S. Suehle and P. Chaparala, "Low Electric Field Breakdown of Thin SiO₂ Films Under Static and Dynamic Stress," *IEEE Trans. Electron Dev.*, **ED-44**, 801 (1997).

习题

1. 对于一个理想的 Si-SiO₂ MOS 电容，$d = 10$ nm，$N_A = 5 \times 10^{17}$ cm⁻³，求出（1）硅表面本征；（2）强反型时所需的外加电压和 SiO₂-Si 界面的电场强度。

2. 画出 300K，$N_D = 10^{16}$ cm⁻³ 的 n 型硅空间电荷密度 $|Q_s|$ 与表面势 ψ_s 的关系，参考图 4.5，在图中标出 $2\psi_B$ 的值及刚发生强反型时的 Q_s 值。

3. 推导平带条件下半导体耗尽层的微分电容（式(23)）。

4. 推导理想 MOS *C-V* 曲线在耗尽状态时的表达式（即图 4.7 中 $0 \leqslant V \leqslant V_T$）

   （提示：表达式可以是 $\dfrac{C}{C_i} = \dfrac{1}{\sqrt{1 + \gamma V}}$

   或 $\dfrac{C}{C_i} = \dfrac{1}{1 + \sqrt{\gamma V}}$

   其中，$\gamma \equiv 2\varepsilon_i^2 / q N_A \varepsilon_s d^2$，$V$ 为金属板上所加的电压。）

5. 求出理想 MOS 电容反型层单位面积的电荷，已知：$N_A = 10^{16}$ cm⁻³，$d = 10$ nm，$V_G = 1.77$ V。

6. 对于金属-SiO₂-Si MOS 电容，已知掺杂浓度 $N_A = 10^{16}$ cm⁻³，氧化层厚度 $d = 8$ nm，计算高频条件下，*C-V* 曲线上的最小电容值。

7. 一个理想的 Si MOS 电容，氧化层厚度为 5 nm，掺杂浓度 $N_A = 10^{17}$ cm⁻³，求当表面势比费米能级与本征费米能级之差大 10% 时的反型层宽度。

8. 画出硅 MOS 电容反型层单位面积电子数（N_I）与表面电场（$\mathscr{E}_s$）的关系。已知，衬底掺杂浓度为 10^{17} cm⁻³，运用对数-对数坐标，N_I 从 $10^9 \sim 10^{13}$ cm⁻² 变化，$\mathscr{E}_s$ 从 $10^5 \sim 10^6$ V/cm 变化，并写出 $\mathscr{E}_s = 2.5 \times 10^5$ V/cm 时的 N_I 的值。

9. 理想的硅 MOS(MO-p-π-p⁺) 电容的氧化层厚度为 100 nm，具有一个特殊的 p-π-p⁺ 杂质分布，即最上层的 p 层掺杂浓度为 10^{16} cm⁻³，厚度为 1.5 μm，π 层厚度为 3 μm，求加脉冲电压时,这种结构的击穿电压。

10. 画出 300 K 时 Si-SiO$_2$ MOS 电容的理想 C-V 曲线,已知:$N_A = 5 \times 10^{15}$ cm^{-3},$d = 3$ nm(指出 C_i、C_{min}、C_{FB} 和 V_T),如果金属功函数为 4.5 eV,$q\chi = 4.05$ eV,$Q_f/q = 10^{11}$ cm^{-2},$Q_m/q = 10^{10}$ cm^{-2},$Q_{ot}/q = 5 \times 10^{10}$ cm^{-2},$Q_{it} = 0$,画出相应的 C-V 曲线(指明 V_{FB} 和新的 V_T)。

11. 从图 4.25 的高电场部分估计材料的介电常数。

12. 假设氧化层中的陷阱电荷 Q_{ot} 为薄层电荷,面密度为 5×10^{11} cm^{-2},位于距离金属-氧化物界面 $y = 5$ nm 处,氧化层的厚度为 10 nm,求由 Q_{ot} 造成的平带电压的变化。

13. 推导式(39)和式(40),求出 G/ω 的最大值。

14. 有两个 MOS 电容,它们的栅氧厚度均为 15 nm,一个为 n$^+$ 多晶硅栅 p 型衬底,另一个为 p$^+$ 多晶硅栅 n 型衬底,如果两个电容的阈值电压 $V_{Tn} = |V_{Tp}| = 0.5$ V,且 $Q_f = Q_m = Q_{ot} = Q_{it} = 0$,求衬底的掺杂浓度 N_A 和 N_D。

15. (a)计算氧化层有均匀的正电荷分布时平带电压的变化量,总的离子密度为 10^{12} cm^{-2},氧化层厚度为 0.2 μm;

(b)计算与(a)相同的总离子密度和氧化层厚度的 V_{FB} 的变化量,只是电荷的分布为三角形,靠近金属为高,靠近硅一侧为零。

16. Si MOS 电容的 C-V 曲线如右图所示,偏移完全由 SiO$_2$-Si 界面的固定电荷所致,它有 n$^+$ 多晶硅栅,求固定氧化层电荷。

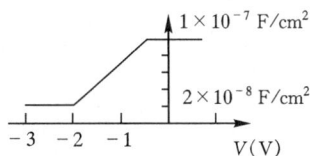

题 16 图

17. 基于图 4.18 的弱反型区的曲线,求与界面陷阱相关的电阻。

18. 一个 MOS 电容,其氧化层厚度为 10 nm,衬底掺杂 $N_A = 10^{16}$ cm^{-3},电容上加有正 2 V 的栅偏压,表面势为 0.91 V,当电容受到光照后,在 SiO$_2$-Si 界面形成 10^{12} 电子数/cm^2 的附加的薄层电荷,计算高频电容的百分比变化,即

$$\frac{C(光照下)}{C(无光照)} - 1$$

第3部分

晶 体 管

第 5 章

双极晶体管

5.1 引言

晶体管一词来源于**转移电阻**。它是一个三端口器件,其两个端口之间的电阻由第三端控制。双极晶体管是最重要的半导体器件之一,1947 年由贝尔实验室的研究小组发明。普遍认为,它的出现对于电子工业产生了空前的冲击力,对于固体研究领域则尤其如此。在 1947 年以前,半导体仅仅被用作热敏电阻、光电二极管和整流器,它们都是二端口器件。1948 年,Bardeen 和 Brattain 宣布了对点接触晶体管新的实验观察资料[1]。翌年,Shockley 发表了关于结型二极管和晶体管的经典论文[2]。p-n 结少子注入理论是结型晶体管的基础。1951 年展示了第一支结型双极晶体管[3]。

此后,晶体管理论扩展到包括高频、大功率和开关特性等方面。晶体管技术已经取得了很多突破,特别是在晶体生长、外延、扩散、离子注入、光刻、干法刻蚀、表面钝化、平坦化和多层金属等领域[4]。这些突破有助于增加晶体管的功率、频率和可靠性。文献 5 和文献 6 给出了双极晶体管历史发展的详细情况。此外,半导体物理、晶体管理论和晶体管工艺的应用开阔了我们的知识面,也改善了其它半导体器件的性能。

　　双极晶体管目前在诸如一些高速计算机、汽车和卫星、现代通信和电力领域都是关键的器件。在双极晶体管物理、设计和应用方面已出版了很多书籍。参考文献 7～10 是其中最近的几本教科书。

5.2　静态特性

5.2.1　基本的电流-电压关系

　　在本节,我们考虑双极晶体管的基本直流特性。图 5.1 给出了 n-p-n 和 p-n-p 晶体管的符号和术语,图中箭头指出在正常工作条件下(即发射结正向偏置,集电结反向偏置)电流流动的方向。表 5.1 总结了其它的工作状态。视哪根引线为输入和输出电路所共有,双极晶体管可连接成三种电路组态。图 5.2 给出了 n-p-n 晶体管的共基极、共发射极和共集电极组态。图中也列出正常工作条件下习惯采用的电流和电压方向。对于 p-n-p 晶体管,所有符号和极性应该反过来,在下面的讨论中,我们将考虑 n-p-n 晶体管。对极性和物理参数作适当改变后,其结果也适应用于 p-n-p 晶体管。

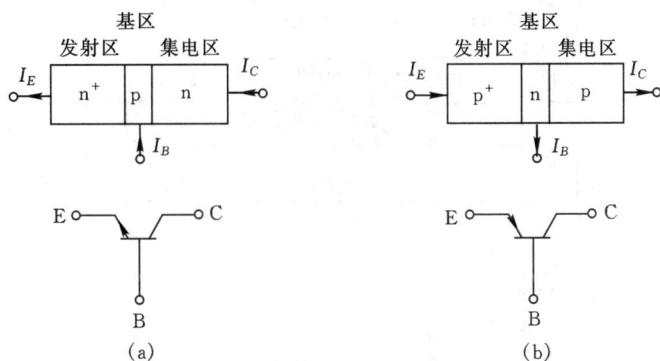

图 5.1　符号和术语

(a)n-p-n 晶体管；(b)p-n-p 晶体管

表 5.1　双极晶体管的工作模式

工作模式	发射极-基极偏置	集电极-基极偏置
正常,正向有源	正偏	反偏
饱和	正偏	正偏
截止	反偏	反偏
反向	反偏	正偏

　　图 5.3(a)是接成共基极组态且偏置在正常模式下的 n-p-n 晶体管的示意图。图 5.3(b)是晶体管各区杂质浓度均匀时掺杂分布的示意图。从图中可以看出典型的设计要求发射区的

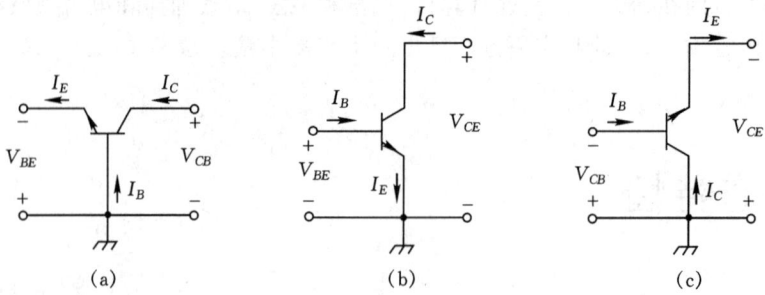

图 5.2　正常模式下 n-p-n 晶体管的三种基本组态

(a)共基极;(b)共发射极;(c)共集电极

掺杂比基区的高,而集电区的掺杂最低。图 5.3(c)给出在正常工作状态下对应的能带图。图 5.3(a)也标出了偏置在正常工作模式时所有的电流分量,这些电流解释如下:

I_{nE}:发射结注入的电子扩散电流

I_{nC}:到达集电区的电子扩散电流

I_{rB}:($=I_{nE}-I_{nC}$)基区电子复合电流

I_{pE}:发射结空穴扩散电流

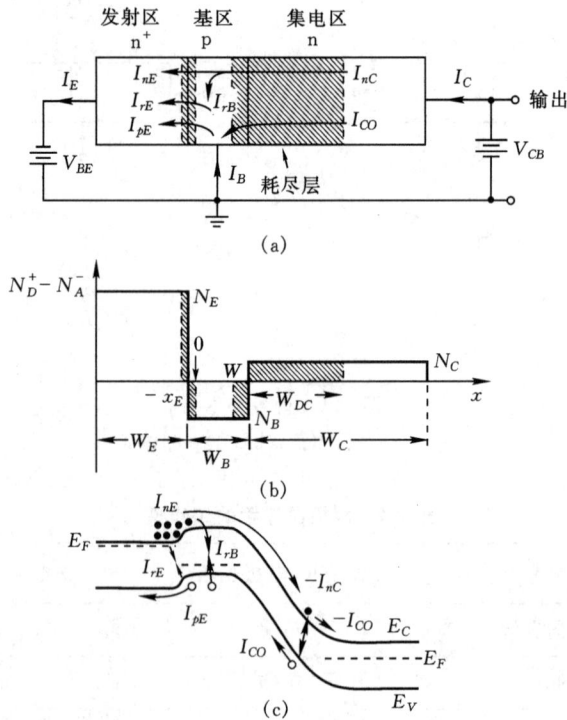

图 5.3　偏置在正常工作状态下的 n-p-n 晶体管

(a)接成共基极组态;(b)具有突变杂质分布的掺杂剖面和关键尺寸;(c)能带图。在图(a)和(c)上标出了电流分量。注意,在图(c)中,因为电子带负电,所以电子沿相反方向流动

I_{rE}：发射结复合电流

I_{CO}：集电结反向电流

我们首先只考虑主要的电流分量，以定性地解释双极晶体管的基本工作原理。当发射结正偏时，p-n 结电流由电子电流和空穴电流组成。电子被注入到基区，然后扩散通过基区，最后被集电区收集。基区（p 型）对电子呈现势垒，它不会收集电子。另一方面，起源于基区的空穴扩散电流表现为基极电流，对集电极没有影响。集电极电流 I_C 与基极电流 I_B 的比率为发射结电子扩散电流与空穴扩散电流分量之比。假如电子与空穴的注入比很大，（像浓度差较大的 n^+p 发射结就是这种情形），那么就可以实现电流增益 $I_C/I_B > 1$。

采用正确的边界条件，晶体管的静态特性不难从第 2 章所讨论的 p-n 结理论推导出来。为了说明晶体管的基本性质，我们假定发射结和集电结的电流-电压关系由理想二极管方程[2]给出，即忽略掉表面复合-产生、串联电阻和高电平注入等效应。这些效应以后将予以考虑。我们将给出有源区和饱和区这两个重要工作区的分析，这时发射结正向偏置。

由图 5.3(b)可见，所有电压均降落在耗尽区上。在 $x=0$ 到 $x=W$ 的中性基区，注入的少子（电子）分布由连续性方程决定。

$$0 = -\frac{n_p - n_{po}}{\tau_n} + D_n \frac{\mathrm{d}^2 n_p}{\mathrm{d}x^2} \tag{1}$$

（1）式的通解为

$$n_p(x) = n_{po} + C_1 \exp\left(\frac{x}{L_n}\right) + C_2 \exp\left(\frac{-x}{L_n}\right) \tag{2}$$

式中，C_1 和 C_2 是待定常数，$L_n \equiv \sqrt{\tau_n D_n}$ 为基区电子的扩散长度。C_1 和 C_2 取决于边界条件 $n_p(0)$ 和 $n_p(W)$，由下式给出

$$C_1 = \left\{ n_p(W) - n_{po} - [n_p(0) - n_{po}] \exp\left(\frac{-W}{L_n}\right) \right\} \Big/ 2\sinh\left(\frac{W}{L_n}\right) \tag{3}$$

$$C_2 = \left\{ [n_p(0) - n_{po}] \exp\left(\frac{W}{L_n}\right) - [n_p(W) - n_{po}] \right\} \Big/ 2\sinh\left(\frac{W}{L_n}\right) \tag{4}$$

中性基区两边的边界条件与结偏压的关系为

$$n_p(0) = n_{po} \exp\left(\frac{qV_{BE}}{kT}\right) \tag{5}$$

$$n_p(W) = n_{po} \exp\left(\frac{qV_{BC}}{kT}\right) \tag{6}$$

根据边界条件，就可以得到电子的分布以及电子的扩散电流。发射结边缘的电子电流 I_{nE} 和集电结边缘的电子电流 I_{nC} 为

$$
\begin{aligned}
I_{nE} &= A_E q D_n \frac{\mathrm{d}n_p}{\mathrm{d}x}\bigg|_{x=0} \\
&= \frac{A_E q D_n n_{po}}{L_n} \coth\left(\frac{W}{L_n}\right) \left\{ \left[\exp\left(\frac{qV_{BE}}{kT}\right) - 1\right] - \operatorname{sech}\left(\frac{W}{L_n}\right)\left[\exp\left(\frac{qV_{BC}}{kT}\right) - 1\right] \right\}
\end{aligned} \tag{7}
$$

$$
\begin{aligned}
I_{nC} &= A_E q D_n \frac{\mathrm{d}n_p}{\mathrm{d}x}\bigg|_{x=W} \\
&= \frac{A_E q D_n n_{po}}{L_n} \operatorname{cosech}\left(\frac{W}{L_n}\right) \left\{ \left[\exp\left(\frac{qV_{BE}}{kT}\right) - 1\right] - \coth\left(\frac{W}{L_n}\right)\left[\exp\left(\frac{qV_{BC}}{kT}\right) - 1\right] \right\}
\end{aligned} \tag{8}
$$

式中,A_E 为发射结的截面积。这些电流方程对放大模式和饱和模式均成立。在放大模式,$V_{BC} < 0$,而 $n_p(W) = 0$,两个边界的电子电流为

$$I_{nE} = \frac{A_E q D_n n_{po}}{L_n} \coth\left(\frac{W}{L_n}\right) \exp\left(\frac{qV_{BE}}{kT}\right) \tag{9}$$

$$I_{nC} = \frac{A_E q D_n n_{po}}{L_n} \operatorname{cosech}\left(\frac{W}{L_n}\right) \exp\left(\frac{qV_{BE}}{kT}\right) \tag{10}$$

比率 I_{nC}/I_{nE} 称为基区输运系数 α_T。I_{nE} 和 I_{nC} 的差是基区电流的一部分。可以看出,当 $W \ll L_n$ 时,I_{nE} 非常接近 I_{nC}。在此限制下,有

$$I_{nE} \approx I_{nC} \approx \frac{A_E q D_n n_{po}}{W} \exp\left(\frac{qV_{BE}}{kT}\right) \approx \frac{A_E q D_n n_i^2}{W N_B} \exp\left(\frac{qV_{BE}}{kT}\right) \tag{11}$$

且 $\alpha_T = 1$。式(11)可简化成一个更简单的形式

$$I_{nE} \approx I_{nC} \approx \frac{2A_E D_n Q_B}{W^2} \tag{12}$$

式中,Q_B 是注入到基区的超量电荷,

$$Q_B = q \int_0^W [n_p(x) - n_{po}] dx$$
$$\approx \frac{qW n_{po}}{2} \exp\left(\frac{qV_{BE}}{kT}\right) \tag{13}$$

在其它的极端情况下,如果 $W \to \infty$ 或 $W/L_n \gg 1$,集电极电流 I_{nC} 等于 0,发射结和集电结之间没有任何联系,**晶体管**作用消失。

为了提高基区的输运系数,通常用图 5.4 所示的掺杂分布替代基区内的均匀掺杂分布[11]。有这种掺杂分布的晶体管称为漂移晶体管,因为内建电场产生的漂移运动加快了基区电子的输运。基区掺杂浓度 N_B 和基区空穴浓度与费米能级的关系为

$$p(x) \approx N_B(x) = n_i \exp\left(\frac{E_i - E_F}{kT}\right) \tag{14}$$

因为在中性基区,费米能级是平的,我们得到内建电场为

$$\mathscr{E}(x) = \frac{dE_i}{q \, dx} = \frac{kT}{q N_B} \frac{dN_B}{dx} \tag{15}$$

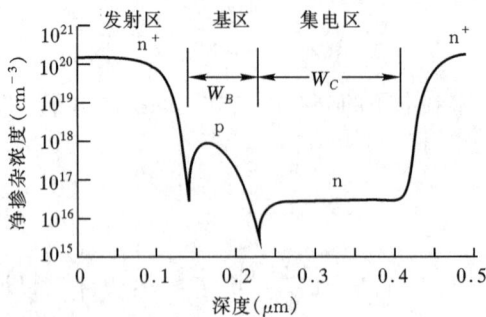

图 5.4　硅双极晶体管典型掺杂分布剖面,基区有杂质浓度梯度,集电区下有重掺杂区

此时电子电流应包括漂移分量,总的电流变成

$$I_n(x) = A_E q \left(\mu_n n_p \mathscr{E} + D_n \frac{\mathrm{d}n_p}{\mathrm{d}x} \right) \tag{16}$$

将(15)式代入(16)式,得到

$$I_n(x) = A_E q D_n \left(\frac{n_p}{N_B} \frac{\mathrm{d}N_B}{\mathrm{d}x} + \frac{\mathrm{d}n_p}{\mathrm{d}x} \right) \tag{17}$$

取边界条件 $n_p(W) = 0$,式(17)的稳态解为

$$n_p(x) = \frac{I_n(x)}{A_E q D_n} \frac{1}{N_B(x)} \int_x^W N_B(x) \mathrm{d}x \tag{18}$$

$x = 0$ 处的电子浓度为

$$n_p(0) = \frac{I_{nE}}{A_E q D_n N_B(0)} \int_0^W N_B(x) \mathrm{d}x \approx n_{po}(0) \exp\left(\frac{qV_{BE}}{kT} \right) \tag{19}$$

应用 $N_B(0) n_{po}(0) = n_i^2$,电子电流为

$$\begin{aligned} I_{nE} &= \frac{A_E q D_n n_i^2}{\displaystyle\int_0^W N_B(x) \mathrm{d}x} \exp\left(\frac{qV_{BE}}{kT} \right) \\ &= \frac{A_E q D_n n_i^2}{N'_b} \exp\left(\frac{qV_{BE}}{kT} \right) \end{aligned} \tag{20}$$

积分

$$N'_b \equiv \int_0^W N_B(x) \mathrm{d}x \tag{21}$$

是中性基区内单位面积的掺杂总量,也称为 Gummel 数[12]。对于典型的硅双极晶体管,Gummel 数约为 $(10^{12} \sim 10^{13})$ cm^{-2}。

比较式(20)和式(11)是有意义的。请注意,对于注入到基区的电子电流 I_{nE},重要的是基区掺杂总量或 Gummel 数。实际的掺杂分布对 I_{nE} 没有影响,其作用是产生内建电场以增加集电区一侧的电子电流 I_{nC} 和提高 α_T。

从基区注入到发射区的空穴扩散电流是基极电流的主要部分。空穴分布和电流所满足的方程与常规的 p-n 结类似。假定 $W_E < L_p$,空穴电流为

$$I_{pE} = \frac{A_E q D_{pE} p_{noE}}{W_E} \left[\exp\left(\frac{qV_{BE}}{kT} \right) - 1 \right] \tag{22}$$

式中 D_{pE} 和 p_{noE} 为发射区少子的相应参数。

基极电流的另一个分量是发射结复合电流。在小的偏压时,这部分电流尤其重要。在发射结,有两种复合机制。第一个是在第 1 章和第 2 章中详细讨论过的 SRH 复合,第二个是在空穴注入到重掺杂 n$^+$ 发射区时发生的俄歇复合。俄歇复合是一个电子和一个空穴之间的直接复合,复合时将能量交给另一自由电子。这样一个过程涉及两个电子和一个空穴,它是雪崩倍增的逆过程。俄歇寿命 τ_A 为 $1/G_n N_D^2$,其中 N_D 是发射区的掺杂浓度,G_n 为复合率(室温下 Si 的为 $1 \times 10^{-31} \sim 2 \times 10^{-31}$ cm^6/s)。同理,在重掺杂 p$^+$ 区内可发生涉及两个空穴和一个电子的俄歇复合,寿命为 $1/G_p N_A^2$。结合两种复合过程,n 型发射区内的有效少子寿命为

$$\frac{1}{\tau} = \frac{1}{\tau_n} + \frac{1}{\tau_A} \tag{23}$$

式中,τ_n 为 SRH 复合寿命。发射区复合电流为(见第 2 章式(74))

$$I_{rE} \propto \frac{1}{\tau} \exp\left(\frac{qV_{BE}}{\eta k T}\right) \tag{24}$$

式中 η 接近 2。当发射区掺杂浓度很高时,俄歇复合变成主要的机制,它使发射区复合电流增加,发射效率退化。此外,发射区较小的 τ 使扩散长度变得小于 W_E(式(22)),产生更大的空穴扩散电流(它是基极电流的一部分)。

最后,我们考虑集电结。在饱和模式时,对由集电区注入的电子的分析类似于前面已详细分析过的发射区的注入。在放大模式,集电结反向电流的分析更加简单,可以由标准的 p-n 结电流得到,假定 $(W_C - W_{DC}) < L_p$ 有

$$I_{CO} \approx A_C q \left(\frac{D_{pC} p_{noC}}{W_C - W_{DC}} + \frac{D_n n_{po}}{W}\right) \tag{25}$$

式中,A_C 是集电结截面积,D_{pC} 和 p_{noC} 表示集电区空穴的扩散系数和平衡浓度。但是,因为发射结偏置可以改变 $x=0$ 处的边界条件,所以取决于发射结偏置,反向电流可以很大也可以很小(称为 I_{CEO} 和 I_{CBO})。因此,式(25)仅在发射结短路($V_{BE}=0$)时成立。后面我们要详细描述这个现象。请注意,在该分量中,正如在后面将要看到的那样,对于常规的器件,集电结面积 A_C 通常比发射结面积 A_E 大得多。式(25)没有包含的另一个因素是集电结耗尽区的产生电流。

5.2.2　电流增益

在分析了每个电流分量后,端电流总结如下(图 5.3)

$$I_E = I_{nE} + I_{rE} + I_{pE} \tag{26}$$

$$I_C = I_{nC} + I_{CO} \tag{27}$$

$$I_B = I_{pE} + I_{rE} + (I_{nE} - I_{nC}) - I_{CO} \tag{28}$$

根据基尔霍夫定律和电流的流向,有

$$I_E = I_C + I_B \tag{29}$$

图 5.5 给出了放大模式下基极和集电极典型的电流特性曲线。从图上可以看到四个区域:(1)低电流非理想区,在该区,复合电流显著,基极电流随 $\exp(qV_{BE}/\eta k T)$ 而变化($\eta \approx 2$);(2)理想区;(3)中等注入区,其特点是基极电阻有很大的电压降;(4)大注入区。为了改善低电流区的电流特性,必须降低耗尽区内和半导体表面处的陷阱密度。可通过改变基区掺杂分布和其它器件参数使基极电阻和大注入效应减至最小。

图 5.5 也很好地描述了电流增益的概念。可以看出,在大多数电流范围内,电流增益($\approx I_C/I_B$)大且为常数。表 5.2 列出了双极晶体管常规参数。共基极电流增益 α_0(也用四端口混合参数中的 h_{FB} 表示,这里下标 F 和 B 分别表示正向和共基极)与发射极电流的关系为

$$I_C = \alpha_0 I_E + I_{CBO} \tag{30}$$

式中 I_{CBO} 是 $I_E=0$(或发射极开路)时的 I_{CO},根据式(27),有

$$\alpha_0 \equiv h_{FB} = \frac{I_C - I_{CBO}}{I_E} = \frac{I_{nC}}{I_E} = \left(\frac{I_{nC}}{I_{nE}}\right)\left(\frac{I_{nE}}{I_E}\right) = \alpha_T \gamma \tag{31}$$

第一项 I_{nC}/I_{nE} 是到达集电区电子电流的比率,称为基区输运系数,第二项 I_{nE}/I_E 定义为发射结发射效率 γ。

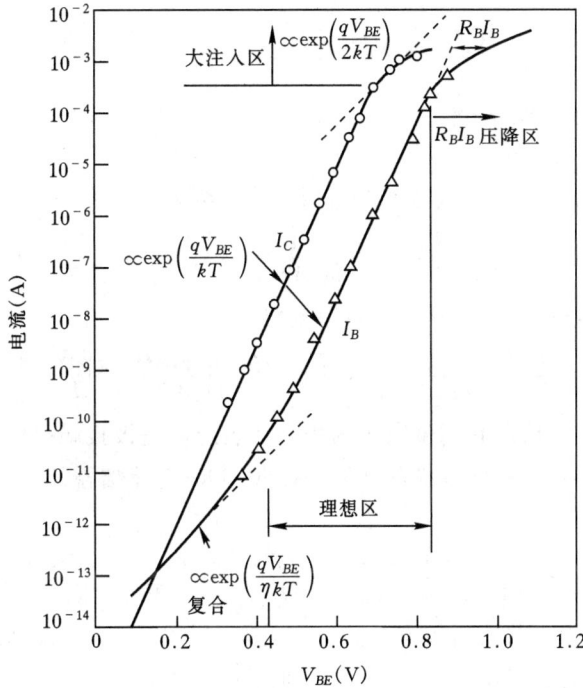

图 5.5　集电极电流、基极电流与发射极-基极电压的关系(参考文献 14)

表 5.2　双极晶体管的常规参数

发射效率	$\gamma \equiv I_{nE}/I_E$
基区输运系数	$\alpha_T \equiv I_{nC}/I_{nE}$
共基极电流增益, h_{FB}	$\alpha_0 \equiv I_{nC}/I_E = \gamma\alpha_T \approx I_C/I_E$
共基极小信号电流增益, h_{fb}	$\alpha \equiv \mathrm{d}I_C/\mathrm{d}I_E$
共发射极电流增益, h_{FE}	$\beta_0 \equiv \alpha_0/(1-\alpha_0) \approx I_C/I_B$
共发射极小信号电流增益, h_{fe}	$\beta \equiv \mathrm{d}I_C/\mathrm{d}I_B$

在共发射极组态,共发射极电流静态增益 β_0(也称为 h_{FE})与基极电流的关系为

$$I_C = \beta_0 I_B + I_{CEO} \tag{32}$$

式中, I_{CEO} 是 $I_B = 0$(或基极开路)时的 I_{CO},从上面的式(30),有

$$I_C = \alpha_0(I_C + I_B) + I_{CBO}$$

$$= \frac{\alpha_0}{1-\alpha_0}I_B + \frac{I_{CBO}}{1-\alpha_0} \tag{33}$$

从上面两个方程,我们注意到 α_0 和 β_0 之间由下式联系起来

$$\beta_0 \equiv h_{FE} = \frac{\alpha_0}{1-\alpha_0} \tag{34}$$

两个饱和电流之间的关系为

$$I_{CEO} = \frac{I_{CBO}}{1 - \alpha_0} \tag{35}$$

由于在精心设计的双极晶体管中，α_0 值接近于 1，所以 I_{CEO} 远大于 I_{CBO}。β_0 通常也远大于 1。例如，若 α_0 为 0.99 ，β_0 为 99；若 α_0 为 0.998，β_0 为 499。

在正常工作时，从式(9)和式(10)可得到基区输运系数

$$\alpha_T \equiv \frac{I_{nC}}{I_{nE}} = \frac{1}{\cosh(W/L_n)} \approx 1 - \frac{W^2}{2L_n^2} \tag{36}$$

假设在理想区域复合电流可以忽略，发射效率变成

$$\gamma \equiv \frac{I_{nE}}{I_E} \approx \frac{I_{nE}}{I_{nE} + I_{pE}} \approx \left[1 + \frac{p_{noE}D_{pE}L_n}{n_{po}D_nW_E}\tanh\left(\frac{W}{L_n}\right)\right]^{-1} \tag{37}$$

请注意，γ 和 α_T 均小于 1；它们偏离 1 的程度代表应由基极接触提供的空穴电流。对于基区宽度小于扩散长度十分之一的双极晶体管，$\alpha_T > 0.995$；电流增益几乎完全由发射效率给出。在 $\alpha_T \approx 1$ 的条件下有

$$h_{FE} = \frac{\gamma}{1 - \gamma} = \frac{n_{po}D_nW_E}{p_{noE}D_{pE}L_n}\coth\left(\frac{W}{L_n}\right) \propto \frac{n_{po}}{p_{noE}W} \propto \frac{N_E}{N_BW} \propto \frac{N_E}{N'_b} \tag{38}$$

因此，对于给定的 N_E，共发射极电流静态增益 h_{FE} 反比于 Gummel 数 N'_b。对于注入基区晶体管，基区注入离子剂量正比于 N'_b；当注入剂量减少时，h_{FE} 增加[15]。

电流增益 h_{FE} 通常随集电极电流变化。一种有代表性的曲线示于图 5.6，该曲线是应用式(32)式从图 5.5 得到的。在极低的集电极电流下，发射结耗尽区的复合电流和表面泄漏电流的贡献比通过基区的少数载流子扩散电流要大，所以发射效率很低。电流增益 h_{FE} 随集电极电流的增加而增加，如下式所示：

$$h_{FE} \approx \frac{I_C}{I_B} \propto \frac{\exp(qV_{BE}/kT)}{\exp(qV_{BE}/\eta kT)} \propto \exp\left[\frac{qV_{BE}}{kT}\left(1 - \frac{1}{\eta}\right)\right] \propto I_C^{(1-1/\eta)} \tag{39}$$

将体内的表面陷阱减少到最低程度可以改善低电流水平下的 h_{FE}[16]。当基极电流达到理想区时，h_{FE} 增加到一个较高的平坦区。对于更高的集电极电流，注入到基区的少数载流子浓度接近于基区的多数载流子浓度(大注入条件)，注入的载流子有效地增加了基区掺杂，从而使发射效率降低。可通过求解包含扩散和漂移分量的连续性方程和电流方程对这种情形进行详细分析。电流增益随 I_C 的增加而减少称为 Webster 效应[17]。如图 5.6 所示，大注入时，h_{FE} 随 $(I_C)^{-1}$ 变化：

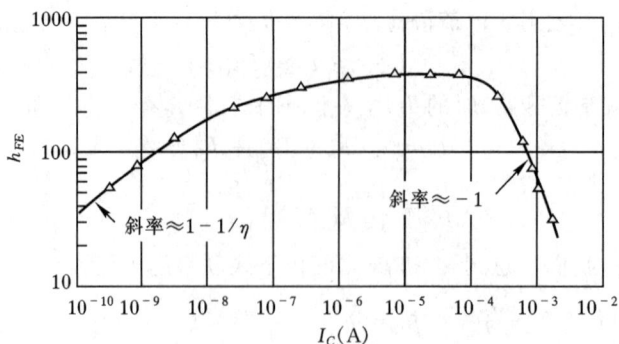

图 5.6 对于图 5.5 的晶体管，电流增益与集电极电流的关系

$$h_{FE} \approx \frac{I_C}{I_B} \propto \frac{\exp(qV_{BE}/2kT)}{\exp(qV_{BE}/kT)} \propto \exp\left(\frac{-qV_{BE}}{2kT}\right) \propto (I_C)^{-1} \tag{40}$$

后面我们将详细地讨论这种大电流状态。

当输入是电压源而不是电流源时,另一个重要的参数是跨导 g_m,定义为 $\mathrm{d}I_C/\mathrm{d}V_{BE}$。根据式(10),因为 I_C 是 V_{BE} 的指数函数,跨导由下式给出

$$g_m \equiv \frac{\mathrm{d}I_C}{\mathrm{d}V_{BE}} = \left(\frac{q}{kT}\right)I_C \tag{41}$$

因此,跨导 g_m 正比于 I_C,这是双极晶体管的一个独特特性。在大的 I_C 时,大的跨导是其主要特性之一。另一方面,大的 g_m 要求低的寄生发射极电阻,因为非本征跨导 g_{mx} 与本征跨导 g_{mi} 的关系为

$$g_{mx} = \frac{g_{mi}}{1 + R_E g_{mi}} \tag{42}$$

可以看出,在设计结构时,发射极电阻应该最小化。

5.2.3　输出特性

在 5.2.2 节中我们看到,晶体管三端的电流主要是靠基区内的少数载流子分布联系起来的扩散电流。对于有高发射效率的晶体管,我们可以忽略复合电流,发射极直流电流和集电极直流电流的公式分别简化为正比于 $x=0$ 和 $x=W$ 处少数载流子浓梯度($\mathrm{d}n_p/\mathrm{d}x$)。因此,我们可以把晶体管的基本关系总结如下:

1. 外电压通过 $\exp(qV/kT)$ 项控制边界处的载流子浓度。

2. 发射极电流和集电极电流由结边界处,即 $x=0$ 和 $x=W$ 处的少数载流子(电子)浓度梯度表示。

3. 基极电流是发射极电流和集电极电流之差(式(29))。

图 5.7 表示出各种外加偏压下 n-p-n 晶体管基区的电子分布。直流特性能够用这些图来解释。

图 5.8 给出了一组有代表性的共基极和共发射极组态的输出特性。对于共基极组态(图 5.8(a)),集电极电流实际上等于发射极电流($\alpha_0 \approx 1$)。集电极电流基本保持恒定,与 V_{CB} 无关,即使在集电结电压降至零也是如此。在集电结电压为零时,过剩的电子仍被集电结抽取,如图 5.7(b)的电子分布所示。当 V_{CB} 为负(正的 V_{BC})时,集电结正偏,晶体管工作在饱和模式。$x=W$ 处的电子浓度显著增加,导致扩散电流迅速下降到零。这反映在式(8)中与 V_{BC} 有关的项为负。

在发射极开路时测量集电极饱和电流 I_{CBO}。这一电流远小于 p-n 结正常反向电流,这是由于在 $x=0$ 处具有零电子浓度梯度(对应于零发射极电流)的发射结的存在降低了在 $x=W$ 处的电子浓度梯度(图 5.7(d))。因此,电流 I_{CBO} 小于发射结短路($V_{EB}=0$)时的电流(其值由式(25)近似)。

当 V_{CB} 增加到 V_{BCBO} 时,集电极电流开始迅速增加(图 5.8(a))。通常,这是由于集电结的雪崩击穿所致。击穿电压与第 2 章所讨论的 p-n 结的击穿电压类似。当基区宽度极窄或基区掺杂浓度较低时,击穿也可能是穿通效应所致,即在足够的 V_{CB} 下中性基区宽度降至零,集电结耗尽区与发射结耗尽区直接相连。在该点,集电极与发射极有效地短路了,因而可以流过很大的电流。

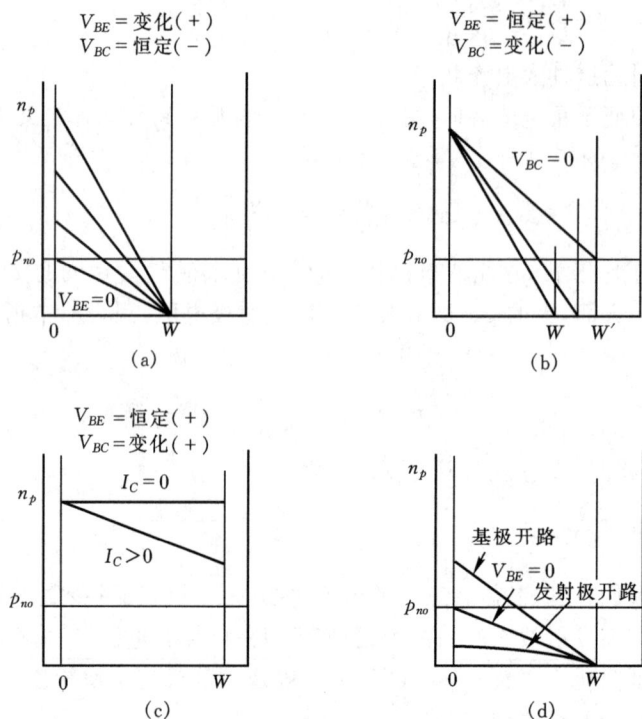

图 5.7　在各种外电压下 n-p-n 晶体管基区内的电子浓度

(a)、(b)为正常模式；(c)是饱和模式；(d)不同发射结偏压对基极-集电极反向电流 I_{co} 的影响。(+)表示正偏的结,(-)表示反偏的结(参考文献 18)

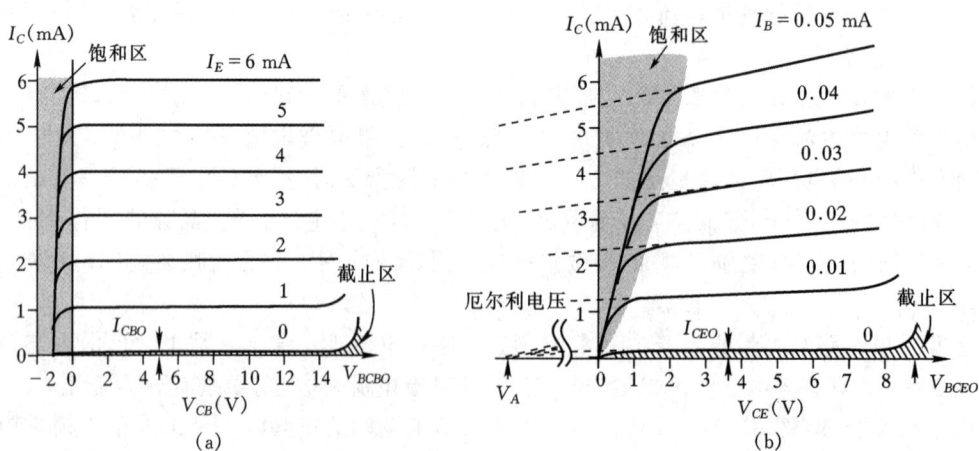

图 5.8　n-p-n 晶体管的输出特性

(a)共基极组态；(b)共发射极组态。图中标出了击穿电压和厄尔利电压(电流被外推到 x 轴)

现在我们考虑共发射极组态的输出特性。图 5.8(b)给出了典型 n-p-n 晶体管的输出特性($I_C \sim V_{CE}$ 曲线)。请注意,电流增益(h_{FE})很大,电流随 V_{CE} 的增加而增加。饱和电流 I_{CEO} 是基极电流为零(即基极开路)时的集电极电流,它远大于 I_{CBO}(式(35))。如图 5.7(d)所示,基极开路使基区电位变得有点正,因而增加了电子浓度和斜率。

随着 V_{CE} 的增加,中性基区宽度 W 减少,使 β_0 增加(图 5.7(b))。共发射极输出的特性不饱和是由于 β_0 随 V_{CE} 有很大的增加,此现象称为厄尔利(Early)效应[19]。外推输出曲线相遇时的电压 V_A 称为厄尔利电压。对于基区宽度 W_B 远大于基极耗尽区的均匀基区晶体管,厄尔利电压为

$$V_A \approx \frac{qD_n(W_B)n_i^2(W_B)W_B}{\varepsilon_s} \int_0^{W_B} \frac{N_B(x)}{D_n(x)n_i^2(x)}\mathrm{d}x \approx \frac{qN_BW_B^2}{\varepsilon_s} \tag{43}$$

对于小的基区宽度,低的厄尔利电压对应于低的输出电阻($\mathrm{d}I_C/\mathrm{d}V_{CE}$),这对于电路应用是不利的。如果基区宽度太小,将发生穿通,其特性类似于雪崩击穿。另一方面,为了获得高的电流增益(式 38),希望 Gummel 数小,因此需要在厄尔利电压和电流增益之间平衡。

当集电极-发射极电压很小时,集电极电流迅速降至零。电压 V_{CE} 在两个结之间分压,使得发射结上有很小的正向偏压,集电结上有很大的反向偏压。为了维持恒定的基极电流,发射结两端的电压实际上应保持恒定。因此,当 V_{CE} 降至某值(对于 Si 晶体管约为 1 V)以下,集电结将实现零偏置。当 V_{CE} 进一步降低时,集电结实际上处于正向偏置,进入饱和模式(图 5.7(c))。由于在 $x=W$ 处电子浓度梯度迅速减少,集电极电流迅速降低。

基极开路状态下的击穿电压求解如下。我们先看集电结击穿电压,它非常接近 V_{BCBO}(发射极开路)。令 M 为集电结处的倍增因子,M 近似表示为

$$M = \frac{1}{1-(V_{CB}/V_{BCBO})^n} \tag{44}$$

式中 n 为常数,对于硅,n 在 2～6 之间。当基极开路时,有 $I_E = I_C = I$。当电流 I_{CBO} 和 $\alpha_0 I_E$ 流过集电结(图 5.9)时电流增大 M 倍,得到

$$M(\alpha_0 I + I_{CBO}) = I \tag{45}$$

或

$$I = \frac{MI_{CBO}}{1-\alpha_0 M} \tag{46}$$

当 $\alpha_0 M = 1$ 时,电流 I 无穷大,只受外电阻的限制。在基极开路时,因为 V_{BE} 为正向偏置,其值很小,所以,$V_{CE} \approx V_{CB}$。从条件 $\alpha_0 M = 1$ 和式(44)出发,共发射极组态的击穿电压 V_{BCEO} 为

$$V_{BCEO} = V_{BCBO}(1-\alpha_0)^{1/n} = V_{BCBO}\beta_0^{-1/n} \tag{47}$$

V_{BCEO} 远小于 V_{BCBO}。定性来讲,这是由于双极增益的正反馈造成的。

现在,可以看出为什么掺杂分布应该像图 5.4 所示的那样。注入效率要求发射区高掺杂。基区掺杂非均匀分布是为了提高输运系数。为了提高厄尔利电压,基区掺杂应适当提高。集电区掺杂应最低以提高击穿电压。

5.2.4　非理想效应

发射区禁带变窄　在用式(38)计算电流增益时,除 Gummel 数外,还有另一个主要因子—发射区掺杂浓度 N_E。为了改善 h_{FE},发射区掺杂应比基区掺杂重得多,即 $N_E \gg N_B$。然而,随着发射区掺杂变得很高,除了俄歇效应外,我们必须考虑禁带变窄效应。这两种效应均使 h_{FE} 降低。

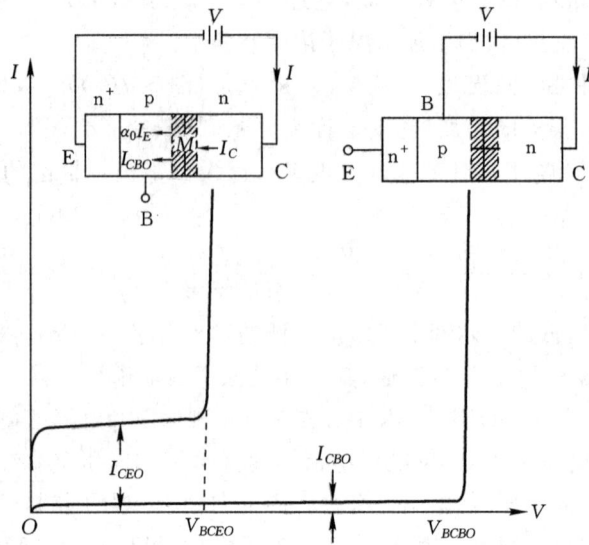

图 5.9　共基极组态的击穿电压 V_{BCBO} 和饱和电流 I_{CBO}，共发
射极组态的对应量是 V_{BCEO} 和 I_{CEO}（参考文献 21）

已基于导带和阶带展宽对重掺杂硅的带隙变窄效应进行了研究，带隙减少量 ΔE_g 的经验公式为[22]

$$\Delta E_g = 18.7\ln\left(\frac{N}{7 \times 10^{17}}\right) \quad \text{meV} \tag{48}$$

式中，N 大于 7×10^{17} cm^{-3}。图 5.10 给出了收集到的不同文献发表的实验数据。

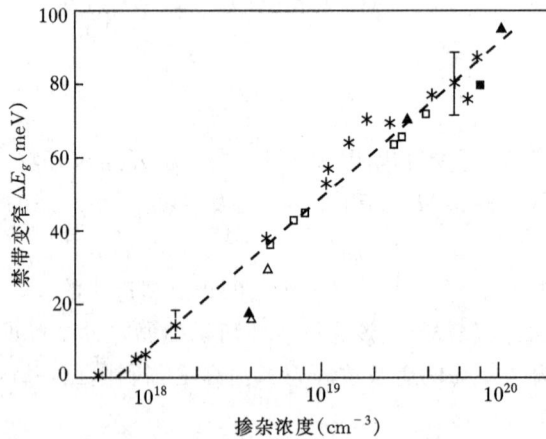

图 5.10　硅中带隙变窄效应的实验数据与经验公式拟和。（参考文献 23）

现在，发射区内的本征载流子密度为

$$n_{iE}^2 = N_C N_V \exp\left(-\frac{E_g - \Delta E_g}{kT}\right) = n_i^2 \exp\left(\frac{\Delta E_g}{kT}\right) \tag{49}$$

式中 n_i 是没有带隙变窄效应的本征载流子密度。

发射区的少数载流子浓度变为

$$p_{noE} = \frac{n_{iE}^2}{N_E} = \frac{n_i^2}{N_E} \exp\left(\frac{\Delta E_g}{kT}\right) \tag{49a}$$

可以看出,发射区禁带变窄的净效应是使发射区少子浓度增加。通常用发射区有效掺杂来表示禁带变窄

$$N_{ef} = N_E \exp\left(-\frac{\Delta E_g}{kT}\right) \tag{50}$$

在任何情况下,净的效应是使基区注入到发射区的空穴扩散电流增加,因而,根据式(38)电流增益减小

$$h_{FE} \propto \frac{n_{po}}{p_{noE}} \propto \exp\left(-\frac{\Delta E_g}{kT}\right) \tag{51}$$

Kirk 效应　在大电流状态下,具有轻掺杂外延集电区的现代双极晶体管,其集电区内的净电荷将发生显著地变化。与此同时发生的是,高场区从集电结移位到集电区 n$^+$ 衬底[24]。有效基区宽度从 W_B 增加到($W_B + W_C$)。这种高场移位现象称为 Kirk 效应[25],此效应增加了有效基区 Gummel 数 N'_b,造成 h_{FE} 降低。重要的是,在大注入条件下,电流很大,足以在集电区产生很高的电场,使得在发射极-基极结和基极-集电极结处有明确过渡区的经典概念不再适用。我们必须仅采用电极端边界条件,对基本微分方程(电流密度方程,连续方程和泊松方程)数值求解。图 5.11 给出了 V_{CB} 固定时电场分布随集电极电流密度变化的计算结果。请注意,随着电流的增加,峰值电场向集电区 n$^+$ 衬底移动。

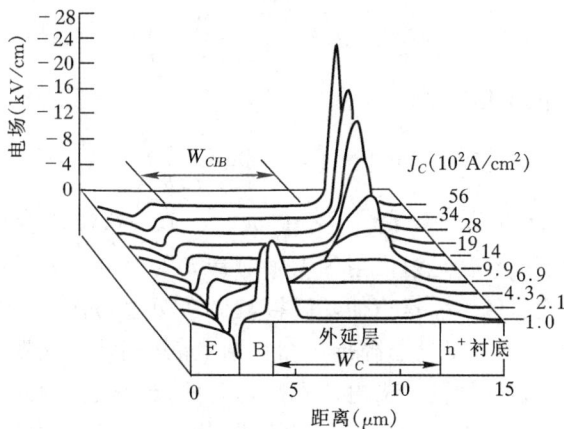

图 5.11　在各种集电极电流密度下电场分布与距离的关系,表现出 Kirk 效应(参考文献 24)

如图 5.11 所示,电流感生基区宽度 W_{CIB} 依赖于集电区掺杂浓度和集电极电流密度。在高电流密度下,当注入电子浓度高于集电区掺杂浓度时,集电区净电荷密度极性改变。结果,结被移动到集电区内。图 5.12 定性地描述了这一现象。

在一级近似下,注入的电子浓度 n_C 与集电极电流密度的关系为

$$J_C = q n_C v_s \tag{52}$$

这里假设在高场下电子以饱和速度 v_s 运动。净空间电荷浓度变为 $n_C - N_C$,n$^+$ 衬底附近空间电荷区宽度为

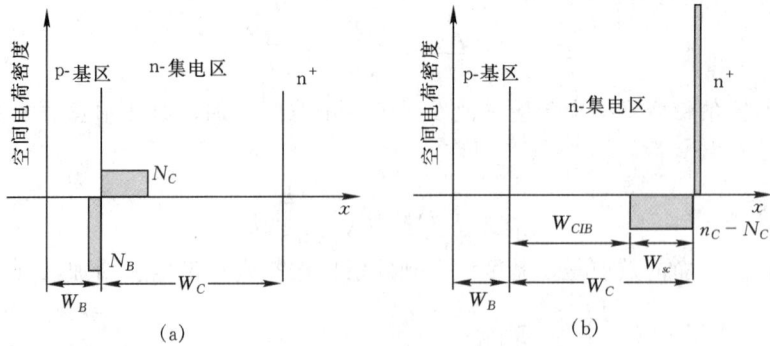

图 5.12　(a)小电流时的空间电荷区;(b)大电流下(发生 Kirk 效应)的空间电
荷区,显示出了基区展宽,基区宽度＝$W_B + W_{CIB}$

$$W_{sc} = \sqrt{\frac{2\varepsilon_s V_{CB}}{q(n_C - N_C)}} \tag{53}$$

电流感生基区宽度为

$$W_{CIB} = W_C - W_{sc} = W_C - \sqrt{\frac{2\varepsilon_s v_s V_{CB}}{J_C - qN_C v_s}} \tag{54}$$

定义 Kirk 效应开始(即 $W_{CIB} = 0$)时的电流密度为临界电流密度。令式(54)等于零,求得临界电流密度为

$$J_K \equiv qv_s \left(N_C + \frac{2\varepsilon_s V_{CB}}{qW_C^2} \right) \tag{55}$$

式(54)可以重新写为如下形式

$$W_{CIB} = W_C \left(1 - \sqrt{\frac{J_K - qv_s N_C}{J_C - qv_s N_C}} \right) \tag{56}$$

当 J_C 变得大于 J_K 时,W_{CIB} 增加;当 J_C 变得远大于 J_K 时,W_{CIB} 趋近于 W_C。

电流集边效应　我们已经讨论过发射区电阻对跨导的影响。为了使发射区电阻最小,发射区接触通常直接做在发射区上。这迫使基区接触做在两边,如图 5.13 所示,在发射区下存在内基区电阻。大电流时,内基区电阻降低了加在结上的净电压,越靠近发射区中心,这种现象愈加严重。结果通过发射区域的基极电流不是均匀的,越靠近中心电流密度越低。这种电流集边给发射区条宽度 S 的设计带来限制。宽的发射区中心几乎没有电流流动。发射区有效宽度 S_{ef} 通过大部分电流,它由下式估算

$$\frac{S_{ef}}{S} = \frac{\sin Z \cos Z}{Z} \tag{57}$$

式中 Z 由下式解出

$$Z\tan Z = \frac{qI_B R_\square S}{8XkT} \tag{58}$$

式中,$R_\square$ 为基区薄层电阻

$$R_\square = 1 \bigg/ \int_0^W q\mu N_B(x)\mathrm{d}x \tag{59}$$

X 是发射区垂直于 S 方向的大小,发射区面积为 SX。随着基极电流 I_B 的增加,Z 增加,比率

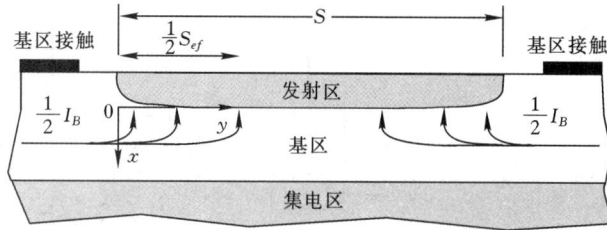

图 5.13　基区接触位于两侧的截面图,显示了大基区电流下的电流集边

S_{ef}/S 减小。

由于基区电流是分布电流,在分析电流集边时,用解析的方法计算基区电阻是很困难的。此外,必须考虑结的 $I\text{-}V$ 特性。我们只能求解低电流下(即没有电流集边时)的电阻。已经证明在计算电流集边时,高电流下的基区电阻与此有关[22]。

我们考虑基区接触位于两侧的常用结构。在没有发生电流集边时,在该结构中半边,基极电流随横向距离线性下降

$$I_B(y) = \frac{1}{2} I_B \left(1 - \frac{2y}{S}\right) \tag{60}$$

等效基区电阻可以通过系统的功率来得到

$$I_B^2 R_B = 2 \int_0^{S/2} \frac{I_B^2(y) R_\square}{X} \mathrm{d}y \tag{61}$$

从式(60)和式(61)可以得到基区电阻

$$R_B = \frac{R_\square S}{12X} \tag{62}$$

在下面要讨论的微波特性中,基区电阻也是很关键的。

5.3　微波特性

双极晶体管对高速应用是有吸引力的。它不但具有高速响应,而且具有大的电流驱动(这与它们大的跨导 g_m 有关),这一点是高速电路的主要品质因子。在像由金属引线引起的寄生电容比较显著的一类实际电路中,大的电流驱动特别重要。本节,我们将讨论双极晶体管的小信号和大信号高速特性。

5.3.1　截止频率

截止频率 f_T 是微波晶体管的重要参数,定义为共发射极短路电流增益 $h_{fe}(\equiv \mathrm{d}I_C/\mathrm{d}I_B)$ 为 1 时的频率[26]。应用图 5.14(a)所示的等效电路,可以导出各种晶体管的截止频率。晶体管都具有跨导 g_m 和总的输入电容 C'_{in},其小信号输出和输入电流为

$$i_{out} = \frac{\mathrm{d}I_{out}}{\mathrm{d}V_{in}} v_{in} = g_m v_{in} \tag{63}$$

$$i_{in} = v_{in} \omega C'_{in} \tag{64}$$

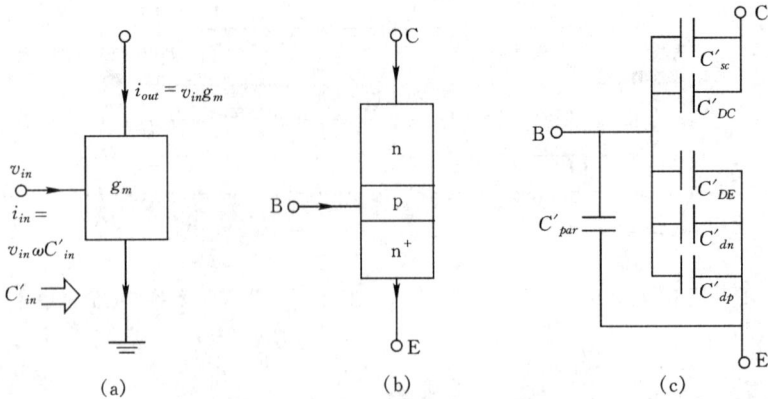

图 5.14　用于分析截止频率的电路示意图。

(a)晶体管用跨导和总的输入电容表示;(b)n-p-n 晶体管;(c)其输入电容分量

　　(请注意符号的量纲,C' 表示总电容,而 C 表示单位面积的电容)。让式(63)和式(64)相等,可以得到 f_T 的通用表达式

$$f_T = \frac{g_m}{2\pi C'_{in}}\tag{65}$$

　　在双极晶体管中(图 5.14),电容分量以求和的方式给出

$$C'_{in} = C'_{par} + C'_{dn} + C'_{dp} + C'_{DE} + C'_{DC} + C'_{sc}\tag{66}$$

式中

　　C'_{par}:寄生电容;

　　C'_{dn}:由于电子注入基区而产生的扩散电容;

　　C'_{dp}:由于空穴注入发射区而产生的扩散电容;

　　C'_{DE}:发射结耗尽层电容;

　　C'_{DC}:集电结耗尽层电容;

　　C'_{sc}:集电区空间电荷电容,来源于注入电子。

　　截止频率为

$$f_T = \frac{1}{2\pi \sum (C'/g_m)} = \frac{1}{2\pi \sum \tau}\tag{67}$$

式中 τ 可以认为是与每个电容 C'/g_m 有关的单个电容的充电时间或延迟时间。

　　因为在第 2 章中已经讨论过像耗尽层电容 C'_{DE} 和 C'_{DC} 之类的电容,所以电容分量中没有几个需要再做解释。我们首先讨论由于电子注入基区而引起的扩散电容。根据第 2 章中的式(90),应用 $g_m = qI_C/kT$,得到

$$\frac{C'_{dn}}{g_m} = \left(\frac{qW^2 I_C}{2kTD_n}\right)\frac{1}{g_m} = \frac{W^2}{\zeta D_n}\tag{68}$$

这里,对于均匀掺杂基区,$\zeta=2$,对于像图 5.4 所示的非均匀掺杂的基区,充电时间由于漂移运动而减小,因子 ζ 应换成较大的数值。若内建电场 $\mathscr{E}_{bi}$ 为常数,则因子 ζ 为[27]

$$\zeta \approx 2\left[1 + \left(\frac{\mathscr{E}_{bi}}{\mathscr{E}_0}\right)^{3/2}\right]\tag{69}$$

式中 $\mathscr{E}_0 = 2D_n/\mu_n W = 2kT/qW$。当 $\mathscr{E}_{bi}/\mathscr{E}_0 = 2$ 时，ζ 约为 7。因此，采取大的内建电场可使此充电时间大大降低。在实际晶体管中，采用注入或扩散工艺实现所需的基区掺杂分布。图 5.15 特别比较了高斯分布和指数分布与箱式分布的基区充电时间。图中显示前二者使充电时间减小。

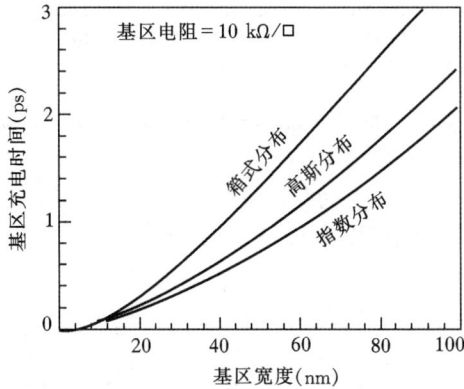

图 5.15 高斯分布和指数分布使基区充电时间减小(参考文献 28)

空穴扩散注入发射区也会产生相应的扩散电容。再次应用第 2 章式(91)，充电时间为

$$\frac{C'_{dp}}{g_m} = (C'_{dp})\frac{kT}{q}\left(\frac{1}{I_C}\right)$$

$$= \left[\frac{A_E q^2 W_E p_{noE}\exp(qV_{BE}/kT)}{2kT}\right]\frac{kT}{q}\left[\frac{W}{A_E q D_n n_{po}\exp(qV_{BE}/kT)}\right] \quad (70)$$

$$= \frac{N_B W_E W}{2N_E D_n}$$

在实际器件中，发射区和基区的掺杂相当高，耗尽区位于过渡区内，类似于线性缓变结。式(70)可以简化为

$$\frac{C'_{dp}}{g_m} \approx \frac{W_E W}{\theta D_n} \quad (71)$$

式中 θ 的值位于 2～5 之间。正如预期的那样，式(71)和式(68)有一样的形式。

最后，考虑由于电子注入到集电结耗尽区而引起的空间电荷电容 C_{sc}。该电容不同于传统的耗尽层电容 C_{DC}。从概念上来讲，C_{DC} 等于 $\mathrm{d}Q_{sc}/\mathrm{d}V_{CB}$，表示由于耗尽区展宽而引起的空间电荷的变化。另一方面，C_{sc} 等于 $\mathrm{d}Q_{sc}/\mathrm{d}V_{BE}$，这里空间电荷的变化来源于注入电子，与式(52)给出的集电区电流密度 J_C 有直接关系。图 5.16 阐明了有电子注入和没有电子注入时的空间电荷密度。在空间电荷区内泊松方程的求解与总的电势 V_{CB} 有关，如果 V_{CB} 固定，有

$$N_C W_{DC}^2 = \frac{2\varepsilon_s V_{CB}}{q} = (N_C - n_C)(W_{DC} + \Delta W_{DC})^2 \quad (72)$$

由此可以得到

$$\frac{n_C}{N_C} \approx \frac{2\Delta W_{DC}}{W_{DC}} \quad (73)$$

由于变化量 ΔW_{DC}，注入电荷密度不再简单地为 $qn_C W_{DC}$，而是减小为

$$Q_{sc} = qn_C W_{DC} - q(N_C - n_C)\Delta W_{DC}$$

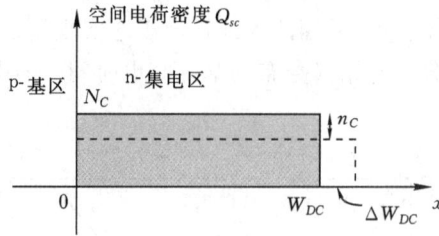

图 5.16　由于注入电子(虚线)引起的集电区空间电荷和宽度的变化。$n_C = J_C/qv_s$

$$\approx \frac{qn_C W_{DC}}{2} \approx \frac{W_{DC} J_C}{2v_s} \tag{74}$$

因此,与 C'_{sc} 有关的充电时间为

$$\frac{C'_{sc}}{g_m} = \left(\frac{A_E \mathrm{d}Q_{sc}}{\mathrm{d}V_{BE}}\right)\left(\frac{\mathrm{d}V_{BE}}{\mathrm{d}I_C}\right) = \frac{\mathrm{d}Q_{sc}}{\mathrm{d}J_C} = \frac{W_{DC}}{2v_s} \tag{75}$$

因子 2 不直观,特别是在文献中通常把该充电时间称为渡跃时间时更是如此。

与 C/g_m 无关的一个附加延迟来源于集电极 $R_C C'_{DC}$ 时间常数,这里 R_C 表示总的集电区电阻。包括所有因素的截止频率为

$$f_T = \left\{2\pi\left[\frac{kT(C'_{par} + C'_{DE} + C'_{DC})}{qI_C} + \frac{W^2}{\zeta D_n} + \frac{W_E W}{\theta D_n} + \frac{W_{DC}}{2v_s} + R_C C'_{DC}\right]\right\}^{-1} \tag{76}$$

从式(76)可见,第一组延迟时间与电流有关,随着电流的增加而减小。在高频应用时,为了得到高的 f_T,在不发生其它不良的大电流效应的前提下,双极晶体管工作电流应尽可能大。很明显,为了增加截止频率,晶体管应有很窄的基区宽度和窄的集电结耗尽区。

图 5.17 给出了 f_T 随集电区电流变化的实验曲线。在小电流密度下,如式(76)预言的那样,f_T 随 J_C 增加,在该区域,集电极电流主要是漂移分量,于是有

$$J_C \approx q\mu_n N_C \mathscr{E}_C \tag{77}$$

式中 $\mathscr{E}_C$ 为集电区外延层内的内建电场。随着电流的增加,f_T 达到最大值,并在 J_1 附近迅速

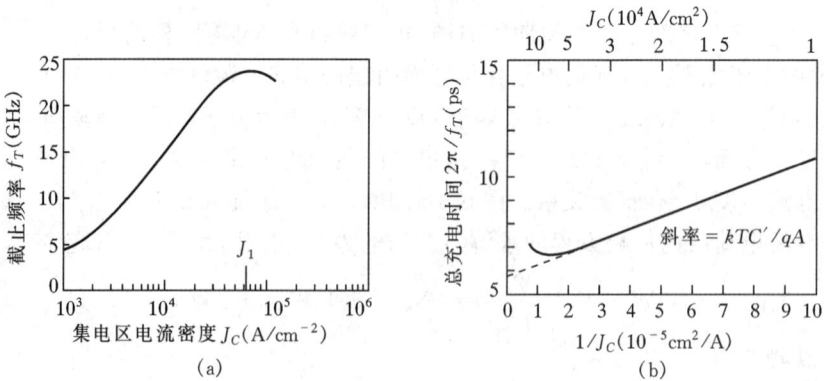

图 5.17　(a)截止频率与集电极电流密度的关系。(b) $1/f_T \sim 1/J_C$ 曲线,以区分出与电流有关的项(参考文献 30)

减小, J_1 为最大均匀电场 $\mathscr{E}_C = (\psi_{bi} + V_{CB})/W_C$ 得以存在时的电流,其中, ψ_{bi} 为总的集电极内建势[24]。超出此点,在集电区外延层内,电流无法完全由漂移分量载运。从式(77)得出电流 J_1 为

$$J_1 = \frac{q\mu_n N_C (\psi_{bi} + V_{CB})}{W_C} \tag{78}$$

该电流值应设计得低于 Kirk 效应发生对应的电流值。应该指出,随着 V_{CB} 的增加,相应的 J_1 值也会增加。在图 5.17(b)中, $2\pi/f_T \sim 1/J_C$ 曲线能够把式(76)中与电流有关的部分(由斜率给出)和与电流无关的部分(由把 $1/J_C$ 外推到零给出)区分开来。

在高速器件中, $W_{DC}/2v_s$ 项是一个重要的的量。小的集电结耗尽层宽度要求较高的集电区掺杂,从而导致低的击穿电压。因此应在 f_T 和击穿电压 V_{BCEO} 之间进行折衷考虑。事实上对于给定的材料系统,建议 $f_T \times V_{BCEO}$ 之积保持常数。对于硅集电区,包括 SiGe 基区的 HBT(异质结双极晶体管),假定延迟项只考虑 $W_{DC}/2v_s$ 项,理论上的乘积约为 400 GHz·V[31]。

5.3.2　小信号特性

在表示微波特性能时,散射参数(s 参数)得到广泛使用,这是因为与其它参数相比,散射参数易于进行高频测量[32]。图 5.18 示出了一般的两端口网络,其中的入射波(a_1, a_2)和反射波(b_1, b_2)是在 s 参数的定义中用到的。描述两端口网络的线性方程为

图 5.18　两端口网络,入射波(a_1, a_2),反射波(b_1, b_2),它们用于表示 s 参数的定义

$$\begin{bmatrix} b_1 \\ b_2 \end{bmatrix} = \begin{bmatrix} s_{11} & s_{12} \\ s_{21} & s_{22} \end{bmatrix} \begin{bmatrix} a_1 \\ a_2 \end{bmatrix} \tag{79}$$

式中, s 参数 s_{11} 、 s_{12} 、 s_{21} 和 s_{22} 为

$$s_{11} = \frac{b_1}{a_1} \bigg|_{a_2=0} = 输出端接匹配负载时(Z_L = Z_0, 则\ a_2 = 0, Z_0\ 为特性阻抗)的输入反射系数$$

$$s_{22} = \frac{b_2}{a_2} \bigg|_{a_1=0} = 输入端接匹配负载时(Z_s = Z_0, 因此\ a_1 = 0)的输出反射系数$$

$$s_{21} = \frac{b_2}{a_1} \bigg|_{a_2=0} = 输出端接匹配负载时的正向传输增益$$

$$s_{12} = \frac{b_1}{a_2} \bigg|_{a_1=0} = 输入端接匹配负载时的反向传输增益$$

我们将应用 s 参数定义微波晶体管的几个品质因子。功率增益 G_p 为释放给负载的最大可用功率与输入到网络的功率之比:

$$G_p = \frac{|s_{21}|^2 (1 - \Gamma_L^2)}{(1 - |s_{11}|^2) + \Gamma_L^2 (|s_{22}|^2 - D^2) - 2\mathrm{Re}(\Gamma_L N)} \tag{80}$$

式中

$$\Gamma_L \equiv \frac{Z_L - Z_0}{Z_L + Z_0} \tag{81}$$

$$D \equiv s_{11}s_{22} - s_{12}s_{21} \tag{82}$$

$$N \equiv s_{22} - Ds_{11}^* \tag{83}$$

在式(80)中,Re 为实部,星号指共轭复数。

稳定因子 K 表示晶体管在既有无源负载阻抗又有有源阻抗而不加外部反馈时是否会发生振荡。稳定因子为

$$K = \frac{1 + |D|^2 - |s_{11}|^2 - |s_{22}|^2}{2 |s_{12} s_{21}|} \tag{84}$$

若 K 大于 1,器件无条件稳定,即不存在外部反馈时,无源负载阻抗或有源阻抗不会引起振荡。若 K 小于 1,器件有潜在的不稳定性,即加上无源负载阻抗和有源阻抗的某种组合后,器件会引起振荡。

最大有用功率增益 $G_{p\,max}$ 是无外部反馈时特定晶体管所实现的功率增益。最大有用功率增益由当输入和输出同时共轭匹配时晶体管的正向功率增益给出,且仅仅对无条件稳定的晶体管($K>1$)才有定义:

$$G_{p\,max} = \left| \frac{s_{21}}{s_{12}} (K + \sqrt{K^2 - 1}) \right| \tag{85}$$

当 $K<1$ 时,圆括弧内的项变成复数,$G_{p\,max}$ 没有意义。

单向增益是在反馈放大器中调节晶体管的无损可逆反馈网络使其反向功率增益为零时的正向功率增益。单向增益与晶体管座的电抗和公共引线的组态无关。单向增益定义为

$$U = \frac{|s_{11} s_{22} s_{12} s_{21}|}{(1 - |s_{11}|^2)(1 - |s_{22}|^2)} \tag{86}$$

我们现在把上述两端口分析与器件内部参数结合起来。图 5.19 表示出高频双极晶体管的简化等效电路。器件参数前面已作过定义。C'_E 和 C'_C 分别表示发射极和集电极总电容。共基极小信号电流增益 α 定义为

$$\alpha \equiv h_{fb} = \frac{dI_C}{dI_E} = \frac{i_C}{i_E} \tag{87}$$

同样,共发射极小信号电流增益 β 定义为

$$\beta \equiv h_{fe} = \frac{dI_C}{dI_B} = \frac{i_C}{i_B} \tag{88}$$

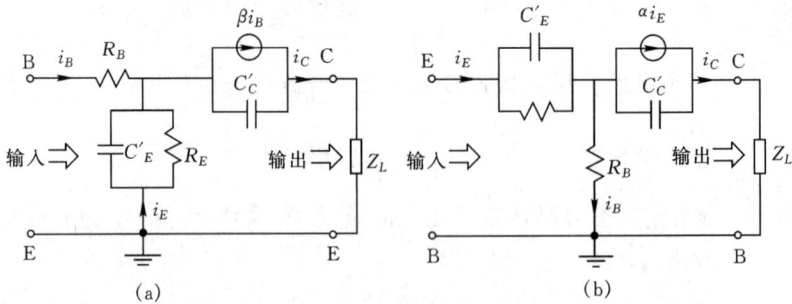

图 5.19　(a)共基极和(b)共发射极组态的简化小信号等效电路

从式(30)、式(32)、式(87)和式(88),我们得到

$$\alpha = \alpha_0 + I_E \frac{d\alpha_0}{dI_E} \tag{89}$$

$$\beta = \beta_0 + I_B \frac{\mathrm{d}\beta_0}{\mathrm{d}I_B} \tag{90}$$

$$\beta = \frac{\alpha}{1-\alpha} \tag{91}$$

在小电流下,α_0 和 β_0 随电流而增加(图 5.6),α 和 β 大于它们对应的静态值。然而,在大电流下,情况相反。

从这些等效电路,能够用器件参数而不是 s 参数表示功率增益。功率增益可表示为

$$G_p = \frac{i_C^2 Z_L}{4 i_B^2 R_B} = \frac{\beta^2 Z_L}{4 R_B} \tag{92}$$

当 $f < f_T$ 时,$\beta \approx f_T/f$。功率增益变为

$$G_p \approx \left(\frac{Z_L}{4R_B}\right)\frac{f_T^2}{f^2} \tag{93}$$

选择负载 $Z_L C_C' = 1/2\pi f_T$,可以得到最大有用功率增益

$$G_{p\,\max} = \frac{f_T}{8\pi R_B C_C' f^2} \tag{94}$$

对于图 5.19(b)所示的等效电路,单向增益为

$$U \equiv \frac{|\alpha(f)|^2}{8\pi f R_B C_C' \{-\mathrm{Im}[\alpha(f)] + 2\pi f R_E C_C'/(1+4\pi^2 f^2 R_E^2 C_E'^2)\}} \tag{95}$$

式中 $\mathrm{Im}[\alpha(f)]$ 为基极电流增益 α 的虚部。同样,若 $\alpha(f)$ 可表示为 $\alpha_0/(1+\mathrm{j}f/f_T)$,且 $f < f_T$,$\mathrm{Im}[\alpha(f)]$ 可近似表示为 $-\alpha_0 f/f_T$。于是,单向增益为

$$U \approx \frac{\alpha_0}{16\pi^2 R_B C_C' f^2 [(1/2\pi f_T) + (R_E C_C'/\alpha_0)]} \tag{96}$$

因为 $\alpha_0 \approx 1$,并且假如 $R_E C_C'$ 比 $1/2\pi f_T$ 小,式(96)简化为下述形式

$$U \approx \frac{f_T}{8\pi R_B C_C' f^2} \tag{97}$$

另一重要的品质因子是最高振荡频率 $f_{\max}$,这是单向增益变为 1 时的频率。根据式(97),$f_{\max}$ 的外推值为

$$f_{\max} = \sqrt{\frac{f_T}{8\pi R_B C_C'}} \tag{98}$$

请注意,单向增益和最高振荡频率都将随 R_B 的减少而增加,这就是为什么在微波应用中发射极条宽 S 是一个关键性尺寸。最后,可以得到下面的关系式

$$G_{p\,\max} = \frac{f_{\max}^2}{f^2} \tag{99}$$

另外一个重要的品质因子是噪声系数,它是晶体管输出端总的均方噪声电压与输出端由于信号源内阻 R_s 的热噪声所产生的均方噪声电压之比。低频下晶体管的主要噪声源来自造成 $1/f$ 噪声谱的表面效应。在中频和高频,噪声系数为[34]

$$NF = 1 + \frac{R_B}{R_s} + \frac{R_E}{2R_s} + \frac{(1-\alpha_0)(R_s + R_B + R_E)^2[1+(1-\alpha_0)^{-1}(f/f_a)^2]}{2\alpha_0 R_E R_s} \tag{100}$$

从式(100)可以看出,在 $f \approx f_a$ 的中频下,噪声系数实质上是由 R_B、R_E、$(1-\alpha_0)$ 和 R_s 决定的常数。最佳的端电阻 R_s 可以从条件 $\mathrm{d}(NF)/\mathrm{d}R_s = 0$ 计算得到。对应的噪声系数记作 $NF_{\min}$。对于低噪声设计而言,低的 $(1-\alpha_0)$ 值,即高的 α_0 值至关重要。在超出"拐角"频率 $f=$

$\sqrt{1-\alpha_0} f_a$ 的高频下,噪声系数近似地随 f^2 增加。

5.3.3　开关特性

开关晶体管被设计为执行开关功能,它能在极短的时间内从高阻(关)状态改变为低阻(开)状态[35]。由于开关过程是大信号瞬变过程,而微波晶体管通常涉及小信号放大,所以,开关晶体管的基本工作状态不同于微波晶体管。开关的通常例子是数字电路。开态最常用的模式是饱和模式,它几乎是理想开关的复制品。工作为饱和模式和非饱和模式的双极开关晶体管有附加的限制。这里,我们将考虑共发射极组态,它由图 5.20(c) 所示的基极电流驱动。

在有源区,基区的存储电荷 Q_B 由式(12)给出。在饱和区,Q_B 增加了,比有源区的大,但集电极电流不增加(图 5.20(b))。正是 Q_B 的变化引起瞬态响应。在晶体管被基极电流打开后,根据下式,Q_B 逼近稳态值 $J_B\tau_n$

$$Q_B = J_B\tau_n\left[1 - \exp\left(\frac{-t}{\tau_n}\right)\right] \tag{101}$$

τ_{on} 是 Q_B 增加到其饱和值 Q_s 所需的时间。饱和的标准为基区电荷大于正常模式时的值(式(12))

$$Q_s = \frac{J_C W^2}{2 D_n} \tag{102}$$

饱和区的 J_C 主要由集电极串联电阻决定($\approx V_{CE}/R_C$)。因此导通时间为

$$t_{on} = \tau_n \ln\left[\frac{1}{1 - (Q_s/J_B\tau_n)}\right] \tag{103}$$

导通时间通常要比关断时间(图 5.20(c)中 t_s 和 t_d 之和)小。

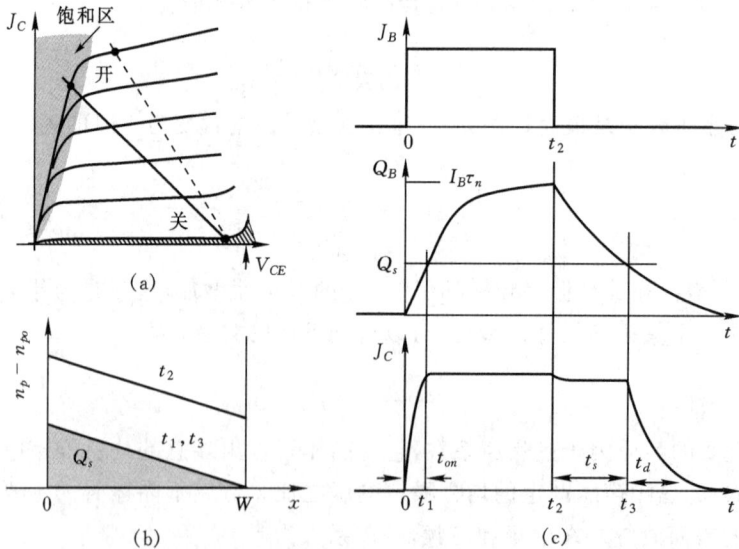

图 5.20　(a)共发射组态开态和关态工作点。虚线表示为了避免存储时间 t_s,
正常模式下开态的界限;(b)不同时刻基区的少子分布;(c)阶跃基区
电流输入对应的 Q_B 和 J_C 响应

当基极电流在 t_2 时刻关断后,Q_B 以时间常数 τ_n 指数减小。存储时间 t_s 是 Q_B 从 $J_B\tau_n$ 减

小到 Q_s 的时间间隔。

$$t_s = \tau_n \ln\left(\frac{J_B \tau_n}{Q_s}\right) \tag{104}$$

在这段时间内，J_C 没有显著变化。在 t_3 后，J_C 随时间常数 τ_n 指数减小。在延迟时间内，集电极电流衰减到其极大值的 10%，延迟时间 $t_d = 2.3\tau_n$。t_s 和 t_d 之和是总的关断时间。

关断时间严重地限制了数字电路的开关速度。正偏时从集电区注入到基区的超量电荷是引起关断时间的部分原因。减小少子注入的一个方法是引入与集电结并联的肖特基势垒箝位（如图 5.21 所示）。肖特基二极管限制了在基极和集电极之间的正偏，把基区电荷 Q_B 显著地减小到 Q_s。由于是多子器件，肖特基二极管本身没有少子存储。

另一个提高开关速度的选择是缩短基区的少子寿命 τ_n。从上述方程可以看出，导通时间和关断时间都直接与 τ_n 有关。在硅晶体管中，引入金作为有效复合中心，该方法的缺陷是降低了电流增益。

图 5.21　肖特基箝位双极晶体管。肖特基箝位减少了饱和时来自集电区的少子注入

再一种途径是选择负载和偏置以使开态时不工作在饱和区，如图 5.20(a) 所示。在这种情形下，存储时间 τ_s 为零，但其它的延迟仍然存在。

5.3.4　器件几何形状和性能

图 5.22 是平面工艺中硅 n-p-n 双极晶体管的一般结构示意图。应用化合物半导体制造的双极晶体管主要是异质结器件，将在后面章节中讨论。由于电子的迁移率通常比空穴的迁移率高，所以高性能的晶体管都是 n-p-n 型。与场效应器件中电流只在表面层中流动不同，在双极晶体管中电流在半导体材料体内流动，因而双极晶体管是垂直器件（除了低性能的横向结构外，电流是垂直流动）。也因为发射区电阻比集电区电阻更重要（式(42)），所以，发射区接触是直接做在发射结上面的，而集电区接触要通过一个 n^+ 埋层。为了减小基区电阻，基区接触通常做在发射极条的两侧。

如图 5.22 所示，现代双极晶体管已取得了许多技术进步。最重要的是在发射区上引入多晶硅。这种多晶硅发射极设计有许多优点。就制造工艺来说，发射结的控制更加精确，这是因为掺杂剂在多晶硅中的扩散非常迅速，单晶硅中 n^+ 层是由掺杂多晶硅层中杂质外扩散形成的。扩散结的深度可以控制在小于 30 nm。就性能而言，业已发现多晶硅发射极结构具有较高的电流增益[36]。这种现象可以由不同的机理来解释，这些机理都认为是由于拟制了基极（空穴）电流，但不会显著影响集电极（电子）电流。第一种解释认为在多晶硅-硅界面存在一个超薄氧化层，它减小了隧穿产生的空穴电流。发现最佳的氧化层厚度在 1 nm 左右。第二种解释认为是由于多晶硅层中少子的迁移率较低造成的。第三种可能的机理认为在晶粒边界掺杂剂的偏析在该位置形成少子的势垒。在任何情形下，多晶硅发射极可以提高电流增益是无可争议的，且大部分高性能的硅双极晶体管采用这种设计。

其它的技术改进包括采用双多晶硅的自对准基极接触（图 5.22(c)）。用 p^+ 多晶硅层中的杂质外扩散形成 p^+ 基区，且与发射区窗口自对准。从图中可以看出，这种自对准不仅可以

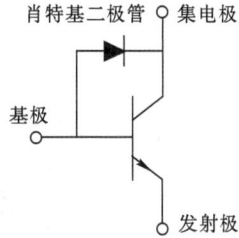

减小外基区的电阻,而且也减小了总面积,因而使集电区-基区和集电区-衬底的电容减小。图 5.22(b)和 5.22(c)所示的选择离子注入集电区(也称为基座集电区)也可以减小集电区-基区 的电容。最后,深沟槽技术大大的改进了集电区寄生周边电容,同时也减小了器件的总面积。

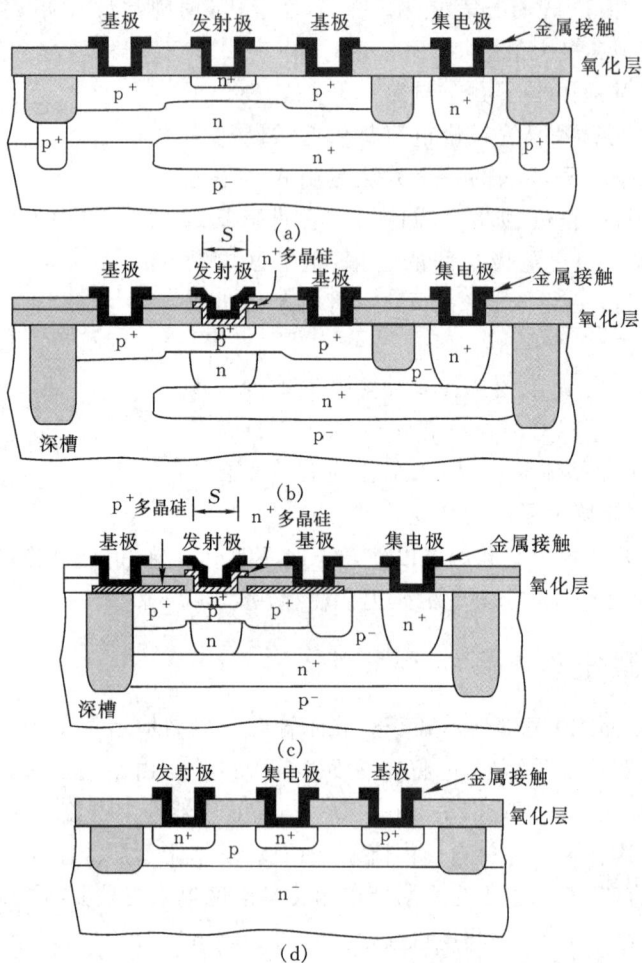

图 5.22   硅双极晶体管的横截面
(a)传统结构;(b)现代的深沟槽隔离单多晶结构;(c)现代双多晶自对
准结构;(d)低性能的横向结构

对于高频应用,双极晶体管的水平和垂直尺寸都按比例减小。扩散工艺和离子注入技术 的进步主要带来了垂直尺寸的减小,而光刻和腐蚀技术的进步使水平尺寸减小。

垂直方向的按比例缩小主要是基区宽度,它提高了 f_T。目前的水平是基区宽度小于 30 nm,f_T 约为 100 GHz。随着基区宽度的减小,消除沿位错通过基区的扩散管道或扩散尖峰 引起的发射区-集电区短路是极为重要的[37]。必须采用这样的工艺,它能消除氧化诱发的层 错,消除外延生长诱发的滑动位错,以及其它工艺诱发的缺陷[38]。水平方向的按比例缩小主 要涉及使条窗口 S 最小。目前可以实现的条的尺寸约为 0.2 μm。小的条宽能减小内基区的 电阻,因而改善了 f_T 和噪声系数。

比较双极晶体管和场效应晶体管(例如 MOSFET)的性能是有意义的。每一种器件都有 它的优点。双极晶体管的主要优点包括高的跨导 g_m,或把 g_m 用相同电流规格化 g_m/I。即使

与相同 f_T 的 FET 相比,双极晶体管电路速度也更快。这是因为大电流有利于驱动寄生电容。就产量和可靠性而言,双极晶体管使与表面效应有关的问题最小化。p-n 结的导通电压比 MOSFET 中的阈值电压更好控制。双极晶体管的模拟增益也更高。模拟增益等于 $g_m R_{out}$,式中 R_{out} 表示输出电阻。

5.4　相关器件结构

5.4.1　功率晶体管

功率晶体管是为功率放大和功率开关而设计的,它们必须承受高电压和大电流。微波晶体管强调的是速度和小信号增益。然而,在设计功率晶体管时,由于功率-频率乘积主要受材料参数的限制,所以必须在功率和速度之间折衷[39]。由于雪崩击穿场强和载流子饱和速度的限制,典型的功率输出随 $1/f^2$ 变化[39]。此外,在脉冲状态,可以得到比连续波工作更高的功率输出。例如,在脉冲状态,1 GHz 下可得到 500 W 功率。在连续波工作时,2 GHz 下功率为 60 W,5 GHz 下为 6 W,10 GHz 下为 1.5 W。

高压限制　高压工作受限于击穿,在关态,典型的值是 V_{BCEO}。正如前面讨论的,如果降低电流增益(式(47)),则可以得到更高的击穿电压。因为这个原因,为了拓宽电压范围,降低电流增益是有利的。另一种方法是在基极和发射极之间加一个外接电阻以降低电流增益。

大电流效应　在大电流工作时,有许多不良效应。我们已经讨论过由于 Kirk 效应产生的基区扩展。由于内基区电阻而产生的发射极电流集边效应是另一个因素(图 5.13)。为了提高击穿电压,集电区掺杂浓度 N_C 也必须降低。低的 N_C 不仅使 Kirk 效应加剧,而且也导致了准饱和区,这是由于集电区的电导调制引起的。

准饱和区如图 5.23(a)所示。物理上来讲,它是集电区的电导调制引起的。注入电子浓度高于集电区掺杂浓度时发生电导调制。这与 Kirk 效应发生的原因一样。差别是在发生 Kirk 效应时,因为 V_{CE} 高,载流子以饱和速度移动,而在准饱和区,因为 V_{CE} 低,载流子的迁移率为常数。回忆图 5.7,饱和定义为集电结工作在正向偏置。这导致基区靠近集电区一侧高的电子浓度。在准饱和区,电子浓度分布是类似的,但起源于另一个原因——电导调制。图 5.23(b)~(d)图示了载流子浓度分布的比较。请注意,$n(0)$(在集电结)在饱和区和准饱和区是类似的。因为这样,准饱和区的电流比正常模式的小。

准饱和区的判据分析如下。大注入时,建立起一个电场,其表达式为[40]

$$\mathscr{E}(x) = \frac{kT}{qn(x)} \frac{\mathrm{d}n(x)}{\mathrm{d}x} \tag{105}$$

考虑了爱因斯坦关系后,电流方程为

$$J_C = q\mu_n n\mathscr{E} + qD_n \frac{\mathrm{d}n}{\mathrm{d}x} = 2qD_n \frac{\mathrm{d}n}{\mathrm{d}x} \tag{106}$$

因此,电子浓度在电导调制的范围内为线性分布,如图 5.23(c)所示,

$$n(x) = n(0) - \frac{J_C}{2qD_n}x \tag{107}$$

在同样的距离内,电压降为

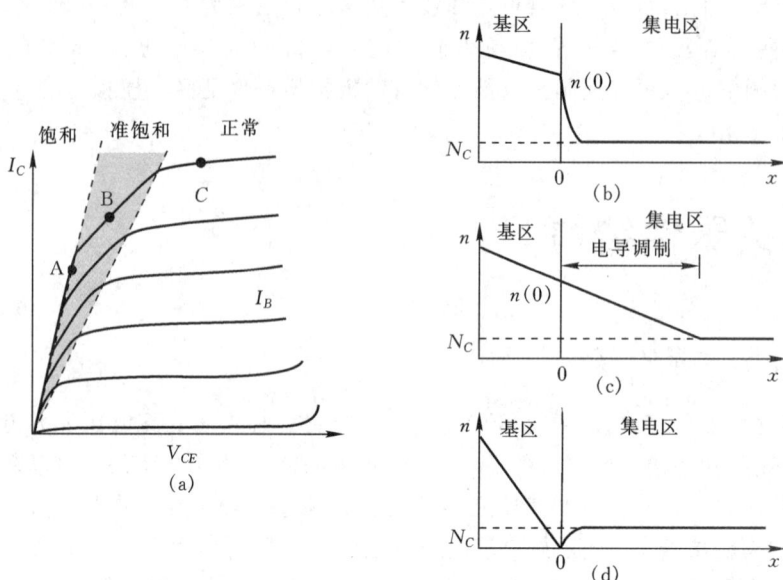

图 5.23　(a)共发射极 I-V 特性,图中显示出了高电流、低 V_{CE} 时的准饱和。电子
浓度分布对应于(b)饱和模式(A 点);(c)准饱和模式(B 点);(d)正常
模式(C 点)。请注意,集电结位于 $x=0$

$$V_{cm} = \int \mathcal{E} \mathrm{d}x = \frac{kT}{q} \ln\left[\frac{n(0)}{N_C}\right] \tag{108}$$

在准饱和区,外电压 V_{CE} 变为

$$V_{CE} = V_{BE} + \frac{kT}{q} \ln\left[\frac{n(0)}{N_C}\right] + I_C R_C \tag{109}$$

现在可以看出,正常饱和开始于 $V_{CE} = V_{BE} + I_C R_C$,而准饱和范围超过正常饱和值,超过量
的大小为式(109)右边的第二项。

热失控　对于功率晶体管,随着功率的消耗,温度不可避免的上升。温度上升反过来引起
电流的增加。这种正反馈将引起灾难性的损坏,称为热失控。为了改善晶体管的性能,必须改
善封装,使之提供良好的热沉,以利有效地散热。另一个有用的技术是使整个器件面积电流分
布均匀。为此,可以把大的发射区分成一些更小发射区的并联,通常做成交叉结构,且在每一
个器件上加一个发射极电阻。该电阻可以限制通过特定发射极的电流。这些串联电阻称为稳
定电阻或发射极镇流电阻。

二次击穿　在高电压和大电流区域,功率晶体管常常受所谓**二次击穿**现象限制。二次击
穿的标志是,器件电压突然减少,同时电流向内部集中。二次击穿现象首先由 Thornton 和
Simmons 加以报导[41],后来在大功率半导体器件方面得到广泛研究。对于大功率晶体管而
言,器件必须在一定的安全区内工作,这样才能避免因二次击穿引起的永久损伤。

图 5.24 给出了在二次击穿状态下共发射特性的一般特征[44]。当外加的发射极-集电极
电压达到 V_{BCEO}(式(47))时,发生雪崩击穿(一次击穿)。随着电压的进一步增加则发生二次击
穿。通常可将实验结果看成由四个阶段组成:第一阶段导致在击穿电压处的不稳定电流;第二
阶段从高电压区转变为低电压区;第三阶段是低电压大电流区;第四阶段导致器件的永久破
坏。在不稳定(第一阶段)以后,结两端的电压大大减少。在击穿过程的第二阶段,**热点**的电阻

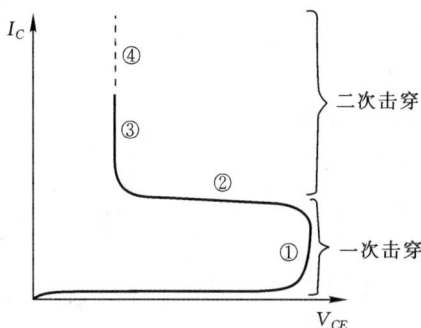

图 5.24　共发射极 I-V 特性,显示出了高压大电流时的二次击穿

剧降。在第三个低电压阶段,半导体处于高温下,在击穿点附近,半导体呈现本征特性($n_i=$ 掺杂)。当电流继续增加时,击穿点熔融,形成破坏性的第四阶段。

　　在实际应用中,功率器件通常处在瞬态偏置下,高功率只是瞬间存在。当考虑到能量(功率×时间)时,脉冲应用比直流应用能承受更高的功率。最初的不稳定性主要是由温度效应引发的。当具有某一功率 $P=I_C \cdot BV_{CE}$ 的脉冲加到晶体管上时,在器件被触发到二次击穿状态前,有一定的延迟。这一时间称为触发时间。图 5.25 给出了在各种环境温度下触发时间与外加脉冲功率的典型曲线。对同一触发时间 τ,脉冲功率 P 与触发温度 T_{tr}(即二次击穿前"热"点的温度)大致用以下热力学关系联系起来

$$P = C_3 (T_{tr} - T_0) \tag{110}$$

式中,T_0 是环境温度,C_3 是与热沉效率有关的常数。

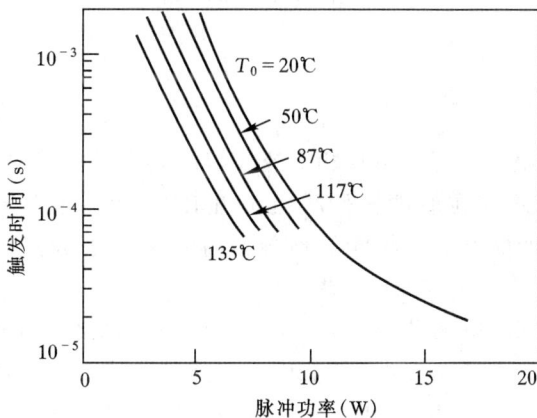

图 5.25　各种环境温度 T_0 下,二次击穿触发时间与外加脉冲功率的关系(参考文献 45)

　　更低的环境温度允许更高的功耗。从图 5.25 可见,对于给定的环境温度,脉冲功率与触发时间之间的关系大致为

$$\tau \propto \exp(-C_4 P) \tag{111}$$

式中 C_4 是另一个常数。该关系式表明在损害发生前,在很短的时间内可以施加更高的功率。触发温度 T_{tr} 依赖于各种器件参数和几何形状。对于大多数硅二极管和晶体管,T_{tr} 是本征浓

度 $n_i(T_{tr})$ 等于集电区掺杂浓度时的温度(请见第 1 章的图 1.9)。热点通常位于器件中心附近。对于不同的掺杂浓度,T_{tr} 值发生变化;对于不同的器件几何形状,C_3 和 C_4 值也发生变化,导致触发时间随功率有很大的变化。

　　安全工作区　考虑到上面的所有现象,为了防止晶体管发生永久性损伤,必须定出安全工作区(SOA)。图 5.26 给出了工作于共发射极组态的硅功率晶体管的典型例子。特定电路的集电极负载线必须落在可用曲线所标明的限度以下。图中的数据是根据 150℃ 的峰值结温 T_j 得到的。安全工作区的直流热限由器件的热阻决定,为

$$R_{th} = \frac{T_j - T_0}{P} \qquad (112)$$

　　因而,热学限制决定了最高容许的结温度和功率:若假定 T_j 和 R_{th} 为常数,则 $\ln(I_C)$ 和 $\ln(V_{CE})$ 两者呈线性关系,斜率为 -1,它是固定功率的轨迹。在较高的电压和较小的电流下,带条中心的温度可

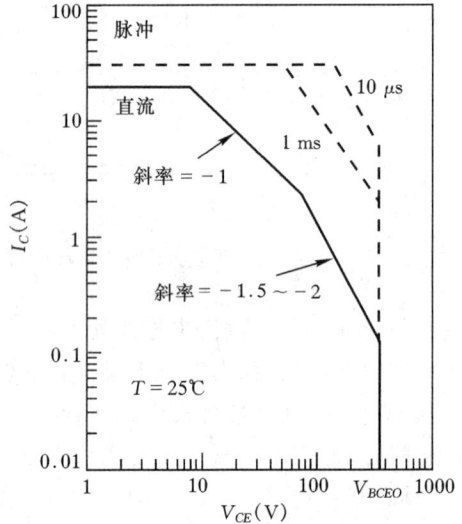

图 5.26　功率晶体管工作时的安全区(SOA)的例子。在更高的温度下,SOA 减小(参考文献 46)

以上升很高。这种温升引起二次击穿,斜率通常介乎 $-1.5 \sim -2$ 之间。在低电流时,器件最终受安全工作区内的一次击穿电压 V_{BCBO} 的限制,如垂直线所示。对于脉冲工作,安全工作区可扩展到较高的电流值。在较高的环境温度下,热限降低了可由器件控制的功率,电流限制降低,导致安全工作区缩小。

5.4.2　基本电路逻辑

　　图 5.27(a)给出了双极晶体管基本反相器或模拟放大器最简单的形式。当输入为高时,晶体管打开。大的集电极电流在负载电阻 R_L 上产生压降,因而输出电压被拉低。与场效应晶体管相比,双极晶体管的优点是其高的跨导(导致高的速度)。缺点是进入和离开饱和区时的开关延迟。下面讨论几个主要的双极逻辑。

　　ECL　发射极耦合逻辑(ECL,图 5.27(b))是一种以高功耗为代价的高速高性能电路。为了提高速度,晶体管在工作时决不进入饱和区。基准晶体管 Q_2 用固定的基准电压偏置,通过 R_E 的电流保持常数。Q_1 和 Q_2 通过发射极电阻 R_E 耦合,分享该恒定电流。V_{out} 基本上类似于反相器的输出。当 Q_1 导通时($V_{in} > V_{ref}$),它分流 Q_2 的电流,使通过 Q_2 的电流减小,输出 $\overline{V_{out}}$ 增加。ECL 是唯一提供两个互补输出的电路。

　　TTL　晶体管-晶体管逻辑(TTL,图 5.27(c))每个晶体管有多个输入门,因而更适合高密度电路。Q_1 是具有多个发射极的晶体管,它是一个 AND 逻辑。晶体管 Q_2 对于较低的 V_{out} 是射极跟随器,而对于较大的 V_{out} 是一个反相器。采用两个晶体管是为了提高速度,当 Q_2 从饱和转向截止时,Q_1 能很快抽取 Q_2 的基区电荷。

　　IIL　自从 1972 年出现以来,集成注入逻辑(IIL 或 I^2L,也称为合并晶体管逻辑 MTL),

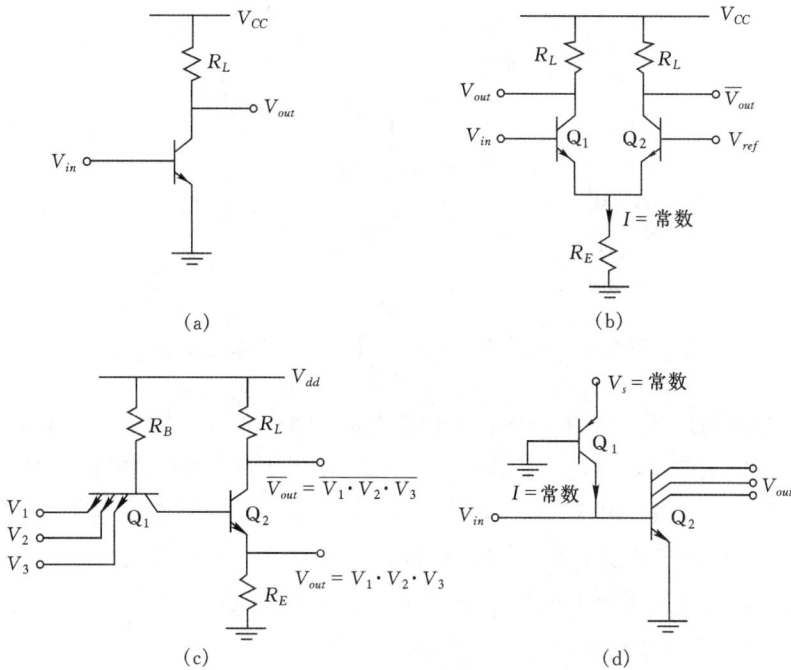

图 5.27 双极晶体管集成电路逻辑

(a)基本反相器和放大器;(b)发射极耦合逻辑 ECL;(c)晶体管-晶体管逻辑
TTL;(d)集成注入逻辑 IIL 或 I^2L

已广泛地用于 IC 逻辑设计和存储器设计。I^2L 采用互补双极晶体管,即将 n-p-n 和 p-n-p 结合起来(图 5.27(d))。其结构包括一个横向 p-n-p 晶体管,p-n-p 管的集电区就是纵向 n-p-n 管的基区。逻辑单元不需要电阻。布局紧凑且晶体管之间无需隔离。I^2L 诱人的的特点包括布局容易以及封装密度高。横向 p-n-p 晶体管 Q_1 是一个电流源,电流从 Q_1 注入 Q_2 的基极。Q_2 是一个具有多个集电极输出接触的晶体管。

BiCMOS   在 BiCMOS 技术中,为了达到最佳设计,同时采用双极晶体管和互补 MOS-FET。因为 MOSFET 和双极晶体管有各自的优点,因此为了达到不同的最佳化,BiCMOS 有许多逻辑架构。

5.5 异质结双极晶体管

双极晶体管电流增益的基本原理起源于发射结的注入效率,即,在 n-p-n 晶体管中,电子电流和空穴电流的比率 I_n/I_p。异质结双极晶体管(HBT)的发射结采用异质结,发射区为宽禁带材料[47~49],其注入效率显著提高(见 2.7.2 节),导致很大的电流增益。然而,在实际电路中,特别高的增益并没有比提高其它性能参数更具吸引力。只要增益满足需要,就能够在增益的提高和其它改进之间进行折衷。如图 5.28,在同质结中,增益主要由发射区掺杂和基区掺杂的比率决定。在异质结中,这个比率实际上可以放宽到基区掺杂大于发射区掺杂的程度,但

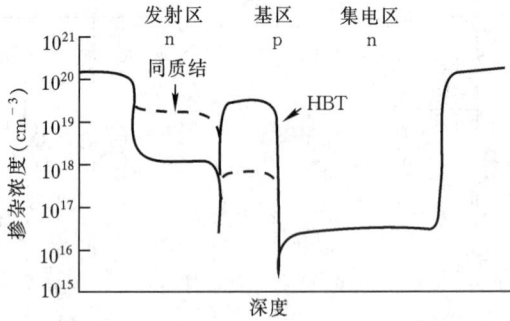

图 5.28　同质结和异质结晶体管杂质分布的比较

这时仍然维持合适的增益。在图 5.28 所示的典型的 HBT 掺杂分布中,基区掺杂大于发射区掺杂。高的基区掺杂带来许多优点。首先,低的基区电阻提高了 f_{max},改善了电流集中。更高的基区掺杂也提高了 Early 电压,减小了大电流效应。低的发射区掺杂也带来了诸如禁带变窄的减小以及 C_{BE} 降低等好处。此外,将如后面所示,发射区宽禁带会产生一个大的内建电势。在实际中,HBT 主要用能提供半绝缘衬底的Ⅲ-Ⅴ化合物半导体制造。半绝缘衬底减小了寄生电容,极大的提高了速度。

下面我们来导出发射结为异质结的 HBT 的增益,其能带图如图 5.29 所示。根据式(11)和式(22),电子电流密度和空穴电流密度为

$$J_n = \frac{qD_n n_{iB}^2}{W N_B} \exp\left(\frac{qV_{BE}}{kT}\right) \tag{113}$$

$$J_p = \frac{qD_{pE} n_{iE}^2}{W_E N_E} \exp\left(\frac{qV_{BE}}{kT}\right) \tag{114}$$

式中 n_{iB}^2 和 n_{iE}^2 分别表示基区和发射区的本征载流子浓度。回忆在一个 p-n 结中,每种电流分量仅由接受一侧的特性决定。也就是说,对于由发射区注入的电子,式(113)中的参数都是基区的参数。同样,空穴电流由发射区的特性决定。记住了这一点就可以理解发射区宽禁带在减小了空穴电流的同时不会影响电子电流。这样,电流增益为

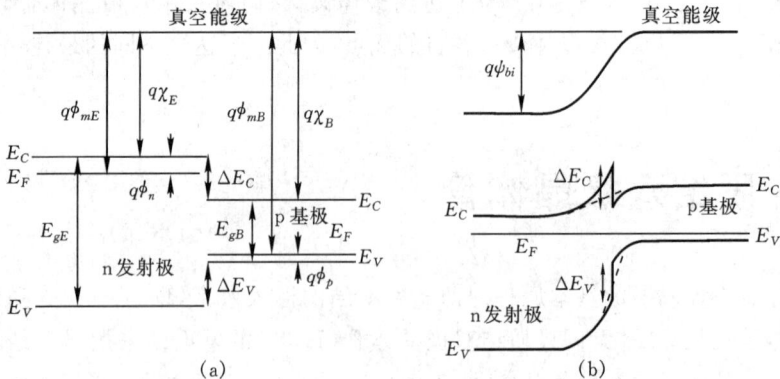

图 5.29　(a)孤立时和(b)形成结以后宽禁带 n 型发射区和窄禁带 p 型基区异质
　　　　　结的能带图。在图(b)中,缓变异质结(虚线)消除了突变异质结中电子
　　　　　的附加势垒

$$\frac{J_n}{J_p}\bigg|_{HBT} = \left(\frac{n_{iB}^2}{n_{iE}^2}\right)\frac{J_n}{J_p}\bigg|_{同质结} = \left[\exp\left(\frac{\Delta E_g}{kT}\right)\right]\frac{J_n}{J_p}\bigg|_{同质结} \tag{115}$$

上式假定所有其它参数(例如掺杂浓度)是一样的。重要的是要注意到必须消除 ΔE_C 产生的额外的势垒,否则,会产生限制电流导通的其它机理。如果在耗尽区内组分缓慢变化,就可以消除该势垒,这就是所谓的缓变 HBT。图 5.30(a)和图 5.30(b)分别是突变 HBT 和缓变 HBT 的能带图。请注意,根据式(115),增益的提高由总的带隙变化 ΔE_g 决定,与 ΔE_C 和 ΔE_V 之间的划分无关。图 5.30 也给出了集电极也采用异质结的双异质结晶体管和中性基区禁带缓变的缓变基区双极晶体管的比较。这两种结构将在后面详细讨论。

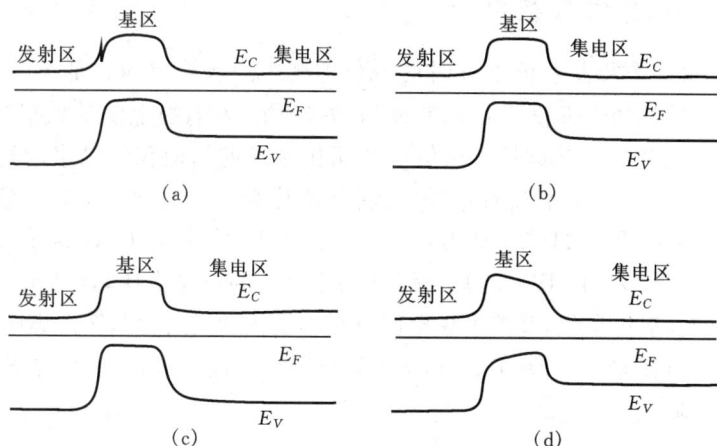

图 5.30　(a)突变 HBT、(b)缓变 HBT、(c)缓变 DHBT 和(d)缓变基区双极晶体管的能带图

从图 5.29 可以计算得到发射结的内建电势

$$\psi_{bi} = \phi_{mB} - \phi_{mE} = \left(\chi_B + \frac{E_{gB}}{q} - \phi_p\right) - (\chi_E + \phi_n)$$
$$= \frac{E_{gB} + \Delta E_C}{q} - \frac{kT}{q}\ln\left(\frac{N_{VB}}{N_B}\right) - \frac{kT}{q}\ln\left(\frac{N_{CE}}{N_E}\right) \tag{116}$$

式中 N_{VB} 和 N_{CE} 分别是基区价带有效态密度和发射区导带有效态密度。式中也用到了关系式 $\Delta E_C = q(\chi_B - \chi_E)$。异质结的其它方程可以在 2.7.1 节中找到。

图 5.31(a)显示了典型的 HBT 结构。制造 HBT 最常用的有三种材料系统,它们是根据晶格的匹配程度和能带(第 1 章图 1.32)选择的。这些材料是(1)GaAs 基(发射区/基区＝In-

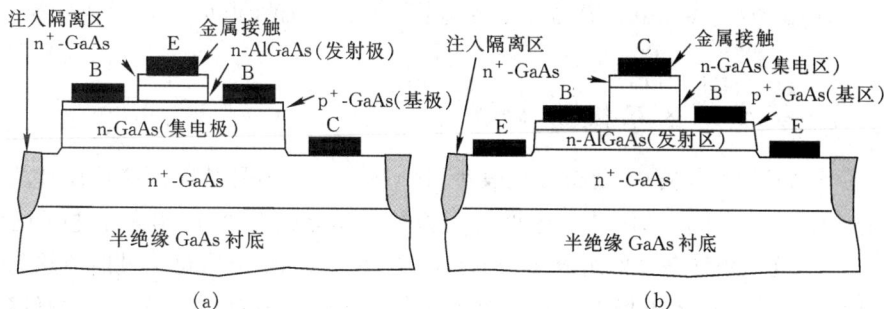

图 5.31　(a)HBT 的典型结构;(b)采用集电区升高以使集电区电容最小的特殊结构

AlAs/InGaAs),(2)InP 基(发射区/基区＝InP/InGaAs),(3)Si 基(发射区/基区＝Si/SiGe)。为了精确地控制组分和厚度,所有的 Ⅲ-Ⅴ 族 HBT 均采用 MBE 或 MOCVD 生长。Si 基 HBT(例如 Si-SiGe 异质结构)目前仍不成熟,大多数发表的结果实际上是缓变基区双极晶体管(见下面 5.5.2 节)。

对于电路应用,关键的是集电区电容。使集电区电容最小的一种结构是图 5.31(b)所示的集电区升高设计。由于在这种结构中发射结变大,该结构的一个缺点是电流增益低。另一个工艺困难是,与发射区相比,在把基极接触制造在基区薄层之前,必须腐蚀一个厚的集电区。

5.5.1 双异质结双极晶体管

HBT 的一个缺点是共发射极组态时的 offset 电压。这是因为在低的 V_{CE} 区间(即饱和区),发射结和集电结都处于正偏。由于在 HBT 中,基极-发射极电流受到拟制,所以基极-集电极电流对负的集电极电流有贡献。在集电结面积比发射结面积大的多时这种情况更为恶劣。集电结也采用异质结可以消除该缺陷,这种结构称为双异质结双极晶体管(DHBT,图 5.30(c)),以区别于单异质结 HBT(SHBT)。图 5.32(b)给出了 InAlAs/InGaAs DHBT 和 SHBT offset 电压的比较。DHBT 的其它优点包括更高的击穿电压,这是由于集电区大的禁带宽度。与宽禁带发射区类似,宽禁带集电区也减小了饱和模式时基区向集电区的空穴注入,因而减小了少子电荷存储。在 DHBT 中,集电区掺杂可以高一些,从而使像 Kirk 效应和准饱和这些大电流效应降低。

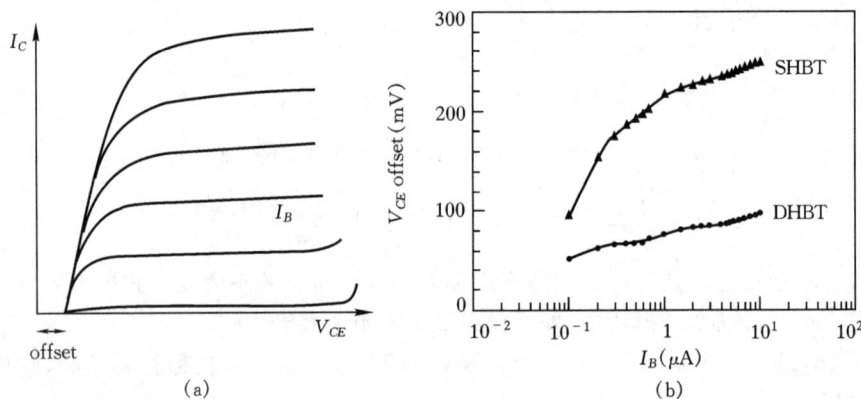

图 5.32　(a)HBT 中存在 V_{CE} offset;(b)InAlAs/InGaAs DHBT 和 SHBT 中 V_{CE} offset 的比较(参考文献 51)

5.5.2 缓变基区双极晶体管

在缓变基区双极晶体管中,组分缓变发生在中性基区而不是结区。这种设计的作用与在 HBT 中的完全不同。中性基区的组分缓变能够在基区形成准电场,提高了电子的漂移速度(图 5.30(d))。这里中性基区的组分缓变的意图类似于 5.3.1 节中讨论过的非均匀基区掺杂分布,只是组分缓变产生的电场更有效。杂质分布缓变产生的总电势变化的数量级为 $2kT/q$ ≈50 mV,而带隙缓变产生的电势变化超过 100 mV。

缓变基区双极晶体管的优点是:更高的电子电流和电流增益,更高的 f_T(因为降低了基区充电时间)和大的 Early 电压。下面用 SiGe 缓变基区双极晶体管(靠发射区一边为 Si,靠集电区一侧为 Ge,总的带隙减小为 ΔE_g)为例进行分析。进一步假设缓变随距离线性变化。主要的结果和有价值的表达式用与位置有关的本征载流子浓度来表示,

$$n_i^2(\mathrm{Si}_{1-x}\mathrm{Ge}_x) = n_i^2(\mathrm{Si})\exp\left(\frac{\Delta E_g}{kT}\frac{x}{W_B}\right) \tag{117}$$

根据式(20),电子饱和电流密度 J_{n0}(与电压无关的部分)为

$$J_{n0}(\mathrm{SiGe}) = q\Big/\int_0^{W_B}\frac{N_B(x)}{D_n(x)n_i^2(x)}\mathrm{d}x$$

$$= \frac{qD_n n_i^2(\mathrm{Si})}{N_B W_B}\left[\frac{\Delta E_g/kT}{1-\exp(-\Delta E_g/kT)}\right] \tag{118}$$

由于空穴电流保持不变,相对于硅基区,电流和增益的提高因子为

$$\frac{J_{n0}(\mathrm{SiGe})}{J_{n0}(\mathrm{Si})} = \frac{\beta_0(\mathrm{SiGe})}{\beta_0(\mathrm{Si})} = \frac{\Delta E_g/kT}{1-\exp(-\Delta E_g/kT)} \tag{119}$$

由于减小了基区充电时间,缓变基区双极晶体管具有更高的 f_T,其表示式为

$$\tau_B(\mathrm{SiGe}) = \frac{1}{D_n}\int_0^{W_B}\exp\left(\frac{\Delta E_g}{kT}\frac{x}{W_B}\right)\int_x^{W_B}\exp\left(\frac{-\Delta E_g}{kT}\frac{x'}{W_B}\right)\mathrm{d}x'\mathrm{d}x$$

$$= \frac{W_B^2}{2D_n}\left(\frac{2kT}{\Delta E_g}\left\{1-\frac{kT}{\Delta E_g}\left[1-\exp\left(\frac{-\Delta E_g}{kT}\right)\right]\right\}\right) \tag{120}$$

与均匀基区(无论是 Si 还是 Ge)相比,通项 $W_B^2/2D_n$ 被降低了括号中的量。最后,厄尔利电压为

$$V_A(\mathrm{SiGe}) = \frac{qN_B W_B\exp(\Delta E_g/kT)}{\varepsilon_s}\int_0^{W_B}\exp\left(\frac{-\Delta E_g}{kT}\frac{x}{W_B}\right)\mathrm{d}x$$

$$= \frac{qN_B W_B^2}{\varepsilon_s}\left\{\frac{kT}{\Delta E_g}\left[\exp\left(\frac{\Delta E_g}{kT}\right)-1\right]\right\} \tag{121}$$

请注意,括号内因子带来的改善相当明显。

5.5.3　热电子晶体管

热电子是能量超出费米能级之上几个 kT 的电子。因此,热电子与晶格不处于热平衡状态。由于具有很大的动能,热电子将以更高的速度移动,从而引起更快的工作速度和更大的电流。热电子的群速度是能量(以导带低为参考点)的函数,如图 5.33(a),这意味着其速度可以是平衡值的几倍。基于突变 HBT 的热电子晶体管如图 5.33(b)所示。

已经提出许多其它形式的热电子晶体管,用能带图表示在图 5.34。这些晶体管的主要差异表现在把电子注入到基区所用的方法方面[53]。注入机理可以是通过宽带隙材料的隧穿[54],在金属-基区晶体管中是越过肖特基发射区的热电子发射,或者在平面注入势垒晶体管中是越过三角势垒的热电子发射[55]。直到现在,热电子晶体管的速度优势还没有得到证明。它一直被用作分光计,用于研究热电子的特性与其能量之间的关系。通过改变集电区-基区异质结的势垒可以过滤或选择热电子的能量。

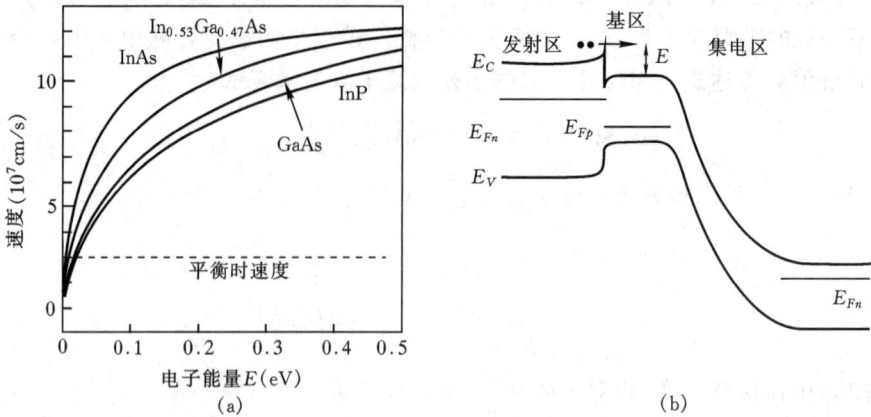

图 5.33 (a)电子的群速度与能量(以导带低为参考点)关系(参考文献 56);(b)基于突变 HBT 的热电子晶体管的能带图

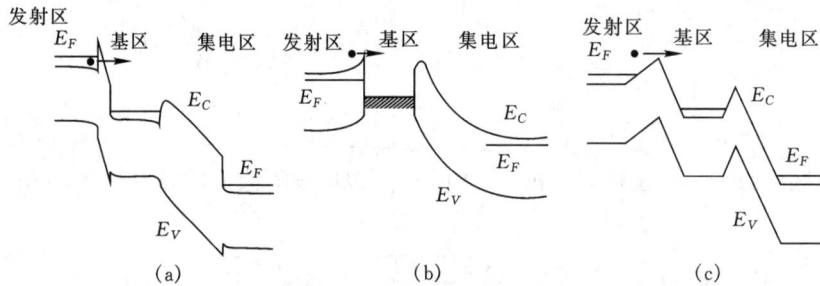

图 5.34 其它形式热电子晶体管

热电子来源于(a)通过势垒的隧穿、(b)越过肖特基势垒的热电子发射和(c)越过平面掺杂势垒的热电子发射

参考文献

1. J. Bardeen and W. H. Brattain, "The Transistor, A Semiconductor Triode," *Phys. Rev.*, **74**, 230 (1948).

2. W. Shockley, "The Theory of *p-n* Junctions in Semiconductors and *p-n* Junction Transistors," *Bell Syst. Tech. J.*, **28**, 435 (1949).

3. W. Shockley, M. Sparks, and G. K. Teal, "*p-n* Junction Transistors," *Phys. Rev.*, **83**, 151 (1951).

4. G. S. May and S. M. Sze, *Fundamentals of Semiconductor Fabrication*, Wiley, Hoboken, New Jersey, 2004.

5. W. Shockley, "The Path to the Conception of the Junction Transistor," *IEEE Trans. Electron Dev.*, **ED-23**, 597 (1976).

6. M. Riordan and L. Hoddeson, *Crystal Fire*, Norton, New York, 1998.

7. D. J. Roulston, *Bipolar Semiconductor Devices*, McGraw-Hill, New York, 1990.

8. M. Reisch, *High-Frequency Bipolar Transistors*, Springer Verlag, New York, 2003.

9. W. Liu, *Handbook of III-V Heterojunction Bipolar Transistors*, Wiley, New York, 1998.

10. M. F. Chang, Ed., *Current Trends in Heterojunction Bipolar Transistors*, World Scientific, Singapore, 1996.

11. J. L. Moll and I. M. Ross, "The Dependence of Transistor Parameters on the Distribution of Base Layer Resistivity," *Proc. IRE*, **44**,72 (1956).

12. H. K. Gummel, "Measurement of the Number of Impurities in the Base Layer of a Transistor," *Proc. IRE*, **49**, 834 (1961).

13. S. K. Ghandi, *Semiconductor Power Devices*, Wiley, New York, 1977.

14. P. G. A. Jespers, "Measurements for Bipolar Devices," in F. Van de Wiele, W. L. Engl, and P. G. Jespers, Eds., *Process and Device Modeling for Integrated Circuit Design*, Noordhoff, Leyden, 1977.

15. R. S. Payne, R. J. Scavuzzo, K. H. Olson, J. M. Nacci, and R. A. Moline, "Fully Ion-Implanted Bipolar Transistors," *IEEE Trans. Electron Dev.*, **ED-21**, 273 (1974).

16. W. M. Werner, "The Influence of Fixed Interface Charges on Current Gain Fallout of Planar *n-p-n* Transistors," *J. Electrochem. Soc.*, **123**, 540 (1976).

17. W. M. Webster, "On the Variation of Junction-Transistor Current Amplification Factor with Emitter Current," *Proc. IRE*, **42**, 914 (1954).

18. M. J. Morant, *Introduction to Semiconductor Devices*, Addison-Wesley, Reading, Mass., 1964.

19. J. M. Early, "Effects of Space-Charge Layer Widening in Junction Transistors," *Proc. IRE*, **40**, 1401 (1952).

20. Y. Taur and T. H. Ning, *Fundamentals of Modern VLSI Devices*, Cambridge University Press, Cambridge, 1998.

21. W. W. Gartner, *Transistors, Principle, Design, and Application*, D. Van Nostrand, Princeton, New Jersey, 1960.

22. J. R. Hauser, "The Effects of Distributed Base Potential on Emitter-Current Injection Density and Effective Base Resistance for Strip Transistor Geometries," *IEEE Trans. Electron Dev.*, **ED-11**, 238 (1964).

23. J. del Alamo, S. Swirhun, and R. M. Swanson, "Simultaneous Measurement of Hole Lifetime, Hole Mobility and Bandgap Narrowing in Heavily Doped *n*-Type Silicon," *Tech. Dig. IEEE IEDM*, 290 (1985).

24. H. C. Poon, H. K. Gummel, and D. L. Scharfetter, "High Injection in Epitaxial Transistors," *IEEE Trans. Electron Dev.*, **ED-16**, 455 (1969).

25. C. T. Kirk, "A Theory of Transistor Cutoff Frequency (f_T) Fall-Off at High Current Density," *IEEE Trans. Electron Dev.*, **ED-9**, 164 (1962).

26. R. L. Pritchard, J. B. Angell, R. B. Adler, J. M. Early, and W. M. Webster, "Transistor Internal Parameters for Small-Signal Representation," *Proc. IRE*, **49**, 725 (1961).

27. A. N. Daw, R. N. Mitra, and N. K. D. Choudhury, "Cutoff Frequency of a Drift Transistor," *Solid-State Electron.*, **10**, 359 (1967).

28. K. Suzuki, "Optimized Base Doping Profile for Minimum Base Transit Time," *IEEE Trans. Electron Dev.*, **ED-38**, 2128 (1991).

29. R. G. Meyer and R. S. Muller, "Charge-Control Analysis of the Collector-Base Space-Charge-Region Contribution to Bipolar-Transistor Time Constant τ_T," *IEEE Trans. Electron Dev.*, **ED-34**, 450 (1987).

30. W. D. van Noort, L. K. Nanver, and J. W. Slotboom, "Arsenic-Spike Epilayer Technology Applied to Bipolar Transistors," *IEEE Trans. Electron Dev.*, **ED-48**, 2500 (2001).

31. K. K. Ng, M. R. Frei, and C. A. King, "Reevaluation of the $f_T BV_{CEO}$ limit on Si Bipolar Transistors," *IEEE Trans. Electron Dev.*, **ED-45**, 1854 (1998).

32. K. Kurokawa, "Power Waves and the Scattering Matrix," *IEEE Trans. Microwave Theory Tech.*, **MTT-13**, 194 (1965).

33. S. M. Sze and H. K. Gummel, "Appraisal of Semiconductor-Metal-Semiconductor Transistors," *Solid-State Electron.*, **9**, 751 (1966).

34. E. G. Nielson, "Behavior of Noise Figure in Junction Transistors," *Proc. IRE*, **45**, 957 (1957).

35. J. L. Moll, "Large-Signal Transient Response of Junction Transistors," *Proc. IRE*, **42**, 1773 (1954).

36. I. R. C. Post, P. Ashburn, and G. R. Wolstenholme, "Polysilicon Emitters for Bipolar Transistors: A Review and Re-Evaluation of Theory and Experiment," *IEEE Trans. Electron Dev.*, **ED-39**, 1717 (1992).

37. A. C. M. Wang and S. Kakihana, "Leakage and h_{FE} Degradation in Microwave Bipolar Transistors," *IEEE Trans. Electron Dev.*, **ED-21**, 667 (1974).

38. L. C. Parrillo, R. S. Payne, T. F. Seidel, M. Robinson, G. W. Reutlinger, D. E. Post, and R. L. Field, "The Reduction of Emitter-Collector Shorts in a High-Speed, All Implanted, Bipolar Technology," *Tech. Dig. IEEE IEDM*, 348 (1979).

39. E. O. Johnson, "Physical Limitations on Frequency and Power Parameters of Transistors," *IEEE Int. Conv. Rec.*, Pt. 5, p. 27 (1965).

40. J. G. Kassakian, M. F. Schlecht, and G. C. Verghese, *Principles of Power Electronics*, Addison-Wesley, New York, 1991.

41. C. G. Thornton and C. D. Simmons, "A New High Current Mode of Transistor Operation," *IRE Trans. Electron Devices*, **ED-5**, 6 (1958).

42. H. A. Schafft, "Second-Breakdown–A Comprehensive Review," *Proc. IEEE*, **55**, 1272 (1967).

43. N. Klein, "Electrical Breakdown in Solids," in L. Marton, Ed., *Advances in Electronics and Electron Physics*, Academic, New York, 1968.

44. L. Dunn and K. I. Nuttall, "An Investigation of the Voltage Sustained by Epitaxial Bipolar Transistors in Current Mode Second Breakdown," *Int. J. Electron.*, **45**, 353 (1978).

45. H. Melchior and M. J. 0. Strutt, "Secondary Breakdown in Transistors," *Proc. IEEE*, **52**, 439 (1964).

46. F. F. Oettinger, D. L. Blackburn, and S. Rubin, "Thermal Characterization of Power Transistors," *IEEE Trans. Electron Dev.*, **ED-23**, 831 (1976).

47. W. Shockley, "Circuit Element Utilizing Semiconductive Material," U.S. Patent 2,569,347 (1951).

48. H. Kroemer, "Theory of a Wide-Gap Emitter for Transistors," *Proc. IRE*, **45**, 1535 (1957).

49. H. Kroemer, "Heterostructure Bipolar Transistors and Integrated Circuits," *Proc. IEEE*, **70**, 13 (1982).

50. E. Kasper and D. J. Paul, *Silicon Quantum Integrated Circuits*, Springer Verlag, Heidelberg, 2005.

51. T. Won, S. Iyer, S. Agarwala, and H. Morkoç, "Collector Offset Voltage of Heterojunction Bipolar Transistors Grown by Molecular Beam Epitaxy," *IEEE Electron Dev. Lett.*, **EDL-10**, 274 (1989).

52. A. F. J. Levi, "Nonequilibrium Electron Transport in Heterojunction Bipolar Transistors," in B. Jalali and S. J. Pearton, Eds., *InP HBTs: Growth, Processing, and Applications*, Artech House, Boston, 1995.

53. J. L. Moll, "Comparison of Hot Electrons and Related Amplifiers," *IEEE Trans. Electron Dev.*, **ED-10**, 299 (1963).

54. C. A. Mead, "Tunnel-Emission Amplifiers," *Proc. IRE*, **48**, 359 (1960).

55. J. R. Hayes and A. F. J. Levi, "Dynamics of extreme nonequilibrium electron transport in GaAs," *IEEE J. Quan. Electron.*, **QE-22**, 1744 (1986).

Dev., **ED-39**, 1717 (1992).

习题

1. 一个 p$^+$-n-p 硅晶体管，发射区、基区和集电区的杂质浓度分别为 5×10^{18}、10^{16} 和 10^{15} cm^{-3}。基区宽度为 1.0 μm，器件的横截面积为 3 mm^2。如果 $V_{EB}=0.5$ V，$V_{CB}=5$ V（反向），计算 (a)中性基区宽度，(b)发射结边界处的少数载流子浓度，(c)中性基区中的少数载流子电荷。

2. n$^+$-p-n 硅双极晶体管的发射区、基区和集电区的掺杂浓度分别为 10^{19}、3×10^{16} 和 5×10^{15} cm^{-3}。求使发射极偏置对集电极电流(因穿通或雪崩击穿)失去控制的基极–集电极电压的上限。假设基区宽度(冶金结之间的间距)是 0.5 μm。

3. 在 n-p-n 晶体管中，基区杂质掺杂浓度为 $N(x)$，电子电流密度由式(17)给出。边界条件为在 $x=W$ 处 $n_p=0$，证明式(18)。

4. 一个硅 n$^+$-p-π-p$^+$ 二极管，p 层厚度 3 μm，π 层厚度 9 μm。偏置电压必须足够高以使 p 区产生雪崩击穿和 π 区出现速度饱和。求所需的最小偏置电压。

5. 通过集电结反偏耗尽区的集电极电流是漂移电流。

   (a)假设载流子速度饱和，证明经过集电结耗尽区的注入载流子浓度为常数。

   (b)假设基区和集电区均匀掺杂，浓度分别为 N_B 和 N_C，且 $N_B\gg N_C$。集电极－基极电压为固定值 V_{CB}，画出随电流密度增加集电结耗尽区电场分布的变化。

   (c)当电流密度为多少时电场会接近常量。

6. 推导出发射极电阻 R_E 所导致的本征跨导退化的表达式(式(42))。

7. 如果我们想设计一个截止频率 f_T 为 25 GHz 的双极晶体管，中性基区的宽度应为何值？假设 D_p 为 10 cm^2/s，且忽略发射区和集电区的延迟。

8. 考虑一个 Si$_{1-x}$Ge$_x$/Si HBT，在基区 $x=10\%$(在发射区和集电极区为 0%)。基区的能带间隙比 Si 小 9.8%。如果基极电流仅由发射极注入效率引起，问共发射极的电流增益在 0℃ 和 100℃ 之间将会发生什么变化？

9. 一个异质结(HBT)，发射区的禁带宽度是 1.62 eV，基区的为 1.42 eV。某同质结(BJT)发射区和基的禁带宽度均为 1.42 eV，发射区的掺杂浓度为 10^{18} cm^{-3}，基区为 10^{15} cm^{-3}。如果 HBT 具有和 BJT 相同的发射区掺杂以及相同的共发射极电流增益 β_0，那么 HBT 的基区掺杂浓度的下限是多少(单位为 atoms/ cm^3)？（提示：假设基区输运系数接近 1，且 β_0 主要由发射效率决定。同时假设发射区和基区的扩散系数、导带和价带的态密度导带相同且与掺杂无关。此外，中性基区宽度 W 远远小于基区扩散长度，等于或小于发射区的扩散长度）。

10. 若晶体管的发射结为 InP/InGaAs 突变异质结，求注入到基区的电子速率。假设 InGaAs 的能带为抛物线形。求基区靠近发射结电子速度的角度分布。（提示：对于 InP/InGaAs 异质结，$\Delta E_C=0.25$ eV，InP 的 m^* 约为 $0.045m_0$）。

第 6 章
MOS 场效应晶体管

6.1 引言

　　金属-氧化物-半导体场效应晶体管(MOSFET)是微处理器和半导体存储器这样一类超大规模集成电路中最重要的器件。它也正在成为一种重要的功率器件。在 20 世纪 30 年代初期,Lilienfeld[1-3] 和 Heil[4] 首次提出表面场效应晶体管的原理。随后,在 40 年代末,Shockley 和 Pearson[5] 对其进行了研究。1960 年,Ligenza 和 Spitzer 采用热氧化法制造出第一个器件级 Si-SiO₂ MOS 结构[6]。采用这种 Si-SiO₂ 系统制造基本 MOSFET 器件是由 Atalla 提出的[7]。随后,在 1960 年,Kahng 和 Atalla[8] 制造出了第一只 MOSFET。参考文献 9、10 给出了 MOSFET 早期发展的详细情况。Ihantola 和 Moll[11],Sah[12],以及 Hofstein 和 Heiman13 完成了器件基本特性的早期研究。许多书对 MOSFET 的工艺、应用和器件物理进行了评论[14-17]。

　　图 6.1 给出了自从 1970 年以来集成电路中器件栅长尺寸的缩小情况。该尺寸一直在稳

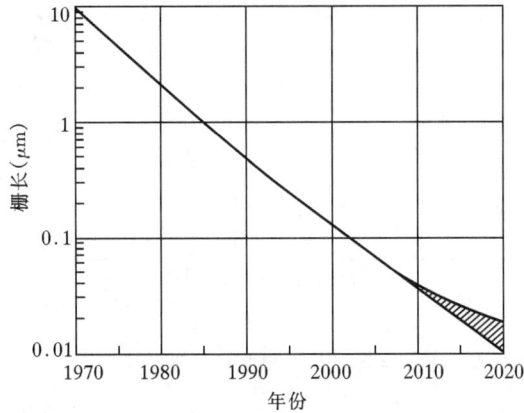

图 6.1　商用集成电路中最小栅尺寸与商品器件出现的年份之间的关系

定地减小,而且在可以预见的将来将继续缩小。尺寸不断缩小的动力在于对电路性能和集成度的要求。每个集成电路芯片的元件数一直呈指数增长。由于不断增加的技术难度和制造成本,预计增长率会减慢。然而在 2000 年前后,由于采取 $0.1\ \mu m$ 制造技术,有可能在一块芯片上集成 1 亿左右个器件。

本章,我们首先考虑所谓长沟道 MOSFET 器件的基本特性。在长沟道器件中,沿沟道方向的纵向电场不足以引起速度饱和。在这种情况下,载流子的速度由迁移率限制(迁移率恒定)。当沟道长度变得更短时,必须考虑因两维电场造成的短沟道效应以及诸如速度饱和和弹道输运之类的强场输运。已经提出了许多器件结构以改善 MOSFET 的性能。我们将讨论若干有代表性的结构以及非挥发半导体存储器,后者基本上是一种具有多层栅结构的 MOSFET。

6.1.1　场效应晶体管:家族谱系

MOSFET 是场效应晶体管家族中最主要的成员。下面,将指出场效应晶体管(FET)和电势效应晶体管(the potential-effect transistor,PET)之间的区别。晶体管通常是三端器件,两个接触端之间的沟道电阻受第三端控制(MOSFET 是四端器件,第四个端口是衬底接触)。FET 和 PET 的区别在于控制端作用于沟道的方式。如图 6.2 所示,在 FET 中,电场**容性**地控制沟道(因而称为**场效应**),而在 PET 中,沟道电势是直接接入的(所以称为电势效应)。在FET 中,按照惯例,沟道中载流子是从源端向漏端流动,控制端称为栅极。而在 PET 中,相对应的电极分别称为发射极、集电极和基极。双极晶体管是 PET 的典型代表。

图 6.3 给出了场效应晶体管的家族谱系。在第一层次的三个主要成员分别是 IGFET(绝缘栅 FET),JFET(结型 FET)和 MESFET(金属–半导体 FET)。它们之间的区别在于栅电容的形成方式。IGFET 的栅电容是绝缘体形成的,JFET 和 MESFET 的电容分别由 p-n 结耗尽层和肖特基势垒形成。我们还可把 IGFET 分支进一步分成 MOSFET/MISFET(金属–绝缘体–半导体 FET)和 HFET(异质结 FET)两类。MOSFET 特指绝缘层是热生长的氧化层,而MISFET 的绝缘层是淀积的电介质。HFET 的栅(介质)材料是宽禁带半导体,它是作为异质结生长的,充当绝缘体。虽然已经采用各种半导体材料如 Ge,Si,GaAs,以及各种氧化物和绝缘体如 SiO_2、Si_3N_4、Al_2O_3 来制造 MOSFET,但是,最重要的系统仍是 SiO_2-Si 系统。因此,本

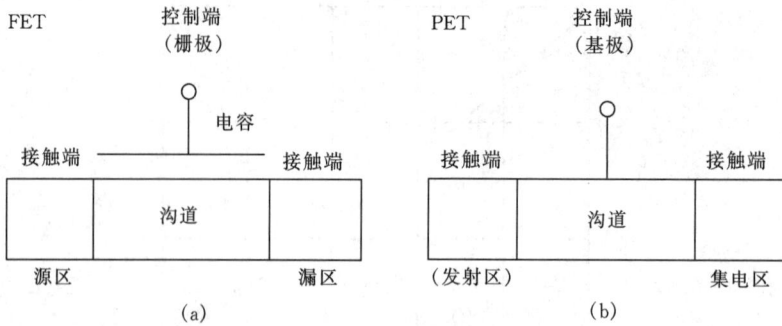

图 6.2　场效应晶体管(FET)和电势效应晶体管(PET)的区别

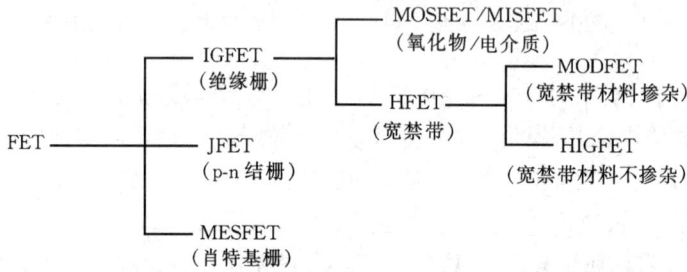

图 6.3　场效应晶体管(FETs)家族谱系

章的大部分结果来源于 SiO_2-Si 系统。其它类别的器件，如 JFETs、MESFETs 和 HFETs 将在后续的章节中讨论。

　　除了应用于数字集成电路外，在模拟开关、高输入阻抗放大器以及微波放大器应用中，FETs 也显示出了许多有吸引力的特性。FET 有相当高的输入阻抗，这使得 FET 的输入很容易与标准的微波系统匹配。在大电流时，FET 具有负的温度系数，即随着温度的增加，FET 的电流减小。这种特性导致整个器件温度分布更为均匀，因而可以防止出现双极晶体管中发生的热击穿或二次击穿。FET 是热稳定的，即使器件面积很大，或者许多器件并联时也是如此。因为不存在正偏的 p-n 结，所以 FET 没有少子存储效应，因而有较高的大信号开关速度。此外，FET 基本上是平方律器件或者线性器件，互调和交调乘积小于双极型器件。

6.1.2　FET 的类别

　　可以按照不同的方式对 FET 分类。首先，根据沟道载流子的类型，有 n 沟器件和 p 沟器件。n 沟器件沟道中载流子是电子，栅电压越正，导电能力越强，而 p 沟器件沟道中载流子是空穴，栅电压越负，导电能力越强。此外，重要的是描述零栅压时晶体管的状态。如果 FETs 在栅压为零时沟道电导很小，必须施加栅压以形成导电沟道，这种类型的器件称为增强型或常关型。与之相对应的是若栅压为零时存在导电沟道，必须施加栅压使沟道消失，这种类型称为耗尽型或常开型。图 6.4 给出了这四种类型器件的 *I-V* 特性。

　　详细指出沟道的特性也是很重要的。根据图 6.5，沟道可以是一个表面反型层，也可以是体内埋层。表面反型层是一个二维薄层电荷，厚度约为 5 nm。埋沟器件关断时，沟道要被表

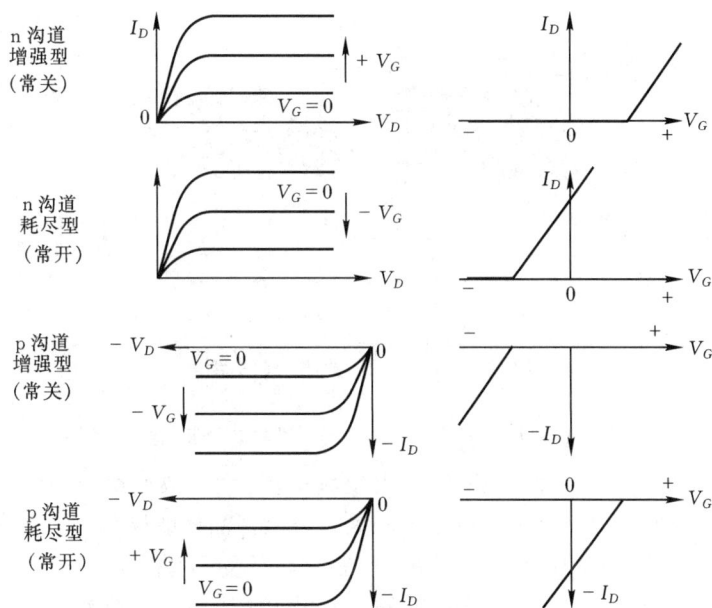

图 6.4　MOSFET 的分类；器件的输出特性和转移特性

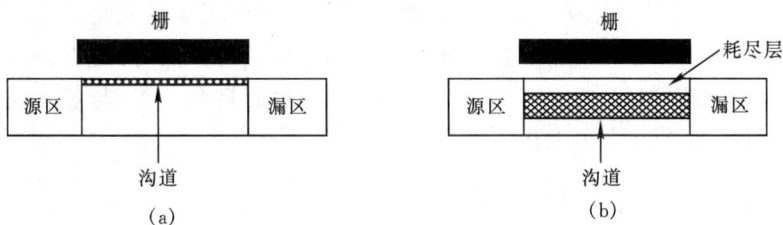

图 6.5　FET 沟道

(a)表面反型沟道；(b)埋沟

面耗尽层完全耗尽，因而埋沟厚度要厚得多，可与耗尽层相比拟。在 FET 家族中，MESFETs 和 JFETs 是埋沟器件，而 MODFETs 是表面沟道器件。MOSFET 和 MISFET 既可以是表面沟道，也可以是埋沟，但实际中，它们主要是表面沟道器件。

这两类沟道呈现出各自的优势。埋沟是基于体内导电的，不受诸如表面散射和表面缺陷的影响，载流子迁移率高。另一方面，栅与沟道的几何距离比较大，而且是栅压的函数，导致埋沟器件跨导低且易变化。请注意，耗尽型器件通常是采用埋沟，但是理论上，选择合适的功函数把阈值电压调整到所需要的值可以达到同样的目的。

6.2　器件的基本特性

MOSFET 的基本结构示于图 6.6。本章中我们始终假定沟道载流子是电子，即 n 沟器件。所有的讨论和方程，只要改变电压的极性并替代以正确的参数，都适应于 p 沟器件。通常

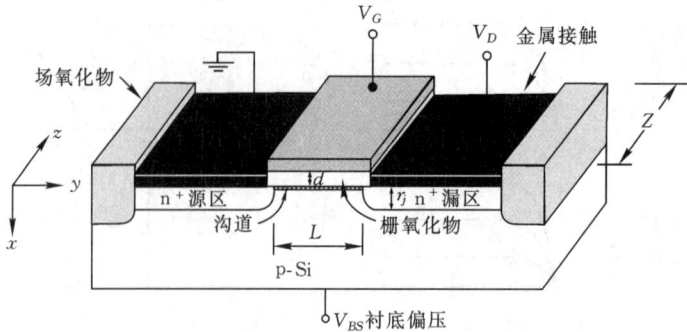

图 6.6　MOSFET 的结构示意图

MOSFET 是一种四端器件,由 p 型半导体衬底以及在衬底上形成的两个 n$^+$ 区-源和漏(采用离子注入法形成)组成。为了得到高质量的 SiO$_2$-Si 系统,SiO$_2$ 栅介质由硅热氧化生长。绝缘体上的金属接触称为栅。更常用的栅电极材料是重掺杂多晶硅或硅化物与多晶硅的组合。基本的器件参数是沟道长度 L,即两个 n$^+$p 结的间距、沟道宽度 Z、绝缘体厚度 d、结深 r_j 和衬底掺杂浓度 N_A。在硅集成电路中,MOSFET 被厚氧化物(称为场氧化物,以与栅氧化物相区别)或填满绝缘体的沟槽所包围,以实现器件之间的相互隔离。

　　在本章中,源接触用作电压的参考点。当栅接地或加有很小的偏压时,沟道是关断的,源-漏电极相当于两个背靠背连结的 p-n 结。当栅上加足够大的正偏压使得两个 n$^+$ 区之间形成表面反型层(或沟道)时,源和漏被导电的表面 n 型沟道连接起来,在沟道内能流过大的电流。可通过改变栅电压来调制此沟道的电导。背面接触(或衬底接触)可以与源端同电位,或处于反向偏置状态,衬底偏压也会影响沟道电导。

6.2.1　沟道中的反型电荷

　　当源-漏接触两端加一电压时,MOS 结构就处于非平衡状态,这时少数载流子(在本情形中为电子)的准费米能级 E_{Fn} 低于平衡费米能级。为了更清楚地显现器件的能带弯曲情形,图 6.7(a)将 MOSFET 旋转了 90°。两维、平带、零偏压($V_G = V_D = V_{BS} = 0$)平衡状态示于图 6.7(b)。加栅偏压引起表面反型时的平衡状态示于图 6.7(c)。同时加漏偏压和栅偏压的非平衡状态示于图 6.7(d),在此图我们可以看到电子的准费米能级 E_{Fn} 和空穴的准费米能级 E_{Fp} 是分开的;E_{Fp} 保持在体费米能级处,而电子准费米能级 E_{Fn} 朝漏接触降低。图 6.7(d)表明,使漏端反型所需的栅电压大于平衡情形的栅电压(在平衡情形,$\psi_s(\text{inv}) \approx 2\psi_B$)。[①] 换句话说,漏电压降低了漏端的反型层电荷。这是由于外加的漏偏压使 E_{Fn} 降低,只有当表面势满足 $[E_{Fn} - E_i(0)] > q\psi_B$ 这一判据时才能形成反型层,这里 $E_i(0)$ 是 $x = 0$ 处的本征费米能级。

　　图 6.8 比较了漏端在平衡和非平衡两种情形下反型 p 区的电荷分布和能带变化。对平衡状态,在反型时表面耗尽区达到最大宽度 W_{Dm}。非平衡时的耗尽层宽度大于 W_{Dm},而且是漏偏压 V_D 的函数。漏端开始强反型时的表面势 $\psi_s(y)$ 可以很好地近似为

$$\psi_s(\text{inv}) \approx V_D + 2\psi_B \tag{1}$$

---

① 通常假定 $\psi_s = 2\psi_B$ 为弱反型的起点。强反型时,ψ_s 比 $2\psi_B$ 大几个 kT[15]。这可以通过第 4 章图 4.5 来理解。

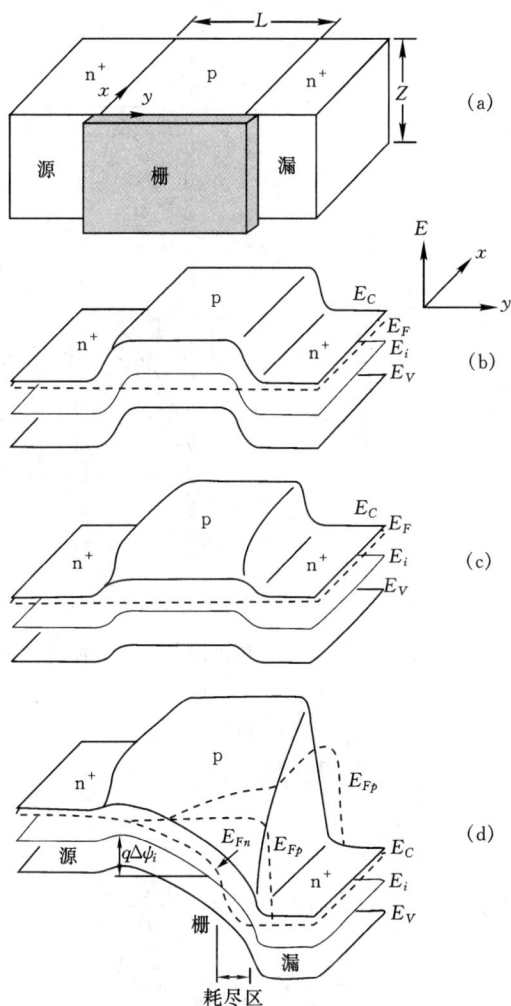

图 6.7　n 沟道 MOSFET 的两维能带图

(a)器件结构;(b)平带零偏压平衡状态;(c)栅加正偏压($V_D = 0$)时的平衡状态;

(d)同时加栅压和漏压时的非平衡状态(参考文献 20)

　　基于下面的两个假设推导非平衡状态下表面空间电荷的特性:(1)多数载流子准费米能级 E_{Fp} 与体内的相同且不随体内到表面的距离而变化(与 x 无关);(2)由于漏压所引起的少数载流子准费米能级 E_{Fn} 的降低是 y 的函数。当表面反型时,由于表面空间电荷区中多数载流子可以忽略,第一个假定引入的误差很小;在表面反型状态,第二个假定是正确的,其原因是表面反型时少数载流子是表面空间电荷区的一个重要部分。

　　根据这两个假定,漏端表面空间电荷区的一维泊松方程由下式给出

$$\frac{d^2 \psi_p}{dx^2} = \frac{q}{\varepsilon_s}(N_A - p + n) \tag{2}$$

式中

$$p_{po} = N_A = \frac{n_i^2}{n_{po}} \tag{3}$$

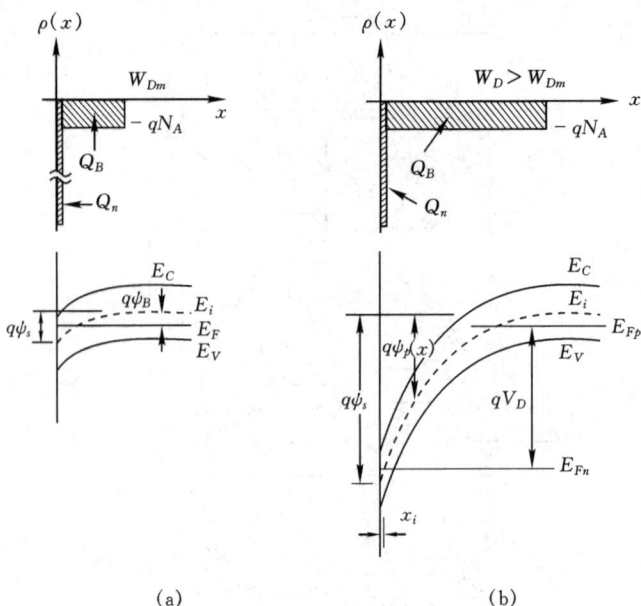

图 6.8　(a)平衡时和(b)非平衡时漏端反型 p 区的电荷分布和能带变化的比较(参考文献 21)

$$p = N_A \exp(-\beta\psi_p) \tag{4}$$

$$n = n_{po} \exp(\beta\psi_p - \beta V_D) \tag{5}$$

且 $\beta \equiv q/kT$

反型层内少子电荷原则上由下式给出

$$
\begin{aligned}
\mid Q_n \mid &\equiv q\int_0^{x_i} n(x)\mathrm{d}x = q\int_{\psi_s}^{\psi_B} \frac{n(\psi_p)\mathrm{d}\psi_p}{\mathrm{d}\psi_p/\mathrm{d}x} \\
&= q\int_{\psi_s}^{\psi_B} \frac{n_{po}\exp(\beta\psi_p - \beta V_D)\mathrm{d}\psi_p}{(\sqrt{2}kT/qL_D)F(\beta\psi_p, V_D, n_{po}/p_{po})}
\end{aligned} \tag{6}
$$

式中 x_i 表示在 x_i 点 $q\psi_p(x) = E_{Fn} - E_i(x) = q\psi_B$,函数 F 由下式定义(见第 4 章)

$$F\left(\beta\psi_p, V_D, \frac{n_{po}}{p_{po}}\right) \equiv \sqrt{\exp(-\beta\psi_p) + \beta\psi_p - 1 + \frac{n_{po}}{p_{po}}\exp(-\beta V_D)[\exp(\beta\psi_p) - \beta\psi_p\exp(\beta V_D) - 1]} \tag{7}$$

硅器件在实际的掺杂范围内,x_i 非常小,数量级为 3~30 nm。式(6)是一个精确的表达式,但只能数值求解。

为了得到一个解析表达式,我们采用与第 4 章式(14)同样的方法。漏端沿 x 方向的表面电场为

$$\mathscr{E}_s = -\frac{\mathrm{d}\psi_p}{\mathrm{d}x}\bigg|_{x=0} = \pm\frac{\sqrt{2}kT}{qL_D}F\left(\beta\psi_s, V_D, \frac{n_{po}}{p_{po}}\right) \tag{8}$$

总的半导体表面电荷可以由高斯定律得到

$$Q_s = -\varepsilon_s\mathscr{E}_s = \mp\frac{\sqrt{2}\varepsilon_s kT}{qL_D}F\left(\beta\psi_s, V_D, \frac{n_{po}}{p_{po}}\right) \tag{9}$$

式中德拜长度为

$$L_D \equiv \sqrt{\frac{kT\varepsilon_s}{N_A q^2}} \tag{10}$$

强反型以后单位面积的反型层电荷 Q_n 由下式给出

$$Q_n = Q_s - Q_B \tag{11}$$

式中耗尽层体电荷为

$$Q_B = -qN_A W_D = -\sqrt{2qN_A\varepsilon_s(V_D + 2\psi_B)} \tag{12}$$

由式(9)、式(11)和式(12),反型层电荷 Q_n 可以简化为

$$|Q_n| \approx \sqrt{2}qN_A L_D \left[\sqrt{\beta\psi_s + \left(\frac{n_{po}}{p_{po}}\right)\exp(\beta\psi_s - \beta V_D)} - \sqrt{\beta\psi_s} \right] \tag{13}$$

上式仍不容易使用,因为在强反型时,Q_n 对表面势 ψ_s 非常敏感(见第 4 章图 4.5)。另一个缺陷是未包含端电压,如 V_G。下面要讨论的薄层电荷模型比较简单,在导出 MOSFET 的 I-V 特性时更加有用。

薄层电荷模型 在薄层电荷模型中[22],强反型时的反型层被看成一个厚度为零($x_i = 0$)的电荷薄层。这一假设意味着反型层上没有压降。这些假设引入的误差是可以接受的。根据高斯定律,电荷薄层两边的边界条件为

$$\mathscr{E}_{ox}\varepsilon_{ox} = \mathscr{E}_s\varepsilon_s - Q_n \tag{14}$$

为了在整个沟道得到 $Q_n(y)$ 的表示式,把式(1)所表示的表面势推广为

$$\psi_s(y) \approx \Delta\psi_i(y) + 2\psi_B \tag{15}$$

式中 $\Delta\psi_i$ 表示相对于源端的沟道电势,

$$\Delta\psi_i(y) \equiv \frac{E_i(x=0,\ y=0) - E_i(x=0,y)}{q} \tag{16}$$

(参考图 6.7(d)的标号),在漏端 $\Delta\psi_i = V_D$。注意,电场可以表示为

$$\mathscr{E}_{ox} = \frac{V_G - \psi_s}{d} = \frac{V_G - (\Delta\psi_i + 2\psi_B)}{d} \tag{17}$$

$$\mathscr{E}_s = \sqrt{\frac{2qN_A(\Delta\psi_i + 2\psi_B)}{\varepsilon_s}} \tag{18}$$

在式(17)中,对于理想 MOS 系统,假定功函数差为零。式(18)只是耗尽层边缘的最大电场。联立式(14)～式(18),并采用 $C_{ox} = \varepsilon_{ox}/d$,得到

$$|Q_n(y)| = [V_G - \Delta\psi_i(y) - 2\psi_B]C_{ox} - \sqrt{2\varepsilon_s qN_A[\Delta\psi_i(y) + 2\psi_B]} \tag{19}$$

此式是用于电流传导的沟道电荷的最终表示式。

6.2.2 电流-电压特性

现在,我们在下列理想条件下推导 MOSFET 基本特性:(1)栅结构为第 4 章所定义的理想 MOS 电容,也就是说,既没有界面陷阱也没有可动的氧化物电荷;(2)只考虑漂移电流;(3)沟道掺杂均匀;(4)忽略反向泄漏电流;(5)沟道内的横向电场 $\mathscr{E}_x$(沿 x 方向)远大于纵向电场 $\mathscr{E}_y$(沿 y 方向)。最后一个条件相当于所谓缓变沟道近似。请注意,在条件(1)中,去掉了以下理想条件:氧化层固定电荷为零和功函数差为零。它们的影响包括在平带电压 V_{FB} 中,V_{FB} 是使能带平直时所需的栅电压。这样,在反型层电荷的表示式中用 $V_G - V_{FB}$ 替代 V_G,得到

$$| Q_n(y) | = [V_G - V_{FB} - \Delta\psi_i(y) - 2\psi_B]C_{ox} - \sqrt{2\varepsilon_s q N_A [\Delta\psi_i(y) + 2\psi_B]} \tag{20}$$

在这些理想条件下，y 点的沟道电流由下式给出

$$I_D(y) = Z | Q_n(y) | v(y) \tag{21}$$

式中 $v(y)$ 是载流子的平均速度。电流必须连续且在整个沟道中为常数，从 0 到 L 积分式 (21)，有

$$I_D = \frac{Z}{L} \int_0^L | Q_n(y) | v(y) \mathrm{d}y \tag{22}$$

由于纵向电场 $\mathscr{E}_y(y)$ 是变量，所以载流子的速度 $v(y)$ 是 y 的函数。由于这个原因，$v(y)$ 和 $\mathscr{E}_y(y)$ 之间的关系式对于求解式 (22) 是非常重要的。我们首先考虑 $\mathscr{E}_y(y)$ 较小以致于迁移率为常数时的情形。对于较短的沟道，强电场会引起速度饱和最终的弹道输运。这些有趣的效应将在后面讨论。

恒定迁移率　在这样一个假设下，把式 (20) 以及 $v = \mathscr{E}\mu$ 带入式 (22)，得到

$$I_D = \frac{Z\mu_n}{L} \int_0^L | Q_n(y) | \mathscr{E}(y) \mathrm{d}y = \frac{Z\mu_n}{L} \int_0^L | Q_n(y) | \frac{\mathrm{d}\Delta\psi_i(y)}{\mathrm{d}y} \mathrm{d}y = \frac{Z\mu_n}{L} \int_0^{V_D} | Q_n(\Delta\psi_i) | \mathrm{d}\Delta\psi_i$$

$$= \frac{Z}{L} \mu_n C_{ox} \left\{ \left(V_G - V_{FB} - 2\psi_B - \frac{V_D}{2} \right) V_D - \frac{2}{3} \frac{\sqrt{2\varepsilon_s q N_A}}{C_{ox}} [(V_D + 2\psi_B)^{3/2} - (2\psi_B)^{3/2}] \right\} \tag{23}$$

式 (23) 预言，当 V_G 给定时，漏电流首先随漏电压线性增加（线性区）。然后缓慢变平（非线性区），最终趋近于饱和值（饱和区）。理想 MOSFET 的基本输出特性示于图 6.9。右端虚线是漏电流达到最大值 I_{Dsat} 时漏电压(V_{Dsat})的轨迹。V_D 较小时，I_D 随 V_D 线性变化。我们指定两个虚线之间的区间为非线性区。

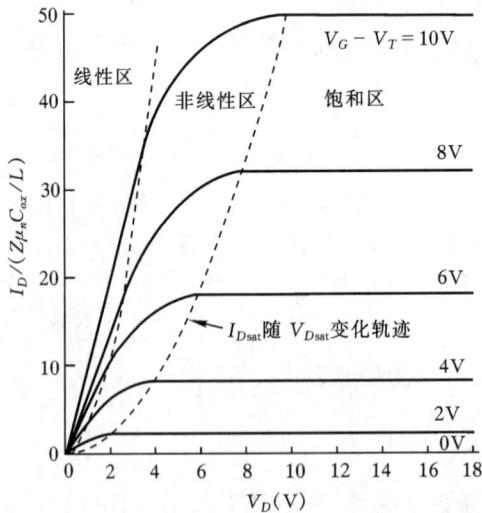

图 6.9　MOSFET 理想漏特性($I_D \sim V_D$)。虚线把线性区、非线性区和饱和区分开

借助于图 6.10，定性地讨论器件的工作原理是有益的。我们考虑栅上加一电压，在半导体表面形成反型层的情形。若加上小的漏电压，电流从源通过导电沟道流到漏。这时，沟道的作用可用一个电阻来表示，漏电流 I_D 正比于漏电压 V_D，这是线性区。随着漏电压的增加，由

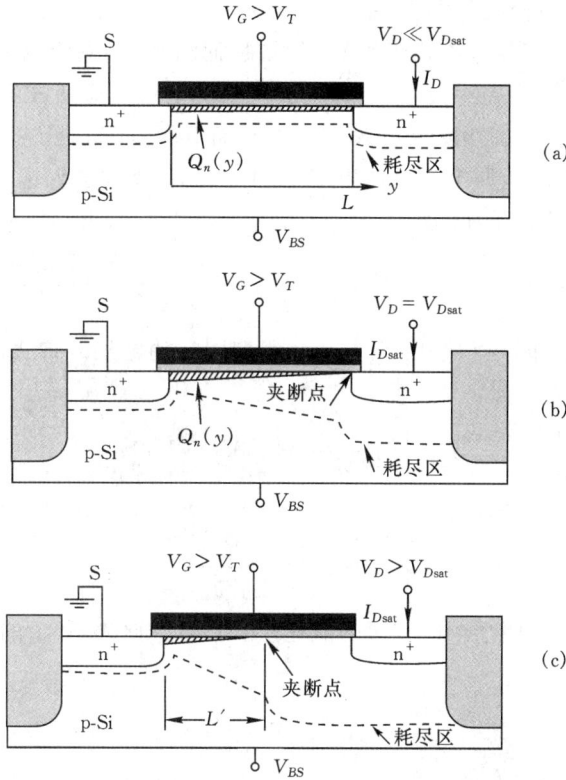

图 6.10　MOSFET 工作在(a)线性区(V_D 较小),(b)开始饱和,(c)饱和以
　　　　后(有效沟道长度减小)

于靠近漏端的电荷被沟道电势 $\Delta\psi_i$(公式 20)减小,电流偏离了线性关系。最终达到一个点,在该点漏端反型层电荷 $Q_n(L)$ 几乎降到零。$Q_n \approx 0$ 的点称为夹断点,如图 6.10(b)所示。(实际上,电流是连续的,所以 $Q_n(L)$ 不能为零,但很小,因为该处存在强电场和大的载流子速度)。漏电压再增加时,漏电流基本上保持恒定,这是因为当 $V_D > V_{D\mathrm{sat}}$ 时,夹断点开始向源端移动,但夹断点的电压保持在 $V_{D\mathrm{sat}}$ 不变。因此,从源到达夹断点的载流子数却保持恒定,因而从源到漏的电流也保持恒定,只是沟道长度从 L 减小到 L'(图 6.10(c))。有效沟道长度的减小会引起漏源电流的增加,这种情形只发生在 $\Delta L = L - L'$ 与 L 可相比拟时。在本章的短沟道效应部分我们将讨论这个问题。

我们现在讨论线性区、非线性区和饱和区的电流方程。在线性区,当 V_D 很小时,式(23)简化为

$$
\begin{aligned}
I_D &= \frac{Z}{L}\mu_n C_{ox}\left\{\left(V_G - V_{FB} - 2\psi_B - \frac{V_D}{2}\right)V_D - \frac{2}{3}\frac{\sqrt{2\varepsilon_s q N_A}}{C_{ox}}\left(3\sqrt{\frac{\psi_B}{2}}V_D\right)\right\} \\
&= \frac{Z}{L}\mu_n C_{ox}\left(V_G - V_T - \frac{V_D}{2}\right)V_D, \quad V_D \ll (V_G - V_T)
\end{aligned}
$$
(24)

式中 V_T 是阈值电压,它是 MOSFET 最重要的参数之一,由下式给出

$$
V_T = V_{FB} + 2\psi_B + \frac{\sqrt{2\varepsilon_s q N_A(2\psi_B)}}{C_{ox}}
$$
(25)

在下一节中我们将仔细讨论阈值电压。

式(23)的仔细分析表明,电流开始随 V_D 的增加而增加,达到峰值后则随 V_D 的增加而减小。电流减小的现象没有物理意义,但它对应于漏端反型层电荷变成零的情形。之所以发生夹断是因为栅与半导体之间的相对电压减小了。夹断点所对应的漏电压和漏电流分别表示为 V_{Dsat} 和 I_{Dsat}。在夹断点以外,漏电流保持恒定,与 V_D 无关,器件进入饱和区。在 $Q_n(L)=0$ 的条件下由式(20)可得到 V_{Dsat} 的值

$$V_{Dsat} = \Delta\psi_i(L) = V_G - V_{FB} - 2\psi_B + K^2\left[1 - \sqrt{1 + \frac{2(V_G - V_{FB})}{K^2}}\right] \tag{26}$$

式中 $K \equiv \sqrt{\varepsilon_s q N_A}/C_{ox}$。也可以从 $\mathrm{d}I_D/\mathrm{d}V_D = 0$ 得到同样的结果。将式(26)带入式(23),得到饱和漏电流 I_{Dsat} 为

$$I_{Dsat} = \frac{Z}{2ML}\mu_n C_{ox}(V_G - V_T)^2 \tag{27}$$

M 是掺杂浓度和氧化层厚度的函数

$$M \equiv 1 + \frac{K}{2\sqrt{\psi_B}} \tag{28}$$

其值稍微大于 1,对于低的掺杂浓度和薄的氧化层,$M \approx 1$。此外,V_{Dsat} 的一个更方便的表示式为

$$V_{Dsat} = \frac{V_G - V_T}{M} \tag{29}$$

应用式(27),饱和区的跨导 g_m 为

$$g_m = \frac{\mathrm{d}I_D}{\mathrm{d}V_G}\bigg|_{V_D > V_{Dsat}} = \frac{Z}{ML}\mu_n C_{ox}(V_G - V_T) \tag{30}$$

根据式(27),我们可以看出,在饱和区,当迁移率恒定时,漏电流随栅压的平方而改变,这就是所谓的平方律关系。在图 6.9 中表现为在各栅极偏压之间,电流的增加呈台阶形式。

最后,下式很好地描述了位于两个极端情形之间的非线性区的电流

$$I_D = \frac{Z}{L}\mu_n C_{ox}\left(V_G - V_T - \frac{MV_D}{2}\right)V_D \tag{31}$$

式(20)是反型层电荷的精确表示式。利用阈值电压的定义,可以得到反型层电荷的一个近似表达式

$$|Q_n(y)| = C_{ox}[V_G - V_T - M\Delta\psi_i(y)] \tag{32}$$

把上式带入式(22),可以得到一个与式(31)一样的通用表达式,它适应于三个区间。显然,与前面的结果只是在线性区稍有偏别。电荷的简化表达式在分析迁移率与电场有关和速度饱和这两种效应(将在下面讨论)时是有帮助的。

速-场关系　随着技术的进步和对器件性能和集成度的要求,沟道长度变得越来越短,结果,沟道中横向电场 $\mathscr{E}_y$ 随之增加。高场时 v-$\mathscr{E}$ 的大体关系如图 6.11 所示。迁移率定义为 $v/\mathscr{E}$。低场时迁移率是常数。前面分析长沟道特性所采用的是低场迁移率。在电场非常高时,速度趋于饱和速度 v_s。在恒定迁移率与速度饱和之间的区域,载流子的漂移速度由下式给出[23]

$$v(\mathscr{E}) = \frac{\mu_n \mathscr{E}}{[1 + (\mu_n \mathscr{E}/v_s)^n]^{1/n}} = \frac{\mu_n \mathscr{E}}{[1 + (\mathscr{E}/\mathscr{E}_c)^n]^{1/n}} \tag{33}$$

式中 μ_n 是低场迁移率。n 值变化时曲线的形状改变,但 μ_n、v_s 和临界电场 $\mathscr{E}_c$($\equiv v_s/\mu_n$)保持不变。已经观察到在硅中,对于电子,$n=2$,对于空穴,$n=1$。室温时硅中饱和速度 v_s 约为 1×10^7 cm/s。

随着端电压 V_D 从零开始增加,电场变大,速度变大,导致电流增大。最终,速度达到最大值 v_s,电流也饱和到一恒定值。注意,这时电流饱和的机理与恒定迁移率时完全不同。这里,是由于载流子速度饱和,它在夹断之前就会发生。

为了导出 I-V 特性,重要的是要知道 v-$\mathscr{E}$ 关系。我们发现,式(33)中取 $n=2$ 时,数学分析相当复杂。幸运的是,对于

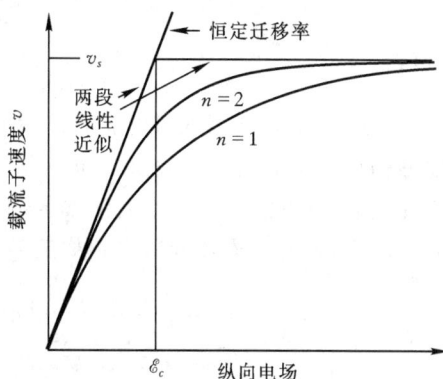

图 6.11　式(33)$n=1$、$n=2$ 以及两段线性近似的 v-$\mathscr{E}$ 关系,图中也标出了临界电场 $\mathscr{E}_c \equiv v_s/\mu_n$,$\mu_n$ 是低场迁移率

两段线性模型以及 $n=1$,数学处理容易,而且可以得到一个简单的解。因为对于电子和空穴,这两种近似是实际情形的两个极端,下面我们将讨论这两种近似。

迁移率与电场有关:两段线性近似　在两段线性近似模型中,在靠近漏端附近存在这样一个点,在该点的最大电场超过 $\mathscr{E}_c$ 前迁移率恒定模型仍然有效。相应地,式(23)在 $V_D \leqslant V_{Dsat}$ 时仍然成立,只是这时 V_{Dsat} 的值小于根据恒定迁移率模型所得到的值。因此,唯一的任务是找到该点。把式(32)带入式(21)得到

$$I_D(y) = ZC_{ox}\mu_n\mathscr{E}(V_G - V_T - M\Delta\psi_i) \tag{34}$$

因为我们知道最大电场出现在漏端,所以当漏偏压增加到使 $\mathscr{E}(L)=\mathscr{E}_c$ 时,电流饱和。由式(34)得到

$$I_{Dsat} = ZC_{ox}\mu_n\mathscr{E}_c(V_G - V_T - MV_{Dsat}) \tag{35}$$

现在,我们还需要一个方程以求解两个未知数。应用式(32)和式(22),我们得到一个类似于式(31)的表达式

$$I_{Dsat} = \frac{ZC_{ox}\mu_n}{L}\left(V_G - V_T - \frac{MV_{Dast}}{2}\right)V_{Dast} \tag{36}$$

令式(35)和式(36)相等并求解得到 V_{Dsat}

$$V_{Dsat} = L\mathscr{E}_c + \frac{V_G - V_T}{M} - \sqrt{(L\mathscr{E}_c)^2 + \left(\frac{V_G - V_T}{M}\right)^2} \tag{37}$$

这里,因为 V_{Dsat} 总是比 $(V_{GS}-V_T)/M$ 小,所以迁移率与电场有关这一现象总是降低 I_{Dsat}。

迁移率与电场有关:经验公式　下面我们考虑式(33)(令 $n=1$)给出的 $v\sim\mathscr{E}$ 关系。把式(33)带入式(21),得到

$$I_D\left(\mathscr{E}_c + \frac{d\Delta\psi_i}{dy}\right) = ZC_{ox}\mu_n\mathscr{E}_c(V_G - V_T - M\Delta\psi_i)\frac{d\Delta\psi_i}{dy} \tag{38}$$

请注意,上式右端类似于恒定迁移率模型。从源到漏积分上式,得到

$$I_D = \frac{ZC_{ox}\mu_n\mathscr{E}_c}{L\mathscr{E}_c + V_D}\left(V_G - V_T - \frac{MV_D}{2}\right)V_D \tag{39}$$

当用 $L+V_D/\mathscr{E}_c$ 代替 L 后,式(39)类似于式(31)。此外,根据 $\mathrm{d}I_D/\mathrm{d}V_D=0$ 可以得到 V_{Dsat}

$$V_{Dsat} = L\mathscr{E}_c\left[\sqrt{1+\frac{2(V_G-V_T)}{ML\mathscr{E}_c}}-1\right] \tag{40}$$

同样,一旦知道了 V_{Dsat},根据式(39)就可以得到 I_{Dsat}。

速度饱和 应用上面两个假设中任一个分析短沟道器件的极端情况(即速度饱和完全限制了电流的流动)是有意义的和富有洞察力的。在这种情况下,我们设定 $v=v_s$,从而 Q_n 一定是确定的值(因为电流是连续的),它近似地等于 $(V_G-V_T)C_{ox}$,这样,式(22)变成

$$I_{Dast} = \frac{Z}{L}\int_0^L |Q_n(y)|\,v(y)\mathrm{d}y = \frac{Z}{L}|Q_n|\,v_sL \tag{41}$$
$$= Z(V_G-V_T)C_{ox}v_s$$

跨导变为

$$g_m \equiv \frac{\mathrm{d}I_{Dsat}}{\mathrm{d}V_G} = ZC_{ox}v_s \tag{42}$$

可以看出跨导与栅压无关。

为了比较恒定迁移率模型和速度饱和模型,图 6.12 给出了同一器件的 I-V 曲线。我们可以作几点分析。首先,虽然在线性区二者类似,但速度饱和模型给出的 V_{Dsat} 和 I_{Dsat} 都小于恒定迁移率模型给出的值。(速度饱和模型的)跨导 g_m 是与 V_G 无关的常数。最后,式(41)呈现出一个有趣的现象:饱和电流不再与沟道长度有关。

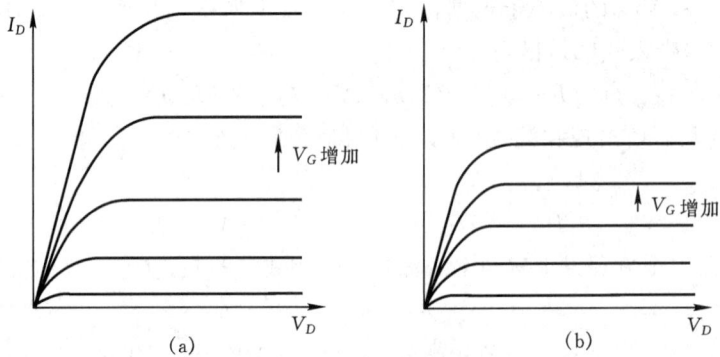

图 6.12 (a)恒定迁移率和(b)速度饱和时 I-V 特性的比较。所有参数相同

实验数据证实,这样一个简单的理论可以给出令人满意的结果。如图 6.11 所示,在实际中载流子的速度永远都不能精确达到 v_s。整个沟道的横向电场也同样不会是均匀的。源端附近的电场较低,因此达到 $\mathscr{E}_c$ 是非常困难的,这是电流达到最大值的瓶颈。在式(41)和式(42)的右端加上一个值约为 0.5~1.0 的系数通常可以取得较好的结果。

弹道输运 由于载流子(在运动过程)要经历大量的散射事件,前面涉及的强场时的速度饱和是一个稳态平衡现象。然而,当沟道长度与平均自由程同量级或小于平均自由程时,沟道载流子不会遭受散射。它们不会因为散射而失去从电场获得的能量,因而其速度可以比饱和速度高的多。这种效应称为弹道输运(有时也称为速度过冲),在 1.5.3 节中已有介绍。弹道输运的重要性在于它指出(弹道输运时)器件的电流和跨导要比速度饱和时的高,这也是人们不断缩短沟道长度的另一个动力。参考文献 24~28 给出了弹道输运的基本理论和分析。

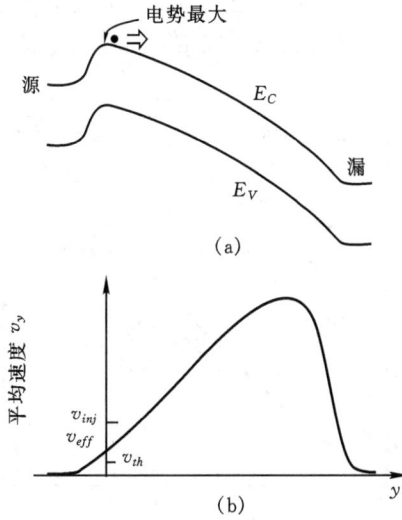

图 6.13　(a)在施加漏偏压下,源势垒是限制电流的瓶颈,用它计算电流。
(b)平均载流子速度(y 方向)是沟道位置的函数。注意 v_{eff} 位于 v_{inj} 和 v_{th} 之
间,漏端附近的最大漂移速度比 v_{inj} 高得多。

　　计算机模拟显示,在弹道器件中,电场和速度是非常不均匀的。图 6.13 定性的给出了这
些量的曲线。注意,沟道纵向电场($\mathrm{d}E_C/\mathrm{d}y$)单调变化,在漏端达到最大值,弹道总是在漏端开
始,漏端速度可以超过饱和速度 v_s(室温时硅的 $v_s \approx v_{th}$,v_{th} 代表热运动速度)。在更靠近源端
的位置,速度减小。为了满足电流连续,沟道电势和反型层电荷必须变化以使速度和电荷的乘
积在整个沟道保持常数。在这种情形下,对于超短沟道的极端情况,电流流动的瓶颈将是电荷
最大和电场最小的位置,这意味着源端附近电势最大,如图 6.13(a)所示。

　　为了分析弹道区域的饱和电流,我们回到通用式(21),并应用该式于最大电势点。从通用
方程

$$I_{D\mathrm{sat}} = Z \mid Q_n \mid v_{eff} \tag{43}$$

出发,式中$\mid Q_n \mid$在源端取得最大值 $C_{ox}(V_G - V_T)$,v_{eff} 表示有效的平均载流子速度。在此简单
的表达式中,唯一的关键参数是 v_{eff},可以选择合适的 v_{eff} 使计算结果与最终的实验结果相一
致。

　　根据经典的热平衡理论,v_{eff} 的最大值就等于热运动速度 $v_{th}[=(2kT/\pi m^*)^{1/2}]$。详细的
分析表明当反型层电荷较高时,随机速度预期会超过热运动速度,这是一个量子力学效应,称
为载流子简并[25],这时载流子的平均能量比热平衡时大。这个更高的值称为注入速度 v_{inj},它
与费米能级和势阱内量子化能级 E_n 的相对位置有关,v_{inj} 为[24]

$$v_{inj} = \sqrt{\frac{2kT}{\pi m^*}} \frac{F_{1/2}[(E_F - E_n)/kT]}{\ln\{1 + \exp[(E_F - E_n)/kT]\}} \tag{44}$$

式中 $F_{1/2}$ 是费米-狄拉克积分(参见 1.4.1 节)。当反型层电荷或 $E_F - E_n$ 较小时,式(44)退化
为$(2kT/\pi m^*)^{1/2}$,$v_{inj} \approx v_{th}$。若反型层电荷很大时,式(44)可以简化为

$$v_{inj} = \frac{8\hbar}{3m^*}\sqrt{\frac{\mid Q_n \mid}{2\pi q}} = \frac{8\hbar}{3m^*}\sqrt{\frac{C_{ox}(V_G - V_T)}{2\pi q}} \tag{45}$$

且是反型层电荷或栅压的函数。图 6.14 给出了 v_{inj} 和最大电流作为反型层电荷函数的理论结果。最大电流（$Q_n v_{inj}$ 的乘积）给出了弹道 MOSFET 最终的电流驱动能力。

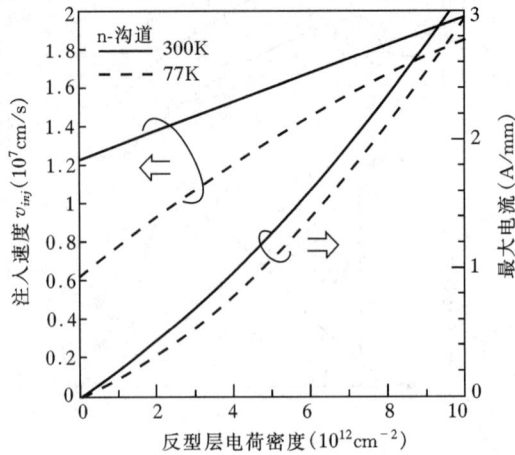

图 6.14　注入速度 v_{inj} 作为反型层电荷密度的函数。$Q_n v_{inj}$ 给出最大电流（参考文献 24）

式(43)表示的饱和电流可以重新表示为

$$I_{Dsat} = r_n Z \mid Q_n \mid v_{inj}$$
$$= \frac{8 r_n Z \hbar}{3 m^*} \frac{[C_{ox}(V_G - V_T)]^{3/2}}{\sqrt{2\pi q}} \tag{46}$$

式中 r_n 是弹道因子（$= v_{eff}/v_{inj}$）。在弹道传输的极端情况下，$r_n = 1$，它确定了 $L \to 0$ 的最终电流驱动。跨导由下式给出

$$g_m = \frac{4 r_n Z \hbar}{m^*} \sqrt{\frac{C_{ox}(V_G - V_T)}{2\pi q}} \tag{47}$$

这里，可以看出，I_{Dsat} 和 g_m 二者都与沟道长度 L 无关。

弹道因子也可以由沟道载流子从漏端返回到源端的背散射 R 解释。此外，由于迁移率也是散射的结果，因此，在 r_n 和低场迁移率 μ_n 之间应存在某种关系。业已证明有[26]

$$r_n = \frac{v_{eff}}{v_{inj}} = \frac{1-R}{1+R}$$
$$= \left[\frac{1}{v_{inj}} + \frac{1}{\mu_n \mathscr{E}(0^+)}\right]^{-1} \tag{48}$$

式中 $\mathscr{E}(0^+)$ 是电势朝漏方向从最大降到 kT 时的电场。采用这种解释，一些实验数据和模拟结果能够得到很好的说明。可以看出在较低的温度下，I_{Dsat} 增加，而且在同样的温度下，甚至在弹道区域较高的低场迁移率也总是给出较高的 I_{Dsat}。这两点都可以通过在式(48)中提高 μ_n 得到解释。

应当强调指出的是，在这个模型中，在最大电势处或靠近最大电势位置，电场太低以致于不能引起弹道运，因此 v_{inj} 决定了最大电流，即使在靠近漏端的位置发生弹道输运也是如此。漏端附近的高的弹道速度所产生的电流，不能大于 v_{inj} 所能提供的电流，但是，通过重新平衡整个系统，它有助实现由 v_{inj} 所确定的最大电流。

比较以下不同沟道长度下 I_{Dsat} 对 V_G 的依赖关系是有意义的。对于长沟道器件，在迁移率

恒定区域, $I_{Dsat} \propto (V_G - V_T)^2$。对于短沟道器件, 在速度饱和区域, $I_{Dsat} \propto (V_G - V_T)$。而在弹道输运起作用的区域, $I_{Dsat} \propto (V_G - V_T)^{3/2}$。

6.2.3　阈值电压

现在我们返回去讨论式(25)给出的阈值电压。为了解释由于固定的正电荷 Q_f 以及栅材料和半导体之间的功函数差 ϕ_{ms} 所引起的非零平带电压造成的阈值的移动, 式(25)变成

$$
\begin{aligned}
V_T &= V_{FB} + 2\psi_B + \frac{\sqrt{2\varepsilon_s q N_A (2\psi_B)}}{C_{ox}} \\
&= \left(\phi_{ms} - \frac{Q_f}{C_{ox}}\right) + 2\psi_B + \frac{\sqrt{4\varepsilon_s q N_A \psi_B}}{C_{ox}}
\end{aligned}
\tag{49}
$$

定性地讲, V_T 是平带到反型层电荷产生所需的栅电压, 它等于半导体两端的电压($2\psi_B$)和氧化层两端电压之和(式(25)的后两项)。平方根项是总的耗尽层电荷。

当衬底施加偏压时(n 沟道或 p 衬底加负偏压), 阈值电压变为

$$
V_T = V_{FB} + 2\psi_B + \frac{\sqrt{2\varepsilon_s q N_A (2\psi_B - V_{BS})}}{C_{ox}}
\tag{50}
$$

这时, 阈值电压总的移动量为

$$
\begin{aligned}
\Delta V_T &= V_T(V_{BS}) - V_T(V_{BS} = 0) \\
&= \frac{\sqrt{2\varepsilon_s q N_A}}{C_{ox}}(\sqrt{2\psi_B - V_{BS}} - \sqrt{2\psi_B})
\end{aligned}
\tag{51}
$$

实际中, 常常需要使上述移动量尽可能的小。这时, 希望降低衬底掺杂和减小栅氧的厚度。

我们可以通过工作在线性区($V_D \ll V_G$)的 $I_D \sim V_G$ 曲线测量阈值电压, 如图 6.15(a)所示。根据式(24), 在 V_G 轴上的外推值等于 $V_T + \frac{1}{2}V_D$。低于阈值电压时, 在线性坐标中 I_D 被认为

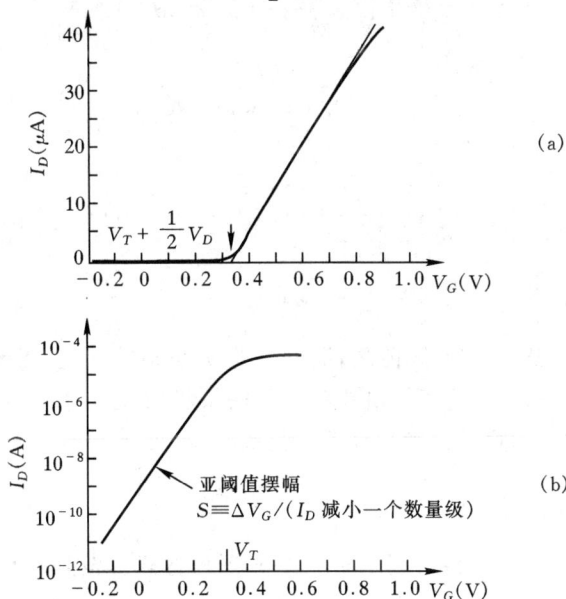

图 6.15　线性区($V_D \ll V_G$)的转移特性($I_D \sim V_G$)。(a)在线性坐标系中测量 V_T, 较高的 V_G 时对线性的偏离是由于迁移率的降低;(b)用对数坐标系显示出亚阈值摆幅

等于零,但用对数坐标系可以展示其细节。

6.2.4 亚阈值区

当栅电压低于阈值电压时,半导体表面呈弱反型或耗尽,相应的漏电流称为亚阈值电流[29,30]。由于亚阈值区描述电流如何随栅压急剧地减小,因而对低电压、低功耗应用,例如 MOSFET 作数字逻辑中的开关应用以及作存储器应用时特别重要。

在弱反型区和耗尽区,电子电荷很少,因而漂移电流很小,漏电流由扩散决定,它可以用类似于推导均匀基区双极晶体管集电极电流的方法导出。考虑在沟道中存在电子浓度梯度,扩散电流为

$$I_D = - ZqD_n \frac{dN'(y)}{dy} \approx ZqD_n \frac{N'(0) - N'(L)}{L} \tag{52}$$

式中 N' 是单位面积的电子浓度。在整个耗尽层宽度内积分,源端的电子浓度为

$$N'(0) = \int_0^{W_D} n(x)dx = n_{po} \int_{\psi_s}^0 \exp(\beta \psi_p)d\psi_p \tag{53}$$

由于在耗尽区内的电势分布是已知的,因此,式(53)的计算结果为[31]

$$N'(0) \approx \left(\frac{1}{\beta}\right)\sqrt{\frac{\varepsilon_s}{2q\psi_s N_A}} \, n_{po} \exp(\beta \psi_s) \Big/ \frac{d\psi_p}{dx} \tag{54}$$

假定表面电荷层的有效厚度为 x_j,也可以得到类似的结果。由于电子浓度随电势 ψ_p 指数变化,x_j 对应于 ψ_p 减小到 kT/q 所需的距离。因此,有效沟道厚度 x_j 等于 $kT/q\mathscr{E}_s$,其中,$\mathscr{E}_s$ 为半导体表面处的电场。根据这些假设,我们可以得到一个简单的表示式为

$$N'(0) = x_j \times n(x = 0) = \left(\frac{kT}{q\mathscr{E}_s}\right)n_{po} \exp(\beta \psi_s)$$

$$= \left(\frac{kT}{q}\right)\sqrt{\frac{\varepsilon_s}{2q\psi_s N_A}} \, n_{po} \exp(\beta \psi_s) \tag{55}$$

漏端的电子浓度随漏偏而指数减小

$$N'(L) = N'(0)\exp(-\beta V_D) \tag{56}$$

把式(55)和式(56)带入式(52),得到

$$I_D = \frac{Z\mu_n}{L\beta^2}\sqrt{\frac{q\varepsilon_s N_A}{2\psi_s}}\left(\frac{n_i}{N_A}\right)^2 \exp(\beta \psi_s)[1 - \exp(-\beta V_D)]$$

$$\approx \frac{Z\mu_n}{L\beta^2}\sqrt{\frac{q\varepsilon_s N_A}{2\psi_s}}\left(\frac{n_i}{N_A}\right)^2 \exp(\beta \psi_s) \tag{57}$$

式中 $V_D \gg kT/q$。式(57)表明,在亚阈值区,漏电流随 ψ_s 呈指数变化,当漏电压 V_D 大于 $3kT/q$ 时,电流变得与 V_D 无关。另外,为了把电流与栅压联系起来,需要知道 V_G 和 ψ_s 之间的关系。

根据第 4 章 MOS 电容的结果,我们有下列关系式(33)

$$V_G - V_{FB} = \psi_s + \frac{\sqrt{2\varepsilon_s \psi_s q N_A}}{C_{ox}} \tag{58}$$

这个二次方程并不能给出 ψ_s 作为 V_G 函数的一个简单表达式。但是一旦从式(58)得到 ψ_s,就可以计算出亚阈值电流。

量化 MOS 管如何随栅压快速关断的参数称为亚阈值摆幅 S(亚阈值斜率的倒数),定义为漏电流减小一个数量级所需的栅电压的变化量。首先,从式(58)可以计算出 V_G 和 ψ_s 的相对

变化

$$\frac{\mathrm{d}V_G}{\mathrm{d}\psi_s} = 1 + \frac{1}{C_{ox}} \sqrt{\frac{\varepsilon_s q N_A}{2\psi_s}} = \frac{C_{ox} + C_D}{C_{ox}} \tag{59}$$

根据定义,亚阈值摆幅 S 为

$$S \equiv (\ln 10) \frac{\mathrm{d}V_G}{\mathrm{d}(\ln I_D)} = (\ln 10) \frac{\mathrm{d}V_G}{\mathrm{d}(\beta\psi_s)}$$

$$= (\ln 10)\left(\frac{kT}{q}\right)\left(\frac{C_{ox} + C_D}{C_{ox}}\right) \tag{60}$$

注意,计算时式(57)中根号里面的 ψ_s 被处理为常量,因为相对于指数项,它是一个弱函数。

从已导出的亚阈值摆幅的表示式(60)出发,可以给出这个简单表示式一个直观的解释。对于氧化层厚度为零的极端情形,指数特征与人们熟悉的 p-n 结扩散电流的情形相同。当氧化层厚度不为零时,亚阈值摆幅退化了,退化因子正好等于两个串连电容的分压比 $(C_{ox} + C_D)/C_{ox}$。这个电压分压比正好出现在式(59)。人们也注意到,由于耗尽层宽度(以及 C_D)随 ψ_s 变化,所以亚阈值摆幅是栅压的弱函数而不是一个常数。

在界面陷阱密度 D_{it} 很高时,由于界面陷阱电容 $C_{it}(= q^2 D_{it})$ 与耗尽层电容 C_D 并联,则式(60)中的 C_D 应由 $(C_D + C_{it})$ 替代(参考第 4 章图 4.14),得到

$$S(\text{有 } D_{it}) = (\ln 10)\left(\frac{kT}{q}\right)\left(\frac{C_{ox} + C_D + C_{it}}{C_{ox}}\right)$$

$$= S(\text{没有 } D_{it}) \times \frac{C_{ox} + C_D + C_{it}}{C_{ox} + C_D} \tag{61}$$

如果其它的器件参数如掺杂和氧化层厚度已知,那么通过测量亚阈值摆幅,就可以得到界面陷阱密度。因此在测量界面陷阱密度时,除了 MOS 电容测量方法之外,这也是一种有吸引力的选择,因为 MOS 电容的测量方法必须做交流测量。一般而言,对于一个三端器件(这里衬底接触并不重要),直流 I-V 测量比做交流电容和电导的测量要容易得多。

为了得到一个陡峭的亚阈值斜率(S 小),希望低的沟道掺杂,薄的氧化层厚度,低的面陷阱密度和低的工作温度。当加上衬底偏压时,除了引起阈值电压移动外,ψ_s 值增加。结果,耗尽层电容 C_D 降低,从而 S 也降低。

如图 6.15(a)所示,在阈值以及阈值附近,漏电流并没有像式(24)预期的那样急剧地关断。这是由于在接近阈值或低于阈值时,扩散电流起主导作用,而它在此前的推导中,被作为 6.2.2 节的一个基本假设之一而忽略了。为了考虑扩散电流分量的影响,参考图 6.7 所示的非平衡状态。包括扩散和漂移分量的总的漏电流密度为

$$J_D(x, y) = q\mu_n n \mathscr{E}_y + q D_n \frac{\mathrm{d}n}{\mathrm{d}y} = D_n n(x, y) \frac{\mathrm{d}E_{Fn}}{\mathrm{d}y} \tag{62}$$

基于缓变沟道近似的漏电流为

$$I_D = Z \int_0^{x_i} J_D(x, y) \mathrm{d}x = \frac{ZD_n}{L} \int_0^L \frac{\mathrm{d}E_{Fn}}{\mathrm{d}y} \int_0^{x_j} n(x, y) \mathrm{d}x \mathrm{d}y$$

$$= \frac{Z}{L} \frac{\varepsilon_s \mu_n}{L_D} \int_0^{V_D} \int_{\psi_B}^{\psi_s} \frac{\exp(\beta\psi_p - \beta\Delta\psi_i)}{F(\beta\psi_p, \Delta\psi_i, n_{po}/p_{po})} \mathrm{d}\psi_p \mathrm{d}\Delta\psi_i \tag{63}$$

栅压 V_G 和表面势 ψ_s 之间的关系为

$$V_G - V_{FB} = -\frac{Q_s}{C_{ox}} + \psi_s$$

$$= \frac{\sqrt{2}\varepsilon_s kT}{C_{ox}qL_D} F\left(\beta\psi_s, \Delta\psi_i, \frac{n_{po}}{p_{po}}\right) + \psi_s \tag{64}$$

当栅压大于阈值一个适当值后,式(64)简化为式(23)。然而,当栅压靠近和低于阈值以及在夹断点,式(23)变得不正确了。对于已知几何尺寸和其它器件参数的特定器件,式(64)能够通过数值计算得到从线性区到饱和区整个范围内的精确结果。

6.2.5　迁移率特性

由于沟道载流子被限制在一个薄的反型层内,预计漂移速度 v 和迁移率 μ 要受到反型层厚度的影响。当加上很小的纵向电场 $\mathscr{E}_y$ 时($\mathscr{E}_y$ 平行于半导体表面),漂移速度随 $\mathscr{E}_y$ 呈线性变化,其比例常数就是低场迁移率。Si 反型层的实验测量表明,低场迁移率与 $\mathscr{E}_y$ 无关,是与电流流动方向垂直的横场 $\mathscr{E}_x$ 的单值函数[32]。这种依赖关系并不直接反映在氧化层厚度或掺杂浓度上,而是通过它们对反型层中 $\mathscr{E}_x$ 的影响来反映。实测结果示于图 6.16。在测量了许多具有不同氧化层厚度和掺杂浓度的器件后,人们发现,迁移率可以用一个与 $\mathscr{E}_x$ 有关的单一的参数得到很好的描述。在确定的温度下,迁移率随着有效横向电场的增加而减少。有效横向电场定义为反型层内所有电子受到的平均电场,表示为

$$(\mathscr{E}_x)_{eff} = \frac{1}{\varepsilon_s}\left(Q_B + \frac{1}{2}Q_n\right) \tag{65}$$

物理上讲,上式意味着反型层中的电子平均受到所有耗尽层电荷 Q_B 的影响,但是,反型层电荷 Q_n 只有一半对有效横向电场有贡献。请注意,有效迁移率对式(24)和式(27)有效,但是,跨导表示式(例如式(30))中的迁移率与此有所不同,因为在跨导表示式中采用常迁移率模型。

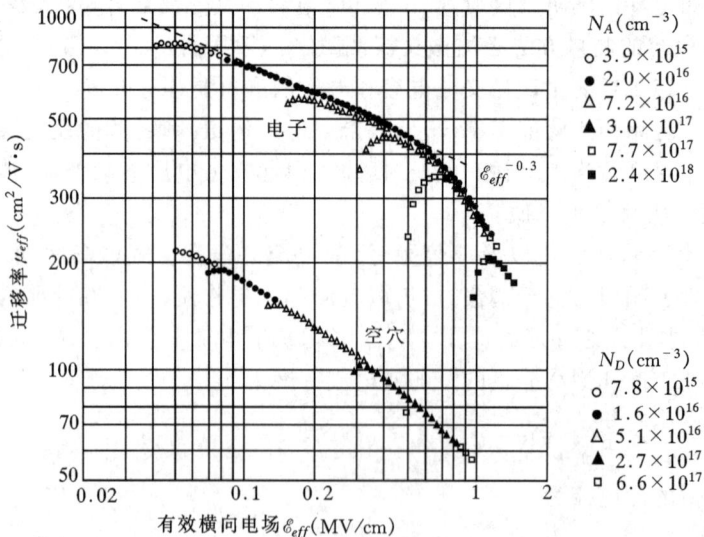

图 6.16　室温时 Si(100)面电子和空穴的反型层迁移率与有效横向电场的关系(参考文献 33)

当纵向电场增加时,v-$\mathscr{E}$ 关系开始偏离线性。前面已经讨论过迁移率与电场的关系,(式(33)和图 6.11)。图 6.17 给出了各种 $\mathscr{E}_x$ 下电子漂移速度作为 $\mathscr{E}_y$ 函数的实测结果。因为任何电场下的迁移率定义为 $v/\mathscr{E}_y$,所以它随 $\mathscr{E}_y$ 单调减小。漂移速度最终达到饱和,其值与体硅的

情形相似。图 6.16 中 $\mathscr{E}_x$ 对低场迁移率的影响也反映在图 6.17 中。这里也可以看出饱和速度与低场迁移率或 $\mathscr{E}_x$ 无关。

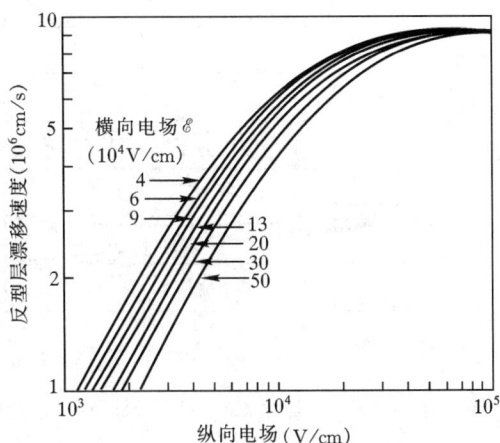

图 6.17　各种横向电场下电子表面漂移速度与纵向电场的关系。纵向电场较小时曲线的斜率就是迁移率(参考文献 34)

6.2.6　温度关系

温度影响器件的参数和性能,尤其是影响迁移率、阈值电压和亚阈特性。当栅电压对应于强反型情形时[32],在 300 K 以上,反型层内的有效迁移率与温度有 T^{-2} 的幂指数关系。这导致在低温时有高的电流和跨导。

为了导出阈值电压与温度的依赖关系,我们重新写出式(49)

$$V_T = \phi_{ms} - \frac{Q_f}{C_{ox}} + 2\psi_B + \frac{\sqrt{4\varepsilon_s q N_A \psi_B}}{C_{ox}} \tag{66}$$

由于功函数 ϕ_{ms} 差和固定氧化物电荷基本上与温度无关,将式(66)对温度微分,得

$$\frac{\mathrm{d}V_T}{\mathrm{d}T} = \frac{\mathrm{d}\psi_B}{\mathrm{d}T}\left(2 + \frac{1}{C_{ox}}\sqrt{\frac{\varepsilon_s q N_A}{\psi_B}}\right) \tag{67}$$

从基本的方程出发有

$$\psi_B = \frac{kT}{q}\ln\left(\frac{N_A}{n_i}\right) \tag{68}$$

$$n_i^2 \propto T^3 \exp\left(\frac{-E_{g0}}{kT}\right) \tag{69}$$

式中 E_{g0} 是 $T=0$ 时的禁带宽度,因此

$$\frac{\mathrm{d}\psi_B}{\mathrm{d}T} \approx \frac{1}{T}\left(\psi_B - \frac{E_{g0}}{2q}\right) \tag{70}$$

图 6.18 给出了各种氧化层厚度下在室温时 $|\mathrm{d}V_T/\mathrm{d}T|$ 随衬底掺杂浓度的计算结果。注意,由于与氧化层厚度有关,量 $|\mathrm{d}V_T/\mathrm{d}T|$ 随衬底掺杂的变化的增加而增加。

随着温度的降低,MOSFET 的特性得到改善,尤其是在亚阈值区。图 6.19 是以温度作为参变量时长沟道 MOSFET($L=9$ μm)的转移特性。请注意,当温度从 296 K 降至 77 K 时,阈值电压 V_T 从 0.25 V 增加到 0.5 V 左右。V_T 的这种增加类似于图 6.18 所示的情形。最重

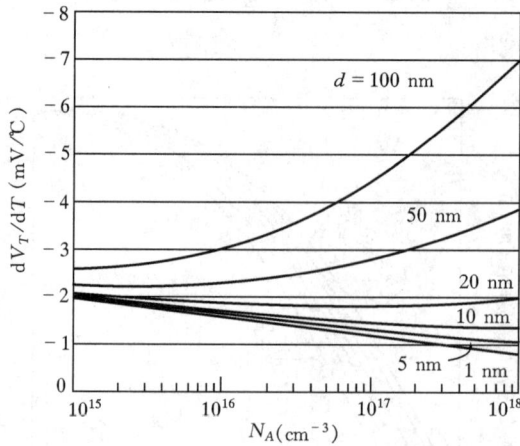

图 6.18　室温下 Si-SiO₂ 系统的 dV_T/dT 与衬底掺杂浓度的关系

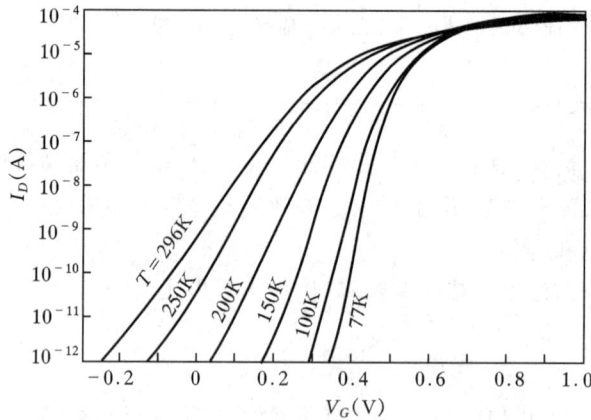

图 6.19　长沟道器件($L=9\ \mu m$)的转移特性,以温度作为参变量(参考文献 36)

要的改善是亚阈摆幅 S 从 296 K 的 80 mV/dec 降低到 77 K 的 22 mV/dec。因此,77 K 下亚阈摆幅约降低了 3/4。这种改善主要来自式(60)中的 kT/q 项。77 K 下其他的改善包括更高的迁移率,因而电流和跨导更大,功耗、结泄漏电流和金属线电阻更小。主要缺点是,MOS-FET 应浸泡在适当的惰性冷却剂(例如液氮)中,低温设备需有附加装置和特别的维护。

6.3　非均匀掺杂和埋沟器件

在 6.2 节,我们假定沟道掺杂浓度为常数。然而在实际器件中,沟道通常是非均匀掺杂的,这是因为在先进的 MOSFET 工艺中离子注入技术被广泛地应用于调节杂质分布和改善器件性能以满足特殊的用途。例如,在深的区域进行轻掺杂以减小漏-衬电容和衬偏效应。另一方面,在 Si-SiO₂ 界面附近进行轻掺杂以降低阈值电压,而在较深的区域进行重掺杂以防止源和漏之间的穿通。这两种一般情形,称为**高-低**和**低-高**分布,如图 6.20 所示。为了简化分

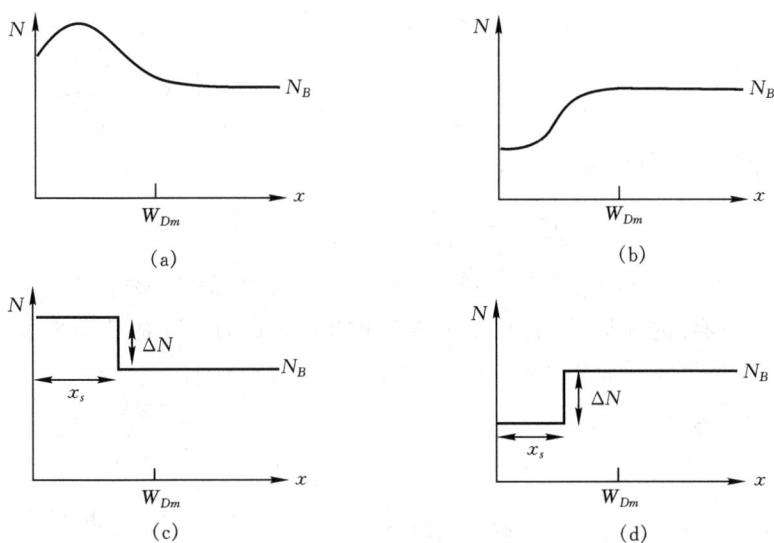

图 6.20　非均匀沟道杂质分布

(a)高-低分布;(b)低-高分布(倒掺杂分布);(c)～(d)用台阶分布近似

析,这里用阶梯分布来近似实际分布。

　　下面,我们考虑沟道非均匀掺杂对器件特性,尤其是对阈值电压和耗尽层宽度的影响,这两者依次影响到亚阈值摆幅和衬偏效应。请注意,在确定 V_T 时最重要的是耗尽区内的杂质分布。在考虑电容以及衬底灵敏度(即阈值电压与衬底反向偏压之间的关系)时,耗尽区外的杂质分布是重要的。因此,阈值电压的一般表示式由下式给出

$$
\begin{aligned}
V_T &= V_{FB} + \psi_s + \frac{Q_B}{C_{ox}} \\
&= V_{FB} + 2\psi_B + \frac{q}{C_{ox}} \int_0^{W_{Dm}} N(x)\,\mathrm{d}x
\end{aligned}
\tag{71}
$$

式中 Q_B 是耗尽层电荷。需要知道积分的上限,即耗尽层的最大宽度 W_{Dm}。用强反型点作为边界条件,可以从泊松方程得到 W_{Dm}。

$$
\psi_s = 2\psi_B = \frac{q}{\varepsilon_s} \int_0^{W_{Dm}} x N(x)\,\mathrm{d}x
\tag{72}
$$

请注意,在非均匀掺杂时,如何定义 ψ_B 和 V_{FB} 是很重要的,也是很复杂的。幸运的是,对于这些值,应用背景掺杂 N_B 仍然可以给出足够正确的结果。特别是表面势 $\psi_s = 2\psi_B$,因为它与掺杂浓度关系微弱。

6.3.1　高-低分布

　　为了推导出因离子注入造成的阈值电压移动,我们首先考虑理想化的阶梯掺杂分布,如图 6.20(c)所示。退火后的掺杂分布用阶梯深度为 x_s 的阶梯函数近似表示,x_s 粗略等于原始注入的投影射程与标准偏差之和。当 x_s 很宽,即强反型情况下的最大耗尽层宽度 W_{Dm} 小于 x_s 时,可认为表面区是一个高浓度的均匀掺杂区。阈值电压与式(50)的形式相同。若 $W_{Dm} > x_s$,阈值电压由式(71)确定,即

$$V_T = V_{FB} + 2\psi_B + \frac{qN_B W_{Dm} + q\Delta N x_s}{C_{ox}}$$

$$= V_{FB} + 2\psi_B + \frac{1}{C_{ox}} \sqrt{2q\varepsilon_s N_B \left(2\psi_B - \frac{q\Delta N x_s^2}{2\varepsilon_s}\right)} + \frac{q\Delta N x_s}{C_{ox}} \tag{73}$$

采用 $\psi_s = 2\psi_B$ 作为强反型的判据,耗尽层宽度由式(72)得到:

$$W_{Dm} = \sqrt{\frac{2\varepsilon_s}{qN_B}\left(2\psi_B - \frac{q\Delta N x_s^2}{2\varepsilon_s}\right)} \tag{74}$$

从上面这些公式中,我们可以看出附加的表面掺杂使 V_T 增加,W_{Dm} 减小。

请注意,对于同样的剂量,附加的表面掺杂最靠近表面时,V_T 的移动最大。对掺杂位于 Si-SiO$_2$ 界面处($x_s = 0$)呈 δ 函数的极限情形,阈值电压移动量简单地表示为

$$\Delta V_T \approx \frac{qD_I}{C_{ox}} \tag{75}$$

式中 D_I 是总剂量 $\Delta N x_s$。这种方法称为阈值调节,它与改变功函数差 ϕ_{ms} 或总的氧化层固定电荷的效果是一样的。

上面描述的阶梯分布近似可得到阈值电压的一级结果。由于在非均匀掺杂分布时,阶梯宽度 x_s 无法明确的定义。因此,为了得到更精确的 V_T,必须考虑实际掺杂分布。图 6.21 是非均匀掺杂分布 $N_A(x)$ 的示意图。在典型情形下,阈值电压依赖于注入剂量 D_I 和剂量中心距离 x_c。因此,如图所示,实际注入可用位于 $x = x_c$ 处的 δ 函数代替,即

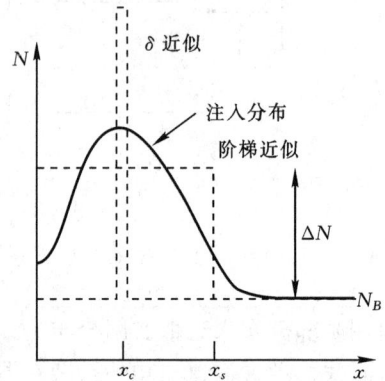

图 6.21　用阶梯和 δ 分布近似实际的注入分布

$$D_I = \int_0^{W_{Dm}} \Delta N(x)\mathrm{d}x \tag{76}$$

$$x_c = \frac{1}{D_I}\int_0^{W_{Dm}} x\Delta N(x)\mathrm{d}x \tag{77}$$

应用这些公式,式(73)和式(74)变为

$$V_T = V_{FB} + 2\psi_B + \frac{1}{C_{ox}}\sqrt{2q\varepsilon_s N_B\left(2\psi_B - \frac{qx_c D_I}{\varepsilon_s}\right)} + \frac{qD_I}{C_{ox}} \tag{78}$$

$$W_{Dm} = \sqrt{\frac{2\varepsilon_s}{qN_B}\left(2\psi_B - \frac{qD_I x_c}{\varepsilon_s}\right)} \tag{79}$$

看看在给定剂量 D_I 时阈值电压移动以及耗尽层宽度与注入中心距离 x_c 的关系是有意义的。当 $x_c = 0$ 时,离子注入在 Si-SiO$_2$ 界面呈 δ 函数。由式(78)得到 $\Delta V_T = qD_I/C_{ox}$,这与式(75)的结果相同。随 x_c 的增加,注入引起的 V_T 的移动量减少,耗尽层宽度同时也减小。最后,x_c 达到耗尽层宽度,W_{Dm} 受注入箝制,且随注入中心距离 x_c 增加。x_c 等于 W_{Dm} 时的剂量可以从式(79)得到

$$D_I(x_c = W_{Dm}) = \frac{N_B(W_{Dm0}^2 - x_c^2)}{2x_c} \tag{80}$$

式中 W_{Dm0} 是背景掺杂 N_B 所对应的 W_{Dm}。最终,当 x_c 超过 W_{Dm0} 后,它对阈值电压和耗尽层宽

度不再有任何影响。

为了考虑亚阈值摆幅和衬底灵敏度,在 6.2.4 节中,我们通过比较栅氧化层电容 C_{ox} 和耗尽层电容 C_D 解释了亚阈值摆幅。因此,只要知道耗尽层宽度就可以计算出亚阈值摆幅。对于高-低分布,附加的杂质使 W_{Dm} 减小,C_D 增加,结果导致亚阈值摆幅增加。在计算 V_T 时,用 $2\psi_B + V_{BS}$ 代替 $2\psi_B$ 也可以计算得到衬底灵敏度。

6.3.2　低-高分布

图 6.20(b) 所示的低-高分布也称为倒掺杂分布,其分析过程类似于高-低分布,只是 ΔN 表示背景掺杂的减小量。阈值电压和耗尽层宽度的公式中的一些项只要改变一个符号即可适应于低-高分布的情形。

$$V_T = V_{FB} + 2\psi_B + \frac{qN_B W_{Dm} - q\Delta N x_s}{C_{ox}}$$

$$= V_{FB} + 2\psi_B + \frac{1}{C_{ox}}\sqrt{2q\varepsilon_s N_B\left(2\psi_B + \frac{q\Delta N x_s^2}{2\varepsilon_s}\right)} - \frac{q\Delta N x_s}{C_{ox}} \tag{81}$$

和

$$W_{Dm} = \sqrt{\frac{2\varepsilon_s}{qN_B}\left(2\psi_B + \frac{q\Delta N x_s^2}{2\varepsilon_s}\right)} \tag{82}$$

因此,表面掺杂浓度的下降使阈值电压减小,耗尽层宽度增加。

6.3.3　埋沟器件

在低-高分布的极端情形,表面的掺杂类型与衬底的掺杂类型相反。在这种情形下,如果表面掺杂层没有全部耗尽,也就是说,存在一些中性区,电流可以通过这个埋层流动。我们把这种类型的器件称为埋沟器件[37-40]。图 6.22(a) 是一个 n 沟道埋沟 MOSFET 的截面图。栅电压能够改变表面耗尽层的宽度,因此也能够控制沟道中性区的厚度,从而控制电流的流动。当施加一个大的正栅压时,沟道完全打开,在表面形成了一个附加的表面反型层,它类似于常规的表面沟道,形成两个平行的沟道。

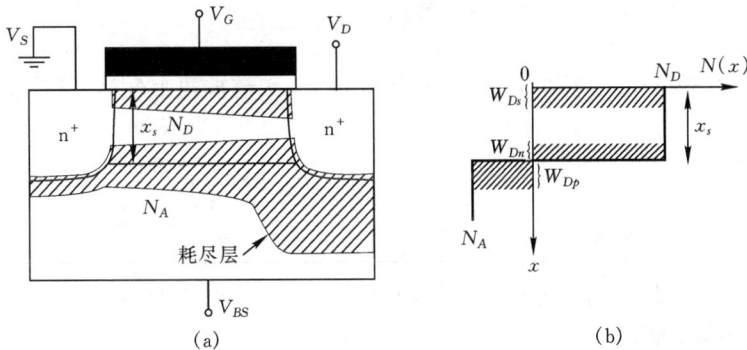

图 6.22　(a) 偏压下的埋沟 MOSFET 示意图;(b) 掺杂分布和耗尽区

表面反型沟道一直是我们讨论的主题,不需要进一步的详细分析。现在我们把注意力放在埋沟器件上,其掺杂分布和能带图如图 6.22(b) 和图 6.23 所示。中性沟道区的厚度由 x_s

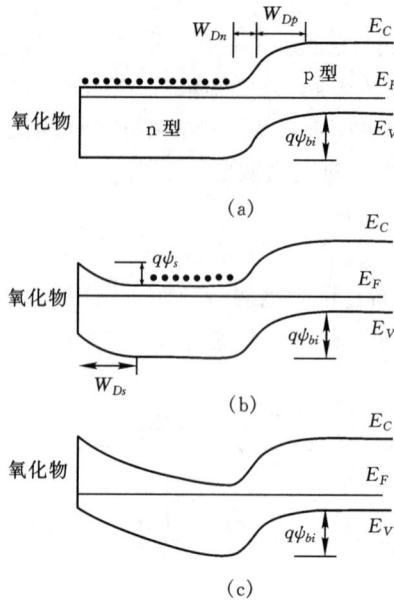

图 6.23　不同偏压下埋沟 MOSFET 的能带图
(a)平带($V_G = V_{FB}^*$)；(b)表面耗尽；(c)阈值($V_G = V_T$)

减小为 $x_s - W_{Ds} - W_{Dn}$，W_{Ds} 表示表面耗尽层的宽度，W_{Dn} 表示底部 p-n 结耗尽层的宽度。表面耗尽层是 V_G 的函数，关系式与第 4 章的式(27)一样，把它修正重写如下：

$$W_{Ds} = \sqrt{\frac{2\varepsilon_s}{qN_D}(V_{FB}^* - V_G) + \frac{\varepsilon_s^2}{C_{ox}^2}} - \frac{\varepsilon_s}{C_{ox}} \tag{83}$$

请注意，平带电压 V_{FB}^* 的定义有所不同(图 6.23a)，这里我们指的是表面 n 型层能带是平的，而不是 p 型衬底。V_{FB}^* 的定义如下

$$V_{FB}^* = V_{FB} + \psi_{bi} \tag{84}$$

式中 V_{FB} 是以 p 型衬底为参考点。底部耗尽层的宽度可以从 p-n 结理论得到

$$W_{Dn} = \sqrt{\frac{2\varepsilon_s \psi_{bi}}{qN_D}\left(\frac{N_A}{N_D + N_A}\right)} \tag{85}$$

我们特别感兴趣的是阈值电压 V_T，当栅压达到阈值时，沟道被两个耗尽区完全耗尽，即

$$x_s = W_{Ds} + W_{Dn} \tag{86}$$

阈值电压由下式给出[40]

$$V_T = V_{FB}^* - qN_Dx_s\left(\frac{x_s}{2\varepsilon_s} + \frac{1}{C_{ox}}\right) + \left(\frac{x_s}{\varepsilon_s} + \frac{1}{C_{ox}}\right)\sqrt{\frac{2q\varepsilon_s N_D N_A \psi_{bi}}{N_D + N_A}} - \frac{N_A \psi_{bi}}{N_D + N_A} \tag{87}$$

只要知道沟道的尺寸，沟道电荷就能很容易计算出。视栅压的不同，体电荷 Q_B 和表面电荷 Q_I 的表示式不同，如下式

$$Q = Q_B = (x_s - W_{Ds} - W_{Dn})N_D, \quad V_T < V_G < V_{FB}^* \tag{88}$$

$$Q = Q_B + Q_I$$

$$= (x_s - W_{Dn})N_D + C_{ox}(V_G - V_{FB}^*), \quad V_{FB}^* < V_G \tag{89}$$

知道了沟道电荷，可以用前面类似的方法导出漏电流。但是与表面沟道器件相比，埋沟 MOS-

FET 方程要复杂得多,因为这时栅对沟道的耦合(或净栅电容)与栅偏压有关。定性的 I-V 特性如图 6.24 所示。

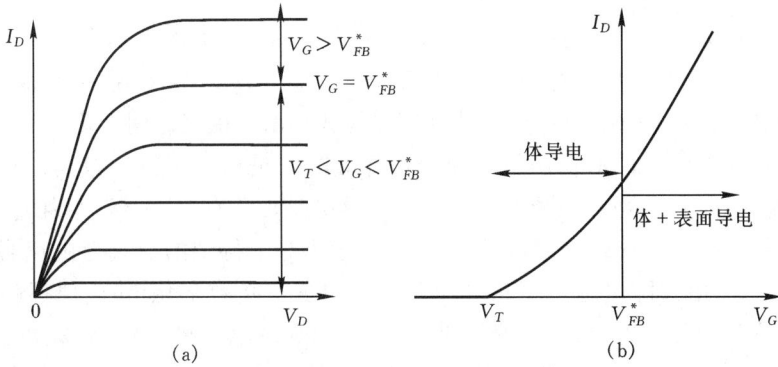

图 6.24　埋沟 MOSFET

(a)输出特性;(b)线性区(V_D 很小)的转移特性($I_D \sim V_G$),图中标出了阈值电压 V_T 和平带电压 V_{FB}^*

把电荷表示式带入式(22)可以得到漏电流更精确的解。按不同的栅压范围分类,其结果总结在表 6.1。这些结果是基于长沟道恒定迁移率模型得到的。由于速度饱和所引起的电流饱和约等于 $Q v_s W$。

表 6.1　基于长沟道恒定迁移率模型的埋沟 MOSFET 的电流方程(参考文献 15、37)

$V_T \leqslant V_G \leqslant V_{FB}^*$

$$I_D = \frac{W}{L} \frac{\mu_B C_{ox}}{1+\sigma} \left[(V_G - V_T) V_D - \frac{1}{2} \alpha V_D^2 \right], \quad V_D \leqslant V_{Dsat}$$

$$= \frac{W}{L} \frac{\mu_B C_{ox}}{1+\sigma} \frac{(V_G - V_T)^2}{2\alpha}. \quad V_D \geqslant V_{Dsat}$$

$V_G \geqslant V_{FB}^*$

$$I_D = \frac{W}{L} \frac{\mu_B C_{ox}}{1+\sigma} \left\{ (V_G - V_T) V_D - \frac{1}{2} \alpha V_D^2 + (r-1) \left[(V_G - V_{FB}^*) V_D - \frac{1}{2} V_D^2 \right] \right\}, \quad V_D < V_G - V_{FB}^*$$

$$= \frac{W}{L} \frac{\mu_B C_{ox}}{1+\sigma} \left[(V_G - V_T) V_D - \frac{1}{2} \alpha V_D^2 + \frac{1}{2} (r-1)(V_G - V_{FB}^*)^2 \right], \quad V_G - V_{FB}^* \leqslant V_D < V_{Dsat}$$

$$= \frac{W}{L} \frac{\mu_B C_{ox}}{1+\sigma} \left[\frac{(V_G - V_T)^2}{2\alpha} + \frac{1}{2} (r-1)(V_G - V_{FB}^*)^2 \right]. \quad V_D \geqslant V_{Dsat}$$

式中

$$V_{Dsat} = (V_G - V_T)/\alpha \qquad \sigma = \frac{C_{ox} x_s}{\varepsilon_s} \left(\frac{C_{ox} x_s}{2\varepsilon_s} + 1 \right) \qquad \alpha = 1 + (1+\sigma)\frac{\gamma}{4} \frac{1}{\sqrt{\psi_{bi}}}$$

$\mu_B =$ 体迁移率　$\mu_s =$ 表面迁移率　$\quad r = (1+\sigma)\dfrac{\mu_s}{\mu_B} \qquad \gamma = \dfrac{\sqrt{2\varepsilon_s q N_A}}{C_{ox}}$

埋沟器件通常是常开型的(耗尽模式),虽然理论上,例如通过选择合适的金属功函数,可以把它制作成常关型器件(增强模式)。对于给定的 N_D,也可以通过增加 x_s 使器件的阈值电压变得更负。然而,因为一个 MOS 系统中,耗尽层宽度有最大值,如果掺杂浓度 N_D 和/或埋层深度 x_s 足够大,那么当 W_{Ds} 达到最大值时,沟道有可能不会被夹断。因此,沟道掺杂分布存

在一个限制,否则器件就不能关断。这种情形使 x_s 和 N_D 之间存在一种约束关系,即

$$x_s \Big|_{\max} = \sqrt{\frac{2\varepsilon_s}{qN_D}} \left(\sqrt{2\psi_B} + \sqrt{\frac{N_A\psi_{bi}}{N_D + N_A}} \right) \tag{90}$$

对于埋沟器件,衬偏效应更加直接。它可以被称为背栅。在上面的方程中用 $\psi_{bi} - V_{BS}$ 代替 ψ_{bi}(V_{BS} 是负的)即可计算该效应。特别是,V_T(式(87))和 W_{Dm}(式(85))随衬底偏压的移动可以到达这样的程度:使器件关断或者导通,或在耗尽模式和增强模式之间变化。

　　下面我们讨论埋沟器件的亚阈值电流。在足够高的负栅偏压下,沟道将被夹断,即此时 $x_x = W_{Ds} + W_{Dn}$(图6.23(c))。在阈值电压以下的导电是由于存在电子部分耗尽的区域,此区域内的电流主要藉扩散方式输运。因此,埋沟 MOSFET 中得到的亚阈值电流直接类似于表面沟道 MOSFET 的亚阈值电流。亚阈值电流随栅电压呈指数变化,亚阈值摆幅 S 再次由式(60)表示的电容分割比给出,只是电容不同而已。从图6.23(c)可以看出,最大电子浓度位于 $x \approx x_s - W_{Dn}$。因此,式(60)中的 C_D 应当用衬底 p-n 结电容 $\varepsilon_s/(W_{Dn} + W_{Dp})$ 代替,而 C_{ox} 应当用 C_{ox} 与表面耗尽层电容 ε_s/W_{Ds} 的串联替换。亚阈值摆幅 S 的表示式为

$$S = (\ln 10)\frac{kT}{q} \left[1 + \frac{\varepsilon_{ox}W_{Ds} + \varepsilon_s d}{\varepsilon_{ox}(W_{Dn} + W_{Dp})} \right] \tag{91}$$

式中 W_{Ds}、W_{Dn} 和 W_{Dp} 均为 $V_G = V_T$ 时对应的耗尽层宽度。埋沟器件的亚阈值摆幅通常比常规的表面沟道器件的大。

　　由于埋沟器件中载流子可避免表面散射和其它的表面效应,预计其迁移率比表面沟道器件的大,它受短沟道效应(将在下面讨论),例如热电子诱发的可靠性的影响也要小。另一方面,由于栅和沟道之间的净距离比较大且与栅压有关,其跨导比较小而且不是常数。注意,若栅采用肖特基结或 p-n 结,器件就相应地变成 MESFET 或 JFET,它们在下一章讨论。

6.4　器件按比例缩小和短沟道效应

　　自从1959年开始进入集成电路时代以来,最小特征长度已减少了两个数量级。我们预计,在可以预见的将来,最小尺寸将继续缩小,如图6.1所示。随着 MOSFET 尺寸的减少,在设计器件时应尽可能地使器件保持长沟道的特性。随着沟道长度的减少,源结和漏结的耗尽层宽度变得可与沟道长度相比拟,源结和漏结之间的穿通不可避免。这要求更高的沟道掺杂。更高的沟道掺杂将会使阈值电压增加,而为了把阈值控制在合适的值,需要更薄的氧化层。可以看出,器件参数之间是相互关联的。因此,在缩小器件尺寸时,需要一种缩小的法则以使器件的性能最佳。

　　即使采用最好的缩小法则,随着沟道长度的减少,对长沟道特性的偏离也是不可避免的。这些偏离,即短沟道效应,是沟道区两维电势分布和强电场的结果。此时,沟道内的电势分布依赖于横向电场 $\mathscr{E}_x$(受栅电压和背面偏压的控制)和纵向电场 $\mathscr{E}_y$(受漏偏压的控制)。换句话说,电势分布变成两维分布,缓变沟道近似(即 $\mathscr{E}_x \gg \mathscr{E}_y$)不再成立。这种两维电势分布产生了许多不希望出现的电特性。

　　随着电场的增加,沟道迁移率变得与电场有关,并最终发生速度饱和(迁移率特性已在6.2.5节讨论过)。当电场进一步增加时,在漏附近发生载流子倍增,产生衬底电流和寄生双

极晶体管作用。强电场也使热载流子注入到氧化物内,导致氧化物充电,随后导致阈值电压移动和跨导退化。

上述这些现象将引起如下的短沟道效应:(1)V_T 与 L 有关,不再是常数;(2)I_D 不饱和,而表现出与 V_D 有关,且无论(栅压)是低于阈值还是高于阈值均如此;(3)I_D 不再与 $1/L$ 成正比;(4)器件的特性随工作时间退化。由于短沟道效应使器件工作复杂化并使器件性能变坏,因而应该消除这种效应或使之减至最小,从而使几何上的短沟道器件能够保持电学上的长沟道特性。本节,我们将讨论 MOSFET 的按比例缩小和伴随器件最小化所出现的短沟道效应(第 3 项与高场迁移率或速度饱和有关,已在 6.2.2 节中讨论过了)。

6.4.1　器件的按比例缩小

避免短沟道效应所采取的最理想的按比例法则是,仅仅按比例缩小长沟道 MOSFET 的所有尺寸和电压以保持长沟道特性,这样能得到相同的内电场[41]。这种法则称为恒定电场按比例法则,如表 6.2 和图 6.25 所示,它为器件小型化提供了一幅概念上十分简单的图像。所有尺寸,包括沟道长度和宽度,氧化层厚度和结深,均缩小同一个**比例因子** κ。掺杂浓度增加到 κ 倍,所有电压减少到 $1/\kappa$,于是结耗尽层宽度缩小到 $1/\kappa$ 左右。请注意,亚阈摆幅 S 基本保持不变,因为 S 正比于 $1 + C_D/C_{ox}$,而两个电容按同一比例 κ 变化。

表 6.2　MOSFET 按比例缩小

参考	比例因子:恒定电场 $\mathscr{E}$	比例因子:实际情况	限制
L	$1/\kappa$	/	/
$\mathscr{E}$	1	>1	
d	$1/\kappa$	$>1/\kappa$	隧穿,缺陷
r_j	$1/\kappa$	$>1/\kappa$	电阻
V_T	$1/\kappa$	$\gg 1/\kappa$	泄漏电流
V_D	$1/\kappa$	$\gg 1/\kappa$	系统和 V_T
N_A	κ	$<\kappa$	结击穿

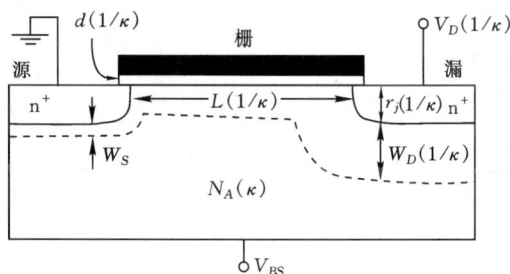

图 6.25　MOSFET 按比例变化的几何参数。图中标出了恒定电场的比例因子

在理想的恒定电场按比例缩小法则中,所有的参数按同一比例变化。在实际中,比例因子受其它原因的限制,会有所偏离。

　　不幸的是,这样一个理想缩小法则受到其它一些因素的限制,因为这些因素根本就不可能按比例变化。首先,结的内建电势和弱反型开始时的表面势不能按比例变化(掺杂浓度增加10倍,表面势仅有10%的变化)。在耗尽区和强反型之间栅压的变化范围约为 0.5 V。这些限制起源于如下事实:能带和热电势 kT 两者均为常数。栅氧厚度在接近小于 nm 尺度时,工艺上受缺陷的限制。氧化层的隧道电流是另一个基本限制。4.3.6 节中讨论过的量子力学效应使栅电容退化,因为载流子不再完全处于表面而是分布在距离表面 1 nm 的范围。当结深减小时,源和漏的串连电阻增加。这一点在结深减小而电流增大时特别有害。考虑到 p-n 结的击穿,沟道掺杂也不能无限增加。即使对于一个确定的亚阈值摆幅,考虑到关态电流,阈值电压的减小也受到限制。由于系统的原因,以及对更高速度的追求,长期以来,电源电压的下降速度一直较慢。表 6.2 总结了按比例缩小的限制因素。这些因素导致实际的缩小因子(表中列出的是相对于恒场法则的值)偏离理想值。由于这些限制,器件内部的电场不再保持不变。

　　考虑到上述实际的限制,已提出了一些其它的按比例缩小法则,包括恒定电压按比例缩小[42],准恒定电压按比例缩小[43]和统一按比例缩小法则[44]。提出的另一个具有特色的缩小法则具有灵活的缩小因子。只要能够整体保持长沟道的特性,该法则允许独立地调整各种器件参数,这样,所有的器件参数并不需要按同一因子 κ 变化。保持长沟道特性的最小沟道长度遵循的经验公式为

$$L \geqslant C_1 [r_j d (W_S + W_D)^2]^{1/3} \tag{92}$$

式中 C_1 是一个常数。$W_S + W_D$ 为用一维突变结公式表示的源和漏耗尽层宽度之和:

$$W_D = \sqrt{\frac{2\varepsilon_s}{qN_A}(V_D + \psi_{bi} - V_{BS})} \tag{93}$$

当 $V_D = 0$ 时,$W_D = W_s$。在文献[46]中可以找到这个法则的一个变种。

　　我们讨论了限制恒场缩小的非理想因素,这些因素产生了一些不利的后果。值得注意的是,已出现了一些有争议的技术,它有助于器件的缩小。首先,具有超薄体区的三维 MOSFET 有效地消除了大多数穿通导电通路,放宽了对沟道掺杂的要求(见 6.5.5 节)。其次,人们一直认真地寻找高介电常数的栅介质。这种高 K 栅介质放缓了降低栅介质几何厚度的需求,因而降低了缺陷密度,减小了隧穿的电场。这两种技术有助于在沟道长度特别小的器件中防止或延缓短沟道效应。

6.4.2　源漏电荷共享

　　到目前为止,沟道电荷的分析都是一维的,也就是说,反型层电荷和耗尽层电荷都由栅电荷完全平衡,因而它们都被处理为电荷密度。沟道两端详细的二维分析表明某些耗尽层电荷由 n^+ 源和漏平衡,如图 6.26(a)所示。将电荷守恒原理用于栅、沟道和源/漏交界区,可显示出对长沟道特性的偏离[47],即

$$Q'_M + Q'_n + Q'_B = 0 \tag{94}$$

式中,Q'_M 为栅上的总电荷,Q'_n 为总的反型层电荷,Q'_B 为耗尽区内总的电离杂质。这里当然假设氧化层电荷和界面电荷为零。可以认为阈值电压是在耗尽层宽度最大时耗尽总的体电荷 Q'_B 所需要的栅压,公式为

$$V_T = V_{FB} + 2\psi_B + \frac{Q'_B}{C_{ox}A} \tag{95}$$

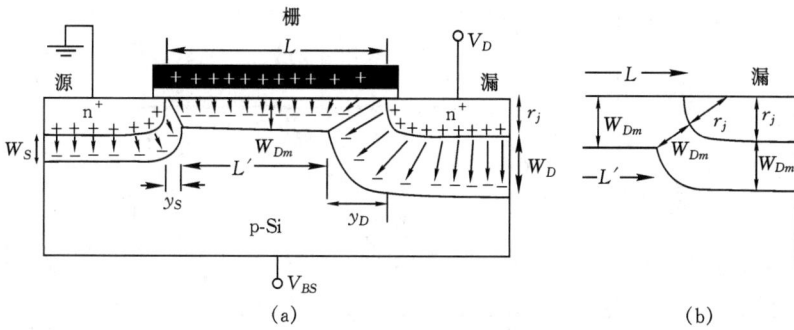

图 6.26　电荷守恒模型

(a) $V_D > 0$；(b) $V_D = 0$，这里 $W_D \approx W_S \approx W_{Dm}$（参考文献 47）

式中 A 为栅面积 $Z \times L$。对于长沟道器件，$Q'_B = q A N_A W_{Dm}$，其中 W_{Dm} 为最大耗尽层宽度，

$$W_{Dm} = \sqrt{\frac{2\varepsilon_s (2\psi_B - V_{BS})}{q N_A}} \qquad (96)$$

且一维分析足够用了。

对于短沟道器件，由于在沟道的源端和漏端附近，某些沟道体电荷的电力线终止在源和漏上而不是栅上，所以 Q'_B 对阈值电压的整个影响降低了（图 6.26(a)）。请注意，由于横向电场强烈影响表面电势分布，耗尽层水平宽度 y_S 和 y_D 分别小于耗尽层垂直宽度 W_S 和 W_D。

通过考虑电荷分配，阈值电压一级近似如下。梯形内总的耗尽层体电荷为[47]

$$Q'_B = Z q N_A W_{Dm} \left(\frac{L + L'}{2}\right) \qquad (97)$$

当漏电压比较小时，我们可以假定 $W_D \approx W_S \approx W_{Dm}$。根据三角直观分析（图 6.26(b)），有

$$L' = L - 2\left(\sqrt{r_j^2 + 2W_{Dm} r_j} - r_j\right) \qquad (98)$$

阈值电压移动量为（相对于长沟道）

$$\Delta V_T = \frac{1}{C_{ox}}\left(\frac{Q'_B}{ZL} - q N_A W_{Dm}\right) = -\frac{q N_A W_{Dm}}{C_{ox}}\left(1 - \frac{L + L'}{2L}\right)$$

$$= -\frac{q N_A W_{Dm} r_j}{C_{ox} L}\left(\sqrt{1 + \frac{2W_{Dm}}{r_j}} - 1\right) \qquad (99)$$

负号意味着 V_T 变小了，晶体管更容易导通。为了考虑漏电压和衬底偏压的影响，可将式(99)修改为

$$\Delta V_T = -\frac{q N_A W_{Dm} r_j}{2 C_{ox} L}\left[\left(\sqrt{1 + \frac{2 y_S}{r_j}} - 1\right) + \left(\sqrt{1 + \frac{2 y_D}{r_j}} - 1\right)\right] \qquad (100)$$

式中 y_S 和 y_D 为

$$y_S \approx \sqrt{\frac{2\varepsilon_s}{q N_A}(\psi_{bi} - \psi_s - V_{BS})} \qquad (101a)$$

$$y_D \approx \sqrt{\frac{2\varepsilon_s}{q N_A}(\psi_{bi} + V_D - \psi_s - V_{BS})} \qquad (101b)$$

请注意，阈值电压变成了 L 和 V_D 的函数。图 6.27 给出了这种函数关系。

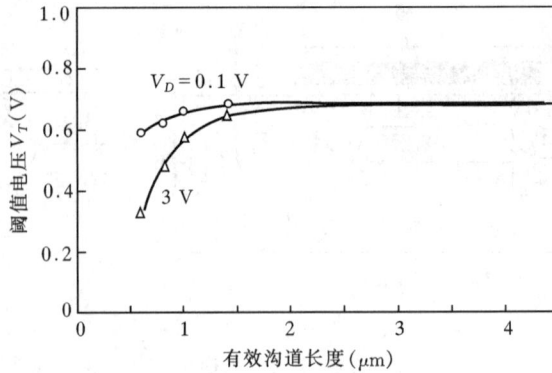

图 6.27　阈值电压对沟道长度和漏偏压的依赖关系(参考文献 49)

6.4.3　沟道长度调制

图 6.26(a)也显示出 y_D 为高场区域,在该区域载流子被有效扫出。y_S 是一个过渡区域,此区域的电子浓度高于主沟道区。因此,考虑到沟道漂移区,有效沟道长度更有意义,其表达式为

$$L_{\text{eff}} = L' = L - y_S - y_D \tag{102}$$

有效沟道长度与漏偏压有关,它是电流随漏压不饱和的一个原因。然而,沟道长度的变化对电流的影响是线性的。因为电流随势垒指数变化,所以,对电流影响更为显著的是下面将要讨论的漏压所引起的势垒降低。

6.4.4　漏致势垒降低(DIBL)

我们已经指出,当源和漏的耗尽区可以与沟道长度相比拟时,将发生短沟道效应。在极端情形下,即源和漏的耗尽层的宽度之和约等于沟道长度时,会产生更为严重的效应。此情形通常称为穿通。穿通的结果是在源和漏之间产生很大的漏电流。该电流是漏偏压的强函数。

穿通的原因是源端附近势垒降低,通常称为 DIBL(漏致势垒降低)。当漏与源相距很小时,漏偏压会影响源端势垒,以致于源端沟道载流子浓度不再固定。可用图 6.28 所示的半导体表面的能带图来说明。对于长沟道器件,漏偏压能够改变有效沟道长度,但源端势垒保持常数。对于短沟道器件,源端势垒不再固定。源端势垒的降低将引起额外的载流子注入,因而导致电流显著增加。在大于阈值和亚阈值区都能观察到此原因引起的电流的增加。

图 6.28 给出了半导体表面发生穿通的情形。实际的器件,通常在源/漏结深 r_j 以下区

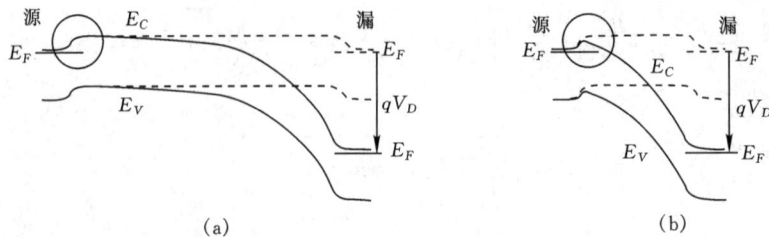

图 6.28　半导体表面源到漏的能带图

(a)长沟道 MOSFET;(b)短沟道 MOSFET。后者表现出 DIBL 效应。虚线 $V_D=0$,实线 $V_D>0$

域,衬底杂质浓度较低。杂质浓度降低引起耗尽层展宽,因此,穿通也可能发生在体内。

图 6.29(a)给出了严重穿通时器件的 I-V 特性($V_G > V_T$)。该器件在 $V_D = 0$ 时,y_S 和 y_D 之和为 0.26 μm,比沟道长度(0.23 μm)大。因此,漏结的耗尽区与源结的耗尽区穿通。在整个漏偏压范围,器件工作于穿通状态。在穿通状态下,源区的多数载流子(本情形为电子)能注入到沟道耗尽区,它们在此区被电场扫出并被漏区收集。采用耗尽层近似得到的穿通漏电压为

$$V_{pt} \approx \frac{qN_A(L - y_S)^2}{2\varepsilon_s} - \psi_{bi} \tag{103}$$

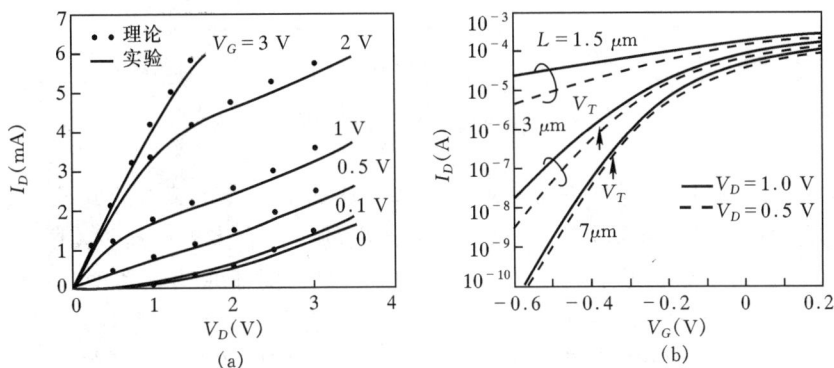

图 6.29　呈现 DIBL 效应时 MOSFET 的漏特性

(a)栅压大于阈值,$L = 0.23$ μm,$d = 25.8$ nm,$N_A = 7 \times 10^{16}$ cm^{-3} ; (b)栅压小于阈值,
$d = 13$ nm,$N_A = 10^{14}$ cm^{-3}

漏电流的主导成分将是空间电荷限制电流

$$I_D \approx \frac{9\varepsilon_s\mu_nAV_D^2}{8L^3} \tag{104}$$

式中 A 为穿通通路的横截面积。空间电荷限制电流随 V_D^2 增加,且与反型层电流平行。图中的计算点来自二维计算,在进行计算时计入了穿通效应和迁移率随电场变化效应。

图 6.29(b)给出了不同沟道长度时,DIBL 对亚阈值电流的影响。沟道长度为 7 μm 的器件呈现长沟道器件特性,也就是说,当 $V_D > 3kT/q$(式 57)时,此器件的亚阈值电流与漏电压无关。当 $L = 3$ μm 时,亚阈漏电流强烈地依赖于 V_D,V_T 也相应发生移动(V_T 位于 I-V 特性刚刚偏离直线的那一点)。亚阈摆幅也增加了。对于更短的沟道($L = 1.5$ μm),长沟道特性完全丧失,亚阈值摆幅变得更坏,器件根本不能关断。

6.4.5　倍增和氧化层的可靠性

前面我们指出,由于非理想按比例缩小,MOSFET 的内部电场随沟道长度的减小而增加。本节,我们讨论与强场效应有关的异常电流以及它们的影响。在图 6.30 中,除了绘出沟道电流以外,还绘出了所有的寄生电流。请注意,漏端附近电场最强,大多数异常电流起源于该区域。

首先,当沟道载流子(电子)通过强场区时,载流子从电场获得额外能量而不会传递给晶格。这些高能量的载流子称为**热载流子**,其动能高于导带底能量 E_C。如果热载流子能量超过 Si/SiO$_2$ 势垒(3.1 eV),它们就会进入氧化层并到达栅电极,产生栅电流。

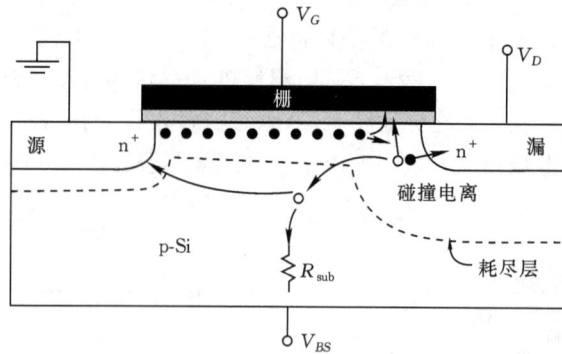

图 6.30　强电场下 MOSFET 的电流成分

在强场区发生的另一个主要现象是碰撞电离。碰撞电离产生额外的电子-空穴对。新增的电子直接到达漏区加入到漏电流中。然而,所产生的空穴有多种流向。其中一小部分流向栅,类似于前面提到的热电子。绝大部分空穴流向衬底。对于短沟道器件,一些空穴将流到源。空穴的流向取决于衬底连接的好坏。良好的衬底连接($R_{sub}=0$)将会吸收所有的热空穴而不会有任何空穴流向源和栅。正如下面要说明的那样,空穴流向栅或源将产生不良的效应。

图 6.31 是一个 MOSFET 端电流的例子,包括栅电流和衬底电流。请注意,栅电流是由于热电子和热空穴越过势垒形成的,它不同于载流子通过势垒的隧道电流。热载流子栅电流峰值大约出现在 $V_G \approx V_D$,通常它非常小,本身不会带来问题,因为与沟道电流相比它可以忽略。其影响在于它产生的危害。众所周知,这些则载流子会产生氧化物电荷和界面陷阱[52]。结果是导致器件特性随工作时间变化。特别是,阈值电压移动(通常值增加)以及由于界面陷阱和迁移率下降所引起的跨导退化。因为界面态密度增加,亚阈值摆幅变大。为了减小氧化物充电,氧化层中与水有关的陷阱密度应减至最小[53],因为已经知道这些陷阱能俘获移动的空穴。为了在合理的时间内保持器件性能,重要的是确定器件的工作寿命,即在工作寿命期间,在给定的偏压下,器件参数的变动不超出限定的范围。这是 MOSFET 技术规格的一部分。

图 6.31 也给出了衬底电流的一般特征。衬底电流是栅压的函数,呈现独特的钟状型[54]。它首先随 V_G 增加,达到最大值后减小。最大值的位置通常出现在 $V_G \approx V_D/2$ 附近。I_{BS} 的最大值解释如下。假设碰撞电离在强场区域均匀发生,衬底电流可以表示为

$$I_{BS} \approx I_D \alpha(\mathscr{E}) y_D \tag{105}$$

式中 α 是电离率,表示单位距离产生的电子-空穴对的数目,是电场的强函数;y_D 表示强场区或夹断区。当 V_D 给定时,随着 V_G 的增大,I_D 和 $V_{Dsat}[\approx V_G - V_T]$ 都增大。当 V_{Dsat} 增大时,横向电场$[\approx (V_D - V_{Dsat})/y_D]$减小,引起 α 减小。这样,我们有两个相互冲突的因素。I_{BS} 最初的增加是由于漏电流随 V_G 的增大而引起的,对于大的 V_G,I_{BS} 的减小是由于 α 的减小造成的。当两种因素互相平衡时,I_{BS} 达到最大值。衬底电流的经验公式为

$$I_{BS} = C_2 I_D (V_D - V_{Dsat}) \exp\left(\frac{-C_3}{V_D - V_{Dsat}}\right) \tag{106}$$

式中 C_2 和 C_3 是常数。

对于短沟道器件,即源漏间距很小时,雪崩空穴向源端流动的趋势增加[55]。该空穴电流构成寄生 n-p-n 双极晶体管(源-衬底-漏相当于发射区-基区-集电区)的基极电流。到达源的

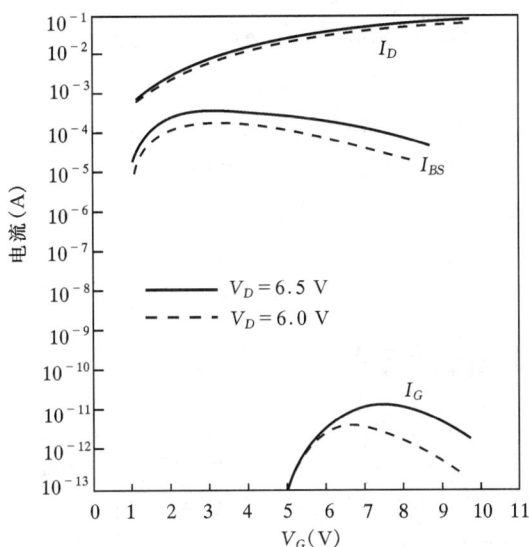

图 6.31　MOSFET 的漏电流、衬底电流和栅电流随栅电压的变化。
$L/M=0.8/30\ \mu\mathrm{m}$(参考文献 51)

每一个空穴会引起大量电子注入衬底。这些电子被漏收集,形成附加的漏电流。双极电流的增益 I_n/I_p 概略地由 N_D/N_A 比率决定。这个问题的另一种思路是,衬底电流产生衬底电压 $I_{BS}\times R_{\mathrm{sub}}$,该电压使源衬 p-n 结正向偏置,导致电子注入衬底。一个附加效应是,对于表面沟道,衬底电势越高,阈值电压越低,从而使表面沟道电流增加。这两个效应都使总的漏电流增加。随着 R_{sub} 的增加和 L 的变短,这些效应更为严重。在极端情形下,即 MOSFET 没有衬底接触($R_{\mathrm{sub}}=\infty$),例如,SOI 或 TFT(6.5.4 节),输出特性曲线表现出 I_D 随 V_D 突然上升。我们把这种现象称为输出特性的 Kink 效应。

更为严重的状况是,衬底电流能够通过寄生 n-p-n 双极晶体管作用引起源-漏击穿。因为源-漏间距比漏到衬底的接触距离短得多,类似于双极晶体管击穿的分析,可认为基极是开路的,因此,用基极开路的寄生双极晶体管击穿(第 5 章式(47))表示的 MOSFET 源-漏击穿电压为

$$V_{BDS}=V_{BDx}(1-\alpha_{npn})^{1/n} \tag{107}$$

式中,V_{BDx} 是漏-衬 p-n 结的击穿电压,n 是描述该二极管击穿特性的因子。α_{npn} 是共基极电流增益,它等于基区传输因子 α_T 和发射效率 γ 的乘积,假设 $\gamma\approx 1$,有

$$\alpha_{npn}=\alpha_T\gamma\approx\alpha_T\approx 1-\frac{L^2}{2L_n^2} \tag{108}$$

式中,L(沟道长度)为有效基区宽度,L_n 是衬底电子的扩散长度,从上面的方程出发,短沟道 MOSFET 源-漏击穿电压为

$$V_{BDS}\approx\frac{V_{BDx}}{2^{1/n}}\left(\frac{L}{L_n}\right)^{2/n} \tag{109}$$

若选取 $n=5.4$[55],式(109)与实验数据拟合地很好。不同曲率的结的击穿电压的差异可以用 V_{BDx} 对 r_j 的依赖(已在第 2 章中讨论过)来解释。为了减小寄生晶体管效应,衬底电阻 R_{sub} 应减到最小以使 $I_{BS}\times R_{\mathrm{sub}}$ 的乘积保持小于 0.6 V。这样,短沟道 MOSFET 的击穿电压就不再受

限于寄生双极晶体管效应,可以期望器件在更高的电压下更可靠地工作。

　　栅与漏交叠区形成一个栅控二极管。对于氧化层很薄的突变结,在某些偏置状态下,会发生雪崩,形成漏结流入衬底的泄漏电流。这个栅控二极管雪崩电流称为栅感应漏极漏电(GIDL),其机理在 2.4.3 节已经详细讨论过。对于 n 沟器件,漏压固定时,随着栅压的减小,正常的沟道电流减小,最后进入亚阈值区。在某些栅偏压下,漏极电流会变成 GIDL 电流,且在栅压变得更负时它再次上升。在短沟道器件中,更常见的是在 $V_G = 0$ 时,GIDL 电流已经存在,它是关断状态泄漏电流的主要成分。

6.5　MOSFET 的结构

　　直到目前,Si MOSFET 一直是电子工业的主导器件。对性能和集成度的追求,使 MOS-FET 沟道长度和其它尺寸不断地被缩小(参考图 6.1)。尽管人们不断争论按比例缩小所能达到的最终尺寸[57],但是,可以肯定的是器件按比例缩小已变得愈加困难,尺寸缩小所得到的回报减小。有许多可能的因素限制了按比例缩小所预期的最终尺寸的实现。这些因素包括:对杂质原子统计随机起伏和表面电荷的敏感性,各种形式的短沟道效应,反型层的量子力学效应(对栅电容的限制),源/漏串连电阻,等等。最近的数据表明,即使采用平面工艺,沟道长度低于 20 nm 是可行的[58,59]。然而,在实际中,即使采用三维结构,器件的最小尺寸很可能在10 nm 左右。

　　已经提出了很多器件结构以控制短沟道效应和提高器件的性能。现在,我们将从以下几个方面讨论 MOSFET 的结构:沟道掺杂,栅叠层,源/漏设计。接着给出几个有代表性的器件结构,它们具有最佳的性能和特殊的用途。

6.5.1　沟道掺杂分布

　　图 6.32 给出了基于平面工艺的高性能 MOSFET 一个典型结构示意图。沟道掺杂的峰值位置略低于半导体表面。这种逆向杂质分布通常是采用多次离子注入(不同剂量和能量)方法来实现。表面掺杂低的优点在于高的迁移率(因为表面低掺杂低降低了电场)和低的阈值电压。表面以下高的掺杂可以控制穿通和其它的短沟道效应。在结下面的掺杂通常较低,以减小结电容以及衬偏效应对阈值电压的影响。

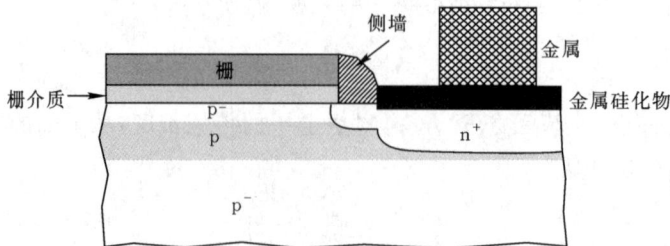

图 6.32　具有逆向杂质分布、两个阶梯源/漏结和自对准硅化物源/漏接
触的高性能 MOSFET 的平面结构

6.5.2 栅叠层

栅叠层包括栅介质和栅接触材料。自从 MOSFET 诞生起,栅介质一直只采用 SiO₂。事实上,理想的 Si-SiO₂ 界面是 MOSFET 成功的主要原因。当氧化层厚度缩小到 2 nm 以下时,隧穿的基本问题和由于缺陷所造成的工艺困难要求作出选择。一种明智的和流行的解决方法是积极地寻找具有高介电常数的材料(称为高 K 介质)。在同样的电容时,这种高 K 介质可以具有较厚的几何厚度,因而可以减小介质中的电场以及与缺陷有关的技术问题。对于所考虑的介电常数,通常采用等效氧化层厚度[EOT=厚度×K(SiO₂)/K]来描述。正在研究的可选材料有:Al_2O_3,HfO_2,ZrO_2,Y_2O_3,La_2O_3,Ta_2O_5 和 TiO_2。这些材料的介电常数位于 9~30 之间(TiO_2 介电常数大于 80)。可以看出[$K(SiO_2)=3.9$],如果一些材料被证明是成功的话,EOT 能容易做到低于 1 nm。然而,读者应想起 4.3.6 节讨论的量子力学效应,它对栅电容施加了限制。

长时间来,栅金属材料一直是多晶硅。多晶硅栅的优点是与硅工艺兼容和耐高温退火,耐高温是自对准源/漏注入后所要求的。另一个重要的因素是可以通过把其掺杂为 n 型和 p 型来改变其功函数。这种灵活性对对称 CMOS 技术是至关紧要的。对多晶硅栅的一个限制是其相对高的电阻率。这一点对直流特性没有损害,因为栅电极位于栅绝缘层上。造成的损害表现在高频参数上,如噪声和 f_{max}(见 6.6.1 节)。多晶硅栅的另一个缺点是靠近氧化层一侧多晶硅出现耗尽。这使有效栅电容减小,且随着氧化层变薄变得更加严重。为了避开电阻和耗尽的问题,栅材料采用硅化物和金属是一个显而易见的选择。待选的材料有 TiN,TaN,W,Mo 和 NiSi。

6.5.3 源/漏设计

源/漏结构的细节如图 6.32 所示。典型特征是结分成两个区域。结靠近沟道的区域较浅以使短沟道效应最小。为了抗热电子效应,有时该区域的掺杂较轻以降低横向电场。因而它被称为轻掺杂漏(LDD)。结远离沟道的部分较深以使串联电阻最小。

已经指出源/漏杂质分布的梯度或锐度对于串联电阻的最小化是最重要的[60]。我们用图 6.33 来解释其原因。实际的杂质分布决不会是完美的突变结,在电流扩展到源/漏体内前存

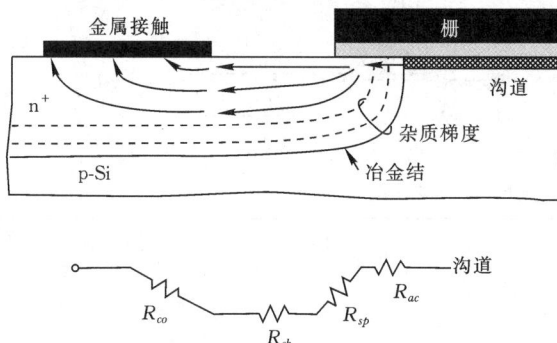

图 6.33 寄生源/漏串联电阻不同分量的详细分析。R_{ac} 为由于杂质梯度引起的积累层电阻。R_{sp} 为扩展电阻,R_{sh} 为薄层电阻,R_{co} 为接触电阻(参考文献 60)

在一个积累层(n 型)。积累层的电阻 R_{ac} 与掺杂到达临界水平的过渡距离有关。

开始于上世纪 90 年代早期开发的金属硅化物接触技术是源/漏设计的一个里程碑。与金属接触不同,硅化物可以采用自对准技术制造栅,如图 6.32 所示,这样可使接触和沟道之间的薄层电阻分量(R_{sh})最小。因为金属和金属硅化物之间的接触电阻非常小,所以这种方式使硅化物变成了金属接触。这种自对准金属硅化物工艺演变成为自对准硅化物工艺。其工艺描述如下。在栅形成以后,在栅的两边形成绝缘侧墙,然后均匀地淀积一层金属以形成硅化物,栅和源/漏此时是短路的。之后在低温($\approx 450℃$)下热反应后,在源/漏区上金属与硅反应形成金属硅化物。栅上的硅化物是否用作栅叠层取决于栅是否用绝缘层封盖。在侧墙和场区(晶体管之间区域,没有显示出)上的金属没有与硅反应,仍然保持金属状态。这些金属可用选择化学腐蚀法(只腐蚀金属而不腐蚀硅化物)去除掉,源/漏和栅之间此时断开。请注意,图6.32 中硅化物/硅之间的界面稍许凹进去,这时因为在形成硅化物时要消耗一些硅。用于自对准硅化物技术的金属硅化物有 $CoSi_2$,$NiSi_2$,$TiSi_2$ 和 $PtSi$。

肖特基源/漏　应用肖特基势垒接触代替 p-n 结作为 MOSFET 的源和漏在器件性能和制造工艺两方面都有一些好处。图 6.34 给出了具有肖特基源/漏的 MOSFET 结构示意图[61]。肖特基接触能有效地将结深做到零以使短沟道效应减至最小。这种结构也不存在 n-p-n 双极晶体管作用,避免了诸如双极击穿和 CMOS 电路中的闩锁现象[62]之类的不良效应。取消高温注入退火步骤有助于取得较好的氧化层质量并较好地控制几何形状。另外,这种结构能在像 CdS 这种不易形成 p-n 结的半导体上制造。

图 6.34(b)给出了肖特基源/漏的工作原理。在 $V_G = V_D = 0$ 的热平衡状态下,金属对 p 型衬底的势垒高度(空穴)为 $q\phi_{Bp}$(例如,对于 ErSi-Si 接触,$q\phi_{Bp} = 0.84$ eV)[63]。当栅电压大于

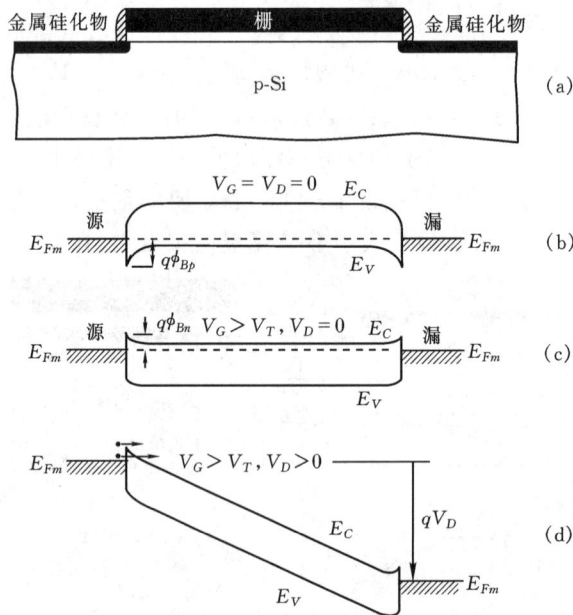

图 6.34　具有肖特基势垒源和漏的 MOSFET
(a)器件横截面图;(b)～(d)各种偏压下半导体表面的能带图

阈值,足以使表面从 p 型反型为 n 型时,源和反型层(电子)之间的势垒高度为 $q\phi_{Bn} = 0.28$ eV。请注意,在工作条件下,源接触是反向偏置的(图 6.34(d))。对于 0.28 eV 的势垒,热离子型反向饱和电流密度在室温下为 10^3 A/cm^2 的量级。为了增加电流密度,选择的金属应使多子势垒最大而少子势垒高度最小。通过势垒的隧道效应产生的附加电流有助于改善沟道载流子的供应。目前,在 p 型硅 Si 衬底上制作这种结构的 nMOSFET 比在在 n 型衬底上制作这种结构的 pMOSFET 困难,这是因为在 p 型硅上给出很大势垒高度的金属和金属硅化物不太常见。

肖特基势垒源/漏的缺点是高的串联电阻(因为其有限的势垒高度)和较高的漏端泄漏电流。典型的 *I-V* 曲线显示在低的漏偏压下电流偏小(图 6.35)。也请注意,如图 6.34 所示,金属或硅化物必须延伸到栅下以使沟道连续。与结型源/漏相比,这一工艺更为苛求,结型源/漏采用自对准注入和扩散实现。

提升源/漏　一个现代的设计是提升源/漏,如图 6.36(a)所示,在源/漏区上面外延一个重掺杂层。这样做的目的是使结深最小以控制短沟道效应。注意,为了使沟道连续,在侧墙下的延伸仍然是需要的。另一个选择是凹槽沟道

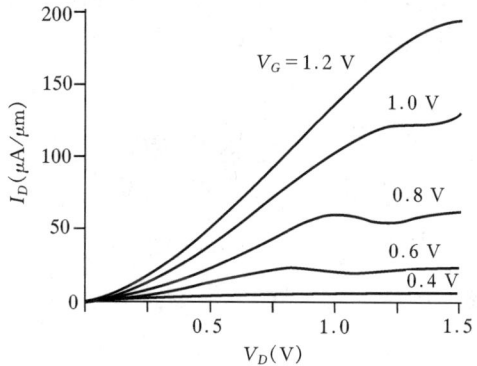

图 6.35　肖特基源/漏 nMOSFET 的 *I-V* 特性(参考文献 63)

MOSFET,它的结深 r_j 为零或者是负的(图 6.36(b))[64]。凹槽沟道 MOSFET 的缺点在于难以控制拐角处的轮廓和氧化层厚度(它决定了阈值电压),在亚微米器件中尤其如此。另外,由于会发生较多的热载流子注入,氧化层充电可能更加糟糕。

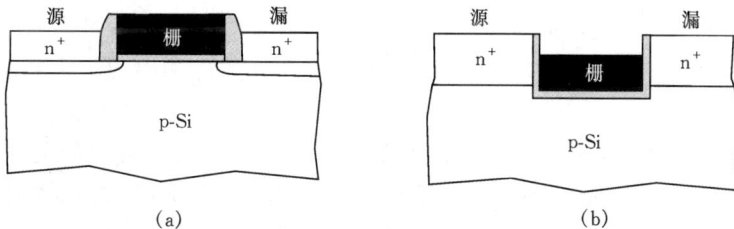

图 6.36　降低源/漏结深和串联电阻的方法
(a)提升源/漏;(b)凹槽沟道

6.5.4　SOI 和薄膜晶体管

SOI　与薄膜晶体管不同,SOI(绝缘层上的硅)晶圆顶上的硅层是适合于制造高性能高密度集成电路的高质量单晶硅[65]。已经开发了许多 SOI 结构,这些结构具有不同的绝缘层和支撑衬底,包括硅-氧化层、硅-蓝宝石(SOS)、硅-氧化锆(SOZ)和硅-空气隙。SOS 和 SOZ 技术是在晶态绝缘衬底上外延生长单晶硅膜。在这些情形下,绝缘层就是衬底本身,SOS 中绝缘衬底为 Al_2O_3,SOZ 中为 ZrO_2。这些技术的困难是膜变薄时材料的质量。优先的、也是到目

前为止最流行的选择是用氧化物作为绝缘层,另一个硅片作为衬底。有许多方法制造这种结构。其中之一是 SIMOX(注氧隔离),在这种技术中,高剂量的氧直接注入到硅片中,随后进行高温退火以形成埋 SiO_2 层。另一个技术是把一个硅片键合到另一个生长有氧化层的硅片上,然后对上层硅片进行减薄或去除其大部分,直至得到所需要的硅薄层厚度。还有一种技术是先在氧化层上开洞,使下面的小部分单晶硅暴露出来作为籽晶,应用侧向外延在氧化层上生长单晶硅。也可以用激光再结晶技术把生长在氧化层上非晶硅转变为单晶硅,或具有大颗粒的多晶硅。

图 6.37(a)是用 SOI 制作的 n 沟 MOSFET 的示意图,典型的 I-V 特性如图 6.37(b)所示。与浮体(没有衬底接地)有关的 Kinks 效应可以忽略。

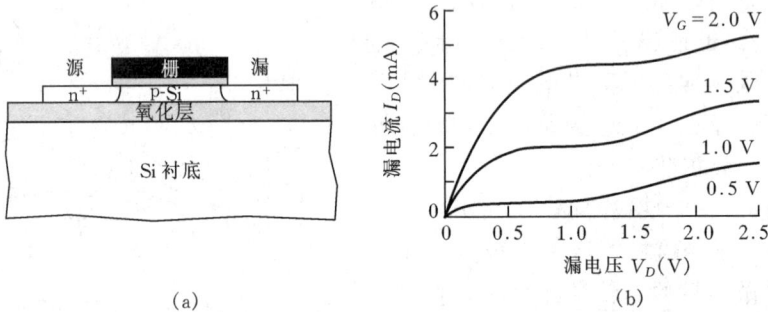

图 6.37　(a)SOI MOSFET 的典型结构;(b)其漏特性(参考文献 66)

SOI 衬底的优点包括改善了 MOSFET 按比例缩小(由于薄的体区)。薄的体区能够减缓与穿通有关的大多数问题,这样沟道可以轻掺杂。已经知道亚阈值摆幅得到改善。埋氧层作为一个良好的绝缘层能减小对衬底的电容,因此可以得到更高的速度。如图 6.37(a)所示,简单地移去器件周围的薄膜,就可以很容易地实现器件之间的隔离。这显著地提高了电路的集成度。与平面工艺中结隔离不同,这种类型的隔离消除了 CMOS 电路中的闩锁现象。SOI 的不利之处在于高的芯片成本,潜在的不良材料特性,Kink 效应和由于氧化层造成的差的热导特性。

薄膜晶体管(TFT)　与其它类型的晶体管不同,薄膜晶体管通常指的是 MOSFET。其结构类似于制造在 SOI 上的 MOSFET,只是有源区薄膜是淀积薄膜且衬底可以是任意的[67]。由于半导体层用淀积法形成,非晶材料比起对应的单晶半导体来有较多的缺陷和结晶不完整性,导致在 TFT 中出现更复杂的输运过程。为了改善器件的性能、重复性和可靠性,体陷阱和界面陷阱密度必须降低到一个合理的水平。在 TFT 中,由于低的迁移率,电流总是非常有限;由于缺陷,泄漏电流总是较大。TFT 主要应用在要求大的面积或灵活的衬底以及传统半导体工艺不适合的领域。一个好的例子是大面积显示,它需要一个晶体管阵列以控制发光元件的阵列。在这样的应用中,像电流或速度这样的器件参数并不重要。

6.5.5　三维结构

器件按比例缩小时,最佳的设计是 MOSFET 的体区超薄以致于在整个偏压范围内体区完全耗尽。达到此目标的一个比较有效的设计是至少在两侧把体区围住的围栅结构。图 6.38 给出了这种三维结构的两个例子。可以根据电流的流动方向对它们分类:水平晶体管[68,69]

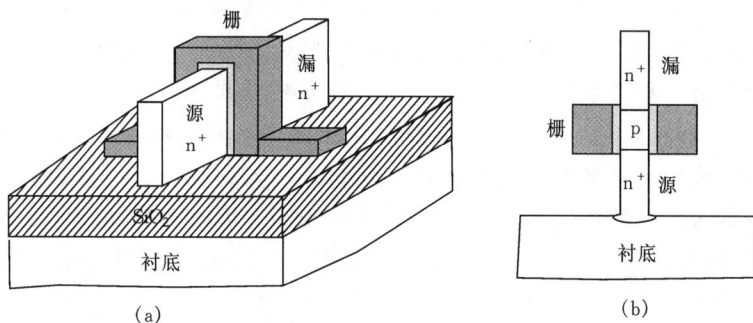

图 6.38 三维 MOSFET 示意图

(a)水平结构;(b)垂直结构。注意其共同点是围栅和薄的体区

和垂直晶体管[70]。尽管从制造的角度出发,两者都非常具有挑战性,但是,水平晶体管与 SOI 技术更加兼容,在文献中有更多的数据报道。对于这两种结构,一些新的困难来源于这样一个事实,即大部分或所有的沟道表面位于垂直墙上。这个事实给在这些面上腐蚀、生长或淀积栅介质,以获得平整的沟道表面带来很大的挑战。用离子注入形成源/漏结不再那么容易。自对准硅化物形成也是非常困难的。将来器件结构会选择它们中的哪一个还有待观察。

6.5.6 功率 MOSFET

功率 MOSFET 通常采用厚的氧化层、更深的结和更大的沟道长度。这些会对像跨导(g_m)和速度(f_T)这样的器件性能带来损害。然而,MOSFET 的功率应用一直呈现上升趋势,例如,便携式电话和蜂窝机站(需要高电压)的需求的增加。我们将给出两种功率器件结构,它们被设计用于 RF 功率应用。

DMOS 如其名称所隐含的那样,图 6.39(a)所示出的 DMOS(双扩散 MOS)晶体管的沟道长度由 p 型掺杂剂(例如硼)与源区 n^+ 掺杂剂(例如磷)扩散速率差决定。此技术不依靠光刻掩模就可以产生很短的沟道。p 型扩散用于沟道掺杂,能很好地控制穿通。跟随沟道的是轻掺杂 n^- 漂移区。漂移区比沟道长,它通过保持均匀电场使该区的电场峰值最小[71]。通常漏位于衬底接触。漏区附近的电场与漂移区电场相同,所以比起常规的各种 MOSFET,雪崩击穿、倍增和氧化物充电均减弱了。

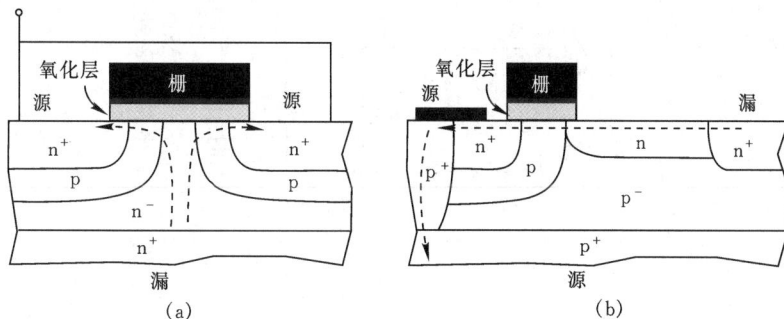

图 6.39 (a)垂直 DMOS 晶体管;(b)LDMOS 晶体管,虚线表示电流通路,
在 LDMOS 晶体管中,源端通常与衬底相连以减小键合引线的电感

　　然而,DMOS 的阈值电压 V_T 较难控制,这是因为沿其长度方向沟道掺杂不再是常数[72]。因为 V_T 由沿半导体表面的掺杂浓度决定,掺杂浓度的变化导致 V_T 是位置和偏压的函数。控制局部穿通受限于薄 p 型屏蔽区,因而掺杂要比传统结构的高,使得 DMOS 的关断特性变差。

　　LDMOS　　LDMOS(横向扩散 MOS)与 DMOS 的主要区别是其电流是横向流动的。其漂移区是一个注入形成的水平区域。这样的结构使得在高的漏压时 p^+ 衬底耗尽整个漂移区。但是在漏偏压较低时,其较高的掺杂给出较低的串联电阻。因此,漂移区的作用像一个非线性电阻。在漏压较低时,其电阻由 $1/nq\mu$ 决定。在漏偏压较高时,该区域完全耗尽,因而可以承担大的电压降。这个概念称为 RESURF(降低表面电场)技术[73]。由于这个特征,漂移区的掺杂比 DMOS 晶体管的高,导通电阻比较小。LDMOS 的另外一个优点是,源可以通过一个深的 p 型扩散区在内部与衬底连接。这避免了使用键合引线(键合引线会给源极引入高电感)。因此 LDMOS 晶体管的工作速度较高。

6.6　电路应用

6.6.1　等效电路和微波性能

　　MOSFET 是一个输入电阻无限大的理想跨导放大器和输出电流发生器。而实际上还存在其它的非理想电路元件。共源接法的等效电路如图 6.40 所示。栅电阻 R_G 与氧化层上栅接触材料有关。微分跨导 g_m 以前已讨论过。输入电阻 R_{in} 是通过薄栅绝缘层的隧道漏电造成的,它也包括了与缺陷有关的所有电导,当然是氧化层厚度的函数。对于热生长二氧化硅层,栅和沟道之间的泄漏电流很小,因而输入电阻非常高(这是 MOSFET 的主要优点之一)。当氧化层厚度低于约 5 nm 时,隧道电流起主要作用。栅电容 $C'_G (= C'_{GS} + C'_{GD})$ 主要起因于 C_{ox}(乘以有源区的面积 $Z \times L$)。在实际器件中,栅可稍许延伸到源区和漏区上部,这些覆盖电容要添加到 C'_G 中,这种边缘效应对反馈电容 C'_{GD} 也有重要的贡献。漏输出电阻 R_{DS} 来源于漏电流并不真正地随漏压饱和。此效应在短沟道器件中尤为显著,它是前面讨论的短沟道效应的一部分。输出电容 C'_{DS} 主要由通过半导体衬底串联的两个 p-n 结电容组成。

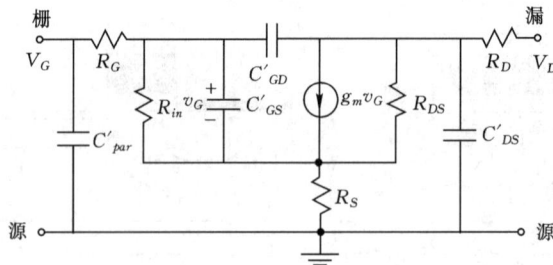

图 6.40　MOSFET 共源极小信号的等效电路。v_G 表示 V_G 的小信号值。带有右上角标记的电容符号表示总的电容(单位法拉 F),以与单位面积的电容相区别

在饱和区，V_D 和 R_D 对饱和电流几乎没有影响。R_S 影响有效栅偏压，非本征跨导由下式给出

$$g_{mx} = \frac{g_m}{1 + R_S g_m} \tag{110}$$

在分析微波性能时，我们遵循与 5.3.1 节同样的方法。为了得到截止频率 f_T，定义 f_T 为单位电流增益（漏电流与栅电流之比）为 1 时所对应的频率：

$$f_T = \frac{g_m}{2\pi(C'_G + C'_{par})} = \frac{g_m}{2\pi(ZLC_{ox} + C'_{par})} \tag{111}$$

式中 C'_{par} 代表总的输入寄生电容（包含有 R_S 和 R_D 的更完整的 f_T 的表示式见脚注①）。有意义的是，如果 C'_{par} 仅由栅-漏和栅-源覆盖电容决定，那么它与氧化层厚度的依赖关系与跨导的相同，这样 f_T 就与 C_{ox} 或氧化层厚度无关。在没有寄生参数的理想情形下，可以证明

$$f_T = \frac{g_m}{2\pi ZLC_{ox}} = \frac{v}{2\pi L} = \frac{1}{2\pi\tau_t} \tag{112}$$

式中 τ_t 是载流子通过沟道的渡越时间。这样一个理想的情形在实际中是不可能存在的，但是，我们可以令 $v = v_s$ 应用这个方程估算 f_T 的上限。在同样的限制下，f_T 与氧化层厚度或 g_m 无关。然而在考虑到寄生参数的实际器件中，g_m 是很重要的。

微波性能的另一个品质因子是最高振荡频率 f_{max}，在该频率下，单向增益为 1，它由下式给出

$$f_{max} = \sqrt{\frac{f_T}{8\pi R_G C'_{GD}}} \tag{113}$$

因此，对于高频性能，最重要的器件参数是 g_m、R_G 和所有的其它寄生电容。

6.6.2　基本电路模块

本节，我们给出逻辑和存储器电路的基本数字电路模块。逻辑电路中最基本的单元是反相器。不同架构的 MOSFET 反相器如图 6.41 所示。到目前为止，最常用的是由 n 沟和 p 沟晶体管组成的 CMOS（互补 MOS）反相器。因为当输入无论是高还是低时，串联晶体管中的一个是关闭的，这样，通过器件的稳态电流（亚阈值电流）非常小，所以 CMOS 反相器直流功耗很小。事实上这是 MOSFET 的主要优点之一。MOSFET 的栅可以接任何极性的输入电压。输入端不用连接一个大电阻，用双极晶体管或者 MESFET 实现这样的架构是非常困难的。在 NMOS 逻辑中，用一个耗尽模式的 n 沟晶体管代替了 p 沟晶体管作为负载。因为不需要 p 沟晶体管，所以其优点是工艺比较简单，但这是以高的直流功耗为代价的。栅源短接的耗尽模式器件基本上是一个非线性电阻，与图 6.41(c) 所示的一个简单的电阻负载相比，这是一个改进。

有两个基本的 MOSFET 存储器单元，一是 SRAM（静态随机存储器），另一个是 DRAM（动态随机存储器），电路如图 6.42 所示。SRAM 单元有两个背对背连接的 CMOS 反相器。

---

①　在源和漏电阻很大的情况下，更完整的表示式为

$$f_T = \frac{g_m}{2\pi\left[C'_G\left(1 + \dfrac{R_D + R_S}{R_{Ds}}\right) + C'_{GD} g_m(R_D + R_S) + C'_{par}\right]}$$

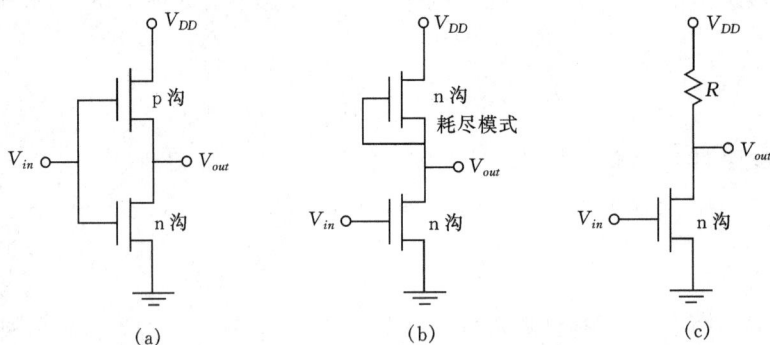

图 6.41　各种反相器

(a)CMOS 逻辑;(b)以耗尽模式晶体管为负载的 NMOS 逻辑;(c)以电阻为
负载的 NMOS 逻辑

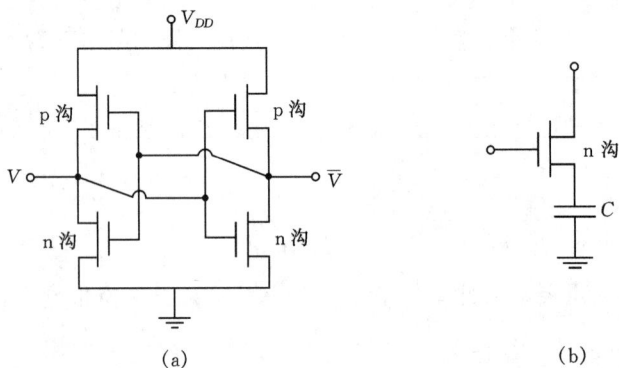

图 6.42　(a)SRAM 和(b)DRAM 中的基本存储器单元

它是一个锁存器和稳态单元,但它需要 4 个晶体管(包含字线和位线控制时需要 6 个晶体管)。DRAM 单元仅需要一个晶体管,因而有很高的存储密度。DRAM 的信息以电荷的形式存储在电容上。因为非线性电容有漏电,它需要周期性刷新,典型的刷新频率大约为 100 Hz。

6.7　非挥发存储器

半导体存储器的分类如图 6.43。最初分类的依据是电源断开后存储器保持状态的能力。正如其名称所含的那样,挥发存储器不能保留其状态,而非挥发存储器并不需要电源来维持其数据[74-76]。

在讨论每一种非挥发半导体存储器之前,首先应该清楚 **RAM** 和 **ROM** 的差异。RAM(随机存取存储器)的每一单元都有 x-y 地址,这是它与其它系列存储器(比如磁性存储器)的区别。严格的讲,ROM(只读存储器)也有随机存取能力,因为其地址架构是类似的。事实上,RAM 和 ROM 的读操作几乎相同。更恰如其分地说,有时把 RAM 称为读-写存储器。然而,人们一直开发 ROM 的重写能力。因此,现在 RAM 和 ROM 之间的主要差别在于擦除和可编

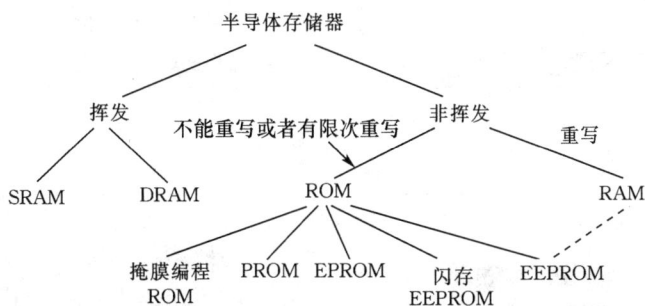

图 6.43　半导体存储器的分类

程的频度和容易程度。RAM 重写和读的机会总是相等的。通常读 ROM 的频率远大于重写。它自身具有重写的领域，其范围从没有任何写能力的纯 ROM 到具有所有功能的 EEPROM。因为 ROM 比 RAM 的体积小、成本低，所以，ROM 主要用在不需要经常写的场合。有了这些背景，下面说明各种类型的非挥发半导体存储器。

掩膜编程 ROM　存储器的内容由制造商灌入，在制造好后，内容不能再编程。掩膜编程 ROM 有时被简单的称为 ROM。

PROM（可编程 ROM）　可编程 ROM 有时被称为现场可编程 ROM 或可熔连接 ROM。阵列的连通性由用户通过烧断或反烧断技术来编程。在编程以后，PROM 可以像 ROM 一样工作。

EPROM（可擦除可编程 ROM）　在电可编程 ROM 中，编程是由将热电子注入或隧穿到浮栅上实现的。它需要对源和控制栅进行偏置。用紫外光或 X 射线曝光可以实现整体擦除。它不能有选择地擦除。

Flash EEPROM（闪存电可擦除可编程 ROM）　与下面介绍的 EEPROM 不同，Flash EE-PROM 能用电擦除，但只能大块单元同时擦除。它没有字选择线，一个单元只有一个晶体管。因此，它是 EPROM 和 EEPROM 的折衷。

EEPROM（电可擦除可编程 ROM）　在电可擦除可编程 ROM 中，不仅可以电擦除，而且有字选择线。为了实现选择性擦除，每一个单元还需要一个选择晶体管，这样一个单元有两支晶体管。这是它没有 Flash EEPROM 流行的原因。

非挥发 RAM　该存储器可以看成具有很短编程时间和高保存时间的非挥发 SRAM 或 EEPROM。如果技术上能实现前面提到的特性，它也许是理想的存储器。

对常规 MOSFET 的栅电极加以改动，使得栅叠层内存储半永久电荷时，新的结构就成为非挥发存储器。自从 1967 年 Kahng 和施敏首先提出非挥发存储器以来[77]，已经制成了各种器件结构。非挥发存储器已经广泛用于商业产品中。非挥发存储器有两类，一为浮栅器件，另一为电荷陷阱器件(图 6.44)。在两类器件中，电荷均从硅衬底通过第一绝缘体注入并存储于浮栅内或存储于氮化物－氧化物界面。存储的电荷引起阈值电压移动，器件处于**高阈值电压状态**（被编程）。对于精心设计的存储器，电荷保持时间可以超过 100 年。为了使器件返回到**低阈值电压状态**（被擦除），可以施加栅电压或采取其它措施（例如紫外光）来擦除存储电荷。

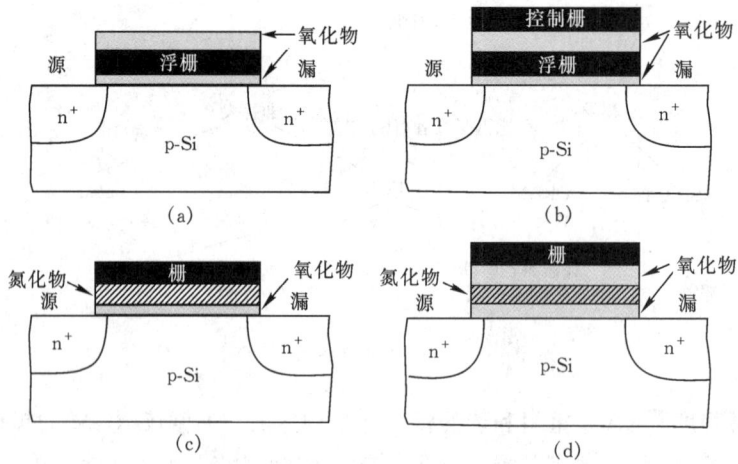

图 6.44　非挥发存储器的变种

浮栅器件：(a)FAMOS 晶体管；(b)叠层栅晶体管。

电荷俘获器件：(c)MNOS 晶体管；(d)SONOS 晶体管

6.7.1　浮栅器件

在浮珊器件中，电荷被注入到浮栅中以改变阈值电压。有两种编程的方式，一是热电子注入，另一个是 Fowler-Nordheim 隧穿。图 6.45(a)给出了热电子注入机理。在漏端附近，横向电场达到最大值。载流子(电子)从电场获得能量，变成热电子。当热电子的能量大于 Si/SiO_2 界面的势垒时，它们就能越过势垒注入到浮栅上。同时，强电场也会引起碰撞电离。碰撞电离产生的二次电子也能注入到浮栅上。在常规的 MOSFET 中，热电子注入电流会引起等值的栅电流，如图 6.31 所示。栅电流的峰值位于 $V_{FG} \approx V_D$，这里 V_{FG} 表示浮栅的电位。

图 6.45(b)显示了用漏-衬底雪崩热载流子注入的最初方法。在该方案中，浮栅的电位更

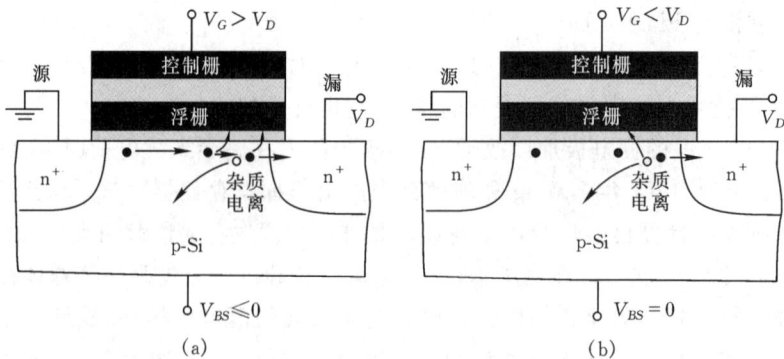

图 6.45　热载流子对浮栅充电

(a)热电子来源于沟道和碰撞电离；(b)热空穴来源于漏端雪崩。请注意，两个图中栅偏置不同

负,以使热空穴注入①。这种注入方案效率较低,实际中不再采用。

　　除了热载流子注入外,电子也可以通过隧穿注入。在这种编程方式中,底部氧化层的电场更关键。当正电压 V_G 加到控制栅时,在两种绝缘体的每一种内均建立起电场(图 6.44(b))。根据高斯定理,有

$$\varepsilon_1 \mathscr{E}_1 = \varepsilon_2 \mathscr{E}_2 + Q \tag{114}$$

以及

$$V_G = V_1 + V_2 = d_1 \mathscr{E}_1 + d_2 \mathscr{E}_2 \tag{115}$$

式中,下脚标 1 和 2 分别表示底部和顶部的氧化层。Q(负的)为浮栅上存储的电荷。从式(114)和式(115)可得到

$$\mathscr{E}_1 = \frac{V_G}{d_1 + d_2(\varepsilon_1/\varepsilon_2)} + \frac{Q}{\varepsilon_1 + \varepsilon_2(d_1/d_2)} \tag{116}$$

绝缘体中的电流输运通常与电场关系很大。当输运过程为 Fowler-Nordheim 隧穿时。电流密度为

$$J = C_4 \mathscr{E}_1^2 \exp\left(\frac{-\mathscr{E}_0}{\mathscr{E}_1}\right) \tag{117}$$

式中 C_4 和 $\mathscr{E}_0$ 为用有效质量和势垒高度表示的常数。这种类型的电流输运发生于第 4 章和第 8 章所讨论的 SiO_2 和 Al_2O_3 中。

　　编程的机理无论是热载流子注入还是隧穿,在充电后,因为栅是浮的,所以总的存储电荷 Q 等于注入电流的积分。存储的电荷 Q 引起的阈值电压的移动量为

$$\Delta V_T = -\frac{d_2 Q}{\varepsilon_2} \tag{118}$$

此阈值电压的移动量可以由 $I_D\text{-}V_G$ 曲线直接测量(如图 6.46 所示),也能用漏电导进行测量。阈值电压的变化引起 MOSFET 沟道电导 g_D 的变化。当漏电压小时,n 沟 MOSFET 的沟道电导为

$$g_D = \frac{I_D}{V_D} = \frac{Z}{L}\mu C_{ox}(V_G - V_T), \quad V_G > V_T \tag{119}$$

当浮栅上的电荷改变 Q(负电荷)后,$g_D\text{-}V_G$ 曲线向右移动 ΔV_T。

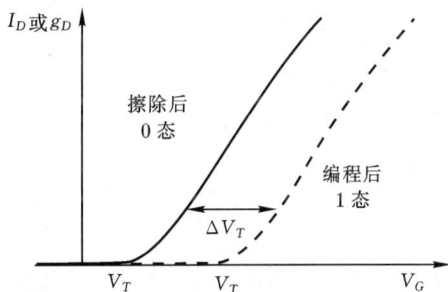

图 6.46　叠栅 n 沟存储器晶体管的漏极电流特性,图中显示出了擦除和编程后阈值电压的变化

　　为了擦除存储的电荷,可在控制栅上加上负电压,或在源/漏加正电压。擦除过程与上面所描述的隧穿过程相反,存储的电荷通过隧穿离开浮栅到达衬底。

　　浮栅存储器的编程和擦除过程可以通过图 6.47 所显示的能带图来理解。在图 6.47(b)中,热电子越过势垒或隧穿通过势垒注入到浮栅上。图 6.47(c)显示了浮栅上积累的负电荷使阈值电压增加(与图 6.47(a)所示的最初状态相比)。电子通过隧穿从浮栅返回衬底完成了

---

　　①　该方案最初的器件是 p 沟道,发生的是热电子注入。热电子的注入效率大于热空穴的。为了便于比较,我们在图中采用 n 沟道。

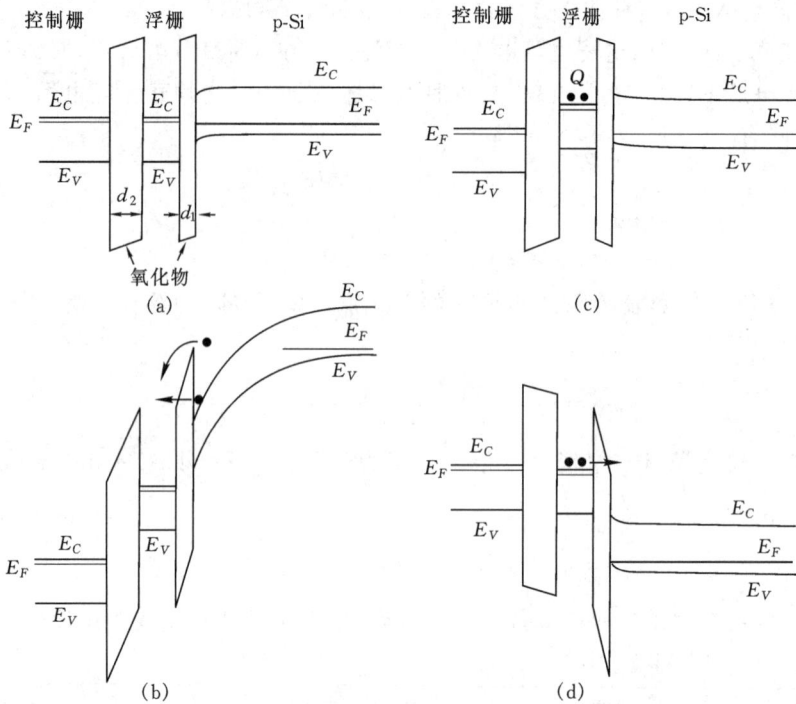

图 6.47　叠栅存储器晶体管在不同工作阶段的能带图

(a)初始阶段;(b)热电子或电子隧穿充电;(c)充电后,浮栅处于高电位,V_T 增加,
存储的电荷为 Q(负);(d)通过电子隧穿擦除

擦除(图 6.47(d))。

　　在编程和擦除过程中,控制栅上电压对浮栅电位的有效调制是很重要的。耦合比是浮栅存储器的一个重要参数,它决定了控制栅所加电压有多大比例耦合到浮栅。耦合比由电容比决定,即

$$R_{CG} = \frac{C'_2}{C'_1 + C'_2} \tag{120}$$

式中 C'_1 和 C'_2 分别表示与下层和上层的绝缘层有关的电容。请注意,在实际中,控制栅的面积不必要和浮栅的面积一样。与图 6.44 和 6.45 所示的不同,顶端的控制栅通常环绕着浮栅,因而,顶端的电容面积大。C'_1 和 C'_2 代表了其总的净电容。浮栅的电势为

$$V_{FG} = R_{CG}V_G \tag{121}$$

在实际器件中,下层隧道氧化层的厚度约 8 nm,而上层绝缘叠层典型的等效厚度约为 14 nm。厚的上层补偿了单位面积电容的差异,典型的耦合比在 0.5~0.6 左右。

　　就器件结构而言,第一个 EPROM 是应用重掺杂多晶硅作为浮栅材料研制出来的(图 6.44(a))。这种器件采用漏-衬底雪崩注入,被称为浮栅雪崩注入 MOS(FAMOS)存储[78]。多晶硅栅嵌在栅氧化层内,被完全隔离开。为了将电荷注入浮栅内(即编程),漏结被偏置在雪崩击穿区,雪崩等离子体中的空穴从漏区注入浮栅中(见第 269 页的脚注)。为了擦除 FA-MOS 存储器,要采用紫外光或 X 射线。由于器件没有外部栅电极,不能采用电擦除。

　　为了进行电擦除,一直流行的是有双层多晶硅栅的叠栅结构(图 6.44(b))[79]。外部控制

栅使电擦除成为可能并改善了编程效率。图 6.48 显示的是基于热电子注入来编程的瞬态现象。

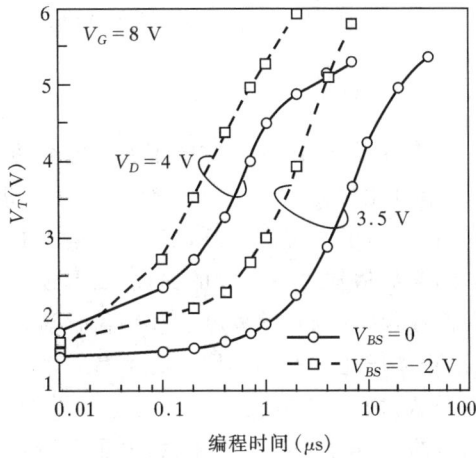

图 6.48　利用热电子注入对浮栅存储器编程(参考文献 80)

在 EEPROM 电路中,在编程时,更通常采用隧穿机理注入。FLOTOX(浮栅隧穿氧化物)晶体管是一个成功的商用器件,它把隧穿过程限制在漏区一个小区域里,如图 6.49。FLOTOX 晶体管典型的擦除和编程瞬态现象如图 6.50 所示。

在编程后,根据定义,非挥发存储器工作要求有很长的保持时间。保持时间定义为电荷减小到其初始值的 50% 所对应的时间,其表达式为

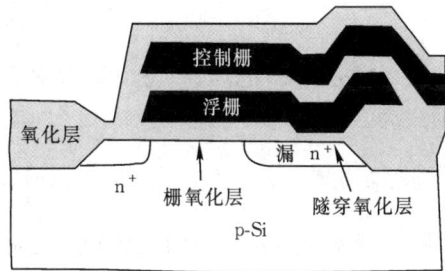

图 6.49　FLOTOX 晶体管的结构,用隧穿来编程和擦除(参考文献 81)

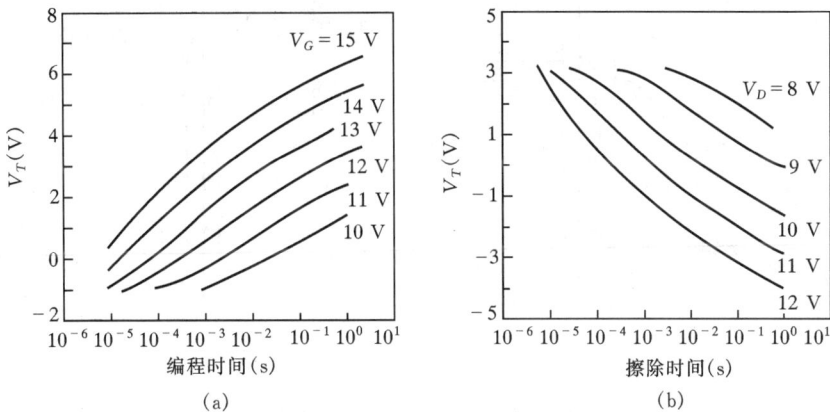

图 6.50　FLOTOX 存储器器件的典型编程和擦除时间(参考文献 76)

$$t_R = \frac{\ln 2}{\nu}\exp\left(\frac{q\phi_B}{kT}\right) \tag{122}$$

式中,ν 为介电弛豫频率,ϕ_B 是浮栅与氧化物之间的势垒高度。保持时间对温度非常敏感。发现在 125℃ 和 170℃ 下当 $\phi_B = 1.7$ V 时,典型的保持时间数值分别为 100 年和 1 年左右。

6.7.2　电荷俘获器件

MNOS 晶体管　作为一个存储器器件,为了在电子通过电介质时俘获电子,MNOS(金属-氮化物-氧化物-硅)晶体管采用氮化硅膜作为绝缘材料[83]。用像氧化铝,氧化钽和氧化钛这样的绝缘体代替氮化硅也是可以的,但不常用。氮化硅膜中电子的俘获发生在氧化物-氮化物的界面。氧化物的作用一是给半导体提供一个好的界面,二是防止注入电荷的反向隧穿以更好地保存电荷。它的厚度必需在保持时间、编程电压和编程时间之间平衡。

图 6.51 给出了编程和擦除动作的基本能带图。在编程过程中,栅上加有大的正向偏压。已经知道电流传导是由于电子从衬底发射到栅上。两种电介质中的电导机理非常不同,必需按顺序讨论。通过氧化层的电流是隧穿电流。请注意,电子以隧穿形式先后通过梯形氧化层势垒和氮化硅中的三角形势垒。这种形式的隧穿被看成是修正的 Fowler-Nordheim 隧穿,它不同于通过一个三角形势垒的 Fowler-Nordheim 隧穿。其表示式如下

$$J_{ox} = C_5 \mathscr{E}_{ox}^2 \exp\left(-\frac{C_6}{\mathscr{E}_{ox}}\right) \tag{123}$$

式中 $\mathscr{E}_{ox}$ 是氧化层中的电场,C_5 和 C_6 为常数。通过氮化硅膜的电流由 Frenkel-Pool 输运决定,其形式为

$$J_n = C_7 \mathscr{E}_n \exp\left[\frac{-q(\phi_B - \sqrt{q\mathscr{E}_n/\pi\varepsilon_n})}{kT}\right] \tag{124}$$

式中 $\mathscr{E}_n$ 和 ε_n 分别是氮化硅中的电场和介电常数,ϕ_B 是陷阱深度,位于导带以下(≈ 1.3 V),C_7

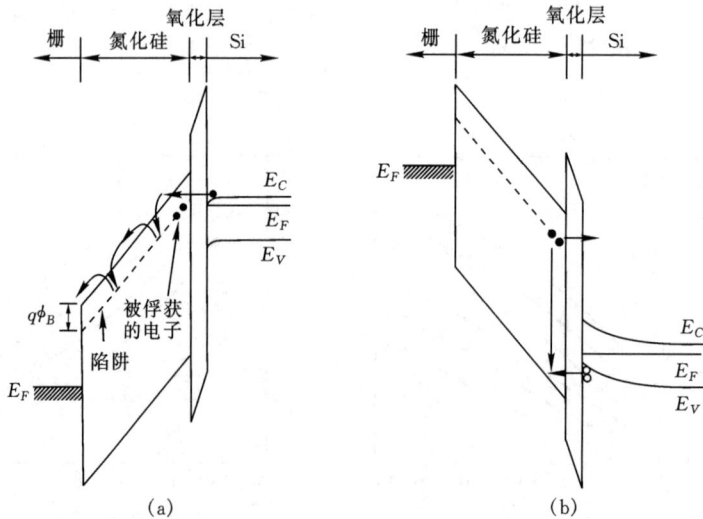

图 6.51　MNOS 存储器的重写
(a)编程:电子隧穿通过氧化层,在氮化硅中被俘获;(b)擦除:空穴隧穿通过氧化层,中和了被俘获的电子,以及俘获电子的隧穿

为常数$[=3\times10^{-9}(\Omega\cdot cm)^{-1}]$。

已经知道,在编程开始时,修正的 Fowler-Nordheim 隧穿可以产生较大电流,电流传导受限于氮化硅膜中 Frenkel-Pool 输运。当负电荷开始建立时,氧化层电场减小,电流开始受限于修正的 Fowler-Nordheim 隧穿。图 6.52 给出了阈值电压与编程脉冲宽度的函数曲线。开始时阈值电压随时间线性变化,随后对数变化,最后趋于饱和。氧化层厚度的选择对编程速度影响很大,氧化层越薄,编程时间越短。因为氧化层太薄将导致已俘获的电荷通过隧穿返回硅衬底,所以需要在编程时间与电荷保持时间之间平衡。

双层介质的总电容等于两个电容的串联,即

$$C_G=\frac{1}{(1/C_n)+(1/C_{ox})}=\frac{C_{ox}C_n}{C_{ox}+C_n} \tag{125}$$

式中氧化层 $C_{ox}=\varepsilon_{ox}/d_{ox}$,氮化硅层电容 $C_n=\varepsilon_n/d_n$。靠近氮化硅-氧化物界面存储电荷密度 Q 的大小取决于氮化硅的俘获效率,且正比于通过氮化硅的 Frenkel-Pool 电流的积分。阈值电压的最终移动量为

$$\Delta V_T=-\frac{Q}{C_n} \tag{126}$$

在擦除动作中,在栅上加大的负偏压(图 6.51(b))。通常认为,放电过程是由于被俘获的电子通过隧穿返回到衬底。新的证据表明,主要过程是由于衬底中的空穴隧穿中和了被俘获的电子。图 6.52 也显示了放电过程与脉冲宽度的函数曲线。

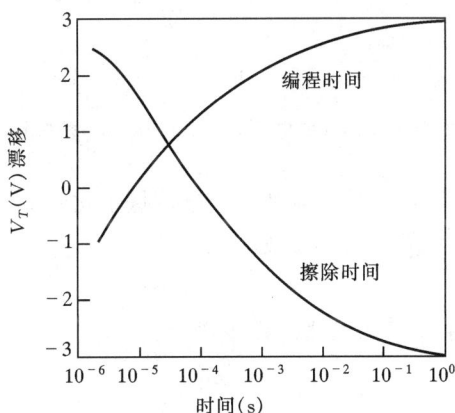

图 6.52　MNOS 晶体管典型的编程和擦除速度(参考文献 83)

MNOS 晶体管的优点包括合理的编程和擦除速度,因此它是非挥发 RAM 器件的候选者。因为其氧化层厚度最小且没有浮栅,所以它也具有较好的抗辐照能力。MNOS 晶体管的缺点是需要大的编程和擦除电压,以及器件与器件之间的阈值电压不均匀。隧穿电流的通过会使半导体表面的界面陷阱密度逐渐地增加,也会引起俘获效率的损失(由于漏电或俘获的电子隧穿返回衬底)。这将导致在经过多次编程和擦除后阈值电压窗口变窄。MNOS 晶体管最主要的可靠性问题是电荷通过氧化层不断地损失。应当指出的是,和浮栅器件不同,编程电流必需通过整个沟道区域,这样被俘获的电荷在整个沟道中均匀分布。在浮栅晶体管中,注入到浮栅中的电荷能自身在栅材料中重新分配,注入能够沿沟道的任何地方局部发生。

SONOS 晶体管　SONOS(硅-氧化物-氮化硅-氧化物-硅)晶体管(图 6.44(d))有时称为

MONOS(金属-氧化物-氮化硅-氧化物-硅)晶体管。除了在栅和氮化硅之间增加了一个附加的阻挡氧化层(形成一个 ONO(氧化层-氮化硅-氧化层)叠层)外,它类似于 MNOS 晶体管。上层的氧化层通常比底层的氧化层更厚。阻挡氧化层的功能是在擦除过程中阻止电子从栅注入到氮化硅层。因此,可以采用更薄的氮化硅膜,使编程电压降低以及获得更好地保存电荷。现在 SONOS 晶体管已替代了较老的 MNOS 结构,但是其工作原理保持一样。

6.8 单电子晶体管

随着技术的不断进步,器件尺寸已进入纳米尺度,出现了一些以前不可能观察到的新的实验现象。1987 年首次观察到[85]的单电子晶体管(SET)[84]中的电荷量子化效应就是其中的一个。用图 6.53(a)所示的电路示意图来表示 SET 的结构。SET 的中心有一个非常小的单电子岛。单电子岛与相邻的源和漏由电容连接,通过电容发生隧穿来导通电流。第三端是绝缘栅,其作用是控制源漏之间的电流,类似于 FET 的情形。

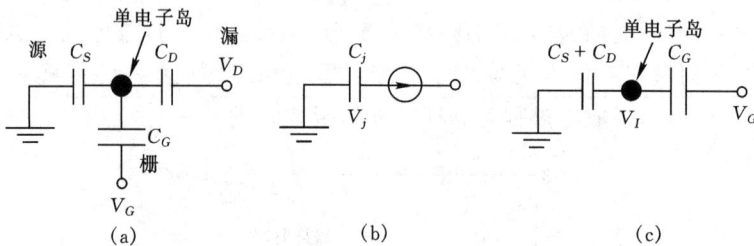

图 6.53 (a)单电子晶体管的电路表示;(b)隧穿电容充电;(c)单电子箱

只有在单电子岛的尺寸足够小时才能观察到电荷量子化效应。岛中增减一个电子所需的最小能量为 $q^2/2C_\Sigma$,式中 C_Σ 是单电子岛的总电容

$$C_\Sigma = C_S + C_D + C_G \tag{127}$$

为了从实验上观察到,此能量必须比热能大得多,要求

$$\frac{q^2}{2C_\Sigma} > 20 \, kT \tag{128}$$

在室温下,C_Σ 的数量级必须在 aF(10^{-18} F)。这要求单电子岛的尺寸小于 1~2 nm。请注意,此效应并不要求单电子岛用半导体材料制造也是有意义的,大多数报道的结果是基于金属点的。虽然用半导体制造量子点这样的小岛有一些限制,因为在(半导体)点内的电子数目(<100)远小于金属点内的数目($\approx 10^7$),但也能观察到能级量子化的另一个效应。此效应虽然会在 I_D~V_D 特性引起附加结构[86],但对 SET 的主要特性没有贡献,因此,这里我们不讨论此效应。事实上,SET 不需要任何半导体材料,只需要金属和绝缘体。

单电子岛和源或漏之间的电容的特征是隧穿电阻 R_{TS} 和 R_{TD}。为了传导合适的电流,这些电阻必须很小(绝缘层要薄)。但是,当在结的两边电子被明确地看成粒子时,电阻的最小值受测不准关系的限制。这要求

$$R_{TS} \approx R_{TD} > \frac{h}{4\pi q^2} \tag{129}$$

$(h/q^2 = 25.8 \text{ k}\Omega)$，它们应大于 $\approx 100 \text{ K}\Omega$。

图 6.54 是 SET 的基本 I-V 特性。首先，图 6.54(a)显示，对于大多数 V_G 值，V_D 存在一个拐点，电压低于此拐点电压时，电流完全被拟制了。此阈值漏电压是由库仑阻塞引起的，将在以后解释。另一个重要特征是库仑阻塞可以由栅压改变。在某些 V_G 值，库仑阻塞完全消失。如图 6.54(b)所示，循环能重复多次，称为库仑阻塞振荡。这与常规的栅控晶体管完全不同，在常规的栅控晶体管中，电流只能单调地导通或关断。

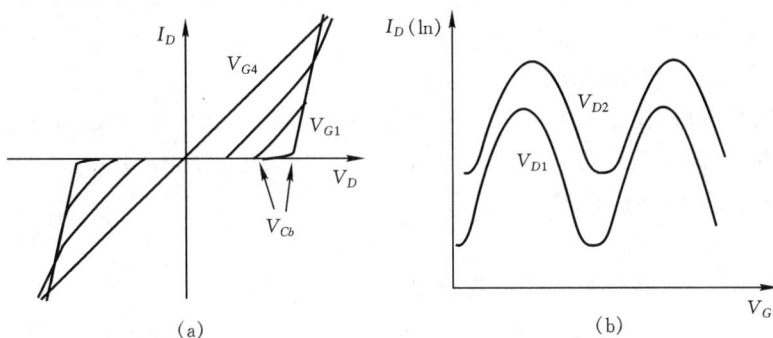

图 6.54　(a)不同 V_G 时 SET 的 I-V 特性。V_G 可以改变库仑阻塞电压；(b)不同 V_D
下漏电流(半对数坐标)随 V_G 的变化。注意 V_G 被 V_D 移动

为了解释这些特性，最好回到图 6.53(b)所示的隧穿电容这一最简单的结构。这里，用一个小电流源对电容充电，因此结电压 V_j 将增加，直到电子可以隧穿。库仑阻塞的基础是要求 V_j 达到一定的值，这样电子才能得到足够的能量发生隧穿。所需的最小能量为 $q^2/2C_j$，此能量是电子隧穿后电容能量的改变量。这也是电子通过偏压为 V_j 的电容隧穿时电子获得的能量。有

$$\frac{q^2}{2C_j} = qV_j \tag{130}$$

因此，在电子能够隧穿前，V_j 必须达到 $q/2C_j$。此阈值电压是库仑阻塞的基础。考虑到传输 N_i 个电子时的充电能，可以得到同样的结果，即

$$E_{ch} = \frac{(Q_o - N_i q)^2}{2C_j} - \frac{Q_o^2}{2C_j}$$

$$= \frac{N_i^2 q^2}{2C_j} - N_i q V_j \tag{131}$$

式中 Q_o 是隧穿前的初始电荷，等于 $V_j C_j$。在不同状态之间转换的标准是 E_{ch} 为负且最小。

下面，我们考虑一个岛位于两个电容之间的单电子箱，其情形与 SET 的源和漏连在一起时(图 6.53(c))的情形一样。随着栅电压的增加，岛上的电压(V_I)也因此增加，虽然其幅度降低了一个因子 C_G/C_Σ。与上面的情形类似，只要隧穿结上的电压变得大于 $q/2C_\Sigma$，电子就开始隧穿。一旦电子隧穿进入岛，其电势就下降 q/C_Σ。图 6.55 给出了中央岛电荷和电势随栅压变化的函数关系。可以看出，当栅压等于

$$V_G = \frac{q}{C_G}\left(N_i + \frac{1}{2}\right) \tag{132}$$

时，同时存在多个值 N_i。这种状态意味着简并：多个 N_i 存在而没有能量变化，一个电子能自由隧穿进入和离开岛。可以想象，这时在 SET 的漏端施加一个小的偏压，电子就可以自由地

从源隧穿进入岛,随后从岛进入漏。这对应于在 SET 中 V_G 使库仑阻塞消失的情形。

另一种导出式(132)的方法是考虑单电子箱能量的变化,

$$E_{ch} = \frac{N_i^2 q^2}{2C_\Sigma} - \frac{N_i q V_G C_G}{C_\Sigma} \qquad (133)$$

令 $E_{ch}(N_i+1)=E_{ch}(N_i)$,就可满足式(132)的条件。理解此现象的另一种方法是画出不同 V_G 时 $E_{ch}\sim$ 电荷$(N_i q)$曲线,如图 6.56 所示。记住,N_i 只能取整数值,仅在某个 V_G 下,E_{ch} 在两个 N_i 值间最小,即出现简并。这意味着系统可以在两个态之间很容易地转换,没有任何能量势垒。

我们现在回到 SET 并解释两个最为重要的现象,一是库仑阻塞和库仑阻塞电压,另一个是库仑振荡。对于从源到漏的导通电流,电子要隧穿两个结,但是只有一个结能控制电流。应用图 6.57 所示的能带图,如果瓶颈为源和岛之间的结,只要结电压超过 $q/2C_\Sigma$,电子就可以隧穿,对应的判据为

$$\frac{V_D V_C}{C_\Sigma} + \frac{V_G C_G}{C_\Sigma} \geqslant \frac{q}{2C_\Sigma} \qquad (134)$$

上式给出了最小的 V_D 值,或

$$V_{Cb} = \frac{q}{2C_D} - \frac{V_G C_G}{C_D} \qquad (135)$$

此阻塞电压是 V_G 的函数,在图 6.58 中对应于斜率为负的直线,

$$\frac{\mathrm{d}V_{Cb}}{\mathrm{d}V_G} = -\frac{C_G}{C_D} \qquad (136)$$

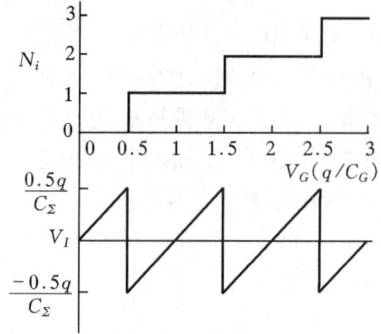

图 6.55　单电子箱的电荷与 V_G(单位 q/C_G)的函数关系,以及对应的岛电压 V_I

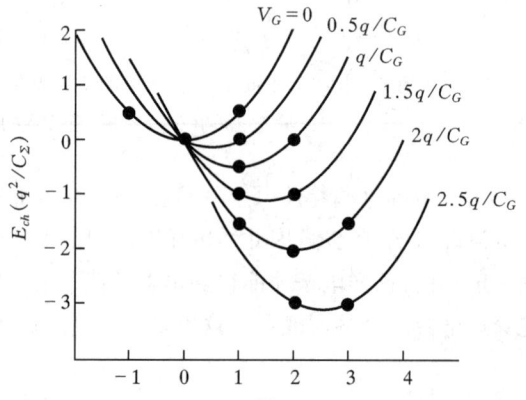

图 6.56　单电子箱中不同 V_G 下确定 N_i 的 $E_{ch}\sim N_i$ 关系曲线。可以看出,依赖于 V_G,E_{ch} 的最小值或是发生在一个 N_i 值,或是发生在两个 N_i 值

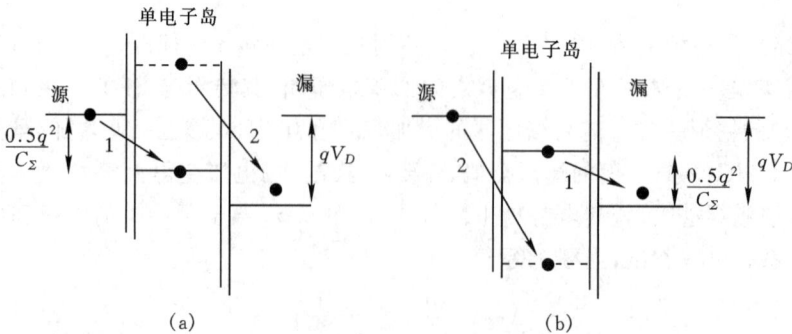

图 6.57　表示隧穿事件顺序的能带图,当触发发生在(a)单电子岛与源之间的结和(b)岛和漏之间的结。事件 1 发生在事件 2 之前。请注意,在每次隧穿事件后,岛电势的变化为 q/C_Σ

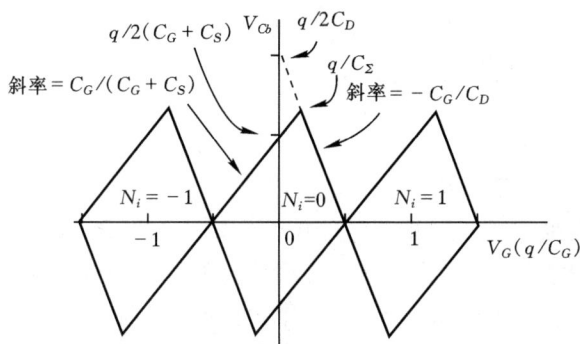

图 6.58　库仑阻塞电压 V_{Cb} 随 C_G 的变化曲线,形成库仑阻塞菱形

相反,如果隧穿过程开始于岛-漏结,当

$$V_D - \left(\frac{V_D C_D}{C_\Sigma} + \frac{V_G C_G}{C_\Sigma} \right) \geqslant \frac{q}{2 C_\Sigma} \tag{137}$$

时电子开始流动。上式给出了另一个表达式

$$V_{Cb} = \frac{(q/2) + V_G C_G}{C_G + C_S} \tag{138}$$

其斜率为正

$$\frac{\mathrm{d} V_{Cb}}{\mathrm{d} V_G} = \frac{C_G}{C_G + C_S} \tag{139}$$

请注意,由于电流等值线接近遵循库仑阻塞菱形的形状,SET 的跨导可以是正的也可以是负的,取决于 V_G 的范围。这是它不同于常规 FET 的独特之处。由式(135)和式(136)所表示的两条直线交点可以得到 V_{Cb} 的最大值为 q/C_Σ。

无论是岛-源结还是岛-漏结限制电流,我们也可以通过令充电能量为负得到库仑阻塞电压:

$$E_{ch}(N_i = 1) = \frac{q^2}{2 C_\Sigma} - q\left(\frac{V_D C_D}{C_\Sigma} + \frac{V_G C_G}{C_\Sigma} \right) \leqslant 0 \tag{140}$$

$$E_{ch}(N_i = 1) = \frac{q^2}{2 C_\Sigma} - q\left[V_D - \left(\frac{V_D C_D}{C_\Sigma} + \frac{V_G C_G}{C_\Sigma} \right) \right] \leqslant 0 \tag{141}$$

这两个式子得到的结论与式(135)和式(138)的相同。

在电压高于或低于 V_{Cb} 时,人们发现 SET 的电流可以由 orthode 理论充分地描述[88],该理论给出的隧穿几率为

$$T = \frac{\Delta E_{ch}}{q^2 R_T [1 - \exp(-\Delta E_{ch}/kT)]} \tag{142}$$

式中,$R_T = R_{TS} + R_{TD}$,ΔE_{ch} 为不同 N_i 态充电能量的变化。SET 的一个缺点是,除了 V_G 外,漏对电流也有相当的控制能力。如图 6.54(b)所示,漏偏置引起的 V_G 的移动量为

$$\Delta V_G = \frac{(C_G + C_S - C_D) V_D}{2 C_G} \tag{143}$$

在库仑阻塞区间内,经计算,电流改变一个量级所需的 V_G 摆动为

$$\Delta V_G \approx (\ln 10)\left(\frac{C_\Sigma}{C_G}\frac{kT}{q}\right) \tag{144}$$

类似地，电流改变一个量级所需的 V_D 摆动为

$$\Delta V_D \approx (\ln 10)\left(\frac{2kT}{q}\right) \tag{145}$$

因此，为了使晶体管栅控能力强于漏控，要求 C_G/C_Σ 大于 0.5。

　　在应用方面，SET 能执行逻辑。由于它具有正跨导和负跨导，仅用一种器件工作在不同的区间就可以完成互补逻辑。然而，由于隧穿性质造成的小电流和低跨导限制了其在具有寄生效应的实际电路中的应用。SET 的另一个问题是它对电子岛周围的寄生电荷非常敏感，而电子岛周围的寄生电荷很难控制。SET 的一个潜在用途是非挥发存储器，其结构如图 6.44(b)所示，只是浮栅应微型化到一个电子岛。（更精确地说，此存储单元采用了一个电子箱或单电子充电，而不包含一个 SET）在电子岛中，少量的电子被存储或腾空以控制 MOSFET 的阈值电压。其优点是由于在浮栅岛中的电荷很少且是分立的，阈值电压的信号是量子化的，因而存储器有多个值。

参考文献

1. J. E. Lilienfeld, "Method and Apparatus for Controlling Electric Currents," U.S. Patent 1,745,175. Filed 1926. Granted 1930.

2. J. E. Lilienfeld, "Amplifier for Electric Currents," U.S. Patent 1,877,140. Filed 1928. Granted 1932.

3. J. E. Lilienfeld, "Device for Controlling Electric Current," U.S. Patent 1,900,018. Filed 1928. Granted 1933.

4. O. Heil, "Improvements in or Relating to Electrical Amplifiers and other Control Arrangements and Devices," British Patent 439,457. Filed and granted 1935.

5. W. Shockley and G. L. Pearson, "Modulation of Conductance of Thin Films of Semiconductors by Surface Charges," *Phys. Rev.*, **74**, 232 (1948).

6. J. R. Ligenza and W. G. Spitzer, "The Mechanisms for Silicon Oxidation in Steam and Oxygen," *J. Phys. Chem. Solids*, **14**, 131 (1960).

7. M. M. Atalla. "Semiconductor Devices Having Dielectric Coatings," U.S. Patent 3,206,670. Filed 1960. Granted 1965.

8. D. Kahng and M. M. Atalla, "Silicon-Silicon Dioxide Field Induced Surface Devices," *IRE-AIEE Solid-State Device Res. Conf.*, (Carnegie Inst. of Tech., Pittsburgh, PA), 1960.

9. D. Kahng, "A Historical Perspective on the Development of MOS Transistors and Related Devices," *IEEE Trans. Electron Dev.*, **ED-23**, 655 (1976).

10. C. T. Sah, "Evolution of the MOS Transistor—From Conception to VLSI," *Proc. IEEE*, **76**, 1280 (1988).

11. H. K. J. Ihantola and J. L. Moll, "Design Theory of a Surface Field-Effect Transistor," *Solid-State Electron.*, **7**, 423 (1964).

12. C. T. Sah, "Characteristics of the Metal-Oxide-Semiconductor Transistors," *IEEE Trans. Electron Dev.*, **ED-11**, 324 (1964).

13. S. R. Hofstein and F. P. Heiman, "The Silicon Insulated-Gate Field-Effect Transistor," *Proc. IEEE*, **51**, 1190 (1963).

14. J. R. Brews, "Physics of the MOS Transistor," in D. Kahng, Ed., *Applied Solid State Science*, Suppl. 2A, Academic, New York, 1981.

15. Y. Tsividis, *Operation and Modeling of the MOS Transistor*, 2nd Ed., Oxford University Press, Oxford, 1999.

16. Y. Taur and T. H. Ning, *Fundamentals of Modern VLSI Devices*, Cambridge University Press, Cambridge, 1998.

17. R. M. Warner, Jr. and B. L. Grung, *MOSFET Theory and Design*, Oxford University Press, Oxford, 1999.

18. L. L. Chang and H. N. Yu, "The Germanium Insulated-Gate Field-Effect Transistor (FET)," *Proc. IEEE*, **53**, 316 (1965).

19. P. D. Ye, G. D. Wilk, J. Kwo, B. Yang, H. J. L. Gossmann, M. Frei, S. N. G. Chu, J. P. Mannaerts, M. Sergent, M. Hong, K. K. Ng, and J. Bude, "GaAs MOSFET with Oxide Gate Dielectric Grown by Atomic Layer Deposition," *IEEE Electron Dev. Lett.*, **EDL-24**, 209, (2003).

20. H. C. Pao and C. T. Sah, "Effects of Diffusion Current on Characteristics of Metal-Oxide (Insulator)-Semiconductor Transistors (MOST)," *IEEE Trans. Electron Dev.*, **ED-12**, 139 (1965).

21. A. S. Grove and D. J. Fitzgerald, "Surface Effects on *p-n* Junctions: Characteristics of Surface Space-Charge Regions under Nonequilibrium Conditions," *Solid-State Electron.*, **9**, 783 (1966).

22. J. R. Brews, "A Charge-Sheet Model of the MOSFET," *Solid-State Electron.*, **21**, 345 (1978).

23. D. M. Caughey and R. E. Thomas, "Carrier Mobilities in Silicon Empirically Related to Doping and Field," *Proc. IEEE*, **55**, 2192 (1967).

24. K. Natori, "Ballistic Metal-Oxide-Semiconductor Field Effect Transistor," *J. Appl. Phys.*, **76**, 4879 (1994).

25. K. Natori, "Scaling Limit of the MOS Transistor—A Ballistic MOSFET," *IEICE Trans. Electron.*, **E84-C**, 1029 (2001).

26. M. Lundstrom, "Elementary Scattering Theory of the Si MOSFET," *IEEE Electron Dev. Lett.*, **EDL-18**, 361 (1997).

27. F. Assad, Z. Ren, D. Vasileska, S. Datta, and M. Lundstrom, "On the Performance Limits for Si MOSFET's: A Theoretical Study," *IEEE Trans. Electron Dev.*, **ED-47**, 232 (2000).

28. M. Lundstrom, "Essential Physics of Carrier Transport in Nanoscale MOSFETs," *IEEE Trans. Electron Dev.*, **ED-49**, 133 (2002).

29. M. B. Barron, "Low Level Currents in Insulated Gate Field Effect Transistors," *Solid-State Electron.*, **15**, 293 (1972).

30. W. M. Gosney, "Subthreshold Drain Leakage Current in MOS Field-Effect Transistors," *IEEE Trans. Electron Dev.*, **ED-19**, 213 (1972).

31. G. W. Taylor, "Subthreshold Conduction in MOSFET's," *IEEE Trans. Electron Dev.*, **ED-25**, 337 (1978).

32. A. G. Sabnis and J. T. Clemens, "Characterization of the Electron Mobility in the Inverted ⟨100⟩ Si Surface," *Tech. Dig. IEEE IEDM*, p.18, 1979.

33. S. Takagi, A. Toriumi, M. Iwase, and H. Tango, "On the Universality of Inversion Layer Mobility in Si MOSFET's: Part I—Effects of Substrate Impurity Concentration," *IEEE Trans. Electron Dev.*, **ED-41**, 2357 (1994).

34. J. A. Cooper, Jr. and D. F. Nelson, "High-Field Drift Velocity of Electrons at the Si-SiO$_2$ Interface as Determined by a Time-of-Flight Technique," *J. Appl. Phys.*, **54**, 1445 (1983).

35. L. Vadasz and A. S. Grove, "Temperature Dependence of MOS Transistor Characteristics Below Saturation," *IEEE Trans. Electron Dev.*, **ED-13**, 863 (1966).

36. F. Gaensslen, V. L. Rideout, E. J. Walker, and J. J. Walker, "Very Small MOSFET's for

Low-Temperature Operation," *IEEE Trans. Electron Dev.*, **ED-24**, 218 (1977).

37. G. Merckel, "Ion Implanted MOS Transistors—Depletion Mode Devices," in F. Van de Wiele, W. L. Engle, and P. G. Jespers, Eds., *Process and Device Modeling for IC Design*, Noordhoff, Leyden, 1977.

38. J. S. T. Huang and G. W. Taylor, "Modeling of an Ion-Implanted Silicon-Gate Depletion-Mode IGFET," *IEEE Trans. Electron Dev.*, **ED-22**, 995 (1975).

39. T. E. Hendrikson, "A Simplified Model for Subpinchoff Condition in Depletion Mode IGFET's," *IEEE Trans. Electron Dev.*, **ED-25**, 435 (1978).

40. M. J. van der Tol and S. G. Chamberlain, "Potential and Electron Distribution Model for the Buried-Channel MOSFET," *IEEE Trans. Electron Dev.*, **ED-36**, 670 (1989).

41. R. H. Dennard, F. H. Gaensslen, H. Yu, V. L. Rideout, E. Bassons, and A. R. LeBlanc, "Design of Ion-Implanted MOSFET's with Very Small Physical Dimensions," *IEEE J. Solid State Circuits*, **SC-9**, 256 (1974).

42. P. K. Chatterjee, W. R. Hunter, T. C. Holloway, and Y. T. Lin, "The Impact of Scaling Laws on the Choice of *n*-channel or *p*-channel for MOS VLSI," *IEEE Electron Dev. Lett.*, **EDL-1**, 220 (1980).

43. J. Meindl, "Circuit Scaling Limits for Ultra Large Scale Integration," *Digest Int. Solid-State Circuits Conf.*, 36, Feb. 1981.

44. G. Baccarani, M. R. Wordeman, and R. H. Dennard, "Generalized Scaling Theory and its Application to a 1/4 Micrometer MOSFET Design," *IEEE Trans. Electron Dev.*, **ED-31**, 452 (1984).

45. J. R. Brews, W. Fichtner, E. H. Nicollian, and S. M. Sze, "Generalized Guide for MOSFET Miniaturization," *IEEE Electron Dev. Lett.*, **EDL-1**, 2 (1980).

46. K. K. Ng, S. A. Eshraghi, and T. D. Stanik, "An Improved Generalized Guide for MOSFET Scaling," *IEEE Trans. Electron Dev.*, **ED-40**, 1895 (1993).

47. L. D. Yau, "A Simple Theory to Predict the Threshold Voltage of Short-Channel IGFET's," *Solid-State Electron.*, **17**, 1059 (1974).

48. W. Fichtner and H. W. Potzl, "MOS Modeling by Analytical Approximations. I. Sub-threshold Current and Threshold Voltage," *Int. J. Electron.*, **46**, 33 (1979).

49. Y. Taur, G. J. Hu, R. H. Dennard, L. M. Terman, C. Y. Ting, and K. E. Petrillo, "A Self-Aligned 1 μm Channel CMOS Technology with Retrograde *n*-well and Thin Epitaxy," *IEEE Trans. Electron Dev.*, **ED-32**, 203 (1985).

50. W. Fichtner, "Scaling Calculation for MOSFET's," *IEEE Solid State Circuits and Technology Workshop on Scaling and Microlithography*, New York, Apr. 22, 1980.

51. K. K. Ng and G. W. Taylor, "Effects of Hot-Carrier Trapping in *n*- and *p*-Channel MOSFET's," *IEEE Trans. Electron Dev.*, **ED-30**, 871 (1983).

52. T. H. Ning, C. M. Osburn, and H. N. Yu, "Effect of Electron Trapping on IGFET Characteristics," *J. Electron. Mater.*, **6**, 65 (1977).

53. E. H. Nicollian and C. N. Berglund, "Avalanche Injection of Electrons into Insulating SiO_2 Using MOS Structures," *J. Appl. Phys.*, **41**, 3052 (1970).

54. T. Kamata, K. Tanabashi, and K. Kobayashi, "Substrate Current Due to Impact Ionization in MOSFET," *Jpn. J. Appl. Phys.*, **15**, 1127 (1976).

55. E. Sun, J. Moll, J. Berger, and B. Alders, "Breakdown Mechanism in Short-Channel MOS Transistors," *Tech. Dig. IEEE IEDM*, p. 478, 1978.

56. T. Y. Chan, A. T. Wu, P. K. Ko, and C. Hu, "Effects of the Gate-to-Drain/Source Overlap on MOSFET Characteristics," *IEEE Electron Dev. Lett.*, **EDL-8**, 326 (1987).

57. D. J. Frank, R. H. Dennard, E. Nowak, P. M. Solomon, Y. Taur, and H. P. Wong, "Device Scaling Limits of Si MOSFETs and Their Application Dependencies," *Proc. IEEE*, **89**, 259 (2001).

58. B. Yu, H. Wang, A. Joshi, Q. Xiang, E. Ibok, M. Lin, "15nm Gate Length Planar CMOS

Transistor," *Tech. Dig. IEEE IEDM*, p.937, 2001.

59. A. Hokazono, K. Ohuchi, M. Takayanagi, Y. Watanabe, S. Magoshi, Y. Kato, T. Shimizu, S. Mori, H. Oguma, T. Sasaki, et al., "14 nm Gate Length CMOSFETs Utilizing Low Thermal Budget Process with Poly-SiGe and Ni Salicide," *Tech. Dig. IEEE IEDM*, p.639, 2002.

60. K. K. Ng and W. T. Lynch, "Analysis of the Gate-Voltage-Dependent Series Resistance of MOSFETs," *IEEE Trans. Electron Dev.*, **ED-33**, 965 (1986).

61. M. P. Lepselter and S. M. Sze, "SB-IGFET: An Insulated-Gate Field-Effect Transistor Using Schottky Barrier Contacts as Source and Drain," *Proc. IEEE*, **56**, 1088 (1968).

62. R. R. Troutman, *Latchup in CMOS Technology: The Problem and its Cure*, Kluwer, Norwell, Massachusetts, 1986.

63. J. Kedzierski, P. Xuan, E. H. Anderson, J. Bokor, T. J. King, and C. Hu, "Complementary Silicide Source/Drain Thin-Body MOSFETs for the 20nm Gate Length Regime," *Tech. Dig. IEEE IEDM*, p.57, 2000.

64. S. Nishimatsu, Y. Kawamoto, H. Masuda, R. Hori, and O. Minato, "Grooved Gate MOSFET," *Jpn. J. Appl. Phys.*, **16**; Suppl. **16-1**, 179 (1977).

65. G. K. Celler and S. Cristoloveanu, "Frontiers of Silicon-on-Insulator," *J. Appl. Phys.*, **93**, 1 (2003).

66. K. A. Jenkins, J. Y. C. Sun, and J. Gautier, "History Dependence of Output Characteristics of Silicon-on-Insulator (SOI) MOSFET's," *IEEE Electron Dev. Lett.*, **EDL-17**, 7 (1996).

67. C. R. Kagan and P. Andry, Eds., *Thin-Film Transistors*, Marcel Dekker, New York, 2003.

68. D. Hisamoto, T. Kaga, and E. Takeda, "Impact of the Vertical 'DELTA' Structure on Planar Device Technology," *IEEE Trans. Electron Dev.*, **ED-38**, 1399 (1991).

69. B. S. Doyle, S. Datta, M. Doczy, S. Hareland, B. Jin, J. Kavalieros, T. Linton, A. Murthy, R. Rios, and R. Chau, "High Performance Fully-Depleted Tri-Gate CMOS Transistors," *IEEE Electron Dev. Lett.*, **EDL-24**, 263 (2003).

70. J. M. Hergenrother, G. D. Wilk, T. Nigam, F. P. Klemens, D. Monroe, P. J. Silverman, T. W. Sorsch, B. Busch, M. L. Green, M. R. Baker, et. al., "50 nm Vertical Replacement-Gate (VRG) nMOSFETs with ALD HfO_2 and Al_2O_3 Gate Dielectrics," *Tech. Dig. IEEE IEDM*, p.51, 2001.

71. T. Masuhara and R. S. Muller, "Analytical Technique for the Design of DMOS Transistors," *Jpn. J. Appl. Phys.*, **16**, 173 (1976).

72. M. D. Pocha, A. G. Gonzalez, and R. W. Dutton, "Threshold Voltage Controllability in Double-Diffused MOS Transistors," *IEEE Trans. Electron Dev.*, **ED-21**, 778 (1974).

73. A. W. Ludikhuize, "A Review of RESURF Technology," *Proc. 12th Int. Symp. Power Semiconductor Devices & ICs*, p.11, 2000.

74. P. Cappelletti, C. Golla, P. Olivo, and E. Zanoni, Eds., *Flash Memories*, Kluwer, Norwell, Massachusetts, 1999.

75. C. Hu, Ed., *Nonvolatile Semiconductor Memories: Technologies, Design, and Applications*, IEEE Press, Piscataway, New Jersey, 1991.

76. W. D. Brown and J. E. Brewer, Eds., *Nonvolatile Semiconductor Memory Technology*, IEEE Press, Piscataway, New Jersey, 1998.

77. D. Kahng and S. M. Sze, "A Floating Gate and Its Application to Memory Devices," *Bell Syst. Tech. J.*, **46**, 1288 (1967).

78. D. Frohman-Bentchkowsky, "FAMOS—A New Semiconductor Charge Storage Device," *Solid-State Electron.*, **17**, 517 (1974).

79. H. Iizuka, F. Masuoka, T. Sato, and M. Ishikawa, "Electrically Alterable Avalanche- Injection-Type MOS Read-Only Memory with Stacked-Gate Structures," *IEEE Trans. Electron Dev.*, **ED-23**, 379 (1976).

80. S. Mahapatra, S. Shukuri, and J. Bude, "CHISEL Flash EEPROM—Part I: Performance and Scaling," *IEEE Trans. Electron Dev.*, **ED-49**, 1296 (2002).

81. S. K. Lai and V. K. Dham, "VLSI Electrically Erasable Programmable Read Only Memory," in N. G. Einspruch, Ed., *VLSI handbook*, Academic Press, Orlando, FL, 1985.

82. Y. Nishi and H. Iizuka, "Nonvolatile Memories," in D. Kahng, Ed., *Applied Solid State Science*, Suppl. 2A, Academic, New York, 1981.

83. Y. Kamigaki and S. Minami, "MNOS Nonvolatile Semiconductor Memory Technology: Present and Future," *IEICE Trans. Electron.*, **E84-C**, 713 (2001).

84. D. V. Averin and K. K. Likharev, "Coulomb Blockade of Single-Electron Tunneling, and Coherent Oscillations in Small Tunnel Junctions," *J. Low Temp. Phys.*, **62**, 345 (1986).

85. T. A. Fulton and G. J. Dolan, "Observation of Single-Electron Charging Effects in Small Tunnel Junctions," *Phys. Rev. Lett.*, **59**, 109 (1987).

86. M. A. Kastner, "Artificial Atoms," *Physics Today*, 24 (Jan. 1993).

87. Y. A. Pashkin, Y. Nakamura and J. S. Tsai, "Room-Temperature Al Single-Electron Transistor Made by Electron-Beam Lithography," *Appl. Phys. Lett.*, **76**, 2256 (2000).

88. K. Uchida, K. Matsuzawa, J. Koga, R. Ohba, S. Takagi and A. Toriumi, "Analytical Single-Electron Transistor (SET) Model for Design and Analysis of Realistic SET Circuits," *Jpn. J. Appl. Phys.*, **39**, 2321 (2000).

习题

1. 由式(20)和式(22)推导式(23)。

2. 一个正方形 MOSFET($Z/L=1$),在 $V_D=0.4$ V、$V_G=3$ V 时 I_D 的测量值为 18.7 μA。如果我们要求在 $V_D=0.4$ V、$V_G=3$ V 时 I_D 等于 1.6 mA,求器件的最小宽度 Z。假设多晶硅栅的长度是 0.6 μm,且栅下 n$^+$ 源漏分别向两边扩散 0.05 μm。

3. 考虑这样一个亚微米 MOSFET,$L=0.25$ μm,$Z=5$ μm,$N_A=10^{17}$ cm^{-3},$\mu_n=500$ cm^2/V·s,$C_{ox}=3.45\times10^{-7}$F/cm^2,$V_T=0.5$ V,计算 $V_G=1$V,$V_D=0.1$ V 时的沟道电导。

4. 考虑一个沟道长度为 10 μm 的 MOSFET,在特定偏置下,沟道电流 I_D 为 1 mA 且栅电流为 1 μA。如果我们想在同样偏置条件把该器件(除沟道长度以外,其它器件参数相同)的栅电流降低至 $10^{-6}I_D$,请问沟道长度应为多少?

5. 考虑一工作在饱和区的 MOSFET(漏压足够高,但迁移率恒定),$V_G=1$ V 时的电流为 50 μA,$V_G=3$ V 时为 200 μA。求阈值电压。

6. (a)为避免 n 沟道 MOSFET 的热载流子效应,假设氧化层中允许的最大电场为 1.45×10^6 V/cm。求掺杂浓度为 10^{18} cm^{-3} 时硅中相应的表面势 ψ_s。

   (b)对于 n$^+$ 多晶硅栅,求上述 MOSFET 在 $d=8$ nm 时的阈值电压,假设 $Q_{it}=Q_{ox}=Q_f=Q_m=0$。

7. 将一 n 沟 MOSFET 设计为阈值电压为 $+0.5$ V,栅氧厚度为 15 nm。求栅材料为 n$^+$ 多晶硅时沟道掺杂为多少才能实现所需的 V_T。器件中无栅氧电荷、界面陷阱电荷和可动离子。

8. 为了将器件彼此隔离,每个 MOSFET 都被场氧包围。如果与场氧有关的"场晶体管"的阈值电压必须大于等于 20 V,计算场氧的最小厚度。$N_A=10^{17}$cm^{-3},$Q_f/q=10^{11}$cm^{-3},且 n$^+$ 多晶硅用于栅电极的局部互连。

9. n 沟道 n$^+$ 多晶硅-SiO$_2$-Si MOSFET,$N_A=10^{17}$ cm^{-3},$Q_f/q=2\times10^{10}$ cm^{-2},$d=10$ nm。注入硼离子使阈值电压增加至 1 V,计算所需的注入剂量。假设注入的离子在 Si-SiO$_2$ 界面

形成负电荷薄层（$\phi_{ms} = -0.98$ V）。

10. 考虑一 nMOSFET，$q\psi_B$ 为 0.5 eV，当衬底偏置 V_{BS} 为 -1 V 时，阈值电压的变化 ΔV_T 为 1 V，请问当 V_{BS} 为 -3 V 时 ΔV_T 为多少？

11. 一 MOSFET（$N_A = 10^{17}$ cm^{-3}，$d = 5$ nm）的阈值电压 $V_T = 0.5$ V，亚阈值摆幅为 100 mV/decade，V_T 对应的漏电流为 0.1 μA。如果我们想要将 $V_G = 0$ 时的泄漏电流降至 10^{-13} A，求实现这一目的所需的反向衬源偏置。

12. 理想 MOSFET 的亚阈值电流由下式给出

$$I_D = A(\beta\psi_s)^{-1/2}\exp(\beta\psi_s),$$

$$\beta\psi_s = \beta V_G - \frac{a^2}{2\beta}\left[\sqrt{1 + \frac{4}{a^2}(\beta V_G - 1)} - 1\right]$$

其中 ψ_s 是表面势，$\beta \equiv q/kT$，$a \equiv \sqrt{2}(\varepsilon_s/\varepsilon_{ox})(t_{ox}/L_D)$，$L_D$ 是德拜长度，等于 $\sqrt{\varepsilon_s/qN_A\beta}$，且 A 等于常量。证明亚阈值斜率 S 由下式给出

$$S \equiv (\ln 10)\frac{dV_G}{d(\ln I_D)} = \frac{kT}{q}(\ln 10)\left(1 + \frac{C_D}{C_{ox}}\right)$$

其中 $C_D \equiv \sqrt{q\varepsilon_s N_A/2\psi_s}$，$C_{ox} \equiv \varepsilon_{ox}/t_{ox}$，且 $a \gg C_D/C_{ox}$。

13. 对于栅氧为 10 nm，衬底掺杂 10^{17} cm^{-3} 的 MOSFET，求其亚阈值斜率。

14. Si MOSFET，$N_A = 5 \times 10^{16}$ cm^{-3}，$d = 10$ nm，表面陷阱密度为 10^{11} cm^{-2}。求衬底接地时的亚阈值斜率。

15. 若注入分布为理想的台阶分布，$N_S = 10^{16}$ cm^{-3}，$N_B = 10^{15}$ cm^{-3}，$x_s = 0.3$ μm。求（1）注入剂量 D_I，（2）注入的中心距离，（3）相对于均匀掺杂 N_B 时阈值电压的偏移（$d = 100$ nm）。

16. 推导式（79）。

17. 参考图 6.21，假设 $N_B = 7.5 \times 10^{15}$ cm^{-3}，$d = 35$ nm，反向偏压为 1 V，注入剂量 $D_I = 6 \times 10^{11}$ cm^{-2}，求恰好使耗尽层宽度受注入箝制时注入的中心距离（以 nm 为单位）。

18. 两个 n-MOSFET，一个采用恒压按比例缩小，另一个采用恒场按比例缩小。计算按比例缩小后器件单位沟道宽度的漏电流（I_D/Z）。假设器件工作在速度饱和条件下，器件参数的初始值为 $L = 1$ μm，$d = 10$ nm，$V_D = 5$ V，$I_D/Z = 500$ μA/μm。比例因子为 $\kappa = 5$。

19. 考虑以恒压按比例缩小的 MOSFET，比例因子 $\kappa = 10$。若器件的初始掺杂为 10^{15} cm^{-3}，求按比例缩小后器件的掺杂浓度？

20. 基于恒场按比例缩小法则把 MOSFET 的线性尺寸缩小 10 倍，(a)求转换能量的相应按比例变化系数，(b)假设大器件的初始功率延迟积是 1J，求按比例变化之后的功耗延时积。

21. 20 nm 的 Ta$_2$O$_5$（$\varepsilon_i/\varepsilon_0 = 25$）和 2 nm 的 SiO$_2$ 组合结构被夹在顶部和底部电极之间，求 SiO$_2$ 的等效厚度（以 nm 为单位）。

22. DRAM 的最小刷新时间是 4 ms。每个单元的存储电容是 50 fF 被充电至 5 V。估算动态电容节点所能容忍的最坏情况下的泄漏电流（即，电容电荷降至其 50% 的水平）。

23. 为使 DRAM 工作，假设 MOS 存储电容至少需要 10^5 个电子。如果电容在芯片表面的面积为 0.5 μm × 0.5 μm，氧化层厚度为 5 nm，电容充电至 2 V，那么长方形沟槽电容器的最小深度是多少？

24. 对于浮栅非挥发存储器件，下部绝缘层的介电常数为 4，厚度为 10 nm。浮栅上部的绝缘层介电常数为 10，厚度为 100 nm。如果电流密度 $J_1 = \sigma\mathcal{E}_1$，其中 $\sigma = 10^{-7}$ S/cm，而且上部

绝缘层的电流为 0。求当时间足够长以使 J_1 小到可以忽略时的阈值电压的偏移。控制栅上采用的电压为 10 V。

25. 考虑一 NVMS 单元,其截面如图所示。沟道长度为 1 μm。假设鸟嘴为如图所示线性边缘形状。栅氧厚度(衬底和桴栅之间)为 35 nm,两栅之间的电介质为 50 nm 厚的氧化物,场氧厚度为 0.6 μm。物理栅长为 1.2 μm,冶金结位于栅下 0.15 μm 处,有效沟道长度为 0.7 μm,浮栅多晶硅的厚度为 0.3 μm。计算(a)控制栅至浮栅的电容值,(b)假设沟道电容一半属于源,一半属于漏,求漏至浮栅的电容,(c)若浮栅至衬底的电容是 0.14 fF,计算控制栅与浮栅的耦合系数 R_{CG} 及漏与浮栅的耦合系数 R_D。

题 25 图

26. 对于一个硅浮栅非挥发存储器件,第一层绝缘层(热生长 SiO_2)的厚度为 3 nm,介电常数为 3.9,第二层的相应值为 30 nm 和 30。估算施加栅压 5.52 V 历时 1 ms 后浮栅上单位面积存储的电荷(C/cm^2)。第二层绝缘层没有传导电流,且第一层中的电流为 Fowler-Nordheim 隧穿。

27. 一浮栅非挥发半导体存储器总电容为 3.71 fF。控制栅与浮栅的电容为 2.59 fF,漏端与浮栅的电容为 0.49 fF,浮栅与衬底的电容为 0.14 fF。问为使测量的阈值(从控制栅测量)偏移 0.5 V 需要多少电子?

28. 一个 EEPROM 的 $C_{CG}=2.59$ fF,$C_S=C_D=0.49$ fF,$C_B=0.14$ fF,分别表示浮栅与控制栅、源、漏和衬底之间的电容。假设控制栅与浮栅短接时,测量到的器件阈值电压为 1.5 V。如果编程时控制栅电压为 12 V,漏端电压为 7 V。问在编程电压存在时浮栅将被充电至多高电势?编程之后在偏压使漏压为 2 V 时所观察到的阈值电压是多少?

第7章
JFET、MESFET 和 MODFET 器件

7.1 引言

在本章,我们讨论除了 MOSFET 以外的其它场效应晶体管。对于 MOSFET,我们已专门安排了一章的内容。在第 6 章的图 6.3 中给出了 FET 的分类。当时我们指出,所有的 FET 都有一个栅,栅以某种形式的电容耦合到沟道。MOSFET 的电容是由氧化层形成的,而 JFET(结 FET)和 MESFET(金属-半导体 FET)的电容是由结的耗尽层形成的。JFET 采用的是 p-n 结,而 MESFET 是肖特基结(金属-半导体结)。在 HFET(异质结 FET)分支中,在沟道上面外延生长一层宽禁带材料作为绝缘层。记住,材料的导电性能主要与其带隙有关。绝缘体的特征在于其具有很大的带隙。外延生长的异质结具有理想的界面。在没有理想的氧化物-半导体界面时,必须外延生长。除了硅以外,所有的半导体都没有理想的氧化物-半导体界面。在 HFET 中,宽禁带材料可以掺杂也可以不掺杂。当对宽禁带的材料掺杂时,由杂质提供的载流子会转移到异质界面而形成高迁移率的沟道,高迁移率是因为沟道本身不掺杂,因而避免了杂质散射,这种技术称为**调制掺杂**。在应用于 FET 的栅时,其结果是 MODFET(调制掺杂 FET),它有一些有意义的特性。当宽禁带的材料不掺杂时,相应的器件称为 HIFET(异质结绝缘栅 FET)。在 HIFET 中,没有调制掺杂,宽禁带材料纯粹是当绝缘层使用。这种器件的行为原理上与 MOSFET 相同,在本章中我们将不讨论它。因此,本章主要讨论 JFET、MESFET 和 MODFET。

在这三种器件中,JFET 和 MESFET 的工作原理类似。它们两者都基于体内埋沟导电。其电流通道由栅下的耗尽层宽度来调制。它们与埋沟 MOSFET 类似,只是在埋沟 MOSFET 的栅可以正偏到使表面形成积累层的程度,这时形成了一个与埋沟平行的表面沟道。但是在 JFET 和 MESFET 中,结不能偏置到超过或恰好为平带,否则就会产生额外的栅电流。因此,首先把 JFET 和 MESFET 放在一起讨论,它们的方程相同。MODFET 在异质界面有二维沟道,将单独处理。

7.2　JFET 和 MESFET

JFET 本质上是一种电压控制电阻器。Shockley[1] 在 1952 年首先提出并对这种器件进行了分析。Dacey 和 Ross 报导了按照 Shockley 理论分析而作出的第一个能工作的 JFET,他们后来还研究了迁移率随电场变化的效应[2,3]。

Mead 于 1966 年首先提出并论证了 MESFET[4],不久以后,Hooper 和 Lehrer 报道了用生长在 GaAs 半绝缘衬底上的 GaAs 外延层制造的器件的微波性能[5]。

JFET 和 MESFET 避免了 MOSFET 中与氧化物-半导体界面有关的问题,例如界面陷阱以及起源于热电子注入和俘获的可靠性问题,这是它们的优点。但是,它们对输入栅的偏压范围有限制。与 JFET 相比,MESFET 在制造工艺和性能方面有某些优点。金属栅在低温下形成,而 p-n 结需采用扩散或注入退火工艺制造。低的栅电阻和沿沟道宽度的 IR 压降小对微波性能(例如噪声和 f_{max})至关重要。在制作用于高速电路中的短沟道器件时,金属栅的宽度更容易控制。它也能够在功率应用中起有效的热沉作用。另一方面,对于更高的击穿电压和功率容量来说,JFET 有更鲁棒的结。p-n 结具有较高的内建电势,这有利于实现增强模式的器件。在同样的偏压时,较高的内建电势也减小了栅电流。p-n 结更容易控制,而有时在某些半导体上(例如某些 p 型材料)实现良好的肖特基势垒比较困难。JFET 有各种栅极结构,例如异质结或缓冲层栅,这些结构有利于改善器件某个方面的性能。

7.2.1　I-V 特性

JFET 和 MESFET 的示意图示于图 7.1,用 n 沟道作为例子。从图中可以看出两者之间的类似处。器件由具有两个欧姆接触的一条导电沟道组成,其中一个欧姆接触用作源,另一欧姆接触用作漏。当漏相对于源加正电压 V_D 时,电子从源流向漏。因而,源起载流子来源的作用而漏起载流子接受器的作用。第三个电极,即栅极,与沟道形成整流结,并通过改变耗尽层的宽度来控制沟道的有效通道。栅整流结在 JFET 中是 p-n 结,在 MESFET 中是肖特基势垒结。器件本质上是一种电压控制电阻器,其阻值能够随着扩展到沟道区内的耗尽层宽度的变化而变化。

在图 7.1 中,器件的主要尺寸是沟道长度 L(也称为栅长度),沟道厚度 a,耗尽层宽度 W_D,沟道有效通道 b 和沟道宽度 Z(指向纸内,图中没有标出)。图示的电压极性是对 n 沟而言的。对于 p 沟道 FET,极性要反过来。源电极通常接地,栅电压和漏电压均相对于源端量度。当 $V_G = V_D = 0$ 时,器件处于平衡状态,没有电流流过。大多数 JFET 和 MESFET 是耗尽模式,也就是说,在 $V_G = 0$ 时,器件是常开的(即阈值电压 V_T 为负)。对于给定的 V_G(大于阈

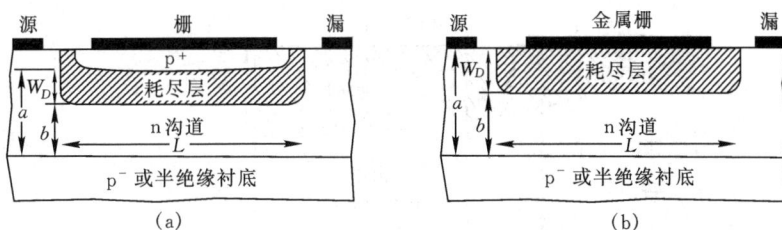

(a)JFET；(b)MESFET 的结构示意图

图 7.1　相同之处在于耗尽层宽度 W_D 控制沟道的有效通道 b

值)，沟道电流随漏电压的增加而增加。在足够大的 V_D 下，沟道电流最终达到饱和值 I_{Dsat}。

在 JFET 中，沟道常常由两个栅包围。对于图 7.1(a)，在底部还会有另一个栅。在下面的分析中我们只考虑一个栅。这种结构可以看成是双栅结构的一半，我们得到的跨导和电流的最终结果也是双栅结构的一半。

JFET 和 MESFET 的基本电流-电压特性示于图 7.2。图中，漏电流为纵坐标，漏电压为横坐标，栅电压为参变量。我们可把特性曲线分成三个区域：线性区，该区漏电压较小，I_D 正比于 V_D；非线性区；饱和区，该区电流基本上保持恒定，与 V_D 无关；当栅偏压变得更负时，饱和电流 I_{Dsat} 和对应的饱和电压 V_{Dsat} 减少。$I_{Dsat}\sim V_{Dsat}$ 的轨迹如图 7.2 所示。

现在我们根据下述假定来推导 JFET 和 MES-FET 的电流-电压特性：(1)沟道均匀掺杂；(2)缓变沟道近似($\mathscr{E}_x\ll\mathscr{E}_y$)，(3)突变耗尽层，(4)忽略栅电流。我们从沟道电荷分布开始。沟道电荷分布与沟道尺寸有关。图 7.3 很详细地给出了加有栅电压和

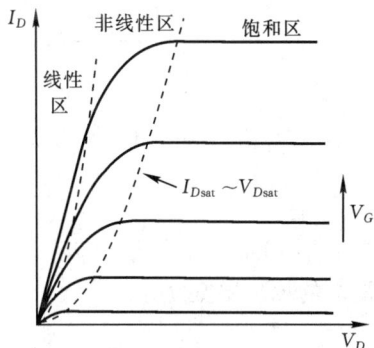

图 7.2　JFET 和 MESFET 的基本 I-V 特性

漏电压时沟道尺寸以及沟道电势分布。这些是导出 I-V 特性的基础。

沟道电荷分布　对于均匀掺杂的 n 沟道，在缓变沟道近似下，耗尽层宽度 W_D 只沿沟道(x 方向)缓慢变化，我们可以解 y 方向的一维泊松方程：

$$\frac{\mathrm{d}\mathscr{E}_y}{\mathrm{d}y}=-\frac{\mathrm{d}^2\Delta\psi_i}{\mathrm{d}y^2}=\frac{qN_D}{\varepsilon_s} \tag{1}$$

式中 $\mathscr{E}_y$ 是 y 方向的电场。距源端 x 处的耗尽层宽度由单边突变结公式给出

$$W_D(x)=\sqrt{\frac{2\varepsilon_s\left[\psi_{bi}+\Delta\psi_i(x)-V_G\right]}{qN_D}} \tag{2}$$

式中 ψ_{bi} 是内建势。在 JFET 中，ψ_{bi} 是 p$^+$-n 结内建势

$$\psi_{bi}\approx\frac{1}{q}\left[E_g-kT\ln\left(\frac{N_C}{N_D}\right)\right] \tag{3}$$

在 MESFET 中，ψ_{bi} 由肖特基势垒高度 ϕ_{Bn} 决定，为

$$\psi_{bi}=\phi_{Bn}-\frac{kT}{q}\ln\left(\frac{N_C}{N_D}\right) \tag{4}$$

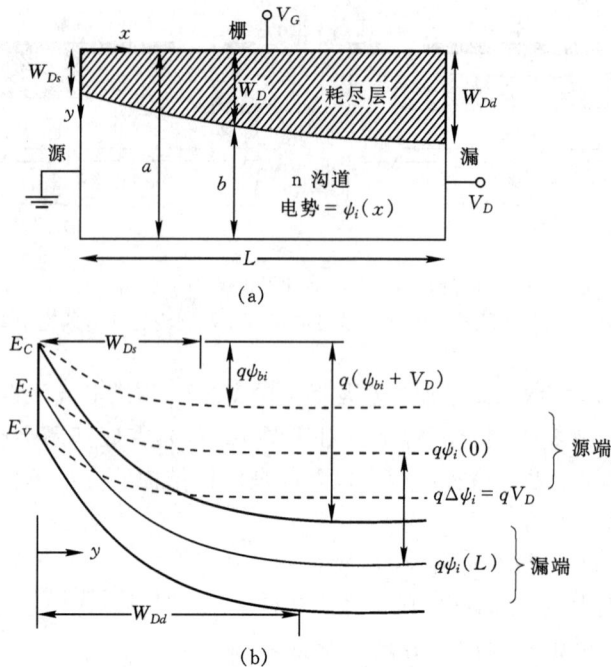

图 7.3　(a)在漏压和栅压作用下的沟道尺寸；(b)沿 y 方向，
源端(虚线)和漏端(实线)的能带图

电势差 $\Delta\psi_i(x)$ 是中性沟道 $[-E_i(x)/q]$ 相对于源端的电势。因此，在漏端，$\Delta\psi_i(L)=V_D$。源端和漏端的耗尽层宽度为

$$W_{Ds} = W_D(0) = \sqrt{\frac{2\varepsilon_s(\psi_{bi}-V_G)}{qN_D}} \tag{5}$$

$$W_{Dd} = W_D(L) = \sqrt{\frac{2\varepsilon_s(\psi_{bi}+V_D-V_G)}{qN_D}} \tag{6}$$

使电流增加所施加的栅压的最大值为 $V_G = \psi_{bi}$，这对应于 $W_{Ds}=0$ 的状态。在实际中，为了避免出现不必要的栅结正向电流，器件不会工作在平带。W_{Dd} 的最大值等于 a，对应的能带总弯曲称为夹断势，定义为

$$\psi_P \equiv \frac{qN_Da^2}{2\varepsilon_s} \tag{7}$$

对电流有贡献的电荷密度正比于沟道有效通道，其表示式为

$$Q_n(x) = qN_D(a-W_D) \tag{8}$$

沟道电流可以简单地由电荷乘以其速度 v 而得到：

$$I_D(x) = ZQ_n(x)v(x) \tag{9}$$

由于电流在整个沟道中是连续的，所以它与位置无关。从源到漏积分式(9)，有

$$I_D = \frac{Z}{L}\int_0^L Q_n(x)v(x)\mathrm{d}x \tag{10}$$

这是用于导出 $I\text{-}V$ 关系的基本方程。

求解式(10)需要知道载流子速度与外加电场的依赖关系，因此 $v\text{-}\mathcal{E}$ 关系很重要。在下面

的分析中,对于该关系,我们采用不同的假设。参考图 7.2,我们发现电流饱和可以起源于两种完全不同的机理。第一种是由于沟道夹断,即导电沟道完全被耗尽区夹断。这称为长沟道特性,仅用恒定迁移率(即 $v = \mu \mathscr{E}$)就可以得到很好地模拟。第二种可能的机理是在电场很高时,迁移率不再是恒定,速度最终会趋于一个常数(称为饱和速度),对短沟道器件尤为如此。这种现象发生在夹断之前。在下面我们将考虑这些效应。

恒定迁移率　在迁移率为常数时,假定关系式 $v = \mu \mathscr{E}$ 永远成立。应用该关系式以及 $\mathscr{E}_x = \mathrm{d}\Delta\psi_i / \mathrm{d}x$,对式(10)积分后得到

$$
\begin{aligned}
I_D &= \frac{Zq\mu N_D}{L} \int_0^{V_D} \left[a - \sqrt{\frac{2\varepsilon_s(\psi_{bi} + \Delta\psi_i - V_G)}{qN_D}} \right] \mathrm{d}\Delta\psi_i \\
&= G_i \left\{ V_D - \frac{2}{3\sqrt{\psi_P}} \left[(\psi_{bi} + V_D - V_G)^{3/2} - (\psi_{bi} - V_G)^{3/2} \right] \right\}
\end{aligned}
\tag{11}
$$

式中

$$
G_i \equiv \frac{Zq\mu N_D a}{L}
\tag{12}
$$

G_i 是 $W_D = 0$ 时的沟道电导。

在线性区,$V_D \ll V_G$,$V_D \ll \psi_{bi}$,式(11)简化为

$$
I_{D\text{lin}} = G_i \left(1 - \sqrt{\frac{\psi_{bi} - V_G}{\psi_P}} \right) V_D
\tag{13}
$$

这里,可以看出其欧姆特性。将式(13)在 $V_G = V_T$ 处作泰勒展开,它可以进一步简化为

$$
I_{D\text{lin}} \approx \frac{G_i}{2\psi_P}(V_G - V_T)V_D, \qquad V_G \approx V_T
\tag{14}
$$

式中

$$
V_T = \psi_{bi} - \psi_P
\tag{15}
$$

V_T 是栅阈值电压,在其上下,晶体管打开或关闭。

随着漏压继续增加,根据式(11),电流进入非线性区,达到峰值后开始下降。电流下降与实际不符,但它对应于夹断状态,此时 $W_{Dd} = a$。电流开始下降对应的 V_D 的值为

$$
V_{D\text{sat}} = \psi_P - \psi_{bi} + V_G = V_G - V_T
\tag{16}
$$

只要知道 $V_{D\text{sat}}$,把其带入式(11)可以得到饱和区电流值

$$
I_{D\text{sat}} = G_i \left[\frac{\psi_P}{3} - (\psi_{bi} - V_G)\left(1 - \frac{2}{3}\sqrt{\frac{\psi_{bi} - V_G}{\psi_P}} \right) \right]
\tag{17}
$$

可以看出,$I_{D\text{sat}}$ 的最大值为 $G_i\psi_P/3$。为了避免出现不必要的栅电流,实际中不会出现 $I_{D\text{sat}} = G_i\psi_P/3$ 的情形。跨导为

$$
g_m \equiv \frac{\mathrm{d}I_{D\text{sat}}}{\mathrm{d}V_G} = G_i \left(1 - \sqrt{\frac{\psi_{bi} - V_G}{\psi_P}} \right)
\tag{18}
$$

定性地讲,当漏压大于 $V_{D\text{sat}}$ 后,夹断点开始向源端移动。但是,夹断点的电势保持为 $V_{D\text{sat}}$,与 V_D 无关。这样,漂移区的电场维持恒定,导致电流饱和。实际情况表明 $I_{D\text{sat}}$ 并不完全随 V_D 饱和,这是由于有效沟道长度的减小。有效沟道长度定义为源和夹断点之间的距离。将式(17)在 $V_G = V_T$ 处进行泰勒展开,式(17)可以简化为

$$
I_{D\text{sat}} \approx \frac{G_i}{4\psi_P}(V_G - V_T)^2, \quad V_G \approx V_T
\tag{19}
$$

和

$$g_m \approx \frac{G_i}{2\psi_P}(V_G - V_T), \quad V_G \approx V_T \tag{20}$$

可以看出,式(14)、(19)和(20)的形式仅在阈值附近(即 $V_G \approx V_T$)与 MOSFET 的表示式类似。这种现象起源于 JFET 和 MESFET 的栅电容(或耗尽层宽度)与栅压有关,而 MOSFET 的栅电容是固定的。换言之,在 MOSFET 中,沟道电荷随 V_G 线性变化,而在 JFET 或 MESFET(式(8)),情况并不是这样的。

(在 JFET 和 MESFET 中的)体三维沟道和(在 MOSFET 和 MODFET 中的)电荷薄层二维沟道的差别是在体三维沟道中电流由沟道有效通道控制。因此,有可能把电流用几何尺寸来表示。这使我们能从另一个角度观察问题,同时也有助于对问题的理解。应用关系式

$$\frac{\mathrm{d}W_D}{\mathrm{d}\Delta\psi_i} = \frac{\varepsilon_s}{qN_D W_D} \tag{21}$$

由式(10)导出

$$I_D = \frac{Z\mu q^2 N_D^2}{\varepsilon_s L} \int_{W_{Ds}}^{W_{Dd}} (a - W_D) W_D \mathrm{d}W_D$$

$$= \frac{Z\mu q^2 N_D^2 a^3}{6\varepsilon_s L}\left[3(u_d^2 - u_s^2) - 2(u_d^3 - u_s^3)\right] \tag{22}$$

式中无量纲的归一化尺寸定义为

$$u_d \equiv \frac{W_{Dd}}{a} = \sqrt{\frac{\psi_{bi} + V_D - V_G}{\psi_P}} \tag{23}$$

$$u_s \equiv \frac{W_{Ds}}{a} = \sqrt{\frac{\psi_{bi} - V_G}{\psi_P}} \tag{24}$$

式(22)也可以直接从式(11)变换得到。在漏电压 V_D 较小的线性区,式(22)可以简化为

$$I_{D\text{lin}} = G_i(1 - u_s)V_D \tag{25}$$

在沟道被夹断时,电流饱和。令 $u_d = 1$,饱和电流由下式给出:

$$I_{D\text{sat}} = \frac{Z\mu q^2 N_D^2 a^3}{6\varepsilon_s L}(1 - 3u_s^2 + 2u_s^3) \tag{26}$$

因此,器件的跨导为

$$g_m = \frac{\mathrm{d}I_{D\text{sat}}}{\mathrm{d}V_G} = \frac{\mathrm{d}I_{D\text{sat}}}{\mathrm{d}u_s} \times \frac{\mathrm{d}u_s}{\mathrm{d}V_G} \tag{27}$$

$$= G_i(1 - u_s)$$

速-场关系 对于长沟道器件,电场很低,可以认为载流子的速度正比于电场,即认为迁移率恒定。对于短沟道 FET,在实验和理论之间存在很大的差异。出现差异的一个主要原因就是在短沟道器件内存在很强的电场。图 7.4 给出了硅的漂移速度和电场的定性依赖关系。在低电场下,漂移速度随电场线性增加,其斜率对应于恒定迁移率($\mu = v/\mathcal{E}$)。在强场时,载流子的速度偏离了这种线性关系。其数值比简单地从低场斜率外推得到的要小,且最终趋于一个饱和值。该饱和值称为饱和速度 v_s。因此,对于短沟道器件,这些效应必须考虑。

对 Si 而言,当电场高于 5×10^4 V/cm 时,漂移速度达到饱和值 10^7 cm/s。对 GaAs 和 lnP 而言,漂移速度首先达到一个峰值,然后下降到约为 $(6\times10^6 \sim 8\times10^6)$ cm/s。负阻现象是由于转移电子效应引起的。其 $v\text{-}\mathcal{E}$ 关系太复杂,无法得到一个解析结果,在本章不予考虑。

在本节中,我们将检查两种简单的v-$\mathcal{E}$关系。第一个是图 7.4 所示的两区线性近似。第二个是一个经验公式,它可以在恒定迁移率区间平滑地过渡到速度饱和区间,其表示式为

$$v(\mathcal{E}_x) = \frac{\mu\mathcal{E}_x}{1+(\mu\mathcal{E}_x/v_s)} = \frac{\mu\mathcal{E}_x}{1+(\mathcal{E}_x/\mathcal{E}_c)} \tag{28}$$

式中 $\mathcal{E}_x = \mathrm{d}\Delta\psi_i/\mathrm{d}x$,为沟道内的纵向电场。显然,关系式包含了一个重要的参数:临界电场 $\mathcal{E}_c$。

迁移率与电场有关:两段线性近似

我们首先讨论基于两区线性近似的速度饱和。请注意,在这个模型中,恒定迁移率的

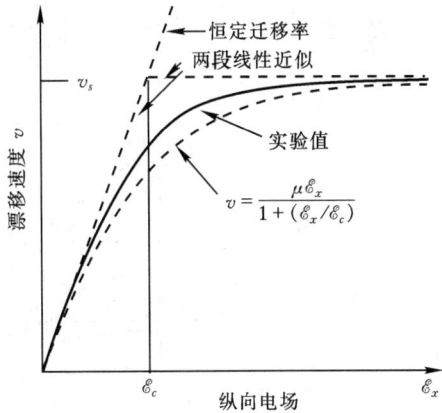

图 7.4　硅和没有转移电子效应的半导体的漂移速度随电场的变化曲线

结果(即式(11))在最大电场(位于漏端)没有达到临界电场 $\mathcal{E}_c$ 的区间是有效的。一旦达到 V_{Dsat}(它比恒定迁移率模型得到的 V_{Dsat} 小),电流就饱和在一个新的、更低的 I_{Dsat}。因此,主要的任务是计算这个新的 $V_{D\,sat}$。我们从包含电场和电流关系式(9)开始(用 $v=\mu\mathcal{E}$ 替代 v)。令 $\mathcal{E}=\mathcal{E}_c, I_D=I_{Dsat}$,有

$$I_{Dsat} = Zq\mu N_D\mathcal{E}_c\left[a - \sqrt{\frac{2\varepsilon_s(\psi_{bi}+V_{Dsat}-V_G)}{qN_D}}\right] \tag{29}$$

令式(29)等于式(11),得到 V_{Dsat} 的超越方程

$$\mathcal{E}_cL = \frac{V_{Dsat}-[2/(3\sqrt{\psi_P})][(\psi_{bi}+V_{Dsat}-V_G)^{3/2}-(\psi_{bi}-V_G)^{3/2}]}{1-\sqrt{(\psi_{bi}+V_{Dsat}-V_G)/\psi_P}} \tag{30}$$

该方程的图解表明,当 V_D 逼近 $\mathcal{E}_cL$ 或 $V_D/L\approx\mathcal{E}_c$ 时电流饱和。只要知道 V_{Dsat},就可以用恒定迁移率模型得到的式(11)计算出 I_{Dsat}。人们也发现,由于 V_{Dsat} 低于恒定迁移率模型得到的值,所以在沟道夹断之前,电流就饱和了。

迁移率与电场有关:经验公式　下面我们基于式(28)给出的 $v(\mathcal{E})$ 经验公式导出电流方程。把 v 带入式(9),并从 $x=0$ 到 L 积分,可得

$$\int_0^L I_D\left(1+\frac{\mathcal{E}_x}{\mathcal{E}_c}\right)\mathrm{d}x = \int_0^L ZQ_n\mu\mathcal{E}_x\mathrm{d}x \tag{31}$$

请注意,上式的右边类似于式(10)中的恒定迁移率模型。左边的结果为 $I_D(L+V_D/\mathcal{E}_cL)$。对式(31)积分后,有

$$I_D = \frac{G_i}{1+(V_D/\mathcal{E}_cL)}\left\{V_D - \frac{2}{3\sqrt{\psi_P}}[(\psi_{bi}+V_D-V_G)^{3/2}-(\psi_{bi}-V_G)^{3/2}]\right\} \tag{32}$$

与式(11)进行比较看出,新的结果给出的漏电流为恒定迁移率模型的 $1/(1+V_D/\mathcal{E}_cL)$。为了得到 V_{Dsat},我们可以令 $\mathrm{d}I_D/\mathrm{d}V_D=0$ 求出式(32)的峰值。得到的结果是 V_{Dsat} 的一个超越方程,即

$$\mathcal{E}_cL = \sqrt{\frac{\psi_{bi}+V_{Dsat}-V_G}{\psi_P}}\,(\mathcal{E}_cL+V_{Dsat})$$

$$\qquad -\frac{2}{3\sqrt{\psi_P}}[(\psi_{bi}+V_{Dsat}-V_G)^{3/2}-(\psi_{bi}-V_G)^{3/2}] \tag{33}$$

式(33)中取各种 $\mathscr{E}_c L$ 值得到的 $V_{D\text{sat}}$ 绘制于图7.5。最上面的曲线($\mathscr{E}_c L = \infty$)是恒定迁移率模型的界限。请注意,随着 $\mathscr{E}_c L$ 的减小,在较小的漏电压下漏电流达到饱和。

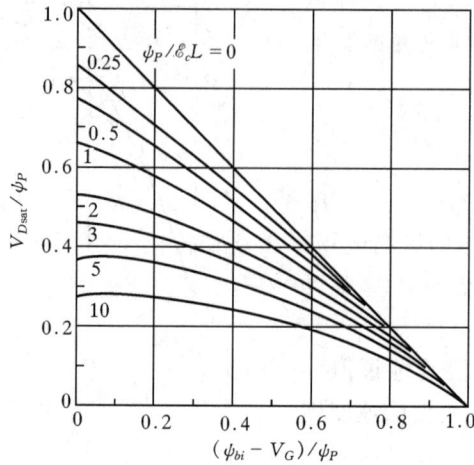

图 7.5 对于各种 $\psi_P/\mathscr{E}_c L$ 值,根据式(33)计算得到的 $V_{D\text{sat}}$(参考文献6)

可以应用式(32)得到饱和电流。这只需要把式(33)中的一些项带入式(32)即可。

$$I_{D\text{sat}} = G_i \mathscr{E}_c L \left(1 - \sqrt{\frac{\psi_{bi} + V_{D\text{sat}} - V_G}{\psi_P}}\right) = G_i \mathscr{E}_c L (1 - u_{dm}) \tag{34}$$

式中 u_{dm} 是当 $V_D = V_{D\text{sat}}$ 时计算得到的 u_d 的值。对式(33)式(34)求导数得到饱和区的跨导(注意,$V_{D\text{sat}}$ 也是 V_G 的函数)

$$\begin{aligned}
g_m = \frac{\mathrm{d}I_{D\text{sat}}}{\mathrm{d}V_G} &= \frac{G}{\sqrt{\psi_P}}\left(\frac{\sqrt{\psi_{bi} + V_{D\text{sat}} - V_G} - \sqrt{\psi_{bi} - V_G}}{1 + (V_D/\mathscr{E}_c L)}\right) \\
&= \frac{G_i(u_{dm} - u_s)}{1 + (\psi_P/\mathscr{E}_c L)(u_{dm}^2 - u_s^2)}
\end{aligned} \tag{35}$$

当 $\mathscr{E}_c L = \infty$ 和 $u_{dm} = 1$ 时,式(35)还原为式(27)(恒定迁移率模型)。

在讨论了 v-$\mathscr{E}$ 关系的三种模型后,比较一下它们的 I-V 特性是有益的。这里,我们采用 $V_G = 0$ 时的 I-V 曲线作为例子,其它的参数是,$\psi_P = 4$ V,$\psi_{bi} = 1$ V,$\mathscr{E}_c L = 2$ V。结果如图7.6 所示。对于恒定迁移率模型,两区线性近似和经验公式,$V_{D\text{sat}}$ 的值分别为3.1 V,1.3 V 和1.9 V。注意,直到 $V_{D\text{sat}}$,两区线性近似模型对应的曲线与恒定迁移率模型的曲线重合。三个曲线中最低的电流对应于经验公式,因为在所用的电场下,三个模型中经验公式对应的速度是最低的,如图7.4所示。

速度饱和 另一极限情形是速度饱和模型[7],在栅很短($L \ll V_D/\mathscr{E}_c$)的极限条件下,预期速度饱和模型是正确的。在此假设下,在栅下的整个区域中,载流子以饱和速度 v_s 运动,完全与低场迁移率无关。从式(9)开始,饱和电流可以简单地表示为

$$\begin{aligned}
I_{D\text{sat}} &= ZQ_n v_s \\
&= Zq(a - W_{Ds})N_D v_s
\end{aligned} \tag{36}$$

因此,器件的最大电流等于 $ZqaN_D v_s$,它比恒定迁移率模型给出的值 $G_i\psi_P/3$ 要小。选择源端的耗尽层宽度 W_{Ds} 而不是漏端的是显而易见的,因为我们将在下一节(偶极子层形成)讨论载

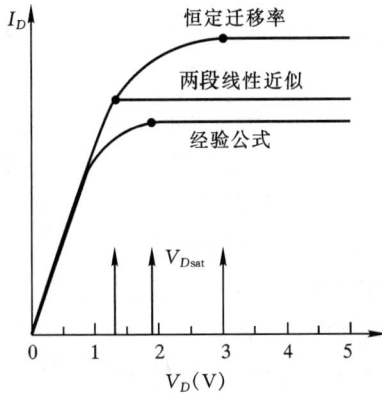

图 7.6　V_G 固定($=0$)时,三种 v-$\mathscr{E}$ 关系模型的 I-V 曲线

流子密度和速度分布的细节。式(36)显示出一个有趣的特性,即此时饱和电流完全与沟道长度无关。器件的跨导为

$$g_m = \frac{\mathrm{d}I_{D\mathrm{sat}}}{\mathrm{d}V_G} = -ZqN_Dv_s\frac{\mathrm{d}W_{Ds}}{\mathrm{d}V_G} = \frac{Z\varepsilon_sv_s}{W_{Ds}} \tag{37}$$

因为 ε_s/W_{Ds} 是栅-源电容 C_{GS},式(37)简化为熟悉的 FET 方程

$$g_m = ZC_{GS}v_s \tag{38}$$

该方程也有有趣的特点,即 g_m 为常数,它与栅偏压和沟道长度完全无关。图 7.7 给出了恒定迁移率模型和速度饱和模型输出特性的比较。注意,速度饱和模型给出的饱和电流和饱和电压较低,但在线性区保持类似。在速度饱和时 g_m 为常数表现为在不同的 V_G 下 I-V 曲线的等间距。正如所看到的那样,速度饱和极限给出了非常简单的推导和结果,使我们对短沟道的极限有一个很好的领悟。事实上,这些简单的公式与现代短沟道器件符合得很好。

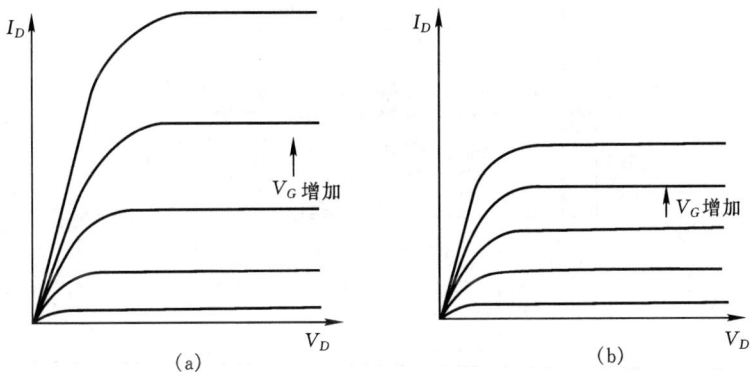

图 7.7　(a)恒定迁移率和(b)速度饱和模型的 I-V 曲线的定性比较

　　虽然速度饱和限制了场效应晶体管中载流子的最大速度,但是,仍然有两种特殊的效应能够在沟道局部电场很高的区域使速度更高。第一种与材料的特性有关,例如 GaAs 和 InP,这些材料有转移电子效应。根据第 1 章图 1.20(a)所示的 v-$\mathscr{E}$ 关系,在电场强度为中等水平时,漂移速度比饱和速度高。在解析模拟 I-V 特性时包含这种负阻效应是非常困难的。第二种效

应存在于超短沟器件中,其沟道长度可以与平均自由程相比拟或小于平均自由程。读者可以参考在第 1 章讨论过的弹道现象。对于非常短的栅,在沟道的高场区域[8],电子没有足够的时间或距离达到平衡输运。在这种情形时,电子进入高场区域,在弛豫到平衡值之前,它们可以被加速到较高的速度。因而,载流子可以过冲到稳态速度的 2 倍以上,然后在移动一段距离后速度弛豫到平衡状态。过冲可以缩短电子的渡越时间。预期这种过冲可以改善频率响应,对 GaAs FET 尤其如此。这种现象与低场迁移率间接有关,因为这两者都由散射决定。在沟道长度相同时,较高迁移率的材料有更强的弹道效应。

偶极层的形成　当漏电压超过 V_{Dsat} 以后,会发生与速度饱和有关的一个有趣现象。它源于这样一个事实,即,当漏电压超过 V_{Dsat} 后继续增加,耗尽层的宽度会持续增加,而在此期间,沟道有效通道减小。为了维持同样的饱和电流,在较窄的沟道内载流子浓度必须大于掺杂浓度以维持同样的电流,因为此时速度已经恒定在 v_s。在下面我们将对此做出详细的解释。

在漏电压低于饱和电压 V_{Dsat} 时,沿沟道方向的电势从源端的零伏增加到漏端的 V_D。结果,相对于沟道,(沿源到漏方向)栅接触变得愈加反偏,且耗尽层宽度变得更宽。所引起的沟道通道 b 的减小必为电场和电子速度的增加所补偿以使流过沟道的电流保持恒定。当 V_D 增加到接近 V_{Dsat} 时,在栅极的漏端,电子达到饱和速度(图 7.8(a))。在栅下,沟道横截面收缩到最小值 b_1。该点的电场达到临界值 $\mathscr{E}_c$,I_D 开始饱和。然而,只要电场不超过临界值 $\mathscr{E}_c$,电子浓度 $n(x)$ 仍就等于掺杂密度 N_D。

图 7.8(b)显示了 $V_D > V_{Dsat}$ 时的情形。饱和电流为

$$I_{Dsat} = Zqv_s n(x)b(x) \tag{39}$$

若漏电压超过 V_{Dsat} 后继续增加,耗尽区向漏侧展宽。点 x_1(在此点,电子达到饱和速度,沟道

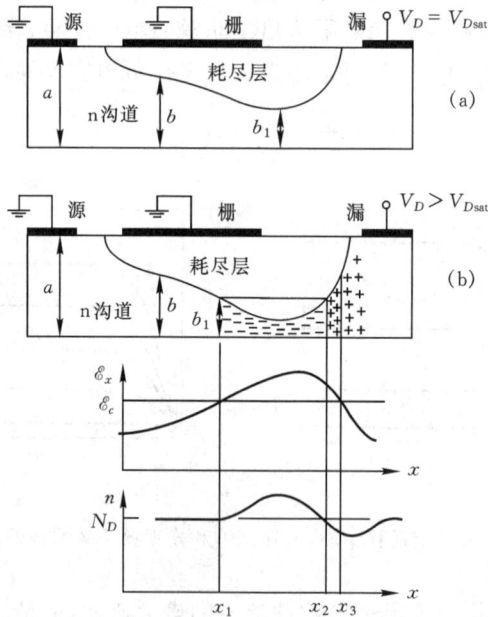

图 7.8　(a)在 $V_D = V_{Dsat}$ 和速度饱和情形下的截面图;(b)工作在 $V_D > V_{Dsat}$ 时形成偶极层,显示出整个准中性沟道中电场和载流子浓度分布(参考文献 9)

宽度为 b_1)向源侧移动。请注意,感兴趣的有三个位置:在 x_1 和 x_2 点沟道通道的宽度为 b_1,在 x_1 和 x_3 点 $\mathcal{E} = \mathcal{E}_c$;这也意味着在 x_1 到 x_2 之间沟道比 b_1 窄,在 x_1 到 x_3 之间,载流子以饱和速度 v_s 运动;既然速度已经饱和,x_1 到 x_2 之间沟道宽度的变化必为载流子密度的变化所补偿,以维持恒定的电流。根据式(39),在 x_1 到 x_2 之间沟道通道小于 b_1,必然形成电子积累层($n > N_D$)。在 x_2 处,沟道通道又变为 b_1,且负空间电荷变为正空间电荷($n < N_D$)以维持恒定的电流。在 x_2 和 x_3 之间,电子速度仍然饱和但沟道宽度大于 b_1。同样,根据同一式(39),载流子的浓度比 N_D 小以使饱和电流恒定。因此,超过 V_{Dsat} 部分的漏电压在沟道中形成一偶极层,此偶极层扩展到栅的漏端以外。

击穿　当漏电压超过 V_{Dsat} 后,假定漏电流基本上与饱和电流保持相同。当漏电压进一步增加时,发生雪崩击穿,漏电流随漏电压突然增加。击穿发生于沟道漏端的栅边缘,此处的电场最强。FET 的击穿分析本身要比双极晶体管的更为复杂,这是因为它是一个二维情形。

击穿的基本机理是碰撞电离。因为碰撞电离是电场的强函数,所以最大电场通常作为击穿的一级判据。在 x 方向作简单一维分析,并把栅-漏结构当作反偏的二极管来处理,则漏击穿电压 V_{DB} 就类似于栅结的击穿电压,且与漏相对于栅的电压成线性关系

$$V_{DB} = V_B - V_G \tag{40}$$

式中 V_B 是栅二极管的击穿电压。除了与其他的因素有关外,V_B 是沟道掺杂浓度的函数。图 7.9(a)显示了式(40)的一般击穿特性。从图可以看出,击穿电压随 V_G 的增加而上升。这种击穿特性通常对 Si JFET 是正确的。对于 GaAs MESFET,击穿机理更加复杂。它们的击穿电压一般较低,对 V_G 的依赖关系不再遵循式(40),且有相反的趋势,如图 7.9(b)所示。下面讨论这些附加的效应。

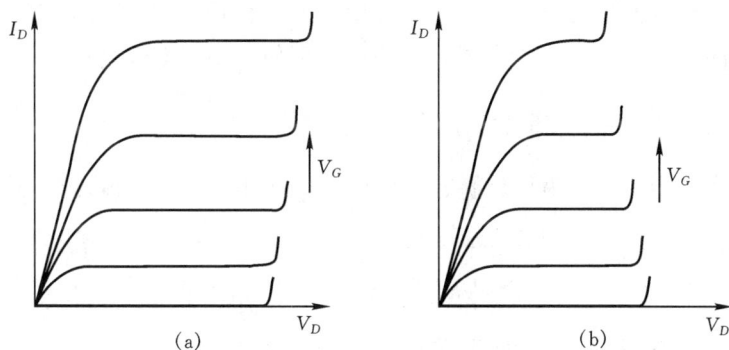

图 7.9　漏击穿的实验数据
Si JFET 中击穿电压随 V_G 增加;(b)在 GaAs MESFET 中击穿电压随 V_G 减小

不像 MOSFET 那样,重掺杂的源和漏在栅的边缘与栅有交叠,JFET 和 MESFET 的栅与源/漏接触(或在接触下的重掺杂区)之间存在间隙。对于击穿而言,栅-漏之间的距离 L_{GD} 至关重要。该间隙中掺杂水平与沟道相同。如果在栅-漏之间的间隔区域存在表面陷阱,它就能够使部分沟道耗尽,从而影响场的分布。在某些情形,它们能提高击穿电压。图 7.10 给出了两维分析得到的场分布随表面势垒(由表面陷阱产生)变化的函数曲线。没有表面陷阱时(即 $\psi_s = 0$),在栅的边缘处电场最大,击穿发生于此处。在这个特别的例子中,当表面势为 0.65 V 时,栅边缘的电场减小,因而击穿电压增加。应用一维分析得到的栅边缘的电场为[10]

$$\mathcal{E}(L) = \frac{qN_D}{\varepsilon_s} \sqrt{\frac{2\varepsilon_s}{qN_D}(\psi_{bi} + V_D - V_G) - \frac{N'_{st}}{N_D}L_{GD}^2}$$

$$(41)$$

式中 N'_{st} 为表面陷阱密度。(式(41)隐含 L_{GD} 大于一维耗尽层宽度,这样当 $N'_{st} = 0$ 时,$\mathcal{E}(L)$ 和 V_{DB} 与 L_{GD} 无关。)当表面势增加到 1 V 时,漏接触处的电场增加,这是因为曲线下的面积表示总的外加电压,它是一个常数。如果漏接触处的电场增加到临界值,在漏接触处发生击穿,因此,击穿电压再次降低。因为 GaAs 没有像 SiO_2 那样的钝化层,与 Si JFET 相比,GaAs MESFET 的击穿电压不太好控制,且有不同的击穿特性。

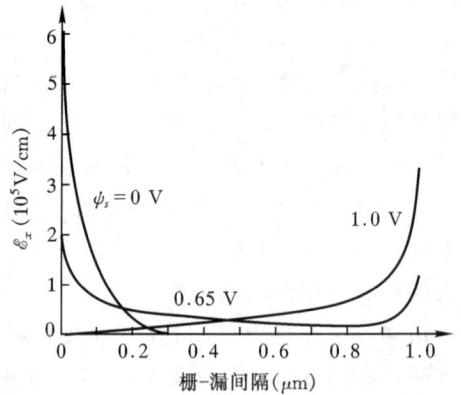

图 7.10 栅-漏间隔中的电场分布随陷阱引起的表面电势的变化。$V_D = 4$ V,$V_G = 0$
(参考文献 10)

在 MESFET 中引起击穿电压降低的一个因素是隧穿电流。隧穿电流与肖特基势垒接触有关[11]。在强场时,遂穿电流来源于与温度有关的热电子场发射。栅电流能激发雪崩倍增,导致较低的漏击穿电压。在沟道电流较大时,内部节点温度更高,它触发初期的栅电流激发的雪崩击穿。这是图 7.9(b) 中高 V_G 时 V_{DB} 降低的原因。另一个因素是 GaAs MESFET 通常比 Si 器件电流和跨导大,这是由于 GaAs 材料迁移率高。大的沟道电流能够在低电压时激发雪崩,或产生触发早期击穿的温度效应。

可以通过扩大栅和漏的间距提高击穿电压。此外,为了使这一措施的功能最大化,场分布应尽可能均匀。一种技术是在横向引入杂质梯度。另一种技术,称为 RESURF(降低表面电场)[12],是在下面引入一 p 型层,这样,在高的漏偏压下使 n 型层全部耗尽。

7.2.2 任意掺杂分布和增强模式

任意掺杂分布 当沟道区为任意掺杂分布时,耗尽层内净电势与掺杂的关系由第 2 章式 (40) 给出

$$\psi_{bi} - V_G = \frac{q}{\varepsilon_s} \int_0^{W_D} y N_D(y) \mathrm{d}y \qquad (42)$$

积分上限的最大值为 $W_D = a$,对应的量为前面定义的夹断势

$$\psi_P = \frac{q}{\varepsilon_s} \int_0^a y N_D(y) \mathrm{d}y \qquad (43)$$

下面,我们考虑电流-电压特性和跨导。我们把位置 y_1 处总电荷密度的积分形式定义为

$$Q(y_1) \equiv q \int_0^{y_1} N_D(y) \mathrm{d}y \qquad (44)$$

上式将用于简化下面的方程。基于式(9)的漏电流修正为

$$I_D = Zqv \int_{W_D}^a N_D(y) \mathrm{d}y$$

$$= Zv[Q(a) - Q(W_D)] \qquad (45)$$

记住,在有漏偏压时,v 和 W_D 沿沟道方向随 x 变化。从 $x=0$ 到 L 对方程两边积分,得到

$$\int_0^L I_D \mathrm{d}x = I_D L = Z \int_0^L v[Q(a) - Q(W_D)] \mathrm{d}x \tag{46a}$$

或

$$I_D = \frac{Z}{L} \int_0^L v[Q(a) - Q(W_D)] \mathrm{d}x \tag{46b}$$

式(46b)是计算漏电流的基本方程。

在线性区,由于低的电场或低的漏压,漂移速度总在恒定迁移率区间。代入 $v = \mu \mathscr{E} = \mu \mathrm{d}\Delta\psi_i / \mathrm{d}x$,得到

$$
\begin{aligned}
I_{D\text{lin}} &= \frac{Z}{L} \int_0^L \mu \frac{\mathrm{d}\Delta\psi_i}{\mathrm{d}x}[Q(a) - Q(W_D)] \mathrm{d}x \\
&= \frac{Z\mu}{L} \int_0^{V_D}[Q(a) - Q(W_D)] \mathrm{d}\Delta\psi_i \\
&\approx \frac{Z\mu}{L}[Q(a) - Q(W_{Ds})] V_D
\end{aligned}
\tag{47}
$$

在饱和区,我们首先考虑饱和是由于夹断($W_{Dd} = a$)引起的情形。从式(46b)出发,应用式(21),把变量换成 W_D,漏电流为

$$
\begin{aligned}
I_{D\text{sat}} &= \frac{Z\mu}{L} \int_{W_{Ds}}^a [Q(a) - Q(W_D)] \frac{\mathrm{d}\Delta\psi_i}{\mathrm{d}W_D} \mathrm{d}W_D \\
&= \frac{Zq\mu}{\varepsilon_s L} \int_{W_{Ds}}^a [Q(a) - Q(W_D)] W_D N_D \mathrm{d}W_D
\end{aligned}
\tag{48}
$$

应用类似于式(21)的关系式

$$\frac{\mathrm{d}W_D}{\mathrm{d}V_G} = \frac{-\varepsilon_s}{q W_D N_D} \tag{49}$$

对式(48)求导可求出跨导

$$
\begin{aligned}
g_m &= \frac{\mathrm{d}I_{D\text{sat}}}{\mathrm{d}V_G} = \frac{\mathrm{d}I_{D\text{sat}}}{\mathrm{d}W_D} \times \frac{\mathrm{d}W_D}{\mathrm{d}V_G} \\
&= \frac{-Zq\mu}{\varepsilon_s L}[Q(a) - Q(W_{Ds})] W_D N_D \times \frac{\mathrm{d}W_D}{\mathrm{d}V_G} \\
&= \frac{Z\mu}{L}[Q(a) - Q(W_{Ds})]
\end{aligned}
\tag{50}
$$

上式表明,g_m 等于从 $y = W_{Ds}$ 延伸到 a 的半导体矩形截面的电导。

对于短沟道器件,速度饱和决定了电流饱和,漏电流由下式给出

$$I_{D\text{sat}} = Zq v_s \int_{W_{Ds}}^a N_D(y) \mathrm{d}y = Z v_s[Q(a) - Q(W_{Ds})] \tag{51}$$

为了得到跨导,对式(51)求导

$$\frac{\mathrm{d}I_{D\text{sat}}}{\mathrm{d}W_{Ds}} = -Zq v_s N_D(W_{Ds}) \tag{52}$$

跨导为

$$
\begin{aligned}
g_m &= \frac{\mathrm{d}I_{D\text{sat}}}{\mathrm{d}W_{Ds}} \times \frac{\mathrm{d}W_{Ds}}{\mathrm{d}V_G} = -Zq v_s N_D \times \frac{-\varepsilon_s}{q W_{Ds} N_D} \\
&= \frac{Z v_s \varepsilon_s}{W_{Ds}}
\end{aligned}
\tag{53}
$$

它与式(37)相等。

在实际应用中,常常要求有好的线性度,即 g_m 为常数。这意味着 I_{Dsat} 随 V_G 线性变化。转移特性的线性可采用使耗尽层深度 $W_D(V_G)$ 几乎不随栅压变化的掺杂分布来实现。对于各种掺杂分布,其转移特性示于图 7.11。请注意,当适当的参变量取极限值时(使在 $x=a$ 为 δ 掺杂),有两种非均匀掺杂能实现 g_m 为常数。上述结果与恒定迁移率情形大不相同,在恒定迁移率的情形,掺杂分布对转移特性的影响可以忽略。尽管式(53)意味着 g_m 随栅电压的增加而减少,但是,重要参量 g_m/C_{GS} 却不受影响,此参量中的 C_{GS} 为栅-源电容。这是因为 $C_{GS}=\varepsilon_s/W_D$,且式(53)给出

$$\frac{g_m}{C_{GS}} = Zv_s = 常数 \tag{54}$$

实验结果证实,采取缓变沟道掺杂[14]或突变掺杂[15]的 FET,其线性度得到改善。

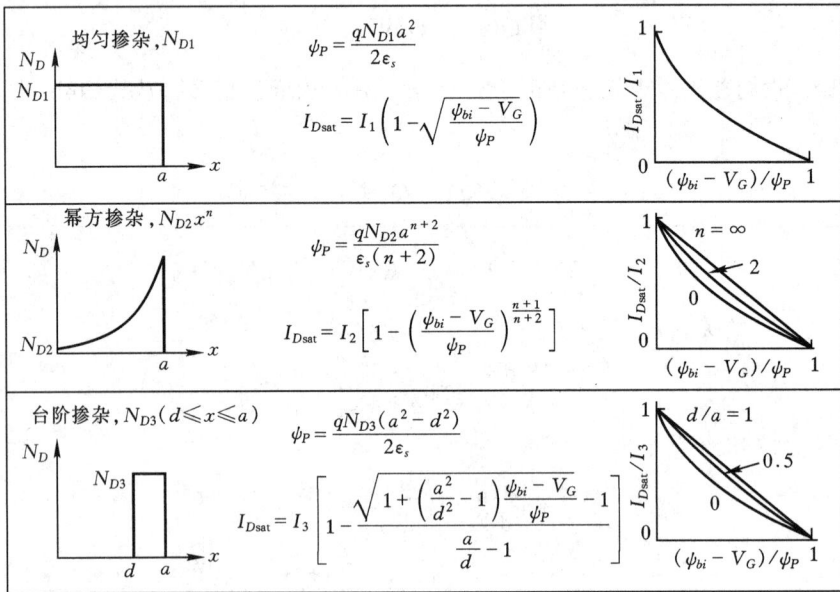

图 7.11　各种掺杂分布下的 I_{Dsat} 和转移特性。假定采用速度饱和模型(参考文献 7)

增强模式的器件　埋沟 FET 通常是常开器件。常开式和常关式器件的 *I-V* 特性是类似的,只是阈值电压的值不同。图 7.12 比较了这两种工作模式。两者的主要差别在于阈值电压沿 V_G 轴的移动。常关式器件在 $V_G=0$ 时没有电流,当 $V_G>V_T$ 时电流开始流动。

在高速低功耗的应用中,常关式(或增强模式)器件十分诱人。常关式器件是在 $V_G=0$ 时没有导电沟道的器件;也就是说,栅结的内建势 ψ_{bi} 足以使沟道区完全耗尽。从数学上来说,常关式器件的阈值电压 V_T 是一个正值。根据式(15),这意味着

$$\psi_{bi} > \psi_P$$
$$> \frac{qN_D a^2}{2\varepsilon_s} \tag{55}$$

由于内建电势最大不超过禁带宽度,这给沟道掺杂和沟道宽度带来限制,而这两个量影响器件能提供的最大电流。对于均匀掺杂的沟道,当电流受限于速度饱和时,最大电流为

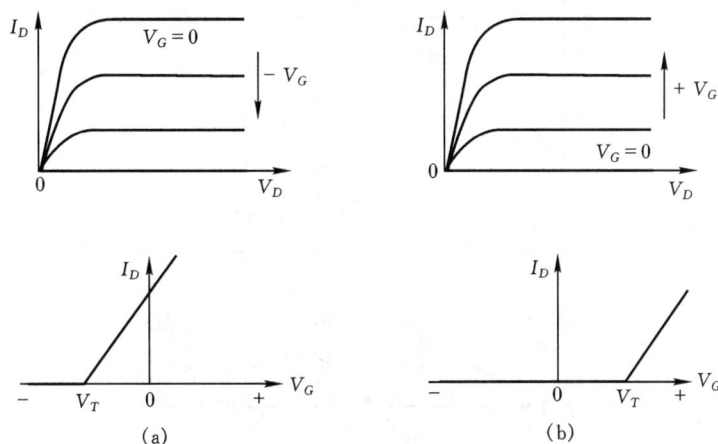

7.12　(a)常开(耗尽模式)FET 和(b)常关(增强模式)FET I-V 特性的比较

$$I_D < ZqN_Dav_s \tag{56}$$

当栅压等于内建电势时,电流达到这一极限值,但这个不切实际的偏置状态会引起过高的栅电流。

7.2.3　微波特性

小信号等效电路　场效应晶体管,尤其是 GaAs MESFET 对于低噪声放大、高效率功率产生和高速逻辑应用是十分有用的。我们首先研究 MESFET 或 JFET 的小信号等效电路。共源组态并工作于饱和区的小信号集总元件电路示于图 7.13。在本征 FET 中,元件$(C'_{GS} + C'_{GD})$是总的栅-沟道电容$(=C'_G)$;R_{ch}是沟道电阻;R_{DS}是输出电阻,它反映了饱和电流随漏压的变化。非本征(寄生)元件包括源串联电阻 R_S,漏串联电阻 R_D,栅电阻 R_G,寄生输入电容 C'_{par} 和输出(漏-源)电容 C'_{DS}。

栅-沟道结的泄漏电流可表示为

$$I_G = I_0\left[\exp\left(\frac{qV_G}{\eta kT}\right) - 1\right] \tag{57}$$

式中,η 为二极管理想因子$(1<\eta<2)$,I_0 为饱和电流。输入电阻为

$$R_{in} \equiv \left(\frac{dI_G}{dV_G}\right)^{-1} = \frac{\eta kT}{q(I_0 + I_G)} \tag{58}$$

当 $I_G\rightarrow 0$ 时,在 $I_0=10^{10}$ A 时,室温下的输入电阻约为 250 MΩ。对于负的栅压(负的 I_G),输入电阻更高。显然,FET 有很高的输入电阻,即使它没有像 MOSFET 那样理想的的绝缘栅。

不受栅电压调制的源漏串联电阻在栅源接触之间和栅漏之间要产生 IR 压降。这些串联电阻将降低漏电导和跨导。内部的有效电压 V_D 和 V_G 应分别以$[V_D-I_D(R_S+R_D)]$和$(V_G-I_DR_S)$代之。在线性区,电阻 R_S 和 R_D 串联,实测的总的漏源电阻为$(R_S+R_D+R_{ch})$。在饱和区,漏电阻 R_D 将使电流开始饱和时的漏电压增加。在 $V_D>V_{Dsat}$ 以后,V_D 的大小对漏电流没有影响。同样,在饱和区,实测跨导仅受到源电阻的影响。因此,R_D 对 g_m 没有太大的影响,实测的非本征跨导等于

$$g_{mx} = \frac{g_m}{1 + R_S g_m} \tag{59}$$

(a)

(b)

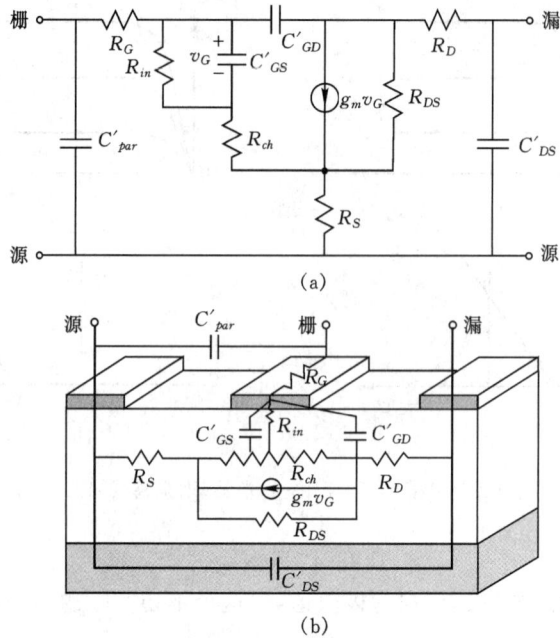

图 7.13 (a)MESFET 和 JFET 的小信号等效电路。v_G 小信号栅压,电容符号
带撇表示总电容(单位为法拉),以区别于每单位面积电容;(b)电路元
件的物理来源

截止频率 截止频率 f_T 和最高振荡频率 $f_{\max}$ 通常用于表示器件的高速性能。f_T 定义为单位增益对应的频率,在此频率时,小信号输入栅电流等于本征 FET 的漏电流。$f_{\max}$ 为器件能提供功率增益的最大频率。对速度为主要关注对象的数字电路,f_T 更适合于作为品质因子,而在模拟电路应用中则更关注 $f_{\max}$。

基于单位增益,应用 5.3.1 节讨论过的公式得到

$$f_T = \frac{g_m}{2\pi C'_{in}} = \frac{g_m}{2\pi(C'_G + C'_{par})} \tag{60}$$

式中 C'_{in} 是总的输入电容(图 7.13),$C'_G = C'_{GS} + C'_{GD}$。在输入寄生电容为零($C'_{par} = 0$)的理想情形下,有

$$f_T = \frac{g_m}{2\pi C'_G} = \frac{v}{2\pi L} \tag{61}$$

式(61)的物理意义是,f_T 与 L/v 有关,L/v 正好是载流子从源到漏的渡越时间。对于短沟道器件,漂移速度 v 等于饱和速度 v_s,这样在沟道长度为 1 μm 时,渡越时间约为 10 ps(10^{-11} s)。在实际中,输入寄生电容 C'_{par} 是 C'_G 的几分之一,因此 f_T 稍微低于理论上的最大值。

式(60)是一个近似表示式,它忽略了一些寄生量。一个包含源、漏电阻和栅漏电容的更完整的表达式为

$$f_T = \frac{g_m}{2\pi\left[G'_G\left(1 + \dfrac{R_D + R_S}{R_{DS}}\right) + C'_{GD}g_m(R_D + R_S) + C'_{par}\right]} \tag{62}$$

注意,上式中的 g_m 是本征值,不是式(59)中的 g_{mx}。

FET 的速度限制也依赖于器件的几何形状和材料特性。在器件的几何形状中,最重要的

参数是栅长 L。减少 L 将降低电总的栅电容$[C'_G \propto (Z \times L)]$并增加跨导（在速度饱和以前），因而 f_T 得到改善。至于载流子的输运，因为内电场沿沟道方向变化，所以在所有场强下的漂移速度至关重要。这些包括低场迁移率和高场时的饱和速度，对于某些材料，还包括发生转移电子效应时中等电场下的峰值速度。在 Si 和 GaAs 中，电子的低场迁移率比空穴的高。因此，在微波应用中只使用 n 沟道 FET。GaAs 的低场迁移率约是 Si 的 5 倍，预期 GaAs 器件具有更高的 f_T。对于同样的栅长，因为 InP 有更高的峰值速度，预期其 f_T 要高于 GaAs 的。在任何情况下，对于这些材料，栅长在 $0.5~\mu\mathrm{m}$ 以下的 FET，其 f_T 将超过 30 GHz。

最高振荡频率　$f_{\max}$ 定义为单向增益为 1 所对应的频率。单向增益 U 随频率的平方而下降

$$U \approx \left(\frac{f_{\max}}{f} \right)^2 \tag{63}$$

而

$$f_{\max} = \frac{f_T}{2\sqrt{r_1 + f_T \tau_3}} \tag{64}$$

r_1 是输入-输出电阻比，

$$r_1 \equiv \frac{R_G + R_{ch} + R_S}{R_{DS}} \tag{65}$$

式中沟道电阻 R_{ch}[16] 为

$$R_{ch} = \frac{1}{g_m} \frac{(3\alpha^3 + 15\alpha^2 + 10\alpha + 2)(1-\alpha)}{10(1+\alpha)(1+2\alpha)^2} \tag{66}$$

式中 α 是一个取决于漏压与 $V_{D\mathrm{sat}}$ 比值的量

$$\alpha = 1 - \frac{V_D}{V_{D\mathrm{sat}}} \qquad (V_D \leqslant V_{D\mathrm{sat}}) \tag{67}$$

在饱和时，$\alpha = 0$，$R_{ch} = 1/5g_m$。τ_3 为时间常数

$$\tau_3 \equiv 2\pi R_G C'_{GD} \tag{68}$$

对于小的 r_1，式(64)简化为更为熟悉的形式，即

$$f_{\max} \approx \sqrt{\frac{f_T}{8\pi R_G C'_{GD}}} \tag{69}$$

随着频率的增加，单向增益将按 6 dB/八倍频程减少。在 $f_{\max}$ 处，功率增益达到 1。为得到最高的 $f_{\max}$，本征 FET 的 f_T 和电阻比 R_{ch}/R_{DS} 必须取最佳值。此外，非本征电阻 R_G 和 R_S 以及反馈电容 C'_{GD} 必须减至最小。

功率-频率限制　在功率应用中，要求器件承受大电压和通过大电流。然而就器件设计而言，这些要求是相互冲突的。此外还必须兼顾速度，这样就必须折衷考虑。为了得到大电流，总的沟道掺杂$(N_D \times a)$必须高。为了维持高的击穿电压，N_D 不能太高，L 也不能太小。为了得到高的 f_T，L 必须最小，结果 N_D 必须增加。最后这一限制是由于下列原因造成的。

为使栅电极能充分控制沟道内电流输运，栅长必须比沟道深度大一些[17]，即

$$\frac{L}{a} \geqslant \pi \tag{70}$$

为了减少 L，沟道深度 a 必须同时减少，这就意味着要有较高的掺杂水平以维持合理的电流。因为这样的原因，已经提出了一些缩小法则。它们包括恒定 LN_D 缩小，恒定 $L^{1/2}N_D$ 缩小[18]

和恒定 $L^2 N_D$ 缩小[19]。在实际的 Si 和 GaAs FET 中,由于击穿的限制,最高掺杂浓度约为 $5 \times 10^{17} \text{cm}^{-2}$。应用最简单的速度饱和估算,$I_{Dsat}/Z = qN_D a v_s$,$v_s = 1 \times 10^7 \text{ cm/s}$,为了维持 3 A/cm 的电流,这一掺杂浓度使最小栅长度限制到约 $0.1 \ \mu\text{m}$,相应的最高 f_T 约为 100 GHz。

器件在大功率情形下工作时,其温度要上升。器件的这种温升使得迁移率和饱和速度降低,其原因是迁移率随 $[T(K)]^{-2}$ 而变化,饱和速度随 $[T(K)]^{-1}$ 而变化。因此,FET 有负的温度系数,在大功率下工作时,会有良好的热稳定性。

现代 GaAs FET 的功率-频率特性示于图 7.14。以牺牲功率为代价,MODFET 可以得到更高的频率范围。随着进一步缩小到到亚微米尺度以及改进设计和寄生效应的降低,可以制造出能在更高频率下工作并且有更大功率的 FET。也随着像 SiC 和 GaN 这类宽禁带半导体材料的使用,功率-频率特性曲线可以向上移动。对于 GaN 器件,曲线升高超过 10 倍。

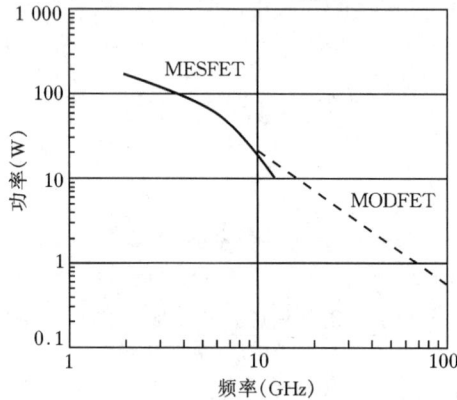

图 7.14 现代 GaAs MESFET 的功率与频率关系图。MODFET
能够达到更高的频率(参考文献 21)

噪声特性 JFET 和 MESFET 均为低噪声器件,这是因为在工作时只有多数载流子参与,且载流子传输的沟道位于体内,没有表面和界面散射。然而在实际器件中,非本征电阻是不可避免的,器件的噪声性能主要取决于这些寄生电阻。用于噪声分析的等效电路见图7.15。噪声源 i_{ng},i_{nd},e_{ng} 和 e_{ns} 分别表示感应栅噪声、感应漏噪声、栅电阻 R_G 的热噪声和源电阻 R_S 的热噪声。e_s 和 Z_s 分别是源电压和源阻抗。虚线内的电路相当于本征 FET。噪声系数定义为

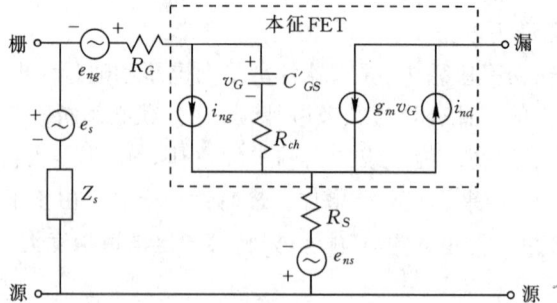

图 7.15 用于噪声分析的 FET 等效电路(参考文献 23)

总的噪声功率与源阻抗单独产生的噪声功率之比。因此噪声系数也依赖于连接到器件的外部电路。**最佳噪声系数**是一个重要参数,它是在源阻抗和负载阻抗对于噪声性能最佳时得到的。从等效电路得到实际器件的最佳噪声系数为[24]

$$F_{\min} \approx 1 + 2\pi C_1 f C'_{GS} \sqrt{\frac{R_G + R_S}{g_m}} \tag{71}$$

式中 C_1 是一个常数,其值为 $2.5\ \text{s/F}$。显然,为了得到低噪声特性,应使栅寄生电阻和源寄生电阻最小。在给定频率下,噪声系数随栅长的减小而减小($C'_{GS} \propto L \times Z$)。我们应当记住,$R_G$(见图 7.13(b))和跨导 g_m 与沟道宽度 Z 成正比,而 R_S 与 Z 成反比。这导致噪声随沟道宽度的减小而减小。

已经发现缓变沟道 FET(图 7.11)比起相同几何形状的均匀掺杂器件有较低的噪声(其噪声要降低 1 至 3 dB)[7]。噪声的这种差异是由于噪声系数与 g_m 有关。缓变沟道 FET g_m 值的减少(但对于 f_T,g_m/G_{GS} 并不减少)能得到优越的噪声特性。

7.2.4 器件结构

图 7.16 是高性能 MESFET 的示意图。MESFET 的结构分为两大类:离子注入平面结构和凹槽(或凹栅)结构。对于像 GaAs 这样的化合物半导体,所有器件均采用半绝缘层(SI)衬底。

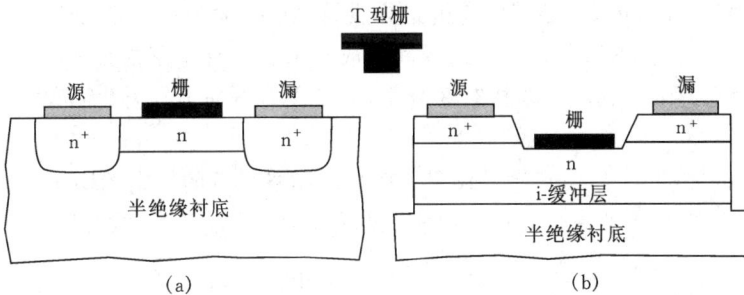

图 7.16 MESFET 的基本结构

(a)离子注入平面结构;(b)凹槽沟道(凹槽栅)结构。插图为 T 栅(或蘑菇栅),可用于这两种结构

在离子注入平面工艺中(图 7.16(a)),用离子注入过补偿半绝缘衬底的深能级杂质来形成有源区。有源器件在水平和垂直方向被半绝缘材料自然隔离。为了使源和漏的寄生电阻最小,深 n^+ 注入应尽可能的靠近栅。这可以通过自对准工艺实现。在栅优先自对准工艺中,先形成栅,然后源/漏注入与栅自对准。在该工艺中,因为离子注入需要高温退火来激活杂质,所以栅需要用能抵抗高温工艺的材料制造。这些材料有 Ti-W 合金,WSi_2 和 $TaSi_2$。第二种方法是欧姆接触优先,即先进行源-漏注入和退火,然后再制作栅。这种工艺放宽了先前对栅材料的要求。

在凹槽工艺中(图 7.16(b)),有源层是用外延工艺生长在半绝缘衬垫上。先在衬底上生长一层本征缓冲层,接着生长一层有源层。缓冲层的作用在于消除半绝缘层内的缺陷。最后,在有源层上外延一层 n^+ 层以减小源和漏的接触电阻。在源、漏之间的区域通过选择腐蚀去除 n^+ 层以形成栅。为了更精确的控制最终流过沟道的电流,往往通过测量源和漏之间的电流来监控腐蚀过程。这种凹槽结构的一个优点是，n-沟道层远离表面，从而将一些表面效应（例如瞬态响应）和其它一些可靠性问题减至最小。这种方案的缺点是需要增加一道隔离工序，可以采用图示的台面腐蚀工艺，或采用离子注入把半导体转变为高阻材料实现隔离。

为了达到更好的微波性能，可以把栅的形状做成 T 型栅或蘑菇栅，如图 7.16 的插图所示。栅底部的尺寸小，它是电学沟道的长度，保证最佳的 f_T 和跨导 g_m，而栅顶部宽的尺寸减小了栅电阻，改善了 f_{max} 和噪声系数。

JFET 的结构与 MESFET 的类似，只是需要在栅接触下用离子注入形成 p-n 结。JFET 更适合于功率应用。在现代高频应用中，很少用 JFET。部分原因是，由 p-n 结形成的沟道长度的控制和最小化与金属栅相比有很大的不同。MESFET 和 JFET 的一个固有的缺陷是重掺杂的源、漏区不能像在 MOSFET 中那样与栅覆盖。如果它们侵入栅下，就会在栅与源（或漏）之间形成短路或泄漏通路。由于这个原因，源、漏串联电阻要比 MOSFET 的大。

7.3　MODFET

调制掺杂场效应晶体管（MODFET）也称为高电子迁移率晶体管（HEMT）、二维电子气场效应晶体管（TEGFET）和选择掺杂异质结晶体管（SDHT）。有时，它仅是 HFET（异质结场效应晶体管）的通称。MODFET 独特的特征是异质结，其中，宽禁带材料是掺杂的，载流子扩散到不掺杂的窄禁带层，在不掺杂的异质结界面形成沟道。这种调制掺杂的净结果是，位于不掺杂的异质结界面沟道中的载流子与掺杂区分离，由于没有杂质散射，因而可以得到很高的迁移率。

Esaki 和 Tsu 在 1969 首次研究了载流子在与超晶格平行的层中的输运[26]。上世纪 70 年代 MBE 和 MOCVD 技术的进步使得可以实际制作异质结、量子井和超晶格。Ding 等在 1978 年首次证明了在 AlGaAs/GaAs 调制掺杂超晶格中的迁移率增强[27]。随后，在 1979 年，Stormer 等在单个 AlGaAs/GaAs 异质结中观察到了类似的结果[28]。这些研究是在没有控制栅的两端器件中进行的。1980 年，Mimura 等把此效应应用于场效应晶体管[29,30]，其后，在同一年，Delagebeaudeufel 完成了同样的工作[31]。从此，MODFET 一直是一个主要的研究领域。目前，在高速电路中已有可以替代 MESFET 的商用产品。对于 MODFET 的深入研究，读者可以参考文献32～35。

调制掺杂的主要优点是其优良的迁移率。图 7.17 比较了调制掺杂沟道与体材料的迁移率。从图中可以看出，既然在 MESFET 和 JFET 中，沟道必须掺杂到适当的水平（$>10^{17}$ cm^{-3}），因此在所有的温度下，调制掺杂沟道的

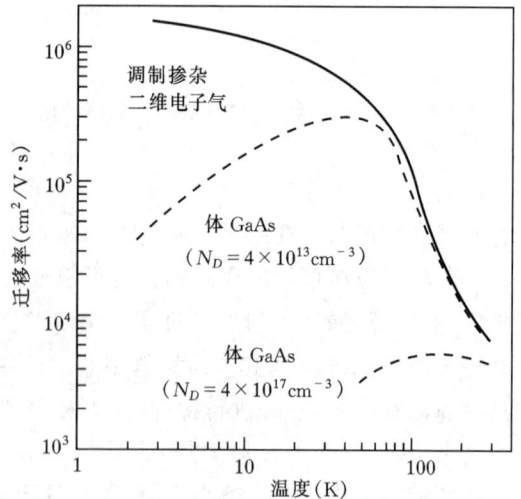

图 7.17　在不同掺杂水平下，调制掺杂 2D 沟道电子低场迁移率与体 GaAs 的比较（参考文献36）

迁移率都高得多。调制掺杂沟道通常是非故意掺杂的(其浓度小于 10^{14} cm^3),比较其与低掺杂体材料的迁移率也是有意义的。体迁移率随温度变化出现峰值,但在高温和低温都下降(见第 1.5.1 节)。体迁移率随温度的增加而减小是由于声子散射。在低温下,体迁移率受限于杂质散射。正如预期的那样,它取决于掺杂水平,也随温度的降低而减小。温度约为 80 K 时,调制掺杂沟道与低掺杂体材料的迁移率相当。然而,在更低的温度下,迁移率大为提高。调制掺杂沟道避免了在低温下起主要作用的杂质散射。这种优点来源于二维电子气的屏蔽效应,二维电子气的导电通道截面小于 10 nm,电子密度很高[33]。

7.3.1　基本器件结构

MODFET 中最常用的异质结是 AlGaAs/GaAs,AlGaAs/InGaAs 和 InAlAs/InGaAs 异质界面。图 7.18 是基于 AlGaAs/GaAs 系统的 MODFET 的基本结构。可以看出,在栅下的 AlGaAs 势垒层是掺杂的,而作为沟道层的 GaAs 是不掺杂的。调制掺杂的原理是:载流子从掺杂势垒层转移并停留在异质界面,这样载流子离开了掺杂层,避免了杂质散射。掺杂势垒层的典型厚度约为 30 nm。更通常的做法是,势垒层不是均匀掺杂的,而是采用 δ 掺杂,其位置靠近沟道界面。最上面的 n$^+$ GaAs 层是为了获得更好的源、漏欧姆接触。欧姆接触用含 Ge 的合金(如 AuGe)制造。源/漏深 n$^+$ 区或者用离子注入,或者是在合金过程中实现。与 MESFET类似,金属栅常常作成 T 型栅以减小栅电阻。报道的大多数 MODFET 是 n 沟器件,这是因为电子的迁移率高。

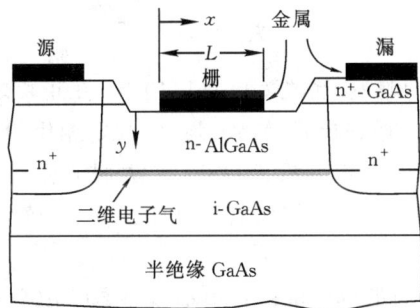

图 7.18　基于 AlGaAs/GaAs 系统的 MODFET 的典型结构

7.3.2　*I-V* 特性

根据调制掺杂的原理,势垒层中杂质完全电离,且载流子耗尽。参考图 7.19 所示的能带图,对于一般掺杂分布,耗尽层内的电势变化由下式给出(见 2.3.3 节)

$$\psi_P = \frac{q}{\varepsilon_s} \int_0^{y_o} N_D(y)\, y \mathrm{d}y \tag{72}$$

对于均匀掺杂,内建电势变为

$$\psi_P = \frac{q N_D y_o^2}{2\varepsilon_s} \tag{73}$$

当平面掺杂薄层电荷 n_{sh} 位于栅下 y_1 处时,上述表达式的结果为

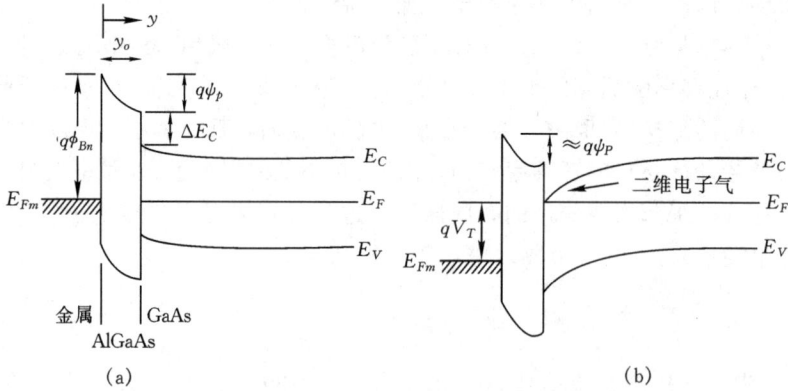

图 7.19　增强模型 MODFET 在(a)平衡时和(b)阈值点的能带图

$$\psi_P = \frac{q n_{sh} y_1}{\varepsilon_s} \tag{74}$$

与均匀掺杂 AlGaAs 层相比,其优点是减小了陷阱。陷阱被认为是导致低温下异常电流崩溃的原因。掺杂剂非常靠近沟道也给出了较低的阈值电压。

　　像任何场效应管一样,阈值电压是一个重要参数,它是在源和漏之间形成沟道时的栅压。根据图 7.19(b),一级近似表明当 GaAs 的费米能级 E_F 与导带低 E_C 对齐时形成沟道,这时的偏置状态为

$$V_T \approx \phi_{Bn} - \psi_P - \frac{\Delta E_C}{q} \tag{75}$$

可以看出,通过选择掺杂分布和势垒高度 ϕ_{Bn},可以使 V_T 在正负之间变化。图 7.19 所示的例子 V_T 为正值,这种晶体管称为增强模式(常关)器件,与之相反的是耗尽模式(常开)器件。

　　一旦阈值电压已知,就可以采用分析 MOSFET 类似的方法导出 I-V 特性。这里我们直接给出最后的结果而省略了中间过程,如果需要更详细分析,读者可以参考 MOSFET 有关章节。

　　当栅压大于阈值电压时,由栅感应的沟道电荷层是容性耦合的

$$Q_n = C_o(V_G - V_T) \tag{76}$$

式中

$$C_o = \frac{\varepsilon_s}{y_o + \Delta y} \tag{77}$$

Δy 是二维电子气的沟道厚度,估计约为 8 nm。在施加漏压后,沟道电势随位置变化,相对于源端的值用 $\Delta \psi(x)$ 表示。它沿沟道变化,源端为 0,漏端为 V_D。沟道电荷是位置的函数,变为

$$Q_n(x) = C_o[V_G - V_T - \Delta \psi(x)] \tag{78}$$

任意位置的电流为

$$I_D(x) = Z Q_n(x) v(x) \tag{79}$$

因为通过整个沟道的电流为常数,对式(79)从源到漏积分,得到

$$I_D = \frac{Z}{L} \int_0^L Q_n(x) v(x) \mathrm{d}x \tag{80}$$

与其它 FET 一样,我们将根据不同速场关系的假设导出电流方程。

恒定迁移率　在恒定迁移率模型中，漂移速度为

$$v(x) = \mu_n \mathscr{E}(x)$$

$$= \mu_n \frac{\mathrm{d}\Delta\psi}{\mathrm{d}x} \tag{81}$$

把式(81)带入式(80)，并选择合适的变量，得到

$$I_D = \frac{Z\mu_n C_o}{L}\left[(V_G - V_T)V_D - \frac{V_D^2}{2}\right] \tag{82}$$

图 7.20 是增强模式 MODFET 的输出特性。这线性区，$V_D \ll (V_G - V_T)$，式(82)简化为欧姆关系式

$$I_{D\mathrm{lin}} = \frac{Z\mu_n C_o(V_G - V_T)V_D}{L} \tag{83}$$

在高的 V_D 时，漏端的 $Q_n(L)$ 减小为 0(式 78)，对应于夹断状态，电流随 V_D 开始饱和。饱和时漏偏压为

$$V_{D\mathrm{sat}} = V_G - V_T \tag{84}$$

而饱和电流为

$$I_{D\mathrm{sat}} = \frac{Z\mu_n C_o}{2L}(V_G - V_T)^2 \tag{85}$$

从上述方程，可以得到跨导为

$$g_m \equiv \frac{\mathrm{d}I_{D\mathrm{sat}}}{\mathrm{d}V_G} = \frac{Z\mu_n C_o(V_G - V_T)}{L} \tag{86}$$

迁移率与电场有关　在现代器件中，在夹断发生前电流就随 V_D 饱和了，这是由于载流子漂移速度不再正比于电场。换句话说，在高场时，迁移率变得与电场相关。对于像 MODFET 这样的高迁移率器件，这种现象更加严重。图 7.21 给出了电子速场关系，图中也给出了临界电场 $\mathscr{E}_c$ 和两段线性近似。据报道，AlGaAs/GaAs 异质界面低场迁移率的典型值 300K 时约为 $10^4\ \mathrm{cm}^2/\mathrm{V}\cdot\mathrm{s}$，77K 时约为 $2\times10^5\ \mathrm{cm}^2/\mathrm{V}\cdot\mathrm{s}$，4K 时约为 2×10^6 $\mathrm{cm}^2/\mathrm{V}\cdot\mathrm{s}$。正如前面所讨论的，低温下 MODFET 中的迁移率增强是非常显著的。但是，低温下 v_s 的提高没有那么大，其范围从 $30\%\sim100\%$。高迁移率也意味着低的 $\mathscr{E}_c$，以及驱动器件到速度饱和所需的漏偏压也减小了。由于沟道掺杂非常轻，我们在 MOSFET 公式中，令 $M = 1$(234 页)，第 6 章 MOSFET 的式(36)和式(37)变成

$$I_{D\mathrm{sat}} = \frac{ZC_o\mu_n}{L}\left(V_G - V_T - \frac{V_{D\mathrm{sat}}}{2}\right)V_{D\mathrm{sat}} \tag{87}$$

$$V_{D\mathrm{sat}} = L\mathscr{E}_c + (V_G - V_T) - \sqrt{(L\mathscr{E}_c)^2 + (V_G - V_T)^2} \tag{88}$$

速度饱和　在短沟道器件中，速度完全饱和，电流公式更加简单，该区间的电流公式为

$$I_{D\mathrm{sat}} = ZQ_n v_s$$

$$= ZC_o(V_G - V_T)v_s \tag{89}$$

跨导为

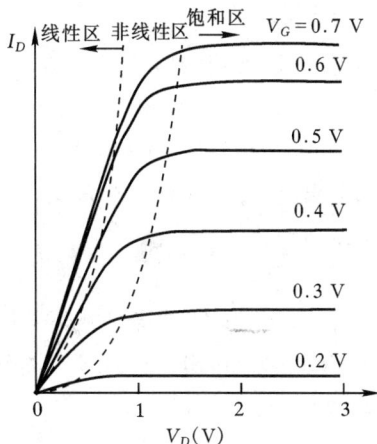

图 7.20　增强 MODFET 的输出特性

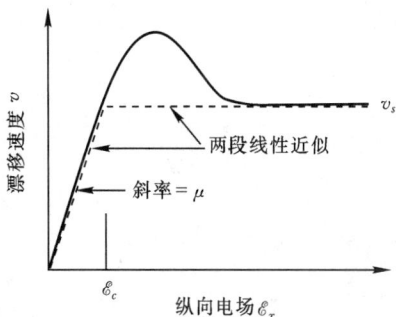

图 7.21　沟道电荷的速场关系。显示出了材料(如 GaAs)的转移电子效应。也标出了两区线性近似

$$g_m \equiv \frac{\mathrm{d}I_{Dsat}}{\mathrm{d}V_G} = ZC_o v_s \tag{90}$$

请注意,在该极端情形下,I_{Dsat} 与 L 无关,而 g_m 与 L 和 V_G 无关。

在高的 V_G 时,如图 7.20 所示,g_m 开始减小。AlGaAs/GaAs 异质界面能够限制的最大载流子密度为 $Q_n/q \approx 1 \times 10^{12}$ cm^{-2}。在这个 V_G($1 \times 10^{12} q/C_0 \approx 0.8$ V)以上,会在 AlGaAs 层中感应出电荷,其迁移率非常低。

7.3.3　等效电路和微波特性

为了讨论小信号等效电路、f_T、$f_{\max}$ 和噪声,我们可以遵循在前面章节中所讨论过的 MOSFET(或 MESFET/JFET)的分析方法。根据等效电路,在存在寄生源电阻时,非本征跨导退化为

$$g_{mx} = \frac{g_m}{1 + R_S g_m} \tag{91}$$

截止频率 f_T 和最高振荡频率 $f_{\max}$ 为

$$f_T = \frac{g_m}{2\pi \left[C'_G \left(1 + \dfrac{R_D + R_S}{R_{DS}}\right) + C'_{GD} g_m (R_D + R_S) + C'_{par} \right]}$$

$$\approx \frac{g_m}{2\pi (ZLC_o + C'_{par})} \tag{92}$$

$$f_{\max} \approx \sqrt{\frac{f_T}{8\pi R_G C'_{GD}}} \tag{93}$$

最小噪声系数为[33]

$$F_{\min} \approx 1 + 2\pi C_2 f C'_{GS} \sqrt{\frac{R_G + R_S}{g_m}} \tag{94}$$

式中,$C_2 = 1.6$ s/F,而 GaAs MESFET 的对应值为 2.5 s/F(式 71)。注意,因为 C'_{GS} 正比于 L,沟道较短的器件具有较好的噪声性能。

由于迁移率高,MODFET 的速度高于 MESFET。即使这些器件的饱和速度差不多,迁移率高也推动器件接近完全速度饱和所能达到的性能极限。因此,在沟道长度相同时,迁移率高的器件,其电流和跨导总是要大一些。模拟应用的一些实例是低噪声小信号放大器,功率放大器,振荡器和混频器。数字应用的例子是高速逻辑电路和 RAM 电路。MODFET 的噪声性能也优于其它类型的 FET。噪声特性的改善来源于高电流和高跨导。

相比于 MESFET,MODFET 增加了一层 AlGaAs 势垒,因而它能够承受更高的栅压。既然 MODFET 对沟道厚度没有限制($L/a \geqslant \pi$,式(70)),那么它也具有更好的按比例缩小能力。另一个优点是低压工作,这是因为驱动器件进入速度饱和所需要的 $\mathcal{E}_c$ 小。MODFET 的一个缺点是异质界面处最大电荷密度的限制,这限制了最大的驱动电流。

我们在前面已经指出,MODFET 和 HIGFET 之间的差异是在势垒层中存在掺杂剂。观察一下势垒层掺杂的优点是有意义的。图 7.22 比较了这两种器件的能带图。比较是在相同的沟道电荷或沟道电流下进行的,而不管所需的栅压是多少。请注意,这该状态下,从沟道到器件右边的状态是一样的。差异位于势垒层和势垒层的左边。可以看出,势垒区掺杂有两个主要功能。一个是降低了阈值电压。另一个是,势垒层的内建电势增加了限制载流子的总的

势垒。较高的势垒使栅能承受更高的偏压而不产生多余的栅电流。

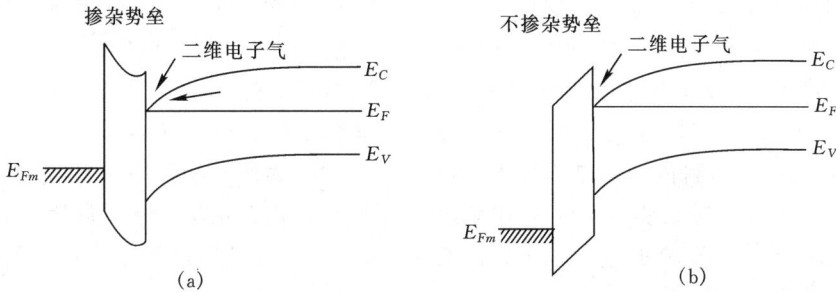

图 7.22　对于同样数目的电荷(a)掺杂势垒(MODFET)和不掺杂势垒(HIGFET)的比较

7.3.4　现代器件结构

　　MODFET 的主要努力方向一直是寻求能够进一步提高电子迁移率的栅材料。由于 $In_xGa_{1-x}As$ 有效质量小,可以用它代替 GaAs。附加的优点包括大的 ΔE_C,这是因为 InGaAs 的禁带宽度小。InGaAs 的卫星带较高,导致迁移率退化的转移电子效应弱。我们发现这些优点直接与 In 的组分有关:组份越高,性能越好。

　　GaAs 中引入 In 引起与 GaAs 衬底的晶格失配(见图 1.32)。然而,只要外延层的厚度小于临界厚度(见 1.7 节有关讨论,在临界厚度内,外延层存在应力),仍旧可以生长出高质量的外延层。这种技术产生一个赝晶 InGaAs 沟道,具有这种沟道的器件称为赝 MODFET(P-MODFET,或 P-HEMT)。图 7.23 总结了生长在 GaAs 和 InP 衬底上的器件 In 的组份变化,从传统的 MODFET 到 P-MODFET。在 GaAs 衬底上,P-MODFET 铟组份最大为 30%。在 InP 衬底上,无应变传统 MODFET 铟组分的起始值 53%,而 P-MODFET 铟组份高达 80%。因此 InP 衬底上的 MODFET 的性能更好。InP 衬底价格比较贵。此外,InP 衬底在制造过程中容易破损,芯片的尺寸也小。这些进一步增加了成本。一般说来,P-MODFET 在制造过程中应力容易改变。热预算必须最小化以防止赝晶层的应变弛豫和防止引入使迁移率减小的位错。

　　然而,图 7.23(c)描绘了一种最新发明的在 GaAs 衬底上获得高铟组份的方法。它是在

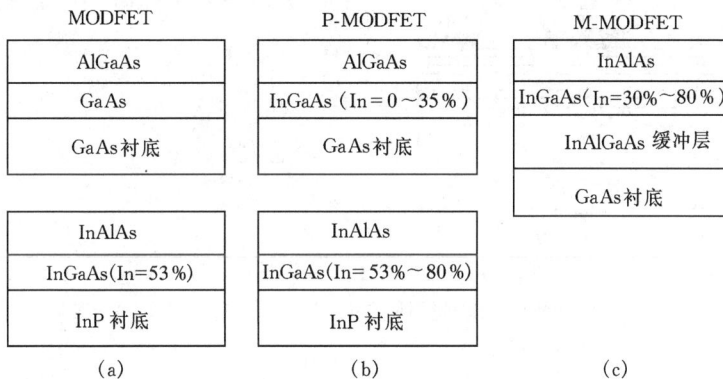

图 7.23　器件结构

(a)GaAs 和 InP 衬底上的传统非应变 MODFET;(b)赝 MODFET(P-MODFET);(c)变形 MODFET(M-MODFET)。图中标出了 In 的浓度

GaAs 衬底上生长一层组分缓变的厚缓冲层。厚的缓冲层起使晶格常数逐渐变化的作用：从 GaAs 衬底的晶格常数变化到所需要的 InGaAs 沟道层晶格常数。这样处理可以使所有的位错都局限在缓冲层内。InGaAs 沟道层没有应力，无位错。采用这种技术，铟的组份可高达 80％。相应的 MODFET 称为变形 MODFET(M-MODFET)。

最近在 MODFET 中，引起人们关注的另一种材料系统是 AlGaN/GaN 异质结。GaN 是宽禁带材料(3.4 eV)，且因为其电离率小，击穿电压高[37]，因而对功率应用有吸引力。除了调制掺杂外，AlGaN/GaN 系统一个令人感兴趣的特征是载流子可以来源于自然极化效应和压电极化效应，导致它有更高的电流容量。在某些情形下，AlGaN 势垒层是不掺杂的，载流子浓度依赖于这些极化效应。

作为本节的总结，我们给出器件结构方面的几个变化，它们都有各自的优点。图 7.24(a) 是倒转 MODFET，其栅位于沟道层上而不是在势垒层上，势垒层直接生长在衬底上。在调制掺杂中，宽禁带层厚度决定了内建电势 ψ_P(式(72))，最好不能太薄。沟道层不受此限制，可以比势垒层薄。这增加了栅电容，因而提高了跨导和 f_T。另外一个优点是改善了源、漏接触电阻，这是因为接触不再需要通过宽禁带层。图 7.24(b) 给出量子阱 MODFET，也称为双异质结 MODFET。因为存在两个平行的异质界面，所以最大电荷薄层和电流都加倍。另一个优点是沟道夹在两个势垒之间，可以更好地限制载流子。根据同一原理，也制造出了多量子阱结构。在超晶格 MODFET 中，超晶格用作势垒层(图 7.24(c))。在超晶格内，窄禁带层被掺杂，而宽禁带层不掺杂。这种结构消除了 AlGaAs 层内的陷阱，也消除了掺杂 AlGaAs 层中的平行电导通道。

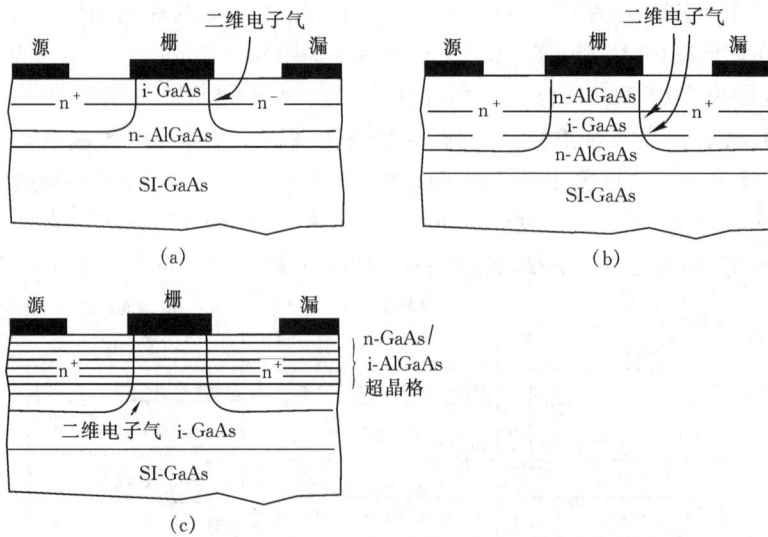

图 7.24 MODFET 结构的几个变种
(a)倒转 MODFET；(b)量子阱 MODFET；(c)超晶格 MODFET

参考文献

1. W. Shockley, "A Unipolar Field-Effect Transistor," *Proc. IRE*, **40**, 1365 (1952).

2. G. C. Dacey and I. M. Ross, "Unipolar Field-Effect Transistor," *Proc. IRE*, **41**, 970 (1953).

3. G. C. Dacey and I. M. Ross, "The Field-Effect Transistor," *Bell Syst. Tech. J.*, **34**, 1149 (1955).

4. C. A. Mead, "Schottky Barrier Gate Field-Effect Transistor," *Proc. IEEE*, **54**, 307 (1966).

5. W. W. Hooper and W. I. Lehrer, "An Epitaxial GaAs Field-Effect Transistor," *Proc. IEEE*, **55**, 1237 (1967).

6. K. Lehovec and R. Zuleez, "Voltage-Current Characteristics of GaAs JFETs in the Hot Electron Range," *Solid-State Electron.*, **13**, 1415 (1970).

7. R. E. Williams and D. W. Shaw, "Graded Channel FET's Improved Linearity and Noise Figure," *IEEE Trans. Electron Dev.*, **ED-25**, 600 (1978).

8. J. Ruch, "Electron Dynamics in Short Channel Field Effect Transistors," *IEEE Trans. Electron Dev.*, **ED-19**, 652 (1972).

9. K. Lehovec and R. Miller, "Field Distribution in Junction Field Effect Transistors at Large Drain Voltages," *IEEE Trans. Electron Dev.*, **ED-22**, 273 (1975).

10. H. Mizuta, K. Yamaguchi, and S. Takahashi, "Surface Potential Effect on Gate-Drain Avalanche Breakdown in GaAs MESFET's," *IEEE Trans. Electron Dev.*, **ED-34**, 2027 (1987).

11. R. J. Trew and U. K. Mishra, "Gate Breakdown in MESFET's and HEMT's," *IEEE Electron Dev. Lett.*, **EDL-12**, 524 (1991).

12. A. W. Ludikhuize, "A Review of RESURF Technology," *Proc. 12th Int. Symp. Power Semiconductor Devices & ICs*, p.11, 2000.

13. R. R. Bockemuehl, "Analysis of Field-Effect Transistors with Arbitrary Charge Distribution," *IEEE Trans. Electron Dev.*, **ED-10**, 31 (1963).

14. R. E. Williams and D. W. Shaw, "GaAs FETs with Graded Channel Doping Profiles," *Electron. Lett.*, **13**, 408 (1977).

15. R. A. Pucel, "Profile Design for Distortion Reduction in Microwave Field-Effect Transistors," *Electron. Lett.*, **14**, 204 (1978).

16. W, Liu, *Fundamentals of III-V Devices: HBTs, MESFETs, and HFETs/HEMTs*, Wiley, New York, 1999.

17. T. J. Maloney and J. Frey, "Frequency Limits of GaAs and InP Field-Effect Transistors at 300 K and 77 K with Typical Active Layer Doping," *IEEE Trans. Electron Dev.*, **ED-23**, 519 (1976).

18. K. Yokoyama, M. Tomizawa, and A. Yoshii, "Scaled Performance for Submicron GaAs MESFET's," *IEEE Electron Dev. Lett.*, **EDL-6**, 536 (1985).

19. M. F. Abusaid and J. R. Hauser, "Calculations of High-Speed Performance for Submicrometer Ion-Implanted GaAs MESFET Devices," *IEEE Trans. Electron Dev.*, **ED-33**, 913 (1986).

20. L. J. Sevin, *Field Effect Transistors*, McGraw-Hill, New York, 1965.

21. R. J. Trew, "SiC and GaN Transistors—Is There One Winner for Microwave Power Applications?" *Proc. IEEE*, **90**, 1032 (2002).

22. J. Shealy, J. Smart, M. Poulton, R. Sadler, D. Grider, S. Gibb, B. Hosse, B. Sousa, D. Halchin, V. Steel, et al., "Gallium Nitride (GaN) HEMT's: Progress and Potential for Commercial Applications," *IEEE GaAs Integrated Circuits Symp.*, p. 243, 2002.

23. R. A. Pucel, H. A. Haus, and H. Statz, "Signal and Noise Properties of GaAs Microwave Field-Effect Transistors," in L. Martin, Ed., *Advances in Electronics and Electron Physics*,

Vol. **38**, Academic, New York, p. 195, 1975.

24. H. Fukui, "Optimal Noise Figure of Microwave GaAs MESFETs," *IEEE Trans. Electron Dev.*, **ED-26**, 1032 (1979).

25. S. C. Binari, P. B. Klein, and T. E. Kazior, "Trapping Effects in GaN and SiC Microwave FETs," *Proc. IEEE*, **90**, 1048 (2002).

26. L. Esaki and R. Tsu, "Superlattice and Negative Conductivity in Semiconductors," *IBM Research*, RC 2418, March 1969.

27. R. Dingle, H. L. Stormer, A. C. Gossard, and W. Wiegmann, "Electron Mobilities in Modulation-Doped Semiconductor Heterojunction Superlattices," *Appl. Phys. Lett.*, **33**, 665 (1978).

28. H. L. Stormer, R. Dingle, A. C. Gossard, W. Wiegmann, and M. D. Sturge, "Two-Dimensional Electron Gas at a Semiconductor-Semiconductor Interface," *Solid State Commun.*, **29**, 705 (1979).

29. T. Mimura, S. Hiyamizu, T. Fujii, and K. Nanbu, "A New Field-Effect Transistor with Selectively Doped GaAs/n-Al$_x$Ga$_{1-x}$As Heterojunctions," *Jpn. J. Appl. Phys.*, **19**, L225 (1980).

30. T. Mimura, "The Early History of the High Electron Mobility Transistor (HEMT)," *IEEE Trans. Microwave Theory Tech.*, **50**, 780 (2002).

31. D. Delagebeaudeuf, P. Delescluse, P. Etienne, M. Laviron, J. Chaplart, and N. T. Linh, "Two-Dimensional Electron Gas M.E.S.F.E.T. Structure," *Electron. Lett.*, **16**, 667 (1980).

32. H. Daembkes, Ed., *Modulation-Doped Field-Effect Transistors: Principle, Design and Technology*, IEEE Press, Piscataway, New Jersey, 1991.

33. H. Morkoc, H. Unlu, and G. Ji, *Principles and Technology of MODFETs: Principles, Design and Technology*, vols. 1 and 2, Wiley, New York, 1991.

34. C. Y. Chang and F. Kai, *GaAs High-Speed Devices*, Wiley, New York, 1994.

35. M. Golio and D. M. Kingsriter, Eds, *RF and Microwave Semiconductor Devices Handbook*, CRC Press, Boca Raton, Florida, 2002.

36. P. H. Ladbrooke, "GaAs MESFETs and High Mobility Transistors (HEMT)," in H. Thomas, D. V. Morgan, B. Thomas, J. E. Aubrey, and G. B. Morgan, Eds., *Gallium Arsenide for Devices and Integrated Circuits*, Peregrinus, London, 1986.

37. U. K. Mishra, P. Parikh, and Y. F. Wu, "AlGaN/GaN HEMTs—An Overview of Device Operation and Applications," *Proc. IEEE*, **90**, 1022 (2002).

习题

1. 一个 JFET，具有指数掺杂分布 $N = N_{D2}x^n$，其中 N_{D2} 和 n 是常数。求当 $n \to \infty$ 时 I_D 随 V_G 的变化关系和 g_m。

2. 一个 n 沟道 GaAs MESFET，制造在半绝缘衬底上，沟道均匀掺杂，浓度为 $N_D = 10^{17}$ cm^{-3}，$\phi_{Bn} = 0.9$ V，$a = 0.2$ μm，$L = 1$ μm，$Z = 10$ μm。

   (a) 该增强型器件还是耗尽型？

   (b) 求阈值电压。

   (c) 求 $V_G = 0$ 时的饱和电流（迁移率恒定，为 5000 cm^2/V·s）。

3. 将式(15)中的 ψ_{bi} 代入式(17)，推导出式(19)。

4. 设计一个 GaAs MESFET，使其最大跨导为 200 mS/mm，栅源电压为零时漏端饱和电流 I_{Dsat} 为 200 mA/mm。假设 $I_{Dsat} = \beta(V_G - V_T)^2$，$\beta \equiv Z\mu\varepsilon_s/2aL$，$\mu = 5\,000$ cm^2/V·s，$L = 1$

μm，$\psi_{bi}=0.6$ V。

5. 证明(a)MESFET 在线性区漏端电导为 $g_{D0}/[1+(R_S+R_D)g_{D0}]$，(b)饱和区跨导为 $g_m/(1+R_S g_m)$，其中 R_S 和 R_D 分别为源端和漏端电阻。

6. InP MESFET，$N_D=2\times10^{17}$ cm^{-3}，$L=0.5$ μm，$L/a=5$，$Z=75$ μm。假设 $v_s=6\times10^6$ cm/s，$\psi_{bi}=0.7$ V。采用速度饱和模型，求出 $V_G=-1$ V 和 $V_D=0.2$ V 时的截止频率(此时漏端附近的沟道正好被夹断)。

7. 在超大规模集成电路中，每个 MESFET 栅允许的最大功耗为 0.5 mW。假设时钟频率为 5 GHz，节点电容为 32 fF，求 V_{DD} 的上限(以伏为单位)。

8. 一 InP MESFET，$N_D=10^{17}$ cm^{-3}，$L=1.5$ μm，$a=0.3$ μm，$Z=75$ μm。假设 $v_s=6\times10^6$ cm/s，$\psi_{bi}=0.7$ V，栅压=-1 V，$\varepsilon_s=12.4$ ε_0。根据速度饱和模型，求出截止频率。

9. AlGaAs/GaAs 异质结，若零栅压时二维电子气的浓度为 1.25×10^{12} cm^{-2}，求未掺杂隔离层的厚度 d_s。假定在 n-AlGaAs 中，最初的 50 nm 被掺杂到 1×10^{18} cm^{-3}，其余的厚度 d_s 不掺杂。肖特基势垒高度为 0.89 V，$\Delta E_c/q=0.23$ V，AlGaAs 的介电常数为 1.23。

10. (a)求常规结构和 δ 掺杂的 AlGaAs/GaAs 异质结 FET 的阈值电压。

(b)估计由于 AlGaAs 掺杂和未掺杂层两个单层厚度起伏所引起的阈值电压的变化。

假设未掺杂 AlGaAs 层的厚度约为 3Å，肖特基势垒高度为 0.9 V，导带阶跃为 0.3 eV，常规 HEFT 掺杂层的厚度为 40 nm，浓度 10^{18} cm^{-3}；δ 掺杂距金属-半导体界面 40 nm，薄层电荷密度 1.5×10^{12} cm^{-2}。AlGaAs 介电常数约为 10^{-12} F/cm。

11. 在一 AlGaAs/GaAs MODFET 中，n 型 Al$_{0.3}$Ga$_{0.7}$As 层的掺杂浓度为 10^{18} cm^{-3}，厚度为 50 nm。假定未掺杂的隔离层厚 2nm，势垒高度为 0.85 eV，导带阶跃为 0.22 eV。Al$_{0.3}$Ga$_{0.7}$As 介电常数为 12.2。求 $V_G=0$ 时源端的二维电子浓度。

12. 考虑一 AlGaAs/GaAs MODFET，具有 50 nm 的 AlGaAs 和 10 nm 厚的未掺杂的 AlGaAs 隔离层。假定阈值电压为 -1.3 V，$N_D=5\times10^{17}$ cm^{-3}，$\Delta E_C=0.25$ eV，沟道长度为 8 nm，介电常数为 12.3。计算肖特基势垒的高度和 $V_G=0$ 时的二维电子气浓度。

第4部分

负阻器件和功率器件

第 8 章
隧道器件

8.1 引言

在本章中我们将讨论基于量子力学隧穿效应的器件。在经典意义上,能量小于势垒高度的载流子将被势垒完全限制或约束。在量子力学中,我们必须考虑载流子的波动特性,而一个波不会在势垒的边界突然终止。结果,载流子不仅有一定的几率出现在势垒中,而且在势垒宽度足够小时能够穿透势垒。隧穿几率和隧穿电流的概念就来源于此。在 1.5.7 节中已经讨论过基本隧穿现象,并介绍了隧穿几率。

隧穿过程和基于此现象的器件有一些有意义的特性。首先,隧穿现象是一种多数载流子效应,载流子穿过势垒的隧穿时间不受常规渡越时间概念($\tau = W/v$,其中,W 为势垒宽度,v 为载流子速度)的支配,而受单位时间量子跃迁几率支配。单位时间的量子跃迁几率正比于 $\exp[-2\langle k(0)\rangle W]$,其中,$\langle k(0)\rangle$ 为对应横向动量为零而能量等于费米能量的入射载流子在穿过隧道全程中动量的平均值。其倒数表明隧穿时间正比于 $\exp[2\langle k(0)\rangle W]$。这一隧穿时间极短,允许将隧道器件出色地用于毫米波段。其次,由于隧穿几率取决于起始边和接受边两边的许可态,因而,隧穿电流并不单调地依赖于偏压,且会出现微分负阻现象。

隧穿器件一个已知的缺陷可能是其低的电流密度,但是,事实上隧道器件具有相当高的电流密度,SiGe 带间隧道二极管的电流密度超过 1.5×10^5 A/cm^2,InP 基的共振隧穿二极管超过 4.5×10^5 A/cm^2。因此,人们一直开展集成隧道二极管和晶体管电路的研究,尤其期望通过采用更有效的电路拓扑以使功耗降低。

　　本章我们讨论两种主要的隧道器件,一是**隧道二极管**,另一种是**共振隧穿二极管**。在隧道二极管最初发现时,它被认为有很大的潜力。时间证明,隧道二极管的应用市场是非常有限的。这是由于它在制造和可重复性方面的困难。由于其要求高掺杂且掺杂分布突变,应用于集成电路尤其困难。在振荡器电路中,隧道二极管正在被 Gunn 二极管和共振隧穿二极管替代,而在开关应用中,FET 正在替代隧道二极管。近来,共振隧穿二极管给出了另一种隧穿的形式,它从根本上引起人们的兴趣。共振隧穿二极管已用于许多器件中,在本章的最后我们将给出这方面的一个例子。

8.2　隧道二极管

　　隧道二极管是江崎(Esaki)在 1958 年发现的,通常称为江崎二极管[5]。作为他博士论文的一部分工作,江崎当时正在研究应用于高速双极晶体管的重掺杂锗 p-n 结。在高速双极晶体管中要求基区窄且重掺杂[6-7]。江崎发现了**反常的**正向电流-电压特性,即在正向电流-电压特性曲线部分有微分负阻区(负的 dI/dV)。他用量子隧穿概念解释了这种反常特性,并在隧道理论和实验结果之间取得了相当好的一致性。随后,研究工作者用其它的半导体材料(例如 1960 年,GaAs 和 InSb[9],1961 年,Si 和 InAs[11],1962 年,GaSb 和 InP[13])也制造出了隧道二极管。

　　隧道二极管由 p 和 n 两侧皆为简并(即重掺杂)且过渡区陡峭的简单 p-n 结构成。图 8.1 给出了隧道二极管在热平衡状态下的能带示意图。由于重掺杂,费米能级位于允带内。简并量 V'_p 和 V'_n 的典型值为几个 kT/q,耗尽层宽度的量级为 10 nm 或更小,此值远小于常规 p-n 结。(在本章中,我们令 $V'_p = -V_p$,$V'_n = -V_n$,V'_p 和 V'_n 为正值,以和其它章节保持一致)。

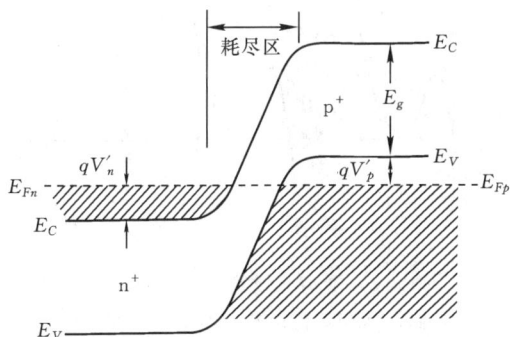

图 8.1　隧道二极管在热平衡状态下的能带图。V'_p 和 V'_n 分别为 p 型一侧和 n 型一侧的简并量

　　图 8.2(a)给出了隧道二极管的典型静态电流-电压特性。在反向时(p 型一侧相对于 n 型一侧为负),电流单调增加。在正向时,电流首先增加到极大值(峰值电流或 I_p,对应的电压为 V_p),然后减少到极小值 I_V(对应的电压为 V_V)。当电压高于 V_V 时,电流随电压呈指数增加。静态特性有三个电流分量:带间隧穿电流、过剩电流和扩散电流(图 7.2(b))。

　　我们首先应用图 8.3 所示的简化能带结构定性讨论绝对零度下的隧穿过程。图 8.3 中显示出了在外加偏压下 p 区和 n 区能带的对准情况[14]。相应的电流在 I-V 曲线上用实心圆点

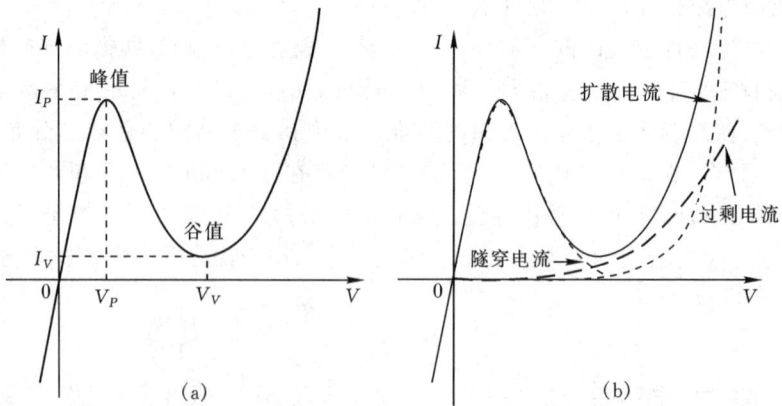

图 8.2　(a)典型隧道二极管的静态电流-电压特性。I_p 和 V_p 分别为峰值电流和峰值电压,I_V 和 V_V 分别为谷值电流和谷值电压;(b)静态特性被分解成三个电流分量

标定。请注意,费米能级在半导体的允带内,在热平衡状态(图 8.3(b)),结两侧费米能级恒定。在费米能级以上,结两侧都没有填充的态(电子);在费米能级以下,结两侧都没有可用的空态(空穴)。因此,当外电压为零时,没有隧穿电流流过。

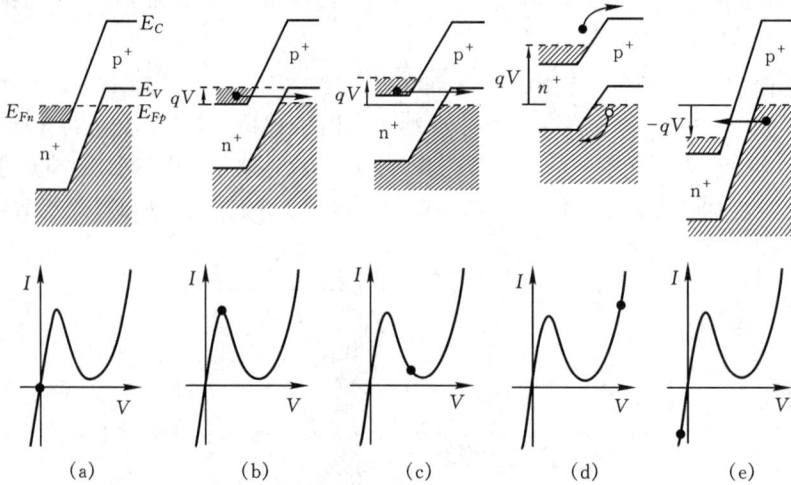

图 8.3　隧道二极管的简化能带图

(a)热平衡,零偏置;(b)正向偏置,达到峰值电流;(c)正向偏置,趋近谷值电流;(d)正向偏置,扩散电流,没有隧道电流;(e)反向偏置,隧道电流随反偏增加(参考文献 14)

当加上偏压时,电子可从导带隧穿到价带,或从价带隧穿到导带。隧穿的必要条件是:(1)电子隧穿的一侧存在被占据的能态;(2)在另一侧,能量与电子隧穿一侧相同的能级未被占据;(3)隧道势垒高度足够低,势垒宽度足够窄,具有一定的隧穿几率;(4)在隧穿过程中动量守恒。

当施加正向电压时(图 8.3(b)),存在一个共同的能量区间,它们在 n 型一侧填满,在 p 型一侧未被占据。因而电子可从 n 型一侧隧穿到 p 型一侧,且能量守恒。当正向电压进一步增加时,共同的能量区间减小(图 8.3(c))。若所加正向电压使得能带**不交叉**,即 n 型一侧导带底和 p 型一侧价带顶正好对齐,这时相对于填充态没有可用的空能态。因而在此点和超过此点,隧穿电流减小到零。当电压再进一步增加时,正常的扩散电流和过剩电流就开始起主要作用(图 8.3(d))。

因此,可以预期,随着正向电压从零开始增加,隧穿电流从零增加到一极大值 I_p,然后开始减小,在 $V = V'_n + V'_p$ 处减少到零。此处,V 为外加的正向电压,V'_n 为 n 型一侧的简并量 $[V'_n \equiv (E_{Fn} - E_C)/q]$,$V'_p$ 为 p 型一侧的简并量 $[V'_p \equiv (E_V - E_{Fp})/q]$,如图 8.1 所示。在经过峰值电流以后的下降部分形成了微分负阻区。对于简并半导体,费米能级位于导带内或价带内,它们由下式给出(见 1.4.1 节):

$$qV'_n \equiv E_F - E_C \approx kT \left[\ln\left(\frac{n}{N_C}\right) + 2^{-3/2}\left(\frac{n}{N_C}\right) \right] \tag{1a}$$

$$qV'_p \equiv E_V - E_F \approx kT \left[\ln\left(\frac{p}{N_V}\right) + 2^{-3/2}\left(\frac{p}{N_V}\right) \right] \tag{1b}$$

式中 m_{de} 和 m_{dh} 分别表示电子和空穴的状态密度有效质量。

图 8.3(e) 为施加反向偏压时电子从价带隧穿到导带的情形。在反偏时,隧穿电流随偏压的增加呈不确定性,不再有微分负阻区。

隧穿过程可以是直接过程,也可以是间接过程,如图 8.4 所示,图中,$E\text{-}k$ 关系叠加在隧道

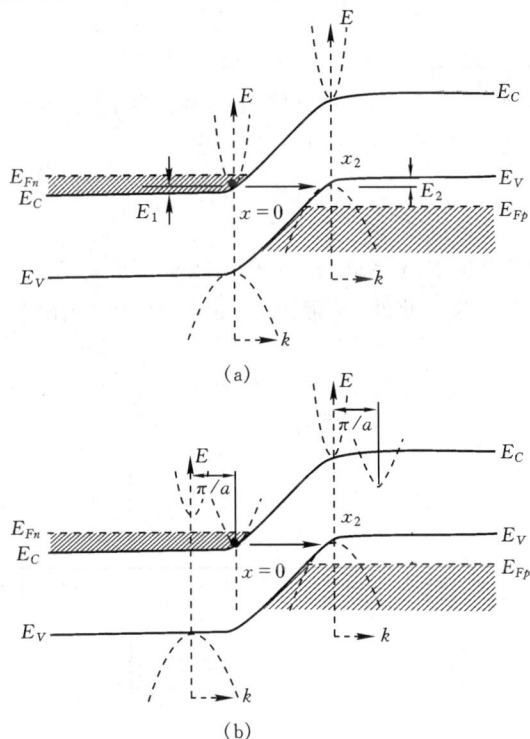

图 8.4　用 $E\text{-}k$ 关系说明直接遂穿和间接隧穿过程。$E\text{-}k$ 关系叠加在隧道结的经典转折点($x=0$ 和 x_2)上。(a)直接隧穿过程 $k_{\min} = k_{\max}$;(b)间接隧穿过程 $k_{\min} \neq k_{\max}$

结经典的隧穿点上。图 8.4(a)示出了直接隧穿过程。在直接隧穿过程中,电子可从导带极小值附近隧穿到价带极大值附近,且在 k 空间中,动量保持不变。要发生直接隧穿,导带极小值和价带极大值必须有相同的动量。具有直接带隙的 GaAs 和 GaSb 之类的半导体可满足这一条件。具有间接带隙(例如 Si 和 Ge)的半导体,当外电压足够高时,以致于电子是从能量较高的导带极小值 Γ 点而不是从导带底隧穿时[16],也满足直接隧穿的条件。

在间接能带的半导体中发生间接隧穿,在 E-k 关系中,间接半导体的导带最小值与价带最小值的位置不一样(图 8.4(b))。为了使动量守恒,导带极小值与价带极大值之间的动量差必须由声子或杂质之类的散射体来补足。对于声子协助隧穿,能量和动量均应守恒;即声子能量与电子的初始能量之和等于隧穿后电子的最终能量,并且初始电子动量与声子动量($\hbar k_p$)之和等于隧穿后电子的最终动量。一般说来,间接隧穿的几率比直接隧穿的几率要低得多(当可能发生直接隧穿时)。另外,涉及几个声子的间接隧穿几率比只涉及单声子的隧穿几率又要小得多。

8.2.1 隧穿几率和隧穿电流

在本节中,我们把注意力集中在隧穿电流分量上。当半导体中电场足够高时(其量级为 10^6 V/cm),电子以一定的几率从导带直接隧穿到价带,或从价带直接隧穿到导带。隧穿几率 T_t(见 1.5.7 节)可用 WKB 近似(Wentzel-Kramers-Brillouin)得到:

$$T_t \approx \exp\left[-2\int_0^{x_2} \mid k(x) \mid \mathrm{d}x\right] \tag{2}$$

式中 $\mid k(x) \mid$ 为势垒中载流子波矢的绝对值,$x=0$ 和 x_2 为图 8.4 所示的经典边界。

电子通过禁带的隧穿形式上与粒子通过势垒的隧穿相同。图 8.4 表明隧穿的势垒为图 8.5 所示的三角形势垒。我们从 E-k 关系的一般方程出发

$$k(x) = \sqrt{\frac{2m^*}{\hbar^2}(PE - E_C)} \tag{3}$$

式中,PE 为势能。对于所考虑的隧穿,电子的进入能量 PE 等于能带范围的底部。这样,根号内的值为负数,因而 k 为虚数。此外,导带边 E_C 的变化可以用电场 $\mathscr{E}$ 来表示。三角形势垒中波矢为

$$k(x) = \sqrt{\frac{2m^*}{\hbar^2}(-q\mathscr{E}x)} \tag{4}$$

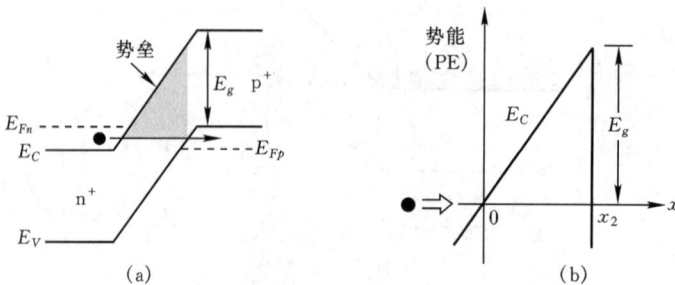

图 8.5 (a)隧道二极管的隧穿;(b)三角形势垒分析

把式(4)带入式(2),得到

$$T_t \approx \exp\left[-2\int_0^{x_2} \sqrt{\frac{2m^*}{\hbar^2}(q\mathscr{E}x)}\,dx\right] \tag{5}$$

对于电场均匀的三角形势垒,$x_2 = E_g/(\mathscr{E}q)$,我们有

$$T_t \approx \exp\left(-\frac{4\sqrt{2m^*}E_g^{3/2}}{3q\hbar\mathscr{E}}\right) \tag{6}$$

从上述结果可以清楚地看出,为了获得大的隧穿几率,有效质量和禁带宽度应很小,而电场应很大。

下面计算隧穿电流并给出应用导带和价带态密度得到的一阶近似。我们还假定是直接隧穿,而且在直接带隙中动量是守恒的。在热平衡时,从导带到价带空态的隧道电流 $I_{C\to V}$ 和从价带到导带空态的隧道电流 $I_{V\to C}$ 应处于平衡状态。$I_{C\to V}$ 和 $I_{V\to C}$ 的表达式如下:

$$I_{C\to V} = C_1 \int F_C(E)N_c(E)T_t[1-F_V(E)]N_v(E)\,dE \tag{7a}$$

$$I_{V\to C} = C_1 \int F_V(E)N_v(E)T_t[1-F_C(E)]N_c(E)\,dE \tag{7b}$$

式中,C_1 为常数,假定在两个方向隧穿几率 T_t 相等,$F_C(E)$ 和 $F_V(E)$ 为费米-狄拉克分布函数,$N_c(E)$ 和 $N_v(E)$ 分别为导带和价带的态密度。当结加偏压时,隧道电流 I_t 为

$$I_t = I_{C\to V} - I_{V\to C} = C_1 \int_{E_{Cp}}^{E_{Vp}} [F_C(E)-F_V(E)]T_t N_c(E)N_v(E)\,dE, \tag{8}$$

注意,积分限是从 n 型一侧 $E_C(E_{Cn})$ 到 p 型一侧的 $E_V(E_{Vp})$。式(8)严格的处理结果为[18]

$$J_t = \frac{q^2\mathscr{E}}{36\pi\hbar^2}\sqrt{\frac{2m^*}{E_g}}D\exp\left(-\frac{4\sqrt{2m^*}E_g^{3/2}}{3q\hbar\mathscr{E}}\right) \tag{9}$$

式中积分 D 等于

$$D \equiv \int[F_C(E)-F_V(E)]\left[1-\exp\left(-\frac{2E_S}{\overline{E}}\right)\right]dE \tag{10}$$

平均电场为

$$\mathscr{E} = \sqrt{\frac{q(\psi_{bi}-V)N_A N_D}{2\varepsilon_s(N_A+N_D)}} \tag{11}$$

式中 ψ_{bi} 是内建电势。在式(10)中,E_S 是 E_1 和 E_2 中的较小者(见图 8.4a),$\overline{E}$ 由下式给出

$$\overline{E} \equiv \frac{\sqrt{2}q\hbar\mathscr{E}}{\pi\sqrt{m^* E_g}} \tag{12}$$

对于 Ge 隧道二极管,式(19)中有效质量为[19]

$$m^* = 2\left(\frac{1}{m_e^*}+\frac{1}{m_{lh}^*}\right)^{-1} \tag{13}$$

对应于从锗的轻空穴带到〈000〉导带的隧穿,上式中的 m_{lh}^* 为轻空穴质量($=0.044m_o$),m_e^* 为〈000〉导带电子质量($=0.036m_o$)。对于在〈100〉方向到〈111〉极小值的隧穿,有效质量为

$$m^* = 2\left[\left(\frac{1}{3m_l^*}+\frac{2}{3m_t^*}\right)+\frac{1}{m_{lh}^*}\right]^{-1} \tag{14}$$

式中,$m_l^*=1.6m_o$,$m_t^*=0.082m_o$,分别为〈111〉极小值的纵向和横向电子质量。然而在这两

种情形中,式(9)中的指数仅有 5% 的差异。

式(10)中的量 D 是决定 I-V 特性曲线形状的重叠积分。D 有能量的量纲并且依赖于温度和简并量 V'_n 和 V'_p。在 $T=0$ K,F_C 和 F_V 均为阶梯函数。图 8.6 给出了在 $V'_n > V'_p$ 时量 D 与正向电压的关系。D 下降到零对应于谷值电压,它位于

$$V_V = V'_n + V'_p \qquad (15)$$

式(9)前因子给出了隧穿电流量级的概念。图 8.7 绘制出了从式(9)算得的几种 Ge 隧道二极管峰值电流,图中也同时标出了实验值。理论与实验符合得很好。

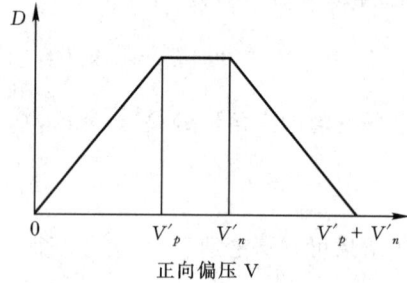

图 8.6　直接隧穿($\overline{E}$ 很小及 $V'_n > V'_p$)时积分 D(相对尺度)与正向偏压 V 的关系(参考文献 18)

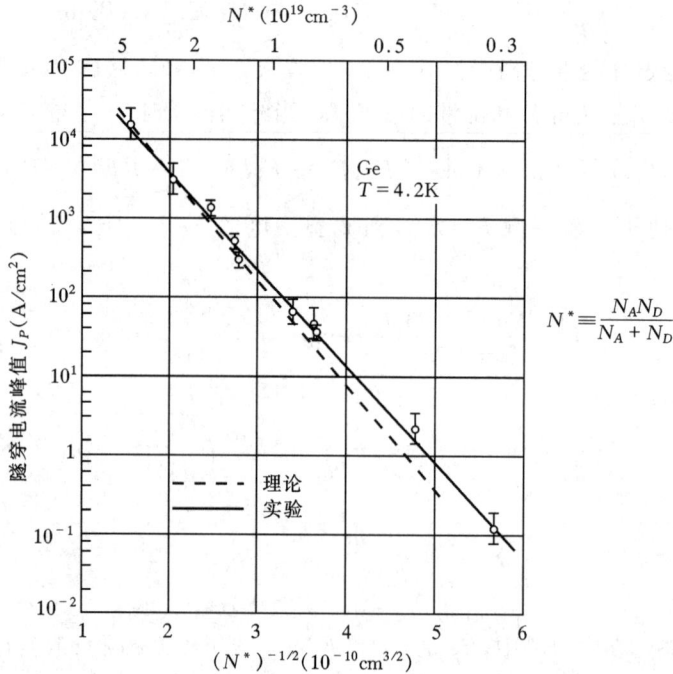

$$N^* \equiv \frac{N_A N_D}{N_A + N_D}$$

图 8.7　Ge 隧道二极管的峰值电流密度与有效掺杂浓度的关系。虚线是从式(9)计算得到的(参考文献 20,21)

得到隧穿电流完整的 I-V 特性是非常困难的,因为式(9)的解析求解很复杂。然而,人们发现隧穿电流经验公式符合得很好,其表示式为

$$I_t = \frac{I_P V}{V_P} \exp\left(1 - \frac{V}{V_P}\right) \qquad (16)$$

式中 I_P 和 V_P 是图 8.2 定义得峰值电流和峰值电压。知道了峰值电流,所剩的关键参数是峰值电压。峰值电压可以用不同的方法得到。在下面所述的方法中,我们求出 n 型一侧导带电

子的分布和 p 型一侧价带空穴的分布。在有偏压时,当这两种分布的峰值对应于同一能量时,隧道电流达到峰值,对应的电压为峰值电压,如图 8.8 所示。

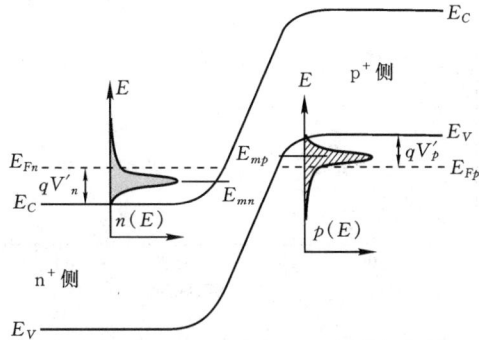

8.8 在 n 型和 p 型简并半导体中电子和空穴的态密度。E_{mn} 和 E_{mp} 是其峰值能量

载流子分布等于能量态密度乘以占据的几率,电子和空穴的分布分别为

$$n(E) = F_C(E) N_c(E) \tag{17a}$$

$$p(E) = [1 - F_V(E)] N_v(E) \tag{17b}$$

对于 n 型简并半导体,电子分布为

$$n(E) = \frac{8\pi(m^*)^{3/2} \sqrt{2(E - E_C)}}{h^3 \{1 + \exp[(E - E_F)/kT]\}} \tag{18}$$

将式(18)对能量 E 求导可得到峰值浓度对应的能量。所得到的方程不能显式求解,但是,采用很好的近似,可以证明最大电子浓度对应的能量为[20]

$$E_{mn} = E_{Fn} - \frac{qV'_n}{3} \tag{19a}$$

p 型一侧有类似的方法和结果:

$$E_{mp} = E_{Fp} + \frac{qV'_p}{3} \tag{19b}$$

峰值电压是使这两个峰值能量对准所需的偏压,为

$$V_P = (E_{mp} - E_{mn})/q$$
$$= \frac{V'_n + V'_p}{3} \tag{20}$$

图 8.9 给出了 Ge 隧道二极管的峰值电压位置与简并 V'_n 和 V'_p 的关系。请注意,随着掺杂增加,峰值电压向高值移动,V_P 的实验值与式(20)符合得相当好。

到目前为止,我们还没有考虑动量守恒的要求。考虑动量守恒后,有两种效应都能使隧穿几率和隧穿电流减小。第一个效应是间接隧穿,在间接带隙材料中,k 空间动量的变化必须有某种散射效应,如声子散射和杂质散射来补偿。对于声子辅助的间接散射,除了在式(6)中用 $E_g + E_p$(E_p 为声子的能量)代替 E_g 外,其隧穿几率还要再减小一个倍率因子[18,22]。隧穿电流的表示式类似于式(9),但其幅度要小得多。因此提醒读者,对于间接隧穿,本章给出的公式必须修正。

与动量有关的第二个效应是动量矢量方向与隧穿方向的关系。在前面的讨论中,我们假定所有的动能都在隧穿方向上。实际中,我们必须把总能量分成 E_x 和 $E_\perp$,其中 $E_\perp$ 为垂直于

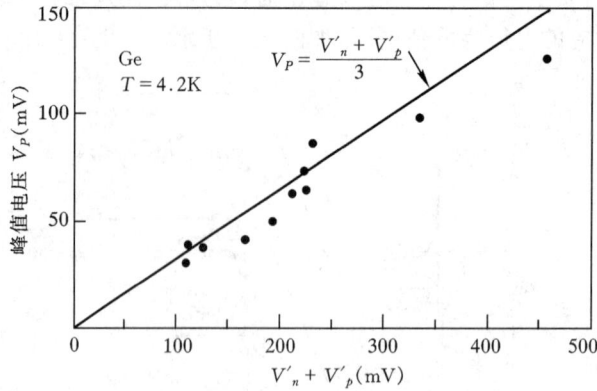

图 8.9　Ge 隧道二极管的峰值电压变动与($V'_n + V'_p$)的关系(参考文献 20,21)

隧穿方向的动量(或横向动量)相关的能量,E_x 为隧穿方向动量相关的能量。

$$E = E_x + E_\perp = \frac{\hbar^2 k_x^2}{2m_x^*} + \frac{\hbar^2 k_\perp^2}{2m_\perp^*} \tag{21}$$

式中下角标 x 和 $\perp$ 分别表示平行于隧穿方向和垂直于隧穿方向的分量。考虑到只有 E_x 分量对隧穿有贡献,$E_\perp$ 使隧穿几率降低到

$$T_t \approx \exp\left(-\frac{4\sqrt{2m^*}E_g^{3/2}}{3q\hbar\mathscr{E}}\right)\exp\left(-\frac{E_\perp \pi \sqrt{2m^* E_g}}{q\hbar\mathscr{E}}\right) \tag{22}$$

换句话说,垂直能量使传输量又减少一个因子 $\exp\left(-\dfrac{E_\perp \pi \sqrt{2m^* E_g}}{q\hbar\mathscr{E}}\right)$,它是横向动量的量度。

8.2.2　电流-电压特性

如图 8.2(b)所示,静态 I-V 特性由下述三个电流分量构成:隧道电流、过剩电流和扩散电流。对于理想隧道二极管,当偏压 $V \geqslant (V'_n + V'_p)$ 时,隧道电流减少到零;当偏压更高时,仅有少数载流子正向注入引起的常规二极管电流流过。然而在实际上,在这些偏压下的实际电流大大超过常规二极管电流,因而名曰**过剩电流**。过剩电流主要来自载流子经由禁带内能态的隧穿。

借助图 8.10 来推导过剩电流,图中显示出了若干可能的隧穿路线[10]。电子可以从 C 掉到空能级 B,然后从 B 隧穿到 D(路线 CBD)。电子也可以从导带内 C 出发隧穿到适当的局域能级 A,然后由 A 掉落到价带 D(路线 CAD)。第三种形式是路线 CABD,在此路线上电子在称之为 A 和 B 之间的杂质带导电的过程中消耗掉它的多余能量。还应包括的第四条路线是从 C 到 D 的梯级,此梯级由各局域能级之间的一系列隧穿跃迁和电子从一能级转移到另一能级损失掉能量的一系列竖直台阶组成,当中间能级浓度足够高时,这种隧穿过程是可能发生的。第一种路线 CBD 可视作基本机构,其它路线仅仅是更为复杂的变形。

令隧道结加有正向偏压 V,考虑一个电子作从 B 到 D 的隧穿跃迁。电子须隧穿的能量 E_x 为

$$\begin{aligned} E_x &\approx E_g + q(V'_n + V'_p) - qV \\ &\approx q(\psi_{bi} - V) \end{aligned} \tag{23}$$

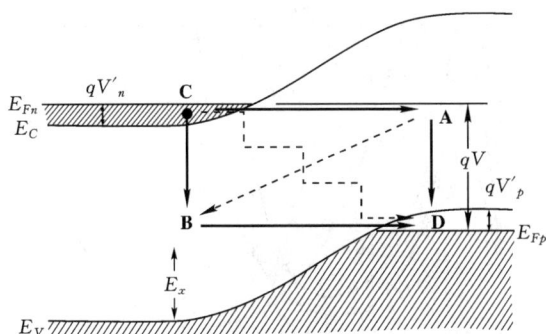

8.10 有过剩电流时,通过禁带内能态的隧穿机理的能带图说明(参考文献 10)

式中 ψ_{bi} 为内建势。对于能级 B 的电子,隧穿几率 T_t 的表示式与式(6)一样,即

$$T_t \approx \exp\left(-\frac{4\sqrt{2m_x^*}E_x^{3/2}}{3q\hbar\mathscr{E}}\right) \tag{24}$$

这里除了用 E_x 代替 E_g 外,还应选用合适的 m_x^*。此外,令 B 点占据态的体密度为 D_x。于是,过剩电流密度为

$$J_x \approx C_2 D_x T_t \tag{25}$$

式中 C_2 为常数。假定过剩电流主要随 T_t 指数中的参数而不是 D_x 中的参数变化。将式(23)、式(24)、式(11)代入式(25),得到过剩电流的表示式为[10]

$$J_x \approx C_2 D_x \exp\{-C_3[E_g + q(V'_n + V'_p) - qV]\} \tag{26}$$

式中 C_3 为另一个常数。式(26)预言,过剩电流将随带隙内能级的体密度(通过 D_x)而增加,也随外电压 V 呈指数增加(假定 $qV \ll E_g$)。式(26)还可以写成[23]

$$J_x = J_V \exp[C_4(V - V_V)] \tag{27}$$

式中,J_V 为谷值电压 V_V 对应的谷值电流密度,C_4 为指数中的前置因子。普通隧道二极管的 $\ln J_x \sim V$ 实验结果表现出线性关系,与式(27)符合得很好。请注意,在这种类型的隧穿中没有微分负阻。

扩散电流是 p-n 结熟知的少数载流子注入电流:

$$J_d = J_0\left[\exp\left(\frac{qV}{kT}\right) - 1\right] \tag{28}$$

式中 J_0 为第 2 章给出的饱和电流密度(式 64)。完整的静态电流-电压特性是三个电流分量之和:

$$\begin{aligned} J &= J_t + J_x + J_d \\ &= \frac{J_P V}{V_P}\exp\left(1 - \frac{V}{V_p}\right) + J_V \exp[C_4(V - V_V)] + J_0 \exp\left(\frac{qV}{kT}\right) \end{aligned} \tag{29}$$

每个分量在某一个电压范围内起主导作用。当 $V < V_V$ 时,隧道电流对总电流的贡献很大;$V \approx V_V$ 时,过剩电流的贡献很大;$V > V_V$ 时,扩散电流的贡献很大。

图 8.11 比较了 Ge,GaSb 和 GaAs 隧道二极管在室温下的典型电流-电压特性。Ge 的 I_P/I_V 电流比为 8:1,GaSb 的为 12:1[24],GaAs 的为 28:1[25]。已用许多其它半导体制造出

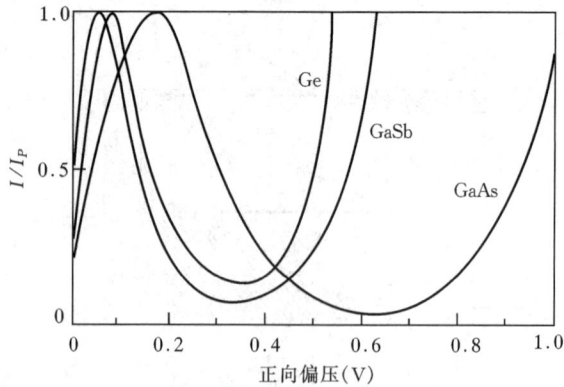

图 8.11 Ge,GaSb 和 GaAs 隧道二极管在 300 K 时的典型电流-电压特性

隧道二极管,例如 Si 隧道二极管,其电流比约为 4∶1[26]。电流比的极限值依赖于:(1)峰值电流,而峰值电流依赖于掺杂水平、有效质量和带隙;(2)谷值电流,谷值电流依赖于禁带内能级的分布和浓度。因此,可以通过下列方法增加给定半导体的电流比:增加 n 型和 p 型两侧掺杂浓度,增加掺杂分布陡度,减小缺陷密度。

下面将简略考虑温度、电子轰击和压力对 $I\text{-}V$ 特性的影响。峰值电流随温度的变化可用式(9)中的 D 和 E_g 的变化来解释。在高密度时,温度对 D 的影响很小,隧穿几率随温度的变化主要是由于 dE_g/dT 的负值造成的。其结果是,峰值电流随温度而增加。对于较轻掺杂的隧道二极管,D 随温度的减少起主导作用,温度系数为负。对于典型的 Ge 隧道二极管,在(−50~100)℃的温区内,峰值电流的变化约为 ±10%[27]。由于带隙随温度减少,谷值电流通常随温度的增加而增加。

电子轰击引起的主要效应表现为过剩电流的增加,这是带隙内能级的体密度增加所致[28]。增加的过剩电流可通过退火逐渐消除。对于其它辐射,例如 γ 射线,能观察到类似的结果。物理应力对 Ge 和 Si 隧道二极管 $I\text{-}V$ 特性的影响使得过剩电流增加[29]。已发现这种变化是可逆的。这种效应起源于与耗尽区内应变感生缺陷有关的深能级。然而,对于 GaSb,I_P 和 I_V 均随流体静压的增加而减少[30],这可以解释为:随着压力的增加,带隙增加,简并量 V'_n 和 V'_p 减少。

8.2.3 器件性能

最初,大多数隧道二极管用下列技术之一制造。(1)球合金:把含有高固溶度相反掺杂剂的金属合金小球放在重掺杂的半导体衬底表面,在惰性气体或氢气内通过精确控制温度-时间过程进行合金(例如,掺砷的锡球内的砷在 p+-Ge 衬底表面形成 n+ 区)。(2)脉冲键合:当在半导体衬底与含相反掺杂剂的金属合金之间用脉冲键合法成结时,就同时制成了接触和结。(3)平面工艺[31]:平面隧道二极管用平面工艺制造。平面工艺包括外延生长、扩散和可控合金。最现代的技术是基于低温外延生长,半导体层在生长过程中被掺杂。这些技术包括 MBE(分子束外延)和 MOCVD(金属有机化学气相淀积)。基于低温外延生长制造的隧道二极管具有很高的 I_p/I_v 电流比,这是因为其杂质分布陡峭,隧道峰值电流大,缺陷密度低,过剩电流小。

图 8.12 显示出了基本等效电路,它由四个元件组成:串联电感 L_s、串联电阻 R_s、二极管电容 C_j 和二极管负阻 $-R$。串联电阻 R_s 包括芯片上互连电阻和外引线电阻,欧姆接触和晶片衬底的扩展电阻,扩展电阻等于 $\rho/2d$,其中,ρ 为半导体的电阻率,d 为二极管的直径。串联电感 L_s 是由互连、焊线和外引线造成的。我们将会看到,这些寄生元件大大限制了隧道二极管的性能。

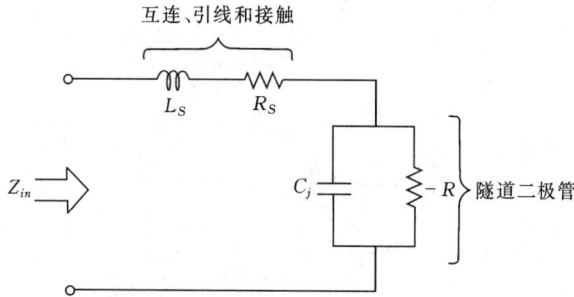

互连、引线和接触

Z_{in}

L_S　R_S

C_j　$-R$　隧道二极管

图 8.12　隧道二极管的等效电路

为了考虑二极管的电容和负阻,我们看图 8.13(a) 所示的典型电流-电压特性。图 8.13(b)是电导(dI/dV)与偏压的关系曲线。在峰值和谷值电压处,电导变为零。二极管电容通常在谷值电压下测量,记作 C_j。微分电阻定义为(dI/dV)$^{-1}$,绘制于图 8.13(c)。拐点处负阻的绝对值记作 R_{min},R_{min} 是该区的最小负阻,可近似表示为

$$R_{min} \approx \frac{2V_P}{I_P} \tag{30}$$

式中,V_P 和 I_P 分别为峰值电压和峰值电流。

图 8.12 所示的等效电路的输入阻抗 Z_{in} 为

$$Z_{in} = \left[R_S + \frac{-R}{1+(\omega R C_j)^2} \right] + \mathrm{j}\left[\omega L_S + \frac{-\omega C_j R^2}{1+(\omega R C_j)^2} \right] \tag{31}$$

从式(31)我们看出,在某一频率处,阻抗的电阻部分(实部)为零,而在另一个频率处,阻抗的电抗部分(虚部)亦为零。我们把这些频率分别记作电阻截止频率 f_r 和电抗截止频率 f_x。这两个频率为

$$f_r = \frac{1}{2\pi R C_j}\sqrt{\frac{R}{R_S}-1} \tag{32}$$

$$f_x = \frac{1}{2\pi}\sqrt{\frac{1}{L_S C_j} - \frac{1}{(R C_j)^2}} \tag{33}$$

因为 R 与偏压有关,所以截止频率也与偏压有关。偏置在 R_{min} 时的电阻截止频率和电抗截止频率为

$$f_{r0} \equiv \frac{1}{2R_{min}C_j}\sqrt{\frac{R_{min}}{R_S}-1} \geqslant f_r \tag{34}$$

$$f_{x0} \equiv \frac{1}{2\pi}\sqrt{\frac{1}{L_S C_j} - \frac{1}{(R_{min}C_j)^2}} \leqslant f_x \tag{35}$$

既然在该偏置下,R 的值为其最小值 R_{min},那么,f_{r0} 为二极管不再出现负阻时的最高电阻

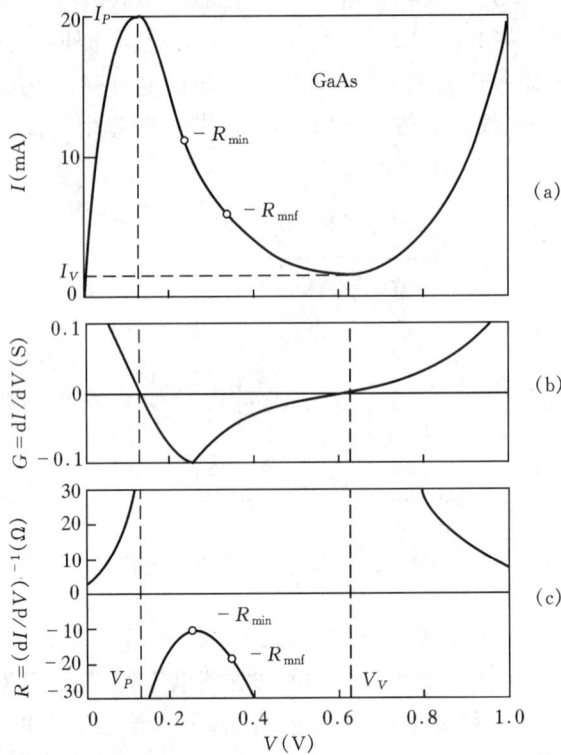

图 8.13　(a)GaAs 隧道二极管在 300 K 的本征电流-电压特性;(b)微分电导 $G = dI/dV$ 与
　　　　电压的关系,在峰和谷处,$G=0$;(c)微分电阻$(dI/dV)^{-1}$与电压的关系。图中 R_{min}
　　　　为最小负阻,R_{mnf} 为噪声系数最小时对应的电阻

截止频率,而 f_{x0} 为二极管电抗为零的最低电抗截止频率(或自谐振荡率)。由此可见,若 $f_{r0} >$
f_{x0},二极管将发生振荡。在大多数应用中,二极管工作于负阻区。希望有 $f_{x0} > f_{r0}$,$f_{r0} \gg f_0$,
f_0 为工作频率。式(34)和式(35)表明,为满足 $f_{x0} > f_{r0}$ 的要求,串联电感 L_S 必须降低。

隧道二极管的开关速度取决于可用来对结电容充电的电流和 RC 乘积的平均值。因为负
阻 R 与峰值电流成反比,为实现快速的开关动作,要求隧道电流大。隧道二极管的品质因子
是速度指数,它定义为峰值电流与谷值电压所对应电容之比 I_P/C_j。图 8.14 显示出了 Ge 隧
道二极管在 300 K 下的速度指数和峰值电流与耗尽层宽度的关系曲线。我们看到,为得到大
的速度指数,要求有窄的耗尽层宽度或高的有效掺杂浓度。

与等效电路有关的另一重要量是噪声系数,定义为

$$NF = 1 + \frac{q}{2kT} \mid RI \mid_{min} \tag{36}$$

式中$|RI|_{min}$是在电流-电压特性曲线上负阻-电流乘积的极小值。图 8.13 示出了 R 的对应值
(记作 R_{mnf})。乘积 $q|RI|_{min}/2kT$ 称为噪声常数,是一个材料常数。室温下噪声常数的典型
值,对于 Ge,为 1.2;对于 GaAs,为 2.4;对于 GaSb,为 0.96。Ge 隧道二极管的噪声系数在
10 GHz下约为(5~6)dB。

隧道二极管除了作微波和数字应用外,也是研究基本物理参数的一种有用器件。隧道二
极管可用于隧道能谱分析,这是一种用具有已知能量分布的隧穿电子作为能谱探针来代替光

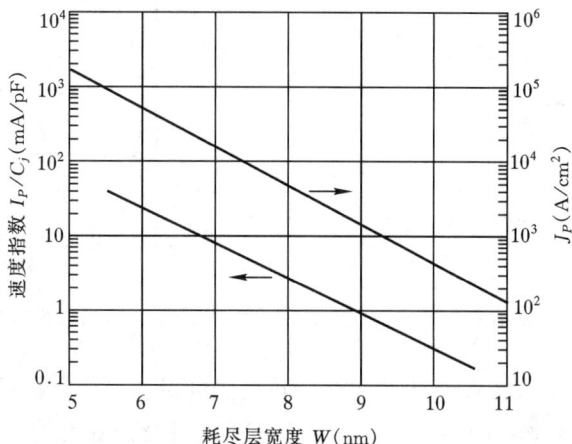

图 8.14　Ge 隧道二极管在 300K 下的速度指数($=I_p/C_j$)和峰电流密度的
平均值与耗尽层宽度的关系(参考文献 31)

谱分析中具有已知频率的光子的技术。隧道能谱分析已用来研究固体中电子的能态和观察各种激发方式。例如,从 Si 隧道二极管低温下 I-V 特性的形状,可以识别出声子协助隧穿过程[32]。通过 4.2 K 下的 Gap、InAs 和 InSb 隧道二极管的电导(dI/dV)与偏压的关系曲线,对 III-V 化合物半导体结进行了类似的观察。

8.3　相关的隧道器件

8.3.1　反向二极管

若隧道二极管的 p-n 结 p 和 n 两侧的掺杂浓度接近简并或不充分简并时,小偏压下的**反向电流**就大于**正向电流**,如图 8.15 所示,这种二极管称为**反向二极管**。在热平衡状态,反向二极管的费米能级十分接近带边。当加小的反向偏压时(p 型一侧相对于 n 型一侧为负时),能带图与图 8.3(e)类似,只是结两侧不简并而已。在反向偏置下,电子很容易从价带隧穿到导带,产生隧道电流。此隧道电流由式(9)给出,可表示为

$$J \approx C_5 \exp\left(\frac{|V|}{C_6}\right) \tag{37}$$

式中 C_5 和 C_6 为正量,且随外电压 V 缓慢变化。式(37)表明,反向电流随电压约呈指数增加。

反向二极管可用于小信号整流、微波检波和混频[35]。与隧道二极管类似,由于没有少数载流子存储效应,反向二极管有优越的频率响应[36]。此外,反向二极管的电流-电压特性对温度和辐照效应不敏感,其 $1/f$ 噪声很低[37]。

对于像高速开关之类的非线性应用,器件的品质因子是 γ,即电流-电压特性的二次导数与一次导数之比。γ 也称为曲率系数[38]

$$\gamma \equiv \frac{\mathrm{d}^2 I/\mathrm{d}V^2}{\mathrm{d}I/\mathrm{d}V} \tag{38}$$

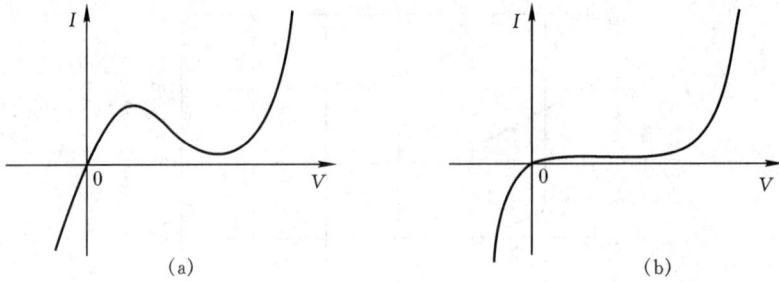

图 8.15　(a)有负阻的隧道二极管和(b)没有负阻的反向二极管的比较

γ 的值是对工作导纳大小归一化的非线性程度的度量。对于正向偏置的 p-n 结或肖特基势垒，γ 值可简单地表示为 $q/\eta kT$。因而，γ 随 T 成反比变化。在室温下，理想 p-n 结($\eta=1$)的 γ 约为 40 V^{-1}，与偏压无关。然而，对于反向偏置的 p-n 结，在低电压下 γ 值很小，而在击穿电压附近，γ 值随雪崩倍增因子线性增加[39]。虽然理论上反向击穿特性将得到大于 40 V^{-1} 的 γ 值，但由于杂质的统计分布和空间电荷电阻效应，预计 γ 值要低得多。

对于反向二极管，γ 值可从式(16)得出，其表达式为[40]

$$\gamma(V=0) = \frac{4}{V'_n + V'_p} + \frac{2}{\hbar}\sqrt{\frac{2\varepsilon_s m^*(N_A + N_D)}{N_A N_D}} \qquad (39)$$

式中 m^* 为载流子的平均有效质量

$$m^* \approx \frac{m_e^* m_h^*}{m_e^* + m_h^*} \qquad (40)$$

显然，曲率系数 γ 依赖于结两侧的杂质浓度和有效质量。与肖特基势垒相比，反向二极管的 γ 值对温度变化相对而言不灵敏，这是因为式(39)中的参数是温度的缓慢变化函数。

图 8.16 对 Ge 反向二极管 γ 值的理论值和实验值进行了比较。实线是由式(39)计算得到的，计算时 $m_e^* = 0.22m_0$，$m_h^* = 0.39m_0$。在所考虑的掺杂范围内，理论和实验通常符合得很好，且 γ 的值超过 40 V^{-1}。

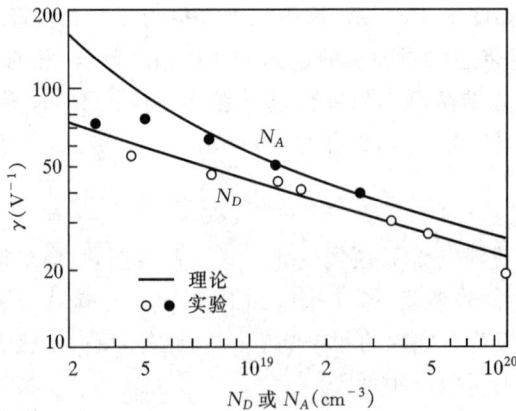

图 8.16　Ge 反向二极管在 300 K 下当 $V \approx 0$ 时曲率系数与受主浓度 N_A(施主浓度固定在 $N_D = 2 \times 10^{19}$ cm^{-3})或施主浓度 N_D(受主浓度固定在 $N_A = 10^{19}$ cm^{-3})的关系(参考文献 40)

8.3.2　MIS 隧道二极管

对于金属-绝缘体-半导体(MIS)二极管,电流-电压特性严格地依赖于绝缘层厚度。若绝缘层足够厚(对 Si-SiO$_2$ 系统,大于 7 nm),载流子通过绝缘层的输运可以忽略,MIS 结构代表常规的 MIS 电容器(已在第 4 章讨论过)。然而,若绝缘层极薄(小于 1 nm),载流子在金属和半导体之间输运受到的阻力很小,其特性与肖特基势垒二极管类似。绝缘层厚度位于这两者之间时,也存在不同的隧穿机理。我们将首先详细地讨论 Fowler-Nordheim 隧穿(图 8.17(a))、直接隧穿(图 8.17(b))和具有超薄氧化层的 MIS 隧道二极管(图 8.17(c)),最后讨论制作在简并半导体衬底上的 MIS 隧道二极管的负阻。

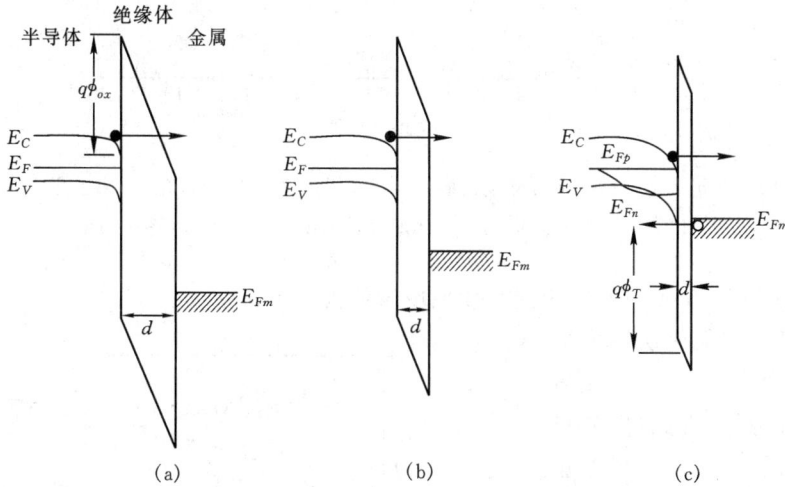

图 8.17　隧穿机理取决于氧化层厚度

(a)在氧化层较厚(>5 nm)时,通过三角形势垒的 F-N 隧穿,仅通过部分氧化层;(b)通过整个氧化层的直接隧穿;(c)MIS 隧道二极管(d<3 nm)的特点在于非平衡($E_{Fn} \neq E_{Fp}$),两种载流子都隧穿

Fowler-Nordheim 隧穿　Fowler-Nordheim(F-N)隧穿的特征在于:(1)势垒是三角形势垒,(2)仅通过部分绝缘层隧穿。如图 8.17(a)所示,在高场时,势垒的较窄部分起作用。在通过三角形势垒隧穿后,绝缘层的其余部分并不阻碍电流流动。因此,总的绝缘层只是通过影响电场对电流产生间接影响。F-N 电流表达式的形式与式(9)类似,为[41]

$$J = \frac{q^2 \mathcal{E}^2}{16\pi^2 \hbar \phi_{ox}} \exp\left[\frac{-4\sqrt{2m^*}(q\phi_{ox})^{3/2}}{3\hbar q \mathcal{E}} \right]$$

$$= C_4 \mathcal{E}^2 \exp\left(\frac{-C_5}{\mathcal{E}} \right) \tag{41}$$

对于热氧化层,常数 $C_4 = 9.63 \times 10^{-7}$ A/V^2,$C_5 = 2.77 \times 10^8$ V/cm。式(41)和式(39)的共同之处是三角形势垒。但是在 F-N 隧穿中,在 WKB 近似时,应采用绝缘层的能带结构和有效质量。注意,在公式中没有出现绝缘层厚度而只有电场。图 8.18 显示了在 F-N 隧穿和直接隧穿之间的转变。在氧化层比较薄、电场较低时发生直接隧穿。从直接隧穿过渡到 F-N 隧穿对应的氧化层厚度近似为 $d = \phi_{ox}/\mathcal{E}$。对于电子隧穿,$\phi_{ox} = 3.1$ V,隧穿电流为中等大小时对应

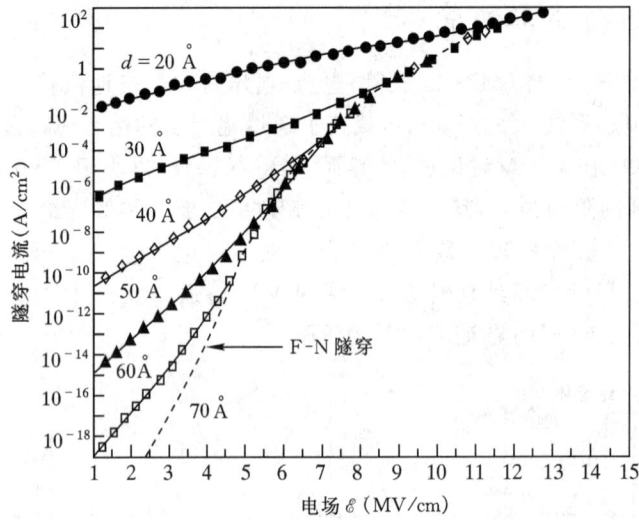

图 8.18　不同氧化层厚度下隧穿电流随电场的变化。氧化层较厚时,F-N 隧穿为主,且
与氧化层厚度无关。低场下氧化层较薄时发生直接隧穿(参考文献 42)

的电场 $\mathscr{E}$ 约为 6 MV/cm。因此,上述氧化层厚度约为 5 nm。

直接隧穿　在氧化层厚度低于 5 nm 时发生直接隧穿。在氧化层如此薄时,其它现象,例如量子力学效应就不能忽略。根据量子力学,反型层载流子浓度的峰值离开半导体-绝缘层界面一段距离,这导致有效绝缘层厚度增加。此外,反型层是一个量子阱,载流子的能量是量子化的,其能级高于导带底。考虑到这些量子效应,对于直接隧穿,那些简单的表示式就不再正确了。图 8.19 给出了模拟的结果。可以看出,隧穿电流对氧化层厚度非常敏感。对于像 MOSFET 这样的实际器件,另一

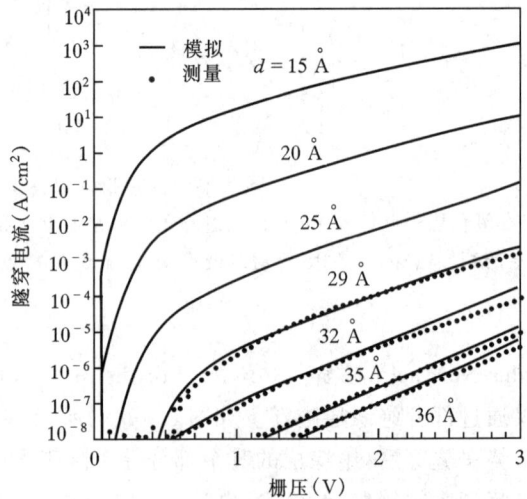

图 8.19　考虑了量子效应的直接隧穿电流(参考文献 43)

个要考虑的因素是,氧化层上的电极是重掺杂的多晶硅而不是金属。这种接触在氧化层界面有一个小的耗尽层,它也使有效绝缘层厚度增加。

MIS 隧道二极管　隧穿电流的表达式类似于式(8)。应用 WKB 近似并假定能量 E 和横向动量 $k_\perp$ 守恒,则沿 x 方向在两个导电区之间穿越禁区的隧道电流密度可表示为

$$J = \frac{q}{4\pi^2 \hbar} \iint T_t \big[F_1(E) - F_2(E) \big] \mathrm{d}k_\perp^2 \, \mathrm{d}E \tag{42}$$

式中,F_1 与 F_2 是两个导电区的费米分布函数,T_t 为隧穿几率。对于所考虑的 MIS 二极管,半导体中电子在 k 空间的等能面通常远小于在金属中的等能面。其结果是,我们总是假定电子可以从半导体隧穿到金属。若进一步假定所研究的固体的能带是抛物线形的,电子的有效质量 m^* 是各向同性的,则式(42)可简化为

$$J = \frac{m^* q}{2\pi^2 \hbar^3} \iint T_t \, \mathrm{d}E_\perp^2 \, \mathrm{d}E \tag{43}$$

式中,$E_\perp$ 和 E 分别为半导体中电子的横向动能和总动能。$E_\perp$ 的积分限为零和 E;E 的积分限就是两个费米能级。对于图 8.17(c)所示的有效高度为 $q\phi_T$、宽度为 d 的矩形势垒,其隧穿几率可从式(2)得到[45]:

$$T_t \approx \exp\left(-\frac{2d\sqrt{2qm^* \phi_T}}{\hbar} \right)$$

$$\approx \exp(-\alpha_T d \sqrt{\phi_T}) \tag{44}$$

式中,若绝缘层中的电子的有效质量等于自由电子质量,且若 ϕ_T 用 V 表示,d 用 Å 表示时,则 $\alpha_T (= 2\sqrt{2qm^*}/\hbar)$ 趋近于 1。

把式(44)带入式(43),并在整个能量范围内积分,可以得到隧穿电流,其结果为[46]:

$$J = A^* T^2 \exp(-\alpha_T d \sqrt{q\phi_T}) \exp\left(\frac{-q\phi_B}{kT} \right) \left[\exp\left(\frac{qV}{\eta kT} \right) - 1 \right] \tag{45}$$

式中 $A^* = 4\pi m_t^* qk^2/h^3$ 为有效理查逊常数,ϕ_B 为肖特基势垒高度。除了多了一个隧穿几率项 $\exp(-\alpha_T d \sqrt{q\phi_T})$ 外,式(45)与肖特基势垒的标准热离子发射方程是相同的。这里我们忽略了常数 $[2(2m^*/\hbar^2)]^{1/2}$,其值为 $1.01\ \mathrm{eV}^{-1/2}\mathrm{A}^{-1}$。因此,从式(45)可以很清楚地看出,当 ϕ_T 为 1 V 量级,$d > 50$ Å 时,隧穿几率约为 $\mathrm{e}^{-50} \approx 10^{-22}$,电流确实小得可以忽略。随着 d 和(或)ϕ_T 的减少,隧道电流迅速地向热离子发射电流水平增加。图 8.20 显示出了具有不同绝缘层厚度的 Au-SiO$_2$-Si 隧道二极管的正向 I-V 特性。当 $d = 10$ Å 时,隧道电流遵循标准的肖特基二极管特性,理想因子 η 接近 1。随着绝缘层厚度的增加,电流迅速减少,且理想因子开始偏离 1。在 3.3.6 节中已经给出了 η 的表达式。

这种 MIS 隧道二极管最重要的参数之一是金属-绝缘体势垒高度。金属-绝缘体势垒高

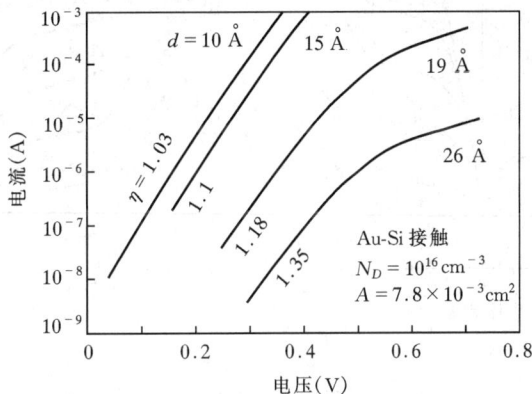

图 8.20　具有不同氧化层厚度的 MIS 隧道二极管实测电流-电压特性(参考文献 46)

度对 I-V 特性有显著影响[47-48]。图 8.21 给出了有两种金属–绝缘体势垒高度且制作在 p 型衬底上的 MIS 隧道二极管在热平衡状态下的能带示意图。对于低势垒的情形（对于 Al-SiO$_2$ 系统，$\phi_{mi}=3.2$ V），在平衡时 p 型硅表面反型。而对于高势垒的情形（对于 Au-SiO$_2$ 系统，$\phi_{mi}=4.2$ V），p 型硅表面空穴积累。有两个主要的隧道电流分量：一个是从导带到金属的电流 J_{ct}，另一个是从价带到金属的电流 J_{vt}。这两个电流的表示式类似于式（42）。

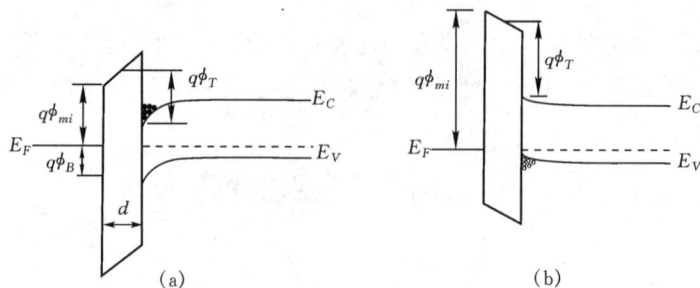

图 8.21　在非简并 p 型衬底上制作的 MIS 隧道二极管的能带图
(a)低的金属–绝缘体势垒；(b)高的金属–绝缘体势垒（参考文献 47）

　　图 8.21 显示出了这两种隧道二极管 I-V 理论曲线。对于图 8.22(a)的低势垒情形，在小的正向和反向偏压下，主要电流是少数载流子（电子）电流 J_{ct}，这是因为电子数目充足。随着正向偏压（在半导体上加正电压）的增加，电流也单调增加。在给定的偏压下，电流随绝缘层厚度的减少而迅速增加。这是由于电流受限于式（44）给出的隧穿几率，而隧穿几率随绝缘层厚度呈指数变化。在反向偏压下，当 $d<30$Å 时，由于受通过半导体的少数载流子（电子）的供给速率限制，电流实际上与绝缘层厚度无关，此电流类似于反向偏置 p-n 结的饱和电流。图 8.22(a)也给出了 $d=23.5$Å 时的实验结果。请注意，电流-电压特性十分类似于 p-n 结的整

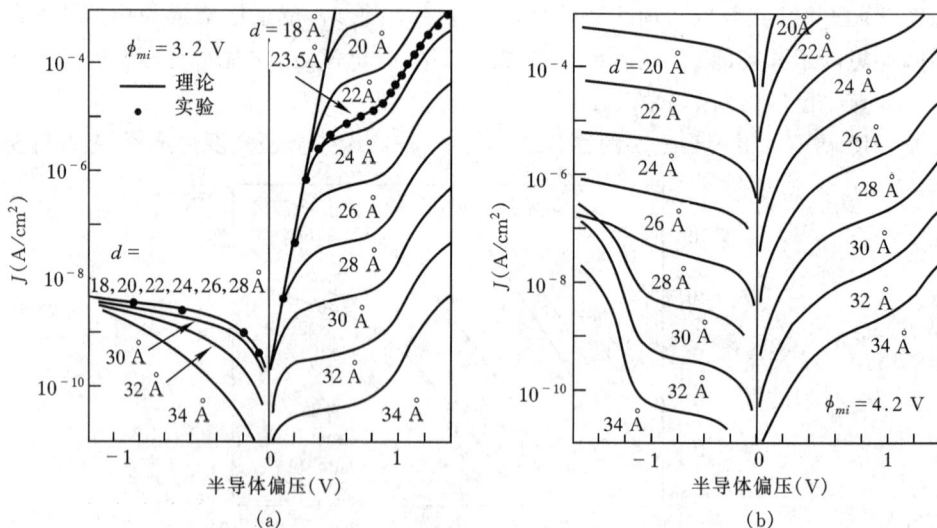

图 8.22　MIS 隧道二极管的电流-电压特性
(a)低势垒 ϕ_{mi}；(b)高势垒。$T=300$ K，$N_A=7\times10^{15}$ cm^{-3}（参考文献 47）

流特性。

对于图 8.22(b)的高势垒的情形,在正向偏压下,主要电流是从价带到金属的多数载流子(空穴)隧道电流,此电流随绝缘层厚度的减少而呈指数增加。在反向偏压下,电流并不像图 8.22(a)那样与绝缘层厚度无关,而是随绝缘层厚度的减少迅速增加,这是由于对多数载流子输运而言,电流在两上方向均受隧穿几率限制,而不受载流子供给速率限制的缘故。因而,对于高势垒的情形,隧穿电流比较大,尤其是在反向偏置时。

制作在简并半导体上的 MIS 隧道二极管　下面我们讨论从制作在简并半导体上的 MIS 隧道二极管中所观测到的负阻。图 8.23 给出了 p^{++} 和 n^{++} 半导体衬底上的 MIS 隧道二极管的简化能带图,能带图中包含界面陷阱。为了简单起见,热平衡状态下的半导体一侧的能带弯曲、镜像力和氧化层上的电势降均予忽略。我们首先考虑 p^{++} 型半导体。加在金属上的正电压(图 8.23(b))使电子从价带隧穿到金属。此偏置极性下的隧道电流随两费米能级间的能量范围的增加而单调增加,不会出现负阻,而且电流随着绝缘层有效势垒高度 ϕ_T 的减少而进一步增加。

当在金属加一小的负电压(图 8.23(c))时,导致电子从金属隧穿到半导体价带中未被占据的态。根据图 8.23(d),对于从金属隧穿到半导体价带中未被占据态的电子,电压 $-V$ 的增加意味着有效势垒高度 ϕ_T 的增加,结果导致电流随偏压的增加而降低,即出现负阻。另一电流分量来源于金属中有较高能量的电子同时隧穿到空的界面陷阱并立即与价带中的空穴复合。因为有效绝缘层势垒随偏压减少,这一电流分量总是有一正的微分电阻。最后,随着偏压的进一步增加,出现第三个隧道电流分量(图 8.23(e)),该分量对应于从金属到半导体的导带

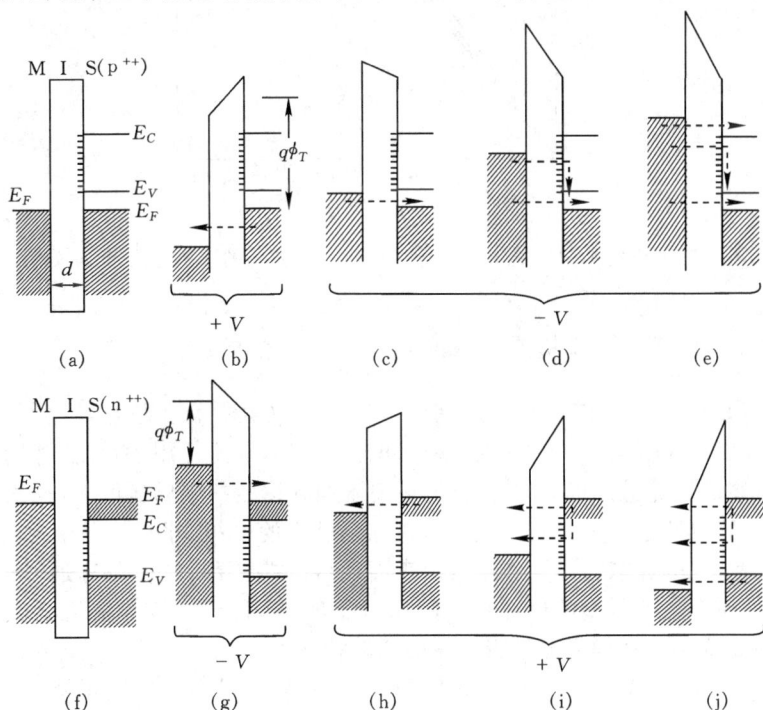

图 8.23　简并衬底上的 MIS 隧道二极管包含界面陷阱的简化能带图
　　　　　上排对应于 p^{++} 衬底,下排为 n^{++} 衬底。金属接正极时 V 为正值(参考文献 49)

的隧穿,增长极为迅速。

下面考虑 n^{++} 型半导体衬底的情形。如图 8.23(f)所示,预计 n^{++} 型样品的有效绝缘层势垒小于 p^{++} 型样品的势垒;因而通常对给定的偏压,将有较大的隧道电流。当在金属上加负偏压时,电子从金属隧穿到半导体导带的空态,形成迅速增加的大电流(图 8.23(g))。在金属上加小的正电压使得从半导体导带隧穿到金属的电子增加(8.23(h))。若界面陷阱因复合被导带电子充满,则进一步增加偏压(图 8.23(i))会使得电子从界面陷阱隧穿到金属,产生第二个电流分量。随着偏压的增加,因为有效绝缘层势垒降低,第二个电流分量增加。当电压更高时(图 8.23(j)),可能出现电子从价带隧穿到金属,然而因氧化层势垒较高,电子从价带隧穿到金属对总的 I-V 特性的影响较小。因此,半导体的能带结构对 n^{++} 型结构隧道特性的影响比起对 p^{++} 型结构要小的多。注意,有意义的结果是,不像 p^{++} 衬底,在 n^{++} 衬底上的 MIS 结构没有负阻。

制作在 p^{++} 衬底上的 Al-Al$_2$O$_3$-SnTe MIS 隧道二极管中已得到负阻[50]。SnTe 为重掺杂 p 型半导体,掺杂浓度为 8×10^{20} cm^{-3},Al$_2$O$_3$ 的厚度约为 5 nm。图 8.24 给出了在三种不同温度下的实测电流-电压特性,图中的负阻出现于 0.6~0.8 V 之间。这些结果与根据式(43)所作的理论预言符合得很好[44]。

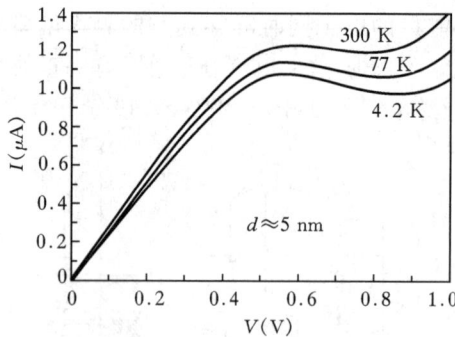

图 8.24　三种温度下 MIS 隧道二极管(Al-Al$_2$O$_3$-SnTe)的 I-V 特性(参考文献 50)

8.3.3　MIS 开关二极管

MIS 开关(MISS)二极管是一种四层结构,如图 8.25(a)所示。它基本上是一个 MIS 隧道二极管和一个 p-n 结的串联。我们发现这种二极管表现出电流控制型负阻,如图 8.25(b),类似于第 11 章所述的肖克莱二极管[51]。当把负偏压加到顶层的金属接触上(或正的 V_{AK},假定 p^+ 区接地)时,I-V 特性表现出高阻抗或**关态**。在足够高的电压,即开关电压 V_S 下,器件突然转变到低电压大电流的**开态**。开关作用或由表面耗尽区扩展到 $p^+ n$ 区(穿通)所致,或由表面 n 型层内的雪崩所致[52]。早期的器件是做在 Si 片上的,应用 SiO$_2$ 作为隧道绝缘层。后来,从其它绝缘体(例如 Si$_3$N$_4$)和厚多晶硅也获得类似的特性。

图 8.25(b)所示的 I-V 特性可以用图 8.26 所示能带图得到定性地解释。当阳极对阴极为负偏压($-V_{AK}$)时,MIS 隧道二极管处于正向偏置,而 p-n 结处于反向偏置。电流受限于p-n结耗尽区(W_D)的产生电流,为

$$J_g = \frac{q n_i W_D}{2\tau} \approx \frac{n_i}{\tau} \sqrt{\frac{q \varepsilon_s (|V_{AK}| + \psi_{bi})}{2 N_D}} \tag{46}$$

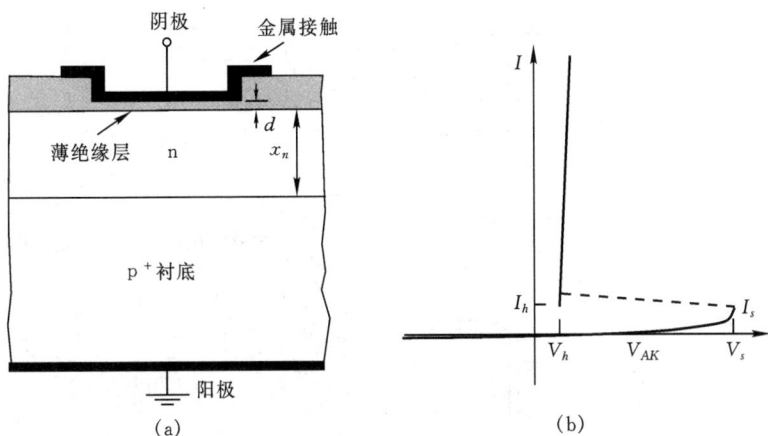

图 8.25　(a)具有四层结构的 MIS 开关二极管；(b)电流-电压特性呈现出了电流控制 S 型负阻

式中,τ 为少数载流子寿命,ψ_{bi} 为 p-n 结内建势。在这种偏置下,没有开关过程发生。

当施加正的 V_{AK} 时,MIS 隧道二极管处于反向偏置而 p-n 结处于正向偏置(图 8.26(c))。在低电流的关态,电流由表面耗尽区的产生电流决定,其表示式类似于式(46),只是 ψ_{bi} 被平衡时的势垒高度 ϕ_B 代替。热产生的电子向 p-n 结靠近,在正偏的 p-n 结耗尽区内与空穴复合。这意味着通过 p-n 结的电流主要是复合电流而不是扩散电流,因为通过 p-n 结的电流很小。电子从金属隧穿到半导体形成 MIS 隧道二极管的反向电流,在关态时此电流很小。但是该电流后来将变大,且成为开态电流的主要部分。

MISS 的开关判据完全取决于隧穿绝缘层的空穴的供给。当空穴电流受限于半导体(产生)时,它很小。在这种情形时,半导体表面处于深耗尽,没有形成空穴的反型层。如果能从其它途径提供额外的空穴,且隧穿电流不足以吸收这些空穴,那么电流就变得受限于隧穿,且形成空穴的反型层。表面势(表面能带的弯曲)的降低增加了绝缘层上的压降 V_i,也在两个方面使 J_{pt} 增加。首先,势垒高度 ϕ_B 减小了,其次,ϕ_T 也减小了。后者等效于绝缘层上的电场更大了。大电流通过 p-n 结,在 p-n 结中电流的机理由复合变成扩散。由于 $N_A \gg N_D$,电子电流 J_n 能够注入很大的空穴电流,倍率约为 $\dfrac{1}{1-\gamma}$,γ 是 p-n 结的注入效率(空穴电流与总电流之比)。通过绝缘层的总的空穴隧穿电流变为

$$J_{pt} = J_n \left(\frac{1}{1-\gamma} \right) \tag{47}$$

MIS 隧道二极管和 p-n 结对产生正反馈,导致负的微分电阻。

正反馈也可以看成两个电流增益的结果。一个是来源于 MIS 隧道二极管空穴电流的电子电流增益,这是最初的定义[53],另一个是来源于 p^+n 结电子电流的空穴电流增益。为了在 MIS 隧道二极管获得电流增益,精确的绝缘层厚度是关键,对于二氧化硅,其值必须在 2～4 nm 的范围内。氧化层低于 2 nm 就不能把空穴限制在表面以形成反型层和减小 ϕ_B,电流总是受限于半导体。氧化层大于 5 nm 不允许深耗尽,电流总是受限于隧穿。

实际上,耗尽区载流子的产生电流不足以触发开关过程。提供额外电流来源的两种最常见的机理是穿通和雪崩。在图 8.26(e)所示的穿通情形下,MIS 二极管的耗尽区与 p-n 结的

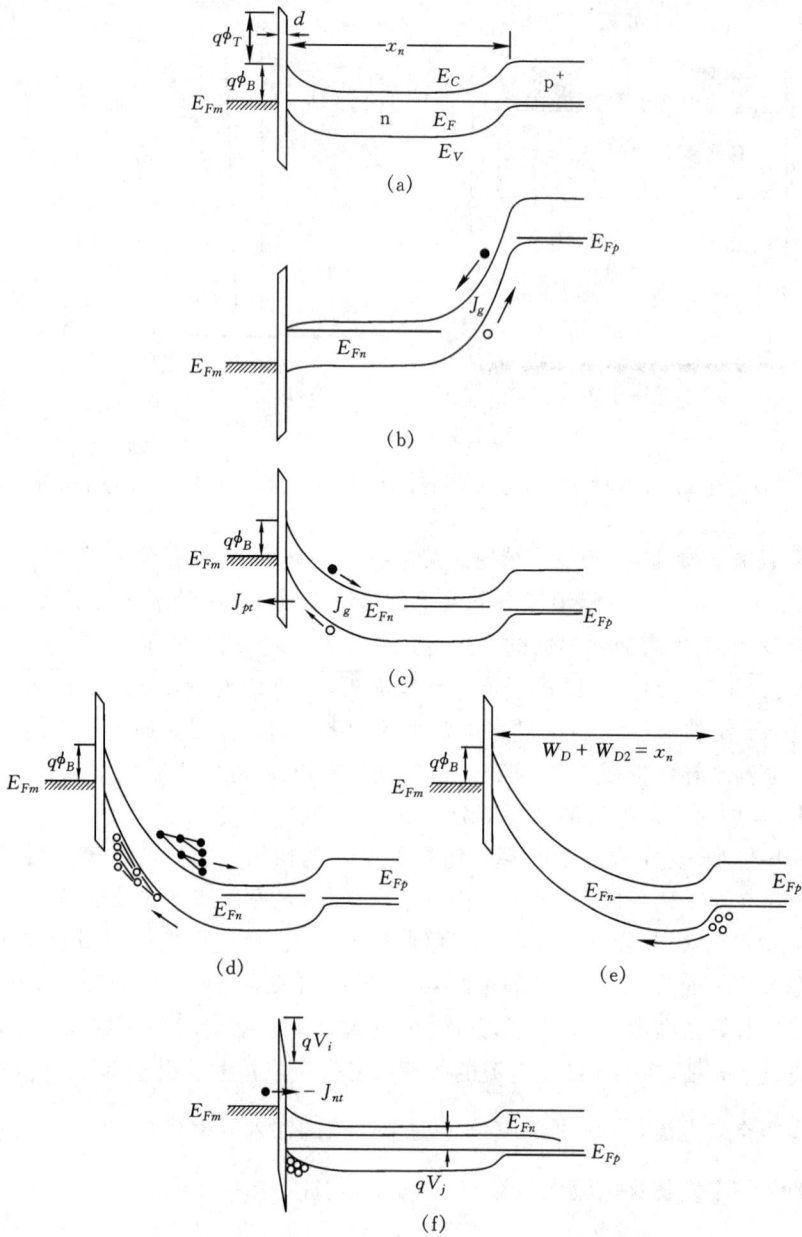

图 8.26　MISS 在各种偏置条件下的能带图

(a)平衡；(b)负的 V_{AK}；(c)正的 V_{AK}；(d)开始雪崩倍增；(e)开始穿通；(f)开态大电流

耗尽区连在一起。空穴的势垒被降低了，大量的空穴被注入。穿通模式下的开关电压为

$$V_s \approx \frac{qN_D(x_n - W_{D2})^2}{2\varepsilon_s} \tag{48}$$

式中 W_{D2} 是 p-n 结耗尽区的宽度。

　　在穿通发生前，如果靠近表面的电场足够强，就会发生雪崩倍增，也会引起大的空穴电流流向表面(图 8.26(d))。这种模式下的开关电压类似于 p-n 结的雪崩击穿电压。在 n 型层掺杂浓度较高(通常高于 $10^{17}/\mathrm{cm}^3$)的结构中,雪崩开关模式处于支配地位。

图 8.26(f)是 MISS 转换到开态大电流下的能带图。请注意,穿通和雪崩在开关后都不能维持。表面的导带边低于 $E_{Fm}(\phi_B=0)$,J_m 控制开态电流。保持电压近似为

$$V_h \approx V_i + V_j \tag{49}$$

式中 V_i 是绝缘层两端的电压,近似等于热平衡时初始势垒高度 $\phi_B(0.5\sim0.9\ \mathrm{V})$。p-n 结的正向偏置电压 V_j 为 0.7 V 左右,这样,保持电压近似为 1.5 V。

除了前面提到的穿通和雪崩外,空穴电流可能还有另外两种来源。一种是通过第三端接触,另一种是光产生。三端 MISS 有时称为 MIS 晶闸管。多子注入极或少子注入极的功能是一样的,都能增加流向绝缘层的空穴电流。少子注入极直接注入空穴,多子注入极能控制 n 层的电势,空穴是 $\mathrm{p^+}$ 衬底注入的。在这两种结构中,由于一个正的栅电流流入器件,结果是开关电压降低。另一方面,当用光照射 MISS 时,J_p 由光产生,开关电压降低。对于固定的 V_{AK},光能够引起器件导通,MISS 变成光触发开关。

如上所述,氧化层厚度是开关特性中的一个关键参数。如图 8.27 所示,对于较厚的氧化层($d\geqslant5$ nm),隧道阻抗太高,不满足开关的要求,对于极薄的氧化层($d<1.5$ nm),在深耗尽方式建立以前,$\mathrm{p^+}$-n 结就能充分导通;因此,器件表现出 p-n 结特性。只在中等厚度(1.5 nm $<d<4$ nm)时才观察到开关特性。

MIS 开关二极管的诱人特点包括高的开关速度(1 ns 或更小),以及开关电压 V_S 对光或电流注入有高灵敏度。MISS 能应用于数字逻辑,在移位寄存器中也得到应用。其它的应用包括存储器(如 SARM),弛豫振荡器电路中的微波产生,以及报警系统的光触发开关。MISS 的限制是其相对高的保持电压和在制造均匀薄隧穿绝缘层的重复性方面的困难。

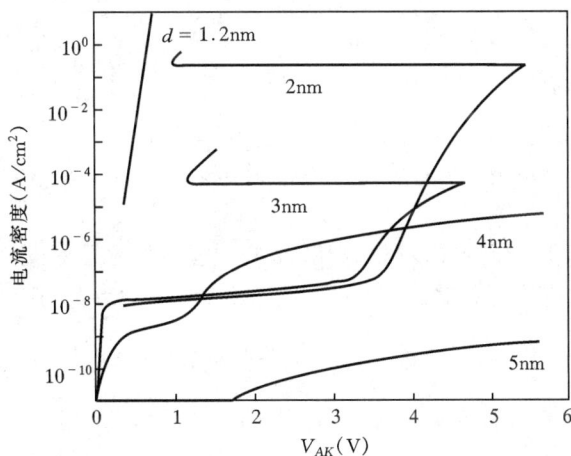

图 8.27 不同氧化层厚度下 MIS 开关二极管 I-V 特性的计算结果。器件参数为 $x_n=10\ \mu\mathrm{m}$,$N_D=10^{14}\ \mathrm{cm}^{-3}$,$\tau=3.5\times10^{-5}$ s(参考文献 52)

8.3.4 MIM 隧道二极管

金属-绝缘体-金属(MIM)隧道二极管是一个薄膜器件。在该器件中,电子从第一层金属隧穿进入绝缘膜并被第二层金属收集。器件呈现出非线性 I-V 特性,但没有负阻。非线性 I-V

特性有时可以在微波探测中用做混频器。图 8.28(a)和(b)给出了有相似金属电极的 MIM 二极管的基本能带图。因为全部电压都降在绝缘层上,根据式(42),通过绝缘层的隧道电流为

$$J = \frac{4\pi qm^*}{h^3} \iint T_t [F(E) - F(E+qV)] dE_\perp \, dE \tag{50}$$

在 0 K 时,式(50)简化为

$$J = J_0 [\bar{\phi} \exp(-C\sqrt{\bar{\phi}}) - (\bar{\phi}+V) \exp(-C\sqrt{\bar{\phi}+V})] \tag{51}$$

式中

$$J_0 \equiv \frac{q^2}{2\pi h d^{*2}} \tag{52}$$

$$C \equiv \frac{4\pi d^* \sqrt{2m^* q}}{h} \tag{53}$$

$\bar{\phi}$ 为费米能级以上的平均势垒高度,d^* 是约化有效势垒宽度。式(51)可解释为从电极 1 流到电极 2 的电流密度 $J_0 \bar{\phi} \exp(-C\sqrt{\bar{\phi}})$ 加上从电极 2 流到电极 1 的电流密度 $J_0(\bar{\phi}+V) \exp(-C\sqrt{\bar{\phi}+V})$。

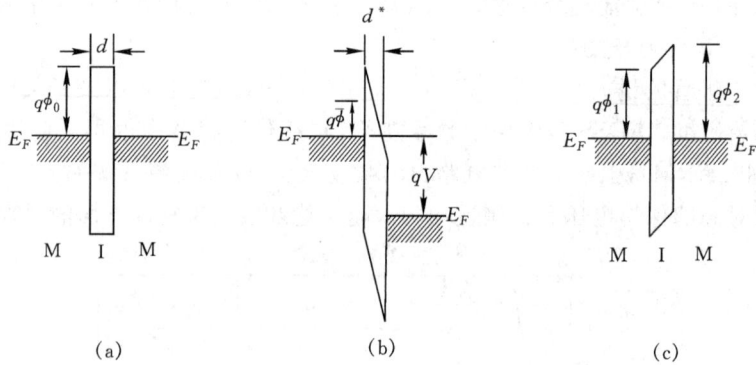

图 8.28　MIM 结构的能带图

(a)平衡时对称 MIM;(b)有偏压时,$V > \phi_0$;(c)不对称 MIM

我们现在将式(51)用于理想的对称 MIM 结构。理想的意思是,温度效应,镜像力效应和金属电极内的场渗透效应均可忽略。当 $0 \leqslant V \leqslant \phi_0$,$d^* = d$ 和 $\bar{\phi} = \phi_0 - V/2$ 时,电流密度为

$$J = J_0 \left[\left(\phi_0 - \frac{V}{2}\right) \exp\left(-C\sqrt{\phi_0 - \frac{V}{2}}\right) - \left(\phi_0 + \frac{V}{2}\right) \exp\left(-C\sqrt{\phi_0 + \frac{V}{2}}\right) \right] \tag{54}$$

当电压较高,即 $V > \phi_0$ 时,有 $d^* = d\phi_0/V$ 和 $\bar{\phi} = \phi_0/2$ 时,电流密度为

$$J = \frac{q^2 \mathscr{E}^2}{4\pi h \phi_0} \left\{ \exp\left(\frac{-\mathscr{E}_0}{\mathscr{E}}\right) - \left(1 + \frac{2V}{\phi_0}\right) \exp\left[\frac{-\mathscr{E}_0 \sqrt{1 + (2V/\phi_0)}}{\mathscr{E}}\right] \right\} \tag{55}$$

式中

$$\mathscr{E}_0 \equiv \frac{8\pi}{3h} \sqrt{2m^* q} \, \phi_0^{3/2} \tag{56}$$

$\mathscr{E} = V/d$ 为绝缘层内的电场。对于像 $V > \phi_0$ 这样高的电压,式(55)中的第二项可以忽略,我们就得到熟知的 Fowler-Nordheim 隧穿方程(式 41)。

对于理想的非对称 MIM 结构(势垒高度 ϕ_1 和 ϕ_2 不同,图 8.28(c)),在低电压范围

$0 < V < \phi_1$ 内，量 $d^* = d$ 以及 $\bar{\phi} = (\phi_1 + \phi_2 - V)/2$ 与极性无关。因此，J-V 特性也与极性无关。当电压较高，即 $V > \phi_1$ 时，平均势垒高度 $\bar{\phi}$ 以及有效隧穿距离 d^* 变得与极性有关。因此，不同极性下的电流是不同的。

　　MIM 隧道二极管已用来研究宽禁带半导体中禁带内的能量-动量关系[55,56]。用两个金属电极夹住一单晶样品，如 GaSe($E_g = 2.0$ eV，$d < 10$ nm)，形成 MIM 隧道结构。采用一组 J-V 曲线，应用式(42)和式(50)，可以得到动量-能量(E-k)关系。一旦得到 E-k 关系，不用可调参数，我们就可以计算所有其它厚度下的隧道电流。

8.3.5　热电子晶体管

　　多年来，为发明或发现能取得比双极晶体管或 MOSFET 性能更为优越的新型固态器件，人们已作过许多尝试。在最有价值的候选之中就有**热电子晶体管**(HETs)。在热电子晶体管中，从发射区注入的电子在基区有高的势能或动能。由于热载流子速度高，预期 HETs 具有高的本征速度、大的电流和大的跨导。在本节中，我们将讨论基于隧道发射结的 HETs。这些器件有时被称为**隧穿热电子转移放大器**(THETA)。

　　Mead 于 1960 年报道了第一个 THETA，这是一种 MOMOM(金属-氧化物-金属-氧化物-金属)结构，有时也称为 MIMIM(金属-绝缘体-金属-绝缘体-金属)结构(图 8.29(a))[57,58]。在这种结构中，发射区势垒和集电区势垒都是由氧化物形成的。金属基区必须很薄，典型厚度在 10～30 nm 之间。用金属-半导体结替换 MOM 集电区(图 8.29(b))可以大大改善这种结构的电流增益[59]，这种结构称为 MOMS(金属-氧化物-金属-半导体)结构，或称为 MIMS(金属-绝缘体-金属-半导体)结构。MIMS 结构的最高振荡频率比双极晶体管的低，其主要原因是它的发射极充电时间较长(较大的发射极电容所致)和共基极电流增益较低(基区内的热电子散射所致)。另一个变动是集电结采用 p-n 结(图 8.29(c))[60]。在这种 MOp-n(或 MIp-n)结构中，基区是半导体不是金属，因而基区中的散射少。

　　由于上述所有的结构都采用发射极隧穿注入机理，因而它们遇到的问题也是一样的：电流增益低，势垒厚度不好控制。自从 1981 年 Heiblun 建议采用宽禁带半导体作为隧穿势垒，简并窄禁带半导体作为发射区、基区和集电区[61]后，人们开始对 THETA 重新感兴趣。在诸如 MBE 和 MOCVD 外延技术在 20 世纪 70 年代快速发展后，这种思想特别及时。1984 年报道了第一个异质结 THEAT[62,63]，1985 年报道了随后的工作[64,65]。

　　对于异质结结构(图 8.29(d))，最常用的材料系统是 AlGaAs/GaAs，但是，已经报道了其它材料，如 InGaAs/InAlAs，InGaAs/InP，InAs/AlGaAsSb 和 InGaAs/InAlGaAs。用作发射区、基区和集电区的窄禁带半导体材料通常是重掺杂的，而宽禁带半导体层是不掺杂的。用于发射极隧穿的势垒厚度范围在 7～50 nm，而集电区的势垒层更厚，在 100～250 nm 之间。基区宽度为 10～100 nm。薄的极区改善了传输率，但为了不与集电区短路，薄的基区难于制作接触。为了降低量子力学反射，集电结通常组份是缓变的。

　　在讨论工作原理时，我们假定器件结构是异质结 THEAT，因为人们对其很感兴趣。在正常工作条件下。发射极相对于基极负偏(对于所示的掺杂类型)，而集电极是正偏(图 8.29(d))。由于异质结产生的势垒低(典型值为 0.2～0.4 eV)，有必要使 THEAT 工作在低温下以减小越过势垒的热离子发射。电子从发射区注入到 n$^+$ 基区，因而 THEAT 是多子器件。发射极-基极电流是通过势垒的隧穿电流，隧穿可以是直接隧穿，也可以是 Fowler-Nordeim 隧

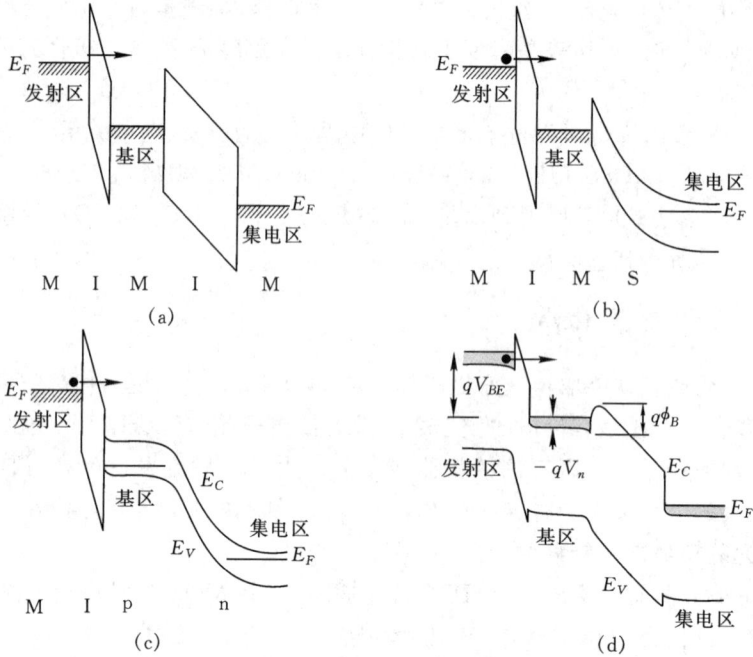

图 8.29 隧道发射极热电子晶体管的变种和它们在正向偏置下的能带图
(a)MIMIM;(b)MIMS;(c)MIp-n;(d)异质结 THEAT

穿。注入电子在基区的最大动能(在 E_C 以上)为

$$E = q(V_{BE} - V_n) \tag{57}$$

(对于简并半导体,V_n 为负)。在电子穿过基区时,通过某种散射事件失去能量。在集电结,能量高于势垒 $q\phi_B$ 的载流子将产生集电极电流,而其余的贡献给了不希望有的基极电流。

基区输运因子 α_T 可以分成不同的分量

$$\begin{aligned} I_C &= \alpha_T I_E \\ &= \alpha_B \alpha_{BC} \alpha_C I_E \end{aligned} \tag{58}$$

α_B 是由于基区的散射,为

$$\alpha_B = \exp\left(-\frac{W}{\lambda_m}\right) \tag{59}$$

式中 W 和 λ_m 分别为基区的宽度和基区载流子的平均自由程。λ_m 的报道值从 70 nm～280 nm。λ_m 与电子的能量有关。在能量非常高时,λ_m 开始减小。在 MOM 发射区结构中,由于氧化物势垒很大,为了使注入达到特定的电流水平,需要一个大的 V_{BE}。不幸的是,在 V_{BE} 较大时,电子的能量增加,λ_m 减小。这是在 MOM 势垒中要求氧化层厚度很小(≈1.5 nm)的一个原因[61]。为了改善 α_B,基区的宽度必须尽可能小,但是这导致基区电阻过大。已经建议采用感应基区[67]或在基区调制掺杂,以使基区很薄(≈10 nm)但电导大。第二个因子 α_{BC} 是由于基区-集电区能带边不连续而产生的量子力学反射。对于突变结,α_{BC} 为

$$\alpha_{BC} \approx 1 - \left[\frac{1 - \sqrt{1 - (q\phi_B/E)}}{1 + \sqrt{1 - (q\phi_B/E)}}\right]^2 \tag{60}$$

集电结势垒的组分缓变能够改善反射损失。α_c 是集电区效率,是由于在宽禁带材料中散射造

成的。

为了得到高的 β(共发射极电流增益)值，α_T 应接近 1，因为

$$\beta \approx \frac{\alpha_T}{1 - \alpha_T} \qquad (61)$$

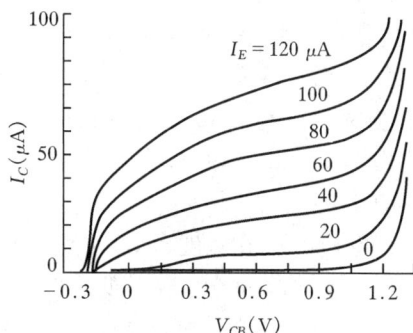

图 8.30　异质结 THEAT 共基极输出特性(参考文献 70)

已经报道的 β 值高达 $40^{[69]}$。图 8.30 是一个 THEAT 输出特性的例子。由于基区的弹道输运和没有少子存储效应，THEAT 呈现出高速应用的潜力。要求在低温下工作是一个可能限制其应用的问题。

THEAT 已被用来作为研究热电子的工具。一个特定的功能是作为能谱计以测量基区隧穿电子的能谱。作为能谱计工作时，集电极相对于基极反偏以改变有效的集电极势垒(图 8.31(a))。画出集电极电流增量与有效集电极势垒高度的曲线，就可以得到热电子的能谱。从图 8.31(b)可以看出，对于每个 V_{BE}，分布峰值处的能量(与 V_{CB} 有关)随 V_{BE} 增加。

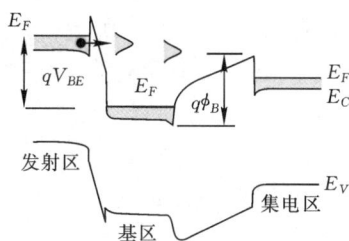

(a)

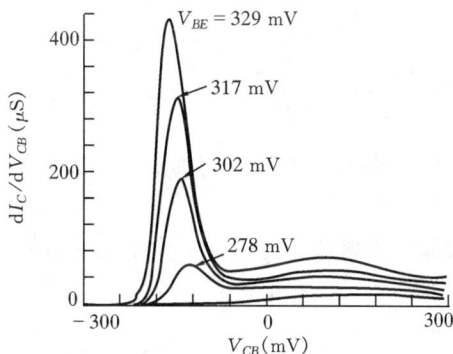

(b)

图 8.31　(a)作为能谱计的 THEAT 的能带图，集电极电压相对于基极为负以改变集电极有效势垒；(b)热电子能谱(参考文献 70)

8.4　共振隧穿二极管

1973 年，Tsu 和 Esaki 预言了共振隧穿二极管(有时也称为双势垒二极管)的负微分电阻 $(\mathrm{NDR})^{[71]}$，这是他们上世纪 60 年代后期和 70 年代早期关于超晶格开创性工作的继续。1974 年，Chang 等首次演示了共振隧穿二极管的特性和结构$^{[72]}$。随后，在 80 年代早期，许多作者报道了这方面取得的重大改进，研究的兴趣初步升高，其主要原因是 MEB 和 MOCVD 技术的成熟。1985 年，在室温下观测到了共振隧穿二极管的 $\mathrm{NDR}^{[73,74]}$。

共振隧穿二极管要求在导带或价带边不连续以形成量子阱，因此需要异质外延。最流行的材料系统是 GaAs/AlGaAs(图 8.32)，其次是 GaInAs/AlInAs。位于中间的量子阱的典型

厚度为 5 nm 左右,势垒层的厚度范围是 1.5～5 nm。并不
要求势垒是对称的,它们的厚度可以不同。阱和势垒层都是
非掺杂的,它们被重掺杂的窄禁带材料(通常与阱的材料相
同)夹在当中。在图 8.32 中没有画出靠近势垒层的未掺杂
隔离薄层(≈1.5 nm 厚的 GaAs),隔离薄层的作用是防止掺
杂剂扩散到势垒层中。

　　根据量子力学,在宽度为 W 的量子阱中,导带(或价带)
分裂成分立的子带,每个子带最低能量为

$$E_n - E_{Cw} = \frac{h^2 n^2}{8 m^* W^2}, \quad n = 1, 2, 3, \cdots \tag{62}$$

式中 E_{Cw} 表示阱中的 E_C。请注意,式(62)假定势阱的高度为
无限大,仅用于给出定性的图像。实际中势垒高度的范围是

图 8.32　GaAs/AlGaAs 异质结构共
振隧穿二极管的结构。能带图显示
出形成量子阱和量子化能级

0.2～0.5 eV,量子化能级比 E_C 高约 0.1 eV。在偏置状态下,
载流子通过阱中的能态从一个电极隧穿到另一个电极。

　　在双势垒的量子态隧穿中,共振隧穿是一个独特的的现
象[75]。在单势垒隧穿的情形,隧穿几率随入射粒子的能量单调增加。在共振隧穿中,必须在
三个区间(发射区、阱和集电区)同时求解薛定谔方程。由于在阱中能量是量子化的,因此当入
射粒子的能量与任一个量子化能级一致时,隧穿几率出现峰值,如图 8.33 所示。在这个相干
隧穿图像中,如果入射能量不与任何一个量子能级一致,那么隧穿机率等于阱与发射区之间的
隧穿几率 T_E 和阱与集电区之间的隧穿几率 T_C 的乘积,即

$$T(E) = T_E T_C \tag{63}$$

　　然而,如果入射能量与任一个量子化能级相匹配时,则在阱中建立起波函数,和法布里-珀
罗共振器类似,透射概率变为[76]

$$T(E = E_n) = \frac{4 T_E T_C}{(T_E + T_C)^2} \tag{64}$$

　　对于对称结构,$T_E = T_C$,$T = 1$。偏离共振时,式(63)给出的值迅速下降很多数量级,给出
了图 8.33 所示的形状。共振隧穿电流由下式给出

$$J = \frac{q}{2\pi h} \int N(E) T(E) \mathrm{d}E \tag{65}$$

式中 $N(E)$ 是从发射区来的每单位面积隧穿电子的数目,可以证明[75]

$$N(E) = \frac{k T m^*}{\pi h^2} \ln\left[1 + \exp\left(\frac{E_F - E}{kT} \right) \right] \tag{66}$$

　　在共振隧穿二极管中,入射电子的能量的变化由外加偏压调节,要使发射区电子能量高于
阱和集电区的能量。图 8.33 中隧穿电子入射能量的分布集中在陡的共振隧穿峰值处似乎预
言陡的电流峰值和非常高的峰谷比值,然而在实际的器件中,即使在低温也没有观察到这些现
象。其原因有两方面的。共振透射峰是指数型狭窄,量级为 $\Delta E = \hbar / \tau$,τ 是子带 E_n 中隧穿电
子的寿命,ΔE 是能级 E_n 的展宽[75]。此外,这里存在一些非理想效应,例如杂质散射,非弹性
声子散射,声子辅助隧穿和热离子发射。这些效应导致非常大的谷电流,降低了峰与谷电流比
值。实际上,顺序隧穿模型而不是相干隧穿模型能相当好地解释上实验数据[77]。在顺序隧穿
模型中,从发射区到阱中的隧穿和从阱到集电区的隧穿被认为是不相关事件。这种简单的图

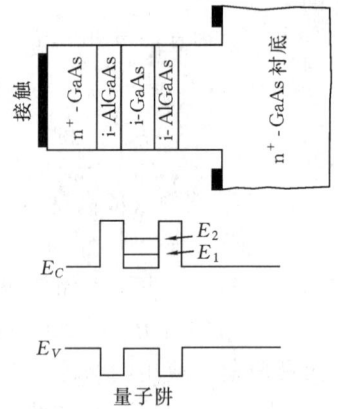

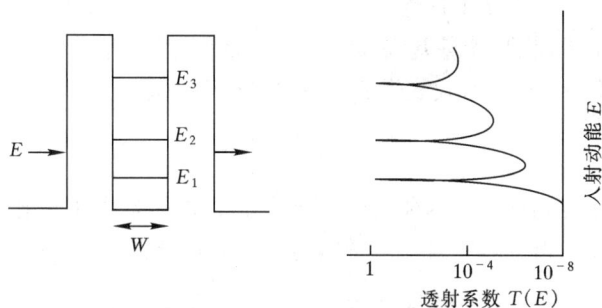

图 8.33　能量为 E 的电子相干共振隧穿一个双势垒的透射系数。当 E 和 E_n 对齐时出现透射峰（参考文献 75）

像能够透彻地理解所观察到的实验数据，为此，以下的讨论将基于此模型。

图 8.34 定性地给出了共振隧穿二极管的 I-V 特性。可以看出，不仅出现负阻，而且它可以重复，具有多个电流峰和谷。传统的 p^+n^+ 隧道二极管没有这种特性。图 8.35 显示了 I-V 曲线不同区域所对应的能带图。峰电流对应的偏置状态为发射区能带 E_C 与每个量子能级对齐。下面，我们将解释这种负阻的起源。

根据顺序隧穿模型，载流子从阱到集电区隧穿的限制要少得多，决定电流的机制是载流子从发射区进入阱的隧穿。载流子从发射区隧穿进入阱内，要求阱内与发射区电子能量相同的能级上

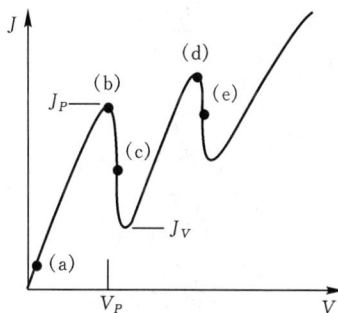

图 8.34　低温下具有多个电流峰和谷的共振隧穿二极管的 I-V 特性，图（a）～（e）对应的能带图显示在图 8.35

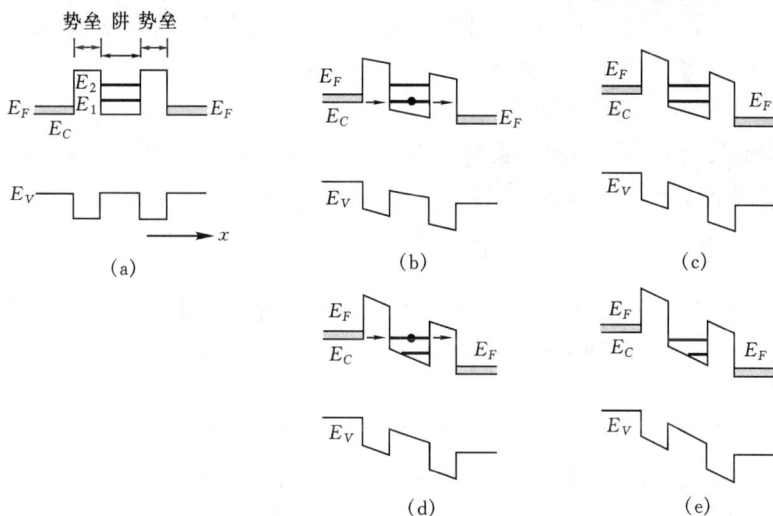

图 8.35　各种偏压下共振隧穿二极管的能带图
（a）接近零偏压；（b）通过 E_1 共振隧穿；（c）E_1 低于 E_C，第一个 NDR 区；（d）通过 E_2 共振隧穿；（e）E_2 低于 E_C，第二个 NDR 区。相应的电流特性显示在图 8.34

有未占据态(能量守恒),要求发射区电子的横向动量与阱内电子的横向动量相同(动量守恒)。由于阱中平行(于隧穿方向的)动量 k_x 是量子化的(导致能量是量子化的 $E_n = \hbar^2 k_x^2/(2m^*) = \hbar^2 n^2/(8m^* W^2)$),在每个子带中,载流子的能量仅是横向动量 $k_\perp$ 的函数,为

$$E_w = E_n + \frac{\hbar^2 k_\perp^2}{2m^*} \tag{67}$$

在式(67)中,应注意到载流子的能量仅在每个子带的底部是量子化的,高于 E_n 的能量是连续的。另一方面,在发射区电极自由电子的能量由下式给出

$$E = E_C + \frac{\hbar^2 k^2}{2m^*} = E_C + \frac{\hbar^2 k_x^2}{2m^*} + \frac{\hbar^2 k_\perp^2}{2m^*} \tag{68}$$

因此,在发射区能量为式(68)的电子将隧穿进入式(67)给出的能级。图 8.36 描述了这种概念。

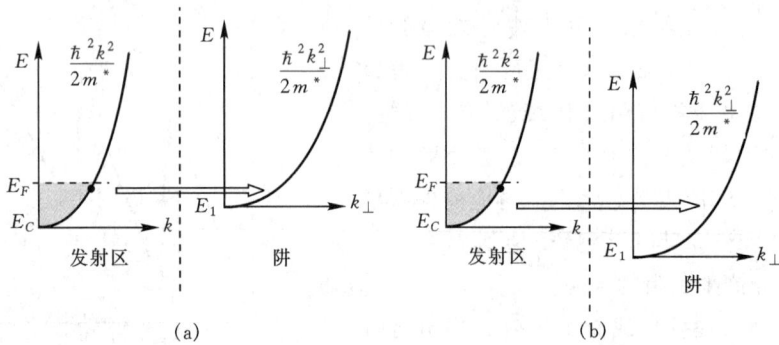

图 8.36　从发射区到阱内的隧穿。注意横坐标 k 和 $k_\perp$ 的不同
(a)E_1 高于 E_c 但低于 E_F,发生共振隧穿;(b)E_1 低于 E_c,隧穿几率显著降低

我们首先考虑图 8.34 所示的 I-V 曲线中电流随偏压增加的区域 a。图 8.36(a)显示,如果 E_1 在 E_F 以上,电子几乎不可能隧穿。随着偏压的增加,E_1 被拉到 E_f 以下,且朝着发射区 E_C 的方向,隧穿电流开始随偏压增加。

图 8.34 中电流随偏压减小的区域 C 相当重要的。横向动量守恒要求式(67)和式(68)的最后项相等,在能量守恒时,这要求

$$E_C + \frac{\hbar^2 k_x^2}{2m^*} = E_n \tag{69}$$

能量方程意味着,只要发射区 E_C 在 E_n 以上,就有可能发生共振隧穿。当考虑到动量守恒时,情形就不是这样的,借助于图 8.36,解释如下。从图中可以看出,阱内的 $k_\perp$ 变大。因此对于发射区,因为

$$k^2 = k_x^2 + k_\perp^2 \tag{70}$$

这样即使 $k_x = 0$,k 的最小值等于 $k_\perp$。在低温下,电子位于动量有限的费米球内。对于费米球外的 $k_\perp$,没有合适的电子供隧穿。因此,图 8.36(b)的隧穿事件是禁止的。

从上面的讨论可以看出,对于最大的隧穿电流,E_n 应位于发射区的 E_f 和 E_C 之间。但是在低温下,E_n 应与 E_C 对齐,这种偏置状态显示在图 8.35(b)和 8.35(d)。对于更高的偏压,发射区的 E_C 高于 E_n,隧穿电流显著降低,导致 NDR。对于对称结,因为每个势垒承受一半电压,因而峰电压近似为

$$V_P \approx \frac{2(E_n - E_C)}{q} \tag{71}$$

在实际器件中，V_P 大于式(71)给出的值。（注意，在此情形中 E_C 是发射区的，与阱中的不同）。电场穿透发射区和集电区，会产生部分电压降。其次，也有一些电压降落在每个未掺杂的隔离层上。另一个效应是由加偏压时阱内积累的有限电荷引起的。此电荷薄层在势垒两端产生一个不希望有的电场，需要额外的电压来调制发射区和阱之间相对能量。

峰电流 J_P 和谷电流 J_V 的比率是度量 NDR 的关键参数。根据式(65)，电流修正为

$$J = \frac{qN(V)T_E(V)\Delta E}{2\pi\hbar} \approx \frac{qN(V)T_E(V)}{2\pi\tau} \tag{72}$$

采用有效质量轻的材料可以使电流最大。在此方面，GaInAs/AlInAs 系统优于GaAs/AlGaAs。已观察到的最大峰电流密度范围在 0.5×10^5 A/cm^2，由于是隧道电流，它基本上与温度无关。非零的谷电流主要来源于越过势垒的热离子发射，它强烈地依赖于温度（温度低，J_V 小）。另一个虽然很小但可以察觉的贡献起因于电子隧穿到更高的能级上。即使在能量高于 E_F 的能态上用于隧穿的电子数目非常少，还是存在热分布尾部，其数量不等于零，特别是当能级非常靠近时。

作为一个例子，图 8.34 显示的特性对每个电压极性有两个 NDR 区间。在实际中，很少能观察到第二个电流峰，这是由于在很大的热离子发射电流的背景下信号很小造成的。然而，这个例证显示出与隧道二极管相比的潜在优势，隧道二极管仅有一个 NDR 区间。这种多电流峰的特性对于功能器件特别重要，它能够用一个器件完成复杂的功能，而传统的设计则需要许多元件才能完成复杂的功能。

因为隧穿本质上是一种没有渡越时间限制的快过程，因而共振隧穿二极管被认为是最快的器件之一。此外，它没有少子存储。业已证明，作为振荡器它可以工作到 700 GHz[78]。最高工作频率预计超过 1 THz。然而，隧穿很难提供大电流，振荡器的输出功率有限。共振隧穿二极管也在快脉冲形成电路和触发电路也得到应用。独特的电流多峰特性能产生高效率的功能器件，如多值逻辑和存储器[80]。共振隧穿二极管还可以作为其它三端器件的模块，例如共振隧穿三极管和共振隧穿热电子晶体管[81]。它也应用于研究热电子能谱的结构中。

参考文献

1. K. K. Thornber, T. C. McGill, and C. A. Mead, "The Tunneling Time of an Electron," *J. Appl. Phys.*, **38**, 2384 (1967).
2. J. Niu, S. Y. Chung, A. T. Rice, P. R. Berger, R. Yu, P. E. Thompson, and R. Lake, "151 kA/cm^2 Peak Current Densities in Si/SiGe Resonant Interband Tunneling Diodes for High-Power Mixed-Signal Applications," *Appl. Phys. Lett.*, **83**, 3308 (2003).
3. P. Chahal, F. Morris, and G. Frazier, "50 GHz Resonant Tunneling Diode Relaxation Oscillator," *2004 Dev. Res. Conf. Digest*, p. 241.
4. Q. Liu and A. Seabaugh, "Design Approach Using Tunnel Diodes for Lowering Power in Differential Amplifiers," *IEEE Trans. Circ. Sys. –II: Express Briefs*, **52**, 572 (2005).
5. L. Esaki, "New Phenomenon in Narrow Germanium *p-n* Junctions," *Phys. Rev.*, **109**, 603 (1958).

6. L. Esaki, "Long Journey into Tunneling," *Proc. IEEE*, **62**, 825 (1974).

7. L. Esaki, "Discovery of the Tunnel Diode," *IEEE Trans. Electron Dev.*, **ED-23**, 644 (1976).

8. N. Holonyak, Jr. and I. A. Lesk, "Gallium Arsenide Tunnel Diodes," *Proc. IRE*, **48**, 1405 (1960).

9. R. L. Batdorf, G. C. Dacey, R. L. Wallace, and D. J. Walsh, "Esaki Diode in InSb," *J. Appl. Phys.*, **31**, 613 (1960).

10. A. G. Chynoweth, W. L. Feldmann, and R. A. Logan, "Excess Tunnel Current in Silicon Esaki Junctions," *Phys. Rev.*, **121**, 684 (1961).

11. H. P. Kleinknecht, "Indium Arsenide Tunnel Diodes," *Solid-State Electron.*, **2**, 133 (1961).

12. W. N. Carr, "Reversible Degradation Effects in GaSb Tunnel Diodes," *Solid-State Electron.*, **5**, 261 (1962).

13. C. A. Burrus, "Indium Phosphide Esaki Diodes," *Solid-State Electron.*, **5**, 357 (1962).

14. R. N. Hall, "Tunnel Diodes," *IRE Trans. Electron Devices*, **ED-7**, 1 (1960).

15. W. B. Joyce and R. W. Dixon, "Analytic Approximations for the Fermi Energy of an Ideal Fermi Gas," *Appl. Phys. Lett.*, **31**, 354 (1977).

16. J. V. Morgan and E. O. Kane, "Observation of Direct Tunneling in Germanium," *Phys. Rev. Lett.*, **3**, 466 (1959).

17. L. D. Landau and E. M. Lifshitz, *Quantum Mechanics*, Addison-Wesley, Reading, Mass., 1958, p. 174.

18. E. O. Kane, "Theory of Tunneling," *J. Appl. Phys.*, **32**, 83 (1961); "Tunneling in InSb," *J. Phys. Chem. Solids*, **12**, 181 (1960).

19. P. N. Butcher, K. F. Hulme, and J. R. Morgan, "Dependence of Peak Current Density on Acceptor Concentration in Germanium Tunnel Diodes," *Solid-State Electron.*, **5**, 358 (1962).

20. T. A. Demassa and D. P. Knott, "The Prediction of Tunnel Diode Voltage-Current Characteristics," *Solid-State Electron.*, **13**, 131 (1970).

21. D. Meyerhofer, G. A. Brown, and H. S. Sommers, Jr., "Degenerate Germanium I, Tunnel, Excess, and Thermal Current in Tunnel Diodes," *Phys. Rev.*, **126**, 1329 (1962).

22. L. V. Keldysh, "Behavior of Non-Metallic Crystals in Strong Electric Fields," *Sov. J. Exp. Theor. Phys.*, **6**, 763 (1958).

23. D. K. Roy, "On the Prediction of Tunnel Diode *I-V* Characteristics," *Solid-State Electron.*, **14**, 520 (1971).

24. W. N. Carr, "Reversible Degradation Effects in GaSb Tunnel Diodes," *Solid-State Electron.*, **5**, 261 (1962).

25. S. Ahmed, M. R. Melloch, E. S. Harmon, D. T. McInturff, and J. M. Woodall, "Use of Non-stoichiometry to Form GaAs Tunnel Junctions," *Appl. Phys. Lett.*, **71**, 3667 (1997).

26. V. M. Franks, K. F. Hulme, and J. R. Morgan, "An Alloy Process for Making High Current Density Silicon Tunnel Diode Junction," *Solid-State Electron.*, **8**, 343 (1965).

27. R. M. Minton and R. Glicksman, "Theoretical and Experimental Analysis of Germanium Tunnel Diode Characteristics," *Solid-State Electron.*, **7**, 491 (1964).

28. R. A. Logan, W. M. Augustyniak, and J. F. Gilber, "Electron Bombardment Damage in Silicon Esaki Diodes," *J. Appl. Phys.*, **32**, 1201 (1961).

29. W. Bernard, W. Rindner, and H. Roth, "Anisotropic Stress Effect on the Excess Current in Tunnel Diodes," *J. Appl. Phys.*, **35**, 1860 (1964).

30. V. V. Galavanov and A. Z. Panakhov, "Influence of Hydrostatic Pressure on the Tunnel Current in GaSb Diodes," *Sov. Phys. Semicond.*, **6**, 1924 (1973).

31. R. E. Davis and G. Gibbons, "Design Principles and Construction of Planar Ge Esaki Diodes," *Solid-State Electron.*, **10**, 461 (1967).

32. L. Esaki and Y. Miyahara, "A New Device Using the Tunneling Process in Narrow *p-n* Junctions," *Solid-State Electron.*, **1**, 13 (1960).

33. R. N. Hall, J. H. Racette, and H. Ehrenreich, "Direct Observation of Polarons and Phonons During Tunneling in Group 3-5 Semiconductor Junctions," *Phys. Rev. Lett.*, **4**, 456 (1960).

34. A. G. Chynoweth, R. A. Logan, and D. E. Thomas, "Phonon-Assisted Tunneling in Silicon and Germanium Esaki Junctions," *Phys. Rev.*, **125**, 877 (1962).

35. J. B. Hopkins, "Microwave Backward Diodes in InAs," *Solid-State Electron.*, **13**, 697 (1970).

36. A. B. Bhattacharyya and S. L. Sarnot, "Switching Time Analysis of Backward Diodes," *Proc. IEEE*, **58**, 513 (1970).

37. S. T. Eng, "Low-Noise Properties of Microwave Backward Diodes," *IRE Trans. Microwave Theory Tech.*, **MTT-8**, 419 (1961).

38. H. C. Torrey and C. A. Whitmer, *Crystal Rectifiers*, McGraw-Hill, New York, 1948. Ch. 8.

39. S. M. Sze and R. M. Ryder, "The Nonlinearity of the Reverse Current-Voltage Characteristics of a *p-n* Junction near Avalanche Breakdown," *Bell Syst. Tech. J.*, **46**, 1135 (1967).

40. J. Karlovsky, "The Curvature Coefficient of Germanium Tunnel and Backward Diodes," *Solid-State Electron.*, **10**, 1109 (1967).

41. M. Lenzlinger and E. H. Snow, "Fowler-Nordheim Tunneling into Thermally Grown SiO₂," *J. Appl. Phys.*, **40**, 278 (1969).

42. W. K. Shih, E. X. Wang, S. Jallepalli, F. Leon, C. M. Maziar, and A. F. Tasch, Jr., "Modeling Gate Leakage Current in nMOS Structures due to Tunneling Through an Ultra-Thin Oxide," *Solid-State Electron.*, **42**, 997 (1998).

43. S. H. Lo, D. A Buchanan, Y. Taur, and W. Wang, "Quantum-Mechanical Modeling of Electron Tunneling Current from the Inversion Layer of Ultra-Thin-Oxide nMOSFET's," *IEEE Electron Dev. Lett.*, **EDL-18**, 209 (1997).

44. L. L. Chang, P. J. Stiles, and L. Esaki, "Electron Tunneling between a Metal and a Semiconductor: Characteristics of Al-Al₂O₃-SnTe and -GeTe Junctions," *J. Appl. Phys.*, **38**, 4440 (1967).

45. V. Kumar and W. E. Dahlke, "Characteristics of Cr-SiO₂-*n*Si Tunnel Diodes," *Solid-State Electron.*, **20**, 143 (1977).

46. H. C. Card and E. H. Rhoderick, "Studies of Tunnel MOS Diodes I. Interface Effects in Silicon Schottky Diodes," *J. Phys. D: Appl. Phys.*, **4**, 1589 (1971).

47. M. A. Green, F. D. King, and J. Shewchun, "Minority Carrier MIS Tunnel Diodes and Their Application to Electron and Photovoltaic Energy Conversion: I. Theory," *Solid-State Electron.*, **17**, 551 (1974). "II. Experiment," *Solid-State Electron.*, **17**, 563 (1974).

48. V. A. K. Temple, M. A. Green, and J. Shewchun, "Equilibrium-to-Nonequilibrium Transition in MOS Tunnel Diodes," *J. Appl. Phys.*, **45**, 4934 (1974).

49. W. E. Dahlke and S. M. Sze, "Tunneling in Metal-Oxide-Silicon Structures," *Solid-State Electron.*, **10**, 865 (1967).

50. L. Esaki and P. J. Stiles, "New Type of Negative Resistance in Barrier Tunneling," *Phys. Rev. Lett.*, **16**, 1108 (1966).

51. T. Yamamota and M. Morimoto, "Thin-MIS-Structure Si Negative Resistance Diode," *Appl. Phys. Lett.*, **20**, 269 (1972).

52. S. E.-D. Habib and J. G. Simmons, "Theory of Switching in *p-n* Insulator (Tunnel)-Metal Devices," *Solid-State Electron.*, **22**, 181 (1979).

53. M. A. Green and J. Shewchun, "Current Multiplication in Metal-Insulator-Semiconductor (MIS) Tunnel Diodes," *Solid-State Electron.*, **17**, 349 (1974).

54. J. G. Simmons, "Generalized Formula for the Electric Tunnel Effect between Similar Electrodes Separated by a Thin Insulating Film," *J. Appl. Phys.*, **34**, 1793 (1963).

55. S. Kurtin, T. C. McGill, and C. A. Mead, "Tunneling Currents and *E-k* Relation," *Phys.*

Rev. Lett., **25**, 756 (1970).

56. S. Kurtin, T. C. McGill, and C. A. Mead, "Direct Interelectrode Tunneling in GaSe," *Phys. Rev.*, **B3**, 3368 (1971).

57. C. A. Mead, "Tunnel-Emission Amplifiers," *Proc. IRE*, **48**, 359 (1960).

58. C. A. Mead, "Operation of Tunnel-Emission Devices," *J. Appl. Phys.*, **32**, 646 (1961).

59. J. P. Spratt, R. F. Schwartz, and W. M. Kane, "Hot Electrons in Metal Films: Injection and Collection," *Phys. Rev. Lett.*, **6**, 341 (1961).

60. H. Kisaki, "Tunnel Transistor," *Proc. IEEE*, **61**, 1053 (1973).

61. M. Heiblum, "Tunneling Hot Electron Transfer Amplifiers (THETA): Amplifiers Operating up to the Infrared," *Solid-State Electron.*, **24**, 343 (1981).

62. N. Yokoyama, K. Imamura, T. Ohshima, H. Nishi, S. Muto, K. Kondo, and S. Hiyamizu, "Tunneling Hot Electron Transistor using GaAs/AlGaAs Heterojunctions," *Jpn. J. Appl. Phys.*, **23**, L311 (1984).

63. N. Yokoyama, K. Imamura, T. Ohshima, H. Nishi, S. Muto, K. Kondo, and S. Hiyamizu, "Characteristics of Double Heterojunction GaAs/AlGaAs Hot Electron Transistors," *Tech. Dig. IEEE IEDM*, 532 (1984).

64. M. Heiblum, D. C. Thomas, C. M. Knoedler, and M. I. Nathan, "Tunneling Hot-Electron Transfer Amplifier: A Hot-Electron GaAs Device with Current Gain," *Appl. Phys. Lett.*, **47**, 1105 (1985).

65. M. Heiblum and M. V. Fischetti, "Ballistic Electron Transport in Hot Electron Transistors," in F. Capasso, Ed., *Physics of quantum electron devices*, Springer-Verlag, New York, 1990.

66. I. Hase, H. Kawai, S. Imanaga, K. Kaneko, and N. Watanabe, "MOCVD-Grown AlGaAs/GaAs Hot-Electron Transistor with a Base Width of 30 nm," *Electron. Lett.*, **21**, 757 (1985).

67. S. Luryi, "Induced Base Transistor," *Physica*, **134B**, 466 (1985).

68. S. Luryi, "Hot-Electron Injection and Resonant-Tunneling Heterojunction Devices," in F. Capasso and G. Margaritondo, Eds., *Heterojunction Band Discontinuities*: *Physics and Device Applications*, Elsevier Science, New York, 1987.

69. K. Seo, M. Heiblum, C. M. Knoedler, J. E. Oh, J. Pamulapati, and P. Bhattacharya, "High-Gain Pseudomorphic InGaAs Base Ballistic Hot-Electron Device," *IEEE Electron Dev. Lett.*, **EDL-10**, 73 (1989).

70. M. Heiblum, M. I. Nathan, D. C. Thomas, and C. M. Knoedler, "Direct Observation of Ballistic Transport in GaAs," *Phys. Rev. Lett.*, **55**, 2200 (1985).

71. R. Tsu and L. Esaki, "Tunneling in a Finite Superlattice," *Appl. Phys. Lett.*, **22**, 562 (1973).

72. L. L. Chang, L. Esaki, and R. Tsu, "Resonant Tunneling in Semiconductor Double Barriers," *Appl. Phys. Lett.*, **24**, 593 (1974).

73. T. J. Shewchuk, P. C. Chapin, and P. D. Coleman, "Resonant Tunneling Oscillations in a GaAs-Al$_x$Ga$_{1-x}$As Heterostructure at Room Temperature," *Appl. Phys. Lett.*, **46**, 508 (1985).

74. M. Tsuchiya, H. Sakaki, and J. Yoshino, "Room Temperature Observation of Differential Negative Resistance in an AlAs/GaAs/AlAs Resonant Tunneling Diode," *Jpn. J. Appl. Phys.*, **24**, L466 (1985).

75. S. Luryi and A. Zaslavsky, "Quantum-Effect and Hot-Electron Devices," in S. M. Sze, Ed, *Modern Semiconductor Device Physics*, Wiley, New York, 1998.

76. B. Ricco and M. Y. Azbel, "Physics of Resonant Tunneling: The One-Dimensional Double-Barrier Case," *Phys. Rev. B*, **29**, 1970 (1984).

77. S. Luryi, "Frequency Limit of Double-Barrier Resonant-Tunneling Oscillators," *Appl. Phys. Lett.*, **47**, 490 (1985).

78. E. R. Brown, J. R. Soderstrom, Jr., C. D. Parker, L. J. Mahoney, K. M. Molvar, and T. C.

McGill, "Oscillations up to 712 GHz in InAs/AlSb Resonant-Tunneling Diodes," *Appl. Phys. Lett.*, **58**, 2291 (1991).

79. E. Ozbay, D. M. Bloom, and S. K. Diamond, "Looking for High Frequency Applications of Resonant Tunneling Diodes: Triggering," in L. L. Chang, E. E. Mendez, and C. Tejedor, Eds., *Resonant Tunneling in Semiconductors*, Plenum Press, New York, 1991.

80. A. C. Seabaugh, Y. C. Kao, and H. T. Yuan, "Nine-State Resonant Tunneling Diode Memory," *IEEE Electron Dev. Lett.*, **EDL-13**, 479 (1992).

81. K. K. Ng, *Complete Guide to Semiconductor Devices*, 2nd Ed., Wiley/IEEE Press, New York, 2002.

82. F. Capasso, S. Sen, A. Y. Cho, and A. L. Hutchinson, "Resonant Tunneling Spectroscopy of Hot Minority Electrons Injected in Gallium Arsenide Quantum Wells," *Appl. Phys. Lett.*, **50**, 930 (1987).

习题

1. 求一个电子从势垒高度为 E_0，势垒宽度为 d 的一维长方形势垒隧穿的透射系数。若乘积 $\beta d \gg 1$，其中 $\beta \equiv \sqrt{2m^*(E_0-E)/\hbar^2}$，则这个系数的极限值是多少？

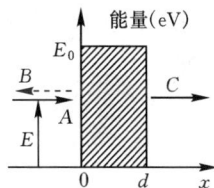

   注意：透射系数定义为 $(C/A)^2$，其中 A 和 C 分别是入射波函数和透射波函数的幅值。

   题 1 图

2. 一特殊设计的 GaSb 隧道二极管的 I-V 特性可以用式(29)表示，$J_P = 10^3$ A/cm²，$V_P = 0.1$ V，$J_0 = 10^{-5}$ A/cm²，$J_V = 0$。隧道二极管的横截面积为 10^{-5} cm²。求最大的微分负电阻和相应的电压。

3. GaSb 隧道二极管的引线电感为 0.1 nH，串联电阻为 4 Ω，结电容为 77 fF，负电阻为 -20 Ω。求使输入阻抗实部变为零时的频率。

4. 求出如图 14.13 所示的 GaAs 二极管的速度指数。器件面积是 10^{-7} cm²，二极管两端掺杂均为 10^{20} cm⁻³，两端的简并度为 30 mV。（提示：利用突变结近似）。

5. 由于生长平面内形成台阶，分子外延界面是典型的突变情形，过渡区为 1 到 2 个单层（在 GaInAs 中一个单层 $\approx 2.8\text{Å}$）。估算以厚 AlInAs 为势垒的 GaInAs 量子阱（厚度为 15 nm）中零级能级和第一个激发电子态能级的展宽。

   （提示：假设为两个单层厚度波动和无限深量子阱的情况。GaInAs 电子有效质量为 $0.0427m_0$）

6. 推导对称双势垒共振隧穿二极管的透射系数，假定通过双势垒结构的电子的有效质量为常数。点 A-H 是相邻的电势台阶，决定了求解的边界条件。

7. 求对称双势垒结构最低的四个共振能级。已知 $L_B = 2$ nm，$E_0 = 3.1$ eV，以及 $m^* = 0.42m_0$。

8. 求解一个对称有限势阱，得到以势阱宽度 L、势垒高度 E_0 和粒子质量 m^* 为函数的 $E_n < E_0$ 束缚能级及波函数 $X_n(z)$。如果 $L = 10$ nm，$E_0 = 300$ meV，粒子质量 $m^* = $

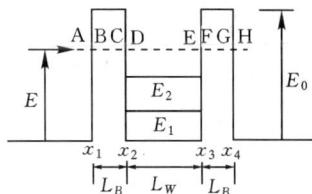

   题 6 图

0.067 m_0(m_0 是自由电子的质量),求势阱中包含的量子能级数目。以上参数近似地对应于限制在以 $Al_{0.35}Ga_{0.65}As$ 异质结作为势垒的 GaAs 量子阱中的电子的情形。

9. 在一个对称双势垒模型中,估计由于向外隧穿引起的两个最低能级的能量展宽 ΔE_1 和 ΔE_2。阱的宽度 $L=10$ nm,势垒的厚度 $L_B=7$ nm,势垒 $E_0=300$ meV,$m^*=0.067m_0$。考虑电子为一半经典粒子,约束在双势垒中来回跳跃,逃逸势阱的隧穿几率由式(64)给出,计算电子的寿命。

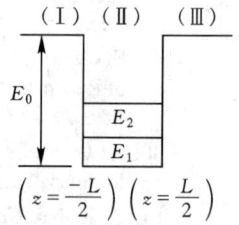

题 8 图

10. 一对称 GaAs/AlAs RTD 的势垒宽 1.5 nm,势阱宽 3.39 nm。若 RTD 被插入到一 HBT 的基区,HBT 发射极电流集中在 RTD 的第一激发能级中心。若最初 f_T 为 100 GHz,求插入 RTD 后 HBT 的截止频率。(提示:通过 RT 结构的渡越时间为 $(d/v_G)+(2\hbar/\Gamma)$,这里 d 是 RT 结构的宽度,v_G 是电子的群速度(10^7 cm/s),Γ 是谐振宽度(20 mV))

第 **9** 章

碰撞电离雪崩渡越时间二极管

9.1 引言

IMPATT(**碰撞电离雪崩渡越时间**)二极管采用半导体结构的碰撞电离和渡越时间的性质在微波频率下产生负阻。请注意,这里的负阻来源于时域,其交流电流和电压分量在不同的象限($\tilde{V} \cdot \tilde{I} = $负的),这与隧道二极管的负阻不同,隧道二极管的 *I-V* 曲线呈现负 d*I*/d*V* 区域。有两种延迟使电流滞后于电压。一种是雪崩电流的有限建立时间所产生的雪崩延迟,另一种是载流子以有限时间穿过**漂移区**所产生的**渡越时间延迟**。当这种延迟加起来为半周期时,在对应频率下二极管的动态电阻是负的。

1954 年,Shockley 首次研究了半导体二极管中因渡越时间而产生的负阻[1],但他采用的是正偏 p-n 结电流的注入机制。1958 年,Read 提出了一种二极管结构,该结构用雪崩区作为注入机制以产生载流子,位于一端的高阻区提供渡越时间漂移空间(即 p$^+$-n-i-n$^+$ 或 n$^+$-p-i-p$^+$

结构[2]）。1965 年，Johnston，DeLoach 和 Cohen 首先报导了从偏置于反向雪崩击穿区并安装在微波腔内的正常硅二极管中实验观察到的 IMPATT 振荡[3,4]。不久，Lee 等人报导了基于里德 IMPATT 二极管的振荡[5]。Misawa[6] 以及 Gilden 和 Hines[7] 发展的小信号理论确认 IMPATT 所固有的负阻可从有任意掺杂分布的 p-n 结二极管或金属-半导体接触得到。

目前，IMPATT 二极管是一种最强大的微波频率固态源。现在，在所有的固态器件中，IMPATT 二极管在毫米波频率段（30 GHz 到高于 300 GHz）能产生最高连续波功率输出。然而在 IMPATT 的电路应用方面有两个值得关注的困难：（1）噪声高，对工作状态灵敏；（2）有很大的电抗，此电抗与振荡幅度有强烈的关系并要求在设计电路时格外仔细以免失谐甚至烧毁二极管[8]。

9.2 静态特性

IMPATT 二极管由高场雪崩区加上漂移区组成。IMPATT 二极管家族的基本成员如图 9.1 所示，有里德二极管、单边突变 p-n 结、p-i-n 二极管（Misawa 二极管）、双边（双漂移）二极管、高-低和低-高-低二极管（改进型里德二极管）。

现在，我们讨论 IMPATT 二极管的静态特性，如电场分布，击穿电压和空间电荷效应。首先讨论图 9.1(a)。图 9.1(a) 显示出了理想里德二极管（p^+-n-i-n^+ 或其对偶的 n^+-p-i-p^+ 结构）的掺杂分布、电场分布和击穿条件下的电离积分。中间的 n 区和 i 区是全耗尽的。电离积分为

$$\langle \alpha \rangle \equiv \alpha_n \exp\left[-\int_x^{W_D} (\alpha_n - \alpha_p)\mathrm{d}x'\right], \qquad \alpha_n > \alpha_p \tag{1}$$

式中，α_n 和 α_p 分别为电子和空穴的电离率，W_D 为耗尽层宽度。

在第 2 章已经讨论过雪崩击穿条件，其为

$$\int_0^{W_D} \langle \alpha \rangle \mathrm{d}x = 1 \tag{2}$$

由于 α 强烈地依赖于电场，我们注意到雪崩区是**高度局域化**的，即大部分倍增过程发生在靠近最高电场的 0 和 x_A 之间的窄区域内，x_A 定义为雪崩区宽度（将在下面讨论）。

雪崩区 x_A 两端的电压降称为 V_A。我们将看到，x_A 和 V_A 对 IMPATT 二极管的最佳电流密度和最大效率有显著影响。雪崩区以外的区域（$x_A \leqslant x \leqslant W_D$）称为漂移区。

里德掺杂分布有两种极限情形。当 N_2 区变为零时，得到单边突变 p^+-n 结。图 9.1(b) 描述了单边突变 p-n 结的结构，雪崩区靠近结，是高度局域化的。另一方面，当 N_1 区变为零时，得到 p-i-n 二极管（图 9.1(c)）[6]。在小电流情形下，p-i-n 二极管本征区电场均匀分布。雪崩区对应于整个本征区厚度。图 9.1(d) 显示出了双边突变 p-n 结的结构。雪崩区位于耗尽层中心附近。电离积分 $\langle \alpha \rangle$ 对最大电场位置稍许不对称，这是因为 Si 的 α_n 和 α_p 之间有很大差异的缘故。若像 GaP 那样，$\alpha_n \approx \alpha_p$，则 $\langle \alpha \rangle$ 简化为

$$\langle \alpha \rangle = \alpha_n = \alpha_p \tag{3}$$

且雪崩区对 $x=0$ 是对称的。

图 9.1(e) 给出了改进的里德二极管，即高-低结构。在这种结构中，掺杂浓度 N_2 高于里

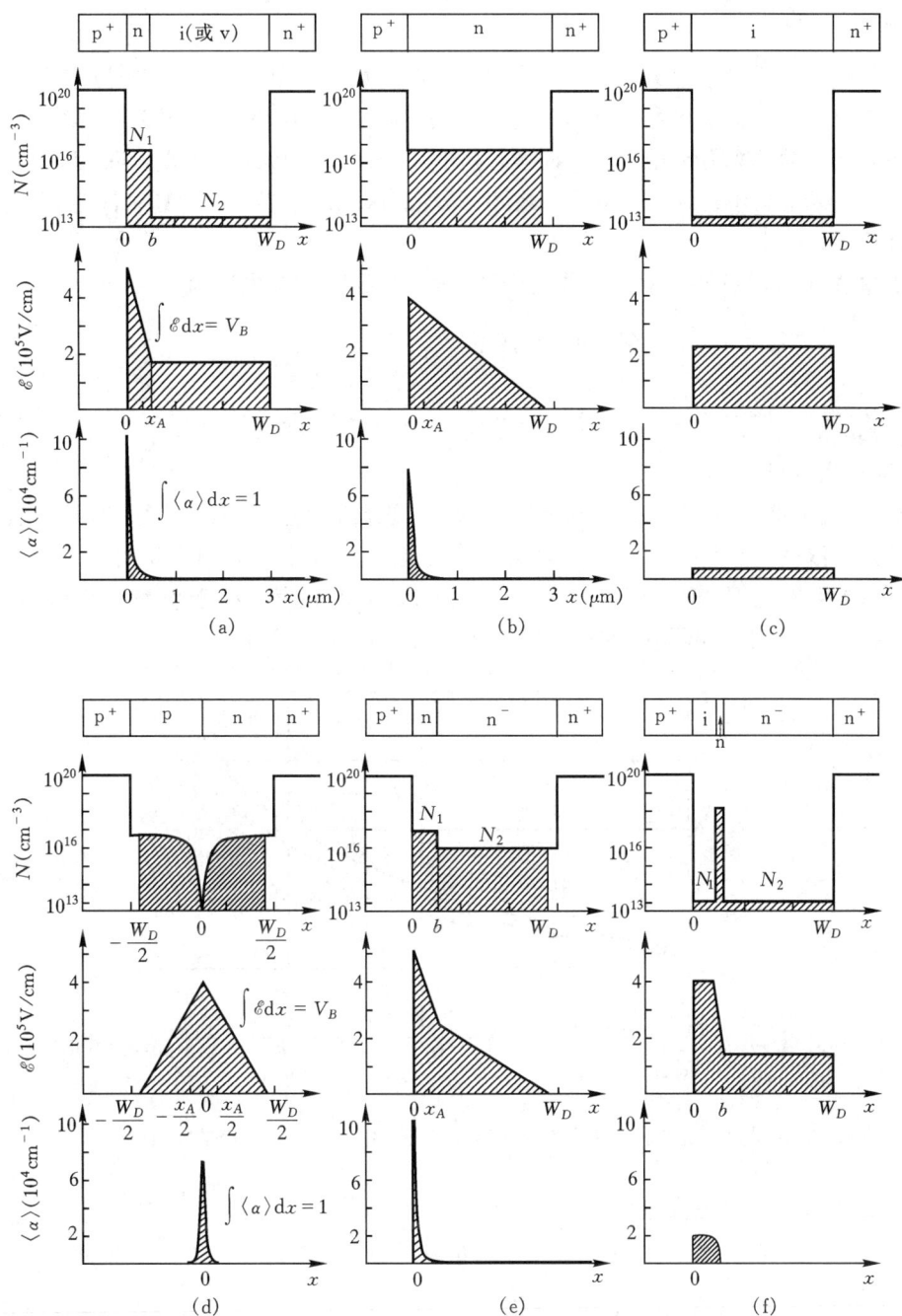

图 9.1　掺杂分布、电场分布和电离积分

(a)里德二极管;(b)单边突变二极管;(c)p-i-n 二极管;(d)双漂移二极管;(e)高-低结构和
(f)低-高-低结构

德二极管的相应浓度[9]。图 9.1(f)给出了另一种改进的里德二极管,即低-高-低结构,在这种结构中,有一电荷条位于 $x=b$ 处。因为从 $x=0$ 到 $x=b$ 有近乎均匀的高场区,最大电场可大大低于高-低二极管的情形。

9.2.1　击穿电压

在第 2 章已讨论过单边突变结的击穿电压。我们可应用第 2 章所述的同样方法计算其它二极管的击穿电压。即使击穿最终由电离积分决定,基于计算得到的击穿时的最大电场来预测击穿还是比较简单和有帮助的。请注意,在图 9.1(a,c,f)的结构中,最大耗尽区由轻掺杂宽度终止,在 n^+ 端电场不连续。对其它所有情形,耗尽区宽度边界主要由掺杂决定,电场在耗尽区边界降到零。

对于单边(图 9.1(b))和双边对称突变结(图 9.1(d)),击穿电压为

$$V_B = \frac{1}{2}\mathscr{E}_m W_D = \frac{\varepsilon_s \mathscr{E}_m^2}{2qN} \quad (\text{单边}) \tag{4a}$$

$$V_B = \frac{1}{2}\mathscr{E}_m W_D = \frac{\varepsilon_s \mathscr{E}_m^2}{qN} \quad (\text{双边}) \tag{4b}$$

式中 $\mathscr{E}_m$ 为最大电场,位于 $x=0$ 处。

图 9.2 是 Si 和 $\langle 100 \rangle$ 晶向 GaAs 双边(对称)突变结和单边突变结,在击穿时的最大电场。一旦知道掺杂浓度,应用从图 9.2 查得的最大电场值,就可按式(4a)和(4b)计算击穿电压。击穿时所加的反向电压等于 $(V_B - \psi_{bi})$,其中,ψ_{bi} 为内建势,对于对称突变结,ψ_{bi} 等于 $2(kT/q)\ln(N/n_i)$。对于实际的 IMPATT 二极管,ψ_{bi} 通常可以忽略。

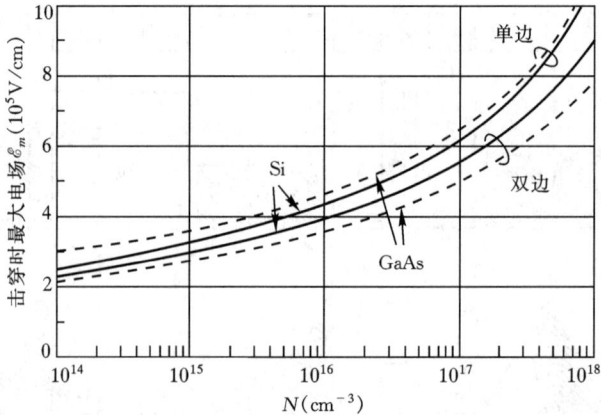

图 9.2　Si 和 GaAs 单边突变结和双边突变结击穿时的最大电场与掺杂浓度的关系(参考文献 10 和 11)

对于里德二极管,击穿电压为

$$V_B = \mathscr{E}_m W_D - \frac{qN_1 b}{\varepsilon_s}\left(W_D - \frac{b}{2}\right) \tag{5}$$

耗尽层宽度受外 n^- 层厚度的限制。对于高-低二极管,击穿电压和耗尽层厚度为

$$V_B = \frac{\mathscr{E}_m}{2}(W_D + b) - \frac{qN_1 W_D b}{2\varepsilon_s}$$

$$= \frac{\mathscr{E}_m b}{2} + \frac{qN_2 W_D(W_D - b)}{2\varepsilon_s} \tag{6}$$

$$W_D = \frac{\varepsilon_s \mathscr{E}_m}{qN_2} - b\left(\frac{N_1}{N_2} - 1\right) \tag{7}$$

假若雪崩宽度 x_A 小于 b[12]，发现 N_1 为给定值时，里德二极管或高-低二极管击穿时的最大电场与具有同样浓度 N_1 的单边突变结的最大电场基本相同（误差在 1% 以内）。因此，应用图 9.2 的最大电场值可从式（5）和式（6）算出击穿电压。

对于有很窄电荷条的低-高-低二极管，击穿电压为

$$V_B = \mathscr{E}_m b + \left(\mathscr{E}_m - \frac{qQ}{\varepsilon_s} \right)(W_D - b) \tag{8}$$

式中 Q 为条内单位面积的杂质浓度（数目/cm²）。因为在 $0 \leqslant x \leqslant b$ 内，最大电场几乎为常数，击穿时 $\langle \alpha \rangle$ 等于 $1/b$。最大电场 $\mathscr{E}_m$ 可从与电场有关的电离率算出。

9.2.2　雪崩区和漂移区

理想 p-i-n 二极管的雪崩区是整个本征层宽度。然而对于里德二极管和 p-n 结，载流子倍增区限制在紧靠冶金结很窄的区域。对式（2）中电离积分的贡献随 x 偏离冶金结而迅速减少。因此，可取对电离积分有 95% 贡献的那段距离作为雪崩区宽度 x_A 的合理定义，即：

$$\int_0^{x_A} \langle \alpha \rangle \mathrm{d}x \quad \text{或} \quad \int_{-x_A/2}^{x_A/2} \langle \alpha \rangle \mathrm{d}x \ = 0.95 \tag{9}$$

图 9.3 给出了 Si 和 GaAs 二极管的雪崩区宽度与掺杂浓度的关系[11]。图中也显示出了 Si 和 GaAs 对称双边结的耗尽层宽度。当掺杂浓度给定时，由于电离率的差异（$\alpha_n > \alpha_p$），Si n⁺-p 结的雪崩宽度比 Si p⁺-n 结的窄。对于里德二极管或高-低二极管，雪崩区与相同掺杂浓度 N_1 的单边突变结相同。对于低-高-低二极管，雪崩区宽度等于冶金结和 $x_A = b$ 处的电荷条的间距。

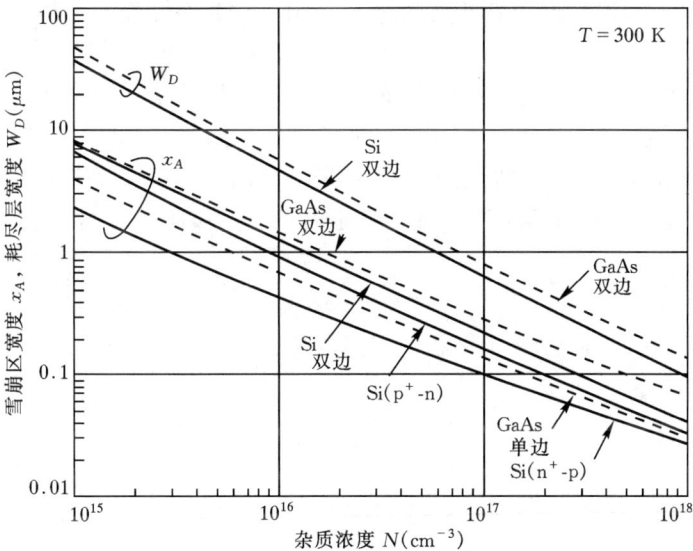

图 9.3　Si 和 GaAs 结的雪崩区宽度 x_A。图中也显示出了 Si 和 GaAs
对称双边结的耗尽层宽度 W_D（参考文献 11）

漂移区是不算雪崩区在内的耗尽区，或 $x_A \leqslant x \leqslant W_D$。漂移区内最重要的参数是载流子漂移速度。为了获得一致的和可以预测的载流子穿过漂移区的渡越时间，该区内的电场应该足

够高,以保证载流子能以饱和速度 v_s 运动。对于硅,电场应大于 10^4 V/cm。对于 GaAs,电场要小得多($\approx 10^3$ V/cm),这是由于 GaAs 的载流子迁移率高的缘故。

对于 p-i-n 二极管,这一要求自动得到满足,因为击穿时电场(在整个本征宽度内电场近似为常数)远大于使速度饱和所需的电场。对于里德二极管,漂移区内的最小电场为

$$\mathscr{E}_{\min} = \mathscr{E}_m - \frac{q[N_1 b + N_2(W_D - b)]}{\varepsilon_s} \tag{10}$$

根据以前的讨论,显然可将里德二极管设计成有足够大的 $\mathscr{E}_{\min}$ 值。对于突变结,由于电场在耗尽区边界降到 0,某些区域的电场总是小于所要求的最低电场。然而,低电场区仅占总耗尽区一个很小的百分比。例如,对于背景掺杂为 10^{16} cm^{-3} 的 Si p$^+$-n 结,击穿时的最大电场为 4×10^5 V/cm。低场区(电场小于 10^4 V/cm)与总耗尽层之比为 $10^4/4 \times 10^5 = 2.5\%$。对于掺杂相同的 GaAs p$^+$-n 结,低场区小于 0.2%。因此,可以忽略低场区对载流子穿过耗尽层的总渡越时间的影响。

9.2.3 温度和空间电荷效应

以上讨论的击穿电压和最大电场是在室温全等温状态下没有空间电荷效应(来源于大注入)并且不存在振荡时计算出来的。然而在工作状态下,IMPATT 二极管却偏置于较深的雪崩击穿区,电流密度通常非常高。这就使得结有很高的温升并且有很大的空间电荷效应。

电子和空穴的电离率随温度的升高而减小[13]。因此,对于给定掺杂分布的 IMPATT 二极管,击穿电压随温度的升高而增加。当直流功率(反向电压和反向电流的乘积)增加时,结温和击穿电压都增加。主要因局部点过热造成永久性损伤,使二极管最终不能工作。因此,结温的升高给器件工作带来严格的限制。为了防止温升,必须使用适当的热沉。这种情形将在 9.4.4 节讨论。

由于额外的空间电荷,空间电荷效应引起耗尽区内电场的变化。对突变结,这种效应形成正的直流微分电阻,对 p-i-n 二极管,形成负的直流微分电阻[14]。

首先讨论单边 p$^+$-n-n$^+$ 突变结,如图 9.4(a)所示。当外电压 V 等于击穿电压 V_B 时,电场 $\mathscr{E}(x)$ 在 $x=0$ 处有最大绝对值 $\mathscr{E}_m$。如果我们假定电子以饱和速度 v_s 穿过耗尽区,空间电荷限制电流为

$$I = Aq\Delta n v_s \tag{11}$$

式中,Δn 是大注入载流子浓度,A 为面积。空间电荷造成的电场扰动 $\Delta\mathscr{E}(x)$ 可从式(11)和泊松方程得到

$$\Delta\mathscr{E}(x) \approx \frac{Ix}{A\varepsilon_s v_s} \tag{12}$$

若假定所有载流子均在雪崩宽度 x_A 内产生,通过对 $\Delta\mathscr{E}(x)$ 积分可以得到漂移区 $(W_D - x_A)$ 内载流子所造成的电压扰动:

$$\Delta V_B \approx \int_0^{W_D - x_A} \frac{Ix}{A\varepsilon_s v_s}\mathrm{d}x \approx I \frac{(W_D - x_A)^2}{2A\varepsilon_s v_s} \tag{13}$$

因此,总的外电压增加了此量以维持同样电流。从式(13)可以得到空间电荷电阻[15]

$$R_{SC} \equiv \frac{\Delta V_B}{I} \approx \frac{(W_D - x_A)^2}{2A\varepsilon_s v_s} \tag{14}$$

对于图 9.4(a)所示的例子,当 $A = 10^{-4}$ cm^2 时,空间电荷电阻约为 20 Ω。

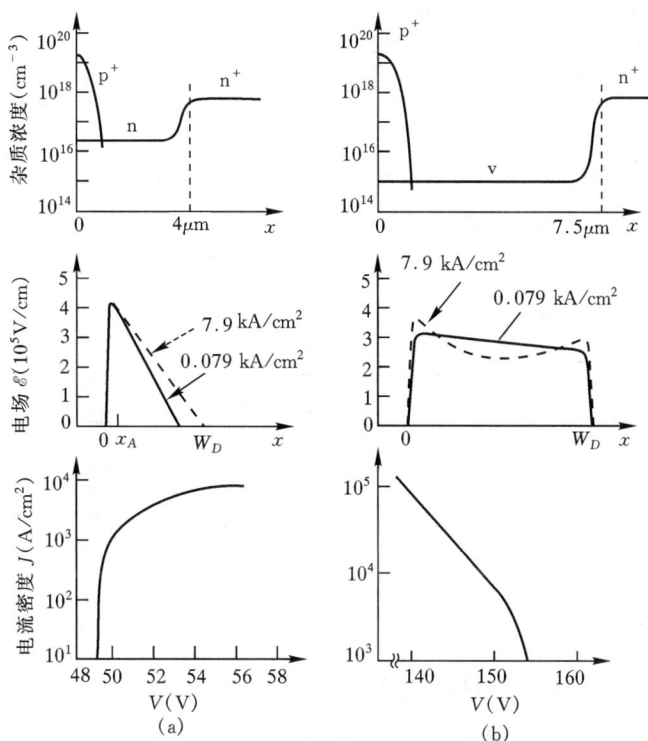

图 9.4 （a）p$^+$-n-n$^+$ 二极管和（b）p$^+$-ν-n$^+$ 二极管的掺杂分布、电
场和 I-V 特性。面积为 10^{-4} cm^2（参考文献 14）

对于 p-i-n 或 p-ν-n 二极管，情况与 p$^+$-n 结不同。当外加反向电压恰好大到足以引起雪崩击穿时，反向电流很小。空间电荷效应可以忽略，电场沿耗尽层基本均匀。随着电流的增加，在 p$^+$-ν 边界附近产生更多的电子，在 ν-n$^+$ 边界附近产生更多的空穴（当电场为图 9.4(b) 的双峰时，由碰撞电离产生）。这些空间电荷将使 ν 区中心的电场降低，从而使总的端电压减小。对于 p-ν-n 二极管，这种电压降低引起微分直流负阻，如图 9.4(b) 所示。

9.3 动态特性

9.3.1 注入相位延迟和渡越时间效应

我们首先讨论理想器件的注入相位延迟和渡越时间效应[16]，其结构如图 9.5 所示，x 轴的起点在雪崩区（电荷注入平面）。图中也显示出端电压和雪崩产生率的相互关系。端电压的角频率为 ω，其平均值接近雪崩击穿电压 V_B。在正半周，雪崩倍增开始。然而，如图所示，载流子的产生率没有和电压或电场一致。这是因为产生率不但是电场的函数，也是已存在的载流子数目的函数。在电场通过峰值后，产生率继续增加直到电场低于临界值。相位滞后约为 π，称为注入相位延迟。

在图 9.5 中，假定雪崩脉冲在 $x=0$ 处注入，相对端电压有确定的相位角延迟 ϕ。还假定

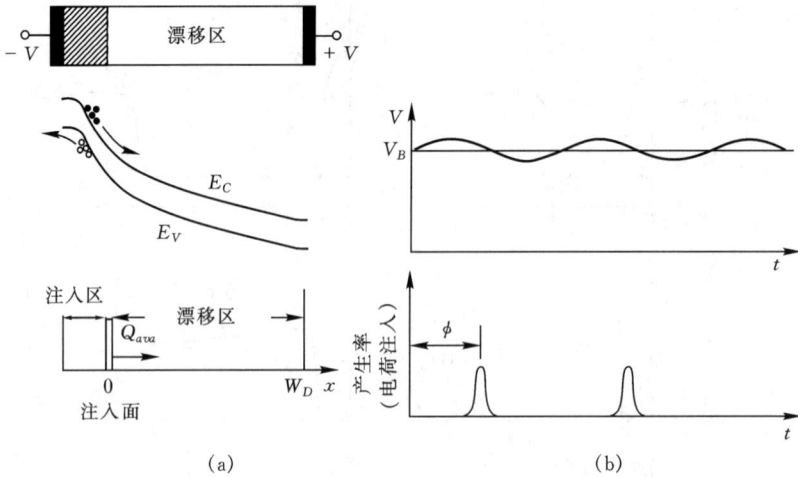

图 9.5　(a)理想 IMPATT 二极管,载流子在 $x=0$ 处注入,在漂移区以饱和速度
运动;(b)时域内的端电压和雪崩产生率。雪崩滞后电压 $\phi=\pi$

加在二极管上的直流电压使注入的载流子以饱和速度 v_s 在漂移区 $0 \leqslant x \leqslant W_D$ 内运动。交流传导电流密度 $\widetilde{J}_c$ 也是位置 x 的函数,其幅度与总的交流电流密度有关

$$\widetilde{J}_c(x) = \widetilde{J} \exp\left[-\mathrm{j}\left(\phi + \frac{\omega x}{v_s}\right)\right] \tag{15}$$

在漂移区各处的总交流电流为传导电流和位移电流之和:

$$\widetilde{J}(x) = \widetilde{J}_c(x) + \widetilde{J}_d(x)$$
$$= \widetilde{J} \exp\left[-\mathrm{j}\left(\phi + \frac{\omega x}{v_s}\right)\right] + \mathrm{j}\omega\varepsilon_s\widetilde{\mathscr{E}}(x) \tag{16}$$

式中 $\widetilde{\mathscr{E}}(x)$ 为电场。从式(15)和式(16),我们得到

$$\widetilde{\mathscr{E}}(x) = \frac{\widetilde{J}(x)}{\mathrm{j}\omega\varepsilon_s}\left\{1 - \exp\left[-\mathrm{j}\left(\phi + \frac{\omega x}{v_s}\right)\right]\right\} \tag{17}$$

积分式(17),得到交流阻抗为

$$Z \equiv \frac{1}{\widetilde{J}}\int_0^{W_D}\widetilde{\mathscr{E}}(x)\mathrm{d}x = \frac{1}{\mathrm{j}\omega C_D}\left\{1 - \frac{\exp(-\mathrm{j}\phi)\left[1 - \exp(-\mathrm{j}\theta)\right]}{\mathrm{j}\theta}\right\} \tag{18}$$

式中 C_D 为耗尽层单位面积的电容,等于 ε_s/W_D,θ 为渡越角

$$\theta = \frac{\omega W_D}{v_s} \tag{19}$$

取式(18)的实部和虚部,得到

$$R_{ac} = \frac{\cos\phi - \cos(\phi + \theta)}{\omega C_D\theta} \tag{20}$$

$$X = -\frac{1}{\omega C_D} + \frac{\sin(\phi + \theta) - \sin\phi}{\omega C_D\theta} \tag{21}$$

　　下面我们基于式(20),讨论注入相位 ϕ 对交流电阻 R_{ac} 的影响。当 ϕ 等于零(没有相位延迟)时,电阻正比于 $(1 - \cos\theta)/\theta$,此式总是大于或等于零,如图 9.6(a)所示,即没有负阻。因此,单是渡越时间效应不能产生负阻。然而,当 ϕ 为任何非零值时,对某些渡越角,电阻为负。

例如,在 $\phi = \pi/2$ 时,最大的负阻出现在 $\theta = 3\pi/2$ 附近,如图 9.6(b)所示。在 $\phi = \pi$ 时,最大的负阻出现在 $\theta = \pi$ 附近,如图 9.6(c)所示。这相当于 IMPATT 的工作状态,此时,因碰撞雪崩而产生注入电流,引进约 180° 的相位延迟,并且在漂移区的渡越时间又产生 180° 的额外延迟。

上述考虑肯定了注入延迟的重要性。因此,寻求有源渡越时间器件的问题就简化为寻求一种延迟传导电流注入到漂移区的手段。从图 9.6 我们可以观察到,注入相位和最佳渡越角之和 $\phi + \theta_{opt}$ 约等于 2π。当 ϕ 从零增加时,负阻值变大。

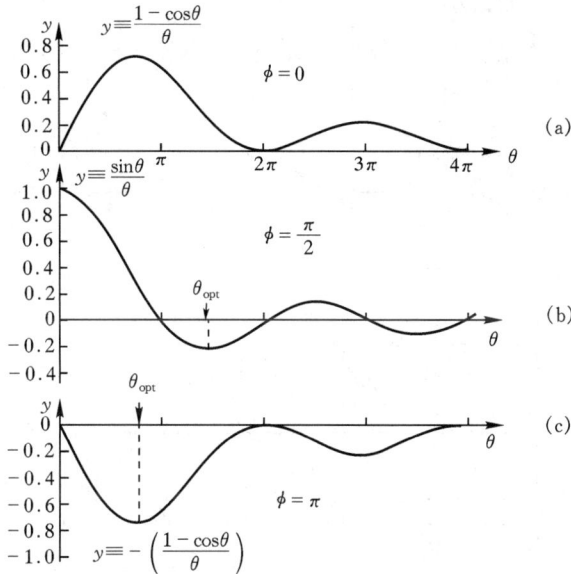

图 9.6　三种不同的注入相位延迟条件下交流电阻与渡越角的关系

(a)$\phi = 0$;(b)$\phi = \pi/2$;(c)$\phi = \pi$

9.3.2　小信号分析

Read 首先进行了小信号分析[2],后来 Gilden 和 Hines 又作了进一步发展[7]。为了简单起见,我们假定 $\alpha_n = \alpha_p = \alpha$,并假定空穴和电子的饱和速度相等。图 9.7(a)给出了里德二极管的模型。按照 9.2 节的讨论,我们把二极管分成三个区域:(1)雪崩区,假定该区很薄,以致于空间电荷和信号延迟均可忽略;(2)漂移区,该区不产生载流子,从雪崩区进入的全部载流子均以饱和速度运动;(3)无源区,此区增加了不希望有的寄生电阻。

由于交流电场在通过两个有源区的边界时是连续的,这两个有源区相互发生作用。我们用"0"下标表示直流量,用"～"表示小信号交流量。对于既包含直流分量又包含交流分量的那些量,则既不用"0"下标也不加"～"。我们首先将 $\tilde{J}_A$ 定义为雪崩电流密度,这是在雪崩区的交流传导(粒子)电流密度,而 $\tilde{J}$ 定义为总交流电流密度。由于假定雪崩区很薄,从而我们推测出 $\tilde{J}_A$ 无延迟地进入漂移区。由于假定速度饱和为 v_s,那么在漂移区交流传导电流密度 $\tilde{J}_c$ (x)以漂移速度 v_s 作为无衰减波(仅改变相位)传播,即

$$\tilde{J}_c(x) = \tilde{J}_A \exp\left(\frac{-\mathrm{j}\omega x}{v_s}\right)$$

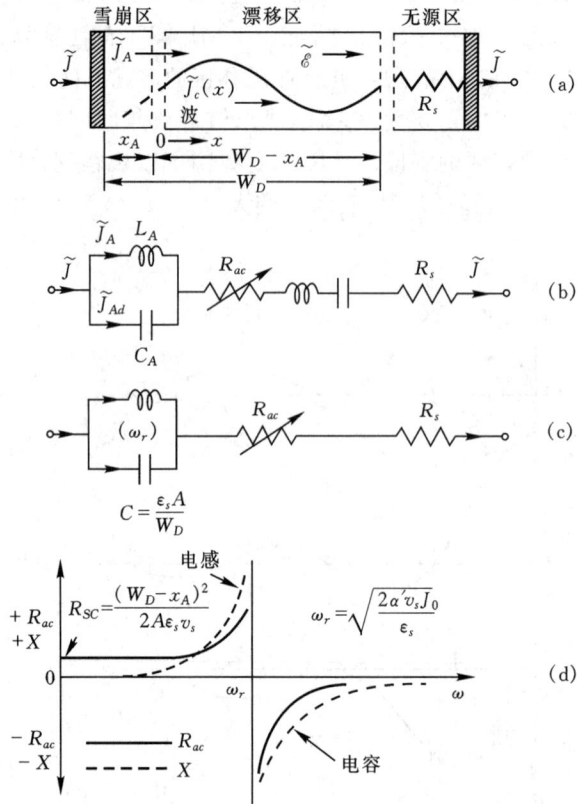

图 9.7　(a)分为雪崩区、漂移区和无源区的里德二极管模型；(b)渡越角很小时的里德二极管等效电路；(c)等效电路；(d)阻抗的实部和虚部与角频率 ω 的关系曲线(参考文献 7)

$$\equiv \gamma \tilde{J} \exp\left(\frac{-\mathrm{j}\omega x}{v_s}\right) \tag{22}$$

式中 $\gamma \equiv \tilde{J}_A/\tilde{J}$ 是将雪崩电流与总交流电流联系起来的复分数。在任一 x 位置，总的交流电流密度 $\tilde{J}$ 等于传导电流密度 $\tilde{J}_c$ 与位移电流密度 $\tilde{J}_d$ 之和。这个和是一常数，与位置 x 无关。把式(17)重写为(令 $\phi=0$)

$$\tilde{\mathscr{E}}(x) = \frac{\tilde{J}}{\mathrm{j}\omega\varepsilon_s}\left[1 - \gamma\exp\left(-\frac{\mathrm{j}\omega x}{v_s}\right)\right] \tag{23}$$

对 $\tilde{\mathscr{E}}(x)$ 进行积分，得到用 $\tilde{J}$ 表示的漂移区两端的电压。系数 γ 按以下分析进行推导。

雪崩区　首先考虑雪崩区。在直流状态下，直流电流 $J_0(=J_{po}+J_{no})$ 与热产生的反向饱和电流 $J_s(=J_{ns}+J_{ps})$ 由下式联系起来

$$J_0 = \frac{J_s}{1 - \int_0^{W_D} \langle\alpha\rangle \mathrm{d}x} \tag{24}$$

击穿时，J_0 趋近于无限大，积分等于 1。在直流情形，电离积分不可能大于 1。对于迅速变化的电场则不一定如此。现在来推导电流与时间关系的微分方程。按照下列条件：(1)电子和空穴的电离率和饱和速度均相等；(2)漂移电流分量远大于扩散电流分量，则可得到一维情形下

的基本器件方程如下：

$$J = J_n + J_p = q v_s (n + p), \quad 电流密度方程 \tag{25}$$

$$\frac{\partial n}{\partial t} = \frac{1}{q} \frac{\partial J_n}{\partial x} + \alpha v_s (n + p), \quad 连续性方程 \tag{26a}$$

$$\frac{\partial p}{\partial t} = -\frac{1}{q} \frac{\partial J_p}{\partial x} + \alpha v_s (n + p) \tag{26b}$$

式(26a)和式(26b)右侧的第二项对应于雪崩倍增造成的电子-空穴对的产生率。这种产生率比热产生率大很多。相比之下，后者可以忽略。将式(26a)和(26b)相加，并从 $x = 0$ 到 $x = x_A$ 积分，得到

$$\tau_A \frac{\mathrm{d}J}{\mathrm{d}t} = -(J_p - J_n) \Big|_0^{x_A} + 2J \int_0^{x_A} \alpha \mathrm{d}x \tag{27}$$

式中，$\tau_A = x_A / v_s$，是穿过倍增区的渡越时间。边界条件是，在 $x = 0$ 处的电子电流完全由反向饱和电流 J_{ns} 组成。因此在 $x = 0$ 处，边界条件是

$$J_p - J_n = -2J_n + J = -2J_{ns} + J \tag{28a}$$

在 $x = x_A$ 处，空穴电流由空间电荷区产生的反向饱和电流 J_{ps} 构成，所以我们有

$$J_p - J_n = 2J_p - J = 2J_{ps} - J \tag{28b}$$

应用这些边界条件，式(27)变为

$$\frac{\mathrm{d}J}{\mathrm{d}t} = \frac{2J}{\tau_A} \left(\int_0^{x_A} \alpha \mathrm{d}x - 1 \right) + \frac{2J_s}{\tau_A} \tag{29}$$

在直流情形，J 为直流电流 J_0，因此式(29)简化为式(24)。

现在，我们用 $\bar{\alpha}$ 代替 α 来简化式(29)，这里，$\bar{\alpha}$ 为 α 的平均值，系在整个雪崩区计算积分得到的。（忽略掉 J_S 项）有

$$\frac{\mathrm{d}J}{\mathrm{d}t} = \frac{2J}{\tau_A} (\bar{\alpha} x_A - 1) \tag{30}$$

此外，现在所作的小信号假定为

$$\bar{\alpha} = \bar{\alpha}_0 + \tilde{\alpha} \exp(\mathrm{j}\omega t) \approx \bar{\alpha}_0 + \alpha' \tilde{\mathscr{E}}_A \exp(\mathrm{j}\omega t) \tag{31}$$

$$\bar{\alpha} x_A = 1 + x_A \alpha' \tilde{\mathscr{E}}_A \exp(\mathrm{j}\omega t) \tag{32}$$

$$J = J_0 + \tilde{J}_A \exp(\mathrm{j}\omega t) \tag{33}$$

$$\mathscr{E} = \mathscr{E}_0 + \mathscr{E}_A \exp(\mathrm{j}\omega t) \tag{34}$$

式中，$a' \equiv \partial \alpha / \partial E$，并采用了 $\tilde{\alpha} = \alpha' \tilde{\mathscr{E}}_A$ 的代换。将上式代入式(30)，忽略高次项的乘积，则得到雪崩传导电流密度交流分量的表达式为

$$\tilde{J}_A = \frac{2\alpha' x_A J_0 \tilde{\mathscr{E}}_A}{\mathrm{j}\omega \tau_A} \tag{35}$$

雪崩区的位移电流简单表示为

$$\tilde{J}_{Ad} = \mathrm{j}\omega \varepsilon_s \tilde{\mathscr{E}}_A \tag{36}$$

上面两式是雪崩区总电路电流的两个分量。当电场给定时，雪崩电流 $\tilde{J}_A$ 是电抗性的，如同电感一样与 ω 成反比。另一分量 J_{Ad} 也是电抗性的，如同电容一样与 ω 成正比。因此，雪崩区的行为与 LC 并联电路类似。等效电路如图 9.7(b) 所示，图中的电感和电容为（A 为二极管面积）

$$L_A = \frac{\tau_A}{2J_0\alpha'A} \tag{37}$$

$$C_A = \frac{\varepsilon_s A}{x_A} \tag{38}$$

这一组合的谐振频率为

$$\omega_r = 2\pi f_r = \sqrt{\frac{2\alpha' v_s J_0}{\varepsilon_s}} \tag{39}$$

因此,薄雪崩区表现出与并联谐振电路类似的特性,此电路的谐振频率正比于直流电流密度 J_0 的平方根。雪崩区的阻抗有简单的形式:

$$Z_A = \frac{x_A}{j\omega\varepsilon_s A}\left[\frac{1}{1-(\omega_r^2/\omega^2)}\right] = \frac{1}{j\omega C_A}\left[\frac{1}{1-(\omega_r^2/\omega^2)}\right] \tag{40}$$

因子 γ 为

$$\gamma \equiv \frac{\tilde{J}_A}{\tilde{J}} = \frac{1}{1-(\omega^2/\omega_r^2)} \tag{41}$$

漂移区　将式(41)和式(23)联立并在整个漂移长度 $(W_D - x_A)$ 内积分,得到漂移区交流电压的表达式为

$$\tilde{V}_d = \frac{(W_D - x_A)\tilde{J}}{j\omega\varepsilon_s}\left\{1 - \frac{1}{1-(\omega^2/\omega_r^2)}\left[\frac{1-\exp(-j\theta_d)}{j\theta_d}\right]\right\} \tag{42}$$

式中,θ_d 为漂移区的渡越角

$$\theta_d \equiv \frac{\omega(W_D - x_A)}{v_s} \equiv \omega\tau_d \tag{43}$$

以及

$$\tau_d = \frac{(W_D - x_A)}{v_s} \tag{44}$$

我们也可将 $C_D \equiv A\varepsilon_s/(W_D - x_A)$ 定义为漂移区的电容。从式(42)我们可以得到漂移区的阻抗为

$$Z_d \equiv \frac{\tilde{V}_d}{A\tilde{J}} = \frac{1}{\omega C_D}\left[\frac{1}{1-(\omega^2/\omega_r^2)}\left(\frac{1-\cos\theta_d}{\theta_d}\right)\right] + \frac{j}{\omega C_D}\left[\frac{1}{1-(\omega^2/\omega_r^2)}\left(\frac{\sin\theta_d}{\theta_d}\right) - 1\right] \tag{45}$$

$$= R_{ac} + jX$$

式中,R_{ac} 和 X 分别为电阻和阻抗。可以看出,式(45)在低频和 $\phi = 0$ 时简化为式(21)和式(22)。对于 ω_r 以上的所有频率,实部(电阻)为负,只有当 θ_d 等于 2π 的整数倍时实部才为零。对于 ω_r 以下的频率,电阻为正,而当频率为零时,电阻趋近于有限值

$$R_{ac}(\omega \to 0) = \frac{\tau_d}{2C_D} = \frac{(W_D - x_A)^2}{2A\varepsilon_s v_s} \tag{46}$$

低频小信号电阻是漂移区有限厚度内存在空间电荷的结果。上述表达式与以前推导的式(14)相同。

总阻抗　总阻抗是雪崩区与漂移区阻抗以及无源区无源电阻 R_S 之和:

$$Z = \frac{(W_D - x_A)^2}{2A\varepsilon_s v_s}\left[\frac{1}{1-(\omega^2/\omega_r^2)}\right]\left(\frac{1-\cos\theta_d}{\theta_d^2/2}\right)$$
$$+ \frac{j}{\omega C_D}\left\{\left(\frac{\sin\theta_d}{\theta_d} - 1\right) - \frac{(\sin\theta_d/\theta_d) + [x_A/(W_D - x_A)]}{1-(\omega_r^2/\omega^2)}\right\} + R_S \tag{47}$$

其实部是动态电阻,当 ω 变得大于 ω_r 时,动态电阻的从正变成负。

式(47)的表示形式便于对小渡越角 θ_d 的情形进行直接简化。当 $\theta_d<\pi/4$ 时,式(47)简化为

$$Z = \frac{(W_D - x_A)^2}{2Av_s\varepsilon_s[1-(\omega^2/\omega_r^2)]} + \frac{j}{\omega C_D}\left[\frac{1}{(\omega_r^2/\omega^2)-1}\right] + R_S \tag{48}$$

式中 $C_D \equiv \varepsilon_s A/W_D$ 相当于总的耗尽层电容。阻抗实部和虚部的等效电路以及频率关系分别显示在图 9.7(c)和 9.7(d)。从式(48)可见,第一项为有源电阻,当 $\omega>\omega_r$ 时,此项变为负值。第二项为电抗,相当于一个包含二极管电容和旁路电感的并联谐振电路。当 $\omega<\omega_r$ 时,电抗是感性的;当 $\omega>\omega_r$ 时,电抗是容性的。换句话说,在电抗分量改变符号的频率处,电阻变负。

9.4 功率和效率

9.4.1 大信号工作

在大信号工作状态下,里德二极管(图 9.1(a)的 p^+-n 结处存在产生电子-空穴对的高场雪崩区;在轻掺杂的 ν 区内有一恒定电场漂移区。所产生的空穴迅速进入 p^+ 区,而产生的电子则注入漂移区,并在该区作功,产生外功率。正如我们前面所讨论的那样,注入电荷的交流变化落后于交流电压约 180°,称为**注入延迟** ϕ,如图 9.8 所示。注入的载流子进入漂移区,然后以饱和速度穿越该区,引入**渡越时间延迟**。图 9.8 也显示出了感生的外电流。对交流电压和外电流进行比较,可清楚地看出,二极管在其终端表现出负阻。

大信号工作时,外电流主要来源于雪崩倍增产生的电荷以及这些电荷的移动。当电子波包(电荷密度 Q_{ava})以饱和速度朝 n^+ 区(阳极)移动时,感生出外电流。外传导电流可以通过计算分布在阳极或阴极的感应电荷来得到。例如,考虑阳极的电荷密度 Q_A,它是 Q_{ava} 位置的函

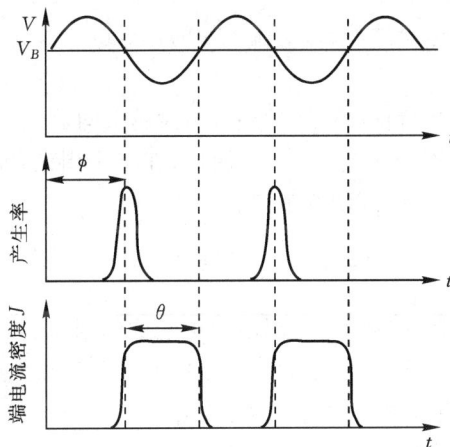

图 9.8 IMPATT 二极管的大信号工作,显示了端电压、雪崩产生率和端电流。$\phi=$注入延迟,$\theta=$渡越延迟

数,由下式给出

$$Q_A(t) = \frac{Q_{ava}x}{W_D} = \frac{Q_{ava}v_s t}{W_D} \tag{49}$$

因此,最大传导电流为

$$J_c = \frac{\mathrm{d}Q_A}{\mathrm{d}t} = \frac{Q_{ava}v_s}{W_D} \tag{50}$$

为了使功率效率最大,此电流应在电压周期接近末端,即在电压升高到平均值之前下降。由于电流脉冲的持续时间对应于电荷包的渡越时间,且等于周期的一半,所以,最佳的工作频率在

$$f = \frac{v_s}{2W_D} \tag{51}$$

图 9.9 为实际振荡器的偏置电路,电流源偏置比电压源偏置更为常见。外端共振器电路的共振频率与式(51)给出的频率匹配。请注意,在前面讨论的加在 IMPATT 两端的交流电压可以由直流偏置电路产生,这是振荡器的基本功能。在有直流偏压时,由于正反馈,直到满足上述电流幅度和频率的稳定的交流波形建立起来为止,内部产生的任何噪声会被放大。

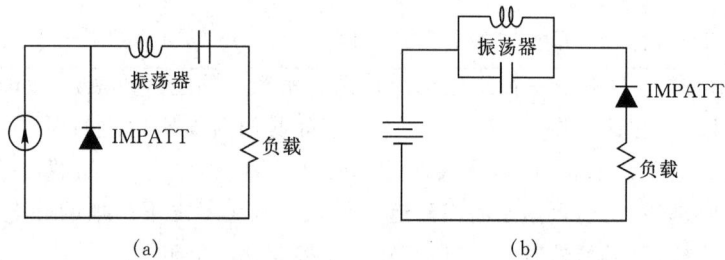

图 9.9 IMPATT 二极管振荡器的偏置电路
(a)电流源偏置;(b)电压源偏置

图 9.8 表明,正的交流电流与负的交流电压一致,相移约等于 π。这是动态负阻或器件吸收负功率的由来。请注意端电流的波形,电流脉冲的起点由注入延迟决定,而结束点由渡越延迟决定。

不要把电容或电感的交流特性所引入的相差与渡越时间器件所产生的功率能力混淆。这些无源器件两端的电压和电流的相差是 π/2。因此,在半个周期,元件吸收的功率为负,但在另半个周期为正。它们相互抵消,净功率为零。

9.4.2 功率-频率限制——电子学限制

由于在微波电路中半导体材料的固有限制和可达到的阻抗的大小,单个二极管在给定频率下最大输出功率受到限制。半导体材料的限制是:(1)发生雪崩击穿时的临界电场 $\mathscr{E}_m$,(2)饱和速度 v_s,这是半导体中载流子能够达到的最高速度。

加在半导体样品上的最高电压受击穿电压限制,对于均匀雪崩区,最大击穿电压为 $V_m = \mathscr{E}_m W_D$。由于漂移区的雪崩电荷引起电场的扰动,半导体样品能够载运的最大电流也受雪崩击穿过程限制。最大的雪崩电荷 Q_{ava} 等于 $\mathscr{E}_m \varepsilon_s$(高斯定理),最大电流等于

$$J_m = \frac{\mathscr{E}_m \varepsilon_s \upsilon_s}{W_D} \tag{52}$$

因此,功率密度的上限由 V_m 和 J_m 的乘积得出

$$P_m = V_m J_m = \mathscr{E}_m^2 \varepsilon_s \upsilon_s \tag{53}$$

联合式(51),式(53)可重写为

$$P_m f^2 \approx \frac{\mathscr{E}_m^2 \upsilon_s^2}{4\pi X_c} \tag{54}$$

式中 X_c 为电抗 $(2\pi f C_D)^{-1}$。在实际的高速振荡电路中,发现 X_c 是固定的,这是由于某些微小的外部电路阻抗和被忽略的雪崩区的相互作用造成的。

式(54)指出,IMPATT 二极管能够提供的最大功率随 $1/f^2$ 减少。对于 Si 和 GaAs,预计这一电子学限制在毫米波频率以上(>30 GHz)起主导作用。对于 $150\sim200$℃ 的实际工作结温,Si 中的 $\mathscr{E}_m$ 比 GaAs 约低 10%。另一方面,Si 中 υ_s 几乎为 GaAs 的 2 倍。因此,在电子学限制的范围(即在毫米波频率以上)预计 Si IMPATT 二极管的输出功率比在同样频率下工作的 GaAs IMPATT 二极管约大 3 倍[17]。在亚毫米波段,预计均匀场 Misawa 二极管更好一些,这是由于器件有很宽的负阻带并且渡越时间效应对产生负阻不起主要作用,在里德二极管中,渡越时间效应对产生负阻起主要作用[18]。在热学效应可以忽略的脉冲状态(即短脉冲)下,峰值功率容量在所有频率下都由电子学限制(即 $P \propto 1/f^2$)确定。

9.4.3　对效率的限制

为使 IMPATT 二极管有效地工作,当载流子通过漂移区运动时,必须在雪崩区产生尽可能大的电荷脉冲 Q_{ava} 而又不能使漂移区的电场降低到速度饱和所需的电场以下。Q_{ava} 通过漂移区的运动造成一交流电压幅度 mV_D,这里,m 为调制因子($m \leqslant 1$),V_D 为降在漂移区上的平均电压。在最佳频率($\approx \upsilon_s/2W_D$)处,Q_{ava} 的运动也导致交变粒子电流,此电流与二极管上的交流电压有相位延迟 ϕ。如果粒子电流的平均值为 J_0,那么粒子电流摆幅至多从零到 $2J_0$。对于方波粒子电流和正弦变化的漂移电压,二者的幅度和相位如上所述,微波功率产生效率 η 为[19,20]

$$\eta \equiv \frac{\text{交流输出功率}}{\text{直流输出功率}} = \frac{(2J_0/\pi)(mV_D)}{J_0(V_A + V_D)} \mid \cos\phi \mid$$
$$= \left(\frac{2m}{\pi}\right) \frac{\mid \cos\phi \mid}{1 + (V_A/V_D)} \tag{55}$$

式中,V_A 和 V_D 分别为雪崩区和漂移区的直流电压降,它们的和为总的外加直流电压。角度 ϕ 为粒子电流的注入相位延迟。在理想条件下,$\phi = \pi$,$\mid\cos\phi\mid = 1$。对于双漂移二极管,电压 V_D 要换成 $2V_D$。由于雪崩区电压相对于粒子电流为感性电抗分量,从而雪崩区对交流功率的贡献可以忽略。位移电流相对于二极管电压为容性电抗分量,对平均交流功率没有贡献。

式(55)清楚地表明,为了改善效率,必须增大交流电压调制因子 m,使相位延迟角最佳(接近 π),降低 V_A/V_D 比。然而,V_A 必须足够大在以迅速引发雪崩过程;在 V_A/V_D 的某一最佳值以下,效率下降到零[19]。

假若漂移的载流子在很低的电场下速度饱和,m 就可能趋近于 1 且不会导致有害的结果。在 n 型 GaAs 中,速度在 $\mathscr{E} \approx 10^3$ V/cm 附近有效饱和,此值远小于 n 型 Si 的值(约为 2×10^4 V/cm)。因此,可以期望在 n-GaAs 中得到大得多的交流电压摆幅;较大的电压摆幅又导致在

n-GaAs 中得到更高的效率。

为了估算最佳的 V_A/V_D 值,我们首先得到

$$V_D = \langle \mathscr{E}_D \rangle (W_D - x_A) = \frac{\langle \mathscr{E}_D \rangle v_s}{2f} \tag{56}$$

式中 $\langle \mathscr{E}_D \rangle$ 为漂移区内的平均漂移电场。对于 100% 的电流调制,$J_0 = J_{dc} = J_{ac}$,最大电荷 $Q_{ava} = m\varepsilon_s \langle \mathscr{E}_D \rangle$ 决定了电流密度

$$J_0 = Q_{ava}f = m\varepsilon_s \langle \mathscr{E}_D \rangle f \tag{57}$$

当电离系数与电场的依赖关系为 $\alpha \propto \mathscr{E}^\zeta$($\zeta$ 为常数)时,可得到 α' 值

$$\alpha' \equiv \frac{\mathrm{d}\alpha}{\mathrm{d}\mathscr{E}} = \frac{\zeta\alpha}{\mathscr{E}} \approx \frac{\zeta(W_D - x_A)\alpha}{V_D} \tag{58}$$

假定渡越时间频率(式 51)比共振频率(式 39)大约 20%,联立式(56)、式(57)和式(58),得到

$$\left. \frac{V_A}{V_D} \right|_{\text{opt}} \approx 4m \left(\frac{1.2}{2\pi} \right)^2 \zeta\alpha x_A \tag{59}$$

当频率相对较低即约为 $10\ \text{GHz}$ 时,对于 GaAs,取 $m \approx 1$,V_A/V_D 最佳值为 0.65,对于 Si,取 $m = 1/2$,V_A/V_D 最佳值为约为 1.1。

图 9.10 给出了效率与 V_A/V_D 的关系曲线。最大效率是用上面的讨论的最佳值得到的。预期的最大效率为:对单漂移(SD)Si 二极管,约 15%;对双漂移(DD)Si 二极管,约 21%;对单漂移 GaAs 二极管,约 33%。上述估计与实验结果一致。在更高的频率下,V_A/V_D 的最佳比值有增加的趋势;这种增加使得最大效率降低。n-GaAs 单漂移二极管的实验结果与上述讨论是一致的[22]。

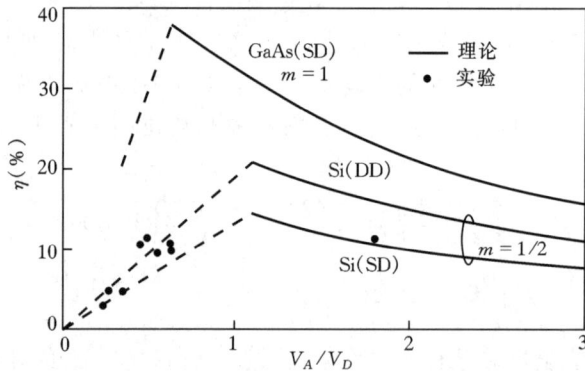

图 9.10 Si 和 GaAs 二极管的效率与 V_A/V_D 的关系

SD,DD=单,双漂移。虚线是从峰值到 0 的线性外推估算得到的(参考文献 20)

对实际的 IMPATT 二极管而言,有许多其它因素使效率降低。这些因素包括空间电荷效应、反向饱和电流、串联电阻、趋肤效应、电离率饱和、隧道效应、本征雪崩响应时间、少数载流子存储和热效应。

空间电荷效应如图 9.11 所示。所产生的电子将压低电场(图 9.11(a))。电场的降低可提前关断雪崩过程,从而减少雪崩所提供的 $180°$ 相位延迟。当电子漂移到右侧时(图 9.11(b)),空间电荷也可使载流子脉冲左侧的电场降低到速度饱和所需的电场以下。电场的这种

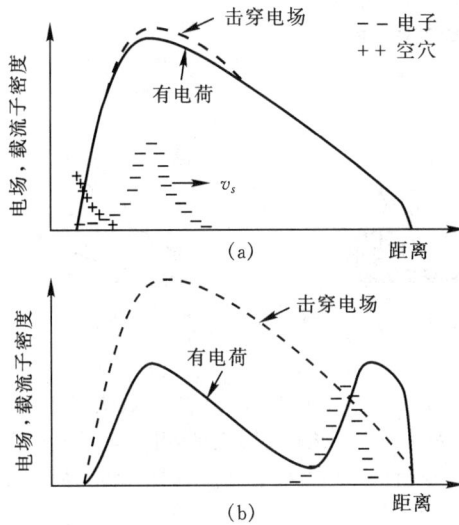

图 9.11　里德二极管中电场和电荷的瞬态分布
(a)雪崩刚好结束,电荷开始穿越二极管运动;
(b)电荷渡越接近结束。注意,空间电荷压低电
场的强烈效应(参考文献 23)

降低又进而改变端电流波形并降低在渡越时间频率下所产生的功率。

　　大的反向饱和电流使雪崩的建立过快,这就降低了雪崩相位延迟,因而降低了效率[24]。从不良欧姆接触注入的少数载流子也将使反向饱和电流增加,从而降低了效率。

　　在靠近漂移区的末端,电场比较小。载流子以迁移率区间的速度(低于饱和速度)运动[25]。未耗尽的外延层形成串联电阻,使终端负阻降低。然而,请注意,由于 GaAs 在低场下有高得多的迁移率,此效应对 n-GaAs 的影响要小得多。

　　当 IMPATT 二极管的工作频率增加到毫米波段时,电流将限制在衬底表面深度 δ 以内流动。趋肤效应如图 9.12 所示[26]。因此,衬底的有效电阻增加,引起沿二极管半径产生电压降(图 9.12(b))。此电压降使二极管电流分布不均匀并产生大的有效串联电阻,这两个因素均造成效率的降低。然而,现代的制造技术已经有效地消除了趋肤效应带来的问题,它仅对某些倒装器件有一点影响。

　　当工作在很高的频率时,耗尽层宽变得很窄,为了满足式(2)的积分判据,碰撞电离所需的电场变高。在这样高的电场下有两个主要效应。第一个效应是电离率在高场下变化非常缓慢,使注入的电流脉冲展宽[27],并且改变了端电流波形,从而降低了效率。第二个效应是隧道电流,此效应可能起主导作用。因为隧道电流与电场同相,不能提供 180° 的雪崩相位延迟。

　　限制亚毫米波性能的另一因素是电离率滞后于电场的有限延迟。对 Si 而言,这种**本征雪崩响应时间** τ_i 小于 10^{-13} s。因为此时间比起亚毫米波段的渡越时间要短得多,预计 Si IMPATT 二极管可有效地工作到 300 GHz 或更高的频率。然而,发现 GaAs 的 τ_i 比 Si 的本征雪崩响应时间高一个数量级[28]。这样长的 τ_i 可能把 GaAs IMPATT 二极管限制在 100 GHz 以下的频率工作。

　　在 p^+-n(或 n^+-p)二极管中,所产生的电子(或空穴)从有源层反扩散到电中性 p^+-(或 n^+-)区导致发生少数载流子存储效应,此效应将使得效率降低。这些少数载流子将存储在电

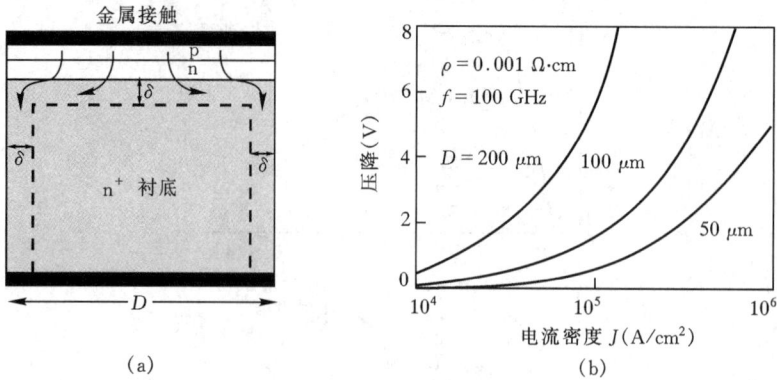

图 9.12 IMPATT 二极管的趋肤效应

(a)限制在厚度为 δ 的表面薄层内的电流流动,引起电流分布不均匀和电阻性损耗;(b)频率为 100 Hz 时对几种二极管直径 D 计算得到的衬底内的压降(参考文献 26)

中性区而其余载流子则渡越过去并在该周期的稍后时间扩散回到有源区,从而导致提前雪崩,使电流-电压相位关系受到破坏。

9.4.4 功率-频率限制——热学限制

在低频,IMPATT 二极管的连续波性能主要受热学上的限制,即受能够耗散在半导体芯片上的功率限制。典型的器件封装排列是,IMPATT 二极管倒装在热导率良好的衬底上,以使热源最靠近热沉。如果二极管表面的接触是多层金属,那么总的热阻是这些组合的串联[29]

$$R_T = \sum \frac{d_s}{A\kappa_s} + \sum \frac{1}{\pi\kappa_h R_h}\left[1 + \frac{z_h}{R_h} - \sqrt{1 + \left(\frac{z_h}{R_h}\right)^2}\right] \tag{60}$$

式中,d_s 和 κ_s 是二极管表面每层金属层的厚度和热导率,而 z_h、κ_h 和 R_h 是热沉每层的厚度、热导率和(靠近器件)接触半径。对于单层半无限热沉,z_h/R_h 接近无穷,第二项简化为熟悉的表示式 $1/\pi\kappa_h R_h$。铜和金刚石是两种最常用的热沉材料。由于金刚石的热导率为铜热导率的 3 倍,需要在性能和成本之间折中。

二极管中耗散的功率 P 必须等于能够传递到热沉上的热功率。因此,P 等于 $\Delta T/R_T$,这里,ΔT 为结和热沉之间的温度差。假若电抗 $X_c = 2\pi f C_D$ 保持常数($f\propto 1/C_D$),且对热阻的贡献主要来自半导体(假定 $d_s \approx W_D$,$R_T = W_D/A\kappa_s$),当温升 ΔT 给定时,我们得到

$$P \cdot f = \left(\frac{\Delta T}{R_T}\right)f \approx \frac{\Delta T}{W_D/A\kappa_s}\left(\frac{W_D}{A\varepsilon_s}\right) = \frac{\kappa_s \Delta T}{\varepsilon_s} = 常数 \tag{61}$$

在这些条件下,连续波功率输出将随 $1/f$ 减少。因此,在连续波状态下,在低频我们有热学限制($P\propto 1/f$),在高频我们有电子学限制($P\propto 1/f^2$)。对于给定的半导体,功率迅速下降对应的转折频率依赖于最大容许的温升、最小可达到的电路阻抗和 $\mathscr{E}_m$ 与 v_s 的乘积。

形成电流丝所引起的烧毁 不仅过热是二极管烧毁的原因,而且载流子电流在整个二极管截面分布不均匀,而集中成局部高强度的若干电流丝则是二极管烧毁的更为隐蔽的原因。当二极管有直流负电导时,常常能出现这种不性的现象,其原因是此时电流密度最高的局部区域也是击穿电压最低之处。由于这个原因,p-i-n 二极管容易烧毁。漂移区内的可动载流子空

间电荷有防止出现低频负阻的趋势，从而有助于防止电流丝形成的烧毁。在小电流下有正的直流电阻的二极管在大电流下则可能演变成负的直流电阻被烧毁。

9.5 噪声特性

IMPATT 二极管的噪声主要来源于雪崩区电子-空穴对产生率的统计性质。因为噪声规定了待放大微波信号的下限，所以，考虑 IMPATT 二极管的噪声理论是重要的。

为了放大信号，IMPATT 二极管可插入与传输线耦合的谐振腔内[30]。传输线用循环器进行耦合，以使输入和输出线隔开，如图 9.13(a)所示。图 9.13(b)给出了进行小信号分析所依据的等效电路。我们现在引入两个表示噪声性能的有用公式：噪声系数和噪声测度。噪声系数 NF 定义为

$$NF = 1 + \frac{放大器输出噪声功率}{(功率增益)(kT_0 B_1)}$$

$$= 1 + \frac{\langle I_n^2 \rangle R_L}{G_P k T_0 B_1} \tag{62}$$

式中，G_P 为放大器功率增益，R_L 为负载电阻，$T_0 =$ 室温(290 K)，B_1 为噪声带宽，$\langle I_n^2 \rangle$ 是二极管所产生的并由图 9.13(b)回路中所感生的均方噪声电流。噪声测度 M 定义为

$$M \equiv \frac{\langle I_n^2 \rangle}{4kT_0 G B_1} = \frac{\langle V_n^2 \rangle}{4kT_0 (-Z_{\text{real}}) B_1} \tag{63}$$

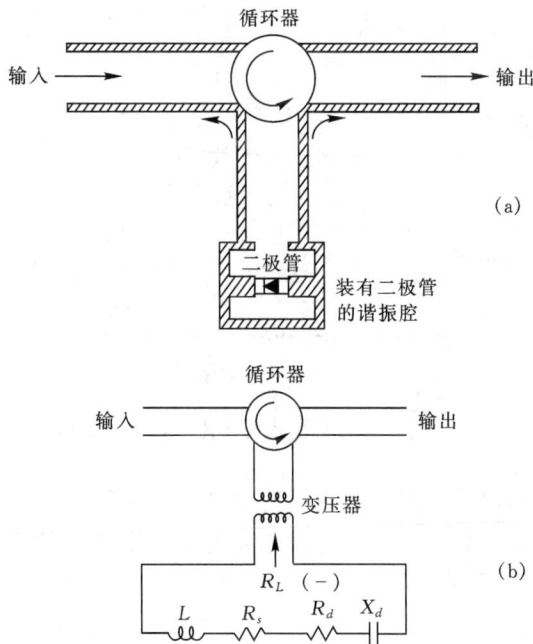

图 9.13 (a)插入谐振腔的 IMPATT 二极管；(b)等效电路(参考文献 30)

式中,G 为负电导,$-Z_{real}$ 为二极管阻抗的实部,$\langle V_n^2 \rangle$ 为均方噪声电压。请注意,噪声系数和噪声测度皆与均方噪声电流(或均方噪声电压)有关。将会看到,当频率高于谐振频率 f_r 后,二极管噪声减少,但负阻也减少。在这种情形下,二极管作放大器使用时,其合适的评价参数是噪声测度,我们对最小噪声测度感兴趣。

高增益放大器的噪声系数为[30]

$$NF = 1 + \frac{qV_A/kT_0}{4\zeta\tau_A^2(\omega^2 - \omega_r^2)} \tag{64}$$

式中,τ_A 和 V_A 分别为渡越雪崩区的时间和雪崩区上的电压降;ω_r 是式(39)给出的共振频率。上述表达式是在雪崩区很窄并且空穴和电子的电离率相等的简化假定下得到的。当 $\zeta = 6$(对 Si 而言),$V_A = 3$ V 时,预计 $f = 10$ GHz($\omega = \omega_r$)的噪声系数为 11000 或 40.5 dB。

对于实际中的电离率(对于 Si,$\alpha_n \neq \alpha_p$)和任意掺杂分布,均方噪声电压的低频表达式为

$$\langle V_n^2 \rangle = \frac{2qB_1}{J_0 A}\left[\frac{1 + (W_D/x_A)}{\alpha'}\right]^2 \propto \frac{1}{J_0} \tag{65}$$

式中 $\alpha' = \partial\alpha/\partial\mathcal{E}$。图 9.14 显示出了硅 IMPATT 二极管($A = 10^{-4}$ cm^2,$W_D = 5$ μm,$x_A = 1$ μm)的 $\langle V_n^2 \rangle/B_1$ 与频率的关系曲线。在低频下,请注意,如式(65)所示,噪声电压 $\langle V_n^2 \rangle$ 与直流电流成反比。在谐振频率(随 $\sqrt{J_0}$ 变化),$\langle V_n^2 \rangle$ 达到最大值,然后大致随频率的四次幂下降。因此,在远高于雪崩频率下工作并维持小电流,则噪声可稍许下降。这些条件与有利于取得大功率和高效率的条件是矛盾的,所以针对特定的应用要进行折衷以达到最佳。

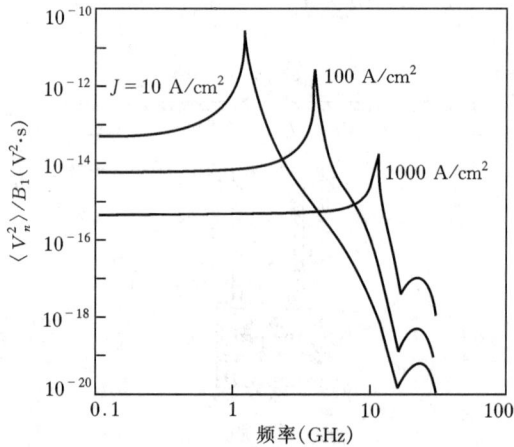

图 9.14　Si IMPATT 二极管单位带宽的均方噪声电压与频率的关系(参考文献 31)

图 9.15 是 GaAs IMPATT 二极管噪声测度的典型理论和实验结果。在渡越时间频率处(6 GHz),噪声测度约为 32 dB。然而,在约为渡越时间频率 2 倍的频率下,最小噪声测度为 22 dB。GaAs 噪声测度的一个重要特点是,其值要远低于 Si IMPATT 二极管的。表 9.1 比较 Ge、Si 和 GaAs IMPATT 二极管的噪声测度。表中的放大器和振荡器噪声是无损电路在对应于最高振荡效率而无谐波调谐条件的频率下测量的。最近的结果给出了 60 GHz 时低至 22 dB 的噪声测度[33]。

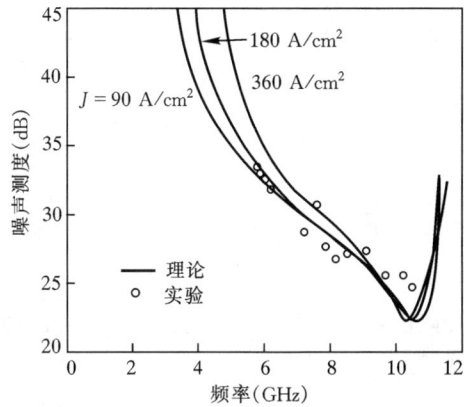

图 9.15　GaAs IMPATT 二极管的噪声测度,渡越时间频率为 6 GHz(参考文献 32)

表 9.1　IMPATT 二极管的噪声测度

半导体	Ge	Si	GaAs
小信号噪声测度(dB)	30	40	25
大信号振荡器噪声测度(dB)	40	55	35

　　GaAs 能获得低噪声特性的主要原因是,当电场给定时,在 GaAs 中,电子和空穴的电离率基本相同,而在 Si 中则相差较大。从雪崩倍增积分可以看出,为得到大的倍增因子 M,电离平均距离 $1/\langle\alpha\rangle$ 在 $\alpha_n = \alpha_p$ 时约等于 x_A(雪崩宽度),但若 $\alpha_n \gg \alpha_p$,则电离平均距离等于 $x_A/\ln(M)$。因此,当 x_A 给定时,在 Si 中一定会发生相当多的电离事件,产生较高的噪声。

　　图 9.16 显示了若干 Si 和 GaAs 6GHz IMPATT 二极管的输出功率与噪声测度之间的关系[34]。功率大小是相对于 1 mW 的基准功率标出的,即功率表示为 $10\log(P \times 10^3)$ dBm,此处,P 的单位是瓦特。采用单调谐同轴谐振腔电路对二极管进行了评价,在这种电路中,应用

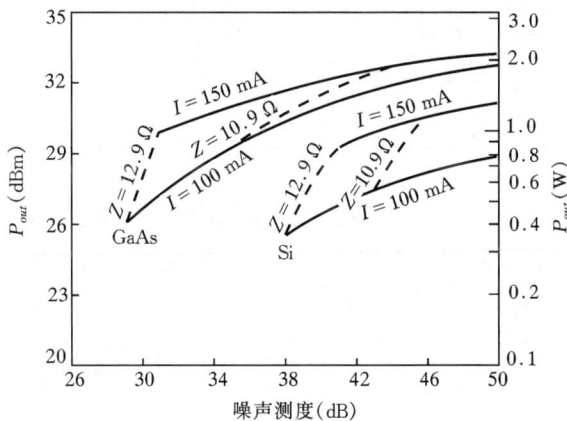

图 9.16　锁相振荡器的输出功率与噪声测度的关系。锁相功率保持恒定的 4 dBm。
图中还给出了负载阻抗恒定和二极管电流恒定时的等值线(参考文献 34)

可互换阻抗变换器使得向谐振腔提供的负载电阻递增变化。在最大输出功率处,噪声测度相当差。可以以稍许降低输出功率为代价来得到较低的噪声测度。还要请注意,在给定功率电平(譬如说 1 W 或 30 dBm)下,GaAs IMPATT 二极管的噪声比起 Si IMPATT 二极管约低 10 dB。

9.6　器件设计和性能

根据小信号理论,我们可得到各种器件参数与工作频率的近似关系。忽略小的雪崩区 x_A,式(47)的电阻表示式可改写为

$$-R \approx \frac{W_D^2}{2A\,\varepsilon_s v_s}\left[\frac{1}{(\omega^2/\omega_r^2)-1}\right]\left(\frac{1-\cos\theta_d}{\theta_d^2/2}\right) \tag{66}$$

式中 θ_d 为渡越角,等于 $\omega W_D/v_s$。对于确定的 ω/ω_r,要使 $-R$ 无变化,根据式(66),这要求 W_D^2/A(前因子)和 θ_d 均为常数。因为耗尽层宽度 W_D 反比于工作频率(式 51),与 W_D^2 成正比的器件面积 A 正比于 ω^{-2}。从雪崩击穿方程(式 2)还可以看出,电离率(α)和其对电场的导数(α')均反比于耗尽层宽度 W_D。将关系式 $\alpha'\propto 1/W_D$ 与式(39)联立,得到直流电流密度的下列结果:

$$J_0 \propto \frac{\omega_r^2}{\alpha} \propto \frac{\omega^2}{1/W_D} \propto \omega \tag{67}$$

这些频率缩放比例关系总结于表 9.2,可以作为外推性能和设计新频率的指南。

表 9.2　IMPATT 二极管频率缩放比例(近似)

参数	与频率的关系
结面积 A	f^{-2}
偏置流密度 J_0	f
耗尽层宽度 W_D	f^{-1}
击穿电压 V_B	f^{-1}
输出功率 P_{out}:热限制	f^{-1}
输出功率 P_{out}:电子学限制	f^{-2}
效率 η	常数

输出功率限制已在 9.4 节进行了研究。预计在低频下效率与频率仅有微弱的关系。然而在毫米波段,工作电流密度高($\propto f$),面积小($\propto f^{-2}$),从而器件的工作温度高。这样高的温度又使反向饱和电流密度增加,效率降低。另外,趋肤效应、隧道效应以及与高频和高场有关的其它效应也使效率性能变差。因此,随着频率的增高,预计效率终将降低。

图 9.17 给出了阈值电流密度(即产生振荡的最小电流密度)与频率的关系。请注意,阈值电流密度近似随频率的平方增加,这与谐振频率的一般性质是一致的。为了揭示渡越时间效应的重要性,图 9.18 给出了 Si 和 GaAs IMPATT 二极管的最佳耗尽层宽度与频率的关系。正如预期的那样,耗尽层宽度随频率成反比变化。有趣的是,在高于 100 GHz 的频率处,耗尽

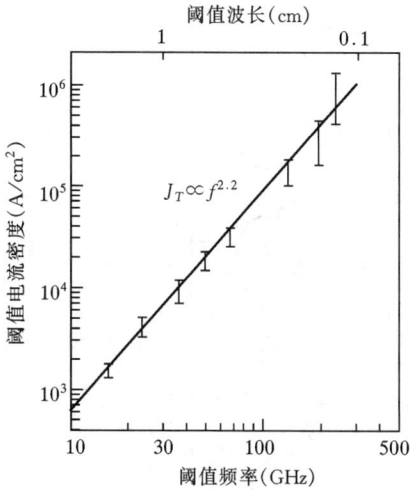

图 9.17 直流电流密度与阈值频率的关系
（参考文献 35）

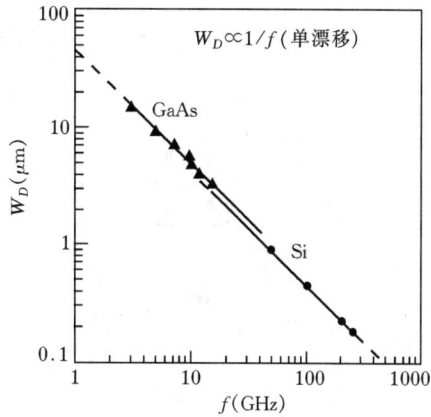

图 9.18 Si 和 $GaAs$ IMPATT 二极管耗尽层宽
度与频率的关系（参考文献 36 和 37）

层宽度小于 0.5 μm。这样极窄的宽度表明，制造工作在如此高频率下的改进型里德二极管或双漂移二极管的固有困难程度。

从双漂移二极管得到了最高的功率・f^2 乘积。图 9.19 比较了 50 GHz 下双漂移和单漂移二极管的特性。用离子注入方法制备的双漂移 50 GHz Si IMPATT 二极管表明，它能以 14% 的最大效率输出超过 1 W 的连续波功率。此结果可与以 10% 的效率输出约 0.5 W 的类似单漂移二极管相比拟。双漂移二极管的优越性在于，雪崩产生的空穴和电子在横穿漂移区时均能对射频（RF）电场作功。而单漂移二极管却只是一种载流子可以利用。结果，必须施加更大的端电压。

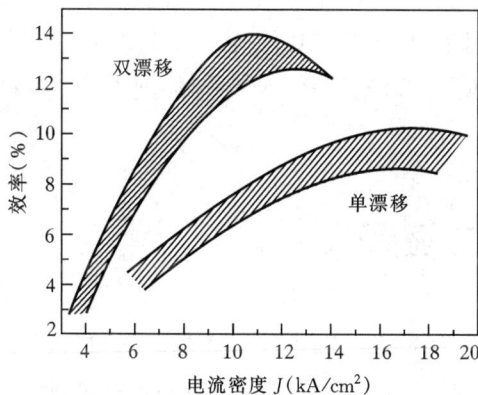

图 9.19 工作在 50 GHz 下的单漂移和双漂移 Si IMPATT 二极管的效率。效率
范围为每个种类四个管子（参考文献 38）

现代 IMPATT 二极管的水平汇总于图 9.20。图中也显示出了将在 9.7 节进行讨论的 BARITT 二极管的结果。在低频下，输出功率受热限制，随 f^{-1} 变化；在高频下（＞50 GHz），

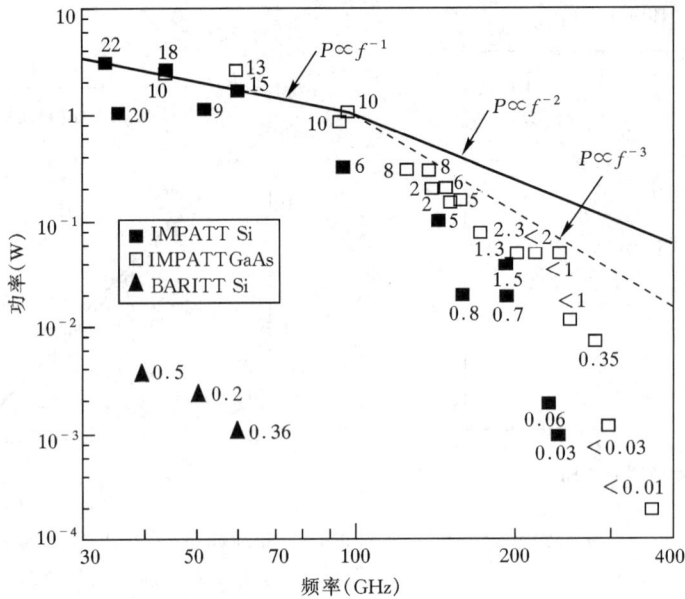

图 9.20　现代 IMPATT 和 BARITT 二极管的性能。每个实验点旁
边的数字表示以百分比表示的效率(参考文献 39)

功率受电子学限制,随 f^{-2} 变化。在低于 60 GHz 的低频,典型的 GaAs IMPATT 二极管显示出了较好的功率性能。图 9.20 清楚地表明,IMPATT 二极管是产生微波功率最强的固态源之一。IMPATT 二极管在毫米波频率下能产生比其它任何固态器件更高的连续波输出功率。在脉冲工作时,功率性能比图 9.20 给出的更好。

最近,人们对 Si 和 GaAs 以外的其它材料进行了实验。例如,SiC 的击穿场强是 Si 的 10 倍,热导率是 Si 的 3 倍,饱和速度是 Si 的 2 倍[40]。由于这些因素,预期 SiC 的功率输出要比 Si 高 350 倍以上。SiC 的缺陷是噪声测度比较高。宽带隙 GaN 材料也有类似的优点,以及更高的工作温度[41]。就结构而言,在注入结引入异质结,对 GaN,人们预期会降低漏电流、改善 RF 效率和得到低噪声[42]。

9.7　BARITT 二极管

另一种渡越时间器件是 BARITT(**势垒注入渡越时间**)二极管。BARITT 二极管产生微波振荡的机理是热离子注入和少数载流子越过正向偏置势垒的扩散。由于没有雪崩延迟时间,预计 BARITT 二极管比 IMPATT 二极管的工作效率低,功率也要小。另一方面,与载流子越过势垒注入相关的噪声却比 IMPATT 二极管中的雪崩噪声低。器件的低噪声性质和稳定性使 BARITT 二极管适合于低功率应用,例如本机振荡器。1971 年,Coleman 和施敏应用金属-半导体-金属穿通二极管首先报道了 BARITT 的工作[43]。1968 年,Ruegg 依据大信号分析,Wright 应用空间电荷限制输运机理也提出了类似的结构[44,45]。

9.7.1　电流输运

BARITT 二极管基本上是偏置于穿通状态的背靠背的二极管对(图 9.21)。这两个二极管可以是 p-n 结,或是金属–半导体接触,或者是 p-n 结和金属–半导体接触的结合。我们首先讨论用均匀掺杂 n 型半导体构成的金属–半导体–金属(MSM)[46]对称结构中的电流输运(图 9.21(b))。加有偏压时,耗尽层的宽度为

$$W_{D1} = \sqrt{\frac{2\varepsilon_s}{qN_D}(\psi_{bi} - V_1)} \tag{68a}$$

$$W_{D2} = \sqrt{\frac{2\varepsilon_s}{qN_D}(\psi_{bi} + V_2)} \tag{68b}$$

式中,W_{D1} 和 W_{D2} 分别为正偏和反偏势垒处 n 型层中的耗尽层宽度,V_1 和 V_2 是相应结上所承受的外加电压,N_D 为电离杂质浓度,ψ_{bi} 为内建势。在这些条件下,电流为(势垒高度等于 ϕ_{Bn} 的肖特基二极管的)反向饱和电流、产生–复合电流和表面泄漏电流之和。

随着电压的增高,反向偏置的耗尽区最终穿通到正向偏置的耗尽区(图 9.21(c))。相应的电压称为穿通电压 V_{RT}。此电压可从条件 $W_{D1} + W_{D2} = W$ 得到,W 为 n 区的长度:

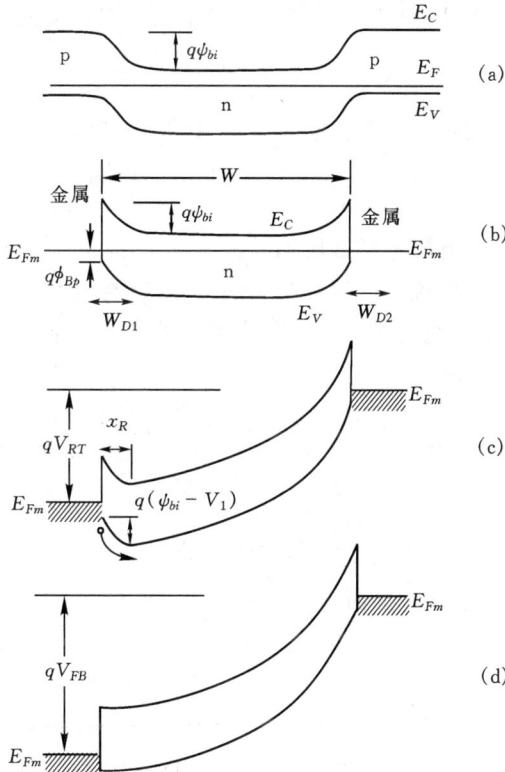

图 9.21　BARITT 二极管的能带图

热平衡状态下的(a)p-n 结和(b)M-S 接触；(c)穿通
状态下和(d)平带状态下 MSM 结构的能带图

$$V_{RT} = \frac{qN_DW^2}{2\varepsilon_s} - W\sqrt{\frac{2qN_D}{\varepsilon_s}(\psi_{bi} - V_1)}$$

$$\approx \frac{qN_DW^2}{2\varepsilon_s} - W\sqrt{\frac{2qN_D\psi_{bi}}{\varepsilon_s}} \tag{69}$$

假若电压进一步增加,正向偏置接触处(左边)的能带变平。当 $\psi_{bi} = V_1$ 时在 $x=0$ 处的电场为零;此状态为平带状态(图 9.21(d))。相应的电压定义为平带电压 V_{FB}:

$$V_{FB} \equiv \frac{qN_DW^2}{2\varepsilon_s} \tag{70}$$

当长度给定且掺杂很高时,外电压在到达 V_{FB} 前受雪崩击穿电压的限制。

在微波振荡状态下,BARITT 二极管的直流偏压通常介于 V_{RT} 和 V_{FB} 之间。当外电压在此($V_{RT} < V < V_{FB}$)范围内时,外电压和正向偏置势垒高度之间的关系为

$$\psi_{bi} - V_1 = \frac{(V_{FB} - V)^2}{4V_{FB}} \tag{71}$$

图 9.21(c)所示的穿通点 x_R 为

$$\frac{x_R}{W} = \frac{V_{FB} - V}{2V_{FB}} \tag{72}$$

在穿通以后,越过空穴势垒 ϕ_{Bp} 的热离子发射空穴电流成为主要电流:

$$J_p = A_p^* T^2 \exp\left[-\frac{q(\phi_{Bp} + \psi_{bi})}{kT}\right]\left[\exp\left(\frac{qV_1}{kT}\right) - 1\right] \tag{73}$$

式中 A_p^* 为空穴的有效理查逊常数(参见第 3 章)。根据式(71),当 $V > V_{RT}$ 时,可得到

$$J_p = A_p^* T^2 \exp\left(-\frac{q\phi_{Bp}}{kT}\right)\exp\left[-\frac{q(V_{FB} - V)^2}{4kTV_{FB}}\right] \tag{74}$$

因此在穿通以后,电流将随外电压呈指数增加。

当电流足够高,以致注入载流子浓度可与本底电离杂质浓度比拟时,可动载流子将影响漂移区内的电场分布。这就是空间电荷效应。若全部可动空穴以饱和速度 v_s 穿过 n 型区,并且若 $J > qv_sN_D$ 时,泊松方程变为

$$\frac{d\mathscr{E}}{dx} = \frac{\rho}{\varepsilon_s} = \frac{q}{\varepsilon_s}\left(N_D + \frac{J}{qv_s}\right) \approx \frac{J}{\varepsilon_s v_s} \tag{75}$$

积分两次后(边界条件为在 $x=0$ 处,$\mathscr{E}=0, V=0$),得到[47]

$$J = \left(\frac{2\varepsilon_s v_s}{W^2}\right)V = qv_sN_D\left(\frac{V}{V_{FB}}\right) \tag{76}$$

穿通 p^+-n-p^+ 结构的电流输运机理与 MSM 结构的类似。唯一的差别当载流子越过正偏 p^+-n 结注入时,式(73)和式(74)中的因子 $\exp(-q\phi_{Bp}/kT)$ 应去掉[47],即

$$J = A^* T^2 \exp\left[-\frac{q(V_{FB} - V)^2}{4kTV_{FB}}\right] \tag{77}$$

对于 PtSi-Si 势垒,空穴势垒高度 $q\phi_{Bp}$ 等于 0.2 eV。因此,在 300 K,当给定电压高于穿通电压时,p^+-n-p^+ 器件的电流约比 MSM 器件大 3000 倍左右。室温下 $A^* T^2$ 约为 10^7 A/cm²。因此,在正常工作时,在电流远未接近于 V_{FB} 之前就发生空间电荷效应。

图 9.22 显示了本底掺杂浓度为 5×10^{14} cm⁻³、厚度为 8.5 μm 的 Si p^+-n-p^+ 穿通二极管的典型的 I-V 特性。其平带电压为 29 V,穿通电压约为 21 V。我们注意到,电流首先随电压指数增加,然后变成线性关系。实验结果和根据式(76)和式(77)所作的理论计算符合得很好。

为使 BARITT 二极管有效地工作,电流必须随电压极快地增加。因空间电荷效应产生的线性 I-V 关系将使器件性能变差。最佳电流密度通常远低于 $J=qv_sN_D$。

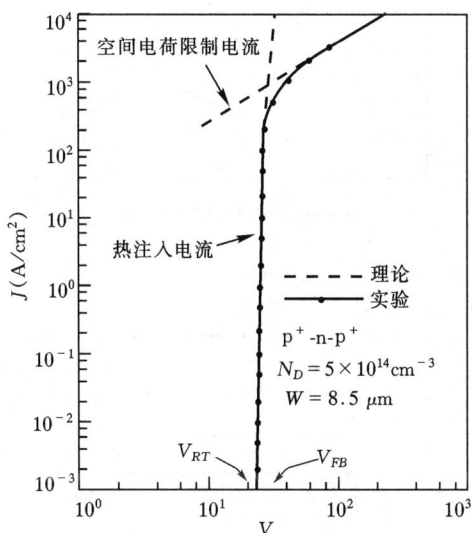

图 9.22　Si p$^+$-n-p$^+$ 穿通二极管的电流-电压特性(参考文献 47)

9.7.2　小信号特性

我们将要指出,BARITT 二极管有小信号负阻,因此这种二极管能自激振荡。考虑 p$^+$-n-p$^+$ 结构。当偏置于穿通电压以上时,其电场分布如图 9.23(a)所示。对于空穴注入,点 x_R(式 72)对应于电势极大值。点 a 是低场区与饱和速度区的分界点,即当 $\mathcal{E}>\mathcal{E}_s$ 时,$v=v_s$,如图 9.23(b)所示。在小注入状态下

$$a \approx \frac{\varepsilon_s \mathcal{E}_s}{qN_D} + x_R \tag{78}$$

在漂移区内($x_R<x<W$)的渡越时间为

$$\tau_d = \int_{x_R}^a \frac{\mathrm{d}x}{\mu_n \mathcal{E}(x)} + \int_a^W \frac{\mathrm{d}x}{v_s} = \int_{x_R}^a \frac{\mathrm{d}x}{\mu_n qN_D x/\varepsilon_s} + \frac{W-a}{v_s}$$

$$\approx \frac{3.75\varepsilon_s}{q\mu_n N_D} + \frac{W-a}{v_s} \tag{79}$$

为了推导小信号阻抗,我们将采取类似于 9.3.2 节所用的方法并引进随时间变化的量,此量为与时间无关的项(直流分量)和小的交流项之和:

$$J(t) = J_0 + \tilde{J}\exp(\mathrm{j}\omega t) \tag{80}$$

$$V(t) = V_0 + W\tilde{\mathcal{E}}\exp(\mathrm{j}\omega t)$$

将上述表达式代入式(77),得到线性化的交流注入空穴电流密度:

$$\tilde{J} = \sigma\tilde{\mathcal{E}} \tag{82}$$

式中 σ 为单位面积的注入电导

$$\sigma = J_0 \frac{\varepsilon_s(V_{FB}-V_0)}{N_D W kT} \tag{83}$$

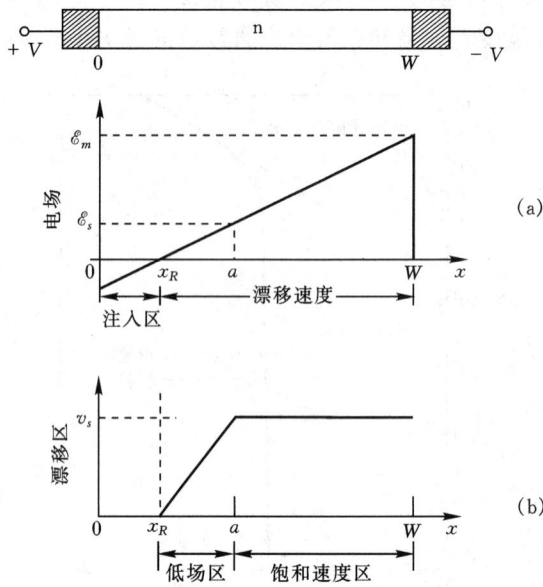

图 9.23　BARITT 二极管漂移区内的(a)电场分布和(b)载流子漂移速度(参考文献 48)

J_0 为由式(77)(以 V_0 代替 V)给出的电流密度。注入电导随外电压增加,达到极大值,然后当 V_0 接近 V_{FB} 时,迅速减少。可从式(77)和式(83)推导出对应于 σ 极大值的偏压:

$$V_0(\text{对应最大的 } \sigma) = V_{FB} - \sqrt{\frac{2kTV_{FB}}{q}} \tag{84}$$

因为交流电场在注入区和漂移区的边界是连续的,这两个区域将发生相互作用。我们定义 $\tilde{J}$ 为总的交流电流密度,$\tilde{J}_1$ 为注入电流密度。假定注入区足够薄,以致于 $\tilde{J}_1$ 进入漂移区无延迟。在漂移区的交流传导电流密度为

$$\tilde{J}_c(x) = \tilde{J}_1 \exp[-\mathrm{j}\omega\tau(x)] \equiv \gamma\tilde{J} \exp[-\mathrm{j}\omega\tau(x)] \tag{85}$$

这是沿 $x=W$ 传播且渡越相位延迟为 $\omega\tau(x)$ 的非衰减波。量 $\gamma=\tilde{J}_1/\tilde{J}$ 是一个将交流注入电流密度与总的交流电流密度联系起来的复分数。

在漂移区内的某一给定位置,总的交流电流密度 $\tilde{J}$ 等于传导电流 $\tilde{J}_c$ 与位移电流 $\tilde{J}_d$ 之和,即

$$\tilde{J} = \tilde{J}_c(x) + \tilde{J}_d(x) \tag{86}$$

它是一个常数,与 x 无关。位移电流密度与交流电场 $\tilde{\mathscr{E}}(x)$ 的关系为

$$\tilde{J}_d(x) = \mathrm{j}\omega\varepsilon_s\tilde{\mathscr{E}}(x) \tag{87}$$

将式(83)、(85)和(87)联立,得到漂移区内的交流电场与 x 和 $\tilde{J}$ 之间关系的表达式,

$$\tilde{\mathscr{E}}(x) = \frac{\tilde{J}}{\mathrm{j}\omega\varepsilon_s}\{1 - \gamma\exp[-\mathrm{j}\omega\tau(x)]\} \tag{88}$$

对 $\tilde{\mathscr{E}}(x)$ 积分,得到漂移区两端以交流电流密度 $\tilde{J}$ 表示的交流电压。系数 γ 可表示为

$$\gamma = \frac{\tilde{J}_1}{\tilde{J}_1 + \tilde{J}_d} = \frac{\sigma}{\sigma + \mathrm{j}\omega\varepsilon_s} \tag{89}$$

将 γ 代入式(88)并在整个漂移长度 $(W-x_R)$ 进行积分,边界条件为:$x=x_R$ 处,$\tau=0$;$x=W$ 处,$\tau=\tau_d$,从而得到漂移区两端交流电压的表示式为

$$V_d = \frac{\tilde{J}(W-x_R)}{\mathrm{j}\omega\varepsilon_s}\left[1-\left(\frac{\sigma}{\sigma+\mathrm{j}\omega\varepsilon_s}\right)\frac{1-\exp(\mathrm{j}\theta_d)}{\mathrm{j}\theta_1}\right] \tag{90}$$

式中 θ_d 为漂移区内的渡越角:

$$\theta_d = \omega\left(\frac{W-a}{v_s}+\frac{3.75\varepsilon_s}{q\mu_n N_D}\right) = \omega\tau_d \tag{91}$$

θ_1 为常数,表示为

$$\theta_1 \equiv \omega\left(\frac{W-x_R}{v_s}\right) \tag{92}$$

我们可以将 $C_D=\varepsilon_s/(W-x_R)$ 定义为漂移区的电容。从式(90)得到此结构的小信号阻抗为

$$Z \equiv \frac{\tilde{V}_d}{\tilde{J}} = R_d - \mathrm{j}X_d \tag{93}$$

式中 R_d 和 X_d 分别为小信号电阻和电抗:

$$R_d = \frac{1}{\omega C_D}\left(\frac{\sigma}{\sigma^2+\omega^2\varepsilon_s^2}\right)\left[\frac{\sigma(1-\cos\theta_d)+\omega\varepsilon_s\sin\theta_d}{\theta_1}\right] \tag{94}$$

$$X_d = \frac{1}{\omega C_D} - \frac{1}{\omega C_D}\left(\frac{\sigma}{\sigma^2+\omega^2\varepsilon_s^2}\right)\left[\frac{\sigma\sin\theta_d-\omega\varepsilon_s(1-\cos\theta_d)}{\theta_1}\right] \tag{95}$$

请注意,如果渡越角 θ_d 介于 π 和 2π 之间,以及若 $|(1-\cos\theta_d)/\sin\theta_d|$ 小于 $\omega\varepsilon_s/\sigma$,则实部(电阻)为负。

从这些结果我们可以看出:(1)BARITT 二极管有小信号负阻,从而可得到自激振荡;(2)越过正向偏置 p^+-n 结或金属-半导体势垒的注入能作为载流子的来源;(3)漂移区内的渡越时间对 BARITT 二极管的频率特性是重要的。

已经证明 BARITT 是一种低噪声器件,基本上只有两种噪声源。一种噪声源是注入载流子的散粒噪声(注入噪声)。另一种是载流子在漂移区的速度随机涨落(扩散噪声)。

9.7.3　大信号特性

BARITT 二极管的大信号基本工作状况如图 9.24[50]。当交流电压达到其峰值时($\phi=\pi/2$),载流子以 δ 函数的形式注入。感生的外电流经过四分之三周期到达负端:

$$\theta_d = \omega\tau_d = \frac{3\pi}{2} \tag{96}$$

或

$$f = \frac{3}{4\tau_d} \approx \frac{3v_s}{4W} \tag{97}$$

式中,θ_d 为渡越角,τ_d 为载流子渡越时间。将式(79)代入式(97)可得到更精确的最佳频率值。

若载流子在 $\phi=\pi/2$ 时注入(图 9.24),估计 BARITT 二极管的最大效率为 10% 的量级。然而,若载流子注入可进一步延迟,即 $\pi/2<\phi\leqslant\pi$,可获得到更高的效率。已制造出多层 n^+-i-p-v-p^+ BARITT 二极管[51],它是 p^+-i-n-π-p^+ 的互补结构。n^+-i-p 区作为减速场以增加注入延迟时间。现代 BARITT 二极管的性能如图 9.20 所示。虽然在 50 GHz 附近的输出功率约

比 IMPATT 二极管小两个数量级左右,但噪声测度也小同样的数量级。若使注入延迟过程
最佳化,预计 BARITT 二极管作为中等功率和效率的低噪声微波源,能充分发挥其潜力。

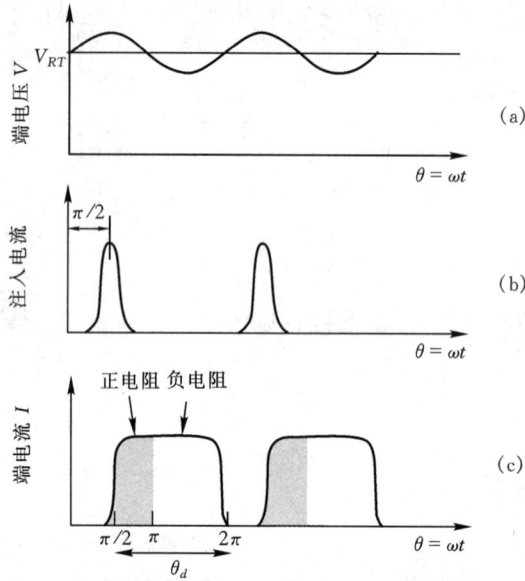

图 9.24　BARITT 二极管的(a)端电压;(b)注入电流;(c)端电流波形

9.8　TUNNETT 二极管

当工作在很高的频率时,IMPATT 二极管的耗尽层宽变得很窄,碰撞电离所需的电场变
高。在这样高的电场下有两个主要效应。第一个效应是电离率在高场下变化非常慢,使注入
的电流脉冲展宽并且改变了端电流波形,从而降低了效率[27]。第二个效应是可能起主导作用
隧道电流。因为隧道电流与电场同相,就不会提供 180° 的雪崩相位延迟。隧穿机理已在
TUNNETT(隧道渡越时间)工作模式中讨论过[2,52]。预计 TUNNETT 二极管比 IMPATT
二极管的噪声要低;然而,输出功率和效率也要低得多。

在 TUNNETT 二极管中,在约为 1 MV/cm 的高电场下产生隧穿注入电流。其结构与
BARITT 二极管的差别在于它仅有一个结。在注入结附近掺杂浓度很高(图 9.25)。接近注
入区的 n^+ 层(对于 n 型漂移区)典型掺杂浓度约为 10^{19} cm^{-3},厚度约为 10 nm。在 p-n 结注入
中发生带到带间隧穿,在肖特基势垒情形时是通过势垒的隧穿。TUNNETT 二极管的优点包
括理论上可达 1THz 的高频能力。已经观察到高于 650 GHz 的连续波产生[53]。另一个优点
是低电压工作(低于 2 V)。此器件的限制是功率能力,这是由于隧穿电流造成的。

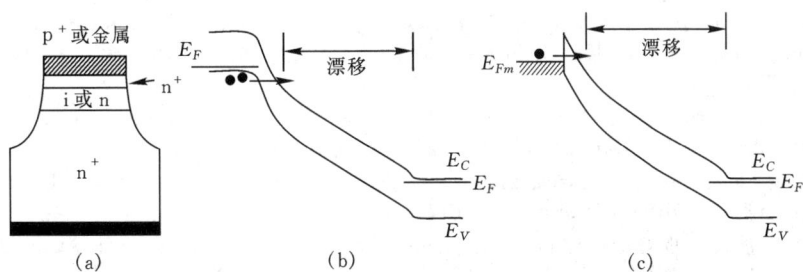

图 9.25　(a)TUNNETT 二极管的结构；(b)能带图显示在 p-n 结注入中的带到带隧穿；(c)肖特基势垒注入中通过势垒的隧穿

参考文献

1. W. Shockley, "Negative Resistance Arising from Transit Time in Semiconductor Diodes," *Bell Syst. Tech. J.*, **33**, 799 (1954).

2. W. T. Read, "A Proposed High-Frequency Negative Resistance Diode," *Bell Syst. Tech. J.*, **37**, 401 (1958).

3. R. L. Johnston, B. C. DeLoach, Jr., and B. G. Cohen, "A Silicon Diode Oscillator," *Bell Syst. Tech. J.*, **44**, 369 (1965).

4. B. C. DeLoach, Jr., "The IMPATT Story," *IEEE Trans. Electron Dev.*, **ED-23**, 57 (1976).

5. C. A. Lee, R. L. Batdorf, W. Wiegman, and G. Kaminsky, "The Read Diode and Avalanche, Transit-Time, Negative-Resistance Oscillator," *Appl. Phys. Lett.*, **6**, 89 (1965).

6. T. Misawa, "Negative Resistance on *p-n* Junction under Avalanche Breakdown Conditions, Parts I and II," *IEEE Trans. Electron Dev.*, **ED-13**, 137 (1966).

7. M. Gilden and M. F. Hines, "Electronic Tuning Effects in the Read Microwave Avalanche Diode," *IEEE Trans. Electron Dev.*, **ED-13**, 169 (1966).

8. C. A. Brackett, "The Elimination of Tuning Induced Burnout and Bias Circuit Oscillation in IMPATT Oscillators," *Bell Syst. Tech. J.*, **52**, 271 (1973).

9. G. Salmer, H. Pribetich, A. Farrayre, and B. Kramer, "Theoretical and Experimental Study of GaAs IMPATT Oscillator Efficiency," *J. Appl. Phys.*, **44**, 314 (1973).

10. S. M. Sze and G. Gibbons, "Avalanche Breakdown Voltages of Abrupt and Linearly Graded *p-n* Junctions in Ge, Si, GaAs, and GaP," *Appl. Phys. Lett.*, **8**, 111 (1966).

11. W. E. Schroeder and G. I Haddad, "Avalanche Region Width in Various Structures of IMPATT Diodes," *Proc. IEEE*, **59**, 1245 (1971).

12. G. Gibbons and S. M. Sze, "Avalanche Breakdown in Read and *p-i-n* Diodes," *Solid-State Electron.*, **11**, 225 (1968).

13. C. R. Crowell and S. M. Sze, "Temperature Dependence of Avalanche Multiplication in Semiconductors," *Appl. Phys. Lett.*, **9**, 242 (1966).

14. H. C. Bowers, "Space-Charge-Limited Negative Resistance in Avalanche Diodes," *IEEE Trans. Electron Dev.*, **ED-15**, 343 (1968).

15. S. M. Sze and W. Shockley, "Unit-Cube Expression for Space-Charge Resistance," *Bell Syst. Tech. J.*, **46**, 837 (1967).

16. P. Weissglas, "Avalanche and Barrier Injection Devices" in M. J. Howes and D. V. Morgan, Eds., *Microwave Devices–Device Circuit Interactions*, Wiley, New York, 1976, Chap. 3.

17. D. L. Scharfetter, "Power-Impedance-Frequency Limitation of IMPATT Oscillators Calculated from a Scaling Approximation," *IEEE Trans. Electron Dev.*, **ED-18**, 536 (1971).

18. H. W. Thim and H. W. Poetze, "Search for Higher Frequencies in Microwave Semiconductor Devices," 6th Eur. Solid State Device Res. Conf., *Inst. Phys. Conf. Ser.*, **32**, 73 (1977).

19. D. L. Scharfetter and H. K. Gummel, "Large-Signal Analysis of a Silicon Read Diode Oscillator," *IEEE Trans. Electron Dev.*, **ED-16**, 64, (1969).

20. T. E. Seidel, W. C. Niehaus, and D. E. Iglesias, "Double-Drift Silicon IMPATTs at X Band," *IEEE Trans. Electron Dev.*, **ED-21**, 523 (1974).

21. P. A. Blakey, B. Culshaw, and R. A. Giblin, "Comprehensive Models for the Analysis of High Efficiency GaAs IMPATTs," *IEEE Trans. Electron Dev.*, **ED-25**, 674 (1978).

22. K. Nishitani, H. Sawano, O. Ishihara, T. Ishii, and S. Mitsui, "Optimum Design for High-Power and High Efficiency GaAs Hi-Lo IMPATT Diodes," *IEEE Trans. Electron Dev.*, **ED-26**, 210 (1979).

23. W. J. Evans, "Avalanche Diode Oscillators," in W. D. Hershberger, Ed., *Solid State and Quantum Electronics*, Wiley, New York, 1971.

24. T. Misawa, "Saturation Current and Large Signal Operation of a Read Diode," *Solid-State Electron.*, **13**, 1363 (1970).

25. Y. Aono and Y. Okuto, "Effect of Undepleted High Resistivity Region on Microwave Efficiency of GaAs IMPATT Diodes," *Proc. IEEE*, **63**, 724 (1975).

26. B. C. DeLoach, Jr., "Thin Skin IMPATTs," *IEEE Trans. Microwave Theory Tech.*, **MTT-18**, 72 (1970).

27. T. Misawa, "High Frequency Fall-Off of IMPATT Diode Efficiency," *Solid-State Electron.*, **15**, 457 (1972).

28. J. J. Berenz, J. Kinoshita, T. L. Hierl, and C. A. Lee, "Orientation Dependence of *n*-type GaAs Intrinsic Avalanche Response Time," *Electron. Lett.*, **15**, 150 (1979).

29. L. H. Holway, Jr. and M. G. Adlerstein, "Approximate Formulas for the Thermal Resistance of IMPATT Diodes Compared with Computer Calculations," *IEEE Trans. Electron Dev.*, **ED**-24, 156 (1977).

30. M. F. Hines, "Noise Theory for Read Type Avalanche Diode," *IEEE Trans. Electron Dev.*, **ED-13**, 158 (1966).

31. H. K. Gummel and J. L. Blue, "A Small-Signal Theory of Avalanche Noise on IMPATT Diodes," *IEEE Trans. Electron Dev.*, **ED-14**, 569 (1967).

32. J. L. Blue, "Preliminary Theoretical Results on Low Noise GaAs IMPATT Diodes," *IEEE Device Res. Conf.*, Seattle, Wash., June 1970.

33. W. Harth, W. Bogner, L. Gaul, and M. Claassen, "A Comparative Study on the Noise Measure of Millimeter-Wave GaAs IMPATT Diodes," *Solid-State Electron.*, **37**, 427 (1994).

34. J. C. Irvin, D. J. Coleman, W. A. Johnson, I. Tatsuguchi, D. R. Decker, and C. N. Dunn, "Fabrication and Noise Performance of High-Power GaAs IMPATTs," *Proc. IEEE*, **59**, 1212 (1971).

35. L. S. Bowman and C. A. Burrus, Jr., "Pulse-Driven Silicon *p-n* Junction Avalanche Oscillators for the 0.9 to 20 mm Band," *IEEE Trans. Electron Dev.*, **ED-14**, 411 (1967).

36. M. Ino, T. Ishibashi, and M. Ohmori, "Submillimeter Wave Si p^+pn^+ IMPATT Diodes," *Jpn. J. Appl. Phys.*, **16**, Suppl. **16-1**, 89 (1977).

37. J. Pribetich, M. Chive, E. Constant, and A. Farrayre, "Design and Performance of Maximum-Efficiency Single and Double-Drift-Region GaAs IMPATT Diodes in the 3–18 GHz Frequency Range," *J. Appl. Phys.*, **49**, 5584 (1978).

38. T. E. Seidel, R. E. Davis, and D. E. Iglesias, "Double-Drift-Region Ion-Implanted Millimeter-Wave IMPATT Diodes," *Proc. IEEE*, **59**, 1222 (1971).

39. H. Eisele and R. Kamoua, "Submillimeter-Wave InP Gunn Devices," *IEEE Trans. Microwave Theory Tech.*, **52**, 2371 (2004).

40. M. Arai, S. Ono, and C. Kimura, "IMPATT Oscillation in SiC p^+-n^--n^+ Diodes with a Guard Ring Formed by Vanadium Ion Implantation," *Electron. Lett.*, **40**, 1026 (2004).

41. A. K. Panda, D. Pavlidis, and E. Alekseev, "DC and High-Frequency Characteristics of GaN-Based IMPATTs," *IEEE Trans. Electron Dev.*, **ED-48**, 820 (2001).

42. J. K. Mishra, G. N. Dash, S. R. Pattanaik, and I. P. Mishra, "Computer Simulation Study on the Noise and Millimeter Wave Properties of InP/GaInAs Heterojunction Double Avalanche Region IMPATT Diode," *Solid-State Electron.*, **48**, 401 (2004).

43. D. J. Coleman, Jr. and S. M. Sze, "The BARITT Diode—A New Low Noise Microwave Oscillator," IEEE Device Res. Conf., Ann Arbor, Mich., June 28, 1971; "A Low-Noise Metal-Semiconductor-Metal (MSM) Microwave Oscillator," *Bell Syst. Tech. J.*, **50**, 1695 (1971).

44. H. W. Ruegg, "A Proposed Punch-Through Microwave Negative Resistance Diode," *IEEE Trans. Electron Dev.*, **ED-15**, 577 (1968).

45. G. T. Wright, "Punch-Through Transit-Time Oscillator," *Electron. Lett.*, **4**, 543 (1968).

46. S. M. Sze, D. J. Coleman, and A. Loya, "Current Transport in Metal-Semiconductor-Metal (MSM) Structures," *Solid-State Electron.*, **14**, 1209 (1971).

47. J. L. Chu, G. Persky, and S. M. Sze, "Thermionic Injection and Space-Charge-Limited Current in Reach-Through p^+np^+ Structures," *J. Appl. Phys.*, **43**, 3510 (1972).

48. J. L. Chu and S. M. Sze, "Microwave Oscillation in *pnp* Reach-Through BARITT Diodes," *Solid-State Electron.*, **16**, 85 (1973).

49. H. Nguyen-Ba and G. I. Haddad, "Effects of Doping Profile on the Performance of BARITT Devices," *IEEE Trans. Electron Dev.*, **ED-24**, 1154 (1977).

50. S. P. Kwok and G. I. Haddad, "Power Limitation in BARITT Devices," *Solid-State Electron.*, **19**, 795 (1976).

51. O. Eknoyan, S. M. Sze, and E. S. Yang, "Microwave BARITT Diode with Retarding Field—An Investigation," *Solid-State Electron.*, **20**, 285 (1977).

52. J. Nishizawa, "The GaAs TUNNETT Diodes," in K. J. Button, Ed., *Infrared and Millimeter Waves*, Vol. **5**, p. 215, Academic Press, New York, 1982.

53. J. Nishizawa, P. Plotka, H. Makabe, and T. Kurabayashi, "GaAs TUNNETT Diodes Oscillating at 430–655 GHz in CW Fundamental Mode," *IEEE Microwave Wireless Comp. Lett.*, **15**, 597 (2005).

习题

1. 渡越时间二极管的理想电压电流波形如图所示。δ 为注入脉冲宽度,ϕ 为相位延迟且位于脉冲的中心,θ 为漂移区的渡越角度。直流电流 $I_{dc} = \dfrac{1}{2\pi}\displaystyle\int_0^{2\pi} I_{ind}\,\mathrm{d}(\omega t)$,其中 I_{ind} 为感应电流。求(a)用 I_{dc} 和 θ 表示的 $I_{\max}$。(b)求效率($\eta \equiv P_{ac}/P_{dc}$)。(c)若 $V_{ac}/V_{dc} = 0.5$,$\phi = 3\pi/2$,$\delta = 0$,$\theta = \pi/2$,计算效率。

2. 求工作电流为 1 A 的 p^+-i-n^+-i-n^+ 硅 IMPATT 二极管的直流反向偏置电压。第一个 i 区的厚度为 $1.5~\mu m$,第二个 i 区的厚度为 $4.5~\mu m$,n^+ δ 区的掺杂为 $10^{18}~cm^{-3}$,宽度为 14 nm。器件面积为 $5\times10^{-4}~cm^2$。忽略温度效应。

3. 对于习题 2 中的 IMPATT 二极管:(a)当器件处于雪崩击穿情况下时,漂移区的电场是否足够高以维持电子速度饱

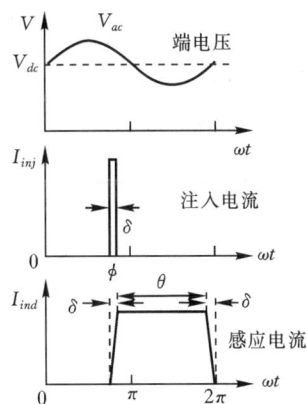

题 1 图

和？（b）假设此二极管的电容为 0.05 pF 且 $Pf^2=$ 常数，估算器件的最大连续波输出功率。

4. 一 IMPATT 硅二极管工作在 94 GHz 下，直流偏置为 20 V，平均偏置电流为 200 mA。如果功率转换效率为 25%，热电阻为 30℃/W，击穿电压随温度增加，速率为 40 mV/℃，求室温下二极管的击穿电压（假设空间电荷电阻为零）。

5. 考虑一双漂移低-高-低 IMPATT GaAs 二极管，雪崩区宽度为 0.4 μm，耗尽区总宽度为 3 μm。n^+ 或 p^+ 区的电荷为 1.5×10^{12} cm^{-2}。假设 A，B，C 区的掺杂浓度很低。求此器件的击穿电压。

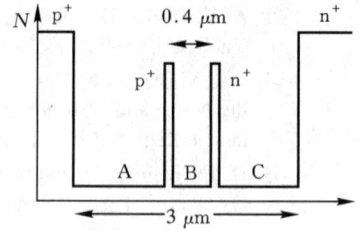

题 5 图

6. 一 IMPATT 硅二极管工作在 140 GHz 下，直流偏置为 15 V，平均偏置电流为 150 mA。（a）如果功率转换效率为 25%，热电阻为 40℃/W，求结的温度比室温高多少。（b）击穿电压随温度的增加速率为 40 mV/℃，假设空间电荷电阻为 10 Ω，与温度无关，求室温下二极管的击穿电压。

7. 一渡越时间二极管的注入相位延迟为 $3\pi/2$，渡越角为 $\pi/4$，V_{ac}/V_{dc} 比值等于 0.5。求直流至交流的功率转换效率。

8. 一对称 PtSi-Si-PtSi(MSM)结构，$N_D=4\times10^4$ cm^{-3}，$W=12$ μm，面积为 5×10^{-4} cm^2。求（a）零偏置时的电容，（b）穿通电压下的电容。

9. 基于大信号工作下的 BARITT 二极管（如图 9.24），估算在峰值交流电压 V_{ac} 等于 $0.4\,V_{RT}$、直流电压等于 V_{RT} 情况下的微波功率产生效率。

10. 推导式(71)。

第 *10* 章
转移电子器件和实空间转移器件

10.1 引言

在本章中我们将介绍导致微分负阻的两种不同机构——**转移电子效应和实空间转移**。它们的共同之处是,在高电场下,载流子被转移到低迁移率、低漂移速度的另一个空间。转移的结果是实现偏压增加而电流降低,即产生微分负电阻。这两种机制的不同之处在于它们发生在完全不同的空间:转移电子效应发生在能量-动量(E-k)关系的 k 空间,而实空间转移发生在不同半导体材料的异质界面。因而,前者是材料的体特性而后者是基于两个材料的异质结。转移电子效应导致转移电子器件(TED),TED 是一个两端二极管。实空间转移可以是两端二极管或三端晶体管。这些机制和器件的细节将在不同节中讨论。

10.2 转移电子器件

转移电子器件(TED),也称为耿氏二极管,是最重要的微波器件之一,已广泛地用作本机振荡器和功率放大器,覆盖的微波频段从 1 GHz 到 100 GHz。TED 已成为成熟的重要固态微波源,用于雷达、入侵报警系统和微波测试仪器。

Gunn 在 1963 年发现,当超过临界阈值的直流电场加到随机取向的 n 型 GaAs 或 InP 短样品上时,就会产生重复的微波电流脉冲输出[1,2]。振荡频率约等于载流子沿样品长度的渡越时间的倒数。后来,Kroemer[3]指出,所有观测到的微波振荡性质与早期 Ridley 和 Watkins[4,5]以及 Hilsum[6,7]独立提出的微分负阻理论相一致。决定负微分迁移率的机构是导带电子从低能、高迁移率能谷向高能、低迁移率次能谷的场致转移。Hutson 等人[8]的 GaAs 压力实验和 Allen 等人[9]的 GaAs$_{1-x}$P$_x$ 合金实验发现阈值电场随两个能谷极小值的能量间隔的减少而降低,这些实验结果使人们确信转移电子效应的确是产生耿氏振荡的原因。

转移电子效应也称为 Ridley-Watkins-Hilsun 效应,或称耿氏效应。文献 10~14 对 TED 做了全面的评论。

10.2.1　转移电子效应

转移电子效应是导带电子从高迁移率的能谷向低迁移率的高能卫星谷转移的效应。为了弄清楚这种效应如何造成微分负阻(NDR),我们考虑 GaAs 和 InP 的能量-动量图(图 10.1),这是两种用于 TED 最重要的半导体材料[15,16]。可以看出,GaAs 和 Inp 的能带结构十分相似。导带由许多子能带组成。导带底位于 $k=0$ 处(Γ点)。第一个较高的子能带位于⟨111⟩轴上 L 点,第二个较高的子能带出现在⟨100⟩轴 X 点。因此,在这两个半导体中子能带的排列顺序是 Γ-L-X。在 1976 年 Aspnes 完成同步加速辐射、肖特基势垒和电反射测量以前[15],人们一直认为 GaAs 的第一个子带位于 X 点,室温下与 Γ 点的能量差约为 0.36 eV。Aspnes 的这些测量确定了 GaAs 子能带的正确顺序为 Γ-L-X,此顺序与 InP 子能带(图 10.1)的顺序相同。

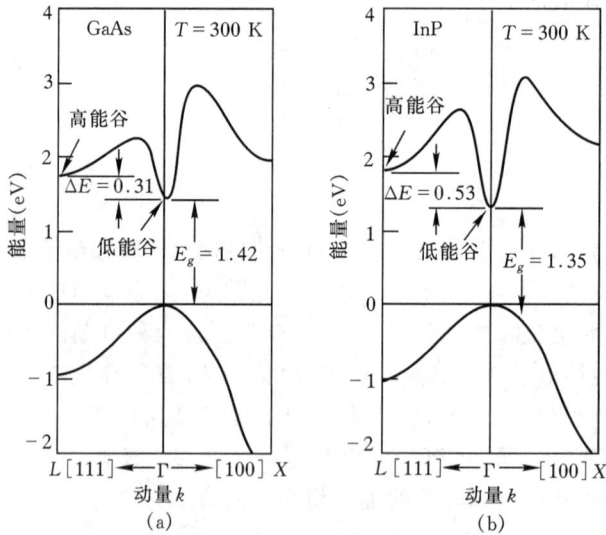

图 10.1　(a)GaAs 和(b)InP 的能带结构,最低的导带能谷在
$k=0$(Γ 点);高能谷沿⟨111⟩轴(L)(参考文献 15、16)

我们将根据单温度模型来推导近似的速度-电场特性,单温度模型规定低能谷(Γ)和高能谷(L)的电子有相同的电子温度 T_e[6,17]。两能谷之间的能量间隔为 ΔE,对 GaAs,ΔE 约为 0.31 eV;对 InP,约为 0.53 eV。低能谷有效质量记作 m_1^*,迁移率记作 μ_1。高能谷的相同量分别记作 m_2^* 和 μ_2。另外,低能谷和高能谷的电子密度分别为 n_1 和 n_2,总的载流子浓度为 $n=$

$n_1 + n_2$。半导体的稳态电流密度可写为

$$J = q(\mu_1 n_1 + \mu_2 n_2)\mathscr{E} = qnv \tag{1}$$

式中,平均漂移速度 v 为

$$v = \left(\frac{\mu_1 n_1 + \mu_2 n_2}{n_1 + n_2}\right)\mathscr{E} \approx \frac{\mu_1 \mathscr{E}}{1 + (n_2/n_1)} \tag{2}$$

简化是因为 $\mu_1 \gg \mu_2$。能量差为 ΔE 的高、低能谷之间的电子数目比为

$$\frac{n_2}{n_1} = R\exp\left(\frac{-\Delta E}{kT_e}\right) \tag{3}$$

式中 R 为态密度比

$$R = \frac{\text{所有高能谷中可利用的能态}}{\text{低能谷中可利用的能态}} = \frac{M_2}{M_1}\left(\frac{m_2^*}{m_1^*}\right)^{3/2} \tag{4}$$

式中 M_1 和 M_2 分别为等效低能谷和等效高能谷的数目。对于 GaAs,$M_1 = 1$,在 L 方向有 8 个高能谷,但正好位于第一布里渊区边缘附近,因此 $M_2 = 4$。取有效质量 $m_1^* = 0.063\, m_0$,$m_2^* = 0.55 m_0$,得到 GaAs 的 R 为 103。

　　电子温度 T_e 高于晶格温度 T,因为电场使电子得到加速,增加了电子的动能。我们通过能量-弛豫时间 τ_e 的概念确定电子温度为

$$q\, v \mathscr{E} = \frac{3k(T_e - T)}{2\tau_e} \tag{5}$$

式中,假定能量弛豫时间 τ_e 为 10^{-12} s 的量级。把式(2)的 v 和式(3)的 n_2/n_1 代入式(5),得到

$$T_e = T + \frac{2q\,\tau_e\mu_1}{3k}\mathscr{E}^2\left[1 + R\exp\left(-\frac{\Delta E}{kT_e}\right)\right]^{-1} \tag{6}$$

对于给定的温度 T,我们可计算 T_e 与电场的关系。根据式(2)和式(3),速度-电场特性可写为

$$v = \mu_1\mathscr{E}\left[1 + R\exp\left(-\frac{\Delta E}{kT_e}\right)\right]^{-1} \tag{7}$$

从式(19)和(20)得到 GaAs 在三种晶格温度下的一般 v-$\mathscr{E}$ 示于图 10.2。图中也示出高低能谷电子数目百分比 $P(=n_2/n)$ 与电场的关系。

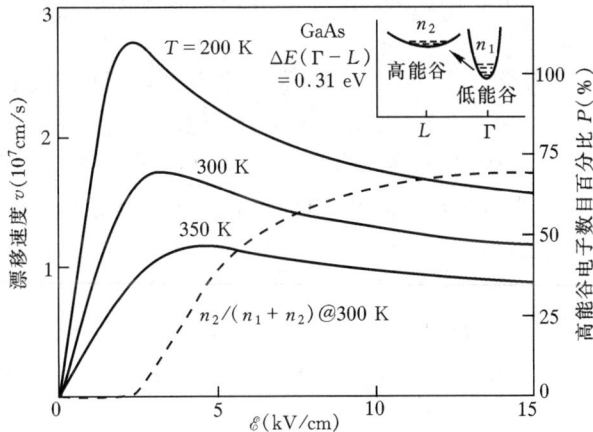

图 10.2　根据单电子温度的两能谷模型,在三种晶格温度下计算得到的 GaAs 速度-电场特性

根据图 10.2 的 v-$\mathscr{E}$ 曲线，器件的 I-V 特性应具有完全相同的形状。显然，存在负的微分电阻区间。然而，TED 的独特之处是其 NDR 的起因。与隧道二极管或实空间转移二极管的机理不同，TED 的 NDR 起因于速度-电场关系。依赖于电场的速度导致有意义的内部不稳定，形成了 Gunn 观察到的作为电流脉冲的电荷畴。在下一节将讨论畴的形成。这里更适合于引入微分迁移率的概念，它定义为

$$\mu_d \equiv \frac{\mathrm{d}v}{\mathrm{d}\mathscr{E}} \tag{8}$$

这不同于我们在场效应管中使用的传统的低场迁移率($\mu \equiv v/\mathscr{E}$)。因为根据定义，低场迁移率与电场无关，对于微分迁移率，情况未必如此。

在实际工作的 TED 中，高能谷的迁移率低，高能谷中的载流子在大电场作用下被驱动到速度饱和。根据式(2)，平均速度修正为

$$v = \frac{n_1 \mu_1 \mathscr{E} + n_2 v_s}{n_1 + n_2}$$
$$= \mu_1 \mathscr{E} - P(\mu_1 \mathscr{E} - v_s) \tag{9}$$

微分迁移率为

$$\mu_d = \frac{\mathrm{d}v}{\mathrm{d}\mathscr{E}} = \mu_1(1-P) + (v_s - \mu_1 \mathscr{E})\frac{\mathrm{d}P}{\mathrm{d}\mathscr{E}} \tag{10}$$

经过一些数学处理，可以证明当工作条件满足

$$\frac{\mathrm{d}P}{\mathrm{d}\mathscr{E}} > \frac{1-P}{\mathscr{E} - (v_s/\mu_1)} \tag{11}$$

时，v_d 是负的。

上述讨论的简单模型揭示出以下几点：(a)NDR(或微分负迁移率)开始时阈值电场($\mathscr{E}_T$)有明确的定义；(b)阈值电场随晶格温度增加；(c)晶格温度太高或能量差 ΔE 太小可使负迁移率遭到破坏。因此，产生体微分负阻的电子转移机构必须满足某些要求：(1)晶格温度必须足够低，使得在无偏置电场时，大部分电子处在导带低能谷内，或 $kT < \Delta E$；(2)在导带低能谷内，电子的迁移率高、有效质量小、态密度低，而在高的卫星能谷内，电子的迁移率低、有效质量大、态密度高；(3)两个谷之间的能量间隔必须小于半导体的带隙，使得在电子转移到高能谷之前不致发生雪崩击穿。

在满足这些条件的半导体之中，n 型 GaAs 和 n 型 InP 得到最广泛的研究和应用。然而，在许多其它半导体中，包括 Ge、二元、三元和四元化合物中均已观察到转移电子效应(见表 10.1)[12,18,19]。在流体静压力作用下，在 InAs 和 InSb 中观察到转移电子效应，在正常压力作用下，InAs 和 InSb 的能量差 ΔE 大于带隙，施加流体静压力能减少 ΔE 值。特别有意义的是 GaInSb 三元 III-V 族化合物，这些三元化合物因阈值电场低并且速度高，从而在小功率高速度应用中有很大的潜力。对于谷值能量间隔很大的半导体(例如 $\Delta E = 1.12$ eV 的 $Al_{0.25}In_{0.75}As$，$\Delta E = 0.72$ eV 的 $Ga_{0.6}In_{0.4}As$)，负阻变得受中心 Γ 能谷控制[20]；蒙特-卡罗计算表明，对于这些半导体，要得到负阻效应并不需要存在高能谷，而仅在非抛物线中心能谷的极性光学散射下就能得到峰值速度和负阻效应。

图 10.3 是室温下实测得到的 GaAs 和 InP 的速度-电场特性。根据高场载流子输运研究所作的分析与实验结果符合得很好[22,23]。微分负阻开始的阈值电场 $\mathscr{E}_T$，对 GaAs 约为 3.2 kV/cm，InP 约为 10.5 kV/cm。高纯 GaAs 的峰值速度 v_p 约为 2.5×10^7 cm/s，高纯 InP 的

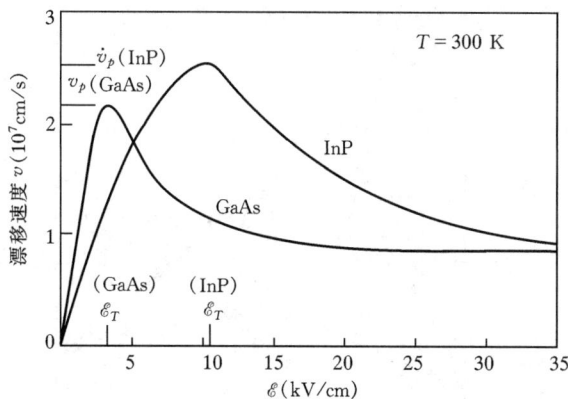

图 10.3　GaAs 和 InP 的速度-电场特性实测曲线(参考文献 16 和 21)

表 10.1　与转移电子效应有关的半导体材料($T = 300$ K)

半导体	E_g(eV)	谷值能量间隔		$\mathscr{E}_T$(kV/cm)	v_p(10^7 cm/s)
		位置	ΔE(eV)		
GaAs	1.42	Γ-L	0.31	3.2	2.2
InP	1.35	Γ-L	0.53	10.5	2.5
Ge[a]	0.74	L-Γ	0.18	2.3	1.4
CdTe	1.50	Γ-L	0.51	11.0	1.5
InAs[b]	0.36	Γ-L	1.28	1.6	3.6
InSb[c]	0.28	Γ-L	0.41	0.6	5.0
ZnSe	2.60	Γ-L	—	38.0	1.5
$Ga_{0.5}In_{0.5}Sb$	0.36	Γ-L	0.36	0.6	2.5
$Ga_{0.3}In_{0.7}Sb$	0.24	Γ-L	—	0.6	2.9
$InAs_{0.2}P_{0.8}$	1.10	Γ-L	0.95	5.7	2.7
$Ga_{0.13}In_{0.87}As_{0.37}P_{0.63}$	1.05	—	—	5.5~8.6	1.2

a. 77 K,(100)或(111)晶向

b. 压力 14 kbar

c. 77K,压力 8 kbar

峰值速度 v_p 约为 2.5×10^7 cm/s。测得的最大微分负迁移率对 GaAs 约为 -2400 cm^2/V·s,
InP 约为 -2000 cm^2/V·s。GaAs 的相对阈值电场 $\mathscr{E}_T(T)/\mathscr{E}_T(300$ K$)$ 和相对峰值速度 $v_p(T)/$
$v_p(300$ K$)$ 随晶格温度变化的实测结果如图 10.4 所示。简单模型(图 10.2)与实验结果定性
一致。

10.2.2　畴的形成

　　因为在半导体内任何一点处载流子浓度的随机起伏,会产生随时间指数增长的瞬态空间
电荷,因此,具有体微分负迁移率的半导体本质上是不稳定的,这与引起微分负阻的其它物理

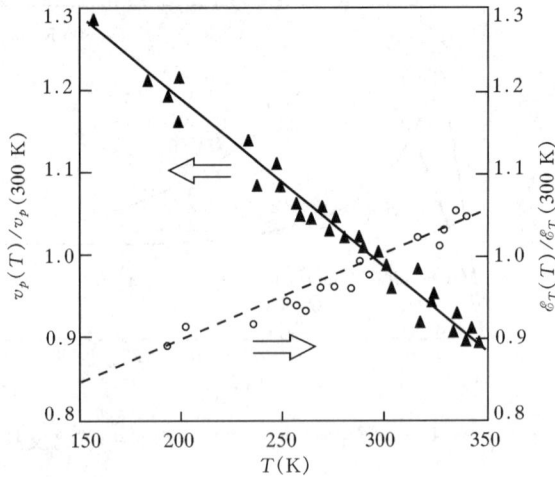

图 10.4   GaAs 峰值速度（相对于 300 K）、阈值电场（相对于 300 K）与温度的实测关

系曲线（参考文献 24）

原因不同。图 10.5 定性地说明了畴形成和耿氏振荡的概念。在 TED 中，不稳定性开始于由过剩电子（负电荷）和电子耗尽（正电荷）组成的偶极子，如图 10.5(b) 所示。偶极子起因于许多原因，例如，掺杂不均匀，材料缺陷，或随机噪声。偶极子为该处的电子建立了一个高电场。根据图 10.5(a)，这个较高电场表明相对于偶极子外的其它电子，偶极子中的电子速度低。结果，因为偶极子后面的尾随电子以较高的速度到达，因而过剩电子区增加。同样，因为偶极子前面的电子以较高的速度离开，电子耗尽区（正电荷）也增加。

随着偶极子的增长，该区的电场也增加，但这是以降低偶极子外其它地方的电场为代价的。偶极子内的电场总是高于 $\mathcal{E}_0$，其载流子速度随电场单调减小。畴外的电场比 $\mathcal{E}_0$ 低小，其载流子速度经过峰值，然后随电场的进一步降低而减小。当偶极子外的电场减小到某一个值时，偶极子的内外电子速度相等（图 10.5(c)）。在此点，偶极子停在生长，成熟为畴，通常仍停留在阴极附近。然后，畴从阴极附近向阳极漂移。

图 10.5(d) 是端电流的波形。在 t_2，畴形成。在 t_1，畴到达阳极，在另一个畴形成前，各处的电场跳到 $\mathcal{E}_0$。在畴形成的期间（$t_1 - t_2$），偶极子外的电场通过峰值速度对应的电场 $\mathcal{E}_T$。这引起电流峰值。电流脉冲的宽度对应于畴在阳极的消灭和新畴形成之间的间隔。周期 T 对应于畴从阴极到阳极的渡越时间。

我们现在正式地处理畴的形成。一维连续性方程为[①]

$$\frac{\partial n}{\partial t} + \frac{1}{q}\frac{\partial J}{\partial x} = 0 \tag{12}$$

若多数载流子相对于均匀平衡浓度 n_0 有一小的局域涨落，则建立的局域空间电荷密度为（$n - n_0$）。泊松方程和电流密度方程为

$$\frac{\mathrm{d}\mathcal{E}}{\mathrm{d}x} = \frac{q(n - n_0)}{\varepsilon_s} \tag{13}$$

---

① 　为了避免多余的负号，假定电子有正电荷，本章内的所有运算均据此改动。

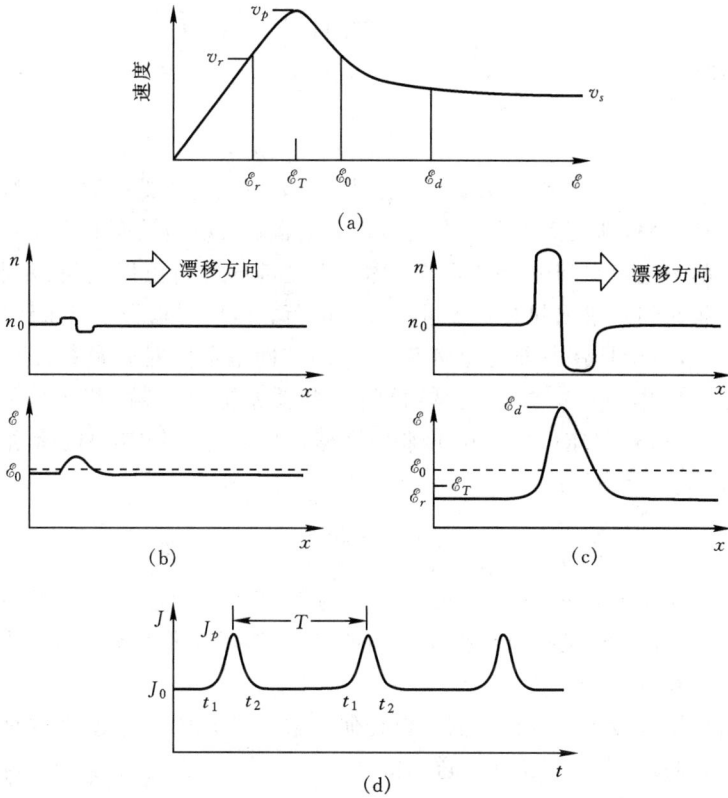

图 10.5　畴形成的演示

(a) v-$\mathscr{E}$ 关系和某些临界点；(b) 小的偶极子生长；(c) 成熟的畴；(d) 端电流 (Gunn) 振荡。在 t_1 和 t_2 之间，成熟畴在阳极消失，而阴极附近形成另一个畴

$$J = \frac{\mathscr{E}}{\rho} - qD\frac{dn}{dx} \tag{14}$$

式中，ρ 为电阻率，D 为扩散系数。将式 (14) 对 x 微分并代入泊松方程，有

$$\frac{1}{q}\frac{dJ}{dx} = \frac{n-n_0}{\rho\varepsilon_s} - D\frac{d^2n}{dx^2} \tag{15}$$

将此式代入式 (12)，得到

$$\frac{\partial n}{\partial t} + \frac{n-n_0}{\rho\varepsilon_s} - D\frac{\partial^2 n}{\partial x^2} = 0 \tag{16}$$

式 (16) 可用分离变量法求解。对于空间响应，式 (16) 有下面的解

$$n - n_0 = (n-n_0)\Big|_{x=0}\exp\left(-\frac{x}{L_D}\right) \tag{17}$$

式中 L_D 为德拜长度：

$$L_D \equiv \sqrt{\frac{kT\varepsilon_s}{q^2 n_0}} \tag{18}$$

此值决定了小非平衡电荷衰减的距离。

对于时间响应，式 (16) 的解为

$$n - n_0 = (n - n_0)\Big|_{t=0} \exp\left(\frac{-t}{\tau_R}\right) \tag{19}$$

式中 τ_R 为介质弛豫时间：

$$\tau_R \equiv \rho\varepsilon_s = \frac{\varepsilon_s}{q\mu_d n} \approx \frac{\varepsilon_s}{q\mu_d n_0} \tag{20}$$

若微分迁移率 μ 为正，介质弛豫时间就代表空间电荷衰减到电中性的时间常数。然而，若半导体表现出负微分迁移率，则任何不平衡电荷将以时间常数 $|\tau_R|$ 增长而非衰减。

形成一个强的不稳定空间电荷要求半导体中有足够的电荷可以利用，要求器件足够长以能够在电子的渡越时间内建立起必要数量的空间电荷。这些要求为各种工作模式确定了一个判据。式(19)表明，对于具有微分负迁移率的器件，空间电荷随时间常数 $|\tau_R| = \varepsilon_s / qn_0 |\mu_d|$ 指数增加。如果在空间电荷层的整个渡越时间内，此关系保持有效，那么最大增长因子将是 $\exp(L/v_d |\tau_R|)$，这里，v_d 是空间电荷层的平均漂移速度。为了使空间电荷增大，此生长因子必须大于 1，即 $L/v_d |\tau_R| > 1$，或

$$n_0 L > \frac{\varepsilon_s v_d}{q |\mu_d|} \tag{21}$$

对于 n 型 GaAs 和 InP，式(21)右边的项大约为 10^{12} cm^{-2}。$n_0 L$ 乘积小于 10^{12} cm^{-2} 的 TED 呈现稳定的电场分布，没有电流振荡。因此，区分各种工作模式的重要界线是载流子浓度与器件长度的乘积，即 $n_0 L = 10^{12}$ cm^{-2}。

畴成熟　偶极层以特定速度传播而不以任何其它方式随时间变化，在这种意义上，偶极层是稳定的。我们将假定，电子漂移速度遵循图 10.5(a) 所示的静态速度-电场特性。决定电子系统特性的方程是泊松方程(式 13)和总的电流密度方程

$$J = qnv(\mathscr{E}) - q\frac{\partial D(\mathscr{E})n}{\partial x} + \varepsilon_s \frac{\partial \mathscr{E}}{\partial t} \tag{22}$$

此方程类似于式(14)，只是加上相当于位移电流分量的第三项而已。

所求的这类解代表一个形状不变且以 v_d 传播的高场畴。在畴以外，载流子浓度和电场均为恒定值，分别以 $n = n_0$ 和 $\mathscr{E} = \mathscr{E}_r$ 表示。对于这种类型的解，$\mathscr{E}$ 和 n 应为单变量 $x' \equiv x - v_d t$ 的函数。请注意，n 为电场的双值函数，畴由 $n > n_0$ 的积累层和跟随其后的 $n < n_0$ 的耗尽层组成。在两个电场值，即畴外的 $\mathscr{E} = \mathscr{E}_r$ 和畴峰电场 $\mathscr{E} = \mathscr{E}_d$ 处，载流子浓度 n 等于 n_0。

假定畴外电场值 $\mathscr{E}_r$ 已知(后面将会看到，$\mathscr{E}_r$ 很容易确定)。畴外电流仅由传导电流构成(在后面给出)。注意到

$$\frac{\partial \mathscr{E}}{\partial x} = \frac{\partial \mathscr{E}}{\partial x'} \tag{23}$$

和

$$\frac{\partial \mathscr{E}}{\partial t} = -v_d \frac{\partial \mathscr{E}}{\partial x'} \tag{24}$$

式中 v_d 为畴的速度，是畴内电子速度的平均值。将式(13)和式(22)重写为

$$\frac{d\mathscr{E}}{dx'} = \frac{q}{\varepsilon_s}(n - n_0) \tag{25}$$

和

$$\frac{d[D(\mathscr{E})n]}{dx'} = n[v(\mathscr{E}) - v_d] - n_0(v_r - v_d) \tag{26}$$

将式(26)除以式(25)以从这些方程中消去变量 x',得到$[D(\mathscr{E})n]$与电场关系的微分方程:

$$\frac{q}{\varepsilon_s}\frac{\mathrm{d}[D(\mathscr{E})n]}{\mathrm{d}\mathscr{E}} = \frac{n[v(\mathscr{E})-v_d]-n_0(v_r-v_d)}{n-n_0} \tag{27}$$

一般来说,式(27)只能用数值方法求解[25—27]。然而,若假定扩散项与电场无关,即 $D(\mathscr{E})=D$,问题就可大大简化。采取这一近似,式(27)的解为

$$\frac{n}{n_0}-\ln\left(\frac{n}{n_0}\right)-1 = \frac{\varepsilon_s}{qn_0D}\int_{\mathscr{E}_r}^{\mathscr{E}}\left\{[v(\mathscr{E}')-v_d]-\frac{n_0}{n}(v_r-v_d)\right\}\mathrm{d}\mathscr{E}' \tag{28}$$

(此解也可以取微分后得到证明。)

请注意,当 $\mathscr{E}=\mathscr{E}_r$ 或 $\mathscr{E}_d$ 时,$n=n_0$(图 10.5(c)),式(28)的左边为零;因而,当 $\mathscr{E}=\mathscr{E}_d$ 时,方程右边的积分必须为零;然而,从 $\mathscr{E}$ 到 $\mathscr{E}_d$ 的积分要么表示对耗尽区($n<n_0$)的积分,要么表示对积累区($n>n_0$)的积分。因为积分的第一项与 n 无关,而在两种情形中来自第二项的贡献是不同的,这样必须有 $v_r=v_d$ 的关系,使对耗尽区和对积累区进行积分时,积分为零。从而,当 $\mathscr{E}=\mathscr{E}_d$ 时,式(28)简化为

$$\int_{\mathscr{E}_r}^{\mathscr{E}_d}[v(\mathscr{E}')-v_r]\mathrm{d}\mathscr{E}' = 0 \tag{29}$$

要使此方程得到满足,要求图 10.6 的两个阴影区面积相等。采用这一法则,即等面积法则[25],若畴外电场的 $\mathscr{E}_r$ 值已知,就可以确定出畴峰值电场 $\mathscr{E}_d$ 值。图 10.6 的虚线是由等面积法则确定的 $\mathscr{E}_d$ 与 v_r 的关系曲线。作为偏压(或 $\mathscr{E}_0$)的函数,此曲线从速度-电场特性曲线的峰值开始(此处的电场等于阈值电场 $\mathscr{E}_T$)。对于使低场速度 $v(\mathscr{E}_r)$ 小于饱和速度 v_s 的畴外电场($\mathscr{E}_r$),等面积法则不再得到满足,不能支持稳定的畴传播。

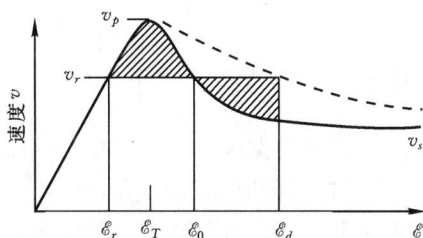

图 10.6　速度与电场的关系,显示出了用于畴形成的等面积法则。虚线是 v_r 与 $\mathscr{E}_d$ 关系曲线,对应于随偏压变化时不同畴的形成

若式(27)包含扩散因子与电场的关系,则必须采用数值法得到方程的解。这些解表明,当畴外电场值 $\mathscr{E}_r$ 给定时,有解时的畴过剩速度至多存在一个值,畴过剩速度定义为(v_d-v_r)。换句话说,对于每一 $\mathscr{E}_r$ 值,只存在一个稳定的偶极子畴状态。

现在考虑高场畴的某些特性。当畴不与两边的任一电极接触时,器件端电流由畴外电场 $\mathscr{E}_r$ 决定,可表示为

$$J_0 = qn_0v(\mathscr{E}_r) \tag{30}$$

因此,当载流子浓度 n_0 给定时,畴外电场确定了 J 值。为了方便,当畴外电场为 $\mathscr{E}_r$ 时,定义高场畴的过剩电压为

$$V_{ex} = \int_{-\infty}^{\infty}[\mathscr{E}(x)-\mathscr{E}_r]\mathrm{d}x \tag{31}$$

对于不同的载流子浓度值和畴外电场值,式(31)的计算机解示于图 10.7。注意到下列关系式必须与式(31)同时成立:

$$V_{ex} = V-L\mathscr{E}_r \tag{32}$$

那么,这些曲线可用于确定长度为 L,以及掺杂浓度为 n_0、偏压为 V 的特定二极管中的畴外电

场值$\mathscr{E}_r$。式(32)所定义的直线称为器件线,图 10.7 的虚线对应于取特定值 $L=25\ \mu\text{m}$ 和 $V=10$ V 时的器件线。若 V/L 大于阈值电场 $\mathscr{E}_T$,器件线和式(31)解的交点唯一地确定了 $\mathscr{E}_r$,$\mathscr{E}_r$ 又确定了电流。器件线的斜率由 L 确定;然而,调节偏压 V 可改变确定 $\mathscr{E}_r$ 的交点的位置。

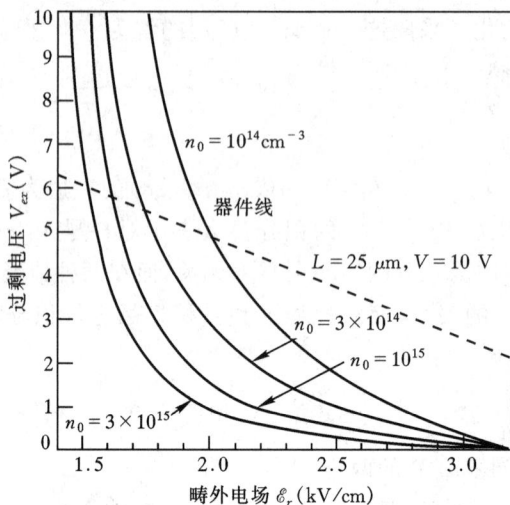

图 10.7　各种载流子浓度下过剩畴电压与电场的关系。虚线是器件线(参考文献 27)

图 10.8 给出了畴宽度与畴过剩电压的曲线[27]。请注意,当 V_{ex} 给定时,掺杂浓度越高,畴越窄。在零扩散的极限时,畴为三角形,这是由于当式(28)中的 $\mathscr{E}$ 介乎 $\mathscr{E}_r$ 和 $\mathscr{E}_d$ 之间时,随着 D 趋近于零,方程右边趋近于无限大的缘故;因而,方程左边也必须趋近于无限大。这一要求意味着在耗尽区 $n \to 0$,在积累区 $n \to \infty$。电场从 $\mathscr{E}_d$ 到 $\mathscr{E}_r$ 呈线性变化,畴宽度为

$$d = \frac{\varepsilon_s}{qn_0}(\mathscr{E}_d - \mathscr{E}_r) \tag{33}$$

于是,畴过剩电压为

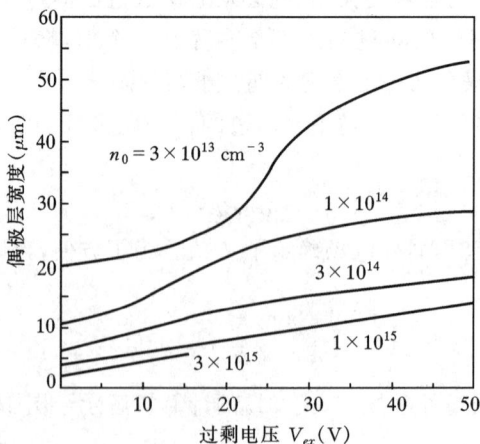

图 10.8　在各种掺杂浓度下畴宽度与畴过剩电压的关系(参考文献 27)

$$V_{ex} = \frac{(\mathscr{E}_d - \mathscr{E}_r)d}{2} = \frac{\varepsilon_s(\mathscr{E}_d - \mathscr{E}_r)^2}{2qn_0} \tag{34}$$

在 GaAs 和 InP TED 器件中,实验得到的只是三角形畴。

当高场畴到达阳极时,外电路中的电流增加,二极管中的电场自身重新调节,并产生新畴核。于是,电流振荡的频率,除了其它因素外,还依赖于通过样品的畴速度 v_d;若 v_d 增加,频率就增加,反之亦然。v_d 与偏压的关系很容易确定。

当偶极层到达阳极时,整个样品的畴外电场跳到比阈值电场更大的值,并且一个新畴在阴极处成核。图 10.9 是长度为 $100~\mu$m、掺杂浓度为 5×10^{14} cm^{-3}($n_0L = 5\times10^{12}$ cm^{-2})的 GaAs 器件中与时间有关的畴特性的模拟结果。$\mathscr{E}(x,t)$ 连续两次垂直显示之间的时间间隔为 $16\tau_R$,其中,τ_R 为式(20)的低场介质弛豫时间(此器件的 $\tau_R = 1.5$ ps)。这里可以看出,在任何时间,只能存在一个畴。端电流波形如图 10.5(d)所示。在 t_1,畴到达阳极。此时,电流脉冲达到下式给出的峰值

$$J_p = qn_0v_p \tag{35}$$

电流脉冲的周期等于畴渡越时间(L/v_d)。电流振荡是第一个被发现的转移电子效应,由 Gunn 观察到。

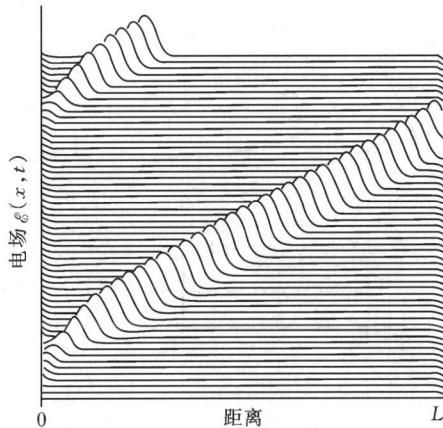

图 10.9　畴形成和渡越与时间有关的特性的数值模拟结果,样品长度为 $100~\mu$m,掺杂浓度为 5×10^{14} cm^{-3},相继两次之间的时间间隔为 24 ps(参考文献 28)

10.2.3　工作模式

自从 Gunn 在 1963 年首先于 GaAs 和 InP TED 内观察到微波振荡以来,人们已研究过各种工作模式。TED 拥有基于其 *I-V* 特性的微分负电阻,因此,与其它 NDR 器件一样,也可以利用这些特性。我们也可以应用与畴有关的耿氏电流振荡的附加特性,其频率与畴渡越时间有关。五个主要因素影响或决定工作模式:(1)器件内的掺杂浓度和掺杂均匀性;(2)有源区长度;(3)阴极接触性质;(4)工作电压;(5)电路连接的类型。下面我们讨论不同的工作模式。

理想均匀场模式　在不曾建立起内部空间电荷并且整个器件电场均匀的理想化条件下,TED 的电流-电压关系可通过对速度-电场特性进行换算而得到。在这种工作模式中,TED 被作为常规的 NDR 器件使用。由于工作与畴没有关系,工作频率不受畴渡越时间的限制。

我们考虑最简单的方波电压波形,如图 10.10 所示。我们将定义两个归一化参数:$\alpha \equiv I_V/I_T$ 和 $\beta \equiv V_0/V_T$。根据所假设波形的性质,平均直流电流 I_0 为

$$I_0 = \frac{(1+\alpha)I_T}{2} \tag{36}$$

器件提供的直流功率为

$$P_0 = V_0 I_0 = \frac{\beta(1+\alpha)V_T I_T}{2} \tag{37}$$

可以供给负载的总射频功率为

$$P_{rf} = \left(\frac{V_M - V_T}{2}\right)\left(\frac{I_T - I_V}{2}\right)\left(\frac{8}{\pi^2}\right) = \frac{(\beta-1)(1-\alpha)V_T I_T}{2}\left(\frac{8}{\pi^2}\right) \tag{38}$$

因此,从直流到射频的转换效率为

$$\eta = \frac{(1-\alpha)(\beta-1)}{(1+\alpha)\beta}\left(\frac{8}{\pi^2}\right) \tag{39}$$

从式(27),我们发现,当直流偏压尽可能高($\beta \rightarrow \infty$)并且峰谷比 $1/\alpha$ 尽可能大时可得到最高效率。GaAs 的最高效率的理想值为 30%($1/\alpha=2.2$)。InP 的为 45%($1/\alpha=3.5$)。只要工作频率低于能量弛豫时间和谷间散射时间的倒数,这些效率就应与工作频率无关。

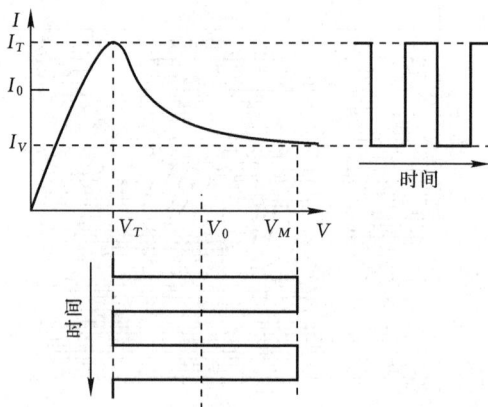

图 10.10　用于均匀场模式分析的理想方波波形。V_0 和 I_0 是交流分量的中点(参考文献 29)

　　这样高的效率还未能通过实验得到,工作频率通常与渡越时间频率,即 $f = v_d/L$ 有关。原因是:(1)偏压受雪崩击穿限制;(2)通常形成空间电荷层,产生非均匀电场;(3)在谐振电路中难以得到理想的电流和电压波形。

　　渡越时间偶极层模式　当 $n_0 L$ 乘积大于 $2\times10^{12}\ cm^{-2}$ 时,材料内的空间电荷扰动随空间和时间呈指数增加,并形成成熟的偶极层向阳极传播。因为在阴极接触处掺杂浓度起伏和空间电荷扰动最大,故偶极层通常在阴极接触附近形成。充分发育的偶极层的周期性形成和其随后在阳极处的消失导致实验上观测到的耿氏振荡。

　　当具有过临界 $n_0 L$ 乘积的 TED 连接到并联谐振电路,例如高 Q 值微波腔时,就能得到渡越时间偶极层模式。在这种模式中,高场畴在阴极处成核,穿过整个样品长度到达阳极。每当畴在阳极被吸收时,外电路中的电流就增加。因而,对于畴宽度远小于样品长度的样品,电流波形倾向于呈尖峰形而不是所希望的正弦形。为得到一个更接近正弦波的电流波形,或者缩

短样品长度(如此可增加这种模式下的频率)或者增加畴宽度。一般说来,只要 $n_0 L$ 乘积超过临界值,减少 $n_0 L$ 乘积可得到更接近正弦波形的波形。图 10.11 显示出了 35 μm 的长的样品中在一个射频周期内的电场分布序列,同时还显示出了电流波形[30]。这个器件的 $n_0 L$ 乘积为 2.1×10^{12} cm^{-2},电流波形非常接近于正弦波。理论研究表明,当 $n_0 L$ 乘积为 10^{12} cm^{-2} 的一到数倍时,使得畴充满样品的一半并且电流波形几乎为正弦波时,渡越时间模式的效率最高。这种模式的最高直流-射频转换效率为 10%。若电流波形接近于方波,效率可得到改善。在偶极层消失于阳极的一瞬间将电压调节到阈值电压以下,可以实现这种波形。新偶极层的形成延迟到电压升高到阈值以上为止。然而,对于这种有延迟的畴模式,调谐步骤极为复杂。

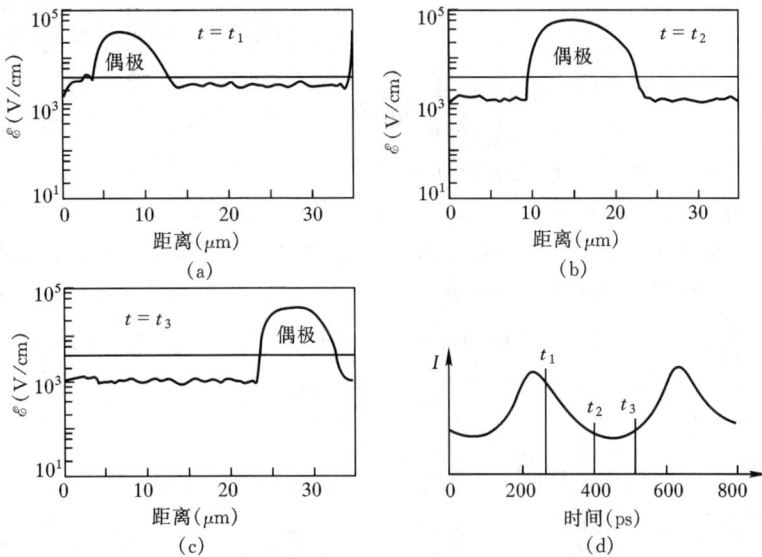

图 10.11 考虑效率设计的渡越时间偶极层模式。注意,畴的宽度相对较大,电流波形接近正弦波。GaAs 样品的 $n_0 L = 2.1 \times 10^{12}$ cm^{-2}, $fL = 0.9$ $\times 10^7$ cm/s(参考文献 30)

猝灭偶极层模式 若高场偶极层在到达阳极之前猝灭,谐振电路中的 TED 的工作频率就可以高于渡越时间频率。对于渡越时间偶极层工作模式,器件上的大部分电压降在高场偶极层本身。因此,当谐振电路降低偏压时,偶极层宽度也随之减小(图 10.8)。随着偏压的减小,偶极层宽度继续减小,直至在某一时刻,积累层和耗尽层互相中和为止。发生中和时的偏压为 V_s。当器件上的偏压降低到 V_s 以下时,偶极层猝灭。当偏压摆回到阈值电压以上时,有一新的偶极层成核,此过程不断重复下去。因此,在谐振电路的频率处而不是渡越时间频率处发生振荡。

图 10.12 给出了猝灭偶极层模式的一个例子[28]。器件的长度和掺杂浓度与图10.9的相同。偶极层在距阴极约 $L/3$ 处猝灭,工作频率约比图 10.9 所示的渡越时间偶极层模式高 3 倍左右。

本模式的频率上限取决于猝灭速度,猝灭速度又取决于两个时间常数。第一个时间常数为正的介质弛豫时间,第二个时间常数为 RC 时间常数;其中,R 为二极管中未被偶极层占据的那一区域的正电阻,C 为所有偶极层串联起来的电容。对于 n 型 GaAs 和 InP,第一个条件得到最小的临界 n_0/f 比约为 10^4 s·cm^{-3}[31,32]。第二个时间常数取决于偶极层数目和样品长度。猝灭偶极层振荡器的理论效率可达 $13\%^{[33]}$。

　　对于猝灭偶极层工作模式,在理论上[30]和实验上[34]均已发现,对于电路的谐振频率几倍于渡越时间频率(即 $fL > 2 \times 10^7$ cm/s)并且工作频率为介质弛豫频率量级(即式(40)给出的 $n_0/f \approx \varepsilon_s/q|\mu_d|$)的样品,通常会形成多个高场偶极层,这是因为一个偶极层没有足够的时间再调节并吸收其它偶极层的电压。

　　积累层模式　积累层模式和偶极层模式的主要差别是,在轻掺杂或短样品($n_0L < 10^{12}$ cm^{-2})中只有电子积累区而没有电子

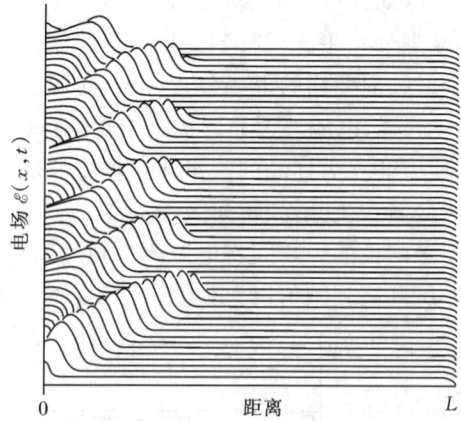

图 10.12　工作于猝灭偶极层模式的 TED 的模拟结果 (参考文献 28)

耗尽区。其结果是在电荷包周围,电场分布变成阶梯函数,这与图 10.5(c)的显示的峰值不同。当均匀电场加到这一器件时,可采取简化的方式来理解积累层的动力学,如图 10.13 所示。在时刻 t_1,从阴极注入积累层(即过剩电子),使得电场分布分裂成两部分,如时刻 t_2 所表示的那样。积累层两侧的速度按图 10.13(a)所示的方向不断变化。因为假定端电压是一常

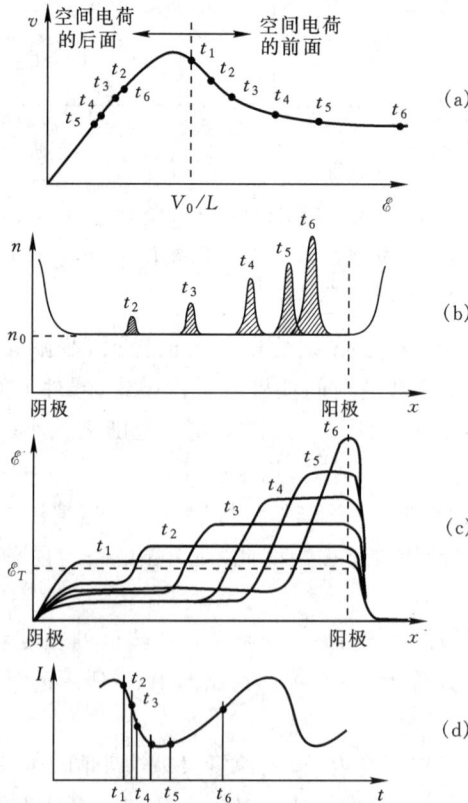

图 10.13　随时间变化的端电压作用下的积累层渡越模式(参考文献 35)

数,在图 10.13(c)中每条电场曲线下的面积应该相等。当积累层向阳极传播时,只有在积累层两侧的速度降落时,如速度-电场曲线所示且如时刻 t_3、t_4 和 t_5 所表明的那样,才能保持面积相等。最后,积累层在时刻 t_6 到达阳极并在此处消失。靠近阴极一侧的电场又上升超过阈值,另一个积累层注入,此过程不断重复下去。图 10.13(d)给出了平滑的电流波形。在这个特殊的例子中,在整个器件长度内积累层不断增长。

具有亚临界 $n_0 L$ 乘积(即 $n_0 L < 10^{12}\, cm^{-2}$)的 TED 在靠近电子渡越时间频率及谐波的频带内呈现负阻。它可作为稳定放大器工作[36]。当此 TED 被接到负载电阻约为 $10R_0$(R_0 为 TED 的低场电阻)的并联谐振电路上时,此 TED 就以渡越时间积累层模式振荡。图 10.14 是一个射频周期内在三个不同时间间刻内电场与距离的关系[30]。图中还给出了电流波形。电压总是高于阈值($V > V_T = \mathscr{E}_T L$)。这些波形与理想波形偏离很远;这种特种波形的效率只有 5%。若 TED 与串联的电阻和电感连接起来,可得到效率约为 10% 的更好的波形。在这个例子中,当空间电荷漂移到阳极时就停止生长。

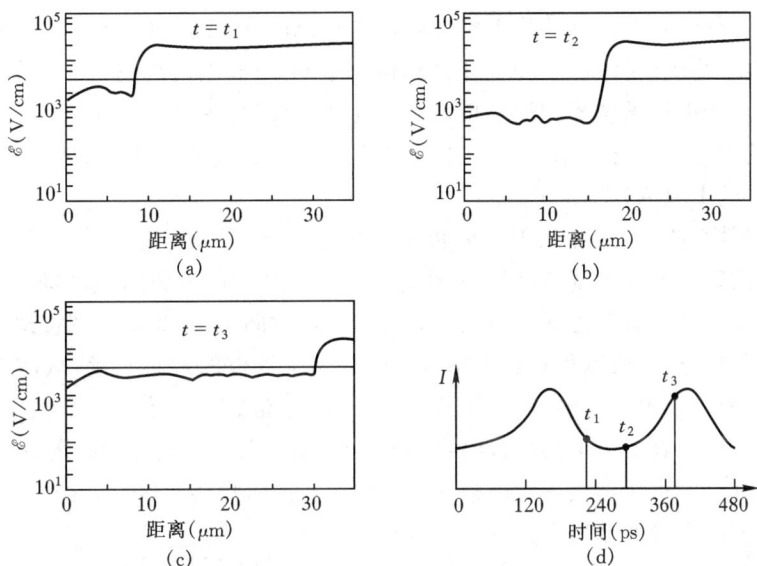

图 10.14 (a)~(c)一个射频周期内在四个时间间刻内电场与距离的关系;(d) $fL = 1.4 \times 10^7\, cm/s$、$n_0 = 2 \times 10^{14}\, cm^{-3}$ 和 $n_0/f = 5 \times 10^4\, s \cdot cm^{-3}$ 的 GaAs TED 共振电路的端电流波形(参考文献 30)

限制空间电荷积累(LSA)模式 在 LSA 工作模式的模型中[31],器件内的电场从阈值以下上升,然后又迅速地跌落回去,以致于可以假定,与高场偶极层相联系的空间电荷分布没有充分的时间形成。在阴极附近只形成最初的积累层;倘若掺杂浓度起伏足够小,能阻止偶极层的形成,则器件的其余部分仍然相当均匀。在这些条件下,器件的大部分区域电场均匀,导致在受电路控制的频率下产生有效的功率。频率越高,空间电荷层移动的距离就越短,剩下的器件的大部分是偏置在负迁移率范围。从下列两点要求推导出这种工作模式的条件:空间电荷不应有足够的时间增长到可观的大小,在一个射频周期以内积累层必须完全猝灭。因此,负的 τ_R(式 20)应大于射频周期,而正的 τ_R 应小于射频周期。这些要求导致下列条件[32]

$$\frac{\varepsilon_s}{q n_0 \mu_{d+}} \ll \frac{1}{f} < \frac{\varepsilon_s}{q n_0 \mid \mu_{d-} \mid} \tag{40}$$

式中，μ_{d+} 为低场下的正微分迁移率，μ_{d-} 为阈值电场以上的平均负微分迁移率。对于 GaAs 和 InP，两个极限比例为

$$10^4 < \frac{n_0}{f} < 10^5 \text{ s} \cdot \text{cm}^{-3} \tag{41}$$

注意到若有掺杂浓度起伏猝灭多偶极层模式也发生于 n_0/f 比值的某一范围内是有意义的。由于能够采用过长的器件(非渡越时间模式)，LSA 器件适合产生高峰值功率的短脉冲。过长的器件散热比较困难。然而，LSA 器件的最高工作频率却远低于渡越时间器件。频率低是由于低能谷电子的能量弛豫缓慢，使猝灭时间增加所致。计算机模拟表明，对于 GaAs，为了保持在阈值电压以下，当周期性工作时，要求最短时间约为 20 ps；相应的频率上限约为 20 GHz[37,38]。对于 InP，预计有更高的上限频率。

10.2.4　器件性能

阴极接触　TED 要求所用的材料纯度极高并且非常均匀，并且要求有最少的深施主能级和陷阱，若器件工作涉及空间电荷猝灭模式更是如此。首批 TED 是用 GaAs 和 InP 体材料上制作合金欧姆接触得到的。现代 TED 几乎总是采用 n$^+$ 衬底上的外延层，外延层通过汽相外延、液相外延或分子束外延技术淀积生长。典型的施主浓度范围为 10^{14} 到 10^{16} cm^{-3}，典型的器件长度范围从几微米到几百微米。TED 芯片使用微波管壳封装。这些管壳和有关的热沉类似于前面讨论过的 IMPATT 二极管的。

为了改善器件性能，已用注入限制阴极接触代替了 n$^+$ 欧姆接触[39,41]。采取注入限制接触后，阴极电流的阈值电场可调节到约等于微分负阻开始出现时的阈值电场 $\mathscr{E}_T$，从而可得到均匀电场。对于欧姆接触，因为低能谷电子有限的加热时间，故积累层或偶极层的生长发生在离阴极一段距离内。这种**死区**可达 1 μm，这就限制了器件的最小长度，从而也限制了最高工作频率。若采取注入限制接触，热电子从阴极注入，这就缩短了死区长度。因为渡越时间效应被减至最小，器件就表现出被其平板电容旁路的与频率无关的负电导。若这种器件接一电感和一足够大的电导，预期它能在谐振频率处以均匀场模式振荡。因此，这种器件的理论效率就能按 10.2.3 节的方法推导出来。

已对两类注入限制接触进行了研究：一类是具有低势垒高度的肖特基势垒，另一类是两区阴极结构。图 10.15 将这些接触与欧姆接触进行了比较。对于欧姆接触(图 10.15(a))。在靠近阴极处总是有低场区，电场沿器件长度是非均匀的。对于反向偏置下的肖特基势垒，可得到相当均匀的电场(图 10.15(b))[42]，反向电流为(见第 3 章)

$$J_R = A^{**} T^2 \exp\left(\frac{-q\phi_B}{kT}\right) \tag{42}$$

式中，A^{**} 为有效理查逊常数，$q\phi_B$ 为势垒高度。当电流密度在 $10^2 \sim 10^4$ A/cm^2 的范围时，相应的势垒高度约为 $0.15 \sim 0.3$ eV。要在 III-V 族化合物半导体内实现低势垒高度的肖特基势垒并不容易，温度范围也受到很大的限制，其原因是注入电流随温度呈指数变化(式 42)。

两区阴极接触由高场区和 n$^+$ 区组成(图 10.15(c))[43]，这种结构类似于低-高-低 IM-PATT 二极管结构(见第 9 章)。电子在高场区"被加热"，然后注入到有均匀场的有源区。这种结构已成功地被用于很宽的温度范围。

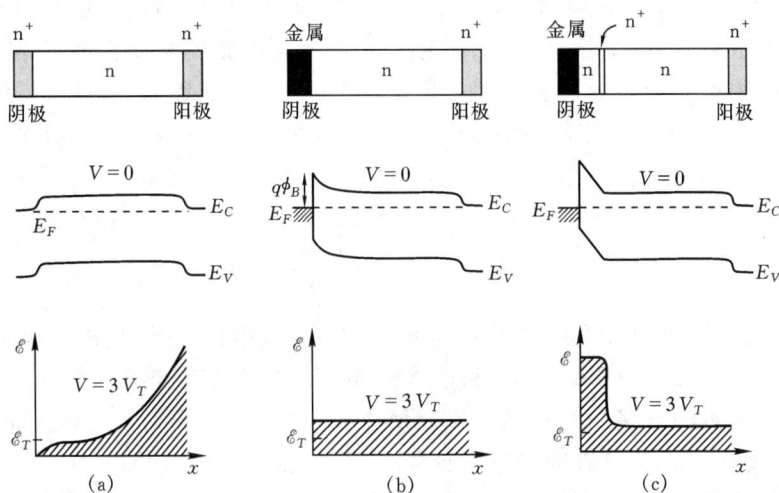

图 10.15　三种阴极接触方案

(a)欧姆接触;(b)肖特基势垒接触;(c)两区肖特基势垒接触

功率-频率特性和噪声　能量从电场转移给电子以及电子在低能谷和高能谷之间散射都要经历有限的时间。这些有限的时间使得频率上限对应于散射和能量弛豫频率。图 10.16 给

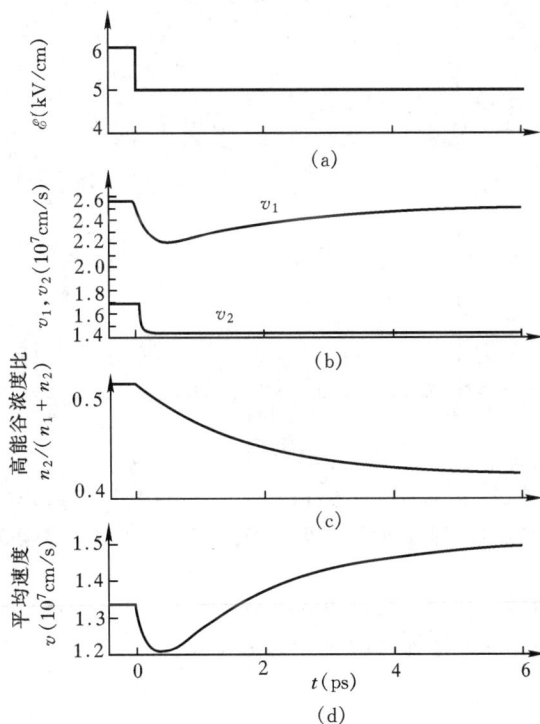

图 10.16　当电场从 6 kV/cm 跃变到 5 kV/cm 时,高能谷(v_2,n_2)和低能谷(v_1,n_1)的
电子的响应(参考文献 44)

出了电场从 6 kV/cm 突然降低到 5 kV/cm 时低能谷和高能谷速度、高能谷电子数目数比和平均速度的时间响应。请注意,高能谷的速度 v_2 几乎同时跟随电场。然而低能谷的速度 v_1 响应较慢,时间常数约为 2 ps。这种响应指出了热电子在低能谷的散射弱。另外,n_2 的缓慢衰减相当于从高能谷到低能谷的缓慢散射。因此,平均速度 v 的响应部分是由于 v_1 的恢复,部分是由于谷间转移造成的。由于响应时间有限,估计 TED 的频率上限在 500 GHz 左右。

在渡越时间情形下,工作频率与器件长度成反比,即 $f = v/L$。功率-频率关系为

$$P_{rf} = \frac{V_{rf}^2}{R_L} = \frac{\mathscr{E}_{rf}^2 L^2}{R_L} = \frac{\mathscr{E}_{rf}^2 v^2}{R_L f^2} \propto \frac{1}{f^2} \tag{43}$$

式中,V_{rf} 和 $\mathscr{E}_{rf}$ 分别为射频电压和相应的电场,R_L 为负载阻抗。因此,预计输出功率按 $1/f^2$ 的关系下降。对于连续波 GaAs TED 和连续波 InP TED,现代微波功率与频率的关系示于图 10.17。数据点附近的数字表示转换效率。请注意,功率通常按 $1/f^2$ 变化,如式(43)所示。InP 器件性能优势明显,尤其在高频时。通常,TED 连续波功率比 IMPATT 二极管的低。另一方面,在给定频率下加在 TED 上的外电压可远低于加在 IMPATT 二极管上的外电压(前者约为后者的 1/2~1/5),且 TED 噪声性能好。

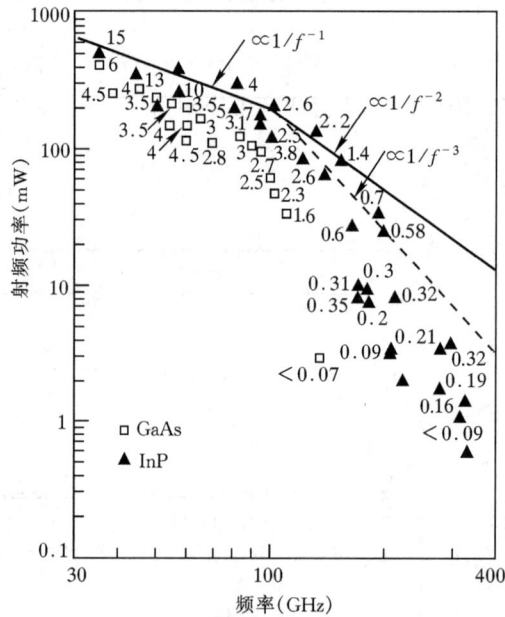

图 10.17 GaAs 和 InP TED 在连续波工作时输出微波功率与频率的关系。符号附近的数字表示以百分比给出的直流-射频转换效率

TED 有两类噪声:振幅偏移(AM 噪声)和频率偏移(FM 噪声),两者均由电子的热运动速度起伏引起。由于速度-电场特性的强烈非线性关系,振幅相对稳定,通常调幅噪声很小,调频噪声的平均频移为[46]

$$f_{rms} = \frac{f_0}{Q_{ex}} \sqrt{\frac{k T_{eq}(f_m) B}{P_0}} \tag{44}$$

式中,f_0 为载流子频率,Q_{ex} 为外品质因素,P_0 为输出功率,B 为测量带宽。与调频有关的调制等效噪声温度 T_{eq} 为

$$T_{eq}(f_m) = \frac{qD}{k \mid \mu_{d-} \mid} \tag{45}$$

式中,平均微分负迁移率 μ_{d-} 依赖于电压摆幅。因为 InP 的 D/μ_{d-} 比值比 GaAs 的要小,预计 InP 的噪声较低。

功能器件　至此,我们已讨论了转移电子效应及其在微波振荡器和放大器方面的应用。TED 也能用于高速数字和模拟工作。我们将讨论具有非均匀截面积或/和非均匀掺杂的 TED,以及三端 TED。

若假定极薄的高场畴并考虑到实际中与之相邻的是均匀区的现象,就可应用一维高场畴理论分析非均匀形状的振荡器。若 $n_0 L \gg 10^{12}$ cm^{-2} 并且截面积和掺杂浓度是缓变的,这些假定就成立。应用上节介绍的理论,可以看出,畴过剩电压有一个值 V_{ex},高于此值,畴外电场 $\mathscr{E}_r$ 不随时间变化。在畴外对应于 $\mathscr{E}_r$ 的平均漂移速度为 v_r,如图 10.5(a)所示。与成熟畴相关的电流密度由式(30)给出。但是,对于截面积 $A(x)$ 和掺杂浓度 $N(x)$ 均不均匀的 TED,式(30)变为

$$I(t) = qN(x)A(x)v(\mathscr{E}_r) \tag{46}$$

式中 x 从阴极算起,且 $x = v_r t$。若高场畴在时刻 $t=0$ 从阴极处成核,则在采取上述假设后,在时刻 t,畴位于 $x(t) = v_r t$。

图 10.18 给出了非均匀形状样品的体效应振荡器波形[47]。除了畴到达阳极所形成的已知的电流峰以外,实验电流波形确实类似于样品的形状。字母 A,B,B′ 和 C 表示时间刻度,分别对应于畴处于点 A,B,B′ 和 C 的瞬时。

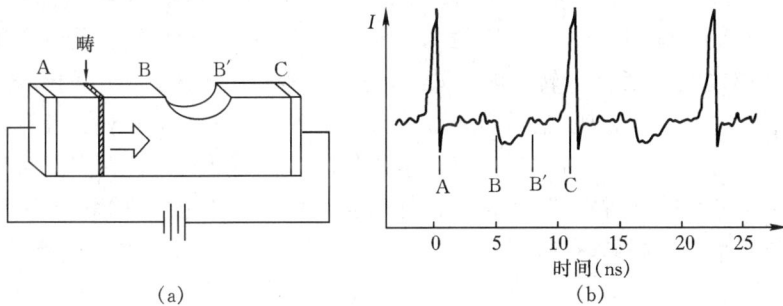

图 10.18　(a)截面非均匀的 TED 和其电流波形;(b)标记对应于畴在特定时间所处的位置(参考文献 47)

外电流波形遵循式(46)的现象定性地解释如下。由于在任何位置,器件的电流必须恒定,当畴进入低掺杂区或截面小的区域时,畴内的场将变大以维持同样的速度。更高的畴电场(过剩电压 V_{ex})意味着畴外电场 $\mathscr{E}_r$ 降低。结果,由于畴外电场决定电流,因而外电流降低了。

至此,所讨论的仅是两端器件。可以通过沿器件的长度方向加上一个或多个电极来控制 TED 的电流波形。图 10.19(a)给出了电极位于点 B 处的这类器件的结构。所预期的电流波形如图 10.19(b)。对这种波形可作如下解释(前面描述过的饱和畴理论再次用于此处)。当畴在 $t=0$ 时刻离开阴极时,阴极电流 $I_c(t)$ 等于饱和畴的电流($Aqn_0 v_r$),直至畴到达 B 处的电极以前,阴极电流均保持在此值。在此时刻,阴极电流变为饱和畴电流与流过电阻的电流 I_g 之和。电流 I_g 等于畴存在时样品所承受的 B 和 C 之间的电压除以电阻。从而,直至畴在阳极处被吸收以前,阴极电流维持在

$$I_c(t) = Aqn_0 v_r + I_g \tag{47}$$

在畴被吸收的时刻,电流为短暂的尖峰。

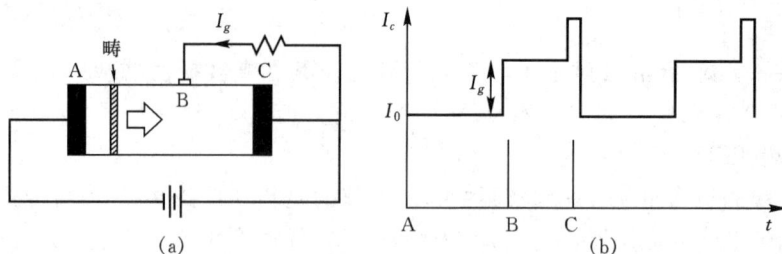

图 10.19 (a)TED 可控电流阶梯波发生器电路;(b)其阴极电流波形,时间轴上
的字母表示畴的位置(参考文献 47)

10.3 实空间转移器件

10.3.1 实空间转移二极管

Gribnikov[48](在 1972 年)和 Hess 等[49](在 1979 年)提出了利用**实空间转移**(RST)**二极管**产生微分负阻(NDR)的概念。1981 年,Keever 等[50]首次给出了 RST 二极管微分负阻的实验证明。实空间转移二极管要求在异质结构中两种材料的迁移率不同。此外,对于 n 沟道器件,要求迁移率低的材料有更高的导带边 E_C。GaAs/AlGaAs 异质结构是一个很好的例子。

实空间转移效应[51]类似于转移电子效应,有时在实验中难于区分它们。转移电子效应是利用单一的、均匀材料的特性。但载流子在能量-动量空间被高电场激发到卫星谷时,迁移率降低,电流减小,导致 NDR。对于实空间转移,载流子是在两个材料(在实空间)之间转移而不是在两个能带(在动量空间)之间转移。在低场时,电子(n 沟道器件)驻留在 E_C 小的材料中(GaAs),其迁移率高。高场时的能带图示于图 10.20。GaAs 沟道中的载流子从电场获得的

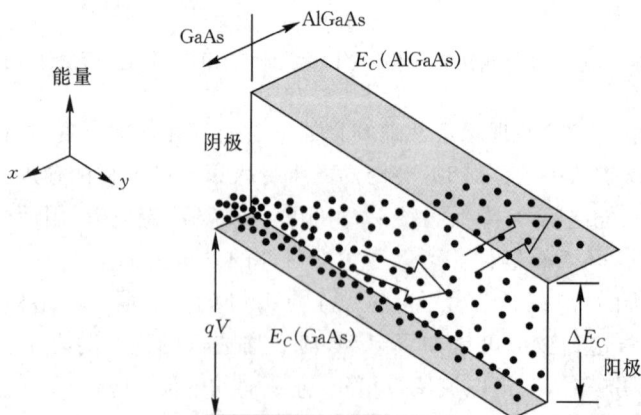

图 10.20 RST 二极管有偏压时的能带图(示出了导带边 E_C)。在 GaAs 主沟道的电子从电场获得的能量,克服势垒涌到 AlGaAs 层

能量足以克服导带的不连续时,载流子就流入邻近的低迁移率材料(AlGaAs)。只要用电子温度代替晶格的温度,这种载流子转移可以被认为是热离子发射。因此,电场高时电流反而降低,符合 NDR 的定义。图 10.21 给出了 $I\text{-}V$ 特性的实验结果。对于 GaAs,实空间转移的临界电场在 $2\sim3$ kV/cm,而转移电子效应的临界电场的典型值为 3.5 kV/cm。应记住的是这些临界电场数值是从两种不同的沟道(异质界面和体)中得到的,不能只用它们来区分这些效应。实空间转移的另一个特性是,一些因素如导带不连续、迁移率比和膜的厚度容易控制,因而器件的特性能够变化和最佳化。RST 效应产生的 $I\text{-}V$ 特性与转移电子效应的类似。为了得到有效的 RST 二极管,希望正确的选择具有最佳带边不连续的异质结,以及比较高的卫星谷以避免转移电子效应(或没有卫星谷)。

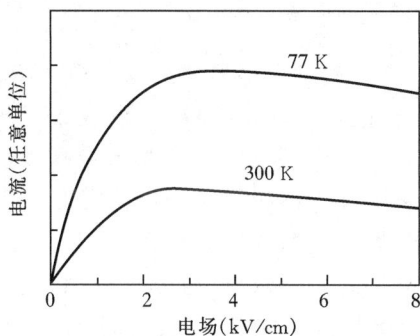

图 10.21　GaAs/AlGaAs 异质结构 RST 二极管的电流-电压(或电场)特性(参考文献 50)

　　RST 二极管的模拟是很复杂的,推导不出一个精确计算 $I\text{-}V$ 特性的简单公式。可以利用下面的表示式定性地了解负阻的起源。假定单位面积总的载流子浓度为 N_s,GaAs 沟道层的厚度为 L_1,载流子浓度 n_{s1}。而 AlGaAs 沟道层的厚度为 L_2,载流子浓度 n_{s2},即

$$n_{s1} + n_{s2} = N_s \tag{48}$$

这也意味着载流子能很容易地在两层之间移动,只是当从低能量的 GaAs 沟道转移到高能量的 AlGaAs 沟道时,必须克服势垒 ΔE_C。两个沟道层载流子浓度的比值与热载流子的能量(用电子温度 T_e 度量)和势垒 ΔE_C 有关,即

$$\frac{n_{s2}}{n_{s1}} = \left(\frac{m_2^*}{m_1^*}\right)^{3/2} \exp\left(\frac{-\Delta E_C}{kT_e}\right) \tag{49}$$

电子温度与电场的关系为

$$\frac{3k(T_e - T_o)}{2\tau_e} = q\mu_1 \mathscr{E}^2 \tag{50}$$

式中,τ_e 是能量弛豫时间,T_0 是晶格(室温)温度。

　　激发到 AlGaAs 层载流子的比率定义为

$$F(\mathscr{E}) \equiv \frac{n_{s2}}{N_s} \tag{51}$$

它是所加电场的函数,低电场时值为零,在高场时接近 $L_2/(L_1+L_2)$。总电流为

$$\begin{aligned} J &= qn_{s1}\mu_1\mathscr{E} + Aqn_{s2}\mu_2\mathscr{E} \\ &= q\mathscr{E}N_s[\mu_1 - (\mu_1 - \mu_2)F] \end{aligned} \tag{52}$$

微分电阻为

$$\frac{dJ}{d\mathscr{E}} = qN_s\left[\mu_1 - (\mu_1 - \mu_2)F - \mathscr{E}(\mu_1 - \mu_2)\frac{dF}{d\mathscr{E}}\right] \tag{53}$$

可以看出,当正确选择 μ_1/μ_2、F 和 $dF/d\mathscr{E}$ 时,上式为负。在 GaAs/AlGaAs 调制掺杂结构中,室温下,$\mu_1 = 8000 \ cm^2/V \cdot s$,$\mu_2$ 小于 $500 \ cm^2/V \cdot s$。实验数据显示,电流峰-谷比并不很高,最大值在 1.5 左右。计算机模拟显示此比率超过 2。

RST 二极管的优点之一是可用于高速工作。其响应时间受限于载流子在两种材料异质界面之间的移动,它比传统的二极管快得多。在传统的二极管中,载流子在阴极和阳极之间的渡越时间是主要因素。

10.3.2 实空间转移晶体管

实空间转移晶体管是 RST 二极管的三端形式。在 RST 晶体管中,第三端同导带较高的材料接触以吸取发射进来的热电子,也可以控制有效载流子传输的横向电场。1983 年,Kastalsky 和 Luryi[52] 提议把 RST 晶体管称为**负阻场效应晶体管**(NERFET),随后,Kastalsky 等[53] 在 1984 年用 GaAs/AlGaAs 调制掺杂异质结构实现了 RST 晶体管。

图 10.22 是 RST 晶体管的典型结构,图中也显示出了垂直异质结方向的载流子的移动和能带图。显然,发射越过势垒的热载流子被第三端收集,并对其它的端电流有贡献。由于这个原因,第三端称为集电极。不同于 RST 二极管,在实空间转移晶体管中势垒层中的迁移率变得无关紧要。现在沟道电流的减小是因为总的载流子浓度降低造成的。电流的减小是由浓度调制而不是(像 RST 二极管中)迁移率调制造成的。源端电流类似于 FET(如 MOSFET 或 MODFET)的电流。集电极类似于栅,除了耗尽跃过势垒的沟道热载流子外,它还可以调制沟道载流子浓度和沟道电流。因此,沟道电流的降低起因于集电极电流的增加。漏电流与集电极电流的和与绝缘栅 FET 总的沟道电流是一样的。

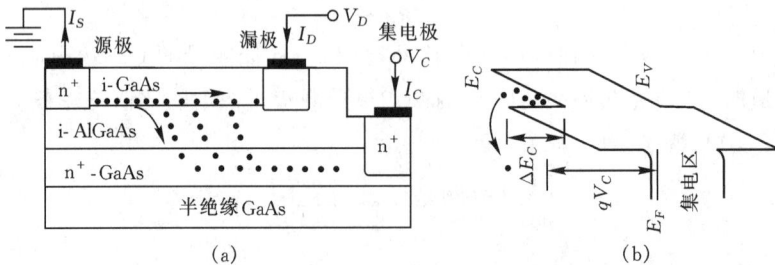

图 10.22 (a)实空间转移器件的结构图和(b)垂直沟道方向的能带图

图 10.23 是 RST 晶体管的 I-V 特性。在 V_D 较小时,源漏电流是标准的 FET 电流。集电极电流很小,作为绝缘栅调制沟道电流。在 V_D 较大时,载流子的能量变得越来越大,开始越过集电极势垒。集电极电流是热电子电流且随纵向电场或 V_D 增加。此电流通常发生在饱和区,饱和区电场是非均匀的且靠近漏有局部高场。基尔霍夫定律要求

$$I_S = I_D + I_C \tag{54}$$

当 I_C 增加时,漏电流必须降低,引起微分负阻 dV_D/dI_D。这样,器件是一个特性由集电极控制的可变 NDR 器件。在室温下观察到的漏电流最大峰-谷比超过 34000[55]。

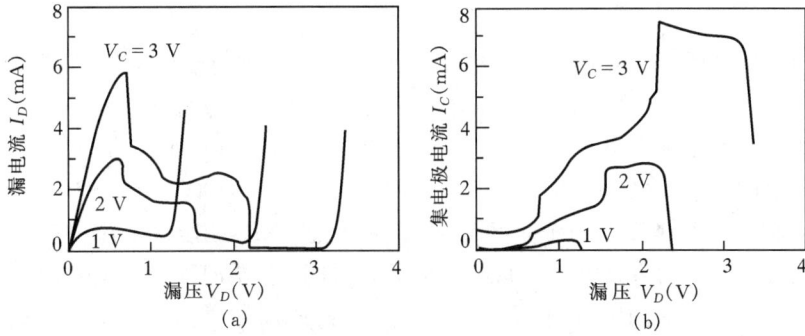

图 10.23 实空间转移晶体管的端电流

(a)漏电流和(b)集电极电流随漏电压的变化曲线(参考文献 54)

现在我们对集电极电流作定性地分析以了解 RST 晶体管的工作。I_D 的变化与集电极电流有关

$$\frac{\mathrm{d}I_D}{W\mathrm{d}x} = -J_C \tag{55}$$

式中 W 为沟道宽度。集电极电流是由于热离子(电子)发射造成的。简单分析时假定热载流子遵守 Maxwellian 分布,电子的平均温度 T_e 高于室温或晶格温度 T_0。此热离子发射电流为

$$J_C(x) = qvn(x)\exp\left(-\frac{\Delta E_C}{kT_e}\right) \tag{56}$$

电子速度为

$$v = \sqrt{\frac{kT_e}{2\pi m^*}} \tag{57}$$

ΔE_C 是导带不连续引起的势垒高度,如图 10.22(b)所示。电子的温度直接与漏附近的局部高电场有关,经验表明其正比于漏偏压的平方[56]。由于漏电流是漂移电流,所以

$$I_D(x) = Wdn(x)qv_s \tag{58}$$

式中 d 是沟道的厚度。式(55),式(56)和式(58)的解表明,若电场均匀,电子浓度 $n(x)$ 从源到漏指数衰减。在整个沟道长度 L 内对式(56)积分可得到总的集电极电流。更严格的推导得到下面的表达式,此式与热离子发射理论的类似[57]:

$$I_C = A^{**} T_o^2 W \int_0^L \left\{ \exp\left[\frac{V_C - V(x)}{kT_e(x)}\right]\exp\left[\frac{-\Delta E_C}{kT_e(x)}\right] - \exp\left[\frac{-\Delta E_C}{kT_o}\right] \right\}\mathrm{d}x \tag{59}$$

式中 A^{**} 为有效理查逊常数(见第 3 章),$V(x)$ 是沟道电势。

V_C 增加对器件的影响如下:(1)沟道载流子增加,(2)AlGaAs 内用于有效收集热载流子的电场增加,(3)T_e 增加,这是由于沟道内更加均匀电场的再分布引起的。这些效应对热电子电流有重要的有时是相反的影响。根据不同的 V_D 值,图 10.23 显示出三个截然不同的区间。在 V_D 更小时,载流子不能从纵向电场获得足够的能量以克服势垒。沟道由集电极调制,特性类似于 FET 的线性区。最有意义的区间是 V_D 值为中等时,对应于 FET 的饱和区。但是,只有在 V_C 很高时才能观察到 NDR。对于低的 V_C,横向电场不高,无法有效收集 AlGaAs 层载流子。空间电荷效应混在其中,使横向电场进一步降低。空间电荷效应在势垒层中建立的电压为

$$\Delta V = \frac{J_c l^2}{2\varepsilon_s v_s} \tag{60}$$

式中 l 是 AlGaAs 的厚度。粗略的估计表明，ΔV 高达 2 V[58]。此区间另一个有意义的特征是正跨导和负跨导（dI_D/dV_C）共存。正跨导是由于沟道载流子的增加、T_e 减小和 I_c 随 V_c 减小造成的。负跨导起源于横向电场增加和 I_c 随 V_c 增加。最后，V_D 很高时为第三个区间，此时在漏和集电极之间有泄漏电流。

RST 晶体管的本征速度由两个时间常数限制，即建立 T_e 的能量弛豫时间和漏端附近高场区间内的飞行时间。后者是越过很短距离的渡越时间，这与 FET 不同，在 FET 中总长度是源到漏的距离。这两个时间常数约为 1ps。因此，预期 RST 晶体管是具有超高速度的极快器件，对于精心设计的器件，频率高达 100 GHz 左右。已报道的截止频率高到 70 GHz[59]。

有人建议用集电极电流作为主要输出电流，称为电荷注入晶体管（CHINT），而漏为输入端[60]。常规的 RST 晶体管和 CHINT 在结构上没有差别。由于 I_c 受限于势垒，其工作更接近电势效应晶体管（如双极晶体管）。由于这个原因，源端和漏端分别类似于双极晶体管的发射极和基极。晶体管电流 I_c 由电子温度 T_e 决定，T_e 由 V_D 造成。CHINT 的工作好比是真空二极管，真空二极管阴极灯丝由电流阻性加热[60]。可以证明跨导

$$g_m = \frac{dI_C}{dV_D} \tag{61}$$

非常高。已观察到的跨导最大值 $g_m \approx 1.1$ S/mm[59]。在 CHINT 工作中，NDR 不重要。

三端 RST 晶体管有下列优点：（1）NDR 可控制，（2）高的峰—谷电流比，（3）可用于高速工作（因为被发射的载流子被抽走后不会再回到沟道），（4）高的跨导 g_m，（5）成为功能器件的潜力（单个器件能够执行功能）。

速度调制晶体管 速度调制晶体管（VMT）在 1982 年被作为超高速器件提出来[61]。它代表了一类新型场效应晶体管，在此类晶体管中，源漏电流不是由栅感应的载流子或电荷调制（浓度调制），而是由载流子速度的变化来调制（速度调制或迁移率调制）。速度调制的独特之处是总的载流子数目保持常数。利用沟道载流子在具有不同迁移率的两个平行相邻沟道之间的实空间转移可以实现速度调制。速度调制晶体管的主要优点是其本征器件速度。对于传统的 FET，突然施加栅压使晶体管导通时，栅感应的电荷来源于源。同样，晶体管截止时要求电荷从漏端消失。因此，标准晶体管的本征速度受限于载流子从源到漏的渡越时间。在 VMT 中，状态的变化由电荷在两个沟道之间的转移来完成，两个沟道之间的距离比源漏之间的沟道长度小得多。计算机模拟表明，相应时间可以短到 0.2 ps。因此，高速器件所要求的短的沟道长度不再必须。不幸的是，此概念到目前还没有得到实验验证。为了充分利用 VMT 的优点，要求栅压的范围必须保证沟道中总电荷守恒。这一点对于实验验证很重要，因为传统的 FET 行为（其中，较高的栅压感应出额外的沟道电荷）也可以得到相似的输出特性。为了确认 VMT 行为，要求进行独立测量，如霍耳测量。应当指出的是，对于短沟道器件，在强场时，载流子速度接近饱和速度。在此工作区域，两个沟道中饱和速度的差异比迁移率之间的差异更有意义。实际上，饱和速度的差异比迁移率之间的差异小的多。此缺陷限制了此器件的电流驱动能力。

参考文献

1. J. B. Gunn, "Microwave Oscillation of Current in III-V Semiconductors," *Solid State Commun.*, **1**, 88 (1963).

2. B. Gunn, "Instabilities of Current in III-V Semiconductors," *IBM J. Res. Dev.*, **8**, 141 (1964).

3. H. Kroemer, "Theory of the Gunn Effect," *Proc. IEEE*, **52**, 1736 (1964).

4. B. K. Ridley and T. B. Watkins, "The Possibility of Negative Resistance Effects in Semiconductors," *Proc. Phys. Soc. Lond.*, **78**, 293 (1961).

5. B. K. Ridley, "Anatomy of the Transferred-Electron Effect in III-V Semiconductors," *J. Appl. Phys.*, **48**, 754 (1977).

6. C. Hilsum, "Transferred Electron Amplifiers and Oscillators," *Proc. IRE*, **50**, 185 (1962).

7. C. Hilsum, "Historical Background of Hot Electron Physics," *Solid-State Electron.*, **21**, 5 (1978).

8. A. R. Hutson, A. Jayaraman, A. G. Chynoweth, A. S. Coriell, and W. L. Feldmann, "Mechanism of the Gunn Effect from a Pressure Experiment," *Phys. Rev. Lett.*, **14**, 639 (1965).

9. J. W. Allen, M. Shyam, Y. S. Chen, and G. L. Pearson, "Microwave Oscillations in $GaAs_{1-x}P_x$ Alloys," *Appl. Phys. Lett.*, **7**, 78 (1965).

10. J. E. Carroll, *Hot Electron Microwave Generators*, Edward Arnold, London, 1970.

11. P. J. Bulman, G. S. Hobson, and B. S. Taylor, *Transferred Electron Devices*, Academic, New York, 1972.

12. B. G. Bosch and R. W. H. Engelmann, *Gunn-Effect Electronics*, Wiley, New York, 1975.

13. H. W. Thim, "Solid State Microwave Sources," in C. Hilsum, Ed., *Handbook on Semiconductors*, Vol. 4, *Device Physics*, North-Holland, Amsterdam, 1980.

14. M. Shur, *GaAs Devices and Circuits*, Plenum, New York, 1987.

15. D. E. Aspnes, "GaAs Lower Conduction Band Minimum: Ordering and Properties;" *Phys. Rev.*, **14**, 5331 (1976).

16. H. D. Rees and K. W. Gray, "Indium Phosphide: A Semiconductor for Microwave Devices," *Solid State Electron Devices*, **1**, 1 (1976).

17. D. E. McCumber and A. G. Chynoweth, "Theory of Negative Conductance Application and Gunn Instabilities in 'Two-Valley' Semiconductors," *IEEE Trans. Electron Dev.*, **ED-13**, 4 (1966).

18. K. Sakai, T. Ikoma, and Y. Adachi, "Velocity-Field Characteristics of $Ga_xIn_{1-x}Sb$ Calculated by the Monte Carlo Method," *Electron. Lett.*, **10**, 402 (1974).

19. R. E. Hayes and R. M. Raymond, "Observation of the Transferred-Electron Effect in GaInAsP," *Appl. Phys. Lett.*, **31**, 300 (1977).

20. J. R. Hauser, T. H. Glisson, and M. A. Littlejohn, "Negative Resistance and Peak Velocity in the Central (000) Valley of III-V Semiconductors," *Solid-State Electron.*, **22**, 487 (1979).

21. J. G. Ruch and G. S. Kino, "Measurement of the Velocity-Field Characteristics of Gallium Arsenide," *Appl. Phys. Lett.*, **10**, 40 (1967).

22. P. N. Butcher and W. Fawcett, "Calculation of the Velocity-Field Characteristics for Gallium Arsenide," *Phys. Lett.*, **21**, 489 (1966).

23. M. A. Littlejohn, J. R. Hauser, and T. H. Glisson, "Velocity-Field Characteristics of GaAs with Γ-L-X Conduction-Band Ordering," *J. Appl. Phys.*, **48**, 4587 (1977).

24. I. Mojzes, B. Podor, and I. Balogh, "On the Temperature Dependence of Peak Electron Velocity and Threshold Field Measured on GaAs Gunn Diodes," *Phys. Status Solidi*, **39**,

K123 (1977).

25. P. N. Butcher, "Theory of Stable Domain Propagation in the Gunn Effect," *Phys. Lett.*, **19**, 546 (1965).

26. P. N. Butcher, W. Fawcett, and C. Hilsum, "A Simple Analysis of Stable Domain Propagation in the Gunn Effect," *Br. J. Appl. Phys.*, **17**, 841 (1966).

27. J. A. Copeland, "Electrostatic Domains in Two-Valley Semiconductors," *IEEE Trans. Electron Dev.*, **ED-13**, 187 (1966).

28. M. Shaw, H. L. Grubin, and P. R. Solomon, *The Gunn-Hilsum Effect*, Academic, New York, 1979.

29. G. S. Kino and I. Kuru, "High-Efficiency Operation of a Gunn Oscillator in the Domain Mode," *IEEE Trans. Electron Dev.*, **ED-16**, 735 (1969).

30. H. W. Thim, "Computer Study of Bulk GaAs Devices with Random One-Dimensional Doping Fluctuations," *J. Appl. Phys.*, **39**, 3897 (1968).

31. J. A. Copeland, "A New Mode of Operation for Bulk Negative Resistance Oscillators," *Proc. IEEE*, **54**, 1479 (1966).

32. J. A. Copeland, "LSA Oscillator Diode Theory," *J. Appl. Phys.*, **38**, 3096 (1967).

33. M. R. Barber, "High Power Quenched Gunn Oscillators," *Proc. IEEE*, **56**, 752 (1968).

34. H. W. Thim and M. R. Barber, "Observation of Multiple High-Field Domains in *n*-GaAs," *Proc. IEEE*, **56**, 110 (1968).

35. G. S. Hobson, *The Gunn Effect*, Clarendon, Oxford, 1974.

36. H. W. Thim and W. Haydl, "Microwave Amplifier Circuit Consideration," in M. J. Howes and D. V. Morgan, Eds., *Microwave Devices*, Wiley, New York, 1976, Chap. 6.

37. D. Jones and H. D. Rees, "Electron-Relaxation Effects in Transferred-Electron Devices Revealed by New Simulation Method," *Electron. Lett.*, **8**, 363 (1972).

38. H. Kroemer, "Hot Electron Relaxation Effects in Devices," *Solid-State Electron.*, **21**, 61 (1978).

39. H. Kroemer, "The Gunn Effect under Imperfect Cathode Boundary Condition," *IEEE Trans. Electron Dev.*, **ED-15**, 819 (1968).

40. M. M. Atalla and J. L. Moll, "Emitter Controlled Negative Resistance in GaAs," *Solid-State Electron.*, **12**, 619 (1969).

41. S. P. Yu, W. Tantraporn, and J. D. Young, "Transit-Time Negative Conductance in GaAs Bulk-Effect Diodes," *IEEE Trans. Electron Dev.*, **ED-18**, 88 (1971).

42. D. J. Colliver, L. D. Irving, J. E. Pattison, and H. D. Rees, "High-Efficiency InP Transferred-Electron Oscillators," *Electron. Lett.*, **10**, 221 (1974).

43. K. W. Gray, J. E. Pattison, J. E. Rees, B. A. Prew, R. C. Clarke, and L. D. Irving, "InP Microwave Oscillator with 2-Zone Cathodes," *Electron. Lett.*, **11**, 402 (1975).

44. H. D. Rees, "Time Response of the High-Field Electron Distribution Function in GaAs," *IBM J. Res. Dev.*, **13**, 537 (1969).

45. H. Eisele and R. Kamoua, "Submillimeter-Wave InP Gunn Devices," *IEEE Trans. Microwave Theory Tech.*, **52**, 2371 (2004).

46. A. Ataman and W. Harth, "Intrinsic FM Noise of Gunn Oscillators," *IEEE Trans. Electron Dev.*, **ED-20**, 12 (1973).

47. M. Shoji, "Functional Bulk Semiconductor Oscillators," *IEEE Trans. Electron Dev.*, **ED-14**, 535 (1967).

48. Z. S. Gribnikov, "Negative Differential Conductivity in a Multilayer Heterostructure," *Soviet Phys.–Semiconductors*, **6**, 1204 (1973). Translated from *Fizika i Teknika Poluprovodnikov*, **6**, 1380 (1972).

49. K. Hess, H. Morkoc, H. Shichijo, and B. G. Streetman, "Negative Differential Resistance Through Real-Space Electron Transfer," *Appl. Phys. Lett.*, **35**, 469 (1979).

50. M. Keever, H. Shichijo, K. Hess, S. Banerjee, L. Witkowski, H. Morkoc, and B. G. Streetman, "Measurements of Hot-Electron Conduction and Real-Space Transfer in GaAs-Al$_x$Ga$_{1-x}$As Heterojunction Layers," *Appl. Phys. Lett.*, **38**, 36 (1981).

51. Z. S. Gribnikov, K. Hess, and G. A. Kosinovsky, "Nonlocal and Nonlinear Transport in Semiconductors: Real-Space Transfer Effects," *J. Appl. Phys.*, **77**, 1337 (1995).

52. A. Kastalsky and S. Luryi, "Novel Real-Space Hot-Electron Transfer Devices," *IEEE Electron Dev. Lett.*, **EDL-4**, 334 (1983).

53. A. Kastalsky, S. Luryi, A. C. Gossard, and R. Hendel, "A Field-Effect Transistor with a Negative Differential Resistance," *IEEE Electron Dev. Lett.*, **EDL-5**, 57 (1984).

54. P. M. Mensz, S. Luryi, A. Y. Cho, D. L. Sivco, and F. Ren, "Real-Space Transfer in Three-Terminal InGaAs/InAlAs/InGaAs Heterostructure Devices," *Appl. Phys. Lett.*, **56**, 2563 (1990).

55. C. L. Wu, W. C. Hsu, H. M. Shieh, and M. S. Tsai, "A Novel δ-Doped GaAs/InGaAs Real-Space Transfer Transistor with High Peak-to-Valley Ratio and High Current Driving Capability," *IEEE Electron Dev. Lett.*, **EDL-16**, 112 (1995).

56. S. Luryi, "Hot-Electron transistors," in S. M. Sze, Ed., *High-Speed Semiconductor Devices*, Wiley, New York, 1990.

57. E. J. Martinez, M. S. Shur, and F. L. Schuermeyer, "Gate Current Model for the Hot-Electron Regime of Operation in Heterostructure Field Effect Transistors," *IEEE Trans. Electron Dev.*, **ED-45**, 2108 (1998).

58. S. Luryi and A. Kastalsky, "Hot Electron Injection Devices," *Superlattices and Microstructures*, **1**, 389 (1985).

59. G. L. Belenky, P. A. Garbinski, P. R. Smith, S. Luryi, A. Y. Cho, R. A. Hamm, and D. L. Sivco, "Microwave Performance of Top-Collector Charge Injection Transistors on InP Substrates," *Semicond. Sci. Technol.*, **9**, 1215 (1994).

60. S. Luryi, A. Kastalsky, A. C. Gossard, and R. H. Hendel, "Charge Injection Transistor Based on Real-Space Hot-Electron Transfer," *IEEE Trans. Electron Dev.*, **ED-31**, 832 (1984).

61. H. Sakaki, "Velocity-Modulation Transistor (VMT)–A New Field-Effect Transistor Concept," *Jpn. J. Appl. Phys.*, **21**, L381 (1982).

习题

1. 一 InP TED 长 $0.5~\mu m$，截面积为 $10^{-4}~cm^2$，且工作在渡越时间模式。(a)求渡越时间模式所需要的最小电子密度 n_0。(b)求电流脉冲间隔的时间。(c)如果其偏置在阈值电压的一半，计算器件的功耗。

2. 对工作在渡越时间偶极层模式下的 InP TED，器件长度为 $20~\mu m$，掺杂浓度 $n_0 = 10^{15}~cm^{-3}$。若偶极子与电极不接触时的电流密度为 $3.2~kA/cm^2$，求畴的剩余电压，假设为三角形畴。

3. (a)求 GaAs 导带次能谷的有效状态密度 N_{CU}。次能谷的有效质量为 $1.2m_0$。(b)次能谷和主能谷电子浓度的比由 $(N_{CU}/N_{CL})\exp(-\Delta E/kT_e)$ 给出，其中 N_{CL} 为主能谷的有效状态密度，能谷的能量差 $\Delta E = 0.31~eV$，T_e 为有效电子温度。求 $T_e = 100~K$ 时次能谷和主能谷电子浓度比。(c)当电子从电场获得动能时，T_e 增加。求 $T_e = 1500~K$ 时电子浓度比。

4. 在转移电子器件中，如果畴在渡越时突然熄灭，以致于过剩畴电压在很短的时间(相比于渡越时间)内从 V_{ex} 变化到零，在这个时间内通过器件的总电流的变化对时间的积分应给出在畴内存储的电荷 Q_0。对于三角电场分布，建立电荷 Q_0 和畴过剩电压的关系，即，对于积累层,电场在距离 x_A 内从 $\mathscr{E}_r$ 线性增加到 $\mathscr{E}_{dom}$,耗尽层电场在距离 x_D 内从 $\mathscr{E}_{dom}$ 线性减小到 $\mathscr{E}_r$ (假定在每一层内电荷分布均匀)。

5. 考虑一个忽略与转移电子有关的电场情形下的简单 RST 模型。假设如图所示的周期性多层结构,其窄带隙层厚度为 d_1,宽带隙层的厚度为 d_2。层中有效质量和迁移率分别为 m_1、m_2、μ_1 和 μ_2,且 $\mu_1 > \mu_2$。每个电子到晶格的能量损失的速率与 $(T_e - T)/\tau$ 成正比,其中两个层的 τ 相同。此外,假设两个层的有效电子温度 T_e 也一样,因此,当电子在两层之间跳跃时,平均来看能量没有转移。总的电子密度固定,$n = n_1 + n_2$ 为常数。

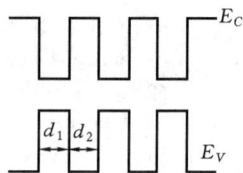

题 5 图

(a)推导能量平衡公式。

(b)用 T_e 和势垒高度 ϕ 表示 n_1/n_2。

(c)用参数形式,$\mathscr{E} = \mathscr{E}(T_e)$,$J = J(T_e)$ 推导电流-电场特性,并在参数的一定范围内画出 $J(\mathscr{E})$。在源漏电流-电场特性中获得高 NDR 的必要条件是什么?

6. 在一 RST 器件中,集电极电流可以表示为 $I_c = A\exp(-\phi/kT_e)$,其中 A 为常量,ϕ 为势垒高度,T_e 为电子温度。假定 $(T_e - T)/T = BV_{SD}^m$,其中 T 为晶格温度,B 和 m 为常量,V_{SD} 为源漏电压。

(a)证明 $f \equiv \left(V_{SD} \dfrac{\mathrm{d}\ln J_c}{\mathrm{d}\ln V_{SD}}\right)^{-1} = \dfrac{kT_e}{m\phi}\left(\dfrac{T_e}{T_e - T}\right)$。

(b)证明,当 $T_e \gg T$ 时,f 对 V_{SD}^m 曲线的一部分为直线。

7. 一实空间转移器件,热电子注入曲线如图 10.21 和 10.22 所示(见《高速半导体器件》439 - 440 页,施敏,Wiley,1990)。估算在 $V_{sub} = 0.25$ V 和 $V_{SD} = -0.448$ V 时的势垒高度 ϕ(以 eV 为单位)。

8. 一实空间转移晶体管(图 10.22),本征层(i-AlGaAs)的厚度为 $0.1\ \mu m$。若能量弛豫时间为 1 ps,载流子渡越 i 区的速度为 10^7 cm/s,估算器件的截止频率。

9. 对于如图所示的 CHINT 逻辑,画出真值表并证明这是一个同或逻辑,即只有源和漏的电平相同时,输出电压才为高。

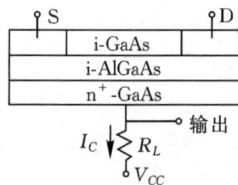

题 9 图

10. 一常规 CHINT,发射区沟道和集电区(第二个导电层)均为 n 型。用 p 型集电区代替 n 型集电区,可以实现一个新颖的光发射器件。可以用下列晶格匹配层制造该器件:$1\ \mu m$ p 型 AlInAs(3×10^{18} cm^{-3},$E_g = 1.5$ eV)50 nm p 型 GaInAs(10^{17} cm^{-3}),200 nm 不掺杂 AlInAs 势垒,50 nm n 型 GaInAs(10^{17} cm^{-3}),2.5 nm n 型 AlInAs(10^{19} cm^{-3})。画出从顶层 AlInAs(2.5 nm)层到底层 AlInAs $1\ \mu m$ 层热平衡时的能带图($\Delta E_c = 0.53$ eV,$\Delta E_v = 0.27$ eV)。在图中标出所有的禁带宽度和层的厚度。求出发射光的波长。

第11章

晶闸管和功率器件

11.1　引言

通常我们把功率半导体器件按照功能分成两类。第一种作为**开关**来控制输送到负载的功率。在这种情况下,仅仅有两种极端状态是决定性的,即理想的**开态**应该是短路的,而**关态**应该是开路的。第二种是作为功率**放大器**来放大交流信号。在这种情况下,电流增益(在势效应晶体管中)或者跨导(在场效应晶体管中)是很重要的。对于功率应用,这两类器件都必须承受高电压和大电流。晶闸管是开关应用中一个很好的例子,它具有 S 型的负微分电阻。因为"snap back"效应和相关非线性效应,晶闸管不能用作功率放大器。另一方面,具有光滑 *I-V* 特性的功率晶体管可以用作开关。本章所讨论的大多数器件都与晶闸管有关,它们仅仅是作为有效的开关器件。既能用作开关又能作为功率放大器使用的器件是本章最后提到的绝缘栅双极晶体管(IGBT)和静电感应器件。

本章仅涵盖与前几章工作原理不同的功率器件。在功率应用中,也普遍使用基于 MOSFET、JFET、MESFET、MODFET 和双极晶体管等功率器件。但是,它们的工作原理并不需要再论述。这些器件在功率应用中的主要不同之处在于其结构的不同,功率器件通常具有更大的尺寸、更好的热沉,有时候也采用其它的半导体材料制造。

表 11.1 中比较了适合于制作功率器件的半导体材料,表中列出了最重要的材料参数。宽禁带材料通常具有低的电离率,这导致弱的碰撞电离和高击穿电压。迁移率和饱和速度是器

表 11.1　功率应用中的半导体材料之比较

特性	Si	GaAs	SiC(4H)	GaN
禁带宽度(eV)	1.12	1.42	3.0	3.4
介电常数	11.9	12.9	10	10.4
击穿场强(V/cm)	$\approx 3 \times 10^5$	$\approx 4 \times 10^5$	$\approx 4 \times 10^6$	$\approx 4 \times 10^6$
饱和速度(cm/s)	1×10^7	0.7×10^7	2×10^7	1.5×10^7
峰值速度(cm/s)	1×10^7	2×10^7	2×10^7	$>2 \times 10^7$
电子迁移率($cm^2/V \cdot s$)	1350	6000	800	1000*
热导率(W/cm · ℃)	1.5	0.46	4.9	1.7

* 调制掺杂沟道

件速度所必须考虑的因素。高热导率可以增强热传导效果并提高器件的功率水平。在所列出的材料中,SiC 和 GaN 具有最好的特性组合,其唯一的缺陷是材料的生长技术不成熟(可靠性或重复性很差),成本很高。

11.2　晶闸管的特性

晶闸管的名称适用于表现这样一大类半导体器件,此类器件呈现出双稳态特性并能在**关态**(高阻抗、小电流)与开态(低阻抗、大电流)之间切换。晶闸管的工作原理与电子和空穴均参与输运过程的双极晶体管有密切联系。**晶闸管**一词来源于真空管-**气体闸流管**,因为这两类器件的电学特性在许多方面十分类似。

按照 Shockley 在 1950 年提出的"钩状"集电极概念[1],Ebers 用两晶体管模拟法解释由多层 p-n-p-n 构成的晶闸管的基本特性[2]。Moll 等人[3]在 1956 年报道了详细的器件原理和第一个能工作的两端 p-n-p-n 器件。他们的工作成为以后晶闸管研究的基础。随后,Mackintosh[4]、Aldrich 和 Holonyak[5]等在 1958 年进行了采用第三端电极控制开关过程的研究。由于晶闸管有两个稳态(**开态和关态**)且在这两个状态下功耗很低,因而从家用电器的速度控制到高压输电线配电和功率转化,晶闸管都找到独特的用途。目前,晶闸管的电流额定值从数 mA 到 5 kA 以上,电压额定值超过 10 kV。在参考文献 6~10 中可以找到对晶闸管工作和制造工艺的全面评述。

图 11.1 是晶闸管基本结构的示意图。它是一个四层 p-n-p-n 器件,有三个串联的 p-n 结 J1、J2 和 J3。典型掺杂分布如图 11.1(b)所示。请注意,n1 层(n 基区)比其它区厚得多,且掺杂浓度最低以实现高击穿电压。外侧 p 型层上的电极接触称为阳极,外侧 n 型层的电极接触称为阴极。栅极(也称作基极)连到内部 p 型层(p 基区)。这种三端器件通常称为半导体可控整流器(SCR),或简称为晶闸管。若没有栅极,器件就作为两端 p-n-p-n 二极管,或肖克莱二极管运用。

图 11.2 是晶闸管的基本电流-电压特性,此特性曲线有许多复杂的区域。在区域 0 - 1,器件处于正向阻断状态,或阻抗极高的关态。正向转折(或开关)发生在 $dV_{AK}/dI = 0$ 处,此处对应的电压和电流分别定义为正向转折电压 V_{BF} 和开关电流 I_s(亦称为导通电流)。区域 1 - 2

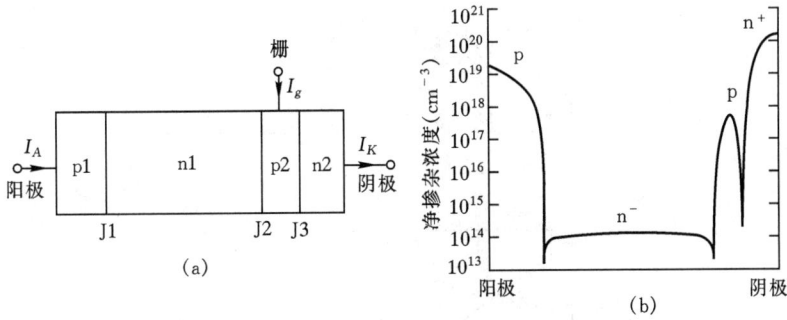

图 11.1　(a)晶闸管结构示意图；它有三个串联的 p-n 结 J1，J2 和 J3；(b)典型掺杂分布

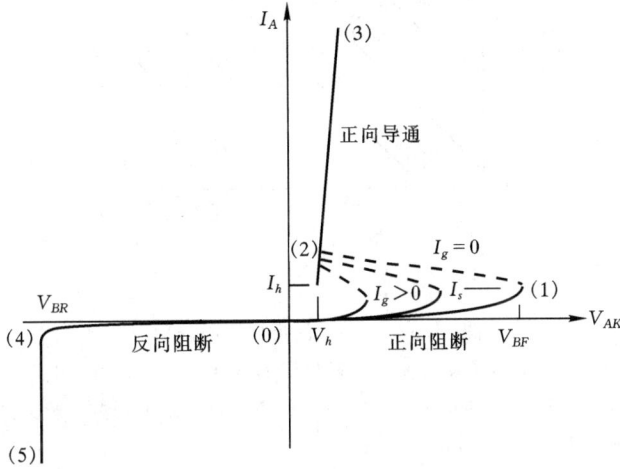

图 11.2　晶闸管的电流-电压特性。开关电压 V_{BF} 可以通过栅极电流 I_g 来降低

是负阻区，区域 2-3 是正向导通模式或开态。在点 2，dV_{AK}/dI 再次等于 0，此点的电流和电压分别定义为维持电流 I_h 和维持电压 V_h。在区域 0-4 为反向阻断状态，区域 4-5 为反向击穿区。请注意，开关电压 V_{BF} 随栅极电流 I_g 变化。对于一个两端肖克莱二极管，其电流-电压特性曲线等效于栅极开路或者 $I_g = 0$ 时的晶闸管特性曲线。

　　因此，在正向区工作的晶闸管是一种能够从高阻抗、小电流的关态转变为低阻抗、大电流的开态，或进行相反转换的双稳态器件。在本节，我们考虑图 11.2 所示的晶闸管基本特性，即反向阻断、正向阻断和正向传导模式。

11.2.1　反向阻断

　　雪崩击穿和耗尽层穿通是限制反向击穿电压和正向转折电压的两个基本因素。在反向阻断模式中，所加的阳极电压对阴极为负；结 J1 和 J3 为反向偏置，而 J2 为正向偏置。对于图 11.1(b)所示的掺杂分布，大部分外加反向电压降在 J1 和 n1 区上（图 11.3(a)）。击穿的机理取决于 n1 层的厚度 W_{n1}。若击穿时的耗尽层宽度小于 W_{n1}，击穿由雪崩倍增引起；若整个宽度 W_{n1} 首先被耗尽层填充，使得结 J1 有效地与 J2 短路，则击穿由穿通引起。

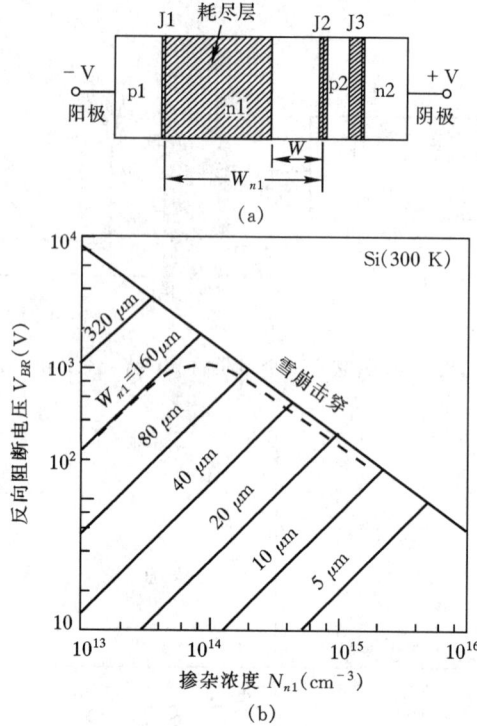

图 11.3　晶闸管的反向阻断能力

(a)器件尺寸,显示出了反向偏置下耗尽层的宽度;(b)反向阻断电压的限制:

雪崩击穿(顶部)和穿通(平行线)。W_{n1} 和 N_{n1} 分别是 n1 层的宽度和掺杂。

虚线对应的 $W_{n1} = 160\ \mu m$

对于 p1 区重掺杂的单边突变硅 p^+n 结,室温下的雪崩击穿电压为[8,11](参见式 104),

$$V_B \approx 6.0 \times 10^{13} (N_{n1})^{-0.75} \tag{1}$$

式中,N_{n1} 为 n1 区的掺杂浓度,单位 cm^{-3}。单边突变结的穿通电压为

$$V_{PT} = \frac{q N_{n1} W_{n1}^2}{2\varepsilon_s} \tag{2}$$

图 11.3(b)给出了硅晶闸管反向阻断能力的基本限制[12]。例如,当 $W_{n1} = 160\ \mu m$ 时,最大击穿电压约为 1 kV,对应的 N_{n1} 约为 $8 \times 10^{13}\ cm^{-3}$。对于较低的掺杂,击穿电压受穿通限制,而对于较高的掺杂,击穿电压受雪崩倍增限制。

因为 p-n-p 晶体管的电流增益,受雪崩击穿限制的实际反向阻断电压要低于一个简单 p-n 结的击穿电压。这类似于双极晶体管击穿电压的分析。反向阻断条件对应于共发射极组态的条件,即 $M = 1/\alpha_1$(第 5 章(式 45)),这里 M 为雪崩倍增因子,α_1 为 p-n-p 双极晶体管共基极电流增益。击穿电压为

$$V_{BR} = V_B (1 - \alpha_1)^{1/n} \tag{3}$$

式中,V_B 为 J1 结的雪崩击穿电压,n 为常数(对 p^+n 二极管,约等于 6)。因为 $(1 - \alpha_1)^{1/n}$ 小于 1,晶闸管的反向击穿电压将小于 V_B。我们可以估计一下 α_1 对 V_{BR} 的影响。对大多数实际情况,因为 P2 区(发射极)重掺杂,故注入效率 γ 接近于 1。因此,电流增益约等于输运因子 α_T:

$$\alpha_1 = \gamma \alpha_T \approx \alpha_T \approx \text{sech}\left(\frac{W}{L_{n1}}\right) \tag{4}$$

式中，L_{n1} 为 n1 区的空穴扩散长度，W 为 n1 中性区的宽度

$$W = W_{n1}\left(1 - \sqrt{\frac{V_{AK}}{V_{PT}}}\right) \tag{5}$$

当 W_{n1} 和 L_{n1} 给定时，比值 W/L_{n1} 将随反向电压的增加而减少。因此，当反向电压趋近于穿通极限时，基区输运因子 α_T 变得更加重要。图 11.3 给出了 $W_{n1} = 160~\mu m$，$L_{n1} = 150~\mu m$ 时反向阻断电压的实例（虚线）。请注意，当 n1 区掺杂低时，V_{BR} 趋近于 V_{PT}。随着掺杂浓度的增加，由于 W/L_{n1} 为有限值，V_{BR} 总是稍低于 V_B。

中子嬗变掺杂　大功率高电压晶闸管有很大的面积，常常是整个晶片（直径为 100 mm 乃至更大）只做一个器件。这样的尺寸对原材料的均匀性有严格的要示。为了得到严格的电阻率容差和均匀分布的掺杂剂，采用了中子嬗变掺杂[13]。通常应用平均电阻率远远超过所需电阻率的浮带区熔硅片，然后用热中子辐照硅片，首先产生不稳定的硅同位素。硅同位素转变为原子序数更高的新元素，此情形时，转变为硅中的施主杂质－磷。中子嬗变过程表示如下：

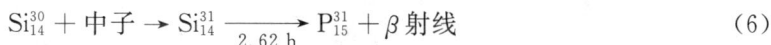

$$\text{Si}_{14}^{30} + \text{中子} \rightarrow \text{Si}_{14}^{31} \xrightarrow{2.62~h} \text{P}_{15}^{31} + \beta~\text{射线} \tag{6}$$

第二个反应发射 β 射线，半衰期为 2.62 小时。因为中子在硅中的穿透范围非常大，约为 100 cm，故在整个硅片内掺杂非常均匀。在图 11.4 中采用扩展电阻测量比较了硅常规掺杂与中子辐照掺杂两种工艺的横向宏观电阻率分布。常规掺杂电阻率变化约为 ±15%，而中子辐射掺杂电阻率变化约为 ±1%。

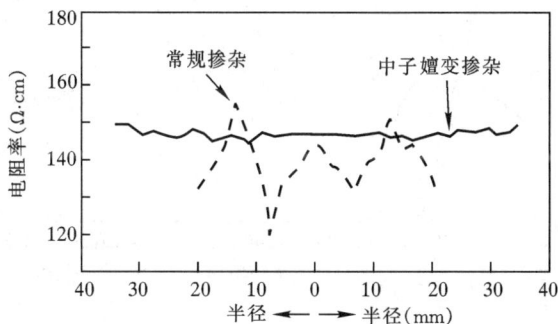

图 11.4　硅中常规掺杂和中子辐照掺杂杂质均匀性的比较（参考文献 4）

倾斜角结构　为了最大限度提高晶闸管的击穿电压，通常采用扩散法或注入法所形成的平面结，这是因为柱面结和球面结的击穿电压低（参照第 2 章 2.4.3 节）。即便对平面结而言，在结终端的边缘仍然会提前击穿。采用适当的倾斜角结构后，可使表面电场可大大低于体内电场，从而保证击穿在体内均匀发生。

图 11.5 给出了倾斜角结构。结的截面积从重掺杂一侧向轻掺杂一侧递降（图 11.5(a)）定义为正倾斜角。结的截面积沿上述方向递增为负倾斜角（图 11.5(b)）。两种倾斜角晶闸管结构如图 11.5(c) 和 11.5(d) 所示。图 11.5(c) 中的结 J2 和 J3 有负倾斜角，而结 J1 有正倾斜角。图 11.5(d) 中所有三个结均有正倾斜角[15]。

对于正倾斜结，一级近似下，表面电场降低 $\sin\theta$ 倍。图 11.6 给出了 $p^+ n$ 结加 600 V 反向

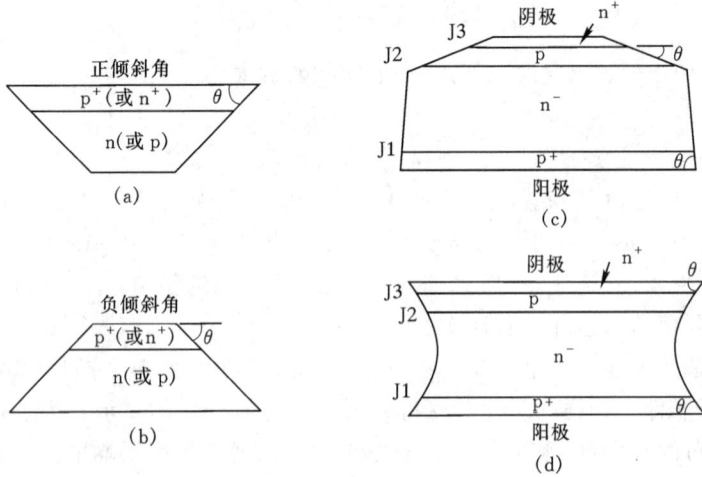

图 11.5　(a)有正倾斜角的 pn 结；(b)有负倾斜角的 p-n 结；(c)有两个负
　　　　倾斜角(J2,J3)和一个正倾斜角(J1)的晶闸管；(d)有三个正倾斜
　　　　角的晶闸管

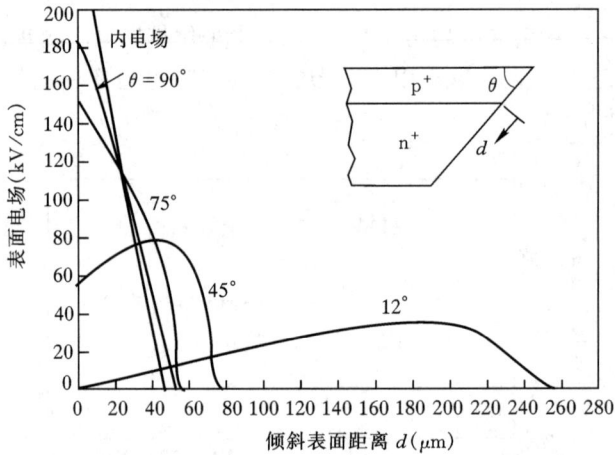

图 11.6　插图所示的正倾斜角器件，沿倾斜方向的表面电场(参考文献 16)

偏压时用两维泊松方程计算得到的电场值。图中给出了体内的内电场。请注意，倾斜表面的
峰值电场总是小于体内峰值电场，峰值电场随倾斜角的减少而降低，随着倾斜角的减少，峰值
电场位置移动到轻掺杂区。正倾斜结的击穿电压由内部的结决定，因为此时边缘效应并不会
提前击穿。

　　对于负倾斜结，趋势要更加复杂，变化并不单一。图 11.7 给出了表面峰值电场随负倾斜
角的变化曲线。可以看到，对于大部分角，倾斜边缘的峰值电场高于内部结的峰值电场。但
是，如果负倾斜角足够小，表面峰值电场又会下降。为了使得表面峰值电场小于内部电场，要
求负倾斜角小于 20°。

　　总而言之，为了避免边缘效应所引发的击穿，倾斜角或者为正，或者取小于 20°的负角。
回到晶闸管的结构，图 11.5(c)是一种常用的设计，其中，J2 结和 J3 结为小负倾斜角。因为所

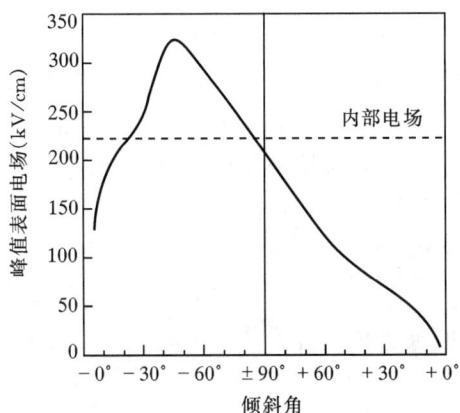

图 11.7　倾斜角为正和负时倾斜表面的峰值电场(参考文献 16)

有三个结都是正倾斜角,所以图 11.5(d)是一种更为理想的结构。然而这种结构的制作非常困难,所以并不常用。

11.2.2　正向阻断

在正向阻断时,阳极相对于阴极的电压为正,只有中心结 J2 处于反向偏置。结 J1 和 J3 为正向偏置。大部分外加电压降在 J2 上($V_{AK} \approx V_2$)。为了理解正向阻断特性,我们将应用两晶体管模拟法[2]。如图 11.8 所示,晶闸管可看成一个 p-n-p 和一个 n-p-n 晶体管的互连,这两个晶体管中每一个的集电区同时就是另一个晶体管的基区。中心结 J2 既收集来自结 J1 的空穴又收集来此结 J3 的电子。

对于 p-n-p 晶体管,发射极电流 I_E、集电极电流 I_C、基极电流 I_B 和直流共基极电流增益 α_1 之间的关系为

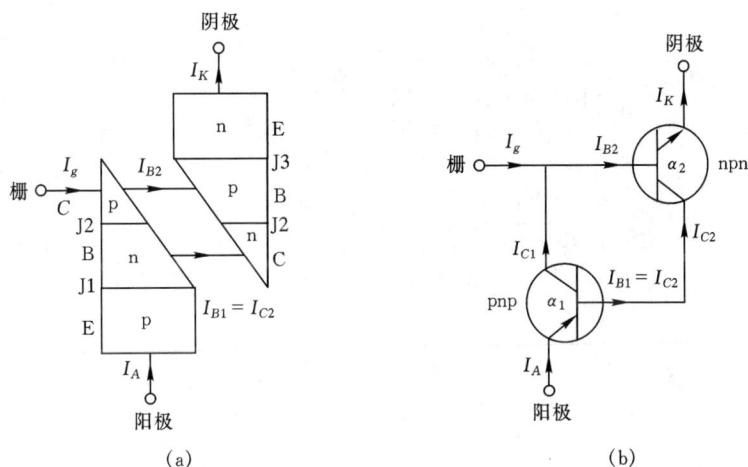

(a)　　　　　　　　　　　　　　　(b)

图 11.8　(a)三端晶闸管的两晶体管近似,分成(但实际上是相连的)p-n-p
和 n-p-n 晶体管;(b)晶闸管采用晶体管记号的电路表示

$$I_C = \alpha I_E + I_{CO} \tag{7}$$

$$I_E = I_C + I_B \tag{8}$$

式中 I_{∞} 为集电极-基极反向饱和电流。对于 n-p-n 晶体管也能得到类似的关系，只是各电流方向相反。从图 11.8(b)明显可见，n-p-n 晶体管的集电极电流给 p-n-p 晶体管提供基极驱动电流。而 p-n-p 晶体管的集电极电流与控制极电流 I_g 一起给 n-p-n 晶体管提供基极驱动电流。因此，当总的环路增益大于 1 时，出现再生情形。

p-n-p 晶体管的基极电流为

$$I_{B1} = (1 - \alpha_1)I_A - I_{CO1} \tag{9}$$

此电流由 n-p-n 晶体管的集电极提供。直流共基极电流增益为 α_2 的 n-p-n 晶体管，其集电极电流为

$$I_{C2} = \alpha_2 I_K + I_{CO2} \tag{10}$$

令 I_{B1} 等于 I_{C2}，又因为 $I_K = I_A + I_g$，得到

$$I_A = \frac{\alpha_2 I_g + I_{CO1} + I_{CO2}}{1 - (\alpha_1 + \alpha_2)}, \quad (\alpha_1 + \alpha_2) < 1 \tag{11}$$

后面将会看到 a_1 和 a_2 均为电流 I_A 的函数，通常随电流的增加而增加。式(11)给出了器件直至转折电压的静态特性。在转折点以外，该器件起 p-i-n 二极管的作用。请注意，式(11)分子中的所有电流分量都很小，因此，除非 $(\alpha_1 + \alpha_2)$ 趋近于 1，否则 I_A 是很小的。当 $(\alpha_1 + \alpha_2)$ 趋近于 1 时，式(11)的分母趋近于零，将发生正向转折或开关作用。

正向转折电压　在一级近似下，式(11)给出了一个不依赖于 V_{AK} 的恒定电流。假如 V_{AK} 继续增加，不仅 α_1 和 α_2 会增大到 $(\alpha_1 + \alpha_2) = 1$，而且高电场也能够引起载流子倍增。电流增益和倍增效应的交互作用将决定开关条件和转折电压 V_{BF}。为了得到 V_{BF}，我们考虑图 11.9 所示的普遍情形的晶闸管。图中已经给出了电压和电流的参考方向。假设器件的中心结 J2 保持反向偏置。我们还假设 J2 结上的电压降 V_2 足以使载流子穿越耗尽区时产生雪崩倍增。用

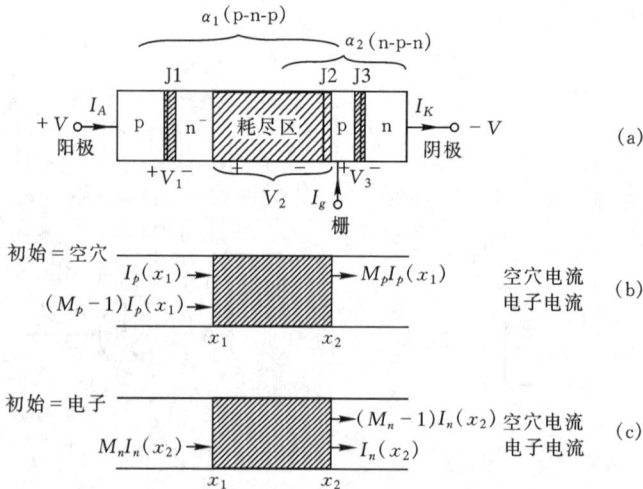

图 11.9　高的正向偏置下的晶闸管

(a)当 J2 处于反偏时，在 J2 结的耗尽区发生雪崩倍增；(b)、(c)来自于初级的相反类型的载流子也产生了电流

M_n 表示电子的倍增因子, M_p 表示空穴的倍增因子,二者均为 V_2 的函数。由于倍增作用,在 x_1 处进入耗尽区的稳态空穴电流 $I_p(x_1)$ 在 $x=x_2$ 处变成 $M_p I_p(x_1)$。在 x_2 处进入耗尽层的电子电流 $I_n(x_2)$ 有类似的结果。流过 J2 结的总电流为

$$I = M_p I_p(x_1) + M_n I_n(x_2) \tag{12}$$

由于 $I_p(x_1)$ 实际上是 p-n-p 晶体管集电极电流,我们将 $I_p(x_1)$ 表示成式(7)的形式

$$I_p(x_1) = \alpha_1(I_A)I_A + I_{CO1} \tag{13a}$$

同样,电子的初始电流 $I_n(x_2)$ 为

$$I_n(x_2) = \alpha_2(I_K)I_K + I_{CO2} \tag{13b}$$

将式(13a)和式(13b)代入式(12),得到

$$I = M_p[\alpha_1(I_A)I_A + I_{CO1}] + M_n[\alpha_2(I_K)I_K + I_{CO2}] \tag{14}$$

如果假定 $M_p = M_n = M$, M 是 V_2 的函数,那么式(14)简化为

$$I = M(V_2)[\alpha_1(I_A)I_A + \alpha_2(I_K)I_K + I_0] \tag{15}$$

式中, $I_0 = I_{CO1} + I_{CO2}$

在 $I_g = 0$ 的特定条件下,有 $I = I_A = I_K$。式(15)简化为

$$I = M(V_2)[\alpha_1(I)I + \alpha_2(I)I + I_0] \tag{16}$$

当 $I \gg I_0$ 时,上式可以进一步简化成下面这个熟悉的形式

$$M(V_2) = \frac{1}{\alpha_1 + \alpha_2} \tag{17}$$

倍增因子 M 与结击穿电压 V_B 之间的经验公式为

$$M(V_2) = \frac{1}{1 - (V_2/V_B)^n} \tag{18}$$

(见 5.2.3 节), n 是常数。现在我们能够从式(17)和式(18)得到正向转折电压($V_{AK} \approx V_2$);

$$V_{BF} = V_B(1 - \alpha_1 - \alpha_2)^{1/n}, \quad (\alpha_1 + \alpha_2) < 1 \tag{19}$$

与反向击穿电压 $V_{BR} = V_B(1 - \alpha_1)^{1/n}$ 比较表明, V_{BF} 总是小于 V_{BR}。当($\alpha_1 + \alpha_2$)值很小时, V_{BF} 实质上与图 11.3 所示的反向击穿电压相同;当($\alpha_1 + \alpha_2$)值接近 1 时,转折电压要比 V_{BR} 小得多。

阴极短路 在现代的肖克莱二极管和晶闸管的设计中,常常采取阴极短路来改善器件的性能[7,8]。图 11.10(a)是阴极与 p2 区短路的晶闸管的示意图。图 11.10(b)为两晶体管等效电路示意图,总的阴极电流 I_K 是发射极电流 I_{E2} 和旁路电流 I_{st} 之和。旁路电阻 R_{st} 来源于 p 区的接触电阻和体电阻,其大小取决于器件的结构。旁路的作用是减小 n-p-n 管的增益,这样可以用更小的有效电流增益 α_2' 代替式(19)中的 α_2,从而给出了更大的转折电压。有效电流增益表示如下:

$$\alpha_2' = \frac{I_{C2} - I_{CO2}}{I_K} = \frac{I_{C2} - I_{CO2}}{I_{E2} + I_{st}} = \frac{\alpha_2}{1 + (I_{st}/I_{E2})} \tag{20}$$

由于 I_{E2} 对基极-发射极偏压(栅极偏压)的依赖关系是非线性的, α_2' 能够从很小变化到 α_2 的原值。在 $\alpha_2' = 0$ 的极端情形下,正向转折电压变得与式(3)给出的反向阻断电压一样大。在晶闸管需要开启的时候,栅极偏压立刻对 α_2' 增加到($\alpha_1 + \alpha_2'$)=1 产生额外影响。

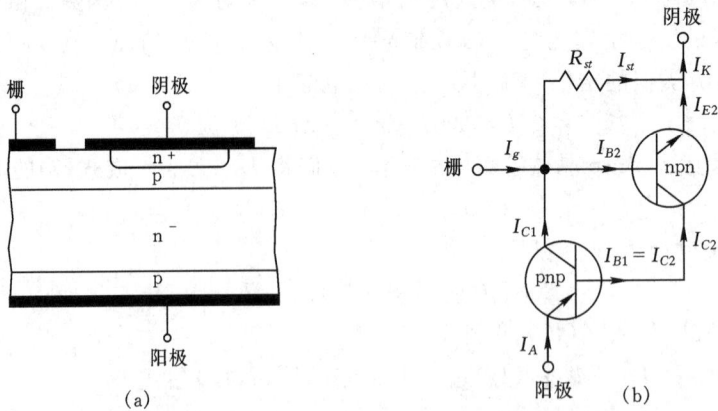

图 11.10 (a)阴极短路晶闸管;(b)两晶体管模拟的电路表示,旁路电流 I_{st} 将通过阴极短路流动

11.2.3 开启机制

$(\alpha_1 + \alpha_2)$ 判据 现在让我们回到正向阻断电流的表达式式(11)。随着 V_{AK} 的增加,流过 p-n-p 和 n-p-n 两个晶体管的总电流也会增加。大电流的增加将引起 α_1 和 α_2 的增大(见图 11.8)。增益增加又导致电流更大。由于这些过程的再生性质,器件最终转变到开态。从式(11)式中可以看出,当 $(\alpha_1 + \alpha_2) = 1$ 时,阳极电流趋于无穷大,即出现非稳态,开关过程发生。

注入栅极电流 I_g(是 n-p-n 管的基极电流)也能够引起 α_2 增大。这是图 11.2 中给出的转变电压随着栅极电流减小的原因。在极限条件下,如偏压 V_{AK} 固定,栅极也能够控制晶闸管的开启和关断。

$(\tilde{\alpha}_1 + \tilde{\alpha}_2)$ 判据 如上所述,因为电流增益 α 是电流的函数,所以它是可变的,因而存在一个和它相联系的小信号值。现在我们要说明当小信号 $\tilde{\alpha}$ 之和达到 1 时(这种情况经常在直流值达到 1 之前就发生了[17]),开关过程将开始发生。让我们考虑栅极电流 I_g 增加一个微小量 ΔI_g 将会产生什么结果。ΔI_g 将使 I_A 和 I_K 都产生增量,但它们增量的差值应严格地等于 ΔI_g:

$$\Delta I_K - \Delta I_A = \Delta I_g \tag{21}$$

小信号 $\tilde{\alpha}$ 定义为

$$\tilde{\alpha}_1 \equiv \frac{dI_{C1}}{dI_A} = \lim_{\Delta I_A \to 0} \frac{\Delta I_{C1}}{\Delta I_A} \tag{22a}$$

$$\tilde{\alpha}_2 \equiv \frac{dI_{C2}}{dI_K} = \lim_{\Delta I_K \to 0} \frac{\Delta I_{C2}}{\Delta I_K} \tag{22b}$$

J2 收集的空穴电流为 $\tilde{\alpha}_1 \Delta I_A$,电子电流为 $\tilde{\alpha}_2 \Delta I_K$。令阳极电流的改变量与通过结 J2 电流的改变量相等,得到

$$\Delta I_A = \tilde{\alpha}_1 \Delta I_A + \tilde{\alpha}_2 \Delta I_K \tag{23}$$

将式(23)代入式(21),得到

$$\frac{\Delta I_A}{\Delta I_g} = \frac{\tilde{\alpha}_2}{1 - (\tilde{\alpha}_1 + \tilde{\alpha}_2)} \tag{24}$$

当 $(\tilde{\alpha}_1 + \tilde{\alpha}_2)$ 变为 1 时,器件是非稳定的,因为从式中可以看出,I_g 的微小增量将引起 I_A 的

无限增加。虽然在以上分析中用到的只是栅极电流,但温度或电压的稍许增加也会产生同样的效应。

下面我们推导小信号 $\tilde{\alpha}$,并说明它大于直流 α。在这种情形下,$(\tilde{\alpha_1}+\tilde{\alpha_2})=1$ 首先发生。晶体管的共基极直流电流增益为

$$\alpha = \alpha_T \gamma \tag{25}$$

式中,α_T 为输运因子,定义为到达集电结的注入电流与发射极注入电流之比,γ 为发射效率,定义为注入少子电流与总的发射极电流之比。将式(7)对发射极电流微分,得到小信号 $\tilde{\alpha}$:

$$\tilde{\alpha} \equiv \frac{\mathrm{d}I_C}{\mathrm{d}I_E} = \alpha + I_E \frac{\mathrm{d}\alpha}{\mathrm{d}I_E} \tag{26}$$

将式(25)代入式(26),得到

$$\tilde{\alpha} = \gamma\left(\alpha_T + I_E \frac{\mathrm{d}\alpha_T}{\mathrm{d}I_E}\right) + \alpha_T I_E \frac{\mathrm{d}\gamma}{\mathrm{d}I_E} \tag{27}$$

α_T 和 γ 的最简单近似式为(见第 5 章)

$$\alpha_T = \frac{1}{\cosh(W/L_p)} \approx 1 - \frac{W^2}{2L_p^2} \tag{28}$$

$$\gamma \approx \frac{1}{1 + (N_B W / N_E W_E)} \tag{29}$$

式中,W 为基区宽度(图 11.3(a)),L_p 是基区少子的扩散长度,N_B 和 N_E 分别为基区掺杂浓度和发射区掺杂浓度,W_E 是发射区长度。为了得到小的 α 值以获得大的 V_{BF},必须采用大的 W/L_p 和 N_B/N_E 值。

为了研究直流 α 和小信号 $\tilde{\alpha}$ 与电流的关系,我们必须同时考虑扩散和漂移电流分量,进行更详细的计算。我们分析晶闸管的 p-n-p 管部分。基区的空穴电流可根据下面的公式进行计算:

$$I_p(x) = qA_s\left(p_n\mu_p\mathcal{E} - D_P \frac{\mathrm{d}p_n}{\mathrm{d}x}\right) \tag{30}$$

式中 A_s 为结面积。基区的连续方程为

$$\frac{\partial p_n}{\partial t} = D_p \frac{\partial^2 p_n}{\partial x^2} - \frac{p_n - p_{no}}{\tau_p} - \mu_p\mathcal{E}\frac{\partial p_n}{\partial x} \tag{31}$$

其边界条件为:$p_n(x=\text{J1})=p_{no}\exp(\beta V_1)$,其中,$\beta \equiv q/kT$;$p_n(x=\text{J2})=0$。式(31)满足这些边界条件的稳态解为[18]

$$\begin{aligned}
p_n(x) = p_{no}\{&\exp(\beta V_1)\exp[(C_1+C_2)x] - \\
&[\exp(\beta V_1)\exp(C_2 W) + \exp(-C_1 W)]\exp(C_1 x)\operatorname{csch}(C_2 W)\sinh(C_2 x)\}
\end{aligned} \tag{32}$$

式中

$$C_1 \equiv \frac{\mu_p\mathcal{E}}{2D_p} \tag{33}$$

$$C_2 \equiv \sqrt{\left(\frac{\mu_p\mathcal{E}}{2D_p}\right)^2 + D_p\tau_p} \tag{34}$$

从式(30)~式(32),得到输运因子为

$$\alpha_T \equiv \frac{I_p(x=\text{J2})}{I_p(x=\text{J1})} = \frac{C_2\exp(C_1 W)}{C_1\sinh(C_2 W) + C_2\cosh(C_2 W)} \tag{35}$$

发射效率为

$$\gamma \equiv \frac{I_{pE}}{I_{pE} + I_{nE} + I_r} \approx \frac{I_{pE}}{I_{pE} + I_r} = \frac{I_{po}\exp(\beta V_1)}{I_{po}\exp(\beta V_1) + I_R\exp(\beta V_1/m)} \qquad (36)$$

式中,I_{pE} 和 I_{nE} 分别为从发射极注入的空穴电流和电子电流,I_r 为空间电荷复合电流,其表达式为 $I_R\exp(\beta V_1/m)$,其中,I_R 和 m 为常数(通常,$1<m<2$),另外,

$$I_{po} = qD_pA_s p_{no}[C_1 + C_2\coth(C_2 W)] \qquad (37)$$

对于图 11.1(b) 的掺杂分布,$p_{po}(p1) \gg n_{n0}(n1)$,式(36)中的电流 I_{nE} 可以忽略。

我们现在可从式(35)和(36)计算 α_1 与发射极电流的关系。另外,我们可将式(27)、式(35)、式(36)联立得到小信号 $\tilde{\alpha}$。当采取类似于图 11.1(b) 所示的掺杂分布以及若干典型的硅参数时[18],结果如图 11.11 所示。请注意,对于图示的电流范围,小信号 $\tilde{\alpha}$ 总是大于直流 α。中性基区宽度与扩散长度之比 W/L_p 是确定增益随电流变化的一个重要器件参数。当 W/L_p 值很小时,输运因子 α_T 与电流无关,增益仅通过发射效率随电流变化。这一条件适用于器件的窄基区宽度部分(n-p-n 段)。当 W/L_p 值很大时,输运因子和发射效率均为电流的函数(p-n-p 段)。因此,增益值原则上可通过选择合适的扩散长度和掺杂分布使之落在所需的范围。

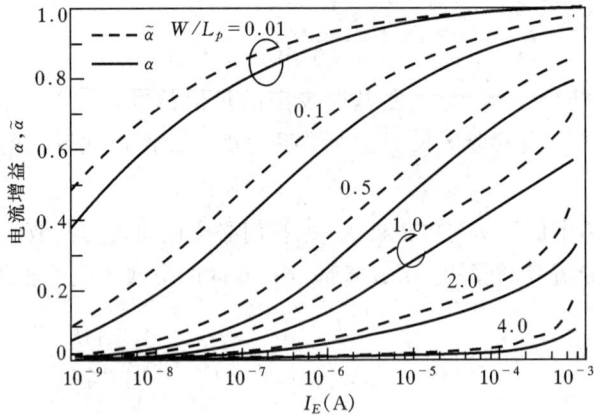

图 11.11　不同基区宽度/扩散长度比值下晶体管小信号 $\tilde{\alpha}$ 和直流 α 与发射极电流的关系曲线。所用参数为:$A_s = 0.16$ mm^2,$L_p = 25.5$ μm(参考文献 18)

dV/dt 触发　在瞬态条件下,当电压远低于转折电压时,正向阻断的晶闸管能转变到其开态。这一不期望出现的效应称为 dV/dt 触发(V 即 V_{AK}),此效应在瞬态时能使晶闸管误导通。dV/dt 效应是快速变化的阳极电压引起通过 J2 结上的位移电流 $C_2 dV_{AK}/dt$ 所致(C_2 为 J2 结的耗尽层电容)。此位移电流扮演着栅极电流的角色。它使小信号电流增益增加,使 $(\tilde{\alpha}_1 + \tilde{\alpha}_2)$ 趋近于 1,从而发生开关作用。在功率晶闸管中,dV/dt 的额定值必须很高以避免误触发。

dV/dt 触发的起因解释如下。因为在正向阻断状态,V_{AK} 大部分降落在 J2 结上,V_{AK} 的变化将引起 J2 结耗尽宽度的改变。为了响应此变化,J2 结两侧多数载流子将发生流动,从而产生位移电流。这意味着 n1 区的电子和 p2 区的空穴将分别对发射结 J1 和 J3 产生影响。这些电流使得小信号电流增益 $\tilde{\alpha}_1$ 和 $\tilde{\alpha}_2$ 增大。

为了提高 dV/dt 的额定值,可使控制极-阴极反向偏置,此时位移电流被控制极从 p2 区拉出,它对 n-p-n 晶体管的电流增益没有影响。也可以降低 n1 和 p2 区的寿命以降低任何电流

下的 α;但是,以此种方法降低 α 将使正向传导模式变差。

改善 dV/dt 额定值的一种有效方法是采用阴极短路[19],如图 11.10 所示。位移电流(空穴)被短路区旁路,因此位移电流不会影响 n-p-n 晶体管的 α_2。阴极短路可大大提高 dV/dt 能力。典型情况是,在没有阴极短路的晶闸管中,dV/dt 的额定值为 20 V/μs。对于有阴极短路的器件,dV/dt 可增加 10~100 倍,乃至更高。

11.2.4　正向导通

图 11.12 给出了正向阻断的关态和正向导通的开态之间的开关过程。在平衡态,每一个结都存在一个耗尽区,其内建势由杂质分布决定。当阳极加正电压时,J2 结倾向于变成反向偏置,而 J1 和 J3 结为正向偏置。阳极-阴极间的电压降等于结上压降的代数和:

$$V_{AK} = V_1 + V_2 + V_3 \tag{38}$$

实现开关动作后,通过器件的电流必须受外负载电阻限制;否则,若电源电压足够高,器件就要自毁。在开态,J2 从反偏变化到正偏,如图 11.12(c)所示,电压降 V_{AK} 为 $(V_1 - |V_2| + V_3)$,近似等于一个正向偏置 p-n 结的压降加一个饱和晶体管的压降。

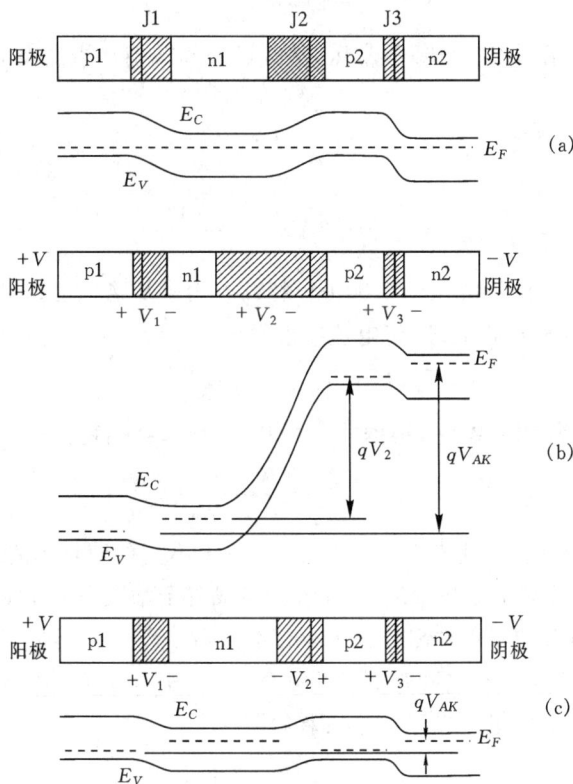

图 11.12　正向区的能带图

(a)平衡状态;(b)正向关态,大部分电压降在中心结 J2 上;(c)正向开态,所有三个结都是正偏的,注意 V_2 的崩溃和极性的改变值得指出的是,如果阳极和阴极的电压反向(即 $V_{AK} < 0$),那么 J1 和 J3 结反向偏置,而 J2 结正向偏置。在此情形时不会有开关功能,因为只有中心结起发射结的作用,没有再生过程发生。所以,在 V_{AK} 反向时,不会发生开关过程。

当晶闸管处于开态时,所有三个结均为正向偏置。空穴从 p1 区注入,电子从 n2 区注入。这些载流子充满了轻掺杂的 n1 区和 p2 区。因此,器件的特性类似于 p^+-i-n^+(p1-i-n2)二极管。

对于 i 区宽度为 W_i(W_i 为 n1 区和 p2 区的总和)的 p^+-i-n^+ 二极管,正向电流密度可用空穴和电子在 i 区内复合的速率来解释。因而,电流密度为

$$J = q \int_0^{W_i} R \mathrm{d}x \tag{39}$$

式中 R 为复合率,其表达式为[20]

$$R = A_r(n^2 p + p^2 n) + \frac{np - n_i^2}{\tau_{po}(n + n_i) + \tau_{no}(p + n_i)} \tag{40}$$

第一项来自俄歇过程,硅的俄歇系数 A_r 为 $(1 \sim 2) \times 10^{-31}\ \mathrm{cm}^6/\mathrm{s}$;第二项来自带隙中央的复合陷阱,$\tau_{po}$ 和 τ_{no} 分别为空穴和电子寿命。在大注入时,$n = p \gg n_i$,式(40)简化为

$$R = n\left(2A_r n^2 + \frac{1}{\tau_{po} + \tau_{no}}\right) \tag{41}$$

如果在整个 i 区内的载流子浓度近似为常数,从式(39)和式(41)得到电流密度为

$$J = \frac{qnW_i}{\tau_{\mathrm{eff}}} \tag{42}$$

式中有效寿命为

$$\tau_{\mathrm{eff}} = \frac{n}{R} = \left(2A_r n^2 + \frac{1}{\tau_{po} + \tau_{no}}\right)^{-1} \tag{43}$$

下面我们考察电压的依赖关系以给出 I-V 特性。为了从物理上透彻地理解,首先考察 W_i 区上的压降 V_i。按照漂移过程处理,将电流密度解释为

$$J = q(\mu_n + \mu_p)n\bar{\mathcal{E}} \tag{44}$$

式中 $\bar{\mathcal{E}}$ 为平均电场。因为 $V_i = W_i \bar{\mathcal{E}}$,根据式(42)和式(44),我们得到的压降为

$$V_i = \frac{W_i^2}{(\mu_n + \mu_p)\tau_{\mathrm{eff}}} \tag{45}$$

由于 V_i 与有效寿命成反比,因此希望较长的 τ_{eff}。对于不同的双极寿命 $\tau_a = (\tau_{po} + \tau_{no})$,$\tau_{\mathrm{eff}}$ 作为注入浓度的函数,其计算值如图 11.13 所示。当载流子浓度很低时,有效寿命等于双极寿命;然而,当载流子浓度高于 $10^{17}\ \mathrm{cm}^{-3}$ 时,因有俄歇过程,有效寿命随 n^{-2} 迅速减少。还有,当载流子浓度很高时,由于载流子之间强烈的相互作用,会引起了额外的载流子-载流子散射效应。此效应可以用下面的双极扩散系数来解释,即

$$D_a = \frac{n + p}{n/D_p + p/D_n} \tag{46}$$

式(45)可以重写为

$$V_i = \frac{2kTbW_i^2}{q(1+b)^2 D_a \tau_{\mathrm{eff}}} \tag{47}$$

式中 b 是 $\mu_n/\mu_p = D_n/D_p$。在 n 和 p 较小时,

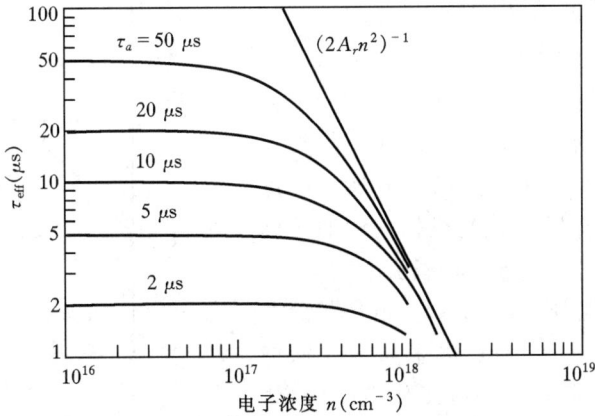

图 11.13 大注入条件下的有效寿命。τ_a 为双极寿命,A_r 为俄歇系数($=1.45$ $\times 10^{-31}$ cm^6/s)(参考文献 8)

$$D_a = \frac{2D_n D_p}{D_n + D_p} \tag{48}$$

且与载流子浓度无关。D_a 包括了载流子-载流子散射效应,它与载流子浓度的关系如图11.14 所示。从上面的讨论中我们可以看出,V_i 间接地通过 τ_{eff} 和 D_a 随着电流(或 n)增加。

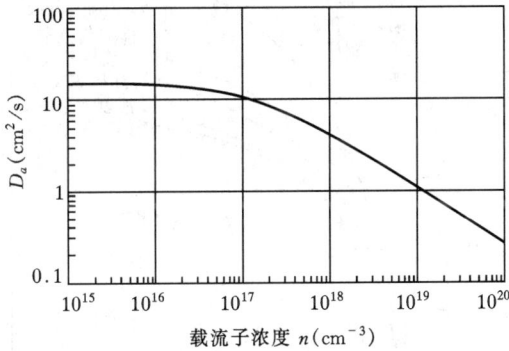

图 11.14 双极扩散系数与注入载流子浓度的函数关系(参考文献 8)

总的压降还应该包括末端区和它们的注入系数。考虑到这些效应,$I\text{-}V$ 特性关系为[8]

$$J = \frac{4qn_i D_a F_L}{W_i} \exp\left(\frac{qV_{AK}}{2kT}\right) \tag{49}$$

指数项中的因子 2 是复合过程的特性。F_L 是 W_i/L_a 的函数,其中 $L_a = (D_a \tau_a)^{1/2}$ 是双极扩散长度,图 11.15 给出了它们的关系曲线图。

从简单的复合/产生理论,我们很容易得到一个简单的方程,此方程使我们能从物理上透彻地理解。耗尽区的复合电流为

$$J_{re} = \frac{qW_i n_i}{2\tau} \exp\left(\frac{qV}{2kT}\right) \tag{50}$$

(见 2.3.2 节)。假如 W_i 与双极扩散长度相当,即 $W_i \approx \sqrt{D_a \tau}$。替换式(50)中的 τ,得到

$$J_{re} \approx \frac{qn_iD_a}{2W_i}\exp\left(\frac{qV}{2kT}\right) \qquad (51)$$

这个结果与式(49)有很大的不同。

　　考虑了各种物理机构后,对正向传导进行了数值分析。当热沉温度为 400 K 时,2.5 kV 晶闸管的一系列 *I-V* 曲线计算结果如图 11.16 所示。每条曲线的标题指出被排除的物理机构。例如,"排除载流子-载流子散射"的意思是将载流子-载流子散射从数值分析中排除掉。1 kA/cm² 电平与最大浪涌工作相联系,而 100 A/cm² 电平与最大稳态工作相联系。可以看到,在这两种工作电平中,载流子-载流子散射和俄歇复合是重要的限制机构。直至电流密度高于 1 kA/cm² 时,带隙变窄实际上

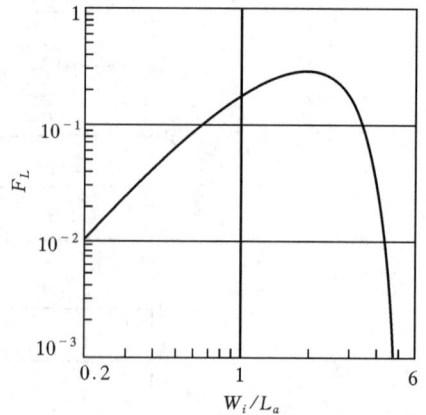

图 11.15　F_L 与 W_i/L_a 的函数关系曲线(参考文献 8)

没有影响。带隙中央陷阱复合在电平低于100 A/cm² 下变为限制因素,在浪涌电平下带隙中央陷阱复合也是重要的。当电流密度大于 500 A/cm² 时,结温效应变得很重要。最底下的曲线是考虑上述所有机构的标称情形。图中还给出了实验结果,实验结果与**标准情形**符合得很好。

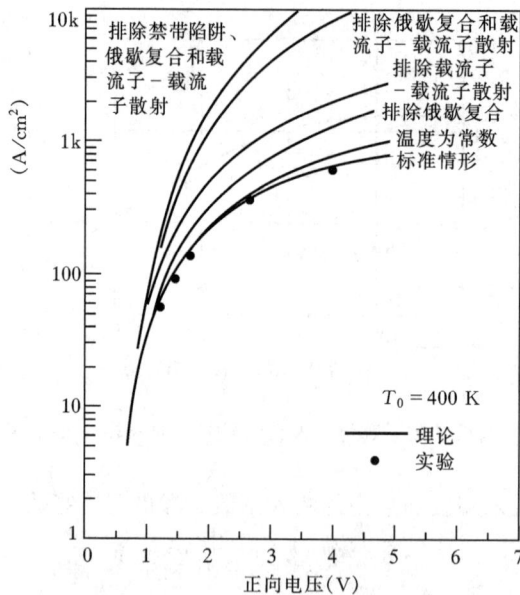

图 11.16　包括热流在内的各种物理机构对 2.5 kV 晶闸管电流-电压特性影响的理论曲线,显示出了各种物理机构的相对重要性。热导率＝50 W/cm² · K 图中也给出了实测结果(参考文献 20)

　　d*I* /d*t* 限制　在晶闸管接通过程初期,只在靠近控制极接触的一小块阴极区面积开始传导[8]。这种高传导区为接通相邻各区提供了必要的正向电流,直至传导过程扩展到整个阴极截面为止。传导过程的扩展速度是有限的,用 v_{sp} 表示扩展速度。如果在导通过程中阳极电流

增长过快,栅注入电流首先引起阴极边缘导通,并在阴极边缘产生大的电流密度。如此高的电流密度会产生热斑,且使器件永久损伤。

问题变成了总电流增长速率和有效阴极面积扩展速度(v_{sp})之间的竞争。根据功率密度可以估计热斑的局部温度,有

$$\Delta T = \frac{\text{功率}}{\text{有效阴极面积}} \propto \frac{\mathrm{d}I_A/\mathrm{d}t}{v_{sp}^k} \tag{52}$$

常数 k 依赖于栅极和阴极的几何图形。对于线性阴极条,$k \approx 1$,对于环形、同心结构栅极和阴极,$k \approx 2$。扩展速度 v_{sp} 的典型值低于 10^4 cm/s。已经发现 v_{sp} 随栅触发电流 I_g 增加,随总宽度 W_i 减小。对 W_i 的限制使得我们必须在击穿电压和 $\mathrm{d}I_A/\mathrm{d}t$ 额定值之间进行折衷。式(52)表明,对于给定的器件,温升与 $\mathrm{d}I_A/\mathrm{d}t$ 成正比,因此,允许的 $\mathrm{d}I_A/\mathrm{d}t$ 是一个重要的额定值。

对于给定的器件,为了增加器件的 $\mathrm{d}I/\mathrm{d}t$ 能力,可用很高的栅极触发电流过驱动器件使上述问题最小化。另一个显而易见的电路方法是给阳极/阴极端串联一个电感以限制反馈到器件的快速晶体管过程。下面介绍两种具有良好 $\mathrm{d}I/\mathrm{d}t$ 能力的器件设计。

已经发展了许多叉指状(在栅极和阴极之间)设计,这样就没有哪一部分阴极与栅极的距离大于最大允许的距离。一个简单的结构是由细长的栅极和阴极条构成。更复杂的设计是一种渐开线图形,它由等宽和等间距的螺旋线状栅极和阴极条构成[21]。

扩大起始导通面积的另一方法是应用放大栅极(图 11.17)[22]。当中心栅极加一小的触发电流时,起引导寄生 SCR 作用的放大栅极结构,由于侧向尺寸小而迅速接通。引导电流远大于原始触发电流,它给主器件提供了强大的驱动电流。正如前面指出的那样,驱动电流越大,主晶闸管的起始导通面积越大。此设计有效地应用一个小的寄生 SCR 在内部放大了栅极电流,从而提高了 $\mathrm{d}I/\mathrm{d}t$ 额定值。

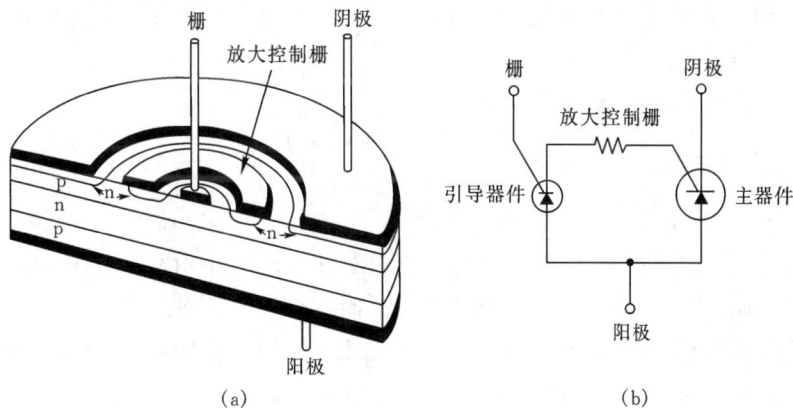

图 11.17　(a)具有放大控制栅极的 SCR 和(b)等效电路(参考文献 22)

11.2.5　静态 *I-V* 特性

在讨论了不同偏置电压区域的每种工作模式后,现在考察晶闸管完整 *I-V* 特性。我们从最简单的两端肖克莱二极管开始。从一般形式的方程出发,我们发展了一种分析 *I-V* 特性的方法[23]。因为在肖克莱二极管中,$I_g = 0$,$I_A = I_K = I$,根据式(15)和式(18),有

$$\frac{1}{M(V_2)} = \alpha_1(I) + \alpha_2(I) + \frac{I_0}{I} = 1 - \left(\frac{V_2}{V_B}\right)^n \tag{53}$$

我们假定，I_0 为某一已知常数，α_1 和 α_2 为电流的已知函数，函数关系与图 11.11 类似。因此，对一个给定的电流 I，式(53)给出了对应的 V_2/V_B，定性的结果如图 11.18(a)所示。

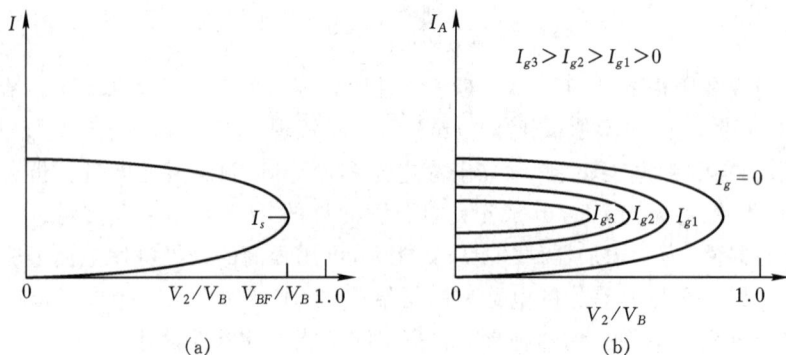

图 11.18　(a)肖克莱二极管和(b)三端晶闸管 I-V 特性的解

请注意，由此图可见，开关点(I_S, V_{BF})发生于式(53)取得极小值时(或者 V_2/V_B 达到最大值)的位置，可以计算得到极小值点处 I_S 的幅度。器件导通后，维持点定义为 $dV/dI = 0$ 时的低电压、大电流点。如前所述，三个结都正向偏置，这种分析不能使我们求得该点，因为式(53)在 J2 结正向偏置时不适用。然而，我们仍然能够估计维持电压 V_h。器件导通后，端电压 V_{AK} 是三个正向偏置 p-n 结电压的降代数和，中间的 J2 结上电压值是负值，如图 11.12(c)所示。或者可以说 V_{AK} 是正偏 p-n 结偏压和处于饱和状态的双极晶体管偏压 V_{CE} 之和。这两个电压值约为 0.7 V 和 0.2 V，即维持电压 $V_h \approx 0.9$ V。在该点之外器件处于正向导通，正向导通已经在 11.2.4 节中讨论过了。

对于有一个栅极的晶闸管，式(53)可表示为

$$\frac{1}{M(V_2)} = \alpha_1(I_A) + \alpha_2(I_A + I_g) + \frac{\alpha_2(I_A + I_g)}{I_A}I_g + \frac{I_0}{I_A} = 1 - \left(\frac{V_2}{V_B}\right)^n \tag{54}$$

在得到式(54)时，电流 I_K 用 $I_A + I_g$ 代替，也包括了 $\alpha_2(I_A + I_g)I_g/I_A$ 项。对于每一个 I_g，首次估算 $\alpha_2(I_A + I_g)$。重复前面的步骤，就得到一组图 11.18(b)中所示的 I-V 曲线。我们注意到，随着 I_g 的增加，开关电压减少。这就是栅控晶闸管的导通特性。

对于一族不同的栅极电流，栅触发晶闸管的完整 I-V 特性如图 11.2 所示。在正向阻断状态，曲线类似于图 11.18(b)，只是坐标改变了而已。

11.2.6　导通时间和关断时间

导通时间　为使晶闸管从关态转变为开态，电流必须提高到足够高的水平，以满足条件 $(\alpha_1 + \alpha_2)[\text{或}(\tilde{\alpha}_1 + \tilde{\alpha}_2)] = 1$。可采取许多方法使晶闸管从关态触发到开态。电压触发是使肖克莱二极管通断的唯一方法。电压触发可用两种方法实现：缓慢提高正向电压直至达到转折电压为止，或迅速加上阳极电压，称之为 dV/dt 触发，已经在 11.2.3 节讨论过。

电流触发是使三端晶闸管通断的最重要方法。当加上触发电流(即栅极电流)时，通过晶闸管的阳极电流并不立即响应。阳极电流可用两个渡越时间来表征，如图 11.19(a)所示。第

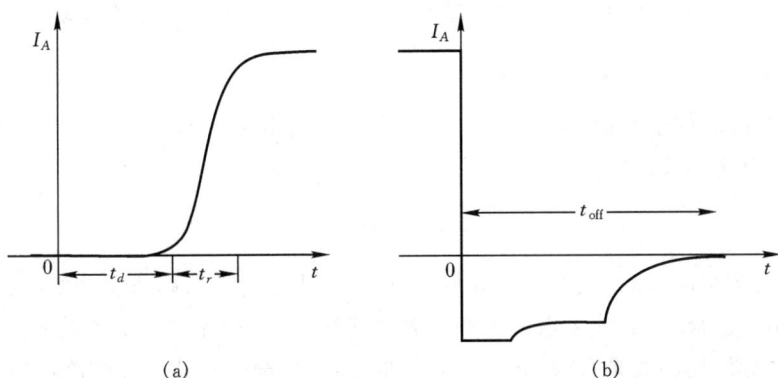

图 11.19 (a)由阶梯栅电流 $I_g(t=0)$ 触发的晶闸管的导通特性;(b)电压 V_{AK} 突然改变极性时的关断特性

一个是与两个双极晶体管的本征速度相关的延迟时间 t_d,它是基极渡越时间的总和

$$t_d = t_1 + t_2 \tag{55}$$

式中,$t_1 = W_{n1}^2/2D_p$,$t_2 = W_{p2}^2/2D_n$,W_{n1} 和 W_{p2} 分别为 n1 和 p2 区的宽度,D_p 和 D_n 分别为空穴和电子的扩散系数。

第二个是上升时间 t_r,它与 p-n-p 管和 n-p-n 管导通后基区储存电荷 Q_1 和 Q_2 的建立过程相关。这两个晶体管的集电极电流与这些存储电荷的关系分别为 $I_{C1} \approx Q_1/t_1$ 和 $I_{C2} \approx Q_2/t_2$。由于晶闸管的再生性质,上升时间近似为在 n1 和 p2 区扩散时间的几何平均值,或

$$t_r = \sqrt{t_1 t_2} \tag{56}$$

上述结果可借助电荷控制方法从图 11.8(b)推导出来。在理想条件下,$\mathrm{d}Q_1/\mathrm{d}t = I_{B1} = I_{C2}$,$\mathrm{d}Q_2/\mathrm{d}t = I_{B2} = I_g + I_{C1}$,则

$$\frac{\mathrm{d}^2 Q_1}{\mathrm{d}t^2} - \frac{Q_1}{t_1 t_2} = \frac{I_g}{t_2} \tag{57}$$

式(57)的解的形式为 $Q_1 \propto \exp(-t/t_r)$,其中的时间常数 t_r 由式(56)给出。为了缩短总的导通时间,必须采用 n1 和 p2 层很窄的器件。然而,这一要求与高击穿电压的要求是矛盾的,这也是大功率、高电压晶闸管通常导通时间大的原因。

关断时间 当晶闸管处于开态时,所有三个结均为正向偏置。因此,在器件中存在过剩的少数载流子和多数载流子,这些过剩载流子随正向电流增加而增加。为了返转到阻断状态,这些过剩载流子必须由电场扫出,或经复合消失[24,25]。典型的关断电流波形如图 11.19(b)所示,此时 V_{AK} 突然改变极性。虽然对图 11.19(b)中的电流波形进行准确的分析是很复杂的,但是,我们可以通过下面的方法预估关断时间[7]。我们可以认为主要的时间延迟来源于 n1 层中的复合时间。基极电荷复合时间遵循下面的方程,

$$\frac{\mathrm{d}Q_1}{\mathrm{d}t} + \frac{Q_1}{\tau_p} = 0 \tag{58}$$

因为通过这种结构的空穴电流正比于基区电荷,式(58)的解可写作

$$Q_1(t) = Q_1(0)\exp\left(\frac{-t}{\tau_p}\right)$$

$$= \tau_p \alpha_1 I_F \exp\left(\frac{-t}{\tau_p}\right) \tag{59}$$

这里,初始的基区电荷 $Q_1(0)$ 与正向导通电流 I_F 成正比。预期阳极电流根据下式衰减

$$I_A = I_F \exp\left(-\frac{t}{\tau_p}\right) \tag{60}$$

式中 τ_p 是 n1 基区的少子寿命。为了使器件转换到正向阻断状态,这一电流必须下降到维持电流 I_h 以下。因此,关断时间为

$$t_{\text{off}} = \tau_p \ln\left(\frac{I_F}{I_h}\right) \tag{61}$$

为了得到短的关断时间,我们必须降低 n1 层中的少子寿命。引进复合中心(例如,在扩散过程中,在硅中引进金和铂,或采取电子和 γ 射线辐照[26,27])降低寿命。金在硅的带隙中央附近有一个受主能级,此能级是有效的产生-复合中心,但掺金会导致漏泄电流增加。结果,正向转折电压随金掺杂浓度而减少。降低寿命也会引起开态时的正向电压降(式 47)增加。因此,在特殊应用时,为了得到最佳的性能,需要在功率晶闸管的正向电压降和关断时间之间进行折衷。

为了缩短关断时间,通常采取的电路措施是,在关断阶段除了使 V_{AK} 极性反向外,可以在栅极和阴极之间加反向偏压。这种方法称为栅极协助关断[28,29](栅关断将在 11.3.1 节论述)。关断时间得到改善的原因是反向偏置的栅极能使大部分正向恢复电流转移,否则,当再加正向阳极电压时,此电流将通过阴极流动。

最高工作频率　在低开关速度下,相比于双极晶体管,晶闸管通常是一种更有效的开关。因此,晶闸管基本上支配了工业电力控制领域。工业电力的工作频率通常为 50 Hz 或 60 Hz。最近,有较高开关速度的电路应用已有很大的发展。现在,我们将讨论晶闸管中可得到的最高工作频率。

很明显,器件工作频率至少受到开启时间和关断时间的限制。实际上,在两个开关时间中,关断时间更长,关断时间是主要的。然而,还存在两个限制器件工作频率的因素[30]。第一个是 dV/dt 所引起的假触发,在反向恢复期后正向电压重新加到晶闸管的速率 dV/dt 受容性位移电流限制。该电流可能会使 n-p-n 晶体管的 α_2 上升到足以在全部正向电压加上前或任何信号加到栅上前导通晶闸管。阴极短路可使这种效应锐减。第二个影响因素是器件的开关过程中电流的变化率 dI/dt,它是影响晶闸管导通和关断时间的一个主要因素。dI/dt 主要取决于外电路,为了避免产生永久的器件损毁。如前所述,必须保证 dI/dt 不超过额定值。

考虑到这些因素,正向恢复时间,即在高电压再次加上以前且器件没有导通所流逝的时间是上述三个分量之和:

$$t_{fr} = t_{\text{off}} + \frac{I_F}{dI/dt} + \frac{V_{BF}}{dV/dt} \tag{62}$$

因此,最高工作频率为

$$f_m \approx \frac{1}{2t_{fr}} \tag{63}$$

根据式(61),晶闸管的关断时间 t_{off} 通常随着 τ_p 线性增加,所以短的 τ_p 可以提高工作频率。然而,短的 τ_p 削弱正向阻断电压。结果,功率额定值通常与频率能力成反比例关系。也就是为了改善 f_m,dV/dt 额定值和 dI/dt 额定值都必须最佳化,或增加器件结构的复杂性。

11.3　晶闸管的变种

11.3.1　栅极关断晶闸管

栅极关断晶闸管(GTO)是这样一种晶闸管,在正向导通模式中,阳极-阴极电压 V_{AK} 保持恒定,而器件的导通或关断由栅极电流的极性控制(正栅极电流导通器件,负栅极电流关断器件)。常规晶闸管的关断实现,通常是将阳极电流降低到维持电流以下,或使 V_{AK} 的极性改变,或是阳极电流换向。GTO 可用于反相器、脉冲发生器、断路器和直流开关电路。在高速、大功率应用方面常常优先使用 GTO,这是由于它在关态能承受更高的电压。

图 11.20(a)是 GTO 偏置电路的示意图。在关断过程的一维描述中,可以认为 GTO 具有大小为 I_g^- 的负栅极电流。参考图 11.8(b)并忽略所有的漏泄电流,使 n-p-n 晶体管保持在开态所需的基极激励电流等于 $(1-\alpha_2)I_K$。实际基极电流为 $(\alpha_1 I_A - I_g^-)$。因此,关断条件为

$$(1-\alpha_2)I_K > \alpha_1 I_A - I_g^- \tag{64}$$

因为 $I_A = I_K + I_g^-$,从式(64)得到所需的 I_g^- 为

$$I_g^- > \left(\frac{\alpha_1 + \alpha_2 - 1}{\alpha_2}\right)I_A \tag{65}$$

我们将 I_g^- 取最小值的 I_A/I_g^- 比值定义为关断增益 β_{off},即

$$\beta_{\text{off}} \equiv \frac{I_A}{I_g^-} = \frac{\alpha_2}{\alpha_1 + \alpha_2 - 1} \tag{66}$$

一个高 β_{off} 意味着仅需要一个小的 I_g^- 就可以关断晶闸管。使 n-p-n 晶体管的 α_2 尽可能接近于 1,同时使 p-n-p 晶体管的 α_1 小,就能得到高的 β_{off}。

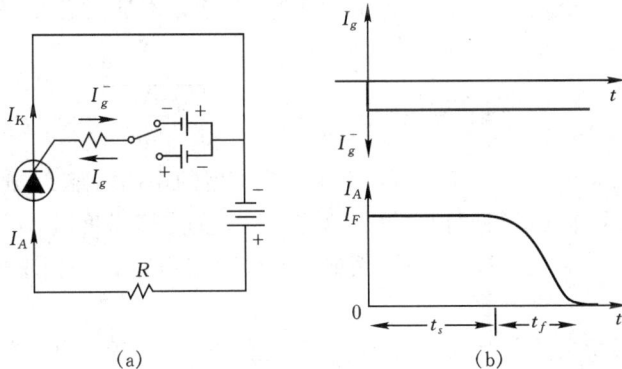

图 11.20　(a)栅极可关断晶闸管 GTO 的偏置电路图;(b)GTO 的关断特性

在实际晶闸管中,关断是一种两维过程。在外加负 I_g^- 以前,两个晶体管处于开态且深度饱和。消除过剩的存储电荷是关断过程的一个重要部分。消除存储的电荷要产生存储时间延迟 t_s,接着有一下降时间 t_f(图 11.20(b)),此后,晶闸管才处于关态。

负偏压一旦加到栅极上,p2 区内存储的电荷由栅极电流消除。消除过程是接通过程中电流扩展的逆过程。由于 p2 区的侧向电流产生电压降,沿器件中心向栅极接触方向,结 J3 所加

的正向偏压越来越低(图 11.21)。最终,J3 紧靠栅极接触的部分变成反向偏置。此时,全部正向电流将被挤入结 J3 仍然是正向偏置的区域。正向电流将逐渐被挤入越来越小的区域,直至达到某种极限尺寸为止。在此一极限区间,p2 区剩下的多余电荷被清除掉,存储状态结束。存储时间表示为[31]

$$t_s = t_2(\beta_{\text{off}} - 1)\ln\left(\frac{SL_n/W_{p2}^2 + 2L_n^2/W_{p2}^2 - \beta_{\text{off}} + 1}{4L_n^2/W_{p2}^2 - \beta_{\text{off}} + 1}\right) \tag{67}$$

式中,t_2 为通过 n-p-n 晶体管 p2 基区的渡越时间($= W_{p2}^2/2D_n$),L_n 为电子的扩散长度,S 为阴极的电极长度,W_{p2} 为 p2 区的宽度。存储时间随关断增益 β_{off} 的增加而增加。因此,需要在存储时间和关断增益之间折衷。为了减少存储时间,希望 β_{off} 值低(相当于大的控制极电流)。

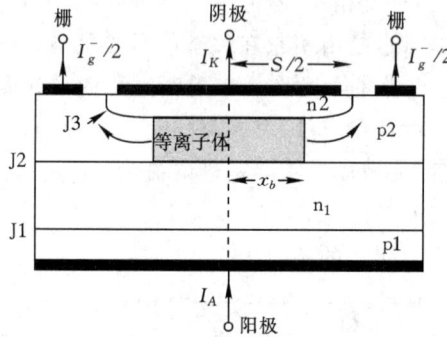

图 11.21　栅极可关断晶闸管 p 型基区内等离子体存储(参考文献 31)

图 11.20b 的下降时间对应于使 J2 结耗尽层扩展到 n1 区和清除掉该区的空穴电荷所需的时间。n1 区单位面积的总电荷为

$$Q \approx qp^* W_D(V_{AK}) \approx J_F t_f \tag{68}$$

式中,p^* 为 n1 区的平均空穴浓度,W_D 为给定阳极电压 V_{AK} 对应的耗尽层宽度,J_F 为正向导通时阳极电流密度。从式(68),得到下降时间为

$$t_f \approx \frac{qp^* W_D(V_{AK})}{J_F} \approx \frac{p^*}{J_F}\sqrt{\frac{2q\varepsilon_s V_{AK}}{N_D}} \tag{69}$$

式中 N_D 是 n1 区的掺杂浓度。下降时间随阳极电流密度的增加而减少,随 $\sqrt{V_{AK}}$ 而增加。

当受挤压的等离子体的最终面积大得足以防止过大的电流密度时,GTO 可实现可靠的工作。为满足这种要求,已采用了插指设计,例如渐开线形结构[21]。为实现快速关断,也希望采用放大栅极。

GTO 和前述栅极协助关断晶闸管之间的主要差别在于,前者可通过在栅极上加负偏压来关断,而阳极相对于阴极保持在正电压。另一方面,后者要求电源电压换向使之关断,采用反向栅极偏压有助于缩短关断时间。

11.3.2　二端交流开关和三端双向可控硅开关

二端交流开关(二极管交流开关)和三端双向可控硅开关(三极管交流开关)是双向晶闸管[32,33]。端电压为正和负时都可实现开态和关态,因而在交流应用方面是很有用的。

二极管交流开关的两种结构是交流触发二极管和双向 p-n-p-n 二极管开关。前者只是一种在结构上类似于双极晶体管的三层器件(图 11.22(a)),所不同的是两个结的掺杂浓度大致相同并且在基区上不做接触电极。相等的掺杂水平得到图 11.22(c)所示的对称双向特性。当二极管交流开关加任一极性的电压时,一个结正向偏置而另一个结反向偏置。电流受反向偏置结漏泄电流限制。当外电压足够大时,在 $V_{BCBO}(1-a)^{1/n}$ 的电压处发生击穿,其中,BV_{BCBO} 为 p-n 结的雪崩击穿电压,α 为共基极电流增益,n 为常数。此式与基极开路的 n-p-n 晶体管的击穿电压相同(参考 5.2.3 节)。击穿后随着电流的增加,α 也增加,造成端电压降低。这种降低作用形成了负微分电阻区。

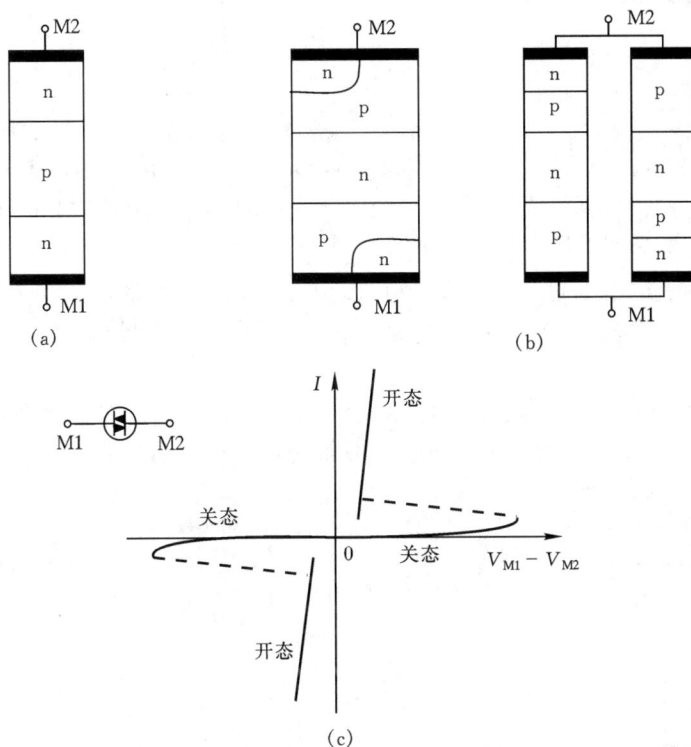

图 11.22　二极管交流开关的结构

(a)交流触发二极管(n-p-n);(b)n-p-n-p-n 结构,等效于反向并接的两个
肖克莱二极管;(c)二端交流开关的 *I-V* 特性(插图是器件符号)

　　双向 p-n-p-n 二极管开关在性能上类似于反向并接的两上常规肖克莱二极管,它适应两种极性的电压信号(图 11.22(b))。应用阴极短路原理,可以将这种排列集成为单一的两端二极管交流开关,如图所示。这种结构的对称性使得加任一极性的外电压后能得到相同的特性。对称 *I-V* 特性和器件符号如图 11.22(c)所示。二极管交流开关与肖克莱二极管类似,当超过转折电压或采取 dV/dt 触发时能被触发到传导状态。由于其再生作用,双向 p-n-p-n 二极管开关比交流触发二极管有更大的负阻和更小的正向压降。

　　三极管交流开关是一个带有第三端(栅极)的二极管交流开关,其栅极可以控制在 M1 和 M2 之一间加任一极性电压时的开关电压。(图 11.23)。三极管交流开关结构比常规晶闸管要复杂得多。除了 p1-n1-p2-n2 这基本的四层以外,还有一个与栅接触的 n3 区和一个与 M1

(a)　　　　　　　　　　　　　　　　　(b)

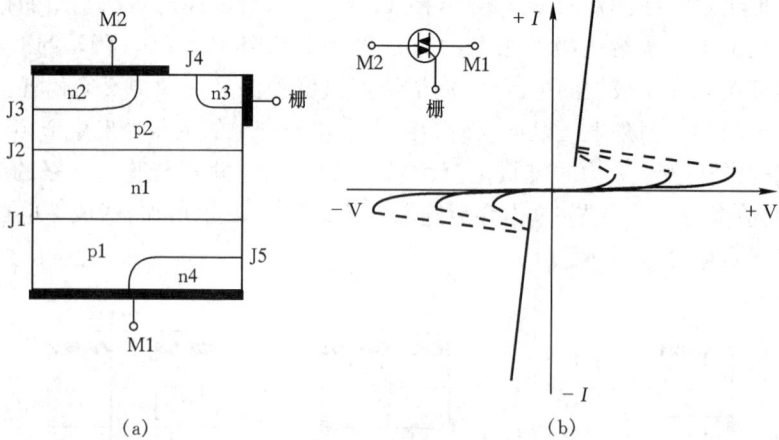

图 11.23　(a)三极管交流开关的截面图,这是一种有五个 p-n 结(J1－J5)和三个电极短路的六层结构;(b)在不同栅极电压下三极管交流开关的 *I-V* 特性(插图是器件符号)

接触的 n4 区。也请注意,通过三个分离的电极,p1 区与 n4 区短路,p2 区与 n2 区短路,n3 区与 p2 区短路。三极管交流开关在减光、电动机转速控制、温度控制和其它交流应用方面十分有用。

三极管交流开关的 *I-V* 特性如图 11.23(b)所示。各种偏置条件下器件的工作情形如图 11.24 所示。当主电极端 M1 相对于 M2 为正且栅极电压(也相对于 M2)为正时,器件行为与

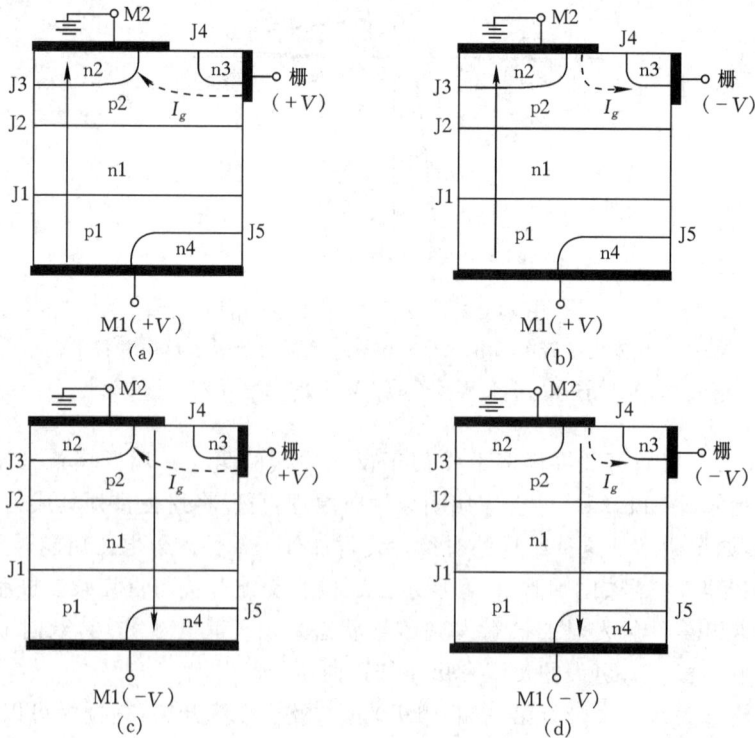

(a)　　　　　　　　　　　　　　　　　(b)

(c)　　　　　　　　　　　　　　　　　(d)

图 11.24　三极管交流开关不同触发模式时的电流流动图像(参考文献 32)

常规晶闸管的相同(图 11.24(a))。(由于局部的 IR 压降)J4 结部分反偏且不起作用;栅极电流由栅极短路提供。因为 J5 结也是部分反向偏置的且不起作用,故主电流通过 p1-n1-p2-n2 截面的左侧流动。

在图 11.24(b),M1 相对于 M2 为正,但栅极上加负电压。n3 和 p2 之间的 J4 结现在处于正向偏置状态(由于 IR 压降),电子从 n3 区注入到 p2 区。由于晶体管 n3-p2-n1 的增益增加,从 p2 区流向 n3 栅极的横向基极电流将使辅助晶闸管 p1-n1-p2-n3 导通。这一辅助晶闸管的完全传导使得电流流出该器件并转而流向 n2 区。该电流将提供所需的栅极电流并将左侧 p1-n1-p2-n2 晶闸管触发到传导状态。

当 M1 相对于 M2 加负偏压交且 V_G 为正偏压时,M2 和短路栅极之间的 J3 结变为正向偏置(图 11.24(c))。电子从 n2 区注入到 p2 并扩散到 n1 区,使得 J2 结的正向偏压增加。由于再生作用,最终全部电流流过 M2 处的短路。栅极 J4 结处于反向偏置状态并且不起作用。全部器件电流通过右侧 p2-n1-p1-n4 晶闸管流过。

图 11.24(d)给出了 M1 相对于 M2 为负且 V_G 也为负的状态。在此状态下,J4 结处于正向偏置,靠电子从 n3 区注入到 n1 区引发触发过程。这种作用降低了 n1 区的电势,使空穴从 p2 区注入到 n1 区。这些空穴给 p2-n1-p1 晶体管提供基极电流驱动,最终使右侧 p2-n1-p1-n4 晶闸管接通。因为结 J3 处于反向偏置,主电流从 M2 处的短路流到 n4 区。

三极管交流开关是一种对称三极管开关,它能够控制以交流电源馈电的负载。两个晶闸管集成在单片上使得在任一时刻只用到整个结构的一半(图 11.24)。因此,三极管交流开关的面积利用率很低——约等于两个独立连接晶闸管的面积利用率。这种器件的主要优点是输出特性匹配很好,省去管壳和额外的外部连线。然而,它们的输入特性却严重地失配。现在,三极管交流开关已拥有很宽的工作电压范围(直至 1.6 kV)和电流范围(超过 300 A)。

11.3.3　光激晶闸管

光激晶闸管(LASCR)也称为光控开关,是在超过其光强度阈值水平时导通的一种二端(栅接触是可选的)四层正向阻断晶闸管。利用触发能量的光纤光学传输,LASCR 能够在功率电路和触发电路之间提供完美的电气隔离。其应用包括诸如街灯的光电控制、位置监测、读卡机、光耦合和触发电路一类的光电控制。

图 11.25 是一种简化的 LASCR 器件结构。阴极区通过光导纤维受光源均匀照射,受照半径为 r_1,导致在受照面积内均匀产生电子-空穴对。LASCR 不需要栅接触,但是内部光电流所起的作用等效于栅极电流。大部分器件具有阴极短路以改善其 dV/dt 能力,但也使触发器件所需的光功率提高。大部分光在中央 n^- 层的宽空间电荷区被吸收并产生电子-空穴对。所产生的空穴流向 n 扩散区周围的阴极短路并产生 IR 压降,使得阴极发射结 J3 正向偏置,导致电子从阴极注入。所产生的电子停留在 n^- 区形成 p-n-p 管的基极电流。这两种机制对触发器件都有帮助。开关过程所需的光功率在 mW 量极。光控晶闸管的优点包括与触发电路间的完全电气隔离,以及它是一个紧凑且便宜的光电二极管和 SCR 集成。LASCR 的导通时间(数量级为 1 μs)也比常规的 SCR 小,这是因为其内部产生的栅电流在器件内部分布更加均匀。

在光接通的瞬时,阳极电流陡峭地增加到光电流 I_{ph},如图 11.26 所示。然后,光电流在两晶体管 p-n-p-n 结构中由再生作用而被放大。在经过一段延迟后阳极电流继续增加。延迟是由注入载流子通过基区的渡跃时间造成的。若在阳极电流达到 I_{A1} 时各 α 之和保持小于 1，则开关过程不会发生，且在等于 n1 区和 p2 区平均少数载流子寿命的时间间隔 t_m 内，电流逐渐逼近稳态值。令 I_A^* 为各 α 之和等于 1 时的开关电流，I_{ph2} 为阳极电流 I_{A2} 逼近于比 I_A^* 高的稳态值时的光电流。于是，在阳极电流超过 I_A^* 值以后的短时间，反馈电流的再生作用开始，导致阳极电流的迅速增加。晶闸管将转变到开态，如图 11.26 所示。请注意，光电流 I_{ph} 被放大到 I_A。随着光电流的增加，导通将移向较短的时间延迟，因而随光强的增加而导通时间变短。

由于光功率能聚焦在半径为 r_1 的很小的面积上，功率晶闸管可用很小的光功率（对于 3 kV 的晶闸管，约为 0.2 mW）导通。例如，对于直径为 100 μm 的单根玻璃纤维，起始导通面积可小于 10^{-2} mm^2。因此，在起始导通面积内的功率密度非常高。对于阴极短路的 LASCR（图 11.25），所需要的的最低光功率近似随 r_1/r_2 变化。因而，较小的 r_1/r_2 比能降低光功率。然而，甚至在 $r_1/r_2 = 0.2$ 时，点火所需的光功率也约为 5 mW，此值比阴极开路的 LASCR 要高一个数量级。因此，需要在光功率和 dV/dt 能力之间进行折衷。

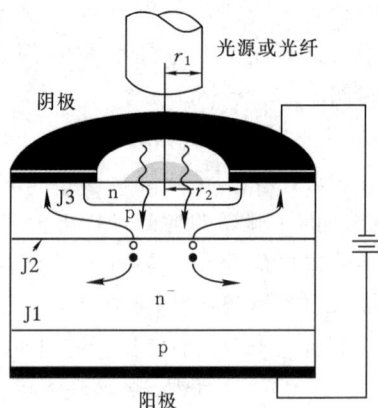

图 11.25 光照下有阴极短路的光激晶闸管

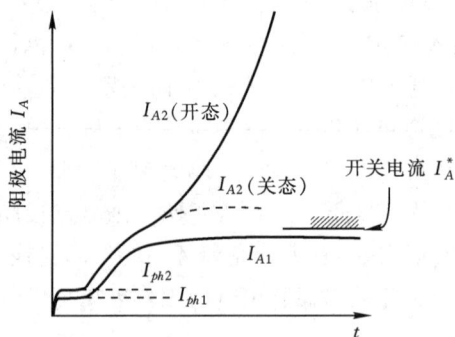

图 11.26 两个光电流水平下光激晶闸管的导通导通特性（参考文献 34）

一旦光功率导通起始面积，器件的再生作用将扩大导通面积，最后整个阴极导通。在触发起作用以后且当阳极电流大大超过光电流时，可以关掉光功率而阳极电流没有任何变化。

触发晶闸管所需光电流量依赖于光的波长 λ。对于硅，峰值光谱响应发生于波长为 0.85 ~1.0 μm。波长在此波段内的有效光源包括 GaAs 基半导体激光器和发光二极管。

11.4 其它功率器件

11.4.1 绝缘栅双极晶体管

绝缘栅双极晶体管（IGBT）的工作原理是基于器件内部绝缘栅 FET（IGFET）和双极晶体管的相互作用，其名称也源于它的工作原理。不同的作者对 IGBT 也有一些其它的称谓，例如绝缘栅晶体管（IGT）、绝缘栅整流器（IGR）、电导调制场效应晶体管（COMFET）。Baliga[35] 在 1979 年首次演示了 IGBT，随后在 1980 年，Plummer 和 Scharf[36]、Leipold 等[37] 和 Tihanyi[38]

也报道了其研究结果。Becke 和 Wheatley[39] 以及 Baliga 等[40] 在 1982 年给出了器件优点的详细评估。自从该器件的概念提出之后，IGBT 的研究一直非常活跃，在器件物理和性能改进方面取得了突出的进展。自 20 世纪 80 年代后期以来，IGBT 得到广泛的商业应用。关于该器件更深入的阐述读者可以参考文献 41～44。

图 11.27 中给出了 IGBT 结构。可以将它看作一个阴极短路的 SCR 和一个把 n^+ 阴极和 n^- 基区连接起来的 MOSFET（更明确地说是 DMOS 晶体管；见 6.5.6 节）。也可以看作是在漏区内增加了一个 p-n 结的 DMOS 晶体。在 IGBT 的垂直结构中（图 11.27(a)），p^+ 阳极是低阻衬底材料，n^- 层是掺杂浓度小于 10^{14} cm^{-3}、厚度约 50 μm 的外延层。这种结构中，器件之间的隔离很困难，器件被切割成分立的部件。在图 11.27(b) 所示的横向结构（LIGT，横向绝缘栅双极晶体管）中，阳极在表面，能够通过 p 型材料与衬底隔离。与 SCR 一样，IGBT 也用硅材料制作而成，这是因为硅材料具有良好的热导率和大的击穿电压。图 11.27 所示的例子含有一个 n 沟 DMOS 晶体管，因而称为 n 沟 IGBT。也可以制造具有相反掺杂类型和相反工作电压极性的 p 沟 IGBT，它是 n 沟 IGBT 的互补器件。阳极/阴极/栅极这些端子名称是采用 SCR 器件的，但某些作者把这些端子称为漏/源/栅或集电极/发射极/栅极。

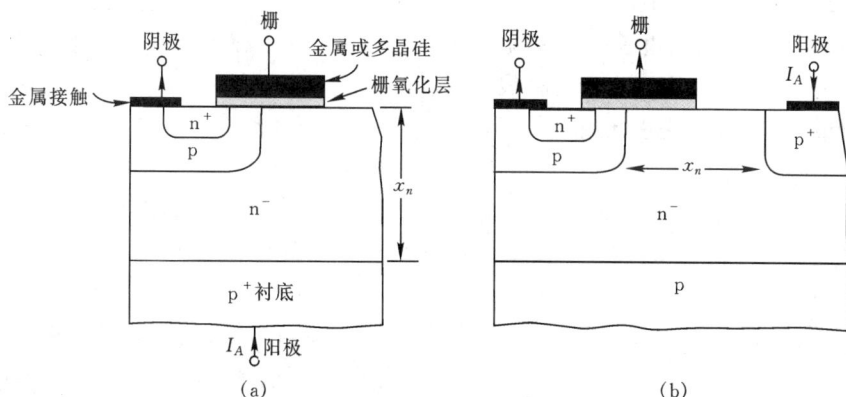

图 11.27　n 沟 IGBT 的 (a) 垂直结构和 (b) 横向结构

器件的体区是 n^- 区，它既是 DMOS 晶体管的漏区，也是 p-n-p 双极晶体管的基区。为了承受较大的阻断电压，n^- 区要轻掺杂和厚。在开态，该区的电导由从 n^+ 阴极通过 DMOS 表面沟道注入的过剩电子和 p^+ 阳极注入的过剩空穴来增强。这种电导调制是取名 COMFET 的原因（电导调制 FET）。

栅压为零时，DMOS 晶体管的沟道不能形成。此时的器件可以等效为一个具有阴极短路（阴极和基区由金属连接）的**转折**二极管（p-n-p-n 结构）。阳极（或者阴极）电流 I_A 最小，直到在正向或者反向发生击穿为止（图 11.28）。对于正的 V_{AK}，击穿由 n^-p 结的雪崩击穿引起；对于负的 V_{AK}，则是 n^-p$^+$ 结。当栅极施加一个很大的正电压 V_G（大于阈值）时，栅极形成 n 沟道，从而把两个 n 区连接起来。取决于 V_{AK} 的值，可以观察到三种工作模式。在 V_{AK} 小于 0.7 V 时，等效电路为一个 DMOS 晶体管和一个 p-i-n 二极管串联（图 11.29(a)）。DMOS 晶体管上的电压可以忽略，p-i-n 二极管正偏，通过 n^- 区中的过剩电子和过剩空穴的复合形成电流传导。为了维持电中性，n^- 区中由阴极和阳极分别注入的过剩电子和过剩空穴浓度相等。这种工作模式下的电流方程与正偏 p-i-n 二极管的相同（式 49）

$$I_A \approx \frac{4Aqn_i D_a}{x_n} \exp\left(\frac{qV_{AK}}{2kT}\right) \tag{70}$$

式中，A 是横截面积，x_n 是 n$^-$ 区的长度。指数项中的因子 2 表示电流为复合电流。电流随 V_{AK} 指数增加在图 11.28 的线性坐标中表现为一个偏移电压。因为忽略了 DMOS 管上的压降，所以电流也与 V_G 无关。

第二个区间开始于 $V_{AK} > 0.7$ V，器件在该区的特性类似于 MOSFET。在中等大小的 V_{AK} 下，从阳极注入的过剩空穴不能通过复合被完全吸收，它们涌向中间的 p 区，形成 pnp 双极晶体管的电流。此时的等效电路如图 11.29(b) 所示。MOSFET 的电流 I_{MOS} 变成了 pnp 双极晶体管的基极电流，而阳极电流就是发射极电流，即

$$I_A = (1 + \beta_{pnp}) I_{MOS} \tag{71}$$

从图 11.28 可以看出，阳极电流除了被电流增益放大外，它与 MOSFET 的特性曲线的形状完全相同。由于 n$^-$ 层（基区）很厚，所以双极电流增益 β_{pnp} 很小。而

$$\beta = \frac{\alpha}{1 - \alpha} \tag{72}$$

和

$$\alpha \approx \alpha_T \approx \frac{1}{\cosh(x_m / L_n)} \tag{73}$$

（α_T 是基区输运系数，x_m 是中性基区长度），β_{pnp} 大约为 1。这意味着电子电流和空穴电流

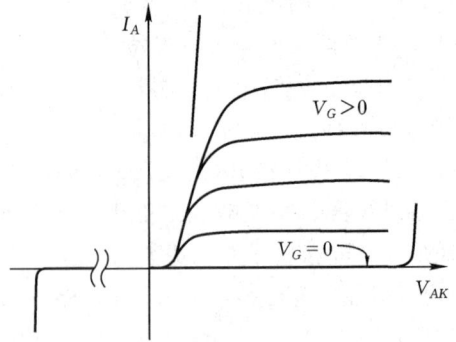

图 11.28　n 沟 IGBT 的输出特性曲线

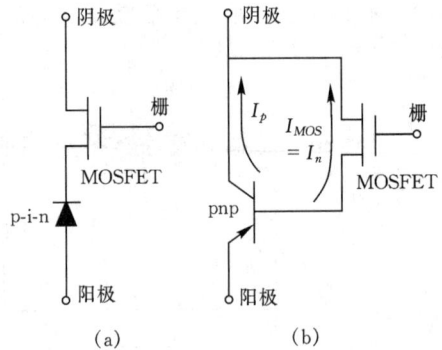

图 11.29　IGBT 的等效电路
(a)V_{AK} 低于偏移电压；(b)V_{AK} 大于偏移电压

幅度相当。然而，式(71)表明，与类似尺寸的功率 MOSFET 相比，IGBT 的电流和跨导增大了大约一倍。这正是 IGBT 的主要特征。

在第三种工作模式下，如果电流大于某一临界水平，输出特性锁定到一个与 SCR 导通态类似的低阻态，这起源于 p-n-p-n 结构中的内部相互作用。即使是导通电阻低，也不希望出现这种状态，因为一旦发生闩锁，栅极就失去对器件关断的控制。栅控关断是很重要的，也恰恰是 IGBT 比 SCR 优越的地方。n$^+$ 区和 p 区之间的阴极短路使 pnp 双极晶体管的电流增益减小，有助于抑制闭锁效应。人们也实验过一种特殊的设计以抑制闭锁效应，在该设计中阴极附近的 p 区的掺杂浓度有所提高。

除了发生闭锁的可能性外，IGBT 的另一个缺点是 n$^-$ 区电荷存储所产生的慢的关断过程。图 11.30 给出了关断过程中一种典型的阳极电流波形。I_A 的衰减过程分为两个阶段。I_A 先是有一个突降（ΔI_A），随后是一个慢指数衰减。一开始的电流突降，在一级近似下是由于 DMOS 晶体管提供的电子电流的缺失而产生的[45]。因为电流分量分成电子电流 I_n 和空穴电流 I_p，它们和 I_A 的关系如下：

$$I_n = (1 - \alpha) I_A \tag{74}$$

$$I_p = \alpha I_A \qquad (75)$$

估计电流降 ΔI_A 等于 I_n。空穴电流 I_p 随少子寿命指数衰减。这个关断过程通常需要 $10\sim50$ ms，因而 IG-BT 的工作频率被限制在 10 kHz 之下。提高关断速度的方法之一是通过电子辐照降低载流子寿命，但这是以正向压降增大为代价的。

IGBT 结合了 MOSFET 和双极晶体管的突出特性。与 MOSFET 一样，它具有大的输入阻抗和低的输入电容。像一个双极晶体管或者一个 SCR 那样，它有低的导通电阻（或者低的正向压降）和大电流能力。一个更重的特征是其栅控关断能力。在 SCR 中，栅不能够独立的关断器件，需要强制换向改变 V_{AK} 的极性。此换向电路增加了额外的成本和不适应性。因此，栅可关断晶闸管是 IGBT 的主要优点。

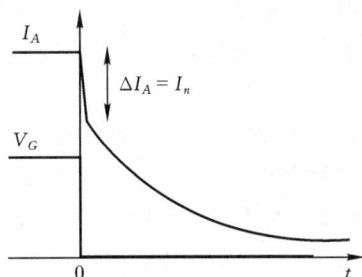

图 11.30 关断过程中阳极-阴极电流波形

11.4.2 静电感应晶体管

静电感应晶体管（SIT）是 Nishizawa 等在 1972 年提出的[46,47]。由于漏所产生的静电感应降低了载流子的势垒，SIT 的特征是 $I\text{-}V$ 特性曲线随漏电压增加呈现不饱特性。SIT 在 1980 年中期作为功率放大器开始在商业市场上出现。

在早期的文献中可以发现即便不相同但也与 SIT 相似的器件结构，虽然这些器件的工作原理稍微不同。肖克莱在 1952 年提出了电流受到空间电荷限制（SCL）的模拟晶体管[48]。他之所以用模拟这个名称是因为要模拟真空三极管的工作。空间电荷限制电流的一般特征类似于静电感应电流。和传统的场效应管所呈现的类五极管（饱和）特性不同，它们的 $I_D\text{-}V_D$ 曲线都表现出类真空三极管（不饱和）特性。空间电荷限制电流与漏极偏压有平方率关系，而静电感应电流是指数关系。此差异将进一步详细说明。

SIT 的一些常见结构如图 11.31 所示。SIT 最关键的参数是栅极间的间距（$2a$）和沟道掺杂浓度（N_D）。因为大多数 SIT 都设计成常开型，所以，掺杂浓度的选择要使得在零栅压下栅耗尽区不会融合在一起，从而存在一个窄的中性沟道通道。器件的结构也显示出栅由 p-n 结形成，但是，SIT 工作原理还可以推广到金属栅（肖特基）或者 MIS（金属-绝缘层-半导体）栅。

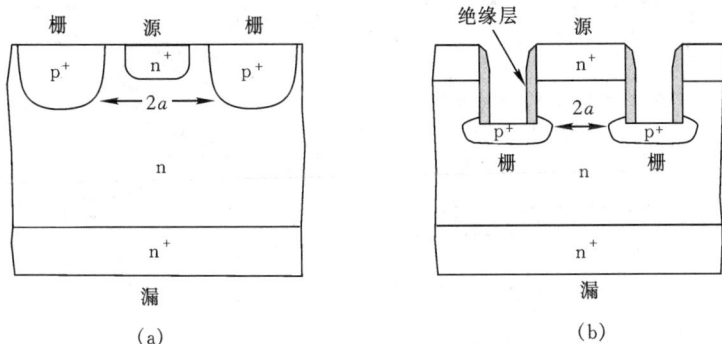

图 11.31 静电感应晶体管的结构
(a)平面栅；(b)凹槽栅

采用金属栅时,SIT 器件类似于可透基区晶体管。主要的差别是器件工作区而不是结构。大多数报道的器件都是采用硅衬底制作而成,为了得到更高的工作速度,GaAs 材料是另一个选择。

SIT 基本上是一个具有超短沟道和多重栅的 JFET 或者 MESFET。在结构上的主要差别是 SIT 的栅没有延伸到源或者漏。沟道(栅)短导致的结果是,甚至在关断状态,高漏压也会引起穿通发生(静电感应等效于穿通)。图 11.32 给出了 SIT 的输出特性曲线。在零栅压下,栅周围的耗尽区没有完全夹断,该条件对应于

$$\sqrt{\frac{2\varepsilon_s \psi_{bi}}{q N_D}} < a \tag{76}$$

式中 ψ_{bi} 是栅 p-n 结的内建电势,即

$$\psi_{bi} = \frac{kT}{q}\ln\left(\frac{N_A N_D}{n_i^2}\right) \tag{77}$$

图 11.32　SIT 的输出特性。在大电流时,空间电荷限制电流占主导地位

零栅压下栅之间的中性区为耗尽模式(常开)器件提供了电流通路。电流传输是漂移性质的,和一个埋沟 FET 类似。在负栅压下,耗尽区变宽,沟道夹断,对源区电子构成了如图 11.33 所示的势垒。当栅压比

$$V_T = \psi_{bi} - V_P \tag{78}$$

更负时,这种情况就发生了,式中夹断电压 V_P 由下式给出

$$V_P = \frac{q N_D a^2}{2\varepsilon_s} \tag{79}$$

一旦形成势垒,电流受扩散过程控制,势垒高度 ϕ_B 是源载流子供给的控制因子。该势垒高度可以由栅压和源压改变。如图 11.34 所示,负的栅压抬高势垒高度,而正的漏压降低势垒高度。端电压对势垒高度的影响效率用 η 和 θ 表示:

$$\Delta\phi_B = -\eta\Delta V_G \tag{80}$$

和

$$\Delta\phi_B = -\theta\Delta V_D \tag{81}$$

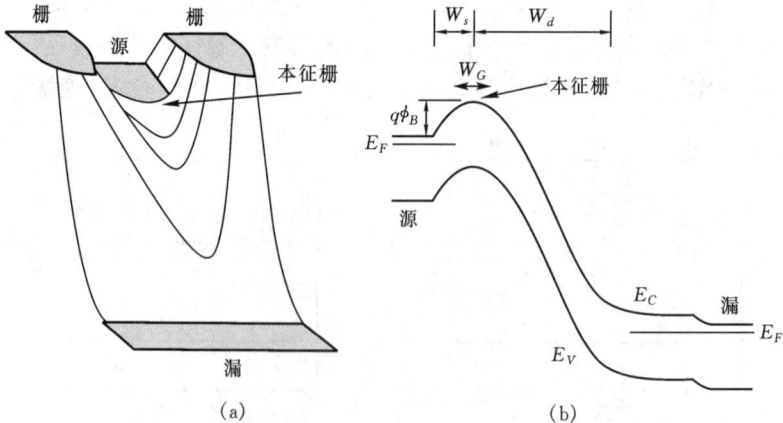

图 11.33　(a)SIT 的二维势能分布(导带边 E_C),(参考文献 50);(b)沿源–中间
沟道(栅之间)–漏方向的能带图

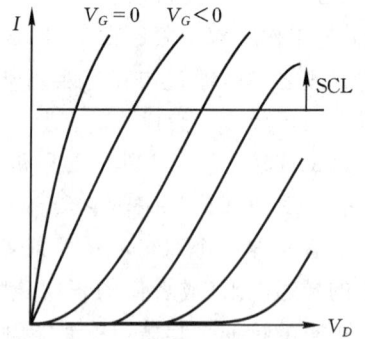

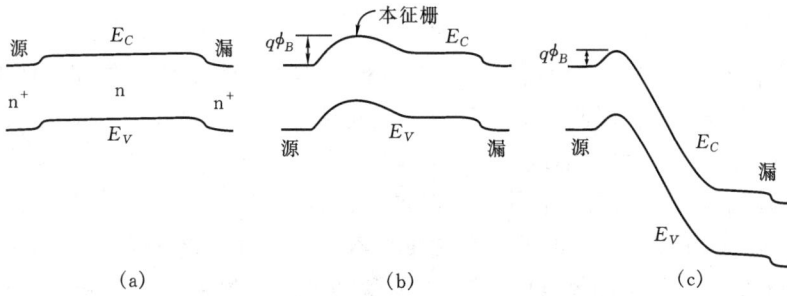

图 11.34　各种偏压下的中央沟道的能带图

(a) $V_G=V_D=0$；(b) $V_G<0$，$V_D=0$，负栅压 V_G 使势垒 ϕ_B 升高；(c)$V_G<0$，

$V_D>0$，正漏压 V_D 使势垒 ϕ_B 降低

漏压所引起势垒的变化(式 81)包含了静电感应的概念。η 和 θ 依赖于几何尺度，因此，对于图 11.31 中的不同结构，其值不同。以图 11.31(a)所示的结构为例[51]，

$$\eta \approx \frac{W_s}{a+W_s} \tag{82}$$

$$\theta \approx \frac{W_s}{W_s+W_d} \tag{83}$$

式中，W_s 和 W_D 分别是图 11.33(b)中所示的从本征栅向源和漏扩展的耗尽区宽度。

沟道夹断后，SIT 的电流为

$$J = qN_D^+ \left(\frac{D_n}{W_G}\right)\exp\left(\frac{-q\phi_B}{kT}\right) \tag{84}$$

式中，N_D^+ 是源区的掺杂浓度，项 D_n/W_G 是载流子的扩散速度。当 W_G(图 11.33(b)所示的有效势垒厚度)变小时，流子受到热速度的限制，电流变成[47]，

$$J = qN_D^+ \sqrt{\frac{kT}{2\pi m^*}}\exp\left(\frac{-q\phi_B}{kT}\right) \tag{85}$$

在式(84)或式(85)中，在本征栅处的势垒高度 ϕ_B 为[52]，

$$\phi_B = \frac{kT}{q}\ln\left(\frac{N_D^+}{N_D}\right) - \eta[V_G-(\psi_{bi}-V_P)] - \theta V_D，\quad V_G<(\psi_{bi}-V_P) \tag{86}$$

等式右边第一项是 n$^+$-n 结的内建电势，第二项和第三项分别是栅压和源压贡献。最后一项引起随漏压的不饱和特性的产生，即，静电感应效应。图 11.33(a)中的沟道宽度仅仅是栅间距的一小部分。因为扩散电流是 ϕ_B 的指数函数，有效沟道宽度数量级为几个德拜长度。计算机模拟能够提供透彻的理解。总体上，电流的普遍形式为

$$J = J_o\exp\left[\frac{q(\eta V_G+\theta V_D)}{kT}\right] \tag{87}$$

在大电流区，注入电子浓度可与掺杂浓度 N_D 相比拟。因而注入载流子会改变电场分布，电流受到空间电荷限制电流的控制(见 1.5.8 节)。当载流子分别处于迁移率区、速度饱和区或者弹道输运区，I-V 特性如下：

$$J = \frac{9\varepsilon_s\mu_n V_D^2}{8L^3} \tag{88}$$

$$J = \frac{2\varepsilon_s\upsilon_s V_D}{L^2} \tag{89}$$

$$J = \frac{4\varepsilon_s}{9L^2}\left(\frac{2q}{m^*}\right)^{1/2}V_D^{3/2} \tag{90}$$

式中 L 是源-漏间距。这些公式假设不存在限制载流子注入的势垒。在 SIT 情形中,栅压所产生的势垒控制着空间电荷限制电流的开始。换句话说,当 ϕ_B 被 V_D 降低到大约为零时,空间电荷限制电流开始。因为如此,式(88)到式(90)中的 V_D 存在一个阈值,应该被 $V_D + \xi V_G$ 所替代,这里 ξ 是与 η 和 θ 性质相似的另一个常数[53]。替换之后,空间电荷限制电流也变成 V_G 的函数。对比式(88)和式(87),也可以更清楚地看出模拟晶体管和 SIT 的基本区别。正如 Nishizawa 所阐述过,在模拟晶体管中,空间电荷限制电流不具有指数关系[47]。当 $I_D - V_D$ 曲线画在对数坐标系中,静电感应电流的斜率大于 2,能够与空间限制电流区分开来。

SIT 主要吸引力是将耐高压和高工作速度结合在一体。低掺杂浓度产生了高达几百伏的击穿电压。由于额外的寄生电容,埋栅结构(没有给出)的 SIT 工作频率被限制在 2~5 MHz。应用表面栅结构,工作频率可以提高到 2 GHz 之上。SIT 的应用场合大部分属于功率领域,作为声频功率放大器,SIT 具有低噪声、低失真和低的输出阻抗。它也能应用在微波设备的高功率振荡器中,例如通讯广播发射机和微波炉等。

在 SIT 家族中的另一个工作模式是双极模式 SIT(BSIT),在该模式中,栅极正向偏置以获得更低的导通电阻[54,55]。也可以认为它是基极耗尽的晶体管。该器件设计中,栅间距 $2a$ 更小,抑或沟道掺杂浓度更低,以至于

$$\sqrt{\frac{2\varepsilon_s\psi_{bi}}{qN_D}} > a \tag{91}$$

该式对应于零栅压下的夹断条件,器件是常关的(增强型)。在栅压正向偏置时,由于内建电势减小,势垒降低。而且,正向偏置的 p+ 栅向沟道注入空穴。空穴在本征栅的电势最小(能量最大)处被收集,升高了电势,增强了来自漏极的电子供给。这种工作模式与一个双极晶体管相似,只是这里的本征栅是一个虚基极,虚基极的电势由 p+ 栅间接的接近(或者是双极术语中的基极)。在这一点,电子浓度比背景掺杂浓度高的多,所以电流比传统的 JFET 大的多。BSIT 的输出特性如图 11.35(a)所示。随着 V_D 的增加电流趋于饱和(类五极管特性而不是类三极管),这与 SIT 截然不同。

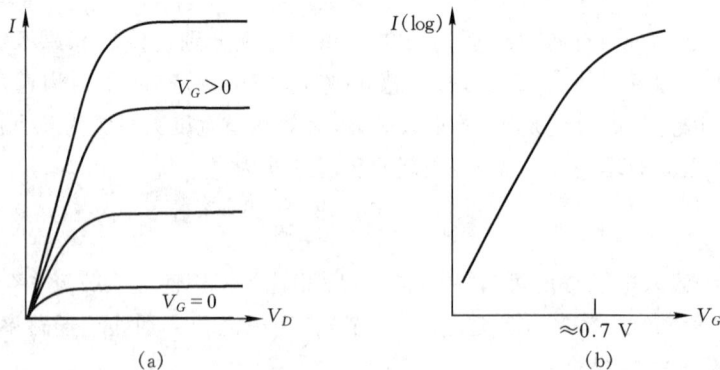

图 11.35　(a)BSIT 的输出特性;(b)对于固定的 V_D,电流随 V_G 指数增加直至栅二极管处于强偏置(大于 0.7 V),类似于双极晶体管的基极-发射极偏置情形或 FET 的亚阈值电流

11.4.3　静电感应晶闸管

静电感应晶闸管(SIThy)也被称为场控晶闸管。在大部分工作区间,该器件与同时期提出的静电感应晶体管很相似。Nishizawa[47]等在一篇论文中提出了静电感应晶闸管,Houston等[56]给出了更为详细的阐述,这两件事情都发生在 1975 年。

静电感应晶闸管的基本结构如图 11.36 所示,是一个部分沟道被密集栅结(栅格)包围的 p-i-n 结构。它也类似于 n+ 漏区被 p+ 阳极所代替的 SIT。器件结构可以是平面栅或者埋栅。因为金属接触可以直接沉积在栅极上面,所以更低的栅电阻是平面栅结构的优点。这也导致了关断过程中较小的栅极减偏压效应,因为在关断过程有很大的电流流过栅极。埋栅结构的优点是可以更有效的利用阴极面积,以及栅对电流的控制更有效,从而得到更高的正向阻断电压增益(后面将进行详细阐述)。双栅 SIThy 已经表现出比单栅结构具有更高的工作速度和更低的压降[57]。

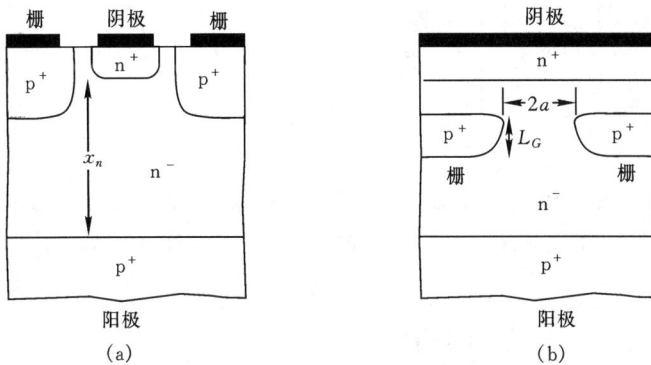

图 11.36　静态感应晶闸管的结构

(a)平面栅;(b)埋栅(栅格)

在静电感应晶闸管中,栅极通过两种不同的方式对电流进行控制。以图 11.36(b)中的结构为例,夹断之前(图 11.37(a)),两个栅耗尽区没有连接在一起,栅压控制着阴极和阳极之间的 p-i-n 二极管的有效横截面积。在大的负栅压下,结反向偏置,耗尽区加宽并最终相遇(图 11.37(b))。在该夹断条件下,形成了控制电流流动的电子势垒。

利用一维耗尽理论,可以近似估计夹断时的栅压,

$$V_P = \psi_{bi} - \frac{qN_Da^2}{2\varepsilon_s} \tag{92}$$

式中 ψ_{bi} 是栅结的内建电势。通过调整栅间距 $2a$,可以把器件设计成常开型或者常关型。对于常关型 SIThy,零栅压下沟道不会夹断,可以流过很大的电流。对于常开型 SIThy,$2a$ 更小一些(或者 n 层掺杂浓度 N_D 更低)以使得器件在零栅压下夹断。为了开通此器件,栅极必须正向偏置以减小耗尽区宽度,打开沟道。由于在正偏时栅电流更大,常关型器件并不常见。

常开型 SIThy 的输出特性如图 11.38 所示。夹断之前,电流传导与 p-i-n 二极管相同(见式 49),为

$$I_A = \frac{4AqD_an_i}{x_n}\exp\left(\frac{qV_{AK}}{2kT}\right) \tag{93}$$

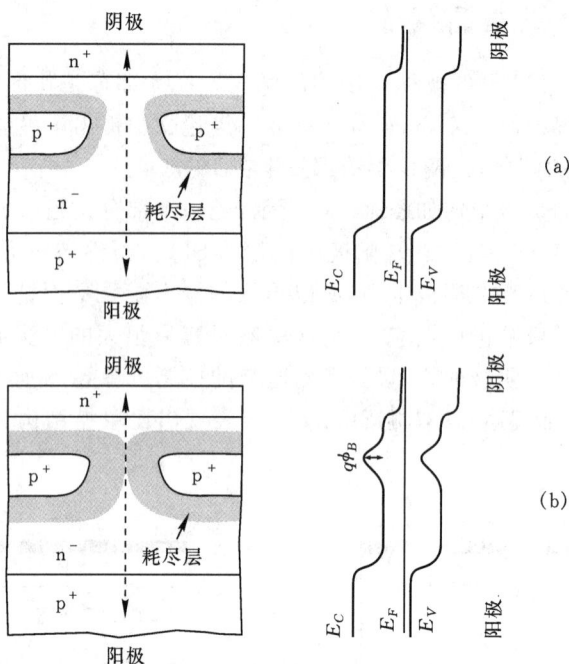

图 11.37　耗尽层宽度对沟道的影响的示意图和 V_{AK} 为零时的能带图
（a）夹断之前；（b）夹断之后。能带图指沿着沟道中间的虚线位置

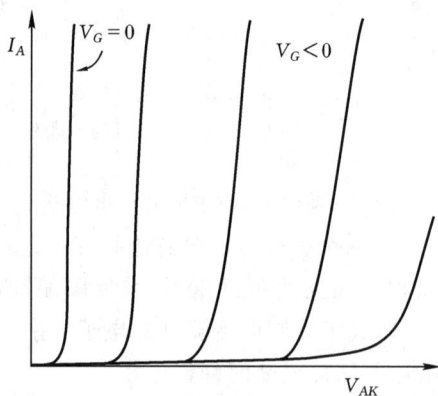

图 11.38　常开型静电感应晶闸管的输出特性，
对于常关型器件，正栅压下可以得到相似的曲线

它是 n^- 区中过剩电子和过剩空穴的复合电流。D_a 是双极扩散系数。在 V_{AK} 正向偏压下，电子从阴极注入而空穴从阳极注入，二者浓度相等以保持电中性。这些过剩电子和空穴提高了 n^- 层的电导率。这种现象被称为电导调制。请注意，虽然输出特性曲线与 SIT 的形状相似，但由于 p^+ 阳极能够注入空穴进行电导调制，从而得到了更低的正向压降或更低的导通电阻。

　　在更大的反向栅偏压下，发生夹断，形成电子势垒（图 11.37(b)）。该势垒限制了电子的供应，成为总电流的控制因素。由于没有充足的电子供给，空穴电流减小为扩散电流且变得不显著了。势垒的高度 ϕ_B 不仅仅受到栅压的控制，较大的 V_{AK} 也能够使之降低。ϕ_B 对 V_{AK} 的依赖被称为静电感应,它是静电感应晶体管的主要电流传导机制。由于电流方向的势垒很薄,静电感应电流基本上是穿通电流。它是载流子受到势垒控制的一种扩散电流,表示如下,

$$I_A \propto \exp\left(\frac{-q\phi_B}{kT}\right)$$

$$= I_{o2}\exp\left[\frac{q(\eta V_G + \theta V_{AK})}{kT}\right] \tag{94}$$

式中 η 和 θ 表示 V_G 和 V_{AK} 对势垒高度的控制作用。

SIThy 的一个十分有用的参数是正向阻断电压增益 μ,该参数定义为阳极电流保持不变时,V_G 变化引起的 V_{AK} 的改变量。根据前面的公式,μ 表示为

$$\mu = -\frac{dV_{AK}}{dV_G}\bigg|_{I_A} = \frac{\eta}{\theta} \tag{95}$$

实验证明有[58]

$$\mu \approx \frac{4L_G W_d}{a^2} \tag{96}$$

式中 W_d 是栅结耗尽层沿阳极方向的宽度(图 11.33(b))。

SIThy 的优点之一是具有比 SCR 更高的工作速度,这源于它的关断过程更快。在关断过程中,反向偏置的栅压能够快速抽取过剩载流子(空穴)。作为 n⁻ 层多子的过剩电子则通过漂移过程被电场快速扫走。空穴电流对大的瞬间栅电流有贡献,小的栅电阻对于避免栅偏压是很关键的。减小关断时间的另一个方法是通过中子或者电子辐照以减小少子的寿命。这种方法的缺点是正向压降更大了。

也建议用光来触发或者关断 SIThy 器件[59]。当 SIThy 关断时,无论是常关型器件还是是应用栅压关断,光产生的空穴在势垒处被俘获(图 11.37(b))。这些正电荷降低了电子的势垒高度,触发器件开启。对于常开型 SIThy,栅极通过一个光晶体管和一个负电压源相连。光能激活光晶体管,负电压源施加到栅极从而关断 SIThy。

静电感应晶闸管比其它晶闸管有一些优点。由于关断快,器件工作频率更高。因为开启过程不像 SCR 那样依赖于负反馈,高温下器件工作更稳定,并能够容许更快的 dI/dt 和 dV/dt 瞬变。它具有低的正向压降,高达约 700 的阻断电压增益和栅控关断能力(SCR 在闩锁之后仅通过移去栅压是不能够被关断的)。SIThy 主要应用在功率源转换方面,例如交流转直流,直流转交流和断路器电路[60]。另一个应用是脉冲产生、感应加热、莹光灯点亮和驱动脉冲激光。

参考文献

1. W. Shockley, *Electrons and Holes in Semiconductors*, D. Van Nostrand, Princeton, New Jersey, 1950, p. 112.
2. J. J. Ebers, "Four-Terminal *p-n-p-n* Transistors," *Proc. IRE*, **40**, 1361 (1952).
3. J. L. Moll, M. Tanenbaum, J. M. Goldey, and N. Holonyak, "*p-n-p-n* Transistor Switches," *Proc. IRE*, **44**, 1174 (1956).
4. I. M. Mackintosh, "The Electrical Characteristics of Silicon *p-n-p-n* Triodes," *Proc. IRE*, **46**, 1229 (1958).

5. R. W. Aldrich and N. Holonyak, Jr., "Multiterminal *p-n-p-n* Switches," *Proc. IRE*, **46**, 1236 (1958).

6. F. E. Gentry, F. W. Gutzwieler, N. H. Holonyak, and E. E. Von Zastrow, *Semiconductor Controlled Rectifiers*, Prentice-Hall, Englewood Cliffs, New Jersey, 1964.

7. A. Blicher, *Thyristor Physics*, Springer, New York, 1976.

8. S. K. Ghandhi, *Semiconductor Power Devices*, Wiley, New York, 1977.

9. B. J. Baliga, *Power Semiconductor Devices*, PWS, Boston, 1996.

10. P. D. Taylor, *Thyristor Design and Realization*, Wiley, New York, 1987.

11. S. M. Sze and G. Gibbons, "Avalanche Breakdown Voltages of Abrupt and Linearly Graded *p-n* Junctions in Ge, Si, GaAs, and GaP," *Appl. Phys. Lett.*, **8**, 111 (1966).

12. A. Herlet, "The Maximum Blocking Capability of Silicon Thyristors," *Solid-State Electron.*, **8**, 655 (1965).

13. E. E. Haller, "Isotopically Engineered Semiconductors," *J. Appl. Phys.*, **77**, 2857 (1995).

14. E. W. Haas and M. S. Schnoller, "Phosphorus Doping of Silicon by Means of Neutron Irradiation," *IEEE Trans. Electron Dev.*, **ED-23**, 803 (1976).

15. J. Cornu, S. Schweitzer, and O. Kuhn, "Double Positive Beveling: A Better Edge Contour for High Voltage Devices," *IEEE Trans. Electron Dev.*, **ED-21**, 181 (1974).

16. R. L. Davies and F. E. Gentry, "Control of Electric Field at the Surface of *p-n* Junctions," *IEEE Trans. Electron Dev.*, **ED-11**, 313 (1964).

17. F. E. Gentry, "Turn-on Criterion for *p-n-p-n* Devices," *IEEE Trans. Electron Dev.*, **ED-11**, 74 (1964).

18. E. S. Yang and N. C. Voulgaris, "On the Variation of Small-Signal Alphas of a *p-n-p-n* Device with Current," *Solid-State Electron.*, **10**, 641 (1967).

19. A. Munoz-Yague and P. Leturcq, "Optimum Design of Thyristor Gate-Emitter Geometry," *IEEE Trans. Electron Dev.*, **ED-23**, 917 (1976).

20. M. S. Adler, "Accurate Calculation of the Forward Drop and Power Dissipation in Thyristors," *IEEE Trans. Electron Dev.*, **ED-25**, 16 (1978).

21. H. F. Storm and J. G. St. Clair, "An Involute Gate-Emitter Configuration for Thyristors," *IEEE Trans. Electron Dev.*, **ED-21**, 520 (1974).

22. F. E. Gentry and J. Moyson, "The Amplifying Gate Thyristor," Paper No. 19.1, *IEEE Meet. Prof. Group Electron Devices*, Washington, D.C., 1968.

23. J. F. Gibbons, "Graphical Analysis of the *I-V* Characteristics of Generalized *p-n-p-n* Devices," *Proc. IEEE*, **55**, 1366 (1967).

24. E. S. Yang, "Turn-off Characteristics of *p-n-p-n* Devices," *Solid-State Electron.*, **10**, 927 (1967).

25. T. S. Sundresh, "Reverse Transient in *p-n-p-n* Triodes," *IEEE Trans. Electron Dev.*, **ED-14**, 400 (1967).

26. B. J. Baliga and E. Sun, "Comparison of Gold, Platinum, and Electron Irradiation for Controlling Lifetime in Power Rectifiers," *IEEE Trans. Electron Dev.*, **ED-24**, 685 (1977).

27. B. J. Baliga and S. Krishna, "Optimization of Recombination Levels and their Capture Cross Section in Power Rectifiers and Thyristors," *Solid-State Electron.*, **20**, 225 (1977).

28. J. Shimizu, H. Oka, S. Funakawa, H. Gamo, T. Ilda, and A. Kawakami, "High-Voltage High-Power Gate-Assisted Turn-Off Thyristor for High-Frequency Use," *IEEE Trans. Electron Dev.*, **ED-23**, 883 (1976).

29. E. Schlegel, "Gate Assisted Turn-off Thyristors," *IEEE Trans. Electron Dev.*, **ED-23**, 888 (1976).

30. F. M. Roberts and E. L. G. Wilkinson, "The Relative Merits of Thyristors and Power Transistors for Fast Power-Switching Application," *Int. J. Electron.*, **33**, 319 (1972).

31. E. D. Wolley, "Gate Turn-Off in *p-n-p-n* Devices," *IEEE Trans. Electron Dev.*, **ED-13**, 590 (1966).

32. F. E. Gentry, R. I. Scace, and J. K. Flowers, "Bidirectional Triode *p-n-p-n* Switches," *Proc. IEEE*, **53**, 355 (1965).

33. J. F. Essom, "Bidirectional Triode Thyristor Applied Voltage Rate Effect Following Conduction," *Proc. IEEE*, **55**, 1312 (1967).

34. W. Gerlach, "Light Activated Power Thyristors," *Inst. Phys. Conf. Ser.*, **32**, 111 (1977).

35. B. J. Baliga, "Enhancement- and Depletion-Mode Vertical-Channel M.O.S. Gated Thyristors," *Electron. Lett.*, **15**, 645 (1979).

36. J. D. Plummer and B. W. Scharf, "Insulated-Gate Planar Thyristors: I–Structure and Basic Operation," *IEEE Trans. Electron Dev.*, **ED-27**, 380 (1980).

37. L. Leipold, W. Baumgartner, W. Ladenhauf, and J. P. Stengl, "A FET-Controlled Thyristor in SIPMOS Technology," *Tech. Dig. IEEE IEDM*, 79 (1980).

38. J. Tihanyi, "Functional Integration of Power MOS and Bipolar Devices," *Tech. Dig. IEEE IEDM*, 75 (1980).

39. H. W. Becke and C. F. Wheatley, Jr., "Power MOSFET with an Anode Region," U.S. Patent 4,364,073 (1982).

40. B. J. Baliga, M. S. Adler, P. V. Gray, R. P. Love, and N. Zommer, "The Insulated Gate Rectifier (IGR): A New Power Switching Device," *Tech. Dig. IEEE IEDM*, 264 (1982).

41. V. K. Khanna, *The Insulated Gate Bipolar Transistor (IGBT): Theory and Design*, Wiley/IEEE Press, Hoboken, New Jersey, 2003.

42. A. R. Hefner, Jr. and D. L. Blackburn, "An Analytical Model for the Steady-State and Transient Characteristics of the Power Insulated-Gate Bipolar Transistor," *Solid-State Electron.*, **31**, 1513 (1988).

43. D. S. Kuo, C. Hu, and S. P. Sapp, "An Analytical Model for the Power Bipolar-MOS Transistor," *Solid-State Electron.*, **29**, 1229 (1986).

44. H. Yilmaz, W. Ron Van Dell, K. Owyang, and M. F. Chang, "Insulated Gate Transistor Physics: Modeling and Optimization of the On-State Characteristics," *IEEE Trans. Electron Dev.*, **ED-32**, 2812 (1985).

45. B. J. Baliga, "Analysis of Insulated Gate Transistor Turn-Off Characteristics," *IEEE Electron Dev. Lett.*, **EDL-6**, 74 (1985).

46. J. Nishizawa, "A Low Impedance Field Effect Transistor," *Tech. Dig. IEEE IEDM*, 144 (1972).

47. J. I. Nishizawa, T. Terasaki, and J. Shibata, "Field-Effect Transistor Versus Analog Transistor (Static Induction Transistor)," *IEEE Trans. Electron Dev.*, **ED-22**, 185 (1975).

48. W. Shockley, "Transistor Electronics: Imperfections, Unipolar and Analog Transistors," *Proc. IRE*, **40**, 1289 (1952).

49. P. M. Campbell, W. Garwacki, A. R. Sears, P. Menditto, and B. J. Baliga, "Trapezoidal-Groove Schottky-Gate Vertical Channel GaAs FET (GaAs Static Induction Transistor)," *Tech. Dig. IEEE IEDM*, 186 (1984).

50. J. I. Nishizawa and K. Yamamoto, "High-Frequency High-Power Static Induction Transistor," *IEEE Trans. Electron Dev.*, **ED-25**, 314 (1978).

51. J. I. Nishizawa, "Junction Field-Effect Devices," *Proc. Brown Boveri Symp.*, 241 (1982).

52. C. Bulucea and A. Rusu, "A First-Order Theory of the Static Induction Transistor," *Solid-State Electron.*, **30**, 1227 (1987).

53. O. Ozawa and K. Aoki, "A Multi-Channel FET with a New Diffusion Type Structure," *Jpn. J. Appl. Phys.*, Suppl., **15**, 171 (1976).

54. J. I. Nishizawa, T. Ohmi, and H. L. Chen, "Analysis of Static Characteristics of a Bipolar-Mode SIT (BSIT)," *IEEE Trans. Electron Dev.*, **ED-29**, 1233 (1982).

55. T. Tamama, M. Sakaue, and Y. Mizushima, "'Bipolar-Mode' Transistors on a Voltage-Controlled Scheme," *IEEE Trans. Electron Dev.*, **ED-28**, 777 (1981).

56. D. E. Houston, S. Krishna, D. Piccone, R. J. Finke, and Y. S. Sun, "Field Controlled Thyristor (FCT)–A New Electronic Component," *Tech. Dig. IEEE IEDM*, 379 (1975).

57. J. Nishizawa, Y. Yukimoto, H. Kondou, M. Harada, and H. Pan, "A Double-Gate-Type Static-Induction Thyristor," *IEEE Trans. Electron Dev.*, **ED-34**, 1396 (1987).

58. J. Nishizawa, K. Muraoka, T. Tamamushi, and Y. Kawamura, "Low-Loss High-Speed Switching Devices, 2300-V 150-A Static Induction Thyristor," *IEEE Trans. Electron Dev.*, **ED-32**, 822 (1985).

59. J. Nishizawa, T. Tamamushi, and K. Nonaka, "Totally Light Controlled Static Induction Thyristor," *Physica*, **129B**, 346 (1985).

60. J. Nishizawa, "Application of the Power Static Induction (SI) Devices," *Proc. PCIM*, 1 (1988).

习题

1. 对于图 11.1(b)所示的掺杂分布,若晶闸管的反向阻断电压为 200 V,求 n1 区的宽度。

2. 考虑一个 SiC 功率器件,掺杂分布如图 11.1(b)所示。假设 p1-n1-p2 双极晶体管的共基极电流增益非常小,预估器件的最大阻断电压和所需的最小 n1 区厚度。

3. 以平均值的百分比,比较图 11.4 所示的硅中常规掺杂和中子辐照掺杂杂质浓度的变化。

4. 若 n1-p2-n2 双极晶体管的电流增益 α_2 为 0.4(与电流无关),p1-n1-p2 双极晶体管的电流增益 $\alpha_1 = 0.5\ \sqrt{L_p/W}\ \ln(J/J_0)$,式中 $L_p = 25\ \mu m$,$W = 40\ \mu m$,$J_0 = 5 \times 10^{-6}\ A/cm^2$,求开关电流 I_s 为 1 mA 时晶闸管的截面积。

5. 在阴极短路时,晶闸管中 n1-p2-n2 双极晶体管的电流增益 α_2 退化为式(20)所表示的 α_2'。推导式(20)。

6. 考虑一个硅晶闸管,因为 n1 区掺杂非常低,p1-n1-p2 部分类似于 p^+-i-n^+ 二极管。若正向导电电流为 200 A/cm^2,预估(a)i 区的电压降,(b)i 区的载流子密度和(c)i 区的有效电阻。假定迁移率比 $b \equiv \mu_n/\mu_p$ 为 3,且与电流密度无关,n1 层的厚度为 50 μm,有效寿命为 10^{-6} s,器件的截面积为 1 cm^2。

7. 硅晶闸管,如图 11.1(b)所示。n1 层厚度 $W_{n1} = 50\ \mu m$,p2 层的厚度 $W_{p2} = 10\ \mu m$。n1 区的掺杂浓度为 $10^{14}\ cm^{-3}$,假定 p1 区均匀掺杂,其掺杂浓度为 $10^{17}\ cm^{-3}$。如果保持电流为 0.1 A,正向传导电流 $I_F = 10$ A,n1 层寿命为 10^{-7} s。求导通时间和关断时间。

8. 硅栅关断晶闸管,n1 区和 p2 区的掺杂浓度分别为 $10^{14}\ cm^{-3}$ 和 $10^{17}\ cm^{-3}$。n1 区厚度为 100 μm,n2 区厚度为 10 μm。如果器件工作时阳极电流为 100 A,求关断器件所需的最小栅电流(负的)。已知,n1 区的少子寿命为 0.15 μs,p2 区的少子寿命为 4 μs。

9. 考虑一个对称阻断硅 n 沟道 IGBT,其击穿电压为 500 V,漂移区的寿命为 1 μs。试确定漂移区的掺杂浓度和厚度。(提示:一般要求漂移区的厚度等于最大工作电压下的耗尽层宽度和扩散长度之和)

10. 一个硅 IGBT,如图 11.27(a)所示,沟道长度为 3 μm,沟道宽度为 16 μm,p 基区的掺杂为 $1 \times 10^{17}\ cm^3$,栅氧化层厚度为 0.02 μm,n1 区的厚度为 70 μm,阳极面积为 $16 \times 16\ \mu m^2$,n1 区的寿命为 1 μs,沟道迁移率为 500 $cm^2/V \cdot s$。若电流密度为 200 A/cm^2,$V_G - V_T = 5$ V,计算开态时电压降。

第 5 部分

光学器件和传感器

第 *12* 章

发光二极管和半导体激光器

12.1 引言

光子器件是由光的基本粒子—光子起主要作用的器件,可分为三类:(1)器件作为光源,将电能转换成光能的器件,如 LED(**发光二极管**)和二极管激光器(**受激辐射光量子放大器**);(2)探测光信号的器件,如光电探测器;(3)将光辐射转换成电能的器件,如光生伏特器件或太阳能电池。本章讨论第一类器件,光电探测器和太阳电池将在第 13 章讨论。

电致发光现象是 1907 年被发现的[1]。电致发光是在一定偏置下,由通过材料的电流产生光的现象。电致发光与热辐射(白炽发光)是不同的,前者的光谱范围较窄,例如,LED 的谱线宽度典型值为 5～20 nm。在激光二极管中,这种由电致发光机制产生的光几乎接近完美的单色光,谱线宽度为 0.1～1 Å。发光二极管和激光器是半导体器件中唯一作为光源的元件,正如本章所描述的,它们在人们的日常生活中扮演着越来越重要的角色,极大地推动了诸如通信、医疗等前沿领域的发展。

LED 和半导体激光器均属发光器件。发光是因为器件或材料中的电子激发跃迁而产生的光辐射(紫外线、可见光或红外线),它排除了纯属材料温度所致的任何辐射(白炽现象)。图 12.1 示出了可见光及近可见光范围的电磁波谱。尽管可以采取不同的方法产生不同波长的

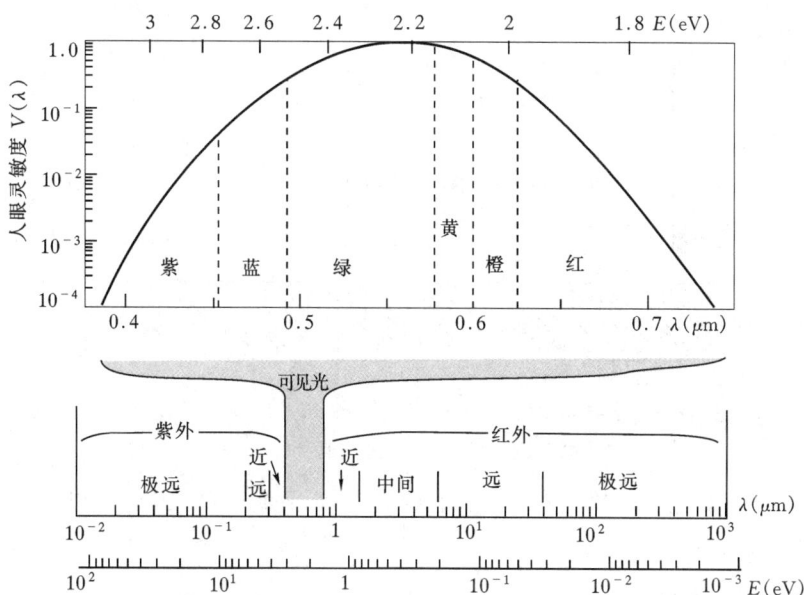

图 12.1 可见光及近可见光范围的电磁波谱,上图为放大了的可见光部分,被分成几个主要
色区,同时绘出了由 CIE 定义的白昼视觉相对流明函数 V(λ)

光辐射,但其基本机理是类似的。人眼可见光波长范围仅为 $0.4 \sim 0.7 \ \mu m$。从紫光到红光的主要色带如图 12.1 所示。红外线的波长从 $0.7 \ \mu m$ 延伸到 $1000 \ \mu m$ 左右,紫外线波长范围为 $0.4 \ \mu m$ 到 $0.01 \ \mu m$(即 $10 \ nm$)左右。本章及以下各章的讨论中主要针对近紫外(波长约为 $0.3 \ \mu m$)到近红外(波长约为 $1.5 \ \mu m$)之间的波长范围。

光对人眼刺激作用的有效性用相对人眼灵敏度[或流明效率 $V(\lambda)$]表示,其大小强烈依赖波长的变化。图 12.1 示出了国际照明委员会(CIE)按 $2°$ 视角定义的相对人眼灵敏度。人眼的最大灵敏度对应的光波长为 $0.555 \ \mu m$,$V(0.555 \ \mu m) = 1.0$,当波长变至可见光谱边界,即 $0.4 \ \mu m$ 和 $0.7 \ \mu m$ 附近时,$V(\lambda)$ 接近于零,所以与绿光相比,人眼对红光和紫光灵敏度较差,因此人眼感受同样亮度时,需要更大光强的红光和紫光。

12.2 辐射跃迁

图 12.2 示意地画出了半导体内过剩载流子的基本复合跃迁过程,这些跃迁分为如下几类:第一大类[标记为(1)]为带间跃迁,包括(a)能量接近带隙的本征发射;(b)有高能载流子或热载流子参与的高能发射,有时与雪崩发射有关;第二大类[标记为(2)]有化学杂质或物理缺陷参与的跃迁:(a)从导带到受主型缺陷能级;(b)从施主型缺陷能级到价带;(c)从施主型缺陷能级到受主型缺陷能级(称为"对发射");(d)通过深能级陷阱的带间发射;第三大类(3)是热载流子参与的带内跃迁,有时称为减速发射或俄歇过程。在相同材料或同等条件下,不是所有的跃迁都必须发生,也并非所有的跃迁均为辐射跃迁。有效的发光材料是辐射跃迁远远超过无辐射跃迁(例如俄歇无辐射复合)的材料。在俄歇无辐射复合中,带间复合能量传递给带内的

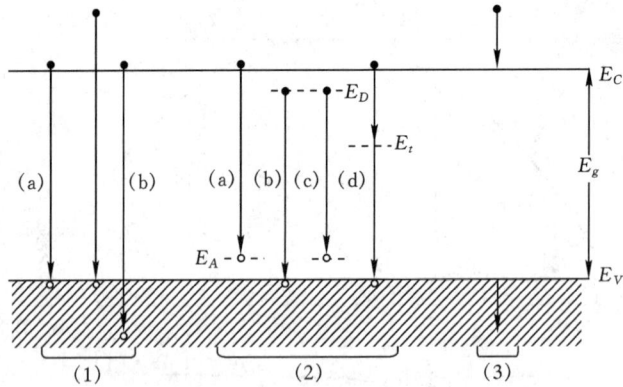

图 12.2　半导体中的各种复合跃迁，E_D、E_A、E_t 分别为施主、受
主及深能级陷阱(引自参考文献 3)

另一个载流子，产生热电子和热空穴[2]。比较而言，可以看到带间复合[(1)中的(a)]最有可能
成为辐射过程。

12.2.1　发射光谱

固体中光子和电子之间的相互作用包含三种主
要的光过程(图 12.3)：(a)电子从价带中的满态吸收
一个光子跃迁到导带的空状态上；(b)导带中的电子
自发回到价带的空状态(复合)，同时发射一个光子，
过程(b)是过程(a)的逆过程；(c)光子借助于(电子空
穴对的)复合，激发出一个同样的光子，给出一对相干
的光子。(a)是光电探测器和太阳电池的主要过程，
(b)为 LED 的主要过程，而激光器运用了过程(c)。

无论是光的吸收还是发射过程，直接带隙材料的
价带和导带之间的光跃迁的传统理论遵循波矢选择
定则。由动量守恒定律可知，价带波函数的波矢 k_1
和导带波函数的波矢 k_2 之差为光子的波矢，因为电
子的波矢远大于光子的波矢，k 选择定则通常写为

$$k_1 = k_2 \qquad (1)$$

允许跃迁的初始状态和末尾状态具有相同的波矢被
称为**直接**跃迁或**竖直**跃迁(在 $E\text{-}k$ 空间)。

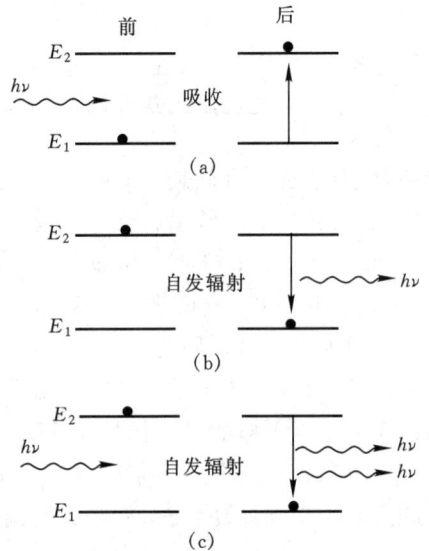

图 12.3　两个能级之间的三种基本光过程，
黑点表示电子状态，左侧为初始状
态，右侧为过程发生后的最终状态

当导带极小值与价带极大值不在同一 k 值上时，需要声子参与以满足动量守恒定律，这种
跃迁称为"**间接**"跃迁。间接带隙半导体材料的辐射跃迁几乎不可能发生。可引入一些特殊杂
质改善间接带隙半导体的光辐射特性，此时波函数发生改变，k 选择定则不再适用。

图 12.4(a)给出了 $GaAs_{1-x}P_x$ 的带隙与组份 x 的函数关系，当 $0 < x < 0.45$ 时，$GaAs_{1-x}$
P_x 为直接带隙半导体，带隙从 $x=0$ 的 1.424 eV 增加为 $x=0.45$ 的 1.977 eV，当 $x > 0.45$ 时，
为间接带隙半导体。图 12.4(b)给出几种混晶比对应的能量-动量关系图，可以看出，导带有
两个极小值，与 Γ 对应的为直接带隙极小值，沿 X 轴的为间接带隙极小值。直接带隙半导体

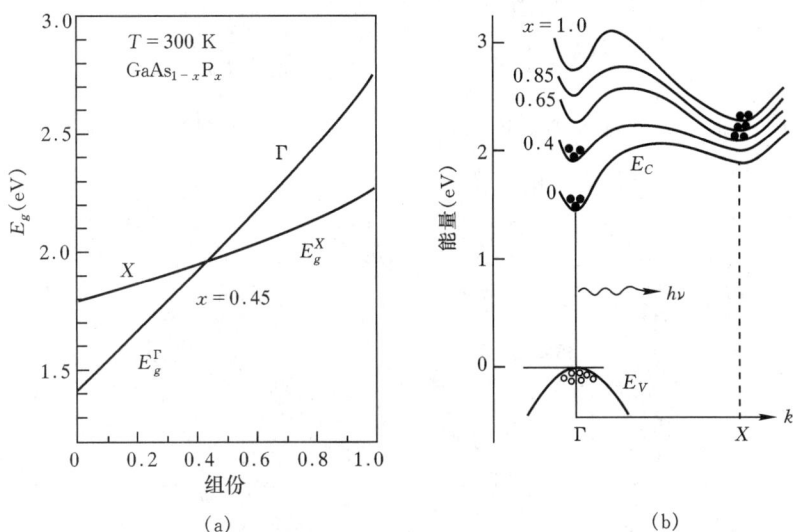

图 12.4　(a)GaAs$_{1-x}$P$_x$ 直接带隙和间接带隙与组份 x 的关系(引自参考文献 4)；
(b)GaAs$_{1-x}$P$_x$ 的能量-动量示意图(引自参考文献 5)

中位于导带底的电子与价带顶的空穴有相同的动量,间接带隙半导体能谷中的电子与价带顶空穴的动量不同。对于 GaAs 和 GaAs$_{1-x}$P$_x$($x \leqslant 0.45$)等直接带隙半导体,动量是恒定的,带间跃迁的几率高,发出光子的能量与半导体材料的带隙能量近似相等,辐射跃迁是直接带隙半导体材料的主要跃迁机制；对于 $x > 0.45$ 的 GaAs$_{1-x}$P$_x$ 和 GaP 等间接带隙半导体材料,带间跃迁几率非常小,因为跃迁过程需要声子或其它散射机制参与以保证动量守恒,因此,对于间接带隙半导体,需要有特殊的复合中心促进辐射跃迁。

我们曾假设带间复合的能量等于带隙能量,实际上,当温度高于绝对零度时,由于热能的原因,电子会位于略微高于带边 E_C 的位置,空穴位于略低于 E_V 的位置,因此发射的光子能量比带隙能量略高。我们在这里分析一下自发辐射的能谱,在带边附近,发射的光子能量由以下关系决定：

$$h\nu = \left(E_C + \frac{\hbar^2 k^2}{2m_e^*}\right) - \left(E_V - \frac{\hbar^2 k^2}{2m_h^*}\right)$$

$$= E_g + \frac{\hbar^2 k^2}{2m_r^*} \tag{2}$$

上式称为联合色散关系,m_r^* 为缩减有效质量,

$$\frac{1}{m_r^*} = \frac{1}{m_e^*} + \frac{1}{m_h^*} \tag{3}$$

同样的方法,联合状态密度表示为[6]

$$N_J(E) = \frac{(2m_r^*)^{3/2}}{2\pi^2 \hbar^3} \sqrt{E - E_g} \tag{4}$$

载流子的分布由玻耳兹曼分布函数决定

$$F(E) = \exp\left(-\frac{E}{kT}\right) \tag{5}$$

自发辐射率与式(4)和式(5)的乘积成正比,有如下形式[6]:

$$I(E = h\nu) \propto \sqrt{E - E_g} \exp\left(-\frac{E}{kT}\right) \tag{6}$$

式(6)可由图 12.5 描述。自发辐射能谱的阈值能量为 E_g,峰值对应的能量为 $(E_g + \frac{1}{2}kT)$,能量半宽为 1.8 kT,转化为波长表示的谱宽为

$$\Delta\lambda \approx \frac{1.8 \ kT\lambda^2}{hc} \tag{7}$$

式中 c 为光速,对应于可见光谱的中间波长,发射谱宽约为 10 nm。

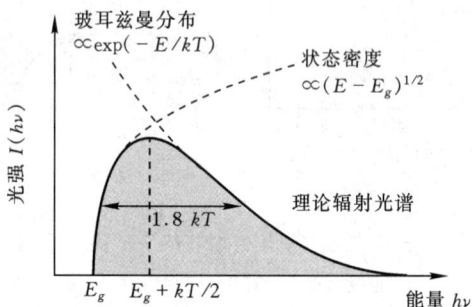

图 12.5　自发辐射的理论光谱(引自参考文献 6)

图 12.6 为 77 K 和 295 K 下观察到的 GaAs p-n 结的发射光谱,由于带隙随温度增加而减少,光子能量峰值也随温度增加而减少。图 12.6(b)为一个由二极管的发射光谱得出的光子能量峰值和半功率点随温度的变化的更为详细的图,正如式(6)所预料,半功率点宽度随温度

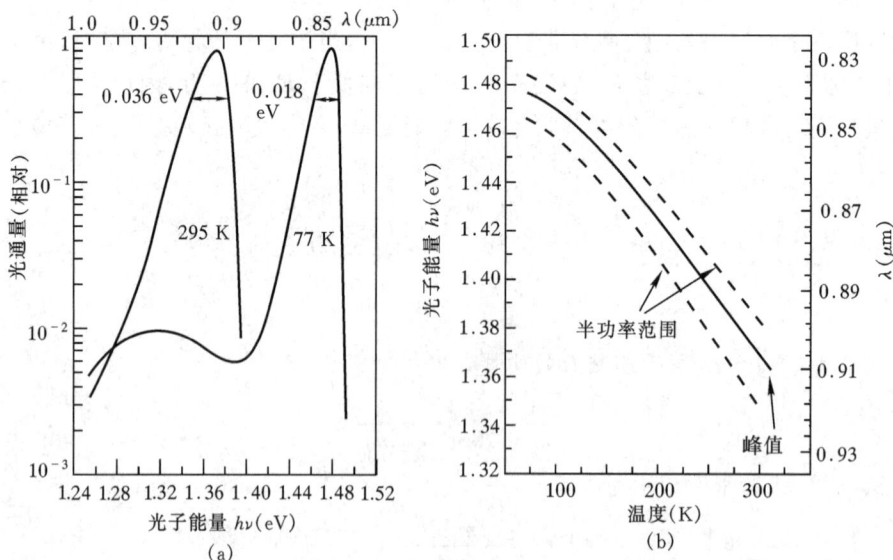

图 12.6　(a)295 K 和 77 K 下 GaAs 二极管的发射光谱;(b)发射峰值和半功率宽度与温度的关系(引自参考文献 7)

升高稍有增加。

12.2.2　激发方法

可由输入能量来区分发光的类型[8]，即(1)由光辐射引发的光致发光；(2)由电子束或阴极射线导致的阴极射线致发光；(3)由其它快速或高能粒子辐射所致的辐射致发光；(4)由电场或电流导致的电致发光。这里主要讨论电致发光，尤其是注入式电致发光，光辐射由注入到半导体 p-n 结附近的少数载流子引发，发生辐射跃迁。

电致发光可由多种方法激发，包括注入、本征激发、雪崩过程和隧穿过程。注入式电致发光是最重要的激发方法[9]。当 p-n 结加正向偏压时，因为电能可直接转换成光子的能量，少数载流子的结内注入可提高辐射复合的效率。以下各节，我们主要讨论注入式电致发光器件，如 LED 和激光器。

对于本征激发，当半导体粉末(如 ZnS)加入介质(如塑料或玻璃)中时，可产生交变电场，发生电致发光，发出频率为声波附近的电磁波，通常这种发射的效率很低(≤1%)，辐射机制主要由加速电子的碰撞电离或陷阱中心电子的场发射产生[3, 10]。

对于雪崩激发，给 p-n 结或金属半导体势垒加反向偏置直至雪崩击穿，由碰撞电离产生的电子-空穴对可以引发带间跃迁(雪崩发射)或带内跃迁(减速发射)。电致发光也可由正向偏置和反向偏置结的隧穿效应引发，例如当足够高的反偏电压加在金属半导体势垒上时(p 型简并衬底)，金属一侧的空穴可以通过隧穿进入半导体的价带，与反方向从价带到导带隧穿的电子发生辐射复合[11]。

12.3　发光二极管

发光二极管，通常称作 LED，是在适当的正向偏置状态下能向外发射紫外、可见和红外波段电磁波的半导体 p-n 结，属自发辐射。电致发光早在 1907 年由 Round 在制作 SiC 衬底接触中首先发现，但只在一个很短的注释中作了报导[1]，更详细的实验是由 Lossev 在上世纪 20 年代至 30 年代期间完成[12,13]。1949 年 p-n 结二极管提出后，LED 结构从最初的点接触变为 p-n 结，包括 SiC 在内的其它半导体材料如 Ge、Si 等相继得到研究[14]，因为这些材料都是间接带隙半导体，发光效率极其有限。1962 年具有更高量子效率的直接带隙半导体 GaAs 被报道[15−17]，这些研究很快导致了同年晚些时候半导体激光器的出现，从这一点来看，直接带隙半导体材料对于高效电致发光是非常重要的。在 1964 年到 1965 年期间，由于引入了等电子杂质使得间接带隙半导体材料的性质有了显著的改善[18−20]，这些研究对采用间接带隙半导体 GaAsP 和 GaP 制作商用发光二极管具有深远的意义。最近，LED 有了很大的进展，采用 In-GaN 产生光谱中的蓝光和超紫外光，这在以前是不能实现的[21]。这些技术的发展不仅对白光 LED 的实现及其性能的改善有很大的促进，同时也使得 LED 更加普及。

LED 有着非常广泛的应用，可分为三类：第一类用于显示，典型的日用品如用于家庭娱乐的音频、视频等各种电子设备的平板显示、汽车的平板显示、计算机屏幕、计算器、时钟和手表。此外，户外广告及交通灯随着 LED 效率的提高和体积的缩小变得越来越普及。人们每天都会看到一些 LED 显示，图 12.7 为 LED 显示的几种基本布局，7 段结构通常用来显示 0～9 的数字,对于字母显示(A～Z 及 0～9)通常用 5×7 矩阵结构,可以用类似于硅集成电路的单片集成工艺实现 LED 阵列,或将分立的 LED 组装在一起用于大型显示。

第二类用于替代传统的白炽灯泡发光,如家用灯、闪光灯、汽车前灯等,最大的优点是它们的高效率,在便携式应用中可延长电池的寿命,不仅如此,LED 具有高可靠性和更长的寿命,使得传统灯泡的更换费用得到显著的减少,这对于诸如交通灯等户外应用尤为重要。

第三个应用是中低数据率(小于 1 Gb/s)、中短距离(小于 10 km)光纤通信系统的光源。红外 LED 更适合此类应用,因为该波长在普通的光纤中损耗最小。用 LED 做为光源与半导体激光器相比既有优点也有缺点,LED 的优点包括更高的工作温度,发射功率对温度的依赖性较小,器件结构简单,驱动电路简单。缺点为亮度较低、低调节频率和宽的谱线宽度,通常为 5～20 nm,而激光器可达到 0.1～1 Å 的谱线宽度。

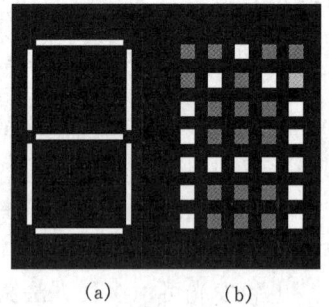

图 12.7 (a)数字显示用(7 段)典型结构;(b)字母显示(5×7 阵列)典型结构

LED 还能用在光隔离器中,用于输入信号或控制信号与输出端的隔离[2]。图 12.8 为一个由 LED 作为光源,与光电探测器耦合的光隔离器,当输入电信号加到 LED 上时,LED 发光,随后被探测器检测到,光信号又被转回成电信号,电流流过负载 R_L。这些器件与信号光耦合,并以光速传输信号,因为在输入和输出信号间没有反馈和干扰,它们是电隔离的。更为重要的是,当光线通过一个长距离光纤传导时,这种设计还可以作为一个光纤通信系统。

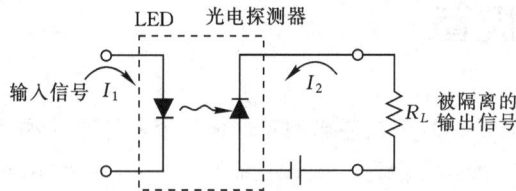

图 12.8 输入输出之间提供电隔离的光隔离器

12.3.1 器件结构

LED 的基本结构为一个 p-n 结,正向偏置时少数载流子从结的两侧注入,因此在结的附近,有高于平衡态浓度的非平衡载流子($np > n_i^2$),载流子复合发生,这种状态示于图 12.9(a)。如果设计中运用异质结,效率可以得到显著的提高。图 12.9(b)示出了由宽带隙半导体材料限制的中间发光区,如果异质结为 I 型(参见 1.7 节),两种类型的过剩载流子从两侧注入并被限制在同一区域,可以看到过剩载流子的数目显著提高。后面可以看到,随着载流子浓度的提高,辐射复合寿命缩短,导致更为有效的辐射复合。在这种结构中,中间层是不掺杂的,两侧为相反类型的异质材料,这种双异质结设计有最高的效率,是一种优选方法。

如果中间有源区减小到 10 nm 或更小就形成了量子阱,这时,与二维载流子状态密度相关,需用量子力学理论计算。三维载流子有效状态密度(单位体积)由二维值除以量子层宽度得到,这种现象使得载流子状态密度更高,从而提高效率。薄有源层的另一个好处源于外延生

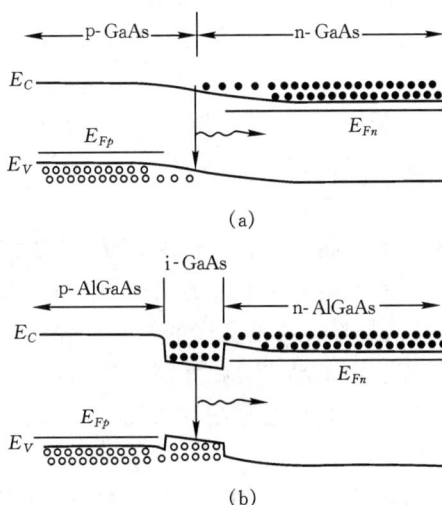

图 12.9 (a)p-n 结正向偏置,电子从 n 侧注入,与从 p 侧注入的空穴
复合;(b)在双异质结中,更高的载流子浓度及载流子限定

长,因为薄应力层可以适应高晶格失配(参见 1.7 节)。量子阱的另一个特点是量子化能级可
以从理论上拓展辐射能量使其超过带隙(或者说减小波长),但是这种特点极少使用。

12.3.2 材料的选择

对于 LED 应用,最重要的半导体材料如图 12.10 所示,为便于参照,人眼的相对流明函数
也示于图中,光谱覆盖了大部分可见光并延伸至红外区。对于显示应用,由于人眼只对光能量
$h\nu > 1.8$ eV($\lambda \leqslant 0.7$ μm)的光线敏感,半导体材料的带隙必须大于这个值。通常图中所示的半
导体材料都为直接带隙半导体材料,除了 GaAsP 系统中的一些合金化合物半导体材料,后面
会对它们详细介绍。直接带隙半导体对电致发光器件尤为重要,因为辐射复合是一个一级跃
迁过程(没有声子参与),它的量子效率比有声子参与的间接带隙半导体的量子效率高。

AlGaAs $Al_xGa_{1-x}As$ 系统覆盖了从红光到红外的很宽的波长范围,GaAs 是上世纪 60
年代最早用于高效 LED 的材料。对于约为 45% 的高铝组分,禁带变为间接带隙,因此波长限

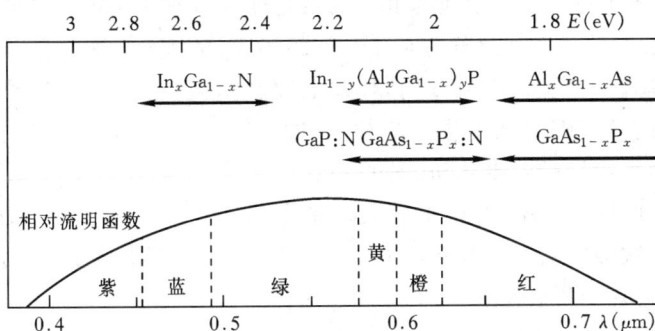

图 12.10 用于 LED 的半导体材料,包括人眼的相对流明函数

制在 0.65 μm 左右。这种材料系统的优点在于极好的异质结生长能力,可制成双异质结 LED,与 GaAs 衬底晶格匹配好。GaAs 在所有的化合物半导体材料中有最先进的材料处理技术。

InAlGaP　这种材料系统比 AlGaAs 具有更高的带隙,它覆盖了赤、橙、黄、绿可见光谱区域,材料直接带隙范围限制了这种系统的波长大于 0.56 μm,这种系统与 GaAs 衬底有良好的晶格匹配。

InGaN　InGaN 外延生长技术的最新突破使它在 LED 应用中有了重要的运用,这种材料有着非常宽的波谱范围,覆盖了绿光、蓝光和紫外光谱。更为重要的是,从材料角度上讲,产生蓝光和紫外光是非常困难的,而它是唯一的可实现的材料。为使长波方向延伸至可见光谱的其余部分,需要大幅度地减小带隙,由于晶格失配加剧,带隙的大比例减小伴随着更多的位错,因而这种材料不适合用于可见光谱的其他区域。衬底材料可以是蓝宝石、SiC 或 GaN,但是,后两种材料的造价高,因而蓝宝石更为常用。

GaAsP　正如图 12.10 所示,GaAs$_{1-x}$P$_x$ 覆盖了很宽的波谱范围,从红外到可见光谱的中部,直接—间接带隙转换点在 1.9 eV(P 在 45%～50% 之间)处,属间接带隙范围的半导体发光效率很低,但是可以引入氮等特定杂质,构成有效的辐射复合中心参与复合[22]。

引入氮后,在晶格上取代部分磷原子,氮与磷具有相似的外层电子结构(在元素周期表中都属 V 族元素),但是它们的内层电子结构是不同的,这一差异造成接近导带处的电子陷阱能级,复合中心由此产生,称为**等电子中心**。ZnO 是 GaP 中的另一种等电子中心,这种等电子中心一般呈电中性,工作时,一个注入电子首先陷入中心,这个负电中心从价带俘获一个空穴形成束缚激子,伴随着电子-空穴对的湮没,产生一个光子,其能量等于带隙减去该中心的束缚能。这样一个系统以及它的工作过程可由图 12.11 的 E-k 关系图看到,这里并不违背动量守恒原理,因为等电子陷阱在空间被高度局域化,由测不准原理,它们在 k 空间(动量)可以有很大的范围。

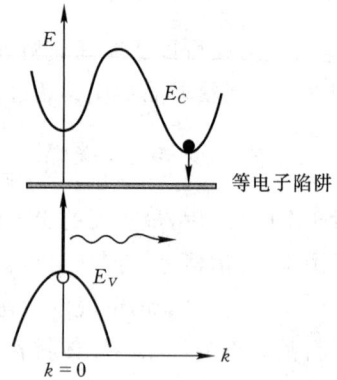

图 12.11　在间接带隙材料中通过等电子陷阱的辐射复合的 E-k 示意图

图 12.12(a)示出了有等电子杂质氮和没有等电子杂质时 GaAs$_{1-x}$P$_x$ 的量子效率和合金组分的关系[22],没加氮的材料在组分为 $0.4<x<0.5$ 时效率大幅度降低,这是因为此范围内直接带隙向间接带隙转换。当 $x>0.5$ 时,掺氮的效率高,但仍然随着 x 的增加显著减小,这是因为直接带隙和间接带隙之间动量分离加大(图 12.4(b))。由于等电子中心束缚能的影响,掺氮合金的峰值发射波长发生移动(图 12.12(b))。

GaAsP LED 可以在 GaAs 或 GaP 衬底上制作,取决于 P 的含量。GaP 衬底的优点是能隙大,衬底对光的再次吸收减小。具有等电子中心的 LED 有类似的优点,通过这些中心发出的光,能量变小,因此对于衬底是透明的。

波长转换器　通常转换 LED 光颜色的方法是在其表面覆盖波长转换物质,这种物质可以吸收 LED 的光线,重新发出不同波长的光。波长转换物质可以是磷[23]、染色剂和其它半导体材料。它们通常向低能量波(长波方向)转换,比原始 LED 发出的光的波谱宽。它们的效率通

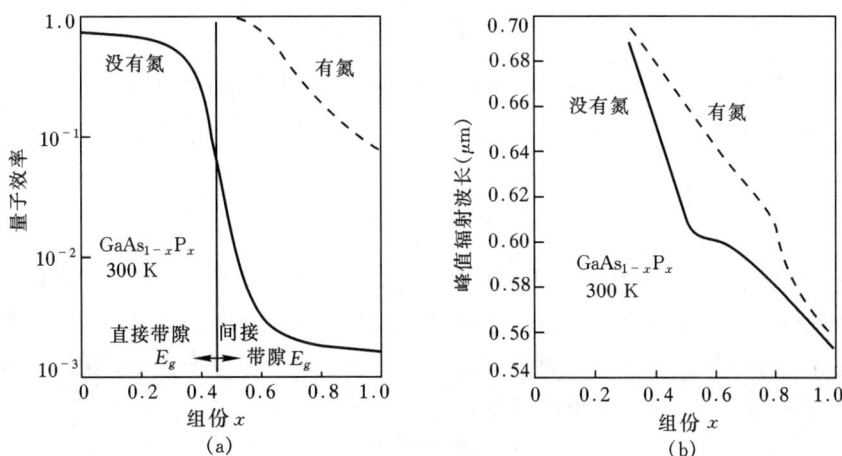

图 12.12　有和没有等电子杂质氮时

(a) $GaAs_{1-x}P_x$ 量子效率与组份的关系；(b)峰值辐射波长与组份的关系(引自参考文献 22)

常很高,这是它们在白光 LED 中应用广泛的原因。向高能量转换不太常用,如蓝光 LED 可以由红外到可见光的低能量光到高能量的转换器中得到[24],GaAs LED 发出的红外光线被掺有稀有离子如镱离子(Yb^{3+})和铒离子(Er^{3+})的磷吸收,相继吸收两个红外范围的光子,然后发出一个可见光区域的光子。

12.3.3　效率的确定

LED 的主要功能是将电能转化为可见光,用于显示和发光。本节将讨论 LED 的各种效率,知道了效率的表达式,可以更好地进行优化设计。

内部量子效率　对于一个给定的输入功率,辐射复合和非辐射复合之间相互竞争,每一个带与带之间的跃迁和通过陷阱的跃迁既可以是辐射复合,也可以是非辐射复合。例如,间接带隙半导体材料中的带间复合是非辐射复合,而通过等电子能级的陷阱复合为辐射复合。

内部量子效率 η_{in} 为载流子电流转化为光子的效率,定义为

$$\eta_{in} = \frac{\text{内部发射光子数}}{\text{通过结的载流子数}} \tag{8}$$

它和注入载流子辐射复合的复合率与总复合率之比有关,用少子寿命表示为：

$$\eta_{in} = \frac{R_r}{R_r + R_{nr}} = \frac{r_{nr}}{\tau_{nr} + \tau_r} \tag{9}$$

式中,R_r 和 R_{nr} 分别为辐射复合率和非辐射复合率,τ_r 和 τ_{nr} 分别为相应的辐射复合和非辐射复合少子寿命。对于小注入,在结的 p 区一侧的辐射复合率为

$$R_r = R_{ec}np$$
$$\approx R_{ec}\Delta n N_A \tag{10}$$

式中,R_{ec} 为复合系数,Δn 是过剩电子浓度,远远大于平衡时的少子浓度 $\Delta n \gg n_{po}$。R_{ec} 是能带结构和温度的函数,在间接带隙半导体材料中,它的值很小(直接带隙材料 $R_{ec} \approx 10^{-10}\,cm^3/s$,间接带隙材料 $R_{ec} \approx 10^{-15}\,cm^3/s$)。

在小注入($\Delta n < p_{po}$)时,辐射复合少子寿命 τ_r 与复合系数有关：

$$\tau_r = \frac{\Delta n}{R_r} = \frac{1}{R_{ec} N_A} \tag{11}$$

对于大注入，τ_r 随 Δn 增加而减小，所以在双异质结 LED 中，载流子的限定作用使得 Δn 增加，从而降低了 τ_r，提高了内部量子效率。非辐射复合的少子寿命取决于陷阱（浓度 N_t）或复合中心。

$$\tau_{nr} = \frac{1}{\sigma v_{th} N_t} \tag{12}$$

式中 σ 为俘获截面。很明显，为了提高内部量子效率，需降低辐射复合的少子寿命 τ_r。

外部量子效率 对 LED 应用而言，主要关心的是发射到器件外部的光，因此需要研究器件内部和外部的光学特性。描述发射到器件外部的光效率的参数为**光学效率** η_{op}，有时也称抽出效率，考虑这种因素后，**净外部量子效率**定义为

$$\eta_{ex} = \frac{外部发射光子数}{通过结的载流子数} = \eta_{in} \eta_{op} \tag{13}$$

光学效率与器件内部和周围的光学特性有关，与器件的电学特性无关。下面我们讨论光学路径和光学界面等问题。

光学效率 首先我们给出光线通过半导体与外界媒质的交界面发生折射时的基本定律。如图 12.13 所示，大部分重要现象来源于 Snell 折射定律，定律表明入射角和折射角的关系为

$$\bar{n}_s \sin\theta_s = \bar{n}_o \sin\theta_o \tag{14}$$

式中 $\bar{n}_s$ 和 $\bar{n}_o$ 分别为半导体材料和外界媒质的折射率。对于垂直入射，光线的方向是不变的，除非存在费涅尔损耗，反射系数为

$$R = \left(\frac{\bar{n}_s - \bar{n}_o}{\bar{n}_s + \bar{n}_o}\right)^2 \tag{15}$$

对于入射角 $\theta_s > 0°$ 的光线，因为 $\bar{n}_s$（对于通常的半导体材料，约为 3～4）大于 $\bar{n}_o$（空气折射率为1），θ_o 通常大于 θ_s，图 12.13 示出了临界角 θ_c，即当 θ_o 为 90° 时对应的 θ_s，此时折射光线与界面平行，这样的临界角定义为光逃逸角，入射角大于临界角，光线被全部反射回半导体，将 $\theta_o = 90°$ 带入式（14），得临界角

$$\theta_c = \arcsin\left(\frac{\bar{n}_o}{\bar{n}_s}\right) \approx \frac{\bar{n}_o}{\bar{n}_s} \tag{16}$$

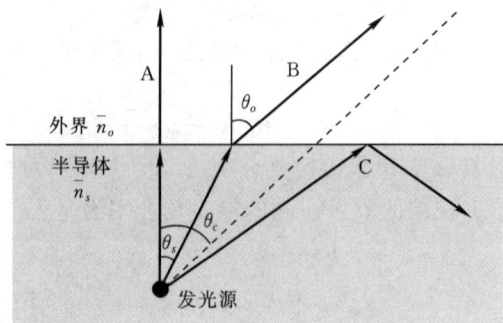

图 12.13 半导体/外部媒质界面的光学路径：A) 垂直入射，影响较小；B) 与 Snell 定律相关的折射角（$\theta_o > \theta_s$）；C) 逃逸锥以外的光线发生全反射（$\theta_s > \theta_c$）

对于 GaAs($\bar{n}_2 = 3.66$)和 GaP($\bar{n}_2 = 3.45$)临界角约为 $16° \sim 17°$。

有三种主要损耗机制降低了发射光子的数量:(1)在 LED 材料内的吸收;(2)费涅尔损耗;(3)临界角损耗。在 GaAs 衬底上制作的 LED,吸收损耗很大,因为 GaAs 衬底不透光,能吸收结发射出来的约 85% 的光子。对于透明衬底上的 LED,如具有等电子中心的 GaP,向下发射的光子可以反射回来,只有约 25% 的光子被吸收,效率得到很大改善。费涅尔损耗是由半导体的内部反射引起的。第三种损耗机构是光子以大于临界角 θ_c 的角度入射到表面时由全反射引起的损耗。

为了估计临界角损失对电学效率的影响,简单起见我们忽略了吸收损失和费涅尔损失,光逃逸锥的固体角可如下计算:

$$固体角 = 2\pi(1 - \cos\theta_c) \tag{17}$$

点光源的总固体角为 4π,光学效率可简单地表示为一个分数:

$$
\begin{aligned}
\eta_{op} &= \frac{光逃逸锥的固体角}{4\pi} \\
&= \frac{1}{2}(1 - \cos\theta_c) = \frac{1}{2}\left[1 - \left(1 - \frac{\theta_c^2}{2!} + \cdots\right)\right] \\
&\approx \frac{1}{4}\theta_c^2 \approx \frac{1}{4}\frac{\bar{n}_o^2}{\bar{n}_s^2}
\end{aligned}
\tag{18}
$$

(运用了 $\cos\theta_c$ 的级数展开),对于一个典型的扁平半导体 LED,可以看到光学效率仅为 2% 的量级。

由 Snell 定律带来的一个有趣的现象是,即使半导体内部具有均匀的光强,经界面折射后出来的光线随入射角度而变,垂直入射到界面时,射出光线的光强最大,随着 θ_o 角的增加而减小。令界面上及界面下光能量相等,可以看到,对于常规扁平 LED 结构,出射光强与角度有如下关系:

$$I_o(\theta_o) = \frac{P_s}{4\pi r^2} \frac{\bar{n}_o^2}{\bar{n}_s^2} \cos\theta_o \tag{19}$$

式中,P_s 为光源的功率,r 为表面距光源的距离,这种发光模式被称作朗伯(Lambertian)发光模式。图 12.14 示出了扁平结构、半球结构及抛物面结构的发光模式示意图,可以看到对于扁平结构,入射角为 $60°$ 时,归一化光强减小 50%。对于理想的半球形结构,因为所有的光线均垂直于界面,保持很高的均匀出射光强,临界角损失全部被消除。然而,实际上这种半球的形状很难实现,实际的折中作法是,在扁平结构上覆盖半球形的介质,介质的折射率介于半导体和外部媒介的折射率之间。

扁平结构发出的光能可以通过对式(19)在 $0° \leqslant \theta_c \leqslant 90°$ 范围内求积分得到,光学效率可由出射光能与结发出的光能之比得到,用这种方法得到的光学效率与用式(18)计算出的结果相同。

至此我们已经讨论了由结出发的、由半导体的上表面或下表面发出的光的情形,此类器件称为表面发光器件,另外一种称为边缘发光器件,光线平行于结发出(图 12.15),有两种将 LED 的光输出耦合到小的玻璃纤维中的基本结构。对于表面发光器件(图 12.15(a)),结的发光面由氧化绝缘层限定,p^+ 掺杂构成最小电阻路径,光线经过的半导体层必须做得很薄,$10 \sim 15~\mu m$,使光吸收达到最小。运用异质结(如:GaAs/AlGaAs)可以提高效率,由包围辐射复合区(如:GaAs)的宽带隙半导体层(如:AlGaAs)提供了载流子限定,异质结还可以作为发光窗

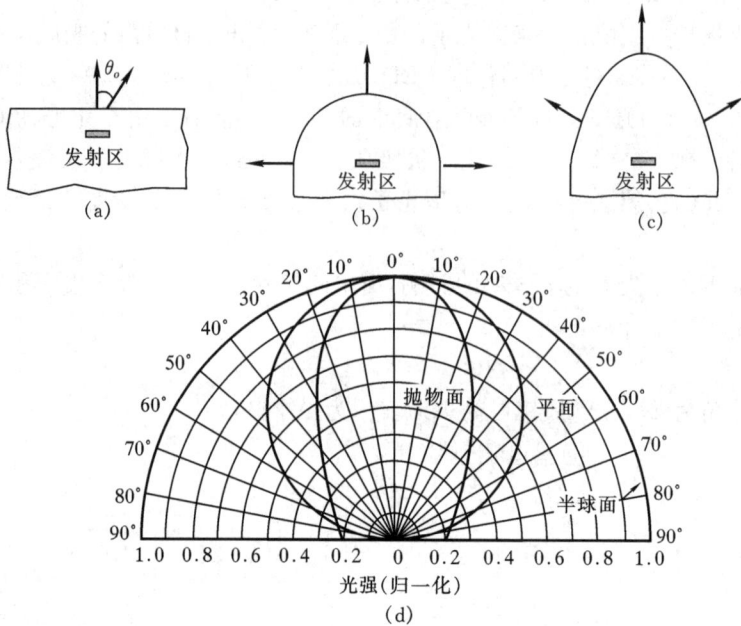

图 12.14　考虑光学效率的 LED 结构:

(a)扁平;(b)半球形;(c)抛物面形;(d)它们的归一化 Lambertian 发射模式

(引自参考文献 6)

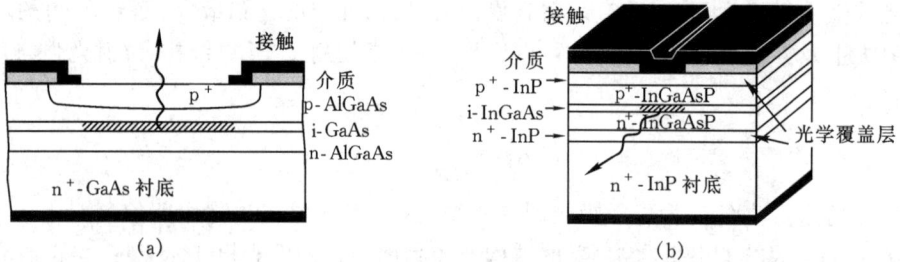

图 12.15　显示光的发射方向的 LED 结构

(a)表面发射;(b)边缘发射

口,因为宽带隙限制层不吸收窄带隙发射区发出的光。对于边缘发光(图 12.15(b))有源区和双异质结被两个光学覆盖层所夹,形成了波导,输出的光线近似平行,无需考虑与临界角相关的全反射问题,可以提高小角度光纤耦合的效率,发射光的空间分布与异质结激光器的分布类似,在 12.5.4 节中讨论。

功率效率　功率效率 η_P 定义为输出的光功率与输入的电功率之比

$$\eta_P = \frac{\text{光输出功率}}{\text{电输入功率}} = \frac{\text{向外发射的光子数} \times h\nu}{I \times V}$$

$$= \frac{\text{向外发射的光子数} \times h\nu}{\text{通过结的载流子数} \times q \times V} \tag{20}$$

因为偏置近似与带隙和光子能量相等($qV \approx h\nu$),所以功率效率与外部量子效率近似相等($\eta_P \approx \eta_{ex}$)。

发光效率 比较 LED 的视觉效应时，必须考虑人眼的对光线的响应。发光效率采用一个因子将功率效率归一化，该因子和前面图 12.1 所示的人眼灵敏度相关。例如，人眼的峰值灵敏度对应的波长为 $0.555\ \mu m$（绿光），当波长接近可见光谱红光边界或紫光边界时，灵敏度下降得很快，因此感觉同样视觉亮度时，绿光所需的功率比其它光线的小。LED 用于显示和照明时，发光效率是更合理的参数。

输出光线的亮度由发光通量（单位为流明）表示：

$$发光通量 = L_0 \int V(\lambda) P_{op}(\lambda) d\lambda \quad lm \tag{21}$$

式中，L_0 为常量，其值为 680 lm/W，$V(\lambda)$ 为相对人眼灵敏度（图 12.1），$P_{op}(\lambda)$ 为输出辐射的功率谱。人眼灵敏度函数 $V(\lambda)$ 在波长为 $0.555\ \mu m$ 的峰值处的归一化值为 1，发光效率为[9]

$$\eta_{lu} = \frac{发光通量}{输入电功率} = \frac{683 \int V(\lambda) P_{op}(\lambda) d\lambda}{VI} \quad lm/W \tag{22}$$

最大发光效率的值为 683 lm/W。

LED 技术随时间不断地进步，发光效率得到了极大的改善，图 12.16 总结了发光效率随年代的发展进程，为便于比较，传统照明设备的发光效率也列入其中。图中的斜率表明，每 3 年提高了 2 倍，或相当于每 10 年改善了 10 倍。显然，当发光效率接近它的理论极限 683 lm/W 时，不会再保持如此快的改进速度。到目前为止，最先进的 LED 的发光效率已经超过传统的照明设备。

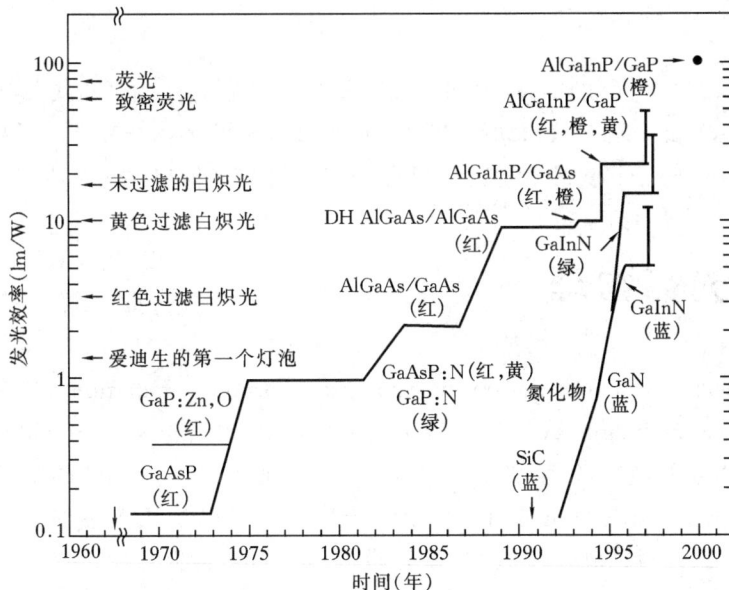

图 12.16 LED 的发光效率随年代的进展（引自参考文献 6）

12.3.4 白光 LED

白光 LED 的一个最重要的应用是高亮度照明[25]。随着功率效率和亮度的改善，这种应用领域越来越重要,已经可以与传统白炽灯和荧光灯相媲美,广泛用于室内灯、装饰灯、闪光灯、户外招牌和交通灯等日常用途中。

白光可以由 2~3 种光按照适当的光强比例混合而成,基本上有两种获得白光的方法:第一种是将发出不同颜色光线的 LED 组合,如红光、绿光和蓝光的组合,因其造价高,且将多种窄带宽光线混合不能产生好的底色,这种方法不是一种通用的方法;另一种方法更为常用,就是在 LED 上覆盖色彩转换器。色彩转换器是一种吸收原始 LED 的光线并发出不同频率光线的物质,转换器材料可以是磷、有机染料或其它半导体,这三种材料中,磷最常用[23],光线透过磷后可以发出比 LED 光线更宽的光谱,光线的波长变长(低光子能量),这些光转换器的效率可以很高,接近 100%。

一种常用的方法是用发出蓝光的 LED 与黄色的磷一起使用,LED 的光线被磷部分吸收,蓝色 LED 光线和由磷产生的黄光混合得到白光。令一种方法是利用超紫外线 LED,LED 发出的光全部被磷吸收,重新产生的光具有很宽的光谱,可近似为白光。

12.3.5 频率响应

频率响应是 LED 在高速应用中需要考虑的另一重要参数,如光纤通信系统,它决定了 LED 导通和关断的最大频率及最大传输数据率,LED 的截止频率为

$$f_T = \frac{1}{2\pi\tau} \tag{23}$$

式中 τ 为总的少子寿命,定义为

$$\frac{1}{\tau} = \frac{1}{\tau_r} + \frac{1}{\tau_{nr}} \tag{24}$$

正如前面提到的,内部量子效率与辐射和非辐射的少子寿命 τ_r、τ_{nr} 有关,式(24)中,当 $\tau_r \ll \tau_{nr}$ 时,τ 近似等于 τ_r,因此,正如式(11)所指出的,随着 LED 有源区掺杂浓度的提高,少子寿命 τ_r 减小,f_T 变大,考虑 LED 的速度时,应适当提高异质结中部有源区的掺杂浓度[26]。

12.4 激光器物理

激光器(Laser:light amplification by stimulate emission of radiation 受激辐射光放大)是从微波激射器(maser:microwave amplification by stimulate emission of radiation 受激辐射微波放大)衍生出来的,它们的区别在于输出频率范围的不同,laser 和 maser 都是建立在 20 世纪初爱因斯坦的受激辐射理论基础上的,激光器的材料可以是气体、液体、无定性固体和半导体材料,半导体激光器也被成为注入式激光器、结激光器或激光二极管。

微波激射器由 Townes 和他的合作者[27]及 Basov 和 Prokhorov[28]首先在 1954 年用氨气同时实现的。第一个激光器是 1960 年[29]在红宝石上(非半导体材料)获得的,紧接着 1961 年在氦-氖气体中实现,后来半导体逐渐作为激光器材料[30−32]。1961 年 Bernard 和 1962 年 Duraffourg 的理论计算表明受激辐射光放大行为也可以在直接带隙半导体中实现,并对这种行为做出了正确的预期。1962 年几乎同时有 4 篇文章报道了半导体激光器:Hall 等人[35]、Nathan 等人[36]和 Quist 等人在 GaAs 上实现[37],Holonyak 和 Bevacqua 在 GaAsP 上实现[38]。

异质结激光器是 1963 年由 Kroemter[39] 及 Alferov、Kazarinov[40] 两个研究小组提出的，1970 年 Hayashi 等人在室温下利用双异质结激光器实现了连续波（CW）运行[41]，从微波激射器到异质结激光器的发展历史可以从参考文献 42～44 中看到。

　　半导体激光器与其它激光器（例如固态红宝石激光器和 He-Ne 气体激光器）的相似之处在于它们所发出的光具有空间和时间相干性。激光辐射有极好的单色性（即极窄的谱线宽度），能得到高度定向的光束。然而，半导体激光器在以下几个重要方面与其它激光器有所不同：

1. 常规激光器中，量子跃迁在分立的能级之间发生，而在半导体激光器中，跃迁与材料的能带性质有关；

2. 半导体激光器体积小巧，长度仅为 0.1 mm 量级。最近可以在单个芯片上制作集成激光器，其体积更小。然而，由于有源区极窄（厚度为 1 μm 量级或更小），激光束的发散性比常规激光器大得多；

3. 半导体激光器的空间特性和光谱特性强烈受到半导体结介质特性（例如带隙和折射率变化）的影响。

4. 与光学泵相反，仅在二极管通以正向电流时产生激光，可以控制电流使整个系统得到有效的调制。因为半导体激光器的光子寿命极短，可实现高频调制。

　　从最初激光的发现到现在，已相继发现很多半导体材料都可以产生激光，光谱范围从近紫外到可见光直至远红外（波长从 0.2～40 μm）。由于半导体激光器波长可调，而且具有窄光谱线宽、高稳定性、低输入功率、结构简单等特性，在分子光谱学、原子光谱学、高溶解气体光谱学及大气污染监测等基础研究及应用领域有极大的应用潜力。半导体激光器从基础研究、医疗诊断到日常消费类电子产品中有着广泛的应用。由于其体积小并有高频调制能力，因而是光纤通信系统中最重要的光源。同时，随着技术的进步，激光器的造价已经很低，使其在 CD 和 DVD 播放器等消费类电子产品中得到了最为普及的应用。

12.4.1　受激辐射和分布反转

　　为了获得一个清晰的图景，我们考虑具有两个分立能级的简单原子系统。考虑两个能级 E_1 和 E_2，其中 E_1 是基态，E_2 是激发态（图 12.3），其能量状态上的电子浓度分别为 N_1、N_2，这些状态之间的任何跃迁均伴随着频率为 ν 的光子的发射和吸收，而 $h\nu = E_2 - E_1$。如前所述，三种光过程分别为：吸收、自发辐射和受激辐射（分别用 R_{ab}、R_{sp}、R_{st} 表示跃迁率）。在常温下，大多数原子处于基态。当能量恰好等于 $h\nu$ 的光子打到该系统时，这种状态受到扰动，处于基态 E_1 上的原子吸收能量进入激发态 E_2，为吸收过程，用吸收系数（α）表征，是光探测器和太阳电池的基本原理。原子的激发态是不稳定状态，经过短时间后，在没有任何外来激励时，它又跃迁回基态并发射一个能量为 $h\nu$ 的光子，这种过程称为自发辐射。自发辐射寿命（即原子在激发态的时间）变化很大，其典型值从 10^{-9} s 到 10^{-3} s，取决于各种半导体参数如带隙（直接的或间接的）及复合中心浓度。自发辐射产生的光在空间上和时间上是随机的（非相干光），这是 LED 发光的主要机制。当能量为 $h\nu$ 的一个光子打到仍处于激发态的原子上时，就会发生重要而有趣的过程：该原子会立即受到激发，跃迁到基态并释放出一个与入射光具有相同波长和相位的光子，此过程称为受激辐射过程，受激辐射是激光发射的主要机制。注意，受激辐射有两个有趣的特性：第一，需要一个入射光子，而有两个光子输出，这种现象称为光量子放大；

第二,两个光子相位相同,使激光器输出相干光。

下面分析受激辐射的基本要求。三种光过程的跃迁率公式为

$$R_{ab} = B_{12} N_1 \phi \tag{25}$$

$$R_{sp} = A_{21} N_2 \tag{26}$$

$$R_{st} = B_{21} N_2 \phi \tag{27}$$

式中 B_{12}、A_{21}、B_{21} 分别为吸收、自发辐射和受激辐射的爱因斯坦系数。请注意 R_{ab} 和 R_{st} 与光强 ϕ 成正比,而 R_{sp} 与光强 ϕ 无关。平衡态时,两个能量态上的电子浓度之比与它们的能量有关,由玻耳兹曼统计分布给出

$$\frac{N_2}{N_1} = \exp\left(\frac{-\Delta E}{kT}\right) = \exp\left(\frac{-h\nu}{kT}\right) \tag{28}$$

黑体辐射的光强谱为

$$\phi(\nu) = \frac{8\pi \, \overline{n}_r^3 h\nu^3}{c^3}\left[\frac{1}{\exp(h\nu/kT)-1}\right] \tag{29}$$

因为净光学跃迁为零,令 $R_{ab} = R_{sp} + R_{st}$,得

$$B_{12} N_1 \phi = N_2 (A_{21} + B_{21}\phi) \tag{30}$$

将式(28)和式(29)带入式(30),得到下面通用关系:

$$\frac{8\pi \, \overline{n}_r^3 h\nu^3}{c^3\left[\exp(h\nu/kT)-1\right]} = \frac{A_{21}}{B_{12}\exp(h\nu/kT) - B_{21}} \tag{31}$$

为使其在所有温度下都成立,需有

$$B_{12} = B_{21} \tag{32}$$

由此得到

$$\frac{A_{21}}{B_{21}} = \frac{8\pi \, \overline{n}_r^3 h\nu^3}{c^3} \tag{33}$$

对于激光,自发辐射产生的非相干光很微弱,可以忽略,净光输出为受激辐射减去吸收:

$$R_{st} - R_{ab} = (N_2 - N_1) B_{21}\phi \tag{34}$$

可以看出,只有当 $N_2 > N_1$ 时,净光学增益为正,称为**分布反转条件**。系统处于热平衡时,由式(28)可知,处于基态的原子比激发态上的原子数目多,分布反转是不可能自发形成的,需要一些外部的方法产生这种分布反转状态。它可以由另一个光源(光学泵)提供或以激光二极管的形式,正向偏置的 p-n 结是半导体激光器的基本器件结构。

现在我们来考察半导体,其能级为两个分开的连续能带。为了与前面讨论的分布反转一致,先不考虑价带空穴的概念。图 12.17 示出靠近冶金结发光区域的情况:$T=0$ 时,处于平衡态的半导体材料(图 12.17(a))导带中的状态是全空的,价带被电子填满,图 12.17(b)示出了 0 K 时分布反转的情形,这种非平衡状态可以由两个准费米能级 E_{Fn} 和 E_{Fp} 表示,导带中 E_{Fn} 以下的状态被电子填满,价带中 E_{Fp} 以上为空状态,前述 E_1 和 E_2 现在扩展为窄的能带,即($E_C \rightarrow E_{Fn}$)和($E_{Fp} \rightarrow E_V$),N_1 和 N_2 为窄带内各自总的电子浓度,对于前述例子,N_2 为导带中电子浓度,N_1 为窄带($E_{Fp} \rightarrow E_V$)中的电子浓度,其值为零。在一定温度 T 时,载流子分布将打破能量界限,分布函数不再是台阶式(图 12.17(c)),尽管整体的热平衡状态不再存在,但某一能带中的电子彼此仍处于热平衡状态,导带和价带中状态的占据几率由费米-狄拉克分布决定:

$$F_C(E) = \frac{1}{1 + \exp[(E - E_{Fn})/kT]} \tag{35a}$$

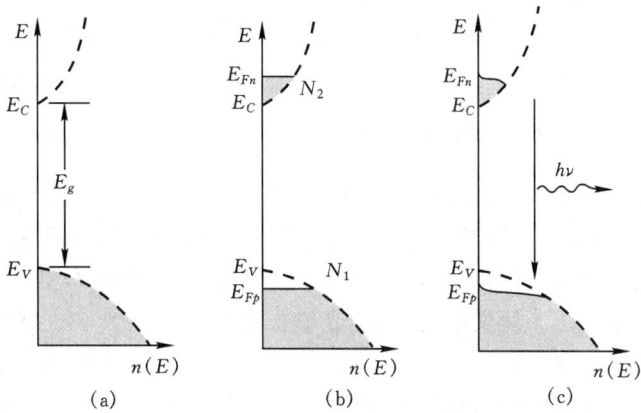

图 12.17　半导体中与能量相关的电子浓度,由状态密度(虚线)和费米-狄拉克分布决定
(a)$T=0$ K 时平衡态;(b) $T=0$ K 时的分布反转;(c)$T>0$ K 时的分布反转

$$F_V(E) = \frac{1}{1+\exp[(E-E_{Fp})/kT]} \tag{35b}$$

考虑导带中能量为 E 的电子跃迁到价带中能量为$(E-h\nu)$的低能级,辐射能量为 $h\nu$ 光子的辐射率,辐射率与被电子占据的高能量状态密度 $F_C N_C$ 和未被电子占据的低能量状态密度$(1-F_V)N_v$ 的乘积成正比,N_c 和 N_v 分别为导带和价带的状态密度。另一方面,吸收率与未被电子占据的高能量状态密度$(1-F_C)N_c$ 和被电子占据的低能量状态密度 $F_V N_v$ 的乘积成正比,吸收跃迁率 R_{ab}、自发辐射跃迁率 R_{sp} 及受激辐射跃迁率 R_s 为对所有能量的积分:

$$R_{ab} = B_{12}\int(1-F_C)F_V N_c N_v N_{ph}\,\mathrm{d}E \tag{36}$$

$$R_{sp} = A_{21}\int F_C(1-F_V)N_c N_v\,\mathrm{d}E \tag{37}$$

$$R_{st} = B_{21}\int F_C(1-F_V)N_c N_v N_{ph}\,\mathrm{d}E \tag{38}$$

式中 N_{ph} 为具有适合能量的光子体密度。对于激光,自发辐射可以忽略,净光学增益为

$$R_{st} - R_{ab} = B_{21}\int N_{ph}(F_C-F_V)N_c N_v\,\mathrm{d}E \tag{39}$$

(运用了前面推出的等式 $B_{12}=B_{21}$),为使式(39)为正,需 $F_C>F_V$,且 $E_{Fn}>E_{Fp}$,这就是半导体激光器分布反转的条件。热平衡时,$E_{Fn}=E_{Fp}$ 且 $pn=n_i^2$,因此通常意义下的分布反转条件可以简单写为 $pn>n_i^2$。

由式(35a)和式(35b)($\Delta E=h\nu$)及光子能量需大于带隙,即 $h\nu>E_g$,激射的分布反转条件变为[33]

$$E_g < h\nu < E_{Fn}-E_{Fp} \tag{40}$$

由图 12.17(c)可以得到满足此要求的定性图示。

式(40)与 pn 结的掺杂水平有着重要的关联,对于通常的电流泵激光二极管,$(E_{Fn}-E_{Fp})$ 简单地等于偏置电压,因为偏置电压受限于 pn 结内建电势$(\psi_{Bn}+\psi_{Bp})$,因此必须满足以下关系:

$$E_g < (\psi_{Bn}+\psi_{Bp})q \tag{41}$$

这说明至少结(同质结)的一边必须为高掺杂并达到简并状态,使得费米能级位于导带或价带内(或体电势 ψ_B 大于带隙的一半)。然而对于异质结激光器(后面会讨论),发光区的 E_g 较小,缓解了对掺杂浓度的要求。

12.4.2　光共振和光增益

在结构上,激光器还需要沿光输出方向上的共振腔,共振腔的主要作用是使光陷入半导体中并在内部建立一定的强度。对于法布里-珀罗共振腔,有两个与结面垂直的、彼此完全平行的侧墙。此侧墙依据优化反射给予设计,具有光滑的镜面。一个法布里-珀罗镜面可以完全反射入射光线,使得光线仅从一侧发出,而与激光输出方向平行的侧墙表面粗糙,这样可以增加光的吸收,防止激光横向发出。

光学共振腔有多种共振频率,称为各个纵向模式,每一种都与边界处为零节点的驻波相对应,在这种条件下,重复反射的光线与共振腔内光线具有相同的相位,正干涉保证了光线的相干性,当共振腔的长度 L 等于半波长的整数倍时,满足这个条件,或

$$m\left(\frac{\lambda}{2n_r}\right) = L \tag{42}$$

m 为整数,用波长及频率将这些模式分开,写作

$$\Delta\lambda = \frac{\mathrm{d}\lambda}{\mathrm{d}m}\Delta m = \frac{\lambda^2}{2L\bar{n}_r}\Delta m \tag{43}$$

$$\Delta\nu = \frac{c}{2L\bar{n}_r}\Delta m \tag{44}$$

L 的典型长度远比通常关心的波长大很多,所以并不需要太精确的数值。

在光学共振腔内,由受激辐射引发的光学增益(g)与由光吸收(α)造成的损失相互补偿,净增益/损耗是距离的函数,为

$$\phi(z) \propto \exp[(g-\alpha)z] \tag{45}$$

考虑一个完整的回路,两个镜面的反射系数分别为 R_1 和 R_2,它们导致了额外的损耗。因为对于一个给定的系统,R_1、R_2 和 α 是固定的,g 是唯一可以改变总体增益的参数,为使总增益为正,判断标准为

$$R_1 R_2 \exp[(g-\alpha)2L] > 1 \tag{46a}$$

与之等价,激光的阈值增益 g_{th} 为

$$g_{th} = \alpha + \frac{1}{2L}\ln\left(\frac{1}{R_1 R_2}\right) \tag{46b}$$

因为增益与泵电流有直接的关系,这个判据是确定激光发射阈值电流的基础,是一个重要的参数。

12.4.3　波导

从前面一节中可知,光共振腔是使光线陷入半导体并建立光强的关键部件,这种光共振腔由垂直于光的传播方向的镜面组成,本节将讨论平行于光的传播方向的光限制问题(为了避免垂直方向上的损耗,如图 12.18),这种光限制可由波导提供,是由光发射结附近的非均匀折射率引起。双异质结激光器有很多优点,有源区由折射率高于周围材料的物质构成,因此形成了波导,图 12.19 示出了三层介质的光波导,其折射率分别为 $\bar{n}_{r1}$、$\bar{n}_{r2}$ 和 $\bar{n}_{r3}$,当

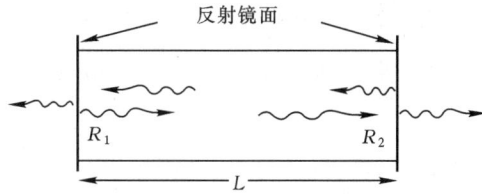

图 12.18　法布里-珀罗光学共振腔,R_1 和 R_2 为两个镜面的反射系数

$$\overline{n}_{r2} > \overline{n}_{r1}, \ \overline{n}_{r3} \tag{47}$$

时,图 12.19 中层 1 和层 2 界面处的入射角 θ_{12} 大于式(16)给出的临界角,层 2 和层 3 界面处的 θ_{23} 有类似的情形,因此,当有源区的折射率大于周围层的折射率时(式 47),电磁辐射的传播沿平行于各层界面的方向导出。

对于同质结激光器,中心波导层和相邻层的折射率差别有不同的机制:高载流子浓度材料的折射率低,可使有源区有较轻的掺杂浓度,夹在重掺杂的 n^+ 和 p^+ 层之间,此时,中心波导层和相邻两层的折射率差仅为 0.1%～1%左右,而对于异质结激光器,各异质结的折射率变化可做得很大(约为 10%),能提供更好的波导限制。

为了严格推导详细的波导性质,横坐标 x 和 y 分别垂直于、平行于结面。考虑一个 $\overline{n}_{r2} > \overline{n}_{r1} = \overline{n}_{r3}$ 的对称三层介质波导(图 12.19),对于横向电波(TE 波),沿传播方向(z 方向)横向极化,$\mathscr{E}_z$ 等于 0,考虑波导在 y 方向上无限延伸,有 $\partial/\partial y = 0$,麦克斯韦波动方程简化为

$$\frac{\partial^2 \mathscr{E}_y}{\partial x^2} + \frac{\partial^2 \mathscr{E}_y}{\partial z^2} = \mu_0 \varepsilon \frac{\partial^2 \mathscr{E}_y}{\partial t^2} \tag{48}$$

式中,μ_0 为磁导率,ε 为介电常数。对有源层 $-d/2 < x < d/2$ 内的偶次横向电波分离变量,方程的解为

$$\mathscr{E}_y(x,z,t) = A_e \cos(\kappa x) \exp[j(\omega t - \beta z)] \tag{49}$$

且

$$\kappa^2 \equiv \overline{n}_{r2}^2 k_0^2 - \beta^2 \tag{50}$$

式中,$k_0 \equiv (\omega/\overline{n}_{r2})\sqrt{\mu_0 \varepsilon}$,$\beta$ 为分离常数。z 方向的磁场为

$$\mathscr{H}_z(x,z,t) = \left(\frac{j}{\omega \mu_0}\right) \Big/ \left(\frac{\partial \mathscr{E}_y}{\partial x}\right)$$

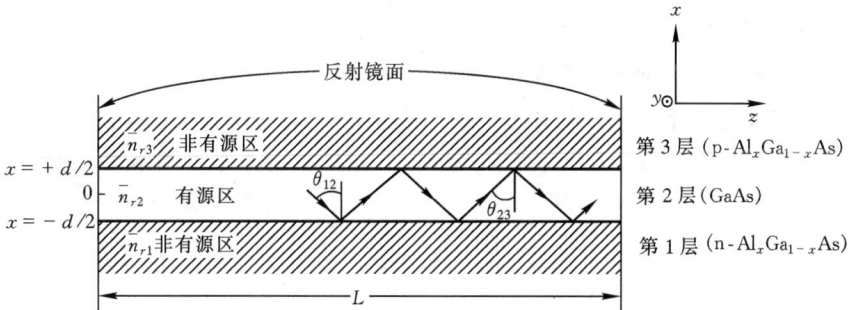

图 12.19　三层介质波导表示法和波导的射线轨迹

$$= \frac{-\mathrm{j}\kappa}{\omega\mu_0} A_e \sin(\kappa x) \exp[\mathrm{j}(\omega t - \beta z)] \tag{51}$$

在有源层以外,为满足导波条件,场必须衰减。当 $|x| > d/2$ 时,横向电场和纵向磁场的解为

$$\mathscr{E}_y(x,z,t) = A_e \cos\left(\frac{\kappa d}{2}\right) \exp\left[-\left(\gamma \mid x \mid - \frac{d}{2}\right)\right] \exp[\mathrm{j}(\omega t - \beta z)] \tag{52}$$

及

$$\mathscr{H}_z(x,z,t) = \left(\frac{-x}{\mid x \mid}\right)\left(\frac{\mathrm{j}\gamma}{\omega\mu_0}\right) A_e \cos\left(\frac{\kappa d}{2}\right) \exp\left[-\gamma\left(\mid x \mid - \frac{d}{2}\right)\right] \exp[\mathrm{j}(\omega t - \beta z)] \tag{53}$$

式中

$$\gamma^2 \equiv \beta^2 - \overline{n}_{r1}^2 k_0^2 \tag{54}$$

因为 k 和 γ 必须为正实数,式(50)和式(54)表明,对导波模式的要求为 $\overline{n}_{r2} k_0^2 > \beta^2$ 和 $\beta^2 > \overline{n}_{r1}{}^2 k_0^2$,或

$$\overline{n}_{r2} > \overline{n}_{r1} \tag{55}$$

此结果与式(47)相同。

为了确定分离常数 β,我们采用了介质界面处的边界条件,即磁场 $\mathscr{H}_z$ 的切向分量必须连续,从式(51)和式(53),得到本征值方程为

$$\tan\left(\frac{\kappa d}{2}\right) = \frac{\gamma}{\kappa} = \sqrt{\frac{\beta^2 - \overline{n}_{r1}^2 k_0^2}{n_{r2}^2 k_0^2 - \beta^2}} \tag{56}$$

式(56)的解依赖于正切函数的幅角,幅角在加上 $2\pi m$ 后取多值(m 为整数)。当 $m=0$ 时,得到最低阶模式或基波模式,当 $m=1$ 时,得到一阶模式,以此类推。一旦 m 给定,即可求出式(56)的数值解或图解,结果可用于式(49)至式(53)求电场和磁场。

现在我们来定义限定因子 Γ,为有源层内的光强与源层内和有源层外的总光强之比,因为光强由正比于 $|\varepsilon_y|^2$ 的波印亭矢量 $\varepsilon \times H$ 给出,对称三层介质波导的限定因子可从偶次横向电波的式(49)和式(52)得到:

$$\Gamma = \int_0^{d/2} \cos^2(\kappa x)\,\mathrm{d}x \left\{\int_0^{d/2} \cos^2(\kappa x)\,\mathrm{d}x + \int_{d/2}^{\infty} \cos^2\left(\frac{\kappa d}{2}\right) \exp\left[-2\gamma\left(x - \frac{d}{2}\right)\right]\mathrm{d}x\right\}^{-1}$$

$$= \left\{1 + \frac{\cos^2(\kappa d/2)}{\gamma[(d/2) + (1/\kappa)\sin(\kappa d/2)\cos(\kappa d/2)]}\right\}^{-1} \tag{57}$$

类似的表达式可对奇次横向电波以及横向磁波(TM 波)得到。由于限定因子代表了在有源层内传播的电子波能量比率,故为常用参数。

迄今为止,得到最广泛研究的异质结激光器为 $GaAs/Al_x Ga_{1-x} As$ 系统。$Al_x Ga_{1-x} As$ 的能隙是 Al 组分的函数,在 $x=0.45$ 之前,为直接带隙,此后变为间接带隙半导体。对于异质结激光器,组分范围 $0 < x < 0.35$ 最有意义,此时,直接能隙的大小可表示为[4]

$$E_g(x) = 1.424 + 1.247x \qquad (\mathrm{eV}) \tag{58}$$

折射率与组分的关系为

$$\overline{n}_r(x) = 3.590 - 0.710x + 0.091x^2 \tag{59}$$

例如,当 $x=0.3$ 时,$Al_{0.3} Ga_{0.7} As$ 的带隙为 1.798 eV,此值比 GaAs 的带隙大 0.374 eV,$Al_{0.3} Ga_{0.7} As$ 折射率为 3.385,比 GaAs 的折射率低 6%。

图 12.20(a)示出了三层介质波导 $Al_xGa_{1-x}As/GaAs/Al_xGa_{1-x}As$ 的组分对垂直于结面方向的光强 $|\varepsilon_y|^2$ 的影响。曲线是对波长为 $0.90~\mu m(1.38~eV)$ 和基波模式($m=0$)由式(49)和式(56)计算得到的。有源层厚度 d 为 $0.2~\mu m$，且保持恒定，而组分可变，当 x 从 0.1 增加到 0.2 时，限定作用有很大的增强，图 12.20(b)示出了当 $x=0.3$ 时限定因子随 d 的变化，当有源层变窄时，光扩展到 $Al_{0.3}Ga_{0.7}As$ 内，有源层内的总光强要少些，限定作用变差。当 d 较大时，允许出现高阶模式，图 12.20(c)表明，随着模式阶数增加，有更多的光线在有源区之外，因此，为了改善光限定状况，最好采用低阶模式。

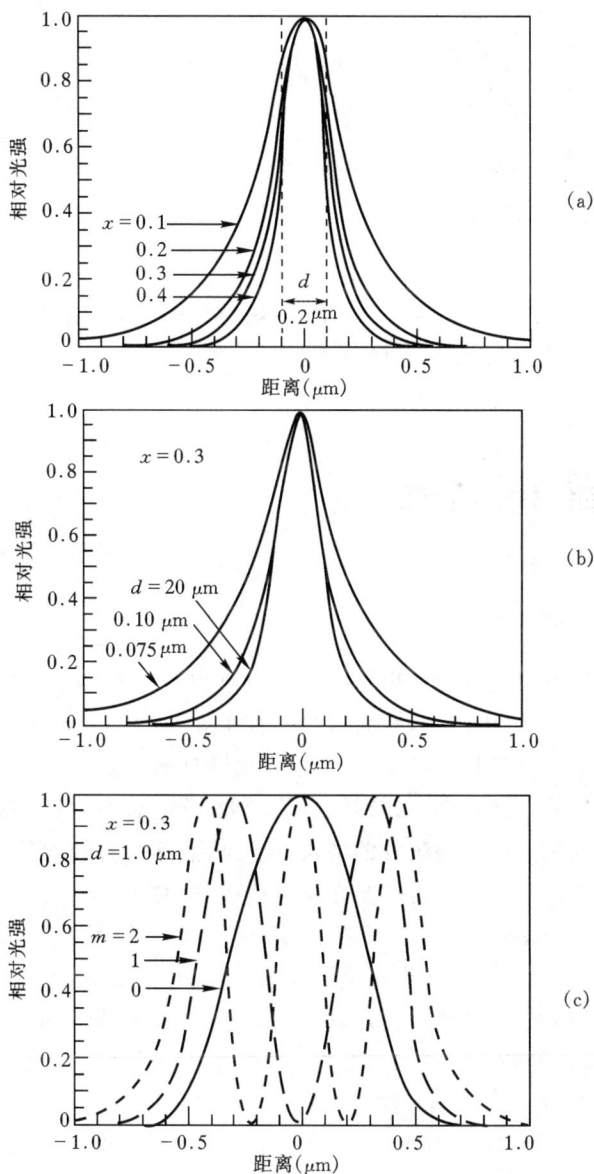

图 12.20　电场的平方与双异质结构波导内位置的关系

(a)$d=0.2~\mu m$，不同的 AlGaAs 组份；(b)$x=0.3$，d 不同；(c)在图示组份和有源层厚度下，基波、一阶和二阶模式(引自参考文献 4)

图 12.21 示出了基波模式下限定因子 Γ 随合金组分和 d 的变化关系,可以看出,当 $d<\lambda/\overline{n}_{r2}(\approx0.5~\mu m)$,即有源层厚度小于辐射波长时,$\Gamma$ 迅速减少。用 Γ 表示有源层内传播模式的比率是理解有源层厚度对阈值电流密度影响的一个重要概念。

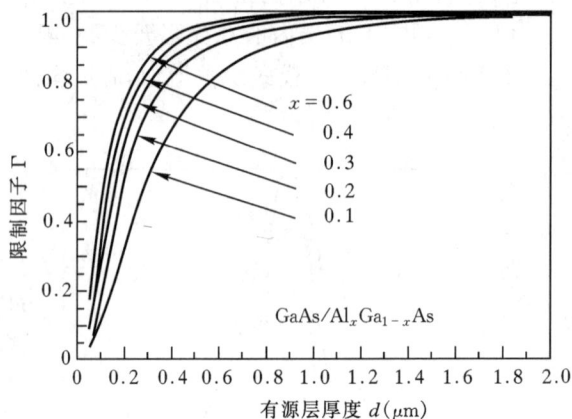

图 12.21　对于 GaAs-Al$_x$Ga$_{1-x}$As 对称三层介质波导,基波模式的限定因子与有源层厚度和合金组分的关系(引自参考文献 4)

12.5　激光器工作特性

12.5.1　器件材料和结构

激光器材料　表现出激光行为的半导体材料与日俱增。事实上,目前所有激光半导体材料均为直接带隙,这是意料之中的事,因为直接带隙半导体中的辐射跃迁是一阶过程(即动量自动守恒),跃迁几率高。对于间接带隙半导体,辐射跃迁是二阶过程(即包括声子或其它散射机制以维持动量和能量的守恒),因此,辐射跃迁要弱得多。此外,在间接带隙半导体中,因注入载流子造成的自由载流子损耗随激发的增长,要比增益随激发的增长快[34]。

图 12.22 示出了各种半导体发射的激光波长范围,变化范围涵盖了从近紫外到远红外的很大的区域,有些材料的选择是值得一提的。GaAs 是第一种用于激光的材料,与之相关的 Al$_x$Ga$_{1-x}$As 异质结已得到广泛的研究、开发并商业化。新的氮基材料(Al$_x$Ga$_{1-x}$N 和 Al$_x$In$_{1-x}$N)在过去的十年中也得到了长足的发展,使得短波长界限推至约 0.2 μm 处。对于光纤通信等重要应用,需要波长约为 1.55 μm 的激光(下面讨论),可由 In$_x$Ga$_{1-x}$As$_y$P$_{1-y}$ 和 In$_x$(Al$_y$Ga$_{1-y}$)$_{1-x}$As 构成的异质结系统提供,两者都与 InP 衬底晶格匹配。对于波长大于 3 μm 的应用,需要低于室温的温度控制。应当指出的是,波长范围可以从带内跃迁到跨越带隙的带间跃迁。对于量子级联激光器的导带内的内部子带跃迁(12.6.3 节),相对于其材料系统,波长可以更加延伸。

因为异质结激光器最常用,在合理选择材料上,带隙与晶格常数的关系非常关键,一些常用的材料系统的这一关系已在第 1 章的图 1.32 中给出。为了获得可以忽略界面陷阱的异质

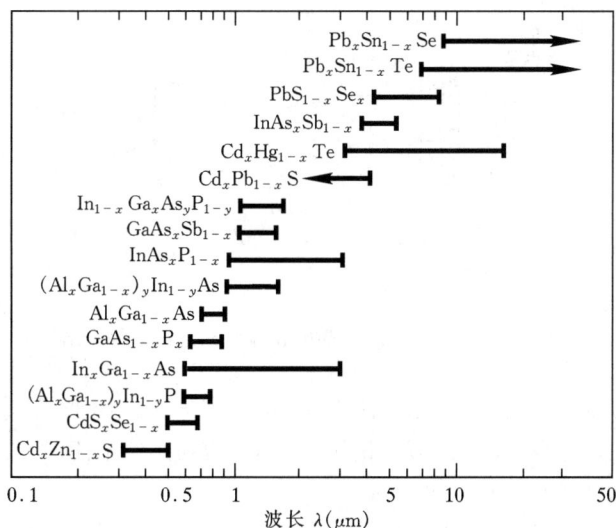

图 12.22 不同化合物半导体材料激光器的发射波长(引自参考文献 45)

结,两种半导体之间的晶格必须严格匹配。同时,大的带隙差异对载流子的限制是必要的,大的折射率差异对于波导亦非常有益。另外,如图所示,一些半导体材料会从直接带隙半导体变为间接带隙半导体,不能发出激光,因此需避免这种组合。

激光的一个重要的应用是光纤通信。图 12.23 给出了实验中获得的光纤损耗特性,三种极为重要的波长也标于图中:在 $0.9~\mu m$ 波长附近,$GaAs/Al_xGa_{1-x}As$ 异质结激光器为光源,Si 光电二极管可以用作廉价的光探测器;在 $1.3~\mu m$ 波长附近,光纤的功耗低($0.6~dB/km$),离散性小;波长在 $1.55~\mu m$ 附近时,损耗达到最小值 $0.2~dB/km$,对于后面这两个波长,III-V 族四元化合物激光器,如 $In_xGa_{1-x}As_yP_{1-y}/InP$ 激光器,可以作为候选光源,三元化合物、四元化合物半导体材料及锗雪崩光电二极管可作为光探测器[47]。

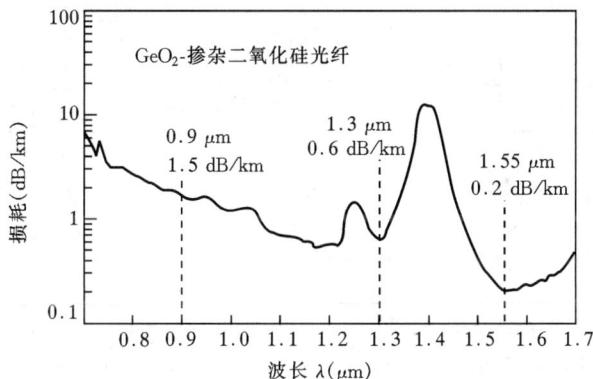

图 12.23 二氧化硅光纤的损耗特性,三个重要波长也示于图中(引自参考文献 46)

器件结构 激光器的基本结构为被一定的光学设计表面所包围 p-n 结,如图 12.24 所示,垂直于 p-n 结的是一对相互平行的被解理或抛光的平面,二极管的其它两个面制作粗糙,以减

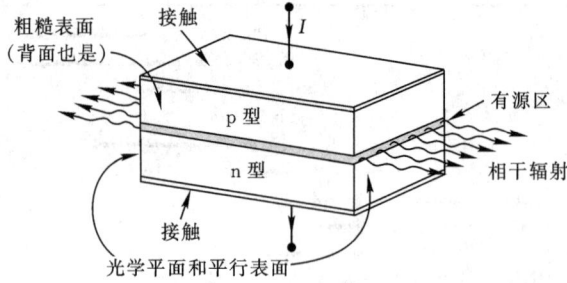

图 12.24　法布里-珀罗共振腔结型激光器的基本结构

小激光在其它方向的传播,这种结构称为法布里-珀罗共振腔。给激光二极管加正向偏压,开始时,处于低电流,主要为自发辐射,随着偏压的增加,达到阈值电流时,受激辐射发生,从结内发出单色性、方向性极好的光束。

为了减小阈值电流,运用外延生长技术的异质结激光器是最常用的器件结构,图 12.25 比较了同质结、单异质结及双异质结在结构、正向偏压能带图、折射率变化及光学场分布等方面的不同。可以看到,单异质结只能在异质结一侧有效地限制光,而在双异质结(DH)中,载流子可以被异质结两侧的势垒限制在厚度为 d 的有源区内,光学场也被突然减小的折射率限制在同一个有源区内,这种限制可以增强受激辐射,从而减小阈值电流,双异质结是最通用的激光器结构。

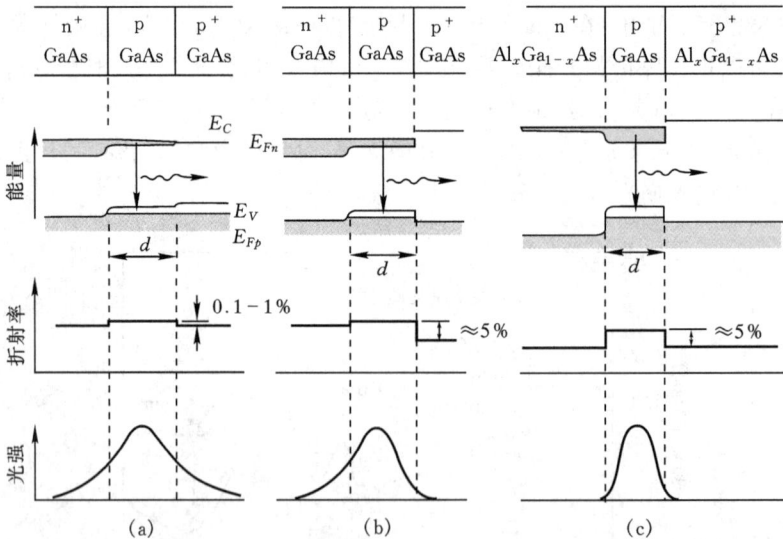

图 12.25　(a)同质结;(b)单异质结;(c)双异质结结构比较。最上面一排为正偏
　　　　下的能带图,GaAs/Al$_x$Ga$_{1-x}$As 的 n_r 变化约为 5%,由于掺杂造成的
　　　　变化小于 1%,光的限制示于最下面一排(引自参考文献 48)

还有其它几种感兴趣的异质结激光器结构[49]。有时,扩大波导的面积并同时保持光线产生的载流子限定区面积是很有好处的,这种设计的优点是其输出功率大于常规的 DH 激光器。例如,在一个标准 DH 激光器中,波导层的光强可以很高,有时在反射面上可以引发灾难性的

失效。图 12.26(a)示出了具有四个异质结的分离限定异质结(SCH)激光器,图中画出了各组成部分的能隙、折射率及与结面垂直的光强分布,GaAs 和 $Al_{0.1}Ga_{0.9}As$ 之间的能量台阶足以将载流子限定在 GaAs 层内,然而折射率 $\bar{n}_r$ 的差别不足以限定光,然而,在异质结外部的更大的折射率 $\bar{n}_r$ 变化有效地限定了光,从而提供了宽度为 W 的光波导,已由此结构得到了较低的阈值电流。

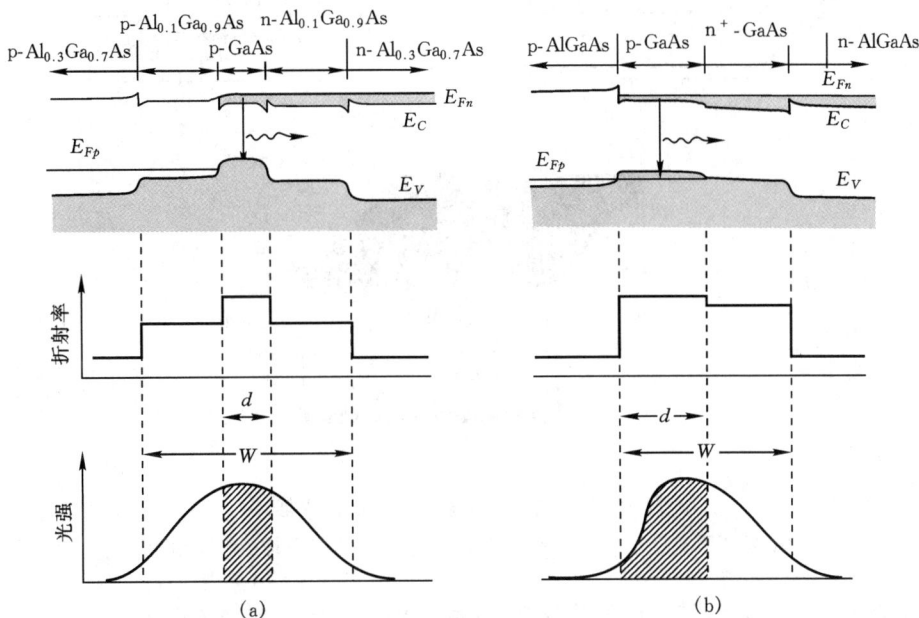

图 12.26　两种特殊异质结激光器的能隙(一定的偏压下)、折射率和光强的示意图
(a)分离限定异质结激光器(SCH);(b)大光学腔(LOC)激光器,光的发射被限制在宽度 d
内,波导在宽度 W 内

大光学腔(LOC:Large optical cavity)异质结激光器除了在两个异质结之间夹一同质结外,与常规 DH 激光器相似(图 12.26(b))。大部分结电流是电子注入到有源区的 p 层所致。p-GaAs/p-AlGaAs 异质结同时提供载流子限定和光限定,n-GaAs/n-AlGaAs 异质结只提供光限定。

已示出的基本激光器结构都是大面积激光器,因为沿结面的整个面积都可以发出光辐射,实践中,许多异质结激光器采用了条纹几何图形,使得输出光线被限定为一个窄的光束,条纹宽度通常约为 $5 \sim 30\ \mu m$,条纹结构的优点包括:(1)可以沿结平面获得基波模式的光发射(下面分析);(2)减小横截面积从而减小了工作电流;(3)小的结电容可以改善响应时间;(4)减小了结在表面的周长,从而提高了可靠性。

图 12.27 给出了三个具有代表性的例子,将电流限制在窄的条纹中被称为增益引导,这种方法限定了产生光辐射的有源区。另外,为了限制光产生后的光的传播,由折射率变化形成的波导可以使得激光束限定在一个窄的宽度内,称为折射率引导。图 12.27 中的三种结构全部为增益引导型,第一种由质子轰击产生高阻区域,激射区域被限制在没有被轰击的中心区域;图 12.27(b)给出了由刻蚀形成的台面隔离结构;图 12.27(c)为介质隔离结构,在台面刻蚀

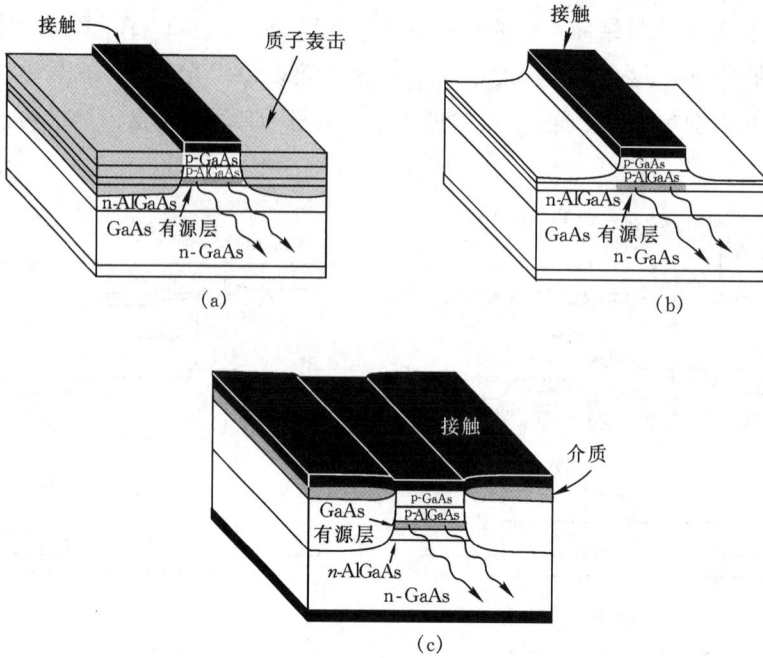

图 12.27 增益引导条纹形 DH 激光器

(a)质子隔离;(b)台式隔离;(c)介质隔离,该结构还是折射率引导

后重新外延生长了带隙宽、折射率低的材料,这种结构由包围材料 AlGaAs 的折射率引导,在光一电流特性上显示出很好的线性度,从两个镜面输出的激光有很好的对称性。

上述所有激光器结构均采用解理、抛光或刻蚀所形成的腔面以得到激光作用所需的光反馈和光学腔。光反馈也可以由波导内折射率的周期性变化提供,通常将两介质层之间的界面做成波纹状即可实现。图 12.28 给出了两个例子,$\bar{n}_r$ 的周期性变化可引起相长干涉,采用这

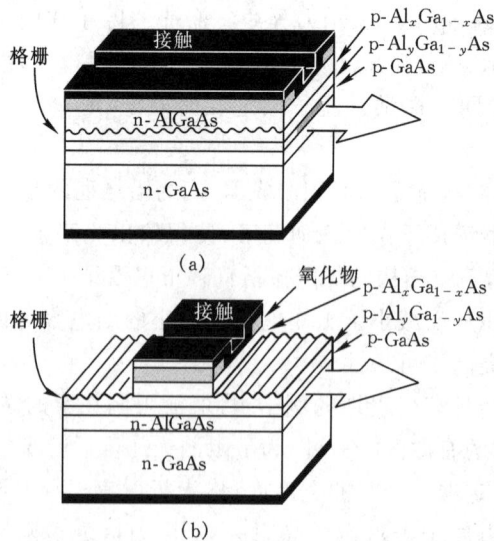

图 12.28 (a)分布反馈激光器(DFB);(b)分布布喇格反射激光器(DBR)的结构示意图

种波纹状结构的激光器为分布反馈(DFB：Distribute-Feedback)激光器(图 12.28a)和分布布喇格反射体(DBR：Distribute-Bragg reflector)激光器(图 12.28(b))[50]。它们的区别在于格栅的布置,在 DFB 激光器中,格栅在 SCH 结构的光学共振腔内,而在 DBR 激光器中,格栅在有源区外部,它们的反射均为布喇格反射而不是镜面反射。分布布喇格反射体由具有不同折射率的转换层构成,其厚度为四分之一波长($\lambda/4\overline{n}_r$),DBR 的反射能力比通常的解理或刻蚀表面强。这些异质结激光器作为光源在无法通过解理和抛光制作镜面的集成光学中是非常有用的,更进一步来讲,布喇格反射是波长的函数,更容易调谐以获得单模式激射。这种结构另一个好处是工作时,对温度的敏感性小[51]。因为半导体材料的带隙随温度而变,法布里-珀罗激光器发出的波长随温度变化,DFB 和 DBR 激光器的激光波长遵循折射率随温度的较为微弱关系。

12.5.2　阈值电流

激光二极管的 I-V 特性与传统的 p-n 结二极管(见第 2 章)相同,这里不再讨论。即使结的两边都是重掺杂,能带弯曲水平也不像隧道二极管那样高,过渡区没有隧道二极管那么突然,所以没有隧道二极管正向偏置时的微分负阻现象。

从前面的讨论可知,受激辐射时,光增益强烈依赖于较高能级上的电子浓度。对于激光二极管,注入电子浓度与偏置电流成正比,所以光增益也与偏置电流成线性关系。图 12.29 可以帮助我们理解,当偏置电流增加时,费米-狄拉克分布函数 $F_C(E)$ 和 $F_V(E)$ 发生变化,即 E_{Fn} 增加而 E_{Fp} 减小,所以($E_{Fn}-E_{Fp}$)值增加(图 12.29(a)),光增益增加,增益曲线形状也发生了变化,峰值光增益 g 移到略高的能量上(较短波长)。

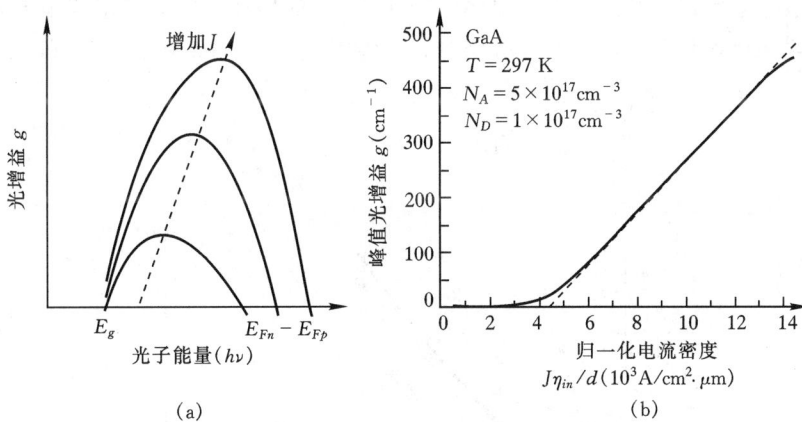

图 12.29　光学增益随激光器偏置电流的变化

(a)不同偏置电流下,光学增益与发射的光子能量的关系,反映出式(40)的光子能量
范围(b)峰值光学增益随归一化电流密度的变化(引自参考文献 52)

光增益与偏置电流的关系可以表示为一个线性关系：

$$g = \frac{g_0}{J_0}\left(\frac{J\eta_{in}}{d} - J_0\right) \tag{60}$$

对于一个高于阈值电流 J_0 的归一化电流密度 $J\eta_{in}/d$,光增益随偏置电流线性增长。图 12.29

(b)给出了一个 GaAs 激光器样品的计算增益,电流值较低时,增益有超线性关系,当 $50 \leqslant g \leqslant 400$ cm^{-1} 时,增益随 J 线性增加,呈线性关系的虚线与式(60)相符,其中 $g_0/J_0 = 5 \times 10^{-2}$ cm·μm/A,$J_0 = 4.5 \times 10^3$ A/cm^2·μm。在高电流偏置下,增益偏离线性关系趋于饱和,引起增益饱和现象,其发生的原因是:对于受激辐射率高的情况,很难维持大范围的粒子数反转,导带电子浓度的减少使得光增益变小,当载流子能够补充受激辐射的损失时,达到平衡。

现在考察光输出随偏置电流变化的情况。基本特性由图 12.30 给出。在低电流下,只有在各个方向上的发光谱线较宽的自发辐射。当电流增加时,增益增加达到受激辐射阈值。前面已经分析过了受激辐射发生的条件,即增益足够大使得光波穿过共振腔,其增益等于内部损失和外部发射之和,这个条件可由式(46b)得到,联立式(60)和式(46b),维持激射的阈值电流密度为

$$J_{th} = \frac{J_0 d}{\eta_{in}} \left(1 + \frac{g_{th}}{g_0} \right)$$

$$= \frac{J_0 d}{\eta_{in}} \left\{ 1 + \frac{1}{g_0 \Gamma} \left[\alpha + \frac{1}{2L} \ln\left(\frac{1}{R_1 R_2} \right) \right] \right\} \quad (61)$$

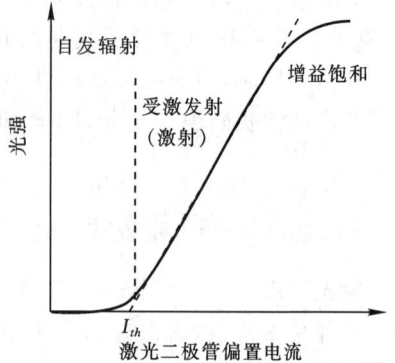

图 12.30　光输出与激光器偏置电流的关系,示出了阈值电流

这个表达式用 Γg_{th} 代替了 g_{th},考虑了限制因子的影响。为了降低阈值电流密度,可以增加 η_{in}、Γ、L、R_1 和 R_2,减少 d 和 α。获得低阈值电流是激光器发展的目标之一。

图 12.31 将按式(61)计算的 J_{th} 与实验结果进行了比较[53],阈值电流密度 J_{th} 随 d 的减少而降低,在达到极小值后再回升。当有源层厚度极薄时,J_{th} 的增加是因为限定因子太差所致,d 给定时,由于光学限定得到改善,J_{th} 随着 Al 组分 x 的增加而降低。InP/Ga$_x$In$_{1-x}$As$_y$P$_{1-y}$/InP 双异

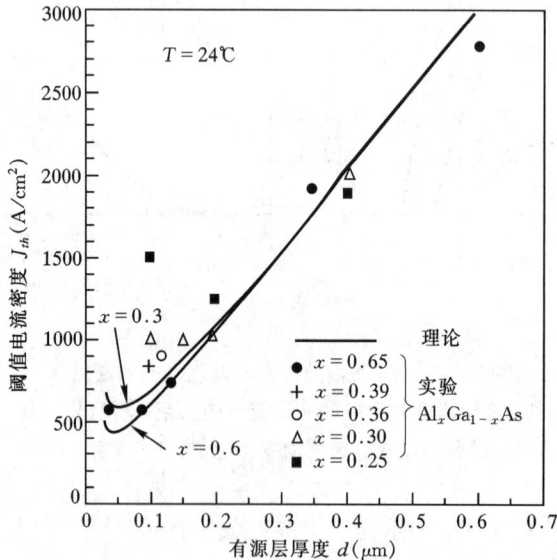

图 12.31　J_{th} 的实验值与理论计算 J_{th} 的比较,J_{th} 是 d 的函数(引自参考文献 53)

质结激光器也有类似的结果[54,55]。

异质结激光器在室温时的阈值电流密度低,这是因为:(1)由包围有源区的宽带隙半导体能量势垒所致的载流子限定;(2)有源区以外由折射率突然减小所致的光学限定。除了阈值电流减小,异质结激光器还比同质结的温度依赖性低,图 12.32 给出了阈值电流与工作温度的关系,在 DH 激光器中,阈值电流随温度升高指数增加:

$$I_{th} \propto \exp\left(\frac{T}{T_0}\right) \tag{62}$$

T_0 为 110℃～160℃,因为 DH 激光器的阈值电流密度 J_{th} 在 300 K 时可以小于 10^3 A/cm²,室温下的连续工作是可以实现的,这使得半导体激光器在科学技术的发展中得到了快速增长的应用,特别在光纤通信领域。对于同质结(例如 GaAs p-n 结)激光器,阈值电流密度 J_{th} 随温度升高快速升高,室温下阈值电流典型值约为 5.0×10^4 A/cm²(用脉冲测量得到),如此大的电流密度使得激光器在 300 K 下的连续工作遇到了严重的问题。

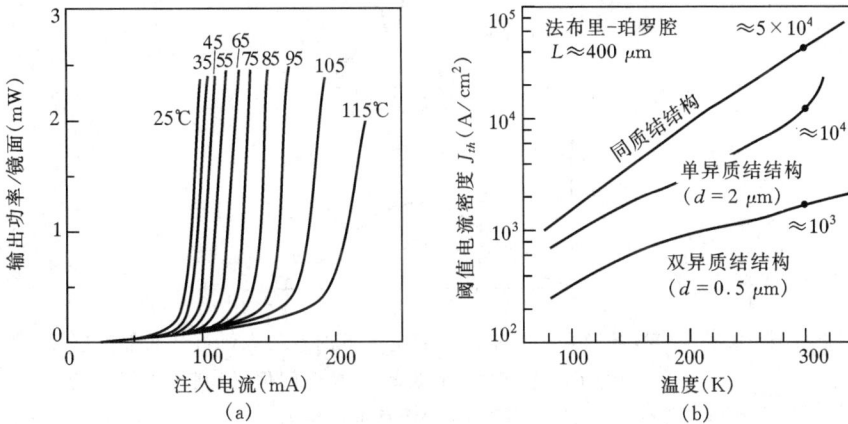

图 12.32　(a)不同温度下,GaAs/Al$_x$Ga$_{1-x}$As 条纹形 DH 激光器的光输出与二极管电流的关系,同时标出阈值电流对温度的依赖性(引自参考文献 56);(b)双异质结、单异质结和同质结激光器阈值电流密度与温度的关系(引自参考文献 48)

12.5.3　光谱和效率

图 12.33 示出了半导体激光器从自发辐射的低电流密度到超过激光阈值电流时的典型输出特性。低电流时,自发辐射与二极管的偏置电流成正比,有宽的光谱分布,半功率点处的典型光谱宽度为 5～20 nm,类似于 LED 中的光发射。当偏置电流接近阈值电流时,光增益足够高使得强度峰值开始出现,与光谐振腔的驻波相关的峰值波长及峰值之间的距离由式(43)给出,在这种偏置条件下,由于自发辐射的原因,发出的光仍然是非相干的,当偏置电流达到阈值时,激射光谱突然变窄(<1Å),此时为相干光,方向性更好,多模式激射也同时出现,称为纵向模式,继续提高偏置电流可以使模式数目减小,如最上面的图所示。从式(43)可以看到,模式间距与共振腔的长度 L 成反比,采用较小的 L 对限定单模式运行是有益的,这是半导体激光器与其它激光器相比的优点之一。

现在讨论激光器光输出的功率和效率问题,大于阈值时,内部受激辐射产生的功率与偏置

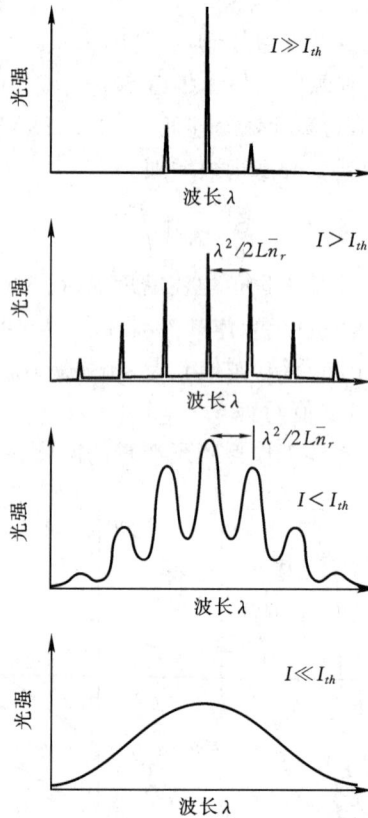

图 12.33　二极管激光器在不同偏置电流下的发射光谱：（从底部到顶部）远低于阈值，仅低于阈值，仅高于阈值，远高于阈值。光强大小从最下面的图到最上面的图增加

电流呈线性关系：

$$P_{st} = \frac{(I - I_{th})h\nu\eta_{in}}{q} \tag{63}$$

参考式(46b)，光学共振腔内单位波长损耗为 α，光在共振腔中完成一个完整来回的平均镜面损耗为 $(1/2L)\ln(1/R_1R_2)$，共振腔中的功率和输出功率与这些因素成比例，激光器的输出功率由这些因素的比值给出：

$$P_{out} = P_{st}\frac{(1/2L)\ln(1/R_1R_2)}{\alpha + (1/2L)\ln(1/R_1R_2)}$$

$$= \frac{(I - I_{th})h\nu\eta_{in}}{q}\left[\frac{\ln(1/R_1R_2)}{2\alpha L + \ln(1/R_1R_2)}\right] \tag{64}$$

外部量子效率定义为单位注入载流子的光子发射率，

$$\eta_{ex} = \frac{d(P_{out}/h\nu)}{d[(I - I_{th})/q]}$$

$$= \eta_{in}\left[\frac{\ln(1/R_1R_2)}{2\alpha L + \ln(1/R_1R_2)}\right] \tag{65}$$

总效率为

$$\eta_P = \frac{P_{out}}{VI} = \frac{(I - I_{th})h\nu\eta_{in}}{VIq}\left[\frac{\ln(1/R_1 R_2)}{2\alpha L + \ln(1/R_1 R_2)}\right] \tag{66}$$

通常偏置 qV 比带隙能量 E_g 或光子能量 $h\nu$ 略大,因此 η_{in}、η_{ex} 及 η_P 很高,为百分之几十的数量级。

12.5.4　远场图形

远场图形是所发射的辐射在自由空间的强度分布。因为半导体激光器的几何尺寸很小,衍射使得发出的光束有些分散。图 12.34 是 DH 激光器远场发射的示意图,垂直于结面方向半功率点所张的角(θ_x)为 $\theta_x = \theta_\perp$,或沿结面方向半功率点所张的角(θ_y)为 $\theta_y = \theta_\parallel$。对于一级近似,角度由波长和临界长度之比给出,对于条纹形激光器 $d \times S = 1\ \mu m \times 10\ \mu m$,$\theta_\parallel$ 的典型值约为 $10°$,而 $\theta_\perp$ 则要大得多,在 $30° \sim 60°$ 之间。

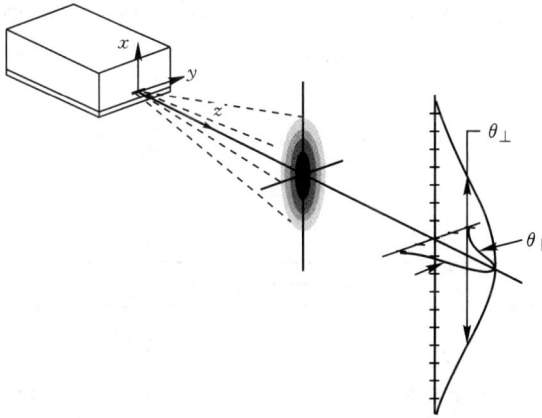

图 12.34　条纹形 DH 激光器的远场发射示意图,图中标出半功率点的垂直于结面的张角($\theta_\perp$),和沿着结面的张角($\theta_\parallel$)(引自参考文献 4)

首先考虑 $z > 0$ 的自由空间的 TE 波计算远场图形,波动方程与式(48)相同,只是 ε 用自由空间的 ε_0 代替。采用分离变量法以及在 $z = 0$ 处 $\mathscr{E}_y(x, z)$ 必须连续的边界条件,任一角度 θ_x 的远场光强与 $\theta_x = 0$ 的光强关系为

$$\frac{I(\theta_x)}{I(0)} = \cos^2\theta_x\left|\int_{-\infty}^{\infty}\mathscr{E}_y(x, 0)\exp(\text{j}\sin\theta_x k_0 x)\text{d}x\right|^2 \times \left|\int_{-\infty}^{\infty}\mathscr{E}_y(x, 0)\text{d}x\right|^{-2} \tag{67}$$

对于对称三层波导(DH 激光器),式(49)和式(52)的电场表达式代入式(67),将光强与最大值之比设为 $1/2$ 计算得到张角 $\theta_\perp$。图 12.35 示出了远场图形半功率点的张角 $\theta_\perp$ 的计算值和实测值,实线是由式(67)计算得到的基波模式的光束发散性,虚线代表对于一定的有源层厚度范围,会有高阶模式。实验数据点与计算结果相符很好。对于典型的有源层厚度为 $0.2\ \mu m$ 的 $GaAs/Al_{0.3}Ga_{0.7}As$ DH 激光器,$\theta_\perp$ 约为 $50°$。

对于条形激光器,沿平行于结面方向(y 方向)的电场强度受介电常数空间变化的强烈影响,对于图 12.36 所示的条形结构,具有 $\exp(\text{j}\omega t)$ 形式的正弦时间关系的波动方程为[58]

$$\nabla^2\mathscr{E}_y + \frac{k_0^2\varepsilon}{\varepsilon_0}\mathscr{E}_y = 0 \tag{68}$$

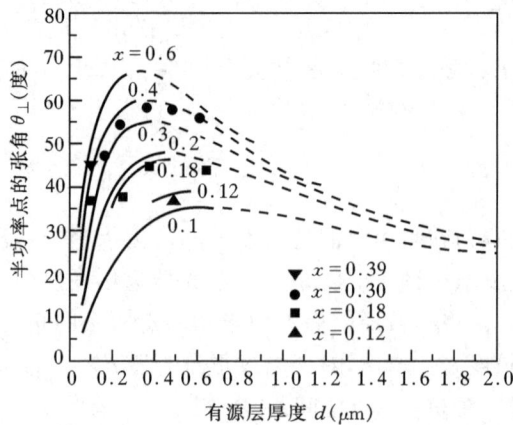

图 12.35　半功率点的张角与 GaAs/Al$_x$Ga$_{1-x}$As DH 激光器的有源层厚度及组
　　　　　份的关系(引自参考文献 57)

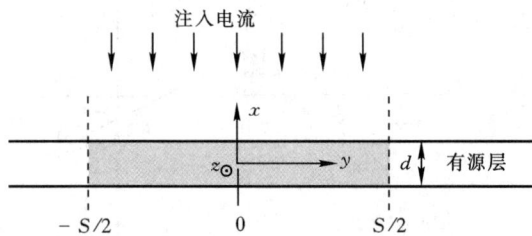

图 12.36　条纹形激光器的坐标系及有源区厚度 d 和条纹宽度 S

在该方程中,k_0 等于 $2\pi/\lambda$,$\varepsilon/\varepsilon_0$ 取两维形式,由

$$\varepsilon(x,y)/\varepsilon_0 = [\varepsilon(0) - a^2 y^2]/\varepsilon_0 \tag{69}$$

为了模拟折射率引导有源区,在邻近的无源层内有

$$\varepsilon(x,y,)/\varepsilon_0 = \varepsilon_1/\varepsilon_0 \tag{70}$$

在式(69)中,$\varepsilon(0)$ 为有源层内 $y=0$ 处的复介电常数 $\varepsilon_r(0)+j\varepsilon_i(0)$,$a$ 为复常数,表示为 a_r+ja_i,当介电常数由式(69)和式(70)给出后,式(68)的近似解为

$$\mathscr{E}_x(x,y,z) = \mathscr{E}_y(x)\mathscr{E}_y(y)\exp(-j\beta_z z) \tag{71}$$

因为 $\varepsilon(x,y)$ 沿结面随 y 缓慢变化,$\mathscr{E}_y(x)$ 不受沿 y 方向限定作用的严重影响,可用以前推导的式(49)和式(52)表示。采用分离变量法由式(68)得到

$$[\partial^2 \mathscr{E}_y(x)/\partial x^2] + \beta_x^2 \mathscr{E}_y(x) = 0 \tag{72}$$

将式(71)和式(72)代入式(68),乘以其共轭复数并沿 x 方向积分以消去 $\mathscr{E}_y(x)$,得到 $\mathscr{E}_y(y)$ 的微分方程

$$[\partial^2 \mathscr{E}_y(y)/\partial y^2] + \{k_0^2[\Gamma \varepsilon(0)/\varepsilon_0 + (1-\Gamma)\varepsilon_1/\varepsilon_0] - \beta_x^2 - \beta_z^2 - \Gamma k_0^2 a^2 y^2/\varepsilon_0\}\mathscr{E}_y(y) = 0 \tag{73}$$

用式(73)表示的电场分布 $\mathscr{E}_y(y)$ 是厄米特-高斯函数,有下述形式

$$\mathscr{E}_y(y) = H_p[(\Gamma^{1/2} a k_0/\varepsilon_0^{1/2})^{1/2} y]\exp\left[-\frac{1}{2}(\Gamma/\varepsilon_0)^{1/2} a k_0 y^2\right] \tag{74}$$

式中 H_p 为 p 阶厄米特多项式,表示为

$$H_p(\xi) \equiv (-1)^p \exp(\xi^2) \partial^p \exp(-\xi^2)/\partial\xi^p \tag{75}$$

前三个厄米特多项式为 $H_0(\xi)=1$, $H_1(\xi)=2\xi$, 以及 $H_2(\xi)=4\xi^2-2$, 基波模式的光强呈高斯分布,表示为

$$|\mathscr{E}_y(y)|^2 = \exp[-(\Gamma/\varepsilon_0)^{1/2}a_r k_0 y^2] \tag{76}$$

可以看出,沿结面的光强分布受 a_r 的影响。

图 12.37 示出了条形激光器沿结面的远场图形。对于 $10~\mu m$ 的条宽,存在基本的高斯模式分布,随着条宽的增加,观察到沿结面的高阶模式,这些模式是式(74)表示的厄米特-高斯分布的特征。结果显示,尽管对于宽条纹,$\theta_\parallel$ 减小了,却出现了多个突起,所以对于窄条纹宽度,总的光束大小和分散度较小。

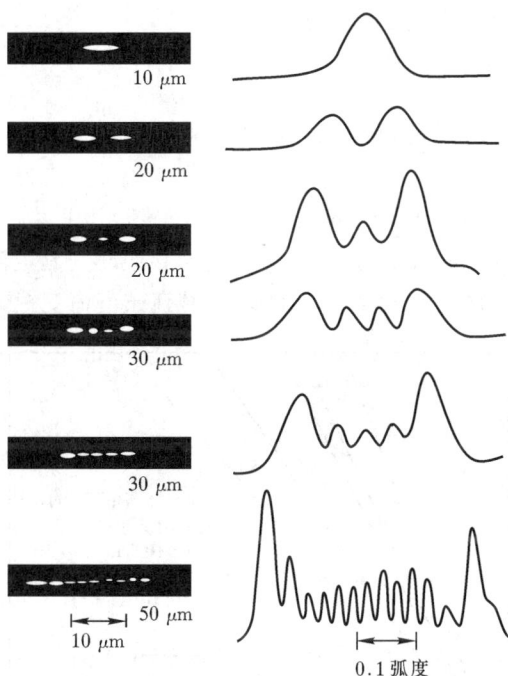

图 12.37 不同条纹宽度 S 的 DH 激光器沿结面(y 方向)的近场(左边)和远场(右边)图形

12.5.5 导通延迟和调制响应

通过阈值电流控制可以使激光器导通或关断是半导体激光器的优点之一,这对光纤通信等高速应用极其重要,当给激光器加一大于阈值电流的电流阶跃时,通常在观察到受激辐射前有几个纳秒的延迟,延迟时间 t_d 与少数载流子寿命有关,如果用一小的交流信号调制偏置电流,只在某个频率限制内,光强可跟随波形的变化,这些都表明激光器有频率响应限制。

为了推导延迟时间,我们考虑 p 型半导体内电子的连续性方程,设电流密度 J 均匀流过厚度为 d 的有源层,且注入电子浓度 n 远大于热平衡时的值,连续性方程变为

$$\frac{\mathrm{d}n}{\mathrm{d}t} = \frac{J}{qd} - \frac{n}{\tau} - \frac{cgN_{ph}}{\bar{n}_r} \tag{77}$$

式中，τ 为载流子寿命(式 24)，N_{ph} 为光子浓度。等式右边第一项为均匀注入率，第二项为自发复合率，最后一项是受激辐射复合率。对有源层 n 型一侧的空穴，可写出类似的表达式，考虑到导通延迟时间，最后一项可以忽略，初始条件 $n(0)=0$ 时的解为

$$n(t) = \frac{\tau J}{qd}\left[1 - \exp\left(\frac{-t}{\tau}\right)\right] \tag{78a}$$

或

$$t = \tau\ln\left[\frac{J}{J - qn(t)d/\tau}\right] \tag{78b}$$

当 $n(t)$ 达到受激辐射阈值时，电子浓度也有一个阈值 $n(t)=n_{th}$，相应的阈值电流密度为

$$J_{th} = \frac{qn_{th}d}{\tau} \tag{79}$$

因为 $n(t)=n_{th}$ 时，$t=t_d$，于是导通延迟时间为

$$t_d = \tau\ln\left(\frac{J}{J - J_{th}}\right) \tag{80}$$

若激光器预偏置到 $J_0 < J_{th}$ 的电流水平，取初始条件 $n(0) = I_0\tau/qd$，解式(77)，得到了一个减小了的延迟时间

$$t_d = \tau\ln[(J - J_0)/(J - J_{th}] \tag{81}$$

图 12.38 示出了具有不同受主浓度的有源层，激光器导通时间延迟随电流变化的实测结果。延迟时间 t_d 依式(80)呈对数变化，随着 N_A 的变大，载流子寿命变短，延迟时间减少。

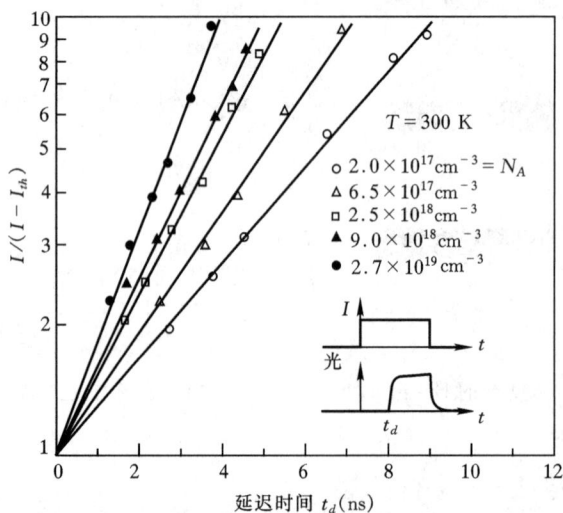

图 12.38　激光器导通延迟随电流的变化，延迟时间 t_d 在插图中标出(引自参考文献 60)

下面考虑给激光器加一个交流频率调整偏置电流，激光器的输出频率响应，光子的连续性方程为

$$\frac{\mathrm{d}N_{ph}}{\mathrm{d}t} = \frac{CgN_{ph}}{\overline{n}_r} - \frac{N_{ph}}{\tau_{ph}} \tag{82}$$

式中 N_{ph} 为内部光子密度，它与输出光强成正比，此方程中忽略了自发辐射。光子寿命 τ_{ph} 为

$$\tau_{ph} = \frac{\overline{n_r}}{c[\alpha + (1/2L)\ln(1/R_1 R_2)]} \tag{83}$$

这是光子在被吸收前或通过两个镜面出射前在共振腔内的平均寿命,式(82)有如下形式的解[61]:

$$\frac{\Delta N_{ph}}{\Delta J} = \frac{\tau}{qd}\left[\left(1 - \frac{f^2}{f_r^2}\right)^2 + (2\pi f \tau_{ph})^2\right]^{-1/2} \tag{84}$$

式中 ΔN_{ph} 及 ΔJ 为小信号值,共振频率也叫弛豫振荡频率为

$$f_r = \frac{1}{2\pi}\sqrt{\frac{1}{\tau\tau_{ph}}\left(\frac{J_0}{J_{th}} - 1\right)} \tag{85}$$

式(84)的简单形式表明了激光的频率响应,低频时,响应宽,在 f_r 处有一个峰值。高于 f_r 后,响应以 f^{-2} 形式或每 10 倍频 40 dB 降低得很快。加有更高的直流偏置电流时,f_r 或总响应可以达到更高的频率范围。

对于光纤通信,光源必须能够进行高频调制,双异质结激光器具有直至 GHz 波段的优越调制特性。图 12.39 示出了 GaInAsP/InP DH 激光二极管的归一化调制光输出与调制频率的关系。发射光波长为 1.3 μm 的激光二极管可用叠加在直流偏置电流上的正弦波电流直接调制,可以观察到式(84)和式(85)表示的总体形状和趋势。

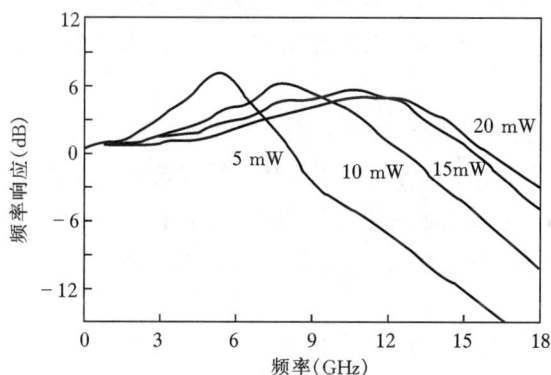

图 12.39　室温下,不同功率的 InGaAsP 分布反馈激光器的归一化小信号响应与
调制频率的关系(引自参考文献 62)

在高频时出现另外一个效应,称为线性调频脉冲,是由有源区折射率随注入载流子浓度变化引起的,所以折射率受到了一定程度的调整,在发射频率上偏离了直流时的值。

12.5.6　波长调谐

图 13.22 示出了化合物半导体激光器所覆盖的波长范围。对其中一种化合物选择适当的材料和组成,即可制造出在 0.2~30 μm 范围内的任一所需波长的激光器。改变二极管电流或热沉温度,或者施加磁场、压力[63],可使半导体激光器的发射波长发生变化。

偏置电流变化可以改变发射波长,因为注入的载流子浓度改变了共振腔的折射率。由式(40)可知,它还可以使光子能量峰值改变,如图 12.17(c)所示。激光器发射波长对温度依赖性主要由材料带隙随温度变化所致,图 12.40 示出了 DH PbTe/Pb$_{1-x}$Sn$_x$Te 激光器的温度调整情况,热沉温度从 10 K 变到 120 K 时,发射波长可约从 16 μm 变到 9 μm。

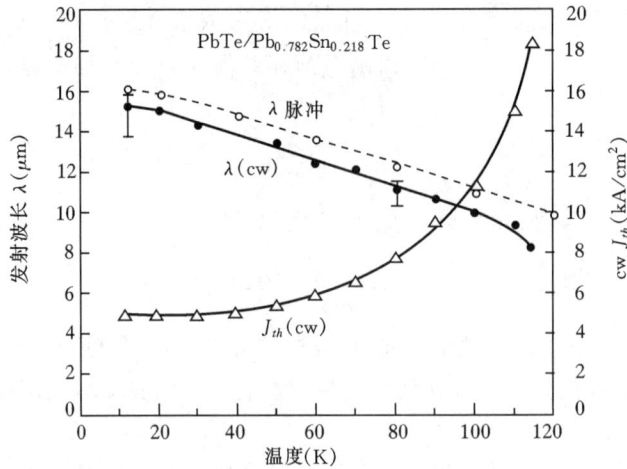

图 12.40　发射波长变化及阈值电流密度与温度的关系（引自参考文献 64）

对激光器二极管施加流体静压力可提供很宽的调谐范围，压力可以通过(1)能隙；(2)共振腔的长度；(3)折射率来影响发射波长，对于某些二元化合物（例如 InSb，PbS 和 PbSe），带隙随流体静压力线性变化，对 77K 下 PbSe 激光器采用直至 14 kbar 的静流体压力，波长从 7.5～22 μm 可调[63]。

二极管激光器也可通过磁场调谐。对于各向异性有效质量的半导体，磁场能级依赖于外加磁场对晶轴的取向，导带和价带皆可量子化，形成朗道能级。随着磁场的增加，产生激射的跃迁之间的能量间隔增加，发射波长减小。例如，7 K 时将 $Pb_{0.79}Sn_{0.21}Te$ 激光器置于沿⟨100⟩方向的磁场中，当加上 10 kG 的磁场时，波长从 15 μm 减少到 14 μm。

12.5.7　激光器退化

注入式激光器有各种退化机制，三种主要的机制是突发性退化、暗线缺陷形成和缓变退化[4]。

突发性退化是激光器大功率工作时因镜面上形成坑或槽而受到永久性的损伤，如果在表面存在原始的裂缝，情况会更糟，可以涂上如 Al_2O_3 等特殊涂层来改善这种情况。改进器件结构、降低表面复合和吸收可增加所能承受的损伤极限功率[65]。

暗线缺陷是激光器工作时形成的位错网，这种缺陷侵入光学腔。一旦暗线缺陷开始形成，它能在几小时内迅速膨胀，它是一种无辐射复合中心，使阈值电流增加。这种缺陷的生长进程与原始材料质量有关，为了减少暗线缺陷形成的几率，应采用在低位错密度衬底上生长的优质外延层，激光器应仔细固定到热沉上，减小应变。

在排除突发性瞬间失效和因暗线缺陷形成引起的迅速退化后，DH 激光器的工作寿命很长，退化速度慢。GaAs/AlGaAs DH 激光器在 30℃下的连续波（CW）工作寿命长于 3 年，看不出退化的征兆[66]，22℃热沉温度下的外推寿命超过 100 年。有理由推断工作在长波范围的 GaAs DH 激光器也会有很长的寿命，对 GaInAsP/InP DH 激光器做了类似的观察。长寿命能满足大规模光纤通信系统的要求，并能满足其它应用的要求。

12.6　特种激光器

12.6.1　量子阱、量子线和量子点激光器

量子阱激光器　当双异质结激光器有源层的厚度减少到载流子的德布罗意波长($\lambda = h/p$)数量级时,发生二维量子化效应,引起由有限方阱的束缚态能量给出的一系列分立能级,这种器件称为量子阱激光器[67,68]。一些基本的量子阱特性已在第 1 章 1.7 节阐述了,读者可以参考那一节的内容。量子阱激光器具有阈值电流小、量子效率高、输出功率大、温度依赖性低、高速和波长调谐范围宽等优点。

图 12.41(a)示出了 $Al_xGa_{1-x}As$-GaAs 异质结构的量子阱势能,阱的厚度 L_x 为10 nm数量级。电子的能量本征值用 E_1、E_2 表示,重空穴的能量本征值用 E_{hh1}、E_{hh2}、E_{hh3} 表示,轻空穴的能量本征值用 E_{lh1}、E_{lh2} 表示,这些以各自带边为参考能级的量子化能级与 L_x^2 成反比。图 12.41(b)示出了相应的状态密度图,以带边为顶点的半抛物线(虚线)相应于体半导体的状态密度,台阶型状态密度是量子阱结构的特征。带间复合跃迁(选择定则)指的是电子从导带内的束缚态(如 E_1 处)跃迁到价带内的束缚态(如 E_{hh1} 处),跃迁能量为

$$h\nu = E_g(GaAs) + E_1 + E_{hh1} \tag{86}$$

复合可在两个确定的能级之间进行,随量子阱的厚度不同,能级发生变化。

图 12.41(c)示出了量子阱异质结构的另一个重要特点,即注入的高能载流子可产生声子并向低能量散射,最终达到较低状态密度。在体半导体内,声子产生受递减的状态密度的限制,尤其在带边,而在量子阱系统,在恒定态密度区域内没有这种限制,光子能量减小,减小量

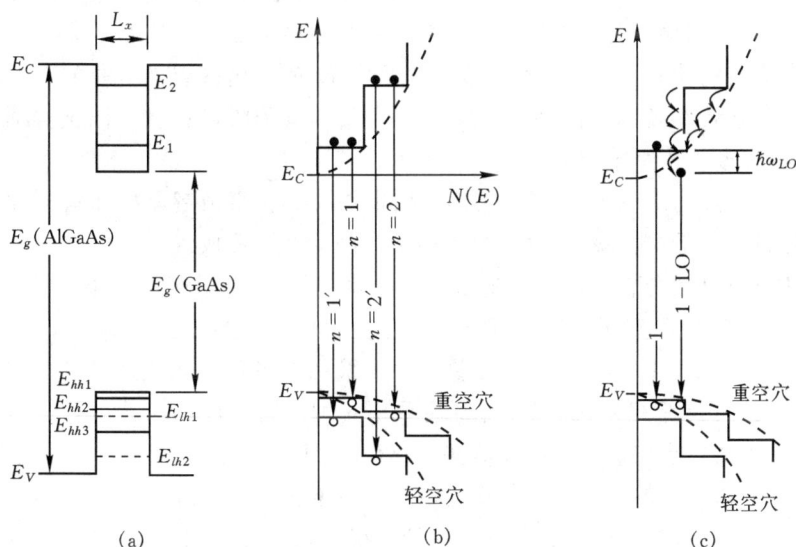

图 12.41　(a)量子阱势垒和量子化能级;(b)状态密度示意图及可能的复合;(c)
量子阱中的声子辅助复合(引自参考文献 67)

为纵向光学声子能量 $\hbar\omega_{LO}$，这种过程可使电子转移到被限定的粒子态的下面，例如 E_1 下面 (图 12.41(c))，如果该变化量大于 E_1，可在 $h\nu < E_g$ 处引起激光发射，而不是通常情况下无声子参与时所预言的在 $h\nu > E_g$ 条件下引起激光发射。

量子阱激光器的许多优点来源于二维系统状态密度的统一形状。除了有源层厚度很薄这一因素外(式 61)，阈值电流的减小可以作如下解释：图 12.42 比较了三维(体)和二维(量子阱)系统的状态密度及电子浓度分布，在三维系统中，态密度随 $\sqrt{E}$ 改变，在带边附近趋近于零，由状态密度与费米-狄拉克分布乘积决定的电子分布在能级上有一定的展宽，在二维量子阱中，状态密度在各子带为定值，电子在能量为 E_1 的带边分布更加尖锐，这使得分布反转更加容易实现，从而降低了阈值电流。

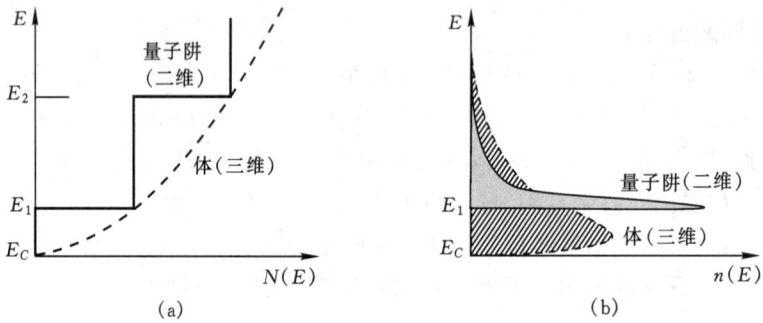

图 12.42　三维系统与二维系统的对比
(a)导带状态密度；(b)电子浓度分布

大电流偏置时，不只一个子带会被注入的载流子填满，内部发射光谱更宽。激射波长仍然可以采用其它一些方法加以选择，如共振腔的长度，所以在量子阱激光器中，波长调整可以覆盖很宽的范围，这还归功于可以控制量子化能级的量子阱的宽度的改变。

量子阱激光器的薄有源层的一个缺点是光限定不好，可由多层堆积的多量子阱改善，多量子阱激光器的量子效率高、输出功率大，单量子阱或多量子阱可在分立限定异质结(SCH)激光器中相结合，以改善光学限定。

当多量子阱的隔离层减小到与阱的厚度相同数量级时，形成**超晶格结构**，微带开始在有源超晶格区的导带和价带中出现，受激辐射由微带之间的跃迁形成。

量子线和量子点激光器　在量子线和量子点激光器中，有源区域减小到德布罗意波长尺度，变为一维量子(线)和 0 维(岛)的形式[69]。这些量子线、量子点分布在 p-n 结之间，如图 12.43 所示。为了获得如此小的尺寸，有源区大多采用在特殊工艺表面上的外延再生长技术(刻蚀、解理、邻接或 V 形槽)形成或在外延后采用一种叫自排序的工艺[70]。除了有更高的限定度，这些激光器的优点与量子阱激光器基本相似，它们的优点也来源于各自的状态密度，读者可以参阅 1.7 节，这样的状态密度使得光增益谱中增益提高，在图 12.44 中给予了比较。从常规的三维(体半导体)有源层到量子点的各种情况的增益比较可见，量子线和量子点的峰值增益逐渐增高，形状也变得更加尖锐，这种增益特性带来了前面提到的各种优点，如低阈值电流，图 12.45 总结了不同结构激光器阈值电流的减小及它们的发展历史。

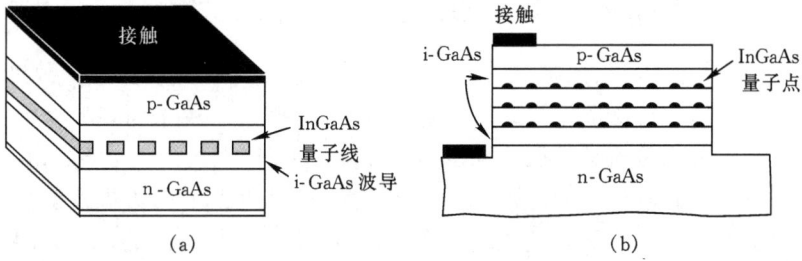

图 12.43　（a)量子线激光器；(b)量子点激光器的简化示意结构

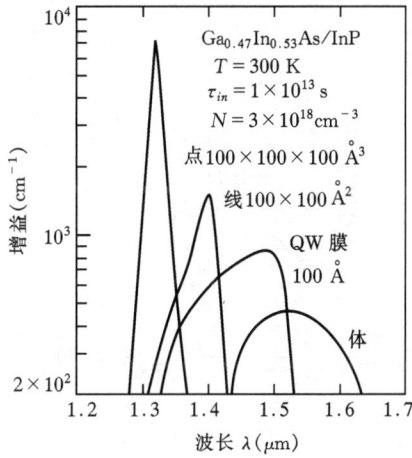

图 12.44　不同维数激光器的光增益与波长关系的计算值，注意随着维数的减小，峰值增益增加，光谱带宽变窄（引自参考文献 71)

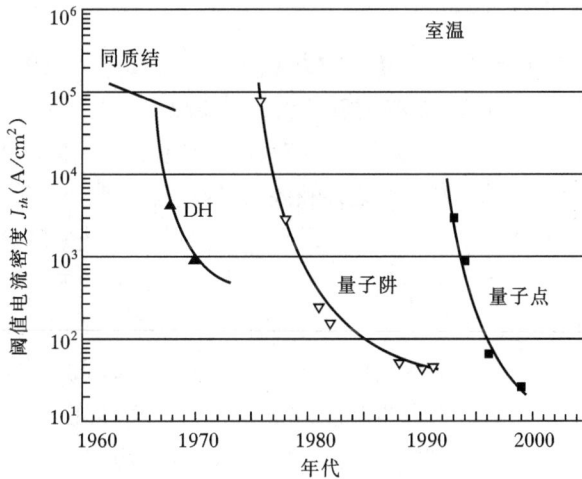

图 12.45　从同质结激光器、DH 激光器到量子阱、量子点激光器的阈值电流密度的减小（引自参考文献 72)

12.6.2 垂直共振腔表面发射激光器(VCSEL)

前面讨论的都是边缘发射的情况,其光输出与有源层平行。对于表面发射激光器,输出光线与有源层(异质结界面)及半导体表面垂直。注意,此时光学腔平面与异质结界面平行,如图12.46所示,所以称为**垂直共振腔表面发射激光器**(VCSEL)[73,74]。光学腔由两个包围有源区的分布式布拉格反射器(DBR)构成,DBR的反射率高于90%。与边缘发射激光器相比,由于光学腔小,光运行一个来回获得的光增益小,所以高反射率是必需的。VCSEL通常由多量子阱构成有源区,小光学腔的优点是阈值电流低及由于模式分离较宽所致的单模式激射(式43)。VCSEL还具有其它一些优点,包括:易实现二维激光阵列输出光线与其它媒质容易耦合,比如光纤和光互连,与集成光学的集成工艺兼容,易量产及造价低,高速和具有片上检测能力等。

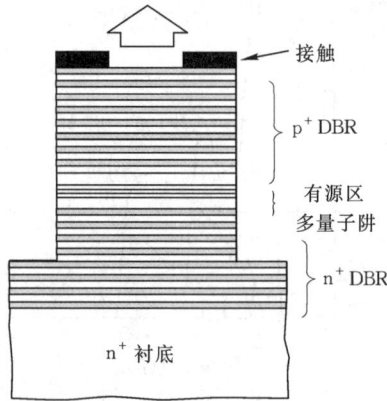

图12.46 垂直共振腔表面发射激光器(VCSEL)的结构

12.6.3 量子级联激光器

在**量子级联激光器中**,电子在同一导带的由量子阱或超晶格产生的量子化子带能级间跃迁,发射光子(图12.47)[75]。与通常的带间跃迁激光器主要区别在于它是**子带间**跃迁。因为子带内的跃迁能量远小于带隙能量,量子级联激光器可以发出长波范围的激光,而不用考虑获得小带隙所遇到的材料困难,(小带隙材料的稳定性较差,较少开发)。量子级联激光器已经可以输出波长大于 70 μm 的激光。除此之外,波长可由量子阱的厚度调谐,不受禁带宽度的限制。

有源区由量子阱或超晶格组成,通常由2～3个量子阱构成。在有源区,电子通过共振隧穿注入到子能级 E_3 上(读者可以参考8.4节的共振隧穿),激光是由电子从 E_3 到 E_2 的辐射跃迁得到的,E_2 上的电子弛豫到 E_1 后共振隧穿到后面注入器的微带中,它们也可以从 E_2 直接隧穿到注入器中。共振隧穿是一个非常块的过程,所以 E_2 上的电子浓度通常比 E_3 上的少,因此可以维持分布反转。微带的设计有着非常关键的作用,它决定于量子阱的非均匀厚度。注意 E_3 与后面注入器的微带能级不在同一能量上,向注入器的隧穿被阻挡,E_3 上可保持高电子浓度。

注入器的设计也很重要,一定偏置下,为保证有效的共振隧穿,微带需保持平坦,要求用特

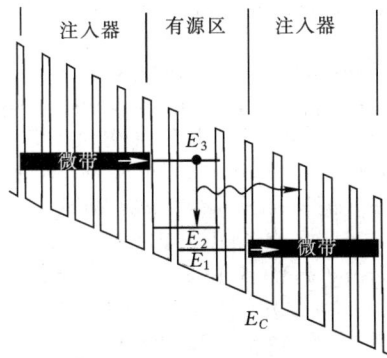

图 12.47　激射条件下,量子级联激光器的导带底的能带图,有源区和超
晶格注入器构成一个周期,级联重复

殊的掺杂剖面、厚度或势垒剖面设计超晶格注入器。

有源区和注入器构成一个周期,重复多次(20～100 次),这种级联的结构可以提高外部量子效率并降低阈值电流,因为同一个载流子可以产生多个光子,在传统的激光器中这种现象是不可能的。由于小的跃迁能量,激光器必须在低温下工作。这种激光器已经可以在约为 150 K 的温度下以连续波(CW)模式运行,室温下,已可以实现脉冲式运行。

12.6.4　半导体光学放大器

半导体光学放大器(semiconductor optical amplifier,SOA)有时也叫**半导体激光放大器**。除了它的光学共振腔的镜面反射低很多外,它与激光器非常相像,因此只有很少的内部光程[76]。可以认为是在阈值电流以下运行的激光器,所以需要额外的输入光线(作为光学泵)激发受激辐射过程,以得到大于输入光信号的光增益。有两种类型的 SOA:**法布里-珀罗或共振 SOA 和行波 SOA**,不同点还是在于镜面反射。法布里-珀罗 SOA 的镜面反射率为中等反射率,约为 30%,它的光谱与图 12.33 所示的常规激光器相似,为纵向模式;行波 SOA 的镜面折射率很低(<10⁻⁴),它只有单光程,所以它没有法布里-珀罗 SOA 的多模式,法布里-珀罗 SOA 的优点是增益较高,但它也会遇到增益饱和和间歇激射的问题,这两个缺点在行波 SOA 中都可以得到解决。

SOA 在光纤通信系统中可以作为在线光学放大器或转发器,作为一个简单器件,它可以取代由光电探测器、电学放大器及激光器构成的系统。

参考文献

1. H. J. Round, "A Note on Carborundum," *Electrical World*, **49**, 309 (1907).

2. A. A. Bergh and P. J. Dean, *Light-Emitting Diodes*, Clarendon, Oxford, 1976.

3. H. F. Ivey, "Electroluminescence and Semiconductor Lasers," *IEEE J. Quantum Electron.*, **QE-2**, 713 (1966).

4. H. C. Casey, Jr. and M. B. Panish, *Heterostructure Lasers*, Academic, New York, 1978.

5. M. G. Craford, "Recent Developments in LED Technology," *IEEE Trans. Electron Dev.*, **ED-24**, 935 (1977).

6. E. F. Schubert, *Light-Emitting Diodes*, Cambridge University Press, Cambridge, 2003.

7. W. N. Carr, "Characteristics of a GaAs Spontaneous Infrared Source with 40 Percent Efficiency," *IEEE Trans. Electron Dev.*, **ED-12**, 531 (1965).

8. P. Goldberg, Ed., *Luminescence of Inorganic Solids*, Academic, New York, 1966.

9. C. H. Gooch, *Injection Electroluminescent Devices*, Wiley, New York, 1973.

10. S. Wang, *Solid-State Electronics*, McGraw-Hill, New York, 1966.

11. P. C. Eastman, R. R. Haering, and P. A. Barnes, "Injection Electroluminescence in Metal-Semiconductor Tunnel Diodes," *Solid-State Electron.*, **7**, 879 (1964).

12. O. V. Lossev, *Wireless World Radio Rev.*, **271**, 93 (1924).

13. O. V. Lossev, "Luminous Carborundum Detector and Detection Effect and Oscillations with Crystals," *Philos. Mag.*, **6**, 1024 (1928).

14. J. R. Haynes and H. B. Briggs, "Radiation Produced in Germanium and Silicon by Electron-Hole Recombination," *Bull. Am. Phys. Soc.*, **27**, 14 (1952).

15. R. J. Keyes and T. M. Quist, "Recombination Radiation Emitted by Gallium Arsenide," *Proc. IRE*, **50**, 1822 (1962).

16. J. I. Pankove and J. E. Berkeyheiser, "A light Source Modulated at Microwave Frequencies," *Proc. IRE*, **50**, 1976 (1962).

17. J. I. Pankove and M. J. Massoulie, "Injection Luminescence from Gallium Arsenide," *Bull. Am. Phys. Soc.*, **7**, 88 (1962).

18. H. G. Grimmeiss and H. Scholz, "Efficiency of Recombination Radiation in GaP," *Phys. Lett.*, **8**, 233 (1964).

19. A. C. Eten and J. H. Haanstra, "Electroluminescence in Tellurium-Doped Cadmium Sulphide," *Phys. Lett.*, **11**, 97 (1964).

20. D. G. Thomas, J. J. Hopfield and C. J. Frosch, "Isoelectronic Traps due to Nitrogen in Gallium Phosphide," *Phys. Rev. Lett.*, **15**, 857 (1965).

21. S. Nakamura, "III-V Nitride-Based LEDs and Lasers: Current Status and Future Opportunities," *Tech. Dig. IEEE IEDM*, 9 (2000).

22. W. O. Groves, A. H. Herzog, and M. G. Craford, "The Effect of Nitrogen Doping on GaAsP Electroluminescent Diodes," *Appl. Phys. Lett.*, **19**, 184 (1971).

23. L. S. Rohwer and A.M. Srivastava, "Development of Phosphors for LEDs," *Interface*, 36, (summer 2003).

24. J. E. Geusic, F. W. Ostermayer, H. M. Marcos, L. G. Van Uitert, and J. P. Van Der Ziel, "Efficiency of Red, Green and Blue Infrared-to-Visible Conversion Sources," *J. Appl. Phys.*, **42**, 1958 (1971).

25. U. Kaufmann, M. Kunzer, K. Köhler, H. Obloh, W. Pletschen, P. Schlotter, J. Wagner, A. Ellens, W. Rossner, and M. Kobusch, "Single Chip White LEDs," *Phys. Stat. Sol.*, (a), **192**, 246 (2002).

26. K. Ikeda, S. Horiuchi, T. Tanaka, and W. Susaki, "Design Parameters of Frequency Response of GaAs-AlGaAs DH LED's for Optical Communications," *IEEE Trans. Electron Dev.*, **ED-24**, 1001 (1977).

27. J. P. Gordon, H. J. Zeiger, and C. H. Townes, "Molecular Microwave Oscillator and New Hyperfine Structure in the Microwave Spectrum of NH_3," *Phys. Rev.*, **95**, 282 (1954).

28. N. G. Basov and A. M. Prokhorov, "Application of Molecular Beams to the Radio Spectroscopic Study of the Rotation Spectra of Molecules," *Zh. Eksp. Theo. Fiz.*, **27**, 431 (1954).

29. T. H. Maiman, "Stimulated Optical Radiation in Ruby Masers," *Nature* (*Lond.*), **187**, 493 (1960).

30. P. Aigrain (1958), as reported in *Proc. Conf. Quantum Electron.*, Paris, 1963, p. 1762.

31. N. G. Basov, B. M. Vul, and Y. M. Popov, "Quantum-Mechanical Semiconductor Generators and Amplifiers of Electromagnetic Oscillations," *Sov. Phys. JEPT*, **10**, 416 (1960).

32. W. S. Boyle and D. G. Thomas, U.S. Patent 3,059,117 (Oct. 16, 1962, filed Jan. 1960).

33. M. G. A. Bernard and G. Duraffourg, "Laser Conditions in Semiconductors," *Phys. Status Solidi*, **1**, 699 (1961).

34. W. P. Dumke, "Interband Transitions and Maser Action," *Phys. Rev.*, **127**, 1559 (1962).

35. R. N. Hall, G. E. Fenner, J. D. Kingsley, T. J. Soltys, and R. O. Carlson, "Coherent Light Emission from GaAs Junctions," *Phys. Rev. Lett.*, **9**, 366 (1962).

36. M. I. Nathan, W. P. Dumke, G. Burns, F. H. Dill, Jr., and G. J. Lasher, "Stimulated Emission of Radiation from GaAs *p-n* Junction," *Appl. Phys. Lett.*, **1**, 62 (1962).

37. T. M. Quist, R. H. Rediker, R. J. Keyes, W. E. Krag, B. Lax, A. L. McWhorter, and H. J. Zeigler, "Semiconductor Maser of GaAs," *Appl. Phys. Lett.*, **1**, 91 (1962).

38. N. Holonyak, Jr. and S. F. Bevacqua, "Coherent (Visible) Light Emission from Ga(As$_{1-x}$P$_x$) Junctions," *Appl. Phys. Lett.*, **1**, 82 (1962).

39. H. Kroemer, "A Proposed Class of Heterojunction Injection Lasers," *Proc. IEEE*, **51**, 1782 (1963).

40. Z. I. Alferov and R. F. Kazarinov, U.S.S.R. Patent 181,737. Filed 1963. Granted 1965.

41. I. Hayashi, M. B. Panish, P. W. Foy, and S. Sumski, "Junction Lasers which Operate Continuously at Room Temperature," *Appl. Phys. Lett.*, **17**, 109 (1970).

42. R. N. Hall, "Injection Lasers," *IEEE Trans. Electron Dev.*, **ED-23**, 700 (1976).

43. A. L. Schawlow, "Masers and Lasers," *IEEE Trans. Electron Dev.*, **ED-23**, 773 (1976).

44. I. Hayashi, "Heterostructure Lasers," *IEEE Trans. Electron Dev.*, **ED-31**, 1630 (1984).

45. B. E. A. Saleh and M. C. Teich, *Fundamentals of Photonics*, Wiley, New York, 1991.

46. T. Miya, Y. Terunuma, T. Hosaka, and T. Miyashita, "Ultimate Low-Loss Single Mode Fiber at 1.55 μm," *Electron. Lett.*, **15**, 108 (1979).

47. A. G. Foyt, "1.0–1.6 μm Sources and Detectors for Fiber Optics Applications," *IEEE Device Res. Conf.*, Boulder, Colo., June 25, 1979.

48. M. B. Panish, I. Hayashi, and S. Sumski, "Double-Heterostructure Injection Lasers with Room Temperature Threshold as Low as 2300 A/cm^2," *Appl. Phys. Lett.*, **16**, 326 (1970).

49. C. A. Burrus, H. C. Casey, Jr., and T. Y. Li, "Optical Sources," in S. E. Miller and A. G. Chynoweth, Eds., *Optical Fiber Communication*, Academic, New York, 1979.

50. H. C. Casey, Jr., S. Somekh, and M. Ilegems, "Room-Temperature Operation of Low-Threshold Separate-Confinement Heterostructure Injection Laser with Distributed Feedback," *Appl. Phys. Lett.*, **27**, 142 (1975).

51. K. Aiki, M. Nakamura, and J. Umeda, "Lasing Characteristics of Distributed-Feedback GaAs-GaAlAs Diode Lasers with Separate Optical and Carrier Confinement," *IEEE J. Quantum Electron.*, **QE-12**, 597 (1976).

52. F. Stern, "Calculated Spectral Dependence of Gain in Excited GaAs," *J. Appl. Phys.*, **47**, 5382 (1976).

53. H. C. Casey, Jr., "Room Temperature Threshold-Current Dependence of GaAs-Al$_x$Ga$_{1-x}$As Double Heterostructure Lasers on x and Active-Layer Thickness," *J. Appl. Phys.*, **49**, 3684 (1978).

54. R. E. Nahory and M. A. Pollack, "Threshold Dependence on Active-Layer Thickness in InGaAsP/InP DH Lasers," *Electron. Lett.*, **14**, 727 (1978).

55. M. Yana, H. Nishi, and M. Takusagawa, "Theoretical and Experimental Study of Threshold Characteristics in InGaAsP/InP DH Lasers," *IEEE J. Quantum Electron.*, **QE-15**, 571 (1979).

56. W. T. Tsang, R. A. Logan, and J. P. Van der Ziel, "Low-Current-Threshold Stripe-Buried-Heterostructure Lasers with Self-Aligned Current Injection Stripes," *Appl. Phys. Lett.*, **34**, 644 (1979).

57. H. C. Casey, Jr., M. B. Panish, and J. L. Merz, "Beam Divergence of the Emission from Double-Heterostructure Injection Lasers," *Appl. Phys. Lett.*, **44**, 5470 (1973).

58. T. L. Paoli, "Waveguiding in a Stripe-Geometry Junction Laser," *IEEE J. Quantum Electron.*, **QE-13**, 662 (1977).

59. H. Yonezu, I. Sakuma, K. Kobayashi, T. Kamejima, M. Ueno, and Y. Nannichi, "A GaAs-$Al_xGa_{1-x}As$ Double Heterostructure Planar Stripe Laser," *Jpn. J. Appl. Phys.*, **12**, 1585 (1973).

60. C. J. Hwang and J. C. Dyment, "Dependence of Threshold and Electron Lifetime on Acceptor Concentration in GaAs-$Ga_{1-x}Al_xAs$ Lasers," *J. Appl. Phys.*, **44**, 3240 (1973).

61. P. Bhattacharya, *Semiconductor Optoelectronic Devices*, 2nd Ed., Prentice Hall, Upper Saddle River, New Jersey, 1997.

62. N. K. Dutta, S. J. Wang, A. B. Piccirilli, R. F. Karlicek, Jr., R. L. Brown, M. Washington, U. K. Chakrabarti, and A. Gnauck, "Wide-Bandwidth and High-Power InGaAsP Distributed Feedback Lasers," *J. Appl. Phys.*, **66**, 4640 (1989).

63. I. Melngailis and A. Mooradian, "Tunable Semiconductor Diode Lasers and Applications," in S. Jacobs, M. Sargent, J. F. Scott, and M. O. Scully, Eds., *Laser Applications to Optics and Spectroscopy*, Addison-Wesley, Reading, Mass., 1975.

64. J. N. Walpole, A. R. Calawa, T. C. Harman, and S. H. Groves, "Double-Heterostructure PbSnTe Lasers Grown by Molecular-Beam Epitaxy with CW Operation up to 114 K," *Appl. Phys. Lett.*, **28**, 552 (1976).

65. H. Yonezu, I. Sakuma, T. Kamojima, M. Ueno, K. Iwamoto, I. Hino, and I. Hayashi, "High Optical Power Density Emission from a Window Stripe AlGaAs DH Laser," *Appl. Phys. Lett.*, **34**, 637 (1979).

66. R. L. Hartman, N. E. Schumaker, and R. W. Dixon, "Continuously Operated AlGaAs DH Lasers with 70°C Lifetimes as Long as Two Years," *Appl. Phys. Lett.*, **31**, 756 (1977).

67. N. Holonyak, Jr., R. M. Kolbas, R. D. Dupuis, and P. D. Dapkus, "Quantum-Well Heterostructure Lasers," *IEEE J. Quantum Electron.*, **QE-16**, 170 (1980).

68. B. Zhao and A. Yariv, "Quantum Well Semiconductor Lasers," in *Semiconductor Lasers I: Fundamentals*, E. Kapon, Ed., Academic Press, San Diego, CA, 1999.

69. E. Kapon, "Quantum Wire and Quantum Dot Lasers," in *Semiconductor Lasers I: Fundamentals*, E. Kapon, Ed., Academic Press, San Diego, CA, 1999.

70. J. M. Moison, F. Houzay, F. Barthe, L. Leprince, E. André, and O. Vatel, "Self-Organized Growth of Regular Nanometer-Scale InAs Dots on GaAs," *Appl. Phys. Lett.*, **64**, 196 (1994).

71. M. Asada, Y. Miyamoto, and Y. Suematsu, "Gain and the Threshold of Three-Dimensional Quantum-Box Lasers," *IEEE J. Quantum Electron.*, **QE-22**, 1915 (1986).

72. N. N. Ledentsov, M. Grundmann, F. Heinrichsdorff, D. Bimberg, V. M. Ustinov, A. E. Zhukov, M. V. Maximov, Z. I. Alferov, and J. A. Lott, "Quantum-Dot Heterostructure Lasers," *IEEE J. Selected Topics Quan. Elect.*, **6**, 439 (2000).

73. K. D. Choquette, "Vertical-Cavity Surface-Emitting Lasers: Light for the Information Age," *MRS Bulletin*, 507, (July 2002).

74. J. M. Rorison, "Vertical Cavity Surface Emitting Lasers for Communications," in B. Krauskopf and D. Lenstra, Eds., *Fundamental Issues of Nonlinear Laser Dynamics*, American Inst. Phys., 2000.

75. F. Capasso, R. Paiella, R. Martini, R. Colombelli, C. Gmachl, T. L. Myers, M. S. Taubman, R. M. Williams, C. G. Bethea, K. Unterrainer, H. Y. Hwang, D. L. Sivco, A. Y. Cho, A. M. Sergent, H. C. Liu, and E. A. Whittaker, "Quantum Cascade Lasers: Ultrahigh-Speed Operation, Optical Wireless Communication, Narrow Linewidth, and Far-Infrared Emission," *IEEE J. Quantum Electron.*, **QE-38**, 511 (2002).

76. N. A. Olsson, "Semiconductor Optical Amplifiers," *Proc. IEEE*, **80**, 375 (1992).

习题

1. 自发辐射谱由式(6)给出,求(a)光谱峰值处光子的能量;(b)谱宽(即半功率宽度)。

2. 求出对于自发辐射由波长表示的谱宽。如果中心波长在可见光谱的中间(0.555 μm)位置处,室温下谱宽为多少?

3. 假设辐射寿命 $\tau_r = 10^9/N$ 秒,N 为半导体的掺杂浓度,单位为 cm^{-3},非辐射寿命 τ_{nr} 为 10^{-7} s,求掺杂浓度为 10^{19} cm^{-3} 的 LED 的截止频率。

4. GaAs 样品受到波长为 0.6 μm 的光的照射,入射功率为 15 mW,如果三分之一的入射功率被反射了,另外三分之一从样品的另一端射出,样品的厚度为多少? 求每秒损失给晶格的热能。

5. InGaAsP 法布里-珀罗激光器的工作波长为 1.3 μm,共振腔的长度为 300 μm,InGaAsP 的折射率为 3.39,

   (a) 镜面损失为多少? 以 cm^{-1} 表示;

   (b) 如果给激光器的一个面覆盖了膜,反射率为 90%,阈值电流减小了多少(用百分比表示),假设 $\alpha = 10$ cm^{-1}。

6. (a) InGaAsP 激光器工作波长为 1.3 μm,共振腔的长度为 300 μm,假设折射率为 3.4,计算用纳米表示的模式间距;

   (b) 用 GHz 表示出上面得到模式间距。

7. 限定因子可以由 $\Gamma = 1 - \exp(-C\Delta \bar{n}d)$ 近似表示,其中 C 为常数,$\Delta \bar{n}$ 为折射率之差,d 为有源层的厚度,如果 $C = 8 \times 10^5$ cm^{-1},$d = 1$ μm,GaAs 的折射率为 3.6,有源区到无源区边界上的临界角为 78°(GaAs 和 AlGaAs 双异质结之间),求限定因子。

8. 如果镜面的反射率为 0.99,共振腔宽度为 5 μm,单位长度的损失为 $\alpha = 100 cm^{-1}$,增益因子为 0.1 $cm^{-3}A^{-1}$[增益因子 $\equiv (J_0 d/\eta_{in}g_0 L)^{-1}$],计算题 7 中的阈值电流。

9. 如果折射率依赖于波长,求出纵向各允许模式的间距 $\Delta \lambda$,已知 GaAs 激光器工作在 $\lambda = 0.89$ μm,$\bar{n}_r = 3.58$,$L = 300$ μm,$d\bar{n}_r/d\lambda = 2.5$ μm^{-1}。

10. 阈值电流与温度的关系可以表示为 $I_{th} = I_0 \exp(T/T_0)$,温度系数为 $\xi \equiv (1/I_{th})(dI_{th}/dT)$,对于高温工作,低的 ξ 非常重要,图 12.32(a)所示的激光器的温度系数 ξ 为多少? 如果 $T_0 = 50℃$,这种激光器在高温工作时性能更好还是更差?

第13章

光电探测器和太阳电池

13.1 引言

　　光电探测器是通过电过程探测光信号的半导体器件。伴随着相干和非相干光源向远红外波段及紫外波段的扩展,对高速、高灵敏光电探测器的需求迅速增加。通常来讲,光电探测器包括三个基本过程:(1)入射光产生载流子;(2)通过某种电流增益机制形成载流子的输运和倍增;(3)载流子形成端电流,提供输出信号。

　　在近红外波段($0.8 \sim 1.6\ \mu m$)的光纤通信系统中,光电探测器十分重要,它可对光信号进行解调,即将光的变化转化为电学量的变化,然后将电学量放大并进一步处理。对于此类应用,光电探测器必须满足若干严格要求,例如在工作波段上要有高的灵敏度、快速的响应速度和低噪声。另外,光电探测器的体积应该较小,工作偏置电压和电流低,并且在使用条件下可靠工作。

已有的众多光电探测器可分为两类,热探测器和光探测器。热探测器通过感应温度的升高来探测光线。探测器的暗表面吸收光能后,温度会升高,这种类型的光电探测器更适合于对远红外波长的探测,从技术上来讲,更像是热传感器,详细内容将在下一章讨论。光探测器基于量子光电效应:光子激发电子-空穴对,形成光电流。本章仅讨论半导体光探测器,它是市场上最主要的光电探测器。

正如本节前面所指出的,面向不同的性能要求,需要不同类型的光电探测器。为了理解每一种光电探测器的优点,首先讨论光电探测器的性能优值。由于光电效应基于光子的能量 $h\nu$,因此,所感兴趣的波长与器件工作时的能量跃迁 ΔE 相关。它们之间有显而易见却非常重要的关系

$$\lambda = \frac{hc}{\Delta E} = \frac{1.24}{\Delta E(\mathrm{eV})} \quad (\mu\mathrm{m}) \tag{1}$$

式中,λ 为波长,c 为光速,ΔE 为能级的变化。因为通常光子能量 $h\nu > \Delta E$ 时也能引起载流子的激发过程,式(1)通常表示可探测的长波极限。大多数情况下跃迁能量差 ΔE 为半导体的能隙。但是由于光电探测器的种类不同,ΔE 对应不同的值:在金属-半导体光电二极管中,ΔE 可以是势垒高度;在非本征光电导中,ΔE 可以是杂质能级和能带边的能量差。因此依据所需的波长,可以选择和优化光电探测器的类型和半导体材料。

半导体中光的吸收特性由吸收系数表示,它不仅决定了光能否被吸收并产生光激发,而且可以表示出光在哪里被吸收。光吸收系数大,则光进入半导体后在接近表面处被吸收。小的光吸收系数意味着吸收很少,光可以深入到半导体内部。在某些极端场合,半导体对长波长的光可以是透明的,没有光激发。因而光吸收系数决定了光电探测器的量子效率。图 13.1 绘出了各种光电探测材料的本征吸收系数的测量值[1],实线为 300K 时的值,虚线为 77 K 时的值。对于 Ge、Si 及 III-V 族化合物半导体,随着温度的升高,曲线向长波方向移动,对于某些 IV-VI 族化合物(例如 PbSe),发生与上述相反的结果,因为其带隙随温度升高而增加。(作为参考,图中还列出了一些重要半导体激光器的发射波长。)

光电探测器的速度是一个很重要的参数,特别是对于光纤通信系统。光线以非常高的速度被导通和关断($>40\mathrm{Gb/s}$),光电探测器的响应速度与数字传输数据率相比应该足够快。载流子寿命越短,响应速度越快,但缺点是暗电流较大。耗尽层宽度也应该最小化,以缩短渡越时间。另一方面,电容应足够小,也就是耗尽层宽度要大。可以看出,需要折衷考虑以上诸多因素以达到整体的优化。

为了获得较强的灵敏度,光电流信号需要最大化。最基本的优值为量子效率,定义为每一个光子产生的载流子数目,或

$$\eta = \frac{I_{ph}}{q\Phi} = \frac{I_{ph}}{q}\left(\frac{h\nu}{P_{\mathrm{opt}}}\right) \tag{2}$$

式中,I_{ph} 为光电流,Φ 为光子通量($=P_{\mathrm{opt}}/h\nu$),P_{opt} 为光功率。理想量子效率为 1。复合造成的电流损失、不完全吸收及反射等造成了量子效率的降低。另一个类似的优值为响应率 $\mathscr{R}$,以光功率作为参考,有

$$\mathscr{R} = \frac{I_{ph}}{P_{\mathrm{opt}}} = \frac{\eta q}{h\nu} = \frac{\eta\lambda(\mu\mathrm{m})}{1.24} \quad \mathrm{A/W} \tag{3}$$

为了进一步提高信号强度,一些光电探测器有内部增益机制。常规的光电探测器的增益比较如表 13.1 所示。已经获得了高达 10^6 的增益,然而高增益往往导致了下面将要讨论的高噪声

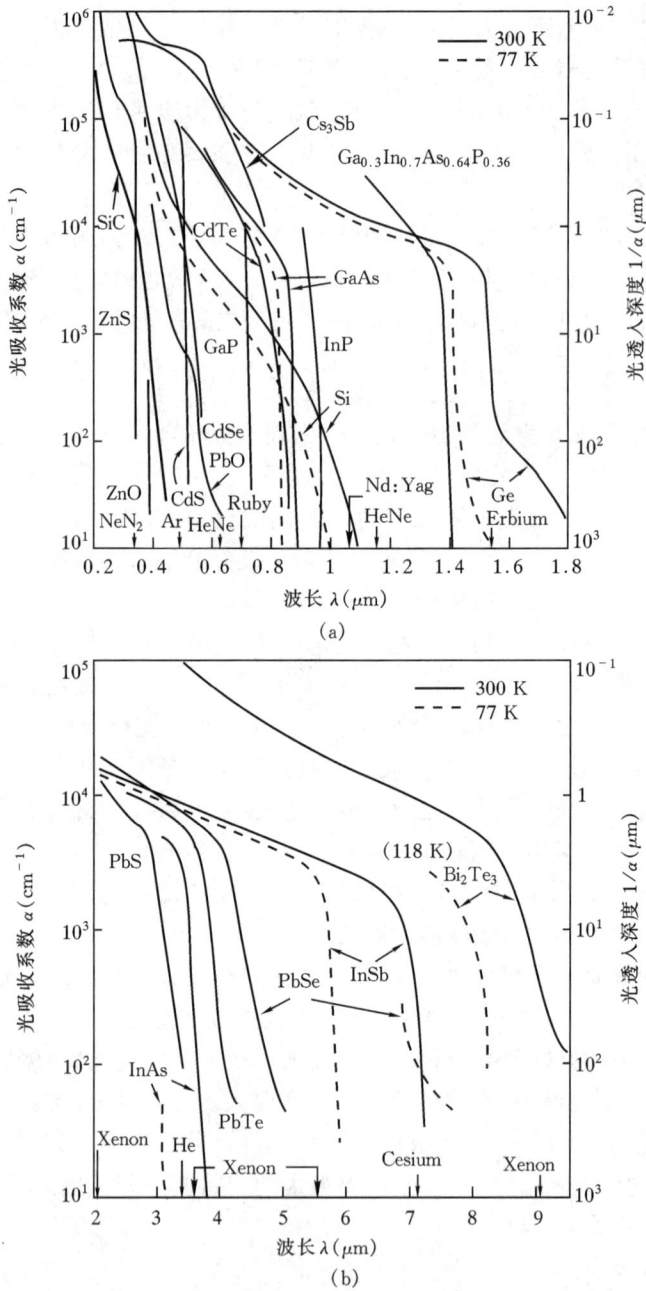

图 13.1　不同光电探测材料的光吸收系数,从(a)近可见光区到(b)红外区。图中
　　　　标明了一些激光器的发射波长(引自参考文献 1)

问题。

　　除了强的信号外,低噪声也是非常重要的,因为噪声最终决定了最小可探测信号的强度,
这就是为什么人们经常讲信噪比的原因。有很多因素可以导致噪声。暗电流为探测器在一定
的偏置下,未暴露在光源下时的泄漏电流。器件工作的一个限制因素是温度,因此其热能应小

表 13.1　常规光电探测器的增益和响应时间的典型值

光电探测器	增　益	响应时间(s)
光电导体	$1 \sim 10^6$	$10^{-8} \sim 10^{-3}$
光电二极管　p-n 结	1	10^{-11}
p-i-n 结	1	$10^{-10} \sim 10^{-8}$
金属-半导体二极管	1	10^{-11}
CCD	1	$10^{-11} \sim 10^{-4}$*
雪崩光电二极管	$10^2 \sim 10^4$	10^{-10}
光电晶体管	$\approx 10^2$	10^{-6}

* 由电荷转移限制,对于高灵敏度 CCD,大的积分时间有利

于光子能量($kT < h\nu$)。另一个噪声源为背景辐射,如室温下没有被冷却的探测器腔内的黑体辐射。内部器件噪声包括热噪声(Johnson 噪声),它与载流子随机热扰动有关。散粒噪声是因为光电效应的离散信号行为,统计涨落与此有关,对于小光强特别重要。第三个是闪烁噪声,也被称为 $1/f$ 噪声,它是由与表面陷阱相关的随机效应产生的,一般与频率有 $1/f$ 的关系,低频时更为显著。产生-复合噪声来自于产生和复合的涨落,产生噪声可由光过程或热过程引发。

因为所有的噪声都是相互独立的事件,它们加在一起成为总噪声,其相关优值[2]为噪声等效功率(NEP),它相当于在 1 Hz 带宽内信噪比为 1 时所需的均方根入射光功率,一阶时它是最小可探测光功率。最后,探测率 D^* 定义为

$$D^* = \frac{\sqrt{AB}}{\text{NEP}} \quad \text{cm} \cdot \text{Hz}^{1/2}/\text{W} \tag{4}$$

式中 A 为面积,B 为带宽。它也是功率为 1 W 的光入射到面积为 1cm^2 的探测器上时的信噪比,噪声是在 1 Hz 带宽内测量的。因为器件噪声通常与面积的平方根成正比,可将参数对面积归一化。可以看出,探测率由探测器灵敏度、光谱响应和噪声决定,是波长、调制频率及带宽的函数,可以表示为 $D^*(\lambda, f, B)$。

本章的最后一节讨论太阳电池,它与光电探测器在某种程度上是相似的,因为它们都是将光能转化为电能。与对微弱光线的探测相反,太阳电池的目的在于由太阳光产生能量,所以它们之间的第一个主要差别在于参与过程的光的强度不同,第二个差别在于太阳电池是产生能量的,不需要额外的偏置,而光电探测器检测电流的变化作为信号,通常需要一定的偏置。

13.2　光电导

光电导由一块或一个薄膜半导体及两端的欧姆接触构成(图 13.2)。当入射光照射在光电导表面时,载流子或通过带间跃迁(本征跃迁)、或通过禁带中的能级参与的跃迁(非本征跃迁)产生,造成电导率增加,载流子的本征和非本征光激发过程示于图 13.3。

对于本征光电导,电导率为 $\sigma = q(\mu_n n + \mu_p p)$,光照时电导率的增加主要是由于载流子数目的增加,截止波长由式(1)给出,在这种情况下,式中的 ΔE 为半导体的带隙 E_g。对于较短

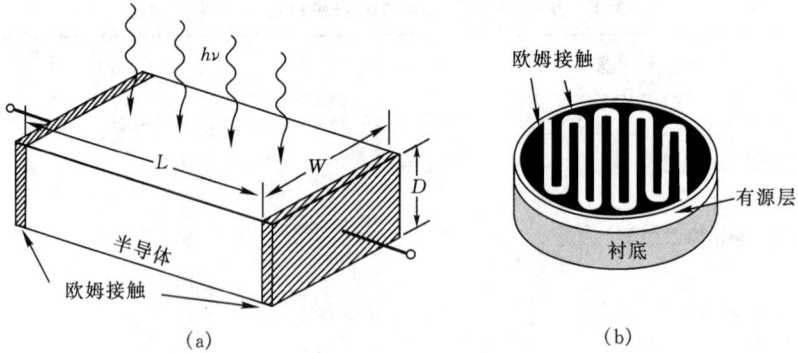

图 13.2　两端各有一个欧姆接触的半导体构成的光电导体示意图

的波长，入射的光辐射被半导体吸收，产生电子-空穴对。对于非本征光电导体，光激发在带边和能隙中的某个能级之间发生。

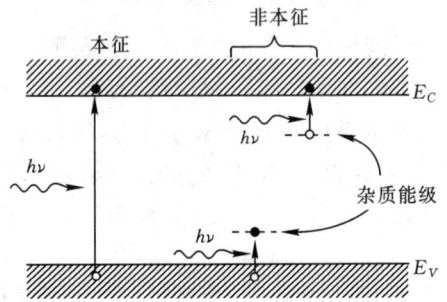

图 13.3　带间本征光激发过程和杂质能级与导带或价带之间的非本征光激发过程

　　光电探测器的基本性能，特别是光电导，通常用以下三个参数量度：量子效率和增益、响应时间及灵敏度（探测率）。首先讨论光电导在光照下的工作原理（图 13.2）。假定有稳定的光子通量均匀入射在面积为 $A = WL$ 的光电导体表面上，单位时间到达表面的总的光子数为 $P_{opt}/h\nu$，其中，P_{opt} 为入射光功率，为光子能量。稳态时，载流子产生率 G_e 必须等于复合率，若器件厚度 D 远大于光透射深度（$1/\alpha$），所有的光功率被吸收，单位体积载流子的稳态产生、复合率为

$$G_e = \frac{n}{\tau} = \frac{\eta(P_{opt}/h\nu)}{WLD} \tag{5}$$

式中，τ 为载流子寿命，η 为量子效率（即每个光子产生的载流子数），n 为过剩载流子浓度。因为这个浓度比光电导体的体掺杂水平要大很多，稳态浓度变为

$$n = G_e \tau \tag{6}$$

载流子的寿命与半导体自身特性有关，停止光照后，载流子浓度会以一定的规律随时间衰减

$$n(t) = n(0)\exp\left(\frac{-t}{\tau}\right) \tag{7}$$

　　对于本征光电导，两电极之间流过的光电流为

$$I_p = \sigma \mathscr{E} WD = (\mu_n + \mu_p)nq\mathscr{E}WD \tag{8}$$

式中，$\mathscr{E}$ 为光电导的内部电场，且 $n = p$，将式（5）中的 n 代入式（8），得到

$$I_p = q\left(\eta\frac{P_{opt}}{h\nu}\right)\frac{(\mu_n + \mu_p)\tau\mathscr{E}}{L} \tag{9}$$

若将初始光电流定义为

$$I_{ph} \equiv q\left(\eta\frac{P_{opt}}{h\nu}\right) \tag{10}$$

则从式（9）得到光电流增益为

$$G_a = \frac{I_p}{I_{ph}} = \frac{(\mu_n + \mu_p)\tau\mathscr{E}}{L} = \tau\left(\frac{1}{t_m} + \frac{1}{t_{rp}}\right) \tag{11}$$

式中, $t_m(=L/\mu_n\mathscr{E})$, $t_{rp}(=L/\mu_p\mathscr{E})$, 分别为电子和空穴通过两个电极的渡越时间。增益取决于载流子寿命和渡越时间之比, 是光电导的一个关键参数。为获得高增益, 应使载流子的寿命足够长, 光电导的电极间距应较短, 载流子有较高的迁移率。已经得到的光电导的典型增益为1000, 增益高达 10^6 的光电导也已实现(表 13.1)。而另一方面, 光电导的响应时间由载流子寿命决定, 因此增益和响应需折衷考虑。光电导的响应时间通常远远大于光电二极管的响应时间。

增益的提高受到击穿时的最大电场的限制。另一个增益提高效应由少数载流子的**扫出**造成。在中等电场下, 多数载流子(电子)有较高的迁移率, 其渡越时间短于载流子寿命, 少数载流子(空穴)运动速度慢, 其渡越时间比载流子寿命长。在这种情况下, 电子被快速地扫出探测器, 体内空穴多余, 另一个电极需提供电子维持电中性, 通过这种行为, 电子在载流子寿命时间范围内可以来回多次穿越探测器, 从而提高了增益。在非常高的电场下, 空穴的渡越时间也会小于寿命, 载流子的产生跟不上快速的漂移过程, 式(6)的稳态条件不再成立。这种情况导致了空间电荷效应。在如此高电场下, 增益退化, 再次趋近于 1。

下面讨论强度受调制的光信号, 这种信号可表示为

$$P(\omega) = P_{opt}[1 + m\exp(j\omega t)] \tag{12}$$

式中, P_{opt} 为平均光信号功率, m 为调制系数, ω 为调制频率。光信号所产生的平均电流 I_p 由式(9)给出。对于调制光信号, 均方根光功率为 $mP_{opt}/\sqrt{2}$, 均方根信号电流可写作[4]

$$i_p \approx \left(\frac{q\eta m P_{opt} G_a}{\sqrt{2}h\nu}\right)\frac{1}{\sqrt{1 + \omega^2\tau^2}} \tag{13}$$

低频下可转化为式(9), 高频下, 响应与 $1/f$ 成正比。

图 13.4 示出了光电导的射频等效电路。电导 G 由暗电流、平均信号电流和背景电流产生的电导组成。电导 G 产生的热噪声为

$$\langle i_G^2 \rangle = 4kTGB \tag{14}$$

式中 B 为带宽。产生-复合噪声(散粒噪声)为[5]

$$\langle i_{GR}^2 \rangle = \frac{4qI_pBG_a}{1 + \omega^2\tau^2} \tag{15}$$

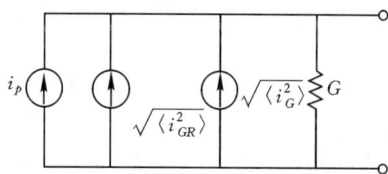

图 13.4　光电导体的 RF 等效电路(引自参考文献 4)

式中 I_p 为稳态光生输出电流, 由式(13)~式(15)可得信噪比为

$$\frac{S}{N}\bigg|_{power} = \frac{i_p^2}{\langle i_{GR}^2 \rangle + \langle i_G^2 \rangle} = \frac{\eta m^2(P_{opt}/h\nu)}{8B}\left[1 + \frac{kT}{qG_a}(1 + \omega^2\tau^2)\frac{G}{I_p}\right]^{-1} \tag{16}$$

令 $S/N = 1$, $B = 1$, 可以从式(16)得到 NEP(即 $mP_{opt}/\sqrt{2}$)。红外探测器最常用的优值为探测率 D^*, 已由式(4)给出了定义。

光电导体因其结构简单、价格低及稳定性好的特性受到人们的关注。非本征光电导体无需运用带隙非常窄的材料就能使光电导的长波限得到扩展, 它们通常用于红外光电探测。对于中红外、远红外及更长的波长, 可以将光电导冷却到低温(如 77 K 和 4.2 K)下工作。较低的温度减小了导致热电离的热效应, 提高了增益和探测效率。在 0.5 μm 附近, CdS 光电导有

很高的灵敏度,而 10 μm 时,HgCdTe 光电导更为优越[6],在 100~400 μm 的波长范围,GaAs 非本征光电导因其具有高探测率[7]更为可取。光电导有大的动态范围,对于高能量(强光强)探测可提供与其它探测器相比拟的性能。然而,对于微波频率下的低电平探测,光电二极管可提供更快的速度和更高的信噪比,因此光电导在高频光解调器,例如在光学混频方面用途有限。光电导体已广泛用于红外探测,特别是几微米以外波段的红外探测。

13.3　光电二极管

13.3.1　一般考虑

光电二极管有一个具有高电场的半导体耗尽区,用来分开光生电子和光生空穴。高速工作时,耗尽区必须保持很薄以缩短渡越时间,另一方面,为了提高量子效率(每个入射光子产生的电子-空穴对数目),耗尽区又必须足够厚,使得大部分入射光被吸收,因此,在响应速度和量子效率之间需折衷考虑。

对于可见光和近红外波段,通常使光电二极管处于反向偏置,在其上加有适当的反向偏压,这样可以缩短载流子渡越时间并减少二极管电容。但是,反向偏压不能高到引起雪崩倍增或者击穿的程度。这种偏置状态与雪崩光电二极管是不同的,在雪崩光电二极管中,内部电流增益是由于雪崩击穿状态下的碰撞电离导致的。除了没有在本章叙述的雪崩光电二极管外,所有的光电二极管的最大增益为 1(表 13.1)。光电二极管家族包括 p-i-n 光电二极管、p-n 结光电二极管、异质结光电二极管及金属-半导体(肖特基势垒)光电二极管。

现在,简略讨论光电二极管的一般特性,即量子效率、响应速度和器件噪声。

量子效率　如前所述,量子效率是每个入射光子产生的电子-空穴对数目(式(2))。相关的优值是响应度,即光电流与光功率之比(式(3))。因此,当量子效率给定时,响应度随波长线性增加。对于理想光电二极管($\eta=1$),$\mathcal{R}=(\lambda/1.24)$(A/W),式中 λ 用微米表示。

因为光吸收系数 α 对波长有强烈的依赖关系,对于一个给定的半导体,产生大的光电流的波长范围是有限的。因为大多数光电二极管采用带间光激发(除了金属-半导体光电二极管中的越过势垒的光激发),光电二极管的长波截止波长 λ_c 由半导体能隙按式(1)确定,例如,对于 Ge,λ_c 约为 1.7 μm,对于 Si,约为 1.1 μm。对于比 λ_c 长的波长,α 值太小,不足以引起可观察的光吸收。对于短波长,α 值很大($\geqslant 10^5$ cm^{-1}),光线在靠近复合更易发生的表面处被吸收,光生载流子在被 p-n 结收集以前就被复合掉了,造成了光电响应的短波截止。在近红外波段,有抗反射涂层的硅光电二极管在 0.8~0.9 μm 波长附近可得到接近 100% 的量子效率,在 1.0~1.6 μm 波段,锗光电二极管、Ⅲ-Ⅴ族三元化合物光电二极管(例如 InGaAs)和Ⅲ-Ⅴ族四元化合物光电二极管(例如 InGaAsP)表现出很高的量子效率。对于更长的波长,光电二极管应加以冷却(例如 77 K),以获得高的工作效率。

响应速度　响应速度受到三种因素的综合限制:(1)耗尽区内载流子的漂移时间;(2)载流子的扩散;(3)耗尽区电容。在耗尽区外产生的载流子必须通过扩散到达结,造成很长的时间延迟。为使扩散效应减至最小,结应紧靠表面形成。耗尽区足够宽(为 $1/\alpha$ 的量级)时,大部分光将被吸收,加足够的反向偏压时,载流子将以其饱和速度漂移。然而,耗尽层不能太宽,否则渡越时间效应将限制频率响应。耗尽层也不能太薄,否则过大的电容 C 将造成很大的 $R_L C$ 时间常数,此处 R_L 为负载电阻。最佳折衷方案是:适当选取耗尽层厚度,使得渡越时间为半个调制周期数量级,例如,当调制频率为 10 GHz 时,Si 的最佳耗尽层宽度(饱和速度为 10^7 cm/s)约为 5 μm。

器件噪声　为了研究光电二极管的噪声性质,讨论图 13.5a 所示的通常的光电探测过程。光信号和背景辐射被光电二极管吸收,产生电子-空穴对,然后,这些电子和空穴被电场分开,分别向结的两侧漂移,在外部负载电阻内产生光电流。因为噪声依赖于频率,为了确定这种光电过程产生的电流,需讨论式(12)给出的强度调制光信号。光信号产生的平均光电流由式(10)给出。对于已调制的光信号,均方根信号功率为 $m P_{opt}/\sqrt{2}$,将增益设为 1 时,均方根信号电流由式(13)得到

$$i_p = \frac{q\eta}{\sqrt{2}} \frac{m P_{opt}}{h\nu} \tag{17}$$

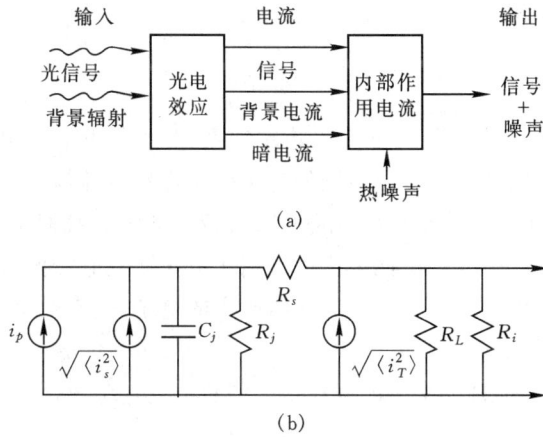

图 13.5　光电二极管的噪声分析

(a)光探测过程;(b)等效电路(引自参考文献 8)

设背景辐射产生的电流为 I_B,耗尽区内热电子-空穴对所形成的暗电流为 I_D,由于这些电流产生的随机性,它们对散粒噪声的贡献为

$$\langle i_s^2 \rangle = 2q(I_P + I_B + I_D)B \tag{18}$$

式中 B 为带宽。热噪声为

$$\langle i_T^2 \rangle = \frac{4kTB}{R_{eq}} \tag{19}$$

其中

$$\frac{1}{R_{eq}} = \frac{1}{R_j} + \frac{1}{R_L} + \frac{1}{R_i} \tag{20}$$

光电二极管的等效电路示于图 13.5(b),C_j 为结电容,R_j 为结电阻,R_s 为串联电阻,R_L 为外接负载电阻,R_i 为后续放大器的输入电阻[9],所有电阻均对系统产生附加的热噪声。串联电阻 R_s 通常远小于其它电阻,可以忽略。

对于平均功率为 P_{opt} 的 100% 调制信号 $(m=1)$，信噪比可写为

$$\frac{S}{N}\bigg|_{\mathrm{power}} = \frac{i_p^2}{\langle i_s^2 \rangle + \langle i_T^2 \rangle} = \frac{(1/2)(q\eta P_{\mathrm{opt}}/h\nu)^2}{2q(I_P + I_B + I_D)B + 4kTB/R_{\mathrm{eq}}} \tag{21}$$

从此式可知，为得到给定的信噪比所需的最小光功率为（设 $I_P = 0$）

$$P_{\mathrm{opt}}\bigg|_{\mathrm{min}} = \frac{2h\nu}{\eta}\sqrt{\frac{(S/N)I_{\mathrm{eq}}B}{q}} \tag{22}$$

式中

$$I_{\mathrm{eq}} = I_B + I_D + \frac{2kT}{qR_{\mathrm{eq}}} \tag{23}$$

噪声等效功率（NEP）为（$S/N=1, B=1\ \mathrm{Hz}$）

$$\mathrm{NEP} = 均方根光功率\ P_{\mathrm{opt}}\bigg|_{\mathrm{min}} = \left(\frac{h\nu}{\eta}\right)\sqrt{\frac{2I_{\mathrm{eq}}}{q}} \qquad \mathrm{W/cm^2 \cdot Hz^{1/2}} \tag{24}$$

为了改善光电二极管的灵敏度，应该增加 η 和 R_{eq}，减少 I_B 和 I_D。NEP 随 R_{eq} 减小直至饱和，稳定在一个定值上，此定值由暗电流或背景电流散粒噪声决定。

13.3.2　p-i-n 和 p-n 结光电二极管

p-i-n 光电二极管是 p-n 结光电二极管的特殊情形，是最常用的光电探测器之一，因为通过调节它的耗尽区厚度（本征层）能得到最佳的量子效率和频率响应。图 13.6 给出了 p-i-n 二极管的示意图、反向偏置状态下的能带图以及光吸收特性曲线。我们将借助图 13.6 较详细地讨论 p-i-n 光电二极管的工作原理，这种讨论也适用于 p-n 结光电二极管。半导体内因光吸收产生电子-空穴对，在耗尽区内或一个扩散长度内产生的电子-空穴对最后被电场分开，载流子漂移通过耗尽区，使得外电路有电流流过。

量子效率　稳态条件下，通过反向偏置耗尽区的总的光电流密度为[10]

$$J_{\mathrm{tot}} = J_{\mathrm{dr}} + J_{\mathrm{diff}} \tag{25}$$

式中，J_{dr} 为耗尽区内产生的载流子所形成的漂移电流密度，J_{diff} 为耗尽区以外的半导体体内产生的载流子扩散到反向偏置结所形成的扩散电流密度，假定热产生电流可以忽略，并且 p 型表面层远薄于 $1/\alpha$，可以推导出总电流。参见图 13.6(c)，电子-空穴对产生率为

$$G_e(x) = \Phi_0\alpha\exp(-\alpha x) \tag{26}$$

式中，Φ_0 为单位面积的入射光子通量，用 $P_{\mathrm{opt}}(1-R)/Ah\nu$ 表示，R 为反射系数，A 为器件面积。因而漂移电流 J_{dr} 为

$$J_{\mathrm{dr}} = -q\int_0^{W_D} G_e(x)\mathrm{d}x = q\Phi_0[1 - \exp(-\alpha W_D)] \tag{27}$$

式中 W_D 为耗尽层宽度。注意，在耗尽区内假设量子效率为 100%。

当 $x > W_D$ 时，半导体体内的少数载流子（空穴）浓度由一维扩散方程决定：

$$D_p\frac{\partial^2 p_n}{\partial x^2} - \frac{p_n - p_{n0}}{\tau_p} + G_e(x) = 0 \tag{28}$$

式中，D_p 为空穴扩散系数，τ_p 为过剩载流子寿命，p_{n0} 为平衡态空穴浓度。取 $x=\infty$ 时，$p_n = p_{n0}$ 及 $x = W_D$ 时，$p_n = 0$ 为边界条件，式(28)的解为

$$p_n = p_{n0} - [p_{n0} + C_1\exp(-\alpha W_D)]\exp\left(\frac{W_D - x}{L_p}\right) + C_1\exp(-\alpha x) \tag{29}$$

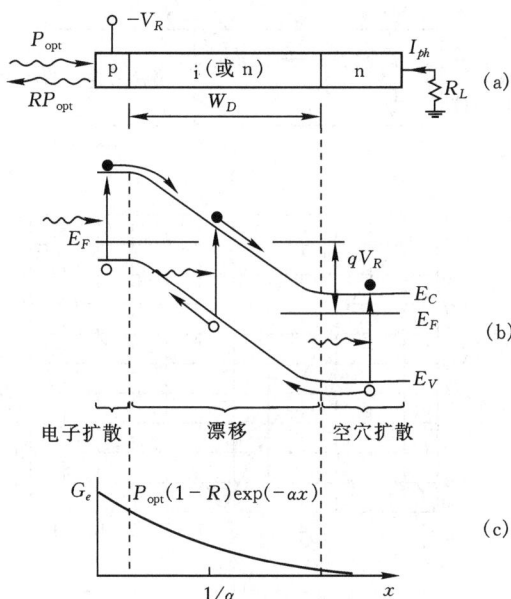

图 13.6　光电二极管的工作过程

(a)p-i-n 二极管的截面图；(b)反向偏置下的能带图；(c)载流子产生特性
(引自参考文献 1)

$L_p = \sqrt{D_p \tau_p}$，并且

$$C_1 \equiv \left(\frac{\Phi_0}{D_p}\right) \frac{\alpha L_p^2}{1 - \alpha^2 L_p^2} \tag{30}$$

扩散电流密度为

$$J_{\text{diff}} = -qD_p \left. \frac{\partial p_n}{\partial x} \right|_{x=W_D}$$

$$= q\Phi_0 \frac{\alpha L_p}{1 + \alpha L_p} \exp(-\alpha W_D) + \frac{qp_{no}D_p}{L_p} \tag{31}$$

总电流密度为耗尽区内电流密度 I_{dr} 和耗尽区外电流密度 I_{diff} 之和，为

$$J_{\text{tot}} = q\Phi_0 \left[1 - \frac{\exp(-\alpha W_D)}{1 + \alpha L_p} \right] + \frac{qp_{no}D_p}{L_p} \tag{32}$$

在正常工作状态下，含 p_{no} 的暗电流一项要小得多，所以总光电流正比于光子通量。量子效率由式(2)和式(32)得到

$$\eta = \frac{AJ_{\text{tot}}/q}{P_{\text{opt}}/h\nu} = (1-R)\left[1 - \frac{\exp(-\alpha W_D)}{1 + \alpha L_p} \right] \tag{33}$$

定性地讲，由于反射系数 R 及在耗尽区以外的光吸收，量子效率小于 1，为得到高量子效率，希望反射系数低，并且 $\alpha W_D \gg 1$。然而，如果 $W_D \gg 1/\alpha$，渡越时间延迟会相当大，下面讨论渡越时间效应。

频率响应　因为载流子穿过耗尽区需要一定的时间，所以当入射光强被迅速调制时，光子通量和光电流之间将出现相位差。为了获得这种效应的定量结果，图 13.7(a)中给出了假设所有光均在表面吸收时的最为简单的情况。假定外电压足够高使得本征区耗尽，载流子以饱和速度 v_s 运动，光子通量密度由 $\Phi_1 \exp(j\omega t)$（光子数/s·cm^2）表示，假定 $\eta = 100\%$，x 点处的

(a)

(b)

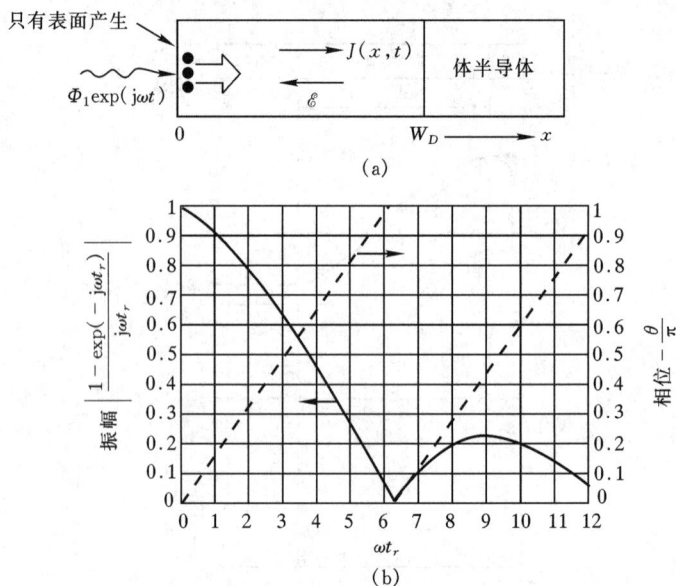

图 13.7　(a)分析渡越时间效应的几何假设;(b)光响应(归一化振幅和相角)与 $\theta=\omega t_r/2$ 的入射光通量的归一化调制频率的关系(引自参考文献 10)

传导电流密度 J_{cond} 为

$$J_{\text{cond}}(x) = q\,\Phi_1 \exp\left[j\omega\left(t - \frac{x}{v_s} \right) \right] \tag{34}$$

因此,内部电流为时间和距离的函数。因为 $\nabla \cdot J_{\text{tot}} = 0$,外部总电流可写为

$$J_{\text{tot}} = \frac{1}{W_D} \int_0^{W_D} \left(J_{\text{cond}} + \varepsilon_s \frac{\partial \mathscr{E}}{\partial t} \right) dx \tag{35}$$

式中,括弧内的第二项为位移电流。将式(34)代入式(35),得到

$$J_{\text{tot}} = \left[\frac{j\omega\varepsilon_s V}{W_D} + q\Phi_1 \frac{1 - \exp(-j\omega t_r)}{j\omega t_r} \right] \exp(j\omega t) \tag{36}$$

式中,V 为外加电压和内建电势之和,$t_r = W_D/v_s$,为载流子通过耗尽区的渡越时间。由式(36)可知,短路电流密度($V \approx 0$)为

$$J_{sc} = \frac{q\Phi_1 \left[1 - \exp(j\omega t_r) \right]}{j\omega t_r} \exp(j\omega t) \tag{37}$$

图 13.7(b)给出了高频渡越时间效应,图中绘制出归一化电流的振幅和相角与归一化调制频率的关系。注意到,当 ωt_r 大于 1 时,交流光电流的振幅随频率迅速减少。在 $\omega t_r = 2.4$ 处,振幅减少了 $\sqrt{2}$ 倍,并伴有 0.4π 的相移。因此,光电探测器的响应时间受载流子穿过耗尽区的渡越时间的限制。当吸收区的厚度为 $1/\alpha \sim 2/\alpha$ 之间时,大部分的光在耗尽区内被吸收,这样在高频响应和高量子效率之间就可以做出合理的折衷。

对于 p-i-n 光电二极管,假定 i 区的厚度等于 $1/\alpha$,载流子渡越时间是载流子漂移穿过 i 区所需的时间,从式(37)可见,3 dB 频率为($\omega t_r = 2.4$)

$$f_{3\text{dB}} = \frac{2.4}{2\pi t_r} \approx \frac{0.4 v_s}{W_D} \approx 0.4\alpha v_s \tag{38}$$

图 13.8 示出了 Si p-i-n 光电二极管的内部量子效率 $\eta/(1-R)$ 与由式(38)和图 13.1 计算得出的 3 dB 频率和耗尽区宽度的关系。曲线表明了不同波长下,响应速度(与 $1/W_D$ 成正比的 3 dB 频率)和量子效率之间通过调节耗尽区宽度得到的折衷结果。

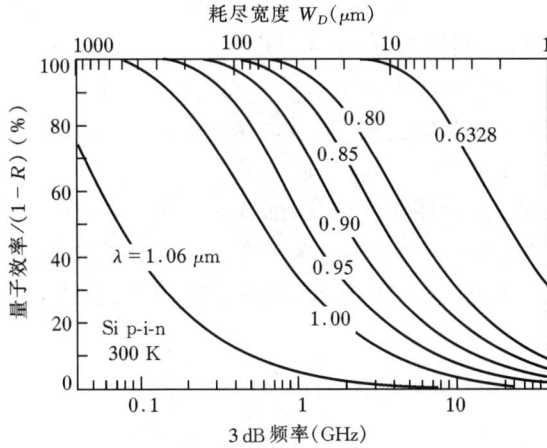

图 13.8　几种波长下,Si p-i-n 光电二极管量子效率与耗尽层宽度和渡越时间限制的
　　　　　3 dB 频率的关系,饱和速度为 10^7 cm/s

图 13.9 为几个高速光电二极管的结构示意图,通常涂有抗反射层(没有画出)以提高量

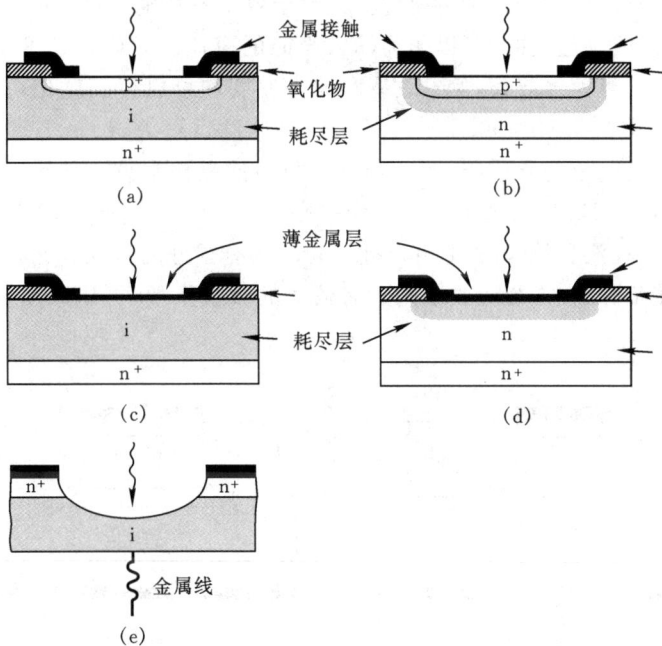

图 13.9　几个高速光电二极管的器件结构
(a)p-i-n 光电二极管;(b)p-n 结光电二极管;(c)金属-i-n 光电二极管;
(d)金属-半导体光电二极管;(e)点接触光电二极管(引自参考文献 1)

子效率。p-i-n 光电二极管如图 13.9(a)所示,本征区(或 n 型轻掺杂时为 v 区,p 型轻掺杂时为 π 区)的厚度是对光信号波长和调制频率优化后的结果。p-n 结光电二极管是一种相关的结构,其 n 型区掺杂浓度高,不能完全耗尽(图 13.9(b))。在接近于长波截止波长处,所需的吸收深度变得非常长(当 $\alpha = 10$ cm^{-1} 时,$1/\alpha = 1000$ μm)。在量子效率和响应速度之间折衷的一种选择是让光从平行于结的侧面入射,这样可以减小本征区的厚度,缩短渡越时间,从而提高速度。但是,这是以量子效率的降低为代价的。光线也可以以一定的角度入射,在器件内部发生多次反射,大大增加了有效吸收深度,同时也保持了较短的载流子渡越距离[11,12]。其它三种器件为金属-半导体型光电二极管,将在后面考虑。

　　对于 p-n 结光电二极管,因为耗尽区很薄,部分光线可以在耗尽区以外被吸收,这样会带来一些缺点:首先量子效率会降低,光在耗尽区以外大于一个扩散长度的区域的吸收对光电流没有贡献,而且在扩散长度以内区域的吸收,其效率也降低了;第二,扩散过程是一个慢过程,载流子扩散 x 距离所需的时间可写为

$$t = \frac{4x^2}{\pi^2 D_p} \tag{39}$$

这比漂移过程要慢很多,因此,p-n 结光电二极管通常比 p-i-n 光电二极管的响应速度低;第三,对串联电阻的主要贡献为中性区,如前所述,它是噪声的一个来源。

13.3.3 异质结光电二极管

　　光电二极管也可由异质结实现,异质结是由具有不同带隙的两个半导体接触形成的(参见第 2 章)。异质结光电二极管的一个主要优点是量子效率不特别依赖表面与结之间的距离,因为宽带隙材料对于光线是透明的,可以作为输入光能的窗口。异质结还可以提供独特的材料组合,使得对于给定的光信号波长,量子效率和响应速度均可以得到优化,它的另一个优点是可以减小暗电流。

　　为了获得低泄漏电流的异质结,两个半导体材料的晶格常数必须严格匹配,一些异质结光电二极管的例子在图 13.10 中给出。InP 作衬底与 InGaAs($E_g \approx 0.73$ eV)和 InAlAs 材料晶格匹配。这些结构在波长较长时(1 μm～1.6 μm)具有很好的特性。比 Ge 光电二极管更具优势,因为它是直接带隙,在本征吸收限附近有较大的吸收系数,可以采用薄的耗尽层宽度以

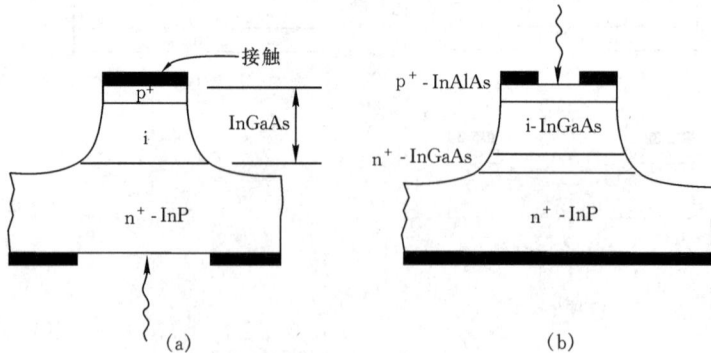

图 13.10　InP 衬底上的异质结光电二极管举例
(a)自衬底进入的光照;(b)自顶部进入的光照

提高响应速度[13]。另一个通用的系统是 GaAs 衬底上的 AlGaAs,这种异质结对于工作在波长为 $0.65\sim0.85\,\mu\mathrm{m}$ 的范围内的光电器件非常重要。

13.3.4　金属-半导体光电二极管

金属-半导体二极管可作为高效光电探测器[14],其能带图和电流输运已在第 3 章进行了广泛地讨论,这种光电二极管视光子的能量可以工作于以下两种模式:

1. 当 $h\nu > E_g$ 时,如图 13.11(a)所示,光辐射在半导体中产生电子-空穴对,其特性非常类似于 p-i-n 光电二极管,量子效率的表达式与式(33)相同;

2. 对于较小的光子能量(波长较长),$q\phi_B < h\nu < E_g$,如图 13.11(b)所示,金属内光激发的电子可越过势垒,被半导体收集。这种过程称为内部光发射,已被广泛用来确定肖特基势垒高度并用于研究金属膜中的热电子输运过程[15]。

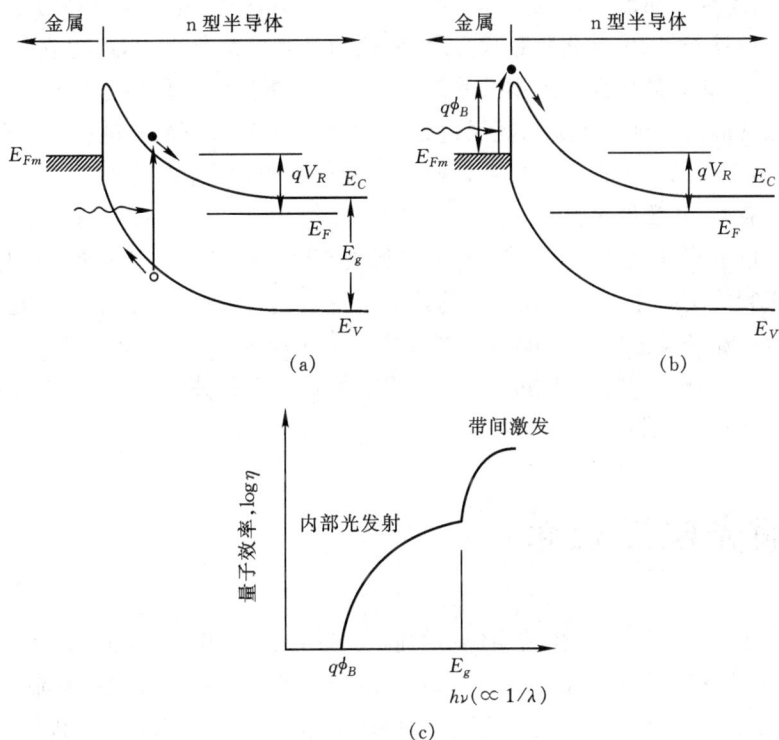

图 13.11　(a)电子-空穴对的带间激发($h\nu > E_g$);(b)受激电子从金属到半导体的
内部光发射($E_g > h\nu > q\phi_B$);(c)两个过程的量子效率与波长的关系

对于第一个模式 $h\nu > E_g$,当加有高的反向击穿偏置时,二极管可以作为雪崩光电二极管工作,将在下一节雪崩光电二极管中讨论。

对于内部光发射,光子在金属层中被吸收,载流子被激发到较高的能量上,这些热载流子的动量方向是随机的,只有那些过剩能量大于势垒高度、动量指向半导体一侧的载流子形成光电流。内部光发射过程依赖于能量的大小,量子效率为

$$\eta = C_F \frac{(h\nu - q\phi_B)^2}{h\nu} \tag{40}$$

式中 C_F 为 Fowler 发射系数,这个现象经常用来测量势垒高度。当肖特基势垒二极管受到不同波长的光的扫描时,如图 13.11(c)所示,量子效率有一个阈值 $q\phi_B$,量子效率随着光子能量的增加而增加。当光子能量达到带隙能量时,量子效率可以跳到一个高出很多的值上。实际应用中,内部光发射的典型量子效率小于 1%。

图 13.9(c)给出了金属-半导体光电二极管的一种典型结构,光线通过金属接触照到二极管上,为了避免大的反射和吸收损耗,金属膜必须做得极薄,约为 10 nm,而且必须采用抗反射涂层。采用轻掺杂 i 层后,可以制造出类似于 p-i-n 二极管的金属-i-n 光电二极管,这种结构的主要优点是其激发方式为带间激发。图 13.9(e)给出了一种特殊的金属-半导体点接触光电二极管[16],其有源区很小,因而漂移时间和电容都很小,适合在极高的调制频率下工作。

对于内部光发射模式的光电探测器,更为有效的方法是通过衬底射入光线,因为势垒高度通常小于带隙,满足 $q\phi_B < h\nu < E_g$ 的光线在半导体中不会被吸收,光线到达金属-半导体界面时光强没有减小,这样金属层可以做得厚一些,既降低了串联电阻,又能够容易地控制金属层的厚度。对于硅器件,可以用硅化物替代金属,硅化物具有可重复界面,因为它是由金属和 Si 相互反应得到的,因此新的界面永远不会暴露在空气中。常用的硅化物有 PtSi、Pd₂Si 和 IrSi。肖特基势垒二极管的另一优点是无需高温过程,因为不需要高温下的扩散或注入退火。

金属-半导体光电二极管在可见光和紫外区域特别有用,在这些区域,大部分常见半导体的光吸收系数 α 极高,其数量级为 10^5 cm^{-1} 或更高,相应的有效吸收长度为 $1/\alpha = 0.1\ \mu m$,甚至更低。可以选取适当的金属和抗反射涂层,使得大部分入射光在半导体表面附近被吸收。

肖特基二极管的暗电流是多数载流子的热发射造成的,因此不存在 p-n 结光电二极管中限制速度的少数载流子扩散电流的电荷存储效应。工作速度大于 100 GHz 的超快肖特基势垒光电二极管已有报导。肖特基势垒光电二极管的主要优点是速度高,而且无需窄带隙的半导体材料就可实现长波探测。

13.4　雪崩光电二极管

雪崩光电二极管(APD)在发生雪崩倍增的高反向偏压下工作[17],倍增造成了内部电流增益。APD 的电流增益带宽积可以大于 300 GHz,因此器件能够对微波频率调制光发生响应。对于雪崩光电二极管,量子效率和响应速度方面的要求类似于非雪崩光电二极管,然而高增益的代价是噪声增加,因此,必须综合考虑噪声特性和雪崩增益。

13.4.1　雪崩增益

雪崩增益亦称倍增因子,已在第 2 章进行了讨论。电子的低频雪崩增益为

$$M = \left\{ 1 - \int_0^{W_D} \alpha_n \exp\left[-\int_x^{W_D} (\alpha_n - \alpha_p)\mathrm{d}x' \right] \mathrm{d}x \right\}^{-1} \tag{41}$$

式中,W_D 为耗尽层宽度,α_n 和 α_p 分别为电子和空穴的电离率。当电离率与位置无关,如 p-i-n 二极管的情形,注入到 $x=0$ 处的高场区的电子倍增因子为

$$M = \frac{(1 - \alpha_p/\alpha_n)\exp[\alpha_n W_D(1 - \alpha_p/\alpha_n)]}{1 - (\alpha_p/\alpha_n)\exp[\alpha_n W_D(1 - \alpha_p/\alpha_n)]} \tag{42}$$

当电离率相等（$\alpha = \alpha_n = \alpha_p$）时,倍增因子化简为

$$M = \frac{1}{1 - \alpha W_D} \tag{43}$$

击穿电压对应于 $\alpha W_D = 1$ 的情形。

在实际器件中,大光强下可得到的最高直流倍增因子受串联电阻和空间电荷效应的限制,这些因素可合并成一个等效串联电阻 R_s,光生载流子的倍增因子用经验关系描述为[18]

$$M_{ph} = \frac{I - I_{MD}}{I_P - I_D} = \left[1 - \left(\frac{V_R - IR_s}{V_B}\right)^n\right]^{-1} \tag{44}$$

式中,I 为总的倍增电流,I_p 为一次(未曾倍增的)光电流,I_D 和 I_{MD} 分别为一次暗电流和倍增后的暗电流,V_R 为反向偏压,V_B 为击穿电压,幂指数 n 为一常数,取决于半导体材料、掺杂分布和辐射波长。对于大光强($I_p \gg I_D$)和 $IR_s \ll V_B$,光电倍增因子的最大值为

$$M_{ph}\big|_{\max} \approx \frac{I}{I_P} = \left[1 - \left(\frac{V_R - IR_s}{V_B}\right)^n\right]^{-1}\bigg|_{V_R \to V_B} \approx \frac{V_B}{nIR_s} \tag{45}$$

或

$$M_{ph}\big|_{\max} = \sqrt{\frac{V_B}{nI_PR_s}} \tag{46}$$

当光电流小于暗电流时,最大倍增因子受暗电流限制,其表达式类似于式(46),只是用 I_D 代替了 I_P。因此,暗电流应尽可能的小,这样既不限制 $(M_{ph})_{\max}$,也不限制最小可探测功率。

雪崩再生过程使得一次电子穿过高场区后很久,该区仍存在着大量的载流子。雪崩增益(或倍增因子)越高,建立雪崩过程的时间就越长,而且去掉光后,雪崩过程持续的时间也越长,这说明存在由增益带宽积($M \cdot B$)决定的特性。图 13.12 示出了具有均匀电场雪崩区的理想的 p-i-n 雪崩光电二极管的带宽计算值,图中以电离率比为参变量绘制了 3 dB 带宽 B 对 $2\pi\tau_{av}$ 的归一化值与低频增益 M 的关系,虚线为 $M = \alpha_n/\alpha_p$ 的情形。在此虚线以下,$M > \alpha_n/\alpha_p$,几乎为直线,表明有恒定的增益带宽积,此时,增益与频率的关系为[19]

$$M_f(\omega) = \frac{M}{\sqrt{1 + [\omega MN(\alpha_p/\alpha_n)\tau_{av}]^2}} \tag{47}$$

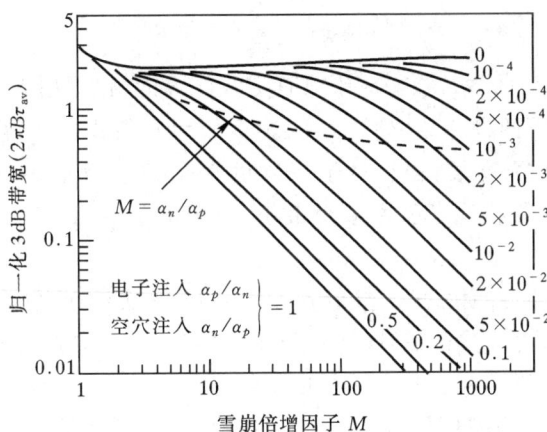

图 13.12　雪崩光电二极管的理论 3 dB 带宽 B(乘以 $2\pi\tau_{av}$)与低频倍增因子 M 的关系,对于电子注入,参变量为 α_p/α_n(或对于空穴注入,参变量为 α_n/α_p)(引自参考文献 19)

N 为 α_p/α_n 的函数,当 $\alpha_p/\alpha_n=1$ 时,N 为 $1/3$,当 $\alpha_p/\alpha_n=10^{-3}$ 时,其值为 2。平均渡越时间 τ_{av} 为 $(t_m+t_{rp})/2$,t_m 为电子渡越时间,等于 W_D/v_{sn},v_{sn} 为电子饱和速度。空穴渡越时间 t_{rp} 也有类似的表达式。由式(47),将分母的第二项设为 1 可以得到带宽 B,则增益带宽积为

$$M \cdot B = \frac{1}{2\pi N(\alpha_p/\alpha_n)\tau_{av}} \tag{48}$$

对于电离系数相等及大增益的特殊情形,增益带宽积 $M \cdot B = 3/2\pi\tau_{av}$。为得到大的增益带宽积,$v_{sn}$ 和 v_{sp} 应该大一些,α_p/α_n 和 W_D 应该较小。在虚线以上,$M<\alpha_n/\alpha_p$,带宽主要取决于载流子的渡越时间,与增益基本无关。

13.4.2　雪崩倍增噪声

雪崩过程本质上具有统计特性,因为在耗尽区内给定距离处产生的每个电子-空穴对是相互独立的,并不经历相同的倍增。因雪崩增益有起伏,增益的均方值 $\langle M^2 \rangle$ 大于其平均值的平方 $\langle M \rangle^2$。过剩噪声可用噪声因子表示为

$$F(M) \equiv \frac{\langle M^2 \rangle}{\langle M \rangle^2} = \frac{\langle M^2 \rangle}{M^2} \tag{49}$$

噪声因子 $F(M)$ 是与理想的无噪声倍增相比散粒噪声增量的量度,强烈依赖于电离率比 α_p/α_n,并且依赖于低频倍增因子 M。可以看到,除了无噪声倍增过程,噪声因子 $F(M)$ 总是等于或大于 1,并随着倍增单调增加。当 $\alpha_n=\alpha_p$ 时,平均而言,对于每个光生载流子,在倍增区存在三个载流子,即一次载流子及其二次空穴和电子。载流子数目变化 1 所造成的涨落会造成很大的百分比变化,噪声因子将会变大。而另一方面,若任一个电离率趋近于零(例如 $\alpha_p \to 0$),对于每一个光生载流子,在倍增区存在 M 量级的载流子,一个载流子的涨落造成的扰动相对很小。因此,若 α_n 和 α_p 的差别大,噪声因子会小一些。

对于只有电子注入的情形,噪声因子写为[20]

$$F = M\left[1-(1-k)\left(\frac{M-1}{M}\right)^2\right]$$
$$\approx kM + \left(2-\frac{1}{M}\right)(1-k) \tag{50}$$

假定 $k \equiv \alpha_p/\alpha_n$ 在整个雪崩区为常数。对于只有空穴注入的情形,用 $k' \equiv \alpha_n/\alpha_p$ 代替 k,上述表达式仍然适用。对于以下两种特殊情形:$\alpha_p=\alpha_n$(即 $k=1$),由式(50)得到 $F=M$,若 $\alpha_p \to 0$(即 $k=0$),可以得到 $F=2$(M 值很大)。对于不同的倍增因子及电离率比,噪声因子示于图 13.13。可以看到,为使过剩载流子噪声减至最小,对于电子注入而言,k 要小,而对于空穴注入,k' 要小。

图 13.14 给出了对 Si 雪崩光电二极管在 600 kHz、一次注入电流为 0.1 μA 下的测量结果,上面的值(空心圆圈)为短波长辐射(见插图)时的空穴的一次光电流噪声,下面的值(实心圆圈)为电子的一次光电流噪声。电子注入的噪声因子远小于空穴注入时的噪声因子,这是因为在硅中 α_n 比 α_p 大很多,由图可见,理论与实验结果符合得很好。

图 13.13 所示的结果也可用于 p-i-n APD 和在雪崩区有均匀电场的低-高-低型 APD。对于有非均匀电场的普通雪崩二极管,电离率必须有相应的加权,即式(50)中的 k 用 k_{eff} 代替,k' 用 k'_{eff} 代替,分别为[22]:

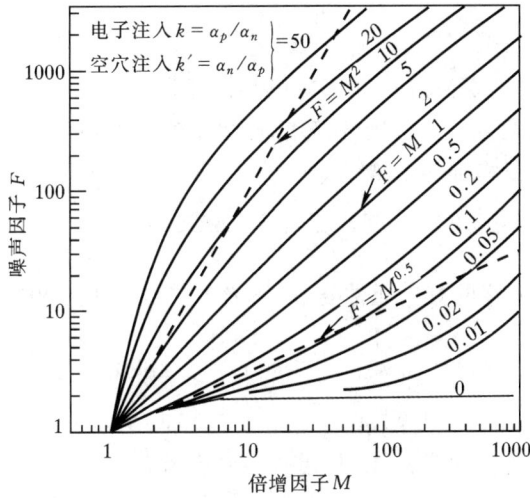

图 13.13　对应于不同的电子与空穴电离率比,理论噪声因子与
倍增因子的关系(引自参考文献 20)

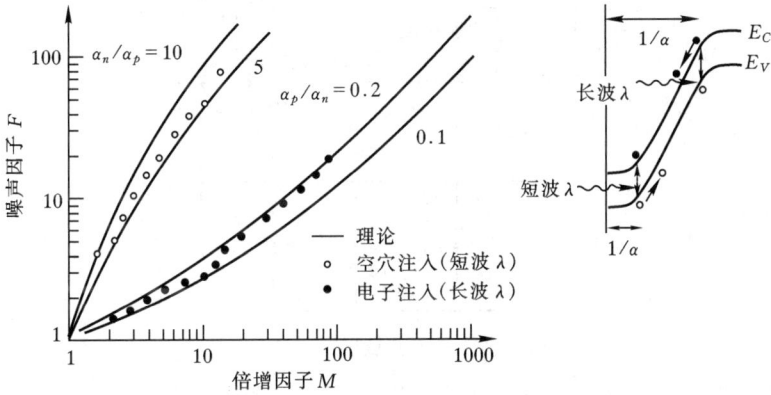

图 13.14　硅 APD 一次电流为 $0.1\ \mu\text{A}$ 时的两个波长的噪声因子实验结果。
并给出了具有依赖于入射光波长的电子或空穴一次电流的雪崩光
电二极管的能带图(引自参考文献 21)

$$k_{\text{eff}} = \int_0^{W_D} \alpha_p(x) M^2(x) \, \mathrm{d}x \Big/ \int_0^{W_D} \alpha_n(x) M^2(x) \, \mathrm{d}x \tag{51}$$

$$k'_{\text{eff}} = k_{\text{eff}} \left[\int_0^{W_D} \alpha_p(x) M(x) \, \mathrm{d}x \Big/ \int_0^{W_D} \alpha_n(x) M(x) \, \mathrm{d}x \right]^{-2} \tag{52}$$

当光在结的两侧被吸收,使得电子和空穴都注入到雪崩区时,引入了额外的噪声。例如,
当 $k_{\text{eff}} = 0.005, M = 10$ 时,噪声因子从单纯电子注入的 2 左右增加到有 10% 的电子注入时的
$20^{[23]}$。因此,为了在 APD 中实现低噪声和宽带宽,载流子的电离率应尽可能不同,雪崩过程
应以电离率较高的载流子引发。从噪声方面考虑,在一次光生电流中,低电离率的载流子应保
持最小,因此避免在高场雪崩区的光吸收是有益的,这将在下面讨论。

13.4.3　信噪比

雪崩光电二极管的光电探测过程和等效电路示于图 13.15(a)。电流增益机制会使信号电流、背景电流和暗电流发生毫无区别的倍增，已倍增的均方根信号光电流与式(17)的表示相同，只是加上了倍增因子或雪崩增益 M，式为

$$i_p = \frac{q\eta m P_{\mathrm{opt}} M}{\sqrt{2} h\nu} \tag{53}$$

图 13.15(b)中等效电路的其它元件与 p-i-n 光电二极管中的相同。倍增后的均方散粒噪声电流值为

$$\begin{aligned}\langle i_s^2\rangle &= 2q(I_P + I_B + I_D)\langle M^2\rangle B \\ &= 2q(I_P + I_B + I_D)M^2 F(M)B\end{aligned} \tag{54}$$

热噪声与 p-i-n 光电二极管的热噪声相同，用式(19)表示。

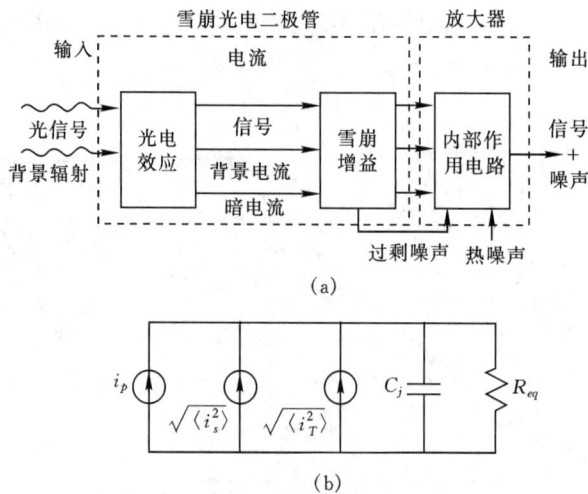

图 13.15　(a)雪崩光电二极管的光电探测过程；(b)等效电路(引自参考文献 8)

对于平均功率为 P_{opt} 的 100% 调制信号，APD 的信噪比为

$$\frac{S}{N} = \frac{(1/2)(q\eta P_{\mathrm{opt}}/h\nu)^2}{2q(I_P + I_B + I_D)F(M)B + 4kTB/(R_{eq}M^2)} \tag{55}$$

从式(55)可见，提高雪崩增益可减少分母中最后一项所起的作用，从而提高信噪比。S/N 比值随着 M 的增加而增加，直到 $F(M)$ 也变大。因此，对于给定的光功率，有一能产生最大 S/N 的最佳 M 值，当分母中第一项约等于第二项时可得到这种最佳倍增。由 $d(S/N)/dM = 0$ 得到最佳倍增 M_{opt}，将 M_{opt} 带入式(55)，得到大信号光电流条件下的最大信噪比[24]为

$$\left.\frac{S}{N}\right|_{\max} \propto \frac{\eta}{\sqrt{k}} \tag{56}$$

因此为了使 S/N 最大，必须让 $\eta/\sqrt{k}$ 最大。

利用式(55)还可解出有雪崩增益时，产生给定 S/N 所需的最小光功率，此功率与式(22)有相同的表达式，只是现在

$$I_{eq} \equiv (I_B + I_D)F(M) + \frac{2kT}{qR_{eq}M^2} \qquad (57)$$

噪声等效功率 NEP 与式(24)相同,由于增益 M, I_{eq} 减小了,NEP 得到了改善。因为雪崩增益可大大降低 NEP,雪崩光电二极管与增益为 1 的光电二极管相比有很大的优势。

13.4.4　器件特性

雪崩光电二极管要求雪崩倍增在二极管的整个区域内是均匀的[25],微等离子体,即其击穿电压低于整个结击穿电压的微小区域,必须消除。采用低位错材料,设计有源区小于容纳入射光束所需要的面积(一般而言,此面积直径为几微米到 100 微米),可以将有源区内出现微等离子体的几率减至最小。结曲率效应或高场集中造成的沿结边缘的过剩泄漏电流可以采用保护环或表面倾斜结构予以消除[26]。

图 13.16 示出了若干 APD 的基本器件结构,与常规光电二极管的主要区别为结周围附加保护环以控制高偏压下的漏电流。保护环结构必须有低的杂质梯度和足够大的曲率半径,以使得在中央 p^+-n(或 p-i-n)结击穿前保护环不被击穿。对于金属-半导体 APD,必须采用保护环以消除接触周围的高电场集中现象(图 13.16(b))。台面或倾斜结构在结中有低表面场,均匀雪崩击穿可在器件内部发生(图中没有显示),对于化合物半导体器件,因其较差的平面工艺,这种结构更为适合。探测本征吸收限附近的波长时,可采用侧面受照的 APD 改善量子效率和信噪比。

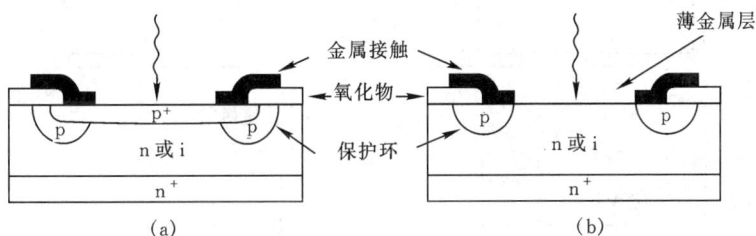

图 13.16　雪崩二极管的基本器件结构

(a)p-n 或 p-i-n 结构;(b)金属-半导体结构。注意在结的周围有保护环

已采用包括 Ge、Si 和 Ⅲ-Ⅴ 族化合物及其合金在内的各种半导体材料,来制造雪崩光电二极管。选择半导体的关键因素包括特定光波长的量子效率、响应速度和噪声,下面将讨论若干具有代表性的器件特性。

锗雪崩光电二极管在 $1 \sim 1.6~\mu m$ 波段由于量子效率高而十分有用。Ge 的电子和空穴的电离系数相近,故噪声因子接近于 $F = M$(式 50),均方散粒噪声电流随 M^3 变化(式 54)[1],对于 $M < 30$ 的中等增益,信号功率随 M^2 增加,而噪声功率随 M^3 增加,这与理论预测相符很好。在 $M \approx 10$ 处得到最高信噪比(≈ 40 dB),即来自二极管的噪声约等于接收器噪声。在较高 M 处,因雪崩噪声的增加快于倍增信号,故 S/N 比减少。

硅雪崩光电二极管在 $0.6 \sim 1.0~\mu m$ 的波段特别有用,在这一波段,从有抗反射涂层的器件得到了几乎 100% 的量子效率。硅中空穴与电子电离系数之比($k = \alpha_p / \alpha_n$)强烈依赖于电场,其值从 3×10^5 V/cm 时的 0.1 左右变到 6×10^5 V/cm 处的 0.5,因此,为使噪声减至最小,雪崩击穿时的电场应该很低并且电离倍增应由电子引发。

一些理想化掺杂分布示于图 13.17,图中有两个不同的场区,宽的低电场区作为光吸收区,窄的高电场区作为雪崩倍增区,因为电场由 n$^+$ 层一直延伸至 p$^+$ 层(全部耗尽),故称为拉-通结构[27]。p$^+$-π-p-π-n$^+$ 结构的掺杂分布示于图 13.17(a),这种分布类似于低-高-低 IMPATT二极管结构(见第 9 章),低场漂移区用于吸收,载流子以饱和速度(当 $\mathscr{E}_d > 10^4$ V/cm 时为 10^7 cm/s)运动。在高场雪崩区,可通过调整厚度 b 来调节最大电场 $\mathscr{E}_m$。击穿条件可写为[28]

$$\alpha_n b = \frac{\ln(k)}{k-1}, \quad k \equiv \frac{\alpha_p}{\alpha_n} \tag{58}$$

击穿电压为

$$V_B \approx \mathscr{E}_m b + \mathscr{E}_d (W_D - b) \tag{59}$$

对于给定的波长,可选择一个 W_D(例如 $W_D = 1/\alpha$),然后独立调节 b 以优化器件的特性。大部分光应在 π 区 $(W_D - b)$ 被吸收,电子进入雪崩区引发倍增过程,p$^+$-π-p-π-n$^+$ 器件预期有高的量子效率、快的响应速度及好的信噪比。

实际上,形成窄 p 区是困难的,n$^+$-p-π-p$^+$ 器件(图 13.17(b))可以作为另一种选择,其掺杂分布与高-低 IMPATT 结构相同。该器件结构在大直径硅片上更易制造,通过离子注入或

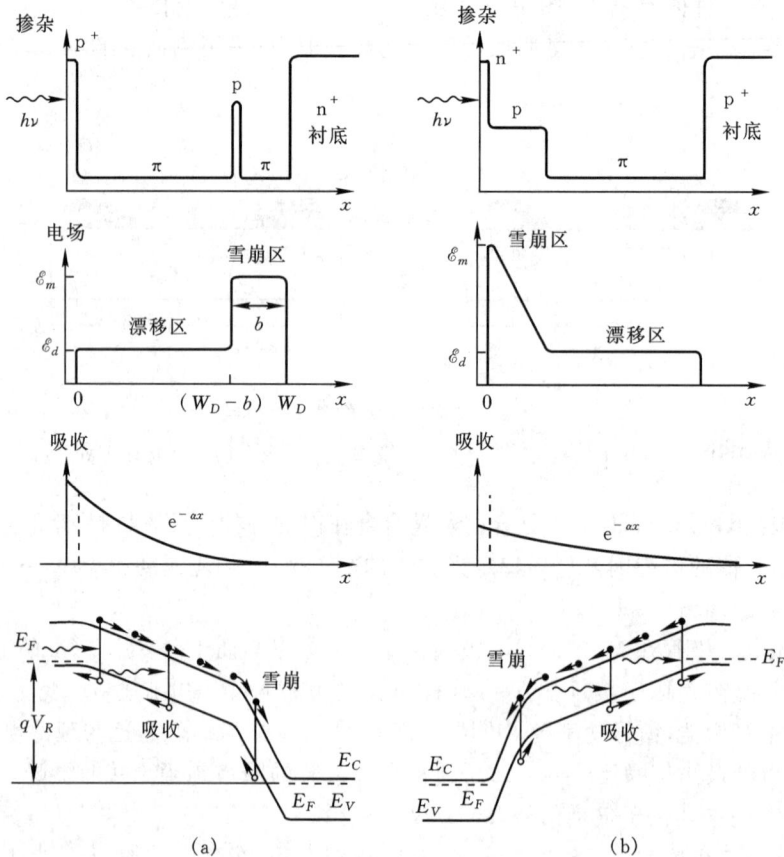

图 13.17 拉-通雪崩二极管的掺杂分布、电场分布、光吸收及显示电子如何引发倍增过程的能带图
(a)低-高-低 APD;(b)高-低 APD

扩散,杂质分布可得到很好的控制[29]。对于涂有抗反射膜的器件,在 0.8 μm 波长附近可以得到接近 100% 的量子效率。因为在引发倍增时,有少量的空穴参与,噪声因子比图 13.17(a)所示的结构要高。

金属-半导体(肖特基势垒)雪崩光电二极管在可见光和紫外波段是有用的,但是它们与由掺杂构成的结相比并不通用,因为在高偏压下,肖特基势垒自身有更高的漏电流。肖特基势垒光电二极管的特性类似于 p-n 结光电二极管。肖特基势垒光电二极管已在 0.5-$\Omega \cdot$cm 的 n 型硅衬底上制造出来,这种器件有 PtSi 薄膜($\approx$10 nm),并且有扩散保护环,如图 13.16(b)所示,可得到理想反向饱和电流。对于肖特基势垒 APD,雪崩倍增可使快速光电流脉冲的峰值放大至 35 倍[30]。对 PtSi-Si 雪崩光电二极管的雪崩倍增的噪声测量表明,在可见光波段,倍增后光电流的噪声近似随 M^3 增加。随着波长的递减,一次电子注入光电流起主导作用,噪声减少,与噪声理论一致。

具有 n 型硅衬底的肖特基势垒雪崩光电二极管对紫外高速光电探测尤其有用。通过薄金属电极透射的紫外光在硅的表层 10 nm 内被吸收,载流子倍增主要由电子引发,可以得到低噪声和高增益带宽积,还可以放大高速光电流脉冲。这里要注意的是能量只要超过势垒,光激发就可以发生,这使得波长范围的扩展超出带隙能量的限制(见图 13.11(b))。

异质结雪崩光电二极管,特别是Ⅲ-Ⅴ族合金光电二极管有许多优点,可用来替代 Ge 和 Si 器件。调节合金组分即可调节器件的波长响应。由于直接带隙Ⅲ-Ⅴ族合金的吸收系数很高,即使在采用窄耗尽层宽度以获得高速响应时,量子效率也可以很高。另外,还能生长异质结窗口层(较宽带隙作为表面层),以获得高速特性并使光生载流子的表面复合损失减至最小。

已用各种合金系统制作异质结雪崩光电二极管,例如 AlGaAs/GaAs、AlGaSb/GaSb、InGaAs/InP 和 InGaAsP/InP,相对于 Ge 和 Si 器件,它们在速度和量子效率上都有改善,在材料质量、吸收系数和可靠性等方面正得到进一步的深入研究。许多异质结 APD 是在 GaAs-或 InP-衬底上生长Ⅲ-Ⅴ族化合物制作的,然后将晶格参数紧密匹配的三元或四元化合物外延生长在衬底上(如液相、汽相外延或分子束外延),可以调整合金组份、掺杂浓度和层厚使器件特性最佳。

最通常的结构为 AlGaAs/GaAs 异质结,顶部的 AlGaAs 层作为波长为 0.5~0.9 μm 的入射光的透射窗口,〈100〉晶向 GaAs 的电离率比 $k(=\alpha_p/\alpha_n)$ 并不好(为 0.83),〈111〉晶向 GaAs 的空穴电离率远大于电子电离率(参见第 1 章),为使雪崩噪声减至最小,应采用〈111〉晶向的 GaAs,并以空穴引发倍增过程。

异质结 APD 的主要优点之一是在雪崩区采用宽带隙材料,而让窄带隙材料作为光吸收区。因为击穿电压 V_B 随 $E_g^{3/2}$ 变化,由隧穿和微等离子产生的暗电流大大减小,此方法还可以防止 APD 结构中的边缘击穿,被称为**分离吸收和倍增**。

图 13.18 示出了一个光吸收区和倍增区分开的异质结雪崩光电二极管的例子,该 APD 基于 InGaAs/InP 系统[31]。p$^+$-n 结在 InP(倍增区)内形成,因其 E_g 较大,光线不被吸收。在 n-InP 上生长的 InGaAs 层用作光吸收区,其小的 E_g 满足所需光波长的要求。由于 InP 中空穴电离率比电子电离率大 2~3 倍($K'=0.4$),雪崩过程由空穴引发。要对 n-InP 和 n-InGaAs 层的掺杂浓度和厚度加以设计,使得在雪崩状态下,n-InP 层全部耗尽(图 13.18(b))。在异质结附近的 InP 的组份应为缓变,以避免价带 ΔE_V 形成空穴阻挡,造成空穴的积累。这种器件的量子效率在 1.3 μm 处为 40%,在 1.6 μm 处为 50%,它的噪声因子比起在 1.15 μm 处工作

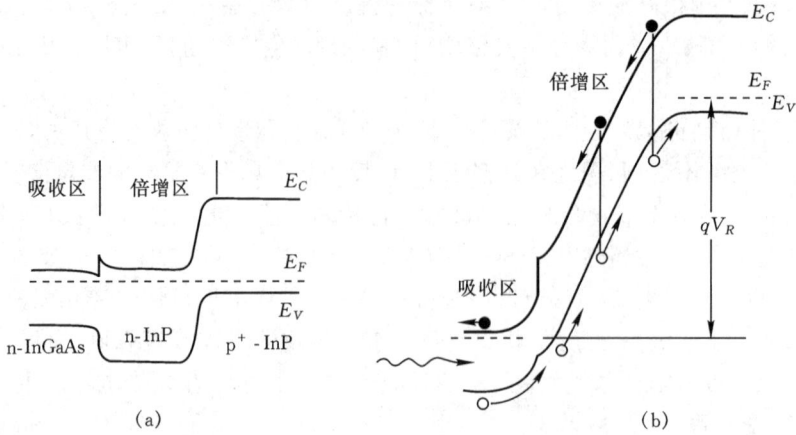

图 13.18   InGaAs/InP 异质结雪崩光电二极管的能带图
(a)热平衡(b)有雪崩倍增

的 Ge 雪崩光电二极管低 3 dB。

异质结 APD 的另一个优点是,如果将倍增区做得足够薄,噪声可以进一步降低。定性地讲,碰撞电离需要某种最短的距离,通常称为极限空间,使得载流子可以从电场中聚集足够的能量。较长的倍增区允许更多的倍增过程及大的增益,反过来产生大的统计涨落,最终导致更多的噪声,这种现象示于图 13.19 中。显然,当倍增区由 1 μm 降低到 0.1 μm 时,高增益分布区减小,而两者的平均增益相同($\approx$20),噪声因子相应地从 6.9 减至 4[17]。

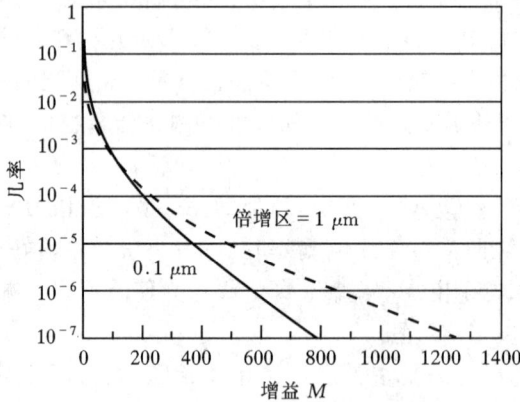

图 13.19   增益区为 1 μm 和 0.1 μm 的 InAlAs 雪崩光电二极管的增益分布,
两者的平均增益相同($\approx$20)(引自参考文献 17)

因为噪声对 APD 是非常重要的参数,已开发出一些材料特性来提高电离率的比值。对于 $Al_xGa_{1-x}Sb$ 结的研究表明,当价带的自旋轨道分裂 Δ 接近带隙(图 13.20 的插图)时,k' 的值可以变得非常小[32]。图 13.20 示出了在 $\Delta/E_g \approx 1$ 时 k' 明显的降低。已获得小于 0.04 的 k' 值,在 $M=100$ 时,相应的噪声因子小于 5。这种现象还可以在其它如 InGaAsSb 和 HgCdTe 材料中观察到。

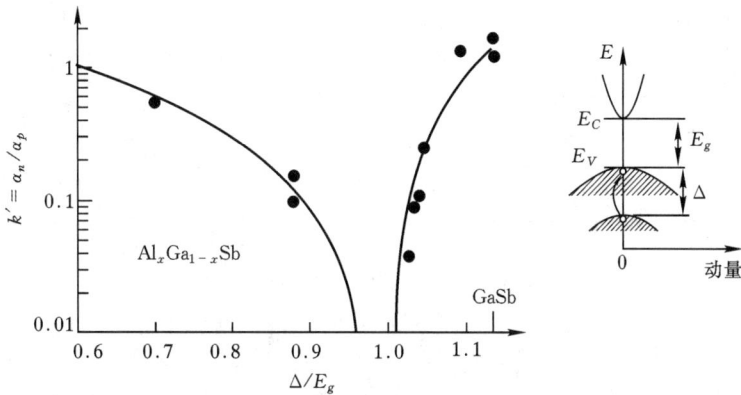

图 13.20 $Al_xGa_{1-x}Sb$ 中电离率比值与 Δ/E_g 的关系，Δ 为价带自旋轨道分裂能量差值（引自参考文献 32）

13.5 光电晶体管

通过内部双极晶体管作用，光电晶体管可以有更高的增益，而另一方面，光电晶体管的制造工艺要比光电二极管更为复杂，并且光电晶体管的固有面积较大，使其高频特性变差。与雪崩光电二极管相比，光电晶体管减小了高压的要求及与雪崩相关联的高噪声，从而提供了合理的光电流增益。

双极光电晶体管示于图 13.21，图中还示出了它的电路模型。它与常规双极晶体管的不同之处在于有一个大的基极-集电极结作为集光元件。集光元件用一个二极管和电容器的并联电路表示。这种器件在光隔离应用中特别有用，因为它提供了高的电流转移比，即光电探测器输出电流与输入光源（LED 或激光）电流之比达 50% 或者更大，而典型的光电二极管的电流转移比仅为 0.2%。

光电晶体管偏置在有源区，当基极浮置时，这意味着相对于 n-p-n 结构的发射极，集电极是正偏的，显示光响应的能带图由图 13.21(c) 给出。基极/集电极结耗尽区及一个扩散长度距离内的光生空穴流向能量最大值并被陷于基区中，这种空穴或正电荷的积累降低了基区能量（提高了电势），使得大量的电子由发射极流到集电极。假设电子穿过基极的渡越时间比少数载流子的寿命要小很多，由少量的空穴电流引发的更大的电子电流是发射极注入效率 γ 的结果，为主要增益机制，对于双极晶体管和光电晶体管是通用的。光生电子依赖于其起始位置，可以流向发射极或流向集电极。严格来讲，它们可以减小发射极电流或增加集电极电流，但仅为一小部分，这是因为增益很高，总的集电极电流或发射极电流比光生电流大很多。为了简化，下面分析中假设光在基极-集电极结附近被吸收，如图 13.21(c) 所示。

由图 13.21(c)，并运用第 5 章表 5.2 所总结的常规双极晶体管参数，总的集电极电流为

$$I_C = I_{ph} + I_{CO} + \alpha_T I_{nE} \tag{60}$$

式中，I_{ph} 为光电流，I_{CO} 为集电极-基极结反向漏电流，α_T 为基极传输因子，因为基极开路，基极净电流为零，且

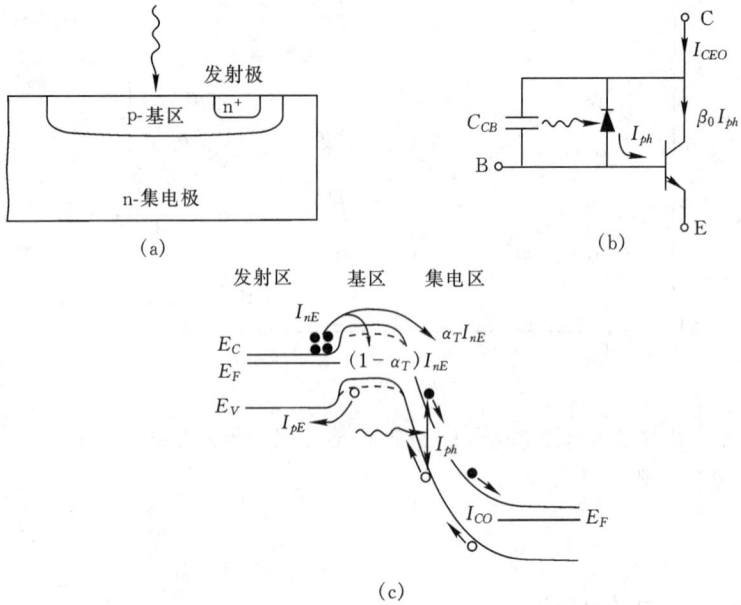

图 13.21 (a)光电晶体管的结构;(b)等效电路;(c)一定偏压下具有不同电流组成的能带图,虚线表示光照下基极电势的偏移(基极开路)

$$I_{pE} + (1-\alpha_T)I_{nE} = I_{ph} + I_{CO} \tag{61}$$

从式(60)、式(61)及发射极注入效率 γ 的定义有

$$I_{nE} = \gamma I_E \tag{62}$$

可以证明

$$I_{CEO} = (I_{ph} + I_{CO})(\beta_0 + 1) \approx \beta_0 I_{ph} \tag{63}$$

　　除了基极增量电流由增加的光强代替外(第 5 章的图 5.8(b)),不同光强下的光电晶体管的 I-V 特性与双极晶体管的 I-V 特性相似。式(63)表明光电流增益为 (β_0+1),但是暗电流也被放大了同样的倍数。对于实际的同质结光电晶体管,增益为 50 到数百,对于异质结光电晶体管,增益可以达到 10000。光电晶体管的一个缺点是增益不为常数,随光强变化,因为光强影响基区电势,所以限制了其线性度。

　　光电晶体管的速度由发射极和集电极的充电时间限制,表示为

$$\tau = \tau_E + \tau_C$$
$$= \beta_0 \left[\frac{kT}{qI_{CEO}}(C_{EB} + C_{CB}) + R_L C_{CB} \right] \tag{64}$$

式中 C_{EB}、C_{CB} 分别为发射极-基极和集电极-基极电容,R_L 为负载电阻。在实际的同质结器件中,响应时间相对较长,通常为 $1 \sim 10~\mu s$,限制其工作频率约为 200 kHz。异质结光电晶体管的频率可以达到 2 GHz。由式(64)可以得到以下几点:第一,增加光信号(或 I_{CEO}),可以提高速度。在以速度为关键因素的运用场合,器件做成基极接触的形式,并加上直流偏置,以提高直流集电极电流,代价是降低了光电流增益;第二,速度与增益成反比,因此增益-带宽积可以更好的衡量器件性能的好坏。

　　噪声等效功率可类似于式(24)给出,其中

$$I_{eq} = I_{CEO}\left(1 + \frac{2h_{fe}^2}{h_{FE}}\right) \tag{65}$$

式中，h_{fe} 为共发射极电流增益增量，因此，在低噪声和高增益之间要折衷考虑。

　　加入第二个双极晶体管后可形成转移比更高的达林顿光电晶体管（或光电达林顿）（图 13.22）。一个晶体管作为光电晶体管，其发射极电流注入到另一个起附加放大作用的晶体管的基极，一阶近似下，增益变为 β_0^2。这种结构的频率响应受大的基极-集电极电容的限制，并且由于探测器增益反馈，被进一步降低。作为比较，光电二极管的典型响应时间为 $0.01~\mu s$ 的量级，而光电晶体管的约为 $5~\mu s$，达林顿光电晶体管为 $50~\mu s$。

　　异质结光电晶体管的发射极能隙大于基极能隙，与通常的异质结双极晶体管有相似的优点。异质结构的研究包括 AlGaAs/GaAs、InGaAs/InP 和 CdS/Si 等。具有宽带隙的发射区有更高的注入效率，导致更高的增益，这使得基区可以掺杂重一些以减小基区电阻。宽带隙发射区对入射光是透明的，光线在基区和集电区有效地被吸收。双异质结光电晶体管的集电结为另一个异质结[34]，这种器件对于正反两种极性偏置都有高的阻断电压和大的增益，而且，在零偏置点为线性电流-电压特性，已经得到高于 3000 的双边增益。

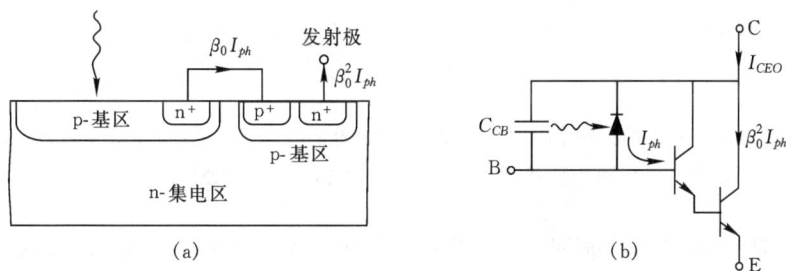

图 13.22　（a）达林顿光电晶体管的结构；（b）等效电路

13.6　电荷耦合器件（CCD）

　　电荷耦合器件（CCD）可以用作图像传感器，也可作为移位寄存器。实际上，当用在图像阵列系统，如照相机、摄像机上时，上述功能都能完成。作为光电探测器，它也被称作电荷耦合图像传感器或电荷转移图像传感器；作为信号转移器，被称作电荷转移器件。1970 年，CCD 的概念以移位寄存器的形式被 Boyle 和 Smith 提出，在他们的最初文章中简要提到了将 CCD 作为图像器件的可能性[35]，这个思想立刻激发了人们更为深入的研究。1970 年，CCD 作为线扫描系统首次被提出[36,37]，后来，在 1972 年时被扩充为一个面扫描系统[38]。为了扩展 Si 器件的波长探测区，1973 年，人们开始研究化合物半导体材料 CCD 器件[39,40]。从 19 世纪 70 年代，CCD 已逐步发展为一种成功地应用在商用图像产品中的成熟技术。

13.6.1　CCD 图像传感器

　　如图 13.23（a）所示，除了栅极是半透明的以使光通过外，表面沟道 CCD 图像传感器的结构与 CCD 转移寄存器的结构相似，栅材料通常为金属、多晶硅和硅化物。CCD 也可以从衬底

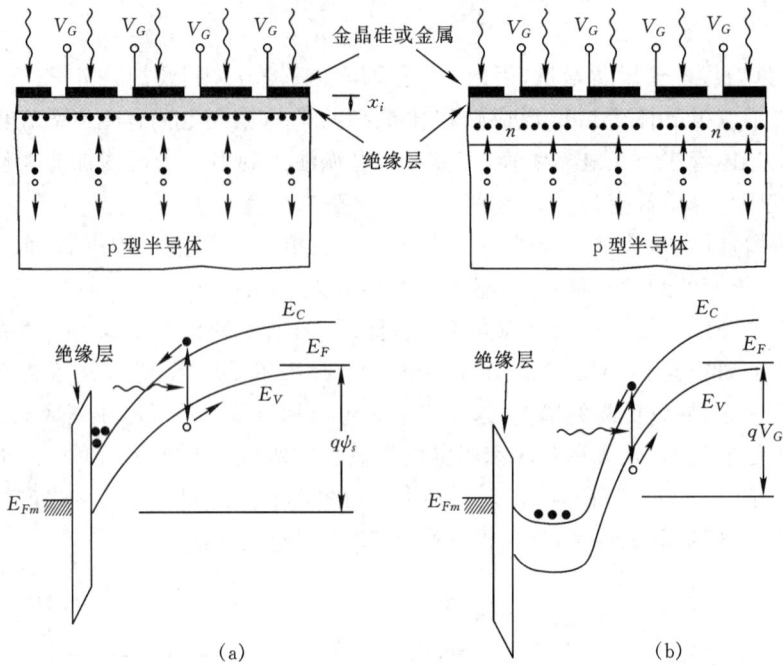

图 13.23 （a）表面沟道 CCD；（b）埋沟 CCD 的结构与能带图，对于 p 型衬底，加
上正向栅偏置使得半导体进入非平衡下的深耗尽状态

一面接受光照，以避免光线的栅吸收，在这种结构中，半导体衬底应该非常薄，以使大部分光线在上表面的耗尽区内被吸收，且不会带来空间分辨率的损失，因为每个像素的边长通常要求小于 10 μm。与其它的光电探测器不同，CCD 图像传感器在空间上必须彼此靠近，形成一个链式结构，因为它具有作为移位寄存器来传输信号的独特特性。图 13.23（b）示出了一个埋沟 CCD（BCCD）的器件结构，埋沟 CCD 表面有一与衬底杂质类型相反的掺杂层，该薄层（≈ 0.2～0.3 m）是全耗尽的，积累的光生电荷离开表面。由于减少了表面复合，这种结构具有较高的转换效率和较低的暗电流，缺点是电荷处理能力较小，与表面沟道 CCD（SCCD）相比，减小了 1/2～1/3。尽管其它如 HgCdTe 和 InSb 等材料已经得到开发，但是目前制作 CCD 器件最通用的半导体材料仍为硅。

　　CCD 光电探测器的独特之处是当其暴露在光线下时，没有额外的直流光电流。光照时，光生载流子集合在一起，信号以电荷包的形式被存储、输运及检测，这与光电二极管（p-i-n 型或肖特基型）在开路条件下的工作有些相似。每一个 CCD 都基于一个 MIS（金属-绝缘层-半导体）电容，在高栅脉冲下工作在非平衡状态下。如果允许半导体从深耗尽状态恢复，光生载流子的收集会变得不充分，后面将会讨论到。

　　为简便起见，我们仅讨论表面沟道器件。在施加一个大的栅脉冲之后的瞬间，其能带图如图 13.23（a）所示，栅偏压的极性使半导体成为深耗尽，对于空的势阱，深耗尽时栅电压和表面势 ψ_s 由下式表示：

$$V_G - V_{FB} = V_i + \psi_s = \frac{qN_A W_D}{C_i} + \psi_s \tag{66}$$

式中，V_i 为绝缘层上的电压，C_i 为绝缘层电容（ε_i/x_i），且

$$\psi_s = \frac{qN_AW_D^2}{2\varepsilon_s} \tag{67}$$

耗尽层宽度 W_D 大于平衡态下的最大耗尽层宽度。从式(66)和式(67)中消掉 W_D,得到栅电压和表面势之间的关系为

$$V_G - V_{FB} = \psi_s + \frac{\sqrt{2\varepsilon_s qN_A\psi_s}}{C_i} \tag{68}$$

大表面势对于光生电子形成了一个势阱,同时光生空穴扩散到衬底。与光电二极管相似,耗尽层宽度 W_D 内的内部量子效率 η 接近于 100%。正面光照时,总的 η 为

$$\eta = 1 - \frac{\exp(-\alpha W_D)}{1 + \alpha L_n} \tag{69}$$

式中 L_n 为电子扩散长度。因此,总的信号电荷密度 Q_{sig} 与光强及总的光照时间成正比,

$$Q_{\text{sig}} = -q\Phi\int\eta\,\mathrm{d}t \tag{70}$$

式中 Φ 为光子通量密度。

当电子开始在半导体表面积累时,绝缘层上的电场开始上升,表面势和耗尽层宽度减小,随着信号电荷包出现在半导体表面,表面电场和氧化层电场变为

$$\mathscr{E}_s = \frac{qN_AW_D + Q_{\text{sig}}}{\varepsilon_s} = \sqrt{\frac{2qN_A\psi_s}{\varepsilon_s}} \tag{71a}$$

$$\mathscr{E}_i = \frac{qN_AW_D - Q_{\text{sig}}}{\varepsilon_i} = \frac{V_i}{x_i} \tag{71b}$$

式(66)变为

$$V_G - V_{FB} = \frac{\sqrt{2\varepsilon_s qN_A\psi_s} - Q_{\text{sig}}}{C_i} + \psi_s \tag{72}$$

可用式(72)求解 ψ_s,得到

$$\psi_s = V_G - V_{FB} + \frac{qN_A\varepsilon_s}{C_i^2} + \frac{Q_{\text{sig}}}{C_i} - \frac{1}{C_i}\sqrt{2qN_A\varepsilon_s\left(V_G - V_{FB} + \frac{Q_{\text{sig}}}{C_i}\right) + \left(\frac{qN_A\varepsilon_s}{C_i}\right)^2} \tag{73}$$

所以对于一个给定的栅电压,随着存储电荷的增加,ψ_s 基本上呈线性减小。可以看到,能够收集到的最大信号为

$$Q_{\text{max}} \approx C_iV_G \tag{74}$$

在此最大电荷密度下,表面势恢复为相应的热平衡值,

$$\psi_s = 2\psi_B = \frac{2kT}{q}\ln\left(\frac{N_A}{n_i}\right) \tag{75}$$

这是需要避免的。实际器件的最大电荷密度约为 $10^{11}/\text{cm}^2$。一个面积为 $10~\mu\text{m}^2$ 的器件可以存储 10^5 个载流子,最小可探测信号约为 20 个载流子,可以得到约 10^4 的动态范围。

除了光照外,产生暗电流的各种信号源也提供电荷,构成背景噪声。电荷密度总数由暗电流 J_{da} 和光电流之和给出,

$$\frac{\mathrm{d}Q_{\text{sig}}}{\mathrm{d}t} = J_{da} + J_{ph}$$

$$= \frac{qn_iW_D}{2\tau} + \frac{qn_iS_o}{2} + \frac{qn_i^2L_D}{N_A\tau} + q\eta\Phi \tag{76}$$

这里,前三项分别代表:(1)耗尽区的产生;(2)表面处的产生;(3)中性区的产生。在暗电流迫

使系统恢复热平衡状态以前,暗电流限制的最大积分时间为

$$t = \frac{Q_{\max}}{J_{da}} \tag{77}$$

典型的光暴露时间范围为 $0.1 \sim 100$ ms。对于很微弱的信号监测,需要对系统进行冷却,以使暗电流最小,这样就有较长的积分时间可以利用。光暴露阶段结束后,电荷由 CCD 移位寄存器输运到放大器中。这种机制将在下一节中详细讨论。

CCD 还可被用作转移寄存器,在图像阵列系统中,运用这种光电探测器是非常有益的,因为对于一个信号节点,信号可以被依次取出,对于每一个像素,不需要复杂的 x-y 地址。电荷的长时间积分值的探测模式可以用于检测微弱的信号,这对天文学图像处理是极其重要的。除此之外,CCD 还具有低暗电流、低噪声、低电压工作、线性度好、动态范围好等优点,这种器件结构简单、体积小,稳定性和鲁棒性都很好,并且与 MOS 工艺兼容。这些因素使得 CCD 得到了广泛的应用,非常适合于消费类电子产品。

图 13.24 示出了线图像处理器和平面图像处理器的不同的读出机制。具有双输出寄存器

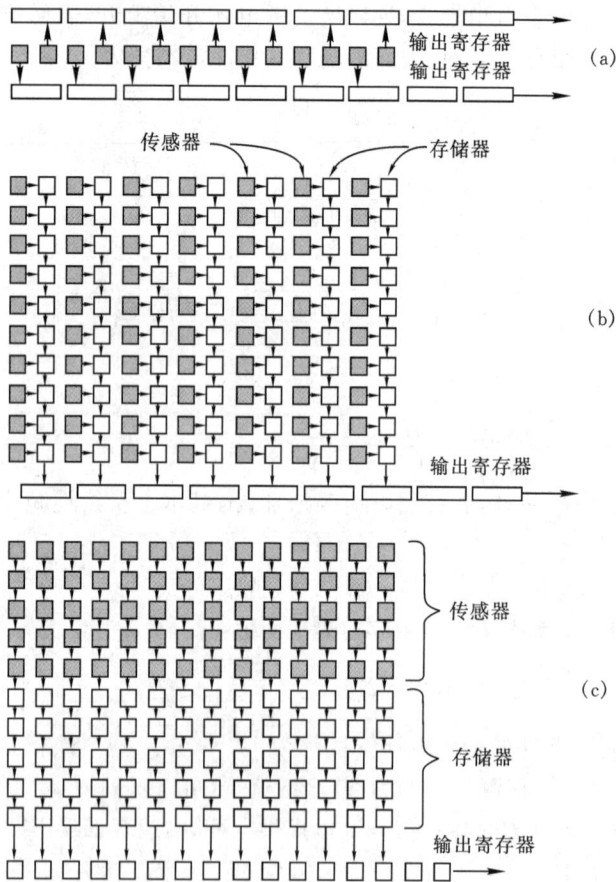

图 13.24 读出机制的版图示意图

(a)具有双输出寄存器的线图像处理器;(b)线转移平面图像处理器;(c)帧转移平面图像处理器,灰色区域代表 CCD 作为光电探测器,输出寄存器的时钟频率比内部转移的频率高

的线图像处理器使得读出速度得到改善(图 13.24(a))。最为通用的平面图像处理器运用内部线转移(图 13.24(b))或者帧转移(图 13.24(c))读出机制,对于前者,信号转移给邻近的像素,随后依次通过输出寄存器链,此时光敏像素开始为下一个数据收集电荷;对于帧转移机制,信号被转移到与感光区分开的存储区域,与内部线转移器相比,优点在于光感应区域更为有效,但是会有更多的图像污点,因为当信号电荷通过 CCD 时,CCD 继续接受光线。对于内部线转移器和帧转移器,所有列将电荷信号同时输出至水平方向的输出寄存器,输出寄存器可在非常高的时钟频率下处理这些信号。

电荷注入器件　电荷注入器件(CID)在结构上与 CCD 器件相似,不同点在于读出模式上,电荷注入器件通过降低栅电压将电荷释放到衬底,而不是横向转移积累电荷。对于一个面成像系统,光电探测器的 x-y 地址可由图 13.25 所示的双阱单元实现。光电探测器有两个紧邻的空间栅,通过控制栅电压,光生电荷可以在两个阱之间转移,只有当两个栅电势都降低,电荷才会注入到衬底,半导体表面形成积累。

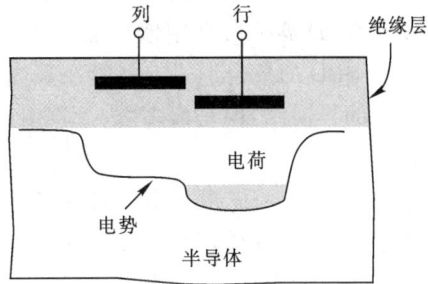

图 13.25　具有双栅控制两个邻近势阱的电荷注入器件的结构图,电荷可以在阱间转移或释放到衬底

对于 CID,有两种读出机制:串联注入和并联注入[41]。串联注入下,当两个栅电势都浮空,某一个像素被选上,电荷注入到衬底后,可以在衬底端或栅极感受到位移电流(图 13.26(a));对于并联注入机制,整个行被选中,所有的列在同一时间被读出(图 13.26(b)),当电荷从一个阱(此阱的栅电压较高或栅介质层薄)转移到同一个单元中的另一个阱中时,可以检测到信号,在这样一个栅位移电流读出机制下,电荷被保存。

CID 平面阵列具有随机接入的能力,无需单元间的转移,因此转移效率不是关键问题,需要折衷考虑的是较高的功耗,可通过外延衬底得到改善。由于整个列具有大的电容,造成了较

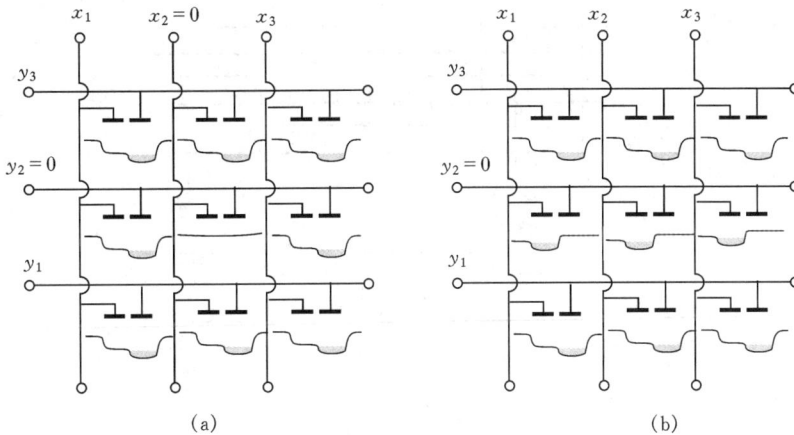

(a)　　　　　　　　　　　　　　(b)

图 13.26　面电荷注入器件阵列的读出机制

(a)串联注入;(b)并联注入,在(a)中选择 $(x, y) = (2, 2)$,在(b)中整个 y_2 行被选中

高的噪声。另外,由于信号微弱,需要更好的传感放大器。

13.6.2　CCD 移位寄存器

本节讨论电荷在 CCD 器件之间的转移。对于光成像应用,电荷包是由前面介绍的入射光产生的电子和空穴对形成的;对于模拟和存储器件,电荷包是通过 CCD 附近的 p-n 结的注入而引入的。与电荷包的起源无关,它们的转移机制是相同的。

CCD 是由 Boyle 和 Smith 在 1970 年[42]发明的。当 CCD 被紧密排列,并施加适当顺序的栅电压时,表面处的少数载流子电荷在器件之间流动,这样便实现了一个简单的移位寄存器。同一时期和 CCD 器件具有相似功能的 MOS 斗链式器件(BBD)由 Sangster 等提出[43],CCD可以看作是 BBD 的集合形式。尽管在某些特定场合,也用到 MIS 结构、肖特基势垒和其它半导体上形成的异质结,但是大多数 CCD 由硅 MOS 工艺制造,这是因为热生长的 SiO_2 有良好的界面特性。

图 13.27 示出了三相 n 沟道 CCD 链的电荷转移的基本原理。连接 ϕ_1、ϕ_2 和 ϕ_3 时钟线的电极构成了 CCD 的主体,图 13.27(b)示出了 CCD 的时钟波形,图 13.27(c)示出了相应的势阱和电荷分布。

$t=t_1$ 时,时钟线 ϕ_1 处于高电平,ϕ_2 和 ϕ_3 处于低电平,ϕ_1 下的势阱比其它的势阱要深,假设在第一个 ϕ_1 电极有一个信号电荷;$t=t_2$ 时,ϕ_1 和 ϕ_2 均为高电平,电荷开始转移;$t=t_3$ 时,ϕ_1的电压返回低值,ϕ_2 仍处于高电平,此过程中,存储在 ϕ_1 下的电子逐渐消失,因为载流子需要一定的时间渡过有一定宽度的电极,第一个节点下的剩余电荷下降沿很慢;$t=t_4$ 时,完成电荷转移,初始电荷包存储在第一个 ϕ_2 电极下。这个过程将不断重复,电荷包逐步转移到右侧。

CCD 可以工作在两相、三相和四相状态下,这取决于结构的设计。图 13.28 给出了一些

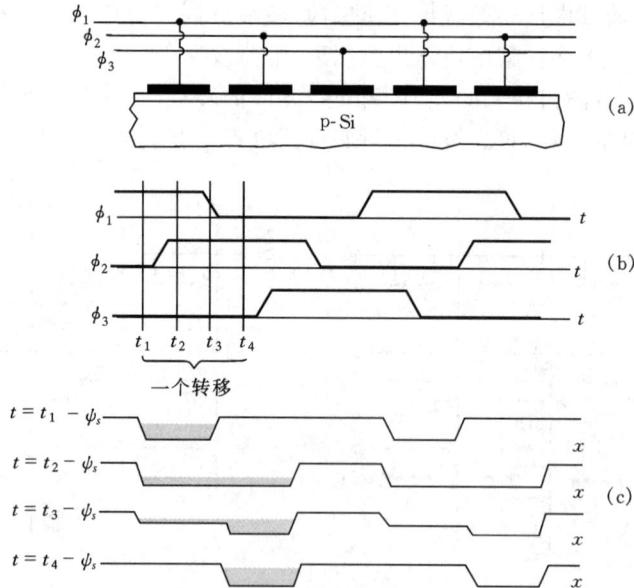

图 13.27　CCD 电荷转移示意图

(a)加入三相栅偏置;(b)时钟波形;(c)不同时刻表面势(和电荷)与距离的关系

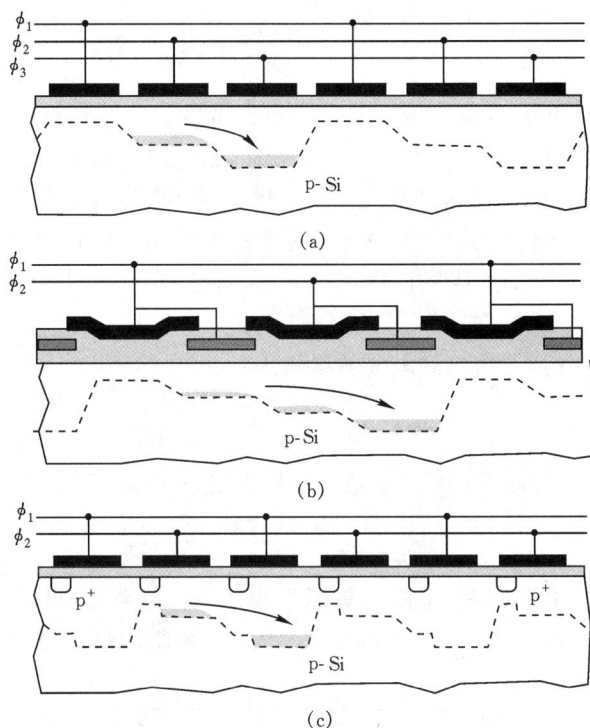

图 13.28　CCD 转移寄存器采用

(a)三相单电平栅;(b)具有阶式氧化层的两相栅;(c)具有重掺杂(pocket)结构的
两相栅。虚线表示沟道电势

代表性结构。CCD 之间的间隙应该很小,以提高电荷转移效率。对于两相应用,需要不对称
结构以限制电荷流动的方向。已经提出了许多电极结构和时钟机制,并得到了运用[44]。

　　电荷转移机制　三种基本的电荷转移机制分别为:(1)热扩散;(2)自感应漂移;(3)边缘场
效应。当信号电荷量很少时,热扩散是主要的转移机制,存储在电极下的总电荷随时间呈指数
衰减,时间常数为[45]

$$\tau_{th} = \frac{4L^2}{\pi^2 D_n} \tag{78}$$

式中,L 为电极长度,D_n 为少数载流子扩散系数。

　　对于相当大的电荷包,自感应漂移起支配作用,载流子之间的静电斥力产生自感应漂移。
自感应纵向电场的大小 $\mathscr{E}_{xs}$ 可通过求表面势梯度估算(假定随信号电荷呈线性变化,由式(73)
给出)

$$\mathscr{E}_{xs} \approx \frac{1}{C_i} \frac{\mathrm{d}Q_{\mathrm{sig}}(x,t)}{\mathrm{d}x} \tag{79}$$

由于自感应场的作用,起始电荷包的衰减为[46]

$$\frac{Q_{\mathrm{sig}}(t)}{Q_{\mathrm{sig}}(t=0)} = \frac{t_0}{t+t_0} \tag{80}$$

式中

$$t_0 \equiv \frac{\pi L^2 C_i}{2 \mu_n Q_{\text{sig}}} \tag{81}$$

式中 μ_n 为载流子迁移率。

由于静电势的两维耦合,存储电极下的表面势受相邻电极所加电压的影响。外电压产生表面电场,甚至在界面上不存在信号电荷时也是如此,这种边缘场是氧化层厚度、电极长度、衬底掺杂浓度和栅电压的函数。它还是从表面到半导体内部距离的函数,在深度约为 $L/2$ 时达到最大,因此,BCCD 比 SCCD 在边缘电场方面有更多的优点。图 13.29 给出了这种效应的例子[47],因为即使在很低的电荷浓度下也存在边缘场,信号电荷的最后一位将会在边缘电场的作用下有效地得到转移。

现在定义转移效率 η,η 是电极间电荷转移的比率,即

$$\eta = 1 - \frac{Q_{\text{sig}}(t = T)}{Q_{\text{sig}}(t = 0)} \tag{82}$$

式中 T 为总的转移周期,与此密切相关的概念是转移损失率,定义为

$$\varepsilon \equiv 1 - \eta = \frac{Q_{\text{sig}}(t = T)}{Q_{\text{sig}}(t = 0)} \tag{83}$$

图 13.29 表明,由于边缘场的存在,时钟频率为几十兆赫兹时,可得到大于 99.99% 的转移效率(或小于 10^{-4} 的转移损失率)。当频率增高时,必须缩短栅长度以增加边缘场。

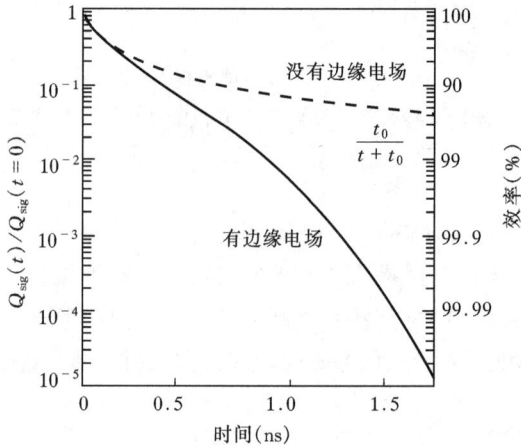

图 13.29　归一化剩余电荷与时间的关系(栅长为 4 μm,掺杂浓度为 10^{15} cm^{-3}),
虚线表示没有边缘场时电荷转移的情况

应用基于电荷连续性和电流输运方程的二维模型已经计算出与时间相关的表面势和电荷分布的瞬态特性,图 13.30 示出了具有代表性的结果[48]。图 13.30(a)表明,在电荷转移过程开始时,由于强自感应漂移和导致高漂移速度的边缘场,电荷转移速度很高;在电荷转移开始 0.8 ns 以后,表面势的变化变小,表明剩余的待转移电荷量很少,0.8 ns 以后两相邻势阱之间的电势差(此电势差十分接近于所有电荷全部转移之后的最终电势差)约为 1.5 V,当两势阱相互接近时,电荷转移大大减慢。图 13.30(b)示出了电荷分布的瞬态特性,存储栅 A 下的电子分布要比在转移栅 B 下的电子分布广,这是由于势阱边缘附近的边缘场迫使电子移到势阱中央的缘故。B 栅下势阱的边缘场比 A 栅下的边缘场要强,因此 B 栅下的电子局限在栅中

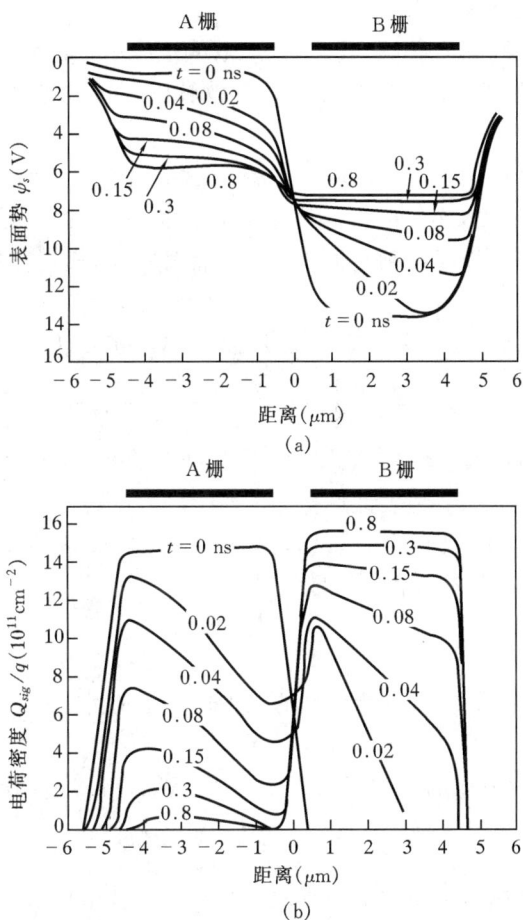

图 13.30　(a)存储栅和转移栅下与时间有关的表面势分布(栅长为
4 μm)；(b)栅下的瞬态电荷分布(引自参考文献 48)

央附近。从图 13.30(b)还可看出,在 0.8 ns 以后,99％左右的电子已经转移。

　　在上面的讨论中,仅考虑了导带内的自由电子,没有考虑界面陷阱上的电荷转移,因此,上面考虑的电荷转移机制称为自由电荷转移模型。高频下的转移效率可用此模型描述,对于给定的器件,转移效率受时钟率的限制。对于栅长小于 10 μm 的 CCD,最高工作频率可以大大高于 10 MHz。中频时,界面陷阱所陷的电荷决定了转移效率[49],当电荷包来到并与空着的界面陷阱接触时,这些陷阱被瞬时填充,当信号电荷继续移动时,界面陷阱释放出载流子,在整个波谱范围内,时间常数会减慢很多。某些被陷电荷从界面陷阱释放得极为迅速,使它们能够进入正确的电荷包,但另外一些电荷会释放到曳尾电荷包内,这就造成了排在前面的电荷包的电荷损失,而在一列电荷包的最后一个包的后面拖一条"尾巴"。界面陷阱造成的转移损失率为

$$\varepsilon \approx \frac{qkTD_{it}}{C_i \Delta\psi_s}\ln(N_p + 1) \tag{84}$$

式中,$\Delta\psi_s$ 为信号电荷引起的表面势变化,D_{it} 为界面陷阱密度,N_p 为时钟相数。为了降低 ε,界面陷阱密度必须很低。为避免这种陷阱效应,一种背景电荷,也称 fat zero 或偏置电荷,总是填充这些陷阱,这种偏置电荷水平可以达到 20％,其缺点是信噪比减小了。另一种处理界

面陷阱问题的方法是采用埋沟 CCD。

还有许多其它因素导致无效转移,其中,有扩散或边缘电场漂移导致的电荷转移中,电荷的指数衰减及在时钟周期内的有限转移时间。有效转移还可以被器件间的带隙势垒峰所阻挡。

频率限制 时钟信号的周期(或频率)选择受到三个因素的限制:第一,时间必须足够长,使得电荷转移基本完成;第二,必须比热弛豫时间小很多,使得由暗电流产生的少数载流子最小,特别对于模拟信号,时钟周期必须足够小以避免信号损失;第三,时钟周期比被转移的模拟信号周期($1/f$)要小。

在较低的时钟频率下,频率极限由暗电流决定,暗电流密度 J_{da} 可表示为[45]

$$J_{da} = \frac{q n_i W_D}{2\tau} + \frac{q S_0 n_i}{2} + \frac{q D_n}{L_n} \frac{n_i^2}{N_A} \tag{85}$$

式中,右边第一项是耗尽区内的体产生,第二项是表面产生电流,最后一项是耗尽区边缘的扩散电流(τ 为少数载流子寿命,S_0 为表面产生/复合速度)。

将暗电流积累的电荷和信号电荷比较即可估算 CCD 的低频极限,若 CCD 连续加恒定频率为 f 的时钟脉冲,暗电流造成的输出信号为[45]

$$Q_{da} = \frac{J_{da} N}{N_p f} \tag{86}$$

式中,N 为电极数,N_p 为相数。CCD 能处理的最大信号电荷为

$$Q_{\max} = C_i \Delta\psi_s \tag{87}$$

式中,$\Delta\psi_s$ 为最大信号电荷造成的最大表面势变化,背景噪声信号与最大信号之比为

$$\frac{Q_{da}}{Q_{\max}} = \frac{J_{da} N}{N_p f C_i \Delta\psi_s} \tag{88}$$

低频下频率响应变坏的原因是电荷包内建立起的暗电流导致了信号电荷大小的失真。为了改善低频响应,式(85)中所有导致暗电流的分量都应减少,这需要有长的少数载流子寿命,大的扩散长度和低的表面复合速度。

高频下,由于没有充分的时间让全部电荷转移,转移效率迅速下降。为了提高高频性能,可减少栅长度(L),使表面迁移率增至最大(在电荷包中采取电子代替空穴),使电极间距减至最小等,还可以利用 GaAs 中较高的电子迁移率设计超高速 CCD。异质结 GaAs 已可工作在 18 GHz 的时钟频率下[50]。将 ϵ 对时钟频率 f_c 归一化,输出效率与频率的依赖关系为[51]

$$\frac{Q_{\mathrm{sig}}(\text{输出})}{Q_{\mathrm{sig}}(\text{输入})} = \exp\left[-N\epsilon\left\{1 - \cos\left(\frac{2\pi f}{f_c}\right)\right\}\right], \qquad f < f_c \tag{89}$$

绘制式(89)表示的曲线,如图 13.31(a)所示。

转移损失率可以引入一个额外的相延迟,图 13.31(b)示出了单一电荷包的退化与 $N\epsilon$ 乘积的关系[44],可以看到对于大的 $N\epsilon$ 乘积,一个单独的电荷包延伸成一些曳尾电荷包。图中每排最左侧的单元代表在理想 CCD 中预计出现的原始电荷包的位置,因转移损失造成的电荷延迟在右边的时间段中出现,当 $N\epsilon \geqslant 1$ 时,由于主要电荷量不再出现于前沿位置,可以明显看到传输率的不足。

埋沟 CCD 在表面沟道 CCD(SCCD)中,少数载流子电荷包沿半导体表面运动,这种 CCD 的一个主要限制因素是界面陷阱的影响。为了避免这个问题并改善转移效率,有人提出了埋沟 CCD(BCCD)。在 BCCD 中,电荷包不在半导体表面流过,而是被约束在位于半导体表

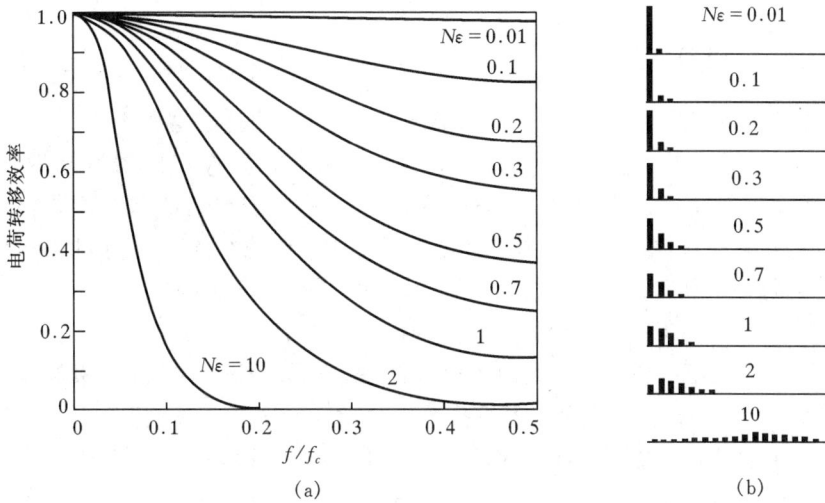

图 13.31　(a)转移损失率乘积 $N\epsilon$ 的频率响应效应;(b)发自于一个单信号电荷包的
连续单元中的信号退化(引自参考文献 44)

面下方的沟道内[52]。BCCD 有消除界面陷获的潜力,BCCD 的示意截面图如图 13.23(b)所示[53],在 p 型衬底上加了一个相反类型(n 型)的半导体层。当信号电荷不出现时,给栅电极上加正电压脉冲,窄 n 型区完全耗尽,当引入信号电荷时,这些信号电荷就存储于埋沟内。由于信号电荷不在半导体表面运动,该 CCD 具有较高的迁移率,由界面陷阱导致的电荷损失少,并且对于电荷转移有更高的边缘电场。缺点为较低的电荷处理能力,这是因为电荷远离栅,因此栅耦合减小。

图 13.32 示出了电势沿埋沟分布的二维计算结果,为便于比较,图中还给出了表面器件的电势曲线。显然在转移电极下,BCCD 有较大的电势梯度,这种电势梯度有助于加速电荷转移。在 BCCD 中很容易实现 $10^{-4} \sim 10^{-5}$ 的转移损失率,比相同几何尺寸的典型 SCCD 小一个

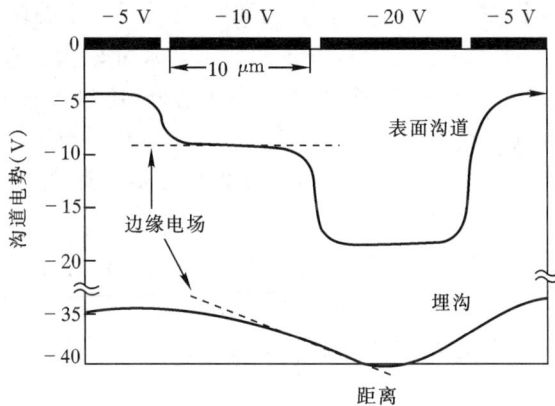

图 13.32　BCCD 电势分布的二维计算结果,BCCD 的高边缘电场(斜率)与
SCCD 的比较(引自参考文献 53)

数量级。

13.6.3　CMOS 图像传感器

对于消费类成像产品，如数字照相机和录像机，CCD 图像传感器曾经占据了市场的主导，然而，自上世纪 90 年代末，这个巨大的市场已经被 CMOS 图像传感器逐渐取代[54]。由于 CMOS 图像传感器替代 CCD 发展相当迅速，尽管在光电探测器中，CMOS 图像传感器几乎没有什么新的东西，它还是值得在此一提。其创新性得益于传统 CMOS 尺寸的缩小和较低的工艺成本，使得在每一个像素内，集成了更多的功能，而与此相反，CCD 器件需要不同的工艺优化，包含 CMOS 电路的 CCD 系统价钱自然更为昂贵。

CMOS 图像传感器不是一个孤立的光电探测器，它是一个成像结构，像素内就可以完成一定的功能。CMOS 图像传感器的三种主要形式如图 13.33 所示，它们分别被称为被动像素传感器（PPS）、主动像素传感器（APS）和数字像素传感器（DPS）。每个都包含一个光电探测器，通常为 p-n 结光电二极管，其它可选的有 p^+-n-p 钉扎二极管，这种二极管的中间层是全部耗尽的，类似于一个平面掺杂势垒二极管[55]。CMOS 图像传感器还包含有与 CCD 相似的光栅，这些结构增加了每一个像素的面积，但是更多的功能可附加在像素级。

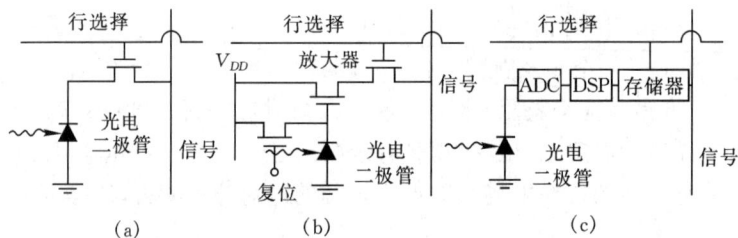

图 13.33　CMOS 图像传感器的不同结构
（a）PPS（被动像素传感器）；（b）APS（主动像素传感器）；（c）DPS（数字像素传感器）

PPS 是成像阵列的最基本的形式，在每一个像素中，一个选择晶体管控制了一个光电探测器。作为存储阵列，其优点在于同一时间信号可以进入同一排的多个单元，因此速度高于 CCD 器件（CCD 的读出本质上是串行的），PPS 的缺点是尺寸较大。APS 在当前是最为通用的结构，在每一个像素内，除了光电二极管和选择晶体管外，还包含一个栅极注入光电流放大器及一个复位晶体管。最后，在 DPS 中，有模数转换器（ADC）及紧随其后的数字信号处理（DSP），如自动增益控制等功能就可以在每一个像素中完成。注意，在 APS 和 DPS 中，信号电荷没有 CCD 和 PPS 中存在的信号电荷损失。

与 CCD 相比，CMOS 图像传感器具有很多优点：由于其具有随机进入的能力，因而速度更高；信噪比大，所需电压低，因此功耗较低；再者，由于是主流工艺，成本较低。CCD 也有一些优点，如像素尺寸小、光灵敏度高和动态范围大等。

13.7　金属-半导体-金属光电探测器

　　金属-半导体-金属(MSM)光电二极管是由 Sugeta 等人在 1979 年提出并证实的[56,57]。如图 13.34 所示,MSM 光电二极管由两个背对背的共平面的肖特基势垒相连接而成。加入一个薄势垒增强层来减小暗电流的概念,从 1988 年被引入至今,已被证实是有用的[58,59],大多数近期器件结构中都加入了这一层。金属接触通常被做成交叉条纹状,光在金属接触之间的间隙内被接收。MSM 光电二极管避免了传统肖特基势垒光电二极管的金属层的光吸收,为了获得更完全的光吸收,有源层的厚度比光吸收长度($1/\alpha \approx 1~\mu m$)略大,为了得到较小的电容,掺杂浓度较低,约为 $1 \times 10^{15}~cm^{-3}$。InGaAs 在 $1.3 \sim 1.5~\mu m$ 波长范围内的应用引起了更多的关注,对于光纤应用,它有最优的性能。

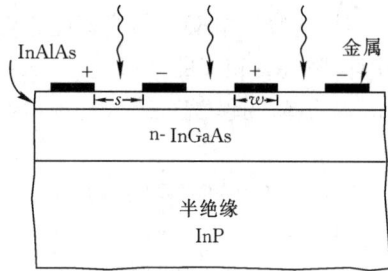

图 13.34　MSM 光电探测器由平面内部叉指金属-半导体接触组成,最上层物质(InAlAs)提供了一个较高的势垒高度以减小暗电流

　　器件典型工作时,光电流首先随电压的升高而升高,而后变为饱和。低偏置下的光电流增加是由于反向偏置肖特基结的耗尽区扩展,内部量子效率得到改善的缘故。光电流饱和时的电压对应于阳极电场变为零时的平带状态(图 13.35)[60],在该点,量子效率可以接近100%,这一条件可由一维耗尽方程估计:

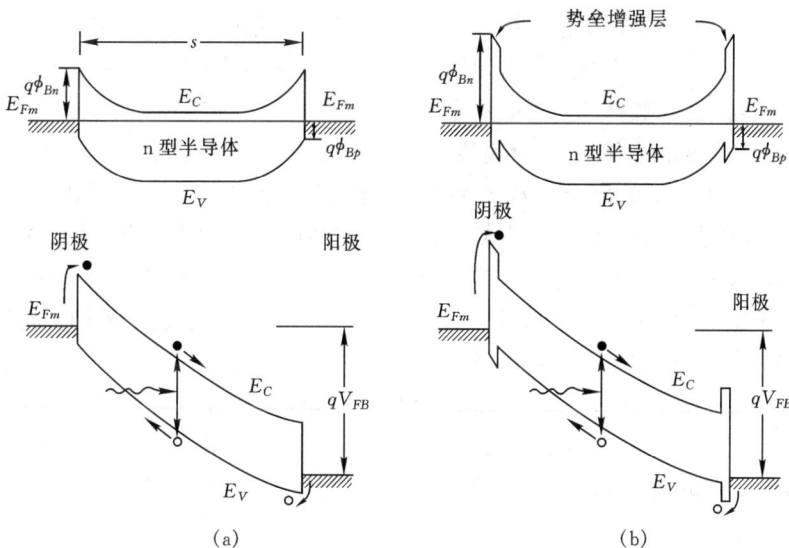

图 13.35　MSM 光电探测器平衡态和偏置在平带时的能带图
(a)没有势垒增强层;(b)有势垒增强层

$$V_{FB} \approx \left(\frac{qN}{2\varepsilon_s}\right)s^2 \tag{90}$$

式中，N 为掺杂浓度，s 为叉指间距。（式（90）表示的是穿通状态，这时耗尽区侵占了整个间距 s，此情形发生于平带状态前），器件工作于穿通状态之后可以减小电容。注意，在 MSM 光电二极管中，载流子产生是通过带与带之间的激发得到的，没有用到常规的金属-半导体光电二极管的越过势垒的光激发（图 13.11(b)）。

有时可在 MSM 光电二极管内观察到内部光电流增益，一种解释是由位于势垒增强层或位于异质结界面的长寿命陷阱引起的光电导率；另一种理论是当光生空穴聚集在阴极附近的价带峰值处时，这些正电荷提高了宽能隙势垒增强层的电场，导致了较大的电子隧穿电流。电子积累在阳极附近有相似的结果，空穴隧穿电流增加。这种机制与光电晶体管有些相似，任何情况下都应竭力减小此增益，因为这种增益机制使得光电探测器的响应时间变慢，特别在关断时。

MSM 光电二极管的主要缺点是暗电流大，这是由于肖特基势垒结造成的，对于探测长波的窄带隙材料尤为严重。然而，势垒增强层可以大幅度减小如 InGaAs 等窄带隙半导体材料的暗电流，插入一个具有较宽能隙的半导体材料层后，势垒高度变大了，这一薄层的厚度在 30～100nm 之间。势垒增强层在组份上可以是渐变的，这样可以避免带边不连续造成的载流子陷阱（参见图 13.35(b) 的阴极附近）。

因为 MSM 光电二极管是两个肖特基势垒背对背连接而成，任意极性的偏置都会使一个肖特基势垒反偏（阴极），另一个正偏（阳极），穿过有源区的两个金属接触之间的能带图如图 13.35 所示。最常见的暗电流 I-V 特性在低电压处饱和，为典型的热电子发射电流。同时考虑电子和空穴的电流成分时，饱和电流的通用表达式为

$$I_{da} = A_1 A_n^* T^2 \exp\left(\frac{-q\phi_{Bn}}{kT}\right) + A_2 A_p^* T^2 \exp\left(\frac{-q\phi_{Bp}}{kT}\right) \tag{91}$$

式中，A_1 和 A_2 分别为阳极和阴极的接触面积，A_n^* 和 A_p^* 分别为电子和空穴的有效理查逊常数。大偏置下，电流随偏压持续升高，这种电流的非饱和现象可以归结为镜像力降低的作用，它修正了势垒高度，或者来自势垒的隧穿电流。

MSM 光电探测器的主要优点为速度高，与 FET 工艺兼容，其简单的平面结构易于与 FET 集成在一个芯片上。由于半绝缘衬底的二维效应，MSM 光电探测器的单位面积电容很低，这对需要大光敏面积的探测器特别有利。与具有相同量子效率的 p-i-n 光电二极管或肖特基势垒光电二极管相比，其电容约减小了一半，有了如此小的电容，RC 充电时间和速度得到改善。速度还决定于渡越时间，渡越时间与空间尺寸成正比，由于这个原因，从速度的角度考虑，小间距更为有利。目前已有带宽超过 100 GHz 的光电探测器的报导[61]。

为了理解速度优化，MSM 光电探测器的理论分析的一个例子示于图 13.36。在这个特殊的例子里，由于材料和结构的选择，速度不是非常快，不过它给出了影响速度性能的一些内在因素。速度受 RC 时间常数和渡越时间的限制，由 RC 时间常数决定的带宽为

$$f_{RC} = \frac{1}{2\pi(R_L + R_s)C} \tag{92}$$

式中，R_L 为负载电阻（$=50\Omega$），R_s 为串联电阻，电容为

$$C = \frac{K(\kappa)}{K(\kappa')}\frac{\varepsilon_0 A(1+K_s)}{(s+w)} \tag{93}$$

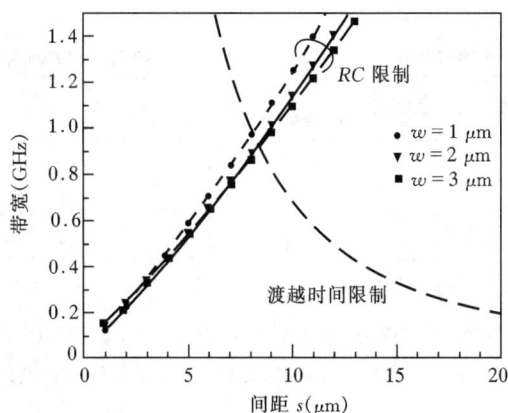

图 13.36　具有不同叉指宽度 w 和间距 s 的 MSM 光电探测器的理论带宽,假设
$In_{0.53}Ga_{0.47}As$ 有源层的厚度为 1 μm(引自参考文献 62)

式中,A 为接触面积,K_s 为半导体的相对介电常数,$K(\kappa)$ 为第一类完全椭圆积分,

$$K(\kappa) = \int_0^{\pi/2} \frac{1}{\sqrt{1 - \kappa^2 \sin^2 \varphi}} d\varphi \tag{94}$$

式中

$$\kappa = \tan^2 \left[\frac{\pi w}{4(s+w)} \right], \quad \kappa' = \sqrt{1 - \kappa^2} \tag{95}$$

由渡越时间限制的带宽为

$$f_{tr} = \frac{0.44}{\sqrt{2}} \left(\frac{v_s}{s} \right) \tag{96}$$

这里假设载流子以饱和速度 v_s 运动。在图 13.36 中可以看到,速度对叉指宽度 w 变化不敏感。对于 RC 时间常数和渡越时间限制,速度随间距尺寸有相反的变化趋势,在本例中,最优间距约为 8 μm。

13.8　量子阱红外光电探测器

1983 年至 1985 年间,人们首次研究了量子阱中导带内、价带内的非带间跃迁的红外吸收[63-65]。第一个基于束缚态到束缚态子带间跃迁的功能性 GaAs/AlGaAs 异质结量子阱红外光电探测器(QWIP)由 Levine[66] 等人和 Choi[67] 等人在 1987 年实现,同一小组在 1988 年还提出了基于束缚态到连续态跃迁的改进型探测器[68]。1991 年还观察到另一种跃迁方式,即束缚态到微带之间的跃迁[69]。

GaAs/AlGaAs 异质结 QWIP 的结构如图 13.37 所示,本例中,GaAs 为量子阱,其厚度约为 5 nm,通常是掺杂浓度为 10^{17} cm^{-3} 量级的 n 型半导体,势垒层不掺杂,其厚度为 30~50nm 之间。典型的周期数在 20~50 之间。

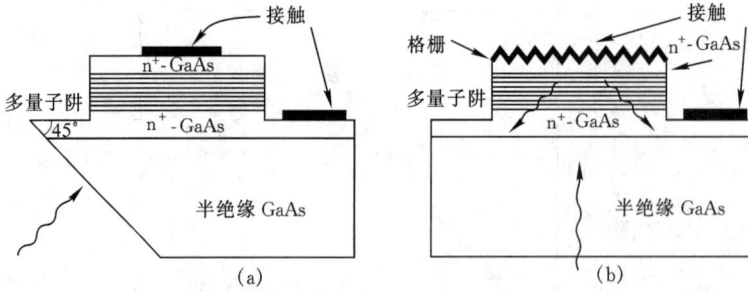

图 13.37　GaAs/AlGaAs QWIP 的结构,并示出光与异质界面以临界角耦合的方法
(a)光线垂直入射到与量子阱成 45°角的抛光面上;(b)运用格栅反射来自衬底的光线

对于由直接带隙材料形成的量子阱,因为子带间跃迁要求电磁波的电场有与量子阱的生长面垂直的分量,所以入射光垂直于表面时,吸收为零。这种极化选择规则需要某种技术使光与光敏感区耦合,两种通用的方法如图 13.37 所示。在图 13.37(a)中,在探测器的边缘制作 45°角的抛光面,注意,要求衬底对所感兴趣的波长是透明的;在图 13.37(b)中,上表面制作了格栅,将光线反射回探测器,格栅也可以制作在衬底表面,使得入射的光线得到散射。然而,这个选择定则不适应于 p 型量子阱或由间接带隙材料形成的阱,如 SiGe/Si 和 AlAs/AlGaAs 异质结。

QWIP 基于由子带间激发产生的光电导,跃迁的三种类型如图 13.38 所示。在束缚态到束缚态的跃迁中,两个量子化的能量状态是被限定的,并且低于势垒能量。一个光子激发一个电子从基态跃迁到第一激发态上,随后电子隧穿出势垒;在束缚态到连续态(或束缚态到扩展态)激发中,基态上面的第一激发态能量高于势垒,受激电子可以更容易地逃离势阱,这种束缚态到连续态的激发对于具有高吸收、宽波长响应、低暗电流、高探测率和低压应用的探测器更有保障;对于束缚态到微带之间的跃迁,由超晶格结构提出了微带的概念,基于此跃迁的 QWIP 很适合于焦点平面阵列成像传感器系统的应用。

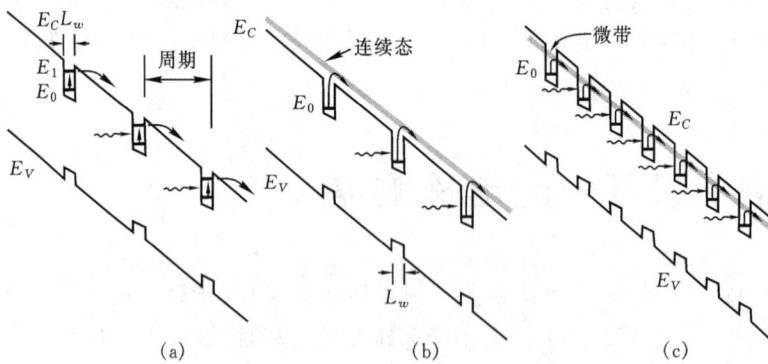

图 13.38　加上偏压后 QWIP 的能带图
(a)束缚态到束缚态子带间的跃迁;(b)束缚态到连续态的跃迁;(c)超晶格中束缚态到微带跃迁

QWIP 的 I-V 特性与常规的光电导相似,但有可能发生由于量子阱中的杂质迁移效应引起的非对称特性。其光电流与光电导中光电流的一般表达式相同,即

$$I_{ph} = q\Phi_{ph}\eta G_a \tag{97}$$

式中,Φ_{ph} 为总的光子通量(s^{-1}),G_a 为光增益。量子效率 η 与光电导的不同,这是由于在 QWIP 中,光吸收及载流子的产生只能在量子阱中发生,而不是在整个结构中均匀产生。量子效率为

$$\eta = (1-R)[1 - \exp(-N_{op}\alpha N_w L_w)]E_p P \tag{98}$$

式中,R 为反射系数,N_{op} 为通过的光数量,N_w 为量子阱的个数,每一个量子阱的长度为 L_w,逃逸几率 E_p 为偏置的函数,它是从量子阱抽出的受激载流子的量度[70]。对于 GaAs,n 型量子阱极化矫正因子 P 为 0.5,p 型量子阱的为 1.0,吸收系数 α 为入射角的函数,与 $\sin^2\theta$ 成正比,其中 θ 为光线与量子阱平面的法线方向之间的夹角。

可以推出光电导增益为[71,72]:

$$G_a = \frac{1}{N_w C_p} \tag{99}$$

式中 C_p 为电子穿越量子阱的俘获几率,为

$$C_p = \frac{t_p}{\tau} = \frac{t_t}{N_w \tau} \tag{100}$$

式中,t_p 为穿过单个周期结构的渡越时间,t_t 为穿过整个 QWIP 有源长度 L(多个阱和势垒)的渡越时间,结合式(99)和式(100),得到

$$G_a = \frac{\tau}{t_t} \tag{101}$$

它与标准光电导的增益相似。对于以迁移率表征载流子运动的区域(在速度饱和之前),

$$t_t = \frac{L}{v_d} = \frac{L^2}{\mu V} \tag{102}$$

这里假设整个长度 L 内有均匀的电场,得到

$$G_a = \frac{\tau \mu V}{L^2} \tag{103}$$

QWIP 的暗电流是由于越过量子阱势垒的热电子发射和势垒尖峰附近的热电子场发射(热辅助隧穿)造成的。由于此类光探测器针对约 $3 \sim 20~\mu m$ 的波长范围,因此形成阱的势垒必须小,约为 0.2 eV,为了限制暗电流,QWIP 必须在 4~77K 的低温下工作。

QWIP 对于用 HgCdTe 材料制作的长波光电探测器是一个具有吸引力的替代结构。HgCdTe 光电探测器的问题在于隧穿暗电流过大,以及需要准确的组份重复能力以获得精确的带隙。QWIP 与 GaAs 单片集成电路工艺兼容,可根据量子阱的厚度调整检测波长范围,研究表明,已有接近 $20~\mu m$ 的长波探测能力[70]。QWIP 可以用于二维成像的焦点平面阵列,其具体实例为热成像和陆地成像。QWIP 具有高速和响应快等特性,这是由于在量子阱中,本征载流子寿命较短(数量级为 5 ps)。然而,至少对于 n 型 GaAs 阱,QWIP 存在着一个困难,即垂直入射光的探测,它使得光与光电探测耦合困难。

13.9　太阳电池

13.9.1　引言

目前,太阳电池给小规模的陆地和诸如人造卫星、宇宙飞船等太空应用提供了最重要的长

期电源。随着世界范围能量需求的增加,矿物燃料等常规能源将在下个世纪内枯竭,因此,必须发展和采用替代能源,特别是唯一的长期天然能源——太阳。太阳电池被认为是从太阳获取能量的主要候选者,因为它能以高的转换效率将太阳光直接转变为电能(与提取热能相对应),能够以低运行成本提供几乎是永久性的电力,并且没有污染。最近,低成本平板太阳电池、薄膜器件和集光系统的研究和开发,以及许多富有革新意义的概念不断被提出,相信在不远的将来,适应于大规模生产和利用太阳能的小太阳能模块和太阳能电厂的建立在经济上是可行的。

光生伏特效应,即器件暴露在光线下时产生电压的现象,是由 Becquerel 于 1839 年在电极和电解质之间形成的结上发现的[73],从那以后,不同固态器件上产生相同效应的情况相继被报导。第一个实质性的 EMF 电压光生伏特效应于 1940 年由 Ohl 在硅 p-n 结上发现[74,75],Ge 上的光生伏特效应由 Benzer[76] 和 Pantchechnikoff[77] 分别于 1946 年和 1952 年报道。由于 Chapin 等的单晶硅太阳电池[78]以及 Reynolds 等的硫化镉太阳电池[79]工作的带动,1954 年太阳电池得到更多的重视。到目前为止,已使用各种器件结构,并采取单晶、多晶和无定形薄膜结构在许多半导体材料上制造出了太阳电池。

太阳电池与光电二极管相似,光电二极管也可以在光生伏特模式下工作,即不加偏置,与一个负载阻抗相连,这样就相当于一个太阳电池了。然而器件的设计从根本上是不同的:对于光电二极管,以光信号波长为中心的窄的波长范围是重要的,而对于太阳电池,在宽的太阳光波长范围内的宽光谱响应是必须的。为使结电容最小化,光电二极管面积要小,而太阳电池为大面积器件。光电二极管的最重要的优值之一为量子效率,而太阳电池主要关心的是功率转换效率(即单位入射太阳能转换到负载上的功率)。

13.9.2 太阳辐射和理想转换效率

太阳辐射 太阳发出的辐射能来自于核聚变反应,每秒约有 6×10^{11} kg 的 H_2 转变为 He,净质量损失约为 4×10^3 kg,这一质量损失通过爱因斯坦关系($E = mc^2$)转变为 4×10^{20} J 的能量,此能量主要以从紫外到红外到射频波谱范围($0.2 \sim 3$ μm)的电磁辐射发射出去。太阳的总质量目前约为 2×10^{30} kg,预测太阳在超过 100 亿(10^{10})年的相当稳定的寿命内,能够输出几乎恒定的辐射能。

在地-日平均距离的自由空间内,太阳辐射强度为 1353 W/m²。当阳光到达地表时,大气层使阳光减弱,主要原因有红外波段的水蒸气吸收、紫外波段的臭氧层吸收以及飞尘和悬浮颗粒的散射。大气层对地表处接收到的阳光的影响程度定义为"大气质量"(air mass),称太阳与天顶夹角的正割($\sec\theta$)为大气质量数(AM),用于量度光线所经过的大气层路程与太阳正当顶时的最短路程的相对值。AM0 表示地球大气层以外的太阳光谱,AM1 代表太阳位于天顶时地表的太阳光谱,其入射功率约为 925W/m²,AM2 是对于 $\theta = 60°$ 而言的,其入射功率约为 691W/m²。

图 13.39 示出了不同 AM 状态下的太阳光谱,上部的曲线为 AM0 谱,可用 5800 K 的黑体辐射近似,如虚线所示,AM0 谱与人造卫星和宇宙飞船应用相关。AM1.5(太阳与地平线成 45°角)为地表应用的加权能量平均值。对于太阳电池能量转换,每一个光子产生一对电子-空穴对,因此太阳功率应变为光子通量,AM1.5 的每单位能量的光子通量示于图13.40,图中还一并示出了 AM0 的情况。为了将波长转换成光子能量,应用了下述关系:

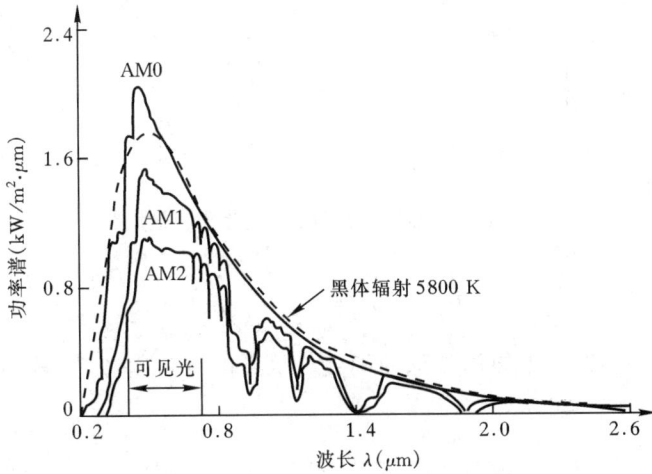

图 13.39 不同大气质量下的太阳光谱(引自参考文献 80)

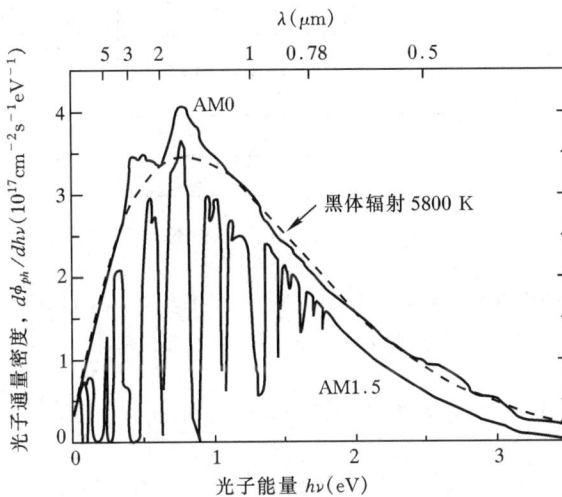

13.40 AM0 和 AM1.5 状态下,以单位光子能量的光通量密度为量度的太阳光谱(引自参考文献 81)

$$\lambda = \frac{c}{\nu} = \frac{1.24}{h\nu(\text{eV})} \quad \mu\text{m} \tag{104}$$

AM1.5 时的总入射功率为 844 W/m^2。

理想转换效率 常规的太阳电池,例如 p-n 结太阳电池,有单一的带隙 E_g。当电池暴露在阳光下时,能量小于 E_g 的光子对电池的输出没有贡献(忽略声子辅助吸收),能量大于 E_g 的光子给电池的输出贡献电荷,超出 E_g 的多余能量作为热量浪费掉了。为了推导理想转换效率,需考虑半导体的能带图。假定太阳电池有理想的 I-V 特性,等效电路示于图 13.41,图中一个表示光电流的恒流源与结并联,恒流源 I_L 来自太阳辐射下激发的过剩载流子,I_s 为第 2 章所推导的二极管的饱和电流,R_L 为负载电阻。

为了获得光电流 I_L,将图 13.40 中曲线下的全部面积积分,得到

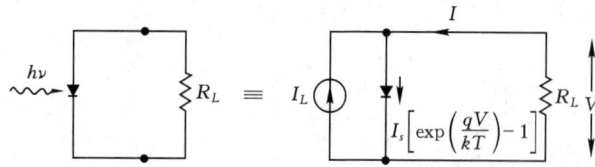

图 13.41   光照下的太阳电池的理想等效电路

$$I_L(R_g) = Aq \int_{h\nu = E_g}^{\infty} \frac{\mathrm{d}\phi_{ph}}{\mathrm{d}h\nu} \mathrm{d}(h\nu) \tag{105}$$

其结果示于图 13.42,为半导体带隙的函数。从光电流角度考虑,较小的带隙更好,因为可以收集更多的光子。

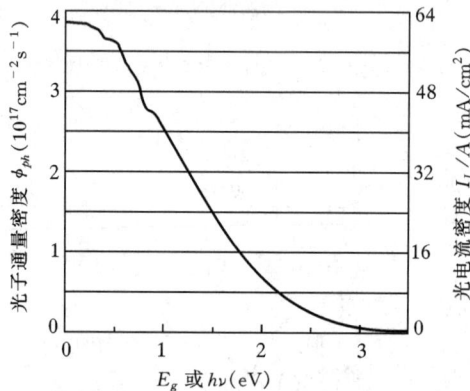

图 13.42   太阳光谱中超过某一能量值的总的光子数量(AM1.5),是具有特定带
隙 E_g 的太阳电池的最大光电流(引自参考文献 81)

该器件光照下的 I-V 特性可简单写为暗电流和光电流之和,为

$$I = I_s\left[\exp\left(\frac{qV}{kT}\right) - 1\right] - I_L \tag{106}$$

设 $I=0$,从式(106)得到开路电压为

$$V_{oc} = \frac{kT}{q}\ln\left(\frac{I_L}{I_s} + 1\right) \approx \frac{kT}{q}\ln\left(\frac{I_L}{I_s}\right) \tag{107}$$

因此,当 I_L 给定时,开路电压随饱和电流 I_s 的减少呈对数增加。对于一个常规的 p-n 结,理想饱和电流为

$$I_s = AqN_C N_V\left(\frac{1}{N_A}\sqrt{\frac{D_n}{\tau_n}} + \frac{1}{N_D}\sqrt{\frac{D_p}{\tau_p}}\right)\exp\left(\frac{-E_g}{kT}\right) \tag{108}$$

可以看到,I_s 随 E_g 指数减小,因此为了获得大的 V_{oc},需要有大的 E_g。定性来讲,我们知道 V_{oc} 的最大值为结的内建电势,而最大内建电势接近于半导体的能隙。

由式(106)得出的曲线示于图 13.43,曲线通过第四象限,因此可从器件抽取能量给负载。适当选取负载后,$I_{sc}V_{oc}$ 乘积的近 80% 可以被抽取,这里,I_{sc} 为器件的短路电流,等于得到的光电流,阴影部分的面积为最大功率输出,在图 13.43 中,把 I_m 和 V_m 分别定义为最大输出功率 $P_m(=I_m V_m)$ 对应的电流和电压。

为了推导最大功率工作点,输出功率写为

$$P = IV = I_s V \left[\exp\left(\frac{qV}{kT} \right) - 1 \right] - I_L V$$

(109)

最大功率的条件可从 $\mathrm{d}P/\mathrm{d}V = 0$ 得到,或

$$I_m = I_s \beta V_m \exp(\beta V_m) \approx I_L \left(1 - \frac{1}{\beta V_m} \right) \quad (110)$$

$$V_m = \frac{1}{\beta} \ln \left[\frac{(I_L/I_s) + 1}{1 + \beta V_m} \right] \approx V_{oc} - \frac{1}{\beta} \ln(1 + \beta V_m)$$

(111)

式中 $\beta \equiv q/kT$,则最大输出功率 P_m 为

$$P_m = I_m V_m = F_F I_{sc} V_{oc}$$

$$\approx I_L \left[V_{oc} - \frac{1}{\beta} \ln(1 + \beta V_m) - \frac{1}{\beta} \right] \quad (112)$$

式中填充因子 F_F 量度了曲线的尖锐程度,定义为

$$F_F \equiv \frac{I_m V_m}{I_{sc} V_{oc}} \tag{113}$$

图 13.43　光照下太阳电池的 I-V 特性,指出了最大输出功率的确定方法

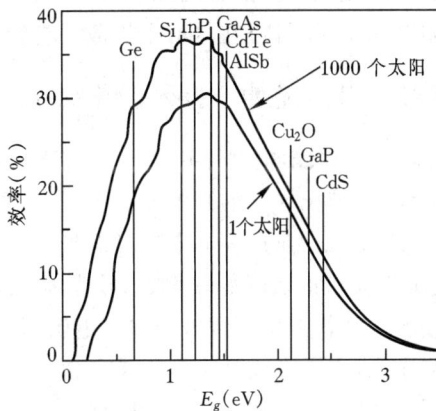

实际上,较好的填充因子一般为 0.8 左右,理想转换效率为最大输出功率与入射功率 P_{in} 之比,

$$\eta = \frac{P_m}{P_{in}} = \frac{I_m V_m}{P_{in}} = \frac{V_m^2 I_s (q/kT) \exp(qV_m/kT)}{P_{in}} \tag{114}$$

理论上,理想效率是可以计算的。已经看到光电流随 E_g 减小而增加,另一方面,随 E_g 的增加,饱和电流减小,电压增加,因此为了使功率最大,存在一个优化的带隙 E_g 值,进一步运用式(108)中的理想饱和电流与 E_g 的关系,可以计算转换效率的理论最大值。300 K 时,1 个太阳 AM1.5 状态下的理想效率与能隙的关系示于图 13.44,此曲线上微小的波动是大气吸收引起的,注意到, E_g 在 0.8 ~1.4 eV 范围内,效率有很宽的极大值范围。许多因素都会使理想效率退化,以致实际达到的效率较低,实际的太阳电池将在以下各节讨论。图 13.44 还示出了集中 1000 个太阳的光能(即 844 kW/m²)时的理想效率,集光的细节将

图 13.44　300 K 时,1 个太阳和 1000 个太阳集光时理想太阳电池的效率(引自参考文献 82)

在 13.9.4 节讨论,理想峰值效率从 1 个太阳时的 31% 增加到 1000 个太阳时的 37%,这种增加主要是 V_{oc} 的增加所致,同时光电流随光强线性增加。

非理想效应　对于实际的太阳电池,图 13.41 的理想等效电路要加以修改,应考虑来自于正表面欧姆损耗的串联电阻 R_s 和来自于泄漏电流的旁路电阻 R_{sh},其等效电路应加入与 R_L 串联的 R_s 和与二极管并联的 R_{sh}。修正式(106)后得到的二极管 I-V 特性为[83]

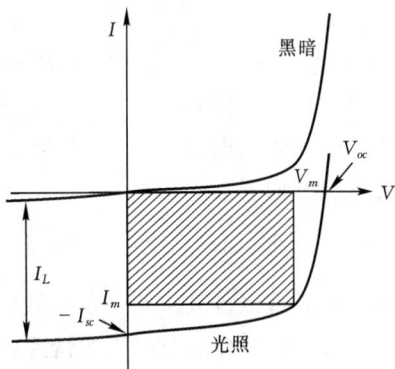

$$\ln\left(\frac{I+I_L}{I_s}-\frac{V-IR_s}{I_sR_{sh}}+1\right)=\frac{q}{kT}(V-IR_s) \tag{115}$$

事实上,旁路电阻比串联电阻的影响要小很多。R_s 的影响可以用$(V-IR_s)$代替 V 简单得到,它主要对填充因子有影响。

对于实际的太阳电池,正向电流取决于耗尽区内的复合电流。与理想二极管相比,效率降低。复合电流有如下形式:

$$I_{re}=I'_s\left[\exp\left(\frac{qV}{2kT}\right)-1\right] \tag{116}$$

由能量转换关系可以得到一组类似于式(107)至式(112)的表达式,只是以 I'_s 代替 I_s,并且指数因子除以 2。对于有复合电流的情形,由于 V_{oc} 和填充因子均变差,其效率比理想电流情形低很多。对于兼有扩散电流、复合电流或包含由其它缺陷形成的电流的太阳电池,正向电流对正向电压呈 $\exp(qV/nkT)$ 指数关系,其中,n 称为理想因子,通常在 1～2 之间,效率随 n 增加而降低。

当器件的温度升高时,扩散长度增加,这是由于随着温度的升高,扩散系数保持恒定或随温度增加,而少数载流子寿命随温度增加造成的。少数载流子扩散长度的增加使得光电流 I_L 增加,然而,由于饱和电流与温度有指数关系,V_{oc} 将迅速减少。I-V 曲线拐弯处的变化随着温度的增加变得**柔和**,也会使填充因子减少。因此,随着温度的增加,总的效果是效率降低,这为集光器的工作提出了挑战。

对于卫星应用,外层空间的高能粒子辐射在半导体内产生缺陷。由于这些高能粒子的轰击造成少数载流子扩散长度减小,导致太阳电池输出功率下降。为了改善辐射容限,已将锂掺入太阳电池中,锂可以在材料中扩散并与辐射引发的点缺陷结合。

13.9.3 光电流和光谱响应

硅 p-n 结太阳电池可以作为所有太阳电池的参考器件,本节推导它的光电流。太阳电池的典型示意图如图 13.45 所示,包括表面形成的浅 p-n 结、正面条状和指状欧姆接触、抗反射涂层和背面欧姆接触。叉指网格可以减小串联电阻,但是会阻挡一些光线,所以在设计中需折衷考虑。一些设计还运用了透明导体,如 ITO(氧化铟锡)。

当波长为 λ 的单色光入射到太阳电池的正面时,光电流和光谱响应,即每个入射光子、各波长下

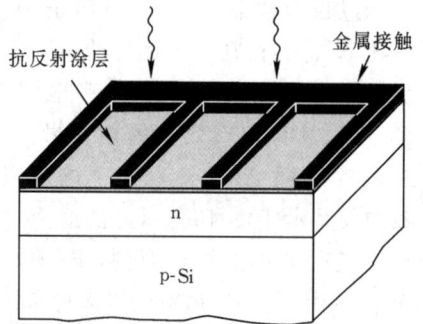

图 13.45 硅 p-n 结太阳电池的示意图

产生的载流子数可推导如下。在距半导体表面 x 处的电子–空穴对产生率示于图 13.46,表示为

$$G(\lambda,x)=\alpha(\lambda)\phi(\lambda)[1-R(\lambda)]\exp[-\alpha(\lambda)x] \tag{117}$$

式中,$\alpha(\lambda)$ 为吸收系数,$\phi(\lambda)$ 为单位面积、单位时间、单位带宽的入射光子数,$R(\lambda)$ 为光子的表面反射率。

如图 13.46 所示,对于一个两边都恒定掺杂的突变 p-n 结太阳电池,在耗尽区以外,不存在电场,这些区域的光生载流子由扩散过程收集,在耗尽区内由漂移过程收集。可将光生载流

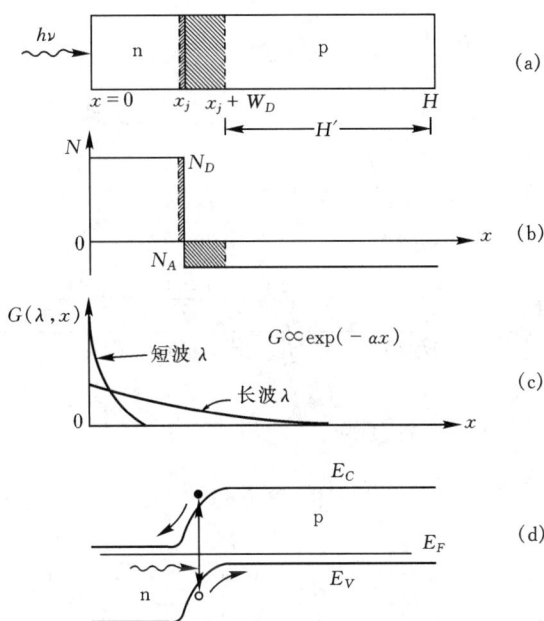

图 13.46　(a)太阳电池的尺寸;(b)假设突变掺杂分布 $N_D \gg N_A$;(c)对于长波长和短波长,产生率与距半导体表面距离的关系;(d)能带图,图中显示出了电子-空穴对的产生

子的收集分为三个区域:上部中性区、结耗尽区和衬底中性区。假设是单边突变结 $N_D \gg N_A$,n 一侧的耗尽区可以忽略。

小注入条件下,对 p 型衬底的电子,一维稳态连续性方程为

$$G_n - \left(\frac{n_p - n_{po}}{\tau_n}\right) + \frac{1}{q}\frac{\mathrm{d}J_n}{\mathrm{d}x} = 0 \tag{118a}$$

对于 n 型层中的空穴,一维稳态连续性方程为

$$G_p - \left(\frac{p_n - p_{no}}{\tau_p}\right) - \frac{1}{q}\frac{\mathrm{d}J_p}{\mathrm{d}x} = 0 \tag{118b}$$

电流密度方程为

$$J_n = q\mu_n n_p \mathscr{E} + qD_n\left(\frac{\mathrm{d}n_p}{\mathrm{d}x}\right) \tag{119a}$$

$$J_p = q\mu_p p_n \mathscr{E} - qD_p\left(\frac{\mathrm{d}p_n}{\mathrm{d}x}\right) \tag{119b}$$

可将式(117)、式(118b)和式(119b)联立得到 p-n 结 n 一侧的表达式:

$$D_p \frac{\mathrm{d}^2 p_n}{\mathrm{d}x^2} + \alpha\phi(1-R)\exp(-\alpha x) - \frac{P_n - p_{no}}{\tau_p} = 0 \tag{120}$$

此方程的通解为

$$p_n - p_{no} = C_2\cosh\left(\frac{x}{L_p}\right) + C_3\sinh\left(\frac{x}{L_p}\right) - \frac{\alpha\phi(1-R)\tau_p}{\alpha^2 L_p^2 - 1}\exp(-\alpha x) \tag{121}$$

式中,$L_p = \sqrt{D_p\tau_p}$,为扩散长度,C_2 和 C_3 为常数。有如下两个边界条件:在表面,存在复合速

度为 S_p 的表面复合，

$$D_p \frac{\mathrm{d}(p_n - p_{n0})}{\mathrm{d}x} = S_p(p_n - p_{n0}), \quad \text{当} \ x = 0 \tag{122}$$

在耗尽区边缘，因受耗尽区电场的作用，过剩载流子密度很低，即

$$p_n - p_{n0} \approx 0, \quad \text{当} \ x = x_j \tag{123}$$

将式(121)代入这些边界条件，得到空穴浓度为

$$p_n - p_{no} = \left[\alpha\phi(1-R)\tau_p/(\alpha^2 L_p^2 - 1)\right]$$

$$\times \left[\frac{\left(\frac{S_p L_p}{D_p} + \alpha L_p\right)\sinh\frac{x_j - x}{L_p} + \exp(-\alpha x_j)\left(\frac{S_p L_p}{D_p}\sinh\frac{x}{L_p} + \cosh\frac{x}{L_p}\right)}{(S_p L_p/D_p)\sinh(x_j/L_p) + \cosh(x_j/L_p)} - \exp(-\alpha x)\right] \tag{124}$$

最终得到耗尽区边缘的空穴光电流密度为

$$J_p = -qD_p\left(\frac{\mathrm{d}p_n}{\mathrm{d}x}\right)_{x_j} = \left[q\phi(1-R)\alpha L_p/(\alpha^2 L_p^2 - 1)\right]$$

$$\times \left[\frac{\left(\frac{S_p L_p}{D_p} + \alpha L_p\right) - \exp(-\alpha x_j)\left(\frac{S_p L_p}{D_p}\cosh\frac{x_j}{L_p} + \sinh\frac{x_j}{L_p}\right)}{(S_p L_p/D_p)\sinh(x_j/L_p) + \cosh(x_j/L_p)} - \alpha L_p\exp(-\alpha x_j)\right] \tag{125}$$

给定波长下，这一光电流可从该 n-p 结太阳电池的正面产生并收集，假定该区域在寿命、迁移率和掺杂浓度等方面都是均匀的。

为了求得电池衬底产生的电子光电流，要采用式(117)、式(118a)和式(119a)，其边界条件为

$$n_p - n_{po} \approx 0, \quad \text{当} \ x = x_j + W_D \tag{126}$$

$$S_n(n_p - n_{po}) = \frac{-D_n \mathrm{d}n_p}{\mathrm{d}x}, \quad \text{当} \ x = H \tag{127}$$

式中，W_D 为耗尽层宽度，H 为整个电池的厚度。式(126)表明，在耗尽区边缘过剩少数载流子浓度接近于零，而式(127)表明，在背面欧姆接触处发生背面表面复合。

应用这些边界条件后，均匀掺杂 p 型衬底的电子分布为

$$n_p - n_{po} = \frac{\alpha\phi(1-R)\tau_n}{\alpha^2 L_n^2 - 1}\exp\left[-\alpha(x_j + W_D)\right]\left\{\cosh\left(\frac{x'}{L_n}\right) - \exp(-\alpha x')\right.$$

$$- \frac{(S_n L_n/D_n)\left[\cosh(H'/L_n) - \exp(-\alpha H')\right] + \sinh(H'/L_n) + \alpha L_n\exp(-\alpha H')}{(S_n L_n/D_n)\sinh(H'/L_n) + \cosh(H'/L_n)}$$

$$\left. \times \sinh(x'/L_n)\right\} \tag{128}$$

$(x' \equiv x - x_j - W_D)$，在耗尽区边缘 $x = x_j + W_D$ 处，收集到的电子所产生的光电流为

$$J_n = qD_n\left(\frac{\mathrm{d}n_p}{\mathrm{d}x}\right)_{x_j + W_D}$$

$$= \frac{q\phi(1-R)\alpha L_n}{\alpha^2 L_n^2 - 1}\exp\left[-\alpha(x_j + W_D)\right] \times \left\{\alpha L_n - \right.$$

$$\left. \frac{(S_n L_n/D_n)\left[\cosh(H'/L_n) - \exp(-\alpha H')\right] + \sinh(H'/L_n) + \alpha L_n\exp(-\alpha H')}{(S_n L_n/D_n)\sinh(H'/L_n) + \cosh(H'/L_n)}\right. \tag{129}$$

式中 H' 为图(13.46a)所示的 p 型衬底中性区。

在耗尽区内也产生一些光电流,该区的电场通常很高,光生载流子在复合之前就受到电场加速被扫出耗尽区,这个区域的量子效率接近100%,单位带宽的光电流等于被吸收的光子数,

$$J_{dr} = q\phi(1-R)\exp(-\alpha x_j)[1-\exp(-\alpha W_D)] \tag{130}$$

给定波长下的总的光电流为式(125)、式(129)和式(130)之和,

$$J_L(\lambda) = J_p(\lambda) + J_n(\lambda) + J_{dr}(\lambda) \tag{131}$$

外部观测到的光谱响应(SR)定义为式(131)除以 $q\phi$,内部光谱响应 SR 等于式(131)除以 $q\phi(1-R)$:

$$SR(\lambda) = \frac{J_L(\lambda)}{q\phi(\lambda)[1-R(\lambda)]} = \frac{J_p(\lambda) + J_n(\lambda) + J_{dr}(\lambda)}{q\phi(\lambda)[1-R(\lambda)]} \tag{132}$$

对于能隙为 E_g 的半导体,理想的内部光谱响应是阶跃函数,即在 $h\nu < E_g$ 时等于零,在 $h\nu \geqslant E_g$ 时等于1(如图13.47(a)的虚线所示)。对于 Si n-p 太阳电池,仿真计算得到的内部光谱响应示于图13.47(a),此光谱响应在大的光子能量下偏离了理想化阶跃函数,此图还示出了三个区域各自对光谱响应的贡献。当光子能量较低时,由于 Si 的吸收系数低,大部分载流子在衬底区域产生;当光子能量增加到2.5 eV 以上,正面区域的载流子产生占优势;光子能量超出3.5 eV 时,α 大于 10^6 cm^{-1},光谱响应完全来自正面区域。因为假定 S_p 很高,在正面区域的表面复合导致了与理想响应的很大偏离。当 $\alpha L_p \gg 1$ 并且 $\alpha X_j \gg 1$ 时,光谱响应趋近于一个渐近值(从式(125)的正面光电流得到):

$$SR = \frac{1 + (S_p/\alpha D_p)}{(S_p L_p/D_p)\sinh(x_j/L_p) + \cosh(x_j/L_p)} \tag{133}$$

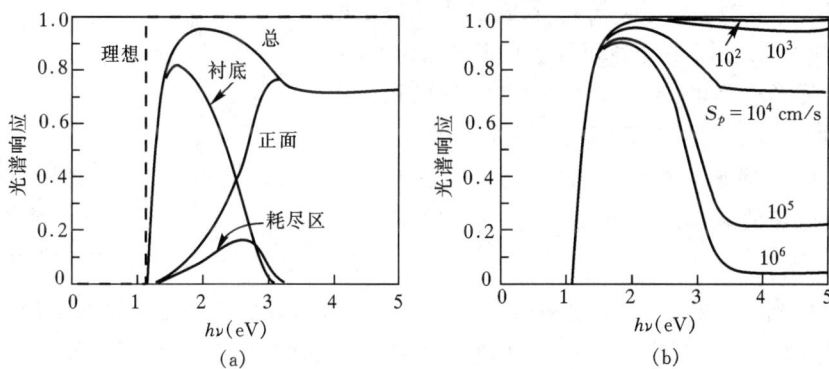

图 13.47　(a)n-p(p 区为衬底)Si 太阳电池的内部光谱响应的计算值,图中示出了三个区域各自的贡献,虚线是对于理想响应而言的,所用参数为 $N_D = 5 \times 10^{19}$ cm^{-3},$N_A = 1.5 \times 10^{16}$ cm^{-3},$\tau_p = 0.4$ μs,$\tau_n = 10$ μs,$x_j = 0.5$ μm,$H = 450$ μm,S_p(前)$= 10^4$ cm/s,S_n(后)$= \infty$;(b)不同的表面复合速度下的内部光谱响应计算值(引自参考文献84)

表面复合速度 S_p 对光谱响应有显著的影响,特别在光子能量较高时。对于只是 S_p 从 10^2 变化到 10^6 cm/s,而其它参数与图13.47(a)中一样的器件,这种效应示于图13.47(b),注意到,随着 S_p 的增加,光谱响应剧烈下降。式(133)还表明,给定 S_p 时,可通过增加扩散长度 L_p 来改善光谱响应。一般来讲,为了增加有用波段的 SR 值,应同时增加 L_n 和 L_p 并同时降低 S_n 和 S_p。

一旦光谱响应已知,从图 13.39 所示的太阳光谱分布 $\phi(\lambda)$ 得到的总光电流密度为

$$J_L = q \int_0^{\lambda_m} \phi(\lambda)[1 - R(\lambda)]\mathrm{SR}(\lambda)\mathrm{d}\lambda \tag{134}$$

式中 λ_m 为对应于半导体带隙的最长波长。为了得到大的 J_L,应该使 $0 < \lambda < \lambda_m$ 波段范围的 $R(\lambda)$ 值减至最小,并使 $\mathrm{SR}(\lambda)$ 值增至最大。

13.9.4 器件结构

对太阳电池的主要要求为高效、低成本和高可靠性,人们已提出了许多太阳电池结构并获得了很大的成功。然而,为使太阳电池对于整个能量消耗的产出有更大的影响力,今后仍然面临很多的挑战,但是对于相信它的人,目标是可以实现的。这里讨论几种主要的太阳电池设计及器件性能。

单晶硅太阳电池 单晶硅太阳电池在当前市场上取得了最大的成功,在性能和成本之间达到了一种合理的平衡,已报导的最佳效率大于 22%。该太阳电池最主要的成本为晶体衬底,大量的研究工作集中在减小晶体的生长成本上,而对晶体质量的要求远不如高密度集成电路那样。晶体生长的一种方法是 Si 熔融体中的带状生长技术,不同于通常的晶棒形状,该技术将晶体拉成薄膜,其厚度小于典型的硅晶圆片。这种技术减小了将块切割成晶圆片的成本并且避免了切割过程中材料的浪费。下面将讨论影响高性能太阳电池的其它特性。

背面场(BSF)的概念改善了传统电池的输出电压,其能带示意图如图 13.48 所示,电池正面用常规方法制造,然而电池背面为极重掺杂,与接触邻接。势垒势能 $q\psi_p$ 倾向于将少数载流子(电子)限制在较轻掺杂的区域内,并帮助将它们驱赶到正面。BSF 电池等效于背面有很低复合速度($S_n < 100$ cm/s)的常规结构太阳电池。低的 S_n 可以增强对低能量光子的光谱响应,因而短路电流密度增加。短路电流的增加、背面接触处二极管复合电流的减小以及附加势能 $q\psi_p$ 均使得开路电压增加。

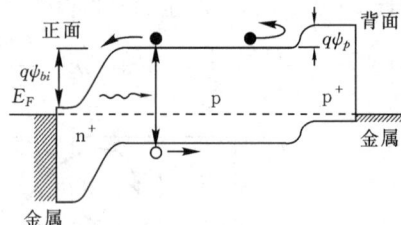

图 13.48 n^+-p-p^+ 背表面场结太阳电池的能带图(引自参考文献 85)

为了减小光的反射,太阳电池的正面和背面都采用绒面来俘获光。**绒面**电池就是一个例子,在 $\langle 100 \rangle$ 晶向的 Si 表面上采取各向异性刻蚀技术得到如图 13.49 所示的锥面体结构表面,入射到锥体某一侧面的光被反射到另一锥体表面而不是被反射出半导体表面。不覆盖任何物质的绒面结构的 Si 表面的反射率从平坦时的 35% 左右降低到 20%,如加上抗反射涂层,会使总反射减少到百分之几以内。

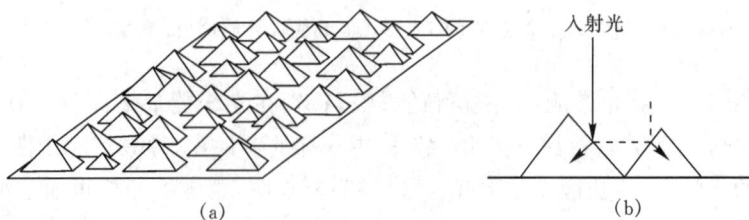

(a)   (b)

图 13.49 (a)有锥面的绒面电池;(b)减小反射的光程示意图(引自参考文献 86)

另外一种面积成本节约法是厚金属化过程,因为太阳电池为功率器件,它比通常的集成电路承载更高的电流,在生产中,通常使用一种被称为丝网印刷的过程来淀积厚的金属层,这种工艺比在真空系统中淀积金属要快很多。

薄膜太阳电池　对于薄膜太阳电池,有源半导体层是淀积在或形成在如玻璃、塑料、陶瓷、金属、石墨或冶金学硅等电学有源或无源衬底上的多晶或无序膜。可以采用各种方法在衬底上淀积半导体薄膜,例如气相生长、等离子体蒸发和镀覆。若半导体膜厚大于吸收长度,大部分光被吸收;若扩散长度大于膜的厚度,大部分光生载流子可被收集。最通常并已成功使用的膜为 Si、CdTe、CdS、CIS($CuInSe_2$)和 CIGS($CuInGaSe_2$),它们的效率可达到或高于 15%。

薄膜太阳电池的主要优点是有希望降低成本,因为这种电池采用了低成本工艺和材料,主要缺点是效率低和长时间工作不稳定等问题。低效率的原因部分来自于晶粒间界效应,部分来自于外部衬底上生长的低质量半导体材料。另一个问题是稳定性较差,这是由于半导体材料与周围气氛的化学反应所致,例如与 O_2 和水蒸气的作用,必须采取适当的措施以保证薄膜太阳电池的可靠性。

无定形硅(a-Si)是一种得到了很好研究的薄膜太阳电池材料,硅烷通过射频辉光放电将硅化物分解在金属或玻璃衬底上,生成 $1\sim3~\mu m$ 厚的无定形硅膜。结晶硅和无定形硅之间有很大差异,前者有 1.1 eV 的间接带隙,而经过氢化的 a-Si 的光吸收特性却类似于 1.6 eV 的直接带隙晶体的预期特性。这种材料的太阳电池已以 p-n 结和肖特基势垒的形式制作出来。因为在太阳光谱的可见光波段,a-Si 的吸收系数范围为 $10^4\sim10^5~cm^{-1}$,在厚度为几分之一微米的受照面内,可以存在大量的光生载流子。

因为淀积的薄膜常常会有陷阱,我们现在来估计一下陷阱浓度在什么水平下器件特性开始严重退化。不存在带电陷阱时,电场是均匀的,可用 $\mathscr{E}=E_g/qH$ 表示,其中 H 为总的膜厚。当厚度为 $1/\alpha$(约 $0.1~\mu m$),$E_g=1.5$ eV 时,电场为 1.5×10^5 V/cm。当存在浓度为 n_t 的陷阱,净空间电荷为 n_c 时,且有 $n_c<n_t$,这些带电缺陷将影响电场强度,造成 $\Delta\mathscr{E}=qn_cH/\varepsilon_s$ 的电场变化。假定介电常数为 4,若 $n_c<10^{16}~cm^{-3}$,则 $\Delta\mathscr{E}\ll\mathscr{E}$,表明可以容许高达 $10^{17}~cm^{-3}$ 的总陷阱浓度而不致严重干扰半导体内的电场。进一步的要求是空间电荷限制电流必须高于 100 mA/cm^2 左右,它远大于一个太阳照射时所产生的短路电流密度,当厚度为 $0.1~\mu m$ 时,此条件可使允许的陷阱态密度高达 $10^{17}cm^{-2}/eV$。

此电场还必须在渡越时间 $H/\mathscr{E}\mu$ 内能够抽出电子和空穴,渡越时间短于复合寿命 $(n_t v\sigma)^{-1}$,σ 为俘获截面(约等于 $10^{-14}~cm^2$),v 为热运动速度(约 10^7 cm/s),如果下式成立,以上条件可以满足,

$$\mu>\frac{n_t v\sigma H}{\mathscr{E}}=\frac{n_i v\sigma qH^2}{E_g}\approx1~cm^2/V\cdot s \tag{135}$$

而上式不难实现。

以上讨论表明,若半导体膜足够薄且在带边附近有很高的吸收系数,同时具有所要求的迁移率,就可在含有非常高的缺陷密度的半导体上制造出实用的太阳电池。

肖特基势垒和 MIS 太阳电池　肖特基势垒二极管的基本特征已在第 3 章进行了描述,金属一定要足够薄,才能使大量光线到达半导体。进入半导体的短波长光主要在耗尽区内被吸收,长波长光在中性区内被吸收,就像在 p-n 结中那样产生电子-空穴对。对于太阳电池应用,从金属激发到半导体的载流子对总光电流的贡献不到 1%,因而可以忽略。

肖特基势垒的优点包括：(1)无需高温扩散或退火，为低温工艺；(2)适用于多晶和薄膜太阳电池；(3)由于表面附近的强电场，抗辐射能力很强；(4)由于耗尽区出现在半导体表面上，可以大大降低表面附近低寿命和高复合速度效应，从而得到大电流输出和优良的光谱响应。

光电流的两种主要来源分别来自耗尽区和衬底中性区，对来自耗尽区的载流子的收集作用类似于 p-n 结的情形，产生的光电流为

$$J_{dr} = qT(\lambda)\phi(\lambda)[1 - \exp(-\alpha W_D)] \tag{136}$$

式中 $T(\lambda)$ 为金属的透射系数。来自衬底区的光电流的表达式与式(129)相同，只是用 $T(\lambda)$ 代替了 $(1-R)$，用 αW_D 代替了 $\alpha(x_j + W_D)$。若背面接触是欧姆接触且器件厚度远大于扩散长度，即 $H' \gg L_p$，则来自衬底区的光电流简化为

$$J_n = qT(\lambda)\phi(\lambda)\frac{\alpha L_n}{\alpha L_n + 1}\exp(-\alpha W_D) \tag{137}$$

总的光电流由式(136)和式(137)之和表示。

光照下肖特基势垒的 I-V 特性为

$$I = I_s\left[\exp\left(\frac{qV}{nkT}\right) - 1\right] - I_L \tag{138}$$

且

$$I_s = AA^{**}T^2\exp\left(\frac{-q\phi_B}{kT}\right) \tag{139}$$

式中，n 为理想因子，A^{**} 为有理查逊常数（参见第 3 章），$q\phi_B$ 为势垒高度。转换效率由式(114)表示，对于给定的半导体，可从式(114)、式(137)和式(138)算出效率与势垒高度的关系。

对于在均匀掺杂衬底上制备的大多数金属-半导体系统，最大势垒高度约为 $(2/3)E_g$，结果其内建电势低于 p-n 结的内建电势，因此 V_{oc} 也较低。然而，当在半导体表面附近插入一与衬底掺杂相反的重掺杂半导体薄层时（厚度为 10 nm），势垒高度可增高到接近于带隙能量。

在 MIS(金属-绝缘体-半导体)太阳电池中，在金属和半导体表面之间插入一薄绝缘层。MIS 太阳电池的优点包括：有一电场扩展到半导体表面，其方向有助于收集短波长光产生的少数载流子；电池的有源区没有扩散 p-n 结电池固有的扩散引发的晶格损伤。饱和电流密度类似于肖特基势垒情形，但有一附加的隧穿项（参见第 8 章）：

$$J_s = A^{**}T^2\exp\left(\frac{-q\phi_B}{kT}\right)\exp(-\delta\sqrt{q\phi_T}) \tag{140}$$

式中，用 $q\phi_T$ 为绝缘层所引入的平均势垒高度，用 eV 表示，δ 为以 Å 为单位的绝缘层厚度，将 $V = V_{oc}$、$J = 0$ 代入式(138)，得到

$$V_{oc} = \frac{nkT}{q}\left[\ln\left(\frac{J_L}{A^{**}T^2}\right) + \frac{q\phi_B}{kT} + \delta\sqrt{q\phi_T}\right] \tag{141}$$

式(141)表明，MIS 太阳电池的 V_{oc} 随 δ 的增加而增加。然而，随着绝缘层厚度 δ 的进一步增加，短路电流减少，转换效率降低，MIS 电池的最佳氧化层厚度约为 2 nm。[87]

多结太阳电池　已讨论的最大效率的理论值是基于光电流和开路电压对 E_g 的不同要求的相互折衷。已经看到，运用具有不同带隙的多个结并将它们彼此叠放可以提高效率，因为这样可以使低于单一 E_g 的光子损失更少。对于有两个结的太阳电池的理论计算结果示于图 13.50，这种前后串接的电池最大效率约为 40%，其中 $E_{g1} = 1.7$ eV，$E_{g2} = 1$ eV；对于三个结的电池，理想带隙组合为 $E_{g1} = 1.75$ eV、$E_{g2} = 1.18$ eV 和 $E_{g3} = 0.75$ eV，在这三个带隙以外，效

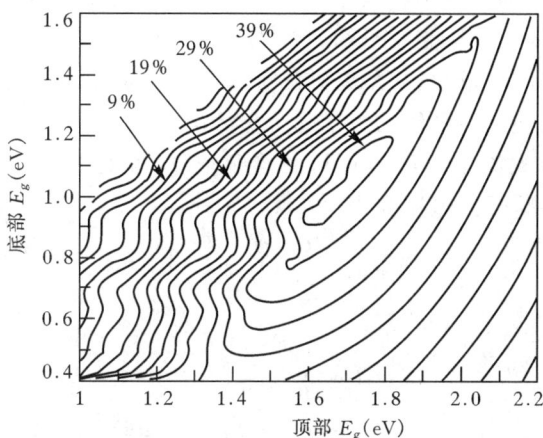

图 13.50　串接太阳电池的最大效率与顶部 E_g 和底部
E_g 的关系(引自参考文献 88)

率增长非常小。对于晶体太阳电池的实验表明,基于 GaAs/InGaAs 和 InGaP/InGaAs/Ge 化
合物半导体的太阳电池的效率大于 30%,是所有报导的结构中最高的一种。在薄膜电池中,
已经证明,基于 SiGeC/Si/SiGe 和 SiGeC/Si/GeC 的多结电池与任何一个单结太阳电池相比,
具有更高的效率。

集光　太阳光可采用镜子和透镜进行聚焦,集光提供了一种降低电池成本的极具吸引力
的灵活方式,它用集光器的面积代替了许多电池的面积。集光还有其它优点,包括:(1)提高了
电池效率(图 13.44);(2)是产生电输出和热输出的混合系统;(3)降低了电池的温度系数。

在标准的集光器模块中,镜子和透镜用于将太阳光直射和聚焦到安装在水冷块上的太阳
电池上。由硅垂直结太阳电池得到的实验结果示于图 13.51,注意,当集光从 1 个太阳增加为
1000 个太阳时,器件的性能得以改善。短路电流随集光线性增加,强度每增加 10 倍,开路电

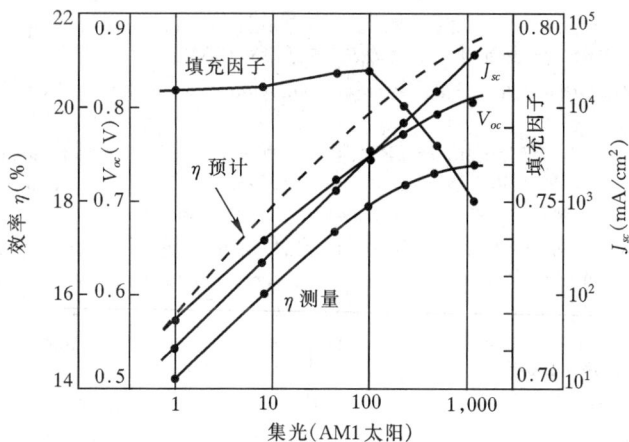

图 13.51　多垂直结太阳电池的效率 η、V_{oc}、J_{sc} 和填充因子与 AM1 太阳集光的关系
(引自参考文献 44)

压增加 0.1 V,而填充因子略微减小。效率为上述三个因子的乘积除以输入集光功率,集光每增加 10 倍,效率增加约 2%。因此,在 1000 个太阳集光下工作的一个电池可以产生与 1 个太阳下 1300 个电池相同的功率输出,故集光方法有潜力以不太昂贵的集光器材料和相关跟踪装置替代昂贵的太阳电池,使整个系统的成本降至最低。

在高的集光条件下,载流子浓度接近衬底掺杂浓度,满足大注入条件,电流密度正比于 $\exp(qV/nkT)$,此处,$n=2$,开路电压变为

$$V_{oc} = \frac{2kT}{q} \ln\left(\frac{J_L}{J_s} + 1\right) \tag{142}$$

J_s 可表示为

$$J_s = C_4 \left(\frac{T}{T_0}\right)^{3/2} \exp\left[-\frac{E_g(T)}{2kT}\right] \tag{143}$$

式中,C_4 为常数,T 为工作温度,T_0 为 300 K。V_{oc} 的温度系数从 1 个太阳时的 -2.07 mV/℃ 变到 500 个太阳时的 -1.45 mV/℃,因此,对于硅太阳电池,高的太阳集光水平可减少高温工作时的效率损失。

采取具有不同带隙的单独太阳电池可进一步增加效率和功率输出,光谱分割设备将太阳光通量分成许多窄的光谱带,采用对该谱带有最优带隙的光电池来转换各带的光通量。

参考文献

1. H. Melchior, "Demodulation and Photodetection Techniques," in F. T. Arecchi and E. O. Schulz-Dubois, Eds., *Laser Handbook*, Vol. **1**, North-Holland, Amsterdam, 1972, pp. 725–835.

2. M. Ross, *Laser Receivers-Devices, Techniques, Systems*, Wiley, New York, 1966.

3. C. A. Musca, J. F. Siliquini, B. D. Nener, and L. Faraone, "Heterojunction Blocking Contacts in MOCVD Grown $Hg_{1-x}Cd_xTe$ Long Wavelength Infrared Photoconductors," *IEEE Trans. Electron Dev.*, **ED-44**, 239 (1997).

4. M. DiDomenico, Jr. and O. Svelto, "Solid State Photodetection Comparison between Photodiodes and Photoconductors," *Proc. IEEE*, **52**, 136 (1964).

5. A. Van der Ziel, *Fluctuation Phenomena in Semiconductors*, Academic, New York, 1959, Chap. 6.

6. W. L. Eisenman, J. D. Merriam, and R. F. Potter, "Operational Characteristics of Infrared Photodiode," in R. K. Willardson and A. C. Bear, Eds., *Semiconductors and Semimetals*, Vol. **12**, *Infrared Detector II*, Academic, New York, 1977, pp. 1–38.

7. G. E. Stillman, C. M. Wolfe, and J. O. Dimmock, "Far-Infrared Photoconductivity in High Purity GaAs," in R. K. Willardson and A. C. Bear, Eds., *Semiconductors and Semimetals*, Vol. **12**, *Infrared Detector II*, Academic, New York, 1977, pp. 169–290.

8. G. E. Stillman and C. M. Wolfe, "Avalanche Photodiode," in R. K. Willardson and A. C. Bear, Eds., *Semiconductors and Semimetals*, Vol. **12**, *Infrared Detector II*, Academic, New York, 1977, pp. 291–394.

9. R. G. Smith and S. D. Personick, "Receiver Design for Optical Communication Systems," in H. Kressel, Ed., *Semiconductor Devices for Optical Communication*, Springer-Verlag, New York, 1979, Chap. 4.

10. W. W. Gartner, "Depletion-Layer Photoeffects in Semiconductors," *Phys. Rev.*, **116**, 84 (1959).

11. H. S. Lee and S. M. Sze, "Silicon *p-i-n* Photodetector Using Internal Reflection Method," *IEEE Trans. Electron Dev.*, **ED-17**, 342 (1970).

12. J. Muller, "Thin Silicon Film *p-i-n* Photodiodes with Internal Reflection," *IEEE Trans. Electron Dev.*, **ED-25**, 247 (1978).

13. K. Ahmad and A. W. Mabbitt, "GaInAs Photodiodes," *Solid-State Electron.*, **22**, 327 (1979).

14. W. F. Kosonocky, "Review of Schottky-Barrier Imager Technology," *SPIE*, **1308**, 2 (1990).

15. C. R. Crowell and S. M. Sze, "Hot Electron Transport and Electron Tunneling in Thin Film Structures," in R. E. Thun, Ed., *Physics of Thin Films*, Vol. **4**, Academic, New York, 1967, pp. 325–371.

16. W. M. Sharpless, "Cartridge-Type Point Contact Photodiode," *Proc. IEEE,,* **52**, 207 (1964).

17. J. C. Campbell, S. Demiguel, F. Ma, A. Beck, X. Guo, S. Wang, X. Zheng, X. Li, J. D. Beck, M. A. Kinch, A. Huntington, L. A. Coldren, J. Decobert, and N. Tscherptner, "Recent Advances in Avalanche Photodiodes," *IEEE J. Selected Topics Quan. Elect.*, **10**, 777 (2004).

18. H. Melchior and W. T. Lynch, "Signal and Noise Response of High Speed Germanium Avalanche Photodiodes," *IEEE Trans. Electron Dev.*, **ED-13**, 829 (1966).

19. R. B. Emmons, "Avalanche Photodiode Frequency Response," *J. Appl. Phys.*, **38**, 3705 (1967).

20. R. J. McIntyre, "Multiplication Noise in Uniform Avalanche Diodes," *IEEE Trans. Electron Dev.*, **ED-13**, 164 (1966).

21. R. D. Baertsch, "Noise and Ionization Rate Measurements in Silicon Photodiodes," *IEEE Trans. Electron Dev.*, **ED-13**, 987 (1966).

22. R. J. McIntyre, "The Distribution of Gains in Uniformly Multiplying Avalanche Photodiodes: Theory," *IEEE Trans. Electron Dev.*, **ED-19**, 703 (1972).

23. R. P. Webb, R. J. McIntyre, and J. Conradi, "Properties of Avalanche Photodiodes," *RCA Rev.*, **35**, 234 (1974).

24. H. Kanbe and T. Kmura, "Figure of Merit for Avalanche Photodiodes," *Electron. Lett.*, **13**, 262 (1977).

25. L. K. Anderson, P. G. McMullin, L. A. D'Asaro, and A. Goetzberger, "Microwave Photodiodes Exhibiting Microplasma-Free Carrier Multiplication," *Appl. Phys. Lett.*, **6**, 62 (1965).

26. S. M. Sze and G. Gibbons, "Effect of Junction Curvature on Breakdown Voltage in Semiconductors," *Solid-State Electron.*, **9**, 831 (1966).

27. H. W. Ruegg, "An Optimized Avalanche Photodiode," *IEEE Trans. Electron Dev.*, **ED-14**, 239 (1967).

28. J. Moll, *Physics of Semiconductors*, McGraw-Hill, New York, 1964.

29. H. Melchior, A. R. Hartman, D. P. Schinke, and T. E. Seidel, "Planar Epitaxial Silicon Avalanche Photodiode," *Bell Syst. Tech. J.*, **57**, 1791 (1978).

30. H. Melchior, M. P. Lepselter, and S. M. Sze, "Metal-Semiconductor Avalanche Photodiode," *IEEE Solid-State Device Res. Conf.*, Boulder, Colo., June 17–19, 1968.

31. N. Susa, H. Nakagome, O. Mikami, H. Ando, and H. Kanbe, "New InGaAs/InP Avalanche Photodiode Structure for the 1–1.6 μm Wavelength Region" *IEEE J. Quantum Electron.*, **QE-16**, 864 (1980).

32. O. Hildebrand, W. Kuebart, and M. H. Pilkuhn, "Resonant Enhancement of Impact Ionization in $Al_xGa_{1-x}Sb$ *p-i-n* Avalanche Photodiodes," *Appl. Phys. Lett.*, **37**, 801 (1980).

33. F. H. DeLaMoneda, E. R. Chenette, and A. Van der Ziel, "Noise in Phototransistors," *IEEE Trans. Electron Dev.*, **ED-18**, 340 (1971).

34. S. Knight, L. R. Dawson, U. G. Keramidas, and M. G. Spencer, "An Optically Triggered Double Heterostructure Linear Bilateral Phototransistor," *Tech. Dig. IEEE IEDM*, 1977, p. 472.

35. W. S. Boyle and G. E. Smith, "Charge Coupled Semiconductor Devices," *Bell Syst. Tech. J.*, **49**, 587 (1970).

36. M. F. Tompsett, G. F. Amelio, and G. E. Smith, "Charge Coupled 8-bit Shift Register," *Appl. Phys. Lett.*, **17**, 111 (1970).

37. M. F. Tompsett, G. F. Amelio, W. J. Bertram, Jr., R. R. Buckley, W. J. McNamara, J. C. Mikkelsen, Jr., and D. A. Sealer, "Charge-Coupled Imaging Devices: Experimental Results," *IEEE Trans. Electron Dev.*, **ED-18**, 992 (1971).

38. W. J. Bertram, D. A. Sealer, C. H. Sequin, M. F. Tompsett, and R. R. Buckley, "Recent Advances in Charge Coupled Imaging Devices," *INTERCON Dig.*, 292 (1972).

39. T. F. Tao, J. R. Ellis, L. Kost, and A. Doshier, "Feasibility Study of PbTe and $Pb_{0.76}Sn_{0.24}Te$ Infrared Charge Coupled Imager," *Proc. Int. Conf. Tech. Appl. Charge Coupled Devices*, 259 (1973).

40. J. C. Kim, "InSb MIS Structures for Infrared Imaging Devices," *Tech. Dig. IEEE IEDM*, 419 (1973).

41. H. K. Burke and G. J. Michon, "Charge-Injection Imaging: Operating Techniques and Performances Characteristics," *IEEE Trans. Electron Dev.*, **ED-23**, 189 (1976).

42. W. S. Boyle and G. E. Smith, "Charge-Coupled Devices—A New Approach to MIS Device Structures," *IEEE Spectrum*, **8**, 18 (1971).

43. F. L. J. Sangster, "Integrated MOS and Bipolar Analog Delay Lines Using Bucket-Brigade Capacitor Storage," *Proc. IEEE Int. Solid-State Circuits Conf.*, 74 (1970).

44. M. F. Tompsett, "Video-Signal Generation," in T. P. McLean and P. Schagen, Eds., *Electronic Imaging*, Academic, New York, 1979, p. 55.

45. C. K. Kim, "The Physics of Charge-Coupled Devices," in M. J. Howes and D. V. Morgan, Eds., *Charge-Coupled Devices and Systems*, Wiley, New York, 1979, p. 1.

46. C. H. Sequin and M. F. Tompsett, *Charge Transfer Devices*, Academic, New York, 1975.

47. J. E. Carnes, W. F. Kosonocky, and E. G. Ramberg, "Free Charge Transfer in Charge-Coupled Devices," *IEEE Trans. Electron Dev.*, **ED-19**, 798 (1972).

48. M. H. Elsaid, S. G. Chamberlain, and L. A. K. Watt, "Computer Model and Charge Transport Studies in Short Gate Charge-Coupled Devices," *Solid-State Electron.*, **20**, 61 (1977).

49. M. F. Tompsett, "The Quantitative Effect of Interface States on the Performance of Charge-Coupled Devices," *IEEE Trans. Electron Dev.*, **ED-20**, 45 (1973).

50. R. E. Colbeth and R. A. LaRue, "A CCD Frequency Prescaler for Broadband Applications," *IEEE J. Solid-St. Circuits*, **28**, 922 (1993).

51. M. F. Tompsett, "Charge Transfer Devices," *J. Vac. Sci. Technol.*, **9**, 1166 (1972).

52. W. S. Boyle and G. E. Smith, U.S. Patent 3,792,322 (1974).

53. R. H. Walden, R. H. Krambeck, R. J. Strain, J. McKenna, N. L. Schryer, and G. E. Smith, "The Buried Channel Charge Coupled Device," *Bell Syst. Tech. J.*, **51**, 1635 (1972).

54. A. El Gamal and H. Eltoukhy, "CMOS Image Sensors," *IEEE Circuits Dev. Mag.*, 6, (May/June 2005).

55. K. K. Ng, *Complete Guide to Semiconductor Devices*, 2nd Ed., Wiley/IEEE Press, Hoboken, New Jersey, 2002.

56. T. Sugeta, T. Urisu, S. Sakata, and Y. Mizushima, "Metal-Semiconductor-Metal Photodetector for High-Speed Optoelectronic Circuits," *Proc. 11th Conf. (1979 Int.) Solid State Devices*, Tokyo, 1979. *Jpn. J. Appl. Phys.*, Suppl. **19-1**, 459 (1980).

57. T. Sugeta and T. Urisu, "High-Gain Metal-Semiconductor-Metal Photodetectors for High-Speed Optoelectronics Circuits," *Proc. IEEE Dev. Research Conf.*, 1979. Also in *IEEE Trans. Electron Dev.*, **ED-26**, 1855 (1979).

58. H. Schumacher, H. P. Leblanc, J. Soole, and R. Bhat, "An Investigation of the Optoelectronic Response of GaAs/InGaAs MSM Photodetectors," *IEEE Electron Dev. Lett.*, **EDL-9**, 607 (1988).

59. J. B. D. Soole, H. Schumacher, R. Esagui, and R. Bhat, "Waveguide Integrated MSM Photodetector for the 1.3µm–1.6µm Wavelength Range," *Tech. Dig. IEEE IEDM*, 483 (1988).

60. S. M. Sze, D. J. Coleman, Jr., and A. Loya, "Current Transport in Metal-Semiconductor-Metal (MSM) Structures," *Solid-State Electron.*, **14**, 1209 (1971).

61. B. J. van Zeghbroeck, W. Patrick, J. Halbout, and P. Vettiger, "105-GHz Bandwidth Metal-Semiconductor-Metal Photodiode," *IEEE Electron Dev. Lett.*, **EDL-9**, 527 (1988).

62. J. Kim, W. B. Johnson, S. Kanakaraju, L. C. Calhoun, and C. H. Lee, "Improvement of Dark Current Using InP/InGaAsP Transition Layer in Large-Area InGaAs MSM Photodetectors," *IEEE Trans. Electron Dev.*, **ED-51**, 351 (2004).

63. L. C. Chiu, J. S. Smith, S. Margalit, A. Yariv, and A. Y. Cho, "Application of Internal Photoemission from Quantum-Well and Heterojunction Superlattices to Infrared Photodetectors," *Infrared Phys.*, **23**, 93 (1983).

64. J. S. Smith, L. C. Chiu, S. Margalit, A. Yariv, and A. Y. Cho, "A New Infrared Detector Using Electron Emission from Multiple Quantum Wells," *J. Vac. Sci. Technol.*, **B1**, 376 (1983).

65. L. C. West and S. J. Eglash, "First Observation of an Extremely Large-Dipole Infrared Transition Within the Conduction Band of a GaAs Quantum Well," *Appl. Phys. Lett.*, **46**, 1156 (1985).

66. B. F. Levine, K. K. Choi, C. G. Bethea, J. Walker, and R. J. Malik, "New 10 µm Infrared Detector Using Intersubband Absorption in Resonant Tunneling GaAlAs Superlattices," *Appl. Phys. Lett.*, **50**, 1092 (1987).

67. K. K. Choi, B. F. Levine, C. G. Bethea, J. Walker, and R. J. Malik, "Multiple Quantum Well 10 µm GaAs/Al$_x$Ga$_{1-x}$As Infrared Detector with Improved Responsivity," *Appl. Phys. Lett.*, **50**, 1814 (1987).

68. B. F. Levine, C. G. Bethea, G. Hasnain, J. Walker, and R. J. Malik, "High-detectivity $D^* = 1.0 \times 10^{10}$ cm-Hz$^{0.5}$/W GaAs/AlGaAs Multiquantum Well $\lambda = 8.3$ µm Infrared Detector," *Appl. Phys. Lett.*, **53**, 296 (1988).

69. L. S. Yu and S. S. Li, "A Metal Grating Coupled Bound-to-Miniband Transition GaAs Multiquantum Well/Superlattice Infrared Detector," *Appl. Phys. Lett.*, **59**, 1332 (1991).

70. B. F. Levine, A. Zussman, J. M. Kuo, and J. de Jong, "19 µm Cutoff Long-Wavelength GaAs/Al$_x$Ga$_{1-x}$As Quantum-Well Infrared Photodetectors," *J. Appl. Phys.*, **71**, 5130 (1992).

71. H. C. Liu, "Photoconductive Gain Mechanism of Quantum-Well Intersubband Infrared Detectors," *Appl. Phys. Lett.*, **60**, 1507 (1992).

72. B. F. Levine, "Quantum-Well Infrared Photodetectors," *J. Appl. Phys.*, **74**, R1 (1993).

73. E. Becquerel, "On Electric Effects under the Influence of Solar Radiation," *Compt. Rend.*, **9**, 561 (1839).

74. R. S. Ohl, "Light-Sensitive Electric Device," U.S. Patent 2,402,662. Filed May 27, 1941. Granted June 25, 1946.

75. M. Riordan and L. Hoddeson, "The Origins of the *pn* Junction," *IEEE Spectrum*, **34**, 46 (1997).

76. S. Benzer, "Excess-Defect Germanium Contacts," *Phys. Rev.*, **72**, 1267 (1947).

77. J. I. Pantchechnikoff, "A Large Area Germanium Photocell," *Rev. Sci. Instr.*, **23**, 135 (1952).

78. D. M. Chapin, C. S. Fuller, and G. L. Pearson, "A New Silicon *p-n* Junction Photocell for Converting Solar Radiation into Electrical Power," *J. Appl. Phys.*, **25**, 676 (1954).

79. D. C. Reynolds, G. Leies, L. L. Antes, and R. E. Marburger, "Photovoltaic Effect in

Cadmium Sulfide," *Phys. Rev.*, **96**, 533 (1954).

80. M. P. Thekaekara, "Data on Incident Solar Energy," *Suppl. Proc. 20th Annu. Meet. Inst. Environ. Sci.*, 1974, p. 21.

81. C. H. Henry, "Limiting Efficiency of Ideal Single and Multiple Energy Gap Terrestrial Solar Cells," *J. Appl. Phys.*, **51**, 4494 (1980).

82. *Principal Conclusions of the American Physical Society Study Group on Solar Photovoltaic Energy Conversion*, American Physical Society, New York, 1979.

83. M. B. Prince, "Silicon Solar Energy Converters," *J. Appl. Phys.*, **26**, 534 (1955).

84. H. J. Hovel, *Solar Cells*, in R. K. Willardson and A. C. Beer, Eds., *Semiconductors and Semimetals*, Vol. **11**, Academic, New York, 1975; "Photovoltaic Materials and Devices for Terrestrial Applications," *Tech. Dig. IEEE IEDM*, 1979, p. 3.

85. J. Mandelkorn and J. H. Lamneck, Jr., "Simplified Fabrication of Back Surface Electric Field Silicon Cells and Novel Characteristic of Such Cells," *Conf. Rec. 9th IEEE Photovoltaic Spec. Conf.*, IEEE, New York, 1972, p. 66.

86. R. A. Arndt, J. F. Allison, J. G. Haynos, and A. Meulenberg, Jr., "Optical Properties of the COMSAT Non-Reflective Cell," *Conf. Rec. 11th IEEE Photovoltaic Spec. Conf.*, IEEE, New York, 1975, p. 40.

87. H. C. Card and E. S. Yang, "MIS-Schottky Theory under Conditions of Optical Carrier Generation in Solar Cells," *Appl. Phys. Lett.*, **29**, 51 (1976).

88. A. V. Shah, M. Vanecek, J. Meier, F. Meillaud, J. Guillet, D. Fischer, C. Droz, X. Niquille, S. Fay, E. Vallat-Sauvain, V. Terrazzoni-Daudrix, and J. Bailat, "Basic Efficiency Limits, Recent Experiments Results and Novel Light-Trapping Schemes in a-Si:H, μc-Si:H and Micromorph Tandem Solar Cells," *J. Non-Cryst. Solids*, **338-340**, 639 (2004).

89. R. I. Frank, J. L. Goodrich, and R. Kaplow, "A Novel Silicon High-Intensity Photovoltaic Cell," *GOMAC Conference*, Houston, Nov. 1980.

习题

1. (a)说明光电探测器的量子效率 η 与波长 λ（μm）和响应度 $\mathscr{R}$ 的关系可由 $\mathscr{R}=\eta\lambda/1.24$ 给出；(b)下列情况下，波长为 0.8 μm 的光电探测器的理想响应度为多少？(1)GaAs 同质结；(2)$Al_{0.34}Ga_{0.66}As$ 同质结；(3)GaAs 与 $Al_{0.34}Ga_{0.66}As$ 组成的异质结；(4)一个两端的、单片的串联光电探测器，其上面的探测器由 $Al_{0.34}Ga_{0.66}As$ 制成，下面的探测器由 GaAs 制作。

2. 光电导的尺寸为 $L=6$ mm，$W=2$ mm，$D=1$ mm（图 13.2a），放在均匀的光辐射下，在器件上加有 10 V 的电压，光的吸收使得电流增加了 2.83 mA。光辐射突然撤掉，电流下降，设开始时的下降率为 23.6 A/s，电子和空穴的迁移率分别为 3600 $cm^2/V\cdot s$ 和 1700 $cm^2/V\cdot s$，求(a)稳态时，光辐射产生的电子-空穴对浓度；(b)少数载流子寿命；(c)辐射撤销 1 ms 后剩余的过剩电子和空穴浓度。

3. 计算光电导的增益和产生的电流。设光的功率为 1 μW，$h\nu=3$ eV，光电导的效率 $\eta=0.85$，少子寿命为 0.6 ns，材料的电子迁移率为 3000 $cm^2/V\cdot s$，电场为 5000 V/cm，$L=10$ μm。

4. (a)对于一个 p-i-n 光电探测器，量子效率由本章式(33)给出，由式(2)和式(32)推导此式；(b)一个 p-i-n 光电探测器有 1 μm 厚的 InGaAs 吸收层，在光入射面上涂有抗反射层（反射率为 0%），(1)波长为 1.55 μm 时，此光电二极管的外部量子效率为多少？(2)如果光线通过吸收层两次，外部量子效率为多少？假设 1.55 μm 波长的吸收系数为 10^4 cm^{-1}，扩散长度

为 10^{-2} cm。

5. 对于一个光电二极管,我们需要足够宽的耗尽层来吸收大部分入射光线,但又不能太宽,太宽会限制其频率响应,求具有 10 GHz 中等频率的 Si 光电二极管的最优耗尽层宽度。

6. (a)对于一个雪崩光电二极管(APD),击穿条件由式(58)给出,试推导此式;
   (b)对于一个锗低-高-低 APD,如果雪崩区的厚度为 1 μm,求室温下,电子和空穴的电离率。

7. 硅 n^+-p-π-p^+ 雪崩光电二极管的工作区为 0.8 μm,其 p 型层的厚度为 3 μm,π 层的厚度为 9 μm,偏置电压必须足够高来引发 p 区的雪崩击穿及 π 区的速度饱和,求最小偏置电压及 p 区相应的掺杂浓度,估计出器件的渡越时间。

8. p-n 结光电二极管可以工作在与太阳电池相似的光生伏特条件下,光照下光电二极管的电流-电压特性也与太阳电池相似,说明光电二极管和太阳电池的主要区别。

9. 一个硅 p-n 结太阳电池的面积为 2 cm^2,如果太阳电池的掺杂为 $N_A = 1.7 \times 10^{16}\,cm^{-3}$,$N_D = 5 \times 10^{19}\,cm^{-3}$,$\tau_n = 10$ μs,$\tau_p = 0.5$ μs,$D_n = 9.3$ cm^2/s,$D_p = 2.5$ cm^2/s,$I_L = 95$ mA,(a)计算并画出此太阳电池的 I-V 特性;(b)计算开路电压;(c)确定室温下此太阳电池的最大输出功率。

10. 300 K 时理想的太阳电池的短路电流为 3 A,开路电压为 0.6 V,计算并画出它的输出功率与工作电压的关系,求此功率输出下的填充因子。

第 *14* 章

传感器

14.1 引言

人体具备一些天然的传感器。我们可以感知温度、压力、光、味道等。但是,传感器件非常有助于把我们的敏锐程度和天然感知能力范围扩展到像磁场这样一类领域。传感器,正如它的名字所表明的那样,可以感知和监控物理或者化学参量。相同的或者类似的用途中也有其它的名称,但是在本书中,**传感器**、**探测器**和**换能器**这三种名称是同义的。在半导体领域中,传感器的发展相对缓慢,但是由于来自安全、环境控制、健康改善以及其他领域对其需求的不断上升,预期传感器将变得越来越重要,并且在不久的将来发展速度会加快[1-2]。

图 14.1 显示了一个传感器的基本工作原理。由于本章主要介绍半导体传感器,因而其输入输出均为电信号。所测量的是来自外部的感应、特征和状况,它们需要被传感器探测和测量。被测量可以分为如下几类:

1.温度

2.机械

3.磁

4.化学

5. 光学

光学传感器, 也叫光电探测器, 在第 13 章中已经深入的涉及到了, 在这里就不再重复。此外, 如果被测量是另外一个电信号, 此时传感器就变成一个常规的半导体器件, 在本章中将不被看作传感器。

在一些罕见的情况下, 传感器无需电信号输入或电源输入, 被测量本身就可以产生电信号, 而不需要再调制它。例如工作在光电压模式下的光电探测器, 也就是由光信号直接产生

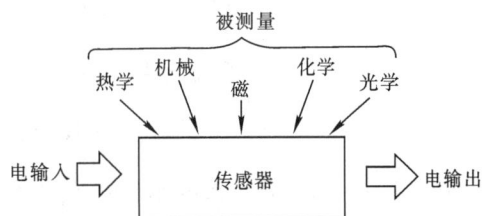

图 14.1　一个常规半导体传感器是根据电信号的变化来检测物理量

电流或者偏压。相比调制传感器而言, 这类传感器被称为**自生传感器**。然而, 大多数传感器为**调制传感器**, 就是说, 需要一个输入信号或者电源。

应该指出的是, 本章所讨论的传感器采用基本的或直接的感知方案。商业市场中的实际传感系统可以采用间接感知方式。比如, 温度可以通过二极管的 I-V 特性直接检测, 也可以通过多层金属的机械膨胀来获得, 金属的膨胀位移由机械传感器或者光学传感器测量。传感系统不是唯一的, 它取决于价格和使用的环境。

如同本书的其它部分一样, 本章主要涉及半导体材料和器件。但是为了完整起见, 以及出于了解其它选择和重要替代产品(如果有)的考虑, 我们在每一组传感器的篇尾, 也简要地介绍了基于非半导体材料的传感器。

14.2　温度传感器

14.2.1　热敏电阻

热敏电阻的名称来自于对**热量敏感的电阻**。观察不同材料的电阻随温度变化的历史已经很长了, 可以上溯到 19 世纪。采用金属材料、被称为电阻温度探测器的温度表将在 14.2.4. 节介绍。热敏电阻通常意味着半导体材料, 分为截然不同的两类:金属氧化物半导体和单晶半导体。但是晶体半导体热敏电阻与金属氧化物半导体热敏电阻彼此没有竞争, 因为它们适用不同的温度范围。

根据被测温度环境的不同, 热敏电阻可以被制造成不同的形式。不同的被测环境包括环境气氛、液体、固态表面和二维空间的辐射。所以, 热敏电阻可以被制成珠状、碟状、垫圈状、棒状、探针状和薄膜的形状。金属氧化物热敏电阻通过将金属氧化物细粉加压成形, 再经过高温烧结而制成。最常见的材料有 Mn_2O_3、NiO、Co_2O_3、Cu_2O、Fe_2O_3、TiO_2 和 U_2O_3。单晶硅和锗热敏电阻掺杂量通常在 $10^{16} \sim 10^{17} cm^{-3}$ 范围, 有时会掺入量级为百分之几的反型掺杂剂。

传感器的一阶温度范围取决于材料的禁带宽度, 就是说, 较大的 Eg 对应于较高的温度。锗热敏电阻比硅热敏电阻更常见, 它用于低温区 $1 \sim 100$ K。硅热敏电阻则限于 250 K 以下, 高于此值则会出现正温度系数 PTC。金属氧化物热敏电阻的温度范围在 $200 \sim 700$ K。对于更高的温度, 热敏电阻用 Al_2O_3、BeO、MgO、ZrO_2、Y_2O_3 和 Dy_2O_3 材料制造。

热敏电阻本质上是一个电阻,其电导为

$$\sigma = \frac{1}{\rho} = q(n\mu_n + p\mu_p) \tag{1}$$

大多数热敏电阻工作在载流子浓度(n 或 p)是温度强函数的温度范围,如下式所示

$$有效浓度 \propto \exp\left(\frac{-E_a}{kT}\right) \tag{2}$$

其中激活能 E_a 与禁带宽度和杂质水平有关。定性地说,随着温度上升,电离杂质浓度上升,电阻值下降,电阻随温度上升而下降称为负温度系数(NTC)。净电阻的经验公式为

$$R = R_o \exp\left[B \frac{1}{T} - \frac{1}{T_o}\right] \tag{3}$$

式中 R_o 为温度在 T_o 时的参考电阻,通常以室温为参考点。B 为特征温度,取值范围在 2 000 ~5 000K。参数 B 实际上与温度有关但关系很弱,在一阶分析中其与温度的关系可以忽略不计。电阻的温度系数 α 可以由下式给出

$$\alpha \equiv \frac{1}{R} \frac{dR}{dT} = \frac{-B}{T^2} \tag{4}$$

负号表示负温度系数 NTC。信号是由温度变化 ΔT 引起的阻值变化,

$$\Delta R = R\alpha \Delta T \tag{5}$$

α 的典型值为 $\approx -5\% \text{K}^{-1}$,大约是金属温度探测器灵敏度的 10 倍。热敏电阻的典型值在 1 kΩ~10 MΩ范围内。

在更高温度下或在重掺杂器件中,掺杂剂充分电离,由于声子散射导致的迁移率下降开始主宰温度关系,这导致正温度系数 PTC。一般来说,PTC 不如 NTC 灵敏度高,在热敏电阻中不采用 PTC。

应该小心避免电流过大时热敏电阻自身发热现象。源于自身发热的 I-V 特性曲线对于 NTC 和 PTC 是不同的。对于 NTC 热敏电阻,自身发热使得电阻下降,对电压源产生正反馈(图 14.2(a)),导致电流更高。对于 PTC 热敏电阻,自身发热使得电阻上升,导致电流源负反馈(图 14.2(b))。这两个曲线类似于微分负阻的 S 型和 N 型特性曲线。

用热敏电阻测量温度具有成本低、精度高、尺寸和外型比较灵活等优点。电阻的绝对值很高,所以可以容忍长电缆和接触电阻。在一般使用中,低的响应速度(1 ms~10 s)不算是一个很大的缺点。

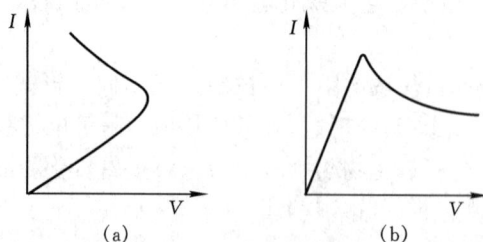

图 14.2　具有自身发热现象的热敏电阻的 I-V 特性曲线
(a)正温度系数;(b)负温度系数

14.2.2　二极管温敏传感器

二极管温度传感器是基于 p-n 结的扩散电流。回顾第 2 章中的正向偏置扩散电流分量，

$$I = Aq\left(\frac{D_p}{L_p N_D} + \frac{D_n}{L_n N_A}\right)n_i^2\left[\exp\left(\frac{qV}{kT}\right) - 1\right] \approx Aq\left(\frac{D_p}{L_p N_D} + \frac{D_n}{L_n N_A}\right)n_i^2\exp\left(\frac{qV}{kT}\right) \tag{6}$$

除了明显的 qV/kT 项以外，本征载流子浓度 n_i 和两个比例项 D_p/L_p、D_n/L_n 均与温度有关。因为 n_i 与禁带宽度有关，我们假设一个简单的温度关系：

$$E_g(T) = E_g(0) - \alpha T \tag{7}$$

式中 $E_g(0)$ 是零度时的外推值（参见 1.3 节），从第 1 章的式(28)我们可以得到

$$n_i^2 \propto T^3\exp\left[\frac{-E_g(T)}{kT}\right]$$

$$\propto T^3\exp\left[\frac{-E_g(0)}{kT}\right] \tag{8}$$

扩散系数项取决于主宰电流的载流子类型（电子或空穴），它与温度的关系如下（见 2.3.1 节）

$$\frac{D_p}{L_p} \text{ 或 } \frac{D_n}{L_n} \propto T^{C_1} \tag{9}$$

式中 C_1 是常数。把这些项代入式(6)可得

$$I = C_2 T^{C_3}\exp\left[\frac{qV - E_g(0)}{kT}\right] \tag{10}$$

式中 C_2 和 C_3 均为常数。实际中，让已知电流流过二极管，来检测其两端的电压（如图 14.3(a)）。重新整理式(10)得到电压的表达式

$$V(T) = \frac{E_g(0)}{q} + \frac{kT}{q}\ln\left(\frac{1}{C_2 T^{C_3}}\right) \tag{11}$$

因为对数项对温度变化不敏感，所以，端电压与温度成线性关系，纵截距为常数 $E_g(0)/q$。灵敏度的典型值为 $1\sim3$ mV/℃。

避免常量 $E_g(0)$、C_2 和 C_3 出现的一种技术是让两个不同的偏置电流相继通过同一器件，或同时流过两个相同的器件。从式(11)可以看出，两次测量得到的电压之差与温度成正比例。

$$\Delta V(T) = \frac{kT}{q}\ln\left(\frac{I_1}{I_2}\right) \tag{12}$$

14.2.3　晶体管温敏传感器

在任何 p-n 结二极管中，除了扩散电流外，往往存在非理想电流。非理想电流包括表面体内复合电流，它们会给温度测量引入噪声。用双极型晶体管的集电极电流可以容易的消除这种非理想效应的影响。双极型晶体管的发射电流类似于 p-n 结的二极管电流。然而，集电极电流滤除了非理想电流分量，只由扩散电流构成。如图 14.3(b)所示，集电极可以与基极短接。通过测量集电极电流，无需苛求理想二极管，也使得制备工艺得到宽容。晶体管温敏传感器的数学模型等同于二极管温敏电阻，不同之处在于测量的是集电极电流和基极–发射极电压 V_{BE}。

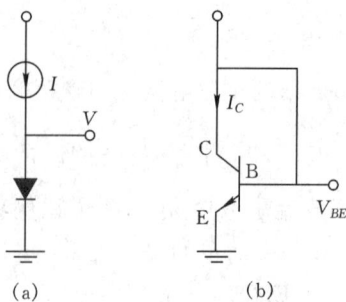

图 14.3　温敏传感器测量电路
(a)p-n 结二极管；(b)双极晶体管

14.2.4　非半导体温敏传感器

电阻温度探测器　电阻温度探测器(RTD)与热敏电阻一样，只是它由金属制成。因此它总是具有正温度系数而且灵敏度低。使用最多的金属是铂，其次是镍和铜，具有如下常见的温度关系式：

$$R = R_0(1 + C_4 T + C_5 T^2) \tag{13}$$

其中 R_0 是参考温度下的电阻，通常在 0 ℃ 获得。对于铂来说，系数 $C_4 = 3.96 \times 10^{-3}/℃$，$C_5 = 5.83 \times 10^{-6}/℃$。这些材料的测温范围是：铂，$-260℃ \sim 600℃$，降低准确度则最高可达 900 ℃；镍，$-80℃ \sim 300℃$；铜，$-200℃ \sim 200℃$。RTD 的外形或是绕线型或是薄片型。阻值大约是 100 Ω。由于阻值很小，所以采用四端测量法或者桥式电路法测量，以消除因引线和接触而产生的寄生电阻。

热电偶　热电偶的工作基于温差电势，它来自于热能和电能的相互作用。有三个热电效应与热电偶的工作和基本原理的理解有关：塞贝克效应、珀耳帖效应和汤姆森效应，它们分别用 1822～1847 年间发现这些效应的三个科学家的名字命名。在塞贝克效应中，当两种不同的导线或半导体接在一起时，如果两个结点处于不同的温度，则回路中会产生电流（图 14.4(a)）。在回路断开时，可以测量到电压，此电压有时称为塞贝克电压（图 14.4(b)）。我们可以进一步证明塞贝克电压可以分解为每一个结点的电压和每一段导线上的电压。珀耳帖效应认为，当电流流过结点时，在结点处会有吸热或放热现象，而吸热或放热取决于电流的方向，这个效应已被应用于制冷。在开路状态下，珀耳帖电动势 EMF(V_P)产生于每一个结点，它是温度的函数。汤姆森效应涉及类似的热交换，只是热交换源于导线而非结点。在开路状态下，当导线沿着长度方向具有温度梯度时，会产生汤姆森电动势 EMF。从图 14.4(b)中可以看出，塞贝克电压 V_S 是两个珀耳帖电势 EMF 和两个汤姆森电动势 EMF 之和

$$V_S = (V_{P1} - V_{P2}) + (V_{TA} - V_{TB}) \tag{14}$$

因此，塞贝克电压是两个结点温差($T_2 - T_1$)的量度。如果两个结点温度相同，则 $V_{TA} = V_{TB} = 0$，$(V_{P1} - V_{P2}) = 0$，从而 $V_S = 0$。

热电偶一般被用作温度传感器。因为其输出电压取决于结点温差，所以必须知道其中一个结点（参考结点）的温度。另外一个结点就是温度传感点或是测试点。参考温度一般为 0 ℃，用冰可以便利的获得。当精度要求不高时，也可以用室温作为参考温度。热电偶温差

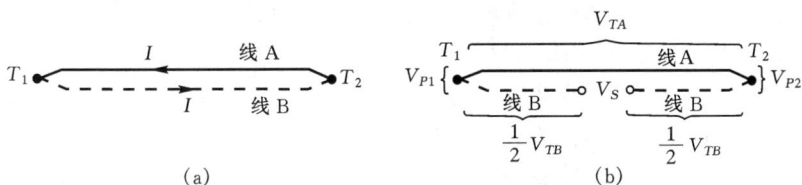

图 14.4 (a)对于闭合热电偶,当 $T_1 \neq T_2$ 时,产生环电流;(b)开路时产生电压,端电压分为节点
上的珀耳帖电动势 EMF(V_P)和导线上的汤姆森电动势 EMF(V_T)。

与电压的依赖关系由其材料决定。所有热电偶的温差与电压的依赖关系已经制成查询图表。制造热电偶结点采用定位焊接、熔焊和铜焊技术。测温时依据温度范围选择热电偶。灵敏度也是需要考虑的。其范围通常在 5～90 mV/℃之内。

由于其耐用、价格低廉、操作简便以及测温范围大,热电偶被广泛用作温度传感器,缺点是灵敏度和精确度较低,而且需要参考温度。热电偶的响应时间在 ms 量级。

热电堆就是将多个热电偶串联使用。其目的在于改善灵敏度,因为其输出电压是所有热电偶结点对上电压的总合。

14.3 机械传感器

14.3.1 应变计

材料在应力作用下产生形变称为应变。应变计(或应变仪)可以通过检测电阻的变化来测量应变。比如应变计被拉伸时,有两个效应会使其电阻改变——长度增加、截面变小的几何效应和在应力下电阻率变化而引起的压阻效应。后者仅仅发生于半导体材料中,并且比几何效应强得多。半导体材料硅和锗的压电效应是 Smith 在 1954 年发现的[3]。

应变计可以由金属材料或者半导体材料来制造。半导体应变计可以是分离的粘和棒(用扩散或者离子注入掺杂),或是淀积而成的薄膜。扩散/离子注入类型最常用,因为它与集成电路工艺兼容。半导体应变计通常采用 p 型掺杂,因为 p 型的灵敏度和线性度比 n 型的好。半导体应变计是重掺杂的,浓度量级在 10^{20} cm^{-3} 范围。尽管高掺杂会减小应变系数(后面会详细介绍),但它改善了另一个关键性能—温度无关性。二者的折表示于图 14.5。几乎所有商用的半导体应变计都采用硅材料,虽然人们也一直在研究锗材料。在半导体应变计和金属应变计两者之间,前者的优势在于具有更高的灵敏度和阻值,且功耗低;后者的优势在于温度相关

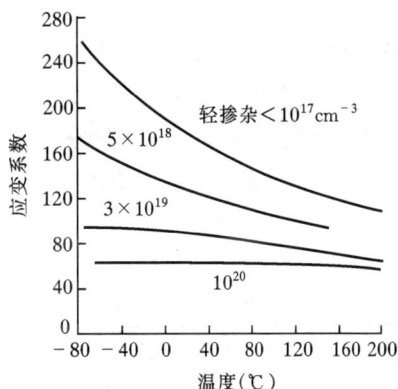

图 14.5 半导体材料比如 Si 中,应变系数随着掺杂浓度上升而下降,但受温度的影响却变小了(见参考文献 4)

性小,线性度好,应变范围大(相比 0.3% 可以达到 4%),可灵活粘贴于弯曲表面。最常用的金属是铜-镍合金,比如康铜。

　　因为应变计测量的是电阻,所以我们首先导出应变和电阻的关系——压电效应。应变 S 由应力引起,是沿纵向线性尺寸的变化与初始长度之比

$$S = \frac{\Delta l}{l} \tag{15}$$

长度为 l、截面积为 A 的条形电阻或者薄膜电阻的阻值为

$$R = \frac{\rho\, l}{A} \tag{16}$$

当应变计有应变时,所有三个参数——l、A 和电阻率 ρ 均发生变化,且

$$\begin{aligned}
\frac{\Delta R}{R} &= \frac{\Delta l}{l} - \frac{\Delta A}{A} + \frac{\Delta\rho}{\rho} \\
&= \frac{\Delta l}{l}\left(1 - \frac{\Delta A/A}{\Delta l/l} + \frac{\Delta\rho/\rho}{\Delta l/l}\right) \\
&\approx S(1 + 2\nu + P_z)
\end{aligned} \tag{17}$$

式中 ν 是泊松比,通过下式,它把纵向应变与横向应变联系起来(线性尺寸 t 与 l 垂直)

$$\nu \equiv \frac{-\Delta t/t}{\Delta l/l} \tag{18}$$

式(17)中的因子 2 来自于

$$\frac{\Delta A}{A} \approx 2\frac{\Delta t}{t} \tag{19}$$

式中 P_z 是压阻效应的量度,它把半导体应变计和金属应变计($P_z \approx 0$)区别开来,由下式给出

$$P_z \equiv \frac{\Delta\rho/\rho}{\Delta l/l} = C_p Y \tag{20}$$

式中 C_p 是纵向压阻系数,Y 是杨氏模量,其和

$$G \equiv 1 + 2\nu + P_z = \frac{\Delta R/R}{S} \tag{21}$$

被称为应变因数。对于金属材料,其典型值为 2,但对于半导体材料,其值范围为 $50\sim250$,显示出其灵敏度提高 2 个数量级。

　　在实际工作中,应变计作为惠斯顿电桥的一个测量臂,这样可以准确地测出其阻值的变化。应变与阻值的关系必须校正。其通常是非线性的,近似表示为

$$\frac{\Delta R}{R} = C_6 S + C_7 S^2 \tag{22}$$

式中 C_6 和 C_7 均为常数。此外,校正时需要考虑电阻的温度关系。这种情况在半导体应变计中更为严重。将温度计粘贴在应变计附近可以获得调整时所需的额外数据。为了自动进行温度补偿,一个很好的办法是在惠斯顿电桥中安装两个或者四个相同的应变计,但只有一个桥臂受到应力。其他还需要考虑的影响因素有,测量时因为所加偏置导致的自发热电阻变化,在光线下因为光电效应产生的电阻变化。

　　依据胡克定律,应变计可以被用作一些有用的机械换能器

$$S = \frac{\mathcal{T}}{Y} \tag{23}$$

式中 $\mathscr{T}$ 是应力。假如材料的杨氏模量为已知,通过测量应变,可以推知压力、压强、重量等。

目前,应变计是最流行的机械传感器,其应用可以分为两类:(1)直接测量应变(形变)和位移;(2)依据胡克定律,间接测量压力、压强、重量和加速度。主要用途罗列如下:

1. 直接测量应变:对类似建筑物或桥梁之类的结构维护,经常需要测量其瞬间形变,比如弯曲、拉伸、压缩和断裂。另一个应用领域在飞机机身和汽车车体。监测其应变对分析其应力也是十分必要的。测量位移也可列入此范畴。

2. 压力传感器:假如应变计材料的应变和应力关系(杨氏模量)已知,那么可以测出施加于应变计上的压力。用于环境和流体中常用的压力传感器是薄膜类型的,在硅材料上用扩散方法制造压力器,如图 14.6(a)所示。内嵌的的扩散压力器,监测在不同压力下的压电电阻。在硅衬底上采用化学刻蚀形成薄膜。这种传感器应用在医药和汽车行业。在重量计的压力元件中,在轴上粘贴或嵌入应变计,通过监测轴的压缩和弯曲推断出重量。这种测压元件可以用于重型卡车计量,也可用于轻型家用电子秤中。轴(转矩棒)的扭矩也可以被测量。因为

$$外力 = 质量 \times 加速度 \tag{24}$$

所以也可以通过力来测加速度,图 14.6b 是它的实现方式。从加速度的积分可以推出速度。同样的传感器可以被用来测量震动、碰撞和振动。

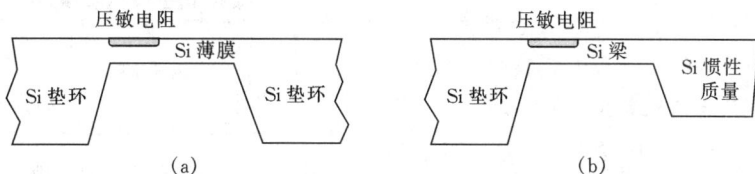

图 14.6 基于压敏电阻的传感器
(a)硅压力传感器;(b)加速度传感器(参考文献 1)

压电应变计 压电应变计基于压电现象,是压电晶体处于应力下时产生电荷和电压的一种效应[5]。压电应变计的工作与压阻应变计很相似,不同之处在于它测量的是电压而不是电阻。如图 14.7 所示,压电应变计为三明治结构,压电晶体被夹在两个导电电极之间。受压后晶体发生应变,产生电荷或电压。这个过程也是可逆的,当晶体被施加电压,会感生出应变和机械运动。使用这个可逆过程的一个很好的例子就是压电麦克风,在压电麦克风中,由声压产生电压,接着压电扬声器由电压产生应变或者机械运动(声波)。

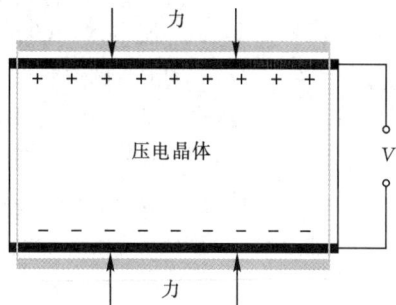

图 14.7 压电传感器上应变感生电荷(电压),反之亦然

支配压电现象的公式为

$$S = \gamma \mathscr{T} + C_{px} \mathscr{E} \tag{25}$$

$$\mathscr{D} = C_{px} \mathscr{T} + \varepsilon \mathscr{E} \tag{26}$$

式中 γ 是柔量。这些公式说明压力($\mathscr{T}$)和电场可以产生应变,也可以产生电荷(与电位移($\mathscr{D}$)

成比例）。压电电荷常数 C_{pc} 可表示为

$$C_{pc} = \frac{Q_{\text{单位面积}}}{\text{压力}} \qquad (27)$$

压电换能器可以自供电无需加偏置，且本质上是动态的，因为电荷是慢慢漏掉的。因此，压电换能器在动态系统中更有用，比如加速计、扩音机、麦克风、超声波清洁器，也可用来感知震动、振动和冲击。其它应用包括产生点火火花和微镜定位等（只有在应变产生模式下才可能静态应用）。常见的压电晶体材料有石英、氧化锌、电气石和陶瓷比如锆酸锡、钛酸钡。压电传感器的一个缺点是源阻抗高，所以测量电压的一阶放大器必须有高的输入阻抗。

14.3.2 插指换能器

插指换能器（IDT）是一个声表面波（SAW）换能器。基于压电效应，它可以将电信号转换成机械声表面波 SAW，反之亦然。因此，IDT 也被称为声换能器。IDT 是 White 和 Voltmer 在 1965 年发明的[6]，取代了老式的 SAW 换能器，如劈尖型和梳状换能器。

插指换能器主要由在压电衬底上的交叉金属指条构成，如图 14.8 所示。交替分布的指条与其中一条横线相连。最关键的尺寸是指条周期 p，它将决定 SAW 的波长 λ。线宽 l 和指条间距 s 通常取相同值，都等于 $p/4$。常用的金属是铝，典型的厚度范围是 $0.1\sim0.3\ \mu m$；但是在任何情形下，厚度应小于 $l/2$。金属指条的重叠部分 w 可以在一个 IDT 内均匀变化。此情形在 IDT 用于信号处理的输出端时尤为常见，这种结构方式称为切趾法。指条对的数目 N 依据应用场合来决定，大的 N 在电信号和 SAW 之间产生更有效的耦合，

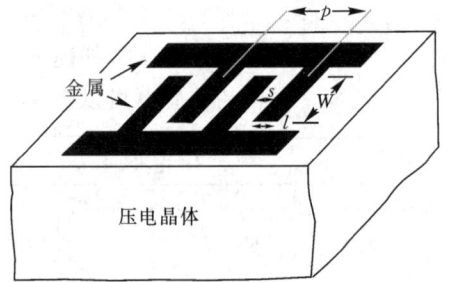

图 14.8 在体压电衬底上的插指换能器，淀积的压电薄膜在金属 IDT 之上之下均可能

但是带宽会损失，这后面会提到。常见的压电材料有石英、$LiNbO_3$、ZnO、$BaTiO_3$、$LiTaO_3$ 和锆酸钛酸锡。这些材料也是良好的绝缘材料，不太常见的压电材料还有半导体材料比如 CdS、CdSe、CdTe 和 GaAs。压电效应的必备条件是晶格规则的程度，所以要求是晶体或者多晶结构。对于薄膜 IDT，压电薄膜的厚度与 SAW 的波长同数量级，氧化锌是最常见的材料，通过溅射淀积而成。压电薄膜可以在金属层之上也可在金属层之下。

大多数应用中采用两个 IDT，其一将输入的电信号转换为 SAW 通过介质传出，另一个将 SAW 转换为电信号（见图 14.9）。将两个 IDT 和介质封装在一起构成 SAW 器件，检测 SAW 的传输特性可以了解介质的一些特性，IDT 的成功使得 SAW 器件胜过体声波 BAW 器件占据优势地位。

插指换能器的主要功能是进行电信号与 SAW 之间的能量互换，在平静的水中投入石子或是划过一条船引起水波传递，是一个很好的比喻，有助于形象的说明 SAW。在固体中 SAW 产生于结构变形或者应变。在微观领域，晶体中的原子移开其平衡位置，其恢复力和弹性力类似，与位移成比例。由于这个原因，SAW 也被称为弹性波。SAW 区别于 BAW 之处在于其通过表面传播，大多数的能量局限于表面波长。SAW 分为纵向波和切向波，纵向波中原子的位移与波的传播方向平行，切向波中原子的位移垂直于传播方向（见图 14.10）。所产生的 SAW

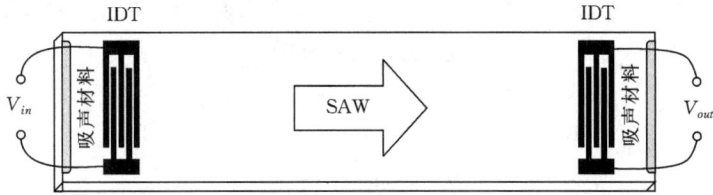

图 14.9　探测声波时,一个 IDT 产生 SAW 通过介质传播并且受介质影响,另外一个 IDT
　　　　　将 SAW 转换回电信号。两端贴有吸声材料使反射回波降到最小

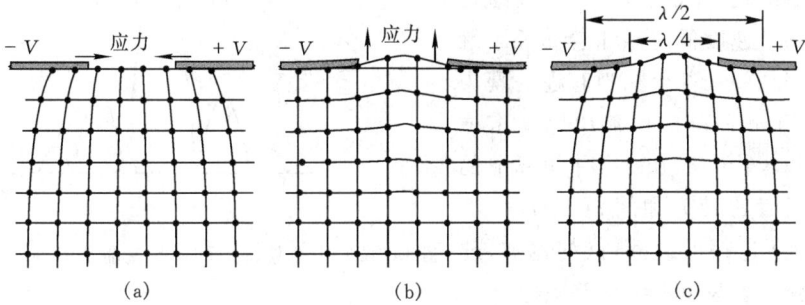

图 14.10　表示受插指换能器的影响,由原子位移产生的 SAW(与表面平行)
(a)纵向波;(b)切向波;(c)两种波混合

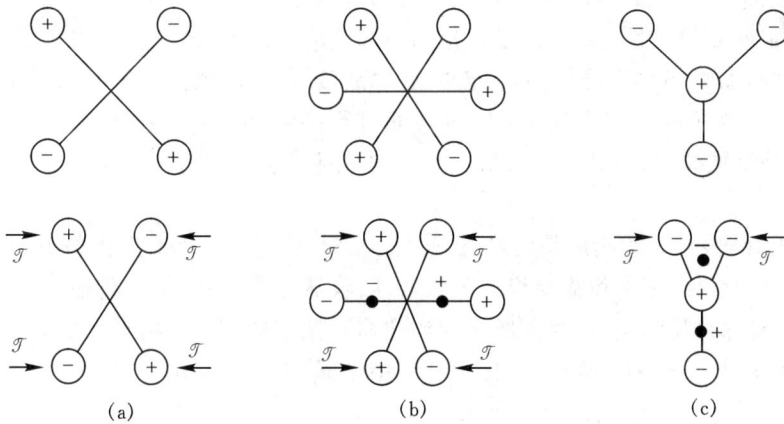

图 14.11　压电效应的产生,显示在应力 $\mathcal{T}$ 下的极化现象
(a)对称晶体在应力下没有极化;(b)极化平行于应力;(c)极化垂直于应力(参考文献 5)

是纵向波占优还是切向波占优取决于压电晶体的特性和晶向。图 14.11 显示了压电效应的产生,说明了极化电荷与应变之间相互关系取决于晶体结构。

　　SAW 传播速度 v 取决于弹性硬度和介质密度,对于前面提到的所有实际压电材料,其速度范围在 $1\times10^5\sim10\times10^5$ cm/s,多数在 3×10^5 cm/s 附近。IDT 的中心频率为

$$f_0 = \frac{v}{\lambda} = \frac{v}{p} \tag{28}$$

小的指条周期 p 产生高的工作频率,尽管速度较低。IDT 的频率响应由下式给出

$$R(f) = C_8 \frac{\sin X}{X} \tag{29}$$

式中 C_8 是常数,且

$$X = N\pi \left(\frac{f - f_o}{f_o} \right) \tag{30}$$

此频率响应示于图 14.12。明显可见带宽与插指对数量的相互关系。

SAW 器件的吸引人之处在于其特征
速度低,比电磁波的速度慢 5 个数量级。
尺寸合理则可得到很大的延迟,典型的延
迟为 ≈ 3 ms/cm,速度低也意味着波长小且
物理尺寸小(式 28)。一个相当有趣的现象
是,频率大约为 5 GHz 的微波电路要求横
向晶体管尺寸小于 0.3 μm,这种频率下的
IDT 也需要相似的线宽和间距。SAW 器
件的其它优点还包括低衰减,低的色散(速
度随频率而变),容易获得,与集成电路工
艺兼容。BAW 器件缺少这些优点,只适用于 $10MHz$ 以下的频率范围,此频率下,SAW 器件
将大的不可思议。

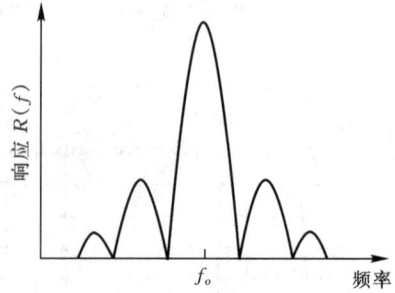

图 14.12 没有切趾器的插指换能器的频率响应

SAW 器件主要用在两个领域:传感和信号处理。作为传感器,SAW 的延迟和幅度调制
是关键的和有益的。在传感区域内 SAW 的速度和幅度受到感知介质物理量的影响,比如温
度、湿度、压力和应力等(见图 14.9)。通过检测冷却效应可以探测气流。同样,如果传感区域
被覆盖特别的吸附物,SAW 器件对特定的化学品或者气体敏感,比如 H_2、SO_2、NO_2 和
$NH_3^{[7]}$。当表面上淀积两个 IDT 时,可以对表面进行裂缝和其它瑕疵的无损探测。最后一
点,由于 SAW 是机械波,光在其表面会像光栅一样发生衍射。这个性质可以在诊断、光调制
和光偏转上应用。

对于信号处理,最常见的应用是延迟线和带通滤波器。因为 IDT 产生的 SAW 是双向传
播的(见图 14.9),所以终端部位需要设置吸收器,吸收器也要消耗 3 dB 传输功率。其它的功
能 SAW 器件还有脉冲压缩机(线性调频脉冲滤波器),振荡器,共鸣器,卷积器,相关器等。这
些 SAW 器件在通信、雷达和广播设备(比如 TV 接收器)中非常有用。

14.3.3 电容传感器

一个用来检测压力的简单机械结构是电容传感器。电容传感器检测两个导电板之间的间
距(见图 14.13)。电容与间距 d 之间为线性关系,即

$$C = \frac{A\varepsilon}{d} \tag{31}$$

式中 ε 是电极之间的介电常数。但是,必须知道压力与位移的关系。它依赖于支撑可动电极
的悬臂的材料特性的影响。考虑到这点,此材料不是必选半导体的。但是通常选择硅来制作
悬臂,因为工艺成熟造价不高。另一个结构是用半导体薄膜制造,将硅片变薄来作为柔性电
极。

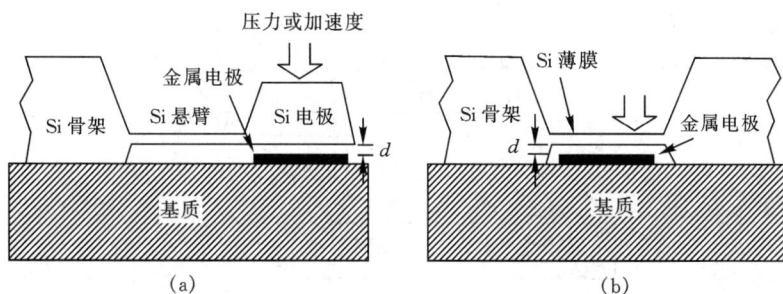

图 14.13　电容传感器中,通过测量电容来测量两个电极间距
(a)采用硅悬臂梁的压力或加速传感器;(b)硅薄膜压力传感器

14.4　磁敏传感器

　　磁敏传感器主要应用按功能分为两类。一类是直接感知磁场,另一类是感知位置和运动。用来测磁场强度的仪器是磁力计或高斯计。具体的应用有检测磁带(包括信用卡上的磁条)、磁盘和磁泡内存的探测头。同样地,因为直流/交流电流会在其导线周围产生磁场,所以可以间接测量电流。与常规的串入导线的电表相比,这种方法有优势。在第二类应用中,当一个磁体靠近一个物体时,物体的位置、位移和角度均有可能被测量。角度测量的例子有转速计、直流无刷电机和汽车发动机火花塞计时器等。当一个磁体移入或者移出磁敏传感器时可以通过靠近检测来实现非接触开关。例如,计算机键盘和闭环安全系统的开关。

　　尽管有各种各样的磁敏传感器,但是它们都是基于霍耳效应,读者可以参考 1.5.2 节的详细介绍。

14.4.1　霍耳片

　　霍耳片也叫霍耳发生器,由于金属材料的霍耳效应很弱,所以直到高质量的半导体材料出现以后,此效应才开始实际应用。在 20 世纪 50 年代中期,投入商用的霍耳片是分立传感器,1970 年前后出现集成传感器。

　　霍耳片就是一个具有 4 触点的半导体片。霍耳片的形式有:(1)分立的条状,(2)淀积在支撑衬底上的薄膜,(3)相反类型衬底上的掺杂层。图 14.14 是用集成电路工艺制造的霍耳片的结构示意图。应尽可能降低有源层的掺杂,以得到最大的霍耳电压 V_H(V_H 与掺杂浓度成反比)。常用材料有 InSb、InAs、GaAs、Si 和 Ge。化合物半导体因为其高的迁移率而具有吸引力,而硅由于其工艺成熟在集成传感器中广泛应用。

　　霍耳效应是指,把通有电流的半导体放在磁场方向与电流方向垂直的磁场中时,就会产生霍耳电压 V_H。假设霍耳因子 $r_H=1$ 且半导体为 p 型,所得的霍耳电压为

$$V_H = R_H W J_x \mathcal{B} = W \mathcal{E}_x \mu \mathcal{B} \tag{32}$$

请注意,为了得到大信号,载流子浓度必须最小从而得到大的 R_H。这就是霍耳效应在半导体中比金属中更显著的原因。

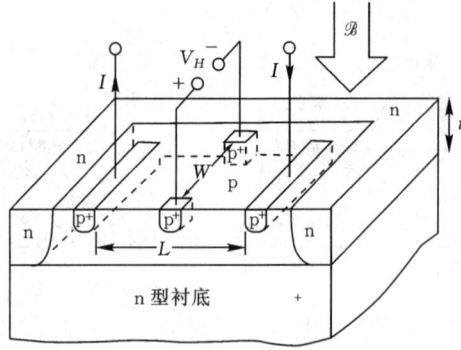

图 14.14　集成电路工艺制备的霍耳片结构示意,周围的 n 区是隔离区

　　霍耳片的灵敏度有很多定义,取决于它是电流相关的、电压相关的还是功率相关的。它们分别由 $\partial V_H / I \partial \mathscr{B}$、$\partial V_H / V \partial \mathscr{B}$ 和 $\partial V_H / P \partial \mathscr{B}$ 给出,或者简单地由 $\partial V_H / \partial \mathscr{B}$ 给出。任何情况下,高效霍耳片应该有低的载流子浓度和高的载流子迁移率。灵敏度的典型值为 ≈ 200 V/A·T,但是高达 1000 V/A·T 也是可能的。更高迁移率的材料如 GaAs 和 InP 在此方面比硅更优越。近期的结构采用异质结、调制掺杂沟道和量子阱,以获得更高的迁移率。

　　长度 L 最小值应该达到 3 倍的 W 以确保几何效应不会显著地减弱霍耳效应。从物理上来讲,这意味着如果 L 相比 W 太小的话,载流子到达电流另一端的过程中没有足够的机会被偏转到边沿以产生充分的霍耳电压。我们用几何修正因子($G < 1$)解释此效应

$$V_H = G R_H W J_x \mathscr{B} = G W \mathscr{E}_x \mu \mathscr{B} \qquad (33)$$

G 是 L/W 之比的函数,其曲线示于图 14.15。

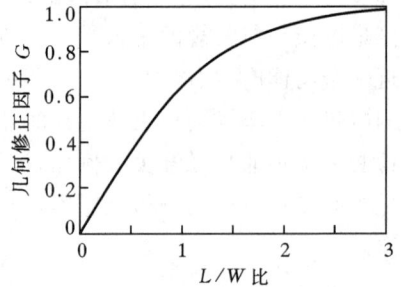

图 14.15　几何修正因子是 L/W 之比的函数

　　作为磁场传感器,很重要的一点是 V_H 线性正比于磁场强度,且截距为零,即当 $\mathscr{B} = 0$ 时,V_H 为零。实际上当 $\mathscr{B} = 0$ 时,V_H 往往有一个偏移量。偏移量源于几何效应和压电效应两者。几何效应是因为两个霍耳电极(Hall taps)位置没有完全相互正对。如果沿着电流方向两者之间有一个错位 Δx,则偏移电压可表示为

$$\Delta V_H = \mathscr{E}_x \Delta x \qquad (34)$$

压电效应是指压电材料在应力下产生电压。对于薄膜霍耳片来说这种情况更严重。偏移也是压阻现象和温度变化造成的。可以采用下列方法消除偏移电压:在同一结构中把两个或者四个霍耳片连在一起以消除单个电压偏移,或者增加第五个触点作为控制栅输入电流进行补偿。

　　霍耳片吸引人之处在于成本低、结构简单,且与集成电路工艺兼容。

14.4.2　磁控电阻器

　　磁控电阻器的工作基于磁致电阻效应,是指存在磁场时电阻增加。磁阻效应源自两个独立的机理:(1)物理磁阻效应和(2)几何磁阻效应。

物理的磁阻效应是由于载流子在运动时速度不同而产生的。与霍耳电压相平衡的速度为平均速度,其速度与平均速度不同的载流子会偏离最短路径,如图 14.16(a)所示,这些较长的路径导致电阻上升。物理磁阻效应导致一般的磁场关系式为

$$R(\mathscr{B}) = R(0)(1 + C_9 \mu^2 \mathscr{B}^2) \tag{35}$$

式中 C_9 为常数。

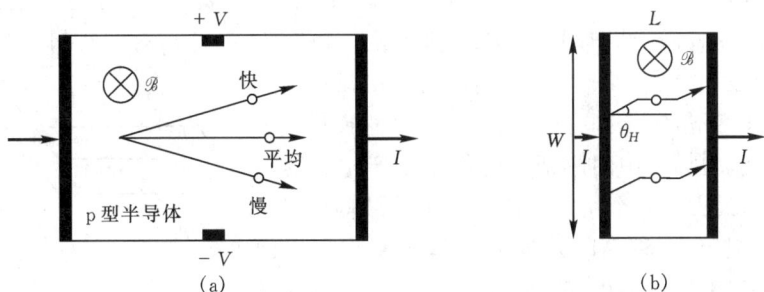

图 14.16　(a)由于载流子速度不均匀引起的物理磁致效应,高于或低于平均速度的载流子不得不走过更长的距离;(b)在 L/W 比例较小的样品中出现几何磁致电阻效应,接触点附近的载流子沿着霍耳角移动

几何磁致电阻效应出现于 L/W 之比较小的样品中。在这种情况下,霍耳电压没有完全平衡洛仑兹力(见式 33 和图 14.16(b)),触点附近的载流子运动方向与外电场方向有一夹角。较长的路径再次导致电阻增加。图 14.17(a)所示的磁控电阻器通过引入传导短接使几何磁电阻效应最大化,整个结构等效于将许多霍耳片串联起来,每个 L/W 之比都很小。另一种磁致电阻结构是科比诺圆盘,接触点是同中心的,所以没有可以产生霍耳电压的侧边对。在计算移动角度时,因为在规则的霍耳片上存在霍耳电场 $\mathscr{E}_H$ 时,载流子沿着直线移动,所以有理由假设如果没有霍耳场的作用,载流子的路径会有一个角度,称为霍耳角

$$\theta_H \equiv \arctan\left(\frac{\mathscr{E}_H}{\mathscr{E}_x}\right) = \arctan(r_H \mu \mathscr{B}) \tag{36}$$

合成电阻会变为

$$R(\mathscr{B}) = R(0)(1 + a\tan^2\theta_H)$$

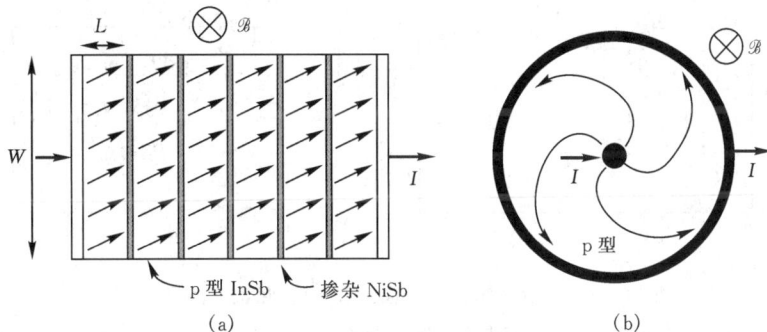

图 14.17　使几何磁电阻效应最大化的磁阻器

(a)高掺杂短接线将样品分为 L/W 之比较小的多个区域;(b)科比诺圆盘不允许霍耳电压产生,箭头示出空穴的路径

$$= R(0)(1 + ar_H^2\mu^2\mathscr{B}^2), \quad 0 < a < 1 \tag{37}$$

引入因子 a 目的是为了扩展此几何效应。在 L/W 之比很小（<1/4）的极端情况下，$a=1$，而当 L/W 之比很大时（>4）a 趋于零。平方项的产生是因为电流路径不仅变长而且变窄了。

14.4.3　磁敏二极管

磁敏二极管是一个 p-i-n 型二极管，在二极管的 i 层上有一个高复合率的表面（见图14.18）。当 p-i-n 型二极管正偏时，本征层的注入电子和注入空穴浓度很高，电流由复合控制。在磁场作用下，电子和空穴均向高复合率的同一表面偏转，复合电流增加。中间本征层的作用是产生大的耗尽层以使复合率最大。一个实用的磁敏二极管结构可以由 SOS 薄膜制造，其底层 Si/Al$_2$O$_3$ 界面天然具有高密度缺陷，用于探测平行于表面的磁场。磁敏二极管的缺点是其重复性、线性度和温度关系都很差。

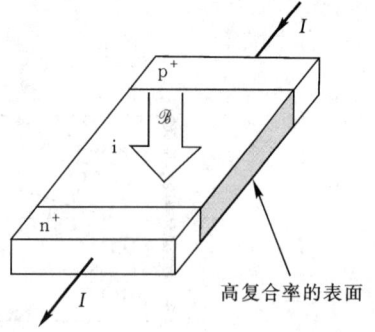

图 14.18　磁敏二极管是 p-i-n 二极管，其一个表面具有高缺陷密度

14.4.4　磁敏三极管

磁敏三极管也叫磁变管，通常意味着具有多集电极的双极晶体管，其电流差与磁场成正比。这些双极晶体管可以采取横向结构或者垂直结构，每种结构均工作于偏转模式或者注入调制模式。四种组合形式的顶视图和截面图示于图 14.19。

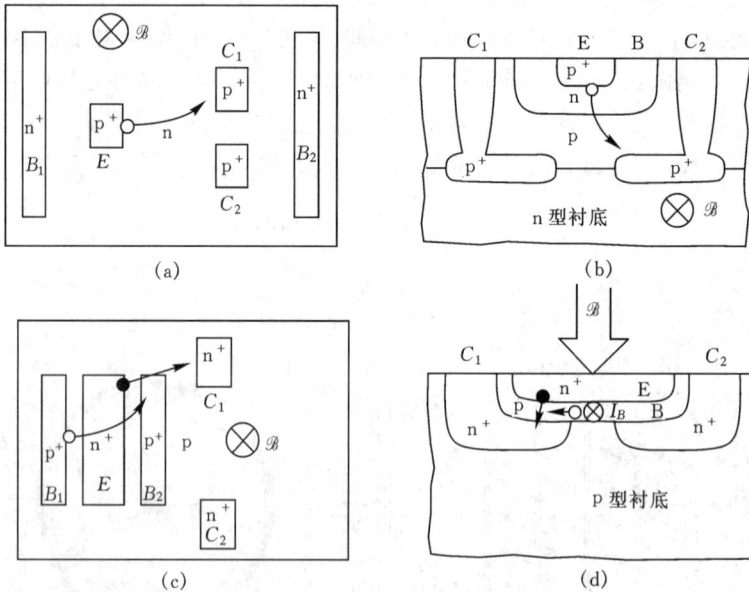

图 14.19　磁敏晶体管的顶视图(a)、(c)和截面图(b)、(d)
(a)偏转模式下的横向磁敏晶体管，两个基极是为了使基区载流子高速运动；
(b)偏转模式下的垂直磁敏晶体管；(c)注入调制模式下的横向磁敏晶体管；
(d)注入调制模式下的垂直磁敏晶体管，E＝发射极，B＝基极，C＝集电极在偏转模式下工作时,注入载流子受磁场作用在基区或集电极区偏转,使得两个集电极接触收集的电流不均衡。在注入调制模式下,基极有两个接触点,作为霍耳片使用,在磁场作用下,基极电势分布不均匀,引起发射极-基极偏压不均匀,从而导致发射极注入电流不均匀,结果也使集电极电流不均匀。集电极电流之差与磁场成正比,可表示为

$$\Delta I_C = K\mu I_C \mathcal{B} \tag{38}$$

因子 K 依赖于器件的几何结构和偏压状况。

14.4.5　磁敏场效应晶体管

磁敏场效应晶体管(MAGFET)通常意味着 MOSFET 结构。不同结构的 MAGFET 只有两种工作模式。图 14.20(a)所示结构与霍耳片相似(只是霍耳片的厚度 t 在这里是表面感应反型层的厚度),输出为霍耳电极两端的霍耳电压。此霍耳电压表达式与霍耳片的类似

$$V_H = \frac{Gr_H I_D \mathcal{B}}{Q_{in}} = \frac{Gr_H I_D \mathcal{B}}{C_{ox}(V_G - V_T)} \tag{39}$$

式中的参数与常规的 MOSFET 参数一样, Q_{in} 是反型层的薄层电荷, V_T 是阈值电压。器件工作在线性区 $[V_D \ll (V_G - V_T)]$。与常规的霍耳片相比,MAGFET 表面迁移率低, $1/f$ 噪声高。其优点是载流子浓度可变。

分裂漏 MAGFET 示于图 14.20(b)。在横向电场作用下,MOSFET 沟道向一侧偏转,在两个漏极可测到电流差。其工作与图 14.19 所示的横向磁敏晶体管相似,描述其特性的表达式类似于式(38)。

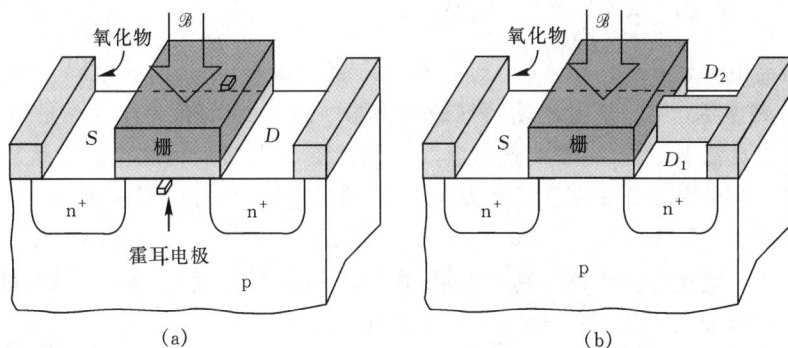

图 14.20　(a)采用反型沟道作为霍耳片的 MAGFET;(b)分裂漏极 MAGFET

14.4.6　载流子畴磁场传感器

载流子畴是电子和空穴的等离子体。例如,在晶闸管中,导通 p-n-p-n 结构就可以产生载流子畴。一个垂直载流子畴磁场传感器示于图 14.21(a)。由于器件的对称性,在中心形成载流子畴。在磁场作用下,载流子畴横向移动,引起 I_{p1} 与 I_{p2} 之间、 I_{n1} 与 I_{n2} 之间的电流变化。这种传感器的缺点在于其温度特性。图 14.21(b)是人们一直在研究的另一种类型的载流子畴磁场传感器,即水平、圆形载流子畴磁力计。在此结构中,载流子畴绕着一个圆旋转,其转动频率与磁场成正比。通过位于最外面的分段集电极来探测载流子畴。其传感器的独特之处是其输出频率。

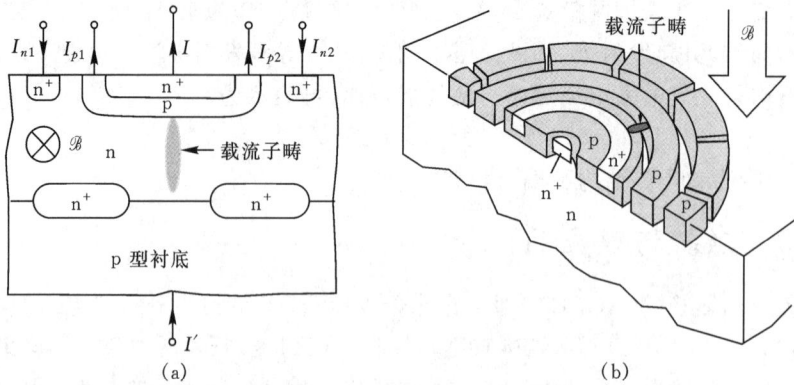

图 14.21　(a)载流子畴磁力计,在磁场作用下载流子畴横向移动,检测电流差 $I_{P1}-I_{P2}$ 和 $I_{n1}-I_{n2}$;
(b)水平、圆形载流子畴磁力计,载流子畴的转动频率与磁场成正比(参考文献 8)

14.5　化学传感器

14.5.1　金属-氧化物传感器

气敏传感器由诸如 SnO_2、Fe_2O_3、TiO_2、ZnO、In_2O_3 和 WO_3 之类的金属-氧化物半导体制成,其中 SnO_2 最常用[9,10]。这些电阻型气敏传感器中的金属-氧化物半导体是多晶体,其制造过程不是将粉料在高温下烧结,就是通过蒸发或溅射淀积在某种衬底上。通常会在其中加入一些贵金属(比如 Pd 和 Pt)来改善其灵敏度。将其置于特定气体中时阻值会发生变化。可以被检测的气体种类包括 H_2、CH_4(甲烷)、O_2、O_3(臭氧)、CO、CO_2、NO、NO_2、SO_2、SO_3 和 HCl 等。这些半导体-氧化物传感器在高于室温(在 200~400℃ 之间)工作时,灵敏度会提高。一个原因是它们的禁带宽度高(在 3~4 eV),在高温时,其电阻可以降到更适合于测量的实际值。

人们认为电阻改变的机理源于在晶粒界面的阻力。在许多情形下,减小晶粒尺寸增加晶界密度可以改善灵敏度。已经提出几个电阻值在气氛下改变的模型。在此我们介绍两个最流行的理论。第一个与晶粒界面的传导有关。这些晶界是富氧的,形成势垒,使其周围的载流子耗尽,阻止电流流过(见图 14.22)。被测气体中和了预先吸附的氧,降低了势垒,减小了电阻。

另外一个可能的机制是体效应。气体分子与晶界周围所吸附的氧起反应。取决于发应类型,在反应时释放或者中和一个自由电子。这个过程改变材料体内的净载流子浓度

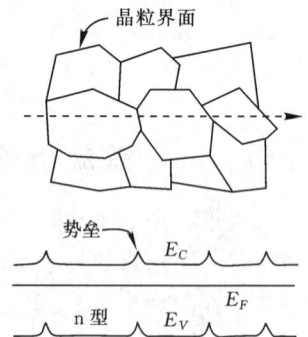

图 14.22　在金属-氧化物半导体传感器中,晶粒界面产生了势垒

和电阻。

尽管在重复性、长期稳定性、灵敏度和选择性方面还存一些问题,但是,金属-氧化物气体传感器由于其价格低廉和使用简单,依然有相当大的商业市场。

14.5.2 离子敏感场效应晶体管

离子敏感场效应晶体管(ISFET)是最常见的化学敏感场效应晶体管之一。ISFET 结构是由 Bergveld 在 1970 年提出并且验证的[11,12]。1974 年[13]加入一个与电解质相连的参考电极,从此以后,这个电极被认为是 ISFET 结构的一个完整部分。因为 ISFET 是用来监测离子的,所以含有离子的电解质必须与晶体管接触。在 ISFET 中,电解质取代传统的多晶硅栅极成为 MOSFET 的栅极(图 14.23)。电解质栅极的接触由参考电极提供,典型情况是 Ag-AgCl。栅极绝缘是此结构中的关键,通常采用多层绝缘栅。往往必须在 SiO_2 顶部设置阻挡层以防止离子穿透到 SiO_2/Si 界面。所选择的顶层电介质,对所要监测的离子的灵敏度要最大,选择性最好。这些电介质材料有 SiN_4、Al_2O_3、TiO_2 和 Ta_2O_5。ISFET 的设计中主要关心的是密封,它应防止离子穿透到器件结构的其它部位。沟道长度 L 和宽度 W 的典型尺寸是几十到几百微米。

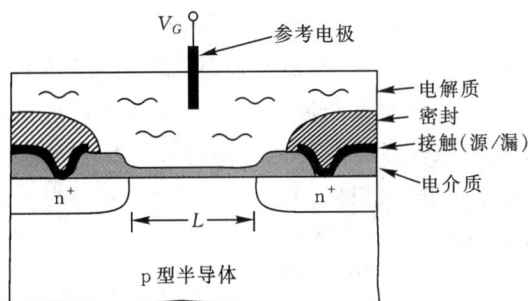

图 14.23 浸入含有被测离子电解质中的 ISFET(n 沟道)

要了解 ISFET 的工作原理,最好是从常规的 MOSFET 开始(见第 6 章)。MOSFET 的电学特性曲线可以粗分为两部分:线性区和饱和区,其 I-V 特性可以描述为

$$I_{lin} = \frac{\mu C_i W(V_G - V_T)V_D}{L} \tag{40}$$

$$I_{sat} = \frac{\mu C_i W}{2L}(V_G - V_T)^2 \tag{41}$$

区分两区域的判据由漏极偏置给出

$$V_{D,sat} = V_G - V_T \tag{42}$$

任何 FET 的一个重要参数是阈值电压 V_T。V_T 是导通晶体管所需的栅压,表示为

$$V_T = V_{FB} + 2\psi_B + \frac{\sqrt{2\varepsilon_s qN(2\psi_B)}}{C_i} \tag{43}$$

式中

$$V_{FB} = \phi_m - \phi_s \tag{44}$$

是平带电压。由于假设栅极为金属,所以采用金属的功函数 ϕ_m。

　　除去式(44),上述其它公式都适用于 ISFET。二者的差别可以由图 14.24 所示平带条件下的能带图解释。对于 ISFET 可以看出:

$$V_{FB} = \phi_{sol} - \phi_s + \psi_i - \psi_{sol} \tag{45}$$

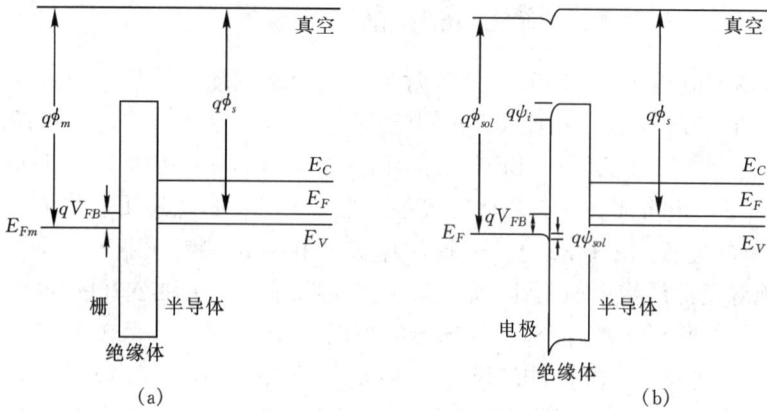

图 14.24　平带时(a)常规的 MOSFET 和(b)与电解质接触的 ISFET 能带图

式中,ψ_i 为绝缘层的表面势,是由于电解质/电介质界面上电介质一侧的偶极层产生的,ψ_{sol} 是同一界面电解质一侧电位降。此外,ψ_{sol} 对离子敏感,离子的检测依赖于 ψ_i 随离子浓度的变化。离子沉积在电介质表面,有效地改变 ψ_i、V_{FB}、V_T 和 FET 的电流。离子的存在等效于改变栅极偏置。实际上,用恒定的源-漏电流 ID 偏置 ISFET,检测维持此恒定电流所需的栅压的变化量。可以被检测的离子有 H^+(pH)、Na^+、K^+、Ca^{2+}、Cl^-、F^-、NO_3^- 和 CO_3^{2-}。pH 测量的典型范围为 $20 \sim 40$ mV/pH。

　　相比其它电化学离子传感器,ISFET 的优点在于尺寸小、响应快、输出阻抗低和采用集成电路工艺带来的低成本。现在可以买到商用的 ISFET。目前主要应用于生物医学的领域,比如在血和尿分析中,可以检测的成分有 pH 值、Na^+、K^+、Ca^{2+}、Cl^-、葡萄糖、尿素和胆固醇。其长期稳定性和不可逆性的限制是一个重要的问题。由于这些应用的性质,大多数 ISFET 传感器都是一次性的。

14.5.3　催化金属传感器

　　有一类传感器,它是利用金属接触特定气氛后,催化活性金属的功函数的改变[14]。这些催化金属传感器以下列形式成为半导体器件的一部分:(1)MOSFET,(2)MOS 电容器,(3)MIS 隧道二极管和(4)肖特基势垒二极管。在 MOSFET 结构中,催化金属作为栅极材料。其功函数的变化导致阈值电压改变,从而改变 MOSFET 电流。在 MOS 电容器中,由于电容随着栅压改变,所以功函数的变化会导致 C-V 曲线的移动。在另外两种器件,即 MIS 隧道二极管和肖特基势垒二极管中,势垒高度被改变,正向电流随之而改变。

　　催化金属可以是 Pd、Pt、Ir 和 Ni,目前为止使用最成功的是 Pd。使用这个特性进行的最有效的探测是氢气探测。其原理被认为是由于 H_2 被吸附在催化金属上,然后 H_2 分子分解为 H^+ 离子,H^+ 离子扩散到与器件其它部分接触的金属界面,产生偶极子层。偶极子层有效地改变了金属的功函数。

14.5.4　生物传感器

生物传感器被认为是化学传感器的一部分。事实上,生物传感器是生物活性膜和常规传感器的集成。所使用的传感器类型依赖于所要探测的生物反应类型。如果检测的被测量是生物反应的产物或者附属产物,该传感器将属于上面讨论的化学传感器之一。否则,如果反应过程有热量交换的话,传感器是一个热传感器;或者,如果反应中发生光吸收,它是一个光电探测器,诸如此类。因为器件部分是相同的,而生物反应与器件工程不相关,所以我们不准备涉及生物传感器。有兴趣的读者可见参考文献 15。

参考文献

1. S. M. Sze, *Semiconductor Sensors*, Wiley, New York, 1994.

2. S. Middelhoek and S. A. Audet, *Silicon Sensors*, Academic Press, London, 1989.

3. C. S. Smith, "Piezoresistance Effect in Germanium and Silicon," *Phys. Rev.*, **94**, 42 (1954).

4. W. P. Mason, "Use of Solid-State Transducers in Mechanics and Acoustics," *J. Audio Eng. Soc.*, **17**, 506 (1969).

5. A. J. Pointon, "Piezoelectric Devices," *IEE Proc.*, **129**, Pt. A, 285 (1982).

6. R. M. White and F. W. Voltmer, "Direct Piezoelectric Coupling to Surface Elastic Waves," *Appl. Phys. Lett.*, **7**, 314 (1965).

7. J. W. Grate, S. J. Martin, and R. M. White, "Acoustic Wave Microsensors," *Anal. Chem.*, **65**, Part I, 940A, Part II, 987A (1993).

8. H. P. Baltes and R. S. Popovic, "Integrated Semiconductor Magnetic Field Sensors," *Proc. IEEE*, **74**, 1107 (1986).

9. P. T. Moseley, "Materials Selection for Semiconductor Gas Sensors," *Sensors Actuators B*, **6**, 149 (1992).

10. D. Kohl, "Function and Applications of Gas Sensors," *J. Phys. D: Appl. Phys.*, **34**, R125 (2001).

11. P. Bergveld, "Development of an Ion-Sensitive Solid-State Device for Neurophysiological Measurements," *IEEE Trans. Biom. Eng.*, **MBE-17**, 70 (1970).

12. P. Bergveld, "Development, Operation, and Application of the Ion-Sensitive Field-Effect Transistor as a Tool for Electrophysiology," *IEEE Trans. Biom. Eng.*, **MBE-19**, 342 (1972).

13. T. Matsuo and K. D. Wise, "An Integrated Field-Effect Electrode for Biopotential Recording," *IEEE Trans. Biom. Eng.*, **MBE-21**, 485 (1974).

14. I. Lundstrom, M. Armgarth, and L. Petersson, "Physics with Catalytic Metal Gate Chemical Sensors," *Crit. Rev. Solid State Mater. Sci.*, **15**, 201 (1989).

15. J. Cooper and T. Cass, *Biosensors: A Practical Approach*, Oxford University, Oxford, 2004.

习题

1. 推导式(12)。

2. 设想一个作为温度传感元的硅晶体管,芯片的厚度为 0.5 mm。结面积为 25 μm×25 μm,偏置电流为 10 μA,集电极-发射极电压为 0.6 V。计算在温度测量时由于自身发热带来的测量误差。(提示:为了简化分析,假设辐射热流为半圆,同轴球面间的热电阻 $R_{th}=(1/4\pi\kappa)[(1/r_1)-(1/r_2)]$,其中 κ 为硅的热导,等于 1.5 W/cm·K)。

3. 设想对于掺杂为 10^{20} cm^{-3} 的硅应变器,求温度为 25℃时其轴向压阻系数。

4. 设想一个具有惯性质量的硅悬臂梁加速度计。尺寸如右图所示。假设梁的截面为矩形,当加速度为 100 cm/s^2 时,计算可动电极的质量和悬臂梁上表面的应力(为 x 的函数)。假设没有重力,梁的质量可忽略。(硅的密度为 2.33 g/cm^3)。(提示:梁表面的应力为 6 M/h^2,其中 M 是弯曲动量=力×(1−x),x 的单位是 mm,h 是梁的厚度)。

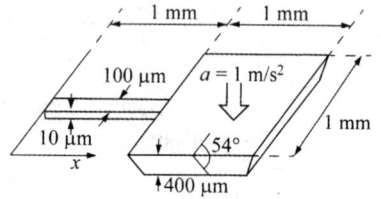

题 4 图

5. (a)一个插指换能器,如果 SAW 的传播速度为 3.1×10^5 cm/s,工作频率 840 MHz,计算指条周期 p;(b)换能器结构为 ZnO/SiO$_2$/Si,为了在 $K\equiv2\pi/p$ 时达到温度稳定,令 $Kh_{SiO_2}=1$,$Kh_{ZnO}=0.3$。求 SiO$_2$ 层的厚度 h_{SiO_2} 和 ZnO 层的厚度 h_{ZnO}。

6. 设想一个具有图 14.14 结构但掺杂类型相反(即,外延层是 n 型,其周围和底层均为 p 型)的霍耳片。假设 $t=10$ μm,$L=600$ μm,$W=200$ μm,薄片电阻 R 为 1000 Ω/□,电流 $I=10$ mA,磁感应强度 $\mathscr{B}=100$ Gs,求(a)霍耳系数;(b)霍耳电压;(c)霍耳角。

7. (a)推导双极电流的霍耳系数 R_H 表达式。(提示:当磁感应矢量 $\mathscr{B}$ 垂直于电场 $\mathscr{E}$ 时,电流密度表示为:$J_n(\mathscr{B})=\sigma_{n\mathscr{B}}(\mathscr{E}+\mu_n^*\mathscr{B}\times\mathscr{E})$,其中 $\sigma_{n\mathscr{B}}=\sigma_n[1+(\mu_n^*\mathscr{B})^2]^{-1}$,$\sigma_n$ 是电导率,μ_n^* 是霍耳迁移率=$r_n\mu_n=r_n\times$迁移率漂移)。

   (b)考虑一个掺有磷和硼的硅片,$N_D=4.0\times10^{12}$ cm^{-3},$N_A=4.1\times10^{12}$ cm^{-3},$r_n=1.15$,$r_p=0.7$,$\mu_p=0.047/T$,$\mu_n=0.138/T$。求 R_H 的值为多少?

8. 设想一个硅基的 ISFET,$L=1$ μm,$W=10$ μm,$N_A=5\times10^{16}$ cm^{-3},$\mu_n=800$ cm^2/V·s,$C_i=3.45\times10^{-7}$ F/cm^2。电解质与绝缘体接触,$\phi_{sol}=5.30$ V,$\psi_i=0.3$ V,$\psi_{sol}=0.3$ V。求 $V_G=5$ V 时的饱和区的饱和电流。

9. 假设有足够的空表面态,使 Richardson 方程 $J=AT^2\exp[-(q\psi_s+E_C-E_F)/kT]$ 适用于电子向表面的传输模型,其中 $A=120$ A/cm^2·K^2。求有耗尽层时的电子俘获率。随着 ψ_s 变得更负,由 Richardson 方程描述的电子俘获率会愈来愈小。如果在实际应用中要求传感器达到平衡的时间必须小于 10 s,估算所允许的能带弯曲量。为了简单,假设判据为:Richardson 方程给出的平衡态下的电子俘获率能够在 10 s 内传输表面态电荷 N_s。设温度为 300 K,$E_C-E_F=0.15$ eV,空穴密度为 10^{17} cm^{-3},ε_s 为 10^{-12} F/cm。

10. 参考图 14.22 和右图,推导 n 型样品的电阻表达式。样品的长度为 L,面积 W^2 是 N_t 的函数,N_t 是晶界俘获的电荷密度。假设样品只有一个晶界,位于 L/W^2。利用第 9 题的 Richardson 方程,并且假设电压很小。

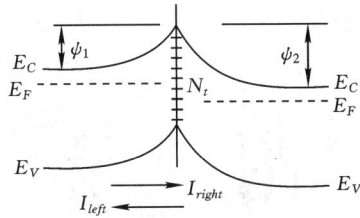

题 10 图

附　录

附录 A

符号表

符号	描述	单位
a	晶格常数	Å
A	面积	cm^2
A	自由电子的有效理查逊常数	$A/cm^2 \cdot K^2$
A^*, A^{**}	有效理查逊常数	$A/cm^2 \cdot K^2$
B	带宽	Hz
$\mathscr{B}$	磁感应强度	$Wb/cm^2, V \cdot s/cm^2$
c	光在真空中的速度	cm/s
c_s	声速	cm/s
C_d	单位面积扩散电容	F/cm^2
C_D	单位面积耗尽层电容	F/cm^2
C_{FB}	单位面积平带电容	F/cm^2
C_i	单位面积绝缘层电容	F/cm^2
C_{it}	单位面积陷阱电容	F/cm^2
C_{ox}	单位面积氧化层电容	F/cm^2
C_v	比热	$J/g \cdot K$
C	电容	F
d, d_{ox}	氧化物厚度	cm
d_i	绝缘层厚度	cm
D	扩散系数	cm^2/s
D_a	双极扩散系数	cm^2/s
D_{it}	陷阱密度	$cm^2 \cdot eV^{-1}$
D_n	电子扩散系数	cm^2/s
D_p	空穴扩散系数	cm^2/s
$\mathscr{D}$	电位移	C/cm^2
E	能量	eV
E_a	激活能	eV
E_A	受主电离能	eV
E_C	导带底能量	eV
E_D	施主电离能	eV

符号	描述	单位
E_F	费米能级	eV
E_{Fm}	金属费米能级	eV
E_{Fn}	电子的准费米能级	eV
E_{Fp}	空穴的准费米能级	eV
E_g	能隙	eV
E_i	本征费米能级	eV
E_p	光学声子能量	eV
E_t	陷阱能级	eV
E_V	价带顶能量	eV
$\mathscr{E}$	电场	V/cm
$\mathscr{E}_c$	临界电场	V/cm
$\mathscr{E}_m$	最大电场	V/cm
f	频率	Hz
f_{max}	最高振荡频率(单边增益为 1)	Hz
f_T	截止频率	Hz
F	费米-狄拉克分布函数	—
$F_{1/2}$	费米积分	—
F_C	电子的费米-狄拉克分布函数	—
F_F	填充因子	—
F_V	空穴的费米-狄拉克分布函数	—
g_m	跨导	S
g_{mi}	本征跨导	S
g_{mx}	非本征跨导	S
G	电导	S
G_a	增益	—
G_e	产生率	$cm^{-3} \cdot s^{-1}$
G_n	电子产生率	$cm^{-3} \cdot s^{-1}$
G_p	空穴产生率	$cm^{-3} \cdot s^{-1}$
G_P	功率增益	—
G_{th}	热产生率	$cm^{-3} \cdot s^{-1}$
h	普朗克常数	J·s
h_{fb}	小信号共基极电流增益, $=\alpha$	—
h_{FB}	共基极电流增益, $=\alpha_0$	—
h_{fe}	小信号共射极电流增益, $=\beta$	—
h_{FE}	共射极电流增益, $=\beta_0$	—
$\hbar$	约化普朗克常数, $h/2\pi$	J·s
$\mathscr{H}$	磁场	A/cm

符号	描述	单位
i	本征（未掺杂）材料	—
I	电流	A
I_0	饱和电流	A
I_F	正向电流	A
I_h	保持电流	A
I_n	电子电流	A
I_p	空穴电流	A
I_{ph}	光电流	A
I_{re}	复合电流	A
I_R	反向电流	A
I_{sc}	光响应短路电流	A
J	电流密度	A/cm^2
J_0	饱和电流密度	A/cm^2
J_F	正向电流密度	A/cm^2
J_{ge}	产生电流密度	A/cm^2
J_n	电子电流密度	A/cm^2
J_p	空穴电流密度	A/cm^2
J_{ph}	光电流密度	A/cm^2
J_{re}	复合电流密度	A/cm^2
J_R	反向电流密度	A/cm^2
J_{sc}	短路电流密度	A/cm^2
J_t	隧穿电流密度	A/cm^2
J_T	阈值电流密度	A/cm^2
k	玻耳兹曼常数	J/K
k	波矢	cm^{-1}
k_e	消光系数，折射率的虚部	—
k_{ph}	声学波数矢量	cm^{-1}
K	介电常数 $\varepsilon/\varepsilon_0$	—
K_i	绝缘体介电常数	—
K_{ox}	氧化物介电常数	—
K_s	半导体介电常数	—
L	长度	cm
L	电感	H
L_a	双极扩散长度	cm
L_d	扩散长度	cm
L_D	德拜长度	cm
L_n	电子扩散长度	cm
L_p	空穴扩散长度	cm

符号	描述	单位
m_0	电子静止质量	kg
m^*	有效质量	kg
m_c^*	电导有效质量	kg
m_{ce}^*	电子电导有效质量	kg
m_{ch}^*	空穴电导有效质量	kg
m_{de}^*	电子状态密度有效质量	kg
m_{dh}^*	空穴状态密度有效质量	kg
m_e^*	电子有效质量	kg
m_h^*	空穴有效质量	kg
m_{hh}^*	重空穴有效质量	kg
m_l^*	电子纵向有效质量	kg
m_{lh}^*	轻空穴有效质量	kg
m_t^*	电子横向有效质量	kg
M	倍增因子	—
M_C	导带等效最小数	—
M_n	电子倍增因子	—
M_p	空穴倍增因子	—
n	自由电子浓度	cm^{-3}
n	n 型半导体(施主掺杂)	—
n_i	本征载流子浓度	cm^{-3}
n_n	n 型半导体电子浓度(多数载流子)	cm^{-3}
n_{no}	热平衡时的 n_n	cm^{-3}
n_p	p 型半导体电子浓度(少数载流子)	cm^{-3}
n_{po}	热平衡时的 n_p	cm^{-3}
n_r	折射率的实部	—
$\bar{n}$	复折射率,$=n_r+ik_e$	—
N	掺杂浓度	cm^{-3}
N	状态密度	eV^{-1} · cm^{-3}
N_A	受主杂质浓度	cm^{-3}
N_A^-	电离受主浓度	cm^{-3}
N_b	革末数	cm^{-3}
N_C	导带有效状态密度	cm^{-3}
N_D	施主杂质浓度	cm^{-3}
N_D^+	电离施主浓度	cm^{-3}
N_t	体陷阱浓度	cm^{-2}
N_V	价带有效状态密度	cm^{-2}
N^*	单位面积密度	cm^{-2}
N_{it}^*	单位面积界面陷阱密度	cm^{-2}
N_{st}^*	单位面积表面陷阱密度	cm^{-2}

符号	描述	单位
p	自由空穴浓度	cm^{-3}
p	p 型半导体(受主掺杂)	—
p	动量	$J \cdot s/cm$
p_n	n 型半导体空穴浓度(少数载流子)	cm^{-3}
p_{no}	热平衡时的 p_n	cm^{-3}
p_p	p 型半导体空穴浓度(多数载流子)	cm^{-3}
p_{po}	热平衡时的 p_p	cm^{-3}
P	压力	N/cm^2
P	功率	W
P_{op}	光功率密度或强度	W/cm^2
P_{opt}	总光功率	W
q	单位电子电荷=1.6×10^{-19}C,绝对值	C
Q	电容和电感的品质因子	—
Q	电荷密度	C/cm^2
Q_D	耗尽区空间电荷密度	C/cm^2
Q_f	固定氧化物电荷密度	C/cm^2
Q_{it}	界面陷阱电荷密度	C/cm^2
Q_m	可动离子电荷密度	C/cm^2
Q_{ot}	氧化物-陷阱电荷密度	C/cm^2
r_F	动态正向电阻	Ω
r_H	霍耳因子	—
r_R	动态反向电阻	Ω
R	光反射率	—
R	电阻	Ω
R_c	比接触电阻	$\Omega \cdot cm^2$
R_{co}	接触电阻	Ω
R_{CG}	浮栅耦合率	—
R_e	复合率	$cm^{-3} \cdot s^{-1}$
R_{ec}	复合系数	cm^3/s
R_H	霍耳系数	cm^3/C
R_L	负载电阻	Ω
R_{nr}	非辐射复合率	$cm^{-3} \cdot s^{-1}$
R_r	辐射复合率	$cm^{-3} \cdot s^{-1}$
$R_{\square}$	方块薄层电阻	$\Omega/\square$
$\mathscr{R}$	电阻率	A/W
S	应力	—
S	亚阈值斜率	$V/decade\ of\ current$
S_n	电子表面复合速度	cm/s
S_p	空穴表面复合速度	cm/s

符号	描述	单位
t	时间	s
t_r	渡越时间	s
T	绝对温度	K
$\mathscr{T}$	张力	N/cm^2
T	光传输	—
T_e	电子温度	K
T_t	隧穿几率	—
U	净复合/产生率 $U=R-G$	cm$^{-3}\cdot$s^{-1}
υ	载流子速度	cm/s
υ_d	漂移速度	cm/s
υ_g	群速	cm/s
υ_n	电子速度	cm/s
υ_p	空穴速度	cm/s
υ_{ph}	声子速度	cm/s
υ_s	饱和速度	cm/s
υ_{th}	热运动速度	cm/s
V	外加电压	V
V_A	Early 电压	V
V_B	击穿电压	V
V_{BCBO}	发射极开路集电极-基极击穿电压	V
V_{BCEO}	基极开路集电极-发射极击穿电压	V
V_{BS}	背衬电压	V
V_{CC},V_{DD}	电源电压	V
V_F	正向偏置	V
V_{FB}	平带电压	V
V_h	保持电压	V
V_H	霍耳电压	V
V_{oc}	光响应开路电压	V
V_P	夹断电压	V
V_{PT}	穿通电压	V
V_R	反向偏置	V
V_T	阈值电压	V
W	厚度	cm
W_B	基区厚度	cm
W_D	耗尽宽度	cm
W_{Dm}	最大耗尽宽度	cm
W_{Dn}	n 型材料的耗尽宽度	cm
W_{Dp}	p 型材料的耗尽宽度	cm

符号	描述	单位
x	距离或厚度	cm
Y	杨氏模量,弹性模量	N/cm^2
Z	阻抗	Ω
α	光吸收系数	cm^{-1}
α	小信号共基极电流增益$=h_{fb}$	—
α	电离系数	cm^{-1}
α_0	共基极电流增益$=h_{FB}$	—
α_n	电子电离系数	cm^{-1}
α_p	空穴电离系数	cm^{-1}
α_T	基极输运因子	—
β	小信号共发射极电流增益$=h_{fe}$	—
β_0	共发射极电流增益$=h_{FE}$	—
β_{th}	热电势的倒数$=q/kT$	V^{-1}
γ	发射极注入效率	—
Δn	非平衡时过剩电子浓度	cm^{-3}
Δp	非平衡时过剩空穴浓度	cm^{-3}
ε	电容率	$F/cm, C/V \cdot cm$
ε_o	真空电容率	$F/cm, C/V \cdot cm$
ε_i	绝缘体电容率	$F/cm, C/V \cdot cm$
ε_{ox}	氧化物电容率	$F/cm, C/V \cdot cm$
ε_s	半导体电容率	$F/cm, C/V \cdot cm$
η	量子效率	—
η	正向偏置整流器的理想因子	—
η_{ex}	外部量子效率	—
η_{in}	内部量子效率	—
θ	夹角	rad, (°)
κ	热导率	$W/cm \cdot K$
λ	波长	cm
λ_m	平均自由程	cm
λ_{ph}	声子平均自由程	cm

符号	描述	单位
μ	漂移迁移率($\equiv v/\mathscr{E}$)	$cm^2/V \cdot s$
μ	磁导率	H/cm
μ_0	真空磁导率	H/cm
μ_d	微分迁移率($\equiv dv/d\mathscr{E}$)	$cm^2/V \cdot s$
μ_H	霍耳迁移率	$cm^2/V \cdot s$
μ_n	电子迁移率	$cm^2/V \cdot s$
μ_p	空穴迁移率	$cm^2/V \cdot s$
ν	光频率	Hz, s^{-1}
ν	泊松比	—
ν	轻掺杂 n 型材料	—
π	轻掺杂 p 型材料	—
ρ	电阻率	$\Omega \cdot cm$
ρ	电荷密度	C/cm^3
σ	电导率	$S \cdot cm^{-1}$
σ	俘获界面	cm^2
σ_n	电子俘获界面	cm^2
σ_p	空穴俘获界面	cm^2
τ	载流子寿命	s
τ_a	双极载流子寿命	s
τ_A	俄歇寿命	s
τ_e	能量弛豫时间	s
τ_g	载流子产生寿命	s
τ_m	散射平均自由时间	s
τ_n	电子载流子寿命	s
τ_{nr}	非辐射复合载流子寿命	s
τ_p	空穴载流子寿命	s
τ_r	辐射复合载流子寿命	s
τ_R	介质弛豫时间	s
τ_s	存储时间	s
τ_t	渡越时间	s
ϕ	功函数或势垒高度	V
ϕ_B	势垒高度	V
ϕ_{Bn}	n 型半导体肖特基势垒高度	V
ϕ_{Bp}	p 型半导体肖特基势垒高度	V

符号	描述	单位
ϕ_m	金属功函数	V
ϕ_{ms}	金属和半导体功函数差，$\phi_m - \phi_s$	V
ϕ_n	n 型半导体从导带边算起的费米势$(E_C - E_F)/q$，对简并材料为负（见图）	V
ϕ_p	p 型半导体从价带边算起的费米势$(E_F - E_V)/q$，对简并材料为负（见图）	V
ϕ_s	半导体功函数	V
ϕ_{th}	热电势，kT/q	V
Φ	光子通量	s^{-1}
χ	电子亲和势	V
χ_s	半导体的电子亲和势	V
ψ	波函数	—
ψ_{bi}	平衡态内建电势（总为正）	V
ψ_B	从本征费米能级算起的费米能级 $\mid E_F - E_i \mid /q$，体内	V
ψ_{Bn}	n 型材料的 ψ_B（见图）	V
ψ_{Bp}	p 型材料的 ψ_B（见图）	V
ψ_i	半导体电势$-E_i/q$	V
ψ_n	n 型边界相对于 n 型体内的电势（n 型材料能带弯曲，在能带图中能带向下弯曲为正）（见图 A.1）	V
ψ_p	p 型边界相对于 p 型体内的电势（p 型材料能带弯曲，在能带图中能带向下弯曲为正）（见图 A.1）	V
ψ_s	相对于体内的表面势（能带弯曲，在能带图中能带向下弯曲为正）（见图 A.1）	V
ω	角频率$=2\pi f$ 或 $2\pi\nu$	Hz

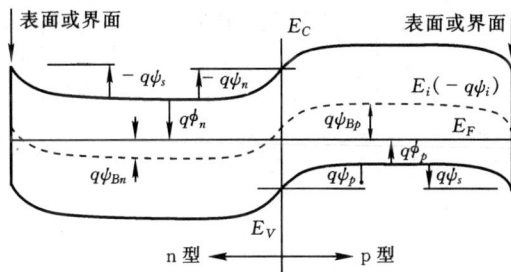

图 A.1 半导体电势的符号和界定，注意表面势以体内电势为参考，能带向下
弯曲时为正，当 E_F 不在带隙内（简并）ϕ_n 和 ϕ_p 为负

附录 B

国际单位制

量	单位	符号	量纲
长度	米*	m*	
质量	千克	kg	
时间	秒	s	
温度	开尔文	K	
电流	安培	A	C/s
频率	赫兹	Hz	s^{-1}
力	牛顿	N	$kg \cdot m/s^2, J/m$
压力、拉力	帕斯卡	Pa	N/m^2
能量	焦耳	J*	$N \cdot m, W \cdot s$
功率	瓦特	W	$J/s, V \cdot A$
电荷	库仑	C	$A \cdot s$
电势	伏	V	$J/C, W/A$
电导	西门子	S	$A/V, 1/\Omega$
电阻	欧姆	Ω	V/A
电容	法拉	F	C/V
磁通量	韦伯	Wb	$V \cdot s$
磁感应强度	特斯拉	T	Wb/m^2
电感	亨利	H	Wb/A

* 在半导体中通常用 cm 作为长度单位,eV 为能量单位。($1 \ cm = 10^{-2} \ m, 1 \ eV = 1.6 \times 10^{-19} J$)

附录 C

单位词头

大小	前缀	名称	符号
10^{18}	exa	艾	E
10^{15}	peta	拍	P
10^{12}	tera	太	T
10^{9}	giga	吉	G
10^{6}	mega	兆	M
10^{3}	kilo	千	k
10^{2}	hector	百	h
10	deka	十	da
10^{-1}	deci	分	d
10^{-2}	centi	厘	c
10^{-3}	milli	毫	m
10^{-6}	micro	微	μ
10^{-9}	nano	纳	n
10^{-12}	pico	皮	p
10^{-15}	femto	飞	f
10^{-18}	atto	阿	a

为国际计量委员会所接受(不能用复合前缀,例:用 p 而不用 $\mu\mu$)

附录 D

希腊字母表

字母	小写	大写
Alpha	α	A
Beta	β	B
Gamma	γ	Γ
Delta	δ	Δ
Epsilon	ϵ	E
Zeta	ζ	Z
Eta	η	H
Theta	θ	Θ
Iota	ι	I
Kappa	κ	K
Lambda	λ	Λ
Mu	μ	M
Nu	ν	N
Xi	ξ	Ξ
Omicron	o	O
Pi	π	Π
Rho	ρ	P
Sigma	σ	Σ
Tau	τ	T
Upsilon	υ	Υ
Phi	ϕ	Φ
Chi	χ	X
Psi	ψ	Ψ
Omega	ω	Ω

附录 E

物理常数

量	符号	值
大气压力		1.01325×10^5 N/cm^2
阿佛加德罗常数	N_{AV}	6.02204×10^{23} mol^{-1}
玻尔半径	a_B	0.52917 Å
玻耳兹曼常数	k	0.38066×10^{-23} J/K (R/N_{AV})
		8.6174×10^{-5} eV/K
自由电子质量	m_0	9.1095×10^{-31} kg
电子伏能量	eV	1 eV$=1.60218 \times 10^{-19}$ J
单位电荷	q	1.60218×10^{-19} C
气体常数	R	1.98719 cal/mol·K
磁通量子$(h/2q)$		2.0678×10^{-15} Wb
真空磁导率	μ_0	1.25663×10^{-8} H/cm$(4\pi \times 10^{-9})$
真空电容率	ε_0	8.85418×10^{-14} F/cm$(1/\mu_0 c^2)$
普朗克常数	h	6.62617×10^{-34} J·s
		4.1357×10^{-15} eV·s
自由质子质量	M_p	1.67264×10^{-27} kg
约化普朗克常数$(h/2\pi)$	$\hbar$	1.05458×10^{-34} J·s
		6.5821×10^{-16} eV·s
真空中的光速	c	2.99792×10^{10} cm/s
300 K 时热电压	kT/q	0.0259 V

附录 F

重要半导体的特性

半导体	晶格结构	300 K 晶格常数（Å）	带隙(eV) 300K	带隙(eV) 0K	300K 迁移率（cm²/V·s）μ_n	300K 迁移率（cm²/V·s）μ_p	有效质量 m_n^*/m_0	有效质量 m_p^*/m_0	$\varepsilon_s/\varepsilon_0$
C 碳（金刚石）	D	3.56683	5.47	5.48	1800	1200	0.2	0.25	5.7
Ge 锗	D	5.64613	0.66	0.74	3900	1900	$1.64^l, 0.082^t$	$0.04^{lh}, 0.28^{hh}$	16.0
Si 硅	D	5.43102	1.12	1.17	1450	500	$0.98^l, 0.19^t$	$0.16^{lh}, 0.49^{hh}$	11.9
Ⅳ-Ⅳ SiC 碳化硅	W	$a=3.086$, $c=15.117$	2.996	3.03	400	50	0.60	1.00	9.66
Ⅲ-Ⅴ AlAs 砷化铝	Z	5.6605	2.36	2.23	180		0.11	0.22	10.1
AlP 磷化铝	Z	5.4635	2.42	2.51	60	450	0.212	0.145	9.8
AlSb 锑化铝	Z	6.1355	1.58	1.68	200	420	0.12	0.98	14.4
BN 氮化硼	Z	3.6157	6.4		200	500	0.26	0.36	7.1
BN 氮化硼	W	$a=2.55, c=4.17$	5.8				0.24	0.88	6.85
BP 磷化硼	Z	4.5383	2.0		40	500	0.67	0.042	11
GaAs 砷化镓	Z	5.6533	1.42	1.52	8000	400	0.063	$0.076^{lh}, 0.5^{hh}$	12.9
GaN 氮化镓	W	$a=3.189, c=5.182$	3.44	3.50	400	10	0.27	0.8	10.4
GaP 磷化镓	Z	5.4512	2.26	2.34	110	75	0.82	0.60	11.1
GaSb 锑化镓	Z	6.0959	0.72	0.81	5000	850	0.042	0.40	15.7
InAs 砷化铟	Z	6.0584	0.36	0.42	33000	460	0.023	0.40	15.1
InP 磷化铟	Z	5.8686	1.35	1.42	4600	150	0.077	0.64	12.6
InSb 锑化铟	Z	6.4794	0.17	0.23	80000	1250	0.0145	0.40	16.8
Ⅱ-Ⅵ CdS 硫化镉	Z	5.825	2.5				0.14	0.51	5.4
CdS 硫化镉	W	$a=4.136, c=6.714$	2.49		350	40	0.20	0.7	9.1
CdSe 硒化镉	Z	6.050	1.70	1.85	800		0.13	0.45	10.0
CdTe 碲化镉	Z	6.482	1.56		1050	100			10.2
ZnO 氧化锌	R	4.580	3.35	3.42	200	180	0.27		9.0
ZnS 硫化锌	Z	5.410	3.66	3.84	600		0.39	0.23	8.4
ZnS 硫化锌	W	$a=3.822, c=6.26$	3.78		280	800	0.287	0.49	9.6
Ⅳ-Ⅵ PbS 硫化铅	R	5.9362	0.41	0.286	600	700	0.25	0.25	17.0
PbTe 碲化铅	R	6.4620	0.31	0.19	6000	4000	0.17	0.20	30.0

D=金刚石结构，W=闪锌矿结构，Z=纤锌矿结构，R=岩石盐，I,D=直接、间接带隙，l, t, lh, hh=纵向、横向、轻空穴、重空穴有效质量。

附录 G

Si 和 GaAs 的特性

特性	Si	GaAs
原子密度(cm^{-3})	5.02×10^{22}	4.43×10^{22}
原子量	28.09	144.64
晶格结构	金钢石结构	纤锌矿结构
密度(g/cm^3)	2.329	5.317
晶格常数(Å)	5.43102	5.6533
介电常数	11.9	12.9
电子亲和势 χ(V)	4.05	4.07
带隙(eV)	1.12(间接带隙)	1.42(直接带隙)
导带有效状态密度, N_C(cm^{-3})	2.8×10^{19}	4.7×10^{17}
价带有效状态密度, N_V(cm^{-3})	2.65×10^{19}	7.0×10^{18}
本征载流子浓度 n_i(cm^{-3})	9.65×10^9	2.1×10^6
有效质量(m^*/m_0) 电子	$m_l^* = 0.98$	0.063
	$m_t^* = 0.19$	
空穴	$m_{lh}^* = 0.16$	$m_{lh}^* = 0.076$
	$m_{hh}^* = 0.49$	$m_{hh}^* = 0.50$
漂移迁移率(cm^2/V・s) 电子 μ_n	1450	8000
空穴 μ_p	500	400
饱和速度(cm/s)	1×10^7	7×10^6
击穿电场(V/cm)	$2.5 \times 10^5 \sim 8 \times 10^5$	$3 \times 10^5 \sim 9 \times 10^5$
少数载流子寿命(s)	$\approx 10^{-3}$	$\approx 10^{-8}$
折射率	3.42	3.3
光学声子能量(eV)	0.063	0.035
熔点(℃)	1414	1240
线性热膨胀系数 $\Delta L/L\Delta T$(℃$^{-1}$)	2.59×10^{-6}	5.75×10^{-6}
热导率(W/cm・K)	1.56	0.46
热扩散率(cm^2/s)	0.9	0.31
比热(J/g・℃)	0.713	0.327
热容(J/mol・℃)	20.07	47.02
杨氏模量(GPa)	130	85.5

注意:所有特性均为室温下测量结果。

附录 H

SiO$_2$ 和 Si$_3$N$_4$ 的特性

特性	SiO$_2$	Si$_3$N$_4$
结构	无定形	无定形
密度(g/cm^3)	2.27	3.1
介电常数	3.9	7.5
介电强度(V/cm)	$\approx 10^7$	$\approx 10^7$
电子亲和势 χ(eV)	0.9	
能隙 E_g(eV)	9	≈ 5
红外吸收带(μm)	9.3	11.5~12.0
熔点(℃)	≈ 1700	
分子密度(cm^{-3})	2.3×10^{22}	
分子重量	60.08	
折射率	1.46	2.05
电阻率(Ω·cm)	$10^{14} \sim 10^{16}$	$\approx 10^{14}$
比热(J/g·℃)	1.0	
热导率(W/cm·K)	0.014	
热扩散率(cm^2/s)	0.006	
热膨胀系数,线性（℃$^{-1}$）	5.0×10^{-7}	

注意:所有特性均为室温下测量结果。